心理学译丛

教材系列

Essentials of Abnormal Psychology, 6e

异常心理学（第6版）

[美] 马克·杜兰德 戴维·巴洛 著

张宁 孙越异 主译

张宁 审校

V. Mark Durand
David H. Barlow

中国人民大学出版社

·北京·

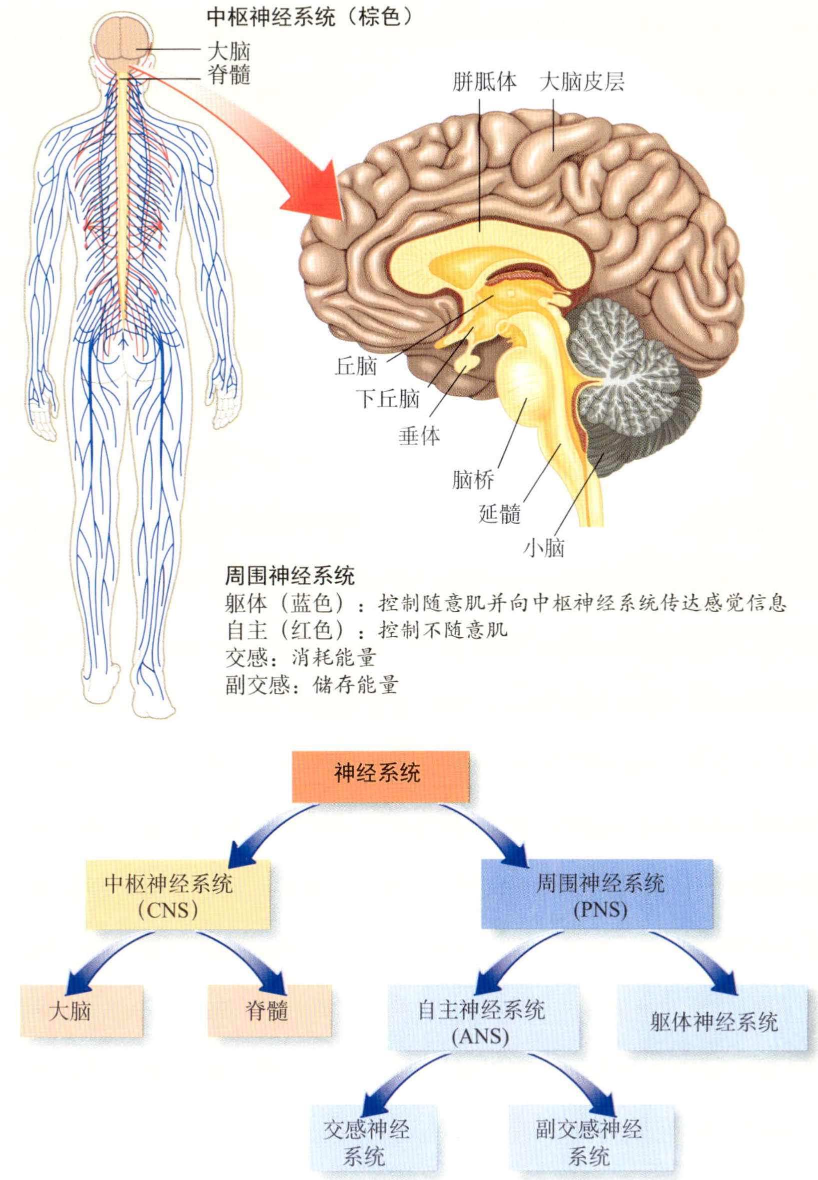

图 2–5　对于神经系统的划分

资料来源：Reprinted from Kalat, J. W., 2009. *Biological Psychology*, 10th edition, ©2009 Wadsworth.

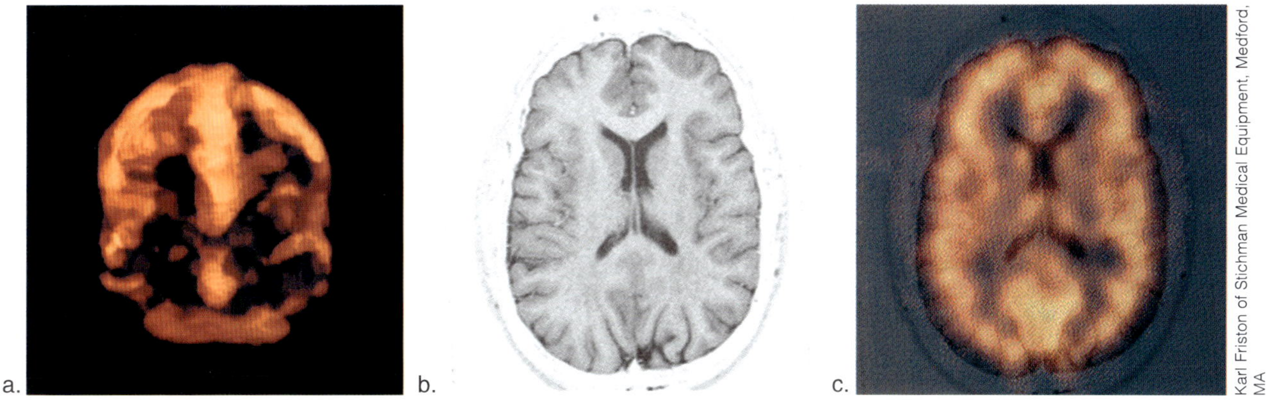

图 a 是精神分裂症患者的大脑 SPECT 横切面图像，从图中可以看到顶叶的损害。图 b 和图 c 是 MRI 图像。SPECT 图像可以显示新陈代谢活动，因而能揭示大脑和活动的联系。而更高分辨率的 MRI 图像能显示组织变异。

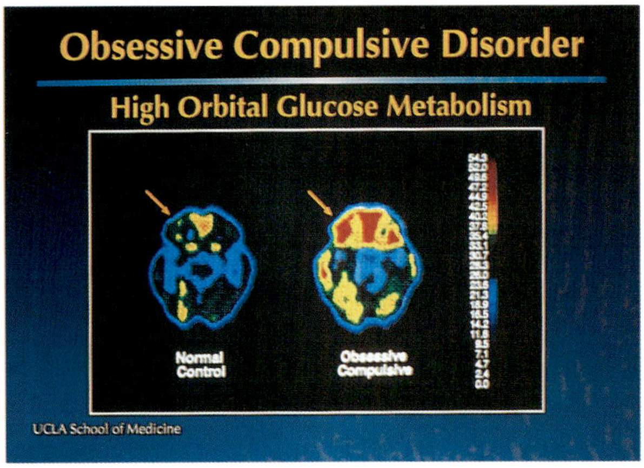

University of California/Lewis Baster, Jr., MD

强迫症患者的大脑功能会改变，但是经过有效的心理治疗能够恢复正常。

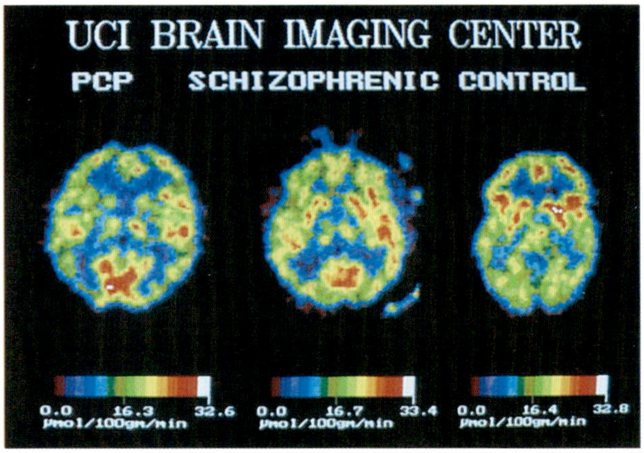

Dr. Monty Buchsbaum/Peter Arnold, Inc./ Photo Library

大脑功能的 PET 扫描图对照：左图是物质滥用者的大脑，中图是精神分裂症患者的大脑，右图是一个正常人的大脑。

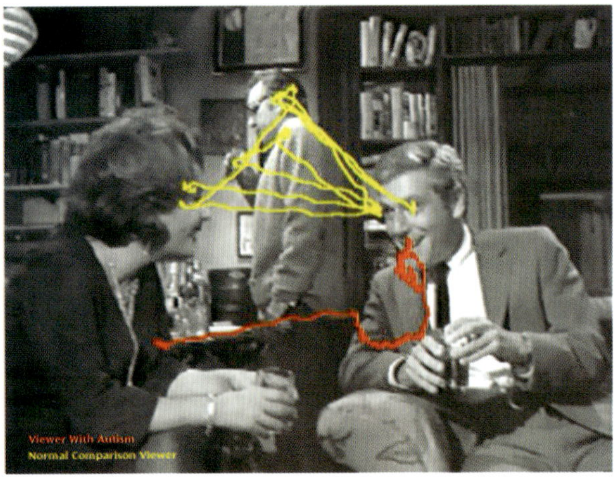

研究人员正在探索孤独症患者如何看待与他人的社会互动。[Reprinted with permission *from the American Journal of Psychiatry*, (Copyright 2002). American Psychiatric Association.]

1. 红色	2. 紫色	3. 绿色
4. 蓝色	5. 棕色	6. 绿色
7. 紫色	8. 棕色	9. 蓝色
10. 红色	11. 蓝色	12. 紫色
13. 棕色	14. 红色	15. 绿色

Stroop 范式：让其他人在你命名词的颜色而不是词本身的时候记录时间，然后再次记录同时命名词义和颜色时的时间。

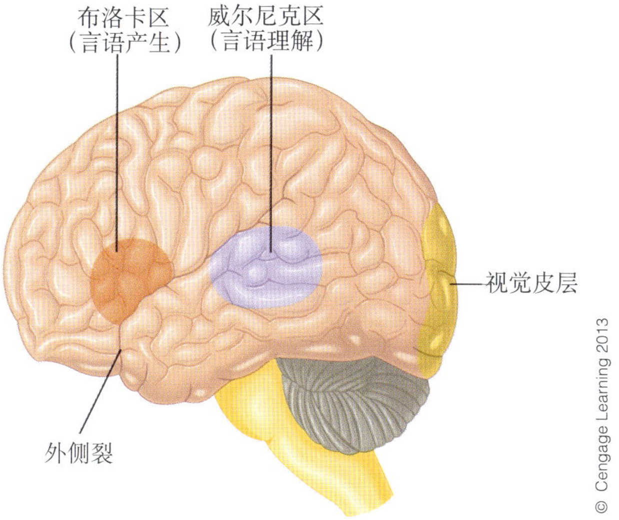

图 13–1　大脑皮层的主要功能区域

注：大多数人的左侧半球对应于语言。

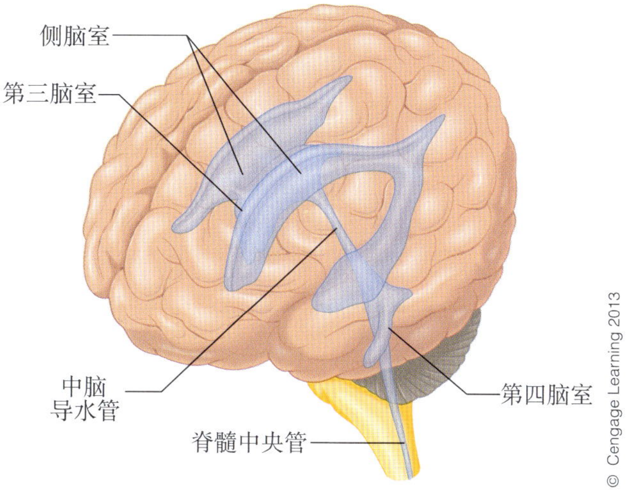

图 13–7　人类大脑中脑脊液的位置

注：细胞外液围绕在脑组织和脊髓的周围，并保护着它们。脑脊液填充着脑内四个相互关联的空腔（脑室）和脊髓中央管。

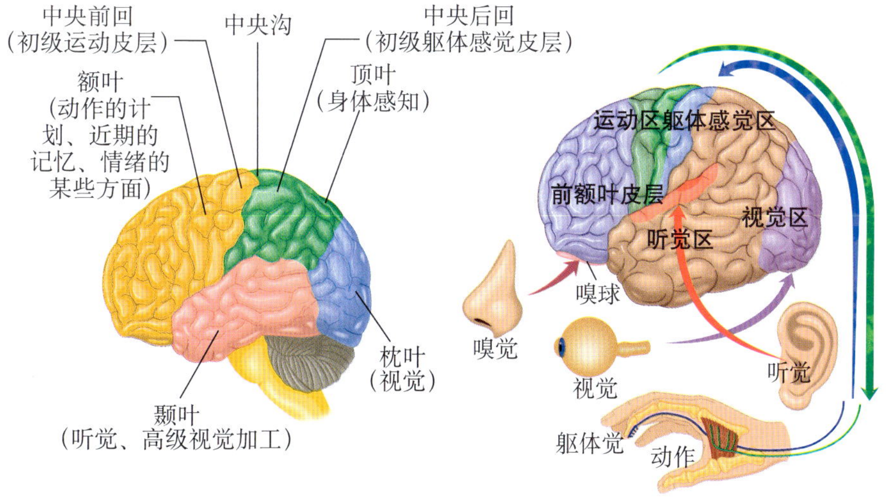

图 2–8　人类大脑皮层的细分及其主要的功能

资料来源：Reprinted，with permission，from Kalat，J. W.，2009. *Biological Psychology*，10th edition，©2009 Wadsworth.

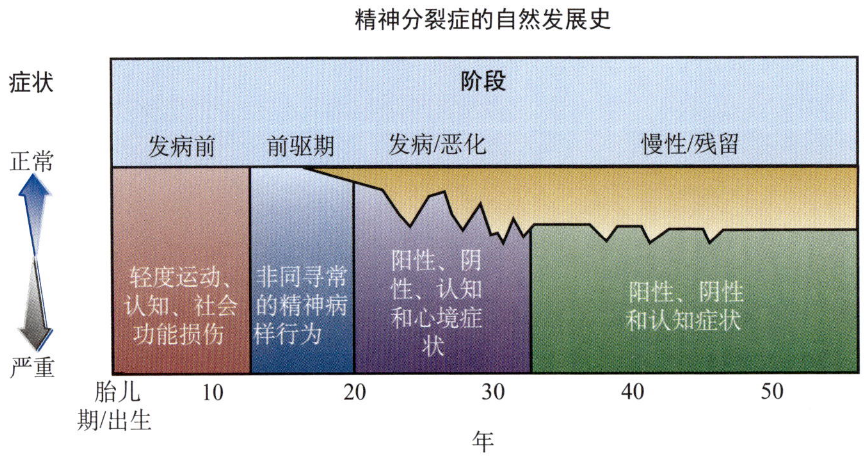

图 13–2　精神分裂症的纵向病程

注：症状的严重程度如轴左侧显示，图中标出了跨阶段（发病前、前驱期、发病期和慢性期）的症状变化。

资料来源：Adapted from Lieberman, J. A., Perkins, D., Belger, A., Chakos, M., Jarskog, F.,Boteva, K., & Gilmore, J., 2001. The early stages of schizophrenia: Speculations on pathogenesis, pathophysiology, and therapeutic approaches. *Biological Psychiatry*, 50, p. 885.

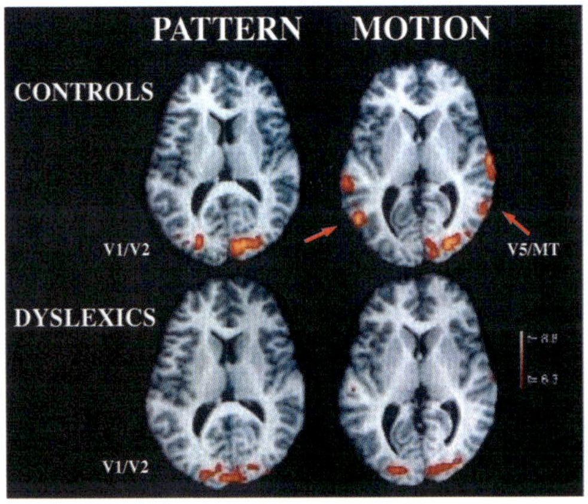

Courtesy National Institute of Mental Health

这是对 6 个阅读困难成人患者、8 个对照组对象的大脑横切面（脸部朝上）进行扫描得出的组合数据。图像显示阅读障碍与大脑活动异常有关。这些扫描图是在被试跟踪电脑屏幕上以某种模式移动的亮点时摄下的。正常情况下，相关脑区（V5/MT）在这类活动中被激活，但在阅读障碍患者脑中并非如此（右）。他们的大脑活动与对照组进行再认任务时的大脑活动很类似（左）。

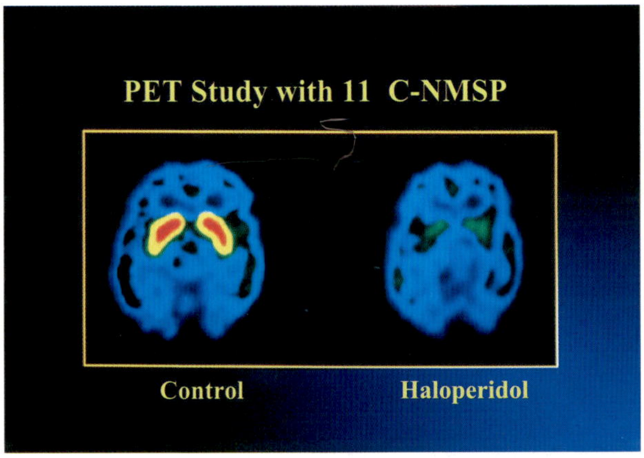

Dr. Dean F. Wong, Division of Nuclear Medicine and Radiation Health Sciences, Department of Radiology, The Johns Hopkins University School of Medicine

PET 影像显示了一位精神分裂症男性患者的大脑，左边为从未服药时的影像，右边为服用氟哌啶醇时的影像。红色和黄色区域代表 D_2 受体的活性。研究证实，氟哌啶醇明显降低了多巴胺的活性。

心理学译丛·教材系列
出版说明

我国心理学事业近年来取得了长足的发展。在我国经济、文化建设及社会活动的各个领域，心理学的服务性能和指导作用愈发重要。社会对心理学人才的需求愈发迫切，对心理学人才的质量和规格要求也越来越高。为了使我国心理学教学更好地与国际接轨，缩小我国在心理学教学上与国际先进水平的差距，培养具有国际竞争力的高水平心理学人才，中国人民大学出版社特别组织引进"心理学译丛·教材系列"。这套教材是中国人民大学出版社邀请国内心理学界的专家队伍，从国外众多的心理学精品教材中，优中选优，精选而出的。它与我国心理学专业所开设的必修课、选修课相配套，对我国心理学的教学和研究将大有裨益。

入选教材均为欧美等国心理学界有影响的知名学者所著，内容涵盖了心理学各个领域，真实反映了国外心理学领域的理论研究和实践探索水平，因而受到了欧美乃至世界各地的心理学专业师生、心理学从业人员的普遍欢迎。其中大部分教材多次再版，影响深远，历久不衰，成为心理学的经典教材。

本套教材以下特点尤为突出：

● 权威性。本套教材的每一本都是从很多相关版本中反复遴选而确定的。最终确定的版本，其作者在该领域的知名度高，影响力大，而且该版本教材的使用范围广，口碑好。对于每一本教材的译者，我们也进行了反复甄选。

● 系统性。本套教材注重突出教材的系统性，便于读者更好地理解各知识层次的关系，深入把握各章节内容。

● 前沿性。本套教材不断地与时俱进，将心理学研究和实践的新成果和新理论不断地补充进来，及时进行版次更新。

● 操作性。本套教材不仅具备逻辑严密、深入浅出的理论表述、论证，还列举了大量案例、图片、图表，对理论的学习和实践的指导非常详尽、具体、可行。其中多数教材还在章后附有关键词、思考题、练习题、相关参考资料等，便于读者的巩固和提高。

这套教材的出版，当能对我国心理学的教学和研究具有极大的参考价值和借鉴意义。

中国人民大学出版社

作者简介

马克·杜兰德

马克·杜兰德，孤独谱系障碍研究领域的国际性权威，南佛罗里达大学圣彼得斯堡分校心理学教授、艺术与科学学院创立院长以及主管学术事务的副校长，美国心理学会会员。他是《积极行为干预杂志》（*Journal of Positive Behavior Intervention*）联合主编、多种期刊的编委，发表了超过100篇学术论文。他出版的著作包括：《严重行为问题：一种功能性沟通的训练方法》《睡得更好！有特殊需要的儿童睡眠改善指南》以及《乐观式教养法：你和你的问题儿童的希望》。

戴维·巴洛

戴维·巴洛，国际知名临床心理学先驱和领导者，波士顿大学心理学和精神病学教授。他是世界上最大的同类临床研究机构之一——焦虑与相关障碍中心的建立者。因在学术上的突出贡献，他曾获得美国国家精神卫生研究所（NIMH）Merit奖、美国心理学会应用心理学2000年杰出科学家奖、美国心理学会临床心理学分会杰出科学家奖。

巴洛博士是3种期刊的主编，是19种不同期刊的编委，发表了500多篇学术论文，撰写了65本著作和临床指南，包括《焦虑障碍与治疗》《心理障碍的临床手册》《个案实验研究设计》和《战胜你的焦虑和恐慌》等，他的作品已被翻译为20多种语言，包括阿拉伯语、汉语和俄罗斯语。

译者简介

张宁，医学博士，主任医师，教授，博士生导师，南京医科大学附属脑科医院副院长，南京医科大学认知行为治疗研究所所长，中国心理卫生协会认知行为治疗专业委员会主任委员，亚洲认知行为治疗协会候任主席。承担国家、省部各级课题20余项，在国内外发表论文200余篇，主编、参编著作60余部。享受国务院政府特殊津贴，曾获中国医师协会精神科医师分会“杰出精神科医师”称号。

内容简介

《异常心理学》（第6版）由世界著名异常心理学家杜兰德和巴洛博士共同编著而成，是一部用多维、整体的视角看待异常心理的优秀著作。本书采取“科学家型实践者”的取向，整合了生物、心理和社会影响因素的共同作用，从行为的、认知的、生物的和社会的研究发现中描绘异常心理学中的问题，呈现了完整而丰富多彩的异常心理学画卷。书中列举了大量真实案例，每章始于案例，且围绕案例进行阐述。在本书中，每种障碍都被分为三个层次进行介绍，包括临床描述、病因和治疗。更为重要的是，作者关注并讨论了毕生发展因素对异常心理的表现和治疗的影响，注重文化多样性现象并描述了当前对各种心理障碍文化特异性和普遍性及扑朔迷离的性别影响的思考，更加关注提高心理健康水平和预防在心理障碍发生发展中的作用。

译者序

科学一直处于不断演进发展之中，一些突破性事件的发生会改变我们对事物的看法。例如，持进化论的生物学家长期坚信进化的过程是渐进性的，然而，新近的证据表明进化也可能是对流星撞击地球后导致的环境剧烈变化的适应。同样，地质学也因板块构造的发现而发生了革命性的变化。

为什么有些人会出现焦虑、抑郁、行为异常？什么因素会使我们的情绪和行为出现问题？哪些表现属于心理异常？如何判断一个人的心理状态正常与否？这些都是我们在面对求助者时不可回避的问题。

人类的心理活动丰富、复杂、富有创造性，我们不可能一直保持着一种持续稳定不变的状态。我们可能有时激情澎湃，有时暂时低迷；有时文思泉涌，有时又脑子一片空白；有时兴高采烈，有时静默懒动。所有的人都可能出现过紧张、焦虑、烦恼，甚至悲观或其他特别体验。如果把我们不同时间里的“另类”表现整理、罗列出来，并告知一位有经验的精神科医生或临床心理学家这些现象发生于某个集中的时间段里，恐怕我们所有的人都可能被“诊断”有问题。

那么，什么是判断标准？各种问题有什么共同特点？这些标准和特点是一直如此，还是在不断地有所变化？正常与异常心理是如何相互移行和转化的呢？这些都是异常心理学要回答的问题。研究这些异常的心理活动，及探索异常心理活动表现及其规律的学科称为异常心理学（abnormal psychology）[①]，亦称病理心理学（pathological psychology），或称心理病理学（psychological pathology）。异常心理学是在正常心理学的基础上对异常心理活动进行进一步研究的学科，主要任务在于：了解及掌握异常心理活动的发生、发展及其变化的规律；探寻引起异常心理活动的原因及探讨鉴别、评定的方法；研究对各种心理异常活动的纠正、治疗及预防的方法。自弗洛伊德提出异常心理的精神分析理论以来，异常心理与人们日常生活的关系日益增加，其重要性日益得到大家的认可。一方面，异常心理学知识是临床心理从业者的重要基础；另一方面，异常心理学亦是民众认识和了解异常心理现象的重要信息来源。异常心理学是精神医学、临床心理学和心理咨询与心理治疗等的共同基础，对于维护心理健康、防治各种异常心理活动具有相当重要的意义。

帮助人们克服、纠正和改变异常心理活动的前提，是弄清什么是异常的，其发生、发展、变化的规律和原因。对于临床工作者而言，更重要的是能否和如何识别异常心理现象。正确识别和评估异常心理是临床心理工作者必须具备的基本素质之一。

由于历史的原因，我们国家精神医学的建立和发展与欧美国家不同，我们的精神医学体系是直接引自并建立在苏联模式基础之上的，几乎没有心理学的基础。加上40年前出现的欧美国家对以心理动力学为代表的心理治疗的抛弃及近20年来受获得推崇的循证医学思潮的影响，我们的精神医学体系更加强调生物学的作用。带来的影响是：精神医学过度强调了生物学作用，精神科医生的训练缺少相应的临床心理学内容，对严重精神疾病的处理把握较好，但对轻性心理障碍及成长问题把握和处理欠佳，有把问题“严重化”的倾向。与此同时，由于临床心理学在我们国家刚刚起步，从业人员杂乱，缺乏严格的规范和足够的训练，在异常心理现象的诊断与判定方面缺乏经验，不能很好地把握严重精神疾病的诊断和处理，存在着将问题“轻性化”判断和处理的倾向。

实际上，无论是精神科医生还是临床心理工作者，面对的都是同一范畴的人群，只是在轻重上有所不同。然而，无论是轻还是重，都牵涉到定性和归类的问题。把握不好，必将导致误诊，错过最佳的干

① 过去译为变态心理学，我们认为不妥，有歧视的嫌疑，我们认为改为异常心理学为好。

预时间窗，延误病情；或者将一过性、成长性和轻性（非本质性）问题严重化、标签化，导致新的、人为性损害。在疾病以及问题的转归上，过分强调单一因素的作用，就会导致忽视生物、心理、社会的相互作用，忽视原发性问题可能在遭遇者身上造成的继发性或叠加作用。精神分裂症的病后抑郁、抑郁症患者“痊愈”后1年持续存在的较高自杀率、症状消失后的求治动机改变以及青少年问题标签化后的“症状”固定化和社会适应性下降等均说明了这一问题。

过去，由于专业人员极度缺乏，专业人员的精力主要用于发现和处理危害个人、家庭以及社会的严重精神疾病（如精神分裂症、双相障碍、抑郁症等）；同时，人们由于生活水平较低，更多地渴望改善物质生活，而不是提高心理舒适度和幸福感，无暇关注焦虑、恐惧，甚至抑郁等普遍存在但似乎又“影响不大”的问题。然而，流行病学资料显示，虽然严重精神疾病的危害较大，但患病率总共不到1%，而焦虑、恐惧、轻度抑郁等却高达10%～20%。此外，生物学手段对于“控制”症状疗效迅速，但是，对于由原发性问题衍生出来的社会、心理等“高级”问题却缺乏作用。

在精神科临床工作中，经常出现一种现象：面对同一个患者，不同年资的医生以及医学和非医学背景的人之间会出现不同的判断，有时争得面红耳赤仍然不能说服对方。每一个人对事物的判断几乎都是基于我们自己的理解，然而，我们自己的理解有时未必就是正确的。

在临床工作中，我们既不能把正常的心理活动或现象当成是异常的，也不能忽略异常心理表现。当然，面对同一个问题，不同学者可能有不同的解释和处理。例如，有研究发现不同专业训练背景的临床工作者，在面对异常心理现象时，存在不同的诊断假设。在面对求助者时，医学背景的人常常倾向于进行“有病假设”，而心理学或其他非医学背景的人则更容易做出“无病假设”。医学背景的临床工作者的思维习惯是“寻找”可疑“症状”，对照以往的经验进行“可能有病”的假设；而心理学及其他背景的人就不会采取这种“有病假设”。他们习惯于“寻找”可能“无病”的证据，根据和对照自己的经验，将存在的“异常”用“伴随”或“允许出现的”现象进行解释，进而做出“无病假设”。实际上，这两种情况都可能会由于思维定势而发生，导致出现误诊、误治，对求助者造成不良影响。

这种差异与训练背景有关。一方面，医学背景的人一直被告知“误诊”是极其有害的，同时，他们又看到过太多因为误诊而耽误治疗，导致不良结局的案例；另一方面，由于非医学背景的人没有经过长期系统的医学诊断训练，他们对各种疾病的症状表现并不熟悉和敏感，倾向于用“非医学”的思维方式解释各种现象。不同训练背景的临床工作者对异常心理本身及其表现存在不同认识和处理，这本身无可厚非。但是，如果对于问题性质的认定差异太大，则可能因处理策略、态度和方法不同，导致产生完全不同的治疗结果和结局。在这种情况下，两种训练背景的临床工作者如果对同一个人分别进行诊断，就完全可能得出“早期精神分裂症或情感性障碍”或“成长问题”等完全不同的判断，处理建议也就完全不同，更重要的是对求助者长远的影响截然不同。

我们认为通过异常心理学的研究和训练，可以强化精神科医生的心理学思维，及临床心理工作者的症状和诊断学基础，使其彼此接受不同的工作方式和策略，有利于精神科医生与临床心理学家的工作协作，相互协调与配合，更好地深入研究以及帮助求助者。

本书由世界上著名的异常心理学专家杜兰德（V. M.Durand）博士和巴洛（D. H.Barlow）博士共同编著，已经为第六版，是一部用多维、整体的角度看待异常心理学的新一代教科书。在翻译和认真研读的过程中，我们认为本书具有下列几个特点，值得推荐。

1. 整合的取向。

事实上，人们一直在试图解释人的异常心理现象，也一直在尝试帮助那些处于异常心理状态下的人们摆脱异常心理活动的困扰。但限于人们对自身和外部世界了解的程度，我们对异常心理现象的解释经过了漫长的发展过程，经过了超自然模式、生物学模式和心理学模式等的发展过程。现在随着研究方法的不断进步，以及认知、行为、神经科学的不断发展，我们对异常心理现象的解释模式又有了进一步发展。我们已经逐渐认识到各种异常心理现象都不是孤立呈现的，不会由某种因素单独引起，都是生物、心理和社会影响不断共同作用的结果。

本书的作者坚信整合的取向，在书中以一种清晰、令人信服的方式阐述了生物、心理和社会影响因素的交互作用，并以多维度的视角，列举了一些实质性的证据，从而呈现了完整而丰富多彩的异常心理学的画卷。

2. 科学家型实践者的取向。

任何学科的发展都会经过漫长的过程，起始阶段更多涉及个人经验和体会的总结，然后经由“轰动”效应、著名人物或其他渠道逐渐形成“共识”。然而，历史发展已经不断证明了个人经验和体会的局限性。20 世纪 90 年代形成并发展起来的“循证”理念改变了实践性学科发展的轨迹，无论是医学还是心理治疗都开始重视证据。恰当、准确的评估既有助于评价干预效果，也是比较、总结和研究的基础。此外，各领域的发展日新月异，我们所有实践者还需要不断地学习，更新知识。科学家型实践者的取向就是要求从业人员将科学基础与应用相结合，从业者应该既是科学家、学者，又是实践者，既熟悉心理学理论和研究，又能够在工作环境中从事研究活动并能运用研究成果进行评价、干预和咨询。本书强调了异常心理学中科学家型实践者的取向是现实的、理想的，比简单地理解和应用某种异常心理学的最新进展要更好。

3. 案例的应用——适合教学和自学。

实际的临床实践中，各种案例千差万别。异常心理学所涉及的几十种障碍定义和诊断都是从障碍的“原型”而来的，也就是说从原型中概括出最具有特征的指征，构成障碍的基本定义。相应地，要想理解一个案例也需要从“原型”出发，单从定义和诊断标准理解各种障碍是极为困难的。因此，为了更好地帮助读者理解各种障碍，本书列举了大量真实案例，而且全书多处反复提及，呈现了临床工作者系统敏锐的临床观察、对个案的详细分析和对临床情境下案例演变的准确把握等。这样既能帮助读者理解障碍的概念，又能在后续的介绍中通过不断扩展来帮助读者进一步深入理解。这种方法非常适合教学和自学。

4. 多维度、多视角。

在本书中，每种障碍都被分为三个层次进行介绍：临床描述、病因、治疗方法和结果。更为重要的是，作者关注了毕生发展的影响，讨论了毕生发展因素对心理病理学的表现和治疗的影响；注重文化多样性现象，描述了目前对各种心理障碍文化特异性和普遍性及扑朔迷离的性别影响的思考；更加关注预防——强调提高心理健康以有效地避免一些可预防的障碍发生等。

此外，在最后一章中，作者总结概括了前面章节已经讨论过的直接被卷入许多法律和伦理问题的案例以及提供与法律伦理相关的精神卫生服务等问题。这对于我们国家的精神卫生领域的研究和实践逐渐走向法制化有着极为重要的借鉴意义。

本书的译校者为：第 1 章，刁凯丽译，刘刚校；第 2 章，刘崇瑞译，马辉校；第 3 章，宋秀译，杨华校；第 4 章，张秀娟译，柳娜校；第 5 章，高玥译，孙越异校；第 6 章，黄凯华译，孙越异校；第 7 章，赵峥译，孙越异校；第 8 章，孙越异译，张宁校；第 9 章，郑铮译，孙越异校；第 10 章，吕晓丹译，柳娜校；第 11 章，滕昌军译，乔慧芬、闫伟校；第 12 章，颜小勇译，孙越异校；第 13 章，刘军军译，乔慧芬、闫伟校；第 14 章，张文瑄译，王纯校；前言及主题索引，张文瑄译，张宁校。最后，我进行了总校对及统稿。

前面有些基础工作，参与翻译的有陈伶、成颢、高美玲、耿瑞雪、黄云、刘春梅、孙聪、王希、王阳、杨华、杨海龙、殷霞、张晶莹、赵珊、祝亚丽，参与校对的有陈进、陈图农、韩臣柏、柯晓燕、李献云、林万贵、陆晓花、欧红霞、裴涛、沈伟、孙越异、谭忠林、唐勇、位照国、郑铮。

由于时间仓促，再加上能力和水平有限，错误和不妥之处难免，欢迎批评指正。

张　宁

南京五台山

2017 年 10 月 11 日

前 言

时至今日，心理病理学家们一直把心理、生物和社会因素对心理病理学的影响分开来研究。这种模式仍然可以从大众媒体的描述中得见。例如，把新近发现的基因、生物功能失调（化学失衡）或者早期的童年经历当成心理障碍的“病因”。这种思考方式仍然支配着大多数心理学教科书中有关病因及治疗的部分，如“对于这种疾病，精神分析学派认为……”“生物学视角的观点是……”而在独立的章节中则经常提道：“这种疾病的精神分析治疗取向是……”“认知行为治疗的取向是……”“生物治疗的取向是……”

本书的第 1 版中，我们试图做过一些改变。我们认为，这一领域的前景是一种整合的取向，即以一种清晰、令人信服的方式整合生物、心理和社会影响因素的交互作用。近期的探索表明，这种取向对于理解心理病理学而言是一种可行的方法。举例来说，第 2 章中提到了一个研究，认为应激生活事件会导致抑郁，但并不是每个人都有同样的反应。更正确的说法是，对于那些已经携带了特定基因，即影响大脑突触中 5- 羟色胺的基因的人来说，这种应激才更可能导致抑郁。类似地，第 7 章提到社会排斥的痛苦与身体疼痛激活了相同的神经机制。与此同时，行为遗传学家的最新观点认为，以遗传学作为心理障碍分类的坚实基础从根本上说是有缺陷的，因此书中的整个遗传学部分都被重写以突出基因 – 环境交互作用。章节里还提到了对表观遗传学这一新兴领域的描述、环境对基因表达的影响，以及关于极端环境似乎能在很大程度上忽略遗传影响的研究。研究阐明了表观遗传学的机制，具体描述了环境事件是如何影响基因表达的。

这些结果证明了本书中整合的取向：心理障碍不能仅仅用遗传或环境因素来解释，而是依赖于它们的交互作用。现在，我们了解到心理和社会因素直接影响神经递质的功能，甚至影响遗传表现。类似地，忽视生物和社会因素对心理和心理病理表现的影响，我们就不能研究行为、认知或情绪过程。我们采用了一种更可行的方法来取代划分心理病理学的方法，它能正确反映出我们临床科学研究的现状。

作为同仁的你应该知道我们比别人更了解一些疾病。我们希望你能分享我们的喜悦，将我们目前对心理病态的病因和治疗以及对这些复杂的交互作用的理解传授给学生。

整合的取向

正如上面所提到的，本书的第 1 版是新一代异常心理学教科书的先驱，它提供了整合的和多维度的视角（我们承认分别从生物、心理社会或超自然的角度看问题的一维取向是必经的历史阶段）。我们纳入了当前一些实质性的证据，涉及生物、行为、心理和社会因素之间的交互影响。我们列举的例子相信能吸引学生的注意，例如我们讨论了基因对离婚的影响、早期社会和行为经历对脑功能和结构的影响、社交网络中的新信息对普通感冒的影响，以及心理社会方法治疗癌症的新证据等。我们强调，在内隐记忆和盲视的现象中（两者在分离性体验中可能是相似的），心理科学见证了无意识的存在（尽管不能与弗洛伊德所描述的等同）。我们还呈现了新的证据以证明心理治疗对神经递质流动和脑功能的影响。我们试图从行为、生物、认知和社会研究发现中来描绘心理病理学中的问题，由此呈现完整而丰富多彩的心理病理学的画卷。

毕生发展的影响

现代异常心理学的观点无法忽视人的毕生发展因素对心理病理表现和治疗的影响。因此，我们在本书中强调发展的重要性，例如，在焦虑障碍这章（第5章）中，我们讨论了儿童和老年人的焦虑。我们基本遵循《精神疾病诊断与统计手册》（第4版）（DSM-Ⅳ）[①] 的结构安排，以便帮助学生了解从儿童到成人和老年期的各种障碍。我们在每一个疾病单元中都探讨了发展性的问题，以及一些特殊的发展性问题对病因及治疗的影响。

科学家型实践者的取向

我们用了相当长的篇幅解释为什么心理病理学中科学家型实践者的取向是现实的、理想的。与我们的大多数同行一样，我们认为，这比简单地理解和应用某种心理病理学的最新进展要更好。我们呈现了临床工作者系统敏锐的临床观察、对个案的详细分析和对临床情境下案例演变的准确把握等，这些对丰富整个学科的知识做出了贡献。例如，我们解释了早期的精神分析理论对分离性障碍的解释至今依然很有价值，还有以前的科学家型的实践者们所用的研究方法是多么精妙。

真实的临床个案

本书中，我们列举了大量真实的个案临床历史，来说明心理病理学在病因和治疗上的新发现。我们从事临床工作多年所积累的大量案例，为我们提供了丰富的素材，本书中有95%的案例都来自我们自己的诊所。很多章节都是由案例描述开始的，很多对最近理论和研究的讨论都以这些真实的案例为基础。

详细的障碍

我们用10章的篇幅介绍了各种主要的心理障碍，每种障碍都分三个层次进行介绍：临床描述、病因、治疗方法和结果。我们注重案例的研究和DSM-Ⅳ的标准，我们用了很多统计数据，如患病率和发病率、性别比例、发病年龄、一般病程以及发作形式，将这些作为一个整体呈现给学生。因为我们中的一位（戴维·巴洛）是DSM-5特别工作组的指定专家，我们能够加入诊断标准的可能修订情况及其原因。自始至终，我们都注重揭示生物、心理和社会因素的交互影响如何对特定障碍起作用。最后，通过阐述对特定障碍的治疗及其结果，我们还提供了对临床实践的现实建议。

治疗

在前五个版本中，一个被公认的创新之处就是：我们将有关治疗的内容分别呈现在介绍每一种疾病的具体章节之中，而不是作为独立的一章出现。这样做的理由是，针对每一种疾病所采用的心理社会治疗和药物治疗都有其独特性，并且处于不断的发展之中。我们在这一版本中保持了这一种风格，并在关键词中增加了治疗手段等内容。

法律和伦理问题

在最后一章中，我们总结概括了前面章节已经讨论过的很多取向和主题。我们纳入了直接被卷入许多法律和伦理问题的案例，并提供了与法律伦理相关的精神卫生服务等问题。当然，我们还提到了很多法律和伦理问题的历史演变和发展前景，以便学生能够全面地了解社会和文化因素对这类问题的影响。

多样性

文化和性别问题是心理病理学研究中不可或缺的部分。在本书中，我们描述了目前对各种心理障碍文化特异性和普遍性及扑朔迷离的性别影响的思考。例如，我们讨论了抑郁的性别失衡、惊恐障碍在亚洲不同文化中的不同描述、进食障碍的族群差异、精神分裂症的跨文化治疗和对男女注意缺陷/多动障碍（ADHD）不同的诊断标准等问题。很明显，随着这些问题越来越成为备受关注的研究主题，我们的研究领域将越来越深化和细化。举例来说：为什么有些心理障碍会更突出地影响到女性而另外一些则在男性

① 本书翻译与出版的过程恰逢DSM的最新修订即将完成。虽然存在这种滞后性，但这完全无损于本书的价值，并且作者在书中对DSM-5的可能修订内容也进行了细致的探讨。——译者注

中更明显？为什么这种情况有时候在不同文化背景下有较大的差异？在回答这些问题的时候，我们始终本着科学的态度，强调性别和文化因素都只是可能影响心理病理学的诸多因素之一。

这一版的更新之处

全面更新

心理病理学这一领域发展之迅速令人振奋，我们为本书能反映最新的发展感到骄傲。因此，每章都再次经过精心修订，以反映对心理障碍的最新研究。数百个从 2008 年至 2011 年的新文献（有的仍“正在出版中”）首次出现在此版本中，并且其中所包含的一些信息能激起人的想象力。我们淘汰了不必要的材料，添加了一些新的标题，将整个 DSM- Ⅳ标准以表格的形式记在相应障碍的章节里。

有关焦虑障碍（第 4 章）、发育障碍和认知障碍（第 5 章）、进食障碍和睡眠障碍（第 6 章）、躯体障碍和健康心理学（第 7 章）、物质相关障碍和冲动控制障碍（第 11 章）、心境障碍和自杀（第 12 章），以及精神分裂症与其他精神病性障碍（第 13 章）的章节一直是修订的重点以反映新的研究。所有章节都得到了明显的更新，一些突出的变化包括：

- 在第 2 章，有关遗传学的整个部分被重写以突出基因 – 环境交互作用。表观遗传学这一新兴领域也被融汇在整个章节中。此外，被纳入的还有有关遗传因素和环境因素两者的变化与稳定对人类重要特质的相对贡献的新研究，以及有关早期童年经历超越了基因对行为发展的影响的新证据。
- 第 3 章更新了有关标签化和污名以及它们与 DSM-5 中的可能改变的研究发现，呈现了用更充分、概念化、令人满意的维度法来诊断的案例以及它们在 DSM-6 之前依然可能不会出现的原因。
- 第 3 章还引入了一个新的概念，即当前研究的焦点——内表型。另一个新的部分描述了临床试验，并定义了临床试验、随机临床试验和随机对照试验之间的差异。“行为的跨时间研究”部分被完全重写，并提供了一个有关孤独症发展的前瞻性纵向研究的新例子，正如在“研究项目的作用”这部分使用全新的例子来说明不同的研究策略，以及如何用这些来回答异常心理学中的复杂问题一样。
- 第 4 章现在包括了关于未来用维度法对情绪障碍进行诊断的诊断系统如何工作的概念基础，以及一个可能的新的分类——成人分离焦虑障碍的支持证据。
- 第 4 章也描述了 DSM-5 中几种焦虑障碍可能有新的命名和定义。
- 第 4 章还描述了新的临床研究，主要涉及评估广泛性焦虑障碍的成人和儿童心理治疗、药物治疗的疗效。
- 最后，第 4 章提供了 DSM-5 正考虑列入的新的障碍，被称为“幻嗅牵连综合征”。
- 第 5 章展现了许多关于 ADHD 的新信息，包括：一个有关 ADHD 共病的新部分；有关全球 ADHD 患病率的新信息；得到明显拓展的遗传因素部分，包括唯一的基因 – 环境交互作用研究；ADHD 儿童大脑结构上的差异的更新材料；一个有关 ADHD 和对立违拗障碍（ODD）、品行障碍和双相障碍之间的重叠的新讨论。另外，此前名为“精神发育迟滞”的部分全部被改为更容易接受的“智力障碍”。
- 第 5 章也纳入了一个有关谱系和维度的新部分，它描述了 DSM-5 可能使用两种类型的“神经认知障碍”（重度和轻度）以显示其维度质量的变化。第 5 章还提供了早期识别阿尔茨海默病的最新进展情况（阿尔茨海默病神经成像筛查项目，Alzheimer’s Disease Neuroimaging Initiative, ADNI），还补充了对血管性痴呆与阿尔茨海默型痴呆之间差异的争论。有关痴呆在发达国家和发展中国家的性别差异的新数据也得到了更新。
- 第 6 章纳入了有关暴食障碍的最新状况及其在 DSM-5 中几乎被确认收录为一种障碍的原因，以及关于抗肥胖药物治疗暴食障碍不尽如人意的新数据。第 6 章也介绍了以跨诊断的心理学方法来治疗进食障碍的最新成果，从而说明在维度或谱系上概念化进食障碍的重要性。
- 第 6 章还介绍了一项研究，它表明昼夜节律的时差现象至少对老年人可能产生相当严重的影响。
- 第 7 章呈现了在全世界流行的艾滋病的最新疫情，以及心理治疗对艾滋病患者在免疫功能和存活时间上的疗效的新资讯。第 7 章还纳入了有关心理因素在癌症的病程和治疗上的作用的更新信息，包括证明心理治疗能增加存活时间的随机对照试验，以及有关疲劳综合征的病因和维持因素的新假说。

- 除了讨论 DSM-5 中可能的新变化，第 8 章还描述了一个庞大而重要的纵向研究，它发现在 3 岁时恐惧条件作用受损能预测 23 岁的犯罪情况，这表明了反社会型人格障碍发展中的基因－环境交互作用。第 8 章还讨论了一个新的前瞻性研究：忽视和虐待史可以预测边缘型人格障碍的后期发展。同时，还提供了药物治疗边缘型人格障碍的最新研究。
- 第 9 章，描述了新的 DSM-5 将重新定义复杂性躯体症状障碍，并用医学上无法解释的躯体症状（MUPS）的不同例子将疑病症、躯体化障碍和（躯体形式）疼痛障碍归为一类这一潜在可能。第 9 章还包括有关虚假记忆的诱导及虚假记忆在分离和心理病理学的各种表现中发挥的作用的最新进展。
- 第 10 章纳入了患病率、社会和心理因素、治疗以及 DSM-5 对性功能障碍的描述可能发生的变化。此外呈现的还有与性唤起模式相联系的性别认同的可塑性（尤其是在女性中），以及有关儿童性别倒错行为和成人性取向与性别认同之间关系不紧密的最新信息。
- 第 11 章纳入了一个新的纵向研究讨论，这一研究表明高中时滥用药物能预测在青壮年（年龄低于 29 岁）会有较差的工作成果。关于使用医用大麻的部分也被完全修改为其在加拿大日常医疗中的应用。第 11 章还对胎儿酒精综合征部分进行了修改，并更新了有关暴饮的文化差异的数据。
- 第 12 章基于约 40% 的新材料和 149 篇新文献被彻底地重写和重组。现有的材料已被精简和重组以方便阅读和理解，使得这一章比以前的版本更短、更加简洁。第 12 章还纳入了抑郁与冲动控制问题相结合来预测自杀的有关数据，以及内隐或不易觉察的自杀意念作为抑郁重大风险因素的有关数据。
- 第 13 章纳入了两大药物研究的成果，一个是在美国进行的（称为“抗精神病药干预效果临床试验”，即 CATIE），另一个是在英国进行的（称为“治疗精神分裂症最新的抗精神病药的成本效应研究”，即 CUtLASS）。这些研究发现，较新的第二代药物跟过去的药物比起来并没有展现出更好的疗效或耐受性。

新模块

除了之前强调的变化，第 6 版还添加了两个新模块：

- 每章开头的新的“学生学习的目标”能协助教师在整个章节中准确评估和规划问题。这些目标与美国心理学会核心目标相符，并整合了教师资源和考核项目。
- 在每个障碍章节的最后增加了一个叫“谱系讨论”的新模块，它考察了前沿进展，这一趋势涉及用更多维的方法来研究心理病理学。相应的例子包括：对情绪障碍进行跨诊断评估和治疗；预览采用更多维方法的 DSM-5 中的障碍；采用交叉维度的方法测量焦虑或现实歪曲等的特征，从而为每一位患者提供更丰富的心理病理学描述。

DSM-Ⅳ，DSM-TR 以及 DSM-5

DSM-Ⅳ的修订掺进了对政治和科学的考虑，当然，我们也有自己的观点。（巴洛曾经在 DSM 修订特别工作组中有过有趣的经历。）心理学家总是关注疾病分类问题，如发生了哪些改变、更好还是更糟了、疾病的分类标准，以及适合的理由。在以前的 DSM 版本中，科学研究结果有时候会让步于个人观点。

关于 DSM-Ⅳ，大多数专业偏差被排除了，虽然特别工作组对数据进行了几乎无休止的争论。这一过程促成了新信息的出现，以至于每一种心理病理学期刊在每一年都充斥着文献综述、对已有数据库的再分析以及来自临床试验的新数据。从学术观点来看，这一过程既刺激又使人疲惫。在本书中，我们提到了一些创新术语并更新了对一些数据的讨论。例如，我们总结和更新了有关经前期烦躁障碍和混合型焦虑抑郁的有关数据和讨论，虽然这两种障碍依然没有进入诊断标准行列。学生们可以了解对这些问题做诊断的过程，同时也可以了解相关的数据及由此可以得出的推论。

2000年，美国精神病协会出版了DSM-Ⅳ诊断标准的修订版本，并更新了科学文献，但诊断标准本身只有很小的改变。来自我们研究中心（巴洛的研究中心）的许多资深临床心理学研究者都参与了这次修订。例如，修订版（DSM-Ⅳ-TR）集中讨论了有关疾病分类的类别和维度方法。

我们在书中描述了特别工作组根据数据所做出的一些妥协，如为何尽管几乎所有人都认为一旦我们能够对人格障碍进行维度化我们就会倾向于这么做，但是这一维度化似乎仍然是不大可能的。

DSM-5即将于2013年5月出版，我们中的一位（巴洛）就是DSM-5特别工作组的指定专家。这一浩大工程的第一阶段涉及美国国家卫生研究院和美国精神病协会聚焦于描绘必要研究的共同努力，他们的努力为DSM-5的推进提供了关键的信息。接着各领域的研究小组开始形成，如神经科学、当前体系中的问题、跨文化议题及发展性议题等领域，并且他们需要在既定的研究日程下提供“白皮书”。这一白皮书，连同一份对各种重要建议的总结已于2002年出版并于2008年被更新。规划委员会至今为止已经组织了一系列论坛和会议以进一步加强这些工作。从2004年到2007年，在美国和国际研究团体的一些成员主持下，已经举办了11次学术会议，其主题如儿童期的外化障碍、人格障碍和应激相关障碍及恐惧环路障碍等。2007年，覆盖了大量疾病（焦虑障碍、心境障碍、精神分裂症等）的DSM-5特别工作组和专家委员会正式组建。旨在对标准的修改建议进行测试的临床试验正在进行并将持续至2012年初。DSM-5无疑将采用一种更为多维的分类方法，本书的第3章和有关其他障碍的章节将按此路线呈现类似的改变。因此，正如前面所提到的，我们都将以“谱系讨论”这个特殊模块来结束每个障碍章节，它突出了新的科学发现以说明和支持心理病理学更多维的方法。

预防

展望异常心理学领域的未来，对大多数心理障碍患者进行帮助的希望依赖于我们预防这些障碍的能力。尽管这是大多数人的目标，但是我们仍然处于一种危险的境地，即预防方法的干预研究才刚刚开始。世界各地的许多科学家都在想办法来帮助我们摒除本书中所记录的一些心理障碍给我们造成的困扰。因此，我们也在本书合适的章节中强调了一些前沿的干预努力——例如预防进食障碍、自杀和HIV感染及伤害等健康问题——并试图激发出相同领域内的更好的方法。

保留特征

图示化摘要

在本书的结尾我们总结了每种障碍的病因、发展过程、症状表现和治疗方法。在这些内容中，我们的整合取向也得到明显的体现，它们都显示了生物因素、心理因素和社会因素在每种障碍的病因及治疗中的相互作用。这一部分能很好地帮助老师们总结讨论，也是学生们学习知识的好帮手。

突出教学

“概念自测”有规律地在每章的每个主要部分结束处呈现，能对刚刚学习过的知识点进行检查。每章的最后给出了相应的答案，同时还有更详细的小结。“关键词”按顺序在书中列出，使学生可以直接进行学习。

致谢

最后，如果没有我们Cengage的资深编辑Jaime Perkins的灵感和协作，这本书就不会得以顺利完成。特别要感谢Carolyn Smith和高级开发编辑Tangelique Williams对细节的关注和组织，他们所付出的努力使得这本书更加完美。我们希望在更多后续版本中与你们合作。营销经理Christine Sosa的专业知识值得赞赏。Paige Leeds和Jessica Alderman自始至终都勤奋、热情而有条理。

在出版过程中，许多人为了这个项目辛勤工作。在波士顿，Meredith Elkins协助在每一章都纳入和集成大量新信息。她寻找丢失文献和跟踪信息的能力是非常卓越的。简单地说，没有你，我们不可能做到这些。在圣彼得堡，Marly Sadou 踏实的敬业精神和对细节的关注极大地推进了这个项目的顺利完成。在 Wadsworth/Cengage，Vernon Boes 指导设计到最后的细节。Pat Waldo 在压力之下仍能优雅地整合所有的产品细节。对于 Graphic World 公司的生产经理 Megan Greiner 和版权编辑 Margo Harris，我们只能说你们对细节的关注使在 CSI 工作的人感到汗颜。我们感谢 Wendy Granger 及 Bill Smith 团队致力于寻找最好的照片。

许多同事和学生对前一版提出了很多意见或建议，我们对他们表示深深的敬意。尽管并不是所有的意见或建议都是有用的，但它们对我们而言都是非常重要的。能及时地跟作者沟通自己想法的读者总是作者和学者最宝贵的财富。

最后，在心理病理学这一令人兴奋的领域，您和我们分享知识、交流发现，这是一个任何人都不能轻视的挑战。在共同前进的精神指引下，我们将非常感激您对本书内容和形式的评价，也感激您为提升它的品质而提出各种建议。

简要目录

目录

第 1 章　历史上的异常行为　/ 1

第 2 章　心理病理学的整合取向　/ 29

第 5 章 发育障碍和认知障碍 / 159

第 6 章 进食障碍和睡眠障碍 / 205

第 7 章 躯体障碍和健康心理学 / 249

第 8 章 人格障碍 / 285

第 9 章 躯体形式障碍和分离性障碍 / 321

第 10 章 性功能障碍及性别认同障碍 / 355

第 11 章 物质相关障碍和冲动控制障碍 / 393

第 12 章　心境障碍与自杀　/ 433

第 13 章　精神分裂症与其他精神病性障碍　/ 479

第 14 章 精神卫生服务：法律与伦理问题 511

第1章 历史上的异常行为

Jerry Cooke/Time & Life Pictures/Getty Images

1 **学生学习的目标 ***

指出心理学作为一门学科的本质特征。	▶ 解释心理学是一门科学的原因（pp.4-6[①]）。
理解并掌握特定心理学领域的内容。	▶ 了解心理学的历史，包括各种心理学方法的发展演变、各种理论之间的冲突及其社会文化背景（pp.6-22）。
运用本学科的概念、专用语和主要理论来解释心理现象。	▶ 运用理论解释并预测行为和心理过程（pp.7-22）。 ▶ 整合各种理论视角从而给出全面多层次的解释（p.23）。
解释心理学的主要视角（例如行为、生物、认知、进化、人本、心理动力以及社会文化）。	▶ 解释心理学的主要视角（pp.7-22）。

* 本章的这部分内容覆盖了由美国心理学会（American Psychology Association，2007）建议的学习目标，可作为心理学专业本科学生的学习指南。这些内容由美国心理学会学习目标建议小组（SLO）确定。

理解心理病理学

▶ 心理学家如何定义心理障碍？

▶ 什么是科学家型的实践者？

今天你可能像往常一样起床、吃早饭、上学、学习，享受朋友的陪伴，最后上床睡觉。你可能从来没有意识到，许多人无法做到以上这些看似简单平常的事情。他们患有**心理障碍**（psychological disorder），这是一种与痛苦或损害相关的心理功能失调，是一种非常规的或者是与社会文化期望不相符的行为反应。在深入探讨这个问题之前，我们先来看一个病例。

朱迪：晕血的女孩

16岁的女孩朱迪在晕厥发生次数日渐增多的情况下被送到焦虑障碍诊所治疗。大约两年前，她第一次上生物课的时候，生物老师在课堂上放映了一部解剖青蛙的教学片。

影片中有大量的图片，十分真实生动地展现了解剖过程中大量的血液、组织和肌肉。影片放映到一半时，朱迪感到有点头晕就离开了教室。但是那些图片一直存在于头脑中，她持续地因那些血淋淋的图片而困扰，时常觉得恶心。她开始有意回避那些可能看见血或受伤的场景，并且朱迪发现对她来说看着生肉甚至是创可贴都很困难，因为它们会让她回忆起那些可怕的图片。最终，不论是谁，只要说起任何能联想到血或者受伤场景的东西，朱迪就会感到头晕目眩。如果她的一个朋友对她说“切开它”，她就会感到头晕。

在被送入焦虑障碍诊所前6个月，朱迪只要碰到有血的东西就会晕倒。内科医生找不出她身上有任何问题。在到我们诊所治疗前她每周会晕厥5～10次，而且往往都是在课堂上。很显然，这是有问题的，同时也扰乱了学校的正常秩序；每次朱迪晕厥之后，其他同学就会聚集在她的身边，试图帮助她，课堂经常因此被迫中断。最终，校长还是决定让朱迪休学，尽管她是一名非常优秀的学生。

困扰朱迪的是血液-伤口-注射恐惧症。她的症状比较严重，可以被诊断有**恐惧症**（phobia），这是一种心理障碍，表现为对某事物或场景显著而持续的害怕或畏惧。很多人在打针、输液或看见别人受伤时，也会有类似的反应，但不会像朱迪那样严重。如果出现朱迪这么严重的反应，这种恐惧症就会给生活和工作造成极大的障碍。他们可能会回避某些特定的职业，如医生、护士等，并且由于害怕注射，他们的健康状况也可能受到影响。

① 此类页码为英文原书页码，即本书边码。下同。——译者注

2

什么是心理障碍？

心理障碍，或者说**异常行为**（abnormal behavior）是一种与痛苦或损害相关的心理功能失调，是一种非常规的或者是与社会文化期望不相符的行为反应（图1-1）。上述这三个标准看起来很明显，但是归纳出这三点并不容易，因此我们必须好好来研究这些标准的含义。

心理功能失调

心理功能失调是指个体在认知、情绪或行为功能上出现障碍。举个简单的例子，约会本来是件很开心的事，但是如果整个晚上你都感觉害怕，尽管你自己也知道没什么可怕的，但每次约会你都不自觉地紧张、害怕，那么你的情绪可能出现了功能失调。但如果你的朋友都认为约会的对象挺危险，那么这种恐惧就不能称为功能失调。

朱迪存在明显的功能失调。很多人也有轻微的类似反应（例如，见到血就会觉得恶心反胃），只是还没有严重到造成功能失调。有鉴于此，区分正常反应和异常功能失调绝非易事，因此，我们应该用发展的或者多角度的而不是静止片面的观点来思考这些问题，这也是为什么单单一个功能失调标准不足以确诊为心理障碍。

个体的痛苦

痛苦是心理障碍的重要因素，这也给了我们一个清晰的提示：如果患者感到非常痛苦，他就较有可能罹患心理障碍。可以确定地说，朱迪非常痛苦。但要注意，仅仅感到痛苦并不能被定义为异常行为。日常生活中，每个人都常常感到痛苦，比如身边亲近的人突然去世。磨难和痛苦是生活的重要组成部分。另外，有些心理障碍的症状并不包括痛苦。例如躁狂症患者发作时就兴高采烈，而且非常冲动。正如本书第12章所提到的，有些人似乎很“享受”这种躁狂状态，以致他们不愿接受治疗。因此，不能单独以痛苦来界定心理障碍。

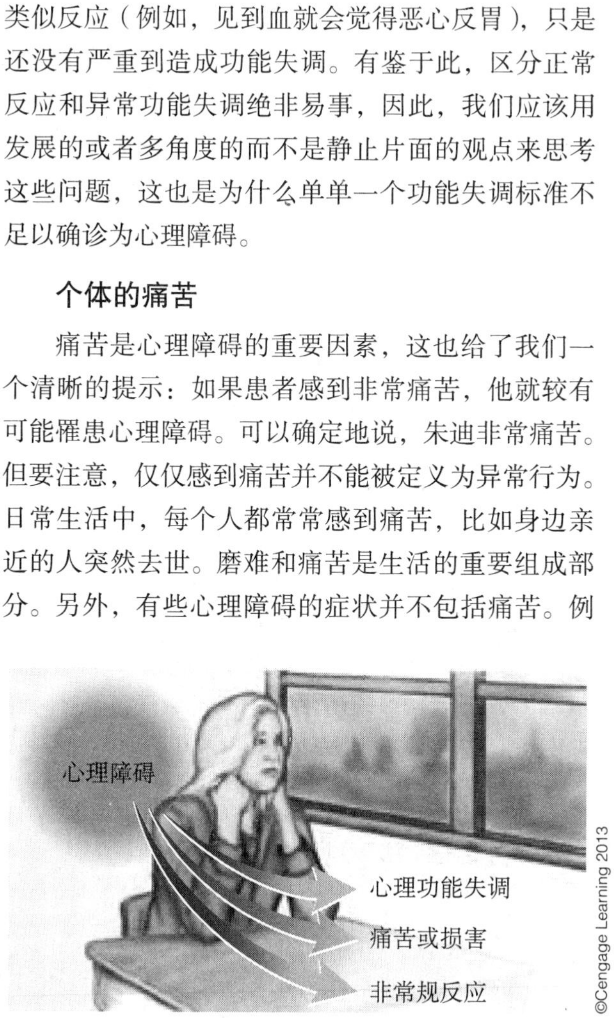

图1-1 心理障碍的定义

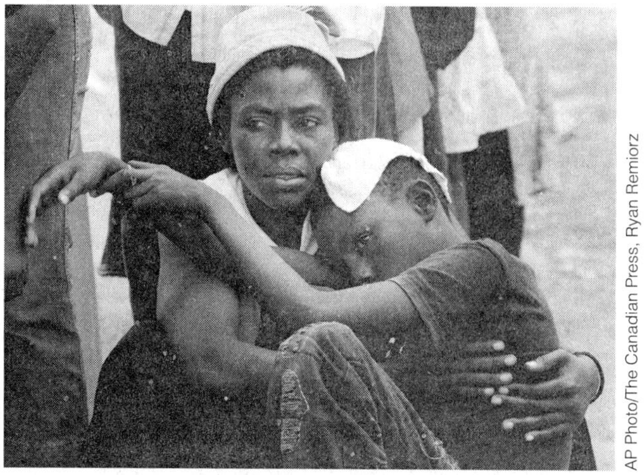

痛苦及其体验是生活的一部分，其本身并不能单独构成心理障碍。

尽管损害（损伤或受损）这一概念的提出还不能完全令人满意，但对于解释心理障碍还是有帮助作用的。比如，很多人认为自己很害羞或是很懒，可这并不说明他们不正常。但是如果你害羞到虽然内心非常想交朋友但你就是无法与人交往，那么你的社会功能肯定受损了。

显然，朱迪的恐惧导致她的社会功能受损。很多人也有类似的反应但没有这么严重，他们的社交能力并没有受到影响。这种区别再次表明了大多数的心理障碍不过是正常情绪、行为以及认知过程的极端表现而已。

非常规的或与社会文化期望不相符的反应

单单用非常规的或与社会文化期望不相符的反应这个标准也不能完全判定异常行为。有时，某种事物被认为异常，主要因为它偏离了普通大众的观念。这种偏离越大，异常的程度就越深。你可能会说某些人特别高或特别矮，但是这很显然不能是障

心理障碍 一种与痛苦或损害相关的心理功能失调，是一种非常规的或与社会文化期望不相符的行为反应。

恐惧症 一种心理障碍，表现为对某事物或场景显著而持续的害怕或畏惧。

异常行为 不受期望且通常受到消极评价的行为，因为它们有别于典型的或一般的行为。

碍的定义。许多人行为与常人不同，但也不被认为有心理障碍，他们往往被认为有天赋或有怪癖。例如，让血液从衣服里喷出来这事很不正常，但是Lady Gaga的“血喷装”却提升了她的知名度。通常，一个人越成功，社会对他的怪癖就越宽容。因此，将“偏离普通大众的观念”等同于异常行为是不恰当的。

另一种观点认为，如果你违背了社会标准，你的行为即被认为异常。这种观点有一定的积极作用，因为它考虑到了文化差异这一因素。例如，在西方文化中，如果你处于精神恍惚的状态并且认为你自己被附体了，那么你会被认为存在心理障碍；但是在许多其他社会中，这种状态却是可以被理解和接受的（见第9章）。神经学家罗伯特·萨波斯基（Robert Sapolsky，2002）举了一个例子来论述
3 这一观点，他的工作与东非的马塞族联系密切。有一天，萨波斯基的马塞族朋友罗达叫他把吉普车开到村子里，因为村子里有一个女人极具有攻击性，并且她一直在听周围的声音。她已经徒手杀掉了一只山羊。萨波斯基和几个马塞人制服了那个女人，

Christopher Polk/Getty Images

我们能接受艺人们但不能容忍其他人的极端行为，Lady Gaga就是一个例子。

并把她送往当地的健康中心。萨波斯基和罗达进行了如下对话：

“罗达，”我简洁地问道，“你认为那个女人有什么问题？”

罗达看着我就好像是我疯了一样。

“她发疯了。”

“但你是怎么分辨的？”

“她疯了，难道你刚才没从她的表现中看出来吗？”

“但是你是怎么判断她发疯了呢？她做了什么？”

“她杀死了那只山羊。”

“哦，”我很淡定地回答道，“但是马塞人一直都杀山羊的。”

罗达看着我，好像我是傻瓜一样，她说：“只有男人才宰杀山羊。”

“哦，还有什么让你认为她疯掉了？”

“她在听周围的声音。”

我又一次自讨苦吃。“可是马塞人有时候也听声音啊。”（在牛群远行之前的仪式上，马塞人出神地跳舞，声称要聆听声音。）罗达用一句话总结出了一个人所需要了解的有关跨文化精神病学的一半的内容：“但她是在错误的时间听声音。”（p.138）

然而，判断是否正常的社会标准可能会被误用。例如，仅仅因为抗议本国政府的政策，就将持有不同政见的人送入精神病院。这种现象在萨达姆·侯赛因（Saddam Hussein）下台前的伊拉克非常普遍。尽管这些政见不同的人的行为确实和当时的社会标准不一样，但不能仅凭这一原因就强制他们住院。

杰罗姆·魏克菲尔德（Jerome Wakefield，1992，1999，2009）给出了有害功能失调的一个简练的定义。另一个相关的概念是患者是否无法控制自己的行为（Widiger & Sarkis，2000）。自从这些判断心理障碍的方法以及由此衍生的一些方法被记录在《精神疾病诊断与统计手册》（DSM）中以来，它们被广泛运用到临床诊断中。

一种普遍接受的定义

总的来说，想给“正常”或“异常”下一个准确的定义是非常困难的（Lilienfeld & Marino，1995，1999），对于这个问题现在仍然争论不休（Clark，1999；Houts，2001；Klein，1999；

一些宗教行为看起来不同寻常但实际上在某些文化中或在某些个人看来是合适的。

Spitzer，1999；Wakefield，2003，2009）。目前其认可度最高的定义是：不受个体所处文化背景期待的行为上、心理上或生物学上的功能失调，并且这些功能失调与个体目前的痛苦或损害相关，或者与可能要面对的更多的磨难、死亡、疼痛或者伤害有关。如果我们关注在一个特定的社会中什么被认为是功能失调或失控，那么这个定义适用于各种文化。但是，要指出功能失调的具体判断标准是很困难的，甚至有的学者认为我们根本不能很好地定义“疾病”（disease）或“障碍”（disorder）（例如，参见 Lilienfeld & Marino，1995，1999）。目前，我们所能做到的最大限度是考虑如何把那些很明显的疾病或障碍与其“典型”症状进行匹配——例如，抑郁症或者精神分裂症。我们把这些典型症状的组合体称为原型，正如第 3 章中所描述的，这本书中所提供的诊断标准都是原型。这意味着，患者可能仅仅具有疾病的某些症状，但仍符合疾病的标准，因为这些症状非常接近原型。

DSM-5 正在进行修订，将于 2013 年 5 月出版。但是心理障碍的基本定义将大部分保持不变。

4

心理病理学

所谓**心理病理学**（psychopathology），是专门针对心理障碍的科学研究。这一领域的工作者包括临床与咨询心理学家、精神科医生、精神病学社工、精神科护士、婚姻与家庭治疗师以及心理健康咨询师。临床与咨询心理学家，必须具有哲学博士学位（或教育学博士，或心理学博士），并且要接受连续 5 年的研究生水平的课程学习。这些学习可以帮助他们去研究心理障碍的成因和治疗方法，以及心理障碍的诊断、评估和治疗。咨询心理学家倾向于研究以及治疗相对健康的个体遭遇到的有关适应或职场方面的问题，而临床心理学家通常关注更为严重的心理障碍。接受过其他专业训练的心理学家，如实验心理学家和社会心理学家，他们关注行为基本决定因素的研究，而不是心理障碍的诊断和治疗。

精神科医生首先必须在医学院校取得临床医学博士学位，然后在住院实习期间要接受 3～4 年的精神科专业培训。精神科医生也关注心理障碍的特点和病因、疾病的诊断，并提供治疗。虽然大多数的精神科医生也采用心理治疗，但他们更强调药物治疗或其他生物学治疗方法。

精神病学社工通常都具有社会工作专业的硕士学位。他们擅长收集心理障碍患者的相关社会家庭信息。社工也进行心理障碍的治疗，通常关注家庭问题。精神科护士通常具有相当高的学历，在照顾和治疗心理障碍患者方面十分专业，通常是医院治疗小组的成员。

最后，婚姻与家庭治疗师以及心理健康咨询师通常要花 1～2 年的时间取得硕士学位，他们受雇于医院或诊所，并提供医疗服务。

科学家型的实践者

近年来心理病理学发展的最突出特点就是采用科学的方法去深入研究心理障碍的成因和治疗方法。很多精神卫生专业人员将科学的方法运用于临床工作中，因此被称为**科学家型的实践者**（scientist-practitioner）（Barlow，Hayes，& Nelson，1984；Hayes，Barlow，& Nelson-Gray，1999）。精神卫生专业人员常以以下三种方式来将科学与实践结合（图 1-2）。首先，他们追踪该领域的最新成果，并将最先进的诊断治疗方法运用于临床治疗。从这个意义上说，他们是心理病理科学的消费者。

心理病理学　心理障碍的科学研究。
科学家型的实践者　将科学的方法运用于临床工作中的精神卫生专业人员，必须了解有关诊断和治疗的最新研究，评估自己工作方法的效力，以及通过研究取得关于障碍和治疗的新认识和新成果。

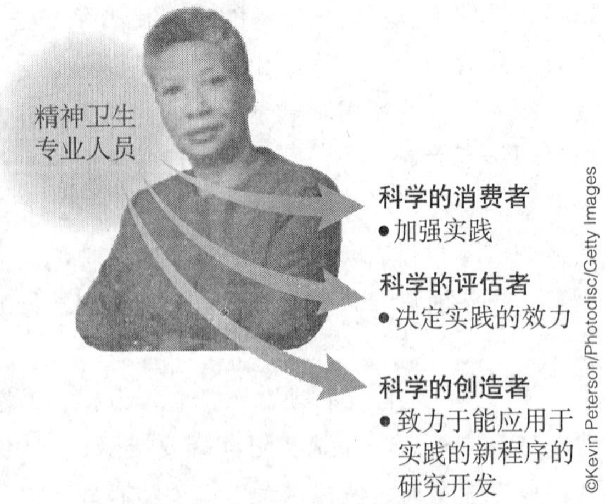

图 1–2　一名科学家型的实践者

其次，他们评估自己对患者的诊断或治疗方法是否有效。由于他们不仅要对患者负责，而且还要对政府机构和保险公司负责，因此他们必须要证明他们的治疗工作。最后，他们还要进行研究，取得关于疾病及其治疗方面的新认识和新成果。这些研究致力于三点：描述心理障碍，探究障碍的成因，以及治疗心理障碍（图 1–3）。这三个方面构成了本书的整体框架，并贯穿全书。这三方面的概览能使你更加清晰地了解到我们在认识异常行为方面所作的努力。

5

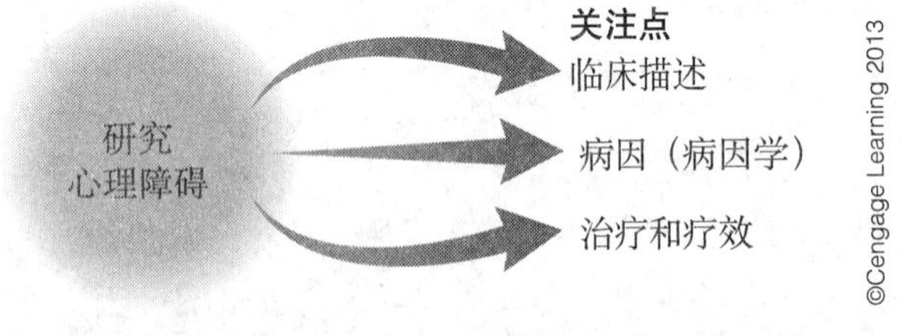

图 1–3　心理障碍研究和讨论的三大主要聚焦点

临床描述

在诊所或医院里，我们经常说患者“呈现出”一种特定问题，或者说我们讨论**呈现问题**（presenting problem）。描述朱迪的呈现问题是**临床描述**（clinical description）的第一步。所谓临床描述，是构成特定障碍的一系列行为、想法和感受；“临床”一词既表示（诊所或医院中）疾病的类型，也表示与评估和治疗相关的活动。

临床描述的一个重要作用在于详细说明什么使这种障碍不同于正常行为或者其他障碍。统计数据也可能被用于临床描述中。例如，患者数占总人数的比例，这个数字被称为该病的**患病率**（prevalence）。在某一特定时间段（比如一年）内新增的病例数占同时期暴露人口数的比例称为该病的**发病率**（incidence）。其他数据包括性别比例——患有某类心理障碍的男女比例、典型发病年龄等，通常各种障碍的这些数据都可能不同。

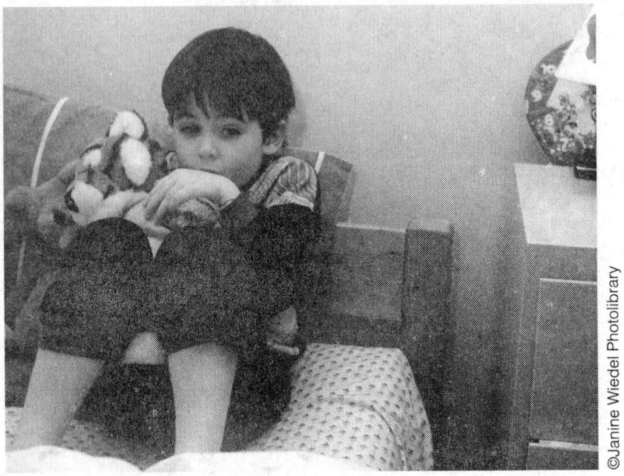

儿童恐慌和焦虑的表现与成人不同，所以他们的反应可能会被误认为是生理疾病的症状。

除此之外，大多数疾病有一个独特的模式或**病程**（course）。比如说，精神分裂症（见第 13 章）遵循慢性病程，意味着可能持续很长时间。其他如心境障碍（见第 12 章）遵循发作性病程，即每次病程仅有几个月，痊愈后可能再次复发。还有其他的障碍可能遵循自限性病程，即在一段相对较短的时间内，即使不治疗也会自行康复。

障碍病程不同，与其紧密相连的发作方式也随之不同。有些心理障碍是急性，即突然发生的；其他的在一段较长时间里逐渐发展，这段时间有时候被叫作潜伏期。了解一种心理障碍的典型病程是非常重要的，这样我们能知道将会发生什么，以及怎样以最好的方式来处理这些问题。比如说，如果一个人正患有一种急性发作的轻度心理障碍，那么我们知道它的发作期是有限的，我们可能建议患者没有必要花费大量金钱进行长期治疗。然而，如果该障碍有可能持续很长时间（转化为慢性的），那患者可能要进行长期治疗。心理障碍的预期病程称为**预后**（prognosis）。年龄也是临床描述的一个重要部分。同一种心理障碍在童年期和在成年、老年期的发病症状可能不同。有重度焦虑的儿童经常被认为患有生理疾病。因为他们的想法和感受与成人不同，因此儿童的心理障碍经常被当成生理疾病而误诊、误治。

我们把对行为在不同时间的变化的研究称作发展心理学；与此对应，我们把对异常行为变化的研究称作发展心理病理学。因为我们一生当中都在改变，所以研究者要研究儿童、青少年、成年人和老年人。对跨越整个生命长度的异常行为的研究被称作毕生发展心理病理学。

6 病因、治疗及疗效

病因学（etiology）或起因研究，研究疾病的产生原因，包括生理、心理以及社会等方面的因素。第 2 章就专注于异常心理行为的病因探究。

治疗在研究心理障碍中也是非常重要的。如果一种新的药物或心理社会治疗方法对某种心理障碍的治疗有效，那么它可能可以为我们进一步了解该障碍的本质和原因提供线索。例如，一种对某种神经系统有特殊疗效的药物能缓解某种障碍，那么我们就知道这种障碍的产生原因或持续发作的原因很有可能是这一神经系统的某个部分出了问题。正如我们在下一章中所论述的，心理学远比我们想象的复杂，因为结果并不一定暗示着原因。举个常见的例子：你可能服用阿司匹林来缓解考试前的头痛，可就算你过了一会儿头痛减轻，也不能说明你的头痛就是因为体内少了阿司匹林。尽管如此，人们孜孜不倦地为心理障碍寻求治疗的方法，而这些治疗方法也确实为了解心理障碍本质提供了一些线索。

在过去，教科书总是强调大体上的治疗方法，而不太关注具体的案例。如一位精神卫生专业人员可能只受训了一种理论方法，如精神分析或行为治疗（本书之后都会有所论述），然后对所有的疾病都采取那一种治疗方法。近来，随着科学的进展，我们已经发展出了多种特定有效的治疗方法，而这些治疗不是总依附于一种或另一种理论方法，而是跳出原来的限制更深入地了解各种心理障碍。由于这一原因，本书没有将精神分析、认知行为及人本主义等治疗方法单列一章，而是将各种最新、最有效的关注心理、社会、文化因素的药物及心理社会治疗方法放入特定疾病的背景下来描述，以符合本书整体的、多维的视角。

现在我们已经开始探索对异常行为的临床描述和治疗方法，并了解其产生原因。在第 2 章，我们详细阐述了当代对于异常行为病因和治疗的几种观点。在第 3 章，我们讨论了对异常行为分类所做的努力并回顾了研究方法。在第 4～13 章，我们探讨了各种心理障碍。最后在第 14 章，我们讨论了与心理障碍及其治疗相关的法律、职业及伦理问题。

对异常行为的历史性认识

人们如何看待异常行为？自古以来，人们一直试图解释和控制问题行为，但我们的努力都建立在当时普遍接受的理论和行为模式基础上，这些模式的目的在于解释为什么某些人表现出“那种样子”。指导我们的三种主要模式都能追溯至文明的开端。

人类一直觉得，在我们身体甚至地球以外，冥冥之中有某种力量影响着我们的行为、思维和情绪。这种力量可能是神鬼精灵或其他自然现象，如磁场、星体、月亮，这就是隐藏在超自然模式背后的力量。另外，精神通常被称为灵魂或心智，并被认为与肉体是分离的。尽管很多人认为精神可以影响肉体，相反，肉体也能影响精神，可是大多数哲学家在寻找异常行为的原因时还是习惯于只关注其中的一种。这种分离导致对异常行为的研究分为两大模式，即生物学模式和心理学模式。

概念自测 1.1

第一部分

将下面几个有关异常行为的概念填到相应的横线上：（a）违背社会标准；（b）损害；（c）功能失调；（d）痛苦。

1. 米格尔最近开始感到孤独悲伤。虽然这不影响工作和正常生活，可他总是觉得情绪低落，担心什么事情会发生在自己身上。你认为米格尔符合哪种状态？______
2. 35岁的商务主管简从三周前开始拒绝洗澡、拒绝离家，开始收看电视脱口秀节目。即使上司

呈现问题　最初由患者向治疗师报告的问题，而真正需要被治疗的问题通常是对这些问题的修正。

临床描述　构成一种特定心理障碍的有关个人行为、想法和感受等的细节描述。

患病率　某一地区患某一心理障碍的人数占该地区总人口的比例（与发病率进行比较）。

发病率　在某一特定时间段内新增的病例数占同时期暴露人口数的比例（与患病率进行比较）。

病程　发展的模式和病情的变化。

预后　对某一心理障碍性的预测性发展情况。

病因学　研究一种障碍的起因或根源的学科。

警告要辞退她也没有让她回到现实中来，依旧两眼无神地盯着电视屏幕。你认为简符合哪种状态？______

第二部分

将下列临床描述中常用的词与以下合适的案例搭配起来：(a) 呈现问题；(b) 患病率；(c) 发病率；(d) 预后；(e) 病程；(f) 病因学。

3. 玛丽亚不需要采取治疗干预措施就可很快痊愈；如果不采取治疗措施，约翰的病情可能会很快恶化。______
4. 上个月，该县发现 3 例贪食症新病例，而邻县仅为 1 例。______
5. 伊丽莎白到学校心理健康中心求助，因为她出现持续焦虑和负罪感。______
6. 生理、心理及社会因素都会导致心理障碍。______
7. 心理障碍的病程可分为慢性、自限性和发作性三种。______
8. 总人口中强迫症患者的比例是多少？______

7 ## 超自然模式

> 在过去，哪些超自然力量被用来解释异常行为？

中世纪，罹患心理障碍的人被认为是邪魔附体，必须通过特定的仪式来驱魔。

在许多有记载的历史上，异常行为一直被认为是内心善恶斗争的反映，对于不能解释、不合常理的行为，人们认为是邪恶在作祟。

恶魔和女巫

社会的一大主流观点将心理障碍的产生原因和治疗方法归于超自然领域。14 世纪的后 25 年，无论是教会还是当局都认可迷信，整个社会都普遍相信恶魔和女巫的存在以及它们所拥有的神奇力量。

忍受心理障碍之苦的人被视为恶魔和女巫的“杰作”。邪魔附体的个人可能要对所有镇上人们所经历的不幸而负责，这激发了灾难性的对抗邪魔附体的行为。处置手段包括**驱魔**（exorcism），即用宗教仪式驱逐患者身上邪魔的方法。其他方法包括在患者的头发上剃一个十字架，或者将患者绑在教堂前厅的墙上以使他们能从弥撒中受益。

魔法和巫术是疯狂或其他罪恶的原因这种信念一直延续到 15 世纪，邪魔一直被指责为导致那些不能被解释的行为的原因。马萨诸塞州著名的塞勒姆女巫审判案就是例证。

应激和忧郁

另一种主流思潮与超自然模式分庭抗礼，这种思潮认为精神病是一种自然现象，由精神或者情绪应激引起，因而它也是可治愈的（Alexander & Selesnick，1966；Maher & Maher，1985a）。尽管教会坚持宣称人类的绝望、疲乏、嗜睡等症状是懒惰这一“原罪”的表现（Tuchman，1978），但抑郁和焦虑被认为是一种疾病（Kemp，1990；Schoeneman，1977）。常见的治疗包括休息、睡眠及给患者提供一个健康快乐的环境。其他方法包括泡澡、擦药膏和服用各种药剂。事实上，14—15 世纪，乡村居民家家户户都会轮流照顾精神失常者，就像照顾身体天生畸形或瘫痪患者一样。现在我们都知道将心理障碍患者放在社区的环境中治疗的做法是有利的（见第 13 章）。

哲学家尼古拉斯·奥雷斯姆（Nicholas Oresme）是当时法国国王的顾问之一，他认为奇怪行为的根源是忧郁（抑郁）而不是恶魔。他指出，巫术和魔法存在的证据都是从正忍受折磨和对一切都坦白承认的人口中得到的。

依据历史学家查阅到的资料，这种对于精神障碍的自然和超自然的冲突性解释多少都在历史著作中被提到。有些史学家认为超自然学说在中世纪占据主流地位（例如，Zilboorg & Henry，1941）；还有人则认为超自然学说在当时影响很小，可以忽略
8 不计。正如我们所知道的，在对患有严重心理障碍的法国国王查理六世（Charles Ⅵ）治疗的过程中，两种思潮的影响都很大，有时交替出现在同一病例的治疗中。

查理六世：疯子国王

1392 年夏天，法国国王查理六世承受着很大压力。在他率军前往不列塔尼地区作战的途中，一个随从不小心将手里的长矛掉在地上，发出很大的响声。国王听到还以为自己受到攻击，于是他攻向了自己的军队，杀死了几名战功赫赫的骑士后被人拦住了。大军随即返回巴黎，国王的辅臣和谋士都认为他疯了。

©Mary Evans Picture Library/ The Image Works

国王查理六世

之后几年里，在他病情最严重的时候，他甚至躲在城堡的角落里，认为自己是玻璃做的，或者像狼一样在走廊里走来走去。有些时候，他根本不记得自己是谁，自己是什么，当看到自己的盔甲时，还会陷入恐惧和愤怒中，甚至冲上去想把盔甲砸碎。

巴黎人民震惊于国王突发的疯病。有人认为这是因为上帝发怒了；不过，大多数人认为是被施了魔法。这种想法受到严重旱灾的强化，那时池塘、河流干涸，牛因缺水而死，商人们声称遭遇了二十年来最惨重的损失。

自然地，国王得到了当时最好的治疗。当时最著名的医生是一名 92 岁的内科专家，他的治疗计划是将国王搬到乡间的一处别墅中休养，那里的空气是法国最干净清新的。专家建议国王静养、放松，进行一些娱乐活动。经过一段时间，国王的病有了起色。但不幸的是，医生不久就去世了，国王的疯病比以前更严重。然而，这次他的疯病被归结于超自然力量，“国王的主治医师换成了一个肮脏粗鲁、阴险恶毒的骗子阿尔诺·吉杨（Arnaut Guilhem），他故作神秘地宣称自己有一本上帝给亚当的书，这本书能够解除所有原罪带来的痛苦”（Tuchman，1978，p.514）。吉杨声称国王的疯病由巫术所致。

尝试了各种疗法和仪式，但无一奏效。大臣和御医们纷纷呼吁将装神弄鬼的巫师们绳之以法。“有一次，两位奥古斯丁教士在尝试用咒语和一种由珍珠粉制成的液体进行治疗而失败后，想在国王头上切开一个口子。议会否决了这个提议，这两位教士便谴责那些反对他们提议的人是恶魔。”（Tuchman，1978，p.514）甚至连国王自己在清醒的时候也坚信自己的疯病是源于邪魔和巫术。

对邪魔附体的治疗

驱魔术并不会给患者带来太大的痛苦，有意思的是，和其他暗示、信仰疗法一样，驱魔术有时确实有疗效，其原因我们将在后面的相关章节进行探讨。但是万一驱魔术无效怎么办呢？在中世纪，如果驱魔术失败，一些所谓的权威人士认为应该进一步采取措施赶走身体里的邪灵，于是很多人遭受囚禁、鞭打或其他折磨（Kemp，1990）。

因循这一方法，有一位“有创意的治疗师”提出将患者吊在一个爬满毒蛇的大坑上，患者躯体里的魔鬼就会被吓走。说来也怪，有时候这种方法也起了疗效。最严重的患者也会突然清醒，但可能只是暂时的。其他很多疗法也是建立在惊吓基础上的，如把患者浸在冰水里等。

驱魔　把异常行为归因于邪魔附体并通过将邪魔驱离身体的方式来治疗患者的一种宗教仪式。

多样化讨论　关于女性心理病理学的生物学解释：癔症简史

阿德里安娜是一位18岁的女性，因自己过度的紧张、易怒、食欲缺乏以及失眠而担心。从异常行为的生物学传统模式来看，对阿德里安娜症状的最佳解释是什么？像这类人应该如何治疗？

随着对人类生物学不断深入的了解，生物学模式得到发展，指导着心理病理学概念化和治疗方法的发展。不幸的是，一些理解和治疗方法并不适用于女性。一个有趣的例子是把女性普通的内心抱怨诊断为癔症。在古代，希腊的医生希波克拉底会把阿德里安娜的症状归结为一种叫作“游走的子宫”的生理症状，意思是因为缺乏性交而导致子宫在她的体内到处活动。希波克拉底认为结婚是治疗癔症的有效方法。尽管现在看来他的这种观点很荒诞，但在当时很多女性的心理抱怨被诊断为癔症。直到19世纪末期，阿德里安娜的情况仍被归为癔症，尽管那时“游走的子宫”观点已被欲求不满所代替。因此，治疗方法通常是通过按摩阴道来增强其性满足感。

在20世纪初期，西格蒙德·弗洛伊德（Sigmund Freud，1856—1939）提出癔症实际上在与上述相反的方面发挥着作用，他认为广泛存在于20世纪年轻女性身上的抱怨现象是由一种“转换”造成的，由不被接受的性幻想转换为更为社会接受的其他发泄方式。这是一个颇具影响力的理论，最终使转换癔症的诊断载入DSM。

近来的科学进展弃用了癔症这个概念，取而代之的是更为客观、具体、中性化的诊断，如焦虑症、抑郁症及躯体形式障碍等。随着遗传学和神经科学研究的发展，像“游走的子宫”这样简单的生物学解释已经被更为复杂的生物学解释模式所代替。尽管我们现在已经有了很大进步，但历史告诉我们现在的心理病理学概念化和治疗方法终有一天也会被视为简单而幼稚的。当然心理学家们仍会继续利用现有技术来指导心理病理学的诠释和治疗。

在水疗法中，把患者浸在冰水里使其受到惊吓从而回到清醒意识状态。

集体癔症

另一种奇怪的现象是群体性异常行为的突然发作。在中世纪，这给了邪魔附体观点很大的支持。在欧洲，成群的人同一时间冲到街上，他们跳舞、喊叫、咆哮、四处蹦跳，就好像在举行一个特别疯
9 狂但没有音乐的聚会［当时被称作rave（咆哮会）］。这种行为有好几种称呼，如圣维特斯舞蹈症（Saint Vitus’s Dance）和舞蹈病（tarantism）。除了被附体，还有其他几种解释。其中一种合理的猜测是，这是对昆虫叮咬的反应；另一种可能就是我们所说的集体癔症。看看下面的例子。

现代集体癔症

一个周五的下午，一家社区医院的警报铃响起，所有的医生都跑到急诊室。从当地学校驶来的一列救护车队送来了17名学生和4名老师，他们说自己感到眩晕、头痛、恶心、胃痛。有一些人呕吐，大部分人正强力呼吸着。

这些学生和老师来自4个不同的教室，走廊两边各两个。事件的开始是，一个14岁的女孩报告自己闻到一种味道，这种味道似乎来自通风口。女孩摔倒在地上，哭着说自己胃痛，眼睛刺痛。很快在相邻其他教室的许多学生和老师，看见并听到了正在发生的事情，他们也表现出相似的症状。86名受影响的人中（4个教室里的82名学生和4名老师），有21人（17名学生和4名老师）症状严重，需要住

院观察。公共健康机构对学校建筑进行的检查没有找出造成事件的明显原因，医院的身体检查也没有发现任何异常。之后所有人被送回家并且很快就痊愈了（Rockney & Lemke，1992）。

集体癔症可能只是展现了情绪传染现象，即一种情绪体验似乎传染到周围人身上（Hatfield，Cacioppo，& Rapson，1994；Wang，2006）。如果身边的某个人变得恐惧或者悲伤，很有可能你也会变得恐惧或者悲伤。当这种体验扩散为一种广泛的恐慌，整个人群都会受到影响（Barlow，2002）。人们在高涨的情绪状态下也很容易受到影响。因此，如果一个人找到问题的“原因”，那其他人也可能认为他们的问题也出于这同一原因。用现在流行的词来说，这种共同的反应有时候被称作大众心理学。

星月运行

瑞士内科医生帕拉塞尔苏斯（Paracelsus，1493—1541）不认同邪魔附体说，他认为星体和月亮的运行会对人的心理功能产生深远的影响，这一有影响力的理论促成了精神错乱（lunatic，luna 在拉丁文中代表月亮）一词的产生。你可能听到一些朋
10 友解释自己昨晚疯狂的行为时说“那天肯定是月圆之日”。尽管相当愚昧，但数以百万计的人相信自己的状态受月亮盈亏、星座位置的影响，如今这种信仰非常受关注。那些所谓的星相学家和追“星”一族坚信，人一生中的重大事件和日常行为与行星的相对位置有关。当然，至今还没有足够的科学证据证明这种联系确实存在。

AP Photo/Hatem Moussa

情绪是会传染的并且能逐渐演变为集体癔症。

评论

超自然论在解释心理病理现象上还占有一席之地。尽管在大多数地方，超自然模式已经被归入宗教派别和原始文化中。有组织的宗教成员向心理学和医学寻求治疗心理障碍的方法，如罗马天主教就规定，只有当所有卫生保健的治疗手段均无效的情况下才能考虑驱魔术之类的精神治疗手法。有时，像驱魔术、仪式以及其他一些似乎与现代科学毫无联系的方法确实有不可思议的疗效。但是这样的例子相对罕见，并且几乎没有人提倡用超自然方法来治疗严重心理障碍，除非把它作为最后尝试。

生物学模式

> 从生物学角度理解异常行为的基本假设是什么？

自古以来人类就开始探讨心理障碍的生理原因。对生物学模式发展起过重要作用的有：一个人，希波克拉底；一种疾病，梅毒；早期的一系列认为心理障碍是由生物学原因引起的观点。

希波克拉底和盖伦

古希腊医生希波克拉底（Hippocrates，前 460—前 377）一直被后人奉为现代西方医学之父。在写于前 450—前 350 年（Maher & Maher，1985a）的《希波克拉底文集》一书中，希波克拉底和其他医生共同提出心理障碍能够像其他疾病一样进行治疗。他们没有将他们的研究限制在一般疾病的范围，他们坚信心理障碍也可能由脑部疾病或头部创伤造成，并且受到遗传的影响（与基因有关）。希波克拉底认为大脑掌管智慧、意识、智力以及情绪。因此，涉及这些功能的障碍问题逻辑上来说可能就源于大脑内部损伤。希波克拉底也认为心理和人际关系在心理病理学中起着重要作用。

National Library of Medicine

放血，从患者身上抽血，使体内的各种液体重新恢复平衡。

古罗马医生盖伦（Galen，约129—198）继承和发展了希波克拉底的思想。他提出一种影响深远并一直沿用到19世纪的学说。希波克拉底-盖伦学说中最有意思的是体液说。希波克拉底认为人脑的正常运转与四种体液有关：血液、黑胆汁、黄胆汁和黏液。血液来自心脏，黑胆汁来自脾脏，黏液来自大脑，胆汁或称黄胆汁来自肝脏。医生们认为某种体液偏多或偏少就会造成相应的疾病。比如黑胆汁过多会造成忧郁症（抑郁症）。事实上，术语melancholy源于melancholer，后者的意思就是黑胆汁，现在仍然用来表示抑郁。体液说可能是第一个将心理障碍与化学物质失衡联系起来的学说，现如今依然在广泛传播。

11 四种体液与古希腊的四种基本物质特性有关，这四种基本特性是：炎热、干燥、湿润和寒冷。每一种体液分别和一种特性相关联。由这四种体液所引申出来的概念至今还被用来形容性格特征。例如，多血质（红色，和血液很像）形容一个人面色红润，高兴、乐观。其实失眠症和精神错乱也曾被认为是由脑中的血流量过大引起的。黑胆汁质（melancholic）的原意是抑郁（抑郁曾被认为是由黑胆汁流过大脑造成）。黏液质（phlegmatic）的人格特质［由“黏液”（humor phlegm）一词得名］意味着冷漠和懒惰，也意味着在应激之下还能保持冷静。一个胆汁质的人［由“黄胆汁”（yellow bile or choler）一词得名］则暴躁易怒（Maher & Maher，1985a）。

体液过多所引发的病症可由改变环境中的炎热、干燥、潮湿和寒冷等四种状态的程度来治疗。国王查理六世的医生将其移居到乡村就在于使他恢复体液平衡（Kemp，1990）。除了休息、加强营养以及锻炼之外，还有两种治疗方法。一是放血，通常用水蛭吸走患者体内经过仔细测量的一定量的血液；另一种是引吐，事实上，在1621年发表的关于抑郁症的一篇论文《忧郁症解析》中，罗伯特·伯顿（Robert Burton）推荐服用烟草和半生不熟的卷心菜来引吐（Burton，1621，1977）。朱迪如果生活在300年前，可能会被诊断为脑部障碍或其他生理疾病，也或许与过多的体液有关，并且会给予当时适当的医学治疗，包括卧床休息、健康饮食、锻炼等。

在古代中国甚至整个亚洲，存在着一种相似的观点。中国人关注的是流动于整个身体中的“气”，而非体液。一些无法解释的精神异常是由于体内的“阴”和与之相反的“阳”受阻造成的。治疗方法就是通过各种方式使“气”重新流畅，例如针刺疗法（针灸）。

希波克拉底创造了“癔症”（歇斯底里，hysteria）一词来描述从埃及人那里学来的一个概念，就是我们今天所说的躯体形式障碍。在这种障碍中，像麻痹或失明等症状表现为疾病的结果，因为找不到任何生理上的形成原因。这些障碍主要发生在女性当中，医生们于是设想该疾病仅限于女性。他们还假设了一种病因：空着的子宫在身体各个部位游走，寻找受孕机会（希腊语中“子宫”一词为hysteron），而不同症状就反映了子宫在身体里的不同位置。治疗方法可能是结婚或烟熏阴道以促使子宫回到正常位置（Alexander & Selesnick，1966）。生理学研究最后否定了子宫游走理论，但“歇斯底里”这个词却一直沿用至20世纪70年代，用来形容情绪化的女人。在第5章将会学习到，躯体形式障碍并不仅限于一种性别。

19世纪

希波克拉底和盖伦去世后，生物学论历经兴衰，终于在19世纪又因两个因素蓬勃发展起来：梅毒本质和病因的发现以及美国著名精神病学家约翰·格雷（John P. Grey）的大力支持。

梅毒

梅毒是由病菌侵入大脑而导致的性传播疾病，晚期梅毒患者的行为症状和思维症状通常表现为坚信他人要谋害自己（被害妄想）或觉得自己是上帝（夸大妄想），以及其他不合理的行为。虽然这些症状和某些精神病的症状很像——心理障碍以部分不以事实为基础的信念和认知为特征，但研究者认为这是一种新的精神病亚类型，这种病的患者会在发病五年间持续恶化、瘫痪乃至死亡，与此相反，大部分精神病患者病情都十分稳定。1825 年，这一情况被认为隶属于一种名为“麻痹性痴呆”（general paresis）的疾病，因为他们具有相同的症状及结局——死亡。麻痹性痴呆与梅毒的关系逐渐地被发现。1870 年左右，路易斯·巴斯德（Louis Pasteur）的疾病细菌理论，帮助确定了引发梅毒的微生物。

另一具有同等重要性的因素是发现了治疗麻痹性痴呆的方法。医生们发现，感染疟疾的麻痹性痴呆患者奇迹般康复了，因此他们将一名患有疟疾的
12 士兵的血液注射到其他麻痹性痴呆患者体内。很多患者康复了，因为高烧杀死了梅毒病菌。很显然，这种试验在今天看来是不道德的。最后，研究者发现青霉素能治愈梅毒。但是“疟疾疗法”使人们第一次认识到精神病以及相关的症状原来是某种可治愈的病菌感染所致。许多精神卫生专业人员假设任何心理疾病都可能追查出病因和治愈方法。

约翰·格雷

在美国，生物学传统的集大成者是当时最著名的精神科医生约翰·格雷（Bockoven，1963）。1854 年，格雷被任命为纽约尤蒂卡州立医院的院长，同时还担任《美国精神病杂志》[*American Journal of Insanity*,《美国精神病学杂志》(*American Journal of Psychiatry*）的前身］的编辑。格雷认为精神病都是由生理原因造成的，因此，对精神疾病患者的治疗也应该像对生理疾病患者一样。治疗方法包括休息、合理饮食、设置合适的室温和保持空气流通等。此外，格雷还发明了旋转扇来改善医院的通风条件。

在格雷的领导下，医院的条件有了大幅度的改善，变得更加人性化。但在随后的几年里，精神病院规模急剧扩大，无法做到关注个体患者。

实际上，精神病学界的领导者们已注意到精神病院日益增大的规模以及不注重人性关怀所带来的危害，因此建议进行大幅度精简。约一个世纪以后，在饱受争议的去机构化政策的指引下，社区精神卫生运动成功减少了精神病住院患者数量。但是，这一做法所带来的消极后果也不少，无家可归只能睡在城市街道上的患者数量大幅度增加。

生物治疗的发展

对心理障碍生物学原因的再度关注极大地促进了对生物学在心理病理学中所起作用的理解以及新型治疗方法的发展。20 世纪 30 年代，电休克及脑外科手术经常被采用，它们的效果以及新型药物的疗效是偶然间被发现的。例如，胰岛素被用来刺激那些不吃东西的患者的胃，但是它似乎也能使患者镇静。1927 年，维也纳医生曼恩弗雷德·塞克尔（Manfred Sakel）尝试不断增加胰岛素剂量，最后导致患者出现抽搐和短暂昏迷（Sakel，1958）。一些患者的精神病完全康复，大家将其归功于抽搐。后来这种疗法被命名为胰岛素休克疗法，但是因为常常导致昏迷甚至死亡，便被废止。我们还需发现其他能够引起抽搐的疗法。

20 世纪 20 年代，匈牙利精神病学家约瑟夫·麦杜纳（Joseph Von Meduna）发现，在癫痫患者中很少有精神分裂症患者。他的一些拥护者认为诱发大脑癫痫发作可以治疗精神分裂症。采纳直接在脑部进行电击可治疗精神疾病的意见——尤以 1938 年两名意大利医生乌戈·塞尔莱蒂（Ugo Cerletti）和卢奇诺·比尼（Lucio Bini）为代表，一名伦敦的外科医生率先将六股微弱电流作用于抑郁症患者的脑部，制造抽搐（Hunt，1980），结果患者康复了。尽管经过大幅度改良，休克治疗仍然在使用。我们将在第 6 章详细讨论颇受争议的电休克疗法。在 20 世纪 50 年代期间，人类开始系统研制治疗严重精神疾病的药物。在此之前，很多化学物质，包括鸦片都被用作镇静剂，另外还有不计其数的草药和土方（Alexander & Selesnick，1966）。随着印度罗芙木（即后来的利血平）和其他类别的神经松弛剂（强镇静剂）的发现，一些患者的幻觉和妄想第一次得以控制，这些药物也能控制躁动和攻击性行为。其他发现包括苯二氮卓类药物（弱镇静剂）可缓解焦

虑。到20世纪70年代，苯二氮卓类药物（安定或利眠宁）已成为世界范围内处方量最大的药物之一。但目前随着镇静剂的缺点日益显现，处方量有所下降（关于苯二氮卓类药物更多详情见第4章和第10章）。

正如亚历山大和塞莱斯尼克指出，几个世纪以来"人们对精神疾病药物治疗的普遍反应总是短暂狂热后随之而来的是失望"（Alexander & Selesnick, 1966, p.287）。例如19世纪末20世纪初曾广泛使用溴剂（一种镇静剂）治疗焦虑和其他心理障碍。到20世纪20年代，人们宣称溴剂对许多严重的心理及情绪症状都有效。但随着其副作用为大众所知，各种治疗案例也表明其总体疗效其实并不明显，溴剂才慢慢淡出历史舞台。

由于人们注意到使用这类药物会产生如震颤、发抖等副作用，神经松弛剂的使用已逐渐减少。然而，这些药物对一些患者精神症状的积极效果使得寻求针对心理障碍的生物学疗法和新型有效药物重新兴起。

生物学模式的结局

19世纪末，格雷和他的同事们对精神病治疗渐渐失去了兴趣。因为他们将精神疾病归于某些尚未发现的大脑疾病，并认为是无法治愈的。唯一能做的就是让患者住院。20世纪初，有些护士记录了临床治疗精神疾病的成功案例，但是因害怕增加家庭成员对治疗的希望而被阻止用到其他患者的治疗中。研究者的关注点由疗法转到了诊断以及大脑病理学 13
本身。

这一阶段的关键人物是埃米尔·克雷佩林（Emil Kraepelin, 1856—1926）。他在倡导生物学模式方面影响深远，但是很少涉及治疗。其贡献主要在于精神疾病的诊断及分类。他在1913年首次对纷繁芜杂的精神疾病进行分类，提出每种疾病都有不同的发病阶段、不同的症状以及不同的病因。

19世纪末，心理障碍的科学范式及其分类以对生物学病因的探究而展开。此外，治疗手段也开始变得更加人性化。然而，还存在一些缺点，最不幸的就是治疗就是一切，但在某些情况下却不允许使用，尽管一些有效的治疗方法其实是可使用的。下面我们就详细讨论这个问题。

概念自测 1.2

检测一下你对于这些历史理论的理解，请把这些理论与对应的疗法进行搭配：（a）放血、引吐；（b）将患者置于舒适的社会环境中；（c）驱魔、火刑。

1. 超自然起因：邪魔占据了患者的身体，控制了他们的行为。______
2. 体液说：只有四种体液平衡，才能保证脑部机能正常。______
3. 适应性障碍是由患者所处环境中不良的社会文化因素造成的。______

心理学模式

▶ 心理学模式中的精神分析、人本主义和行为主义学派是怎样解释异常行为的？

心理障碍的病因从邪魔附体到大脑病变，这是心理病理学史上的一大进步。历史上，心理学的发展是如何被置于社会人际环境中来进行考察的？事实上，这一方法由来已久，例如，柏拉图就认为适应不良的两个原因，一是人一生中社会和文化的影响，二是患者所处环境中发生的学习行为。如果环境里的事物出现问题，如父母有虐儿倾向，那么孩子的冲动行为和情绪不稳将会摧毁理智。最好的治疗方案就是对他们进行再教育以使理智重新获得主导权（Maher & Maher, 1985a）。这是现代**心理社会治疗**（psychosocial treatment）的先驱，不仅关注心理因素，也关注社会、文化因素。其他早期的哲学家，包括亚里士多德也都强调了社会环境和早期教育对于后来心理病理学的影响。他们提到幻想、梦和认知的重要性，因此为后来精神分析以及认知科学的发展埋下了伏笔。他们也提倡对心理障碍患者的人性关怀。

道德疗法

19 世纪上半叶，一种叫作**道德疗法**（moral therapy）的心理社会方法变得极为有影响力。（“道德”一词意味着情绪和心理上而非行为上的准则）。道德疗法原则包括在一个鼓励社交的环境中，尽可能地以正常的方式去对待患者（Bockoven，1963）。细心培育人际关系，个体将关注那些适当行为的积极结果，不再被限制和隔离。

与生物学模式一样，道德疗法也可以追溯到柏拉图时期甚至更早。例如公元前 6 世纪古希腊的阿斯科勒皮亚德神庙（Asclepiad Temples）就收容了患有慢性疾病的患者，包括心理异常者。在这里，患者得到了很好的照料，享受按摩，听舒缓的音乐。相似的做法也出现在中东地区的一些国家（Millon，2004）。但系统的道德疗法始于著名的法国精神病学家菲利普·皮内尔（Philippe Pinel，1745—1826）和他的同事巴黎比塞特尔（La Bicêtre）医院院长让-巴普蒂斯·普辛（Jean-Baptiste Pussin，1746—1811）（Gerard，1997；Zilboory & Henry，1941）。

1791 年皮内尔来到巴黎时，普辛已经弃用束缚患者的铁链并开始创立人性化的心理干预。与此同时，普辛力劝菲利普·皮内尔和他一同推行这一改革。值得庆幸的是，皮内尔听从了他的劝告，这一改革先是在比塞特尔医院推行，之后又在萨尔佩特
14 里埃尔（Salpétrière）女子医院推行（Gerard，1997；Maher & Maher，1958b；Weiner，1979）。

威廉·图克（William Tuke，1732—1822）将皮内尔的成功经验推广到英国，被视为美国精神病疗法的创始人的本杰明·拉什（Benjamin Rush，1745—1813）又将道德疗法引入宾夕法尼亚医院。收容所早在 16 世纪就已经出现，可当时它不像医院，倒更像是监狱。道德疗法在欧洲及美国的盛行使收容所变成了适宜居住甚至有益健康的居所。

1833 年，伍斯特州立医院基金会主席霍瑞斯·曼（Horace Mann）声称 32 名原先被放弃的精神病患者在接受道德疗法之后痊愈，重返家庭；100 名治疗前有严重暴力倾向的患者在接受治疗一年后，只有 12 名还存在暴力倾向；40 名患者在接受治疗前只要一碰到新衣服就动手撕烂，在治疗之后只剩 8 名患者继续存在此类行为。这些数据即使放在今天也是非常了不起的（Bockoven，1963）。

©Mary Evans Picture Library/The Image Works

由于菲利普·皮内尔这位致力于使精神疾病治疗所人道化的开拓者的不懈努力，精神病患者摆脱了枷锁的束缚。

收容所改革及道德疗法的衰退

19 世纪中期之后，人性疗法逐渐走向末路。大众普遍认识到，当患者的数量是 200 人或者更少的时候，道德疗法能发挥最佳作用，只有这样才能保证大量的个人关注。而美国南北战争之后，大量的移民纷纷涌入美国，当时医院的患者人数在 1 000 或 2 000 人，甚至更多。因为移民不被认为具有与“本土美国人”（其实所谓的“本土美国人”只不过其祖先早移民至美国 50～100 年罢了）相等的权利，所以即便有足够多的医护人员他们也没有获得道德治疗。

道德疗法衰败的第二个原因简直有些匪夷所思。多萝西娅·迪克斯（Dorothea Dix，1802—1887）致力于精神病治疗的改革。她曾就职于多个疗养机构，目睹了精神病患者受到的悲惨待遇，并决定把向美国公众公布这些虐待真相作为自己的终生事业。她的这项创举被后人称作**精神卫生运动**（mental hygiene movement）。

除了提高精神病患者的护理水平，迪克斯还致力于让所有需要照顾的人得到照顾。通过迪克斯的

心理社会治疗 关注社会、文化因素（如家庭经历）和心理因素，包括认知、行为和人际关系的治疗方法。

道德疗法 20 世纪的心理社会疗法，要求在正常的环境下尽可能正常地对待患者。

精神卫生运动 19 世纪中期通过告知美国公众精神病患者被虐待的真相来改善对患者的治疗的努力。

多萝西娅·迪克斯发起了精神卫生运动，她一生的大部分时间都在为心理疾病治疗的改善而奔走呼告。

努力，人性疗法得以更广泛地运用。

未曾想到，这项英雄创举却造成了精神病患者人数急剧增加，患者的流入导致从道德疗法到看管照料的急剧转换。迪克斯不仅改革了现有的精神病院，还在美国境内和海外创立了相当数量的新精神病院，但是迪克斯的不懈努力也无法确保有充足的医护人员给予道德疗法所需的对个体的关注。对道德疗法最后的打击来自19世纪中期的一个定论，该定论认为精神疾病是由脑疾病导致的，因而无法治愈。

心理学模式经过了一个相当长的休眠期，直到20世纪才重新崛起，并分化成为几种主要流派。第一大流派是**精神分析**（psychoanalysis），该流派以西格蒙德·弗洛伊德（Sigmund Freud，1856—1939）的心灵结构理论和无意识在行为决定中所充当的角色为基础。第二大流派是**行为主义**（behaviorism），代表人物是约翰·华生（John B. Watson）、伊万·巴甫洛夫（Ivan Pavlov）以及斯金纳（B. F. Skinner），行为主义关注学习和适应如何影响心理病理学发展。

15 精神分析理论

你是否曾经觉得自己好像被别人施了咒？教室里一个漂亮女人或男人的目光是否曾经让你着魔？或者听流行音乐会的时候，感觉摇滚歌手老在看着你？如果你有类似的经历，那么你与安东·麦斯麦（Anton Mesmer，1734—1815）的患者们以及千千万万被催眠过的人一定有一些共同之处。麦斯麦告诉患者，他们的问题是由一种难以觉察的体液造成的，这种体液存在于所有生物体内，称为“动物磁力”，它是可以被阻断的。

麦斯麦让患者坐在一个小黑屋里，患者旁边放着一口盛满化学药剂的大缸，缸里伸出几根可以触

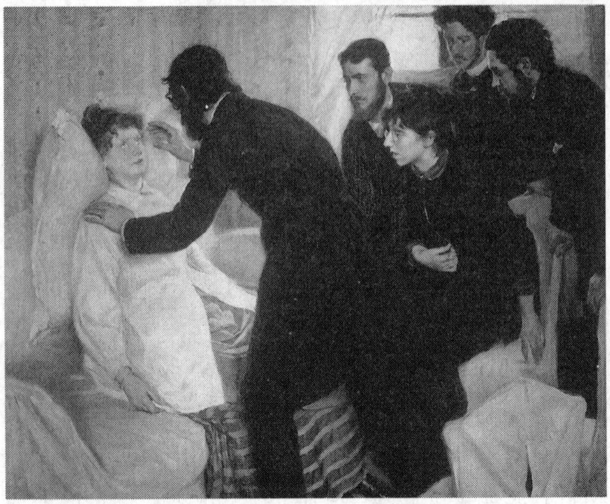

安东·麦斯麦和其他早期治疗师使用强烈暗示的方法来治疗患者，患者当时一般处于催眠状态。

到患者的棍棒。之后麦斯麦穿上拖地长袍，他可能指明或击打患者身体“动物磁力”被阻断的多个部位，同时强烈暗示患者他们正在接受治疗。由于麦斯麦的治疗方法不同寻常，他被认为是个怪人，其疗法也受到医疗机构的强烈反对（他的所谓疗法是根本违反医学精神的）（Winter，1998）。但很多著名的科学家和医生对麦斯麦的暗示法表现出极大的兴趣。其中最著名的一个是让-马丁·沙可（Jean-Martin Charcot，1825—1893），他是当时巴黎萨尔佩特里埃尔医院的院长，皮内尔曾在该院推行道德疗法。沙可指出催眠术中使用的某些方法对治疗很多心理障碍十分有用，他为使催眠合法化作了不少努力。1885年，一位来自维也纳名叫弗洛伊德的年轻人向沙可拜师学习。

在法国学成归国后，弗洛伊德开始与约瑟夫·布洛伊尔（Josef Breuer，1842—1925）合作进

沙可研究了催眠术，弗洛伊德对心理障碍的心理社会疗法也受其影响。

行研究。布洛伊尔此前试验过一种不同的催眠术：当患者在易受暗示影响的催眠状态下，布洛伊尔要求他们详细地描述自己的问题、冲突和恐惧。在这一过程中，布洛伊尔发现两个十分重要的现象。首先，患者在讲述时会变得非常情绪化，而脱离催眠状态之后又会如释重负，病情也随之好转。其次，患者似乎很难认识到自己的情绪问题与心理障碍有关。事实上他们很难或者根本不可能回想起自己在催眠状态下描述过的细节。也就是说，催眠时得到的这些信息超出患者意识之外。基于这些观察，布洛伊尔和弗洛伊德发现了**无意识**（unconscious）及其对心理障碍的明显影响。

他们还发现通过回忆那些已进入无意识的情绪创伤，并释放伴随的紧张情绪也能达到一定的治疗效果。这种情绪性释放就是现在人们熟知的**宣泄**（catharsis）。对于当下的情绪和从前创伤之间关系的深刻理解称为“领悟”（insight）。在书中接下来的部分你将看到，无意识记忆和感受，以及加工情绪信息的重要性得以证实。

弗洛伊德和布洛伊尔的理论建立在个案观察基
16 础之上。一个典型的例子就是布洛伊尔在 1895 年对安娜 · O 的癔症症状治疗的分析（Breuer & Freud, 1957）。安娜 · O 是一个聪明迷人的年轻女子，21 岁发病前一直非常健康。在她发病前不久，她父亲得了一种致命的慢性病。在他患病期间，安娜 · O 一直照顾着他，时时刻刻守在他的病床前。在父亲患病 5 个月后，安娜 · O 发现自己白天视力模糊，有时候右臂和双腿行动不便。很快她开始出现言语障碍，行为也变得不可测。不久，她去布洛伊尔那里就诊。

©Mary Evans Picture Library/Alamy

因安娜 · O 而闻名的贝莎 · 帕明罕（Bertha Pappenheim，1859—1936），被布洛伊尔描述为癔症患者。

在一系列治疗过程中，布洛伊尔一次针对一种症状，通过催眠和一系列“倾谈”，探寻每一种症状与她父亲的死相关的假设原因。有时，她的轻微癔症会消失不见，但是这种情况只发生在针对每一种症状进行治疗过后。当然，这种一次针对一种症状的治疗程序也符合由个案研究归纳得出科学结论这种研究模式的基本要求。弗洛伊德将上述基本观察发展为**精神分析模式**（psychoanalytic model），这一分析模式是最全面的、基于人格结构和发展的理论。他还推测人格发展会在什么阶段发生错误并导致心理障碍。尽管弗洛伊德理论中的许多观点随着时间的推进发生了变化，但他提出的心理功能基本原则随着他的著作一代代流传下来并被今天的精神分析师们所采用。

虽然精神分析理论大部分未经证实，但确实影响深远，熟悉其基本观点还是十分重要的。下面是其理论的简要概括，我们主要关注三个方面：（1）心灵结构和人格的典型功能，这些功能有时会互相冲突；（2）防御机制，心灵如何通过这一机制保护自己不受冲突的影响；（3）影响我们的内在冲突的早期性心理发展阶段。

心灵的结构

根据弗洛伊德理论，心灵主要由三个部分组成：本我、自我和超我（图 1–4）。尽管你可能已经听说过这些术语，但你可能并不知道它们的意思。**本我**（id）是强烈性欲和攻击感或攻击力的源头。从本质上来说，它是我们体内生物性冲动的体现。如果本我完全不受任何约束，它会让每个人都变成强奸犯或杀人犯。本我内部的能量或驱力称为力比多（libido）。甚至在今天还有人用力比多不足来解释性欲降低。另一种相对次要的驱力（弗洛伊德理论中表述不完全）为死本能，或称作自然毁灭。这两种基本驱力一个代表生命和实现，另一个代表着死亡和毁灭，两者一直处于对立状态。

精神分析　由弗洛伊德创立的强调对无意识过程和内心冲突进行探索和观察的评定、治疗方法。

行为主义　以源自实验心理学的学习和适应原则为基础，对包括功能失调在内的人类行为的解释。

无意识　存在于意识之外的心灵构成部分。

宣泄　迅速而突然的情绪紧张的释放，在精神分析疗法中被视为重要的因素。

精神分析模式　由弗洛伊德提出的一种以内在实质和驱力为基础的复杂而全面的理论，该理论旨在对人格发展、人格结构以及异常行为的起因做出解释。

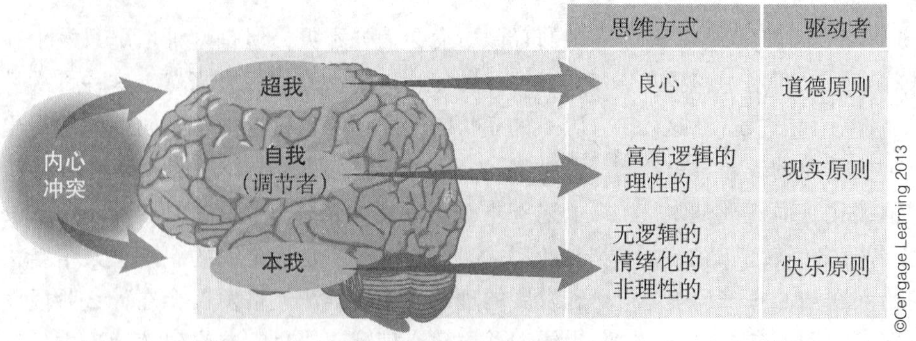

图 1–4　弗洛伊德提出的心灵结构

AP Photo

西格蒙德·弗洛伊德被认为是精神分析疗法的创始人。

本我遵循快乐原则，寻求快乐最大化，同时竭尽全力避免与之相伴随的紧张和冲突。快乐的目的在童年期尤为显著，儿童行为经常与社会规则相违背。本我有自己独特的信息处理方式，被称作初级过程，它的思维方式是情绪化、无理性、无逻辑、异想天开，充斥着性、攻击、自私以及嫉妒。

值得庆幸的是，弗洛伊德认为，本我的自私以及时而危险的驱力不是无约束的。事实上，只要几个月的时间，我们就知道必须要在不冒犯周围任何人的情况下找到方法满足自己的基本需求。换句话说，也就是我们的行为要符合实际情况。意识中保证我们的行为符合实际的那一部分称为**自我**（ego）。自我遵循现实原则，而自我的认知或思维方式以逻辑性和理性为特点，称为次级过程，与本我无逻辑、非理性的初级过程相对。

心灵的第三大重要成分是**超我**（superego），又称良心，超我反映的是父母和社会文化灌输给我们的道德原则。超我是当我们做了“错事”，跳出来谴责我们的内心的声音。因为超我的目的是抑制本我潜在的危险性攻击以及性欲的驱力，这两者之间的冲突根据是很明显的。

自我的角色就是调节本我和超我之间的冲突。
17 自我通常被称为心灵执行者和管理者。只有自我调节成功，我们才可能追求更高的智力和创造力；如果自我调节失败，本我或超我力量过于强大，冲突超出了个体的调节范围就会造成心理障碍。因为这些冲突都发生在心灵内部，所以它们叫作**内心冲突**（intrapsychic conflicts）。

防御机制

本我和超我的冲突无时无刻不在沸腾，所以自我一刻都不能放松。有时，它们之间的冲突会引起焦虑。焦虑提醒自我要调动**防御机制**（defense mechanism），这是一种无意识的保护过程，用于控制与冲突相关的情绪以使自我继续发挥功能。弗洛伊德是第一个将防御机制概念化的人，他的女儿安娜·弗洛伊德（Anna Freud，1895—1982）进一步完善了这个学说。

Imagno/Hulton Archive/Getty Images

安娜·弗洛伊德与父亲合影，她为精神分析学中防御机制这一概念做出了贡献。

防御机制可能有助于适应也可能不利于适应。你是否曾因为评分不公平而考得很差，然后当你回到家后朝弟弟或小狗怒吼？这就是替代（displacement）防御机制的一个例子。自我自行判定向你的教授表达你的愤怒可能于你不利，相反，因为你的弟弟和小狗没有令你畏惧的权威，于是你的愤怒替换到了他们身上。一些人会将内心冲突或隐藏的焦虑转移到更具建设性的事情上，比如工作，这一过程称为升华（sublimation）。

那些产生重度焦虑或者其他情绪的更为严重的内心冲突能引发自我挫败式防御过程或症状。在弗洛伊德看来，恐惧性和强迫性的症状是常见的自我挫败式的防御反应，这些反应都是处理内心冲突的不恰当尝试。恐惧性症状通常包含冲突的要素。例如，对狗的恐惧可能与幼年时的阉割恐惧有关，也就是说，一个人内心的冲突既包括害怕被攻击、被阉割的恐惧，也包括对有意识表达害怕被狗攻击、被狗咬的恐惧（即使他知道狗是不会对自己构成威胁的）。

防御机制的形式包括以下几种（以 DSM-Ⅳ-TR 为参考；APA，2000）：

- 否认：拒绝承认一些对其他人来说很明显的客观事实或主观经历。
- 替代：将对引起消极情绪的事物的感受或情绪发泄在其他威胁较小的人或事物上。
- 投射：将自己无法接受的感受、冲动或想法归因于其他个人或事物上。
- 合理化：为自己的错误刻意编造借口，从而掩饰行动、想法或感受的真实动机。
- 反向形成：用截然相反的行为、想法和感受代替不能被超我所接受的行为、想法和感受。
- 压抑：压制负面的欲望、想法以及经历，使其不能进入意识层面。
- 升华：将潜在的不良感受或冲动转化为社会接受的行为。

18 **性心理发展阶段**

弗洛伊德也将在婴儿期和童年早期我们经历的一系列发展阶段理论化为**性心理发展阶段**（psychosexual stages of development）。性心理发展阶段分为口欲期、肛欲期、性器期、潜伏期以及生殖期，分别代表了人类满足基本需求、追求生理快感的不同模式。举例来讲，口欲期（从出生到两岁左右）以关注食物需求为特征。吮吸在喂养中是必需的，而通过吮吸，嘴唇、舌头和口腔成为性驱力的焦点，因此，成为快乐的主要来源。弗洛伊德认为，如果某一时期的需求没有得到应有的满足，或某一时期的满足留下了特别深刻的印象（称为固着），那么成年后的人格特征就会有相应的反映。例如，口欲期固着会导致吮吸手指的习惯，或个体习惯通过进食、咬铅笔或咬手指来强调口腔刺激。成年后人格特征理论上会与口腔固着有关，表现为依赖、被动，或者反叛、愤世嫉俗等。

最受争议的性心理冲突之一发生在性器期（3 岁到 5 或 6 岁），这时期以抚弄生殖器为特征。这一冲突以古希腊悲剧人物俄狄浦斯为原型，在此悲剧中，俄狄浦斯命中注定在不知情的情况下杀父娶母。弗洛伊德声称，所有男孩在抚弄生殖器时都伴随着与母亲进行性交的想象，这时会体验到类似俄狄浦斯的幻想。这种幻想，反过来，伴随着对自己父亲强烈的嫉妒或愤怒。对于父亲，男孩一方面有认同感，另一方面又想取而代之。正因如此，男孩子们担心父亲发现了自己的欲望会阉了他们以示惩罚，担心逐步升级为**阉割焦虑**（castration anxiety）。这种焦虑帮助男孩努力压抑自己对母亲的性冲动。性冲动和阉割焦虑的对抗导致内心冲突，称为俄狄浦斯情结。除非发生一些特殊事情，性器期一般能太平无事地度过。首先，孩子必须处理好和双亲的矛盾关系。只有这样他才能将性冲动导入正常的异性关系中，同时保留对自己母亲无害的爱。

类似的冲动在女孩身上称为伊莱克特拉情结，而它受到的质疑更大。弗洛伊德认为女孩都想取代母亲的位置，占有自己的父亲。这种占有的关键点就在于女孩对阴茎的渴望，因此这一术语叫作阴茎嫉妒。弗洛伊德认为当女性发展了异性关系，产生生育的渴望时，这一冲突就能得以解决，弗洛伊德认为这是渴望阴茎的一种健康替代。不用说，这个特别的理论历来引起明显的惊恐，因为它歧视女性、贬损女性的形象。不过重要的是我们要记住它是一个理论而非事实，没有系统研究来支持它。

在弗洛伊德看来，无意识冲突、这些冲突引起

本我 在精神分析中，表现在出生初期的、代表基本驱力的无意识精神实体。

自我 在精神分析中，负责寻找切实可行的方法来满足本我需要的精神实体。

超我 在精神分析中，以内化的源自父母和社会的道德标准为代表的一种精神实体。

内心冲突 在精神分析中，存在于本我、自我和超我三者中的一种冲突。

防御机制 一种常见的行为模式，通常发生在调整过程或对特殊情景的反应中的适应性处理方式。精神分析理论认为这是一种源自自我的无意识过程。

性心理发展阶段 精神分析的概念，指一个人发展过程中要经历的一系列阶段。每一阶段以身体部位来命名，因为本我在那时在该身体部位得到最大的满足。

阉割焦虑 精神分析理论中处于性器期男孩的一种恐惧，他们害怕因自己对母亲存有欲望而被阉割。

的焦虑以及防御机制的实施是一切非精神疾病的心理障碍的起源，弗洛伊德将这些心理障碍称为**神经症**（neurosis），或神经性障碍。

精神分析理论的后续发展

弗洛伊德初始的精神分析理论被修改并发展成许多不同流派。有的理论家着眼于其中一派并进一步完善；有的则与弗洛伊德决裂，自创门派。

弗洛伊德的女儿安娜·弗洛伊德深入研究了防御机制怎样决定行为，由此，她成为现代**自我心理学**（ego psychology）的第一个拥护者。她认为，人对环境的适应能力会渐渐提升，同时提升的还有验证现实的技能和防御能力。一旦自我无法行使调节功能，无法控制本我的冲动或无法使用合适的防御机制来调节内心冲突，异常行为就会出现。在弗洛伊德理论另一种改进版本中，海因茨·科胡特（Heinz Kohut，1913—1981）关注自我概念的形成以及那些能使个体向健康发展或变为神经症患者的自体特性。这种精神分析方法后发展成为著名的自体心理学（self psychology）（Kohut，1977）。

另一个相关领域是**客体关系**（object relations），即对儿童怎样将形象、记忆和对于与他们有情感联结的人的价值认识内化到自己心里的研究。在这里，客体指代这些重要他人，而内化过程称为内投（introjection）。内投的客体有可能融入自我成为自我的一部分，也有可能在决定身份和自我的过程中承担冲突角色。例如，在人际关系或职业方面你父母的意见可能存在冲突，他们的观点也有可能和你的观点不同。当这些差异到达被内化的程度，冲突的潜在性将增大。你对自己的职业很有可能一天一个想法。客体关系理论认为，人们内化了客体之后，会用内化客体的视角来看这个世界。客体关系研究的重点在于探究内化的不同形象是如何相互作用帮助个体形成个体认同的。

弗洛伊德的学生卡尔·荣格（Carl Jung，1875—1961）以及阿尔弗雷德·阿德勒（Alfred Adler，1870—1937）开创了自己的理论。荣格否定了弗洛伊德理论中关于性的很多方面，引入了集体无意识的概念，认为这是千百年来社会和文化沉淀的智慧，它深藏于个人头脑之中代代相传下来。荣格还认为，精神和宗教的欲望与性欲望一样，也是人类的本能之一。这一强调和**集体无意识**（collective unconscious）的思想一直吸引着神秘主义者。

阿德勒着眼于自卑感和优越感的研究，并且创造了“自卑情结”这一术语。与弗洛伊德不同的是，荣格和阿德勒坚信人的本质是积极的，也坚信人都有强烈的实现自我的欲望，他们相信通过移除内在和外在的成长障碍，每个人都能完善地成长。

另外一些心理学家强调整个生命周期的发展和社会文化对人的个性的影响。凯伦·霍尼（Karen Horney，1885—1952）以及埃里克·弗洛姆（Erich 19
Fromm，1900—1980）便持这种观点，但最著名的理论家莫过于埃里克·埃里克森（Erik Erikson，1902—1994）。埃里克森最大的贡献就是毕生发展理论。在这一理论中，他描述了8个特定阶段中的冲突和危机。例如，人65岁以后进入成熟期，回顾自己的一生，体验到完成了一些目标的满足感以及未完成目标的失望感。科学研究证实，从发展的角度探讨心理病理学非常有价值。

精神分析疗法

精神分析疗法或者精神分析中的许多技术，以宣泄和领悟的方式揭示无意识心理过程的本质。弗洛伊德发展了**自由联想**（free association），采用这种技术能引导患者说出脑中的任何想法。自由联想的目的在于揭示因为太痛苦或者有威胁性而被封存在无意识里的东西。弗洛伊德的患者躺在一张长沙发上，他自己坐在沙发后面避免打扰患者。其他技术包括**释梦**（dream analysis，至今仍然相当流行），在释梦的过程中治疗师解释梦的内容，这些梦反映了本我的初级过程，并把梦与无意识冲突的象征部分联系起来。这个过程相当困难，因为患者往往抗拒治疗师揭示被压抑冲突的行为，或否认治疗师的解释。这一治疗阶段的目的是帮助患者领悟自己内心冲突的实质。

精神分析师（psychoanalyst）和患者之间的关系十分重要。有了良好的关系，治疗师才能逐步了解患者内心冲突的实质，这种现象称为**移情**（transference）。因为患者大多将治疗师与自己童年期的重要人物相联系。因不明原因怨恨治疗师的患者可能正在重演童年期自己对家长的憎恨，更多情况下，患者会对治疗师产生深刻的爱，反映着对父母某一方的积极的情感。在反移情现象中治疗师会将自己的个人情感，通常是积极情感，投射到患者身上。治疗师必须接受专门训练来处理自己的情感和患者的情感，治疗之外的关系禁止带入治疗中。

经典精神分析疗法一般要花费 2～5 年，每周 4～5 次，分析、解决无意识冲突，重塑人格，以及恢复对自我的控制。减轻症状（心理障碍）反而是次要的，因为它们只是性心理发展阶段的内心冲突的外在表现。如果内心冲突不能被完全化解，那么仅仅消除恐惧或者抑郁是没有用的，因为另外的症状（称为症状替代）又会显现出来。因为精神分析治疗花费不菲，而且并没有确切的证据能证明它的疗效，在今天这种方法很少被使用。

虽然精神分析疗法仍然在被使用，但很多心理治疗师转而采用一种与精神分析疗法相关的相对轻松的方法，这种方法被称作**心理动力疗法**（psychodynamic psychotherapy）。尽管仍然强调内心冲突和无意识，并努力探究创伤和防御机制，治疗师却是综合采用各种策略，包括：（1）关注患者情绪的表达和影响；（2）探索患者在治疗过程中试图回避话题和阻碍治疗进程的行为；（3）确认患者的行为、想法、感受、经历及人际关系模式；（4）强调过去的经历；（5）强调患者的人际交往经历；（6）关注治疗关系；（7）探究患者的愿望、梦境或幻想（Blagys & Hilsenroth，2000）。心理动力疗法还有两个特点：一是与经典精神分析疗法相比，疗程明显缩短；二是不再追求重塑人格，而是关注于减轻患者心理痛苦。

评论

经典精神分析疗法这几年逐渐不再流行。对经典精神分析的主要批判在于它的不科学性，依赖于患者对陈年往事的回忆。这些生活事件往往是被主观筛选出来的，又经过了精神分析师的主观解释，其解释方式还存在质疑，并且不同治疗师的解释也有可能不同。最后，它缺乏对心理现象严谨的衡量，
20 没有明确的方法对精神分析的基本理论假设进行证实或反证。这两点是非常重要的，因为衡量手段和理论的可验性恰恰是科学的基础。

尽管有上述这些缺陷，精神分析概念和观察仍意义重大。无意识心理过程观察已得到科学研究的印证，情绪反应常常被隐藏或象征线索所诱发已经成为众人共识，记忆会被压抑或被以各种方式回避这一观点也得到了验证。治疗师与患者间的关系，即治疗联盟，是研究中的一个重要领域。上述概念，以及防御机制或应对方式，将贯穿于本书。

弗洛伊德提出的病理性焦虑的出现与我们最深层的、最黑暗的本能相关这一革命性观点使我们的认识不再停留在巫术以及不可治愈的大脑病理层面。在弗洛伊德之前，无论善或恶、欲望的满足或克制，都是两种神力斗争的结果。弗洛伊德之后，人类自身成为这些力量相斗的战场。

人本主义理论

我们已经了解到荣格和阿德勒与弗洛伊德的决裂。他们之间的根本分歧点在于对人性本质的不同认识。弗洛伊德把人生描绘为战场，我们面临着被自己的黑暗力量打败的危险。相反，荣格和阿德勒更关注人性中积极、乐观的一面。荣格关注目标的设立，着眼于未来，并关注发挥自身最大的潜能。阿德勒则坚信当我们为他人、社会集体奉献时，人性本质就会发挥最大潜能。他认为人类总是竭尽所能去追求理智与道德发展的最高境界。尽管如此，两人的理论中仍然保留了大量心理动力学观点。他们的观点被人格理论家采纳，形成著名的人本主义

神经症 用于描述由无意识冲突和由此导致的焦虑引发的心理障碍的心理动力学术语。

自我心理学 也称自体心理学，一种强调自我在个体发展中的角色并把心理障碍归结于自我未能成功管理冲动和内心冲突的精神分析理论。

客体关系 心理动力学的现代发展，包含了对儿童如何将身边重要亲近的人的形象、记忆甚至价值观内化到自己心里的研究。

集体无意识 一个由荣格创立的心理动力学概念，指历史发展中沉淀下的并经数代人传承下来的文化智慧。

自由联想 一种精神分析技术，旨在探索因其威胁性而被封入无意识的信息，患者在治疗师引导下于没有无意识压抑的环境中说出浮现于脑海中的任何事情。

释梦 一种精神分析技术，将梦到的事物解释为本我冲动和内心冲突的象征。

精神分析师 获得医学博士或哲学博士学位后还接受了专业的博士后训练的治疗师。

移情 一个精神分析概念，指患者可能将自己对重要他人（尤其是父母）的关系投射到治疗师身上。

心理动力疗法 精神分析的当代版本，仍然强调无意识过程和内心冲突，但是比传统精神分析疗法简单，并关注更为具体的问题。

心理学。

这一流派重视**自我实现**（self-actualizing），它相信只要拥有足够的成长自由，所有人都能发挥最大潜能。许多因素会阻碍我们的自我实现，这些干扰因素大都来自个体外部。例如，艰难的生活条件或高压生活可能使人迷失真我。

亚伯拉罕·马斯洛（Abraham Maslow，1908—1970）假定了一个需求金字塔，金字塔底端是我们对食物和性的需求，最顶端是自我实现、爱和自尊的需求。像友情这样的社会需求位于上述两种需求之间。马斯洛认为只有当低层次的需求被满足后才可能满足较高层次的需求。

卡尔·罗杰斯（Carl Rogers，1902—1987）是最有影响的人本主义流派治疗师。他首创了以来访者为中心的疗法，也就是后来的**以人为中心疗法**（person-centered therapy）（Rogers，1961）。在该疗法中，治疗师居于一种被动状态，尽可能少做解释。重点是要给个人一个发展的机会，摆脱威胁感。**无条件积极关注**（unconditional positive regard），即完全接纳来访者大部分的感受和行动，这是人本主义疗法的关键所在。共情，即认同和理解来访者的独特世界观。以人为中心疗法的理想结果是来访者更加坦率、诚实地面对自己，发展自我。

人本主义模式对人际关系相关理论有着重大影响。例如，20世纪六七十年代风靡一时的潜能运动就直接源于人本主义理论。这一模式同样强调治疗关系，但所采取的方式与弗洛伊德精神分析疗法大不相同。人本主义治疗师认为包括治疗关系在内的人际关系是促进人类成长最积极的影响因素，而不是将治疗关系视为达到某一目的的一种手段。尽管如此，人本主义流派对于心理病理学的发展贡献甚少。原因之一是其拥护者基本上对研究不感兴趣，而研究正是发现新知识、进行创新的重要手段。与此相反，他们强调独特的、无法量化的个人体验，强调每个人的特殊性。正如马斯洛所言，人本主义理论更适用于没有心理障碍的个体。不过近十年来重症心理障碍治疗领域中，以人为中心疗法的运用已越来越少。

行为模式

行为模式（behavioral model）又称认知行为模式或社会学习模式，为研究心理病理学的心理方面提供了更为科学的方法。

巴甫洛夫与经典条件作用

在研究为什么狗在食物出现之前就会分泌唾液的实验中，俄国圣彼得堡生理学家伊万·彼得洛维奇·巴甫洛夫（Ivan Petrovich Pavlov，1849—1936）首次进行了**经典条件作用**（classical conditioning）的研究。条件作用是学习的一种，即把一种中性刺激与某种特定的反应放在一起进行实验，直到该刺激能引发该特定反应。条件作用是人类获取新信息的一种途径，这一过程具有自发性。下面举一个例子来说明。

©Hulton Archives/Getty Images

伊万·巴甫洛夫确定了经典条件反射过程，这一过程对很多情绪障碍至关重要。

化疗是治疗某些肿瘤的常用疗法，会产生包括恶心、呕吐在内的一系列不良反应。患者经常一看到实施化疗的医 21
护人员，或者任何与化疗有关的设备，就会有恶心、呕吐这些反应（Morrow & Dobkin，1988）。一些患者只要一看到穿白大褂的人或者医院这些与化疗相关的刺激就会恶心想吐。这一现象称为刺激泛化，因为反应泛化到（扩展到）其他相似刺激。心理学家不得不寻求方法克服这一反应（Redd & Andrykowski，1982）。

不管刺激是食物还是化疗，经典条件反射都始于能引发大部分人反应的一个刺激，并且这种条件作用不需要学习；这种反应的出现不需要其他任何条件。这就是无条件刺激（UCS）。这种无须后天学习的对特定刺激的反应称为无条件反应（UCR），在刚刚的例子中表现为分泌唾液或恶心。接下来要介绍的是需要后天学习的条件作用。正如我们所知，所有与无条件刺激（食物或化疗）相关的人、事物都有可能引发相同的反应，这种反应是由条件刺激（CS）引发的，因此被称为条件作用（CR）。因此，与化疗有关的护士成为一个条件刺激，与化疗中体验到的一样的这种恶心的感觉就是条件作用。

像化疗这样强大的无条件刺激，只需一次就足以形成条件作用。然而大多数这种类型的学习要求无条件刺激和条件刺激多次配对呈现。巴甫洛夫开始研究这一现象时，他用一个节拍器代替助手的脚步，以便更准确地量化刺激。他发现长时间地在条件刺激（例如，节拍器的响声）出现后不给狗供给食物，最后与食物相关的条件作用就会逐渐消失，也就是说，狗逐渐明白节拍声并不是开饭的信号，这一过程称为**消退**（extinction）。

因为巴甫洛夫是生理学家，所以对他来说在实验室里研究这些过程是很自然的事。此类实验需要精确测量、仔细观察和细心排除一切混淆因素。尽管这一科学研究方法在生物学研究领域已广泛运用，但在心理学研究中还不常见。比如，观察无意识冲突是不可能的，精确的量化就更谈不上了。早期的实验心理学家如爱德华·铁钦纳（Edward Titchener，1867—1927）强调研究**内省**（introspection）。受试者被要求在经受某种特定刺激后报告自己内心的想法和感受。但这种“扶手椅”式心理学的结果是自相矛盾的。

华生和行为主义的兴起

美国心理学家约翰·华生（John B.Waston，1878—1958）被公认为是行为主义的创始人。华生认为把心理学建立在内省基础上的发展方向是错误的，心理学应该像生物学一样具有科学性（Watson，1913）。

华生大部分时间都花费在将行为心理学发展成一门实证科学，不过他也曾做过心理病理学相关的研究。1920 年，他和学生罗莎莉·雷纳（Rosalie Rayner）送给 11 个月大的男孩阿尔伯特一只无害的长毛小白鼠。阿尔伯特一点都不怕这只小白鼠，反而玩得很开心。不过，每当他意图伸手去碰这只小白鼠时，实验者就会在他身后发出刺耳的噪声。仅仅 5 次之后，每当小白鼠靠近，阿尔伯特就会露出害怕的表情。随后，阿尔伯特对白色毛绒物品都产生了轻度恐惧，甚至对圣诞老人的胡子也是如此。你可能认为这并不惊奇，但是记住这可是有史以来第一次在实验室“制造”出一种原本不存在的恐惧。当然，这个实验在今天看来是极端不人道的。

华生的另一个学生，玛丽·琼斯（Mary Cover Jones，1896—1987）认为，如果恐惧可以由条件作用引起，那么它也可能被忘却或者“消除”。她对一个名叫彼得的小男孩进行了实验，彼得在两岁 10 个月时就很怕毛绒物品。琼斯决定把一只小白兔带到房间里，每天都让彼得在房间里玩一段时间，同时在同一房间里安排了不怕兔子的其他孩子来一起玩。彼得的恐惧情绪逐渐消失，每当恐惧消失一点，琼斯就将白兔放得更近一点。终于，彼得敢于抚摸兔子甚至和兔子一起玩了（Jones，1924a，1924b）。

行为疗法的兴起

在随后的 20 年里，琼斯研究的重要价值基本被忽略。20 世纪 40 年代末 50 年代初，南非精神病学家约瑟夫·沃尔普（Joseph Wolpe，1915—1997）开始不满于心理病理学的精神分析疗法，他转向行为心理学领域，并开发了一系列行为程序来 22
治疗患有恐惧症的患者，其中最著名的是**系统脱敏**（systematic desensitization）。系统脱敏类似于琼斯治疗彼得的方法：让患者逐渐面对自己害怕的事物或场景，这样他们的恐惧会慢慢消退。患者能够检验现实并认识到恐惧事物的存在或恐惧场景的存在并不会导致任何不好事件的产生。沃尔普要求患者在面对自己害怕的事物和场景时，做一些克服恐惧的事。因为沃尔普不能总是在办公室里重现恐惧的事物，因而沃尔普建议患者在放松的时候想象他所恐

自我实现　人本主义中强调的人们为发挥自己的最大潜能而努力克服困难生活的过程。

以人为中心疗法　在治疗中，由来访者而非咨询师主导讨论的进程，进而达到自我发现和自我负责的目标。

无条件积极关注　咨询师对来访者的感受和行动不加评判或谴责的全部接纳。

行为模式　以源自实验心理学的学习和适应原则为基础，对人的正常行为和功能失调的解释。

经典条件作用　一种最早由巴甫洛夫发现的基本学习过程。一个能够自动引发某种反应的事件或事物与另一个不能引发反应的事件或事物（中性刺激）相匹配，在重复的配对之后中性刺激也能单独地引发想要得到的反应。

消退　在操作条件作用和经典条件作用中，当强化物或配对被移除时，由强化物或配对保持的反应将会减弱，这一过程中发生的学习就是消退；也指移除强化物或配对的程序。

内省　早期非科学地研究心理学的方法，即使患者系统地报告出由特定刺激引发的想法和感受。

系统脱敏　一种行为治疗技术，旨在通过使患者产生一种积极的应对感受（通常是放松），分步骤地暴露于其害怕的事物，最终达到消除对该事物过度的恐惧。

惧的场景。例如，沃尔普的一位年轻男性患者对狗非常恐惧，沃尔普让他先充分放松，然后让他想象自己正看着一条狗穿过公园。渐渐地，患者能够想象狗穿过公园，虽然他有些害怕，可仍然能保持放松。然后，沃尔普让他想象自己正在向狗靠近。最后，这位患者已经能够想象自己正在抚摸这条狗，并且仍然能够保持一种完全放松，甚至有点梦幻的状态。

沃尔普报告了系统脱敏的巨大成功，这是行为主义新科学在心理病理学领域中首次大范围的应用，沃尔普和一起共事的其他先驱汉斯·艾森克（Hans Eysenck）及斯坦利·赖克曼（Stanley Rachman）称这种方法为**行为疗法**（behavior therapy）。这种方法尽管在今天很少使用，但为当代重度恐惧症治疗做了铺垫，使之能在短短的一天内就被消除。

斯金纳与操作条件作用

弗洛伊德的影响早已超越了心理病理学本身，深入文化、思想史等许多方面。仅仅有另外一个行为科学家具有相似的影响，他就是斯金纳（B. F. Skinner，1904—1990）。1938年，斯金纳出版了《有机体的行为》（*The Behavior of Organisms*）一书，在书里他提出操作条件作用原理，这是一种学习形式，在这种学习中行为取决于其导致的结果。斯金纳深受华生观点的影响，即人类行为科学必须基于对客观事实的观察，他也受到了心理学家爱德华·桑代克（Edward L. Thorndike，1874—1949）著作的影响。

桑代克以效果律而出名，效果律指出行为会因其结果而改变，或是被增强（这种情况居多）或是被削弱（这种情况居少）。斯金纳采用了桑代克用食物作强化刺激在动物身上进行试验的这种基本模式，并对其进行多方面改善以运用到我们的很多行为中。例如，一个5岁的小男孩在麦当劳餐厅大喊大叫，他的这种行为不太可能是由无条件刺激自动引发的。如果他被父母训斥，被带到外面的车里反省，或者被不断地强化更多适当的行为，那么他这样做的可能性就会减小。相反，如果他父母认为这一举动很可爱，或者被逗笑了，那么他有可能再次这样做。

Archives of the History of American Psychology/University of Akron

玛丽·琼斯是第一位使用行为技术帮助患者克服恐惧的心理学家。

斯金纳创造了“操作条件作用”（operant conditioning）一词，因为行为会以某种方式操作、改变环境。例如，上述男孩的行为影响了他父母的行为，还可能影响到了其他顾客的行为。我们在社会交往中做的事情为他人如何回应我们提供了一个场景，这就是我们的行为造成的结果。物理环境也是如此，尽管某些结果可能要很久后才会显现（空气污染最终会毒害我们自己）。斯金纳喜欢**强化**（reinforcement）甚于“奖赏”，因为强化更能体现结果对行为的影响。斯金纳指出，我们所有的行为都在某种程度上受到强化，根据强化程度不同进行排列可形成强化组合（Ferster & Skinner，1957）。他还认为用惩罚作为结果相对来说作用较小，而形成新行为的主要方法是积极强化期望的行为。斯金纳不否认生物学的影响，也不否认主观情绪状态和认知的存在，他将其简单地解释为某些特定强化所引发的伴随物。

©Bettmann/Corbis

斯金纳研究了操作条件作用——一种学习形式，是心理病理学的中心概念。

斯金纳的研究对象经常是鸽子或老鼠。他教会这些动物很多把戏，包括跳舞、打乒乓球、弹玩具钢琴等。他把这一过程称为**塑造**（shaping），即强化一系列与目标行为类似的行为的过程。如果你想让一只鸽子打乒乓球，首先你要在鸽子每次将头偏向扔给它的乒乓球的方向时，用食物奖励它。渐渐地，你要求鸽子更靠近直至接触到球。最终鸽子能否得到食物取决于它是否能用头将球顶回来。

评论

行为模式在对心理病理学的理解和治疗方面做
23 出了巨大贡献。尽管如此，行为模式还是不能充分解释我们如今所了解的心理病理学。过去，在行为模式研究中很少涉及生物学。同时行为模式也无法解释生命不同阶段心理病理学的发展。随着我们对信息加工过程的深入了解，这一问题更加复杂化了。综合心理病理学所有的维度，我们需要一种新模式。

一种整合的取向

› 为什么科学方法对于研究异常行为如此重要?

我们已经回顾了关于心理病理学病因的三种传统认识或思维模式：超自然模式、生物学模式以及心理学模式（进一步可细分为两个主要的历史模式：精神分析模式和行为模式）。

心理病理学的超自然模式仍然存在，但科学家和其他专业人员很少受其影响。相比之下，生物学模式、精神分析模式以及行为模式在继续丰富我们对于心理病理学的认识。

每种模式都在重要的方面有所缺陷。首先，无论是理论还是治疗都缺少科学方法的支持。正因为缺少足够的科学依据，迷信和各种非理性的狂热才能在某一时期盛行，甚至经常取代真正有用的理论或治疗手段，直至有人证明其无用。例如，在查理六世接受的各种治疗中，除了一部分确实有疗效，其他都仅仅是一时的狂热甚至是有害的。我们将在第 3 章详细论述如何用科学方法证明或否定心理病理学中的新发现。其次，精神卫生专业人员往往倾向于从他们自己的视角来看待心理障碍。格雷认为心理障碍是脑部疾病所致。华生则认为所有行为，包括异常行为，都是心理、社会因素的结果。

直到 20 世纪 90 年代，两个方面的进展开始一起对心理病理学的本质进行解释：（1）科学方法论日趋完善；（2）认识到任何影响因素都不是单独起作用的。每一次我们思考、感受或做事时，大脑和身体剩余部位也都在努力工作。尽管可能并不明显，但我们的想法、感受、行为确实影响脑功能甚至脑结构。也就是说，我们的行为，包括正常行为和异常行为，是心理因素、生物因素和社会因素持续共同作用的结果。

到 2000 年为止，随着我们对大脑怎样加工、记忆和利用信息的认识的增多，认知科学和神经科学等新领域有了飞速的发展。同时，行为科学领域新的研究发现揭示了早期经历对后期发展的决定性作用。很显然，我们需要一个新的模式，需要综合考虑生物、心理和社会因素对行为的影响，同时也要对人生不同发展阶段的经历加深理解以获取更多新发现。在 2010 年，为了将研究结果推进到治疗领域，美国国家精神卫生研究所（NIMH）开始支持关于生物、心理、社会等因素相互关系的研究（Insel, 2009）。因此，在接下来的内容中，我们也将探索神经科学、认知科学、行为科学以及发展科学之间的相互影响，证明目前已被证实的心理病理学模式是多维度的、整合的。

概念自测 1.3

下列治疗分别对应何种理论：（a）行为模式；（b）道德疗法；（c）精神分析理论；（d）人本主义理论。

1. 尽量正常自然地对待住院患者，鼓励社会交往和发展人际关系。______
2. 催眠，精神分析（自由联想及释梦），本我、自我和超我间的平衡。______
3. 以人为中心疗法和无条件积极关注。______
4. 经典条件作用、系统脱敏和操作条件作用。______

行为疗法 以行为科学原则、认知科学原则以及被运用于临床问题的学习原则为基础的一系列治疗方法，该疗法以特定行为而非推断出的内心冲突为合理改变目标。

强化 在操作条件作用中，加强行为或增加行为发生频率的行为结果。正强化涉及对期望结果的相倚传递，负强化是对厌恶结果的不同形式的逃避。不被期望的行为可能源于它们自身受到了强化或者是对期望行为强化的失败。

塑造 操作条件作用中一种新反应的形成，方法是持续不断地强化与该反应相似的反应。不管是期望得到的还是不期望得到的行为都可以通过这种方式形成。

24 小结

理解心理病理学

心理学家如何定义心理障碍？

- 心理障碍是一种与痛苦或损害相关的心理功能失调，是一种非常规的或与社会文化期望不相符的行为反应。现今还没有确定的用来定义异常行为本质的标准。
- 心理病理学关注于心理障碍研究。精神卫生专业人员包括临床与咨询心理学家、精神科医生、精神病学社工以及精神科护士。无论从事其中哪一职业，都必须接受特定的训练。

什么是科学家型的实践者？

- 精神卫生专业人员可以被视为科学家型的实践者。他们不仅要与最新发现保持同步，还要使用科学的数据来评估自己的工作，并且他们经常在诊所或医院里实施研究。
- 心理障碍的研究有三大主要内容：临床描述、病因以及治疗和疗效。

超自然、生物学及心理学模式

在过去，哪些超自然力量被用来解释异常行为？

从生物学角度理解异常行为的基本假设是什么？

心理学模式中的精神分析、人本主义和行为主义学派是怎样解释异常行为的？

- 历史上，存在三种解释异常行为的模式。在超自然模式中，异常行为被认为由外在因素所致，包括恶魔或精灵。这一模式基本上被生物学和心理学的观点所代替。在生物学模式中，障碍被归结于疾病或化学成分失衡。在心理学模式中，异常行为被归结于不正常心理发展以及社会环境。
- 每一种模式都有其独特的治疗方法。超自然治疗包括驱魔术，旨在将附在人体内的邪魔驱逐出去；生物学治疗强调医疗看护和医学治疗，尤其是药物的使用。心理学模式使用心理社会治疗，从道德疗法开始并包括现代的心理疗法。
- 弗洛伊德，精神分析疗法的创立者，提出了无意识心灵这一结构复杂的概念。在治疗中，弗洛伊德通过宣泄、自由联想以及释梦等技术挖掘患者的无意识思想。
- 人本主义理论是精神分析理论的一个自然发展结果，关注的是人的潜能和自我实现。从这一模式发展而来的著名的治疗方法是以人为中心疗法；治疗师对患者的感受和想法几乎是无条件积极关注。
- 行为模式将心理学带进了科学领域。研究和治疗都关注可测量的事物，治疗技术包括系统脱敏、强化以及塑造。

一种整合的取向

为什么科学方法对于研究异常行为如此重要？

- 随着认知科学、行为科学、神经科学的发展，我们意识到心理障碍的病因不是单独起作用的。行为是心理因素、生物因素和社会因素持续共同作用的结果。

关键词

psychological disorder 心理障碍　1
phobia 恐惧症　1
Abnormal behavior 异常行为　2
psychopathology 心理病理学　4
scientist-practitioner 科学家型的实践者　4
presenting problem 呈现问题　5
clinical description 临床描述　5
prevalence 患病率　5
incidence 发病率　5
course 病程　5
prognosis 预后　5
etiology 病因学　6
exorcism 驱魔　7
psychosocial treatment 心理社会治疗　13
moral therapy 道德疗法　13
mental hygiene movement 精神卫生运动　14
psychoanalysis 精神分析　14
behaviorism 行为主义　14
unconscious 无意识　15
catharsis 宣泄　15
psychoanalytic model 精神分析模式　16
id 本我　16
ego 自我　16
superego 超我　16
intrapsychic conflicts 内心冲突　17
defense mechanisms 防御机制　17
psychosexual stages of development 性心理发展阶段　18
castration anxiety 阉割焦虑　18
neurosis（neuroses）神经症　18
ego psychology 自我心理学　18
object relations 客体关系　18
collective unconscious 集体无意识　18
free association 自由联想　19
dream analysis 释梦　19
psychoanalyst 精神分析师　19
transference 移情　19
psychodynamic psychotherapy 心理动力疗法　19
self-actualizing 自我实现　20
person-centered therapy 以人为中心疗法　20
unconditional positive regard 无条件积极关注　20
behavioral model 行为模式　20
classical conditioning 经典条件作用　20 25

extinction 消退　21
introspection 内省　21
systematic desensitization 系统脱敏　22
behavior therapy 行为疗法　22
reinforcement 强化　22
shaping 塑造　22

▼ 概念自测答案

1.1

第一部分

1. d;　2. b, c

第二部分

3. d;　4. c;　5. a;　6. f;　7. e;　8.b

1.2

1. c;　2. a;　3. b

1.3

1. b;　2. c;　3. d;　4. a

▼ 本章测验 26

1. 精神科医生罗伯茨经常为有心理问题的患者开药，他应该拥有什么类型的学位？
   a. 哲学博士　b. 医学博士
   c. 心理学博士　d. 教育学博士
2. 下列哪项不包括在临床描述中？
   a. 想法　b. 感受
   c. 病因　d. 行为
3. ______用来描述某个人群中患某病的人数占该人群的比例，而______则用来描述在一定时期内新增的病例数占该时期暴露人口数的比例。
   a. 比率，患病率　b. 发病率，比率
   c. 发病率，患病率　d. 患病率，发病率
4. 下列哪项不是异常行为的历史模式？
   a. 灵魂模式　b. 超自然模式
   c. 生物学模式　d. 心理学模式
5. 19 世纪，由微生物病菌引起的疾病的发现支持了心理障碍的生物学模式，______在重症阶段会导致精神病症状和异常行为。
   a. 疟疾　b. 黄热病
   c. 登革热　d. 梅毒
6. 按治疗精神疾病的生物学模式被应用的顺序排列，下列哪项是正确的？
   a. 神经镇静剂，胰岛素，电休克
   b. 胰岛素，电休克，神经镇静剂
   c. 电休克，神经镇静剂，胰岛素
   d. 电休克，胰岛素，神经镇静剂
7. ______是缓解情绪创伤之后紧张应激的一种方法，而 27
   ______是对当前感受和过去事件的进一步理解。
   a. 内省，宣泄　b. 宣泄，内省
   c. 宣泄，调节　d. 调节，宣泄
8. 下列哪例是弗洛伊德防御机制中的替代？
   a. 特里的哥哥是体育明星，但特里却觉得这没什么了不起，为了不让哥哥知道他的真实想法，每场比赛特里都到场边为哥哥加油
   b. 艾瑞卡爱上了朋友的丈夫并与他偷情，当朋友发现时，艾瑞卡坚决否认了这件事
   c. 老师当着其他同学的面批评了亚当，当他回到家时，他狠狠地踢了一下跑来欢迎他的小狗
   d. 朱迪思周围的人和她都不是来自同一个种族，她感到自己被孤立了，在一次会议上，她向同事抱怨说这种情况是种族主义
9. 安娜总是从储藏室里取食物来喂狗。久而久之，当她开储藏室的门时，小狗就开始分泌唾液。这种情况属于：
   a. 非条件刺激　b. 非条件反应
   c. 条件刺激　d. 条件反应
10. 斯金纳因提出______的概念而闻名于世，即认为行为可以影响并改变环境。
    a. 经典条件作用　b. 系统脱敏
    c. 操作条件作用　d. 消退

（答案见附录 C）

第2章 心理病理学的整合取向

Zigy Kaluzny/Getty Images

◆ **章节概览**

31 **学生学习的目标 ***

理解并掌握特定心理学领域的内容。	▶ 学习和认知（pp.53-56）。 ▶ 行为和心理过程（包括生理机能、感觉、知觉、比较、动机和情绪）的生物学基础（pp.34-53，57-60）。 ▶ 行为和心理过程的毕生发展变化（pp.63-64）。 ▶ 遗传和环境的交互作用（pp.36-40）。
运用本学科的概念、专用语和主要理论来解释心理现象。	▶ 整合各种理论视角从而给出全面多层次的解释（pp.31-33，63-64）。
解释心理学的主要视角（例如行为、生物、认知、进化、人本、心理动力以及社会文化）。	▶ 比较和对比主要视角（pp.35-37，53-55，61-63）。

* 本章的这部分内容覆盖了由美国心理学会（American Psychology Association，2007）建议的学习目标，可作为心理学专业本科学生的学习指南。这些内容由美国心理学会学习目标建议小组（SLO）确定。

还记得第 1 章中的朱迪吗？我们知道她患上了血液－伤口－注射恐惧症，但不知道原因。我们将在这里讨论有关病因的主题。在本章中，我们将详细分析心理病理学**多维整合取向**（multidimensional integrative approach）的组成成分（图 2–1）。生物维度包括从遗传学到神经科学领域的致病因素。心理维度包括从行为到认知加工的致病因素，如习得性无助、社会学习、准备性学习，甚至无意识加工。情绪因素以不同的方式产生影响，社会和人际因素也是如此。最后，在所有的心理障碍原因的讨论中都会考虑发展因素。但要记住：没有哪种因素是单独起作用的。每个维度都受到其他因素和发展因素

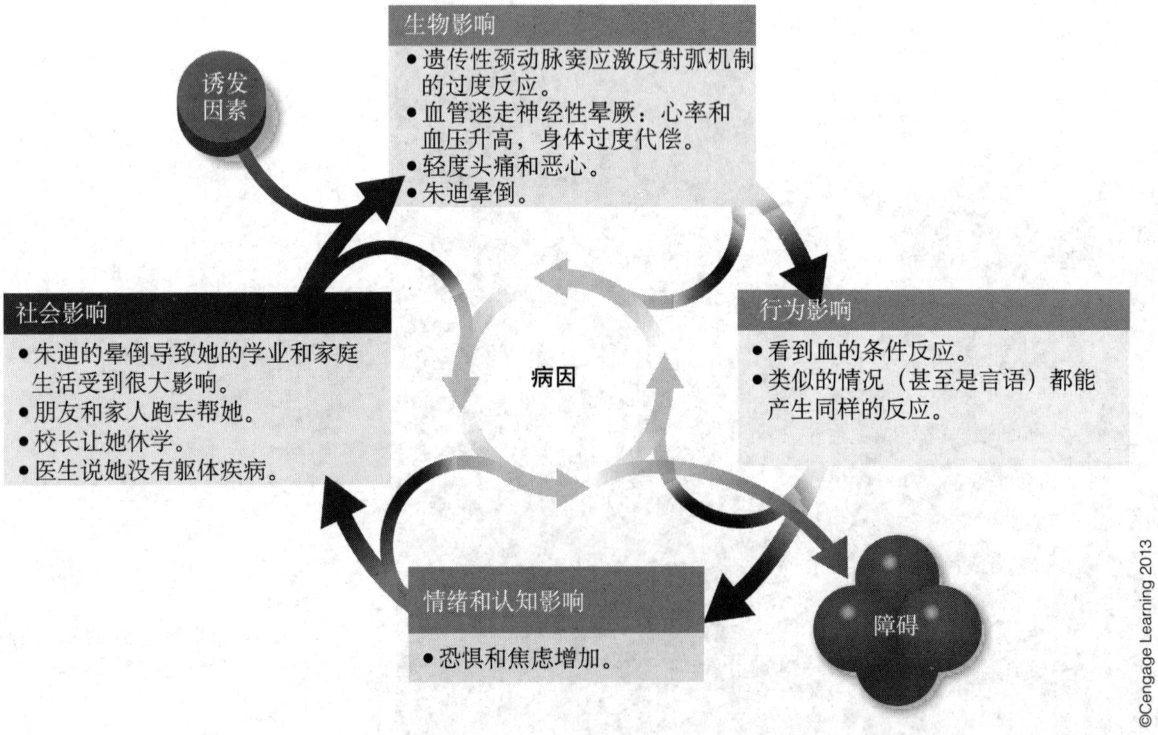

图 2–1　朱迪的案例

的极大影响，它们以错综复杂的方式交织在一起，共同导致了一种心理障碍。

在本章中，我们将简单解释为什么采纳心理病理学的多维整合取向。然后，通过朱迪的案例对各种因素的影响及相互作用进行分析。之后，我们将深入探讨心理病理学中各种特殊的致病因素。

单维模式还是多维模式

- 因果关系的多维模式和单维模式有何不同？
- 异常行为的多维模式包含哪些关键的影响因素？

认为心理病态由单一病因所致，是一种线性的或单维的模式。线性病因模式会把精神分裂症归结为体内化学物质的不平衡。然而，大多数科学家和临床医生相信异常行为是由多种原因导致的。一个系统或反馈回路上的各点可能会输入不同的信息，但每种信息都会成为整体的一部分，从而不再被认为是独立的了。这种视角就是“系统观”，这种观点认为心理病理学中任何一种成分都不可能脱离整体而单独起作用，而这一整体既包括个体的生物学基础和行为，也包括个体的认知、情绪以及社会和文化环境。在这个多维模式中，系统中的任何一种成分都会不可避免地影响其他成分。

什么导致了朱迪的恐惧症？

我们将从多维的角度来探讨朱迪恐惧症的可能成因（图 2–1）。

行为影响

朱迪恐惧症的原因看起来似乎很明显。她看了一部有血和受伤画面的电影，并对此产生了一个糟糕的反应。她的反应最初是一种无条件反应，后来这种反应和与电影中相似的场景联系起来。但是，朱迪的反应是如此极端，以至于听到有人说“切开它”也会引起恶心。朱迪的恐惧症是一个经典条件作用的典型案例吗？可能是，但是为什么朱迪班上其他孩子没有发展成同样的恐惧症？

生物影响

我们现在知道，血液–伤口–注射恐惧症所包含的远不止一次简单的条件反应（Antony & Barlow，2002；Ayala，Meuret，& Ritz，2009；Exeter-Kent &

Alain Le Bot/Photolibrary

经历了相同创伤事件的人的长程反应是有差异的。

Page，2006；Page，1994，1996）。从生理上讲，朱迪经历了一次血管迷走神经性晕厥，这是晕厥的一种常见原因。当她看那部电影时，她感觉有点不舒 33
服，她的心率和血压也相应地升高。当她身体体验到这种变化时，会立即通过降低血管阻力、降低心率，甚至通过降低血压来进行代偿。这使她脑部供血逐渐减少，直到失去知觉。晕厥指的是由于脑部血压降低而导致的“感觉下沉”或“昏晕”现象。

血管迷走性晕厥的一个可能原因是一种称为颈动脉窦应激反射弧机制的过度反应。该机制可以通过降低血压来代偿血压的突然升高。这种过度代偿的倾向似乎是遗传的。你一看到血就感到恶心吗？如果是，你的母亲、父亲或其他直系亲属就可能有同样的反应。一项研究表明，大约有 61% 的恐惧症患者的家属也有相同的情况（Ost，1992）。那么，你可能会认为我们已经发现血液–伤口–注射恐惧症的原因了。但是，很多有相当严重晕厥反应倾向的人却并没有发展成恐惧症患者。他们采取多种方法应对晕厥反应，包括一见到血液就收缩肌肉。收

多维整合取向　认为心理障碍始终是多因素相互作用的产物的精神病理学研究模式。

缩肌肉可以使血压很快地升高，从而阻止晕厥反应的发生。然而一些很少有或没有晕厥反应的人却发展成恐惧症患者（Ost，1992）。所以，血液-伤口-注射恐惧症的原因并非看起来那么简单。如果我们说这种恐惧症是由生理功能失调（一种过度的血管迷走反应）或由一次创伤性经历（看了一部恐怖电影）及其所造成的条件反应引起的，那么这两种描述都只是部分正确，但同时我们会错过最重要的部分：行为因素和生物因素之间发生了复杂的相互作用。尽管遗传了一种强烈的晕厥反应的确会使个体很容易患恐惧症，但是其他影响因素也会起作用。

情绪影响

朱迪的案例是一个很好的生物因素影响行为的例子。但行为也可能影响生物因素。朱迪的害怕在其恐惧症的发生过程中扮演了什么角色？即便我们像朱迪一样明知没有什么可怕的，情绪还是能够影响生理反应，如血压、心率和呼吸。在朱迪的案例中，情绪所引起的心率快速上升可能激发了一种更强烈和更紧张的应激反射。情绪也会改变她看待有血和外伤情境的方式，并会激发她回避所有与血和外伤有关的情境，哪怕面对这些情境对她来说可能很重要。

社会影响

社会和文化因素直接影响着生理和行为。每当朱迪晕过去的时候，她的朋友和家人就冲过去给予她帮助。他们的支持是好还是坏呢？她的负责人并没有理会她的问题。那么这种行为对她的恐惧症会有何影响？排斥，特别是被权威人士排斥可能会使心理障碍变得更糟。与此同时，只有患者出现症状时才能得到帮助也并不一定就好，因为这种关注可能会增加病态反应的频率和强度。

发展的影响

随着时间的推移，很多有关自我和环境的东西发生了重要的变化，致使我们在不同年龄有不同的反应。我们在某些时候会进入一种发展的关键期，在这一时期我们对某些特定情境的反应会比其他时刻更多或更少。回到朱迪这个案例，她可能以前也碰到了其他与血有关的场景。那么，为什么她到了16岁而不是之前才出现这种问题？是因为她的血管迷走反应的易感性在她十几岁时最强烈吗？这也许是她的生理反应与观看恐怖电影一起提供恰当的联系，从而引发了朱迪的恐惧反应。

结果和评论

幸运的是，在我们的诊所里经过治疗后，朱迪恢复得很好，7天之后又回到了学校。朱迪被逐渐地暴露于描述或刻画有关血与外伤的词语、图像以及情境中，并同时对其血压的突然下降进行控制。我们开始用一些轻微的刺激，如“切开它”这样的短语。到周末时，朱迪能到当地医院观摩外科手术了。如你所看到的，寻找异常行为的病因是一个复杂的过程。只着眼于生物或行为因素不会让我们对朱迪疾病的原因有一个全面的了解；我们必须考虑其他影响因素及其相互作用的方式。接下来将更深入地讨论引发心理障碍的生物、心理和社会方面的影响因素。

概念自测 2.1 34

下列描述各对应于哪种或哪些影响：（a）行为的；（b）生物的；（c）情绪的；（d）社会的；（e）发展的。

1. 某些更常见的恐惧症（如恐高、怕蛇）可能在人类过去的生存中产生了积极作用，并保存在基因中代代相传。这是对哪一种影响的论证？________
2. 简的丈夫金克斯是一个无业浪子，整天在外面寻花问柳。离婚后，简很快乐，只是不知道为什么一闻到金克斯常用的须后水的味道就会感到恶心。哪种影响能最好地解释她的反应？________
3. 16岁的南茜发现自己比7岁的妹妹更难以适应父母近来的离婚。这可由哪种影响加以解释？________
4. 幼年时一次坐摩天轮的创伤经历很可能是菲莉斯恐高症的根源。她对高度的强烈的情绪反应可能会维持，甚至增加她的恐惧。她恐高症的最初原因可能是________影响的结果；然而，________影响最可能维持了这一行为。

遗传因素对心理病理学的影响

➤ 基因如何与环境因素相互作用而影响行为？
➤ 哪些模型被提出用来描述这种相互作用？

是什么让你看起来像你的父母或祖父母？很明显，是你从父母和祖先那儿遗传的基因。**基因**（genes）是指脱氧核糖核酸（DNA）的长分子，分布在细胞核染色体上的不同部位。生理特征是由遗传天赋决定的（至少受到其很大的影响）。然而，环境中的其他因素也影响了我们体貌特征。但它们只对我们的发展提供了一些范围，至于我们在这个范围里最终能发展到什么程度则依赖于环境的影响。

尽管这些法则对我们的大多数特征是适用的，但也有一些例外。我们有一些特征由一个或多个基因决定，如头发和眼睛的颜色。少数疾病也是如此，像亨廷顿病，这是一种在中年以前发作的脑退行性疾病。这种疾病源于基因缺陷引起的大脑基底节区的细胞恶化，并导致个体的人格、认知功能以及运动行为的全面改变。我们还未发现在亨廷顿病中环境因素作用的方式。除了同卵双生子，世界上每个人都有一套不同于任何其他人的基因。因为环境因素在基因设定的范围内发挥着极大的作用，个体差异的发展会有很多原因。

我们的行为和特质如何？基因会影响个性特征，并进而导致异常行为吗？先天性的（基因）还是后天性的（教养和其他环境影响），这一问题由来已久，并且对于这一问题的答案一直是不确定的。在讨论这一问题之前，我们先简单回顾一下已有成果。

基因的本质

众所周知，每个正常人有 23 对共计 46 条染色体。每一对染色体中，一条来自父亲，一条来自母亲。

前 22 对染色体决定了身体和脑的发育，而最后一对染色体被称为性染色体，其决定了个体的性别。女性的第 23 对染色体都是 X 染色体，而男性则由母亲提供一条 X 染色体，父亲提供一条 Y 染色体。而这对性染色体的异常可能会导致个体性征模糊。

含有基因的 DNA 分子呈双螺旋结构，这种螺旋结构就像旋转楼梯。两个螺旋互相缠绕，各自向反方向旋转。双螺旋结构上分布着以不同顺序排列、彼此相连的分子对。这些基本分子的排列顺序决定了身体的发育和运转。

一对基因中只需一个显性基因就可决定一种特殊的特质，如我们的眼睛和头发的颜色。与之相反，隐性基因必须与另一个隐性基因配对，才能决定一种特质。当基因对中的一方相对于另一方总是能够表达其性状时，称为显性基因表达（例如相对于蓝

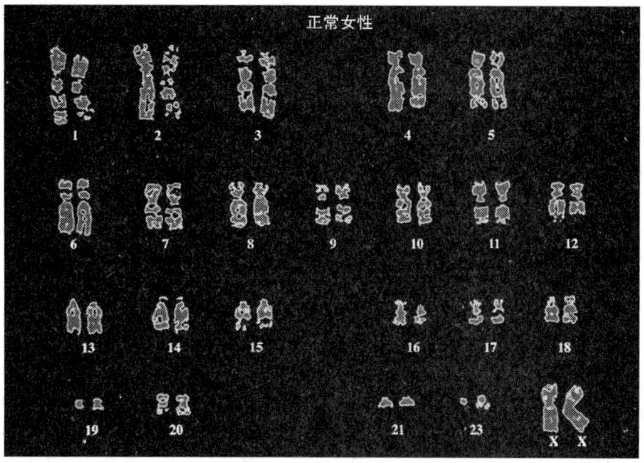

©BioPhoto Associates/Science Source/Photo Researches,Inc.

一位正常女性拥有 23 对染色体。

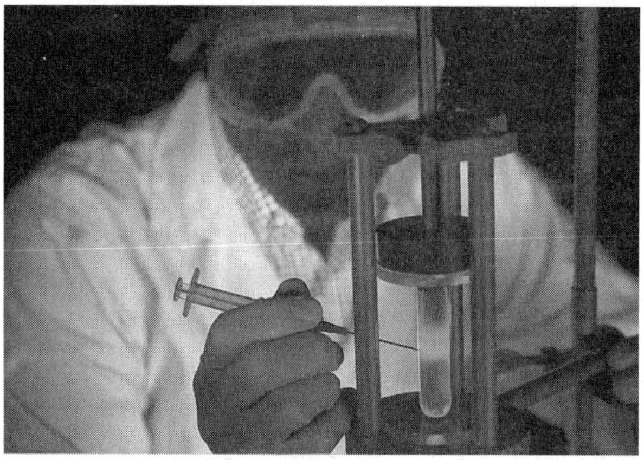

Dan McCoy/Rainbow

科学家现在可以分离出 DNA 用于研究。

色眼睛的基因，棕色眼睛基因是显性的）。按照孟德尔基因法则，当我们有显性基因时，根据父母是一方还是双方有此显性基因，我们就能相当准确地预测将有多少后代会有某种遗传特征或疾病。 35

基因　长的脱氧核糖核酸（DNA）分子，是染色体最基本的组成单位。

多数时候，预测不是那么简单。有趣的是，我们的很多发展，大多数行为、个性，甚至智商（IQ）都可能是多基因性状，即多个基因共同作用的结果，每个基因都只有一点影响，而所有的这些反过来又会受到环境的影响。由于人类的基因组或者一个人成套的基因由超过20 000个基因组成（U.S. Department of Energy Office of Science，2009），多基因的相互作用方式非常复杂。因此，大多数的遗传学家目前采用更复杂的方法，如数量遗传学和分子遗传学，去寻找多基因间相互作用的模式（Kendler，2006；Plomin & Davis，2009；Rutter，Moffitt，& Caspi，2006；Thapar & McGuffin，2009）。数量遗传学总结了很多基因之间的所有微小作用，但是没有说明基因具体产生了哪些效应。分子遗传学使用先进的技术，如DNA微列阵技术来测试基因的结构，这些技术可以一次分析数以千计的基因并且能识别出引起某一特定特质的基因网络（Plomin & Davis，2009）。这些研究已经证明数百个基因可以支持某一个特质的遗传（Gottesman，1997；Hariri et al.，2002；Plomin et al.，1995；Rutter et al.，2006）。研究还继续在鉴别一些特定的基因，这些特定的基因对个体在特质或气质方面的差异起作用，如羞怯和冲动（例如，Gershon，Kelsoe，Kendler，& Watson，2001）。

基因是通过一系列的步骤产生蛋白质，进而来影响我们的躯体和行为的。尽管所有的细胞含有我们整个遗传结构，但在任一细胞中只有一小部分的基因得到表达。通过这种方式，细胞分化了。以社会和文化因素为形式的环境因素能够决定基因是否被表达。举例来说，对新生幼鼠的研究表明，诸如舔和喂的母性行为的缺失将会抑制调节应激性激素的糖皮质激素受体的基因表达。这表明，缺乏母性关怀的幼鼠将会对应激有更大的敏感性（Meaney & Szyf，2005）。有证据表明，人类也存在这种类似的模式（Hyman，2009）。

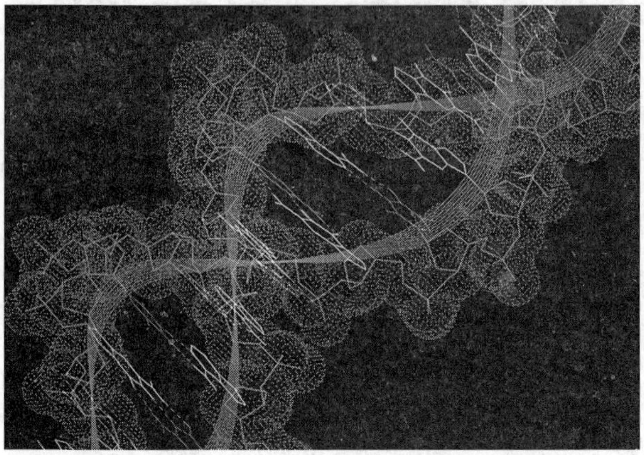
©Will & Deni McIntyre/Photo Researchers,Inc.

一条含有基因、类似双螺旋结构的DNA分子。

©Thomas Wanstall/The Image Works

分开抚养的双生子中基因对行为的影响是明显的。当这对兄弟最终重聚时，他们发现彼此都是消防员而且存在其他类似的特征和兴趣。

基因与行为研究的新进展

科学家已经初步明确了基因对心理障碍及其相关行为模式的影响。最乐观的估计是，约有一半稳定的个体特质和认知能力可归因于基因的影响（Rutter，2006）。例如，麦克里恩等（McClearn et al.，1997）将110对至少80岁的瑞典籍同卵双生子与130对相同年龄相同性别的异卵双生子进行对比，结果发现特定认知能力（如记忆能力）的遗传率大约在32%～62%之间。此前科学家们也在其他年龄组的双生子中做过类似的实验，得出了相似的结果（例如，Bouchard，Lykken，McGue，Segal，& Tellegen，1990）。另外，一项历时35年针对1 200多对双生子的研究表明，遗传因素决定了成年期认知能力的稳定性（Lyons et al.，2009）。在其他研究中，个性特质（如害羞）的遗传率大约在为30%～50%（Bouchard et al.，1990；Kendler，2001；Loehlin，1992；Rutter，2006；Saudino & Plomin，1996；Saudino，Plomin，& DeFries，1996）。

也有研究表明，不利的事件如“混乱的”童年期能够抑制遗传因素的影响（Turkheimer，Haley，Waldron，D'Onofrio，& Gottesman，2003）。例如，在莱昂斯等（Lyons et al.，2009）的研究中，一对双生子中的一方相对于另一方而言，因为经历了诸如失去 36
挚爱之人的应激性事件而引发其环境发生了显著改

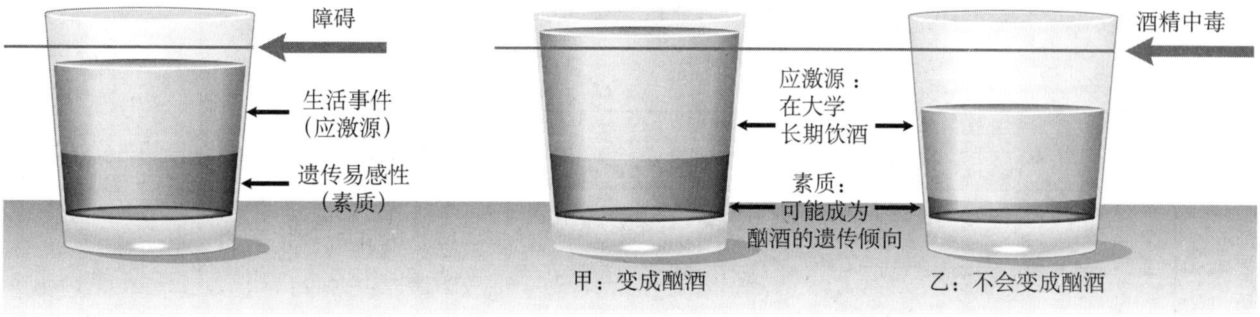

图 2–2　在素质－应激模型中，潜在的易感性越大，引发一种障碍需要的应激越小

变，他的认知能力表现出明显变化。

有证据表明，所有的心理障碍都会受到基因的影响，但只有不到一半的致病原因能用基因来解释。如果同卵双生子中的一人患有精神分裂症，则另一人也患此病的可能性只有不到 50%（Gottesman，1991）。其他心理障碍则存在类似的或更低的比例（Kendler & Prescott，2006；Plomin，DeFries，McClearn，& Rutter，1997；Rutter，2006）。

行为遗传学家得出的结论是，最终可能会发现特定基因或小基因群与某种心理障碍相关。但是很多证据表明，心理障碍受很多基因的影响，每个基因只起相对较小的作用（Flint，2009；Rutter，2006）。基因图谱、分子遗传学以及连锁研究的发展有助于探索隐含于众多障碍中的基因（例如，Gershon et al.，2001；Hettema，Prescott，Myers，Neale，& Kendler，2005；Plomin et al.，1997）。在连锁研究中，研究者以具有相同障碍的患者为被试，如双相障碍，他们具有一些相同的特征，如眼睛颜色。控制眼睛颜色的基因位置是已知的，这使得研究人员能将已知基因的位置与可能导致疾病的基因的可能位置关联起来（Flint，2009）。

人们越来越清楚，在缺少那些与可以“开启”特定基因的事件的相互作用的情况下，遗传的作用不可能被科学地研究（Rutter，2010）。我们现在转到这一使人着迷的主题上来。

基因和环境的交互作用

1983 年，神经科学家埃里克·坎德尔（Eric Kandel）假设，学习过程影响的不只是行为。他认为，学习还会改变细胞中的基因结构，非活性的或休眠的基因都会通过与环境相互作用而变得活跃。换句话说，环境偶尔可激活某种基因。这一机制可能导致神经末梢的很多受体发生变化，转而影响大脑的生化功能。

我们很多人会认为，大脑就像身体的其他部分一样，在发育过程中由于环境的影响而发生变化。但是，我们也认为，成年后我们大部分生理器官的结构和功能都基本定型，尤其是脑部，似乎已形成硬连接，无法改变。相反的观点却认为，大脑及其功能都具有可塑性，在对环境的反应中可发生持续变化，甚至可能改变基因结构。现已有证据支持这一观点（Kolb，Gibb，& Robinson，2003；Landis & Insel，2008；Owens，Mulchahey，Stout，& Plotsky，1997；Robinson，Fernald，& Clayton，2008）。

伴随着这些领域中的新发现，我们现在可以探讨与心理病理学相关的基因－环境相互作用问题。有两种模型受到了更多的关注：素质－应激模型和基因－环境交互模型。

素质–应激模型

根据**素质－应激模型**（diathesis-stress model），个体遗传了表现某种特质或行为的倾向，然后在应激条件下激活（图 2–2）。每一种遗传倾向就是一种素质，就是使个体容易发展出某种障碍的条件。当发生相应的生活事件（如某种应激源）时，就会引发相应的障碍。例如，根据素质－应激模型，朱迪遗传了一种一看到血液就晕倒的倾向。这种倾向就是 37
素质或**易感性**（vulnerability）。它只有在遇到某种环境事件时才会凸显出来。对朱迪来说，这一事件就是

素质－应激模型　遗传倾向（一种易感性）和某种应激源同时具备才会引发相应障碍的一种假设。
易感性　发展出一种障碍的敏感性或倾向性。

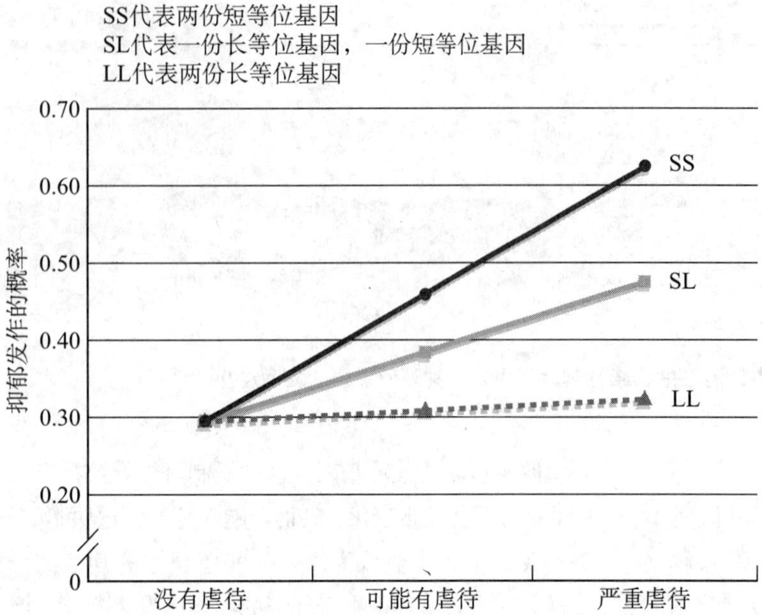

图 2–3 基因和早期环境对成年后抑郁症的交互作用

资料来源：Reprinted，with permission，from Caspi，A.，Sugden，K.，Moffitt，T. E.，Taylor，A.，Craig，I. W.，Harrington，H.，et al.，2003. Influence of life stress on depression: Moderation by a polymorphism in the 5-HTT gene. *Science*，*301*，386-389，©2003 AAAS.

她看到了一只被解剖了的动物，而当时又不能逃避现场。在这些条件下看到解剖现场是一种应激，这一应激激活了她的遗传倾向，从而晕倒。所有这些因素一起让她发展出了一种障碍。如果她没有选修生物课，那么她可能一辈子都不会知道自己有这种遗传倾向。虽然她也可能遇到小伤口时会有点恶心，但至少不会这么极端。简而言之，“素质”是遗传的，而“应激”是环境的，但它们必须相互作用才能引发一种障碍。

我们可以再举一个遗传了酗酒易感性个体的例子。上大学期间，这个个体和他的好朋友（无酒精成瘾易感性）也许同时开怀狂饮，但只有含成瘾基因的个体才会慢慢变得喜欢酗酒。但是，有一种特定的易感性并不意味着你就会发展出相关的障碍。易感性越小，引发障碍需要的应激越大；反之，易感性越大，需要的应激越小。这一关系已经在卡斯皮等（Caspi et al.，2003）的一项杰出研究中得以论证，研究者们对一组共计 847 名新西兰人的被试进行了 20 多年的研究。在这些被试 26 岁时，研究者们记下他们在过去一年里是否抑郁。总的来说，17% 的被试报告说他们经历了一次抑郁发作，3% 的被试报告有自杀想法。研究者还明确了这些个体的基因结构，特别是一种能产生化学转运体的基因，这种化学转运体能够影响脑中血清素或 5- 羟色胺的传递。5- 羟色胺属于一种神经递质，它与抑郁及相关的障碍有着密切的关系。但卡斯皮等研究的是等位基因，包括长等位基因和短等位基因。根据以前对动物的研究，有理由相信，长等位基因至少有两份复本（LL）的个体比短等位基因有两份复本（SS）的个体能更好地应对应激。

由于研究者记录了这些被试大多数的应激性生活事件，所以他们能够检验这种关系。同样是经历了 4 次应激事件，与长等位基因具有两份复本的被试相比，短等位基因具有两份复本的人群出现抑郁症的危险将增加 1 倍。此外，在具有 SS 的人群中，童年遭受过严重虐待的个体，在成年后出现抑郁的可能性是那些没有遭受过虐待的个体的两倍多（63% 对 30%）。然而，对于具有 LL 的个体，应激性的童年经历不会影响到成年后抑郁的发生率，无论他们是否经历过有应激的童年期，成年后都有 30% 的人出现抑郁。（这一关系见图 2–3。）因此，不像 SS 组，与 LL 组的抑郁有关的是近期的应激事件而不是童年经历。这一研究非常重要，因为它论证了无论是基因还是生活经历（环境事件）都不能解释一种障碍的发作，如抑郁症。它依赖于两种因素的相互作用。其他的研究重复或者验证了这些发现（Binder et al.，2008；Kilpatrick et al.，2007；Rutter et al.，2006）。

基因–环境交互模型

随着研究的进展，基因和环境的相互关系被认为更加复杂。有证据显示，遗传天赋可能会增加个体经历应激事件的可能性（例如，Kendler，2001，2006；Rutter，2006，2010；Saudino，Pedersen，Lichtenstein，McClearn，& Plomin，1997；Thapar & McGuffin，2009）。例如，具有发展成某种障碍（如血液 – 伤口 – 注射恐惧症）的遗传易感性的人也可能有一种个性特质（如冲动性），这使他们更容易卷入一些让他们看到血的小事故中。换句话说，他们更容易出事，因为他们经常不顾身体的安危而仓促

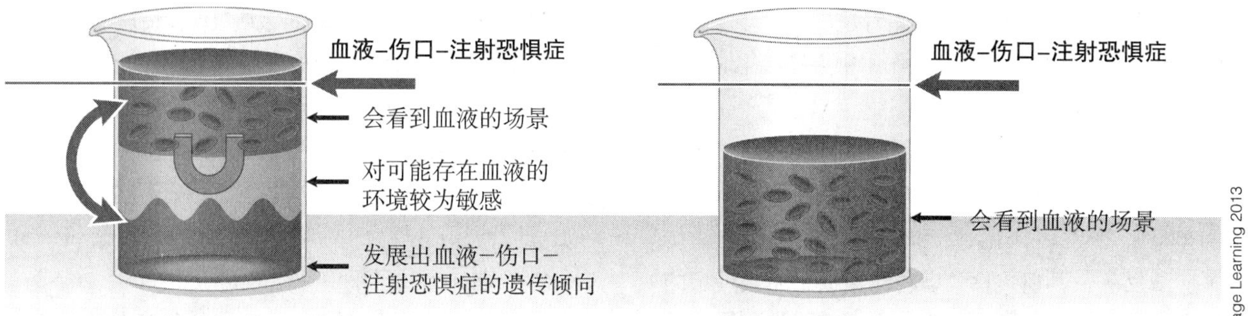

A有发展出血液-伤口-注射恐惧症的遗传易感性

B没有发展出血液-伤口-注射恐惧症的遗传易感性

图 2-4　基因 - 环境交互模型

38 行事。也就是说，这些人可能具有一种由基因决定的倾向性，这种倾向性会创造一些环境因素，进而触发其对血液 - 伤口 - 注射恐惧症的易感性。

这就是**基因 - 环境交互模型**（reciprocal gene-environment model）或者基因环境关系模型（Kendler，2001；Thapar & McGuffin，2009）（图 2-4）。有证据表明，它适用于抑郁症，因为有些人可能会倾向于寻找导致抑郁的困难的人际关系或其他环境因素（Bebbington et al.，1988；Kendler et al.，1995；McGuffin，Katz，& Bebbington，1988）。麦奎伊和利肯（McGue & Lykken，1992）使用基因 - 环境交互模型来分析基因对离婚率的影响。例如，如果你和你的配偶各有一个同卵同胞，并且他们都离婚了，那么你离婚的可能性会极大地增加。此外，如果你俩的同卵同胞、你的父母以及你配偶的父母都离婚了，那么你离婚的可能性是 77.5%。相反，如果双方家庭成员中没有人离过婚，则你离婚的可能性只有 5.3%。

这是一个极端的例子，但是麦奎伊和利肯（McGue & Lykken，1992）的研究表明，相比于大众，如果你的异卵同胞离婚了，那么你离婚的概率将会翻倍；而如果是你的同卵同胞离婚了，那么你离婚的概率将会提高 6 倍。为什么会这样呢？离婚在某种程度上由遗传决定，是因为离婚的倾向几乎总是与各种遗传性特质相关，如冲动、脾气暴躁等，这些特质使他很难相处（Jockin，McGue，& Lykken，1996）。另一种可能是，某种遗传特质更可能让一个人找错婚姻对象。如果你性格内向不自信，就很可能找一个强硬霸道难以相处的配偶。你离了婚，但可能又会被另一个与其特质相似的人所吸引，而这个人也难以相处。有人把这归结为没眼力。虽然社会、人际、心理以及环境因素毫无疑问都会影响婚姻的稳定性，但是很有可能我们的基因对我们将如何创造自身环境起着重要作用。

表观遗传学和行为的非基因组“遗传”

近期的研究认为，到目前为止的研究都过分强调了基因对我们性格和气质的影响，也过分夸大了基因对心理障碍发展过程的影响（Moore，2001；Turkheimer & Waldron，2000）。这一结论得到了多项证据的支持。

例如，有行为遗传学家（Crabbe，Wahlsten，& 39
Dudek，1999）在三个实际环境相同的场所分别饲养了三种具有不同遗传构成的老鼠。同一种类型的每一只老鼠从遗传角度上讲与在任一场所饲养的该类型的其他老鼠是完全一样的。实验者保证三个饲养场所的环境相同。例如，鼠笼里铺着同样的锯末，一个星期中的同一天进行更换。如果必须要接触老鼠，实验者会在相同时间，戴相同类型的手套接触老鼠。如果老鼠的行为由基因决定，那么三个场所中具有相同遗传构成的老鼠（如 A 种类老鼠）在一系列的实验中的表现应该是一样的，B 和 C 两个种类老鼠的表现也同样如此。但实验结果却并非如此。尽管三个场所中的同种类老鼠在某一特定测验中表现相似，但它们在其他测验中的表现却大相径庭。著名神经科学家罗伯特 · 萨波斯基指出：“基因的

基因 - 环境交互模型　一种假设，认为具有患某种障碍的遗传倾向的人，也具有制造导致障碍发生的环境风险因素的遗传倾向。

影响通常比我们想象的要小得多。环境因素，即使影响甚微，也会在与生物因素的相互作用中潜移默化地塑造人类。”（Sapolsky，2000，p.15）

在用老鼠做的研究中（Cameron et al.，2005；Francis，Diorio，Liu，& Meaney，1999；Weaver et al.，2004），研究者采用“交叉哺育”的实验方法研究了应激反应及其遗传性，即将幼鼠放于非其母亲的母鼠那里哺育。他们首次发现，母鼠的行为会影响幼鼠容忍应激的方法。如果母鼠镇定平和，则幼鼠就能更好地容忍应激。当然，这种影响是基因的作用还是母鼠教养的结果我们不得而知。弗朗西斯等（Francis et al.，1999）将胆小敏感的母鼠所生的一部分幼鼠交由镇定平和的母鼠哺育。其他幼鼠则仍由胆小敏感的母鼠自己哺育。他们发现，母鼠镇定平和的、支持性的行为可以不受基因影响代代相传，因为胆小敏感的母鼠所生的幼鼠在镇定平和的母鼠的哺育下也表现出明显的镇定平和。研究者指出：“这些发现显示，调节应激反应的脑区基因表现出的个体差异能够通过行为代代相传……这一结果……说明遗传模式的机制包含了母体照顾的差异。”（p.1158）

环境的强烈影响在人身上也有体现。例如，蒂尔纳利等（Tienari et al.，1994）发现，精神分裂症患者的子女如果在婴儿期就被收养，除非收养的家庭也有问题，否则他们不会发展出精神障碍（包括精神分裂症）。那些被正常家庭收养并得到高质量哺育的孩子，他们与正常人无异。因此，认为基因对个性特质或心理障碍的影响大约为50%过分简单化了。我们只有在个体过去和现在所处的环境背景下才能谈论遗传的作用。

索米（Suomi，2000）的论证支持了这一结论：对于遗传了高冲动性气质的（情绪化或应激易感性）幼猴来说，早期剥夺母爱（与母猴分离）将对它们的神经内分泌机能及以后的行为与情绪反应影响巨大。但对于没有这种遗传特征的动物来说，剥夺母爱却没什么影响。卡斯皮等（Caspi et al.，2003）对新西兰人的研究获得的结果也证实了这一结论，而且这种特征能在代际传递。但是，混乱的早期环境能超越遗传因素进而改变神经内分泌的功能来增加后期出现行为和情绪障碍的可能性（Ouellet-Morin et al.，2008）。

这是如何运作的呢？基因的表达与否是由位于基因组之外的一些细胞物质来决定的［正如**表观遗传学**（epigenetics）中的“epi”意思是在……之上或周围］，而且外界的应激、营养水平以及其他的因素都可能影响这种表观基因组，这种基因组将会通过遗传传递给下一代甚至可能很多代（Arai，Li，Hartley，& Feig，2009）。基因组本身并不会改变，所以如果应激性环境消失了，表观基因组可能最终也会消失。因此，似乎通过控制环境，尤其是早期父母的教养方式，能在很大程度上抵消基因中隐含的发展不良行为和情绪反应的倾向（Cameron et al.，2005；Collins et al.，2000；Ouellet-Morin et al，2008）。

基因和环境因素的相互作用的复杂性在著名的昌（Chang）和恩（Eng）案例中表现得最为明显，这两个人是1810年出生于泰国（当时被称为暹罗）的同卵双生子，他们是通过胸部连接的连体双生子。他们后来成了成功的马戏团演员，“暹罗双生子”也成了连体人的代名词。很明显，他们具有完全相同的基因而且经历了近乎一致的成长环境。因此，我们可以预期对于他们的个性特征、气质以及心理障碍方面的问题应该会出现近乎一致的情况。但是，这些双生子却有截然不同的个性特征。昌倾向于闷闷不乐，压抑而且大量饮酒；恩则更为乐观，安静而且有想法 (Moore，2001)。

简而言之，基因和环境之间复杂的相互作用在每一种心理障碍中都起着重要的作用（Kendler，2001；Rutter，2006，2010；Turkheimer，1998）。我们的基因的确会影响我们的行为、情绪和认知过程，也会限制环境因素对我们以后行为（如教养）的影响。但是，环境事件也会通过决定是否激活某个基因来影响我们的基因结构（Gottlieb，1998；Landis & Insel，2008）。再者，强烈的环境影响足以抵消遗传素质的作用。因 40
此，天性（基因）和教养（环境事件）不是单独而是通过复杂的相互作用来影响行为和个性的发展。

概念自测 2.2

判断这些描述是正确的（T）还是错误的（F）。

1. 前20对染色体决定了身体和大脑的发育。________
2. 至今没发现单个基因会引起心理障碍。________
3. 根据素质-应激模型，人们所遗传的表达某种特质或行为的易感性，可在某种应激条件下被激活。________
4. 素质-应激模型认为，个体的基因会增加其经历应激生活事件的可能性，并因此而触发相应的易感性。________
5. 环境事件单独影响我们行为和个性的发展。________

神经科学及其对心理病理学的影响

- 什么是神经递质，它们在异常行为中发挥何种作用？
- 不同脑区的功能是什么，它们在心理病理学中扮演什么样的角色？

了解神经系统的工作原理是理解行为、情绪和认知过程的中心。这是**神经科学**（neuroscience）的主要内容。要理解这一领域的研究成果，我们首先需要回顾一下大脑和神经系统的功能。人类神经系统分为中枢神经系统和周围神经系统，前者包括大脑和脊髓，后者包括躯体神经系统和自主神经系统（图 2–5，见书前彩插）。

中枢神经系统

中枢神经系统负责加工来自感觉器官的信息。该系统可以从无关的信息（如一个熟悉的情境或滴答的时钟）中，挑选出有关的信息（如某种特定的味道或新的声响），并对照记忆库，找出新旧信息有何关联，然后做出相应的反应（如回答问题或弹一曲肖邦的作品）。这一过程极其复杂。脊髓是中枢神经系统的一部分，但它的主要功能是传递大脑的指令和向大脑传递信息，它是中枢神经系统（CNS）的另一主要成分。通常情况下，大脑平均使用 1 400 亿个神经细胞，即**神经元**（neuron），来控制人的思想和行为。神经元在神经系统里传递信息。

典型的神经元包含具有两种分支的中央细胞体。一种分支叫树突。树突包含无数的受体，负责从其他神经细胞以化学冲动的形式接收信息，并将其转化为电冲动。另一种分支叫轴突，负责把这些电冲动传递到其他神经元。任何一个神经细胞都有多条与其他神经细胞的联系通道。大脑由数百亿个神经细胞构成。

神经细胞并不是真正连在一起的。神经冲动必须通过一个小小的间隔才能从一个神经细胞传递到另一个神经细胞。一个神经元的轴突与另一个神经元的树突之间的空隙叫**突触间隙**（synaptic cleft）（图 2–6）。把从一个神经元释放出来的神经冲动传递到另一神经元的化学物质叫**神经递质**（neurotransmitters）。通过使用越来越精密的仪器和技术，科学家们确定了很多不同种类的神经递质。

神经系统也含有神经胶质细胞。多年以来，科学工作者认为神经胶质细胞仅仅是负责连接或隔离一些神经元（Koob，2009）。近些年，科学家发现神经胶质细胞（数量比神经元细胞多 10 倍以上）在

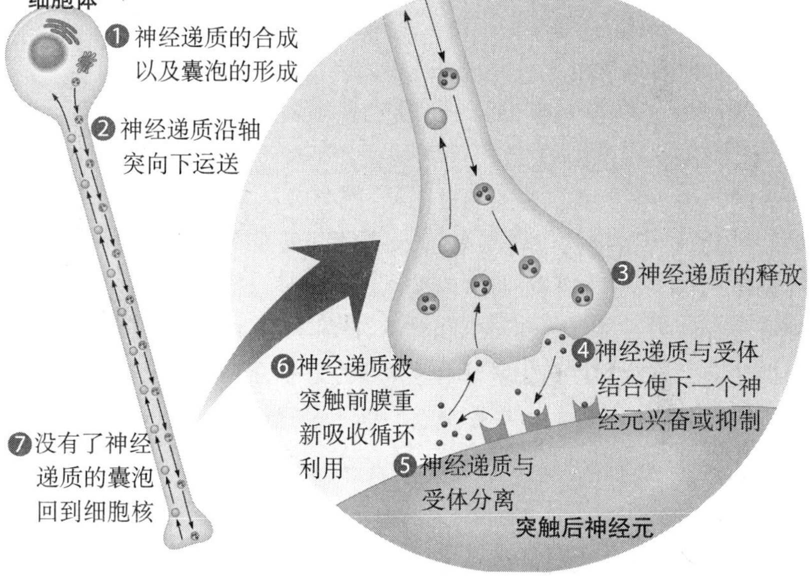

图 2–6 信息在神经元之间的传递

资料来源：Adapted from Goldstein，B.，1994. *Psychology*，©1994 Brooks/Cole Publishing Company.

表观遗传学 研究诸如新的学习或应激等能改变基因的表型表达等因素而不是 DNA 遗传序列的学科。

神经科学 针对神经系统及其在行为、认知和情绪中的作用的研究。

神经元 负责传递信息的个体神经细胞。

突触间隙 神经细胞间的空隙，通过它化学递质将冲动从一个神经元传至另一个神经元。

神经递质 通过神经细胞间的突触间隙将冲动从一个神经元传至另一个神经元的化学物质。神经递质的过多或过少与一些心理障碍有关。

©David Young Wolff/PhotoEdit

中枢神经系统能够根据情境过滤掉一些无关信息。每一刻我们都更关注运动或变化了的事物。

神经活动中担负重要角色。已经证实有多种神经胶质细胞存在，其中有一些负责调节神经递质的活性（Allen & Barrers，2009；Perea & Araque，2007）。更好地认识神经胶质细胞的作用是研究的一个重要领域。但是，到目前为止，在心理病理学领域大多数的神经科学研究还是聚焦于神经元。

与心理病理学相关的主要神经递质包括降肾上腺素（也叫去甲肾上腺素）、5-羟色胺、多巴胺、γ-氨基丁酸（GABA）以及谷氨酸盐。不同心理障碍的产生与某些神经递质的过多或过少有关。例
41 如，最初认为过度焦虑与GABA水平的降低有关（Costa，1985）。早期研究将多巴胺活性的增强与精神分裂症联系在一起（Snyder，1976，1981）。其他早期研究发现，抑郁与去甲肾上腺水平过高存在相关（Schildkraut，1965），并且5-羟色胺水平过低可能会引起抑郁（Siever，Davis，& Gorman，1991）。但是，近期的研究（本章后面会介绍）表明，早期的这些解释太简单化了。我们将会很快回到神经递质的主题。

大脑的结构 42

在讨论具体的心理障碍时会经常提到大脑的结构，因此，对大脑有一个基本的了解是有好处的。我们通常将大脑分为两个主要部分（图2–7）：脑干和前脑。脑干的位置靠下，是脑中比较原始的部分。大部分动物都有脑干，这一结构负责大多数基本的自主功能，包括呼吸、睡眠和运动协调。

脑干的最下部称为后脑，包括延髓、脑桥以及

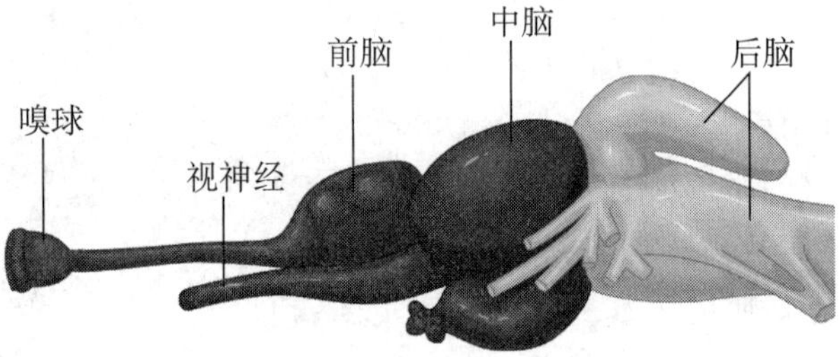

图2–7a　大脑结构的三部分

资料来源：Reprinted，with permission，from Kalat，J. W.，2009. *Biological Psychology*，10th edition，©2009 Wadsworth.

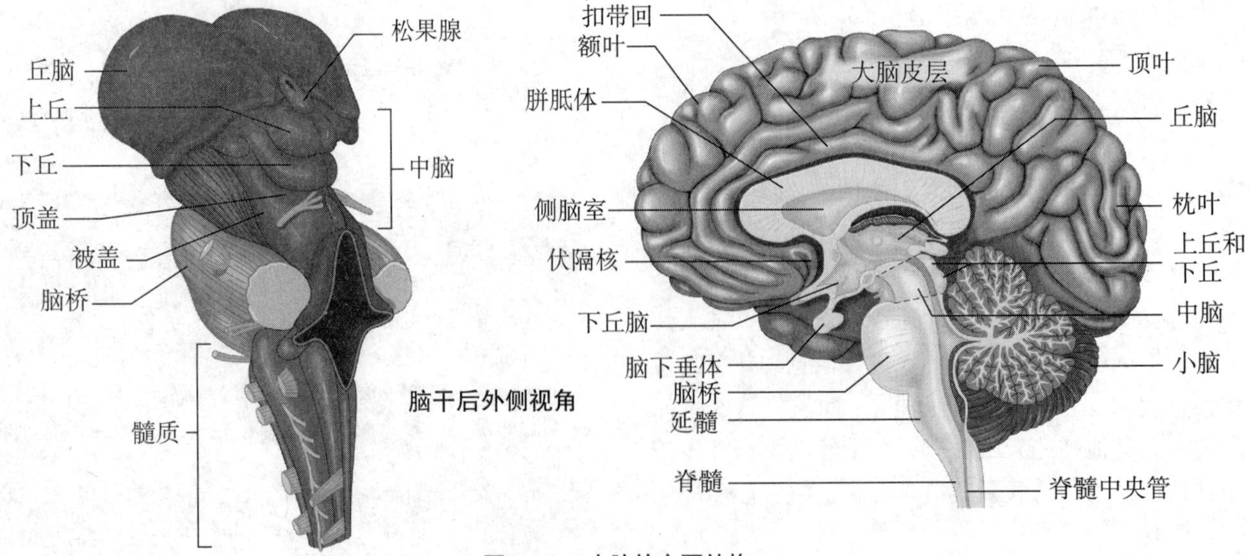

图2–7b　大脑的主要结构

资料来源：Reprinted，with permission，from Kalat，J. W.，2009. *Biological Psychology*，10th edition，©2009 Wadsworth.

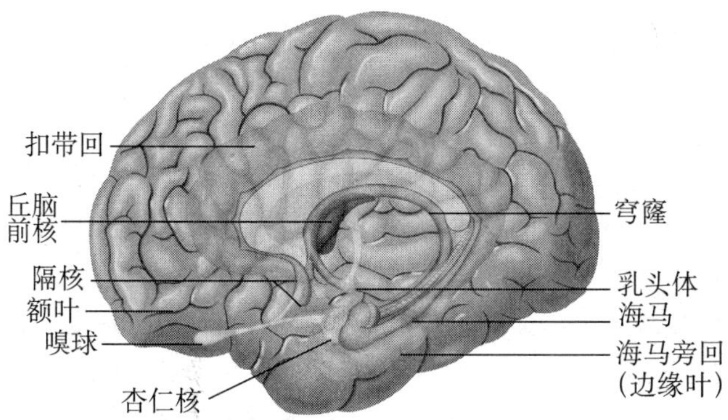

图 2–7c 边缘系统

资料来源：Reprinted，with permission，from Kalat，J. W.，2009. *Biological Psychology*，10th edition，©2009 Wadsworth.

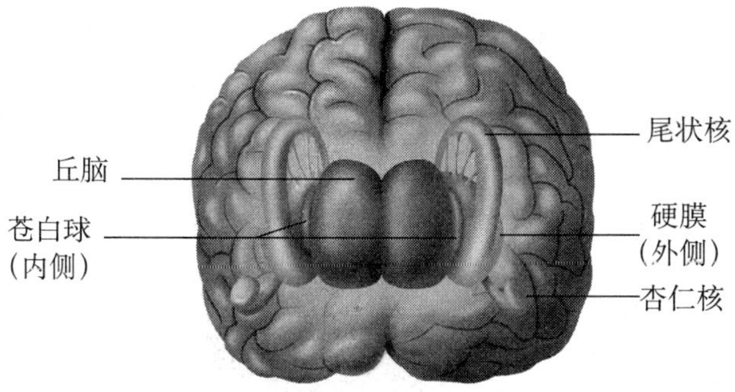

图 2–7d 基底神经节

资料来源：Reprinted，with permission，from Kalat，J. W.，2009. *Biological Psychology*，10th edition，©2009 Wadsworth.

小脑。后脑调节很多自主活动，如呼吸、心跳和消化。小脑控制运动协调。

脑干中还包含中脑，它负责运动和感觉输入间的协调，其中的网状激活系统影响唤醒和紧张过程，如清醒和睡眠。

脑干的最上端是丘脑和下丘脑，负责调节行为和情绪。这些脑结构的功能是，在前脑和脑干其他部分之间起着桥梁作用。

前脑的底部，丘脑和下丘脑的正上方，是边缘系统。称为“边缘”是因为它处在脑中央的边界部位。边缘系统在心理病理学中意义重大，包括海马、扣带回、隔部和杏仁核，它们都是按形状命名的。
43 这一系统负责调节情绪体验和表达，并在一定程度上调节学习能力，控制冲动。它还影响某些基本的驱力，如性、攻击、饥渴。

处于前脑底部的还有基底神经节，包含尾状核。这些结构的损伤会使人改变体位，或引发抽搐、颤抖，因此被认为负责控制运动机能。

前脑最大的部分是大脑皮层，包含中枢神经系统 80% 以上的神经元。这一部分使人类表现出独有 44
的特质，允许我们制订计划、进行推理和创造。

大脑皮层分为两个半球。尽管两个半球看起来结构相似，各自独立运转（都能独立感知、思考和记忆），但两个半球具有不同特性。左半球似乎主要负责语言和其他认知过程，而右半球对图画的视觉线索更敏感。在特定的障碍中两半球扮演不同的角色。例如，目前有关阅读障碍（一种涉及阅读能力的学习障碍）的理论认为，阅读障碍可能是左半球的信息加工问题导致的结果，而右半球则是通过搜集阅读过程中的一些图片线索进行代偿（Shaywitz，2003）。

每个半球都包括四个区域：颞叶、顶叶、枕叶和额叶（图 2–8，见书前彩插）。每个脑区都与不同的加工相关：颞叶负责分辨不同的声音和图像，以及长时记忆；顶叶负责分辨各种触觉和监控身体姿
态；枕叶负责各种视觉输入的整合和理解。这三个 45
位置较后的脑区共同负责加工视觉、触觉、听觉及来自感官的其他信息。

额叶的前部分称为前额叶皮层，负责更高级的认知功能，如思维和推理、对未来的计划以及长时记忆。它负责整合来自其他脑区的信息并决定如何做出反应。它还能使我们与周围环境形成关系。在心理病理学的研究中，大部分研究者主要着眼于大脑皮层的额叶、边缘系统以及基底神经节。

周围神经系统

周围神经系统与脑干协调一致以确保身体运转正常。它包含躯体神经系统和自主神经系统两个重要组成部分。躯体神经系统控制肌肉。自主神经系统包括交感神经系统和副交感神经系统。其主要功能是负责调节心血管系统以及内分泌系统，并执行各种其他功能，见图 2–9。

内分泌系统包含许多腺体，每一种内分泌腺体
都会分泌相应的化学信息载体——**激素**（hormone）， 46
并将其直接释放到血液中。肾上腺产生肾上腺素，负责应对应激，还分泌盐皮质激素；甲状腺分泌甲状腺素，调节能量代谢和生长发育；垂体分泌多种调节激素；性腺分泌性激素，包括雌激素和睾酮。内分泌系统与多种障碍密切相关。除了与应激相关躯

体障碍密切相关，内分泌调节可能在抑郁症、焦虑症和精神分裂症中也扮演了一定的角色。例如，最近研究表明，如果抑郁症患者联合使用抗抑郁药和甲状腺激素，则会产生更好的疗效（Nierenberg et al., 2006）。这种跨学科的研究领域被称为神经心理内分泌学，这是一个正在发展的科学领域。

交感神经系统和副交感神经系统的功能通常是互补的。交感神经系统主要负责在应激或危急关头，通过迅速激活器官和腺体而调节身体功能。当交感神经处于兴奋状态时，心跳加快以增加肌肉的血流量，呼吸加快以为血液和大脑提供更多的氧气，肾上腺也被激活。所有这些变化都有助于我们采取行动。当你在报纸上读到一个女人举起重物救出被困的儿童时，你可以肯定她的交感神经一直在发挥作用。人体的“紧急”或“警报”反应大部分由交感神经系统来调节，这会在本章后面及第4章中讨论。

副交感神经系统的一个功能是平衡交感神经系统。换句话说，我们不可能永远保持高度警觉状态，副交感神经系统在交感神经系统兴奋过后接管身体，使之恢复到激发前的状态，并通过促进消化过程来储存能量。

如前所述，肾上腺素的激增会使我们精力充沛，处于清醒状态，可以更好地应对威胁或挑战。当运动员说他们的肾上腺素高涨时，也就是说自己处于高度兴奋的状态，处于比赛的最佳状态。肾上腺皮质也分泌应激性激素皮质醇。这一系统称为下

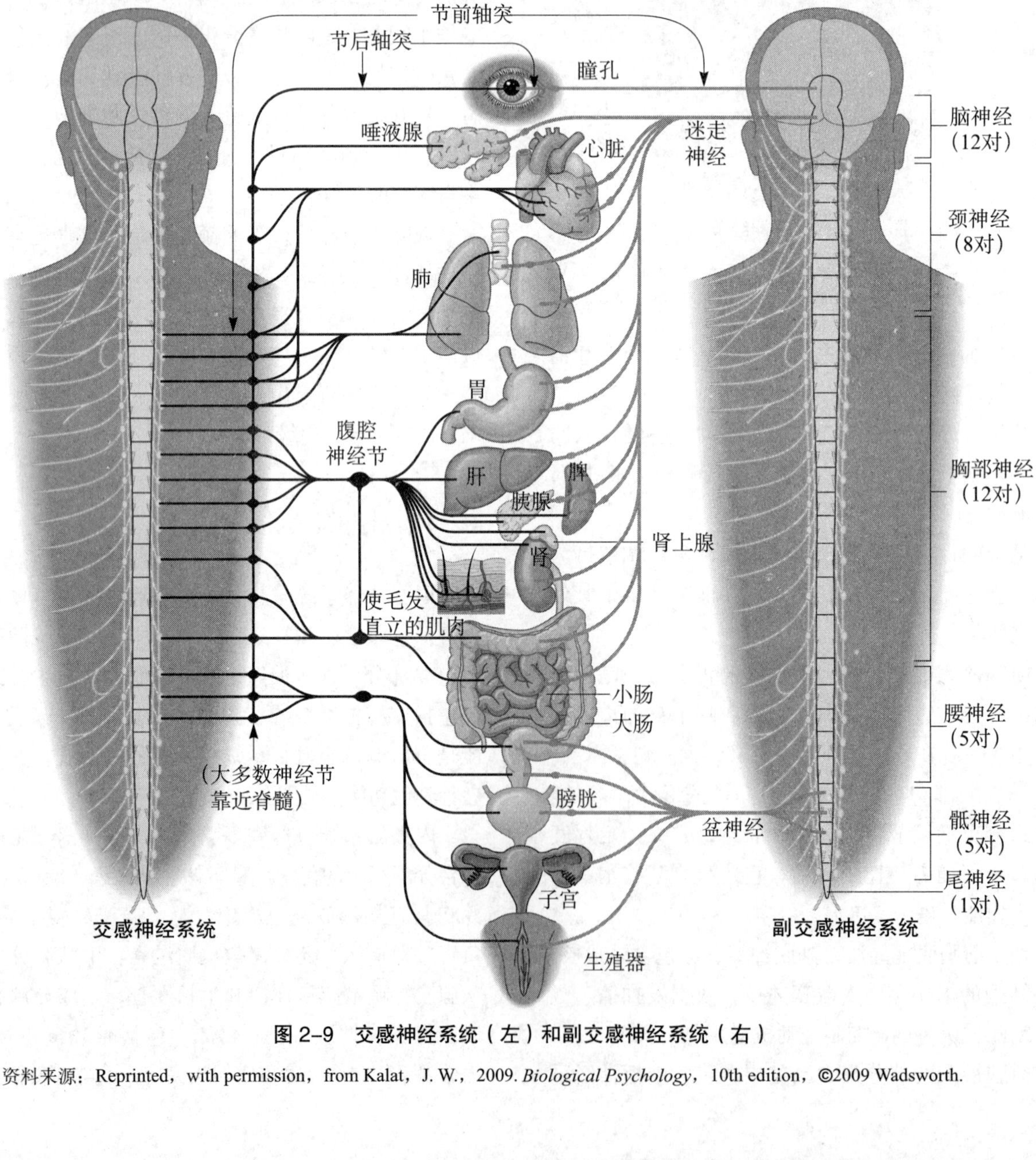

图2–9　交感神经系统（左）和副交感神经系统（右）

资料来源：Reprinted, with permission, from Kalat, J. W., 2009. *Biological Psychology*, 10th edition, ©2009 Wadsworth.

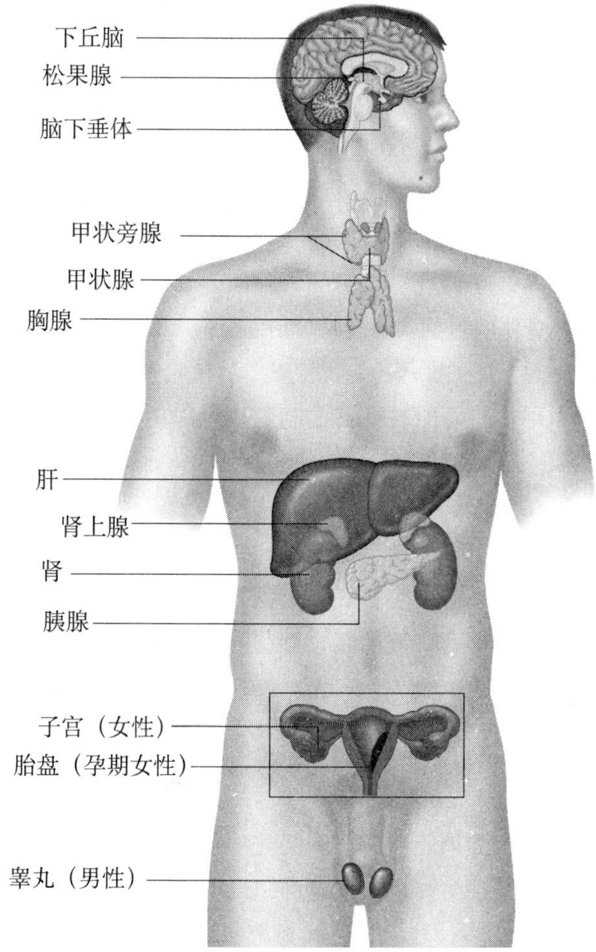

图 2–10　一些重要内分泌腺的位置

资料来源：Reprinted，with permission，from Kalat，J. W.，2009. *Biological Psychology*，10th edition，©2009 Wadsworth.

丘脑 - 垂体 - 肾上腺皮质轴或 HPA 轴（图 2–10），它与几种心理障碍有关，这会在第 4，6，8 章中讨论。

这个简短的概述让你对大脑和神经系统的结构和功能有了一个大体了解。在第 3 章我们还将介绍包括影像学技术在内的研究脑部结构和功能的新方法。这里我们重点关注有关心理病理学本质的研究发现。

神经递质

神经递质受到了心理病理学家的密切关注（Bloom & Kupfer，1995；Bloom，Nelson，& Lazerson，2001；Ledoux，2002；Iverson，2006；Nestler，Hyman，& Malenka，2008；Secko，2005）。据目前的研究估计，有超过 100 种神经递质在神经系统的多个部分发挥作用，而每一种神经递质都有多个受体（Borodinsky et al.，2004；Sharp，2009）。我们可以把神经递质想象成通过脑海中的细流，它们与其他细流时而并行，时而分开。它们经常处于漫无目的的状态，不断回涌，又不断前行。对同一种神经递质敏感的神经元汇聚在一起，形成脑部不同部分之间的通路。

这些通路之间经常彼此重叠，但最终却是独立的（Bloom et al.，2001；Dean，Kelsey，Heller，& Ciaranello，1993）。脑内这样的通路成千上万，称为**大脑环路**（brain circuits）（Arenkiel & Ehlers，2009）。神经科学家们已经确定了一些大脑环路，而这些环路在心理障碍中可能起着重要的作用（Fineberg et al.，2010；LeDoux，2002；Stau，2008；Tau & Peterson，2010）。

你读的报告可能仍然声称，某种心理障碍是由
某种神经递质系统中生物化学成分的失衡、过量或 47
不足造成的。例如，5- 羟色胺的异常活动被认为导致了抑郁。然而，越来越多的证据表明，这种说法过于简单。我们逐渐意识到，神经递质活动的影响是宽泛的而不是特定的。这些神经递质看起来与我们信息加工的方式有关（Bloom et al.，2001；Depue，Luciana，Arbisi，Collins，& Leon，1994；Harmer et al.，2009；Kandel，Schwartz，& Jessell，2000；LeDoux，2002；Sullivan & LeDoux，2004）。神经递质活动的改变不是直接导致某种行为，而是增加或减少了人在特定场景下出现某种举动的可能性。再者，广义的功能障碍几乎总是多种神经递质交互作用的结果，而非某种递质异常所致（Depue & Spoont，1986；Depue & Zald，1993；Fineberg et al.，2010；LeDoux，2002；Owens et al.，1997；Secko，2005；Stahl，2008；Xing，Zhang，Russell，& Post，2006）。换句话说，递质之间经常的交互作用使得一种递质的变化很容易影响另一种递质，而这种影响目前科学家几乎无法预测。

神经递质功能的研究主要集中在递质活动水平发生变化时会有哪些后果。研究方法主要有以下几种。使用**激动剂**（agonists），模拟神经递质的作用，有效增强其活性；使用**拮抗剂**（antagonists）降低

激素　由内分泌腺所分泌的相应的化学信息载体。
大脑环路　大脑中的神经递质流通或神经通路。

或阻断神经递质的活性；使用**反向激动剂**（inverse agonists）产生与神经递质相反的作用。通过系统控制脑部不同区域神经递质的生成，科学家可以更好地研究神经递质的作用。大部分药物可以归为激动剂或拮抗剂，也就是说它们是通过加快或抑制特定神经递质的传递来发挥作用的。一些药物抑制了神经递质的产生，另一些则增加了竞争性的化学物质的产生，并以此来激活神经递质。然而，还有些其他的药物并不直接作用于神经递质，而是通过关闭或者占领下一神经元的受体来阻碍化学物质到达该神经元。在一种递质被释放后，它很快就能从突触间隙中被拉回同一神经元，这种过程叫作**再摄取**（reuptake）。有一些药物是因为妨碍了再摄取的过程，从而引起大脑环路中的持续刺激。

我们现在介绍两种与心理病理学关系最为密切的神经递质——单胺和氨基酸。它们是在神经中合成，所以被称为“经典”神经递质。单胺类的神经递质包括去甲肾上腺素、血清素和多巴胺。氨基酸类的神经递质包括 γ-氨基丁酸（GABA）和谷氨酸盐。

谷氨酸盐和γ-氨基丁酸

这两种主要的神经递质对我们的行为影响很大。**谷氨酸盐**（glutamate）是一种兴奋性的神经递质，能够激活多种神经元而引发行为。**γ-氨基丁酸**（gamma-aminobutyric acid，GABA），是一种抑制性的神经递质。它主要是抑制（或调节）信息的传递和潜在的行为。谷氨酸盐和 GABA 相对独立地发挥功能，但是两者在细胞中的相对平衡决定了神经元是否被激活。

这些“化学兄弟”（LeDoux，2002）的另一特点就是能够加快行为。例如，一些对谷氨酸盐敏感的人可能在进食中餐后，出现不良反应。这是过多的谷氨酸钠（MSG）的摄入引起人体内谷氨酸盐含量的增加，从而引起头痛、耳鸣或者其他的躯体症状。

如前所述，γ-氨基丁酸可减少突触后活性，从而抑制各种行为和情绪，它最大的作用是减少焦虑（Charney & Drevets，2002；Davis，2002；Sullivan & LeDoux，2004）。某一类药物，如苯二氮卓类药物（弱镇静剂），可使 GABA 分子更容易附在专门的神经元受体上。这样，苯二氮卓类药物的水平越高，更多的 GABA 会附着在神经元受体上，从而使我们变得更镇静。由于苯二氮卓类药物具有成瘾性，因此科学家正在努力寻找能够调整 GABA 水平的其他物质，包括大脑中某些天然的类固醇（Eser，Schule，Baghai，Romeo，& Rupprecht，2006；Gordon，2002；Rupprecht et al.，2009）。

与其他神经递质系统一样，GABA 不仅对焦虑产生影响，而且有更广泛的影响。GABA 系统涉及多条环路，它们广泛地分布在脑部。GABA 似乎可以减轻身体的警觉状态，减缓情绪反应。例如，除了降低焦虑，抗焦虑药还有抗惊厥、放松肌肉、避免痉挛的作用。能增加 GABA 的药物也可以用来治疗失眠（Sullivan & Guilleminault，2009；Walsh et al.，2008）。 48
此外，GABA 系统似乎能降低愤怒、敌对和攻击水平，甚至能缓解像热切期待和快乐这样的积极情绪状态，这些情绪使 GABA 广泛地抑制神经递质，就像谷氨酸具有广泛的兴奋功能一样（Bond & Lader，1979；Lader，1975；Sharp，2009）。

血清素

血清素（serotonin）的学名是 5-羟色胺（5HT），属于单胺类神经递质。围绕着中脑的不同区域大约散布着 6 条主要的 5-羟色胺环路（Azmitia，1978）（图 2–11）。5-羟色胺被认为广泛地影响着我们的行为，尤其是我们加工信息的方式（Depue & Spoont，1986；Harmer，2008；Merens，Willem Van der Does，& Spinhoven，2007；Spoont，1992）。前文介绍的新西兰研究中认为，由于遗传而引起的 5-羟色胺功能失调会导致抑郁症（Caspi et al.，2003）。

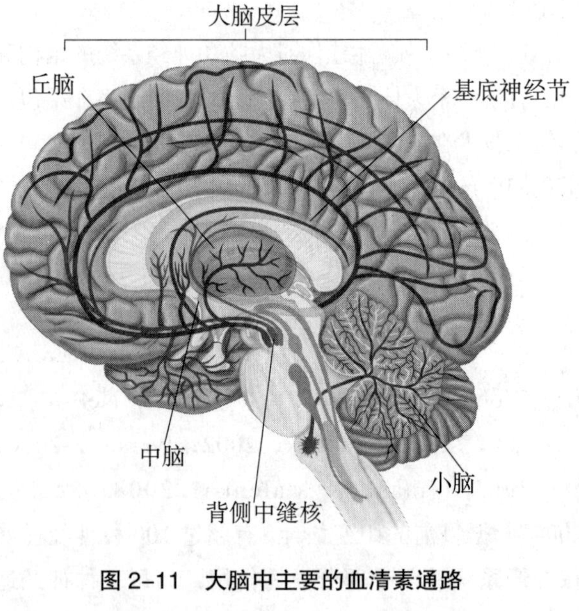

图 2–11 大脑中主要的血清素通路

5-羟色胺系统调节我们的行为、情绪以及思维过程。5-羟色胺水平过低与抑制减退、不稳定、冲动以及对环境反应过敏的倾向有关，5-羟色胺活性低下还与攻击、自杀、冲动性的过度进食以及过度性行为有关。但是，5-羟色胺活性过低并不必然导致这些行为的发生。其他大脑环路，或其他心理社会影响很可能抵消5-羟色胺带来的负面影响。因此，低水平5-羟色胺活性可能会增强某种问题行为的易感性，而不是直接导致这种行为的发生；与此同时，5-羟色胺的含量过高可能导致其与氨基丁酸发生作用，以此抵消谷氨酸盐的作用。

有几类药物主要对5-羟色胺系统产生影响，包括三环类抗抑郁药，如丙咪嗪。但是，与包括三环类抗抑郁药在内的其他药物相比，5-羟色胺再摄取抑制剂（SSRIs）（图2–12），包括氟西汀（百忧解），可以更直接地影响5-羟色胺。SSRIs经常被用于治疗很多心理障碍，尤其是焦虑障碍、心境障碍和进食障碍。在健康食品店可以买到的草药圣约翰草也会影响5-羟色胺的水平。

去甲肾上腺素

第三种单胺类的神经递质系统是**去甲肾上腺素**（norepinephrine），也叫**降肾上腺素**（图2–13）。

去甲肾上腺素至少可以激活两组受体：α-肾上腺素受体和β-肾上腺素受体。β-受体阻断剂被广泛用于治疗高血压和心律不齐。顾名思义，该药物可阻断β-受体，降低其对去甲肾上腺素浓度上升的反应，从而保持较低的血压和心率水平。我们发现了多条去甲肾上腺素环路。其中一条重要的环路位于后脑，该区域负责控制基本身体功能，如呼吸。另一条环路似乎影响紧急反应或警觉反应（Charney & Drevets，2002；Gray，1987；Gray & McNaughton，1996；Sullivan & LeDoux，2004），这表明去甲肾上腺素可能与惊恐状态有某种相关（Charney et al.，1990；Gray & McNaughton，1996）。但是，正如其他神经递质那样，这一系统环路众多，分布极广，能从总体上调节特定的行为倾向，而非直接涉及某种行为方式或心理障碍。

多巴胺

最后，**多巴胺**（dopamine）也是一种主要的单胺类神经递质。多巴胺与精神分裂症（图2–14）和成瘾障碍有关（LeFoll，Gallo，LeStrat，Lu，& Gorwood，2009）。最新研究也发现，多巴胺可能在抑郁症中发挥重要作用（Dunlop & Nemeroff，2007），也对注意缺陷多动障碍中的注意缺陷具有重要影响（Volkow et al.，2009）。还记得可以减少与精神分裂症相关的精神病性行为的特效药利血平吗？这种药物以及更新的抗精神病治疗能对大量的神经递质系统产生影响，但它们最主要的影响是阻断了特定的多巴胺受体，降低了多巴胺活性（例如，参见Snyder，Burt，& Creese，1976）。

在特定脑区的各条环路中，多巴胺更具有一般性的效应，它更像一个开关，能开启可能与某种行为有关的各条大脑环路。一旦开关被开启，其他神经递质接下来就抑制或促进情绪或行为（Armbruster et al.，2009；Oades，1985；Spoont，1992；Stahl，2008）。多巴胺在很多点上与5-羟色胺环路相互融合和交错，因而影响许多相同的行为。例如，多 49
巴胺的活动与探索、外出和寻求快乐的行为有关（Elovainio，Kivimaki，Viikari，Ekelund，& Keltikaiigas-Jarvinen，2005），而5-羟色胺与抑制

激动剂 在神经科学中，通过模拟神经递质的作用，能有效增强其活性的一种化学物质。

拮抗剂 在神经科学中，能降低或阻断神经递质的活性的一种化学物质。

反向激动剂 在神经科学中，产生的效果与特定的神经递质相反的一种化学物质。

再摄取 在一种递质被释放后，它很快就能从突触间隙中被拉回同一神经元的过程。

谷氨酸盐 能够激活多种神经元而引发行为的氨基酸类神经递质。

γ-氨基丁酸（GABA） 突触间隙内一种抑制性的神经递质，能够抑制一系列的行为和情绪，特别是广泛性焦虑。

血清素 一种神经递质涉及信息的加工和运动的协调，以及它们的抑制过程。它也协助监控进食、性及攻击行为，这些行为可能存在于不同的心理障碍中。它与多巴胺的相互作用被认为与精神分裂症密切相关。

去甲肾上腺素 活跃于中枢神经系统和周围神经系统中，控制心率、血压、呼吸以及其他的功能的神经递质。由于去甲肾上腺素在体内具有警报反应的作用，它也可能直接或间接地对惊恐发作和其他疾病产生影响。

多巴胺 能激活其他的神经递质，促进探索和寻求快乐的行为（因而与5-羟色胺的水平保持平衡）的神经递质。多巴胺的相对过剩与精神分裂症相关（尽管相反的证据表明这种关联并不那么简单），而多巴胺的缺乏与帕金森病有关。

神经递质的工作方式

神经递质储存于位于神经元末端的囊泡内。Ⓐ一次神经冲动使囊泡出现在外膜，然后神经递质被释放入神经突触间隙。Ⓑ神经递质通过间隙扩散，然后与位于下一神经元表面的特殊蛋白质即受体结合。Ⓒ当足够多的神经递质被吸收，受体就释放这种分子，神经递质可能被分解也可能被上一神经元重新吸收以供下一次使用。Ⓓ

血清素药物的工作方式

氟西汀通过阻止血清素被吸收以发挥血清素的疗效。Ⓔ右芬氟拉明和氟苯丙胺（减肥药）能够引起大量血清素的释放。Ⓕ

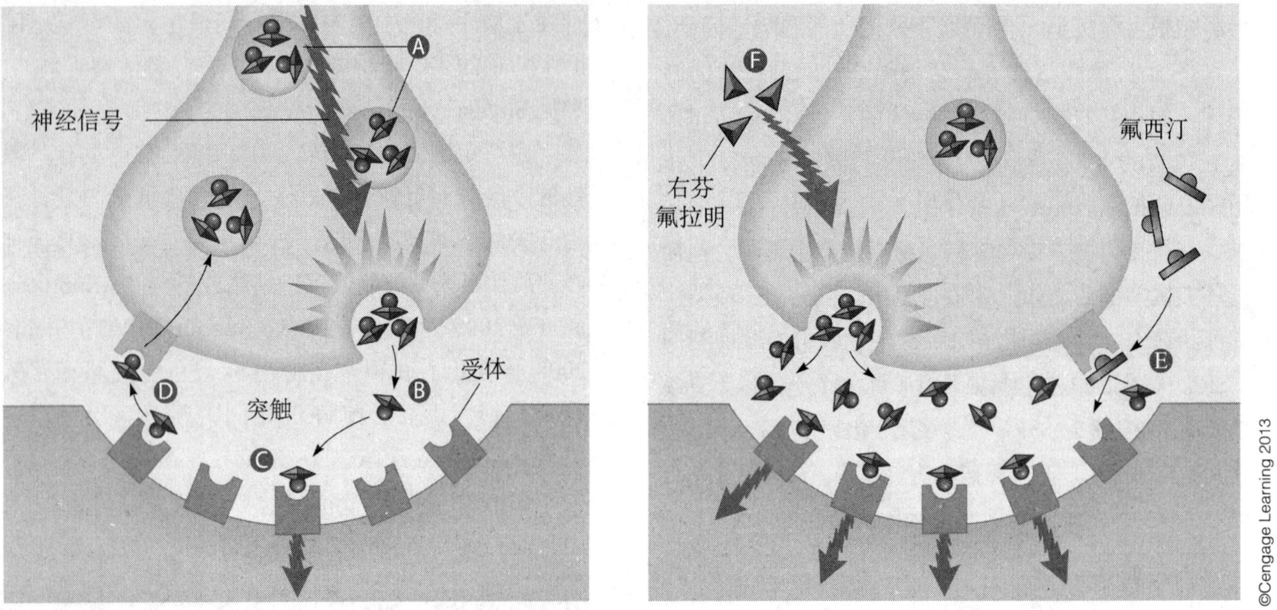

受体的变化

至少有15种血清素受体而且每一种均有不同的功能。图解模型给出了它们可能的工作方式。

图 2–12　调节大脑中的血清素

和控制有关。因此，在某种意义上，它们互相平衡（Depue et al.，1994）。

研究人员发现至少有五个不同的受体位点对多巴胺具有选择性的敏感度（Owens et al.，1997；Girault & Greengard，2004）。有一种叫左旋多巴的药物能影响多巴胺环路，属于多巴胺的拮抗剂（能提高多巴胺水平）。多巴胺接通的系统之一是运动系统，这一运动系统调节着我们正常的运动，一旦被开启，就会受到5-羟色胺的影响。因为这些连接，多巴胺的缺乏与某些疾病有关，如帕金森病，表现为运动行为明显减退，包括震颤、肌肉发僵和判断困难。左旋多巴可以成功地减少这些运动性残疾。

心理病理学的启示

典型的心理障碍包含情绪、行为和认知症状，因此在很大程度上，那些定位于特定脑结构的可以确定的损伤（或破坏），不会直接导致心理障碍。甚至那些导 50
致运动或感觉器官失灵的广泛性损伤，也通常属于医学神经病学的范畴，神经病学家经常要和神经心理学家一起鉴定特定的损伤。因为由生物学决定的不同人格类型对于某些心理障碍存在一定的易感性，心理病理学家也开始意识到，在人格形成和发展过程中，大脑功能的状态发挥了更为广泛的作用。例如，遗传因素可能导致影响人格的神经递质的活动模式。所以，一些具有冲动性风险的人可能存在5-羟色胺活性降低和多巴胺活性增高的情况。

5-羟色胺的作用之一就是调节我们的反应。进食行为、性行为以及攻击行为都可以在充足的5-羟色胺水平下得到良好的控制。一些来自动物的研究显示，阻断5-羟色胺环路的损伤（破坏）似乎可以削弱忽略不相关的外部线索的能力，使机体过分反应。因此，如果我们损伤或阻断了这个脑环路，我

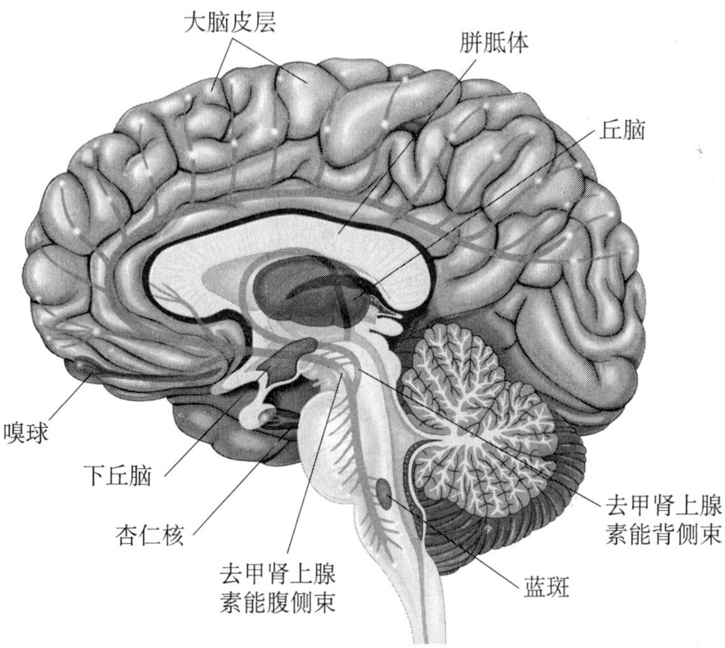

图 2–13　去甲肾上腺素在大脑中的传导路径

资料来源：Adapted from Kalat，J. W.，2009. *Biological Psychology*，10th edition，©2009 Wadsworth.

们可能发现自己会对进入脑中的每个想法或冲动付诸行动。

托马斯·英塞尔（Thomas Insel，1992）描述 了一个最初由艾斯林格和达马西奥（Eslinger & Damasio，1985）报告的案例，案例的主角在接受脑部肿瘤手术之前是一名成功的会计、丈夫以及两个孩子的父亲。手术之后他恢复得很好，但是在接下来的一年里，他事业挫败，而且和家人分居。尽管他的智商分数依旧很高，心理功能依旧完善，但是他没法坚持一份工作甚至不能准时到会。他会做一些无法控制的强迫性仪式行为。他整天在自己的房间里洗衣服、穿衣服，重置一些物品。换句话说，他患上了强迫症。肿瘤的移除损伤了他眶额皮层中的小块区域。

这些信息支持了生物因素对于强迫症发病的作用。你可能会认为在这里没必要考虑社会或者心理的影响因素，但是神经科学家在解释这些结论时非常谨慎。首先，这个案例只包含了一个个体。其他具有相同损伤的个体可能表现出不同症状。另外，脑成像的研究彼此之间存在不一致的情况，而且眶额皮层的一些沟回被认为与焦虑障碍和情绪障碍密切相关（Gansler et al.，2009；Goodwin，2009；Sullivan & LeDoux，2004）。因此，该部分的损伤可能导致了更一般意义上负性情绪的增加而不仅仅是强迫症。因此，在我们能完全确定眶额皮层与强迫症之间的关系之前，需要做的工作还很多，可能需要更为先进的技术支持。存在一种可能，该部分脑区的活性仅仅是反复思考和仪式性行为这一强迫症典型症状的结果，而不是其原因。举一个简单的类比，如果你上课迟到了，你会跑着冲向教室，然后你的身体和大脑就会发生巨大的改变。如果一些不知道你是刚跑着到教室来的人给你做了脑部扫描，那么你的脑部功能将显示为走路来上课的学生的结果是不同的。而如果你的成绩很好，那么研究人员可能得出错误的结论，即你的聪明是因为你的脑功能的不同寻常。

心理社会因素对脑结构和功能的影响

治疗的效果有时会告诉我们一些有关心理病理学的本质。例如，如果一名临床医生认为强迫症是由特定的脑功能失调或习得性焦虑引起的，那么这种观点会决定治疗的选择。由一种或另一种疾病的病因理论指导治疗，并观察患者是否好转，这将证明或驳斥理论的正确性。这种策略有一个致

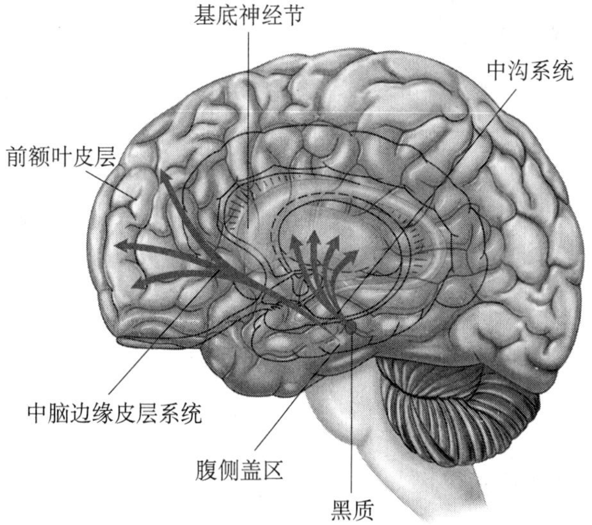

图 2–14　两种主要的多巴胺的传导路径

注：中脑边缘系统与精神分裂症有关，其与基底神经节的通路影响了运动障碍，例如迟发性运动障碍，这种疾病可能是使用神经松弛剂所致。

资料来源：Adapted from Kalat，J. W.，2009. *Biological Psychology*，10th edition，©2009 Wadsworth.

命的弱点：一种效果并不等于一种原因，例如，用阿司匹林成功地治好了某个患者的牙痛，并不意味着牙痛是由阿司匹林的缺乏引起的。然而，这种证据线索给了我们一些关于心理病理学病因的提示，特别是当它与其他更直接的实验证据相结合时。

如果你知道一个强迫症患者的脑环路可能有问题，你会选择什么治疗？或许你会推荐脑外科或者神经外科手术。用神经外科手术矫正严重的心理病理问题在现在仍是一种可供选择的方法，特别是对于非常严重的或难治性的强迫症病例（Aouizerate el at.，2006；Dougherty et al.，2002；Jenike et al.，1991；也见第 4 章）。对于前文描述的那位会计，移除肿瘤的同时似乎也移除了脑部中抑制强迫症的脑环路。非常精细的外科手术作用于脑的这个特定部位或附近，可以减少这种失控的行动。尽管外部手术很少用，并且没有被系统研究过，但在其他治疗都失败的情况下，这种治疗也是可以一试的。

如果更小的侵入性的治疗有效的话，没人想做外科手术。做个类比，一台电视机出现了“障碍”，变得模糊不清，你必须每次都重调和重新接上电路板上的电线，这一过程很麻烦。而如果你只要打开一个按钮就能排除模糊，这个过程则既简单，又安全。影响神经递质活性的药物的发展已经给了我们一种这样的按钮。我们现有的药物在强迫症治疗中是有效的。你可能会猜到，大多数药物可以增强 5-羟色胺的活性。

但如果不用手术或药物，可以影响这个脑环路吗？心理治疗足以直接影响这一环路吗？现在看来，答案好像是肯定的。刘易斯·巴克斯特（Lewis R. Baxter）及其同事对没有进行治疗的患者进行脑成像检测，然后使用一种认知行为疗法治疗患者，这种疗法已知对强迫症治疗有效，被称为暴露反应干预，然后再进行脑成像检测（Baxter et al.，1992）。他们发现，通过心理干预，脑环路发生了变化（正常化）。他们后来又用不同的患者做了同样的实验，发现脑功能发生了同样的变化（Schwartz，Stoessel，Baxter，Martin，& Phelps，1996）。

在另一个例子中，研究者在使用心理治疗成功地治疗了抑郁症（Brody et at.，2001；Martin，Martin，Rai，Richardson，& Royall，2001）、创伤后应激障碍以及特定恐惧症后，记录了被试脑功能的变化，这种变化被研究者称为“大脑重塑”（Paquette et al.，2003）。在另一个有趣的研究中，研究者们（Leuchter，Cook，Witte，Morgan，& Abrams，2002）用抗抑郁药和安慰剂治疗抑郁症患者（使用安慰剂去改变患者的行为和情绪是很常见的，这些安慰剂一般都是糖片，它的作用可以认为是心理因素如增加了希望和期望的结果）。脑功能的检测显示，抗抑郁药和安慰剂都改变了脑功能，但改变的部分略有不同，这说明两种干预措施的机制是有区别的。心理治疗似乎是一种远程按钮，通过它能够直接改变脑部通路。研究的另一个领域是探索药物治疗和心理治疗改变脑功能的特定方式。这些改变是类似的，还是不同的？肯尼迪等（Kennedy et al.，2007）使用了心理疗法、认知行为治疗以及抗抑郁药物文拉法辛治疗抑郁症患者。尽管三组被试在脑功能的改变方面出现了类似的情况，但是差异也是很明显的。主要是认知行为治疗能够促进皮层思维模式的改变，反过来影响到大脑的情绪功能。有时候这被称为“自上而下”的改变，因为它起至皮层，52
然后向下至大脑更深处发挥作用。然而，药物通常以“自下而上”的作用方式，到达皮层的更高区域（思维发生的地方）。许多类似的研究正在进行。由于我们知道对于一些人心理治疗的效果更好，对于另外一些人药物治疗更适合，这个研究希望能够基于个体脑功能的分析，为患者选择最好的治疗或者更好的联合治疗方法。

心理社会因素与脑结构和功能的交互作用

几个实验都显示了心理社会因素与脑功能之间的交互作用。有些甚至表明心理社会因素直接影响了神经递质水平。例如，英塞尔等（Insel，Scanlan，Champoux，& Suomi，1988）饲养了两组一样的猕猴，但这两组猴子在笼子里的控制能力不同。一组可以自由地玩玩具和进食，而另一组只有在第一组玩完玩具和进完食物之后才能得到这些。也就是说，另一组猕猴虽然有同样的玩具和食物，却不能选择。这样，第一组的猴子在生活中发展出了对事物的控制感，而第二组没有。

在它们后来的生活中，所有的猴子都被给予了苯二氮卓类反向激动剂，这是一种与神经递质 GABA 的效用相反的神经化学物质，能引起焦虑的

Thomas Insel/1986 study/National Institute of Mental Health

注射了特定神经递质的猕猴表现出愤怒还是恐惧，这取决于其早期的心理经历。

极度爆发。对环境没有控制感的猴子跑到笼子的角落，蜷缩在那里，并表现出严重的焦虑和惊恐。但有控制感的猴子完全没有焦虑，而是显得愤怒和有攻击性，甚至攻击附近的其他猴子。因此，作为一种神经递质，水平相同的神经化学物质有着不同的效果，这取决于猴子的心理和环境经历。

William Greenough/University of Illinois

威廉·格林纳夫和他的助手在一个复杂环境中饲养了一些老鼠，这些环境要求进行有意义的学习和动作行为，这影响了老鼠的大脑结构，从而支持了心理因素在生物性发展上的作用。

其他实验显示，心理社会因素直接影响着中枢神经系统的功能，甚至可能是结构。科学家们已经观察到，心理社会因素改变了很多神经递质系统的活动水平，包括去甲肾上腺素和 5- 羟色胺（Cacioppo et al.，2007；Coplan et al.，1996，1998；Heim & Nemeroff，1999，Ladd et al.，2000；Ouellet-Morin et al.，2008；Roma，Champoux，& Suomi，2006；Sullivan，Kent，& Coplan，2000）。研究还发现，神经元本身的结构，包括细胞受体的数量，都能通过学习和经历而发生改变（Gottlieb，1998；Kandel，1983；Kandel，Jessell，& Schacter，1991；Ladd et al.，2000；Owens et al.，1997），而且，这种影响会持续终身（Cameron et al.，2005；Spinelli et al.，2009；Suarez et al.，2009）。

我们现在开始认识一下心理社会因素如何影响脑功能和结构（Kolb，Gibb，& Robinson，2003；Kolb & Whishaw，1998）。威廉·格林纳夫（William Greenough）及其助手（Greenough，Withers，& Wallace，1990）发现，在一种丰富的需要很多学习和活动行为的环境中喂养的老鼠，发展出的神经系统与蜷缩在笼子里的老鼠很不相同。活动的老鼠的小脑中神经细胞之间有更多的连接，会长出更多的树突。在一个追踪研究中，华莱士等（Wallace，Kilman，Withers，& Greenough，1992）报告，刚出生 4 天的老鼠其脑部的这些结构就开始发生变化。同样，早期发展中的应激能导致 HPA 轴（在本章的前面有描述）的功能发生实质性的改变，并使灵长类动物在随后的生活中对应激的易感性产生或多或少的变化（Barlow，2002；Coplan et al.，1998；Gillespie & Nemeroff，2007；Spinelli et al.，2009；Suomi，1999）。这可能与在前面所述的新西兰研究（Caspi et al.，2003）谈到的那种机制有点相似，这种机制通过早期的应激作用于遗传易感性而使个体发展出抑郁症。因此，我们可以得出结论，早期的心理经历影响神经系统的发展，并因此而决定了个体在日后的生活中对心理障碍的易感性。学习和经历改变着我们的神经系统的结构，而且有些变化是永久性的（Kolb，Gibb，& horny，2003；Suárez et al.，2009）。科学家已经开始明确心理社会因素、脑结构和脑功能之间存在复杂的交互作用，正如反映在神经递质活性方面的情况。有人（Yeh，Fricke，& Edwards，1996）研究了为确定在群体中的统治地位而争斗的两只雄性小龙虾。对于赢得胜利的一方，5- 羟色胺会改变一组特定的神经元使之
53 更有可能去争斗，但是输的一方则情况相反。因此，他们认为，自然产生的神经递质因为个体的心理经历不同而发挥不同的作用。此外，这种经历会通过改变 5- 羟色胺受体的活性直接影响神经元突触的结构。研究人员同样发现如果失败的一方重新获得了支配权，5- 羟色胺的作用是可以逆转的。同样，索米（Suomi，2000）发现在灵长类动物中，对于在遗传上存在易感性的个体，早期的应激经历可以导致其 5- 羟色胺缺乏，但是对于没有早期应激的个体这种缺乏并未发生。

评论

涉及心理障碍的、由神经递质在脑内的传输通路确定的脑环路是非常复杂的系统。这些环路的存在提示，神经系统的结构和功能在心理病理学中起着重要的作用。而其他研究认为，这些环路受到心理社会因素的强烈影响，甚至可能由它们所创造。此外，生物干预如药物，和心理干预或经历似乎都能改变这些环路。因此，我们不能脱离生物和心理因素去考虑心理障碍的本质。我们现在来对心理因素部分检测一下。

概念自测 2.3

对下列描述进行配对：（a）前额叶；（b）脑干；（c）GABA；（d）中脑；（e）5-羟色胺；（f）多巴胺；（g）去甲肾上腺素；（h）大脑皮层。

1. 运动、呼吸和睡眠依赖于多数动物都有的脑的哪个原始部位？________
2. 哪种神经递质可占领神经元受体位点，限制突触后活性，降低整体唤醒水平？________
3. 哪种神经递质是打开各种脑环路的阀门？________
4. 哪种神经递质可能会影响你的紧急反应或警觉反应？________
5. 这一区域包括部分网状激活系统，并协调运动和感觉输出。________
6. 哪种神经递质被认为影响我们加工信息的方式，并调节或抑制我们的行为？________
7. 这一区域包含人类中枢神经系统80%的神经元，并使我们具有不同品质。________
8. 这一区域负责我们大部分记忆、思维和推理能力，并使我们成为社会性动物。________

行为与认知科学

▸ 行为和认知对心理疾病来源的解释的主要不同点是什么？

我们在理解认知和行为对心理病理学的影响方面取得了很大的进展。一些新的信息产生于迅速发展的**认知科学**（cognitive science），这是一个关于我们如何获得、加工、储存并最后提取信息（记忆的程序之一）的研究领域。科学家还发现，我们对头脑中储存的大量信息不一定都能意识到。因为这些认知加工过程是无意识的，有些发现使我们想起了弗洛伊德精神分析理论的无意识心理过程（尽管它 54
们并不太像弗洛伊德所想象的那样）。现在，我们将从简单介绍经典条件作用开始逐一认识这些内容。

条件作用和认知过程

在 20 世纪 60 年代和 70 年代，行为科学家在动物实验室里开始揭示经典条件作用基本过程的复杂性（Bouton，2005；Bouton，Mineka，& Barlow，2001；Mineka & Zinbarg，1996，1998）。罗伯特・雷斯考拉

（Robert Rescorla，1988）得出结论认为，两个事物在时间上的简单配对（如巴甫洛夫的肉末和节拍声）在这种类型的学习中并不重要。即使在更低等的动物（如老鼠）中，这种学习的最终结果也是由各种不同的判断和认知过程共同决定的。

举一个简单的例子，巴甫洛夫预测，只要把肉末和节拍声配对（假设 50 次），就会发生一定的学习。但雷斯考拉和其他人发现，如果一只动物在 50 次节拍器响过之后再也没看到肉末，而另一只动物在这 50 次试验中多次得到肉末，那么两只动物学到的东西是不一样的。也就是说，即使对于每只动物节拍声和肉末都配对 50 次，节拍声对第二只动物的意义也要小得多（图 2-15）。换句话说，第一只动物学到的是，节拍器响过之后就是肉末；而第二只动物学到的是，肉有时出现在声音之后，有时没有声音也有肉。这两种不同的条件下产生不同的学习结果是一个常识性的观点，但它表明了，经典条件作用的基本范例真正促进的是对环境中事物间关系的学习。

这种学习使我们发展出对世界运转规律的认识，从而让我们做出更适当的判断。然后我们以一种有利于自己或至少不会伤害自己的方式做出反应。换句话说，即使在动物中，条件作用也包含复杂的认知和情绪信息的加工。

习得性无助

沿着相似的思路，马丁·塞利格曼（Martin Seligman）和他的同事史蒂夫·迈尔（Steven Maier）也用动物做实验，并描述了**习得性无助**（learned helplessness）的现象，这种现象发生在老鼠或其他动物 55
无法控制的条件下（Maier & Seligman，1976）。当老鼠处于一种偶尔会受到电击的情况下，如果它们学习到自己可以通过做一些事情来避免这种电击（假设按压一个控制杆），它们就建立了条件作用。而如果它们知道自己的行为对环境无效——它们无论做什么都会时

认知科学　研究人类和其他动物如何获取、加工、储存并提取信息的研究领域。

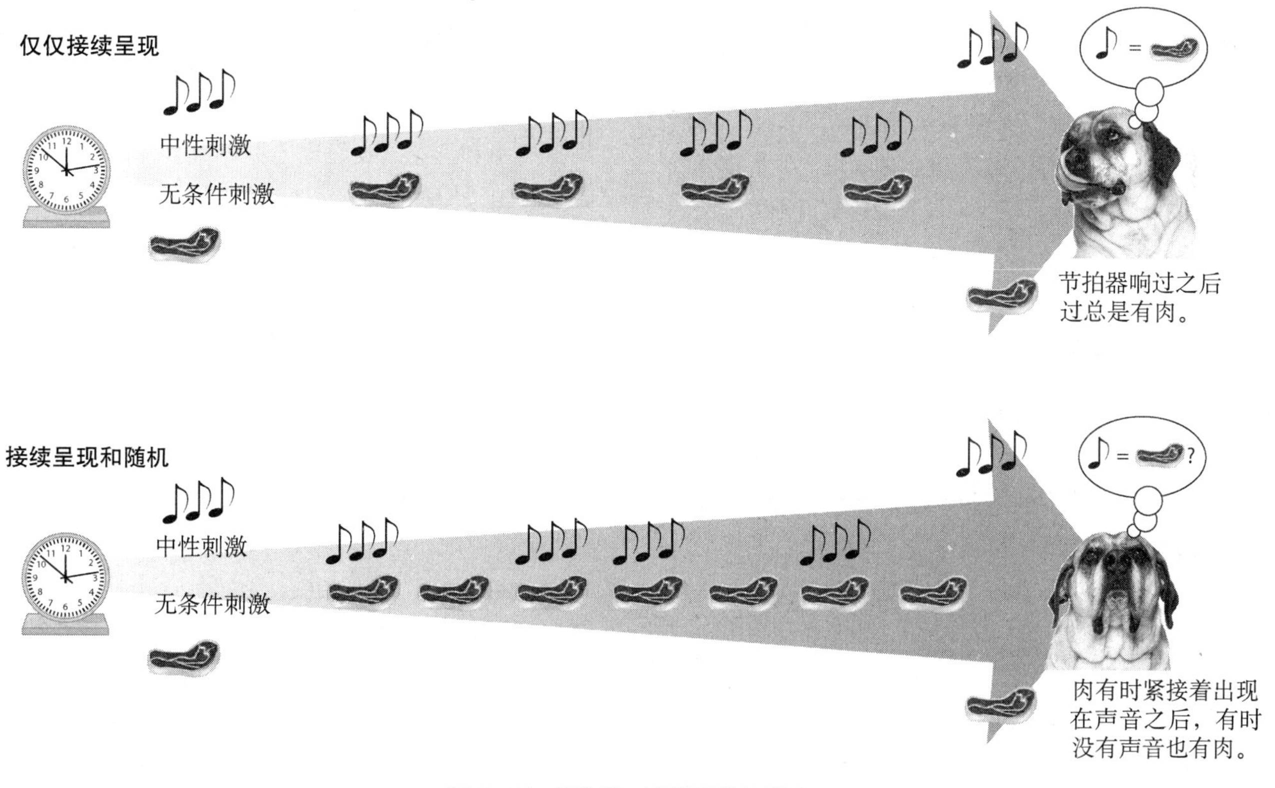

图 2-15　罗伯特·雷斯考拉的实验

注：实验结果显示，接续呈现，即一个中性刺激和一个无条件刺激配对并不会引起相同的条件作用。仅仅接续呈现组中的狗（上图）能够形成通常的条件作用：一种音调和肉配对能使音调发挥肉的作用。而在接续呈现和随机组中，音调出现后有时有肉有时没肉，这导致音调失去了意义。

不时受到电击，它们就会变得“无助”。换句话说，它们就会放弃应对的尝试，并且患上了动物形式的抑郁。

塞利格曼推断出同样的现象也会发生在面对生活中无法控制的应激的人群中。随后的工作证实了这种推测在一种重要的条件下是真实的：即使其他人能做点什么，但如果他们自己“决定”或“认为”他们对生活中的应激无能为力，人就会变得抑郁。此时。人们做了不可控的归因（Abramson，Seligman，& Teasdale，1978；Miller & Norman，1979）。这一发现再次说明了这种认识的必要性，即不同的人对环境事件信息的加工是不同的。这种认知的差异是心理病理学的一个重要成分。

后来，塞利格曼把注意力转移到另一套归因上，他称之为习得性乐观（Seligman，1998，2002）。也就是说，如果人们在面对相当大的应激和困难时，仍显示出一种乐观积极的归因，他们的功能可能会保持得更好。举一个例子，由利维等（Levy，Slade，Kunkel，& Kasl，2002）所做的一个研究显示，50～94岁的个体中，积极看待自己和对年龄抱有积极态度的个体比那些没有这么乐观积极态度的个体多活了七年半的时间。在研究者控制了年龄、性别、收入、孤独感以及从事家务和社会活动的能力之后，这种联系仍然存在。这种效应非常强烈，如果个体有低血压、低胆固醇，无肥胖或吸烟史，那么他可多活1～4年。这样的研究在积极心理学里产生了重要的意义，在这一领域里研究者探索能够解释积极态度和幸福的因素（Diener，2000；Lyubomirsky，2001）。

社会学习

另一位有影响力的心理学家阿尔伯特·班杜拉（Albert Bandura，1973，1986）观察到，有机体不必亲身经历其环境中的某些事件就能有效地学习。他们通过观测某个既定情境中其他人发生的事就足以进行学习，这个过程被称为**模仿**（modeling）或**观察学习**（observational learning）。即使在动物中，这种类型的学习，也需要整合他者的经验并判断在自己身上可能发生的事情。换句话说，即使是一只动物，如猴子，它也必须依据自己的经验来判读其所处的状态，而且这种经验与其所观察到的动物所经历的情境是相似的。班杜拉认为，行为、认知因素以及环境影响共同导致了行为的复杂性。他还强调了学习中社会背景的重要性，也就是说，我们的学习在很大程度上依赖于我们与周围人的互动。这些观点通过与社会行为的遗传学和生物学基础方面的发现进行整合，已经成为研究的一个新领域，即社会神经科学（Cacioppo et al.，2007）。

班杜拉的基本思想是：仔细分析认知过程能对行为做出最确切的科学预测。概率学习、信息加工和注意等概念在心理病理学中已变得越来越重要（Barlow，2002；Craighead，Ilardi，Greenberg，& Craighead，1997；Davey，2006；Lovibond，2006；Mathews & MacLeod，1994）。

准备性学习

生物因素会影响我们的学习。这一结论基于这样一个事实，即对一些对象的恐惧比对另一些对象的恐惧更容易被我们习得（Mineka & Sutton，2006；Morris，Öhman，& Dolan，1998；Öhman，Flykt，& Lundqvist，2000；Öhman & Mineka，2001；Rakison，2009）。为什么会这样呢？根据**准备性学习**（prepared learning）的概念，我们在进化过程中已经做好了随时学习某些类型的事物或情境的准备，因为这些知识对物种的生存有着重要意义（Mineka，1985；Seligman，1971）。即使没有任何接触，相对于石头和鲜花，我们也会更容易学会害怕蛇和蜘蛛，哪怕我们理智地知道蛇或蜘蛛是无害的（例如，Fredrikson，Annas，& Wik，1997；Pury & Mineka，1997）。然而，在缺少经验的情况下，我们很少害怕枪或电源插座，就算它们可能更致命。

我们为什么那么容易学会害怕蛇或蜘蛛呢？一种可能是我们的祖先住在山洞时，躲避蛇和蜘蛛，躲开了致命攻击而生存下来，并将他们的基因传给我们，所以，这种倾向对物种的生存是有贡献的。事实上，当前研究发现在这种学习中存在性别差异：女性对这种学习更为敏感，不像男性，她们在11个月的时候就能表现出来这种现象（Rakison，2009）。因此，“准备性学习”能够解释对蛇和蜘蛛的恐惧在成年女性中的发生率更高（见第4章）。依据该理论，相对于以冒险的狩猎者为角色的男性来说，以觅食者和采集者为角色的女性，更应该去避免遇到蛇和蜘蛛（Rakison，2009）。

无论如何，我们内部的某些成分会识别出某种信 56
号和某种威胁事件之间的联系。如果你曾经因为喝了劣质酒或吃了坏的食物而生病，你就不会再次犯同样的错误。吃过一些味道糟糕的、引起恶心或可能有毒的东西后，这种快速或“一次性”学习也会发生在动物身上。我们很容易看到生存与快速学习躲避有毒食物之间的关系。然而，如果动物在吃某些食物时遭受电击而不是吃到有毒的东西，它们就不会很快学会这种联系，这可能是因为电击在本质上不是一种进食的后果，而中毒可能是。也许我们的基因也促进了这些选择性的联系（Barlow，2002；Cook，Hodes，& Lang，1986；Garcia，McGowan，& Green，1972）。

认知科学和无意识

认知科学的进展革新了我们的无意识概念。我们头脑中发生的很多事情都是无法意识到的，但我们的无意识也不一定就是弗洛伊德描述的那样，像一个原始情绪冲突沸腾的大汽锅。我们能加工和储存信息，并按这些信息行动，而没有意识到这些信息是什么或者我们为什么照此行动（Bargh & Chartrand，1999；Uleman，Saribay，& Gonzalez，2008）。这使人惊奇吗？看一下这两个例子吧。

劳伦斯·韦斯克兰茨（Lawrence Weiskrantz，1992）描述了一种被称为盲视或无意识视觉的现象。他讲述了一个年轻人的例子。由于医疗上的原因，这个年轻人的一小部分视皮层（脑中视觉控制中心）被手术切除了。尽管手术被认为是成功的，但这个年轻人的两只眼睛却全瞎了。后来，在常规的检查中，一个医生在患者的左边抬起手，患者令人吃惊地伸出手去碰触它。随后，科学家们确定，他不仅能准确地接触到物体，而且能区分物体，并行使通常与视觉有关的大多数功能。可是，当问到他的能力时，他会说：“我看不到任何东西，这不是编的。”他所做的全都是猜的。

这一病例中的现象与真正的脑损伤有关。然而，同样的情况也会发生在被催眠了的健康人身上（Hilgard，1992；Kihlstrorm，1992），即在催眠中这些正常的个体被暗示是盲人，他们能行使正常的视觉功能，但没有其视觉能力的意识或记忆。这种状态被解释为行为和意识的分离过程，它是第 5 章中讨论到的瓦解性障碍的基础。

第二个例子，与心理病理学的关系更大，涉及**内隐记忆**（implicit memory）（Bowers & Marsolek，2003；Craighead et al.，1997；Graf，Squire，& Mandler，1984；Kihlstrom，Barnhardt，& Tataryn，1992；McNally，1999；Schacter，Chiu，& Ochsner，1993）。某个人清楚地根据过去发生的事情行动，却又记不起这件事，这就是内隐记忆（对事物的清楚记忆叫外显记忆）。但内隐记忆对特定事件或环境具有选择性。临床上，一个内隐记忆的例子就是安娜·O 的故事，证明了无意识存在的布洛伊尔和弗洛伊德（1985/1957）最早描述了这一经典案例。在治疗完成之后，安娜·O 就记起了有关她父亲的死亡的事情，以及这些事情与她瘫痪之间的联系。所以，安娜·O 的行为（偶然性瘫痪）显然与她对父亲去世的内隐记忆有关。

随着技术的进步，许多研究无意识的方法应运而生。Stroop 颜色命名范式就是其中之一（见书前彩插）。在 Stroop 颜色命名实验中，呈现给被试不同的单词，每个单词的颜色不同。快速地向他们呈现单词，并要求他们给单词的颜色命名，而不考虑这些单词的含义。不管被试如何努力把注意力集中在颜色上，当单词的含义吸引了被试的注意时，颜色命名就会延迟。也就是说，单词的含义会干扰被试加工颜色信息的能力。例如，实验者认为，有某种心理障碍的人（像朱迪），对和他们存在的问题有关的单词（例如，血液、注射、解剖）的颜色命名要慢于对与他们存在的问题无关的单词。所以，即使被试说不出来或不能意识到，心理学家仍可以用这种方式揭示情绪意义上的特殊模式。

当我们谈论特定障碍的时候，有关我们对于心理病理学本质理解的这些进展会被反复提起。再者，在某种程度上，这些研究的发现支持了弗洛伊德的无意识理论。但是，并没有形成关于存在于内心中持续冲突的精确结构的假说（弗洛伊德的本我、自我和超我），目前对于有着如此复杂结构和功能阵列的无意识而言，没有证据能支持其存在。

习得性无助 马丁·塞利格曼的理论概念，认为当个体对他们生活中的应激做出不可控的归因时（不管他们实际上是否真的不可控），他们会变得焦虑、抑郁。

模仿（观察学习） 通过观察并模仿其他个体的行为以及行为的结果来进行的学习。

准备性学习 进化产生的适应能力，通过一定的联系使得学习某些东西比学习其他东西更容易。

内隐记忆 某个人清楚地根据过去发生的事情行动，却又记不起这件事的一种记忆。

57 ## 情绪

> 情绪在心理病理学中扮演什么角色？

情绪对心理病理学的发展有着多方面的影响（Gross，2007；Kring & Sloan，2010；Rottenberg & Johnson，2007）。想一下恐惧情绪。你曾经发现自己处于一种真正危险的情境吗？你曾经经历过差点撞车，而仅在之前的几秒钟你才意识到会发生什么吗？你在海里游泳时，曾经意识到你游得太远或被卷入浪中吗？你曾经差点从高处（如悬崖或屋顶）跌下吗？在这些情境中，你都会有一种难以置信的清醒。正如查尔斯·达尔文（Charles Darwin，1872）在100多年之前所指出的，这种反应在所有的动物身上都会存在，包括人类，说明这种反应是一种有用的功能。在有潜在生命威胁的紧急情况下所激发的这种警觉反应被称为**逃跑或战斗反应**（flight or fight response）。如果你被卷入海浪中，你差不多会出自本能地朝岸边奋力游去，虽然你可能会意识到，你最好顺着浪一起漂浮，直到海浪平静后再游。然而，即使奋力与大海搏斗只会让你筋疲力尽，增加你被淹死的可能性，求生的本能也不会让你放松下来。同样的反应可能瞬间给你力量举起压着你兄弟的汽车或打跑攻击者。在我们觉得极端危险的情况下，猛增的肾上腺素会动员我们逃离危险（逃跑）或抵抗危险（战斗）。

©Classic Image/Alamy

查尔斯·达尔文（1809—1882）描绘了一只被狗吓坏了的猫表现出逃跑或战斗的反应。

恐惧的生理学基础和意义

生理反应如何让我们以这种方式进行回应？生理学家沃尔特·坎农（Walter Cannon，1929）对其原因进行了推测，认为恐惧激活了你的心血管系统。此时，你的血管收缩，动脉血压上升，流向末端（手指和脚趾）的血液减少。过量的血液转向骨骼肌，以备在紧急情况下能被器官所使用。人们经常“被吓得脸色苍白”，那是皮肤血流减少的缘故。“吓得发抖”“吓得起鸡皮疙瘩”，可能是哆嗦和毛发竖立的缘故。这些都是血管收缩时，保存热量的反应。

在极端恐惧的情况下，这些防御性的调节还会经常产生冷热交替的情况。通常情况下，呼吸加快加深以为快速的血液循环提供必要的氧气。血液循环加快为脑部提供血液，刺激认知过程和感官功能，使你在紧急情况下更警觉，思考得更快。剧增的葡萄糖从肝脏释放到血液，进一步为各种重要的肌肉和器官（包括脑部）提供能量。瞳孔变大，听觉更敏锐，消化活动延缓并导致唾液减少（害怕得嘴发干）。在短期内，排除身体废物并调缓消化过程，为机体进一步集中注意于行动和保持活力做好准备，所以有些人在恐惧时经常想大小便，有时还会呕吐。

情绪现象

恐惧这种**情绪**（emotion）是一种对恐怖的主观感觉、一种强烈的行为动机（逃跑或战斗）、一种复杂的生理或唤醒反应。多数理论家同意，情绪是一种“行动倾向”（Barlow，2002；Lang，1985，1995；Lang，Bradley，& Cuthbert，1998），即以某种方式行为的倾向（如逃跑），由一个外部事件（一种威胁）和一种
感觉状态（恐怖）所激发，并可能伴有一种特征性的 58
生理反应（Fairholme，Boisseau，Ellard，Ehrenreich，& Barlow，2010；Gross，2007；Izard，1992；Lazarus，1991，1995）。一种感觉状态的目的之一是动员我们去实施某种行为：如果我们逃跑，这种令人不愉快的恐怖就会减少（Campbell-Sills & Barlow，2007；Gross，2007；Öhman，1996）。正如奥曼（Öhman，1996；Öhman，Flykt，& Lundquist，2000）所指出的，情绪的

首要功能可以被理解成一种手段，让我们去做那些我们必须要做的事情，并将其通过基因传递给后代。那么对于愤怒或爱的运作原理，你又是如何看待的？感觉状态是什么？行为是什么？

情绪持续的时间通常很短，从几分钟到几小时，它们是作为对外部事件的反应而发生的。**心境**（mood）是一种更持久的情感或情绪状态。在第 12 章中，我们将介绍以持久或复发为特征的抑郁或兴奋（躁狂）心境障碍。第 4 章中描述的焦虑障碍是以持久或慢性的焦虑为特征的，所以也可以称为心境障碍。因此，焦虑障碍和心境障碍都可称为情绪障碍，这不是心理病理学中的一个正式术语，只是异常心理学术语中一个不多见的矛盾的例子。你有时会看到一个相关的术语叫**情感**（affect），通常指我们说话或做事时伴随的瞬间的情绪基调。例如，如果你在测验中得了 A+，却看起来很难过，你朋友可能会认为你的反应很奇怪，因为你的情感与事件的性质不一致。情感这一术语也用于概括个体情绪状况特征中的共同性。因此，那些倾向于恐惧、焦虑和抑郁的人会体验到负性情感。

情绪的成分

情绪由三个相关的成分组成：行为、生理和认知，但是多数情绪理论家倾向于将重点放在其中某个成分上（图 2–16）。强调行为的情绪理论家认为，基本情绪在基础过程上彼此不同。例如，愤怒不同于悲伤不仅因为其感受不同，而且其行为和生理上也有所不同。这些理论家还强调，情绪是群体中个体间的一种交流方式。恐惧的功能之一是激发立即行动，如逃跑。但是，如果你显出惊慌，你的面部表情将很快告诉你的朋友可能存在危险，而你的朋友原本可能没有意识到危险逼近。你的面部交流增加了他们生存的机会，因为他们能更快地对发生的危险做出反应。这可能是情绪具有感染性的原因之一（Hatfield，Cacippo，& Rapson，1994；Wang，2006）。

一些科学家强调情绪的生理成分。坎农（Cannon，1929）把情绪视为主要的一种脑功能。一些生理学研究显示，与情绪表达相关的脑区较与高级的认知过程（如推理）相关的脑区要更古老和原始。其他研究表明，脑的情绪中心和眼部（视网膜）、耳部有着直接的神经生物学联系，这使得情绪可以在没有更高级的认知过程的影响下被激活（LeDoux，1996，2002；Öhman，Flykt，& Lundqvist，2000；Zajonc，1984，1998）。换句话说，你无须思考和意识到为什么这样感觉，就可以很快地直接体验各种情绪。

最后，很多理论家强调情绪的认知方面。这些理论家中最著名的要算后来的理查德·拉扎勒斯（Richard S. Lazarus，1968，1991，1995），他提出一个人对环境变化的评价是以环境对个体的潜在影响而做出的，并且评价的类型决定了体验到的情绪。例如，如果你在一个黑巷子里看到一个拿枪的人，你可能会把这一情境评价为危险的，从而感到害怕。如果你在博物馆里看到一个导游展示一支古老的枪，你将做出不同的评价。拉扎勒斯提出，思维和感受是不可能分离的，但其他认知科学家认为，尽管认知和情绪系统相互影响，但它们在根本上是独立的（Teasdale，1993）。事实上，情绪的所有这些成分（行为、生理和认知）都是重要的，且其彼此之间的相互作用已成为当前研究的一个主题（Barrett，2009；Gendron & Barren，2009；Gross，2007）。

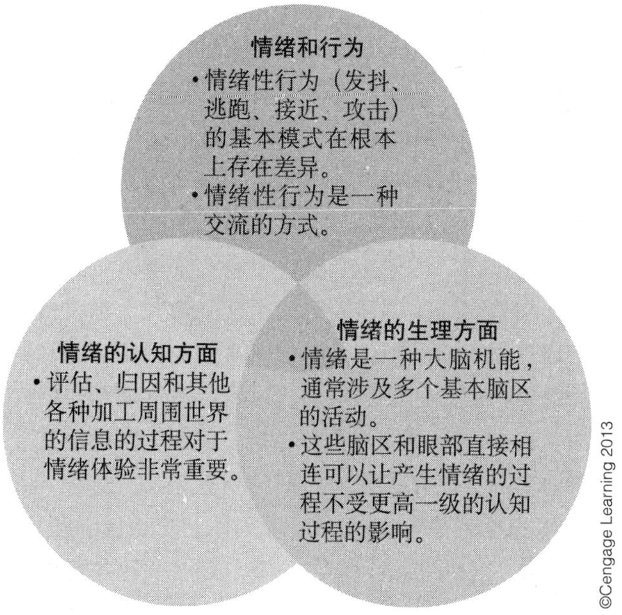

图 2–16　情绪的三个相互重叠的重要成分：行为、认知和生理

逃跑或战斗反应　在紧急情况下激发身体资源（如血流量和呼吸）来抵抗或逃离威胁的生物反应。

我们的情绪反应取决于情境。例如，火可能是一种威胁，也可能是令我们感到温暖的东西。

愤怒和心脏

当我们讨论朱迪的血液恐惧症时，我们可以看到行为和情绪可以对生理产生影响。这在愤怒情绪中尤为正确。多年来我们已经知道敌对和愤怒等消极
59 情绪会增加一个人患心脏病的风险（Chesney，1986；MacDougall，Dembroski，Dimsdale，& Hackett，1985）。事实上，源自持续的敌意、愤怒爆发所致心脏病的死亡，远远多于其他危险因素的影响，包括吸烟、高血压和高胆固醇（Finney，Stoney，& Engebretson，2002；Suarez，Lewis，& Kuhn，2002；Williams，Haney，Lee，Kong，& Blumenthal，1980）。

这是为什么呢？艾隆森和她的同事（Ironson et al.，1992）要求心脏病患者回忆过去让他们很生气的事情。有时这些事情发生在很多年前。在一个案例中，一位被试在第二次世界大战期间曾在日本战俘营待过，每当他想起这件事就会变得很生气，特别是当他想到美国政府对战争期间被关在拘留所的日裔美国人给予赔偿的时候更是如此。艾隆森和她的助手把愤怒的经历与那些导致心率增加却与愤怒无关的应激性事件进行了比较。例如，有些被试想象要为对自己在商店偷东西的指控做口头辩护。其他被试要在有限的时间内解决有难度的数学题目。当将愤怒和应激情境下的心率与锻炼（骑固定的自行车）增加的心率相比较时，研究者们发现，愤怒情绪下心脏有效泵血能力显著地下降，而在应激或锻炼情境下则没有降低。实际上，回忆愤怒足以产生愤怒的效果。如果被试真的生气了，他们的心脏有效泵血能力会下降更多。

这项研究首次证明了愤怒通过减少有效泵血来影响心脏，至少对已有心脏病的人是如此。其他研究，如威廉姆斯及其同事（Williams et al.，1980）所做的研究，证明了愤怒也会影响没有心脏病的人。在50岁就去世的人中，经常生气的医学生人数是同班中那些较少有敌对情绪的医学生的7倍多。苏亚雷斯（Suarez et al.，2002）证明了愤怒是如何导致这种后果的。对于具有明显敌意的个体，由过度活跃的免疫系统产生的炎症反应可能导致动脉阻塞（并减少心脏有效泵血）。那我们可以认为过度的愤怒导致心脏病发作吗？这是一维病因模型的另一个例子。越来越多的证据，包括刚才提到的研究，都认为愤怒和敌意会影响心脏病，但还有很多其他因素，包括由遗传决定的生物易感性也对心脏病有影响。我们将在第7章讨论心血管疾病。

情绪和心理病理学

我们现在知道，抑制几乎任何一种情绪反应都会增加交感神经系统的活性，从而可能对心理病理活动造成影响（Barlow，Allen，& Choate，2004；Campbell-Sills & Barlow，2007；Fairholme et al.，2010）。有些情绪似乎有更直接的影响。在第4章中，我们研究了惊恐现象及其与焦虑障碍的关系。一个有趣的可能性是，惊恐发作可能只是情绪发生在错误的时间里的普通恐惧，因为发作的当时没有什么好害怕的（Barlow，2002）。在心境障碍中，有些患者变得过度兴奋和愉悦。他们认为自己能做任何想做的事，想花多少钱就花多少钱，因为一切都很好。这些人有躁狂症，躁狂症属于一种被称为双相障碍（将在第12章中讨论）的严重的心境障碍的一部分。躁狂

60 症患者通常交替经历兴奋和极端悲伤与痛苦，在痛苦悲伤期间，他们会觉得整个世界是灰色的、没有希望的。如果无助感很严重，他们就会有自杀的危险。这种情绪状态叫抑郁，是许多心境障碍的核心特征。

所以，恐惧、愤怒、悲伤或痛苦以及兴奋等基本情绪可能会导致很多心理障碍，甚至以它们进行定义。情绪和心境也影响我们的认知过程：如果你的心境是积极的，那么你的解释和感受也倾向于是积极的（Bower，1981；Diener，Oishi，& Lucas，2003）。你对第一次遇到的人的印象，甚至对过去事件的记忆，其基调在很大程度上是由你当时的心境来决定的。如果你一直是消极的或抑郁的，那么你对过去事件的记忆很可能是不愉快的。消极或悲观的人只能看到半空的瓶子，相比而言，乐观的人被认为是戴着玫瑰色的眼镜去看待世界的，而且看到的瓶子是半满的。这对认知和情绪科学家是一个丰富的探索领域（Eysenck，1992；Rottenberg & Johnson，2007；Teasdale，1993），尤其是那些对认知和情绪的加工过程之间的相互关系感兴趣的研究人员（Barlow et al.，2004；Campbell-Sills & Barlow，2007；Gross，2007；Kring & Sloan，2010）。

概念自测 2.4

通过鉴别以下描述，考察你对行为和认知影响的理解。从下列选项中选择你的答案：（a）习得性无助；（b）模仿；（c）准备性学习；（d）内隐记忆。

1. 凯伦注意到，每次泰隆尼在午餐中表现好时，老师就表扬他。凯伦决定做得更好以获得表扬。______
2. 约什不再取悦他的爸爸，因为他从来不知道，他的爸爸是为他骄傲还是愤怒。______
3. 格雷在还是一个婴儿时曾掉进了湖里，差点淹死。尽管他不记得这件事，但他讨厌去大面积的水塘周围。______
4. 胡安妮塔非常害怕蜘蛛，尽管她知道它不会伤害自己。______

情绪　由外部事件和感觉状态引起的行动模式，并伴随着特征性的生理反应。
心境　持续的情绪状态。
情感　伴随着行为的情绪中有意识的、主观的部分。

多样化讨论　恐惧：进化和社会影响

恐惧及恐惧症是普遍存在的，在不同文化和不同国家都可能发生。从进化角度来看，其中一些恐惧是根深蒂固的，而且发生在所有文化的人群中。然而，其他的一些则是习得的，而且只存在于特定文化中。

或许关于植根于进化中的恐惧的最为明显的例子，也是所有人都可能有的体验，即与能够引起生理疾病的食物有关，在将来的生活中遇到类似食物时，对恐惧就会有一种唤起的体验。你是否曾经在一家新的餐馆吃饭，然后回到家后就感觉身体不舒服？结果往往是，你很难再去那家餐馆用餐，而且不会再点引起你身体不舒服的那些菜。加西亚、尔文和科林（Garcia，Ervin，& Koelling，1966）就描述过这种条件性的口味转变，指的是对能够引起生理疾病的食物的强烈厌恶。这些研究发现，并不像电休克类的消极刺激一样，这种类型的厌恶是通过对与疾病相关的食物的体验习得的。你一旦生病，你的大脑可能会说："无论如何我都不会再次尝试那种食物。"这种进化论的观点基于生活中的现象，比如农场的牧民为了从饥饿的狼口中保护好他们的羊，会用浸泡了大量锂金属的羊肉来喂食狼以使这些狼患病。因为食用了这些污染后的羊肉而患病的狼便不会再攻击牧民的羊（出于对疾病的恐惧），而是以野兔或者其他的动物作为替代性的食物（Gustavson，Kelly，Sweeney，& Garcia，1976）。然而这是一种不同文化背景下的人们都会有的植根于进化中的恐惧，同样也有受到特定文化影响或者在社会化过程中产生的恐惧。

关于社会习得性恐惧中有一个很有趣的实例，见于部分亚洲地区的缩阴恐惧现象（最初流行于 1865 年的中国南部地区）。缩阴恐惧指的是因担心阴茎会萎缩或者缩回腹部而恐惧，甚至有人因为这种担心而死亡（Garlipp，

2006）。尽管关于缩阴的可预见原因随着时间也产生了一定的改变，但大部分还是将此归结于巫术和妖术。此外，大量的关于缩阴恐惧的诊断报告显示，关于阴茎的萎缩或者缩回腹部的信念会通过一些社会性途径传播（如口头或者书面记录的其他人的案例）。除了对于缩阴发作的极度恐惧，这种情况还可能因为要阻止阴茎缩回的发生而导致严重的后果，如系住或者请男性家庭成员和朋友抓住阴茎以防止缩回（Cheng，1997）。治疗的方法通常包括提供一种教育，即阴茎缩回不会自发产生，同时需要控制关于对这种情况的焦虑情绪。

缩阴恐惧的案例在美国是很少见的，在美国突然和强烈的焦虑情绪并不是产生于对阴茎缩回的担心（American Psychiatric Association，2000）。美国人通常是由于担心能否接受更为广泛的医疗服务而焦虑，包括心脏病发作或者“抓狂”。在一种文化环境下很正常合理的现象，在其他的环境下可能很难被接受。

61 文化、社会与人际因素

› 文化、社会和人际因素如何影响异常行为？

假设神经生物和心理变量对我们的生活有很大的冲击，那么社会、人际和文化因素还会有影响吗？相关研究开始论证这种影响的实质力度和深度。请看下面的例子。

伏都教、凶眼和其他恐惧

在许多文化中，个体可能患上惊吓障碍（fright disorders），表现为夸张的受惊反应，以及引人注目的恐惧与焦虑反应。一个例子是拉丁美洲的附体恐慌（susto），它以各种焦虑症状为特征，包括失眠、易怒、惊恐，以及出汗和心跳加快（心动过速）等明显的躯体症状。但这种病只有一个原因：个体成为黑魔或巫术的对象。在某些文化中，这种险恶的影响被称为凶眼（Good & Kleinman，1985；Tan，1980），其结果可能是致命的。坎农（Cannon，1942）考察了海地伏都教的死亡现象，发现由巫师做出的死亡宣判会使人产生一种不堪忍受的自动化唤醒。被宣判的人由于缺乏社会支持，根本没有能力去应付这种恐惧——朋友或家人在经过一个简短的哀悼仪式后就忽略了这个人，因为他们认为死亡已经降临。最终，这种情况导致内部器官的损害和死亡。因此，从生理和心理的观点来看，一个完全健康和适应良好的人，会由于社会环境的剧变而突然死亡。

性别

性别角色对心理病理学有一种强烈而有时又会令人迷惑的影响（Kistner，2009；Rutter，Caspi，& Moffitt，2006）。即有这样一种可能性，是否对特定物体感到恐惧，受到性别的强烈影响。例如，那些患有昆虫或小动物恐惧症，甚至严重到不能在田间行走或看望住在乡村的朋友的患者，几乎肯定是女性，她们占这种患者的 90%（可能的原因在本章的前面已经提及）。但是，对社交的恐惧严重到不能参加聚会或会议的，男女比例一样。

我们认为，这种实质性的差异，至少部分与文化对男性和女性或性别角色的期望有关。例如，有过能导致昆虫或小动物恐惧症的经历（如被咬过）的男女数量本来是一样多的，但在我们的社会中，男性表现出甚或承认恐惧往往是不能被接受的。因此，男性更可能隐藏或忍受这种恐惧，直到克服它。而女性承认恐惧更能被社会所接受，所以就发展出了恐惧症。对于男性来说，害羞比恐惧更能被接受，所以他们更可能出现社会不适应。

神经性贪食症是一种严重的进食障碍，几乎全部发生在年轻女性身上。为什么？正如在第 6 章你所看到的，我们的社会文化宣扬女性应该纤瘦，并且这种观点有在全世界蔓延的趋势。男性关于身材的压力很小，少数患贪食症的男性，很大比例属于同性恋者，因为这种亚文化很强调瘦（Rothblum，2002）。

THONY BELIZAIRE/AFP/Getty Images

一个“被附体的”人正在接受伏都教仪式的治疗。

最后，泰勒（Taylor，2002，2006；Taylor et al.，2000）描述了许多不同物种的雌性应对生活应激的独特方式。这种对应激的独特反应叫“照料和待人如友”（tend and befriend），意思是通过养育行为（照料），以及与大社会群体（特别是其他雌性）结盟（待人如友），保护它们自己及子女。泰勒等（Taylor et al.，2000）假设，这种反应更符合女性应对应激的方式，因为它建立在大脑的依恋－抚育系
62 统之上，并产生养育和结交行为。而且，这种行为是以脑中明确的神经生物学过程为特征的。

我们的性别不会导致心理病态。但是，由于性别角色是一个影响疾病形式和内容的社会文化因素，我们将在后面的章节中密切关注它。

健康和行为所受到的社会影响

很多研究都证实，社会关系的数目和社会接触的频率越大，人的寿命可能越长。相反，用于测量社交丰富性的社交指数得分越低，寿命越短。在美国、瑞典和芬兰，已有很多研究得出了这一结果（Berkman & Syme，1979；House，Robbins，& Metzner，1982；Schoenbach，Kaplan，Fredman，& Kleinbaum，1986）。他们研究了导致英年早逝的生理健康及其他危险因素，如高血压、高胆固醇以及吸烟习惯，并得出了同样的结果。研究还显示，社会关系似乎可以保护个体免受很多生理和心理疾病的侵扰，如高血压、抑郁、酗酒、关节炎、艾滋病以及低出生体重儿的出现（Cobb，1976；House，Landis，& Umberson，1988；Leserman et al.，2000；Thurston & Kubzanksy，2009）。

甚至我们是否感冒都与社交网络的质量和范围有明显的关系。科恩等（Cohen，Doyle，Skoner，Rabin，& Gwaltney，1997）通过滴鼻的方法使 276 名健康的志愿者感染两种不同的鼻病毒（感冒病毒）之一，然后他们把这些被试隔离了一个星期。研究者们用 12 种不同的社会关系类型测量了被试的社会关系范围（如伴侣、父母、朋友和同事）和能增加感冒易感性的其他因素，如吸烟和糟糕的睡眠质量。令人惊奇的是，社会关系越广泛，感冒的机会越小，甚至考虑了（控制）所有其他因素之后仍是如此。那些社会关系很少的被试比那些社会关系多的被试感冒的可能性多 4 倍以上。所以，如果不考虑疾病的社会文化背景，我们就无法真正地研究心理障碍（或生理疾病）的心理和生物方面。

社会关系为何对我们的生理和心理特征有如此深远的影响？我们不能确定，但有一些有趣的提示（Cacioppo et al.，2007）。有些人认为，人际关系给生命赋予意义，那些活着有意义的人能克服生理缺陷，甚至延迟死亡。你可能知道，为了目睹一件有意义的家庭事件（如孙子从大学毕业），一位老人可以比预想的活得更长。一旦这件事发生了，这个老人也就去世了。另一个常见的现象是，如果长期生活在一起的夫妻中的一人去世了，另一方经常会很快死去，而不管其身体状况如何。可能因为社会关系促进了健康行为，如限制了酒精和药物的使用、得到了合理的睡眠、获得合适的健康照料等（House

Yellow Dog Productions/Digital Vision/JupiterImages

一种长时程有创造性的生活通常包含亲密的社会联结和人际关系。

et al.，1988；Leserman et al.，2000）。

有时社会剧变也是研究社会网络影响个体功能的机会。例如，无论你是生活在城市还是生活在农村，都有发生精神分裂症（一种非常严重的精神疾病）的可能。刘易斯等（Lewis，David，Andreasson，& Allsbeck，1922）发现，对于男性，在城里长大比在农村长大患精神分裂症的可能性高38%。我们早已知道，城里患精神分裂症的人要多于农村，但研究者们认为可能是人们患了精神分裂症后进入城市，或者其他的地方性城市因素，如吸毒、不稳定的家庭关系，才是真正的罪魁祸首。但是，刘易斯及其同事在仔细控制了那些因素之后，结果发现，城市因素对精神分裂症的影响远大于那些因素（Pedersen & Mortensen，2006）。如果这个结果可以重复并被证实是真的，那么大量移民涌入城市（尤其是不发达国家），致使城市过度拥挤而导致高发病率的观点将是很重要的。

Neil Cooper/Alamy

在一些发展中国家，政治冲突所致的个人生活动荡影响到心理健康。

社会和人际因素的影响可能随年龄的不同而不同（Charles & Carstensen，2010；Gallagher-Thompson & Holland，in press）。格兰特、帕特森和亚格尔（Grant，Patterson，& Yager，1988）研究了118名65岁及以上的独居男女。那些很少进行有意义的联系和来自亲人的社会支持少的被试具有持续的较高水平的
63 抑郁，更多地报告对生活质量的不满意。但是，如果这些个体患了躯体疾病，他们比没有躯体疾病的个体有更多来自家庭的实质性的支持。这一发现提出了一个不幸的可能：对老年人来说，生病是有利的，因为疾病使他们重获社会支持，从而使生活有意义。如果进一步的研究证明了这一发现是正确的，那么在他们生病以前，家人的照顾可使其维持身体健康。

社会污名

在我们社会中心理障碍仍然带有一些污名（Hinshaw & Stier，2008）。焦虑或抑郁象征虚弱和软弱，精神分裂意味着不可预期和发疯。对于战争时期身体上的创伤，我们使用勋章来抚慰，但对于罹患心理问题的士兵，得到的可能是蔑视。通常对于有心理障碍的人来说他们是不会去寻求医疗保险赔偿的，以免被同事知道了他们的问题。相比于身体疾病来说心理障碍获得的社会支持更少，能够痊愈的机会也就更少。

心理障碍的全球发病率

发展中国家的行为与精神卫生问题由于政治冲突、技术变革以及从农村到城市的大规模迁移而激增。一项来自世界卫生组织（World Health Organization，WHO）的重要研究发现，贫困国家的10%～20%的基础医疗服务用于治疗心理障碍患者，主要是焦虑障碍和心境障碍（包括自杀企图），还有酗酒、药物滥用以及儿童发展障碍（WHO，2001）。在密克罗尼西亚，有大量的年轻人自杀。拉丁美洲的成人中，酗酒的人数上升了20%。诸如抑郁和成瘾行为这类疾病在美国可以得到有效治疗，但在心理障碍保健有限的国家里却难以得到控制。即使在美国，3亿人口中有20万精神卫生专业人员，但也只有1/3的心理障碍患者得到治疗（Institute of Medicine，2001）。这些统计显示，社会文化因素对于疾病维持起了一定的作用，因为大多数社会还没有发展出能够缓解这些心理障碍的社会环境。在21世纪，改变社会态度仅仅是我们面临的众多挑战之一。

毕生发展

> 为什么要从毕生发展的视角去看待心理障碍？

我们倾向于从一个简单印象的观点看待心理障碍：我们着眼于一个人一生中的某一点，并假定这一点代表了整个人。这种看待人的方式很明显是不充分的。3 年前的你与现在的你完全不同，而 3 年后你将会发生很多变化。为了理解心理病理学，我们必须评价不同发展时期的经历如何影响我们对其他应激或不同心理障碍的易感性（Charles & Carstensen，2010；Rutter，2002）。

在生命的各个点上都会有重要的发展性变化。埃里克·埃里克森（Erik Erikson，1982）认为，我们一生中要经历 8 个主要的危机，每一个危机都是在一个特定时期内，由生物成熟度和社会需要决定的。弗洛伊德认为在青少年期之后就没有发展性心理阶段了，与其不同，埃里克森相信，我们一生中
64 都在成长和变化，即使在老年阶段也是如此。例如，在老年期，我们回首一生，或者欣慰或者失望。

尽管埃里克森理论的有些方面被认为太含糊或没有得到研究证实（Shaffer，1993），但它展示了一种毕生发展心理学家所提倡的全面看待人类发展的方法。研究开始确立这种方法的重要性。在一个实验中，科尔布、吉布和戈尔尼（Kolb，Gibb，& Gorny，2003）把动物放入复杂的环境中，有幼年动物、成年动物，也有老年动物。他们发现的结果是，由于所处的发展阶段不同，环境对这些动物大脑的影响也不一样。基本上，复杂而富有挑战的环境增加了成年和老年动物运动和感觉皮层区域的面积和复杂性，却降低了幼年动物脊柱中神经元的大小和复杂性。不过，这种降低是与动物成年时运动和认知技能的提高相关的，这意味着刺激环境能够在任何年龄阶段以一种积极的方式影响大脑的功能。即使是出生前的经历也似乎会影响大脑结构，因为一个怀孕期间居住在丰富而复杂环境中的动物，其后代在出生后具有更加复杂的皮层脑环路（Kolb，Gibb，& Robinson，2003）。因此，我们能推断，个体的发展阶段和之前的经历对心理障碍的发展有着重要的影响，这一推断正得到毕生发展心理学家如劳拉·卡斯滕森（Laura Carstensen）的确认（Carstensen，Charles，Isaacowitz，& Kenney，2003；Charles & Carstensen，2010；Isaacowitz，Smith，& Carstensen，2003）。例如，在抑郁（心境）障碍中，抗抑郁药对儿童青少年和成人的作用是不一样的（Hazell，O'Connell，Heathcote，Robertson，& Henry，1995；Santosh，2009），并且对他们中的很多人而言，这些药物在成年中的风险还没有显现出来（Santosh，2009）。此外，直到青春期之前，男女患抑郁症的人数还大致相同，而到了青春期后，女孩患抑郁症的越来越多（Compas et al.，1997；Hankin，Wetter，& Cheely，2007）。

和发烧一样，一种特殊的行为或疾病可以有很多原因。**等结果性**（equifinality）原则是指，对于一个结果，我们必须考虑多种形成途径（Cicchetti，1991）。相关的例子很多，例如，妄想综合征既可能是精神分裂症的表现，也可能是苯丙胺类滥用所致。谵妄涉及注意力难以集中，其经常发生在手术后的老年人身上，但也可能是缺少硫胺素或肾脏疾病的结果。孤独症有时是因为母亲怀孕期间患有风疹，也可能是母亲分娩时难产导致的。

不同的途径也可能是不同的发展阶段中心理因素和生物因素相互作用的结果。然而，人们如何应对由躯体原因引起的损害可能对个体的整体功能有深远的影响。例如，脑损伤的个体会有不同程度的疾病。那些有着健康的社会支持系统（包括家庭和朋友）的人与具有高度适应性的个性特征（对于克服困难非常自信）的脑损伤个体，尽管有一些躯体上的问题，但也可能只有一些轻微的行为和认知失调。而那些缺乏同样支持和个性的脑损伤个体则可能无法适应。如果是身体有残疾的人，这会更明显。一些人虽然由于事故或疾病从腰部以下高位瘫痪（截瘫患者），但仍会成为非常优秀的运动员或者在商业或艺术中获得成功。而同样状况的其他人却变得抑郁和绝望，他们从生活中消失，甚至结束了生命。甚至可能伴有某种障碍的妄想和幻觉的内容，以及他们的惊吓程度或应对的困难程度，都部分地由心理和社会因素决定。

研究者们不仅研究什么使人们产生特殊的障碍，还研究什么保护其他人免受同样的痛苦。例如，要

是你对一个人为何抑郁有兴趣，你首先要了解有抑郁表现的人。但是，你也可以研究相似情境中具有相似背景却没有患抑郁症的人。有关该方法的一个极好的例子是有关儿童“复原力”的研究，研究的结果表明，社会因素可以保护一些儿童免受应激经历（如父母之一或双方都患有精神疾病）的伤害（Cooper，Feder，Southwick，& Charney，2007；Garmezy & Rutter，1983；Hetherington & Blechman，1996；Weiner，2000）。一个有同情心的成人朋友或亲戚的出现，能够抵消环境的消极应激，这与孩子自己有能力去理解和应对不愉快的情境的效果是一样的。如今，科学家正在研究一些保护性的因素如社会支持或强烈的生活目标所产生的生物差异（Alim et al.，2008；Charney，2004；Ozbay et al.，2007）。或许，如果我们更清楚地认识了一些人为何不会出现相似环境中其他人出现的同样的问题，我们就能更好地理解特殊的障碍，更好地帮助那些患病的人，甚至预防一些病例的发生。

65

结论

我们概述了几种心理病理学的现代取向，当思考心理病态的原因时，精神分析理论、行为和认知科学、情绪影响、社会与文化影响、遗传学、神经科学和毕生发展因素，都是必须考虑到的。即使我们的知识是不完整的，你仍应该明白，我们不能再继续第1章中所描述的各种历史传统的单维的思考模式了。

然而，有关心理障碍的通俗书籍和新闻报道仍然经常以单维的术语描述这些障碍的原因。例如，你听到过多少次，说一种心理障碍（如抑郁症或者精神分裂症）是“化学失衡”导致的，而不考虑其他可能原因？当你看到一个障碍由化学失衡引起时，似乎所有其他因素都不起作用了，而“治疗”这一问题，你似乎只需要纠正神经递质活动的失衡即可。

毫无疑问，心理障碍与神经递质活动的改变以及脑功能的其他方面（化学失衡）是有关系的。但是，我们在本章中学到，一种“化学失衡”可能是由心理或社会因素，如应激、强烈的情绪反应、困难的家庭互动以及年龄引起的变化，或者最有可能是所有这些因素以某种交互作用导致的。因此，即使化学失衡的因素几乎肯定存在，说心理障碍由化学失衡“导致”也是不准确和具有误导性的。

同样，你不止一次地听到酗酒或其他成瘾行为是由“意志薄弱”引起的。这种解释意味着，这些人只要发展出正确的态度就能克服成瘾行为。毫无疑问，具有严重成瘾的人有错误的认知评价，常常将他们的成瘾行为合理化，或进行其他错误的评价，或者将问题归结到生活中的应激，或者某些其他“伪造”的借口。他们不能认识到酒精对他们的影响，而所有的这些认知和态度都会促成成瘾的发生。但是，只考虑认知过程而不考虑其他因素（如基因和脑生理基础）是不正确的，这和认为抑郁症是由化学失衡导致的是同一道理。人际、社会和文化因素也对成瘾行为的产生有强烈的影响。所以说，把成瘾行为如酗酒归结为缺乏意志力或某些错误的思维方式，就显得过于简单了。

如果你从本书中学到了什么，那就是心理障碍不仅有一个原因。它们有很多原因——这些原因都相互作用，为了弄清楚心理障碍的起源，我们必须理解这种相互作用。在介绍特殊障碍的各个章节中，我们会回到很多类似朱迪的案例中，并且从多维整

概念自测 2.5

填空，以完成下列叙述。

1. 我们的社会环境影响着我们的________对象。
2. 你患有某种特殊恐惧症的可能性很明显受到你的________的影响。
3. 研究证明，你的________关系和________的数目和频率越大，你就活得越长。
4. 社会和人际因素对生理和心理障碍的影响可能因________而不同。
5. ________原则意味着，我们必须考虑一个结果的许多形成途径。

合的角度去考虑它们。但是，我们必须首先探索评估和诊断，以便进行心理病理学测量和分类。

> **等结果性** *发展心理病理学原则，即一个行为或障碍可能有多种形成途径。*

▼ 小 结 66

单维模式还是多维模式

因果关系的多维模式与单维模式有何不同?

- 异常行为的原因是复杂的。你可以说心理障碍是先天遗传（生物因素）和后天养成（心理因素）引起的，如果你把这两方面都考虑到了，你可能是对的——但也可能是错的。

异常行为的多维模式包含哪些关键的影响因素?

- 为了确定不同心理障碍的原因，我们必须考虑到所有相关维度的相互作用：遗传的贡献、神经系统的作用、行为和认知过程、情绪影响、社会和人际影响以及发展因素。所以，我们形成了对心理障碍病因的多维整合取向。

遗传因素对心理病理学的影响

基因如何与环境因素相互作用而影响行为?

- 我们许多的发展以及大部分行为、个性，甚至智商的遗传影响都是多基因的——是受许多基因影响的。尽管与许多重度心理障碍有关的特定的小型基因群已得到确定，但是仍有假设认为，异常心理也受许多基因的影响。

哪些模型被提出用来描述这种相互作用?

- 在研究心理病理学中的因果关系时，研究者看到了遗传和环境因素的相互作用。在素质－应激模型中，个体被假设遗传了特定的易感性，当相应的应激源出现时，他们易患某种障碍。在基因－环境交互模型中，个体遗传的易感性可能使个体更容易去经历某种应激源，从而触发遗传易感性，并发展出特定的障碍。在表观遗传学中，环境的瞬即效应（如早期的应激经历）会影响能使某些基因开启或关闭的细胞。这种影响可能会通过几代被传递下来。

神经科学及其对心理病理学的影响

什么是神经递质，它们在异常行为中发挥何种作用?

- 在神经系统中，神经递质和神经内分泌活动水平以非常复杂的方式相互作用，调控情绪和行为，并影响心理障碍。

不同脑区的功能是什么，它们在心理病理学中扮演什么样的角色?

- 理解心理病理学的关键是被称为大脑环路的神经递质流。较重要的神经递质主要有四种：5- 羟色胺、γ- 氨基丁酸（GABA）、去甲肾上腺素和多巴胺。

行为和认知科学

行为和认知对心理疾病来源的解释的主要不同点是什么?

- 认知科学对于行为和认知因素如何影响我们每个人在生活中的学习和适应，提供了一个有价值的角度。很明显，这些因素不仅会影响心理障碍，而且会直接改变脑功能、脑结构，甚至基因表达。我们回顾了该领域的一些研究，并介绍了习得性无助、模仿、准备性学习以及内隐记忆等现象。

情绪

情绪在心理病理学中扮演什么角色?

- 情绪对功能有直接和剧烈的影响，在很多障碍中起着核心作用。心境，一种持久的情绪状态，在心理障碍中通常很明显。

文化、社会和人际因素

文化、社会和人际因素如何影响异常行为?

- 社会和人际因素深远地影响着心理障碍和生物基础。

毕生发展

为什么要从毕生发展的视角去看待心理障碍?

- 在考虑心理病理学的多维整合取向时，记住等结果性原则很重要，这将提醒我们，必须考虑导致一个特定结果的各种途径，而不只是结果本身。

▼ 关键词 67

multidimensional integrative approach 多维整合取向 31
genes 基因 34
diathesis-stress model 素质－应激模型 36
vulnerability 易感性 37
reciprocal gene-environment model 基因－环境交互模型 38
epigenetics 表观遗传学 39

neuroscience 神经科学　40
neuron 神经元　40
synaptic cleft 突触间隙　40
neurotransmitters 神经递质　40
hormone 激素　46
brain circuits 大脑环路　46
agonist 激动剂　47
antagonist 拮抗剂　47
inverse agonist 反向激动剂　47
reuptake 再摄取　47
glutamate 谷氨酸盐　47
gamma-aminobutyric acid（GABA）γ-氨基丁酸　47
serotonin 血清素　48
norepinephrine 去甲肾上腺素　48
dopamine 多巴胺　48
cognitive science 认知科学　53
learned helplessness 习得性无助　54
modeling 模仿　55
prepared learning 准备性学习　55
implicit memory 内隐记忆　56
flight or fight response 逃跑或战斗反应　57
emotion 情绪　57
mood 心境　58
affect 情感　58
equifinality 等结果性　64

▼ 概念自测答案

2.1
1. b；2. a（最佳答案）或者 c；3. e；4. a（最初的），c（维持）

2.2
1. F（前 22 对）；2. T；3. T；4. F（遗传－环境交互模型）；5. F（遗传和教养的复杂交互）

2.3
1. b；2. c；3. f；4. g；5. d；6. e；7. h；8. a

2.4
1. b；2. a；3. d；4. c

2.5
1. 恐惧；2. 性别；3. 社会，联系；4. 年龄；5. 等结果性

68 ## ▼ 本章测验

1. 心理病理学的哪种取向考虑了生物、社会、行为、情绪、认知和发展因素?
   a. 遗传的　b. 多维的
   c. 人际的　d. 心理动力学的
2. 我们的很多发展和大多数行为、个性和智商都受到许多基因的影响，每个基因只起部分作用。这种影响是:
   a. 交互的　b. 多基因的
   c. 整合的　d. 隐性的
3. 行为遗传学研究认为:
   a. 遗传因素不影响大多数心理障碍
   b. 影响心理障碍的遗传因素解释了大部分的原因
   c. 对于任何一种心理障碍，可能存在一个能解释其大部分形成原因的基因
   d. 影响心理障碍的遗传因素解释了不到一半的原因
4. 脑的哪一部分负责复杂的认知活动，如推理、计划和创造?
   a. 边缘系统　b. 基底神经节
   c. 后脑　d. 大脑皮层
5. 约翰被宿舍里巨大的爆裂声吓到了。他的心跳迅速增快，呼吸急促。神经系统的哪一部分负责这种生理反应?
   a. 中枢神经系统　b. 交感神经系统
   c. 边缘系统　d. 副交感神经系统
6. 哪一种神经递质可减少全面的唤醒和控制情绪反应?
   a. 5-羟色胺　b. γ-氨基丁酸
   c. 去甲肾上腺素　d. 多巴胺
7. 马丁·塞利格曼提出，当老鼠或其他动物面临无论它们做什么都无法控制的状况时，它们会放弃应对的尝试，并似乎患了动物形式的抑郁。这是指:
   a. 习得性抑郁　b. 习得性恐惧
   c. 习得性无助　d. 习得性无防御
8. 哪一个概念解释了害怕蛇和高处比害怕猫和花更普遍（或者说更易习得）?
   a. 等结果性　b. 易感性
   c. 准备性学习　d. 观察学习
9. 有关内隐记忆的近期研究认为:
   a. 人们回忆颜色比回忆词语更快
   b. 记忆可使脑的内部结构发生改变
   c. 内隐记忆比外显记忆与心理病理学的关系更密切
   d. 意识之外的记忆能影响心理病理学，就像弗洛伊德所推测的那样
10. 情绪由下列元素构成除了:
   a. 行为　b. 认知　c. 遗传　d. 生理

（答案见附录 C）

第3章 心理病理学中的临床评估、诊断和研究

Stockbyte/Royalty Free/age fotostock

◆ **章节概览**

心理障碍的评估

- 评估中的关键概念
- 临床访谈
- 身体检查
- 行为评估
- 心理测验
- 神经心理测验
- 神经成像：脑的摄片
- 心理生理评估

心理障碍的诊断

- 分类的争议
- DSM-Ⅳ-TR
- 1980年前的诊断
- DSM-Ⅲ和DSM-Ⅲ-R
- DSM-Ⅳ和DSM-Ⅳ-TR
- 超越DSM-Ⅳ：维度和谱系

心理病理学研究

- 研究的基本成分
- 统计显著性对临床显著性
- “平均化”的患者

研究方法的类型

- 个案研究
- 相关研究
- 实验研究
- 单一被试实验设计

遗传学研究和行为的跨时间、跨文化研究

- 遗传学研究
- 行为的跨时间研究
- 行为的跨文化研究
- 研究项目的作用
- 可重复性
- 研究的伦理问题

70 **学生学习的目标＊**

理解并掌握特定心理学领域的内容。	▶ 行为和心理过程（包括生理机能、感觉、知觉、比较、动机和情绪）的生物学基础（pp.81-83）。 ▶ 心理学的历史，包括心理学方法的发展演变、各种理论之间的冲突及其社会文化背景（pp.87-91）。
恰当运用心理学知识解决问题。	▶ 心理测验和测量（pp.71-82，84-91）。
解释心理学家使用的不同的研究方法。	▶ 描述如何通过不同的研究设计来处理不同类型的问题和假设（pp.95-103）。 ▶ 清晰描述不同研究设计的优缺点，包括区分定性方法和定量方法（pp.103-109）。
运用合适的研究方法，设计和实施一些基础研究来解答心理学问题。	▶ 认识理论和社会文化背景、个人偏见可能会影响研究问题、设计、数据收集、分析和解释（pp.107-109）。

＊本章的这部分内容覆盖了由美国心理学会（American Psychology Association，2007）建议的学习目标，可作为心理学专业本科学生的学习指南。这些内容由美国心理学会学习目标建议小组（SLO）确定。

心理障碍的评估

▶ 什么是临床评估与诊断？

▶ 临床评估中使用的主要方法是什么？

临床评估和诊断过程是心理病理学研究的中心内容。**临床评估**（clinical assessment）是对可能存在心理障碍的个体的心理、生理和社会因素的评价和测量。**诊断**（diagnosis）就是判断困扰个体的某些问题是否达到了心理障碍的全部标准的过程，如是否达到《精神疾病诊断与统计手册》（第四版修订版）（DSM-Ⅳ-TR；American Psychiatric Association，2000）的诊断标准。本章，我们首先回顾一下DSM是如何发展成为一个被广泛使用的异常行为的分类体系的。然后了解一下临床医生可以使用的评估技术。最后，我们将注意力转向诊断方面存在的问题和一些针对分类方法提出的质疑。

弗兰克：年轻、严肃和焦虑

弗兰克被转介到我们的一家诊所，他带着因婚姻而造成的严重忧虑和焦虑前来，希望我们对他的情况进行评估，并找到合适的治疗方法。他说他24岁，这是第一次求助于精神卫生工作者。他不能确定他是否真的需要接受治疗，不过，因为婚姻问题，他开始有一种“被撕裂”的感觉。他认为这一次来寻求我们的帮助，也许不会给他带来什么伤害。以下是第一次会谈的部分内容。

治疗师：在过去的几个月里有些什么问题困扰着你？

弗兰克：我在婚姻上遇到了很多问题。大概是在9个月之前，我结婚了，但是在家里我很紧张，而且我和妻子有过很多次争吵。

治疗师：这是最近的事吗？

弗兰克：是的，一开始不是很糟糕，但是后来越来越严重。我在工作上也很紧张，但是我还在坚持。

这里要注意的是，我们通常将询问患者促使他来诊所的问题作为咨询的开始。当我们面对成年人、年龄大（或者能够充分表达其想法）的儿童时，这种方法可以达到破冰效果。在弗兰克很详细地描述了他的主要问题后，我们也询问了他的婚姻、工作和其他刚发生不久的生活事件。弗兰克说，在过去的4年中，他一直在一家汽车修理店工作，9个月前，他娶了一个17岁的女人。在对他的现状有了更为清晰的了解之后，我们又开始谈他的担心和焦虑。

治疗师：你什么时候在工作上感到紧张？这种感觉与你在家里的感受一样吗？

弗兰克：很像。我几乎不能集中注意力。妻子
71 和我说话时，我经常跟不上她的思路，这使她非常生气，然后我们会大吵一架。

治疗师：当你无法集中注意力时，你会考虑些什么吗？比如说你的工作或者其他事情？

弗兰克：噢，我不知道。我想我只是担心得太多。

治疗师：那你发现你在大多数情况下在担心什么呢？

弗兰克：我担心我会被解雇，这样就不能支撑我的家庭。很多时候我觉得我会染上什么病，你知道，如果生病了我就不能工作了。从根本上说，我想我是害怕生病，害怕失去我的工作和婚姻，害怕我的父母和她的父母都说我是个笨蛋，这么早就结婚。

在会谈开始后的前几分钟，弗兰克看上去很紧张、焦虑。他说话时经常低着头，只是偶尔和治疗师有目光接触。有时候，他的右腿有些抽动。虽然一开始他总是低着头，很难看到他的表情，但治疗师发现弗兰克经常会紧闭双眼，这种情况每次持续两三秒钟。当他闭上眼睛的时候，右腿同时会抽动。

在接下来的半小时里，我们主要探讨了他的婚姻和工作问题。我们逐渐了解到弗兰克在应对生活问题时的不适应和焦虑。在这段时间里，他已经能够较自如地谈话，也会偶尔抬头看着治疗师。但是，闭上眼睛并抽动右腿的情况还是会出现。

治疗师：你有没有意识到，当你和我说这些的时候，你有时会闭上眼睛？

弗兰克：我有时候不会意识到，但我知道我会出现这种情况。

治疗师：你出现这种情况有多长时间了？

弗兰克：我不知道，可能已经有一两年了吧。

治疗师：你闭上眼睛的时候会想什么吗？

弗兰克：事实上，我尽力不去想一些事情。

治疗师：什么意思？

弗兰克：我有一些令人害怕和愚蠢的想法，我甚至不知道应该怎么说。

治疗师：这些想法令你害怕？

弗兰克：是的，我一直害怕我会癫痫发作，我尽力把这些想法从我脑袋里赶走。

治疗师：对于癫痫发作，你能说得更具体一些吗？

弗兰克：好吧，你知道的，像那样突然倒在地上，口吐白沫，吐着舌头，抖个不停，很可怕。

治疗师：你尽力不让自己想这些？

弗兰克：是的，我尽一切努力来使自己尽快摆脱这些想法。

治疗师：我注意到你闭上眼睛时腿在抖，这也是你做的一部分努力吗？

弗兰克：是的，我发现只要我不停地抖我的腿，并真诚地祈祷一会儿，这些想法就会消失。

资料来源：Excerpt from Nelson, R. O., & Barlow, D. H. Behavioral assessment: Ba-sic strategies and initial procedures. In D. H. Barlow, Ed., *Behavioral assessment of adult disorders*. Copyright ©1981 Guilford Publications, Inc. Reprinted by permission.

弗兰克到底出了什么问题？第一次会谈结果显示，他是一个缺乏自信的年轻人，当怀疑自己是否能处理好婚姻和工作问题时他就会感到巨大的应激。他说他很爱他的妻子，希望婚姻能继续下去。他也尝试在工作上尽可能努力，因为在工作中他获得了很大的满足和快乐。但同时，由于某些原因，他深陷于害怕突然发病的恐惧之中。

那么接下来我们应该怎么办呢？弗兰克的问题是心理障碍，还是常见的新婚应激呢？如果是后者，也许婚姻咨询会对他有帮助。本章的目的就是阐明，精神卫生医师是如何定义这类问题并进行诊断和实施治疗的。

评估中的关键概念

临床评估的过程就像漏斗的工作原理一样（Antony & Barlow，2010；Hunsley & Mash，2011）。临床医生首先了解患者各方面的功能情况，然后排除某些方面的问题，把焦点放在最相关的问题上。

三个基本概念有助于衡量临床医生的评估价值：

临床评估　对可能存在心理障碍的个体的心理、生理和社会因素进行系统评价和测量。

诊断　判断个体呈现出的问题是否达到了某心理障碍的诊断标准的过程。

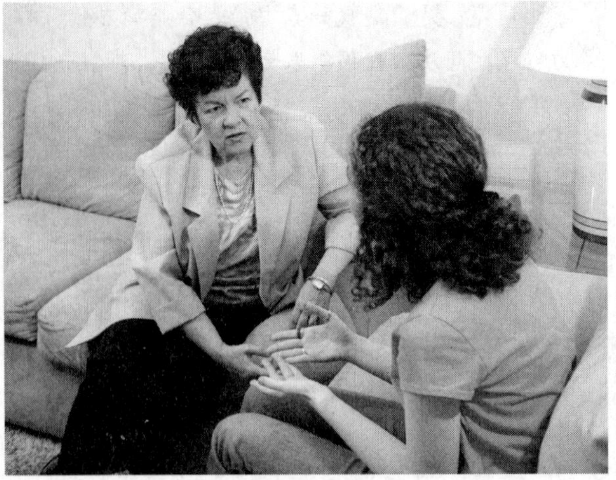
Lisa F. Young/iStockphoto

在首次会谈中，精神卫生工作者关注那些促使个体前来治疗的问题。

信度、效度和标准化（Bagby & Ayearst，2010）（图3–1）。在评估中比较重要的指标之一是可信性：评估到预先想要评估的内容的程度。**信度**（reliability）是指测量的一致性程度。试想一下：如果你胃痛，
72 先后去看了四名医生，却得到四种不同的诊断，接受了四种不同的治疗方法，你会有多生气？这样的诊断是不可信的，因为不同的评估者（医生）得出的是不同的结论。一般来说，我们期望对于同样的症状不同的医生会有相似的诊断。心理学家提高信度的途径之一就是精心设计测量工具，并对这些工具进行研究以确保不同的评估者会得到相同的结果（这被称为评估者信度）。他们还要确定这些评估技术是否具有跨时间的稳定性，换句话说，如果你星期二去看医生，医生说你的智商是110，你当然希望在星期四接受同样的测试时能得到同样的结果。这被称为重测信度。

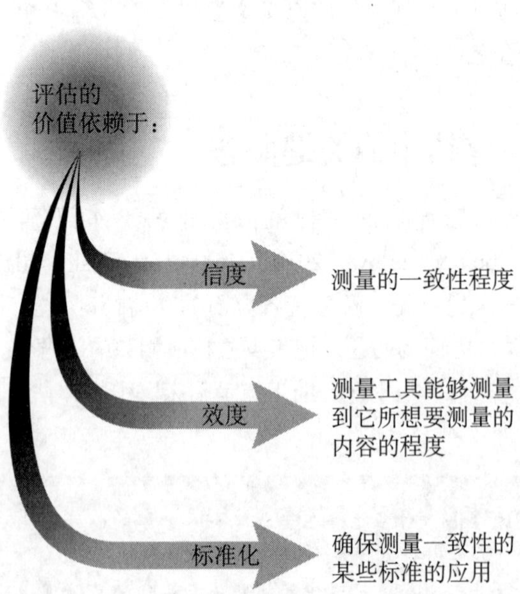

图 3–1　衡量临床评估价值的概念

效度（validity）是指测验是否检测到了它想要测的内容。我们可以通过把一种评估测验的结果与其他更成熟的测验的结果相比较，来确定该测验的效度，这种指标叫作平行效度或描述效度。例如，如果一个标准的、长版的智力测验结果与一个新编的、简版的智力测验结果基本一致，那么我们就可以得到这样的结论：简版的智力测验具有平行效度。预测效度是指一个测验能对未来情况进行预测的准确程度。比如，智力测验的目标之一是：预测到谁会在学习上取得成功。

标准化（standardization）是指为某种测量方法确定一套标准或常模的过程，遵循这套标准，在不同的测量中使用同一套测验工具就能得到相同的操作。这些标准包含在测量实施、评分和结果解释等过程中。例如，采用某套测验工具进行大范围的施测，而且施测对象在年龄、种族、性别等重要因素上都存在差异。这样，他们的得分就可以与其他类似施测对象的得分综合在一起，并被用作一个比较的标准或常模。如果你是一位处于中产阶层的19岁的美国黑人男性，那么你的心理测验的分数只能同与你相似的群体进行比较，而不能和60岁左右的亚洲工薪阶层的女性进行比较。信度、效度与标准化对于各种心理测验都是很重要的。

临床评估由一系列能帮助临床医生获取信息的方法和程序组成，通过这些信息，临床医生就可以了解患者的情况。这些程序包括临床访谈以及访谈过程中经常使用到的正式或者非正式的精神状态检查。在访谈过程中，医生可以针对具体情况灵活使用精神状态检查，但通常包括全面的身体检查、行为观察和评估，必要时还可以使用心理测验。

临床访谈

临床访谈被心理学家、精神科医师和其他精神卫生工作者广为使用。访谈中收集的信息主要包括个体过去和现在的行为、态度和情绪，以及详细的日常生活经历和目前的问题。临床医生要判断具体

问题的出现时间，了解可能同时发生的其他事件。除此之外，大多数临床医生至少还要收集患者在过去和现在的人际关系、社会关系（包括家庭结构）和个人成长史方面的一些信息。患者的性发展情况、过去和现在的宗教信仰、相关的文化问题（如受歧视而导致的应激）以及教育经历也是临床医生要关注的信息。为了把访谈中获得的各种信息组织起来，许多临床医生会对患者进行精神状况检查。

73

精神状况检查

精神状况检查（mental status exam）包含对个体行为的系统观察。当我们与别人进行交流的时候，我们都会进行类似的精神状况检查，但是临床医生必须通过某种方法组织观察过程，从而找到足够的信息来判断患者是否存在心理障碍（Nelson & Barlow，1981）。精神状况检查应该具有一定结构并较为详细（Wing，Cooper，& Sartorius，1974），但大多数情况下，临床医生能在会谈或观察过程中进行相对快速的检查。检查内容主要有 5 个方面：

1. 仪表和行为。临床医生记录下患者的所有外显行为（如弗兰克右腿抽动），患者的穿着、外貌、姿势和面部表情等情况。比如，缓慢的、费力的动作有时被认为是精神运动性阻滞，这可能是患者患有严重抑郁的表现。
2. 思维过程。通过倾听患者的表述，临床医生可以清楚地了解患者的思维过程。语流如何？语速是快还是慢？流畅性如何？患者讲话的内容是否前后关联？一些精神分裂症患者会出现讲话杂乱无章的情况，也就是通常我们所说的“联想散漫”或“思维脱节”。临床医生有时候也会问一些具体的问题。如果患者在语速或者流畅性方面出现困难，那么临床医生可能会进一步提问：“你能清楚地思考吗？你是否感到你的想法混成一团或者思维迟缓？”患者讲述的内容又是怎样的呢？有妄想（对现实的歪曲）的迹象吗？典型的妄想包括：被害妄想，这类人认为别人就在自己身后，而且一直想迫害自己；夸大妄想，这类人认为自己在某些方面具有很强的能力；还有一些人也会有关系妄想，即认为每个人做的每件事都是针对他的，最常见的情形就是认为两个在房间另一边交谈的陌生人在讨论自己。幻觉是指个体会看到或听到实际并不存在的东西。
3. 心境和情感。鉴定患者的心境和情感是精神状况检查的重要部分。所谓心境是指个体占主导的情绪状态。患者情绪是低落呢，还是持续高涨？他在谈话中表现出沮丧或绝望了吗？这种情绪持续多长时间？而情感，相对而言，是指我们在具体时间点伴随说话内容的感受。通常我们的情感是“适当的”，即，在讲笑话的时候我们会笑，在谈论伤心的事情时我们也会显得伤心。如果你的朋友笑着对你说他的母亲去世了，你肯定会觉得不可思议。对于你朋友的这种情况，精神卫生工作者会认为他的情感是“不适当的”。如果你的朋友不管是谈论高兴的事情还是伤心的事情都毫无情感，精神卫生工作者就会把这种现象称为“情感迟钝”或“情感淡漠”。
4. 智能。通过交谈，临床医生能对患者的智能进行粗略的估计。例如：患者的措辞合适吗？他们讲话的时候，也像我们一样能进行概括或者使用比喻吗？他们的记忆力如何？在通常情况下，临床医生只会对患者的智力做一粗略的估计，只有发现患者的智商偏离正常时，才会进行更细致的评估。
5. 感知觉。感知觉是我们对环境的总体意识。例如：患者知道今天是什么日期、现在是什么时间吗？他们是否清楚自己是谁、身在何处，别人又是谁？我们通常都知道这些情况，但是永久性或暂时性的脑损伤或脑功能失调的患者，很可能不能回答这些问题。如果患者知道他自己是谁、临床医生是谁，对时间和地点也都很清楚，那么临床医生会

信度 测量的一致性程度——例如，时间一致性和评估者之间的一致性。

效度 测验工具能够测量到它所想要测量的内容的程度。

标准化 为了确保测量的一致性而建立常模和测量要求的过程。其中包括确立实施测量的操作指示、评价结果，并将结果与大规模人群的结果相比较。

精神状况检查 尤其是在初次晤谈时对个体的判断力、时间地点的定位以及情绪和精神状态的大致检查。

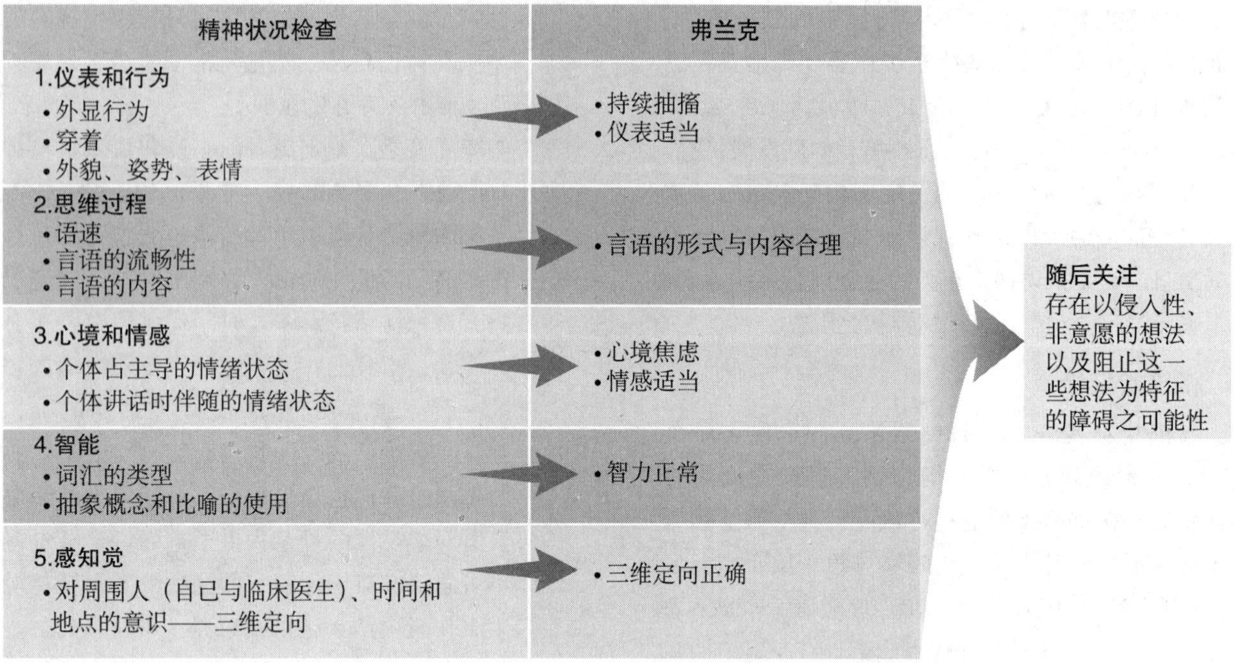

图 3–2 精神状况检查的内容

认为患者的感知觉是“清晰”的和“三维定向”的（人、地点和时间）。

从这些非正式的行为观测中我们能得到什么结论呢？一般情况下，它们能帮助临床医生确定患者的哪些行为和状态需要更详细和更正式的评估。如果患者可能患有心理障碍，那么临床医生就会推测患有哪种障碍。

让我们回到弗兰克的案例上。我们从他的精神状况检查中能了解到什么呢（图 3–2）？临床医生观察到，弗兰克的持续抽搐行为与他担心患有癫痫的想法之间有着功能上的关系。除此之外，他的穿着合适，言语流畅，内容合理，智力正常，人物、地点、时间定向良好。他确实表现出了焦虑的情绪，不过，他的情感反应与所表达的内容是契合的。这些观察要求我们尝试鉴别患者是否可能存在以侵入性的、非意愿的想法以及阻止这些想法为特征的障碍。换句话说，也就是强迫症（OCD）。后面我们将介绍一些在弗兰克案例中使用的评估技术。

患者通常对自己总体感觉上的主要问题有比较清晰的认识（如“我很沮丧”“我很恐惧”）。有时候在评估过程中，患者描述的主要问题，在临床医生看来并不是患者的主要问题。弗兰克的案例就很好地阐释了这一点：他所说的痛苦、忧虑与婚姻问题有关，但是通过初次访谈，临床医生断定主要问题
在其他方面。弗兰克并没有对临床医生掩饰什么， 74
他只是认为他的主要问题不是强迫观念。此外，谈论那些想法对他来说很困难，因为那些想法是令人恐惧的。

这个例子说明在访谈中，让患者信任并全身心投入是很重要的。心理学家和其他精神卫生工作者受过多种训练，可以使患者放松，使交流更通畅。其中包括通过没有威胁的方式收集资料和正确的倾听技巧。患者提供给心理学家或者精神病学家的信息在大部分情况下受法律“特权交流”规定的保护或是机密性的。除非治疗师认为患者会对患者自己或者他人造成伤害和危险。在初次访谈中，治疗师就应告诉患者他们之间交谈的保密性，以及在哪些情况下才会打破这些原则。

尽管有保密原则和临床医生的访谈技巧，但是患者有时发现，自己很难主动提供那些敏感性信息。在我们的档案里，有一个二十岁出头的小伙子的案例，他在五个月里，每个星期都会来一次诊所。他认为自己存在人际交往技巧缺乏和焦虑的问题，这些问题阻碍了他与别人的交往，他想在这些方面寻求医生的帮助。五个月之后，他才在一次偶然的机会下透露了自己的隐私。他对小男孩有着强烈的性渴望，并且坦白他们的脚还有一些相关的物品比如

袜子和鞋，对于他有着几乎不可抵制的诱惑力。虽然他并没有真正与小男孩接触过，但是却在家里藏有大量的小袜子和小鞋子。尽管治疗师已经说明了信息的保密性，也会提供真诚帮助，但是患者发现，他几乎不可能主动提供这些隐私信息。

半结构化临床访谈

非结构化访谈缺乏系统性的安排。而半结构化访谈由一些在措辞上被严格推敲、经过反复检验的问题组成，能以一种稳定的方式获取有用信息。因此，临床医生可以确信他能了解某一障碍的所有重要信息（Summerfeldt，Kloosterman，& Antony，2010）。但是有时候，临床医生可能会根据实际需要而不使用这些事先设定好的问题——所以这种方式被称为“半结构化”。由于这些用词和问题是经过很长时间反复挑选才确定的，所以临床医生会自信地认为，半结构化访谈能够达到自己的目的。它的缺点在于它会导致临床医生和患者之间讨论问题的过程变得不自然。另外，如果临床医生使用这种方式太过刻板，就会妨碍患者主动提供有用信息，因为这些信息可能与临床医生的询问不直接相关。正因为存在这些不足，完全由计算机实施的结构化访谈虽然已经被应用于某些场合，但并没有得到普遍使用。

然而，越来越多的精神卫生工作者惯于使用半结构化访谈法。其中一些访谈表是某些障碍专用的。比如，弗兰克的医生可能会用到 DSM-Ⅳ焦虑障碍访谈表（ADIS-Ⅳ；DiNardo，Brown，& Barlow，1994）。根据这个访谈表，医生首先会问患者是否被一些东西所烦扰，比如思维、想象，或者某种冲动（强迫观念），抑或反复地被某些行为或者想法所驱使（强
75 迫行为）。访谈表使用 8 点评估，范围从“从未”到“经常”，临床医生要求患者把每一种烦恼都从两个维度来评级：持久性－痛苦感（发生的次数以及产生多大的痛苦）和反抗性（患者抵抗烦扰所做出的各种尝试）。有强迫行为的患者还要提供频率的评级。

身体检查

很多患者发现问题时，首先会求助家庭医生。如果患者存在心理问题，在过去又没有接受过身体检查，临床医生可能会建议他接受体检。许多行为、认知或心境障碍问题与药物中毒有明显的关系。中毒的原因可能是食用腐烂的食物，也可能是服用药物时弄错了剂量、种类，或者是一种躯体疾病的症状。例如，甲状腺问题中最典型的甲状腺功能亢进（甲状腺过度活跃），可能会导致某种类似焦虑障碍（比如广泛性焦虑障碍）的症状。可卡因戒断通常会导致惊恐发作。但是，许多出现惊恐发作的患者往往不愿意报告他们可卡因上瘾，因而会导致诊断失误以及治疗不当。

如果患者正患躯体疾病或有物质依赖现象，临床医生就得通过观察患者心理问题的发生来确定它们是和心理问题同时存在呢，还是导致心理问题的产生。如果患者在过去 5 年中有严重的抑郁发作，但在过去还有甲状腺功能不足或服用镇静剂史，那么，临床医生就不能确定抑郁究竟是由疾病还是由药物引起。如果抑郁状态伴随着服用镇静剂而出现，药物停用后症状有大幅度减轻，我们就可以得出结论：抑郁是由药物导致的心境障碍的一部分。

行为评估

精神状况检查是一种方法，它试图了解人们的想法、感受和行为，以及这些活动对人们的心理问题有什么样的作用，或者怎样解释这些问题。**行为评估**（behavioral assessment）较之更进一步，它通过直接的观察，评定个体在特定的情境中的想法、感受和行为。显然，如果患者年龄太小或能力有限而不能很好地报告他们的问题和经历，行为评估可能比任何访谈都更合适。

在行为评估中，要辨别和观察目标行为以确定影响目标行为的因素。确定是什么问题困扰着患者（也就是目标行为），好像比较容易，但是也有一定的挑战性。例如，一位母亲到我们的一家诊所来寻求帮助，因为她 7 岁的孩子有严重的品行障碍。在反复鼓励下，她告诉医生，她的儿子“不听她的话”，有时候还有一些“敌视态度”。然而，这个孩子的老师却告诉我们一些不同的信息。她很坦率地说他有暴力言语——他会威胁其他孩子和老师本

行为评估　在实际问题情景或情境中，衡量、观察、系统评估（而不是推断）来访者的想法、感受和行为。

人。为了清楚地了解这个孩子在家里的情况，一天下午，医生去拜访了他们。大约在观察开始的前15分钟，这个小男孩站起来离开餐桌，但没有拿走他喝水的杯子。当他母亲很温柔地叫他把杯子放在水池里的时候，他拿起杯子并将它扔进了厨房，弄得厨房里到处都是碎玻璃，而他却咯咯地笑着回到了自己的房间去看电视了。“看，”他母亲说，“他根本不听我的话！”

显然，母亲对孩子在家里的行为的描述并不符合他的实际情况，也没有真实地描述她自己对孩子出现暴力行为时的反应，很明显这不是简单的不听话。针对这种情况，我们采取一些策略来教导母亲如何对孩子提要求，并且在孩子有暴力行为时如何做出合适的反应。

回到弗兰克的案例，他的焦虑是关于婚姻的，而如果我们在他的家里观察他与妻子的互动，或者他们在治疗环境下，在我们面前进行一次比较典型的对话，我们又将会发现什么呢？很多临床医生认为，要想获得关于患者问题的所有情况，需要在自然环境下进行直接观察。但是，有时候去患者的家庭、工作场所或学校进行观察是很难做到的，也并不符合实际。所以医生很多时候会在模拟或者类似的环境下进行观察（Haynes，Yoshioka，Kloezeman，& Bello，2009）。比如，在一个孤独症（以社交退缩和交流障碍为特征的疾病）儿童的研究中，我们通过将孩子放置在一个类似于教室的环境中，如让孩子独自坐在课桌旁，分组活动，或者要求他们完成困难的任务，去发现孤独症儿童自我击打行为（被称为自我伤害）产生的原因（Durand & Hieneman，2008）。观察儿童在不同情境下的行为，有助于我们确定他们为什么会自我击打。还有一些研究者用催眠创造一个模拟评估（模拟现实生活中的临床症状或状态），通过在健康者身上制造一些心理病理学的症状，更有控制性地研究此类症状（Oakley & Halligan，2009）。例如，研究者将志愿被试催眠，使他们相信有其他的力量正在控制他们的手臂移动，通过对他们的大脑进行扫描，来研究妄想（精神分裂的症状之一）（Blakemore，Oakley，& Frith，2003）。正如你们所了解到的那样，研究者们正逐渐运用各种新兴技术来研究心理障碍。

观察中的ABC

观察评估通常注重此时此地。因此，临床医生的注意力一般是要集中于此刻的行为及其先前事件（行为之前发生了什么）和后果（之后发生了什么）（Haynes et al.，2009）。在前面提及的有暴力行为的小男孩的例子中，临床医生会注意到事件发生 76
的次序：（1）他母亲让他把杯子放到水池里（先前事件）；（2）男孩扔杯子（行为）；（3）母亲对此没有回应（后果）。这种先前事件—行为—后果序列（ABC）说明，可能这个孩子的暴力行为被强化了，因为在他的暴力行为爆发后，他不用去清扫那些碎玻璃。他的行为并不会招致惩罚（他的母亲不会责备他），所以下次他不想做什么的时候，还有可能表现出暴力行为（图3-3）。

相对而言，这是一个非正式观察的例子。这种观察的问题在于它依赖于观察者对事件的回忆和解释。正式的观察要保证具体行为具有可观察性和可测量性（称为操作性定义）。例如，两个人很难在什么是“有敌视态度”上达成一致。然而，操作性定义会通过详细说明“任何这个孩子不遵循他母亲的合理要求的时候”来界定这种行为。一旦选择和定义了目标行为，观察者必须记录下这种行为发生的那一时刻，以及那一时刻之前发生了什么（先前事件），之后又发生了什么（后果）。搜集这些信息的目的就是确定是否存在某种明显的行为模式。

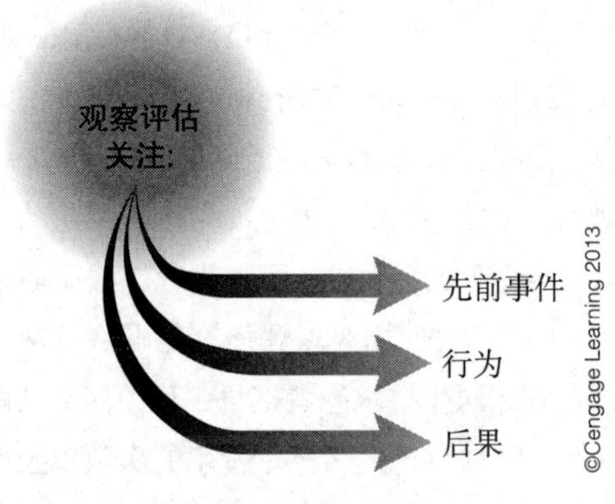

图3–3 观察中的ABC

自我监控

人们也可以通过观察自己的行为来寻找行为模式，这是一种叫作**自我监控**（self-monitoring）或“自我观察”的技术（Haynes et al.，2009）。想戒烟的人可以记下他们抽烟的数量和抽烟的时间、地点。这一观察能确切地告诉他们问题的严重程度以及他们在什么情况下更有可能抽烟（如打电话的时候）（Piasecki，Hufford，Solhan，& Trull，2007）。如果行为在私底下发生（诸如贪食症者的清除行为），自我监控是很有必要的。

一种更正式、更结构化的行为观察法是运用行为调查表和行为评定量表，这些表主要是作为治疗之前的评估工具，以及在治疗过程中对患者的行为改变做阶段性的评估（Blacker，2005；Myers & Collett，2006）。在此类用来评估多种行为的工具中，由专业人员评定的简明精神症状评定量表（Clarkin，Howieson，& McClough，2008），可评估 18 个相关方面的问题。每种症状采用 7 级评分，从 0（不存在）到 6（非常严重）。这一评定量表可用于评估中度到重度的精神障碍，它包括身体关注（过分关注身体健康、害怕躯体疾病）、内疚（害羞、对过去行为的懊悔）、夸大（自我评价过高、确信自己有非同寻常的能力或才干等）等项目（American Psychiatric Association，2006）。

有一种被称为“应答性反应”的现象可能会歪曲观察数据。当你观察人们的行为时，你的存在会导致他们改变他们的行为（Haynes et al.，2009）。为了证实应答性反应的存在，你可以告诉你的朋友，当他每次说到“好像”这个词时，你都会记录下来。在你表明你的想法之前的 5 分钟内，先记下你朋友用这个词的次数。你可能会发现，当你在记录的时候，他用这个词的频率会降低。当你对自己的行为进行观察或自我监控时，这一现象也存在。在自我监控时，行为者想增加的行为会倾向于增多，如在课堂上多发言；行为者想减少的行为会倾向于减少，如抽烟（例如，Hufford，Shields，Shiffman，Paty，& Balabanis，2002）。

心理测验

我们几乎每个星期都会在比较流行的新闻媒体上看到有关心理测验的内容：“测试你的人际关系的 12 个问题”“你的私人婚姻检查表”“你是‘Z’型人吗？”。这类测验大多只能用来娱乐，目的仅仅是将其文章或者所含问题能够讲得通，实际上，这些测验能告诉我们的信息量是很有限的。

相反，用来评估心理障碍的测验必须遵循严格的标准，即之前提到的，测验必须要有信度和效度。

心理测验包括具体的用来判定认知、情绪或行为反应是否与特定的障碍相关的测验，以及更一般的用来评定长期存在的人格特质（比如多疑倾向）的测验。在具体的测验中，智力测验被用来测定认知结构和功能，神经心理测验被用来判定脑损伤和功能失调对个体状况可能产生的影响，神经成像可以通过复杂的技术评估脑结构和脑功能。

投射测验

77

为了评估心理障碍中的无意识过程，精神分析工作者开发出一种评估技术，称为**投射测验**（projective tests）。它们包括多种方法，在测验过程中，治疗师把模糊的人物或事物图像作为刺激，呈现给患者，让他们把看到的描述出来。其理论基础是人们会把自己的人格和无意识的忧虑投射到其他的人和事情上。在这种情况下，如果采用模糊刺激，患者就会不经意地把他们的无意识想法透露给治疗师。

这些测验因为以精神分析理论为基础，所以颇具争议。即使如此，投射测验还是被普遍使用，至少有很多治疗师会偶尔使用它们（Butcher，2009）。使用比较广泛的三个测验是罗夏墨迹测验、主题统觉测验和句子完成测验。

罗夏墨迹测验是早期投射测验中的一种。它现在的形式是由 10 个墨迹图代表模糊刺激（图 3-4）。在评估的时候，实验者把墨迹图一一呈现给被试，并要求被试报告他所看到的内容。令人遗憾的是，由于缺乏效度和信度的数据，早期对于罗夏墨迹测验的使用大多颇受争议。尽管最重要的评估原则之一是同一测验每次以相同的方式呈现——按照标准化的程序进行，但是，直到最近，治疗师也还是用他们自认为合适的方法来使用这个测验。如果你鼓励某些人在测试的第一阶段做比较详细的解答，而在第二阶段则不做这样的要求，那么由于你在两个。

自我监控 来访者观察和记录自身行为的活动，它是评估问题或变化的一种方式，也是可以使他们更好地觉察自身反应的治疗过程。也称为“自我观察”。

投射测验 一种基于精神分析理论的测量方式，其假设是来访者对模糊刺激的反应可以反映其无意识冲突。这类测验是推测性的，信度与效度不高。

©Cengage Learning 2013

图 3–4　罗夏墨迹测验中的模糊墨迹图

阶段用不同的方法施测，你就可能获得不同的反应——并不是因为测验由另一个人实施的问题（评估者信度）

为了对人们所关注的信度、效度问题做出回应，约翰·埃克斯纳（John Exner）设计了罗夏墨迹测验的标准化版本，称为综合系统（Exner，2003）。埃克斯纳提出的罗夏墨迹测验实施和计分体系具体包括：卡片如何呈现，主试如何表述以及受试者的反应如何记录（Clarkin et al.，2008）。不同的步骤会导致受试者不同的反应。罗夏墨迹测验的批评者们对于综合系统能否在心理障碍患者身上使用，仍然存有疑问（Garb，Wood，Lilienfeld，& Nezworski，2005；Hunsley & Mash，2011）。

主题统觉测验（TAT）也许是继罗夏墨迹测验后最为人熟知的投射测验（Clarkin et al.，2008）。TAT 由 31 张卡片组成，包括 30 张图片和一张空白卡片，但只有 20 张是几乎每一次都使用的。TAT 的指导语要求受试者根据图片编出生动的故事。主试呈现图片，并告诉受试者："这是一种想象测验，是智力测验的一种形式。"受试者可以"让想象以神话、童话故事或寓言故事的形式自由浮现"（Stein，1978，p.186）。与罗夏墨迹测验一样，TAT 基于的思想也是受试者所编的故事内容可以体现其无意识中的心理过程。

修订后的 TAT，如儿童统觉测验（CAT）、高级统觉技术（SAT）还可以被应用于不同的群体。此外，测验的修订使测验可以被应用于不同的种族和民族（Bellak，1975；Dana，1996）。这些修订工作不仅包括图片中人物外表的改变，还包括情景描述的改变。就像罗夏墨迹测验使用综合系统一样，研究者已经发展出 TAT 故事的规范评分系统，其中包含社会认知和客体关系量表（Westen，1991）。

令人遗憾的是，TAT 及其修订版本仍被不一致地使用。如何理解受试者的故事取决于主试参考的知识框架和受试者的表述内容，因此，该测验在 78
心理病理学中的使用中仍存在问题也就不足为怪了（Hunsley & Marsh，2011）。

大部分使用投射测验的临床医生都有自己的一套操作和解释方法。在这些测验中使用的模糊刺激，有助于患者敞开心扉和谈论他们的感受。但是因为信度和效度相对较低，它们作为诊断测验并没有多大用处。

人格调查表

在主流杂志上发表的心理测验的条目通常情况下是能说得通的，就是说具有表面效度（face validity），即条目的措辞好像与所需要的信息相吻合。但是，表面效度是必要的吗？保罗·米尔（Paul Meehl，1945）指出，这些测验的条目表面上说得过去并不是必要的，答案具有预测性才是必要的。如果我们发现，精神分裂症患者对于"我从没爱过任何人"这一问题，倾向于做"肯定"的回答，那么，是否存在一种关于爱情和精神分裂症的理论便不重要了。重要的是，如果一群存在患某种障碍倾向的人，以一种特定的方式回答一系列问题，那么这个模式就可以预测其他人是否患有此类障碍。条目的内容反而变得毫无关联。这一见解提升了对人格调查表研究的整体性。

虽然存在许多可行的**人格调查表**（personality inventories），但在美国使用最广泛的是明尼苏达多相人格调查表（MMPI），它于20世纪30年代晚期和40年代早期制定，于 1943 年首次出版（Hathaway & McKinley，1943）。与投射测验依赖解释理论大不相同的是，MMPI 和其他类似调查表采用的是实证取向，即需要收集数据并进行评估。MMPI 的实施简明了当，由受试者阅读陈述，然后回答“是”或者“否”即可。以下是 MMPI 的一些陈述：

容易哭泣

常无缘无故很开心

确信被人跟踪

对一些不可能伤害我的人或事感到害怕

MMPI 回答的歧义不多，但是在实施 MMPI 上存在着答题时间很长以及尝试者会感到枯燥的问题，第一版的测验有 550 题，MMPI-2（出版于 1989 年）有 567 题。MMPI-A（出版于 1992 年）由于适用于青少年而成为备受欢迎的一个版本，其他的版本适用于不同文化背景下的人（Okazaki，Okazaki，& Sue，2009）。治疗师并不分析尝试者的回答，而是分析被试的回答模式是否和患有某些特定障碍的人群相似。不同的标准化量表代表了不同的障碍人群（Butcher & Perry，2008）（表 3-1）。

值得庆幸的是，临床医生可以通过电脑对这些回答进行评分，这个过程包括了对于结果的解释，从而可以减少信度方面的问题。在 MMPI 发展初期，有一点引起了关注，那就是人们在回答问题时可能会无意识地轻视某些问题。有经验的受试者由于知道了某些问题的目的，如“担心说一些伤害他人的话”，就会

表3–1　MMPI-2的分量表

效度量表	高分特征
“未回答”的分数	阅读困难、谨慎、困惑、分心、抑郁、反叛、强迫
回答矛盾	以与心理障碍不一致的方式回答问题
回答罕见	回答随意或存在精神病性症状
后 F	在测试最后改变回答方式
症状罕见	比预期有更多精神病性症状
说谎	不诚实、欺骗和 / 或有自我防御
敏感性自我防御	通过显示自己更健康来进行自我防御
过度自我表现	声称存在特别积极的特征或者更高的道德价值观，并拒绝改善问题
临床量表	**高分特征**
疑病（Hs）	躯体化、可能存在躯体疾病
抑郁（D）	烦躁、自杀可能
癔病（Hy）	过度应激、焦虑、有时悲伤
精神病态（Pd）	反社会、不诚实、可能是药物滥用者
男性化 - 女性化（Mf）	表现为缺少典型的男子式的兴趣、审美和艺术
妄想（Pa）	表现为不安的想法、被害妄想、可能患有精神病
精神衰弱（Pt）	表现为心理混乱和不适、极度焦虑
精神分裂症（Sc）	困惑、混乱、可能有幻觉
躁狂（Ma）	躁狂、情绪不稳定、不切实际的自我评价
社会内向（Si）	在社会情境下非常没有安全感和不舒服、胆小

资料来源：Excerpted from the MMPI(R)-2 (Minnesota Multiphasic Personality Inventory (R)-2) Manual for Administration.Copyright © 2001 by the Regents of the University of Minnesota. Used by permission of the University of Minnesota Press. All rights reserved. “MMPI-2” and “Minnesota Multiphasic Personality Iventory-2” are trademarks owned by the Regents of the University of Minnesota：

人格调查表　通过个体判断问卷中的描述与自身是否相符来评估其人格特质的自评问卷。

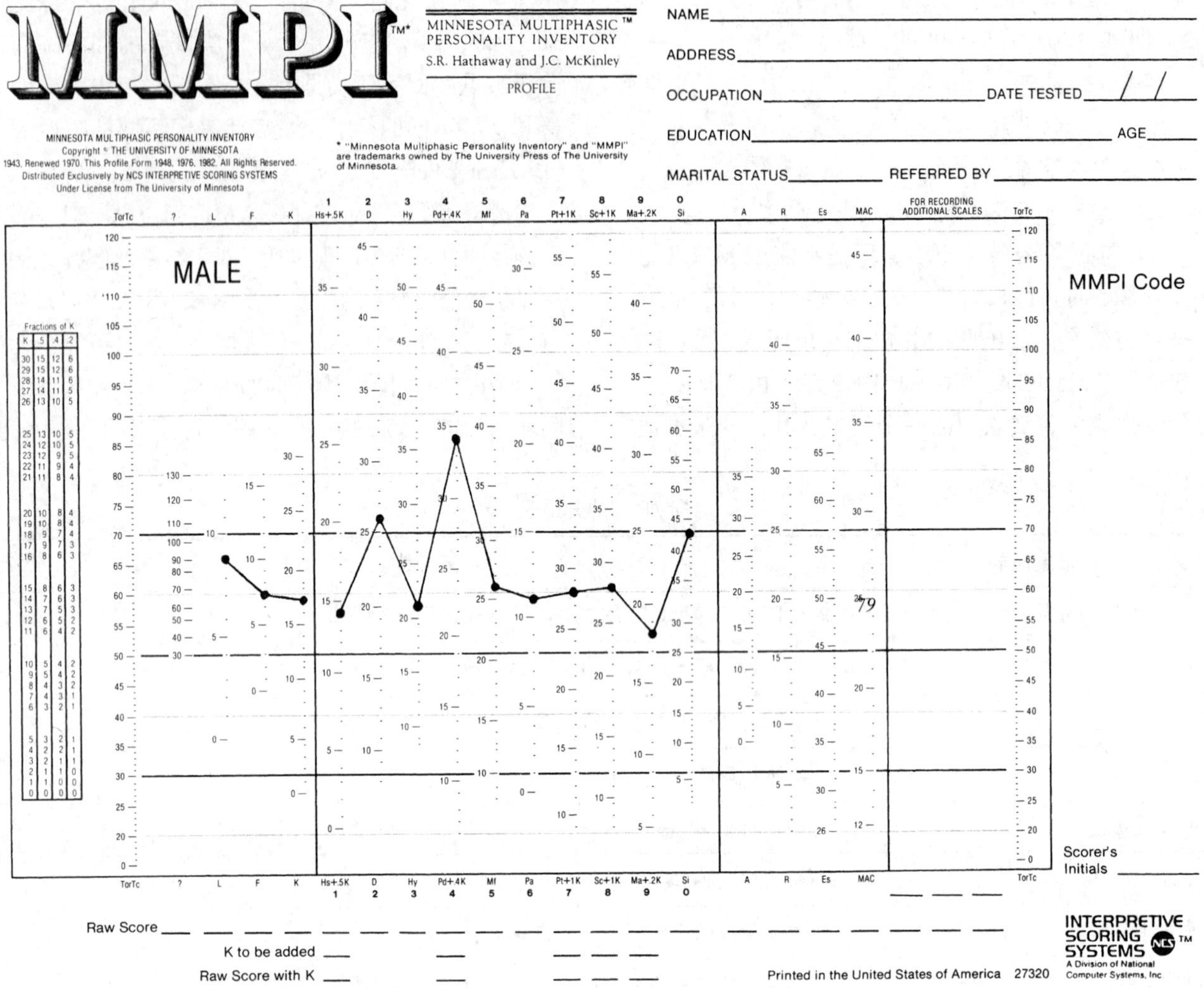

图 3-5　明尼苏达多相人格调查表剖面图示例

资料来源：Copyright ©1942, 1943, 1948, 1970, 1976, 1982, by the Regents of the University of Minnesota. Used by permission of the University of Minnesota Press. All rights reserved. “MMPI” and “Minnesota Multiphasic Personality Inventory” are trademarks owned by the Regents of the University of Minnesota.

在回答时说谎。考虑到这种可能性，MMPI 增加了额外的量表，以确定每次施测的效度。例如，在说谎量表中，对于“生气时曾伤害过某人”这样的问题，回答“否”就可能说明受试者为了留下好印象而作假。此外，回答罕见量表，可以测出受试者对心理问题是否有欺诈性表述或者随意性回答；敏感性自我防御量表被用来评估受试者是否以一种不切实际的积极方式看待自己（Butcher & Perry，2008）。

图 3-5 是一个 MMPI 剖面图，也是某受试者在 MMPI 上获得的分数一览。在向你说明为什么要评估这位 27 岁的男人詹姆斯（James S.）之前，我们先从他的 MMPI 测验结果中了解一下他（说明：这些数据收录在 MMPI 第一版中）。前三个数据是效度量表得分，分数越高，越说明詹姆斯试图给评估者留下好印象，并假装自己没什么问题。另一点需要注意的是，在精神病态量表中，他的分数很高。这体现了他的反社会行为倾向。临床医生对此分数的解释是，詹姆斯“富有攻击性、不可靠、不负责；不能从经验中学习；一开始能给人留下好印象，但在长期交往中或者在应激下容易表现出精神病态特征”。

詹姆斯是一个童年时期就有犯罪记录的年轻人。他在一起绑架、强奸、谋杀一名中年妇女的案件审理过程中，接受了评估。在审理期间，他编造了很多荒诞的故事来开脱（想想他效度量表中所得的高分）。但是，大量的犯罪证据使他被判终身监禁。他在 MMPI 上的回答与那些有犯罪以及反社会行为的人相一致。

MMPI 是心理学中被使用最广泛的评估工具之一（Cox，Weed，& Butcher，2009）。最初的标准化样本（人们首先对这些陈述做出回答，然后将回答标准化）包括很多来自明尼苏达的正常人群，同时也包括一些患有各种不同精神障碍的患者。MMPI-2 和 MMPI-A 是 MMPI 的修订版，修订版解决了旧版中存在的一些问题（Ranson，Nichols，Rouse，& Harrigton，2009）。例如，有些问题是带有性别歧视的。旧版中有一题是问受试者是否因为自己是个女孩而感到遗憾（Worell & Remer，1992）。还有一题是这样陈述的："任何男性，只要愿意努力工作，就有机会成功。"（Hathaway & McKinley，1943）MMPI-2 也进行了标准化，其样本的选取参考了美
79 国 1980 年人口普查的结果，首次包括了非洲裔美国人和美国原住民。此外，修订版增加了与当代议题有关的项目，这些议题如 A 型人格、低自尊和家庭问题。

智力测验

1904 年，法国心理学家阿尔弗雷德·比奈（Alfred Binet）和同事西奥多·西蒙（Théodore Simon）受法国政府的委托，需要编制一个测验用来鉴别需要额外教育的"学习迟缓者"。这两位心理学家确定了一系列任务，并假定这些任务可以测量学业成就所需的能力，如注意、知觉、记忆、推理和言语理解。比奈和西蒙用他们编制的问卷测试了大量的儿童，然后他们把那些不能区分学习较慢者和学习优异者的题目舍去。经过多次修订和样本测试，最后形成的测验操作方便，并且达到了设计的目标——可以预测学业成就。1916 年，斯坦福大学的刘易斯·推孟（Lewis Terman）翻译了它的修订版，使该测验在美国得到应用，并以斯坦福－比奈测验之名为人们所熟知。

这个测验所得分数就是我们所熟知的**智商**（intelligence quotient），也就是 IQ。刚开始，IQ 分值是以儿童的心理年龄来计算的。例如，一个孩子通过了 7 岁水平的所有问题，但没有通过 8 岁水平的问题，那么他的心理年龄就是 7 岁。然后，把心理年龄除以儿童的实际年龄，再乘以 100 就得到 IQ 分了。然而，使用这样的公式来计算 IQ 分值还存在一

©Ellen B. Senisi/The Image Works

这个儿童正在专心做标准化的心理评估测试。

些问题。当前的测验使用的是离差智商，是将某人的得分仅仅与同年龄的人相比较。因而，IQ 分值实际上估计的是儿童在学校的成绩与同年龄的其他个
体平均成绩的距离是多少（Gottfredson & Saklofske， *80*
2009）。

除了斯坦福－比奈测验的修订版（Stanford-Binet Ⅴ；Roid & Pomplun，2005），另一套被广泛使用的智力测验是由心理学家大卫·韦克斯勒（David Wechsler）编制的。韦氏测验包括成人版（WAIS-Ⅲ）、儿童版（WISC-Ⅳ）和幼儿版（WPPSI-Ⅲ）三个版本。每个测验都包括言语量表（测量词汇、一般知识、短时记忆和言语推理能力）和操作量表（评估心理运动能力、非言语推理和学习新关系的能力）（Hunsley & Mash，2011）。

非心理学工作者犯的最大的错误就是把 IQ 和聪明混淆起来。IQ 得分明显高于平均分意味着个体在教育上取得成功的概率比一般人大得多。相反，得分明显低于平均分表明此人很可能在学校成绩不好。但是，IQ 分低于平均分就意味着这个人不聪明吗？当然不一定，首先有很多原因可以导致低分，例如测验用的英语不是受试者的母语，那么结果就会受到影响。

然而，更重要的是，关于智力的成分，目前尚缺乏统一的意见。智力测验测量记忆、推理和言语理解等能力，但是这些能力能代表我们所理解的智力的全部内容吗？最近，一些理论家认为智能实际上比我们所关心的内容要多得多，包括适应环境的

智商（IQ） 个体在智力测验上的得分，智力测验可用来评估个体偏离平均水平的程度。

能力、孕育新想法的能力和有效加工信息的能力（Gottfredson & Saklofske，2009）。但是一般来说，IQ 测试是可信的，在预测学业成就方面，它们是有效的工具。

81 ## 神经心理测验

如今出现了一些可以定位脑功能失调区域的复杂测验，而且幸运的是，这些技术可以为人们所利用，且成本不高，先进的交互式电信技术也使测验能够对边远地区的人们进行评估（Swanda & Haaland，2009）。**神经心理测验**（neuropsychological testing）测量的是以下能力：语言的理解和表达、注意力集中、记忆力、动作技能、知觉能力、学习和概括能力。

通常用于儿童的是本德（Bender）视动格式塔测验（Brannigan & Decker，2006），这是一个相对简单的神经心理测验。该测验是给儿童呈现一系列画着各式线条和形状的卡片，要求儿童画出卡片上的东西。之后，将测验中的错误数和同龄组儿童相比较，如果错误数超过了规定的数量，就有存在脑功能失调的可能。两个先进的脑器质性损伤的定位测验是鲁利亚－内布拉斯加（Luria-Nebraska）成套神经心理测验（Golden，Hammeke，& Purisch，1980）和霍尔斯特德－赖坦（Halstead-Reitan）成套神经心理测验（Reitan & Davison，1974）。它们能更精确地对问题进行定位，并能评估青少年和成人的多种技能。例如，霍尔斯特德－赖坦测验内含节奏测试（让人们区分节拍，测试对声音的再认能力、注意和集中能力）、握力测试（比较左右手的握力）和触觉操作测试（要求被试在蒙着眼睛的情况下将积木放到模板上，主要测量学习和记忆能力）（McCaffrey，Lynch，& Westervelt，2011）。

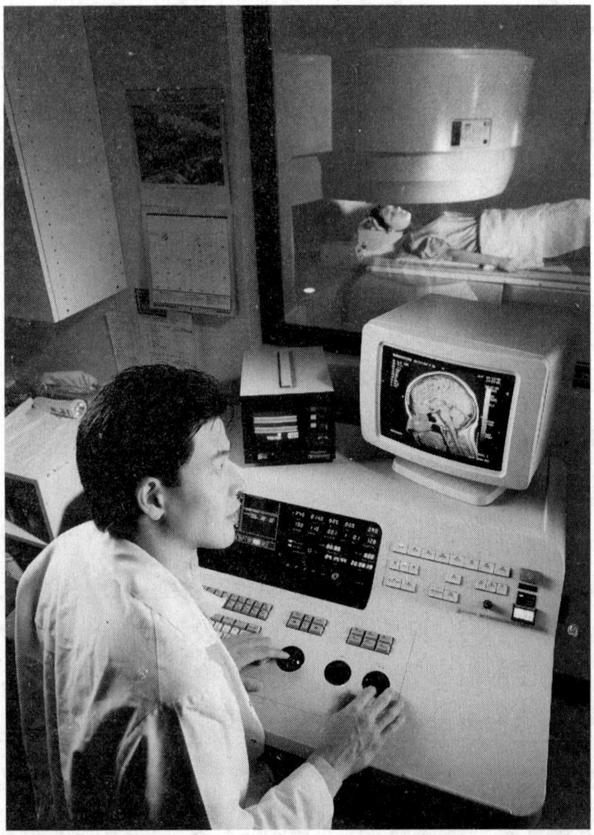

Richard Price/Getty Images

这位患者正在接受 MRI 扫描。

对神经心理测验效度的研究表明，这些测验在发现器质性损伤方面是有用的。一项研究发现，霍尔斯特德－赖坦测验和鲁利亚－内布拉斯加测验在识别器质性损伤方面的效果是差不多的，正确率近 80%（Goldstein & Shelly，1984）。然而，这些研究还提出了**假阳性**（false positives）和**假阴性**（false negatives）的问题。对于任何评估策略，都存在这样的情况：测出了问题，但事实上并没有问题（假阳性）；没有发现任何问题但事实上确实存在问题（假阴性）。因此，神经心理测验主要是作为一种筛选工具，通常要与其他评估工具结合使用，以提高发现真正问题的可能性。

神经成像：脑的摄片

最近几年，我们已经开发了一种被称为**神经成像**（neuroimaging）的技术来看脑的内部状况，日益清晰地了解脑结构和脑功能图（Kim，Schulz，Wilde，& Yudofsky，2008）。神经成像可以分成两种：一种是用程序来检查脑的结构，如不同部分的大小和是否有损伤；另一种是通过血流图和其他新陈代谢活动来检测实际功能。

脑结构图

最早的神经成像技术产生于 20 世纪 70 年代早期，最初是用复合式 X 射线从不同的角度照射大脑。不管使用哪种 X 射线，大部分射线都会被脑骨遮住或削弱，只有一小部分能进入脑组织。被遮挡的程度被放置在头另一侧的探测器记录下来，然后计算机会绘制出脑的各个切片图。这一程序大约需要 15

分钟，被称为计算机轴断层扫描（CAT）或CT扫描。CT扫描在查找脑肿瘤、脑损伤和其他结构及解剖上的异常时特别有效。然而，同所有的射线一样，CT扫描也存在如下问题：扫描时的多次辐射会令细胞有受损的危险（Kim et al.，2008）。

最近发明的几项新技术比CT扫描有更好的清晰度，而且不存在X射线检查的潜在危险。在磁共振成像（MRI）中，患者的头部被放置在一个发射射频信号的高强度磁场内，这些信号能“激活”大脑的组织，使氢原子内部的质子发生变化。随着质子变得“松弛”或恢复到常态，这一改变就可以被测量到。在有病变或损伤的地方，信号会变得更亮或更暗（Kim et al.，2008）。当前的技术是用计算机来观测脑的不同层面，从而使对脑结构的检查变得
82
更精确。尽管MRI比CT扫描更昂贵，起初做一次检查也需要花费长达45分钟的时间，但是随着技术的发展，这一点有了很大的改进。当前MRI的一个缺点是被检查者的头部被完全包在一个由电磁线圈包围着的狭窄的管子里，有幽闭恐惧症的人通常无法忍受这种检查。

脑功能图

一些广泛被使用的技术能够测量脑的实际功能，其中有一种被称为正电子发射断层（PET）扫描。接受PET扫描的被试被注射了含有放射性同位素和作区分反应的原子群示踪剂，这些物质同血液、氧气或葡萄糖会发生反应。当脑的一些部位活动起来时，血液、氧气或葡萄糖涌进这些区域，形成“热点”，从而被探测器检测出来，最终确定同位素的位置。因此，我们能够得知脑的哪些部位在工作，哪些部位没有工作。这些图像会在MRI图像上重叠以显示活动的精确位置。PET扫描被更多地应用于查看各种与障碍有关的新陈代谢。最近PET扫描证实了那些早期阿尔兹海默型痴呆患者顶叶的葡萄糖代谢减少。还有其他一些令人感兴趣的发现是关于强迫症和双相障碍的。PET扫描的费用昂贵，因此这些设备只有在大的医疗机构才能见到。

另一种常用来评估脑功能的技术叫作单光子发射计算机断层（SPECT）扫描，尽管使用的是不同的示踪剂，但它工作起来很像PET，只是精确性稍低。它的价格相对便宜，而且也不需要精密复杂的设备来记录信号，因此，它的使用频率比PET更高。

最激动人心的进步是工作速度更快的新一代MRI的出现（Kim et al.，2008）。这些检测手段仅需要几毫秒，它们能够给活动着的大脑拍照，记录下它从这一秒到下一秒的变化。因为这些技术衡量的是大脑的功能，所以被称为功能性磁共振成像（fMRI）。在主要的脑成像技术中，fMRI已经广泛取代了PET扫描，因为它可以让研究者看到大脑对短暂事件（如看到一张新面孔）的即时反应。如今血氧水平依赖功能性磁共振成像（BOLD-fMRI）是研究心理障碍最常用的fMRI技术（Kim et al.，2008）。

心理生理评估

另一种具体评估脑结构和功能，并被普遍用于评定神经系统活动的方法是**心理生理评估**（psychophysiological assessment）。正如这一术语所指，心理生理学认为神经系统的一些可测量的变化是情绪或心理活动的反映。这种测定既可以直接针对脑，也可以针对外周器官等其他部位。

弗兰克担心自己可能会癫痫发作，如果我们有理由怀疑他可能存在记忆的阶段性缺失或表现异常、行为恍惚，如果这些表现只在一段时间内出现，那 83
么给他做一个**脑电图**（electroencephalogram，EEG）就显得尤为重要了。脑电图通常是通过测量与某些神经元有关的电活动来揭示脑电波活动的，而脑电波是穿过脑神经的脑部低电压电流。在做EEG时，直接把电极放在头皮的不同部位，用来记录不同的

神经心理测验 通过测试个体在行为任务中的表现来评估其脑和神经系统功能。

假阳性 一种实际上没有问题却报告有问题（即测试结果是阳性）的评估失误。

假阴性 一种实际上有问题却报告没有问题（即测试结果是阴性）的评估失误。

神经成像 一种复杂的计算机辅助程序，能允许非闯入性地检测神经系统结构和功能。

心理生理评估 对能反映心理或情绪事件（如焦虑、应激和性唤醒）的神经系统变化的测量。

脑电图（EEG） 一种通过将电极置于头皮来测量脑电活动模式的方法。

低压电流。

在过去的十年中，我们已经对EEG有了更多的认识（Kim et al.，2008）。通常我们要测量的是工作中的脑电活动。短时的EEG可以记录对特定事件（如听到心理上认为有意义的刺激）的反应，这种反应叫作事件相关电位（ERP）或者诱发电位。EEG模式通常受心理或情绪因素的影响，它也可以成为这些反应的指标或成为心理生理测量的一种方法。

正常、健康和放松的个体，在清醒状态下脑电图以电压变化规律的 α 波为主。许多减压的方法经常通过一些使患者放松的方式来试图增加 α 波的出现频率，α 波意味着放松和平静。通过EEG模式至少已经部分确定，我们在睡觉时会经历不同的脑活动阶段。深度睡眠是最放松的阶段，一般在个体睡着后维持1～2小时，在这一阶段EEG还会显示 δ 波。这些波比 α 波更慢、更不规则，不过在这一睡眠阶段出现却是完全正常的。而在清醒的状态下经常出现 δ 波，可能预示脑的某个区域功能失调。

在评估中，对其他身体反应进行的心理生理评估也有一定的作用，这些反应包括心率、呼吸和皮肤电活动，以前曾被称为“皮肤电传导”（GSR），测量的是由外周神经系统控制的汗腺活动。评估情绪刺激引起的心理生理反应对于许多障碍是非常重要的，比如创伤后应激障碍。即使患者并没有完全意识到这些创伤的发生，这些与创伤有关的视觉、听觉刺激也都会激起强烈的心理生理反应。

生理测量对于评估和治疗一些疾病，如头痛和高血压也相当有用（Nicassio，Meyerowitz，& Kerns，2004），这些测量就是我们所说的生物反馈治疗的基础。在生物反馈中，血压等生理反应的水平通过仪器或量表反馈给患者（持续进行），这样他们就能尽力调节自己的反应了。

生理评估需要评估者具备很多技能和一些专业技术知识。即使很严格地实施评估，由于程序或技术上的困难，或反应本身的性质问题，测量有时候也会导致不一致的结果。因此，只有在临床医生研究具体的障碍，并且心理生理评估对于这些障碍具有特别的重要性时，心理生理记录设备才会得到广泛应用，而更为直接的应用（如放松训练时的心率监控）则更为常见些。更为精密复杂的心理生理评估经常被用于与特定心理障碍（特别是心境障碍）的本质有关的理论研究中（Barlow，2002；Ovsiew，2005）。

概念自测 3.1

84

第一部分

精神状况检查包括五个部分：（a）仪表和行为；（b）思维过程；（c）心境和情感；（d）智能；（e）感知觉。说出下列每个情景采用的是精神状况检查的哪个部分。

1. 斯万医生仔细倾听乔伊斯的讲话模式，记录其速度、内容和连贯性。他注意到她的思维比较连贯，但有迹象表明她存在妄想性思维和视幻觉。________
2. 安德鲁是被警察带到诊室的，尽管外面温度低至-5摄氏度，但是警察发现他只穿了一件T恤。有人看见他在街上走得很慢，一边做鬼脸还一边自言自语。________
3. 当丽莎被带到米勒医生的办公室时，医生问她是否知道日期和时间，她是谁，以及她在哪儿。________
4. 琼斯医生看到蒂姆笑着谈论他经历的近乎致命的事故，这一举动是不合适的，同时医生还发现他表现出兴高采烈的样子。________
5. 马克的词汇量和记忆力看上去是令人满意的，因此亚当斯医生认为马克的智力处于平均水平。________

第二部分

分别从信度和效度两个指标分析下面每道题，并标以相应的字母：R（可信的）或NR（不可信的）和V（有效的）或NV（无效的）。

6. 用EEG来显示癫痫患者的脑电活动。____ ____
7. 罗夏墨迹测验。____ ____
8. 需要做出明确回答的结构化访谈。____ ____
9. 完形填空。____ ____

心理障碍的诊断

› 如何施行精神疾病的诊断？

到目前为止，我们从个体的角度，考察了弗兰克的功能问题，也就是说，我们已经仔细观察了他的行为、认知过程和心境，并进行了半结构化访谈、行为评估和心理测验。这些工作让我们了解到弗兰克的独特性，而不是他与其他个体的类似之处。

了解弗兰克与存在同样问题的其他人的相似之处也是非常重要的。如果我们过去曾经接待过有类似问题或心理状况的人，那么我们就可以回顾这些个案，并从他们身上找出很多可供借鉴的信息。从其他人身上，我们可以了解问题是如何开始的，哪些因素会有影响，问题或障碍会持续多久。其他案例中的问题会自行缓解吗？如果不会，那又是什么因素导致问题一直存在呢？需要治疗吗？更重要的是，对于其他个体来说，什么治疗方法能减轻问题？上述这些问题是非常有用的，因为它们能提供临床和研究资料，使研究者能对将要发生的事情进行预测，并推断出哪种治疗方法会起作用。换句话说，临床医生能形成概括性结论，并建立“预后”，这一概念我们在第 1 章已经讨论过，是指在某些情况下，病情可能的发展过程。

有两种策略在心理病理学研究和心理障碍的治疗方面很重要。第一种是**具体策略**（idiographic strategy），用来帮助我们确定个体人格、文化背景或者境遇的独特性。这些信息可以使我们调整治疗方案以适应患者。但是，为了有效地利用已经收集的特定问题或者障碍的信息，我们必须确定一个概括性的可以包含现有问题的类别，即**常规策略**（nomothetic strategy）。当我们对心理障碍进行辨别时，就是在做出诊断。我们也可以通过心理测验（如 MMPI）所反映的特定的人格剖面图，来确定一个概括性的分类或问题群。在程序进行之前，我们先来更精确地定义一些名词。

分类（classification）这一名词的意思本身就很宽泛，简单地说是指构建组别或类别，然后按照共同的特征或它们之间的联系把物体或者人分配到这些类别中——一个常规策略。如果处在科学研究的情境中，即为了科学研究的目的对一些实体进行分类，如对昆虫或岩石进行分类，或者对象是心理学——行为，那么它通常被称为**分类学**（taxonomy）。如果把分类学用到心理学、医学或者其他临床领域，那么我们便称其为**疾病分类学**（nosology）。所有的应用于卫生保健场所的诊断系统，比如传染性疾病的诊断系统，就是疾病分类系统。**命名**（nomenclature）描述的是组成疾病分类的各种障碍（如焦虑或心境障碍）的名称和标注。大部分精神卫生工作者参照的是 DSM-Ⅳ-TR（American Psychiatric Association，2000）中的分类体系。在过去的几年里，心理病理学的分类有了很大的改变。由于这些变化会影响到临床医生工作的方方面面，我们须仔细回顾心理病理学中的分类与诊断程序。首先我们关注不同的方法，考察它们在诊断中的信度与效度，然后对 DSM-Ⅳ这一当前的分类体系作一探讨。 85

分类的争议

分类是任何科学研究的核心，而我们介绍的很多信息都是常识性知识。然而，当我们处理人的行为或行为障碍时，分类带来了争议。有人质问把人的行为分类是否合适或道德。即使在认为分类是必要的人中，对一些领域的争议也在逐渐增加。例如，在心理病理学中，对于“正常”和“异常”这两者的定义很多人提出质疑；同样，对于认为某些认知或行为是某种障碍所特有这一假设也存在很多质疑。有些人更倾向于从连续体上来讨论行为和感受，如从高兴到伤心、从恐惧到不恐惧的连续

具体策略　严密而详细地调查是什么导致了个体的独特性（与常规策略相对应）。
常规策略　对患有相同障碍的人进行识别和检查，以指出相似性，并形成一般规律。
分类　基于共同特征将物体或人分配到不同的类别中。
分类学　科学中的命名和分类系统（例如标本分类学）。
疾病分类学　有关医学和心理现象的分类和命名系统。
命名　在疾病分类学中实际使用的标注或名称。在心理病理学中，这涉及心境障碍和进食障碍。

体，而不愿建立诸如躁狂、抑郁和恐惧的分类。当然，不管好坏如何，把不同的行为和不同的人进行分类，是我们到目前为止的工作内容。很少有人在谈论自己和朋友的情绪时，会用到量表中的一些数字（0代表彻底不高兴，100代表彻底高兴），尽管数字可能更精确（“对那件事你感受如何？”“大概65。”），但我们宁愿说高兴、伤心、生气、忧伤、恐惧等。

分类法和维度法

如何对人类的行为进行分类呢？我们已经指出了两种可能性。对于那些与其他障碍很少或没有共同症状的障碍，我们可以有很清晰的分类。例如，你会听到从冰箱中传来和你说话的声音（幻听）并同时有其他的精神分裂症症状，或者没有。此外，我们也可以从几个维度将心理障碍的不同特质量化，并得到一个综合性的分数。MMPI剖面图就是一个很好的例子。另一种方法是将障碍“维度化”，例如，对于抑郁症，在严重程度的连续体上，可以从早上会有的轻微抑郁（我们大多数人都曾偶尔经历过）到极度悲伤无望以至于认为自杀是唯一出路，每一个系统都有强度和问题两个维度（Brown & Barlow，2005；Helzer et al.，2008；Widiger & Edmundson，2011；Widiger & Samuel，2005）。

传统（或纯粹）分类法（classical categorical approach）假设每种诊断结论都基于清楚的病理生理学原因，如细菌感染或内分泌系统问题，并且每一种障碍都是独特的。当用这个方法去诊断心理障碍时，致病因素可能是心理或文化因素，而不是病理生理学因素，但是一组病因引起一种疾病，不会和其他疾病有所重叠。由于每一种障碍从根本上和其他障碍都是不同的，因此我们就需要一套能满足各自诊断标准的分类体系。例如抑郁发作的诊断标准是：存在抑郁情绪、非节食所致的体重大幅度下降或增加、不能集中注意力或进行思考，以及其他的7项具体症状。要被诊断为抑郁症，个体必须符合所有的10项标准。在这个例子中，临床医生按照传统的分类方法就能判断导致障碍的原因。

传统的分类方法在医学上相当有用，它对于医生做出正确的诊断非常重要。如果患者发烧并伴有胃痛，内科医生必须很快确定病因是胃炎还是阑尾发炎。了解症状的原因（如阑尾发炎）是为了确定用哪种治疗方法（如手术）更加有效。但是如果某人抑郁或焦虑，存在一些类似的潜在原因吗？可能没有。大部分心理病理学家认为，心理因素、社会因素与生理因素相互作用导致障碍的产生。因此，到目前为止在精神卫生领域并没有采纳传统的心理病理学分类模式（Frances & Widiger，1986；Helzer et al.，2008；Regier，Narrow，Kuhl，& Kupfer，2009；Widiger & Edmundson，2011）。

第二种策略是**维度法**（dimensional approach）：我们记录患者表现出来的认知、心境和行为，然后用一定的尺度把它们量化。例如，在刻度1到10 86
上，患者可能被评估为有严重的焦虑（10分）、中等程度的抑郁（5分）和轻度的躁狂（2分），进而得到一份情绪功能剖面图（10，5，2）。尽管维度法已经被运用到心理病理学中，但是心理学家对这种方法至今还不是特别满意（Brown & Barlow，2009；Frances，2009；Regier et al.，2009；Widiger & Edmundson，2011）。大多数理论研究者对于到底需要多少种维度意见不一，有的认为一种就足够了，而有的则要求维度多达33种（Millon，1991，2004）。

近几年，第三种策略在对行为障碍进行组织及分类方面，获得了越来越多的支持。它吸收了分类法和维度法的一些特点，这种方法被称为**原型法**（prototypical approach）。它确立了具体疾病的基本成分，方便你（和他人）对疾病进行分类，但是它同时不会因为一些非基本的症状的出现，而改变该病在分类体系中的位置。就像有人让你描述狗的样子，你会对狗的大致情况进行描述，但不会对具体某一条狗进行描述。狗的颜色、大小、种类存在不同，但不管是哪种狗，它们都具有能与猫相区分的特定特征。因此，在分类的时候，有了一些原型法的标准，外加少量其他标准，就足够了。当然，这种分类方法也不是完美无缺的，因为不同分类的边界比较模糊，而且有时候一种症状可以同时被诊断为两种以上的疾病。但是，这种方法最适合我们目前对心理病理学的认识，而且使用起来比较方便。

DSM 障碍标准摘要
抑郁发作

抑郁发作的症状包括：

- 一天中大多数时间心境低落（在儿童、青少年中可表现为易怒）。
- 对大多数日常活动的兴趣或乐趣明显减少。
- 非节食所致的体重明显减轻或体重增加，或者食欲的明显减弱或增强。
- 存在失眠或嗜睡。
- 精神运动性兴奋或迟滞。
- 疲惫或精力不济。
- 无价值感或过分自责。
- 思维和注意力下降。
- 反复出现死亡想法、自杀意念或自杀行为。

资料来源：Based on DSM-Ⅳ-TR. Reprinted with permission from *Diagnostic and Statistical Manual of Mental Disorders* (4th ed., text revision). .©2000 American Psychiatric Association.

©Juniors Bildarchiv/Alamy

虽然狗的品种多样，但它们却同属于一个动物类别。

DSM-Ⅳ-TR

当使用原型法对一种心理障碍进行分类时，这种障碍的多种可能的特征或症状就会被列举出来，个体只有满足足够多的特征或症状时才能被归为此类。思考一下 DSM-Ⅳ-TR 对于抑郁发作的诊断标准。

正如你所见，这一标准中很多症状并不是必不可少的，但是，如果你有抑郁情绪，或对大部分活动的兴趣或乐趣明显丧失，并且至少符合其他 8 项症状中的 4 项，那么这就与抑郁发作的标准原型很接近了。某个个体可能因有抑郁情绪、体重大幅度减轻、失眠、精神运动性兴奋和没精力的症状而符合抑郁发作的诊断标准，而另一个人也符合抑郁发作的诊断标准，因为他表现出对活动的兴趣或乐趣明显减退、疲劳、无价值感、难以集中注意力和思考，并有自杀想法。虽然他们都有与原型接近的 5 项症状，但他们看上去区别很大，因为他们只有一个症状是相同的。这是原型法的一个很好的例证。DSM-Ⅳ-TR 就是基于这种方法。

信度

任何分类体系都应该描述特定的症状群，而且这些症状必须很明显，易于被有经验的临床医生所鉴别。如果两位临床医生在同一天的不同时刻接待了同一位患者（假设患者的状况在一天中没有变化），那么他们就应该观察、测量出同样的一组行为和情绪。这样的心理障碍评估才被看作是有信度的。如果两位临床医生都不能明显地鉴别这一障碍，那么诊断结果也可能有区别。例如，某个人的穿着可能会引起他人的评论。你的一个朋友可能会说："她今晚看上去有点随便。"另一个却评价说："不，这样看上去很时髦，这样的风格很适合她。"也许第三个朋友说："事实上，我觉得她打扮得很优雅。"你可能会感到奇怪：他们见到的是同一个人吗？无论如何，他们的观察是没有信度的，要让你的朋友对他人的外表意见一致，需要一套他们都接受的详细的定义。 *87*

之前提到过，分类系统没有信度会导致临床医生做出不同的诊断。在当前分类系统中，最缺乏信度的分类之一就是人格障碍——个体与外界互动的方式以一组不合适的长期的、类特质的情绪和行为反应为特征。虽然在某些人格障碍上，已经有了很大进展，但是通过一次访谈就确定是否存在人格障碍还是很困难的。

效度

除了要有信度，疾病分类学体系还必须有效度。先前我们把效度表述为测验是否测到其预想的

传统分类法　基于不同障碍之间存在着明显差异和不同致病因素的假设而建立起来的分类法，也被称为纯粹分类法。

维度法　在一个连续体上对特征进行分类的方法，而非二元分类，非此即彼、全或无的分类法。

原型法　使用基本成分、特征定义和一系列其他特征的变化对疾病进行分类的系统。

测量内容。诊断效度有几种不同的种类。首先，系统必须有“结构效度”。这意味着选定的作为诊断分类标准的特征和症状，是彼此紧密联系的，并且它们界定的内容区别于其他类别。如符合抑郁症诊断标准的个体必须与符合社交恐惧症的个体有差别。这种差别不仅体现在表现症状上，还必须体现在障碍的进程和治疗方法的选择上。分类要能预测**家族聚集性**（familial aggregation），即障碍会发生在患者亲属身上的可能性大小（Blashfield & Livesley，1991；Cloninger，1989；Kupfer，First，& Regier，2002）。

其次，在使用原型法时，一个有效的诊断还应该能告诉临床医生患者接下来可能会发生什么，可以预测障碍的进程以及不同治疗方法的效果，这种类型的效度被称为预测效度，有时也叫效标效度。当结果就是我们判定这种分类是否有用的指标时，我们称其为效标。最后，还有内容效度。简单来说就是如果建立了一个诊断标准，如社交恐惧症的诊断标准，那么它必须能反映这个领域的大多数专家对社交恐惧症的认识，抑郁的诊断标准同样如此。总之，你必须使你的分类正确。

1980年前的诊断

对心理病理学的分类起源于传统的生物学领域，尤其是克雷佩林的努力。克雷佩林最先对我们熟知的精神分裂症进行了界定，当时他称这一障碍为早发性痴呆。早发性痴呆是指大脑随着年龄的增加而发生退化（痴呆），并会比预期时间发作得早一些，或者说“过早地”发生（早发）。这一标注（后来改为精神分裂症）说明了克雷佩林相信大脑变异是这种障碍的原因。1913 年，克雷佩林在他具有里程碑意义的著作（《精神病学：供学生和医生使用的教材》）中，不仅介绍了早发性痴呆，还介绍了双相障碍，即后来的躁郁症。此外，克雷佩林还在书中介绍了多种器质性脑综合征。在那一时期，其他一些比较知名的学者，如法国的精神病医生皮内尔将一些心理障碍，包括抑郁（精神忧郁症），作为独立的条目进行了描述。而克雷佩林认为心理障碍本质上是生物性紊乱，这一理论对于疾病分类学的发展具有重大影响，并引起了早期对于传统分类策略的重视。

直到 1948 年，世界卫生组织（WHO）才在《疾病和有关健康问题的国际分类》（ICD）第 6 版中增加了精神障碍分类这一部分。但是，该早期分类系统以及由美国精神病协会在 1952 年出版的 DSM-Ⅰ并没有产生多大影响。直到 20 世纪 60 年代后期，疾病分类学体系才开始在精神卫生专业领域有了些影响力。1968 年，美国精神病协会出版了 DSM-Ⅱ。1969 年，WHO 出版了第八版 ICD。然而，这些体系仍缺乏准确性，它们对于精神障碍只是做基本的区分，并且较多依赖于那些并不为所有精神卫生工作者所接受的无根据的病因学理论。更严重的是，这一体系缺乏信度。在不同国家或地区中，同一障碍可能会有着不同的命名和解释。

DSM-Ⅲ和DSM-Ⅲ-R

1980 年在疾病分类学史上是具有里程碑意义的一年：DSM-Ⅲ诞生（American Psychiatric Association，1980）。DSM-Ⅲ与之前的两版完全不同，有三个重要的变化：第一，DSM-Ⅲ建立在对患者表现出的障碍进行精确描述的基础之上，而不是病因学中的精神分析或者生物学理论。例如并非根据内心冲突和防御机制，把恐惧放在“神经衰弱”这一大类里，而是将它作为一个独立分类，放在新的更广泛的类别“焦虑障碍”里。

DSM-Ⅲ的第二个主要变化是障碍分类标准的特异性和详述性，这使信度和效度的研究成为可能。尽管在 DSM-Ⅲ中并不是所有的分类都有良好的信度和效度，但是相比于之前的版本，可以说有了很大的改善。第三个变化是 DSM-Ⅲ将可能有心理障碍的个体用 5 个维度或轴进行评定。某种具体的障碍，如精神分裂症或心境障碍只在轴Ⅰ中得到描述；而更持久（慢性）的人格障碍则被列在轴Ⅱ中；轴Ⅲ包括躯体疾病以及可能存在的躯体健康问 88
题；在轴Ⅳ中，临床医生评估人们报告的心理社会应激值；当前的适应功能水平则在轴Ⅴ中显示。这一框架被称为“多轴体系”，这使得临床医生可以获取个体多方面的功能信息，而不是仅仅获取障碍本身的信息。

大卫·库普弗（David Kupfer）是 DSM 第五版修订工作组主席，DSM-5 会在 2013 年发布。

DSM-Ⅳ和 DSM-Ⅳ-TR

在 20 世纪 80 年代后期，临床医生和研究者们意识到建立一个一致的、世界通用的疾病分类标准是十分必要的。ICD-10 于 1993 年出版，按照条约的要求，美国把 ICD-10 编码用到各种有关健康的问题上。为了使 ICD-10 和 DSM 尽可能相容，有关 ICD-10 和 1994 年出版的 DSM-Ⅳ的工作几乎是同时进行的。DSM-Ⅳ的修订者查阅了大量与诊断体系有关的文献资料（Widiger et al.，1996，1998），并检验了大量的数据，这些数据可能有其他的收集原因，但是经过重新分析，才在 DSM-Ⅳ中使用。最后，通过 12 个独立的研究和试验来检验障碍的其他可供选择的定义或诊断标准的信度和效度，在必要的时候甚至重新制定新的诊断标准。

也许 DSM-Ⅳ最基本的变化是去除了原先版本中的有关器质性疾病与心理障碍的区别。即使一些障碍与脑病变有关，但在相当大程度上它还是受到心理和社会因素影响。同样，以前被认为是心理因素导致的障碍也有生物学方面的原因。

DSM-Ⅳ中的多轴体系

DSM-Ⅳ仍保留了这种多轴体系，但对五个轴都做了改变。明确地说，现在只有人格障碍和精神发育迟滞出现在轴Ⅱ上。以前在轴Ⅱ上标记的广泛性发育障碍、学习障碍、运动技能障碍和交流障碍，现在都出现在轴Ⅰ上。轴Ⅳ对患者心理社会应激值的评估不是很有用，已经被取代。新的轴Ⅳ用来记录会对障碍产生影响的社会心理和环境问题。轴Ⅴ基本上没有变化。

2000 年，委员会更新了与 DSM-Ⅳ诊断分类有关的研究文献，并细微修改了部分诊断标准以提高标准的一致性（First & Pincus，2002，American Psychiatric Association，2000）。修订后的版本（DSM-Ⅳ-TR）澄清了很多原有的心理障碍诊断方面的争议。

维度轴评估法将会在 DSM-5 中得到更充分的使用（Regier et al.，2009），例如，用统一的方式表示所有障碍的严重性。如今学者们正在评估那些建立这种横向的或高级的维度体系的提议。还有一种提议，例如，以整体观评估障碍存在的焦虑表现。因此，我们可以诊断双相障碍，并评估患者的焦虑程度，因为焦虑程度越重，治疗效果可能越差（Howland et al.，2009）。

DSM-Ⅳ和弗兰克

在弗兰克这个例子中，最先被观察到的是轴Ⅰ的焦虑障碍，具体来说，是强迫症。但是，也许还有某些持久的人格特质导致他持续地回避社会联系。如果是这样的话，那么诊断为轴Ⅱ上的分裂样人格障碍可能更为合适。除非弗兰克有很明显的躯体疾病，否则在轴Ⅲ上就没有问题。工作和婚姻的困难将在轴Ⅳ得到评估，临床医生可以发现心理社会问题或环境问题不是障碍的一部分，但会使障碍更严重。通过检查轴Ⅳ中的“职业问题”，可以了解到弗兰克在工作上存在困难，具体说即存在“失业的危险”；通过检查“主要的支持系统问题”，可以了解到他存在“婚姻困扰”。在轴Ⅴ上，临床医生将通过从 0 到 100 的量表（100 代表在各种情境下的最高级功能）对弗兰克当前的功能水平做最全面的评估。目前，弗兰克的得分是 55，这代表他在家庭和工作上的功能中度受损。

这里要着重强调的是，在做诊断时，损伤是至关重要的决定因素。例如，如果一个人，如弗兰克表现出了强迫症的所有症状，但是由于这些侵入性的想法并不严重而且并不时常出现，只是有点让人恼怒，那么这个人并不能达到心理障碍的评价标准。

家族聚集性　某障碍会在患者的亲属中被发现的程度。

诊断所涉及的多种行为与认知必须以某一些实际性的方式干扰个体的功能。因此，障碍的诊断标准包括一些前提：障碍必须引起了临床意义上的痛苦以及社会功能、职业功能或其他重要领域功能的损伤。如前所述，DSM-5 所可能做的改变是用维度量表更系统地判断障碍的严重性或损伤程度。我们的一个诊所做了与此相似的工作：除了评估轴Ⅴ中的总体损伤，也具体评估了轴Ⅰ中障碍的损伤（如果表现
89 出来的话）。评估损伤使用 0 ～ 8 级量表，0 代表无损伤，8 代表严重受损或残疾（通常是不能外出或几乎无功能）。心理障碍的严重性标准至少是 4（明显的受损或残疾）。多数情况下，障碍如强迫症的评级为 2 或 3，意味着所有的症状只会对功能产生轻微的损伤。这种情况下的障碍被称为阈下障碍。再以弗兰克为例，他的强迫症的严重性评级为 5。在弗兰克的个人诊断报告中，基于 DSM-Ⅳ多轴体系而总结的剖面图如下：

轴Ⅰ　强迫症

轴Ⅱ　分裂样人格障碍

轴Ⅲ　无

轴Ⅳ　职业问题：失业的威胁

　　　主要支持系统问题：婚姻危机

轴Ⅴ　55（当前）

DSM-Ⅳ中的社会文化因素

通过强调环境中的应激水平，DSM-Ⅲ和 DSM-Ⅳ能更全面地评估个体。更重要的是，DSM-Ⅳ综合了重要的社会文化因素对诊断的影响，补充了旧版本的遗漏之处。该版本被称为“文化框架指南”，允许从个人经历的角度来描述障碍，并且涵盖了主要的社会文化群体，如西班牙裔美国人和华裔美国人。回答以下文化相关性问题可以帮助你完成这些目标：（Mezzich et al.，1993，1999）。

1. 患者的主要文化参照群体是什么？对于新移民和少数族群来说，他们接触到的新文化对他们原来的文化有什么影响？他们掌握了“新”国家的语言了吗？语言对他们来说仍然是个问题吗？
2. 患者是用他原来国家的术语来描述障碍吗？例如，应激性神经症（ataques de nervios）在拉丁美洲亚文化中是与惊恐障碍相近的一种焦虑障碍。患者愿意接受西方的卫生保健体系提供的疾病或障碍治疗模式吗？患者在其他文化背景下有其他卫生保健体系（如中国的中医治疗模式）可供选择吗？
3. “受损”到底意味着什么？在特定文化背景下，哪些“受损”是可以接受的，哪些又是不能被接受的？例如，躯体疾病可以被接受，而焦虑或抑郁障碍却不能被接受吗？文化中什么是家庭支持、社会支持和宗教支持？患者可以得到支持吗？

在诊断和治疗时，文化因素都是不能被忽视的，它们也将贯穿于本书中。但是，还没有研究支持这种文化框架指南的有效性（Alarcon et al.，2002）。因此，我们应该在这一领域进行更多的工作，从而使得疾病分类学更具有文化敏感性，DSM-5 也纳入了一些关于文化多样性的观点（例如，Lewis-Fernandez et al.，2009）。

针对DSM-Ⅳ和DSM-Ⅳ-TR的批评

DSM-Ⅳ（特别是和 ICD-10 紧密联系的障碍部分）是最先进、最具科学性的疾病分类体系。然而，任何疾病分类体系都应该是不断发展变化的（Brown & Barlow，2005；Millon，2004；Regier et al.，2009；Smith & Oltmanns，2009）。一些障碍的界限尚不清晰，所以我们有时难以做出诊断。因此，个体在同一时间可能会被诊断为几种不同的障碍，这就是所谓的**共病**（comorbidity）。当我们处理共病问题时，我们如何才能对病程、疗效和相关问题出现的可能性得出明确的结论呢（Brown & Barlow，2009；Follette & Houts，1996；Kupfer et al.，2002）？对于共病，有没有方法来辨别其主要特征或者有无可能对它进行维度评估呢（Brow & Barlow，2009；Helzer et al.，2008）？

针对 DSM-Ⅳ和 ICD-10 的批评主要集中在两方面。第一，它们过分强调信度，有时甚至是以牺牲效度为代价的。其实这种做法也是迫不得已，因为除非通过牺牲效度，否则信度是很难提高的。如果确定抑郁的唯一标准是在访谈时听到患者口诉“我很抑郁”，那么我们就可以得到理论上的所谓完美信度了。但是这种成功是以牺牲效度为代价的，因为其他心理障碍患者或正常人，也会偶尔说自己抑郁。因此，临床医生可以认为这种说法是存在的，但是这种说法毫无用处（Carson. 1991；Meehl，1989）。

第二，就像卡森（Carson，1996）所说的那样，建立精神障碍的疾病分类体系的方法之一是保持我们几十年来的定义不变。随着科学知识的不断涌现，定期更新并建立崭新的疾病体系，而不是简单地使用旧的定义，是非常重要的。但事实上，考虑到这需要大量的努力和资金，以及抛弃之前的版本所积累的智慧的必要性，这是不可能实现的。

警惕贴标签与歧视

我们对人进行分类时经常出现的一个问题是**贴标签**（labeling）。你可能还记得《芝麻街》中的青
90 蛙说的话："要成为一只青蛙不是一件容易的事。"我们经常习惯于用标签来定义一个人的整体特点，哪怕这个标签的内容是多么肤浅（"他不成熟……他和我不一样"）。在心理障碍方面，也存在同样的现象（"他是一名精神分裂症患者"）。而且，当这种障碍伴随认知和行为功能的损害时，标签本身就具有消极意味，并会导致被歧视。歧视是刻板的消极信念、偏见和态度的结合，它们会导致那些被贬低的问题群体，如有精神障碍的人，在生活中拥有更少的机会（Hinshaw & Stier，2008）。

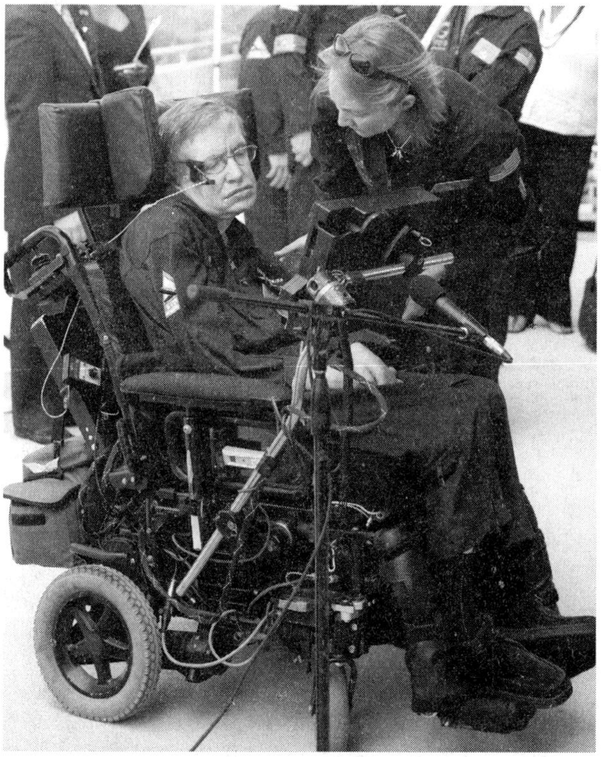

©Reuters/Charles W. Luzier/Landov

我们应该给图中的人贴标签吗？史蒂芬·霍金（Stephen Hawking），世界著名的物理学家之一，由于严重肌萎缩而丧失行动能力，这是罕见的脊髓进行性退化疾病。由于他不能活动喉咙或嘴唇，霍金通过一个电子声音合成器来代替自己"说话"。他用拇指来写书，他说："我很幸运，而且没什么值得生气的。"

一旦被贴上某种疾病的标签，患者可能会受到标签的消极作用的影响（Hinshaw & Stier，2008），并进而影响到自尊。我们必须记住心理病理学中的术语并不能描述一个人，而只能确定在特定情境下发生特定行为模式的可能性。因此，不管障碍是器质性的还是心因性的，我们都必须注意不要将人和某种疾病画上等号，要注意"约翰是糖尿病患者"和"约翰是个有糖尿病症状的人"这两种说法之间的区别。

超越DSM-Ⅳ：维度和谱系

随着科学的发展，改变现存的诊断标准，并建立新标准的过程还会继续下去。关于大脑环路、认知过程、影响行为的文化因素等的新发现层出不穷，使诊断标准面临更快的更新要求。2006 年正式开始的对 DSM-5 的编制工作现在已经接近尾声，计划在 2013 年 5 月出版。DSM-5 对于目前在 DSM-Ⅳ附录中出现的诊断类目提出了清晰的检验标准。在检验完每一类目之后，需要对所有的障碍做出如下选择：（1）从附录中删除；（2）将这些障碍放到主目录中；（3）留在附录里。做出哪种决定主要依赖于新的研究对于建立诊断是否有效（Kendler，Kupfer，Narrow，Phillips，& Fawcett，2009）。另外，参与编制工作的大部分专家都认为，如果只是专注于具体的疾病类别，就不能得到一个令人满意的疾病分类体系（Krueger，Watson，& Barlow，2005）。除了我们前面提到的"共病"和"疾病类别之间界限模糊"等问题之外，专家们也未能找到证实这些类别的证据，如发现与各个类别有关的具体的潜在原因（Regier et al.，2009）。事实上，他们也未能找到任何生物学标记（如实验室检验）来清晰地区分不同的障碍（Frances，2009；Widiger & Samuel，2005）。而且目前的疾病类别缺乏针对性的治疗方法，例如，某些治疗如认知行为疗法或抗抑郁药物对很多疾病

共病　同一个体在同一时间患有两种或两种以上的障碍。
贴标签　命名一种现象或一组行为模式。标签可能会存在消极意义，或被错误地用来描述个体而非个体行为。

都有疗效，但是这些疾病在分类体系中却被认为是差异较大的。

或许现在是时候考虑新的取向了。很多人都认为新的取向将比DSM-Ⅳ采用更多的维度策略（Krueger et al.，2005；Kupfer et al.，2002；Widiger & Coker，2003；Widiger & Sankis，2000）。“谱系”（spectrum）一词是形容障碍群的另一种方式，障碍群中的障碍拥有某些共同的、基本的生物或者心理素质或维度。例如，在第5章你会看到对DSM-5的一项提议，即消除“阿斯伯格综合征”（一种轻度孤独症），并将其与孤独障碍合并到一个新的类别“孤独谱系障碍”之中。很明显这一方面的研究还没有足够先进，不能做到将大批的类别转为维度或者谱系形式，所以，对于DSM-5的建议更像是更新DSM-Ⅳ中使用的语言，使之能更精确、更清晰地
91 描述其中的分类。一个更重要的改变是，就像我们本章前面所描写的，创造了横向或高级维度评估法。但是在编制DSM-5的过程中，随着研究的进展，更多的概念上具有实质性和一致性的维度方法也在不断发展中，也许在今后10到20年中等到编制DSM第6版时才具备一定的条件。

例如，在人格障碍方面，利夫斯利等（Livesley，Jang，& Vernon，1998）发现，人格障碍患者的人格与社区样本中正常人的人格在性质上不是截然不同的，相反，人格障碍仅仅表现为适应不良，可能不过是极端化的一般人格特质的反映（Widiger & Edmundson，2011；Widiger，Livesley，& Clark，2009；Widiger & Samuel，2005）。在焦虑和心境障碍方面，布朗和巴洛（Brown & Barlow，2009）基于先前的研究，提出了一个新的分类维度，即焦虑和抑郁要比我们先前认为的具有更多的相似性，可以用同一个负性情感连续体或者一个情感障碍谱系上的点来表示（参见Barlow，2002；Brown & Barlow，2005，2009；Clark，2005；Mineka，Watson，& Clark，1998；Watson，2005）。即使对于精神分裂症等具有高遗传性的严重疾病，维度分类策略或者谱系法也可能会表现得更出色（Charney et al.，2003；Lenzenweger & Dworkin，1996；Toomey，Faraone，Simpson，& Tsuang，1998；Widiger & Edmundson，2011；Widiger，1997；Widiger & Samuel，2005）。

与此同时，神经科学中有关大脑结构和功能等方面的新进展会为我们了解心理障碍的本质提供大量重要信息。这些信息会使诊断体系整合更多的心理、社会、文化等方面的因素。但是即使是神经科学家们也逐渐放弃了试图找到与DSM-Ⅳ各类别高度相关的基因组或大脑环路的念头，转而认为与具体的认知、情绪和行为模式或特质（如行为抑制）有关的神经生理过程将会被发现，这些神经生理过程与目前的诊断类别并不完全符合。

了解这点以后，我们就可以将目前的注意力放在对各种主要心理障碍的认识上。从第4章开始，我们将努力预测接下来能对障碍的诊断标准和定义产生影响的重大科学突破。朝着这个目标，我们在每一个关于障碍的章节最后都增加了新的名为“谱系讨论”的部分，在该部分我们将详细介绍近几年我们在心理障碍认识上的变化。但是首先让我们回顾一下确立新的心理病理学知识体系所需要用到的重要的研究方法和策略。

概念自测 3.2

判断以下陈述是对（T）还是错（F）。

1. 传统分类法假设，每一种疾病都是由单一的原因引起，并且不同疾病之间互不重叠，原型法使用疾病的必要的、定义性的特点以及一些其他的特点。________
2. DSM-Ⅳ和较早版本一样，保留了躯体性疾病和心理性疾病的区分。________
3. 原来的不够精确的分类体系存在着共病问题，即在同一个患者身上会同时诊断出两种或两种以上的疾病。但是DSM-Ⅳ解决了这个问题。________
4. 如果两个或两个以上的医生对同一患者的诊断一致，那么这种诊断就可以被认为是有效的。________
5. 心理分类体系的问题之一在于可能会用一个诊断标签来概括患者的全部情况。________

心理病理学研究

- 心理病理学研究的基本成分是什么？
- 为什么伦理原则在研究过程中很重要？

就像我们已经了解的那样，异常行为研究是一项富有挑战性的课题，因为有生物学维度和心理学维度的相互作用，对于“为什么有些人有妄想”或者“你如何治疗那些想要自杀的人”这一类的问题，很少有简单的答案。

除了众所周知的人性的复杂性外，还有一个因素使我们对异常行为进行客观研究非常困难，那就是：异常行为的很多方面都是难以接近的。除非用间接的方法，否则我们无法进入人们的思想中。幸运的是，一些富有创意的人接受了这一挑战，创造出了很多巧妙的方法，对造成问题的行为进行科学
92 的研究，探索为什么人们会有行为障碍，以及找出解决问题的方法。也许会有一部分读者会使用本章介绍的方法，并最终能在这个重要领域做出贡献。关于异常行为的很多重要的问题都没有得到解决，我们希望你们之中会有人能够努力探索。不过，了解研究方法对我们所有人都是非常重要的。你自己或者你身边的亲人某个时候可能需要心理学家、精神病学家或者其他精神卫生工作者的帮助。有时候你可能思考过以下问题：

- 儿童的攻击行为是我们应当去关注的，还是只是儿童成长过程中的一个必然表现？
- 《今日秀》曾经报道说，在阳光下待的时间越长，就越有助于缓解人们的抑郁情绪。那么，当我们抑郁的时候，我们是否应该到夏威夷去晒太阳，而不是去看治疗师？
- 我哥哥已经接受治疗3年了，但是毫无起色，我是否应该建议他寻求其他帮助？
- 我的母亲才50多岁，可是她似乎有些健忘。朋友们告诉我这是很正常的，我老了以后也会这样。我是不是应该担忧呢？

要回答这样的问题，你就必须认真做一番研究。当你了解了获得信息的正确方法，即研究方法，你就会知道自己正在处理的是实实在在的问题，而不是臆造出来的。

研究的基本成分

一个基本的研究过程相当简单。它从一个有根据的猜测开始，这个猜测被称为**假设**（hypothesis），就是你期望发现的内容。当你去验证这个假设的时候，你就需要有一个**研究设计**（research design），其内容包括你要在人群中测量的研究内容——因变量（dependent variable）和这些行为的影响因素——自变量（independent variable）。最后，还应该包括研究工作所特有的两种效度：**内部效度**（internal validity）和**外部效度**（external validity）。内部效度就是自变量引起因变量改变的程度。外部效度是指研究结果能推广至其他情况的程度，也就是将研究结果推广至与本研究被试相似人群的适合程度。虽然我们讨论了很多不同的研究方法，但是这些方法都包含了上述基本成分。表 3–2 介绍了所有研究都必须包含的成分。

表3–2　研究的基本成分

成分	表述
假设	有数据支持的猜测或命题
研究设计	验证假设的计划，受提出的问题、假设以及实际情况的影响
因变量	可测量的并被自变量影响或改变的变量
自变量	受操纵以影响因变量的变量或者被认为会影响因变量的变量
内部效度	研究结果受自变量影响的程度
外部效度	研究结果被推广或者应用于本研究以外情境的程度

假设

人类追寻着秩序和目的。我们想了解世界为什么以这种方式运转，人们为什么以这样的方式表现。罗伯特·凯根（Robert Kegan）（引自 Lefrancois，1990）用“意义创造”机制来形容我们不懈努力地

假设　研究所要检验的猜测或命题。

研究设计　用来检验假设的实验方案。

内部效度　去除混淆变量的影响后，研究结果受自变量影响的程度。

外部效度　研究结果被推广或者应用于本研究以外的情境的程度。

弄明白周围所发生的一切。为了弄明白这些现象，行为科学家们构造出各种假设并对它们进行验证。假设只不过是对这个世界的有依据的猜测。你可能会相信观看暴力性的电视节目会导致儿童表现出更多的攻击行为，你可能认为贪食症受到媒体所描述的女性理想体型的影响，你可能猜想遭受虐待的儿童长大后也会虐待他们的配偶或孩子。你关心的这些问题都是可以验证的。

一旦科学家决定了要研究什么，下一步就是采用可验证的方式，提出明确的研究内容。下面以自尊（你对自己的感觉）如何对抑郁产生影响的研究为例。来自加州大学戴维斯分校的乌尔里希·奥尔特（Ulrich Orth）与他的同事搜集了来自世界各地的4 000多人的信息，这项工作耗时好几年（Orth，Robins，Trzensniewski，Maes，& Schmitt，2009）。他们从先前的研究中了解到，至少在短时期内的低自尊感会使人后期出现抑郁风险。在他们的研究中，研究者做出以下假设：对于所有年龄层次的被试来说，前期的低自尊感都能预示后期的抑郁。假设的表述方式表明研究者已经知道这一问题的结果。虽然只有到研究结束的时候他们才能知道他们发现了什么，但是事先形成假设可以使问题具有可验证性。例如，如果高自尊的人后期有同等程度的抑郁风险，那么就可能涉及其他因素的影响。**可验证性**（testability，即支持假设的能力）这一概念在科学研究中是相当重要的，因为就像本研究中所体现的那样，可验证性使我们这样思考：（1）因为低自尊引发后期抑郁，所以我们可以利用这些信息做好预防
93 工作；（2）低自尊与抑郁症无关，所以要寻找可以预测抑郁症的其他因素。研究者确实发现，对于任何年龄段的人来说，早期的自尊水平与后期抑郁有紧密联系，这一结论有助于发现哪些人有身患这种令人衰弱的疾病的风险（Orth et al.，2009）。

当形成假设的时候，研究者必须确定因变量和自变量。**因变量**（dependent variable）是研究中期望发生变化或者被影响的因素。心理学家研究异常行为时，会选取障碍中有代表性的方面进行测量，如外显的行为、想法和感受，或生理上的症状。在奥尔特及其同事的研究中，主要的因变量（抑郁的水平）是通过人们对抑郁调查问卷（流调用抑郁量表）的回答来测量的。自变量是影响因变量的一些因素。在奥尔特及其同事的研究中，**自变量**（independent variable）是通过人们对自尊调查问卷（罗森伯格自尊量表）的回答进行测量的。换句话说，几年内自尊水平的改变被认为会对以后的抑郁水平产生影响。

内部效度和外部效度

自尊和抑郁研究的研究者使用的是在美国和德国进行的两项大型研究中的问卷数据。试想一下，如果他们发现，在他们事先不知道的情况下，参加研究的人比没有参加研究的人有更高的自尊水平，这将会某种程度上影响他们的数据，并对他们关于自尊和抑郁水平的结论有所限制，进而改变研究结果的意义。这种与内部效度有关的情形被称为**混淆**（confound）或**混淆变量**（confound variable），即其他的因素混入研究中使得结果变得无法解释，因为一个不是自变量（自尊水平高低）的变量（这个例子中代表被试的类型）对因变量（抑郁）也产生了影响。

科学家使用很多策略来保证研究的内部效度，我们在这里讨论其中的三个：对照组、随机化和类比模型。**对照组**（control group）中的个体与实验组的个体在每一方面都很相似，但实验组个体受自变量影响，而对照组不受自变量的影响。由于研究者无法消除影响被试的因素，而这些因素会影响到实验结果，所以他们就试图把接受治疗的被试和对照组（除了治疗外，对照组接受的其他处理和实验组一样）进行比较。对照组能帮助排除结果解释的变动性，从而增加内部效度。

随机化（randomization）是指把个体随机分配到不同的实验组中的一个过程，每一个人被分配到任何组中的概率相同。例如，研究者可以随机将人们分配到各组中，但是在最后，仍会有更多的特定的人（如有更严重抑郁的人）在一个组。采用抛硬币或参照随机化数字表来分组，能排除分配过程中的系统误差，进而提高内部效度，但不能够消除组内误差。然后你会发现，人们有时会“把自己放在组中”，这种自我选择倾向也会影响研究结果。

类比模型（analog models）涉及将实验条件严格控制，以塑造出与研究现象相似的情境。例如，一个贪食症实验可能会要求被试在实验室大量进食，并在进食前、进食中、进食后询问他们是否因为这种进食方式而感到焦虑、自责等。如果被试是来自不同年龄、性别、种族或背景的个体，那么研究者就能排除对被试进食态度有影响的因素；如果实验

研究一个群体有时会掩盖个体差异。

被试都只是贪食症患者，就无法做到这一点。用这种“人为”的研究，能够提高内部效度。

在一个研究中，内部效度和外部效度看上去往往是对立的。一方面，我们尽可能控制其他因素来保证
94 因变量（研究中期望发生变化的方面）的变化是完全由自变量（研究中我们操纵的方面）引起的。而另一方面，我们希望能把结果应用到研究被试以外的其他个体或情境中，这叫作**推广性**（generalizability），即将研究结果应用到有某一障碍的所有个体中的程度。如果我们控制被试的全部环境，保证只有自变量发生变化，那么由此得到的研究结果就会不适用于现实情境了。例如，如果为了控制性别因素的影响而只研究男性，为了减少年龄的影响，只选择 25 ～ 30 岁年龄段的人，最后，为了消除教育的影响，只选择大学文化的被试，那么你的实验（这个例子里，25 ～ 30 岁的男性大学毕业生）就不能推广到其他的人群中。内部和外部效度在某种程度呈负相关。研究者总是努力在这两者之间找到某种平衡，在本章的后面部分我们还将介绍到，最好的平衡内部效度和外部效度的方法可能是实施多个相关研究。

统计显著性对临床显著性

在心理学研究中，统计显著性代表在随机情况下出现所观察的结果的概率很小。举例来说，评估药物（纳曲酮）治疗合并心理干预，能否使酒瘾者保持更长时间的清醒（Anton et al.，2006）。研究发现，药物合并心理治疗可以帮助酒瘾者平均节制 77 天，安慰剂组平均节制 75 天。这个差异在统计学上是显著的。但是，这个差异重要吗？要回答这个问题，难点在于区分**统计显著性**（statistical significance，对组间差异的数学计算）和**临床显著性**（clinical significance，这种差异对那些受到影响的人是否有意义）之间的差异（Thirthalli & Rajkumar，2009）。

对结果进行更细致的研究，就会引起对效应量的担心。由于这个实验研究的是一大群酒精依赖者（1 383 名志愿者），即使是很小的差异（75 天和 77 天）也有统计显著性。但是，很少有人会认为，为了多保持两天的清醒而去吃药和接受大量的治疗是值得的。幸运的是，对结果的临床意义的关注促使研究者改进了统计方法，使统计不仅显示组与组之间的差别，同时还显示这种差别有多大或**效应量**（effect size）。对实际的统计测量结果进行计算，需要相对复杂的程序，需要考虑接

可验证性　经过科学审查，接受或拒绝假设的能力，这是假设有效的必要条件。

因变量　在实验研究中，可被测量和期待被影响的变量（与自变量相对）。

自变量　实验者在研究中操纵的，期待影响因变量的变量。

混淆　任何使得研究结果不可解释的因素，这些因素对结果的影响与研究变量对结果的影响无法分离。

混淆变量　研究设计中未包含的却对因变量产生影响的变量。

对照组　除了不接受实验组所接受的处理，在其他方面均与实验组被试一致的一组人。这可以用来比较接受处理与不接受处理的差异。

随机化　为了消除组间系统误差，确保每一个人被分配到任何组中的概率相同，而使用的分配被试的方法。

类比模型　招募与临床患者相似的被试，在控制条件下复制临床问题，从而进行研究的方法。

推广性　研究结果应用于研究之外的群体的程度。

统计显著性　在随机情况下，出现所观察的研究结果的概率很小。

临床显著性　研究结果能有效应用于现实问题的程度。

效应量　评估改变有多大的统计指标。通常在临床治疗前、后使用，以判定治疗是否相对成功。

受治疗的被试组和未接受治疗的被试组各自的改善或者恶化的程度（Reichardt，2006）。换句话说，研究者不再只是将一个组的结果看作一个整体，而是同时考察个体的差异。有些研究者已经开始使用更加主观的方法来确定发生的重要改变是不是由治疗处理引起的。已故的行为科学家蒙特罗斯·沃尔夫（Montrose Wolf，1978）倡导使用一种被他称为社会效度的评估指标。这一指标涉及了解患者及其重要他人如何认识已发生的改变的重要性。在这个例子中，我们应该询问被试及其家人，他们是否认为治疗对于酒精克制有很大的改善，如果治疗效果对接受治疗的个体产生了显著影响，那么这种疗法就是有临床显著性的。

“平均化”的患者

我们太过于专注实验结果并将实验组的结果类化，而忽视了个体差异。基斯勒（Kiesler，1996）把这种视所有被试为一个同质组的倾向称为**患者同一性神话**（Patient uniformity myth）。患者同一性神话使研究者对各种疾病和治疗方法做出不正确的概括。继续回到上面这个例子，如果研究酗酒治疗的人员得出结论说，这种实验治疗很有效果会怎么样？假设我们在实验中发现，虽然有些接受治疗的患者有了改善，但是另一些患者的病情却进一步恶化。如果我们将整个组看作一个整体，那么这些差异就会被平均化。但是对于随着实验治疗的进展反而喝酒更为频繁的人来说，“平均水平”上总体疗效显著对他们来说没有多大影响。由于被试在年龄、认知能力、性别、是否接受过治疗方面存在不同，进行简单的组间比较就会起误导作用。

概念自测 3.3 95

阅读每一个陈述，判断该陈述描述的是以下哪种概念，即假设、因变量、自变量、内部效度、外部效度或混淆，并将答案填在后面的横线上。

1. 在一个治疗研究中，向被试引入的治疗方式被称为________。
2. 在实验结束的时候，你了解到很多对照组的被试在本实验以外接受了治疗。这叫作________。
3. 研究者对研究结果的猜测被认为是________。
4. 治疗结束后，接受治疗的被试在抑郁量表上的得分有了改善，这种得分上的改变可以被看作________上的改变。
5. 如果一个实验的混淆相对较少，我们就说这个实验有好的________；而结果的普遍性较好，我们就说这个实验有一个好的________。

研究方法的类型

▸ 研究行为的成因时会使用什么方法?

在研究行为成因的时候，研究者们使用多种不同的研究形式。我们现在要介绍个案研究、相关研究、实验研究和单一个案实验研究。

个案研究

想象一下这样的场景：有一位心理学家宣布她发现了一种新的障碍。她对几个看似有相同特点的男性进行观察后发现，这些男性都有特殊的睡眠障碍：在工作时突然入睡。在首次询问病史时，医生发现这些患者在初次访谈时均表现出明显的认知损害，并有严重脱发和梨形体格等类似的躯体症状。最后，医生还发现他们在人格方面都是以自我为中心的。在这些观察的基础上，这位心理学家暂时将这种障碍命名为霍默·辛普森障碍（Homer Simpson disorder）。她还决定继续研究这一疾病，寻找治疗方法。我们在对一种了解较少的障碍进行研究时，最好的办法是什么呢？其中一种方法是采用**个案研究法**（case study method），即对出现某些行为和躯体模式的一个或多个个体进行详细研究（Borckardt et al.，2008）。

描述个案研究的方法之一就是描述“它不是什么”。它不使用科学的方法，很少去追求内部效度，因此，研究中经常会有很多混淆变量。相反，个案研究主要通过医生观察患有某种疾病的个人或群体来进行，观察他们和患有其他疾病的人群或正常人群之间的差异。医生经常尽可能收集各种信息，并对个体进行详细描述。到目前为止，通过访谈这种方式，可以获得大量的个人和家庭背景、教育情况、健康状况、工作经历等信息，也可以了解个体对于研究问题的性质和原因的看法。

个案研究在心理学史上占有非常重要的地位。弗洛伊德正是通过对几十个个案进行观察，才发展出了精神分析理论和方法。弗洛伊德和布洛伊尔通过对安娜·O（见第 1 章）的描述，提出了被称为自由联想的临床技术。性研究者弗吉尼亚·约翰逊（Virginia Johnson）和威廉·马斯特斯（William Masters）就是通过许多个案研究来进行工作的，他们澄清了很多有关性行为的荒诞说法（Masters & Johnson，1966）。约瑟夫·沃尔普的那本里程碑式的著作《交互抑制的心理疗法》（1958），就是在给 200 多个个案进行系统脱敏治疗的基础上完成的。但是，随着对心理疾病认识的不断加深，心理学研究者对于个案法的依赖性显著下降。

96

相关研究

科学家提出的基本问题之一就是两个变量之间是否有联系。两个变量之间的统计学上的联系被称为**相关**（correlation）。比如说：精神分裂症和脑室（空间）大小有关吗？抑郁症患者是否更有可能使用消极归因（消极解释自己和他人的行为）？老年人出现幻觉的频率是否更高？回答这些问题首先需要确立一个变量（如幻觉出现的数量）和另一个变量（如年龄）之间是何种关系。和实验设计需要操纵或改变条件不同的是，相关设计并不对现象进行操控。相关研究的结果（即变量是否一起发生），对我们不断深化认识异常行为非常重要。

"有相关不代表有因果关系"这种观点在科学界由来已久。换句话说，两件事情一起发生并不代表一件事情导致另一件事情的发生。例如，家庭婚姻问题的出现与孩子的问题行为有关（Erath，Bierman，& Conduct Problems Prevention Research Group，2006）。如果在这里做一个相关研究，你就会发现在有婚姻问题的家庭，孩子也经常出现问题行为；而在婚姻问题较少的家庭，孩子的问题行为也较少。基于这些发现，最容易得出的结论就是婚姻问题导致孩子问题行为的出现。但是，事情如果真有那么简单就好了。有很多种不同的方法都可以用来解释婚姻问题和孩子问题行为之间的本质联系。即婚姻问题可能引起孩子的问题行为。然而，有些证据显示情况刚好相反：孩子的问题行为导致婚姻问题（Rutter & Giller，1984）。而且，还有研究表明，遗传因素在孩子问题行为和婚姻问题中都会起到一定的作用（D'Onofrio et al.，2006；Lynch et al.，2006）。

这个例子说明了在解释相关研究的结果时会有问题。我们知道变量 A（婚姻问题）和变量 B（孩子的问题行为）之间有关系。但是从这些研究中，我们无从知晓究竟是 A 导致 B（婚姻问题导致儿童问题行为）的发生，还是 B 导致 A 的出现（儿童问题行为导致婚姻问题），抑或这两者都是因为变量 C（遗传因素影响婚姻问题和儿童问题行为）才发生的。

婚姻问题和孩子的问题行为之间的关系是一种**正相关**（positive correlation）。正相关就是指一个变量程度越深或者数量越大（如婚姻关系越痛苦），另一变量也同时出现程度加深或者数量变大（孩子的问题行为越多）。反之亦然。如果你觉得在掌握这些统计概念方面有些困难，你可以用理解社会关系的方式来理解这些数学关系。如两个关系很好的人总是会经常结伴去某个地方。"你去哪儿，我就去哪儿。"这种相关（或**相关系数**，correlation coefficient）可以用 +1 来表示。加号表示两者之间呈正相关，而 1 表示这是一个"完美"关系，两者之间不可分离。显而易见，两个关系非常好的人并不总是结伴去其他地方。他们之间的关系强度应该在 0 到 1 之间变动（0 代表毫无关

患者同一性神话　认为同一类别的所有人都是相似的，而忽略了个体差异。

个案研究法　对某个人或一小群人进行详细研究的研究过程。该方法不能判定因果关系，推广研究结果时需特别谨慎（与单一被试实验设计相对）。

相关　两个变量的联系程度。两个变量一起增加或减少即为正相关，一个变量减少而另一个变量增加即为负相关。

正相关　两个变量的关系是一个变量增加时另一个变量也随之增加。

相关系数　反映两个变量之间联系的强度和方向的统计值。它的范围从 −1 到 0（表明两个变量无关）再到 +1，绝对值代表了联系的强度，正、负符号代表了联系的方向。

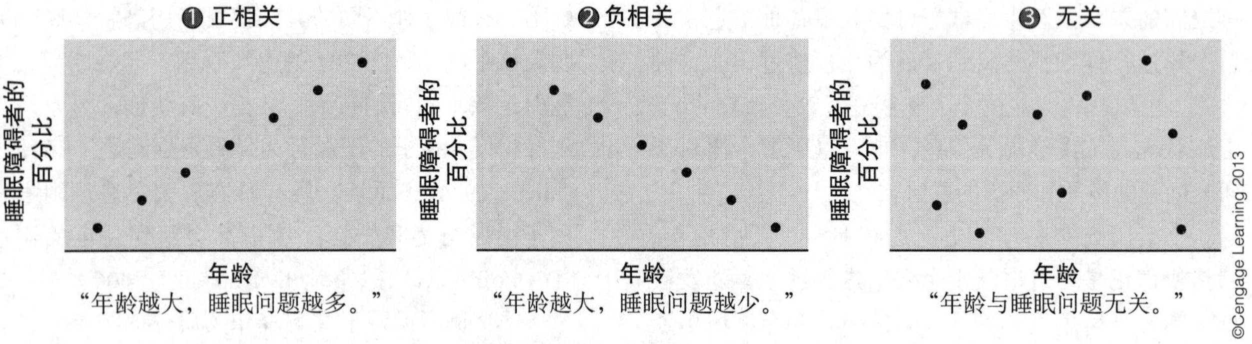

图 3–6　年龄和睡眠障碍之间可能存在的关系

系）。绝对值越高，他们之间的关系越紧密，而不管这个数值是正数还是负数（如 −0.8 要比 +0.75 表示更紧密的相关）。同样，你也可以推断，两个陌生人之间的关系应该是 0，因为他们之间没有关系。他们虽然有时候在同一个地方出现，但是这种情况是随机的，很少会发生。两个相互认识但是互相讨厌的人的关系可以被视为负相关。高负相关可以是 −1，表示“你去的地方，我就不会去”。

同样，我们也可以用 +0.5 来表示婚姻问题和孩子的问题行为之间的正相关程度，它们经常同时出现。而其他变量之间没有关系。精神分裂症和身高之间没有相关，所以两者不同时出现，它们之间的关系可以用近似于 0 的数值表示。如果 A 和 B 之间没有关系，它们之间的相关系数就接近于 0。而有些因素之间可以呈负相关：一个因素数量增加，另一个因素数量减少（见图 3–6 所示的正相关和负相关）。在第 2 章当我们讨论社会支持和疾病之间关系的时候，我们举了一个**负相关**（negative correlation）的例子。个体拥有的社会支持越多，该个体患病的可能性就越低。社会支持和患病可能性之间的关系同样可以用一个数值来表示，如 −0.4。

流行病学研究

科学家经常把自己看作侦探，通过研究线索来找寻真理。相关研究中有一种类型和侦探的工作极其相似，就是**流行病学**（epidemiology），它研究特定疾病或一系列的疾病在人群中的发生、分布和转归情况。流行病学家希望通过追踪疾病在人群中的情况，从而找出关于病因的重要线索。人们常用的方法之一就是确定患病率，即任一时候患某一障碍的人数占总人数的比例。比如，在美国大学生中酗酒（连续喝酒在 5 次或者 5 次以上）的患病率大约为 40%（Beets et al.，2009）。另外一种类似的方法是确定疾病的发生率，即在某一特定时期内新增患者数占总人数的比例。例如，大学生酗酒的发生率从 1980 年以来仅有轻微下降（Substance Abuse and Mental Health Services Administration，2006）。这一现象说明尽管社会做了大量努力来试图减少酗酒现象，但是这一问题仍然没有得到消除。流行病学家研究疾病在不同人群中的发生率和患病率。比如他们的研究发现，非洲裔美国人酒精滥用的患病率要比白人低（Substance Abuse and Mental Health Services Administration，2006）。 97

尽管流行病学的最初目的是研究医学问题，但是这种方法对于研究心理问题也同样有效。20 世纪初期，有一些美国人出现了奇怪的精神症状。它们类似于器质性精神病的症状，通常由精神活性药物或者摄入大量酒精引起。很多患者出现紧张性表现（长时间不能活动）或者类似偏执性精神分裂症的症状。患者以贫穷的非洲裔美国人为主，因此很多人考虑这与种族因素和社会阶层低下有关。然而，经过流行病学调查，约瑟夫·戈德伯格（Joseph Goldberger）发现这种疾病和饮食有关，并进一步确认这种疾病主要是由饮食差导致的维生素 B_5 的缺乏引起的。只要补充维生素 B_5，改善饮食，这些症状就可以被成功消除。戈德伯格的发现产生了深远影响，并促使 20 世纪 40 年代富含维生素的面包的出现（Colp，2009）。

研究人员也使用流行病学的方法来研究应激对心理障碍的影响。在 2001 年的“9·11”事件中，恐怖分子袭击了曼哈顿下城、五角大楼和宾夕法尼亚州，有近 3 000 人丧生。戴利斯及其同事一起采访了曼哈顿地区（特别是世贸中心附近）的 1 009

名男性和女性，了解他们对这次袭击的长期情绪反应（Delisi et al.，2003）。结果发现，对这次事件反应最消极的人是那些原来就有心理问题的人、最切身感受恐怖袭击的人（事发时从世贸中心逃生的人），以及妇女。最常见的消极反应包括焦虑和痛苦回忆。这就是一个相关研究，因为调查人员并没有操控自变量（因为恐怖袭击并不是本实验的组成部分）。

©Bill Bachman/PhotoEdit

人们获得的社会支持越多，则生病的可能性会越小。

就像其他相关研究一样，流行病学研究也不能告诉我们是什么原因导致某种现象的出现。但是，了解精神疾病的患病率和发病过程对于深化我们的认识功不可没，因为它给研究者指明了前进的方向。

实验研究

实验（experiment）就是操纵自变量，然后观察因变量的变化情况。通过对自变量的操控，我们就能发现变量之间的因果关系。当我们观察到社会支持和心理障碍之间有着联系时，我们并不能就此得出“谁”影响“谁”的结论。但是在实验中，我们可以通过改变社会支持的程度，然后观察心理障碍的患病率是否发生改变，换句话说，就是进行实验研究。

通过实验，我们能知道变量之间的关系如何吗？如果我们增强了社会支持的程度，却没能使心
98 理障碍的发生率发生改变，可能就说明缺乏社会支持并不会导致精神疾病的产生。但是，如果我们发现随着社会支持的增强，一个人的社会支持越多，精神疾病患病率出现下降，我们就可以认为缺乏支持导致这些疾病的出现。然而，因为我们并不能将内部效度提高到 100%，即不能完全排除其他解释的可能性，所以我们在解释结果的时候需要小心谨慎。在这一部分，我们将介绍几种不同的实验方法，并介绍每一种方法对于我们理解异常行为的作用。

区组实验设计

通过相关设计，研究人员通过观察不同的组，从而确定变量之间的关系。在区组实验设计中，研究人员更主动。他们改变自变量，观察一组被试的行为是如何受到影响的。如果研究者设计出了一项帮助成人缓解失眠症状的干预措施，那么这项措施对哪些人特别有用（Ancoli-Israel & Ayalon，2009）？他们对一些被试进行了治疗，并进行了长达 10 年的跟踪研究，观察他们的睡眠模式是否得到改善。在本实验中，这种治疗是自变量，也就是说它不会自然发生。然后他们研究治疗组的行为是否因为自变量的改变而改变。用一种非自然的方式增加或消除某个变量被称为操纵变量。

不幸的是，在 10 年以后，研究人员发现治疗组仍然存在睡眠问题，他们每晚的睡眠时间仍然少于 8 小时。难道这种治疗方法没有效果吗？也许并不是。本实验没有考察被试如果没有接受治疗会出现什么情况。或许他们的睡眠模式会变得更糟糕。幸运的是，现在研究人员已经设计出巧妙的方法来解决这些复杂问题。

临床试验是在心理障碍治疗中越来越被频繁使用的一种特殊的区组实验设计（Durand & Wang，2011）。临床试验就是用来检验治疗或实验处理的效果和安全性的实验。术语临床试验意味着操作实验

负相关　两个变量的关系是一个变量减少时另一个变量也随之增加。

流行病学　对某疾病在人群中的患病率、分布和转归进行研究的心理病理学研究方法。

实验　通过操控预先设定的变量和控制会影响研究结果的其他变量，来确定变量间因果关系的研究方法。

的标准化水平。所以，临床试验可以说是一种遵循了一系列公认标准的评估方法，而不仅仅是一种实验设计。例如，这些标准包括应该怎样选取被试、研究需要多少人、怎样将被试分组以及如何分析数据，而这些仅仅是其中的一小部分。通常情况下，实验处理要使用正式的科学实验计划书来保证每个被试受到相同对待。

对照组

解决此类问题的方法之一是使用对照组——除了不接受自变量的影响之外，对照组和实验组在其他方面都很类似。在前面所介绍的调查成人睡眠情况的研究中，试想一下，同样挑选了另一组不接受治疗的被试。接着试想研究人员同样对这组被试进行长达10年的跟踪研究，了解他们在这10年中的睡眠模式。他们很可能会发现，在没有接受治疗的情况下，这些被试随着年龄的增加，睡眠时间越来越少（Cho et al., 2008）。尽管实验组的被试的睡眠时间比10年前有所减少，但是对照组的被试的睡眠时间可能比实验组减少更明显。通过设立对照组，研究人员可以发现，干预对于防止睡眠时间进一步减少确实起到一定的作用。

理想的对照组应该和实验组在年龄、性别、社会经济背景以及报告的问题等方面近乎完全相同。而且，研究人员需要对两组被试在操纵自变量（例如，治疗）之前或之后进行相同的评估。通过这种处理，两个组出现的任何差异就可以被认为完全是由于改变自变量而引起的。

治疗组的被试经常希望能好转。当行为改变是由于这种期望引起，而不是因为实验者的操控引起的，这种现象就是我们所说的**安慰剂效应**（placebo effect，源于拉丁语，意为“我会快乐起来”）。相反，对照组被试可能会因为没能接受治疗而感到失望。当患者患有某种障碍（如抑郁）时，失望可能会使他们的情况更加严重。这种现象可能会使治疗组相比较而言显得效果更好。

消除这一期望效应的方法之一是使用**安慰剂对照组**（placebo control groups）。“安慰剂”（placebo）这个词经常指糖丸等无效的药物。对照组被试
99 被给予安慰剂，使他们相信他们也正在接受治疗（Wampold，Minami，Tierney，Baskin，& Bhati，2005）。在药物研究中，设立安慰剂对照组相对比较容易，因为研究者只需将与治疗组所使用的外表相同的药物分发给他们就行了。但是在心理学研究中，情况要困难得多。在不提供给对照组有效治疗的情况下，要让他们相信他们也正在接受同样的治疗有时候不是一件容易的事。这种类型的对照组被试经常会接受部分治疗，如和实验组一样同样会被要求完成一些作业。但是研究人员认为能改善病情的关键部分却不会被提供给对照组。

要注意的是，安慰剂效应也能成为治疗措施的一部分（Kendall & Comer，2011）。当被试告诉你说治疗有效的时候，你应该将这种改善看成是治疗方法和患者期望病情改善（安慰剂效应）这两者综合作用的结果。治疗师希望患者能够有病情改善的期望，这将会强化治疗效果。但是，当研究者研究某种治疗方法在观察到的改变中所起的作用是多少的时候，安慰剂效应就是一个混淆变量，会降低该实验的效度。因此，安慰剂对照组通常被研究者用来区分正性期望和实际处理带来的影响。

双盲对照（double-blind control）是安慰剂对照组方法的一种变式。从这个名称就可以看出，不仅被试是“盲”的，不知道他们属于哪个组，接受什么处理（单盲），而且提供处理的研究人员或者治疗师也不知道这些情况（双盲）。这种类型的控制消除了研究人员的偏好影响结果的可能性。比如，有一个研究试图比较两种治疗方法的效果，如果研究人员认为一种方法要比另一种方法疗效更好，而这种方法疗效没有预期的那么好，研究人员在实施这种方法时可能就会更加“努力”。与此同时，当预先不被看好的疗法看上去真的不起作用时，研究人员也就不会付出相应的努力来检验其是否会起作用。研究人员的这种反应可能不是故意的，但在研究中的确存在。这一现象被称为“忠诚效应”（Leykin & DeRubeis，2009）。但是，如果被试和研究人员都是“盲”的，这种个人偏好影响结果的可能性就会小很多。

比较治疗研究

除了对对照组不进行治疗从而对结果进行评价外，有些研究者会比较不同治疗的效果。在这类研究中，研究者对患有某一疾病的两组或多组被试进行不同的治疗，来研究不同治疗方法是否对接受治疗的被试有所影响，以及影响的程度。这种研究被称为**比较治疗研究**（comparative treatment research）。比如在关于睡眠的研究中，我们可以选取两组老年

人，对其中一组提供失眠的药物治疗，而对另一组提供认知行为干预，然后比较两组的结果。

当对两种方法进行比较研究时，治疗过程和治疗结果是两个重要问题，需要加以考虑。过程研究主要关注引起行为改变的机制，或者说试图回答“为什么这种方法会起作用”。很早以前就有一个笑话，说的是一个人向医生索要治疗感冒的神奇方法。这个医生给他开了一些药物，并且告诉他，他的感冒在未来7～10天就可以被治愈。结果就像我们很多人都知道的那样，尽管这些药物并不是神奇药物，但是他的感冒真的在7～10天的时间里变好了。这种新药可能并没有进一步改善患者的感冒症状。药物干预的过程研究包括评估促使改变的生理机制。例如，这种药物是否降低了5-羟色胺水平，并且引起了我们所观察到的变化？在心理干预研究中，我们同样会研究是什么因素导致改变的发生。过程研究之所以重要，有很多原因。第一，如果我们能确定治疗方法中那些起作用的成分，那么我们就能消除不重要的部分，从而节约患者的时间和金钱。例如，关于失眠的研究发现，在治疗中加入放松训练并不会产生多大效果，这就使研究者减少训练量并且将重心放在真正能够改善睡眠的措施上（例如，认知行为疗法）（Harvey，Inglis，& Eapie，2002）。而且，确定干预的重要部分后，我们就能发展出更强大、更有效的新的治疗方案。

结果研究重在确立治疗的结果是正性还是负性（或都有）。换句话说，也就是想知道“这种方法是否有效”。请记住，过程研究主要是研究治疗起作用的原因和方式，而结果研究旨在确定被试经过治疗后出现了什么样的改变。

单一被试实验设计

斯金纳对心理病理学最主要的贡献之一就是对科学方法论进行变革。他提出了**单一被试实验设计**（single-case experimental designs）的概念。这一方法
100 包括在各种实验情境下对个体进行系统研究。斯金纳认为详细了解一个人的行为，要比简略观察一组人，然后得到一个“平均”的反应要好得多。心理病理学关心的是某些具体人群的疾病，该实验设计使我们能够更好地了解某个人的心理病理方面的因素（Barlow，Nock，& Herson，2009）。本书提到的大量研究人员在选择研究方法的时候都使用了斯金纳的方法。

在改进内部效度、减少混淆因素方面，单一被试实验设计使用的很多方法都和个案研究不同。正如你所看到的，这些方法和传统的区组设计相比，也是各有利弊。尽管我们选取治疗研究案例来说明单一被试实验设计，但是它们也能像其他研究方法一样，向我们解释异常行为出现的原因以及治疗方法。

重复测量

单一被试实验设计最主要的方法之一就是**重复测量**（repeated measurement），即一种行为要被测量很多次，而非只做前测和后测。研究人员通过使用同一套量表重复测量某种行为，来了解该行为的变化程度（这种行为每天改变多少？），是否出现了明显的变化趋势（是好转还是恶化？）。假设有一个名叫温迪的年轻女性来到治疗室后说自己饱受焦虑之苦。治疗师让她评估焦虑程度，她给出了一个9分的分数（10代表最糟糕）。经过几个星期的治疗，她给出的分数下降为6。我们能就此说是治疗减少了她的焦虑程度吗？不一定。

假设我们从温迪来到诊室的那个星期开始，每天测量她的焦虑（重复测量），然后发现测量结果的变动很大。在感觉好的时候，她评估她的焦虑值是5到7分，在特别糟糕的日子里，她的焦虑高达8到10分。我们再做进一步的猜测，甚至在治疗后，她每天评估的分值还在5到10之间。在治疗前评定为9和治疗后评定为6可能仅仅是由于她情绪的自

安慰剂效应　行为的改变是源于个体对改变的期待，而非实验处理。

安慰剂对照组　结果研究中的对照组，它虽然没有接受实验处理，但接受的另一处理同样能引发被试对改变的期待，这使得研究者可以评估安慰剂效应。

双盲对照　在结果研究中，为了防止偏差，确保被试和实验者均不知道谁接受治疗，谁接受安慰剂的研究过程。

比较治疗研究　通过比较两种或两种以上治疗方法来决定哪种方法更有效的结果研究方法。

单一被试实验设计　对单一被试操纵自变量的研究策略，该研究设计可以得到因果结论，但结论的推广性有限（与个案研究法相对）。

重复测量　对反应进行两次以上的测量（并非干预前后各测一次），从而评估反应的趋势。

然波动。实际上，温迪在治疗前也有感觉好的时候，分值为 6；治疗后也有糟糕的时候，分值为 9。这可能说明治疗使她更严重了。

重复测量是单一被试实验设计必不可少的部分。它能帮助我们确定个体在干预前后的状态，以及治疗是否有效。图 3-7 概括了温迪的焦虑和通过重复测量所获得的其他资料。上面的图表明她在治疗前后某一时间的焦虑水平。中间的图表明她每天的评估都是变化的，并且也显示了以前的测量有时候容易给人误导。在治疗前后，她都有情绪好的时候，也有情绪糟糕的时候，但总体来讲，改善不明显。

下面的图表明了另一种可能性：温迪的焦虑在治疗前就有下降的趋势。如果治疗前和治疗后各只测量一次，那么这种趋势就不是很明显了。或许她是通过自己的努力使病情得到好转的，而不是治疗的功劳。中间的图显示了每天的焦虑**变异**（variability）情况，这对解释治疗效果很重要，而下面的图则显示了温迪未接受任何治疗时焦虑的变化**趋势**（trend），这对于确定病情改变的原因也是十分重要的。上述三图显示了重复测量的重要部分：（1）不同的干预引起的行为改变的程度或**水平**（level）（上面的图）；（2）行为随着时间而出现的波动情况（中间的图）；（3）改变的趋势或者方向（下面的图）。所以，仅仅是前测和后测不一定就能说明行为变化的原因。

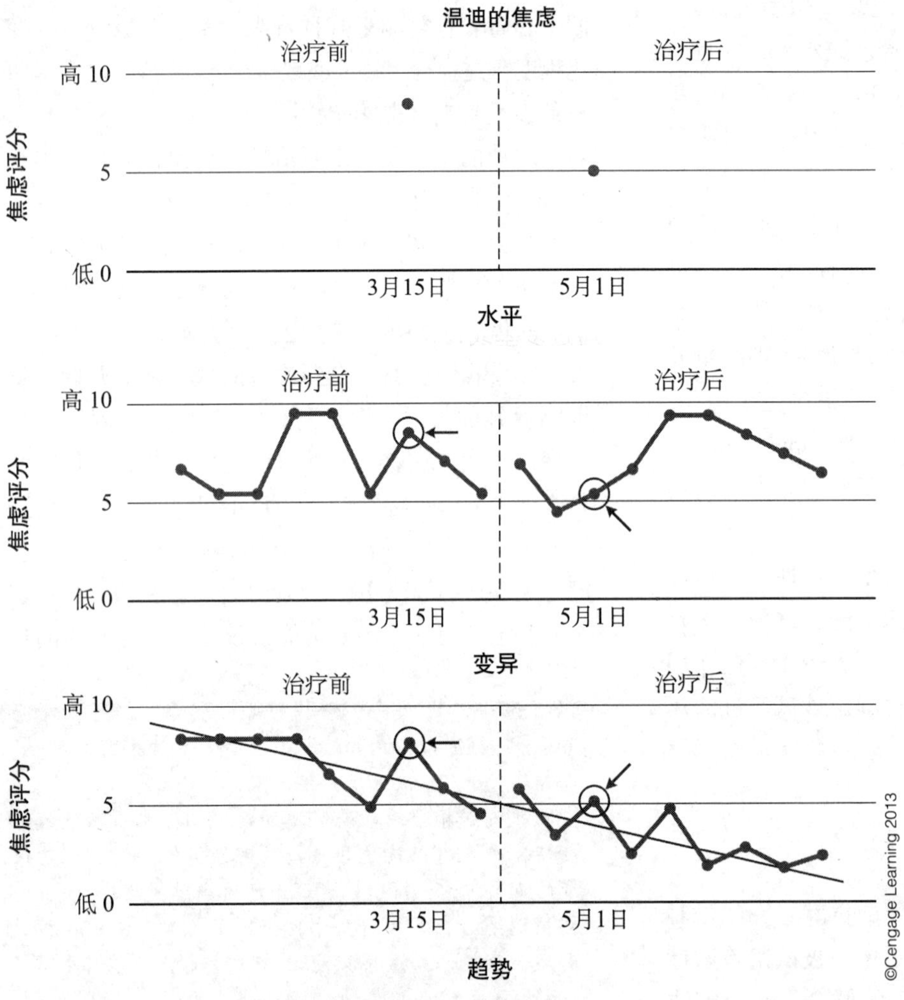

图 3-7 重复测量示例

注：上面的图似乎说明温迪的焦虑水平在治疗后明显下降（测量水平）。然而，当你看到她治疗前后的重复测量结果时，你会发现中间的图显示她治疗前后的焦虑程度几乎没有变化，因为她的焦虑波动很大（测量变异）。当你看到下面的图（测量趋势）显示她的焦虑也是多变时，你又会得出不一样的结论。总的来说，治疗前温迪的焦虑程度就有下降趋势（焦虑得到改善），这说明即便她不寻求治疗，她的焦虑也可能会缓解。对疾病的波动情况和发展趋势进行检查，可以提供更多有关这一改变的真实信息。

消退设计

单个被试研究常用的方法之一是**消退设计**（withdrawal design）。在这种类型的设计中，研究者试图确定自变量是否引起行为的改变。比如在温迪的例子中，我们可以停止治疗一段时间，然后看温迪的焦虑水平是否上升。一个简单的消退设计包含三个部分。首先，治疗前先评估被试的情况，以确定**基线**（baseline），然后改变自变量（在温迪的例子中，即开始提供治疗）。最后，停止治疗（“回到基线”）并评估温迪的焦虑水平是否由于治疗而产生变化。如果在接受治疗的时候，她的焦虑水平要比基线低，停止治疗后病情又出现恶化，那么研究者就可以得出结论说这种治疗方法能缓解温迪的焦虑。

这种设计和个案研究有什么区别呢？重要区别之一是在消退设计中，研究者会专门设计改变治疗以确定该治疗是否引起行为变化。尽管个案研究也经常包括治疗，但是研究者不会去关心如果个案没有接受治疗是否会出现改善。消退设计让研究者能更好地确定治疗本身是否引起行为改变。

尽管有很多优点，但是消退设计有时候并不适合使用。在这类设计中，研究者需要停止使用或许有效的治疗手段，这种做法有可能违反伦理要求。例如，在温迪的研究中，研究者不得不考虑是否有足够的理由去冒让温迪再次出现焦虑的风险。当不能去除治疗的时候，消退设计也是不合适的。试想一下，治疗需要让温迪想象自己站在一个热带岛屿的海边。即使这可以做到，我们也不能阻止她想象其他事情。同样，如果治疗措施是教被试一些技能的话，这种措施也是不能消退的。如果研究者教温迪一些方法以减轻在某些社会情境中的焦虑水平，那么我们又如何才能让温迪退回到以前的焦虑水平呢?

但是有些反面的论据也支持使用消退设计（Barlow et al.，2009）。在药物治疗的时候，通常这些治疗在某个时间段都会被停止。“停药期”指
101 的是医生对某患者停止用药的时期，治疗师通过这种方式来确定药物是否有效。任何药物都有不良反应，所以没有必要使用的药物就应该尽量避免使用。有些时候在自然情况下也会出现停止治疗的情况。停止治疗的时期不是任何时候都需要很长时间，有时候很短的一个消退期就可以确定这种治疗的疗效。

多基线研究

另一种在单一被试实验设计中经常被使用的方法是**多基线设计**（multiple baseline design），它避免了消退设计的弊端。这种研究不需要停止治疗以确定治疗是否有效，而是在不同的时间里，针对不同的环境（在家里或者在学校）、不同的行为（对着配偶或老板大喊）或者不同的人提供治疗。再回到温迪的例子中，对温迪在家里和在办公室里重复测量其焦虑水平（基线）后，治疗师可以首先在她家里对她进行治疗。当治疗开始出现效果的时候，治疗师就可以在温迪的工作场所对她进行治疗。如果她在开始接受工作场所治疗时，只是在家里出现焦虑缓解，但是在接受工作场所治疗后，她在公共场所的焦虑水平也出现缓解，那么我们就可以得出结论说这种治疗是有效的。这就是在不同的环境中使用多基线研究的一个例子。

假设有个研究者想研究某种治疗对儿童问题行为的疗效如何。治疗可以先针对他的哭闹行为，然后再针对第二个问题，如他和同伴打架这一行为。如果在治疗前期只有他的哭闹行为得到了改善，而在治疗后期他的打架行为也出现了好转的话，研究者就可以确定：正是这种治疗使得儿童的问题得到改善，而不是其他因素。这是针对不同行为进行多基线研究的一个例子。

有些人批评单一被试实验设计，认为这种研究被试较少，因而不能保证具有良好的外部效度。换句话说，我们不能将少数几个人的情况推广到每一个人身上。但是，尽管这些研究被叫作“单一个案设计”，但是研究者可以将这种方法同时应用于多个被试，他们也经常这么做，为的就是提高外部效度。最近，我们做了一个研究，目的是了解某种治疗对孤独症患儿严重的行为问题是否有效（Durand，1999）（图 3-8）。我们通过一种“功能性交流训练 102
”的方式教育孩子用沟通的方式代替不合适的行为。通过多基线设计，我们将这种方法应用于一个由 5 名儿童组成的组。我们将因变量设定为儿童行为问题的发生率和他们学习交流技能的情况。如图 3-8 所示，只有在我们对他们开始治疗后，他们的行为问题才有了改善，并开始使用交流技能。通过这种设计，我们就可以排除巧合的可能性，也可以排除其他生活中的改变对于结果改善带来的影响。

在评估治疗中，多基线设计的优点之一是它不需要

变异 随着时间的推移，某现象发生变化的程度。

趋势 行为改变的方向（例如，增加或下降）。

水平 不同干预方法引起行为发生变化的程度（如高或低）。

消退设计 通过停止实验处理来判定实验处理是否有效的研究方法。在单一被试实验设计中，研究者首先测量行为（基线），设定自变量（干预），然后移除自变量。因为行为是可以继续被测量的（重复测量），所以干预的任何效果也可以被发现。

基线 在实施干预前测量到的用以比较和评估干预效果的行为的发生率。

多基线设计 测量两种或两种以上的行为，或在两种或两种以上情境中测量某个单一行为的单一被试实验设计。在不同时间实施某种干预，如果每次干预后均出现了行为改变，那么这就有力说明了是干预引起了改变。

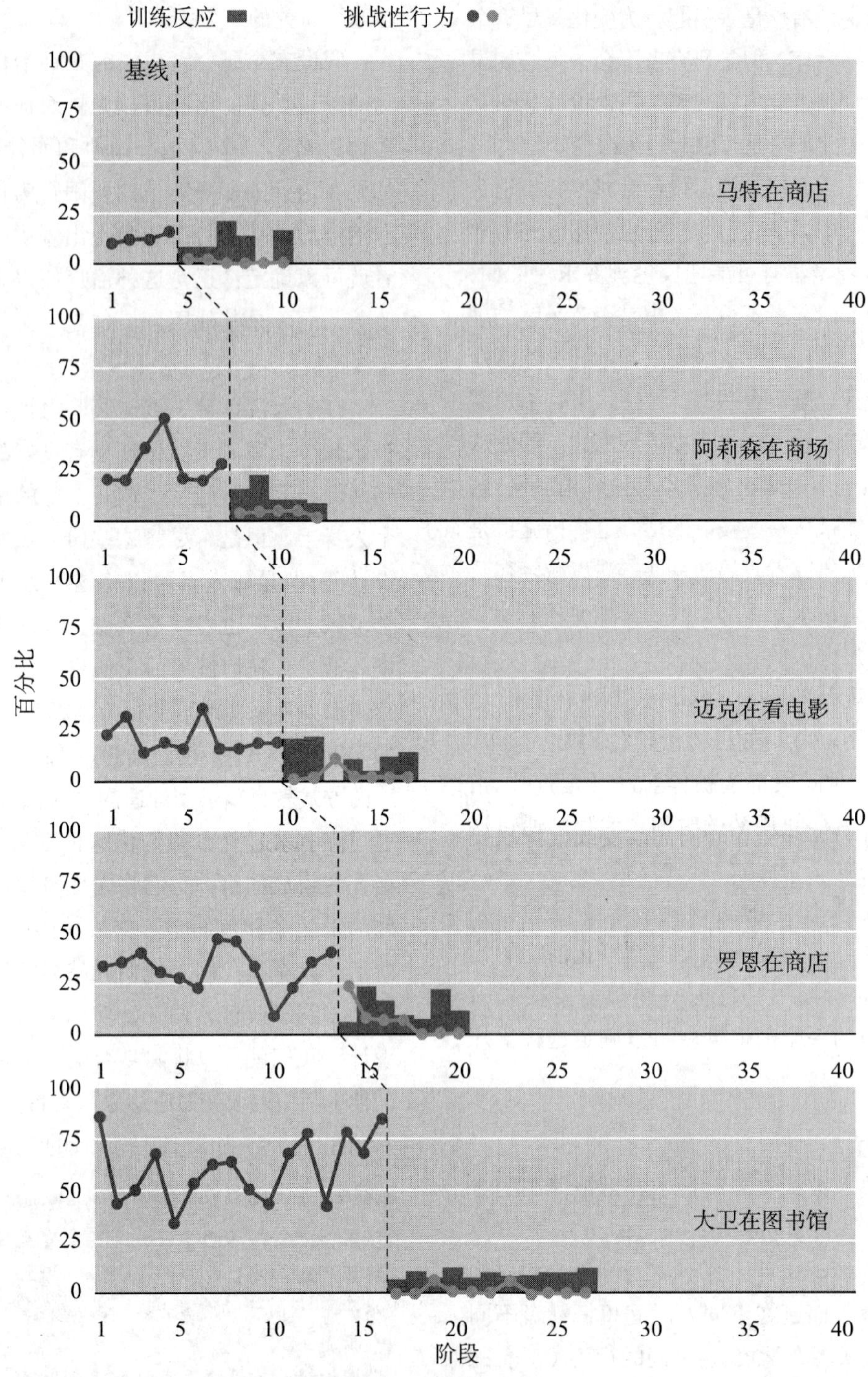

图 3–8　多基线设计示例

注：此图显示了多基线设计是如何用来证明“功能性交流训练”在改进儿童行为方面的作用的。圆点代表的是儿童出现问题行为（即挑战性行为）的频率，而阴影部分代表儿童在没有老师帮助的情况下进行交流的频率（被称为自发的交流）。

资料来源：From Durand, V. M., 1999. Functional communication training using assistive devices: recruiting natural communities of reinforcement, *Journal of Applied Behavior Analysis, 32*(3), 247–267. Reprinted by permission of the Society for the Experimental Analysis of Human Behavior.

在研究过程中停止治疗。我们已经了解到，有时候停止
103 治疗是很难实现的，甚至是不可能实现的。更重要的是，多基线设计和实际的治疗过程很类似。一个医生不可能同时解决一个患者的许多问题，但是他可以对患者的相关行为进行重复测量，并观察这些行为何时发生变化。如果医生观察到，随着在不同时间、不同地点对患者进行治疗，患者出现了事先期望的相应变化，那么他就可以肯定地说是这种治疗引起了这种改变。

概念自测 3.4

为了检查你对于研究方法的理解，挑选出你认为最合适的方法应用于下列情境：（a）个案研究；（b）相关；（c）随机临床试验；（d）流行病学；（e）实验；（f）单一被试实验设计。

1. 研究者通过多次调整噪声水平来观察噪声水平如何影响一组人的注意力。________
2. 研究者随机将被试分配到两个治疗组中，并使用公开的科学实验计划书来确保实验的一致性。________
3. 研究者想要验证以下假设：青少年在青春期后喜欢听更大声的音乐。________
4. 有一个妇女和文明隔绝并创造了她自己的语言。研究者想要对她进行研究。________
5. 研究者想要知道不同种类的音乐对于一个从未说过话的5岁儿童会产生什么样的影响。________

遗传学研究和行为的跨时间、跨文化研究

- 如何研究遗传和环境的相互作用？
- 为什么要进行行为的跨时间、跨文化研究？

追溯个体行为问题或障碍的原因并选择治疗方式，需要我们综合考虑多种因素，这样才能使我们能够预测各种可能的结果。我们需要考虑的内容包括遗传因素、行为如何随着时间而改变或维持以及文化的影响。

遗传学研究

我们倾向于认为遗传学涉及从父母那儿遗传了什么东西："他遗传了他妈妈的眼睛！""她长得跟她爸爸一样瘦。""她像她妈妈一样固执。"这些有关我们如何成了我们自己的观念说明了我们的看法、思想、感受和行为都是事先就已经确定了的。但是，我们现在知道，遗传构成和生活经历综合作用，才决定了我们成长的轨迹。行为遗传学家（研究行为的遗传学因素的人）的目标就是找出遗传在这一相互作用中所扮演的角色。

遗传学研究者研究两方面的内容：表现型和基因型。**表现型**（phenotypes）指的是可以被观察到的特质或个体行为，而**基因型**（genotypes）指个体独特的遗传构成。比如唐氏综合征患者通常会有一定程度的精神发育迟滞，以及斜眼、厚舌等躯体特征。这些特征都是表现型。而基因型则是指导致此病的第 21 号染色体。

从 1990 年开始，世界各地的科学家同心协力，实施了**人类基因组计划**（human genome project，基因组的意思是机体的所有基因）。运用分子生物学的最新成果，此项工程的科学家已经绘制出了约 25 000 个人类基因的草图。通过这项工作，科学家已经确定了数百个导致遗传疾病的基因。这些令人振奋的发现表明人类在解密遗传特性和了解这些特性对心理障碍的作用方面，取得了巨大的成就。

科学家通常会使用五种常用的方法来研究环境和基因对心理障碍的交互作用。这五种方法是：家系研究、寄养子研究、双生子研究、基因连锁分析和关联研究。下面我们对这五种方法做简要介绍。

家系研究　104

在**家系研究**（family studies）中，科学家从家庭背景的角度研究行为模式或情绪特点。拥有某种特质并进入研究者视野的家庭成员被称为**先证者**（proband）。如果某种特质源于基因，那么直系亲属（父母、兄弟姐妹，或子女）应该比其他近亲或远亲更容易拥有这种特质。同样，这种特质在远亲身上出现的可能性也要比其他人群大。在第 1 章中我们介绍了朱迪。她是一个患有血液－伤口－注射恐惧症的女孩，看到血就会昏过去。这种疾病倾向于在

表现型　个体被观察到的特质或行为。
基因型　个体独特的遗传构成。
人类基因组计划　正在进行的绘制所有人类基因综合图的科学计划。
家系研究　考察亲属中特质和行为模式的遗传学研究。
先证者　在遗传学研究中，表现出研究所关注的特质或特征的个体。

家族中传递，家族聚集性高达 60%，即该病患者的直系亲属中有 60% 的人可能会有一定程度的恐惧。

家系研究的问题在于家庭成员通常都生活在一起，有可能是因为他们共同生活的环境导致了高家族聚集性。比如一位母亲年轻的时候经历了一次严重的事故因而对血产生了强烈的反应。每次她见到血就会有很强烈的情绪反应。由于情绪是会相互感染的，孩子看到母亲出现这种情况，可能也会出现类似反应。当他们成年以后，他们可能进而将这种现象传递给他们的孩子。

寄养子研究

我们如何将家庭环境的影响和遗传因素分离开呢？一种方法是采用**寄养子研究**（adoption studies）。科学家先找到具有某一行为模式或心理疾病的被他人收养的人，然后再寻找他的在不同环境中长大的直系亲属。比如科学家了解到有一个年轻人患有某种疾病，而且他的哥哥在小的时候被他人收养，从而在不同的家庭环境中长大。科学家就会对他哥哥进行研究，以确定他是否也出现同样的症状。经过艰苦的工作，科学家通常都能够找到足够多的相互匹配的人，进而评估生活于不同家庭背景的其他兄弟姐妹是否也患有同样的疾病。如果生活于不同背景的同胞患有同一疾病的概率要比随机的高，那么研究者就可以断定遗传因素对这一疾病是有影响的。

双生子研究

自然赋予了行为遗传学家们极好的实验素材，使他们能最大限度地研究基因在个体发展中的作用，这就是同卵双生子（Johnson，Turkheimer，Gottesmann，& Bouchard Jr.，2009）。同卵双生子不仅长相相似，而且具有相同的基因。而异卵双生子来自不同的卵子，所以他们和直系亲属一样，只有一半基因是相同的。在**双生子研究**（twin studies）中，明显的科学问题是：同卵双生子是否比异卵双生子更具有相同特质（如看到血就会晕）。判定是否具有相同的心理特质与是否具有相同的生理特质（如身高）一样容易。普洛明（Plomin，1990）指出，异卵双生子或直系亲属之间在身高上的相关是 0.45，而同卵双生子之间的相关高达 0.9。这些发现表明，身高的遗传率接近于 90%，因此还有 10% 的变异是环境因素所致。但是同卵双生子也会有两种不同的性格这一事实提醒我们，90% 这一估计值是平均结果。双生子中的一方如果受到身体上的虐待，或者缺少生长所需的食物，那么他的身高可能就和另一方相差较大。

迈克尔·莱昂斯（Michael Lyons）和他的同事（1995）对参加过越战的双生子的反社会行为进行了研究。研究的被试包括 8 000 名于 1965—1975 年服役的双生男子。研究者发现同卵双生子要比异卵双生子出现更相似的反社会行为。与青少年的反社会行为相比，这种差异在成人中更加明显。即在成年期，同卵双生子行为的相似性比异卵双生子行为的相似性高，也就是说未成年的同卵双生子和异卵双生子在童年期比在成年后更为相似。研究者由此得出结论：在青少年的反社会行为上，家庭环境的影响要比遗传因素大；而成人的反社会行为更多地受到遗传因素的影响。换句话说，当个体长大成人离开原来的家庭环境后，早期环境的影响就会越来越小。

但是这种遗传学研究方式并不是完美无缺的。你可以说同卵双生子拥有相同的基因结构，而异卵双生子没有。然而，很多人也怀疑同卵双生子的环境或者经历的相似程度是否和异卵双生子相同。有些同卵双生子穿相似的衣服，甚至起相似的名字。双生子之间的行为是相互影响的。在有些情况下，同卵双生子之间的影响要比异卵双生子大（Johnson et al.，2009）。解决这个问题的方法之一是把寄养子研究和双生子研究结合起来。如果你能找到一对同卵双生子，其中一个在婴儿时期就被他人领养，你就可以估计基因和环境因素在行为模式发展中的各自作用了。

基因连锁分析和关联研究

家系、双生子和寄养子的一系列研究结果都表明，某种障碍有相应的遗传成分，但是这些方法都不能告诉我们相应的基因或基因组的位置。有两种方法可以找到缺陷基因：基因连锁分析和关联研究（Fears，Mathews，& Freumer，2009）。

基因连锁分析（genetic linkage analysis）的基本原则很简单。研究一种家庭疾病的时候，还同时对其他的遗传特征进行评估。之所以选择这些遗传特征（被称为**基因标记**，genetic markers），是因为我们知道它们的确切位置。如果在疾病的遗传和标记的遗传之间发现某种相似或关联，这种障碍的基

gisele/iStockphoto

尽管家庭成员之间看起来很像，但是基因对我们的影响远不止我们从父母那遗传而来的那些。

因成分可能和遗传标记在同一个染色体上处于比较
105 接近的位置。例如，有研究者对一个阿米什大家族进行了双相障碍（躁郁症）的研究（Egeland et al.，1987）。研究者发现，位于 11 号染色体上的两个标记物——胰岛素基因和一个已知的癌症基因——和这个家族中的心境障碍的出现存在联系。这个结果说明，双相障碍的致病基因可能位于 11 号染色体上。但不幸的是，尽管这是一个基因连锁研究，但它同样有可能得到不成熟的结论。这个连锁研究和另一个声称发现了双相障碍和 X 染色体之间联系的研究（Biron et al.，1987）都尚未得到他人的验证。也就是说，其他研究者并没有在其他家系研究中发现类似联系（Craddock & Jones，2001）。

将基因进行定位的第二种方法是**关联研究**（association studies），这种方法也要使用遗传标记。与连锁研究对某类疾病患者的遗传标记进行比较不同的是，关联研究则是将患有此种疾病的人和没有患此种疾病的人进行比较。如果在患有该疾病的人群中，某遗传标记出现得更频繁，就可能说明这种标记和该疾病的致病基因位置接近。因此，这种比较使得关联研究能更好地识别与某种障碍仅存在微弱关系的基因。这两种对基因进行定位的方法都有助于人们了解疾病的起因，并可能促进新的治疗方法的问世（Fears et al.，2009）。

行为的跨时间研究

有时候我们会问："疾病或行为模式如何随着时间而发生改变（或维持不变）？"这一问题是非常重要的。首先，这个问题的答案决定了我们是否需要对患者进行治疗。例如：一个因为失去祖父母而抑郁的年轻人，是否需要花费大量金钱和时间去接受治疗？如果你知道在正常的社会支持的作用下，这种抑郁状态在接下来的几个月中会自行缓解，你就不会让他接受治疗。相反，如果你有理由相信某个问题不会自行缓解的话，你可能就会决定对患者进行治疗。比如，我们稍后将了解到：儿童的攻击行为不会自行消失，所以应该尽早治疗。

了解异常行为的发展变化也是十分重要的，因为有时候它能帮助我们了解问题是如何发生和恶化的。比如，有研究者通过某些新生儿的兄弟姐妹患有孤独症从而来判定该新生儿有患孤独症的危险，并对他们的整个婴儿期进行追踪，最终发现有些婴儿真的患上了孤独症。这种研究类型说明，这种疾病产生的模式和家长对于情况的报告截然不同（家长们倾向于记得孩子的行为在什么时候开始产生巨大的变化，然而事实上，变化是逐渐发生的）（Rogers，2009）。

预防研究

我们对临床问题进行跨时间研究的另一个原因是：我们或许可以借此找到干预方法来阻止这些问题的发生。显而易见，如果能事先预防精神疾病，我们就能减少无数家庭的精神痛苦，并为他们节省大量的医药开支。预防研究在这些年发展出了一系列的方法。这些不同的方法可以分为四大类：积极发展策略（健康促进）、普遍的预防策

寄养子研究　对在不同家庭和环境中抚养的直系亲属进行的遗传学研究。如果他们有共同的特征（如患有同一种障碍），那么就能说明这些特征存在遗传成分。

双生子研究　将双生子与无血缘关系或血缘关系不亲密的个体进行比较的遗传学研究。如果双生子（尤其是有相同基因的同卵双生子）即便在不同的环境中抚养，也存在共同的特征（如患有某种障碍），那么这便强有力地说明遗传因素参与这些特征的形成。

基因连锁分析　试图将某障碍的遗传模式与某基因标记的遗传模式相匹配的研究方法。这有助于研究者确定与某障碍有关的基因的位置。

基因标记　在染色体上位置已知的基因的遗传特征。

关联研究　将患有某障碍的一组人的遗传标记与另一组不患有该障碍的人的遗传标记进行比较的研究策略。

略、选择性预防策略和指导性预防策略（Daniels，Adams，Carroll，& Beinecke，2009）。健康促进或积极发展策略适用于所有人（即使是那些没有患病
106 危险的人），它帮助预防疾病和促进积极行为。例如，西雅图社会发展项目关注西雅图学校系统中位于高犯罪区域的公立小学的低年级儿童，该项目通过对老师和家长提供干预来促进儿童的学习和积极行为。尽管这种方法不针对某个特定的问题（比如说吸毒），但是对这些儿童的长期跟进表明，他们的积极行为增加了，而消极行为减少了（Bailey，2009；Lonczak，Abbott，Hawkins，Kosterman，& Catalano，2002）。普遍的预防策略关注整个群体和某个特定的危险因素（例如整个班级内部的行为问题），而不关注某个特定的个体。第三种方法是预防干预即选择性干预，它针对处于危险中的整个群体（如失去双亲的儿童），并设计特定的干预措施来帮助他们避免将来的问题。最后一种是指导性预防策略，它针对有某种问题倾向（如抑郁症状）但还没有达到精神障碍诊断标准的个体。

为了评估这些方法的效能，在预防研究中，对心理病理学进行跨时间研究的方法包括相关设计和实验设计，并结合了个体研究和组群研究的方法。接下来我们将介绍两种使用最频繁的方法：横断设计和纵向设计。

各种相关研究都是对不同年龄的人进行比较。在**横断设计**（cross sectional design）中，研究者在不同年龄组的人群中选取一部分被试，然后对他们的一些特征进行比较。例如，如果想了解酒精滥用和酒精依赖的变化情况，研究者可能选取年龄分别为12岁、15岁和17岁的青少年，评估他们对酒精饮用的看法。在早期比较中，布朗和芬恩（Brown & Finn，1982）获得了很多有意义的发现。他们发现在12岁的青少年中，有36%的人认为喝酒的主要目的是喝醉，这一比例在15岁的被试中上升至64%，但在17岁的人群中又下降到42%。研究者还发现，在12岁的人群中，28%的人报告说他们偶尔会和朋友一起喝酒，而在15岁的被试中，比例上升到80%，而17岁的人群中这一比例达到88%。布朗和芬恩根据这些资料提出一个假设：导致青少年饮酒过度的原因是他们故意想喝醉，而不是在酒精作用下的判断失误。

在横断设计中，每个年龄段的被试被称为一个**队列**（cohorts）；在布朗和芬恩的研究中有三个队列：12岁组、15岁组和17岁组。每个队列的成员都同龄，因而应该有相似的经历。而且，不同队列的成员在年龄和文化、历史背景上应该都是不同的。在20世纪80年代初，12岁组的被试应该已经接受了大量关于药物和酒精使用的教育（拒绝酒精），而17岁组的被试可能就没有这样的经历。不同队列对酒精使用的看法存在差异，这种差异可能与不同年龄阶段的认知发展和情绪发展有关，也可能与他们不同的经历有关。**队列效应**（cohort effect），即不同年龄和不同经历的作用相互混淆，是横断设计的局限所在。

对随着时间而发生的改变进行研究时，研究者更喜欢使用横断设计而不是纵向设计（稍后将对此进行介绍），这是因为横断设计实施起来更容易。而且，有些现象受文化和历史背景的影响较小，因而出现队列效应的可能性也较小。比如，阿尔茨海默病在60～70岁的人群中的患病率受生物因素影响较大，较少受到被试不同经历的影响。

但是横断设计的一大缺点是它不能告诉我们个体的疾病是如何发展的。比如一个不肯上学的孩子长大以后会有焦虑障碍吗？研究者不能简单地比较患有焦虑障碍的成人和不肯上学的儿童就可以回答这一问题。他可以问这些成人他们小时候是否对学校产生焦虑，但是这些**回溯性信息**（retrospective information，往后看）通常不是很精确。为了更好地描绘出个体如何随着时间而发展的轨迹，研究人员需要使用纵向设计来达到这一目的。

纵向设计（longitudinal designs）不是对不同年龄组的人群进行研究，而是长期跟踪某一组人群，并直接评估他们的变化情况。纵向设计的优点在于它不受队列效应的影响，并且研究者可以通过它来评估个体的变化（图3-9对纵向设计和横向设计进行了描述）。例如，澳大利亚的研究者对存在抑郁症状的青少年进行了纵向研究（Sheffield et al.，2006）。他们比较了不同的预防策略（包括普遍的预防策略和指导性预防策略）以评估向存在轻微抑郁的青少年传授问题解决技巧能否阻止抑郁加重。他们对来自34所学校的2 479名九年级学生进行了为期12个月的追踪。令人惊讶的是，研究发现相对于不干预，干预没有产生显著的影响。尽管这些结果令人沮丧，但是他们指出，当要评估治疗的持续作

©Bill Eppridge/Time & Life Pictures/Getty Images

©Exactostock/SuperStock

纵向研究会因隔代效应而变得复杂。例如，20 世纪 60 年代的年轻人的经历与如今年轻人的经历是不同的。

用时，纵向设计是有价值的。

想象我们在进行一个纵向研究。在这个研究中，不仅研究者需要坚持几个月甚至几年的时间，被试也必须这样。他们必须愿意继续参加这个项目，而且最好不要搬家或者死亡。纵向研究是一项需要耗费很多时间和金钱的研究。而且当研究结束的时候，研究问题可能已经变得不合时宜了。最后，纵向设计可能会遇到和横断设计的队列效应相类似的问题。

纵向设计

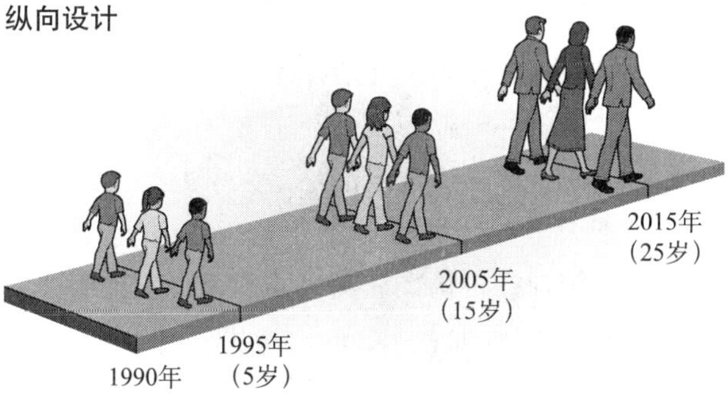

对同一批人进行跟踪研究

横断设计

在同一时间对不同年龄段的人进行研究

©Cengage Learning 2013

图 3–9　两种研究设计

隔代效应（crossgenerational effect）涉及将研究结果应用于与被试有着不同经历的个体身上时可能会 107
出现的问题。比如 20 世纪 60 年代到 70 年代出生的人和 90 年代出生的人相比，用药史肯定会有相当大的不同。

有时候心理病理学家会将横断设计和纵向设计结合使用，这种研究策略被称为**序列设计**（sequential design），是指在一段时间内对不同队列的人进行重复研究。劳丽·沙桑（Lauri Chassin）及其同事研究了儿童对吸烟的看法（Chassin, Presson, Rose, & Sherman, 2001）。研究人员从 20 世纪 80 年代早期开始选取了 10 组初中和高中学生（横断设计）进行跟踪研究（纵向设计）。从他们年轻时候开始一直到他们 30 多岁，研究者使用问卷跟踪研究了他们看待吸烟对健康存在哪些危害的看法。研究结果表明，初中生（年龄为 11 ～ 14 岁）认为吸烟对他们的危害很小，并相信吸烟会给

横断设计　通过对不同年龄段的个体进行比较来研究某种特征的研究方法（与纵向设计相对）。

队列　横断设计中，各年龄组中的被试。

队列效应　观察到不同年龄组的人在价值观和经历上存在不同。

回溯性信息　字面上的意思涉及“往后看”，即通过检查过去的记录而收集到的数据或对过去的回忆。它的精确性和有效性是有限的。

纵向设计　对同一个或同一组被试在一段时间内的变化进行系统研究的研究方法（与横断设计相对）。

隔代效应　由于纵向研究中的被试在文化和经历方面与其他人群不同，导致研究结果的概括性有限。

序列设计　结合使用横断设计和纵向设计的研究方法，如在一段时间内对不同队列进行重复研究。

©Paul Springett/Alamy

同样的行为——妇女光着腿，露出头——在一些文化中是可以被接受的，而在另一些文化中却是不被接受的。

他们带来积极的心理获益（例如使他们看上去更成熟）。当他们上高中和进入成年期后，这些看法发生了改变，进而研究者指出对初中生实施预防吸烟项目的重要性（Chassin et al.，2005；Chassin et al.，2001）。

行为的跨文化研究

马来西亚人大多相信心理疾病的发生有着超自然的原因。这里的研究人员描述了一种被他们称为“sakit gila”的疾病，这种疾病有着精神分裂症的一些特征，但在许多重要方面又和精神分裂症不
108 同（Barrett et al.，2005）。通过比较这两种疾病和这两种疾病的文化环境，能加深我们对精神分裂症和“sakit gila”的认识吗？随着对研究中文化视角局限性认识的增加，心理病理学的跨文化研究也相应地建立起来了。

我们所描述的这些方法被用在异常行为的跨文化研究上。有些研究者将不同文化的影响视为不同的治疗（Hobfoll，Canetti-Nisim，& Johnson，2006）。换句话说，研究的自变量是不同文化对行为的影响，而不是诸如认知疗法和简单暴露对害怕的不同影响。但是，将文化视为治疗手段和传统设计之间的差异非常重要。在跨文化研究中，我们不能随机地把婴儿放置于不同的文化背景下，然后观察他们的成长情况。来自不同文化的人可以在任何重要方面都存在不同，例如遗传背景也可以被用来解释他们行为上的差异，这时就不只是文化上面的原因了。不同文化的特点可能会使我们的研究复杂化。不同社会背景下，疾病的症状以及对这些症状的描述可以有相当大的差别（Gaw，2008；Marsella & Kaplan，2002）。在尼日利亚，抑郁症患者会抱怨说头发沉或发热，头部或腿部有虫爬行的感觉，身体有烧灼感，感觉腹部充满了水（Ebigno，1982）。而美国人则会报告说感到价值感缺失，不能开始做某事或者不能完成某事，对日常活动丧失兴趣甚至有自杀的念头。而中国人却较少报告说感到抑郁，或对喜欢的事情缺乏兴趣，但可能会报告有自杀的想法或无价值感（Phillips et al.，2007）。这几个例子说明了在不同文化中使用抑郁的标准化定义会得到相当不同的结果。

另一个使情况复杂化的因素是异常行为的容忍度或者阈限是经常变动的。如果同一种行为在不同文化下的人看来是不同的，那么研究者就很难对发生率和患病率进行比较了。兰伯特（Lambert）和他的同事（1992）发现，牙买加的父母和老师报告的儿童的异常行为要比美国的少很多。这是由儿童本身的生理或者环境差异所致，还是由不同社会的容忍度不同所致，或者是这两者综合作用的结果呢？这里我们有必要了解不同文化的态度和习惯（Kohn，Wintrob，& Alarcon，2009）。

最后，文化差异也使治疗研究变得更复杂。不同文化发展出的治疗模式反映了该文化自身的价值观。在日本，精神病住院治疗是以家庭的模式进行的，护理人员担当父母亲的角色。在19世纪，家庭模式的精神病机构在北美也非常流行，直至被今天的医疗模式所取代（Colp，2009）。在沙特阿拉伯，妇女外出要戴上面纱，这就使得她们不能在治疗师面前露出她们的脸，因此，治疗师和来访者在建立信任和紧密的治疗关系时就存在一定的困难（Dubovsky，1983）。按照伊斯兰教的观点，医学和宗教是密不可分的，医学治疗和宗教治疗是联系在一起的（Baasher，2001）。你可以看到，比较不同方法的疗效等基本的研究在跨文化的背景下都变得非常复杂。

研究项目的作用

正如我们现在所做的，当我们单独评价不同研究策略的时候，我们通常会认为一些方法比另一些方法好。但事实并非如此，了解到这一点很重要。

根据研究的问题类型和实际条件的限制，任何方法都有其合理之处。一些重要问题不是单独依靠某种好的方法就能得到解决的，而是需要一系列研究，每个研究针对问题的某个方面。这一系列研究组成一个研究项目。下面我们通过介绍本书作者的一项研究来说明复杂的问题是怎样由一系列不同的研究设计来解答的。

本书作者之一杜兰德（Durand）研究过为什么孤独症儿童会表现出诸如自残（击打自己）或者攻击之类的非理性行为。我们希望可以通过了解这些
109 行为发生的原因来增加有效治疗他们的机会。在早期的研究中，我们采用单一被试设计（消退设计），研究成人的关注和逃离令儿童不愉快的教育任务对这些问题行为的影响（Carr & Durand，1985）。我们发现一些孩子在被成人忽视或者不能完成学校里较难的作业时，会更多地击打自己，此时这些扭曲的行为可以被理解为一种低发展水平的表达方式，例如，“请到我这里来”或者“这太难了”。这促使我们去思考：如果我们教这些儿童用更合适的方式去表达会发生什么样的改变呢（Durand，1990）？后来的一系列研究（使用的也是单一被试设计）表明，教给这些儿童通过适合的方式获取他人的关注或者帮助确实会显著减少这些较为激烈的行为（例如，Durand & Carr，1992）。通过提高交流技能来减少错误行为的发生，从而使得那些曾经经历严重行为问题的人的生活得到改善，这种治疗方式（被称为功能性交流训练）的价值在近几十年的研究中得到了证实（Durand，2011）。

在这个领域，研究者面临的一个问题是：为什么一些儿童形成了更为严重的行为问题而其他儿童则没有？为了回答这个问题，我们对 100 名孤独症儿童进行了一项为期 3 年的前瞻性纵向研究（Durand，2001），以确定是哪些可能的因素会致使严重行为问题的出现。我们分别在儿童 3 岁和 6 岁时对他们进行了研究，以此来确定哪些与儿童或家庭有关的因素会导致更严重的行为问题。我们发现了下面两个最重要的影响因素：（1）父母对自己帮助子女的能力是否感到悲观；（2）父母对子女改变自己的能力是否感到怀疑。这些父母会“放弃”并允许他们的子女决定家中的许多规范（例如，允许他们在卧室吃晚餐或者不出去看电影，因为这些都会导致他们发脾气）（Durand，2001）。

这个重要的发现又引起了接下来一个问题：我们能让消极的父母变得更积极吗？这能阻止其子女形成更严重的行为问题吗？为了回答这个问题，我们通过一项随机临床试验来确定增加认知行为干预（在后面有关个人障碍的章节里会更为详细地描述）是否能让消极的父母变得更为积极。我们想去教这些父母去检查自己的悲观想法（“我已经对我的孩子失去控制了。”“我的孩子得了孤独症，已经不能变好了。”），并用对世界更有希望的观点来取代这些悲观的想法（“我可以帮助我的孩子。”“我的孩子可以改善他们自己的行为。”）。我们假设这种认知干预有助于他们实行我们提供的教养计划（包括功能性交流训练），进而改善我们行为干预的结果。我们随机安排那些有一个孩子有严重行为问题的悲观父母要么被教如何和孩子一起完成任务，要么在使用以上相同策略的同时还帮助他们分析自己的悲观想法，让他们用一种更为积极的方式看待自己和他们的孩子。治疗被正式地应用，我们通过使用科学实验计划书来确保每个被试都能接受预先设计好的治疗方案（Durand & Hieneman，2008）。我们发现认知行为干预正如预期的那样，可以让父母变得积极并改善儿童的行为问题（Durand，Hieneman，Clarke，& Zona，2009）。

正如这个例子显示的那样，研究具有阶段性，只有从不同的角度去思考，我们才能完整地描述任何一个障碍和治疗方式。一个综合的研究计划可以帮助研究者探索异常心理学的各个方面。

可重复性

大部分科学家，特别是行为科学家，不会轻信某些事物的真实性。重复研究可以使研究者更自信地认为，他们的发现并非偶然。

一个好的研究项目能够通过不同方法重复得到同一结果，因而使结果更可信。你仔细回顾一下我们已经介绍过的研究方法，你就会发现可重复性对于每一种方法来说都是最重要的方面之一。研究者重复同一实验的次数越多，并且都得到了预期的行为改变，那么他们就越能肯定引起这些改变的原因是什么。

研究的伦理问题

最后我们想讨论的一个重要问题是异常心理学研究中的伦理问题。假如医生为了满足实验设计的需要而推迟对患者进行治疗，那么这一行为的合理性会受到很多人的质疑。在单一被试实验设计的消退设计中，有一段时间需要停止治疗。在区组实验设计中，对对照组也只使用安慰剂而不提供治疗。那么，我们什么时候才可以设置安慰剂对照组呢？随着《赫尔辛基宣言》的不断完善，世界各国的研究者对这个问题的认识日益深入（Roberts，Hoop，& Dunn，2008）。但是研究者要面对的一个基本问题就是：什么时候科学家对研究的内部效度的兴趣要比患者的治疗权利更重要？

要解决这个问题，其中一种方法就是使用**知情同意**（informed consent）——参加者在完全了解研究的性质和他在研究中的角色后正式同意参加本研
110 究（Lubit，2009）。在那些需要延迟治疗或撤销治疗的研究中，研究者需要告诉参加者这么做的原因、风险和获益，并需要得到参加者的同意后才能进行研究。在安慰剂对照组的研究中，研究者需要告知参加者他们在实验中有可能不会得到有效治疗（所有的参加者都不知道他们会被分在哪一组），但是在实验结束后，研究者需要重新给他们一个接受治疗的机会，让他们自己选择是否接受治疗。

知情同意有时候很难把握。知情同意的基本要素包括能力、自愿、完全知情和对被试的理解（Bankert & Madur，2006）。换句话说，参加者必须自己有能力做出同意参加实验的决定，必须是自愿的而不是受别人威胁的，必须在做决定前了解所有需要的信息，必须知道他们在实验中需要做的事情。有些时候，这些要求很难一一满足。比如儿童在通常情况下就不能完全了解研究过程中发生的事情。同样，有认知损害的患者如精神发育迟滞或精神分裂症患者可能也不能理解他们参加实验时的角色和权利。即使是在由机构组织的实验中，参加者也必须是完全自愿的。

有一些基本的保护措施可以确保这些问题得到很好的解决。首先，在大学或者医院中进行的研究需要得到机构审查委员会（IRB）的同意（Lubit，2009）。这些委员会的成员部分是大学教师，部分是社区中的其他人员。他们的工作就是保证参加者的权利得到维护。这些委员会的设置使得研究者以外的人也能了解研究程序，从而判断参加者的利益和尊严是否得到了足够的保护。

为了保护实验参加者的权利，明确研究者的责任，美国心理学会出版了《心理学工作者的伦理原则和道德准则》，其中包括研究的基本指导方针（American Psychological Association，2002）。参加实验的被试必须得到足够的保护，以避免受到身体和心理的危害。除了知情同意，这些基本原则还强调了研究者具有保护参加者利益的责任，因为研究者最终必须保证参加者的利益高于其他任何因素，甚至实验设计本身。

尽管对心理危害很难下一个明确的定义，但是不管哪种定义，都包含了研究者应负的责任。参加者有权要求隐去显示他们身份的所有信息，不管这些信息是书面的还是口头的。研究者必须对参加者提供的各种形式的信息进行保密。如果在实验中必须对参加者隐瞒一些信息，那么研究者就必须向委
员会证明这一做法的正确性。如果在实验中需要隐 111
瞒或者需要暂时提供假的信息，研究者也需要用参加者能理解的方式告诉他们这么做的原因以及实验的真实目的。

儿童发展研究协会（Society for Research in Child Development，2007）已经制定了研究的伦理准则，用以指导研究者处理研究儿童过程中特有的问题。比如，这些原则不仅包括保密原则、保护儿童免受损害原则、告知儿童关于研究信息的原则，而且还需要取得儿童抚养人的同意，如果儿童已满 7 周岁，则同时还需要得到儿童自己的同意。这些原则特别强调，研究者必须用儿童能理解的用语向儿童介绍本研究，从而使得他们能自己决定是否参加。除了对参加者进行保护之外，还有一些原则涉及研究者如何纠正研究过程中的错误、科学上的骗局以及通过正确的方式让别人相信研究结果。研究不仅仅只是选择合适的研究设计，研究者还必须时刻对参加者的权利和他们自身的行为等诸多方面保持清醒的认识。

让“受试者”参与研究的重要方面（被称为参与式行动研究）是心理病理学领域重要的新近发展，这一发展有助于维护心理障碍的“脸面”（Kindon，Pain，& Kesby，2007）。针对如何对待参加者、如何告知和使用研究信息等问题，政府机构已经制定了若干指导原则来说明研究人群（如精神分裂症患

多样化讨论　心理障碍在不同国家或地区的情况是一样的吗?

二战结束以后，研究者们就已经开始针对不同心理障碍患者在人群中的比例问题展开全面调查。在这些调查中，研究者们一般会在某个国家或地区随机选取一大群人（大约 5 000 人），对他们进行家庭访问和面对面的诊断性访谈，通过收集到的信息来判断每种心理障碍患者在人群中的比例。这与政治选举民意调查时使用的策略类似，即随机选取一小群人，通过询问他们的选举意向概括性地推断出所有人的选举意向。通过这些调查我们可以知晓随后你在本书中会学习到的心理障碍（如焦虑障碍、心境障碍和进食障碍）在人群中的患病率。大部分的调查仅单独在某个国家或地区进行，所以我们并不清楚心理障碍在不同国家或地区的患病率或情况是否一样。

为了回答这类问题，在 20 世纪 90 年代后期，来自 28 个国家或地区的研究者们聚在一起，开始实施了一系列严格的协作调查，以此来评估心理障碍在全世界的患病率，并确定每一种障碍的风险因素、保护因素和治疗方法。这个被称为世界卫生组织（WHO）世界精神卫生调查的大型项目由哈佛医学院的罗纳德·凯斯勒（Ronald Kessler）和世界卫生组织的乌斯图（T.Bedirhan ÜstÜn）倡议和主持，目前该项目还在进行中，但已经获得了一些值得关注的结果。每种心理障碍在 28 个国家或地区的患病率存在巨大差异。然而，当这些障碍真正发生时，它们在不同国家或地区的情况又存在相似之处。例如，心理障碍在不同国家或地区的发病年龄是显著一致的，大约一半的障碍均在成年期之前发病。这一历史性研究结果表明，尽管不同障碍在不同国家或地区的发病率和表现形式不尽相同（正如我们在第 2 章所讨论的那样），但是焦虑障碍、心境障碍、进食障碍以及其他心理障碍的很多特征在不同国家或地区均具有相似性。你可以登录网站 www.hcp.med.harvard.edu/wmh 了解更多该研究的信息。

者、抑郁症患者、焦虑障碍患者等）参与实验的方式。政府希望让患过某些疾病的人参与到研究设计、实施和对结果的解释中来，这样可以显著改进这些研究的实用性和治疗方法。

概念自测 3.5

第一部分

以下是跨时间研究的一些优点和局限性。请注明哪些属于横断设计，哪些属于纵向设计。用CS代表横断设计，用L代表纵向设计。

优点：

1. 显示个体发展情况。________
2. 更简单。________
3. 没有队列效应。________

局限：

4. 队列效应。________
5. 隔代效应。________
6. 缺乏个体发展方面的信息。________

第二部分

判断以下陈述是对（T）还是错（F）。

7. 当参加者获悉了研究性质和他们的角色以后，他们必须有权自己决定是否签署知情同意书。________
8. 如果参加者是对照组成员，或者只接受安慰剂，他们就不需要签署知情同意书。________
9. 不管参加者是否具有保护自己免受损害的认知技能，大学或医学机构的研究必须经由机构审查委员会的同意。________
10. 当对资料进行搜集和报道时，参加者有权决定隐去能确认他们身份的信息。________
11. 当在研究中需要向参加者提供虚假信息时，研究者不一定必须向参加者介绍研究的真实目的。________

知情同意　研究中的伦理要求，即研究被试只有在完全了解研究的性质及其在研究中的角色后再同意参加研究。

小　结

心理障碍的评估

什么是临床评估和诊断？

- 临床评估是对可能患有某种心理障碍的人进行心理、生理和社会因素的系统评估和测量。诊断是判断这些因素是否达到某种心理障碍诊断标准的过程。
- 信度、效度和标准化是判断一种心理评估方法是否有价值的重要指标。

临床评估中使用的主要方法是什么？

- 为了评估心理障碍的各个方面，临床医生可能先对患者进行访谈，并作非正式的精神状况检查。对行为进行的更系统化的观察被称为行为评估。
- 在评估过程中可以使用多种心理测验，包括投射测验（患者对模糊刺激的反应投射出其无意识想法）、人格调查表（患者对评估人格特质的自评问卷进行回答）、智力测验（得到一个被称为智商的分数）。
- 对心理障碍的生物因素进行评估的方法是神经心理测验，通过这种方法可以确定脑功能失调的可能区域。脑成像技术可以更直接地测量大脑结构和功能。最
112 后，心理生理评估针对的是神经系统发生的可测量的改变，这些改变是对可能和心理障碍有关的情绪事件或心理事件做出的反应。

心理障碍的诊断

如何施行精神疾病的诊断？

- 分类指的是建立不同的组或者类别，并根据人、物的共同特点和联系将它们进行归类。分类的方法包括传统分类法、维度法和原型法。目前流行的分类系统是《精神疾病诊断与统计手册》（第四版修订版）（DSM-Ⅳ-TR），以及即将出版的第五版（DSM-5）。这一系统是建立在原型分类的基础上，即该系统中的疾病的必要成分得到确立，而某些非必要成分不会影响该疾病的诊断。DSM-Ⅳ-TR中每一疾病的诊断标准都是建立在实证研究的结果之上。虽然就科学性而言，这个体系是目前为止最好的，但是还有待继续完善，研究者们仍在继续寻找对心理障碍进行分类的更好方法。

心理病理学研究

心理病理学研究的基本成分是什么？

- 研究过程包括先确立假设，然后验证假设。在异常心理学领域，研究人员提出的假设主要是关于疾病性质、原因和治疗方法的假设。

为什么伦理原则在研究过程中很重要？

- 伦理原则对于研究过程非常重要。很多专业机构已经制定出了若干指导原则来确保实验参加者的利益得到保护。
- 通过知情同意和让受试者参与实验设计、实验实施和结果解释，伦理上的问题能得到很好的处理。

研究方法的类型

研究行为的成因时会使用什么方法？

- 个案研究被用于对单个或多个人进行深入研究。虽然个案研究对于心理学理论的发展作用巨大，但是这类研究不易进行实验控制，因而内部效度和外部效度都会受到质疑。
- 相关研究可以告诉我们两个变量之间是否存在联系，但是却不能告诉我们它们的因果关系。流行病学研究也是一种相关研究，主要研究某一疾病在一个或多个群体中的发生率、分布情况和结果情况。
- 实验研究可以使用以下方法：区组设计或单个被试设计。在这两种方法中，研究者都会对其中一个变量进行控制，然后对结果进行观察，从而确立因果关系的性质。

遗传学研究和行为的跨时间、跨文化研究

如何研究遗传和环境的相互作用？

- 遗传学研究主要研究遗传对行为的作用。研究方法包括家系研究、寄养子研究、双生子研究、基因连锁研究和关联研究。
- 跨时间的心理病理学研究策略包括横断设计和纵向设计。这两种方法都关注不同年龄的人群在行为和态度方面的差异。但是前者观察不同年龄的人群，而后者观察同一组人在不同年龄阶段的情况。
- 预防研究可以分为四大类：积极发展策略（健康促进）、普遍的预防策略、选择性预防策略和指导性预防策略。

为什么要进行行为的跨时间、跨文化研究？

- 临床表现、致病因素、治疗过程和治疗结果都可能受到文化因素的影响。
- 一个研究结果的可重复性越强，那么这一结果就越具有可信性。

▼ 关键词

clinical assessment 临床评估　70
diagnosis 诊断　70
reliability 信度　71
validity 效度　72
standardization 标准化　72
mental status exam 精神状况检查　72
behavioral assessment 行为评估　75
self-monitoring 自我监控　76
projective tests 投射测验　77
personality inventories 人格调查表　78
intelligence quotient（IQ）智商　79
neuropsychological testing 神经心理测验　81
false positive 假阳性　81
false negative 假阴性　81
neuroimaging 神经成像　81
psychophysiological assessment 心理生理评估　82
electroencephalogram（EEG）脑电图　83
idiographic strategy 具体策略　84
113 nomothetic strategy 常规策略　84
classification 分类　84
taxonomy 分类学　84
nosology 疾病分类学　85
nomenclature 命名　85
classical categorical approach 传统分类法　85
dimensional approach 维度法　85
prototypical approach 原型法　86
familial aggregation 家族聚集性　87
comorbidity 共病　89
labeling 贴标签　89
hypothesis 假设　92
research design 研究设计　92
internal validity 内部效度　92
external validity 外部效度　92
testability 可验证性　92
dependent variable 因变量　93
independent variable 自变量　93
confound 混淆　93
confounding variable 混淆变量　93
control group 对照组　93
randomization 随机化　93
analog model 类比模型　93
generalizability 推广性　94
statistical significance 统计显著性　94
clinical significance 临床显著性　94
effect size 效应量　94
patient uniformity myth 患者同一性神话　94
case study method 个案研究法　95
correlation 相关　96
positive correlation 正相关　96
correlation coefficient 相关系数　96
negative correlation 负相关　96
epidemiology 流行病学　96
experiment 实验　97
placebo effect 安慰剂效应　98
placebo control group 安慰剂对照组　98
double blind control 双盲对照　99
comparative treatment research 比较治疗研究　99
single-case experimental design 单一被试实验设计　99
repeated measurement 重复测量　100
variability 变异　100
trend 趋势　100
level 水平　100
withdrawal design 消退设计　100
baseline 基线　100
multiple baseline design 多基线设计　101
phenotype 表现型　103
genotype 基因型　103
human genome project 人类基因组计划　103
family studies 家系研究　104
proband 先证者　104
adoption studies 寄养子研究　104
twin studies 双生子研究　104
genetic linkage analysis 基因连锁分析　104
association studies 关联研究　105
genetic marker 基因标记　104
cross-sectional design 横断设计　106
cohort 队列　106
cohort effect 队列效应　106
retrospective information 回溯性信息　106
longitudinal design 纵向设计　106
cross-generational effect 隔代效应　106
sequential design 序列设计　107
informed consent 知情同意　109

▼ 概念自测答案

3.1

第一部分

1. 思维过程；2. 仪表和行为；3. 感知觉；4. 心境和情感；5. 智能

第二部分

6. R，V；　7. NR，NV；　8. R，V；　9. NR，NV

3.2

1. T；　2. F；　3. F（问题仍未解决）；　4. F（可信的）；5. T

3.3

1. 自变量；2. 混淆；3. 假设；4. 因变量；5. 内部效度，外部效度

3.4

1. e；　2. c；　3. b；　4. a；　5. f

3.5

第一部分

1. L；　2.CS；　3. L；　4. CS；　5. L；　6. CS

第二部分

7. T；　8. F；　9. T；　10. T；　11. F

114

▼ 本章测验

1. 在临床访谈时，心理学家注意到患者不知道日期，也不知道自己现在在哪儿。心理学家收集到的是患者精神状态的哪方面的信息？
   a. 信度 b. 情感 c. 感知觉 d. 智能
2. 罗夏墨迹测验以及其他的投射测验受到的批评之一是不同的治疗师对它们的操作和解释是不同的。因为这种变化，这些测验缺乏以下哪种重要指标？
   a. 随机取样 b. 标准化
   c. 效度 d. 可验证性
3. 如果你要研究某人是否有某种类型的脑损伤，你会使用什么类型的检查方法？
   a. 神经心理测验 b. 投射测验
   c. 皮肤电测验 d. 人格测验
4. 用脑电图测量大脑的放电情况，对于回答下列哪一个问题最有效？
   a. 该来访者在学业上的表现是否和同龄人一样？
   b. 该来访者的害怕或担心程度是否过度？
   c. 在需要创造性的艺术中，是否有一种职业非常合适该来访者？
   d. 放松训练对该来访者有效果吗？
5. 下列的四种诊断分类方法中，哪种方法不仅包括该病的所有必要特征，而且也包括不同患者之间具有的不同的非必要特征？
   a. 原型法 b. 标准化
   c. 维度法 d. 分类法

115

6. 尽管 DSM-Ⅳ和 DSM-Ⅳ-TR 有了改进，但是仍然有人对此提出了以下哪个批评？
   a. 对影响心理健康的生理因素或社会因素没有进行相应的描述
   b. 单纯依靠维度法，但是对患者进行描述的维度数量又不足
   c. 牺牲信度而追求高效度
   d. 将人们进行分类，并贴上相应的标签，这些标签有可能是带有侮辱性的，或者会导致患者自我贬低
7. 在大多数实验研究中，研究者研究的是________对________是否产生预期的影响。
   a. 发生率，患病率 b. 自变量，因变量
   c. 外部效度，内部效度 d. 可验证性，推广性
8. 当行为改变是个人希望改变的期望，或者是个人期望和研究者控制实验的综合结果时，这一现象被称为：
   a. 临床显著性 b. 队列效应
   c. 安慰剂效应 d. 患病率
9. 如果有研究者希望分别对 20 岁、40 岁和 60 岁人群进行生活满意度的研究，从而得到其年龄差异的话，应该使用什么类型的研究设计？
   a. 横断 b. 纵向
   c. 多基线 d. 个案
10. 在研究中保护被试的方法之一是保证被试是自愿参加的，而且对他们“在实验中需要做什么”这一问题有充分的了解。这种伦理上的保护方法被称作什么？
    a. 内部效度 b. 正相关
    c. 知情同意 d. 临床显著性

（答案见附录 C）

第4章 焦虑障碍

John Moore/Getty Images

◆ **章节概览**

117 **学生学习的目标＊**

理解并掌握特定心理学领域的内容。	▶ 行为和心理过程（包括生理机能、感觉、知觉、比较、动机和情绪）的生物学基础（pp.199-121）。
运用本学科的概念、专用语和主要理论来解释心理现象。	▶ 客观地描述行为和心理过程，包括下操作性定义（pp.117-119，123-125，127-130，135-139，141-143，145-148，152-155）。
恰当运用心理学知识解决问题。	▶ 异常行为的成因和治疗（pp.125-127，131-135，139-141，143-145，148-151，155-156）。

＊本章的这部分内容覆盖了由美国心理学会（American Psychology Association，2007）建议的学习目标，可作为心理学专业本科学生的学习指南。这些内容由美国心理学会学习目标建议小组（SLO）确定。

焦虑障碍的复杂性

▶ 焦虑、恐惧和惊恐发作的相似和不同之处是什么？

焦虑是一个复杂而又神秘的问题，从某种意义上说，我们对它了解得越多，反而感到更加困惑。“焦虑”不仅仅是一种精神障碍。由于它广泛地贯穿于整个心理病理学领域，所以我们将从心理和生理两个角度对其进行探讨。然后，我们会讨论恐惧，一种与焦虑略有不同但又密切相关的情绪。惊恐发作与恐惧相关，我们认为惊恐发作是在一种不合时宜的情况下产生的恐惧情绪。带着对这些重要概念的初步理解，我们将聚焦特定的焦虑障碍。

焦虑、恐惧、惊恐发作的定义

你体验过焦虑吗？你也许会说这是一个很傻的问题，我们大多数人几乎每天都会在生活中体验到某种程度的焦虑。在学校里你是否进行过一场你准备得不充分的考试？上个周末，你是不是和一个新认识的人一起度过的？对于即将开始的工作面试你感觉怎么样呢？即使是想一想这些事情也会让你感到紧张。但是，你是否真正停下来思考过焦虑的本质呢？什么是焦虑？它是由什么原因引起的？

焦虑（anxiety）是一种以紧张的躯体症状以及对未来的担忧为特点的消极的心境状态（American Psychiatric Association，2000；Barlow，2002）。焦虑在人类身上可能表现为一种主观上的不舒适感、一系列的行为（看上去忧心忡忡的，担忧或烦躁不安），也可能是某种源自大脑的生理反应和反射性的心率上升或肌肉紧张。正因为焦虑在人类身上难以进行实验研究，所以大多数研究者都选择用动物做实验。但是，实验鼠的焦虑体验和人类是完全一样的吗？两者似乎是相似的，但我们并不能肯定。因此，焦虑依然是个谜，我们对于焦虑的探索才刚刚开始。同时，焦虑和抑郁也有密切的关系（Barlow，2000，2002；Brown & Barlow，2005，2009；Clark，2005；Wilamowska et al.，2010），这些内容我们将在第6章进行讨论。

令人惊奇的是，焦虑对我们是有好处的，至少中等程度的焦虑是这样。心理学家一个世纪以前就发现，人在轻度焦虑的情况下会表现更好（Yerkes & Dodson，1908）。如果一点都不焦虑，你前两天的考试也不会考得那么好。正因为有点焦虑，所以上个周末的约会你才会表现得如此富有魅力和充满活力。轻度焦虑也会使你在工作面试之前准备得更充分。简而言之，焦虑可以激发甚至提高我们在社交、体力和智力活动上的表现。如果没有焦虑，我们可能 118
什么也做不成。霍华德·利代尔（Howard Liddell，1949）首次提出了焦虑是“智力的阴影”（shadow of intelligence）这一概念。他认为人类计划未来事件细节的能力会伴随着担忧事情会出错以及我们需要更好准备的痛苦感觉。这就是焦虑之所以指向未来的原因。如果用语言表达焦虑，你可能会说："事情可能会很困难，我不确定我能解决，但我不得不准备尝试。也许我要更努力一点学习（或在约会前多照一遍镜子，或在公司面试前多做一些调查）。"

但是，当你焦虑过度的时候又会怎样呢？因为无法集中注意力，你的考试可能确实会失败。在过度焦虑的时候，你满脑子想到的可能只有失败的严重后果。因为同样的原因，你也会在工作面试中失败。与新朋友约会时，你可能会一直冒汗，胃部难受，想不到任何可以交谈的有趣的事情。此时，任何美妙的东西都成为一种灾难，而最具灾难性的便是控制不住的严重焦虑。使得情况更为糟糕的原因还在于严重的焦虑并不容易消失——即使我们意识到担心是没有必要的，但我们仍然莫名地焦虑。

本章所讨论的所有心理障碍都是以过度焦虑为特点的，并且有着许多不同的表现形式。在第 2 章中，我们了解到**恐惧**（fear）是一种对危险的即时的警觉反应。像焦虑一样，恐惧也对我们有好处。恐惧会激发自主神经系统做出一系列的反应（例如，增加心跳和血压）来保护我们，这些反应与主观恐惧感会促使我们做出逃跑还是战斗的决定。这种紧急反应，常常被称为"逃跑或战斗"反应。

大量证据表明，恐惧反应和焦虑反应在心理和生理两方面都是不同的（Barlow，2002；Bouton，2005；Craske et al.，2010；Waddell，Morris，& Bouton，2006）。正如前面所提到的，焦虑是一种指向未来的心境状态，是源于对未来事件的无法预测或不可控感而产生的担心。而恐惧，是对当前危险情境做出的即时性的情绪反应，具有强烈的逃避反应倾向和交感神经（自主神经系统的组成部分）的急促反应（Barlow，Brown，& Craske，1994；Craske et al.，2010）。

如果当前情境并不可怕，但你却感到恐惧，也就是说你产生了某种错误的警觉反应，那又会怎样呢？让我们来看一看下面这个门诊患者格雷琴的个案吧。

格雷琴：被惊恐发作所困扰

我在 25 岁时经历了第一次发作，那是我出院几周后发生的事。在医院，我刚刚做完阑尾切除手术，手术进行得很顺利，我脱离了危险，而这也就是我不能理解后来所发生的这一切的原因。某一天晚上，我睡着后没几个小时就醒了——我不能确定睡了多长时间，但是醒来时有一种难以表达的担忧。我记得当时自己的心跳非常厉害，胸口很疼，就好像自己要死了——感觉就像心脏病突然发作一样。并且我有一种奇怪的感觉，好像自己的意识已经与现实分离了，卧室似乎被笼罩在一层薄雾中。我跑向我姐姐的房间，跑过去的时候，我感觉自己就像是一个被别人操作的木偶或者机器人。我想我一定把她吓坏了，就像我把我自己吓了一跳一样。然后她立即叫了救护车（Barlow，2002）。

这种突发的、压倒一切的反应就被命名为**惊恐**（panic），源自希腊神话中，自然之神潘会用令人毛骨悚然的尖叫恐吓旅行者的传说。后来，在心理病理学中，**惊恐发作**（panic attack）被定义为一种突发的、强烈的恐惧体验或是剧烈的不适感，这种感觉往往伴随着一系列生理症状，包括心悸、胸痛、呼吸急促以及（可能的）眩晕等。

DSM-Ⅳ将惊恐发作分为三种基本类型：情境依赖型、非预期型、情境易感型。如果你恐高或者害怕开车通过很长的桥，你知道在这些特定的情境下可能会体验到惊恐发作，但在别的情境中不会，这就是情境依赖型（有线索的）惊恐发作。相反，如果你不知道下一次惊恐发作将会在什么时候和什么地点，那么你可能会体验到非预期型（无线索的）惊恐发作。第三种惊恐发作，情境易感型，则介于上述二者之间，你很有可能但并不一定会在以前出现过惊恐体验的地方（例如，一个大型的购物中心）再次发作，如果你不知道它是否会在
今天发生，但它确实发生了，这就是情境易感型惊 119
恐发作（DSM-5 中可能为了使鉴别更简单而删除这一类型）。之所以介绍这些分类，是因为它们在各种焦虑障碍中扮演着不同的角色。无预期型和情

焦虑　是个体处于担忧未来预期的危险或不幸时以明显的负性情绪、紧张的躯体症状为特点的心境状态。焦虑包括感受、行为和生理反应。

恐惧　在当前的危险或威胁生命的紧急事件下产生的即时的情绪警觉反应。

惊恐　突发的、压倒一切的害怕或恐惧。

惊恐发作　一种突发的、强烈的恐惧体验或伴随着一系列生理症状的不适感，如心悸或眩晕。

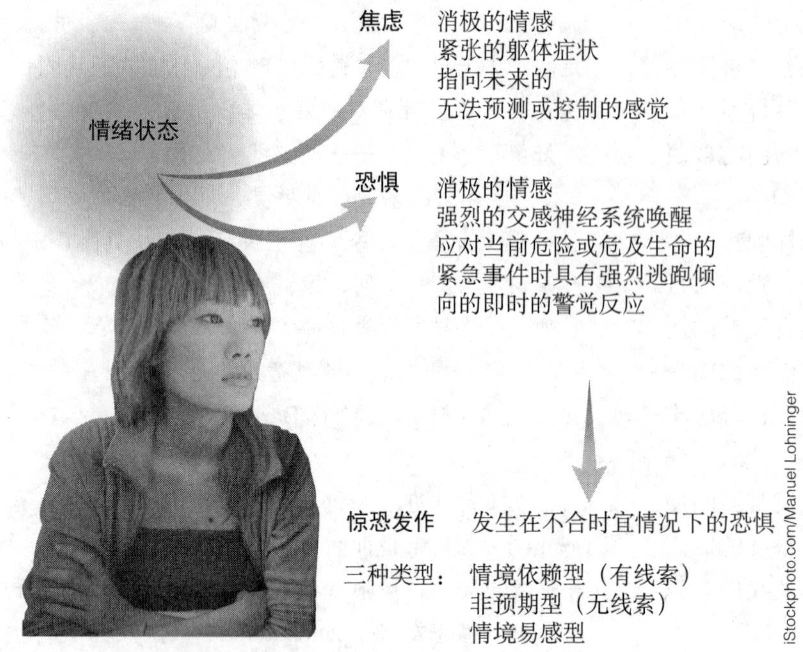

图 4–1 焦虑、恐惧、惊恐发作之间的关系

境易感型的惊恐发作在惊恐障碍中十分重要。而情境依赖型则在特定恐惧症和社交恐惧症中更加普遍（见图 4–1）。

我们应该记住的是，恐惧是一种剧烈的情绪警觉反应，它伴随强烈的自主神经系统的能量释放，它能促使我们逃离危险。格雷琴的惊恐发作听起来是否更像是一种恐惧情绪呢？有很多证据支持这一点（Barlow，2002；Barlow，Chorpita，& Turovsky，1996；Bouton，2005），包括许多报道中提到的类似的恐惧和惊恐体验、类似的逃避行为倾向，以及类似的神经生理过程。

焦虑障碍的病因

在第 1 章和第 2 章我们已经看到，过度情绪反应并不是单维度因素引起的，而往往是多方面的因素作用的结果。接下来，我们将探索生物因素、心理因素、社会因素以及它们之间的相互作用是如何导致焦虑障碍的。

生物因素

越来越多的证据表明，我们继承了某种紧张不安的遗传倾向（Clark，2005；Eysenck，1967；Gray & McNaughton，1996）。惊恐发作的倾向似乎也存在家族聚集，并且可能具有一定的遗传性（Barlow，2002；Craske & Barlow，2008；Kendler et al.，1995）。正像几乎所有情感特质和心理障碍一样，焦虑或惊恐发作不是由哪一种单一的基因决定的。然而，在心理和社会因素存在的情况下，染色体上一些区域的基因会增加个体的惊恐发作易感性。而且，遗传易感性不会直接导致焦虑或惊恐发作——正如我们在第 2 章学习的，应激或其他环境因素能够“激活”这些基因（Gelernter & Stein，2009；Kendler，2006；Rutter，Moffitt，& Caspi，2006；Schumacher et al.，2005；Smolle，Block，& Young，2009）。

焦虑也与大脑中特定的脑部通路和神经递质有关。例如，虽然没有直接的联系，但 γ-氨基丁酸（GABA）（GABA-苯二氮卓系统的一部分）水平的下降会与焦虑水平的提高相伴出现。焦虑也与去甲肾上腺素系统有关，动物研究和对人类正常焦虑

DSM 诊断标准概要

惊恐发作

惊恐发作表现为在特定时间内体验到下列症状中的4种或4种以上：

- 心悸、心慌，或心率加快。
- 出汗。
- 战栗或颤抖。
- 觉得气短或气闷。
- 窒息感。
- 胸痛或不舒服。
- 恶心或腹部难受。
- 感到头昏、站不稳、头重脚轻或晕倒。
- 环境解体（非现实感）或人格解体（感到并非自己）。
- 害怕失去控制或将要发疯。
- 害怕即将死亡。
- 感觉异常（麻木或刺痛）。
- 寒战或潮热。

资料来源：Based on DSM-Ⅳ-TR. Reprinted with permission from *Diagnostic and Statistical Manual of Mental Disorders* (4th ed., text revision). ©2000 American Psychiatric Association.

多样化讨论 文化对焦虑的影响

世界上的所有人都经历过焦虑。然而，研究发现不同地域的人们的焦虑障碍比例和焦虑体验有着显著差异。当被问到在过去几年是否患焦虑障碍时，大约有 3% 的中国人回答是，而这一数字在美国是 18%（WHO World Mental Health Survey Consortium，2004）。这能反映出不同国家焦虑比例的真实差异，这一差异大部分源自人们对焦虑的体验以及报告不同。

比如，国际上通用的评估焦虑障碍的标准是基于西方对各种障碍的界定。如惊恐障碍，包括强烈的躯体不适感（例如心悸、流汗），伴随将要发疯或失去控制的恐惧。惊恐的躯体症状似乎是普遍的，它在几乎所有国家中都存在。然而不同国家间惊恐的心理表现是有差异的，这可能就是导致在西方标准下其他国家患病率更低的原因。例如，在很多第三世界国家，焦虑和心境障碍除了恐惧和濒死感之外，躯体感觉并没有被报告（Hinton，Chhean，Fama，Pollack，& McNally，2007）。

此外，焦虑体验的差异还在于，有些人愿意报告出来，而有些人则相反。美国焦虑障碍性别差异的大规模研究可以证明这一点，即女性会报告更高的害怕和恐惧，而男性则倾向于不承认患有这些障碍（Arrindell et al.，2003a）。那么，被忽视的和未治疗的严重焦虑男性会怎么样呢？他们中的很大一部分似乎是用喝酒来应对焦虑，这往往会导致酒精使用障碍（Kushner，Abrams，& Borchardt，2000）。

尽管我们对焦虑障碍的性别差异了解越来越多，但是对文化因素如何影响焦虑障碍的体验和报告的研究才刚刚开始。这对我们将来理解并治疗全世界的焦虑障碍有非常重要的作用。

的研究证据表明，焦虑同样也涉及 5- 羟色胺能神经递质系统（Lesch et al.，1996；Maier，1997；Stein，Schork，& Gelernter，2007）。过去几年来，因为与焦虑（及抑郁）表现密切相关，促肾上腺皮质释放
120 因子（CRF）系统的作用和影响这一系统易感性的基因群受到了越来越多的关注（Heim & Nemeroff，1999；Khan，King，Abelson，& Liberzon，2009；Ladd et al.，2000；Smoller，Yamaki，& Fagerness，2005；Sullivan，Kent，& Coplan，2000）。这是因为 CRF 能激活作为 CRF 系统一部分的 HPA 轴，CRF 系统对引发焦虑的脑区有广泛的影响，包括：情绪脑（边缘系统），特别是脑干区域的海马和杏仁核，前额叶皮层和多巴胺能神经递质系统。CRF 系统也与 GABA- 苯二氮卓系统、5- 羟色胺能和去甲肾上腺素能神经递质系统有直接的关系。

边缘系统与焦虑的关系最为密切（Britton & Rauch，2009；Charney & Drevets，2002；Gray & McNaughton，1996；LeDoux，1996，2002；见图 2–7c），它就像一个协调员，平衡着脑干和大脑皮层。原始的脑干负责监控、感受躯体功能的变化，并通过边缘系统把具有潜在危险的信号传递给更高级皮层进行加工。一位著名的英国神经心理学家杰弗里·格雷（Jeffrey Gray）在动物的大脑边缘系统中确定了一条和焦虑有关的环路（Gray，1982，1985；McNaughton & Gray，2000），此环路也可能存在于人类身上。这一环路起始于边缘系统的隔部和海马回区域，并一直延伸到额叶。这一系统被格雷称作**行为抑制系统**（behavioral inhibition system，BIS）。它被大脑传递过来的意外事件的信号所激活，如标志着危险的身体功能的重大变化。然后，它将那些我们认为可能具有威胁性的事件所产生的危险信号，从皮层下传到隔部－海马系统。另外，BIS 还接收来自杏仁核的强烈的激活信号（Davis，1992；LeDoux，1996，2002）。当 BIS 接收到脑干的上传信号或大脑皮层的下传信号而被激活时，我们就会凝神、感到焦虑，警惕周围的环境以确认是否存在危险。

BIS 环路与惊恐发作的环路明显不同。格雷（1982；Gray & McNaughton，1996）和格拉夫（Graeff，1987，1993；Deakin & Graeff，1991）证实了由格雷提出的**战斗 / 逃跑系统**（fight/flight system，

行为抑制系统（BIS） 边缘系统中应对危险信号而产生行为抑制并引起焦虑的大脑环路。

战斗 / 逃跑系统（FFS） 动物中存在的应对刺激而产生的即时的警报和逃跑反应的大脑环路，这一过程与人类的惊恐发作十分类似。

FFS）。该环路产生于脑干，穿过几个中脑结构，其中包括杏仁核、下丘脑腹内侧核、中央灰质。受到刺激时，这个环路就会使动物产生一种即时的战斗 / 逃跑反应，这种反应和人类的惊恐发作非常相似（Gray & McNaughton，1996）。格雷和麦克纳夫顿（Gray & McNaughton，1996）和格拉夫（Graeff，1993）认为5- 羟色胺缺失是激活 FFS 的部分原因。

一项在几个实验中（Francis，Diorio，Plotsky，& Meany，2002；Stein et al.，2007）都被证实的结果表明，环境因素有可能改变这些大脑环路的敏感性，从而使我们更容易或更不容易产生焦虑和焦虑障碍。
121 例如，一项重要的研究表明，少年时的吸烟行为会极大地增加其成年后患焦虑障碍的可能性，特别是惊恐障碍和广泛性焦虑障碍（Johnson et al.，2000）。一个可能的解释是长期接触上瘾性药物尼古丁，会增加躯体化症状和引起呼吸道问题，并引发额外的焦虑和惊恐，从而增强个体患严重焦虑障碍的生物易感性。

虽然对焦虑和惊恐发作的神经生物学研究很有限，但通过研究两个表面上不同的大脑系统并确定 CRF 系统和杏仁核的关键作用，我们还是取得了一些令人鼓舞的进展。毫无疑问，脑成像技术已经开始揭示并将在今后揭示更多的事实（Britton & Rauch，2009；Charney & Drevets，2002）。例如，我们已取得新的共识，即焦虑障碍患者的边缘系统以及杏仁核会对情境或新刺激产生过度反应（自下而上加工过程异常），同时，抑制杏仁核过度兴奋的皮层的控制功能受损（自上而下加工过程异常），这与格雷 的BIS 模型一致（Britton & Rauch，2009；Ochsner et al.，2009）。

心理因素

越来越多的证据（例如，参见 Barlow，2002；Suárez，Bennett，Goldstein，& Barlow，2009）支持焦虑的多因素交互作用模型。在儿童时期我们可能就会意识到并不是所有的事情都在我们的掌控之下（Chorpita & Barlow，1998）。这种感知连续体从我们对控制生活各个方面的完全自信，延伸到对自身以及处理问题能力的极端不确定。如果你对学习感到了焦虑，即使你平时成绩都是 A 或 B，你也可能会认为自己的下次考试会考得很糟。这种普遍的不可控制感可能会因为教养方式和其他环境因素的影响很早就表现出来。

有意思的是在儿童早期，父母的行为似乎对儿童的可控感或不可控感的形成有着重要的影响作 用（Chorpita & Barlow，1998；Gunnar & Fisher，2006）。一般来讲，父母以积极的、可以预测的方式对待孩子的要求——特别是被关注、食物以及缓解疼痛等要求，对孩子控制感的形成起着十分重要的作用。这些父母让孩子意识到他们能够控制周围的环境，他们的行为反应能够影响父母和周围的环境。另外，为孩子提供一个安全的大本营，允许孩子去探索周围世界并教授必要的应对意外情况技能的父母，能使他们的孩子养成一种健康的控制感（Chorpita & Barlow，1998）。相反，那些对孩子过度保护、过度干预的父母以及为孩子“扫清道路”的父母，从不让孩子经历任何逆境，孩子也从未有机会学习应对逆境，当逆境来临时，孩子不知道如何去处理它，更不知道如何去控制环境。许多证据都支持这一观点（Barlow，2002；Chorpita & Barlow，1998；Chorpita，Brown，& Barlow，1998；Gunnar & Fisher，2006；Lieb et al.，2000；Nolen Hoeksema，Wolfson，Mumme，& Guskin，1995；Whiter，Brown，Somers，& Barlow，2006）。从早期经验中发展出来的控制感（或不可控感）是降低（或增加）我们在今后的生活中对焦虑敏感性的心理因素。

大多数的心理学家描述惊恐（与焦虑截然相反）时，都使用了条件作用和认知解释的概念，而且这两者是很难区分的（Bouton，Mineka，& Barlow，2001）。强烈的恐惧反应最开始是产生于应激期，或是危险情境下（一个真实的警报）的产物。之后，这种情绪反应会和各种内外线索联系起来。换句话说，无论是否真的存在危险，这些线索或环境刺激都会引起恐惧反应和危险假想（Bouton，2005；Bouton et al.，2001；Martin，1983；Mineka & Zinbarg，2006；Razran，1961），所以这其实是习得的或虚假的警报。我们在第 2 章介绍的条件作用过程中，外部线索是指那些和最初的惊恐发作类似的地点和环境，内部线索是指那些和我们最初的惊恐发作相似的心率和呼吸频率的增加，即使这些增加是由于正常的情况所导致的（如体育锻炼）。因此，与心律正常时相比，你在心率加快时更可能体验到惊恐发作。此外，你也许并不知道这些恐惧的线索或触发物——它们可能是无意识的。

社会因素

应激事件触发了我们生理上和心理上焦虑的易感性。大部分事件在本质上是社会的和人际的——如结婚、离婚、工作困难、爱人去世、在学校追求优异成绩等。而另一些可能是身体上的，比如创伤或疾病等。相同的应激源可以触发诸如头痛、高血压的躯体反应或类似于惊恐发作的情绪反应（Barlow，2002）。对应激特定反应的研究显示存在着家庭遗传性。如果你遭遇应激时会有头痛病，你家里的其他人也有可能在应激下出现头痛。如果你有惊恐发作，你家里的其他成员也可能会有惊恐发作。这个发现至少说明最初的惊恐发作存在着一定的遗传性。

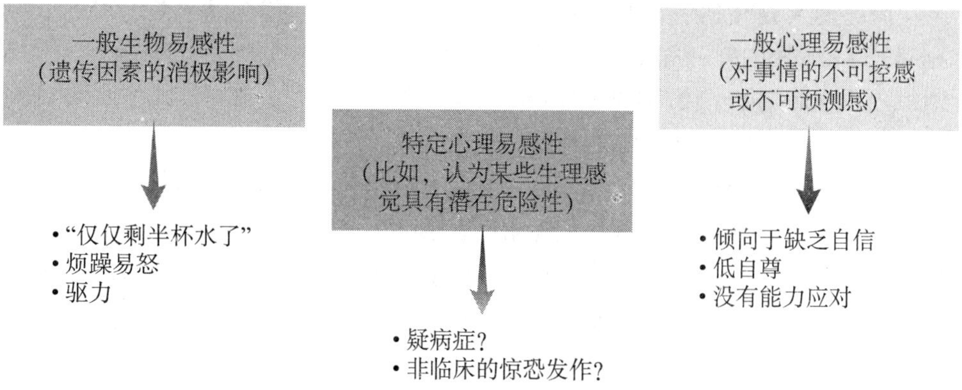

图 4–2　焦虑障碍的三重易感素质

注：个体如果同时具有这三种易感性，那就会更有可能在经历应激后形成焦虑障碍。

资料来源：From Barlow，D. H., 2002, *Anxiety and its disorders:The nature and treatment of anxiety and panic* (2nd ed.). New York: Guilford Press.

122 ### 一个整合模型

综合以上因素，我们可以描述一个焦虑及其相关障碍的理论——三重易感性理论（triple vulnerability theory）（Barlow，2000，2002；Suárez et al.，2009）。第一种易感性（或素质）是一般生物易感性。我们发现，心情烦躁和精神紧张的倾向可能具有一定的遗传性。但是，一般生物易感性并不意味着焦虑本身。第二种易感性是一般心理易感性。你也可能在早期经历中逐渐形成了一定的观念，如认为世界是危险的、不可控的，并且在出现麻烦时你将无法处理。如果这种感觉非常强烈，那么你就会对焦虑产生一种广泛的心理易感性。第三种易感性是你在早期经历中习得的特定心理易感性，如被你的父母告诫某些情境或物体是危险的（即使它们并不危险）。例如狗——如果你的父母中有害怕狗的，或者狗是你父母所担心的动物，那么你就会害怕狗，这个三重易感性可参见图 4–2。如果你处在一系列的应激下，尤其是那些来自人际关系方面的应激，此时，某种特定的应激源就会激活你的生物易感性，让你感到焦虑，产生的心理易感性会使你感到自己没有能力应对当前的情境或者无法控制应激感。一旦这种循环产生了，它就会自我强化。因此，即使某个已经过去很久的生活应激源已经不复存在了，这种循环仍然不会终止。焦虑的内容可以是非常广泛的，可以由各种生活琐事所引发。但焦虑常常只集中在其中的某一个方面，如社会评价和分数等（Barlow，2002）。

焦虑障碍的共病

在讨论某种具体的焦虑障碍前，有必要说明的是，多种焦虑障碍经常会同时出现。正如我们在第 3 章中所介绍的，共病（comorbidity）的定义是在一个人身上同时存在两种或多种障碍。焦虑障碍（以及抑郁）高共病率的事实表明，所有的焦虑障碍和抑郁都可能具有这里所谈到的焦虑和惊恐发作的症状。它们还都存在发展成为焦虑和惊恐的生物和心理易感性。不同焦虑障碍的区别仅仅在于焦虑的触发点不同，或者惊恐发作的模式不同。当然，如果每一个焦虑障碍患者都同时患有其他所有类型的焦虑障碍，那么研究焦虑障碍的不同种类就没有太大的意义。然而，现实情况并非如此，尽管共病率很高，但是不同障碍之间还是存在着区别（Allen et al.，2010；Bruce et al.，2005；Tsao，Mystkowski，Zucher，& Craske，2002）。我们的一个研究中心进行了一项对 DSM- Ⅳ -TR 中的焦虑和心境障碍共病情况的大规模研究（Brown & Barlow，2002；Brown，Campbell，Lehman，Grisham，& Mancill，2001）。研究收集了 1 127 名患者的数据。如果我们只考察评估时的共病率，那么在诊断为焦虑或抑郁障碍的患者中，有 55% 的人当时还存在着至少一种其他的焦虑和抑郁障碍。如果我们考察患者是否在评估之外其他时间达到共病标准，而不仅仅限于评估的当时，那么这个比率将达到 76%。

到目前为止，对所有焦虑障碍患者来说，最常见的共病诊断是抑郁症，患者的终身共病率为 50%。这一点对于我们在后面章节讨论焦虑与抑郁的关系时是非常重要的。另外很重要的一个发现是，同时患上抑郁症、酗酒或药物滥用的焦虑障碍患者会更难恢复，恢复后复发的可能性也更大（Bruce et al.，2005；Huppert，2009）。

概念自测 4.1

选择下面适合的术语将有关焦虑及其原因的句子补充完整：（a）共病；（b）惊恐发作；（c）情境依赖型；（d）神经递质；（e）大脑环路；（f）应激性。

1. ________是一种突发性的强烈恐惧和不适感，常伴有躯体症状，如胸痛和呼吸急促等。
2. ________惊恐发作通常发生在特定的情境下，但在任何别的地方都不会出现。
3. 焦虑与特定的________（例如行为抑制系统或者战斗/逃跑系统）和________系统（例如去甲肾上腺素）有关。
4. 焦虑障碍中________率很高，因为它们都具有焦虑和惊恐发作的症状。
5. ________生活事件能触发我们焦虑的生物和心理易感性。

123

广泛性焦虑障碍

› 广泛性焦虑障碍的主要特征、可能的原因以及适合的治疗方法是什么？

特定焦虑障碍由于惊恐发作或其他焦虑的特点而变得很复杂。但是在广泛性焦虑障碍中，焦虑的中心则是一般性的日常生活中的琐事。因此，我们先从广泛性焦虑障碍开始介绍。

临床描述

生活中我们或多或少都会担心。正如我们前面所说的，担心可能会对我们有用，它帮助我们对未来做计划，确认是否为考试做好准备，或者在我们回家度假前督促我们再次将一切检查好。但是不加区别地对任何事情都担心会如何呢？而且，如果担心是没有必要的又会如何呢？不管你有多么焦虑，似乎都不能决定对即将发生的事情做些什么。即使你知道担心除了增加你周围的人的痛苦外不会有任何的益处，你也不能停止担心忧虑会怎么样呢？这些都构成了**广泛性焦虑障碍**（generalized anxiety disorder，GAD）的特点，来看下面艾琳的这个例子。

艾琳：被担心控制

艾琳是一个 20 岁的大学生，她来到我们的心理诊所，抱怨说自己过度焦虑，生活无法控制，任何事情对她来说都是一个大灾难。尽管她的平均绩点达到了 3.7，但她总觉得自己会在每次考试中失败。

艾琳在自己就读的第一所大学仅学习了一个月就退学了，就学期间，她整天处在担心之中。退学后，她抑郁了一段时间，然后决定在当地的一所专科学校就读并选修了两门课程，她觉得自己能在那里学得好一些。在专科学校就读的两年中她年年都得 A，于是她再次在一所四年制的大学注册成为三年级的学生。然而，短时间后，艾琳又开始不断地给诊所打电话，情绪异常焦虑，说她不得不放弃这门或那门课程，因为她无法学好。艾琳的治疗师和父母一边艰难地劝说她继续学习，一边寻求进一步的帮助。尽管艾琳修完的所有课程的考试成绩都在 A 和 B 之间，但是她仍然担心每一次考试和每一张试卷。

艾琳也担心和朋友的关系。每当她和新男朋友在一起的时候，她总担心自己会做什么愚蠢的事情让男朋友对她失去兴趣。实际上她也承认每次约会都非常顺利，但是艾琳还是会认为下一次约会将会是一场灾难。随着交往的日益加深以及一些亲密的性接触变得自然和正常了，艾琳又开始担心了，因为她害怕她缺乏这方面的经验会使得她的男朋友认为她很天真和愚蠢。虽然艾琳对这些初期的性接触很满意，并且承认她的男朋友看起来也一样满意，但她依然害怕下一次会糟糕得不堪设想。

艾琳还非常担心自己的健康，她有轻度的高血压，部分原因是她有点偏胖。然后她严格按照食谱来吃每一顿饭，好像种类吃错了或者没有按照标准的量吃就会死亡一样。因为担心血压会很高，她不愿意去量血压；因为害怕自己没有成功减肥，她也不敢去称体重。她严格限制自己的饮食，虽然还没有达到足以引起关注的程度，但还是因此而出现了几次暴食的情况。

虽然艾琳偶尔会有惊恐发作，但这对她来说还不是一个主要的问题。只要惊恐发作一平息，她就会关注下一次可能发生的灾难。除了高血压外，艾琳还有点紧张性头痛以及“神经性胃痛”，有点胀
124 气，偶尔出现腹泻以及腹痛的情况。艾琳的生活就像是由一连串的即将到来的灾难组成的。她的母亲害怕接到艾琳的电话，更不用说艾琳的来访了，因为她知道，来访会让她看到女儿处在一系列的惊恐当中。因为同样的原因，艾琳几乎没有朋友。

DSM 诊断标准概要

广泛性焦虑障碍

广泛性焦虑障碍的症状包括：

- 对一些生活事件、行为过度焦虑或担心（预期的担忧）达到6个月或6个月以上。
- 难以控制这种焦虑。
- 至少存在以下症状中的3种：（1）烦躁不安或感到持续的紧张；（2）变得容易疲劳；（3）注意力集中困难；（4）易激惹；（5）肌肉紧张；（6）睡眠障碍。
- 显著的痛苦感或功能受损。
- 焦虑不只局限于某个具体问题。

资料来源：Based on DSM-Ⅳ-TR. Reprinted with permission from *Diagnostic and Statistical Manual of Mental Disorders* (4th ed., text revision). ©2000 American Psychiatric Association.

艾琳患的是广泛性焦虑障碍。在 DSM-Ⅳ-TR 中广泛性焦虑障碍的诊断标准强调：至少有连续 6 个月的过度焦虑和担心（预期的担忧）；个体难以控制或停止这种焦虑和担心的过程。我们很多人都可能会焦虑一段时间，但总能放下这个问题去完成另一个任务。即使面对的是一个非常难以应付的事件，但一旦时过境迁，焦虑也就没有了。但对艾琳来说，这种担心是永远不会停止的，当她处理完了一件事情的时候，她就会马上进入下一次的焦虑当中。

广泛性焦虑和广泛性焦虑障碍所伴发的生理症状与惊恐发作和惊恐障碍是有所不同的。鉴于惊恐发作与自主唤醒有关，所以它可能是交感神经系统激活（如心跳加快和心悸、出汗、颤抖等）的结果，而广泛性焦虑障碍的特点则是肌肉紧张、精神兴奋（Brown，Marten，& Barlow，1995）、容易疲劳（可能是由慢性肌肉过度紧张导致的）、易怒以及睡眠困难等。当意识很快地从一个危机切换到另一个危机的时候，注意力通常是难以集中的。

广泛性焦虑障碍患者对日常生活中的每一件小事都会感到担心，这是一个区分广泛性焦虑障碍与其他焦虑障碍的特征。当问及你是否为生活中的每件小事担心的时候，100% 的广泛性焦虑障碍患者都会回答是，而只有 50% 的其他焦虑障碍患者回答是（Barlow，2002）。这种差异在统计学上是显著的。当然重大的事件同样会很快成为广泛性焦虑障碍患者担心的重点。成年人通常会担心子女的安全、家庭成员的健康、工作责任和其他一些小事，如家务和准时赴约等；儿童患者最担心的是学习成绩、体育和社交表现以及家庭问题等（Albano & Hack，2004；Furr，Tiwari，Suveg，& Kendall，2009；Weems，Silverman，& La Greca，2000）；老年人则倾向于担心自己的健康状况（Ayers，Thorp，& Wetherell，2009；Beck & Averill，2004；Person & Borkovec，1995），而且睡眠障碍也会导致他们的焦虑进一步恶化（Beck & Stanley，1997）。

数据统计

虽然担心和生理紧张是很平常的，但艾琳所体验到的这类严重的广泛性焦虑确实非常罕见，在人

广泛性焦虑障碍（GAD） 以强烈的、不可控的、不集中的、慢性而持续的痛苦且无意义的担忧为特征的焦虑障碍，伴随紧张、易怒、坐立不安的躯体症状。

群中广泛性焦虑障碍的年患病率为3.1%（Kessler，Chiu，Demler，& Walters，2005），而有5.7%的人会在生活中的某段时间符合广泛性焦虑障碍诊断标准（Kessler，Berglund，Demler，Jin，& Walters，2005）。这个数量仍然是相当大的，使得广泛性焦虑障碍成为最为常见的一种焦虑障碍，世界其他地方的情况大致相同，例如南非的农村地区（Bhagwanjee，Parekh，Paruk，Petersen，& Subedar，1998）。但是，与惊恐发作患者相比，只有很少一部分广泛性焦虑障碍患者会去寻求治疗。正如我们的报告中所发现的，焦虑门诊中只有不到10%的患者符合广泛性焦虑障碍的诊断标准，但相比之下，却有30%～50%的患者符合惊恐发作的标准。这可能是因为大多数广泛性焦虑障碍患者选择求助他们的初级保健医生，调查发现求助于初级保健医生的广泛性焦虑障碍患者的数量很大（Roy-Byrne & Katon，2000）。

无论是临床样本研究（Woodman，Noyes，Black，Schlosser，& Yagla，1999；Yonkers，Warshaw，Massion，& Keller，1996），还是包括了那些无须寻求治疗的人的流行病学研究（可以从人口调查中识别广泛性焦虑障碍患者）（Blazer，George，& Hughes，1991；Carter，Wittchen，Pfister，& Kessler，2001；Wittchen，Zhao，Kessler，& Eaton，1994）都认为大约2/3的广泛性焦虑障碍患者是女性。但这一性别比率可能只适用于发达国家。在前面提到的南非的研究显示，广泛性焦虑障碍在男性中更常见。

一些广泛性焦虑障碍患者报告说他们起病于成年早期，通常是在某一种生活应激刺激下而产生的。然而，大多数研究发现，与其他多数焦虑障碍相比，广泛性焦虑障碍通常发病更早、病程更加缓慢（Anderson，Noyes，& Crowe，1984；Barlow，2002；Brown et al.，1994；Sanderson & Barlow，1990；Woodman et al，1999）。基于访谈调查，广泛性焦虑障碍发病年龄的中位数为31岁，但像艾琳一样，很多人一生都感到紧张焦虑。像大多数的其他焦虑障碍一样，广泛性焦虑障碍一旦患上就是慢性的，它是一个症状消长变化的过程。广泛性焦虑障碍在老年人中很普遍。一项全美大规模共病研究发现，广泛性焦虑障碍在45岁以上人群中最常见，在15～24岁的年轻人群中最罕见（Wittchen et
125 al.，1994）。弗林特（Flint，1994）报告老年人中广泛性焦虑障碍的患病率是7%。我们知道使用小剂量镇静剂在老年患者当中很普遍，有一项研究表明老年人镇静剂的使用率为17%～50%（Salzman，1991）。目前尚不完全清楚给老年患者开镇静剂的比例怎么会这么高。一种可能的原因是使用镇静剂并不是完全为了缓解焦虑，可能主要是为了解决睡眠问题或者伴随的其他疾病的问题。但不管怎样，苯二氮卓类药物（小剂量使用）会影响认知功能，并使得老年人更容易摔倒和骨折，尤其是髋部骨折（Barlow，2002）。罗丁和兰格（Rodin & Langer，1997）的一项经典研究证明，老年人非常容易焦虑，比如担心健康状况下降、担心生活不能自理等。这些逐渐增加的失控感、每况愈下的身体状况，以及不断降低的日常生活机能可能是西方文化下对待老年人的特有方式的副产品，这使得老年广泛性焦虑障碍患者的生活质量受到很大损害（Wetherell et al.，2004）。如果能够改变一下我们的态度和行为，我们就有可能更好地降低老年人的焦虑、抑郁或早逝的发生率。

病因

是什么导致了广泛性焦虑障碍呢？过去的若干年中我们已经对此有所了解。正如在广泛性焦虑障碍的基因影响研究中的发现那样，大多数焦虑障碍都可能有普遍的生物易感性。这一结论是从那些发现了广泛性焦虑障碍可能在家族成员中代代相传的研究中推论出来的（Noyes，Clarkson，Crowe，Yates，& McChesney，1987；Noyes et al.，1992）。双生子研究也证实了这一结论（Kendler，Neale，Kessler，Health，& Eaves，1992）。肯德勒及其同事（Kendler et al.，1995；Hettema，Prescott，Myers，Neale，& Kendler，2005）证实了经遗传而来的是成为焦虑的特质，而非广泛性焦虑障碍本身。

很多年来，临床工作者认为，广泛性焦虑并不是简单地指向某种具体的事物。因此，这类焦虑就被称作“自由浮动的”。但当代的科学家们已经对其他的焦虑障碍有了比较深入的了解，并且开始发现一些有趣的差异。

第一个细微差异是在广泛性焦虑障碍患者的生理反应中发现的。有趣的是，广泛性焦虑障碍的生理反应并不像其他焦虑障碍患者那么强烈，尤其是惊恐障碍患者。事实上，很多研究都发现与其他焦虑障碍患者相比，广泛性焦虑障碍患者的很多生理反应都没有那么强烈，比如心律、血压、皮肤电阻、呼吸频率等（Borkovec & Hu，1990；Hoehn-Saric，McLeod，& Zimmerli，1989；Roemer，Orsillo，& Barlow，2002）。因此，广泛性焦虑障碍患者曾被称为自主神经系统受限者（autonomic restrictors）（Barlow et al. ,1996；Thayer，Friedman，& Borkovec，1996）。

只有肌肉紧张这项病理生理指标才能将广泛性焦虑障碍患者与正常个体稳定地区别开来（Marten et al.，1993）。广泛性焦虑障碍患者都存在慢性和长期的肌肉紧张。所以，对 DSM-5 中关于广泛性焦虑障碍的一个提议是将肌肉紧张作为主要的躯体症状。为了解释这种现象，我们必须先弄清楚广泛性焦虑障碍患者的脑中究竟发生了什么。一些来自认知科学的新方法正在尝试解释广泛性焦虑障碍的心理过程之谜（有时候这一过程是无意识的）（McNally，1996）。

这些研究表明，广泛性焦虑障碍患者对于威胁是非常敏感的，尤其是那些针对个人的威胁。也就是说，与正常人相比，广泛性焦虑障碍患者更多地把注意力分配在潜在的威胁事物上（Aikins & Craske，2001；Barlow，2002；Bradley，Mogg，White，Groom，& de Bono，1999；MacLedo，Mathews，& Tata，1986；Mathews，1997）。患者的这种高度敏感性可能形成于早期经历，他们可能形成了世界是危险的、不可控的，以及他们无力应对的观念（一般性心理易感性）。并且，这种对潜在威胁的觉察似乎是一个完全自动化的过程，或者说是无意识的过程。麦克莱德和马修斯（MacLeod & Mathews，1991）运用在第 2 章中介绍的 Stroop 颜色命名任务发现，当屏幕上仅仅呈现 20 毫秒的威胁性词语时，焦虑患者完成任务的速度会比非焦虑的正常人更慢。在这个实验中，不同颜色的单词的呈现是非常短暂的，被试的任务是命名单词的颜色而不是单词本身。对威胁性词语的颜色命名更慢的这一事实表明，威胁性词语对广泛性焦虑障碍患者更有意义，尽管呈现时间不足以让被试知觉到单词，但仍然会干扰他们的颜色命名。

广泛性焦虑障碍患者对威胁觉察的心理过程为什么会是一个自主神经系统受限的过程呢？汤姆·伯克维奇（Tom Borkovec）及其同事发现尽管广泛性焦虑障碍患者外周的自主神经系统的唤醒受到了抑制，但是脑电图显示其额叶尤其是大脑左半球有着活跃的认知活动。这一发现使我们了解到，那些广泛性焦虑障碍患者可能陷入了一种忙乱、紧张的思考过程或者缺少相应表象（这本应该反映在大脑右半球而不是左半球活动中）的担心中（Borkovec，Alcaine，& Behar，2004）。伯克维奇认为正是这种担心导致了患者自主神经系统的受限（Borkovec，Shadick，& Hopkins，1991；Roemer & Borkovec，1993）。也就是说，他们对即将发生的问题担心得太多，以至于没有足够的注意资源来形成对潜在威胁的表象，而表象这一过程是非常重要的，因为它会引出更多实质的负性情绪和自主神经系统活动。广泛性焦虑障碍患者回避了与威胁有关的表象（Borkovec et al.，2004；Craske，1999；Fisher & Wells，2009）。然而，从治疗角度来看，对这些与焦虑相联系的表象和负性情绪的“加工”是十分重要的（Craske & Barlow，2006；Zinbarg，Craske 126
& Barlow，2006）。因为广泛性焦虑障碍患者似乎没有进行这个加工过程，他们因而能避免大部分有关的负性情绪和痛苦感，但是他们永远也不能真正解决自己的问题。最终，他们将陷入持久的担心状态中，并伴有自主神经系统的僵化和严重的肌肉紧张。总之，有些人遗传了倾向于紧张的特质（一般生物易感性），并在早期经历中形成了一种生活中重大事件可能会失控或存在潜在危险的意识（一般心理易感性）。重大的应激会使他们忧虑并警觉，引发伴随生理改变的严重担心，导致形成广泛性焦虑障碍（Roemer et al.，2002；Turovsky & Barlow，1996）。这种广泛性焦虑障碍的形成模型和我们的观点是一致，焦虑是一种指向未来的聚焦潜在危险或威胁的心境状态，而不是对当前真实危险情况的紧急或警觉性反应。广泛性焦虑障碍形成的一个模型见图 4–3。

治疗

广泛性焦虑障碍是很常见的，药物和心理学的治疗方法都是相当有效的方法。苯二氮卓类药物是最常用的治疗广泛性焦虑障碍的药物。有证据显示它们至少在短期内能起到一定缓解的作用。很少有观察这种药物疗效的实验超过 8 周以上（Mathew & Hoffman，2009）。但是其治疗效果相对有限。另外，苯二氮卓类药物

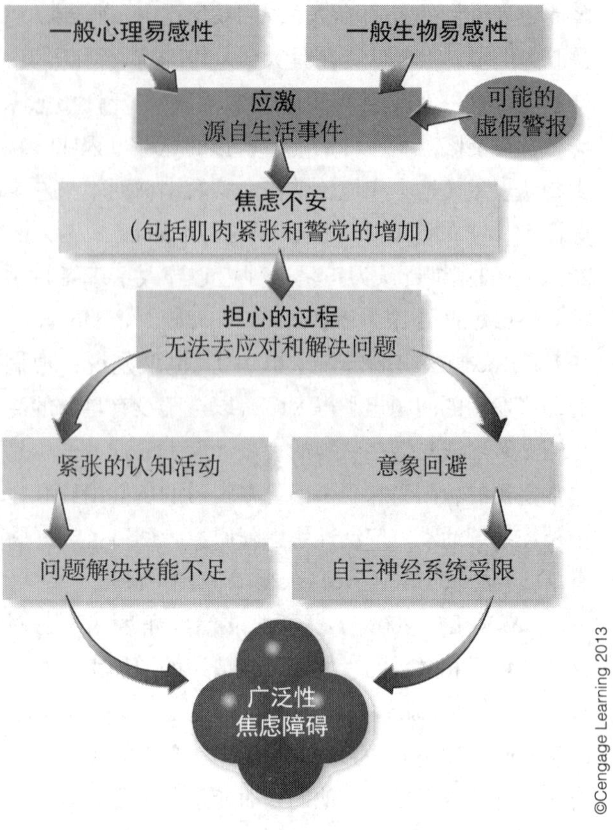

图 4–3　广泛性焦虑障碍的一个整合模型

有一定的不良反应。首先它可能会破坏认知和监测功能（Hindmarch，1986，1990；O'Hanlon，Haak，Blaauw，& Riemersma，1982；van Laar，Volkerts，& Verbaten，2001）。这些药物还会影响驾驶，并且可能导致老年人跌倒（Ray，Gurwitz，Decker，& Kennedy，1992）。更重要的是，苯二氮卓类药物可能会导致生理上和心理上的依赖性，使服用者很难停药（Mathew & Hoffman，2009；Noyes，Garvey，Cook & Suelzer，1991；Rickels，Schweizer，Case，& Greenblatt，1990）。现在，一个相当广泛的共识是，苯二氮卓类药物的最佳用途就是短期缓解暂时性危机或应激事件所导致的焦虑，如家庭问题（Craske & Barlow，2006）。在这种情况下，医生可以给患者开苯二氮卓类药物直到危机消除，但时间不宜过长，不能超过 1 周或 2 周。越来越多的证据表明，抗抑郁药对广泛性焦虑障碍患者有效，这些药物可能将是一种更好的选择（Brawman-Mintzer，2001；Mathew & Hoffman，2009）。

在治疗广泛性焦虑障碍方面，短期心理治疗的效果和药物治疗的效果是一样的。但若从长期治疗效果的角度来看，心理治疗的效果更好（Barlow，Allen，& Basden，2007；Barlow & Lehman，1996；Brokovec，Newman，Pincus，& Lytle，2002；Roemer et al，2002）。最近报告的对短程心理治疗的创新是令人鼓舞的。我们知道广泛性焦虑障碍患者似乎会回避焦虑的感觉或者由威胁性的表象所带来的负性情绪。因此，临床工作者设计了一系列的治疗方案来帮助广泛性焦虑障碍患者运用想象在情绪水平上加工威胁性的信息，从而让他们可以体验（而不是回避）焦虑。20 世纪 90 年代初，我们采用了一种针对广泛性焦虑障碍的认知行为治疗（CBT）。这一疗法通过在治疗期间诱发患者的焦虑，从而让患者直接面对那些引发焦虑的想象和观念。患者可以学会使用认知治疗和其他应对方法来阻止并控制忧虑的过程（Craske & Barlow，2006；Wetherell，Gatz，& Craske，2003）。一项对广泛性焦虑障碍的重要研究显示，初级保健服务机构（如家庭医生和护士）应用 CBT 的简化模式同样能够降低焦虑，提高生活质量（Rollman，Belnap，& Mazumdar，2005）。研究表明，这一类短期的心理治疗方法能改变与广泛性焦虑障碍相关的某些无意识中的认知偏差（Mathews，Mogg，Bradley，Millar，& White，1995）。

尽管取得了这些进展，但是对这种慢性的、难治的焦虑障碍来说，我们仍然还需要更有效的药物及心理治疗。最近，我们正在研究一种针对广泛性
焦虑障碍的新的心理治疗方法，其中包括将注意力 *127*
集中到对痛苦的想法和感觉的接受上面，而不是去回避它们。另外，冥想方法也能帮助患者更好地接受这些感觉（Orsillo，Roemer，& Barlow，2003；Roemer & Orsillo，2002；Roemer et al.，2002）。初步的结果是令人满意的。

特别令人鼓舞的是，心理治疗的方法对广泛性焦虑障碍儿童患者是非常有效的（Albano & Hack，2004；Furr et al.，2009）。肯达尔及其同事（Kendall et al.，1997）将 94 个 9～13 岁的儿童随机分配为 CBT 组和等待治疗的对照组，其中大多数儿童都是广泛性焦虑障碍患者，但也有一些社交恐惧症或分离焦虑障碍患者。根据教师的评估，CBT 组 70% 的儿童在治疗后功能恢复正常，维持至少 1 年。在一项重要的儿童临床试验中，对于患有广泛性焦虑障碍以及其他相关障碍的儿童来说，与服用安慰剂相比，CBT 和抗抑郁药物舍曲林（左洛复）有着相同

的治疗效果，但是 CBT 与舍曲林相结合的效果会更好，80% 的被试会有显著改善，而安慰剂组只有 24%（Walkup et al.，2008）。将这种心理治疗方法应用于老年人身上也取得了一些效果（Beck & Stanley，1997；Stanley et al.，2003；Wetherell，Lenze，& Stanley，2005）。一项大规模的针对 60 岁以上老年人的临床试验明确证实了心理治疗相比常规治疗的有效性（Stanley et al.，2009）。

在尝试过很多药物之后，艾琳开始接受我们的认知行为疗法，不久后她发现自己应付生活的能力有了很大的提高。艾琳读完了大学和研究生课程，结了婚，成了疗养院的一名比较成功的咨询师。但即使现在，艾琳也很难做到完全放松或停止焦虑。尤其是在有应激的时候，她偶尔会服用一些镇静剂之类的药物来保证自己具备正常的心理应对能力。

概念自测 4.2

判断正（T）误（F）。

1. 广泛性焦虑障碍的特点有：肌肉紧张、精神躁动、易怒、睡眠困难以及容易疲劳。_______
2. 大多数研究显示，作为对生活应激源的一种即时反应，多数广泛性焦虑障碍都在成年早期发病。_______
3. 广泛性焦虑障碍在老年人和女性中更常见。_______
4. 广泛性焦虑障碍没有遗传基础。_______
5. 从长期疗效来看，认知行为治疗及其他心理治疗对广泛性焦虑障碍比药物治疗更有效。_______

伴随或不伴随广场恐惧的惊恐障碍

▸ 惊恐障碍的主要特征是什么？

你有没有一个亲戚，比如一个从来不离开家的古怪姑妈？家庭聚会和互访总是不得不在她家里进行，她从不去别的地方。大多数人会将古怪姑妈的这种行为归结为有点怪异或只是不喜欢走动。当有人来访的时候，她总是十分热情和友好，因此她与家人仍然保持着联系。

实际上，你的姑妈可能并不是古怪，她可能是患上了一种很折磨人的焦虑障碍，叫作**伴随广场恐惧的惊恐障碍**（panic disorder with agoraphobia，PDA）。这类患者会出现严重的不可预料的惊恐发作，有濒死的体验或失控感。因为他们不知道什么时候惊恐发作会发生，所以**广场恐惧症**（agoraphobia）患者会害怕并回避那些让他们感到会出现惊恐发作或类似征兆的不安全的地方，这些地方包括那些逃回家或去医院很困难或让人尴尬的地方。严重的 PDA 患者整天足不出户，而且这种情况会延续数年，例如下面 M 夫人就是这样的例子。

M夫人：自我封闭

M 夫人有 67 岁了，住在某城市中低阶层住宅区的一座多层公寓的二楼。她有一个已成年的女儿，是这个世界上与她保持联系的少数几个人之一。经 M 夫人的同意，她女儿要求我们给她的母亲做一个评估。我按了门铃，走过一条狭窄的走廊，没有看到 M 夫人。因为知道她住在 2 楼，我就走上了楼梯，敲了敲门，得到 M 夫人的允许后，我推门而进，看到她正端坐在客厅里。我很快将屋 128
内的摆设尽收眼底，客厅在前面，厨房在后面，有走廊相连，楼梯右边是卧室，卫生间的门开在卧室里面。

M 夫人见到我很高兴，友好地递给我咖啡和她自己做的点心。我是她这三个星期以来见到的第一个人。实际上，M 夫人已经 20 年没离开过这个公寓了。她患上 PDA 也已经 30 年了。

M 夫人生动而真实地讲述了她是如何虚度自己的生活的。现在她仍在继续尽自己最大的努力和这种令人难以忍受的生活方式做斗争。甚至她自己的公寓的某些地方也会诱发严重惊恐发作。15 年来，她不敢自己去开门，因为她害怕看到走廊。她可以去厨房，也可以用炉子和冰箱，但最近 10 年来她不能到那个可以看到后院的阳台上去，包括后面的

伴随广场恐惧的惊恐障碍（PDA）　恐惧并回避自己相信可能会导致严重惊恐发作的情境。

广场恐惧症　对身处难以逃脱的地方或情境的焦虑。

走廊。因此对她来说，过去的10年中，她的生活就局限在卧室、客厅和厨房的前半部分。她依靠成年的女儿每周送来一些东西和食品生活。她唯一的另外一位客人就是教区的牧师，他2～3周来和她谈一次心。她与世界的唯一联系就是电视和收音机。她丈夫十多年前因饮酒过度而去世，去世前，他经常酗酒并虐待她。M夫人在自己不幸婚姻的早期经历了第一次惊恐发作，然后她就逐渐开始离群索居。只要待在家里，她就很少出现惊恐发作。因为这些原因，同时也是认为在自己的生命的晚年再冒险对自己来说没有太大的必要，因此她拒绝接受治疗。

临床描述

在本章开始我们讨论了焦虑和惊恐的关系。在PDA中，焦虑和惊恐以一种复杂的方式与恐惧性回避联系在一起，这种联系就像M夫人那样，具有同样的危害性。许多人有惊恐发作但不一定发展出惊恐障碍，同样很多体验到焦虑和惊恐发作的人，并不一定会发展出广场恐惧症。这种类型的障碍被叫作**不伴随广场恐惧的惊恐障碍**（panic disorder without agoraphobia，PD）。

惊恐障碍（伴随或不伴随广场恐惧）的诊断标准：个体必须经历过不可预知的惊恐发作，并且之后对下一次惊恐再次发作的可能性或者对惊恐发作及其后果的意义感到严重焦虑。换句话说，他必须认为每次发作都意味着濒死或者无法应对。虽然有些人并不担心下一次惊恐发作，但在行为上已经因为惊恐发作而改变了很多，这意味着惊恐发作让他们感到了应激。例如，他们可能会因为担心自己太活跃时会惊恐发作而回避去某些地方或不顾自己对家庭的责任。

广场恐惧症的形成

很多惊恐障碍患者后来都患上了广场恐惧症。“广场恐惧症”（agoraphobia）一词是由德国内科医生卡尔·韦斯特法尔（Karl Westphal）于1871年创造的，它在古希腊语中，是指害怕市场。这是一个很贴切的术语，因为“agora”指的是古希腊的市场，一个热闹、忙乱的地方。今天，对广场恐惧症患者来说，最让他们紧张的地方之一就是购物中心——一种现代的市场。

几乎所有的广场回避行为都是严重的非预期型惊恐发作的一种并发症（Barlow，2002；Craske & Barlow，1988，2008）。简单地说，如果你出现了不可预料的惊恐发作，并且还担心惊恐发作的再次出现，那么你就希望待在一个安全的地方，或和一个值得信赖的人待在一起。因为你知道如果惊恐发作再次出现，你会有怎样的感受，这样你就可以很快地被送进医院就诊，或者至少可以躺在卧室里平静一下（家通常是一个安全的地方）。我们知道，对广场恐惧症患者来说，如果待在一个安全的地方，或和一个“安全的人”在一起，那么即使糟糕的事情真的发生了，而他们又无计可施，焦虑也会减轻。正因如此，当这些广场恐惧症患者外出时，他们也总是计划着尽快脱身（如坐在靠近门的地方）。广场恐惧症患者回避的典型的情境见表4–1。

表4–1　广场恐惧症患者回避的典型的情境

大型购物中心	远离家
汽车（作为司机或乘客）	一个人在家
公交车	排队等候
火车	超市
地铁	商店
宽阔的街道	人群
隧道	飞机
餐厅	直梯
剧院	扶梯

资料来源：Adapted, with permission, from Barlow, D. H., & Craske, M. G. (2007). *Mastery of your anxiety and panic* (4th ed., p. 5). New York: Oxford University Press.

虽然广场回避行为几乎总是与惊恐发作的具体情境紧密联系在一起，但它会逐渐独立于惊恐发作（Craske & Barlow，1988；Craske，Rapee，& Barlow，1988；White & Barlow，2002）。换句话说，一个多年没有经历惊恐发作的人仍会像M夫人那样，有严重的广场回避行为。广场回避似乎取决于你预期或确信惊恐发作会再次出现的程度，而不是你曾经经历过的惊恐发作的次数或严重程度。因此，广场回避仅仅是应对非预期型惊恐发作的一种办法。

另外一些应对惊恐发作的方法包括使用（最终会滥用）药物和/或酒精。有些人并不回避引起广场恐惧的情境，而是在“极端恐惧”中去忍受它，例如那些每天必须去工作，或者旅行是工作一部分的人就不得不去承受这种难以言状的焦虑和恐惧。因此，在 DSM- Ⅳ -TR 中，广场恐惧症可以是回避某种情境，也可以是在极大的痛苦当中去忍受某种情境。最近的流行病学调查发现，一些从未经历过惊恐发作或任何可怕诅咒的人似乎也有广场恐惧症（Wittchen，Gloster，Beesdo-Baum，Fava，& Craske，2010）。这一发现还需要进一步研究。

大多数有严重广场回避行为的人（也有些轻微的），同时还会有一些我们称为内感型回避或内部
129 生理感觉回避的回避行为（Barlow & Craske，2007；Brown，White，& Barlow，2005；Craske & Barlow，2008；Shear et al.，1997）。这些行为包括让自己逃离某些情境或活动等，因为它们会导致产生在一定程度上与惊恐发作开始时类似的躯体唤醒。例如，一些患者可能会拒绝锻炼，因为锻炼过程产生的心血管活动加剧或呼吸急促会使他们想起惊恐发作的过程，并担心再一次发作。而另一些患者可能会逃避洗桑拿浴和其他一些令他们出汗的地方。心理病理学家正开始认识到，这些回避行为和传统的广场回避行为同样重要。

数据统计

伴随或不伴随广场恐惧的惊恐障碍是非常常见的。人群中符合诊断标准的伴随或不伴随广场恐惧的惊恐障碍的年患病率为 2.7%（Kessler，Chiu，et al.，2005；Kessler，Chiu，Jin，et al.，2006），而大约 4.7% 的人会在一生中的某个时候符合这一标准，其中 2/3 是女性（Eaton，Kessler，Wittchen，& Magee，1994；Kessler，Berglund，et al.，2005），此外，没有经历一次完整惊恐发作的一小部分人（1.4% 的人在一生中的某个时候）也会产生广场恐惧症。通常，这些人会有一两个严重症状，如头晕等，而不是惊恐发作所要求的至少四个症状。这种情况称为无惊恐发作病史的广场恐惧症，但它看起来与不伴随广场恐惧的惊恐障碍非常相像，治疗方法也是一致的（Craske & Barlow，2008；Kessler，Chiu，Jin，et al.，2006）。

惊恐障碍通常发病于成年早期——从十几岁到 40 岁不等，年龄的中位数在 20 岁到 24 岁之间（Kessler，Berglund，et al.，2005）。大多数原发性的、非预期型惊恐发作开始于青春期或青春期之后。另外，许多青春期前的孩子会由于呼吸急促去看全科医生，而这很有可能是惊恐发作。然而，这些孩子称自己没有感到有濒死恐惧或者是失控感，这可能是因为这些孩子还未到一定的认知阶段来做出这种归因（Nelles & Barlow，1988）。

对老年人焦虑的重要研究表明，老年人群的焦虑主要集中在他们的健康和生命上（Wisocki，1998；Wolitzky-Taylor，Castriotta，Lenze，Stanley，& Craske，2010）。林德赛（Lindesay，1991）研究了 60 个确诊的老年惊恐障碍患者并发现其与年轻成年人不同的几个方面，例如发病年龄和患病率。这一群体的恐惧症主要是发病较晚（50 岁以后）的广场恐惧症，且经常与生活中的应激事件有关，如疾病或受伤。一般而言，伴随或不伴随广场恐惧的惊恐障碍在老年人中的患病率是降低的，从 30～44 岁的 5.7% 降到 60 岁之后的 2.0% 或更少。

我们曾经提到，大部分（75% 或更多）的广场恐惧症患者是女性（Barlow，2002；Myers et al.，1984；Thorpe & Burns，1983）。最合逻辑的解释应该是文化因素（Arrindell et al.，2003a；Wolitzky-Taylor et al.，2010）。女性的恐惧和对各种情境的回避更多地被社会所接受，而男性则被认为应该是勇敢和强大的，在困难面前应该坚忍不拔。广场回避越严重的人群中，女性所占的比例越大。举个例子，在我们的诊所里就诊的惊恐障碍患者，伴随轻度广场恐惧中 72% 是女性，伴随中度广场恐惧中 81% 是女性，而重度广场恐惧中 89% 是女性。

对于那些患有严重的惊恐发作的男性来说，情况是怎样的呢？会不会因为文化因素如此强烈地反对男性表达恐惧，因此大多数男性只能去忍受惊恐
发作？答案似乎是否定的。大部分患有非预期型惊 130
恐发作的男性会以社会文化接受的方式进行着抗争，如大量饮酒。问题是他们会逐渐依赖酒精，而且许多人的情况会每况愈下，最后形成严重的酒精依赖。因此，这些男性最终可能会产生比伴随广场恐惧的惊恐障碍更严重的问题。

不伴随广场恐惧的惊恐障碍（PD） 没有形成广场恐惧症的惊恐发作。

DSM 诊断标准概要

伴随广场恐惧的惊恐障碍

伴随广场恐惧的惊恐障碍的症状包括：

- 反复出现非预期的惊恐发作。
- 在惊恐发作一个月后又出现以下症状中的1种或多种：（1）持续地担心惊恐发作会再次出现；（2）担心惊恐发作的后果；（3）与惊恐发作有关的行为的显著改变。
- 对一些难以逃避或会引起尴尬的地方或社会场合感到焦虑，例如在拥挤的人群中、乘公共汽车出游或排队等候。

资料来源：Based on DSM-Ⅳ-TR. Reprinted with permission from *Diagnostic and Statistical Manual of Mental Disorders* (4th ed., text revision). ©2000 American Psychiatric Association.

文化的影响

尽管惊恐障碍的表现形式有地域差异，但它在世界范围内都普遍存在。在非洲的莱索托，惊恐障碍（以及广泛性焦虑障碍）的发生率并不比北美少（Hollifield，Katon，Spain，& Pule，1990），甚至更高。在一项更全面的研究中，美国、加拿大、波多黎各、新西兰、意大利、韩国等国家和中国台湾地区惊恐障碍发生率都很接近，只是中国台湾地区发生率稍低一些（Horwath & Weissman，1997）。在美国，包括非洲裔美国人在内的各个种族，惊恐障碍的发生率也是非常相似的。并且，黑人和白人在发病症状上没有显著的区别（Friedman，Paradis，& Hatch，1994）。然而，需要指出的是在非洲裔美国人中，惊恐障碍和高血压共病的现象比较常见（Neal，Nagle-Rich，& Smucker，1994；Neal-Barnett & Smith，1997）。

在第三世界国家的文化中，比较强调焦虑的躯体症状。主观的恐惧或焦虑感可能并不是这些文化的一部分。也就是说，这些文化中的个体不会注意到这些情绪，也不会说出这些情绪，他们只关注躯体感觉（Asmal & Stein，2009；Lewis-Fernández et al.，2010）。一种与焦虑有关的、与文化相关的综合征，称为应激性神经症（ataques de nervios，葡萄牙语，一种文化特异性症状群），在西班牙裔美国人，尤其是来自加勒比地区的人中非常普遍（Hinton，Chong，Pollack，Barlow，& McNally，2008；Hinton，Lewis-Fernández，& Pollack，2009；Liebowitz et al.，1994）。这种症状和惊恐发作的症状似乎非常相似，尽管患者的控制不住地大叫、痛哭等症状可能与“攻击”（ataque，葡萄牙语，英文为 attack）有关，而不是与惊恐有关。

最后，精神病学家 / 人类学家德冯 · 辛顿（Devon Hinton）和他的同事最近描述了在美国的柬埔寨难民和越南难民其令人惊奇的惊恐障碍的表现形式。这两类人中好像患惊恐障碍的比率都很高。但这些惊恐发作很大部分与站立头昏（快速站立起来容易引起头昏眼花）和“脖子疼痛”有很大的关系。辛顿的研究团队发现，柬埔寨人对 kyol goeu 或“过度气胀”（wind overload，太多的风或气体充斥在体内，会导致血管爆裂）的理解成为惊恐发作过程中灾难性想法的关键（Hinton & Good，2009；Hinton，Pollack，Pich，Fama，& Barlow，2005；Hinton，Hofmann，Pitman，Pollack，& Barlow，2008）。

夜间惊恐发作

回想一下格雷琴的案例，在前面已经介绍过她的惊恐发作。她经常在熟睡中发生惊恐发作。大约有 60% 的惊恐障碍患者都有过在夜间发病的经历（Craske & Rowe，1997；Uhde，1994）。实际上，惊恐发作在凌晨一点半到三点半之间发作的次数要多于其他任何时间（Taylor et al.，1986）。有些患者夜间甚至都不敢入睡。他们究竟怎么了，在做噩梦吗？研究表明并没有。在睡眠实验室里，对夜间惊恐发作进行了研究。患者在实验室里睡上几个晚上，睡觉时身上戴着脑电图（EEG）记录仪用来监测脑波的变化（见第 3 章）。我们所有的人都会经历不同的睡眠阶段，每个阶段都有着不同的脑电图模式。我们已经知道，夜间惊恐发作通常出现在 δ 波或慢波睡眠阶段，即在我们入睡几个小时后的深度睡眠阶段。惊恐发作常常出现在刚开始进入 δ 波睡眠阶段，患者会在惊恐发作中醒过来，而在深度睡眠中并没有引起焦虑和恐惧的明显诱因，所以大多数患者当时只会觉得自己快要死了（Craske & Barlow，1988；Craske & Rowe，1997）。

夜间惊恐发作的原因是什么呢？目前最好的解释是，当进入慢波睡眠阶段的时候，会产生一种让惊恐障碍患者感到非常可怕的生理“释放”感（Craske，Lang，Mystkowski，Zucker，& Bystritsky，2002），这一过程在我们后面谈到惊恐障碍的原因时会做更详细的描述。睡眠期间还会出现其他几种与夜间惊恐很类似的事情，它们会被误以为是夜间惊恐产生的原因。最开始人们以为这是梦魇造成的，但是梦魇以及所有跟梦有关的活动只会发生在快速眼动（REM）睡眠阶段，而快速眼动睡眠处在睡眠循环过程的后期。此外，患者一致报告，当夜间惊恐发生的时候他们并没有做梦。发生在儿童身上的有关现象被称为“夜惊”（sleep terror），我们将在第 8 章详细介绍（Durand，2006），即儿童睡眠中经常会突然惊叫并挣扎着离床的动作，好像有什么东西在追赶他们，然而他们实际上没有醒过来，晨醒后没有回忆。与此相反，成人经历夜间惊恐时确实会醒过来，并且之后会有清楚的记忆。夜惊也倾向于发生在深度睡眠阶段（第 4 睡眠阶段），这一阶段是与梦游症相联系的。

最后，还有一种似乎取决于文化的奇特的情况，它被称为睡眠麻痹综合征。它在睡眠与清醒状态的转换之间发生，此时，个体既是睡着了的，又是清醒着的，但大多数情况下是清醒着的。在此期间，个体不但不能动，而且还能体验到一种与惊恐发作类似的强烈恐惧，偶尔还会出现生动的幻觉。一个可能的解释是，快速眼动睡眠影响了觉醒的过程。这似乎很有可能，因为快速眼动睡眠具有缺少身体活动的特点。另一个解释是，生动的梦境是引起幻觉体验的原因。帕拉迪斯等（Paradis，Friedman，& Hatch，1997）发现，与其他群体相比，睡眠麻痹综合征的发生率在患有惊恐障碍的非
131 洲裔美国人中明显更高（59.6%）（见图 4-4）。最近，拉姆塞等（Ramsawh et al.，2008）重复了这一实验并发现，与没有睡眠麻痹综合征的非洲裔美国人相比，患有睡眠麻痹综合征且有创伤史的非洲裔美国人会被更多地诊断有惊恐障碍和创伤后应激障碍。

病因

如果不借助本书所讲的生物、心理、社会三个因素的共同作用是很难理解焦虑障碍的。有足够的证据表明，广场恐惧症主要是由于经历了非预期惊恐发作（或类似惊恐的感觉）所导致的。然而正如我们前面所提到的，广场恐惧症的形成，以及它的严重程度似乎在很大程度上取决于社会文化因素。惊恐发作和惊恐障碍则似乎更多的和生物、心理因素及其交互作用有关。

根据三重易感性模型（Bouton et al.，2001；Bouton，2005；Suárez et al.，2009；White & Barlow，2002），我们每个人都或多或少地遗传了某种应激易感性，即对日常生活事件普遍的神经性的过度反应（一般生物易感性）。但是，当面对这些应激事件的时候，有些人会比其他人更容易做出应激反应（非预期惊恐发作）。（要记住面对相同的应激事件，有些人更可能会感到头痛或血压升高。）特定的情境会很快和个体惊恐发作过程中的内、外部线索联系起来（Bouton et al.，2001）。下次在体育锻炼中的心跳加快，可能会被认为是惊恐发作了（条件作用）。没有危险的体育锻炼是惊恐发作的内部线索和条件刺激之一。如果首次发作是在电影院里，那么电影院就可能成为惊恐发作的外部线索和条件。因为这些线索与各种内外部刺激发生联系是一个习得的过程，所以我们也把它们称作“习得性警报”（learned alarm）。

但是，仅有这些是不够的，个体还必须为再一次惊恐发作的可能性而感到焦虑（一般心理易感性），就是他们必须认为身体上的某些变化预示着即

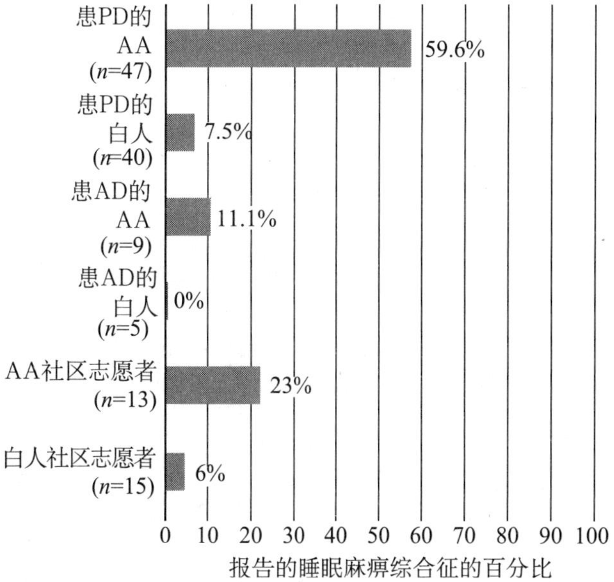

图 4-4　对患惊恐障碍（PD）和其他非惊恐障碍的焦虑障碍（AD）的非洲裔美国人（AA）和白人以及无障碍的志愿者的独立睡眠分析

资料来源：Adapted from Paradis, C. M., Friedman, S., & Hatch, M., 1997. Isolated sleep paralysis in African-Americans with panic disorder. *Cultural Diversity & Mental Health, 3,* 69-76.

将发生的惊恐发作，甚至死亡。这就是产生惊恐障碍的过程。这种倾向于认为意外的躯体感受具有危险的观念反映了形成惊恐和相关障碍的特定心理易感性。这种因果关系见图 4–5。

我们知道人群中有 8%～12% 的人通常会在急性应激期间偶尔遭遇一次非预期惊恐发作，尤其是在紧张的条件下（Kessler et al.，2006；Mattis & Ollendick，2002；Norton，Harrlson，Hauch，& Rhodes，1985；Suárez et al.，2009；Telch，Lucas，& Nelson，1989）。而这些人中的大部分并不会形成焦虑（Telch et al.，1989），他们似乎把惊恐发作归因于暂时性的事件，例如和朋友的一次争吵、吃的东西不好或者倒霉的一天，然后继续他们的生活。

大卫·克拉克（David Clark，1986，1996）的一个很有影响的认知理论更加详细地解释了惊恐障碍的认知过程的一些细节问题。克拉克强调了这类患者的特定心理易感性，认为他们对待平常的生理变化的过度敏感是一种灾难化的倾向。换句话说，尽管我们都会有锻炼过后心跳加快的经历，但倘若你有心理上或者认知上的易感性，你的反应就可能是危险的，可能就会体验到焦虑。这种焦虑，就会转化为生理上的敏感性。因为交感神经系统的活动过分活跃，你在知觉这些情境的时候就会感到非常危险。这种恶性循环一旦开始，就会最终导致惊恐发作。因此，克拉克非常强调惊恐障碍中认知过程的重要性。

治疗

正如第 1 章中谈到的，对于心理病理学来说，新的治疗效果的研究是十分重要的，对某些特定治疗的反应，无论是药物的还是心理的，都可能说明障碍的原因。我们现在来讨论药物治疗、心理干预以及这两种治疗相结合的优缺点。

药物治疗 132

许多影响去甲肾上腺素能、5- 羟色胺能、GABA- 苯二氮卓类神经递质系统或一些组合的药物，包括高效力的苯二氮卓类药物和新一代 5- 羟色胺再摄取抑制

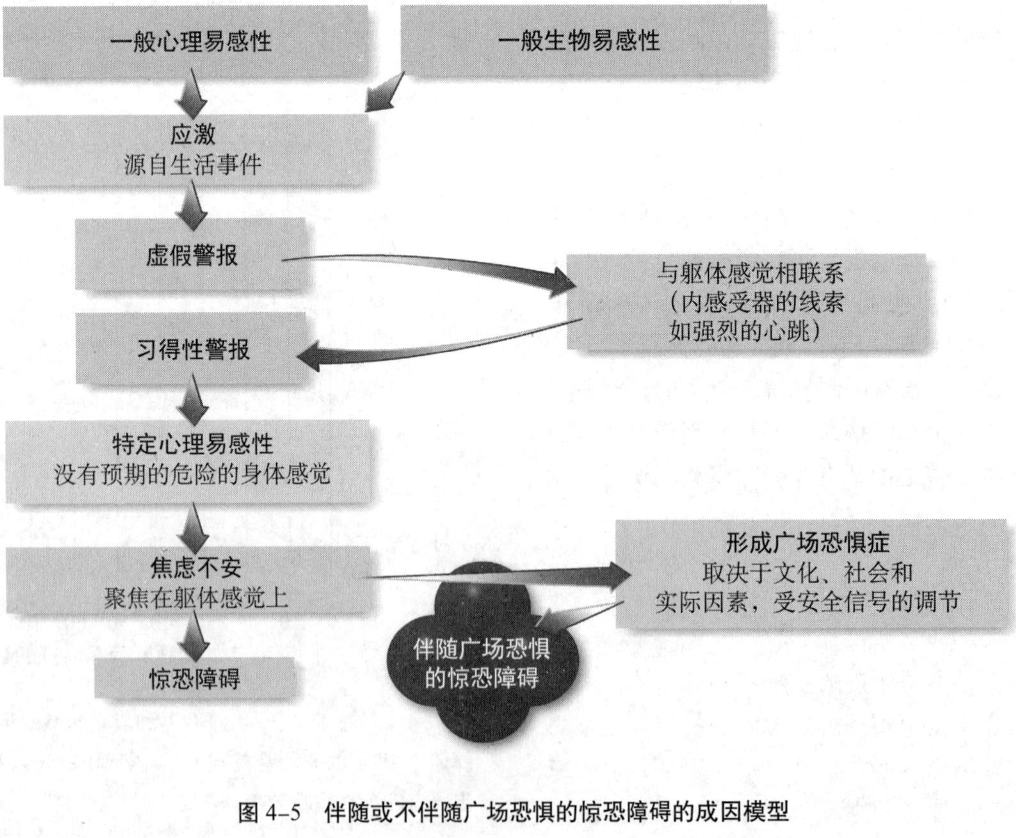

图 4–5 伴随或不伴随广场恐惧的惊恐障碍的成因模型

资料来源：Reprinted, with permission, from White, K. S., & Barlow, D. H., 2002. A model of the causes of panic disorder with or without agoraphobia. In D. H. Barlow, *Anxiety and its disorders*: *The nature and treatment of anxiety and panic*, 2nd ed. New York: Guilford Press, ©2002 by Guilford Press.

剂（SSRIs）如百忧解和帕罗西汀，以及近似相关的 5-羟色胺去甲肾上腺素再摄取抑制剂（SNRIs）如文拉法辛，对惊恐障碍也同样有效（Barlow，2002；Barlow & Craske，2007；Pollack，2006；Pollack & Simon，2009；Spiegel，Wiegel，Baker，& Greene，2000）。

每种药物都有其利弊。选择性 5- 羟色胺再摄取抑制剂目前通常被推荐为治疗惊恐障碍的首选药物，尽管在服用此类药物的患者中有 75% 或更多的人会出现性功能障碍（Lecrubier，Bakker，et al.，
133 1997；Lecrubier，Judge，et al.，1997）。不过，惊恐障碍患者普遍使用的高效力苯二氮卓类药物如阿普唑仑（佳乐定），尽管起效很快，但是由于其生理和心理的依赖性和成瘾性，很难停止服用。因此，这类药物不如选择性 5- 羟色胺再摄取抑制剂。然而，苯二氮卓类药物仍然是实际中使用最多的药物（Bruce et al.，2003）。同时，所有的苯二氮卓类药物也会在一定程度上损伤认知与监测功能。因此，大剂量服用会在一定程度上损害开车与学习的能力。

大概 60% 的惊恐障碍患者在坚持服用有效药物时不会表现出症状（Lecrubier，Bakker，et al.，1997；Pollack & Simon，2009），但是超过 20% 的患者会在治疗结束前停止服药，并且停药后的复发率较高（大约 50%）（Hollon et al.，2005；Spiegel et al.，2000）。停服苯二氮卓类药物的患者复发率接近 90%（例如，参见 Fyer et al.，1987）。

心理治疗

心理治疗已被证实对治疗惊恐障碍是非常有效的。起初，此类治疗集中在减少广场回避行为，所使用的策略是基于对害怕情境的暴露。这一策略组织一系列情境，在这些情境中患者逐渐面对害怕情境并学会“其实根本没什么可害怕的”。有时，治疗师需陪伴患者做暴露练习，其他时间治疗师仅须给患者布置练习并提供一系列心理应对机制，以协助他们完成练习，其经典的组织方式是从最简单到最困难。具体例子见表 4–2。

逐级暴露练习有时联合减轻焦虑的应对机制，如放松或呼吸训练，能有效克服广场回避行为。经过这种治疗的 70% 的患者有了实质上的改善，其焦虑与惊恐有所减轻，广场回避行为也大大减少。然而，很少有患者能被治愈，很多人仍有一定程度的焦虑与惊恐发作。

表4–2　情境暴露任务（困难度从最低到最高）

独自在一个拥挤的超市购物 30 分钟
独自离开家步行 5 个街区
由配偶陪同，自己驾车在繁忙的高速路行驶 8 公里
在餐厅吃饭时坐在中间的位置
去看一场电影，并坐在中间一排

资料来源：Adapted, with permission, from Barlow, D. H., & Craske, M. G. (2007). *Mastery of your anxiety and panic* (4th ed., p. 133). New York: Oxford University Press.

最近已发展出有效的直接治疗惊恐发作的心理疗法（Barlow & Craske，2007；Clark et al.，1994；Craske & Barlow，2008；Klosko，Barlow，Tassinari，& Cerny，1990）。我们诊所采用的**惊恐控制疗法**（panic control treatment，PCT）主要是把惊恐障碍患者暴露于那些让他们想起惊恐发作的感觉中，这能唤起他们的惊恐。通过让患者练习提高心率，或通过旋转坐在椅子上的患者使他们头晕，治疗师试图在治疗室创造“袖珍型”惊恐发作。为此目的，已专门发展出一系列练习。患者同时接受认知治疗。使其害怕但实际无害的情境得到澄清，并被加以矫正。追踪研究表明，接受 PCT 治疗的患者两年后仍保持良好状况（Craske & Barlow，2008；Craske，Brown，& Barlow，1991）。剩下来的广场恐惧行为也可以通过更加标准的暴露练习进行治疗。尽管这些治疗是非常有效的，但它们仍相对不成熟，由于需要接受过高级训练的治疗师来实施，因此还无法在许多惊恐障碍患者身上实施（Barlow，Levitl，& Bufka，1999；McHugh & Barlow，2010）。

心理和药物联合治疗

因为惊恐障碍患者的首次治疗通常是来自不能提供心理治疗的初级保健医生，这在一定程度上导致患者经常在服药之后才开始接受心理治疗。因此，有了如下的重要问题：心理治疗和药物治疗相比较的效果怎样？两种方法相结合的效果又如何？美国国家精神卫生研究所（National Institute of Mental Health）发起的一项重要工作，研究了心理与药物治疗的单独疗效与综合疗效（Barlow，Gorman，

惊恐控制疗法（PCT） 惊恐发作的认知行为疗法，包括逐渐暴露于所恐惧的躯体感受，并矫正对其看法和态度。

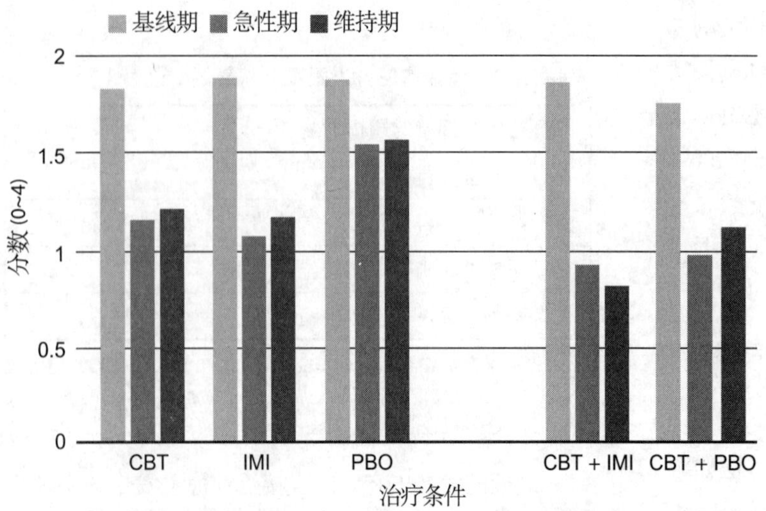

图 4–6 急性期和维持期后患者在惊恐障碍严重程度量表上的得分

资料来源：Adapted from Barlow, D. H., Gorman, J. M., Shear, K. M., & Woods, S. W., 2000. Cognitive-behavioral therapy, imipramine, or their combination for panic disorder: A randomized controlled trial. *Journal of the American Medical Association*, *283*(19), 2529–2536.

Shear，& Woods，2000）。在这项双盲研究中，312 名精心筛选的惊恐障碍患者在 4 种不同的场所接受训练，2 个场所被告知采用专门的药物治疗，另外 2 个场所则被告知采用专门的心理治疗。如此安排的目的是控制由于治疗师倾向于采用某一种治疗而可能产生的偏差。患者被随机分派给 5 个不同的治疗条件：单独心理治疗［认知行为治疗（CBT）］；单独药物治疗［使用丙米嗪（IMI）——一种三环抗抑郁剂，因为 SSRIs 类药物在当时还未被使用］；联合治疗（IMI+CBT）；两个“控制”条件，一个单独使用安慰剂（PBO），一个使用 PBO+CBT（确定联合治疗的优势在一定程度上优于安慰剂）。

图 4–6 给出了 3 个月后对治疗有反应的患者的情况，在此期间，患者每周与治疗师见面一次（急性反应期）。这些数据由一位独立的评价者使用惊恐障碍严重程度量表（Panic Disorder Severity Scale）
134 来评估，包括脱落的被试（把他们看作治疗失败者）。结果显示，所有治疗组的效果都明显好过安慰剂组。有若干证据表明，在那些治疗有效的患者身上，单纯药物治疗组效果稍好于单纯心理治疗组（CBT），但是两种治疗都有效的人数大致相同。联合治疗几乎和单独治疗的效果一样。

图 4–6 也显示了另外 6 个月持续治疗的效果（首次治疗后的 9 个月），在此期间患者平均每月看一次医生，从这点上来看，除了联合治疗组稍有优势外，其他组的疗效类似于首次治疗后的效果，而对安慰剂有效的人数则在不断减少。治疗停止后的 6 个月（首次治疗后的 15 个月），接受药物治疗的患者，无论其是否与 CBT 结合，已经有某方面的恶化，而那些只接受 CBT 治疗而没有接受药物治疗的患者仍然保持疗效。因此，心理治疗似乎有其更长远的效应（治疗停止后的 6 个月）。

很多研究显示，药物尤其是苯二氮卓类药物可能会干扰心理治疗（Craske & Barlow，2008）。鉴于此，我们的多边合作团队想探索治疗中是否存在一个效果更好的顺序策略，即只在一种治疗方法没有达到预期效果的时候再使用另一种方法，而不是同时给予两种治疗。在目前正准备发表的本研究中，256 个惊恐障碍或伴随广场恐惧的惊恐障碍患者完成了初步的 3 个月 CBT 治疗，58% 的患者没有实现功能恢复的理想水平（高功能状态）而进入下一个试验，他们或者继续接受 CBT 治疗，或者接受帕罗西汀治疗。帕罗西汀使用 1 年，而 CBT 治疗的时间为 3 个月。基于 1 年后的数据统计倾向，一个很明显的结果是相比继续采用 CBT 治疗，采用帕罗西汀治疗有效的患者更多。从另一种方式来考察的一项研究（Craske et al.，2005）发现，在初级保健治疗中对已服药的患者增加 CBT 治疗，比单纯药物治疗会产生更显著的长远效果。这是一种“阶段性治疗”的方法，例如先进行一种治疗，如心理治疗，然后再进行第二种治疗，如药物治疗。对于那些治疗效果不明显的患者，这种方法可能优于一开始就实施联合治疗。

目前正在开始对一种特殊的药物进行研究，因为它不同于以往的药物，似乎能增强心理治疗的效果。这种药物是一种抗生素，称为 D- 环丝氨酸（DCS）。神经科学家们比如埃默里大学的迈克尔·戴维斯（Michael Davis）对这种药物有了一些有趣的发现。戴维斯发现当大鼠习得一个恐惧反应后，比如给以光刺激时伴随电击，大鼠会习得对光的恐惧，对这些大鼠实施恐惧消退试验，即撤销伴随光刺激的电击，大鼠会如预期逐渐不再害怕光（恐惧消退）。然而，在恐惧消退试验中给予大鼠 DCS，会使消退过程发生得更快而且效果更持久（Walker，Ressler，Lu，& Davis，2002）。进一步的研究发现，这种药物能作用于大脑内的杏仁核，杏仁核的功能涉及对恐惧与焦虑的学习和遗忘。DCS 会影响神经递质的传递，从而在一定程度上增强消退过程（Hofmann，2007）。

最近，一些研究者已经开始对社交焦虑障碍或惊恐障碍患者使用这种药物。患者是在开始消退或暴露试验之前约一个小时服用 DCS，而不是在平常服用。例如，迈克尔·奥托（Michael Otto）及其同事在我们的一个诊所中（Otto et al.，2010）先对惊恐障碍患者实施最佳的认知行为干预，然后观察服用或不服这种药物的变化。（分别给予两组患者该药物和安慰剂，并且无论是治疗师还是患者都不知道哪一组服用的是什么，使之成为一个双盲实验）。在治疗过程中，服用该药物的患者的疗效比没有服用的患者有显著提高。值得特别指出的是，惊恐障碍患者的恐惧线索是他们的躯体感觉，而 DCS 这种药物可以帮助消除引发焦虑的感觉，比如心跳加快或呼吸急促。斯特凡·霍夫曼（Stefan Hofmann）及其同事（2006）在社交焦虑障碍中发现了类似的结果。 135
如果这些结果能够被重复，我们就将在惊恐障碍的治疗方面取得重大进步。

概念自测 4.3

判断正（T）误（F）。

1. 不伴随广场恐惧的惊恐障碍（PD）是这样一种障碍：患者会体验到焦虑和惊恐，并伴随对他认为的“不安全”情境的病态性回避。_______
2. 大约40%的人在他们一生中的某个时间会符合惊恐障碍的标准。_______
3. 有些惊恐障碍患者有自杀倾向，会出现伴随或不伴随广场恐惧症的夜间惊恐发作。_______
4. 心理治疗，例如PCT或CBT，是治疗惊恐障碍的有效手段。_______

特定恐惧症

› 造成特定恐惧症的主要原因是什么？
› 特定恐惧症的典型治疗策略是什么？

还记得第 1 章中提到的朱迪吗？在观看解剖青蛙的视频时，朱迪开始作呕，甚至当别人说“切开它”时，她已经达到了昏厥的地步。朱迪患有我们通常所说的特定恐惧症。

临床描述

特定恐惧症（specific phobia）是对特定事物或情境的不合理的害怕，它明显地妨碍了个体的机能。有些人可能害怕那些并不危险的东西，如去看牙科医生；或者对那些仅有轻微危险的事物具有非常夸张的害怕程度，如开车或乘飞机。最近的测查表明，大多数人会对某种事物或情境感到害怕（Myers et al.，1984）。但是，正是由于这种害怕的共同性，所以，甚至严重的害怕也常常使人们忽视这种被称为特定恐惧症的心理疾病。这种恐惧症严重时会让个体的功能完全丧失，正如我们在朱迪那里看到的一样。

DSM 诊断标准概要

特定恐惧症

特定恐惧症的症状包括：

› 对特定事物或情境（如高处、动物、血液等）出现持续的、过度的或者无理由的害怕，并至少持续6个月以上。
› 当暴露在恐惧事物或情境当中时，会立刻出现焦虑和害怕的反应。
› 能认识到害怕是过分的并且是不合理的，或对出现恐惧有明显的紧张。
› 回避恐惧情境或事物，或者在严重的焦虑或紧张状态下忍受它。

资料来源：Based on DSM-Ⅳ-TR. Reprinted with permission from *Diagnostic and Statistical Manual of Mental Disorders* (4th ed., text revision). ©2000 American Psychiatric Association.

特定恐惧症 对特定事物或情境的不合理的害怕，它会显著妨碍日常生活功能。

对许多人来说，一方面讨厌恐惧症，有时候甚至是非常厌恶，但是另一方面，稍微回避一下就能适应伴有恐惧症的生活。例如，在纽约与新英格兰的北部地区，一些人害怕在下雪天开车。有大量人来到我们的诊所，他们有严重的恐惧症以致在冬季里他们准备到南方，改变他们的工作与生活环境。那是处理恐惧症的一种方法，本章末我们将讨论一些其他方法。

朱迪的恐惧症符合 DSM- Ⅳ的标准，即具有由特定事物或情境引发的明显而持久的害怕。她虽然能认识到她的害怕是过度的、不合理的，但还是会保持相当大的距离来避开引发恐惧反应的情境。

事实上，有多少种事物和情境就会有多少恐惧症。许多希腊文与拉丁文被用来描述那些超出想象的令人迷惑的恐惧症。表 4–3 只列出了以字母“A”开头的恐惧症（Master，1985）。

DSM- Ⅳ在 1994 年出版之前，对现存的特定恐惧症没有明确的归类。然而，我们现在已知道不同类型的特定恐惧症，在一些重要方面存在着明显的
136 差异。目前已划分了四种主要特定恐惧症类型：血液 – 伤口 – 注射型、情景型（如飞机、电梯或封闭的场所）、自然环境型（如高度、暴风、水）和动物型。第五类“其他”，包括不适合上面四种分类的恐惧症（如令人窒息、呕吐或感染疾病的情景，大的声响，化装的人物）。尽管这一不典型分类是有用的，但我们很清楚大多数患恐惧症的人是几种类型的综合（Hofmann，Lehman，& Barlow，1997），这一事实削弱了分类的效用，但分类仍然会有足够的用处而很可能被 DSM-5 保留（LeBeau et al.，2010）。

血液–伤口–注射恐惧症

几种类型的恐惧症是怎样互相区别的呢？在朱迪那里，我们已看到了一个主要的不同之处。朱迪体验到的是心率和血压的明显下降以及虚弱，而不是一般的交感神经系统急剧激活，心率和血压增加。许多患有恐惧症并在恐惧情景中遭受惊恐发作的人报告说他们觉得越来越虚弱了，但实际情况并不是这样。因为他们的心率和血压升高了很多。因此，**血液 – 伤口 – 注射恐惧症**（blood. injury-injection phobia）患者的生理反应几乎总是不同于其他类型的恐惧症患者（Barlow & Liebowitz，1995；Craske，Antony，& Barlow，2006；Hofmann，Alpers，& Pauli，2009；Öst，1992）。在第 2 章中我们也曾提到血液 – 伤口 – 注射恐惧症比其他恐惧症更易在家族中传播，这可能是因为此类患者遗传了对血液、伤口或注射有强烈反应的迷走神经，这会导致血压的降低及虚弱昏厥。此症的发展有赖于这一反应发生的可能性。其发作的平均年龄大约为 9 岁（Antony，Brown，& Barlow，1997a；LeBeau et al.，2010；Öst，1989）。

表4–3　以字母“A”开头的恐惧症

术语	害怕的对象
昆虫恐惧症（Acarophobia）	昆虫、小虫
黑暗恐惧症（Achluophobia）	黑暗、夜晚
声音恐惧症（Acousticophobia）	声音
恐高症（Acrophobia）	高度
气流恐惧症（Aerophobia）	气流、风
广场恐惧症（Agoraphobia）	空旷的场所
街道恐惧症（Agyiophobia）	穿过街道
锐器恐惧症（Aichmophobia）	锋利的、尖锐的物体，刀子，被手指接触
恐猫症（Ailurophobia）	猫
疼痛恐惧症（Algophobia）	疼痛
灰尘恐惧症（Amathophobia）	灰尘
伤口恐惧症（Amychophobia）	撕裂，手抓、挠
男性恐惧症（Androphobia）	男人（及同男人性交）
恐风症（Anemophobia）	气流、风
心痛恐惧症（Anginophobia）	心绞痛（短暂的胸疼发作）
人类恐惧症（Anthropophobia）	人类社会
洪水恐惧症（Antlophobia）	水灾
无限恐惧症（Apeirophobia）	极限、无穷
接触恐惧症（Aphephobia）	身体接触、被触摸
蜜蜂恐惧症（Apiphobia）	蜜蜂、被蜜蜂蜇
雷电恐惧症（Astraphobia）	雷雨、闪电
混乱恐惧症（Ataxiophobia）	紊乱、不适
崩溃恐惧症（Atephobia）	破坏、毁灭
极光恐惧症（Auroraphobia）	北极光
自我恐惧症（Autophobia）	独自一人、独居、自己、变得以自我为中心

资料来源：Reprinted, with permission, from Maser, J. D. (1985). List of phobias.In A. H. Tuma & J. D. Maser (Eds.), *Anxiety and the anxiety disorders* (p. 805).Mahwah, NJ: Erlbaum,© 1985 Lawrence Erlbaum Associates.

情景恐惧症

以对公共交通工具或封闭场所的恐惧为特征的恐惧症被称为**情景恐惧症**（situational phobias）。幽闭恐惧症表现为对小封闭场所的畏惧，和对飞机的

iStockphoto.com/Bo Insogna

自然环境恐惧症患者极度害怕诸如高处这类场所和诸如闪电这类事件。

恐惧一样是情景性的。心理病理学家首先认为情景恐惧症与伴随广场恐惧的惊恐障碍类似。情景恐惧症与伴随广场恐惧的惊恐障碍都倾向于出现在二十几岁（Antony et al.，1997a；Craske et al.，2006；LeBeau et al.，2010），并会在家族中蔓延（Curtis，Hill，& Lewis，1990；Curtis，Himle，Lewis，& Lee，1989；Fyer et al.，1990）。但有研究分析认为两者所谓类似很肤浅（Antony et al.，1997a；Antony，Brown，& Barlow，1997b）。情景恐惧症与伴随广场恐惧的惊恐障碍的主要区别在于情景恐惧症患者从未经历过令其恐惧的事物或情景之外的惊恐发作，因此，他们在不面临恐惧情境时可以放松下来；患惊恐障碍的人则随时都可能体验到无预期的没有线索的惊恐发作。

自然环境恐惧症

有时，年幼的孩子会发展出一种对自然事件或自然情境的畏惧，这称作**自然环境恐惧症**（natural environment phobia）。典型例子是对高处、暴风雨、水的恐惧，这些恐惧也经常会串在一起（Antony & Barlow，2002；Hofmann et al.，1997）：如果你害怕
137 一种情境或事件，如深水，那么也可能害怕另一种，如暴风雨。一些情境确实是危险的，因此轻微的、有节制的害怕是适当的。正如第 2 章中讨论的那样，对这些情境的轻度害怕是完全可能的，我们的基因使我们对那些有危险信号的情境非常敏感。但无论怎样，这些恐惧症的发作年龄不会超过 7 岁。如果只有短暂的害怕则根本谈不上恐惧症。它必须是持久的且妨碍了个体的机能，如使个体逃避坐船旅行，不到可能发生暴风雨的山上度暑假。

动物恐惧症

对动物和昆虫的害怕被称为**动物恐惧症**（animal phobias）。再一次声明，只有妨碍了个体机能时这些害怕才成为恐惧症。如在诊所里我们见到过这样的个案：蛇与老鼠恐惧症患者不敢读杂志，因为他们担心在阅读时会看到这些图片。这些人很多地方不敢去，即使非常想去也不敢，如到乡下探望某人。动物恐惧症患者体验到的害怕与一般人体验到的有很大不同。同自然环境恐惧症一样，动物恐惧症的发作年龄一般也不会超过 7 岁（Antony et al.，1997a；Öst，1987）。

分离焦虑障碍

本章描述的所有焦虑障碍可能都发生在童年时期（Rapee，Schniering，& Hudson，2009），此处再补充一种儿童特有的焦虑障碍。**分离焦虑障碍**（separation anxiety disorder）以儿童不现实的、持久的焦虑为特征：他们总担心有事情发生在父母或其生活中重要他人身上或有事情发生在自己身上，使自己与父母分离（如他们会走失、被绑架、被杀害或在意外中受伤害）。这些孩子总是拒绝上学，甚至拒绝离开家，这样做不是因为惧怕学校而是担心离开他所爱的人。这些恐惧还会令孩子拒绝单独睡觉和做一些被遗弃的噩梦，并出现生理症状、痛苦及焦虑（Barlow，Pincus，Heinrichs，& Choate，2003）。

当然，所有的儿童均会体验到某种程度上的分离焦虑，通常这种焦虑会随着儿童的成长而减轻。因此，一位临床医生必须判断分离焦虑是否超过了那一特定年龄的期望水平（Barlow et al.，2003；Ollendick & Huntzinger，1990）。区分分离焦虑与学校恐惧症也是十分重要的：在学校恐惧症中，恐惧集中在学校情境

血液－伤口－注射恐惧症　对血液、受伤以及有可能的注射的不合理的害怕和回避。患者体验到晕厥和血压下降。

情景恐惧症　涉及对封闭场所（比如幽闭恐惧症）或公共交通工具（比如害怕坐飞机）的焦虑。

自然环境恐惧症　对自然事件或自然情境的畏惧，特别是对高处、暴风雨、水的恐惧。

动物恐惧症　在生命早期形成的对动物或昆虫的不合理的、持久的害怕。

分离焦虑障碍　儿童过度的、持久的担心：与父母分离会有可怕的伤害发生在父母或自己身上。

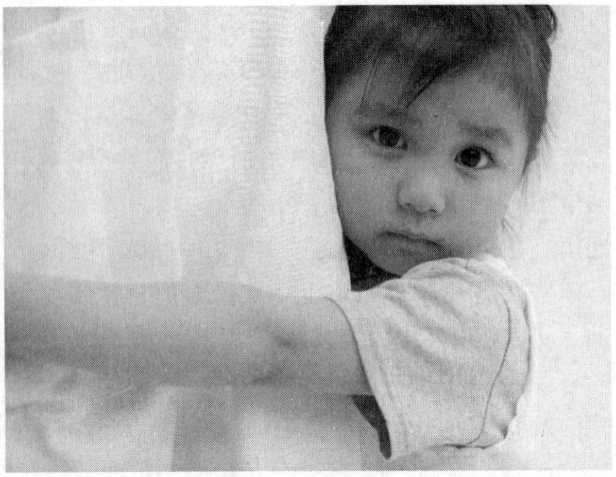
Image Source/JupiterImages

患分离焦虑障碍的儿童会持久地担心与重要他人分离会使深爱的人或者自己发生可怕的危险。

中的特定事物上，孩子可以离开父母或其他依恋对象去学校之外的地方；在分离焦虑中，与父母或其他依恋对象的分离会引起强烈的焦虑与恐惧。

新的研究证据显示，分离焦虑如果没有得到治疗，将有大约35%的可能性会延续到成年期（Shear, Jin, Ruscio, Walters, & Kessler, 2006）。此外，最新的证据表明，大约有6.6%的成年人会终身患有这种障碍（Shear et al., 2006）。在一些病例中，分离焦虑是在成年期发作的，而不是从儿童期延续来的。成年人分离焦虑的焦点是相同的，即在分离期间，伤害会发生在深爱的人身上（Manicavasagar et al., 2010; Silove, Marnane, Wagner, Manicavasagar, & Rees, 2010）。

数据统计

大多数人都曾产生过特定的恐惧，阿格拉斯等（Agras, Sylvester, & Oliveau, 1969）对它们进行了分类，如表4-4所示。列在顶端的对蛇和高处的恐惧并不是令人吃
138 惊的事情。有特殊恐惧的人当中很少被诊断为“恐惧症”，但是人群中有12.5%左右的人的恐惧程度能被诊断为恐惧症，年患病率为8.7%。这是一个很高的比率，使特定恐惧症成为美国以及全世界范围内最常见的精神障碍之一（Arrindell et al, 2003b; Kessler, Berglund, et al., 2005）。此外，4.1%的分离焦虑儿童能达到分离焦虑障碍的标准（Shear et al., 2006）。对于常见的恐惧来说，特定的恐惧症的性别比率是4∶1，女性占压倒性的“优势”。这在全世界都很普遍（Arrindell et al, 2003b; Craske et al., 2006; LeBeau et al., 2010）。

尽管恐惧症会妨碍个体的机能，但是只有那些极为严重的患者才来求治，其他患者则可以自己处理，如恐高症的患者会精心安排自己的生活，从不使自己处在高楼上或其他高处。而患有情景恐惧症的人，即恐惧开车、坐飞机或小封闭场所的人来诊所最频繁。

恐惧症一旦发展，就会可能持续一生（慢性病程）（例如，参见 Antony et al., 1997a; Barlow, 2002; Kessler, Berglund, et al., 2005）。因此，简而言之，治疗很重要。

因为多数焦虑障碍在成人与儿童身上很相似，临床医生必须清楚童年时代所经历过的正常的恐惧与焦虑类型，以便与特定的恐惧症进行区分（Albano et al., 1996; Silverman & Rabian, 1993）。例如，婴儿对巨大的声音和陌生人会表现出明显的恐惧。1～2岁的孩子对与父母的分离感到焦虑也很正常；对动物与黑暗的恐惧也会产生并持续到4岁或5岁；对不同种类的怪物或虚构生物的恐惧从3岁开始并会持续几年的时间；10岁时，孩子们会害怕被他人评价并对自己的外貌感到焦虑。尽管与表现有关的恐

表4-4　强烈的恐惧与恐惧症的患病情况

强烈恐惧	1 000人中的患病数	性别分布	性别标准差
蛇	253	男：118 女：376	男：34 女：48
高处	120	男：109 女：128	男：33 女：36
坐飞机	109	男：70 女：144	男：26 女：38
封闭	50	男：32 女：63	男：18 女：25
疾病	33	男：31 女：35	男：18 女：19
死亡	33	男：46 女：21	男：21 女：15
伤害	23	男：24 女：22	男：15 女：15
暴风雨	31	男：9 女：48	男：9 女：22
牙科医生	24	男：22 女：26	男：15 女：16
独自旅行	16	男：0 女：31	男：0 女：18
独处	10	男：5 女：13	男：7 女：11

资料来源：Source: Adapted, with permission, from Agras, W. S., Sylvester, D., & Oliveau, D. (1969). The epidemiology of common fears and phobias. *Comprehensive Psychiatry*, *10*, 151–156,© 1969 Elsevier.

中医基于人体内阴（黑暗、寒冷、元气丧失的力量）阳（明亮、温暖、元气生成的力量）必须和谐的理念。在这一阴阳平衡的传统理论中，阴和阳是相互依存的。

惧，如害怕参加活动或在一大群人面前讲话，会随年龄增长而增加，但总体上人们报告的恐惧却有所下降。特定恐惧症会随年龄增长而逐渐减轻（Ayers et al.，2009；Blazer et al.，1991；Sheikh，1992）。

特定恐惧症的发生还受文化因素的影响（Hinton & Good，2009）。患特定恐惧症的西班牙裔美国人是美国白人的两倍（Magee et al.，1996），为什么会有这种差异还不完全清楚。恐惧症在中国文化里的一个变体是“怕冷”（pa leng），有时还被称为风寒恐惧（frigo phobia）或“畏寒”。“怕冷”只能在传统思想的背景下——用中国的阴阳概念——来理解（Tan，1980）。中医认为，为保持健康，人体内的阴阳力量必须处于平衡状态。阴代表寒冷、黑暗、寒风、元气丧失的力量，阳代表温暖、明亮、元气生成的力量。“怕冷”的个体对寒冷有一种病态的不健康的恐惧，他们过分在意身体热量的损失，因此炎热的天气里也会穿上很多层衣服；他们可能抱怨打嗝和肠胃气胀，因为这表明风的存在并导致身体里有了太多的阴气。

139

病因

有很长一段时期，我们认为多数特定的恐惧症源自一件非同寻常的创伤性事件。例如，如果你被一只狗咬过，你可能会产生恐狗症。现在我们认为事情不全如此（Barlow，2002；Craske et al.，2006；Öst，1985；Rachman，2002）。当然，这并不是说创伤性条件作用不会引发恐惧症。几乎每个患有窒息恐惧症的人都曾经有过某种窒息的经历。最近来我们诊所的一位幽闭恐惧症患者报告说他曾被困在电梯里相当长一段时间。这是由直接经历导致恐惧症的事例，其中真正的危险或疼痛导致了惊恐反应（一种真实的警报）。但是这只是产生恐惧症的一条途径，除此之外，至少还有 3 种情况：特殊情境下体验到虚假恐惧（惊恐发作）、观察他人体验到极度恐惧（替代性经验）、在恰当的情境下被告知有危险。

研究表明，一些恐惧症患者在发作时不一定经历来自真正危险的真实警报。一些人起初有过特殊情境中的未预期的惊恐发作，这些情境如果与当前的生活应激有关，关于此情境的恐惧症便会发展起来。穆杰克（Munjack，1984；Mineka & Zinbarg，2006）研究了驾驶恐惧症患者，他注意到其中约有 50% 的人能记起，当恐惧症出现时，由于创伤性经历如车祸，他们体验到了真实的警报。而其余人在开车时并没有可怕的事情发生，但他们体验过未预期的惊恐发作。在那期间，他们觉得自己不能控制汽车并且会撞到许多人，事实上他们的开车行为并未被削弱，他们灾难性的想法是惊恐发作的一部分。

我们也会从别人那里替代性地习得恐惧。观看到别人的创伤性经历或看到别人忍受强烈的恐惧足以引发观察者的某种恐惧症。记住我们前面所提出的，情绪是会传染的。如果和你在一起的人是快乐的或恐惧的，那么你极有可能也会感到快乐或恐惧。奥斯特（Öst，1985）就描写了严重的牙科恐惧是怎样通过此种方式形成的。一个男孩坐在学校牙科诊所的休息室里，等待他的朋友接受医生的治疗，休息室只能部分看到，但可以完全听到治疗室里的情况。他的朋友显然因为觉得疼而突然地动了一下，这导致牙医的钻子一下子刺破了他的脸颊。休息室里的男孩听到房间里的突发事件，结果产生了对牙科治疗情境严重的长期恐惧。虽然在这个人身上并未真正发生什么事，但我们却很确定地明白他为什么产生了恐惧症。有时不停地被警告一个潜在危险的存在也足以引发某人的恐惧症。奥斯特（Öst，1985）描述了一个案例：有一位女性患有严重的恐蛇症，但在她的生活中从未遇到过蛇。当然，在其成长的过程中不停地被告知高高的草丛中的蛇是非常危险的。有人建议她穿高筒橡胶鞋以防被突然袭击——她甚至在过马路时也要这样做。我们称这种恐惧症产生的形式为“信息传递”（information transmission）。

单纯的恐怖经验并不会导致恐惧症的产生。我们已讲过真正的恐惧症产生的条件是对极端创伤性事件发生可能性或虚假警报的焦虑。当我们焦虑时，我们会不断地预料到可怕的事情并尽可能避开可怕事情发生的情境。如果并不焦虑，我们的反应也许属于正常的恐惧范围，超过半数的人都体验过这种正常的恐惧。正常的恐惧会导致轻微的痛苦，但通常会被忽视和遗忘。彼得·迪纳尔多（Peter DiNardo）及其同事的研究（1998）可以很好地解释这一点。他们观察了一组恐狗症患者和一组没有这种恐惧症的对照组，像穆杰克（Munjack，1984）研究的驾驶恐惧症一样，大约50%的恐狗症患者曾有过与狗的可怕遭遇，尤其是被狗咬伤。然而，在没有恐狗症的对照组里，也有大约50%的人曾有过与狗的可怕遭遇。为什么后者没患恐惧症呢？与恐惧症患者不同，他们没有形成对再次遭遇狗的焦虑（这反映了一般心理易感性）。图4–7中是一个特定恐惧症的病因学例子。

总之，必须有几件事情发生在一个人身上才会 140
导致恐惧症。首先，创伤性条件作用的经历经常起重要的作用（甚至听到的恐惧性事件对某些人来说就足以产生恐惧症）。其次，如果我们是“有准备的”，恐惧就更有可能发生，也就是说我们好像携带了遗传倾向，天生就害怕那些对人类造成危险的情境，如受到野兽威胁或被困入一个小地方（见第2章）。

再次，我们还不得不对发展中的焦虑——对事情还可能再次发生的焦虑——保持敏感。我们已经讨论了焦虑的生物和心理原因，已经看到至少有一种恐惧症，即血液－伤口－注射恐惧症具有高遗传性（Öst，1989；Page & Martin，1998）。有恐血症的父母，可能会将很强的血管迷走神经反应特点遗传给他们的子女，从而使得他们的子女容易晕倒。仅仅只是血管迷走神经反应敏感并不足以让人患上恐惧症，但是与焦虑结合，它将会导致极强的易感性。

多年前，弗耶尔等（Fyer et al.，1990）指出特定的恐惧症患者的直系亲属中约有31%也患恐惧症，对照组中只有11%患有恐惧症。最近，我们与弗耶尔的诊所的一项合作研究再现了这一结果，发现恐惧症患者的直系亲属的患病率约为28%，而对照组只有

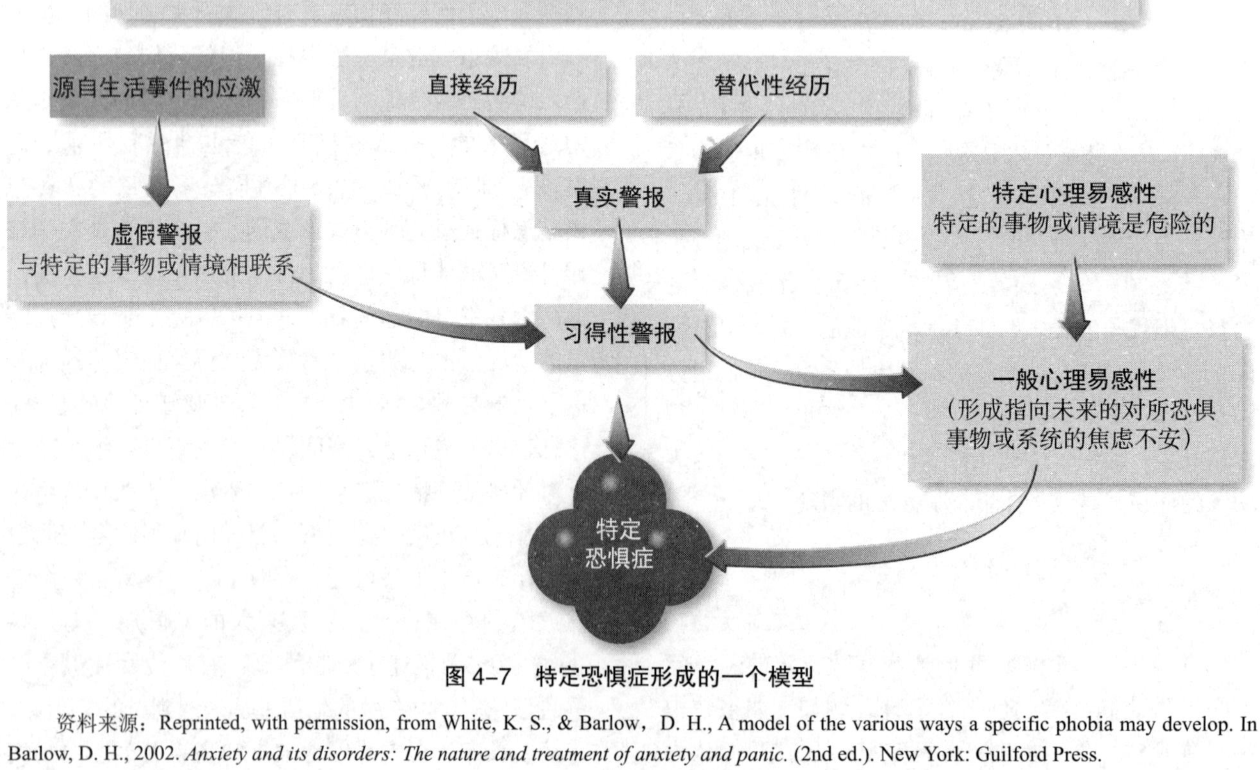

图4–7　特定恐惧症形成的一个模型

资料来源：Reprinted, with permission, from White, K. S., & Barlow，D. H., A model of the various ways a specific phobia may develop. In Barlow, D. H., 2002. *Anxiety and its disorders: The nature and treatment of anxiety and panic.* (2nd ed.). New York: Guilford Press.

10%。更有趣的是，好像这些不典型的恐惧症被“遗传”了一样，亲属会患有完全一样的恐惧症。肯德勒等（Kendler，Karkowski，& Prescott，1999a，1999b）以及佩奇和马丁（Page & Martin，1998）都发现，特定恐惧症的遗传性相当高。我们不清楚这一恐惧症倾向是源于基因还是模仿，但这一发现对探讨遗传作用至少是有启发的（Antony & Barlow，2002；Hettema et al.，2005；Smoller et al.，2005）。

最后，社会与文化因素对一个人最终形成特定的恐惧症起着非常重要的作用。很多社会对男性表达恐惧或患恐惧症是不能接受的，因此，有报告表明患有特定恐惧症的主体绝大多数是女性（Arrindell et al.，2003b；LeBeau et al.，2010）。那么男性怎么办呢？他们很可能会不断地暴露在恐惧情境之中并努力克服自己的恐惧，更可能的方式是仅仅忍耐自己的恐惧，不告诉任何人也不寻求治疗（Antony & Barlow，2002）。

治疗

尽管恐惧症的发展相对复杂，但其治疗是相当简单的。几乎所有人都认为特定的恐惧症需要结构
141 化的、稳定的暴露练习（Barlow，Moscovitch，& Micco，2004；Craske et al.，2006）。然而，多数患者在逐渐暴露于恐惧情境时必须有治疗方面的指导。试图独自展开练习的个体经常想尽早逃离这一情境从而练习得又多又快，这样更可能加重病情。另外，如果他们担心在这一情境中会有未预料的惊恐发作，那么在惊恐发作时用治疗惊恐障碍的方法直接治疗是很有帮助的（Antony，Craske，& Barlow，1995；Craske et al.，2006）。对于分离焦虑，父母也常常会被要求一起帮助组织练习和对儿童焦虑进行反馈（Choate，Pincus，Eyberg，& Barlow，2005）。最近，在我们的一个诊所中进行的对 8 岁到 11 岁分离焦虑女孩的为期一周的强化训练取得了很大的成功，在训练的最后，这些女孩能够独自在诊所中过夜（Pincus，Santucci，Ehrenreich，& Ryberg，2008；Santucci，Ehrenreich，Trosper，Bennett，& Pincus，2009）。

最后，在血液 – 伤口 – 注射恐惧症中，患者很容易发生昏厥，必须用特殊的方式来进行分等级暴露练习，练习中个体必须紧绷不同的肌肉群以保证足够高的血压并顺利完成练习（Ayala，Meuret，& Ritz，2009；Öst & Sterner，1987）。新的进展使一些特定的恐惧症在单独的一天内的治疗成为可能，包括血液恐惧症的治疗（例如，参见 Antony & Barlow，2002；Antony et al.，2006；Craske et al.，2006；Öst，Ferebee，& Furmark，1997；Öst，Svensson，Hellstrom，& Lindwall，2001）。这些治疗的最基本的要求是，治疗师基本上一整天都同患者一起度过，做物体或情境暴露练习。接着，患者就在家里练习接近令其惊恐的情境，偶尔由治疗师来检查。有趣的是，在这些个案中，患者不仅仅恐惧消失了，而且看到血迹时所体验到的血管迷走神经反应也在相当程度上减轻了。通过脑成像技术现在已经清楚了这是因为治疗通过调整神经环路而改变了大脑功能，即治疗“重新联结”了大脑（Paquette et al.，2003）。

社交恐惧症（社交焦虑障碍）

- 导致社交恐惧症的主要原因是什么？
- 治疗社交恐惧症的策略是什么？

你害羞吗？如果是这样的话，你将与 20% ~ 50% 的大学生具有某些相通之处。极少数人会严重到患有**社交恐惧症**（social phobia），也叫作社交焦虑障碍（social anxiety disorder，SAD），后者极有可能是 DSM-5 中采用的名称。我们来看下面这位 13 岁男孩比利的个案。

比利：过于害羞

比利在家中是一位模范男孩。他会完成家庭作业、克服困难、服从父母，他很安静并很少吸引他人注意。然而，当比利上初中时，他父母以前曾经注意到的事情变得明显起来，这令人很苦恼。比利没有朋友，他不愿参加与学校有关的社会活动或体

社交恐惧症　对社交或表现情境的过度的、持久的、不合理的害怕和回避。

育活动，即使班上很多孩子都参加了他也不去。父母决定同辅导员交流一下，此时辅导员也正想找他们，她说比利不参加社会活动，在班里不发言，如果他知道自己将被叫起时，他就会胃疼。老师们除了在他那得到“是”或“否”的回答外很难得到更多的答案。更加令人苦恼的是午餐时他躲在男生休息室的角落里，他说这已持续了好几个月。比利被送到我们的诊所后，诊断为社交恐惧症，即对社会情境的一种不合理的极度恐惧。比利的恐惧症形式是极度害羞。除父母之外，几乎其他任何人的出现都会让他担心会感到尴尬或出丑。

临床描述

社交恐惧症不仅仅是过度害羞（Bögels et al., 2010；Hofmann et al., 2009；Schneier et al., 1996）。下面描述的个案是众多出现在媒体中的一个典型例子。

142 **史蒂夫和查克：明星运动员？**

“全明星”棒球比赛的第二局，洛杉矶道奇队的二垒手史蒂夫·萨克斯（Steve Sax）打出了一个简单的地滚球，球缓慢地从一垒手身边不到40英尺（1英尺约合0.3米）远的地方穿过。不要说全明星赛了，即使在业余比赛中，这也是一个明显的失误。但是铁杆球迷们知道这是1983赛季无法破解的谜。萨克斯，23岁，作为该年度联盟新秀，他好像不能用常规投球方式将球投到一垒（本赛季他27次失误中，有22次糟糕的投掷）。

查克·科诺布劳奇（Chuck Knoblauch）赢得了1997赛季的金手套奖，但也是他让球队在1999赛季犯错26次，其中大多数是投球失误。解说员和记者注意到如果他碰到一场艰难的比赛，并且不得不迅速转身“不假思索”地投出球的时候，他会很灵巧、很准确地把球投到一垒。但是，如果他接到一个常规的地滚球，有足够的时间考虑投球的准确性，他反而会把球投得很笨拙、很慢，并且常常偏离方向。这些解说员和记者认为既然他在艰难的比赛中表现得很好，那么他的问题一定出在“心理”上。在2001赛季中，他被安排到左半场以避免类似的失误，到2003赛季，他退出了棒球比赛。

史蒂夫·萨克斯克服了他的问题并继续在联盟效力，但其他队员却没有这么走运，查克·科诺布劳奇仍在与困难做斗争。这一问题不仅限于运动员，也存在于一些著名演说家和演员身上。因为不能忍受表演焦虑，演员斯嘉丽·约翰逊（Scarlett Johansson）几年来不再在百老汇演出。一个技术高超的运动员不能把棒球投掷到一垒或老练的表演者不能登台演出，这二者与我们熟悉的“害羞”并不一致。是什么把这两个看似不同的情境连在一起的呢？比利、科诺布劳奇、萨克斯和约翰逊都经历过明显而持久的对一个或更多社交或表演情境的恐惧。在比利的个案中，他面临的是不得不与其他人接触的情境；对科诺布劳奇和约翰逊来说是在公众面前表演的情境。通常有表演焦虑的个体，在社会交往中不存在困难，但是如果必须当众做些特殊的事情，焦虑就会席卷而来，他们只聚焦在自己可能的当众出丑上。

最常见的表演焦虑是当众讲话，这是大多数人都会体会到的。其他情境是在饭店用餐，或在工作人员面前签文件。能够引发焦虑的身体反应包括脸红、出汗、颤抖或者对男性而言的在公共厕所小便（“怕羞的膀胱”或膀胱害羞症）。有这一问题的男性一定要等到厕所里没人了才会小便，有时这可是一项困难任务。这些例子有一定的共同点：个体仅仅在有其他人在场并可能观看自己，而且在一定程度上对其行为有所评价时，才会非常焦虑。这确实是一种社交恐惧症，因为他们在私下里吃饭、写字或小便的时候不存在困难，只有当别人观看时这些行为才会恶化。

在几乎所有社交情境中都会感到极度害羞和痛苦的个体符合DSM-Ⅳ-TR中关于广泛性社交恐惧症亚型的诊断标准。这在儿童身上尤为明显，我们诊所的一个儿童项目中，100%的儿童与青少年恐惧症患者满足广泛性社交恐惧症标准（Albano, DiBartolo, Heimberg, & Barlow, 1995）。上面例子中的比利也符合这一亚型（Schneier et al., 1996）。因为大多数的社交焦虑障碍患者至少会在一定程度上满足这一亚型的标准，所以它可能会作为不必要的内容而被DSM-5删除（Bögels et al., 2010）。

数据统计

一般人群中12.1%的人在生活中的某一个时间段会出现不同程度的社交恐惧症（Kessler, Berglund, et al., 2005），年患病率为6.8%，这使得

DSM 诊断标准概要

社交恐惧症

社交恐惧症的症状包括：

- 对一个或多个社交或表演情境明显而持久的害怕，这些情境包括暴露在不熟悉的人面前，或者被其他人仔细评价时，患者会很害怕，并感到尴尬和难为情。
- 暴露在被患者认为恐惧的社交情境中时，总是激起焦虑，甚至出现惊恐发作。
- 认识到（只限成人）恐惧是过度的和不合理的。
- 回避令人恐惧的社交或表演情境，或者在强烈的焦虑、痛苦中去忍受它。
- 回避、焦虑性的期待，或者痛苦明显影响了个体的生活和功能健康。

资料来源：Based in DSM-Ⅳ-TR. Reprinted with permission from *Diagnostic and Statistical Manual of Mental Disorders* (4th ed., text revision). ©2000 American Psychiatric Association.

社交恐惧症成为仅次于特定恐惧症的最普遍的焦虑障碍，基于人口调查，仅美国就有 3 500 万人身受折磨。当然有更多的人是害羞，但还不满足社交恐惧症的诊断标准。性别比率方面，男女接近 50 ：50（Hofmann & Barlow，2002；Marks，1985），不像其他焦虑障碍那样是女性占主导地位（Hofmann et al.，2009；Magee et al.，1996）。总体上，45.6% 的社交恐惧症患者曾在 12 个月内寻求过专业帮助（Wang et al.，2005）。社交恐惧症多始于青春期，高发年龄为 13 岁左右（Kessler，Berglund，et al.，2005）。社交恐惧症普遍存在的群体倾向于年轻人（18～29 岁）、受教育程度低下者、单身人群以及低社会经济水平人群。老年人群中的患病率（6.7%）不到 18～29 岁人群（13.6%）的一半（Kessler，Berglund，et al.，2005）。

143 因为对社交恐惧症患者来说，与人们见面是有困难的，所以他们的单身率高于普通人群也就不足为奇了。社交恐惧症在不同的民族中的发生率相似（Magee et al.，1996）。在日本，焦虑障碍的临床表现被总结为“shinkeishitsu”。最常见的类别是恐人症（日本称为“taijin kyofusho”）（Hofmann et al.，2009；Kirmayer，1991；Kleinknecht，Dinnel，KleinKnecht，Hiruma，& Hirada，1997）。患此种社交恐惧症的日本人十分害怕看到别人的眼睛，并且害怕他们本身表现的一些方面（脸红、结巴、体味等）会受到别人的指责。因此，在这一障碍中，焦虑的核心是在社交场合中冒犯别人或者让别人尴尬（Dinnel，Kleinknecht，& Tanaka-Matsumi，2002）。在日本，患这一障碍的男女性别比是 3 ：2（Takahasi，1989）。最新研究已经证实这一综合征存在于世界范围内的多种文化中，包括北美地区。其核心特征是专注于认为自己肮脏的体味让自己尴尬并冒犯别人。这一系列症状现在被称为嗅觉综合征（olfactory reference syndrome），并有可能作为有待深入研究的新障碍类型而列在 DSM-5 的附录中（Feusner，Phillips，& Stein，2010）。

病因

我们已经指出我们似乎在进化中遗传了对特定的野兽与自然环境中的危险情境的恐惧。相似地，我们也天生就害怕别人生气、批评或拒绝（Blair et al.，2008；Mineka & Zinbarg，1996，2006；Mogg，Philippot，& Bradley，2004；Öhman，1986）。奥曼与其同事在一系列研究中（例如，参见 Dimberg & Öhman，1983；Öhman & Dimberg，1978）提出我们习得对愤怒表情的恐惧比学会害怕其他面部表情更快，并且这种恐惧比其他类型的学习消失得更慢。伦德和奥斯特（Lundh & Öst，1996）指出社交恐惧症患者看过大量面部图片之后更可能记住“批评的”表情；莫格及其同事（Mogg et al.，2004）指出社交焦虑的个体能更快地识别“生气的”表情，然而正常人则是记住“接受的”表情（Navarrete et al.，2009）。福克斯和丹姆贾诺维奇（Fox & Damjanovic，2006）证明，眼睛区域是面部的最具威胁性的区域。

为什么我们会遗传“害怕愤怒面孔”的倾向？我们的祖先大概会回避那些可能会攻击或杀害他们的敌对、愤怒、霸道的人。事实上，对所有种族而言，那些有支配力的好斗者在社会特权阶级中居于高位，倾向于被别人所躲避。杰罗姆·凯根（Jerome Kagan）及同事们（例如，参见 Kagan，1994，1997；Kagan，Reznick，& Snidman，1998；Kagan & Snidman，1991，1999）的实验证明，一些婴儿在出生时就伴有一种抑制或害羞的气质，这早在 4 个月时就很明显。具有此特质的 4 个月的婴儿看到玩具或其他正常刺激物时变得更

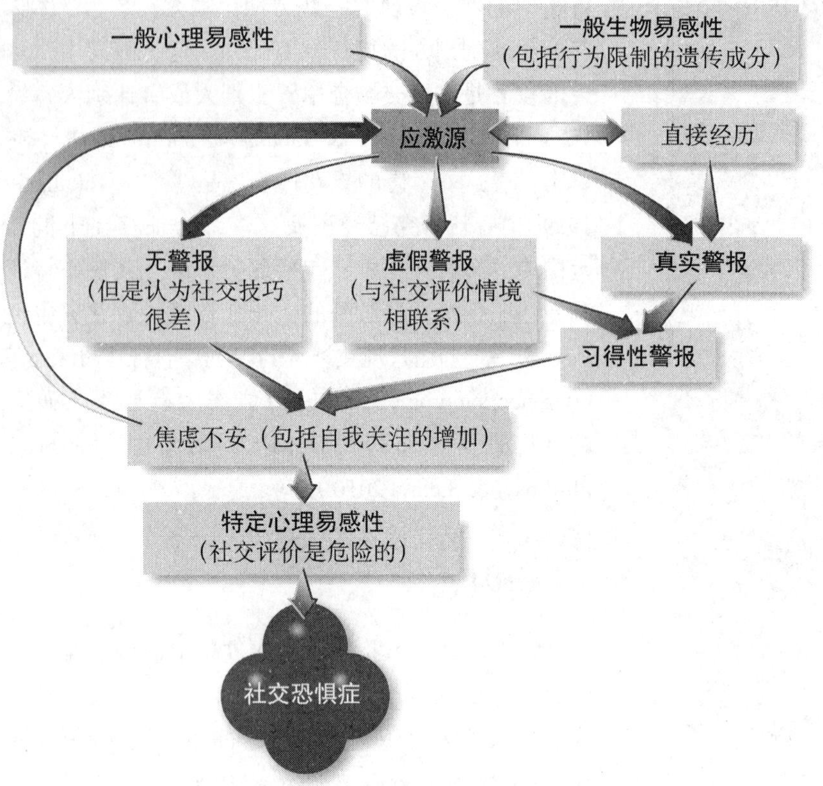

图 4–8　社交恐惧症形成的一个模型

资料来源：Reprinted, with permission, from White, K. S., & Barlow, D. H., A model of the various ways a specific phobia may develop. In Barlow, D. H., 2002.*Anxiety and its disorders: The nature and treatment of anxiety and panic*.(2nd ed.). New York: Guilford Press.

容易生气，哭闹更频繁。新证据表明，具有过度行为抑制的个体有更大的危险发展出恐惧症性行为（Biederman et al.，1990；Essex，Klein，Slattery，Goldsmith，& Kalin，2010；Hirschfeld et al.，1992）。

社交恐惧症的病因学模型与惊恐障碍和特定恐惧症的模型有些相似。图 4–8 描述了社交恐惧症有三个可能的形成途径。

第一，个体能够遗传某种容易发展出焦虑的生物易感性与 / 或容易出现社会性抑制的生物倾向性。生物易感性的存在，使得个体容易感到一些生活事件——尤其是应激事件——是无法控制的，这种感觉会加强个体的易感性。在应激状态下，即使不出现虚假警报（惊恐发作），焦虑和自我关注也会增加到足以使表现崩溃的程度。第二，在应激的情境下，个体可能会在社会情境中出现未预期的惊恐发作，并把它与社会线索联系起来（条件化）。之后，个体会在相同或相似社会情境中因为这些习得性警报而变得焦虑。第三，一些人可能经历过真实的惊恐或创伤，这导致他们在相同或相似的社会情境中也会产生焦虑（条件作用）。创伤性社交经历也可以追溯到童年时代的困难时期。青少年早期（一般为 12～15 岁）的孩子们会被同伴残忍地辱骂，而这些同伴只是为了确立自己的主导地位。这种经历会使孩子们产生焦虑与恐慌，并会在将来的社交情境中重现。例如，麦卡比等（McCabe，Anthony，Summerfeldt，Liss，& Swinson，
2003）指出在他们的样本中 92% 144
的成年社交恐惧症患者在童年期经受了严重的取笑和辱骂，而这一比例在其他焦虑障碍中仅为患者 30%～50%。

但是，导致社交焦虑障碍的原因不止一个。刚才谈到的这些有遗传易感性和糟糕经历的个体还必须在成长过程中逐步习得一条规则，那就是社会评价肯定是危险的。实际上，有证据表明，某些社交恐惧症患者倾向于将其焦虑集中在社会评价上。还有一些研究者（Bruch & Heimberg，1994；Rapee & Melville，1997）提出，社交恐惧症患者的父母比惊恐障碍患者的父母有更加明显的社交焦虑且更关注别人的看法，并把这种关注传给了自己的孩子（Lieb et al，2000）。弗耶尔等（Fyer，Mannuzza，Chapman，Liebowitz，& Klein，1993）报告说，社交恐惧症患者的亲属比无社交恐惧症个体的亲属有更大的患病危险（16% 对 5%）。因此，如图 4–8 描述的那样，生物与心理事件的结合导致了社交恐惧症的产生。

治疗

直到最近几年，对社交恐惧症有效的治疗方法才得以发展（Barlow & Lehman，1996；Hofmann，2004；Taylor，1996；Turk，Heimberg，& Magee 2008）。里克 · 海姆伯格（Rick Heimberg）及其同事发展出一种认知行为团体治疗（CBGT），它要求一组患者在彼此面前复述或角色扮演社交恐惧情境

（Heimberg et al.，1990；Turk et al.，2008）。小组的每一个成员都要参与角色扮演，如为一个具有严重演讲障碍的组员充当听众等。同时，治疗师实施的认知治疗旨在揭示和改变社交恐惧症患者认为存在危险的自动或无意识认知。这些治疗比进行焦虑与社交恐惧症方面的教育以及提供应激生活事件的社会支持具有更突出的效果。更重要的是，5 年后的跟踪调查表明，治疗效果仍然保持着（Heimberg，Salzman，Holt，& Blendell，1993）。克拉克及其同事（Clark et al.，2006）评估了一种新的改进的认知治疗方法，它在治疗中更强调现实生活经历来反驳对危险的自动感知。84% 的患者会从这一治疗中受益，并在一年的随访中维持稳定。

我们已改编了这些“草案”以将其用于青少年身上，并且把父母也纳入团体治疗过程中来。初步结果表明，严重的社交恐惧症青少年患者在学校和其他社交情境中能够正常活动（Albano & Barlow，1996），而且，将父母纳入进来的治疗比对青少年进行单独治疗更有效（Albano，Pincus，Tracey，& Barlow，in preparation）。

目前对这类障碍也开发出了有效的药物治疗方案（Van Ameringen，Mancini，Patterson，& Simpson，2009）。三环抗抑郁剂，尤其是单胺氧化酶（MAO）抑制剂比安慰剂更有效（Liebowitz et al.，1992）。1999 年起，因为与安慰剂相比有更理想的效果，5-羟色胺再摄取抑制剂如帕罗西汀、左洛复和文拉法辛
145 已获得美国食品药品管理局（FAD）的批准，用于治疗社交焦虑障碍（例如，参见 Stein et al.，1998）。

几项重要的研究比较了心理治疗和药物治疗。在一项旨在比较单胺氧化酶抑制剂和心理治疗在社交焦虑障碍中疗效的大型研究在前面已经提到。在该研究中（Heimberg et al.，1998；Liebowitz et al.，1999），133 名患者被随机分配到苯乙肼（单胺氧化酶抑制剂）组、认知行为团体治疗组、安慰剂组和教育支持团体治疗组（它被作为一种心理治疗的安慰剂组，因为它并不包括认知行为治疗的成分）。结果显示，所有治疗组的效果都好于或等于两个安慰剂组，但药物治疗组在治疗结束后复发率更高。一个令人印象深刻的研究比较了前面提到的克拉克的认知治疗、5- 羟色胺再摄取抑制剂百忧解，以及指导患者参加多种社交活动（自我暴露）对广泛性社交恐惧症的疗效。第三组接受安慰剂和如何参与更多社交活动的指导。在治疗（为期 16 周）前、治疗中期、治疗刚结束时和治疗结束 3 个月后进行评估。最后，两个治疗组的患者都被追踪研究了 1 年（Clark et al.，2003）。两种治疗的效果都比较好，但心理治疗在任何测查点上都要更好。这个研究同样引人注目是因为患者在治疗中改变的程度（大部分患者得以痊愈或留有很少症状）。

对于 5- 羟色胺再摄取抑制剂或其他相关药物与心理治疗联合使用的效力证据是混杂多样的。戴维森等（Davidson，Foa，& Huppert，2004）发现，认知行为治疗和 5- 羟色胺再摄取抑制剂治疗是相当有效的，但是两者联合使用并不比单独使用有更好的效果。然而，布兰科等（Blanco et al.，2010）则发现了联合使用的增强效果。正如我们前面所提过的一项令人兴奋的研究，在认知行为治疗中增加药物 D- 环丝氨酸（DCS），可以显著地增强治疗效果（Hofmann et al.，2006）。这种药物与 5- 羟色胺再摄取抑制剂不同，能够通过调节谷氨酸系统的神经递质来促进焦虑的消退，这也是认知行为治疗的重要部分。

概念自测 4.4

判定下列陈述的特定恐惧症类型：（a）血液–伤口–注射恐惧症；（b）恐高症；（c）动物恐惧症；（d）社交恐惧症；（e）自然环境恐惧症；（f）其他。一种类型可能不止对应一个陈述。

1. 马克在学校没有朋友，他在午餐和休息时都藏在男浴室里。______
2. 丹尼斯害怕并极力回避暴风雨。毫不奇怪，在他的第一次航海旅行中，他发现深海也让他感到非常恐惧。______
3. 丽塔在动物园里玩得很愉快，但当她看昆虫展览的时候，过去曾有过的恐惧又重新出现了。______
4. 阿尔曼多想和他的钓鱼伙伴一起吃鱼，但是他总会感到有一种被鱼刺卡住的恐惧。______
5. 因为一看到血液就会浑身发软，所以约翰不得不放弃他想成为一名外科医生的梦想。______
6. 雷切尔放弃了好几个待遇好但要求经常当众演说的工作，而申请了一项低工资的办公室工作。______
7. 因为害怕蛇，所以法拉不能去拜访她乡下的朋友们。______

创伤后应激障碍

- 创伤后应激障碍的基本特征、可能的致病原因是什么？
- 创伤后应激障碍的有效治疗方法是什么？

近几年来，我们听到了大量发生在创伤事件之后严重而持久的情绪障碍。对美国人来说，或许印象最深刻的创伤事件就是2001年9月11日发生在世贸中心和五角大楼的悲剧，或者2005年的卡特里娜飓风。但这种情绪障碍也经常发生在身体攻击（尤其是强奸）、车祸、自然灾难或亲人突然死亡之后。这种紧随创伤性事件而发生的情绪障碍被称为**创伤后应激障碍**（posttraumatic stress disorder，PTSD）。

146 临床描述

DSM-Ⅳ-TR将PTSD描述为就像再次暴露于创伤性事件一样：个体会感到恐惧、无助。之后，受害者会在记忆与噩梦中再度体验那些事件。当受害者突然唤起记忆并发现自己再体验此事件时，这种情况被称为“闪回”（flashback）。受害者会尽量回避能唤起创伤事件记忆的任何事物，他们总显示出特征性的抑制或者情绪反应的麻木。这对人际关系可能具有破坏性。有时，他们不能记住事件的某些细节方面，这可能是他们不自觉地试图回避情绪体验，就像惊恐障碍患者那样，因为强烈的情绪可能会引出对创伤的记忆。最后，受害者会出现典型的慢性过度唤醒，易受惊吓与发怒。

下面是来自我们诊所的琼斯一家的案例。

琼斯一家：一个受害者与多个创伤者

贝蒂·琼斯夫人与她的四个孩子到农场来访问一位朋友（琼斯先生还在工作），杰夫最大，今年8岁，玛西娅、凯茜和苏珊分别为6岁、4岁和2岁。琼斯夫人把车停在汽车道上，他们便穿过庭院走到前门。忽然杰夫听到房子附近有狗的咆哮声，还没来得及警告其他人，只见一只高大的德国牧羊狗冲向玛西娅——6岁的小女孩，牧羊狗把她撞到了地上并恶狠狠地撕咬她的脸。全家人被惊呆了，吓得不知所措，只能无助地看着这场悲剧的发生。在似乎过了很长时间之后，杰夫向狗怒吼，它跑掉了。狗的主人也处于惊慌状态中，跑到隔壁去寻求帮助。琼斯夫人立刻按住玛西娅面部的伤口，努力为她止血。狗的主人已不顾得那条狗，狗就站在不远处，向惊吓的一家人狂吠不止。终于，狗被制服了，玛西娅被迅速送往医院。人们不得不把歇斯底里的玛西娅压制在铺着垫子的木板上，这样急诊医生才能为她缝合伤口。

这个案例是不同寻常的，因为不仅玛西娅得了PTSD，她8岁的哥哥也得了PTSD。另外，尽管凯茜与苏珊还很小，但他们也表现出PTSD的症状，他们的妈妈也同样如此（见表4–5）（Albano，Miller，Zarate，Côté，& Barlow，1997）。杰夫表现出典型的幸存者内疚症状，他不断地说他应该保护玛西娅，并把自己挡在玛西娅与狗之间。杰夫与玛西娅都有发育上的退行现象：尿床（梦中遗尿症），不断做噩梦并有分离恐惧。此外，由于玛西娅曾被拿带子捆住并给予局部性麻醉及缝合，她变得害怕任何医疗过程，甚至害怕像剪指甲、洗澡这样的日常活动。而且，她拒绝被抱起来去床上睡觉，因为这些会使她想起在医院木板床上的经历。杰夫开始吮吸手指，他已好多年不这样做了。这些行为，包括强烈的分离焦虑是很常见的，尤其在小孩子身上（Eth，1990；Silverman & La Greca，2002）。当4岁的凯茜被转诊到一个儿童心理学家那里的时候，这个孩子在测试中有很多害怕和回避的行为，但是问题不大。2岁的苏珊也有些症状，但是她太小了，以至于无法说出这些东西，如表4–5所示。然而，事情发生几个月后，在没有任何缘由的情况下，她反复地说：“狗咬了姐姐。”

如诊断标准中所述，PTSD被细分为急性的 147
（acute）与慢性的（chronic）。在事件发生后的1～3个月内的状况被诊断为急性PTSD，当PTSD持续3个月以上时被诊断为慢性PTSD。慢性PTSD患者有更明显的回避行为（Davidson，Hughes，Blazer，& George，1991），并经常与其他附加诊断联系在一起，如常伴有社交恐惧症。在延迟发作的PTSD中，创伤事件后个体不立刻表现出症状，但大约几年之后却会充分表现出PTSD症状。不过，为什么在某

表4–5　从玛西娅及其兄妹身上得出的PTSD症状

症状	杰夫	玛西娅	凯茜	苏珊
重复上演——创伤事件主题		×	×	×
梦魇	×	×	×	×
再体验	×			
暴露于相似刺激时极度痛苦	×	×	×	×
避免谈论创伤事件	×	×		
避免回忆创伤事件	×			
退缩行为	×	×		
分离	×	×		
情感压抑	×	×		
睡眠障碍	×	×	×	×
愤怒爆发	×	×		
高度警觉	×	×		
惊吓反应	×	×		
符合 DSM-Ⅳ-TR PTSD 诊断	×	×		

资料来源：From Albano, A. M., Miller, P. P., Zarate,R., Côté, G., & Barlow, D. H. (1997). Behavioral assessment and treatment of PTSD in prepubertal children: Attention to developmental factors and innovative strategies in the case study of a family. *Cognitive and Behavioral Practice*, *4*, 245–262.

些个体身上会延迟发作仍是个谜。

如前所述，直到事件发生一个月后 PTSD 才能被诊断出来。DSM-Ⅳ-TR 指出一种新的障碍，称为**急性应激障碍**（acute stress disorder），这实际上是事件发生一个月以内便产生的 PTSD，然而新名称所强调的是一些人在创伤事件后立刻产生的非常严重的反应。这种与 PTSD 类似的障碍伴有严重的分离症状，如对所有或部分创伤事件的遗忘、情感麻木、现实解体或不真实感。一项研究显示，有 63%～70% 因车祸事件而产生急性应激障碍的患者，在创伤事件发生两年后才逐渐发展出 PTSD。另外，还有 13% 的人虽然并不符合急性应激障碍的诊断标准，但是后来也发展出了 PTSD。如果受害者体验到了非常强烈的唤醒和情感麻木，那么急性应激障碍最终发展成 PTSD 的可能性就更大（Harvey & Bryant，1998）。

数据统计

许多研究已经证明在创伤受害者的人群中 PTSD 的患病率相当低。拉赫曼（Rachman，1978）研究了在第二次世界大战中饱受空袭的英国市民。他得出结论："大部分人可以很好地忍受这段空袭，这与群体惊恐的普遍预期相反。持续的轰炸并没有引起精神障碍的增加。短暂的惊吓是很普遍的，奇怪的是，很少出现长期和持续的惊恐反应。"（Rachman，1991，p.162）相似的结果出现在灾难性的事件后，如火灾、地震及洪水（例如，Green，Grace，Lindy，Titchener，& Lindy，1983）。

DSM　诊断标准概要

创伤后应激障碍

PTSD的症状包括：

- 个体亲身经历创伤事件，在此过程中，个体经历、见证或者面对死亡及死亡威胁或严重的伤害等场景，个体对这些场景表现出了严重的恐惧和无助。
- 以下列一种或多种方式持续体验到创伤事件：（1）反复出现闯入性的对事件的痛苦回忆，包括对事件的想象、思考或感知；（2）反复做与该事件有关的噩梦；（3）创伤事件会再次出现的感觉，包括错觉、幻想以及闪回；（4）当经历会引起产生创伤回忆的事件时，出现强烈的心理痛苦；（5）对能引起创伤回忆的事物，表现出明显的生理反应。
- 持续回避与创伤事件相关的刺激，以及反应麻木。
- 持续的唤醒水平提高现象，如难以入睡、神经过敏以及高度的警觉。
- 临床上明显的痛苦，或社会功能、职业以及其他一些重要领域功能的显著受损。

资料来源：Based on DSM-Ⅳ-TR. Reprinted with permission from *Diagnostic and Statistical Manual of Mental Disorders* (4th ed., text revision). ©2000 American Psychiatric Association.

创伤后应激障碍（PTSD）　在暴露于严重的无助或威胁性恐惧之后的持久的、痛苦的情绪障碍。受害者会再度体验创伤，回避与创伤有关的刺激并形成对应答的麻木以及警觉、唤醒的提高。

急性应激障碍　在令人恐惧的事件之后立刻产生的严重反应，经常包括对这一事件的失忆、情绪麻木和非现实感。很多受害者后面会发展出创伤后应激障碍。

菲利普·萨伊格（Phillip Saigh，1984）在他任教于黎巴嫩的贝鲁特美国大学时期做了一些有趣的观察，这一时期恰好处于20世纪80年代早期以色列战争之前后。萨伊格在战争之前用问卷测量了大学生的焦虑。战争开始后，一半的学生逃到了附近安全的山上。另一半学生忍受了这一时期的激烈炮击和轰炸。之后萨伊格继续用同一问卷进行施测并发现了令人惊讶的结果：尽管一些留在城市中面临严重危险和伤亡的学生确实形成了发展为PTSD的情感反应，但是逃往山上与留在城市的学生的长期差异并不显著。

相反，一些研究表明在创伤后会有较高的PTSD的患病率。基尔帕特里克（Kilpatrick et al.，1985）调查了2 000多名成年妇女。她们都曾有过被强奸、性骚扰、抢劫及严重袭击等经历，她们被要求回答在受到这些伤害以后是否自杀过或企图自杀或有过精神崩溃［在心理病理学上“精神崩溃”（nervous breakdown）是一个非专业的词，但在日常生活中被广泛用来描述严重的心理紊乱］。作者基于攻击是最终实现还是只表现出了攻击的企图对结果进行了分析。强奸是最严重的情绪冲击。与一般人群中2.2%的自杀率相比，有19.2%强奸受害者曾经企图自杀。44%报告在被强奸之后曾经想过自杀。类似地，雷斯尼克等（Resnick，Kilpatrick，Dansky，Saunders，& Best，1993）的研究发现，32%的强奸受害者在生活的某个阶段符合PTSD的诊断标准。泰勒和柯克（Taylor & Koch，1995）发现，15%～20%经历了严重车祸的人会发展出PTSD。其他相关的调查显示，

Andy Nelson/The Christian Science Monitor via Getty Images

暴露于创伤事件中会产生深远的恐惧和无助。患有PTSD的人们会在“闪回”中重新体验这些感觉，不由自主地重温恐怖的事件。

在整个人群中有6.8%的人曾在某一时间段患过PTSD（Kessler，Berglund，et al.，2005），而在过去一年中这一比例为3.5%（Kesslor，Chiu，et al.，2005），战 148 争和性侵害是诱发PTSD的最常见的创伤（Kessler，Sonnega，Bromet，Hughes，& Nelson，1995）。最近已经证实，PTSD的诊断能不受其他诸如酒精滥用等问题的影响而可以单独地预测自杀企图（Wilcox，Storr，& Breslau，2009）。

是什么原因使得PTSD在伦敦忍受炮火袭击的人群中的发生率低而在遭受罪犯袭击的人群中的发生率高呢？研究者认为，在空袭期间人们并没有直接接触那些可怕的垂死之人、死亡和爆炸，而近距离地暴露在创伤面前对于引发PTSD这种障碍才是最重要的（Friedman，2009；Keane & Barlow，2002；King，King，Foy，& Gudanowski，1996）。这一点在越战老兵中也很明显，他们中有18.7%的人患有PTSD，其患病率与在战斗中的暴露程度有直接关系（Dohrenwend，Turner，& Turse，2006）。对76名卡特里娜飓风受害者的调查也发现，严重心理疾病会加倍出现（Kesslor，Galea，Jones，& Parker，2006）。“9·11”事件也是对创伤事件的暴露程度与PTSD之间联系的明显证据。盖拉等（Galea et al.，2002）调查了住在曼哈顿110号大街的具有代表性的一个成人样本后发现，有7.5%的人报告有急性应激障碍和PTSD症状。但对住得离世贸中心很近的人的调查显示发生率为20%。再一次证明，那些直接经历过灾难的人更容易患上PTSD。

这些就是故事的全部吗？好像不是。一些人经历了极其恐怖的创伤事件，但结果却仍表现得心理健康。而另一些人则不同，甚至轻微的应激事件也有可能造成PTSD症状。为了知道这是怎么发生的，我们必须知道PTSD产生的病理学因素。

病因

PTSD是一种病因已经确定的障碍：个人经历了某种创伤进而发展出一种障碍。但是一个人是否会发展出PTSD涉及一些复杂和综合的因素，包括生物的、心理的和社会的因素。前面提到的最近一项研究证实了大卫·福伊（David Foy）和他的合作者们（Foy，Sipprelle，Rueger，& Carroll，1984）提出的在战争中暴露在创伤面前的程度，是越战老兵中出现PTSD的

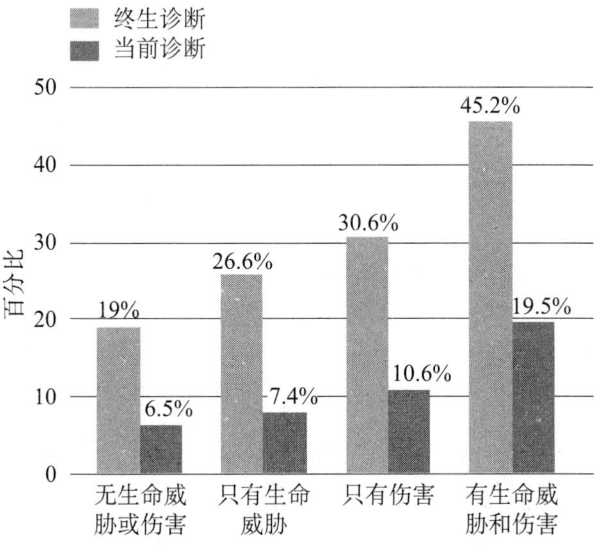

图 4–9 与侵害特征相联系的 PTSD 的终身和当前患病率

资料来源：Reprinted, with permission, from Resnick, H. S., Kilpatrick, D. G., Dansky, B. S., Sanders, B. E., & Best, C. L., 1993. Prevalence of civilian trauma and posttraumatic stress disorder in a representative national sample of women. *Journal of Consulting and Clinical Psychology, 81*, 984-991, ©1993 American Psychological Association.

病因之一（Dohrenwend et al.，2006；Friedman，2009），但不能解释全部内容。例如，在战争中有 67% 的被俘囚犯患上了 PTSD（Foy，Resnick，Sipprelle，& Carroll，1987），这意味着有 33% 的囚犯能够忍受长期的隔离和折磨而不患这种障碍；也许这类人中最著名的例子是参议员麦凯恩（Senator John McCain）。相似地，雷斯尼克和其同事（Resnick et al.，1993）证明女性受害者患 PTSD 的比例随创伤程度的增加而增加（见图 4–9）。最后，儿童经历严重烧伤后形成 PTSD 的可能性与他们烧伤的严重程度和痛苦感觉成正相关（Saxe et al.，2005）。在较低的创伤水平上，有一些人患上了 PTSD，但大部分的人没有。是什么引起了这些差异呢？

像其他障碍一样，我们自身就具有心理和生物易感性。易感性越强的人，越容易患 PTSD。如果某些这样的特质在你的家族中出现，那么你就有更大的可能性患上这种障碍（Davidson，Swartz，Storck，Krishnon，& Hammett，1985，Foy et al.，1987）。一个家族有焦虑病史则表明其成员对 PTSD 具有广泛的生物易感性。特鲁尔（True et al.，1993）报告在相同的战争创伤中，同卵双生子比异卵双生子更容易患上 PTSD。同卵双生子症状之间的相关为 0.28～0.41，而异卵双生子症状之间的相关为 0.11～0.24，表明有某些遗传的因素在起作用。然而像其他障碍一样，很少或没有证据显示基因直接导致 PTSD（Norrholm & Ressler，2009）。不过，基因因素使个体更容易感到应激和焦虑，然后会使个体更容易在创伤经历后形成 PTSD。

布雷斯劳等（Breslau，Davis，& Andreski，1995）证明，在 1 200 个成人的随机样本中，个性特征如容易焦虑、其他因素如低教育程度预示着更易暴露在创伤事件中，因此会增加患 PTSD 的风险。布雷斯劳等（Breaslau，Lucia，& Alvarado，2006）详尽阐述了这一发现，他们提出具有外化（付诸行动）问题的 6 岁儿童，很可能由于他们的付诸行动而更容易遇到创伤（比如侵害），并在之后形成 PTSD。较高的智力会使个体更少地暴露于各种创伤事件中。也就是说，个性和其他一些特征（它们至少部分是可以遗传的）会使个体更常遇到创伤事件，从而使个体更容易体验到创伤（Norrholm & Ressler，2009）。同样，与基于不可预知或不可控事件的早期经历而形成的其他心理障碍一样，PTSD 似乎也存在着某种一般心理易感性。福伊等（Foy et al.，1987）发现，在非常强烈的创伤下，这种易感性的作用不大，因为大部分的囚犯（67%）都患上了 PTSD。然而在普通的创伤事件中，这种特质却起着决定性的作用。例如家庭的不稳定性使人容易逐渐产生一种世界是不可控制的感觉（Chorpita & Barlow，1998；Suárez et al.，2009），因此在不稳定的家庭中长大的孩子在受到侵害后患上 PTSD 的可能性较大就不足为奇了。在对 1 600 多名不同性别的越战老兵的研究中，家庭的不稳定性被认为是形成 PTSD 的战前风险因素（King et al.，1996）。

最后，社会因素在 PTSD 的发展过程中起到一个非常重要的作用（例如，参见 Carroll，Rueger，Foy，& Donahoe，1985）。许多研究的结果强有力地表明，如果在你的身边有一个强有力的支持系统，那么在遭受创伤之后患上 PTSD 的可能性会明显降低（Friedman，2009）。这些因素在世界范围内似乎都是肯定的，因为正如在一项比较美国和俄罗斯青少年的研究（Ruchkin et al.，2005）中显示的，创伤的反应具有跨文化相似性。在一项独特而有趣的研究中，维恩伯格等（Vernberg，La Greca，Silverman，& Prinstein，1996）在安德鲁飓风袭击佛罗里达南海岸以后，研究了568名小学生在3个月后的情况。有55%以上的人持续出现中度到重度的PTSD症状，这是这类灾难的典型后果（La Greca & Prinstein，2002）。作者研究患PTSD或不患PTSD的原因时发现，从父母、亲密朋友、同学和老师那里得到的社会帮助是一个很重要的保护性因素。同时，积极的应对方式，如包含主动解决问题在内的积极应对策略，也具有保护的作用，而生气或责备他人都会使得PTSD的发生率升高。社会支持系统越深越广，则患上PTSD的可能性就越小。

为什么会这样呢？正如你在第2章中看到的，我们都是社会性的动物，身边的人和关系都直接影响着我们对应激的生物和心理反应。实际上，许多研究指出，从亲人那里得到的支持可以减少应激期间儿童皮质醇的分泌和HPA轴的活动（例如，参见Nachmias，Gunnar，Mangelsdorf，Parritz，& Buss，1996）。很明显，PTSD涉及许多神经生物系统，特别是在第2章以及本章前面提到过的，升高的促肾上腺皮质激素释放因子（CRF）可以显示HPA轴活动增强（Amat et al.，2005；Charney，Deutch，Krystal，Southwick，& Davis，1993；Gunnar & Fisher，2006；Heim & Nemeroff，1999；Ladd et al.，2000；Shin et al.，2004；Shin et al.，2009；Sullivan et al，2000）。你可能会记得在前面研究中，灵长类动物暴露于强烈的应激下也会使其体内的CRF和皮质醇（应激激素）水平升高。这些灵长类动物的应激激素的慢性活动似乎导致了负责管理它们的海马的永久性损伤。因此，PTSD的慢性唤醒以及一些其他症状可能与大脑的功能和结构的改变直接有关（Bremner，1999；Bremmer et al.，1997；McEwen & Magarinos，2004）。在一些与战争有关的PTSD患者（Gurvits et al.，1996；Wang et al.，2010）、一些在童年期受到过性虐待的成年患者（Bremner，et al.，1995）以及暴露在极端创伤的消防员身上都发现了有关海马损伤的新证据。海马是大脑的一个部分，对学习和记忆起着重要作用。因此，如果这里受损，那么个体将会在学习和记忆方面出现混乱。记忆
150 功能的损害，包括短时记忆以及回忆事件的能力，已经在PTSD患者中得到证实（Sass et al.，1992）。布雷姆纳等（Bremner，Vermetten，Southwick，Krystal，& Charney，1998）指出，PTSD患者常见的记忆破碎可以解释他们为何难以回忆其创伤的某些方面。

在前面我们将惊恐发作描述为一种在不恰当的时间发生的适应性的恐惧反应。我们推测人的“警报反应”在惊恐障碍和PTSD中是相似的，不同的是，在前一种障碍中警报是虚假的，而在后者中最初的警报在现实危险存在时是真实的（Jones & Barlow，1990；Keane & Barlow，2002）。如果这种警报足够强烈，那么我们就会对能让我们想起这一创伤的有关刺激形成条件性或习得性警报反应（如被挤在床上会让玛西娅想起急诊室里的床板）。我们也可能会形成一种对不可控制的情绪体验的焦虑（如PTSD患者常出现的闪回）。我们是否会发展出焦虑则部分取决于我们的易感性。这种PTSD病因学模型如图4-10所示。

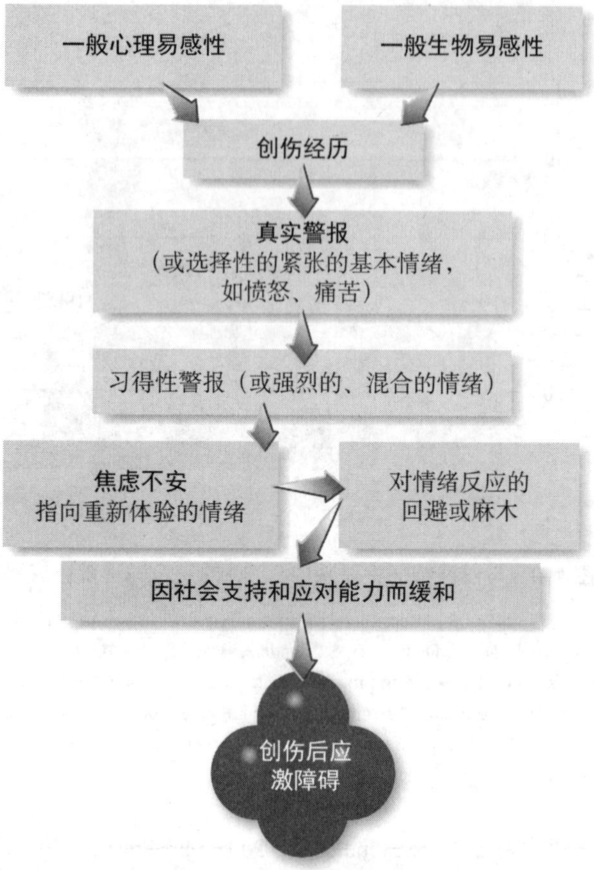

图4-10 PTSD形成的一个模型

资料来源：Reprinted, with permission, from White, K. S., & Barlow, D. H., A model of the causes of PTSD. In Barlow, D. H., 2002. *Anxiety and its disorders: The nature and treatment of anxiety and panic* (2nd ed.). New York: Guilford Press, ©2002 Guilford Press.

治疗

从心理学的角度来看，大部分的临床医生认为，PTSD的受害者必须面对最初的创伤，处理它的强

烈情绪，并发展出一种有效的应对措施来克服障碍的困扰（Barlow & Lehman，1996；Keane & Barlow，2002；Najavits，2007；Resick，Monson，& Rizvi，2008）。在精神分析的治疗中，通过再体验情绪创伤来减轻痛苦被称作宣泄。当然，技巧在于对这种再次暴露的组织，使得它是治疗性的，而非创伤性的。与特定恐惧症的恐惧对象不同，创伤事件是很难再次重现的，并且很少有治疗师会去尝试。因此，几十年来，人们以各种不同的名称使用想象暴露，在这种方法下产生的创伤内容和情绪被系统地再现，以治疗 PTSD。目前，让青少年或成年患者实现这一目标的最常见的策略是使他们对创伤经历形成一个叙述，然后在治疗中进行大量复习。纠正对创伤的负性思维，如一定程度上责备自己、内疚或者两者都有的认知治疗，经常是心理治疗的一部分。

另一个问题是创伤受害者经常会抑制他们对这一事件的情绪方面记忆，并且有时候似乎是整个创伤记忆。它是在无意识的状态下自动发生的。有时，在治疗师的帮助下，记忆会一下子涌现出来，患者会明显回忆起一些小插曲，虽然这也许会使患者和治疗师都感到害怕，但处理得当还是很有疗效的。越来越多的证据表明，在创伤之后尽快地进行早期结构性的干预能够有效地阻止 PTSD 的发展（Bryant，Moulds，& Nixon，2003；Ehlers et al.，2003；Litz，Gray，Bryant，& Adler，2002）。例如，艾哈勒斯等（Ehlers et al.，2003）对经历了足以引起恐慌的交通事故且很有可能发展出 PTSD 的患者，进行了 12 次的认知治疗后，发现只有 11% 的人发展出了 PTSD，而获得一本详细的自我帮助手册的患者则有 61% 发展出该病，并且在之后的测评中还有 55% 的人符合 PTSD 的诊断标准。所有需要的患者都可以接受认知治疗。与此同时，有证据表明，主观创伤的受害者在个人报告的环节中如果被强迫表达自己的感受，那么无论他们是否处在痛苦期，这种被迫表达都是有害的（Ehlers & Clark，2003）。

玛西娅，那个被狗咬伤的姑娘和她的哥哥也接受了治疗。在治疗中，最大的困难就是玛西娅讨厌见医生和不愿意做一些生理检查。因此为其设计了一个从最放松到最紧张体验的等级表（如表 4–6 所示）。为玛西娅准备的消除焦虑的步骤包括握住其脉搏，让她躺在检查台上，以及在伤害事件后自己去洗澡。会引起最强烈反应的是捆绑在控制台上。开始玛西娅看她的哥哥做这些练习。杰夫不怕这些具体的治疗过程，尽管他想到玛西娅的恐惧时也会对绑在控制台上感到焦虑。在看到哥哥在经历这些情景的过程中基本没有什么恐惧之后，玛西娅也按顺序进行练习。治疗师不断地用快速照相机拍下这些情景。玛西娅还被要求将这些情景画出来。当她做完这些以后，治疗师和她的家人向她表示祝贺。因为玛西娅的年龄太小，她不适合通过暴露想象治疗来使其精神创伤得到再现。因此，她的治疗是通过精心设计来体验当前对外界的感受。玛西娅的 PTSD 成功地得以根治，她的哥哥也因为扮演了帮她治疗的角色而使得自己的内疚感得到了极大缓解。 151

表4–6　　玛西娅的恐惧和回避等级

	治疗前恐惧等级	治疗后恐惧等级
被捆在手术台上	4	0
做心电图	4	0
做胸片	4	0
医生用听诊器听音	3	0
躺在检查床上	3	0
伤口愈合后洗澡	3	0
让治疗师将绷带缠在伤口上	2	0
让治疗师用听诊器听音	1	0
测量脉搏	1	0
允许治疗师用压舌板检查喉咙	1	0

资料来源：From Albano, A. M., Miller, P. P., Zarate, R., Côté , G., & Barlow, D. H. (1997). Behavioral assessment and treatment of PTSD in prepubertal children: Attention to developmental factors and innovative strategies in the case study of a family. *Cognitive and Behavioral Practice*, 4, 254, © 1997 Association for Advancement of Behavior Therapy.

PTSD的药物治疗也是有效的（Dent & Bremner，2009）。有一些药物，如对广泛性焦虑障碍有效的选择性 5- 羟色胺再摄取抑制剂（如百忧解、帕罗西汀）对 PTSD 的治疗也有效果，这可能是因为它们能非常显著地降低这种病中的严重焦虑和惊恐发作。

概念自测 4.5

对下列个案的初步诊断进行正确匹配：(a) 急性的创伤后应激障碍；(b) 急性应激障碍；(c) 延迟发作的创伤后应激障碍。

1. 三周前，朱迪亲眼目睹了一场令人恐怖的龙卷

风将她的农场夷为平地。从那时起，她开始反复回忆这一事件，并开始出现睡眠困难、害怕在雷雨天出门等症状。________

2. 六周前，杰克经历了一场车祸，车祸的另一方死亡。从那时起，杰克开始不敢进入车内，因为这会勾起他对所经历事件的痛苦回忆。关于这次事件的噩梦频繁出现，并且严重干扰了他的睡眠。他变得易激惹，还失去了对工作的兴趣和业余爱好。________

3. 帕翠西娅在17岁的时候被强奸。虽然这一事件已经过去30年，但最近她开始反复回忆起那事情，难以入睡，并害怕与她丈夫过性生活。________

152

强迫症

▶ 强迫症的症状有哪些?

一个需要住院治疗的焦虑障碍患者，很可能还患有**强迫症**（obsessive compulsive disorder，OCD）。如果患者因为所有心理治疗和药物治疗都没有效果且经受的痛苦无法忍耐，而寻求精神外科（治疗精神障碍的神经外科），这很可能就是强迫症。强迫症是焦虑障碍中最具破坏性的一种。有些强迫症的患者可能会体验到严重的广泛性焦虑、反复的惊恐发作、消极回避和抑郁。所有这些都可能与强迫症状同时发生。

临床描述

在其他的焦虑障碍中，其危险通常是一些外在的事物和环境，或者至少是在其记忆中的。在强迫症中，危险事件则是患者总想极力避开的思维、想象或者冲动，就像患有恐蛇症的人想极力避开蛇一样（Clark & O'Connor，2005）。例如，是否有人告诉过你不要去想粉红色的大象？如果你集中注意力，用尽各种可能的心理学方法不去想那粉红色的大象，你会发现要抑制这种想法或想象是多么困难。强迫症患者整天为这种事情而斗争，他们甚至可能整个余生都是这样，而且他们通常会经历可怜的失败。在第3章中我们讨论了弗兰克的病例。他担心自己会不由自主地出现抽筋或癫痫发作的症状，于是试图通过祈祷或摇晃自己的腿以分散自己的注意力。**强迫观念**（obsessions）指的是那些闯入性的，并且大多是没有意义的、个体极力想抗拒或消除的思维、想象或冲动。**强迫行为**（compulsions）是指那些用来抑制并减轻强迫观念的想法和行为。弗兰克有这两种症状，但他的病症与下面理查德的病例比起来还是比较轻的。

理查德：被仪式所束缚

理查德，一个19岁的哲学系大学新生，因为有不能控制的仪式性行为而退学。他放弃了个人卫生，因为他在洗漱时不得不进行的强迫的仪式使得他在洗漱时耗费大量的精力而不能做其他的事情。几乎不能停止的洗澡变成了无法洗澡。他不再理发、洗头、洗脸、刷牙或是换衣服。他很少离开他的房间，为了避免与厕所有关的仪式，在纸巾上大便，在纸杯里小便，把这些东西都放到壁橱里，他仅仅在深夜家人都睡着了才出来吃东西。为了吃东西他要呼出所有的气体，发出嘶嘶的怪叫、干咳。然后尽可能地塞满嘴巴，直到把胃全部填满。他只吃一种由花生油、可可粉、牛奶和橄榄油混合的东西，其他的食物都被他认为是污染物。他走路时只用脚尖迈很小的步子并且不停地回头看，一遍又一遍地检查。

和其他强迫症患者一样，理查德受到这种强制的持续不断的想法和冲动的侵扰，在他的身上是一些有关性、攻击和宗教的东西。他的各种各样的行为是抑制性、攻击方面的想法的结果，或是为了避开一些他确信如果他不按仪式那样做就会带来灾难性后果的事情。强迫既可以是行为上的（如洗手、检查），也可以是心理上的（如按特殊的顺序思考单词、计数、祈祷等）（Foa et al.，1996；Purdon，2009；Steketee & Barlow，2002）。最重要的是，他们认为这样做可以减少应激或阻止可怕事情的发生。强迫行为常常是不可思议的，因为它们通常与强迫观念之间没有任何逻辑联系。

强迫观念和强迫行为的类型

根据相关群体的数据分析，强迫观念有四种主要类型（Bloch，Landeros-Weisenberger，Rosario，Pittenger，& Leckman，2008；Mathews，2009），并且每一种都与特定的强迫行为模式相联系。对称强迫观念是最主要的强迫观念（26.7%），接下来是“禁止的思维或行动”（21%）、清洗和污染（15.9%）以及囤积（15.4%）（Bloch et al.，2008）。对称涉及把事情安排成完美的顺序或是以一种非常完美的方法做完事情。当你是孩子的时候，你是否小心翼翼地不踩在人行道的白线上？你或你的朋友在几分钟之后就对这种事情感到厌倦了。但如果你不得不用一辈子的时间来做这件事情的时候，你就不会觉得快乐了。有强迫症的人甚至会担心他们在教堂里发出诅咒的声音。我们的一个患者，一位年轻优雅的女士，不敢乘坐公共汽车因为害怕如果有男士坐在她身边她会抓他的胯部！在现实中，这是她最不可能做的事，但这种强迫性想法如此可怕以至于她不得不尽全力压制，并回避乘坐公共汽车或其他相似的情境。

153 特定类型的强迫观念与特定的仪式有着紧密的联系（Bloch et al.，2008；Calamari et al.，2004；Leckman et al.，1997）。如禁止的思维或行动似乎会导致检查仪式。检查仪式是为了阻止想象的灾难或大祸。很多仪式是有逻辑的，比如反复检查煤气炉来确认是否已经把它关掉了，但在一些严重的案例中是没有逻辑的。比如，理查德认为他如果没有按一定的方式吃东西就会发疯。如果他不去小步子走路并一直回头看，他的家里就会发生灾难。心理上的活动，比如计数，也是强迫行为。对称强迫观念会导致反复地排序安排或重复仪式，有污染的强迫观念则会引出可以生成安全和控制感的清洗仪式（Rachman，2006）。像理查德一样，很多患者会有几种强迫观念和强迫行为。

抽动障碍和强迫症

抽动障碍（tic disorder）以很多不自觉的动作（如腿部突然的痉挛）为特点，它常常在强迫症患者（尤其是儿童）或其家族中发生（Grados et al.，2001；Leckman et al.，2010）。伴随不自觉发出怪声的更加复杂的抽动障碍被称为抽动秽语综合征（Leckman et al.，2010；见第 5 章）。在某些案例中，这些动作可能不是抽动而是强迫动作，如第 3 章中弗兰克的例子：当脑海中出现癫痫发作的思维时，他便一直抖动他的腿。大约 10%～40% 的患有强迫症的儿童和青少年同时患有抽动障碍，这可能会使 DSM-5 把与抽动相关的强迫症列为强迫问题的一种亚型（Leckman et al.，2010），其强迫观念几乎总与对称有关。

囤积

最近，我们的门诊开始关注到一个强迫囤积的患者群体，他们担心如果扔掉一些东西，即使是十年前的报纸，也会感到某一天可能要用到它（Frost，Steketee，& Williams，2002；Grisham & Barlow，2005；Samuels et al.，2002；Steketee & Frost，2007a，2007b）。一些患者的房子和院子遭到公共卫生机构的谴责是很常见的。一位患者的房子受到谴责因为

DSM 诊断标准概要

强迫症

强迫症的症状包括：

- 强迫观念：反复出现和持续的想法、冲动或者想象，它们是闯入性的和不适当的，并会导致明显的焦虑和痛苦；不仅仅是一种对真实生活的过度担心；个体试图去忽略、抑制或压制它们；个体知道这些想法、冲动或者想象都是他自己思维的产物。
- 强迫行为：反复的行为（如经常洗手或检查）或者心理活动（如祈祷、计数），个体感到被迫对强迫观念做出回应，或者按照某些规则严格执行。
- 认识到这些强迫观念或强迫行为是过度的或不合理的。
- 这些想法、冲动或者行为导致了明显的痛苦，每天持续时间超过1小时，或者明显干扰了个体日常社会功能和人际关系。

资料来源：Based on DSM-Ⅳ-TR. Reprinted with permission from *Diagnostic and Statistical Manual of Mental Disorders* (4th ed., text revision). © 2000 American Psychiatric Association.

强迫症 焦虑障碍的一种，包括不必要的、持久的、闯入性的思维和冲动，以及反复想要抑制它们的行动。

强迫观念 反复的闯入性想法或冲动，个体试图去抑制或中和它们，同时个体知道这些想法、冲动不是外界力量强加的。

强迫行为 个体感到被迫要执行的反复的、不必要的、消耗时间的行为或者心理活动。

患有强迫性囤积的人害怕会扔掉重要的东西，以至于家中堆满杂物。

里面的垃圾堆得很高，不仅不雅观，同时还有火灾隐患。那里堆着她20年来收集的卫生纸！

基本上来说，这些患者通常在十几岁开始积聚东西，通过购物或其他途径收集各种物品，并经常体验到很大的乐趣，甚至是欣快感。购物或收集东
154 西可能是感觉低落或抑郁的反应，有时被开玩笑地称为“购物疗法”。但是不像大多数喜欢购物或收集的人，这些患者之后会对扔掉任何东西感到强烈的焦虑和痛苦，因为他们认为扔掉的任何东西都会有潜在的用处或伤感的价值，于是他们的家或住所会变得几乎不能居住。大部分这类患者不认为他们有问题，知道他们的家人或地方机构坚持让他们接受治疗。这些患者在很多年的囤积之后才寻求治疗，患者平均年龄为50岁（Grisham，Frost，Steketee，Kim，& Hood，2006）。患者通常是独自居住的。

目前有关囤积的知识迅速增加，最新的详细分析发现它与强迫症和冲动控制障碍既有相似点又有不同点，或许，它应该在DSM-5中作为一种单独的障碍列出来（Mataix-Cols et al., 2010）。虽然它已经列入DSM-5需要进一步研究的附录中，但是单列还是不太可能的。我们的诊所正在实施一些新的治疗方法，治疗中要求患者按照价值对物品进行排序，这样可以减轻把相对价值低的物品丢掉时所产生的焦虑（Steketee & Frost，2007a）。治疗的初步结果是很有希望的，但对于治疗的长远效果仍有待更多验证。

数据统计

强迫症在人一生中的患病率为1.6%左右（Kessler，Berglund，et al.，2005），年患病率为1%（Kessler，Chiu，et al.，2005）。当然并不是所有的病例都像理查德那么严重。强迫观念和强迫行为可以被描述成一个连续体，就像焦虑障碍的大部分临床描述一样。闯入性或痛苦的想法在非临床（正常的）个体中是普遍存在的（Boyer & Liénard，2008；Clark & Rhyno，2005；Fullana et al.，2009）。斯皮内拉（Spinella，2005）发现，13%的正常大学生会有未达到强迫症标准的中等水平的强迫观念和强迫行为。

如果个体不会偶尔产生闯入性的或者奇怪的思维，这也是不正常的。许多人有一些古怪的有关性和侵犯的想法，特别是在他们无聊的时候——例如当坐在教室里。盖尔·斯特克蒂（Gail Steketee）及其同事收集了没有强迫症的正常人群的想法，其中一些列在表4–7中。

你曾有过这些想法吗？大多数人都会有，而且大部分人的这种想法很快就没了。然而，还是有一些人被这些想法所困扰，认为它们是异质的、闯入的、
155 邪恶的力量。强迫症患者多数是女性，但是其比率没有其他焦虑障碍那么高。有研究者（Rasmussen & Tsuang，1984，1986）报告在1 630个强迫症患者中有55%是女性。一个流行病学的研究报告，强迫症患者中60%是女性（Karno & Golding，1991）。有趣的是，在儿童中性别比率正好相反，即男孩比女孩多（Hanna，1995）。到了青少年中期则接近相等，以后就是女性更多了（Albano et al .，1996）。发病年龄从童年期到三十几岁，发病年龄的中位数是19岁（Kessler，Berglund，et al.，2005）。男性的发病高峰（13～15岁）早于女性（20～24岁）（Rasmussen & Eisen，1990）。强迫症一旦形成，就会是慢性的（Eisen & Steketee，1998；Steketee & Barlow，2002）。

强迫症在不同文化中具有显著的共性。英塞尔（Insel，1984）回顾了对英格兰、中国香港地区、印度、埃及、日本和挪威的研究，发现强迫症的行为类型和比率大致还是一致的。这一结果与韦斯曼及其同事（Weissman et al.，1994）对加拿大、芬兰、美国、波多黎各、韩国、新西兰和中国台湾地区所做的研究一致。

病因

我们中的许多人有时会有一些闯入性的，甚至是令人恐惧的想法，并且有时会做一些仪式性的行

表4-7 非临床样本报告的强迫观念和闯入观念*

伤害性的行为
从高楼窗户跳下去
跳到汽车前面
将某人推到火车前面
希望某个人死
抱着婴儿时，突然想踢他
丢弃一个婴儿
如果我忘记了和某个人说再见，他就会死
想象某种可怕的事情降临到某个人身上，就可能真的会发生
脏或疾病
从公共浴池或其他公共场所染上病菌
可能因接触卫生间的坐便器而得病
自己的手始终很脏
不恰当或不能接受的行为
谩骂或冲老板喊叫
在公众场所做出某种尴尬的事，如忘了戴礼帽
希望某人失败
在教堂中脱口说出什么东西
对“变态”性行为的想象
对安全或记忆等的怀疑
我可能没有关好门
我把烫发钳忘在了地毯上，并且忘记了拔插头
我忘记了将取暖器或火炉关上
我虽然知道自己锁了车门，但总担心没有锁
东西没有放好

* 例子来自拉赫曼和德席尔瓦（Rachman & deSilva，1978）以及德纳·索达尔森（Dana Thordarson）博士、迈克尔·基里奥斯（Michael Kyrios）博士未出版的研究（personal communication，2000）。

资料来源：Source: Reprinted, with permission, from Steketee, G., & Barlow, D. H. (2002). Obsessive-compulsive disorder. In D. H. Barlow, *Anxiety and its disorders: The nature and treatment of anxiety and panic* (2nd ed., p. 529), © 2002 Guilford Press.

为，特别是在应激的情况下（Parkinson & Rachman，1981a，1981b）。但是我们很少有人会发展出强迫症。因为就像惊恐障碍和创伤后应激障碍一样，个体发展出的焦虑一定是针对闯入性想法再次出现的可能性的。

强迫症患者的这些重复的、闯入的、不可接受的想法可能受到第 2 章中所假设的大脑坏路的调节。然而，这种因意外闯入的思维而变得焦虑的倾向可能具有和通常的焦虑相同的生物和心理学基础（Suárez et al.，2009）。

为什么强迫症患者会把他们的焦虑集中在那些偶然出现的闯入性想法上，而不是对可能发生的惊恐发作或是其他外部事件上呢？一种假设认为，早期经验告诉他们有一些想法是危险的和不可接受的，因为那些他们正在想的可怕事情会真的发生，而且他们要为之负责。这种早期经验会导致形成强迫症的特定心理易感性。强迫症患者把他们的想法所代表的特定的行动或活动等同于这些想法，称为“想法 – 行动融合”，想法 – 行动融合会通过过度承担责任的观念，并由此而导致的童年期内疚感所引发，在这个熔炉中，任何一个坏的想法都会与罪恶感联系起来（Clark & O’Connor，2005；Salkovskis，Shafran，Rachman，& Freeston，1999；Steketee & Barlow，2002）。他们可能通过错误信息学习这一过程，就像恐蛇症患者认为蛇是危险的，并且在任何时候任何地方都会出现一样。一位患者相信去想象流产在道义上等价于实际的流产。理查德最后承认有很强的同性恋倾向，而这不被他自己和他的父亲（一名神父）所接受，并且他认为这种冲动与实际行动一样是可耻的。强迫症患者中的许多人信仰宗教，如基督教、犹太教或是伊斯兰教。几项研究显示，与强迫症严重程度相联系的是宗教信仰的坚定程度，而不是宗教信仰的类型（Rassin & Koster，2003；Steketee，Quay，& White，1991）。当然，大部分的宗教信仰者并没有发展成强迫症患者。但为什么在你的生活中最让你害怕的事情并不是蛇或者在公众面前讲话，而是一个突如其来的在你脑海中出现的可怕想法呢？你不能像避开蛇一样避开它，因此你只能努力用一些心理或行为上的策略，例如转移注意力、祈祷或者检查去抑制和压制它。这些策略最终就变成了强迫性冲动，但是从长远来看它们注定是要失败的，因为这些策略实际上会造成相反的结果，会增加这些想法出现的频率（Purdon，1999；Wegner，1989）。

同样，发病者肯定存在着一些生物和心理易感性。相信某些想法是不可接受的，于是就去抑制它（一种特定心理易感性），就很有可能因此而患上强迫症（Amir，Cashman，& Foa，1997；Parkinson & Rachman，1981b；Salkovskis & Campbell，1994）。与其他焦虑障碍的病因学模型有一些相似的强迫症的一个病因学模型，如图 4-11 所示。

治疗

研究表明，在强迫症的治疗上使用药物具有

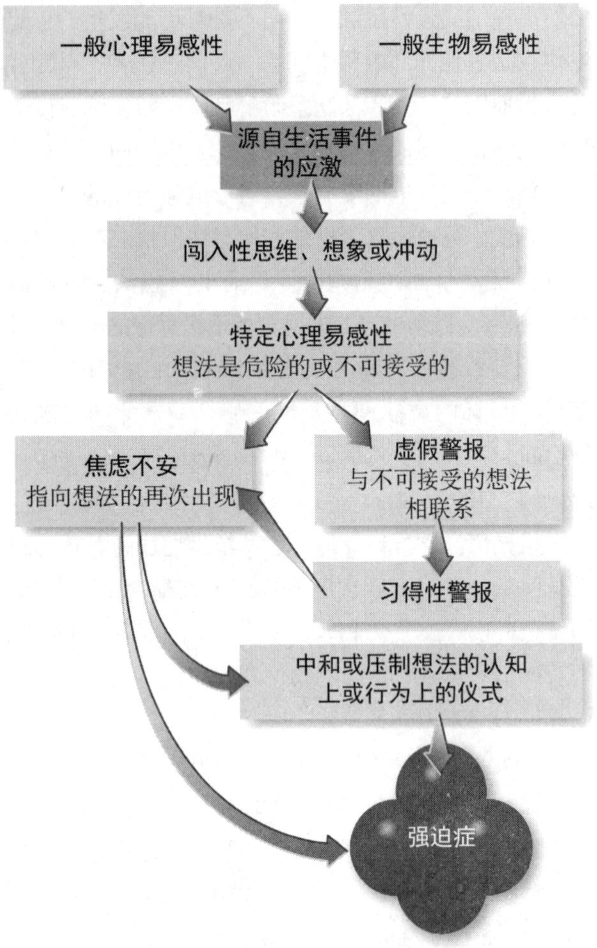

图 4–11　强迫症形成的一个模型

资料来源：Reprinted, with permission, from White, K. S., & Barlow, D. H., A model of the causes obsess-compulsive disorder. In Barlow, D. H., *Anxiety and its disorders: The nature and treatment of anxiety and panic* (2nd ed., p. 536). New York: Guilford Press, ©2002 Guilford Press.

一定的前景（Steketee & Barlow，2002；Stewart，Jenike，& Jenike，2009）。最有效的是能阻止 5- 羟色胺再摄取的药物，如氯米帕明或者选择性 5- 羟色胺再摄取抑制剂，接近 60% 的强迫症患者已经从中获益，不同药物之间不存在特别的优劣之分。然而其平均效果最多只是中等的（Greist，1990），而且患者停止服药后会经常复发（Lydiard，Brawman-Mintzer，& Ballenger，1996）。

高度结构化的心理治疗的效果要好于药物治疗，但不容易操作。最有效的心理治疗是暴露和仪式阻止（ERP），即让患者系统地、逐渐地暴露于令其恐惧的想法和情境中（Barlow & Lehman，1996；Franklin & Foa，2008；Steketee & Barlow，2002）。例如，有计划地在理查德面前呈现一些他认为是被污染的东西，包括一些食物和其他他认为脏的东西。他的清洗和检查仪式也会被阻止。这一工作常常可以通过一些简单的活动来让患者看到他们没有必要进行清洗和检查。一些严重的病例，要入院治疗，并且把水龙头从卫生间拆除一段时间才能阻止他们
的反复清洗。无论仪式行为是否会被阻止，这个过 *156*
程都是有帮助的，因为患者在情绪水平上很快就认识到他是否做这些强迫的仪式性动作对他并不会有什么伤害。

现在的一些研究在探索药物和心理联合治疗的复合效果。在一个大规模的研究（Foa et al.，2005）中，把 ERP 与氯米帕明的疗效及二者结合的情况进行了对比。ERP 配合或不配合药物治疗的效果都好于单独的药物治疗，86% 的患者进行 ERP 单独治疗是有效的，而相应的单独药物治疗的有效率则只有 48%。两种治疗手段结合并没有增强治疗的效果。同时，停药后，单纯药物组的复发率很高。

精神外科手术是一种非常激进的治疗强迫症的方法。“精神外科”（psychosurgery）这一词用得不太恰当，因为它指的是用神经外科（neurosurgery）的方法治疗心理疾病。詹尼克等（Jenike et al.，1991）最近报告了 33 个强迫症患者的记录，他们中的大多数人都非常严重。无论是药物还是心理疗法都没有用，在经过一种非常特殊的扣带回切开手术后约有 30% 的人显著获益。类似地，卢克等（Rück et al .，2008）对 25 位经过 5 年现有治疗而没有效果的患者进行了相关的手术（囊切开术）。结果发现，35%（9 位患者）显著获益，但是这 9 位患者中有 6 位遭受了手术的严重不良反应。考虑到这类患者用其他方法已没有什么疗效，外科手术被认为是最后一种方法。

概念自测 4.6

在空白处填入有关强迫症的一些事实。

1. ______是闯入性的、荒谬的想法、想象，或者个体努力要消除或压制的欲望。
2. 通过清洗、计数及囤积压制强迫观念和增强信心被称为______。
3. 强迫症的终身患病率大约为______，或更低。
4. ______是治疗强迫症的激进的方法，它包括扣带回切开手术。

谱系讨论　关于谱系的焦虑障碍的新视野

在第 3 章我们介绍了一个新的心理病理学概念，即从强调分类（个体的）诊断转向较大的维度或谱系考量，其中会把类似的或相关的诊断分组。其中一类谱系由一些情绪障碍组成，包括焦虑和抑郁（Leyfer & Brown，2011）。但是这种心理病理学的维度分类方法如何改变诊断呢？最近，我们推测了使用维度分类方法的未来诊断体系是如何诊断情绪障碍的（Brown & Barlow，2009）。为了阐释这一方法，让我们先来看一个案例。

S 先生是一个 50 多岁的高中教师，几个月以前经历了一场严
157 重的车祸，形成并遭受了与这一事件有关的很多症状。这些症状包括撞车的闯入性回忆、带有强烈情绪的事件“闪回”，以及妻子满脸伤口、青肿的画面。他回忆事故过程，这些线索使其出现了强烈的惊恐反应，并回避在与事故地区类似的地方驾驶。这些症状混合了一系列类似的症状，即那些他在越战服役时曾经出现的创伤体验。此外，他大多时候都在担忧各种生活事件，包括他自己的健康和他的家人。他也担心自己在工作中的表现，是否会受到其他同事的差评，尽管事实上他的教学工作一直受到很高的评价。

他所提供的病史以及临床评估提示他符合 PTSD 的诊断标准。因为他每天都有对与创伤无关的生活事件明显的担忧，他也符合广泛性焦虑障碍的诊断标准。此外，也许部分由于他经受的所有焦虑，他还产生了中等程度的抑郁。总的来说，这一患者可以被诊断为患有PTSD，尽管他有大量广泛性焦虑障碍和抑郁症的特征。但是如果我们尝试用系列维度而不是仅仅考虑符合哪一种类的方法来描述他的症状，又会是怎样的呢？图4–12展示了一种可能的维度体系的简图（Brown & Barlow，2009）。在这一维度组合中，“焦虑”（AN）呈现在左边，因为所有的焦虑障碍或抑郁障碍患者都会有一定程度的焦虑。很多而并非所有个体同时也是抑郁的（DEP）（如S先生）。S先生会有很高的焦虑分数，在抑郁上稍微低些。在图的最右边，S先生表现出很多行为回避和生理感觉回避（内感受器的回避）（AV-BI）。他难以驾驶，并通过尽其可能拒绝参与涉及战争的活动或谈话来回避与之前创伤有联系的线索。另一种回避的类型是回避与情绪体验有关的强烈情绪或想法。我们称之为认知和情绪回避（AV-CE）。S先生在回避的这一方面也有很高的分数。

但是S先生焦虑的核心是什么呢？这里我们看一下目前焦虑障碍诊断的五大特征。首先看创

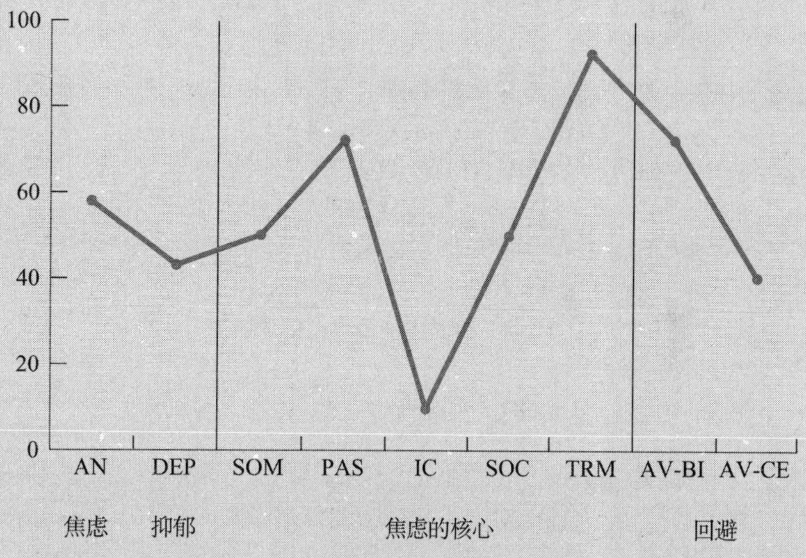

图 4–12　设想的一个 PTSD 患者的 DSM-5 或者 DSM-6 维度诊断

注：AN，焦虑；DEP，抑郁；SOM，躯体焦虑；PAS，惊恐和相关的自主神经激活；IC，闯入性认知；SOC，社会评价；TRM，过去创伤；AV-BI，行为和内感器的回避；AV-CE，认知和情绪回避。y 轴（0 ～ 100）上的高分表示 x 轴上相应维度的高水平，不过 y 轴的度量是随意的，仅仅出于图示的目的。

资料来源：Adapted from Brown, T. A., & Barlow, D. H., 2009. A proposal for a dimensional classification system based on the shared features of the DSM-Ⅳ anxiety and mood disorders: Implications for assessment and treatment. Psychological Assessment, *21*(3), 267. © 2009 by American Psychological Association. Reprinted with permission.

伤（TRM）聚焦，很明显，S先生在这一项上会有最高的得分。他也经受着频繁的创伤事件的闪回以及强烈的自主神经系统活动，如急速加快的心跳（你可能会记得，这类似于惊恐发作）。因此，他在惊恐和相关的自主神经激活（PAS）上得分也很高。由于没有出现其他种类的强迫想法，所以他在这一维度（IC）上得分很低。他对于自己健康和家人健康的担忧使他在躯体焦虑（SOM）上有中等程度的分数，但社交焦虑（SOC）分数并不特别高。

正如你所看到的，相比简单地指出S先生符合PTSD诊断标准，这一维度剖面图提供了更全面的临床陈述。这是因为剖面图能够充分体现焦虑和心境障碍患者经常伴有一系列关键特征的相对严重程度，而在目前的诊断体系中，这些患者可能仅符合一个单独的标准。这一维度剖面图也能充分体现S先生有一些低于心境障碍诊断标准的抑郁。通过浏览图4-12中S先生的剖面图，可以帮助临床医生们实施与他呈现的问题密切匹配的治疗。

这仅仅是一个可能的例子，但它确实能为将来的诊断体系提供一些思路。尽管在DSM-5（2013年出版）中并没有准备好这一体系，因为我们还需要对如何最优化运用做更多的研究，这样的系统可能会在DSM-6中呈现。

158 ## 小结

焦虑障碍的复杂性

焦虑、恐惧和惊恐发作的相似和不同之处是什么？

- 焦虑是一种针对未来事件的情绪状态，是一个人把精力聚焦在一些不可控制的危险和不幸事件上时产生的；相反，恐惧是针对现实状态的，它具有回避的趋向，它是自主神经系统对当前危险的自动反应。
- 惊恐发作表现为对恐惧的警觉反应，但事实上并没有真正的危险。
- 惊恐发作可能是：（1）非预期的（完全没有警报）；（2）情境依赖的（经常发生在特殊的环境中）；（3）情境易感的（可能会，但是不能预测在特殊的环境中会发生）。
- 惊恐和焦虑的结合会造成了各种各样的焦虑障碍。

广泛性焦虑障碍

广泛性焦虑障碍的主要特征、可能的原因以及适合用的治疗方法是什么？

- 在广泛性焦虑障碍中，焦虑的是生活中的小事，而不是具体的重大事件。
- 广泛性焦虑障碍的成因可能包含遗传的和心理的两个方面。
- 短期内药物和心理治疗都有作用，但从长期的效果来看药物的疗效并不比安慰剂好，有效的治疗可以帮助广泛性焦虑障碍患者认清什么才对他们的生活有危险。

伴随或不伴随广场恐惧的惊恐障碍

惊恐障碍的主要特征是什么？

- 在伴随或不伴随广场恐惧（一种对自认为不安全的情境的恐惧和回避）的惊恐障碍中，焦虑主要是针对下一次的惊恐发作。
- 我们所有人都有对应激的易感性，而且许多人存在对应激事件过度的神经生物反应——一种惊恐发作。具有惊恐障碍的个体会对下一次惊恐发作的可能性产生焦虑。
- 药物和心理治疗都证明对惊恐障碍有一定的疗效。一种叫惊恐控制治疗的方法要求患者集中精力回忆引起他们惊恐发作的一系列情境。

特定恐惧症

造成特定恐惧症的主要原因是什么？

- 在恐惧症中，个体会避免到那些引起他们极度焦虑和恐惧的环境中去，而在各种特定恐惧症中，患者会把恐惧集中在一些特殊的事物和情境上。
- 恐惧症可以是由创伤事件造成的，也可能是间接学习甚至是想象造成的。

特定恐惧症的典型治疗策略是什么？

- 对恐惧症的治疗是非常直接的，主要是一些结构化的、持续性的以暴露为基础的练习。

社交恐惧症

导致社交恐惧症的主要原因是什么？

- 社交恐惧症是一种对与他人在一起的恐惧，特别是被要求在别人面前“表演”的时候。

治疗社交恐惧症的策略是什么？

- 虽然社交恐惧症的成因与特定恐惧症的成因是相似的，但治疗的方法和侧重点不同，主要是在恐惧的社交情境中进行预演和角色扮演。此外，药物疗法也是有效的。

创伤后应激障碍

创伤后应激障碍的基本特征、可能的致病原因是什么？

- 创伤后应激障碍（PTSD）的特点是要避免回忆和思考过去的创伤事件。
- PTSD的根本成因非常明显——某种创伤性经历。但是仅仅这个是不够的。创伤体验的强度似乎是引发PTSD的一个因素；同时生物易感性和社会文化因素也起着很重要的作用。

创伤后应激障碍的有效治疗方法是什么?

- 治疗方法包括重现创伤事件以克服PTSD的消极影响。

159

强迫症

强迫症的症状有哪些?

- 强迫症（OCD）的特点主要是避免那些恐惧的或令人厌恶的闯入性观念（强迫思维），或是以一些仪式性的行为压制这些想法的出现。
- 和其他的焦虑障碍一样，生物和心理易感性对强迫症的形成都有作用。
- 药物疗法仅仅能改善强迫症的症状，最有效的治疗方法是暴露和仪式阻止（ERP）。

▼ 关键词

anxiety 焦虑 117
fear 恐惧 118
panic 惊恐 118
panic attack 惊恐发作 118
behavioral inhibition system（BIS）行为抑制系统 120
fight/flight system（FFS）战斗 / 逃跑系统 120
generalized anxiety disorder（GAD）广泛性焦虑障碍 123
panic disorder with agoraphobia（PDA）伴随广场恐惧的惊恐障碍 127
agoraphobia 广场恐惧症 127
panic disorder without agoraphobia（PD）不伴随广场恐惧的惊恐障碍 128
panic control treatment（PCT）惊恐控制治疗 133
specific phobia 特定恐惧症 135
blood-injury-injcction phobia 血液 伤口－注射恐惧症 136
situational phobia 情景恐惧症 136
natural environment phobia 自然环境恐惧症 136
animal phobia 动物恐惧症 137
separation anxiety disorder 分离焦虑障碍 137
social phobia 社交恐惧症 141
posttraumatic stress disorder（PTSD）创伤后应激障碍 145
acute stress disorder 急性应激障碍 147
obsessive compulsive disorder（OCD）强迫症 152
obsessions 强迫观念 152
compulsions 强迫行为 152

▼ 概念自测答案

4.1
1. b；2. c；3. e，d；4. a；5. f

4.2
1. T；2. F(更为渐进)；3. T；4. F；5. T

4.3
1. F（伴随广场恐惧）；2. F（3.5%）；3. T；4. T

4.4
1. d；2. e；3. c；4. f；5. a；6. d；7. c

4.5
1. b；2. a；3. c

4.6
1. 强迫观念；2. 强迫行为；3. 1.6%；4. 精神外科手术

160

▼ 本章测验

1. ________以对未来的担心为特征，而________以对当前环境的担心为特征。
   a. 惊恐；焦虑　　b. 恐惧；焦虑
   c. 焦虑；恐惧　　d. 抑郁；焦虑
2. 在焦虑的整合模型中，何种童年经历使个体更容易在成年时期出现对焦虑的易感性?
   a. 父母消极、矛盾的关注
   b. 暴露于加强个体控制感的情境
   c. 与同伴关系很糟
   d. 学龄前的学业失败
3. 下面关于广泛性焦虑障碍的描述哪一个是正确的?
   a. 15～24岁的人中最常见
   b. 它的过程是慢性的
   c. 这是焦虑障碍中最不常见的一种
   d. 男性中的发生率更高
4. 为什么大部分广场恐惧症患者是女性?
   a. 与下丘脑-垂体轴敏感性相关的染色体特征在女性身上更普遍
   b. 女性更容易对那些她们评价为具有威胁性的事件进行扭曲
   c. 女性的内分泌系统会使她们的神经系统对应激更敏感
   d. 文化因素使女性的回避害怕行为更能为社会所接受
5. 马尔蒂害怕狗。下列哪种事实说明这是一种特定恐惧症，而不是日常的害怕?

a. 马尔蒂对狗的害怕源自过去发生的一次事故
b. 马尔蒂有一只猫，但没有狗
c. 马尔蒂认为他对狗的害怕是合理的、恰当的
d. 马尔蒂只在晚上出去，因为他认为这个时候所有的狗都被关好了

6. 下列哪种技术是治疗恐惧症的最有效的手段?
a. 在治疗师的监督下暴露在所害怕的刺激下
b. 迅速并反复地暴露在害怕的刺激下，接着迅速地避开
c. 通过催眠，将对蛇的恐惧从无意识中释放出来
d. 使患者意识到害怕是不合理的、不真实的，并且是过度的

7. 下面哪一个说法是社交恐惧症的最本质的特点?
a. 害怕出现在公共场所
b. 害怕被孤立
c. 害怕被其他人评价
d. 害怕出现惊恐发作

8. 下面哪种特点能区别创伤后应激障碍与急性应激障碍?
a. 创伤事件发生后持续的时间
b. 症状的严重程度
c. 症状的本质
d. 情绪麻木的出现

9. 每天早上，当离开家上班的时候，安东尼都要反复检查门是否关上了。然后在随后的一整天中，他都在不断地想这个问题，以至于影响了工作。安东尼正经历着:
a. 妄想　　b. 现实感丧失
c. 惊恐　　d. 强迫行为

10. 如果一个人相信，想象伤害某人与真正去伤害某人所造成的危害是一样的，那么，这个人正经历着:
a. 强迫观念　　b. 一种虚假警报
c. 一次惊恐发作　　d. 想法－行动整合

（答案见附录C）

第5章 发育障碍和认知障碍

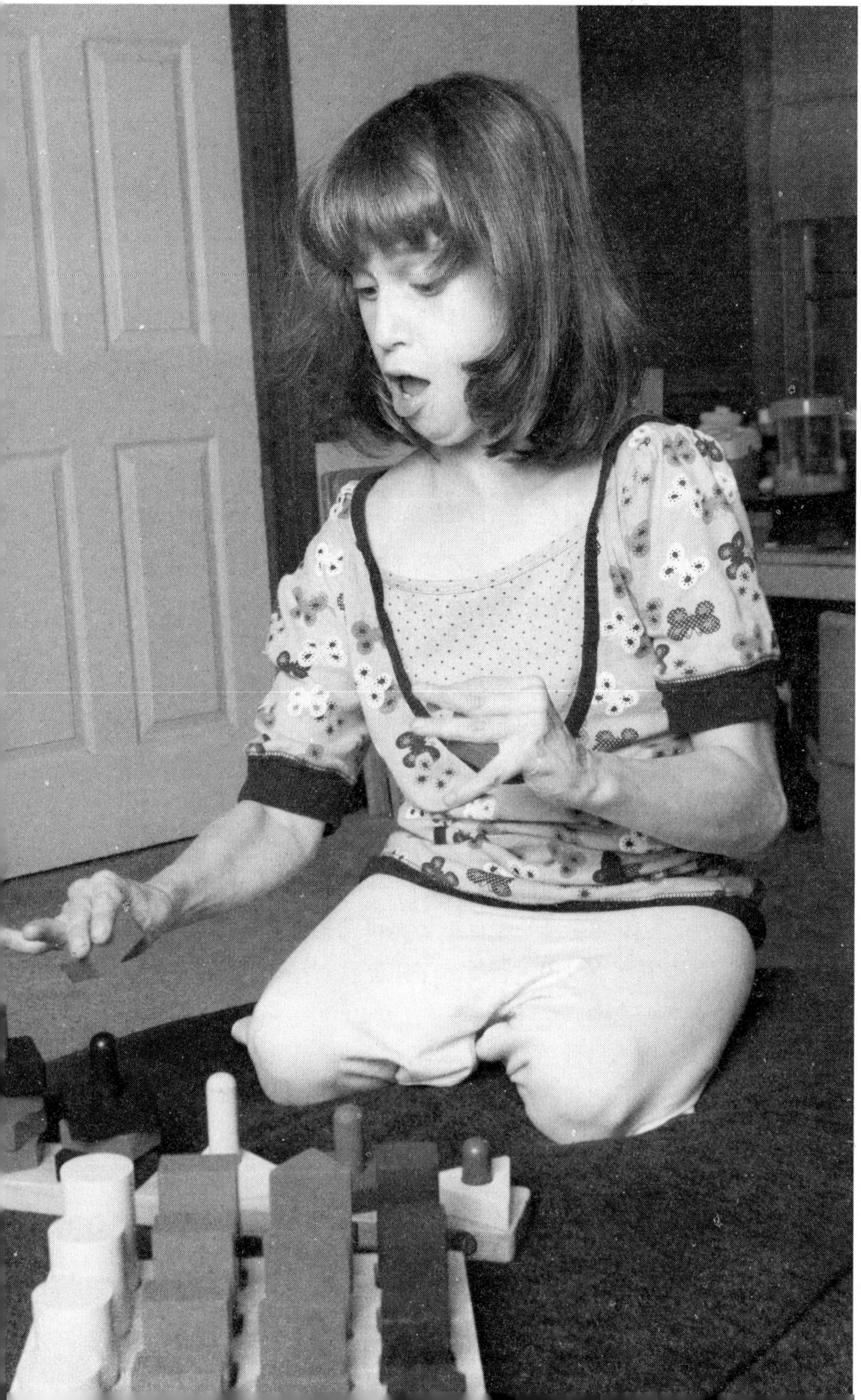

◆ **章节概览**

163 **学生学习的目标 ***

理解并掌握特定心理学领域的内容。	▶ 行为和心理过程（包括生理机能、感觉、知觉、比较、动机和情绪）的生物学基础（pp.177-178，184-186，198-200）。
运用本学科的概念、专用语和主要理论来解释心理现象。	▶ 客观地描述行为和心理过程，包括下操作性定义（pp.163-165，169-171，174-177，180-183，189-198）
恰当运用心理学知识解决问题。	▶ 异常行为的成因和治疗（pp.166-169，171-173，177-180，183-191，198-203）。

* 本章的这部分内容覆盖了由美国心理学会（American Psychology Association，2007）建议的学习目标，可作为心理学专业本科学生的学习指南。这些内容由美国心理学会学习目标建议小组（SLO）确定。

一般性发育障碍

- ▶ 注意缺陷 / 多动障碍核心的定义性特征有哪些？
- ▶ 学习障碍的主要类型有哪些，其典型的治疗方法有哪些？

从某种意义上说，本书谈及的绝大多数障碍都可以被归入发育障碍的范畴，因为它们会随着时间的推移而改变。大多数障碍起源于儿童期，但往往会在很久以后才充分表现出来。就算那些很早就已经充分表现出来的障碍也常常会持续到成人以后，所以，用“儿童期障碍”一词来称呼它们可能是不太恰当的。在这一章中，我们将讨论那些在儿童期即有临床症状，并为家庭及教育系统广泛关注的障碍。请记住，这些障碍常常会持续到成人期，并且常常是终身存在，而不仅仅是儿童期的问题。

重申一下，事实上，很多疾病都起源于儿童期。在某些疾病中，一些孩子除了说话有困难外都很好。其他一些孩子还会同时患有严重妨碍他们成长的其他障碍。

在讨论各种具体障碍之前，我们有必要提出有关发育的更广泛的话题，这些话题同在婴儿期、儿童期、成人期被首次诊断出来的各种障碍有关。例如：儿童早期能力受到损伤对其日后的生活会有什么影响？在特定的发育阶段，某种现象的增加是一个问题吗？如果发展的持续性受到损伤，治疗还会有希望吗？

儿童期被认为极端重要，因为在出生后的几年内，大脑的改变非常明显。并且儿童期也是个体发展社会交往、情绪、认知及其他一些重要能力的关键时期。绝大多数个体的发展进程都遵循着固定的模式，即儿童在获得下一种技能前会先形成某种技能。尽管这种改变的模式只是发展的一个方面，但对我们却有重要意义，因为这意味着，按照自然规律，早期技能发展的任何损伤都会干扰后面的其他技能的发展。例如，一些研究者认为，孤独症患者早期的社会性发展受到了某种阻断，这种阻断妨碍了他们形成重要的社会关系，甚至是和父母的关系。用发展的观点来看，早期重要社会关系发展的缺失会导致严重的后果。那些交往动机发展受到干扰的儿童，在学习与人沟通时会面临更大的困难。也就是说，如果别人对他们并不重要，他们也就不会想要去学习说话了。我们尚不清楚的是，这种交流技巧上的问题是交往动机障碍的直接后果，还是早期社会性发展被中断造成的副产品。

理解这类发展性关系极其重要的原因在于：知道哪个发展过程受到了阻断将有助于我们更好地理解该障碍，并采取更恰当的干预策略。例如，确定孩子是否患有注意缺陷 / 多动障碍很重要，因为他们的冲动问题会干扰其建立和维持友谊的能力，而友谊是个体发展的重要影响因素。同样，对诸如孤独症这样一些障碍的早期确诊，对儿童来说也是非常重要的。通过确诊，这些社会性缺陷在影响其他技能（如语言和交流）前就能被我们发现。通常情况下，人们将孩子这种早期弥散性技能发展的中断，视为是注定的、不可改变的，并因此认为其预后也会很糟。但请记住，影响个体发展的生物和心理社
164 会因素在不断地交互作用。因此，即使是注意缺陷/多动障碍、孤独症这样一些有明显生物学基础的发育障碍，在个体身上的表现也是因人而异的。在生物或心理社会维度上的任何改变都会减少这些障碍对患者的伤害。

一个需要特别注意的问题是，在专业领域，尤其是一些发展心理学家，即本领域内的一些人士可能会将正常发展现象视为异常症状来对待。例如，模仿言语（对他人言语的重复），曾一度被视为孤独症的一种征兆。然而，我们在研究正常儿童的言语发展时发现，重复别人的言语是儿童言语发展的必经阶段。因此，孤独症患儿的模仿言语只是言语技能发展相对滞后的一种表现，而不是孤独症本身的症状（Tager-Flusberg et al.，2009）。掌握个体发展的知识对理解心理障碍的本质非常重要。

带着这种警惕，我们现在来探讨几种障碍，这些障碍通常最早是在婴儿期、儿童期或青少年期被诊断出来，其中包括：注意缺陷/多动障碍，以注意力不集中、多动、冲动为特征；学习障碍，以在阅读、书写等方面的一种或多种困难为特征。然后，我们将讨论孤独症，这是一种更严重的疾病，孤独症儿童的社交和沟通机能明显受损，行为、兴趣和活动模式刻板。最后，我们还将讨论精神发育迟滞，它是一种认知能力的严重缺陷。

注意缺陷/多动障碍

你是否认识这样的人：他们经常从一个活动跳到另一个活动；同时开始多个任务，却很少能完成一个；他们的注意力很难集中，即使在与人交谈时也是漫不经心？这些人可能患有**注意缺陷/多动障碍**（attention deficit/hyperactivity disorder，ADHD）。在美国，这是家长把孩子送往精神卫生机构的主要原因之一（Durand，2011；Greenhill & Hechtman，2009）。患者的主要特征包括难以集中注意力，例如不能将注意力集中于与学习或工作相关的任务，多动及冲动。这些缺陷会明显地破坏患者的学业表现和人际关系。让我们来看一个名叫丹尼的孩子的病例。

丹尼：一个坐不住的男孩

丹尼是一个漂亮的 9 岁男孩，因为在学校和家里出现问题而被送到我们这里。丹尼精力充沛，喜欢许多运动，特别是棒球。虽然学习还跟得上，但老师认为他的表现越来越差。她相信丹尼如果在课堂上能更集中注意力，就会学得更好一些。丹尼很少能花上几分钟专心做一件事：他会不时站起来，在课桌旁来回走动，或不断地问这问那。他的同伴对他感到头痛，因为在他们的交往中，丹尼也会很冲动：他从不会完完整整地做完一个游戏；在体育运动中，他总是想同时出现在所有的比赛位置上。

在家里，丹尼也被认为是个麻烦。他的房间总是一团糟，因为他总是不断地开始一个游戏（或活动），又马上放弃，接着又开始另一个。丹尼的父母说，他们经常会因为他没有做完某件事而责骂他，但看起来好像并不是他成心想与父母对着干，而只是忘记了他正在做的事。他们还提到，出于无奈，他们有时不得不抓住丹尼的肩，要求他“慢下来！”。丹尼的多动已经让他们快要发疯了。

临床描述

丹尼具备多项 ADHD 的症状。和丹尼一样，ADHD 患者很难将注意力持续保持在一个任务或活动上（Barkley，2006e）。结果，他们经常完不成自己的任务；当别人和他们讲话时，他们也常常显得心不在焉。除了注意力的严重损伤外，一部分患者还表现出多动。在学校里，有这种障碍的孩子经常被描述为坐立不安，常常连一分钟也坐不住。在教室里，丹尼的焦躁不安总能吸引老师和同学的注意力，对此他们也无计可施。除了多动和注意力不集中外，冲动（不加思考而行动）也是经常听到的人们对 ADHD 患者的抱怨。例如，在棒球队队员的例会上，丹尼经常对教练提出的问题大喊大叫，教练甚至连把话说完的机会都没有。

DSM-Ⅳ-TR 将 ADHD 的症状区分为三类：第一类症状是注意力不集中，表现为不能倾听他人，忘记带上学必需的作业、课本或文具，不注意细节、因粗心而出错；第二类症状是多动，表现为烦躁不安、

注意缺陷/多动障碍（ADHD） 发育障碍的一种，其特征是不适应的注意力不集中、多动，以及冲动。

165

多样化讨论　跨年龄和跨性别的ADHD

多数被诊断为ADHD的人是儿童期或青少年期的男孩。这导致一些人质疑：是否ADHD女孩或成年患者的症状表现会与男孩不同，或者仅仅只是ADHD在女孩或成年人中很少见？因为多数ADHD研究所采用的样本都是年轻男孩，所以很难确定女孩和成人患ADHD的比例和症状表现。一些人认为关注年轻男孩的部分原因是，许多研究者和临床工作者对多动症状的关注超过注意力不集中的症状，因为前者更具破坏性并且容易衡量，而多动多见于男孩。那么，ADHD女孩和成人被忽略的原因是这些群体的症状表现不同吗？

最近的几个大样本研究已经开始揭示这个问题了。其中一个关于ADHD症状在男孩与女孩之间差异的研究，是由马萨诸塞州总医院儿科精神药理学部门进行的（Biederman et al.，2001b）。有趣的是，他们发现，与男孩相比，ADHD女孩更可能表现出注意力不集中的症状群，而不太容易出现多动、敌对，以及其他破坏性的症状。法耶德（Fayyad）和同事（2007）对10个国家的ADHD成人进行了研究。结果显示，3.49%的成年人患有ADHD，男性的患病率（4.1%）比女性（2.7%）稍高。可能与这个惊人的高患病率相比，更值得关注的是，ADHD成年患者被发现存在明显更多的共病与工作损害。此外，ADHD成年患者会因为这种障碍而去接受治疗（Fayyad et al.，2007）。

这些研究表明，虽然女孩和成人的ADHD可能看起来有点不同，但是它确实存在，并且患者的功能性问题是迫切需要得到治疗的。因为这些对ADHD在不同性别与年龄群体的不同表现的新理解，更精确地确定和更有效地处理这些问题将使改善ADHD患者的生活质量变得更有希望。

坐不住、不停地走来走去；第三类症状是冲动，表现为在问题问完之前就抢着回答，不能排队等候。对ADHD做出诊断时，必须具备第一类症状（注意力不集中）或同时存在第二、三类症状（多动、冲动）。

注意力不集中、多动、冲动常常会导致一些ADHD的衍生问题。患儿（尤其是学校儿童）的学业表现往往不佳。ADHD患儿常显得不合群，并常被同伴拒绝（Nijmeijer et al.，2008）。一项研究发现，患有ADHD的女童可能会被同伴拒绝。但与只存在注意缺陷的女童相比，同时具备多动、注意缺陷、冲动的女童被同伴拒绝的可能性更大（Hinshaw，2002）。

数据统计

据估计，美国学龄儿童中ADHD患病率约是在3%到7%之间，一项对患病率的重要分析指出，全球所有地区儿童中，ADHD的患病率约为5.2%（Polanczyk，de Lima，Horta，Biederman，& Rohde，2007）。男孩的患病率约是女孩的三倍，而且这种差异在诊所就诊的儿童中还在增加（Spencer，Biederman，& Mick，2007）。性别差异的原因目前尚不清楚。可能成人对女孩的多动行为更宽容，因为其活动水平较男孩更低。男孩倾向于更具有攻击性，而这更有可能引起精神卫生工作者的注意（Barkley，2006e）。相应地，ADHD女孩则更倾向于用一些“内在”的方式，特别是焦虑与抑郁来表现（Mick et al.，2011）。

早在3～4岁，我们就可发现ADHD患儿与同龄人有异。他们的父母这样描述他们：多动、淘气、控制大小便的训练缓慢，以及敌意（Conners，March，Frances，Wells，& Ross，2001）。上学后，多动、注意力不集中和冲动这些症状会变得越来越明显。尽管有些儿童在成长过程中会逐渐摆脱这种障碍，但他们的问题往往会持续：据估计，大约一半的ADHD儿童到成年期仍持续存在困难（McGough，2005）。随着时间的流逝，ADHD儿童的冲动行为似乎减少了，但注意缺陷却仍旧存在。在青少年期，冲动表现在不同的方面。例如，与正常人相比，患ADHD的青少年有更大的风险会怀孕和染上性病。他们更可能出现驾驶困难，比如撞车；更可能因开快车而被传讯或被吊销驾驶证（Barkley，2006a）。其他几种DSM-Ⅳ-TR中亦发生于儿童期的障碍似乎常与ADHD有很大的重叠。特别是对立违拗障碍（ODD）、

166

DSM 诊断标准概要
注意缺陷/多动障碍（ADHD）

A.（1）或（2）:

（1）具备以下注意力不集中症状中的 6 种或 6 种以上，并持续至少 6 个月，其症状严重到与其发展水平不匹配或不适应的程度:

注意力不集中:

（a）常常很难注意细节或是在学校活动，工作或其他活动中犯粗心大意的错误;（b）常常难以长时间地将注意力维持在任务或活动上;（c）面对面交流时，常让人感觉没在听;（d）经常不能遵从指示，并且不能完成家庭作业、家务事，或在工作场所的职责（不是由于对立行为或未能理解要求）;（e）常常很难组织任务或开展活动;（f）通常回避、不喜欢，或是不愿意从事那些需要持续脑力劳动的活动（如作业或家务）;（g）经常丢失任务或活动所必需的东西（如玩具、作业本、铅笔、书籍或工具）;（h）经常为额外的刺激分心;（i）常常在日常活动中很健忘

（2）具备 6 种或 6 种以上的多动 / 冲动症状，并持续至少 6 个月，其症状严重到与其发展水平不匹配或不适应的程度。

多动:

（a）经常在座位上手脚不停或扭来扭去。（b）常常在课堂上或是在其他需要保持静坐的环境下离开座位;（c）常常在不适当的场合四处跑动或攀爬（青少年或成人，可能仅限于主观感觉坐立不安）;（d）常常难以安静地从事或投入娱乐活动;（e）常常"忙个不停"或者看起来动得"不知疲倦";（f）常常说得过多。

冲动:

（g）问话未完即抢先做出未经思考的回答;（h）不能排队等候;（i）经常打断或干扰其他人（如打断谈话或游戏）。

B. 一些导致损伤的多动 – 冲动或注意力不集中症状在 7 岁前就已存在。

C. 因症状导致的损伤至少在两种环境中出现（如学校[工作场所]和家中）。

D. 必须有明确的证据表明个体在社交、学业或职业方面出现了临床上显著的功能损伤。

E. 症状并不发生于广泛性发育障碍、精神分裂症，或其他精神病性障碍病程中，并且也不是其他心理障碍所致（如心境障碍、焦虑障碍、分离性障碍或人格障碍）。

资料来源：Reprinted with permission from *Diagnostic and Statistical Manual of Mental Disorders*（4th ed., text revision）. ©2000 American Psychiatric Association.

品行障碍以及双相障碍都可见于 ADHD 患儿。ODD 是 DSM- Ⅳ -TR 中的一种障碍，其症状包括"常常发火""与大人争吵""经常故意惹恼别人""很容易对他人懊恼"和"常怀有恶意和仇恨"等。在 ADHD 儿童身上存在的冲动与多动，也有可能以这类症状的方式体现出来。据估计，至少有一半患有 ADHD 的儿童可能被诊断有 ODD（Durand，2011）。同样，你将在第 8 章看到的品行障碍——反社会型人格的前兆——在许多 ADHD 患儿中也能被观察到（Nock，Kazdin，Hiripi，& Kessler，2006）。双相障碍——一种心境障碍——也明显与 ADHD 重叠。而这种重叠使得对患儿的诊断更复杂。

病因

正如许多其他的障碍一样，我们正处在一个不断将 ADHD 重要的遗传信息揭示出来的时代（Kebir，Tabbane，Sengupta，& Joober，2009；Waldman & Gizer，2006）。研究者已经发现 ADHD 在那些有人患过这种障碍的家庭中更为常见。例如，ADHD 患儿的亲戚比一般人更有可能患有 ADHD（Fliers et al.，2009）。尤为重要的是，通常对于这些家庭其他精神障碍的患病率也在增长，其中包括品行障碍、心境障碍、焦虑障碍以及物质滥用（Faraone et al.，2000）。这一研究以及儿童自身的共病提示，这些障碍的患者可能存在共同的遗传缺陷（Brown，2009）。

ADHD 被认为受到遗传的明显影响，相对于本书所讨论的其他障碍，环境的影响只起到相对小一些的影响。与其他疾病一样，研究人员发现多个基因导致 ADHD（Nikolas & Burt，2010）。尽管去甲肾上腺素、5- 羟色胺、GABA 都与 ADHD 的病因有关，但现今研究的重心是与神经化学物质多巴胺有关的遗传基因。尤为重要的是，研究已经证明，ADHD 与多

巴胺 D_4 受体基因、多巴胺转运体（DAT1）基因、多巴胺 D_5 受体基因有关。DAT1 基因尤其重要，因为哌醋甲酯（利他林）——一种治疗 ADHD 的最主要药物之一——抑制这个基因可使多巴胺的量增加。与我们讨论过的其他几种障碍一样，研究者正在寻找内表型，也就是那些根本的缺陷——例如特殊的注意问题——是 ADHD 的特征。其目标是将这些缺陷定位到特定的大脑功能区。因此，一点也不奇怪，当前对于 ADHD 感兴趣的具体领域是大脑的注意系统、工作记忆功能、注意力缺失和冲动。研究者现在正不断尝试将这些特定遗传缺陷与认知过程联系起来，从而
167 在行为与基因之间建立联系。一些研究表明，“抑制控制”（当收到示意时停止响应一个任务的能力）缺乏在 ADHD 患儿和他们尚未受影响的家庭成员之间（兄弟姐妹和父母）可能很普遍，并且这可能也是这种障碍的一种遗传标记（内表型）（Goos，Crosbie，Payne，& Schachar，2009）。

ADHD 受遗传影响大并不意味着排斥环境的作用（Ficks & Waldman，2009）。探讨 ADHD 基因 – 环境交互作用的研究日渐增多，例如，其中一项研究发现，如果母亲在怀孕期间吸烟，那么存在多巴胺系统（称作 DAT1 基因型）基因突变的儿童则更可能出现 ADHD 的症状（Kahn，Khoury，Nichols，& Lanphear，2003）。产前吸烟似乎与这种遗传易感性都增加了多动和冲动行为的风险。其他研究也在不断提示，一些额外的环境因素，如低社会经济地位和父母婚姻的不稳定和不和谐，都参与这些基因 – 环境的相互作用（Ficks & Waldman，2009）。

©Sky Bonillo/PhotoEdit

ADHD 患儿在任何情境下都会表现不适宜的行为。

数十年来，ADHD 曾一度被认为与脑损伤有关，这可从我们之前所使用的一些术语中看出来，例如“轻微脑损伤”或“轻微脑功能紊乱”（Ross & Pelham，1981）。研究人员现在知道，ADHD 患儿的脑容量较那些未患 ADHD 的儿童稍小（3% 到 4%）（Narr et al.，2009）。ADHD 患儿的许多脑区都会受到影响（Valera，Faraone，Murray，& Seidman，2007）。此外，越来越多的研究开始关注 ADHD 成人患者的脑结构和脑功能。

尽管很少有证据支持，但多年来，不少诸如过敏原和食品添加剂之类的毒素被认为是 ADHD 可能的病因。一种很有争议的理论认为，诸如人工色素、香精及防腐剂等食品添加剂是引起 ADHD 症状的原因。费因戈德（Feingold，1975）根据上述理论提出，在 ADHD 的治疗中需要限制这类物质的摄入。成百上千的家庭遵从了费因戈德所推荐的食谱，尽管有证据显示，这一食谱对 ADHD 症状只有很小或没有影响（Barkley，1990；Kavale & Forness，1983）。然而，一些大型研究现在发现，人工色素和添加剂对儿童的行为有可能还是有一个小而可衡量的影响。一项研究发现，进食了标准剂量防腐剂（苯甲酸钠）和食用色素的 3 岁和 8 ～ 9 岁孩子的多动（注意力不集中、冲动和过度活动）水平提高了（McCann et al.，2007）。其他的研究现在也指出，食物中的农药残留可能也会提高患 ADHD 的风险（Bouchard，Bellinger，Wright，& Weisskopf，2010）。

ADHD 的心理、社会因素可能进一步影响这种障碍自身——特别是随着时间的推移 ADHD 患儿症状的发展变化。因为冲动及多动，患儿会从父母、老师、同伴那里得到消极的评价，这使得他对自己的评价较低，特别是那些还存在抑郁的患儿（Anastopoulos，Sommer，& Schatz，2009）。长年累月，来自老师、父母的持续提醒（要求患儿守规矩、坐的时候要安静以及集中注意力），可能使得患儿产生消极的自我意象，而这将对患儿的交友能力产生消极影响。因此，冲动、多动和注意方面的生物学 168
影响，结合试图控制这些儿童的企图，可能导致患儿被他人拒绝，进而形成更糟糕的自我意象。生物和心理社会因素共同影响 ADHD 的事实说明，我们

在设计有效的治疗方案时，对两方面因素都有必要加以考虑（Durand，2011）。

ADHD的治疗

对 ADHD 的治疗有两种途径：生物治疗以及心理社会治疗。一般而言，生物治疗的目标在于减少儿童的冲动和多动行为，改善注意技能；而心理社会治疗的目标则更宽泛一些，例如改善学业表现，减少破坏行为，以及提高社交技能。虽然这两种途径是独立发展的，但最近人们正试图整合两种方法来增强对 ADHD 患者的干预力度。

第一类用于治疗 ADHD 患儿的药物是兴奋剂。据估计，全美有超过 250 万患儿在使用这些药物进行治疗（Centers for Disease Control and Prevention，2005）。这些药物，例如哌醋甲酯（利他林、麦太达和专注达）和右旋苯丙胺（硫酸右苯丙胺和酒石黄片剂），被证实在 70% 的案例中有效，至少在短期内缓解了患者的冲动、多动，并提高了患者完成任务时的注意力（Greenhill & Hechtman，2009）。阿得拉是这类心理兴奋剂的长效制剂，它能够减少儿童白天服药量，但却能达到相似的治疗效果（Connor，2006）。

最初人们认为，期望儿童在服用兴奋类药物后会安静下来的观点是荒谬的或自相矛盾的。但是在相同的低剂量作用下，患有 ADHD 与未患 ADHD 的儿童（或成人）的行为反应是相同的。这意味着，兴奋类药物能增强大脑机能，使个体在问题解决任务中能集中注意力（Connor，2006）。虽然对兴奋类药物的应用，特别是在儿童中应用还存在诸多争议，但大多数临床工作者仍在短期内将心理社会干预与应用兴奋类药物结合起来，以帮助改善儿童的社会交往和学习技能。

兴奋类药物的使用会导致一些问题，包括潜在的药物滥用问题。在第 11 章，我们会讲到，像利他林这类药物因其有使人兴奋、不知疲倦的功能而可能被滥用（Setlik，Bond，& Ho，2009）。并且使用这些处方药是无害的这种普遍的误解也令人非常担忧（Desantis & Hane，2010）。我们需要对 ADHD 患儿予以特别的关注，因为他们日后出现药物滥用的风险很高（Wagner & Pliszka，2009）。一种新药——阿托西汀（斯特拉）——对部分 ADHD 患儿有效，但这是一种选择性去甲肾上腺素再摄取抑制剂，因此大剂量的使用不会令人产生“兴奋异常”的感觉。研究者提出，其他药物，如一些抗抑郁剂（丁氨苯丙酮、丙咪嗪）以及用于降血压的药物（氯压定）在治疗 ADHD 上与兴奋类药物可能有同样的效果（Wagner & Pliszka，2009）。不是所有的 ADHD 患儿都有抑郁或高血压（虽然这些孩子中的一部分可能有抑郁问题），但是这些药物作用于同样的神经递质系统（去甲肾上腺素和多巴胺）。所有这些药物似乎都有利于改善依从性，减少负性行为，但一旦停药，其治疗效果往往无法持续。

部分 ADHD 患儿对药物治疗的反应不佳，而大部分对药物有反应的患儿虽然在注意力集中方面有所改善，但在学业和社会技能等重要领域却收效甚微（Smith，Barkley，& Shapiro，2006）。此外，药物还经常带来一些不良反应，例如失眠、瞌睡及易怒（Kollins，2008）。基于这些发现，研究者采用了许多行为干预策略在家庭、学校中帮助这些儿童。（Ollendick & Shirk，2011；Ramsay，2009）。一般来说，这些程序都以增加孩子安心静坐的时间、完成数学作业的数量或者与同伴恰当地游戏为目标。强化程序对儿童的进步进行奖励，有时也会用不给奖励的方式来惩罚儿童的不当行为。其他一些计划还结合了对患儿父母的训练，教授父母如何对孩子的行为给予建设性的反应、如何更好地计划每天的活动，以此防止患儿问题行为的出现（Ollendick & Shirk，2011）。对这些儿童的社会技能训练，包括教他们如何恰当地与同龄人互动，也是治疗的重要组成部分（de Boo & Prins，2007）。

对 ADHD 成年患者来说，降低干扰和促进组织技巧的认知行为干预会很有帮助。大多数临床医生通常都会推荐使用针对 ADHD 的个性化的整合治疗方法，以针对短期管理问题（减少多动和冲动）和长期担忧（预防和逆转绩效下降和改善社交技能）。

有帮助的“策划药”

准备好学习一个新词——精神药理遗传学（psychopharmacogenetics）。精神药理遗传学研究你的基因会如何影响你对某些药物的反应。这一领域的研究希望让药物能够与患者匹配或甚至“被策划”出来以满足他们特殊的需要（Weinshilboum，2003）。例如，一项研究考察了对 ADHD 儿童和青少年使用哌醋甲酯（利他林）进行的治疗（Polanczyk，Zeni，et al.，2007）。结果发现，哌醋甲酯对那些有特殊基因缺陷（肾上腺素能 α-2A 受体基因，ADRA2A）的患者有明显的积极作用，特别是对其注意力不集中。但对那些没有 ADRA2A 基因缺陷的患者却没有作用。通常情况下，药物治疗是一个尝试和错误的过程：先使用特定剂量的某种药物，如果无效，就改变剂量。如果还是没有效果，就换一
169 种药物。这项新研究持这样一种假设，即消除试误的过程，而订制个性化的治疗。

这一令人兴奋的对精神疾病的药物治疗新思路引起了越来越多的关注。关注的核心是隐私和保密问题。遗传缺陷筛查能够帮助我们每一个人确定许多潜在的遗传问题。但是，如果学校、就业网站和保险公司能够获得这些信息那么将会如何？值得注意的是，基于这些信息（例如拥有可能或不可能导致 ADHD 或其他障碍的基因），人们将会被区分为三六九等。是否这种对更有针对性的药物治疗的期望会压制伦理方面的考虑？大多数新的技术进步，例如精神药理遗传学的承诺，会带来一些新的问题，因此，当研究人员在这一领域内前行时，伦理问题将是一个必须要去讨论的问题。

评估治疗方法

为了考察哪一种整合疗法在 ADHD 的治疗上最有效，6 个研究小组进行了由美国国家精神卫生研究所发起的一项大规模的研究（Jensen et al.，2001）。这项名为注意缺陷 / 多动障碍的整合治疗模式的研究历时 14 个月，有 579 名儿童参与。这些儿童被随机分成 4 组，其中一组儿童仅仅接受常规性照料，既没有药物治疗也没有特殊的行为干预（社区性照料）。其他三个治疗小组分别是药物治疗组（通常使用哌醋甲酯）、强化行为治疗组及整合治疗组。初步的研究报告表明，整合治疗、药物治疗的疗效比单独使用行为治疗或社区性照料的疗效要好。对于那些非典型性 ADHD 症状，比如社交技巧缺乏、学业表现差、亲子关系差、行为逆反、焦虑、抑郁，则整合治疗比其他单一的治疗（药物治疗、行为治疗）及社区性照料略有优势。

对这些研究结果的解释还存在争议，特别在行为与药物整合治疗是否比单独的药物治疗更有效的问题上（Biederman，Spencer，Wilens，& Greene，2001；Pelham，1999）。其中一个争议是，尽管药物还在不断被使用，行为治疗的效果也在随时间而慢慢减弱，但是哪种策略能够解释最终观察到的结果尚存疑问。

事实上，如果这两种治疗手段的效果不存在差异，大多数父母和临床工作者都将选择直接给患儿服药。如前所述，行为治疗对那些药物无法直接起作用的方面有额外的作用。对来自这一大规模研究数据的再解释工作仍在继续，并且还需要更多类似的研究进一步厘清这两种治疗策略单独使用和结合使用时的效果（Ollendick & Shirk，2011）。尽管已取得这些进步，但 ADHD 患儿仍在给他们的家庭和教育系统带来相当大的挑战。

学习障碍

父母常常将大量的时间、资源和情感投入在孩子身上，希望他们学业有成，所以，当孩子没有明显的智力缺陷却无法取得预期的成绩时，父母就会很有挫败感。在这一节，我们将讨论在阅读、数学以及书写表达方面的**学习障碍**（learning disorders）。它的特征是：患者的学业表现明显与他的实际年龄、智商、受教育程度不符。我们还会简单介绍与交流有关的障碍。来看一下艾丽丝的案例。

艾丽丝：带着阅读障碍进大学

艾丽丝是一名 20 岁的大学生，因为在好几门功课上感到困难而前来求助。她报告说她喜欢学校，在六年级以前她一直是个学习成绩优秀的学生，在这以后她的学习成绩开始明显下滑。她的老师告诉她的父母，说她没有完全发挥出自己的潜力，需要更加努力。虽然艾丽丝在校期间学习一直很努力，但她还是决心要更加努力地学习。

然而，让她感到失望的是，几乎她的每份成绩单上的成绩都很一般。她勉强从高中毕了业，但从那时起，她开始觉得自己不如朋友们聪明。

艾丽丝随后进入当地的社区大学，在这里她再次发现自己学习吃力。这些年里，她学会了一些能帮助她勉强通过考试的学习技巧。她大声阅读课本中的内容，她很早就发现，大声阅读比默
170 读更容易让她记住书中的内容。实际上，如果默读的话，几分钟后她就记不起刚才读的任何内容了。

两年后，艾丽丝转到了现在这所大学。在这里，她发现自己的学习更加吃力了，并且大多数功课都不及格。在我们的第一次会谈后，我建议她正式地接受评估，找出学习困难的根源。正如我所怀疑的那样，艾丽丝存在着学习障碍。

她的智力测验分数略高于平均水平，但却存在着明显的阅读困难。她的理解力也很差，无法记住阅读的大多数内容。鉴于艾丽丝对听觉材料的理解力完全正常，我们建议她继续使用大声阅读的办法。另外，艾丽丝还被教给了一些如何分析阅读材料的方法，比如如何概括、如何记笔记。我们还鼓励她录下自己阅读的内容，然后在开车时放给自己听。虽然艾丽丝没有成为一名优等生，但她最终从这所大学顺利毕业，现在，她的工作主要是帮助那些学习困难的儿童。

临床描述

根据 DSM- Ⅳ -TR，艾丽丝被诊断有**阅读障碍**（reading disorder），这一障碍被定义为个体的阅读能力与这个年龄所应有的能力之间存在显著的失衡（Fletcher，Lyon，Fuchs，& Barnes，2007）。具体来说，诊断标准强调患者的阅读水平要明显低于与患者有着相同年龄、认知水平（用智力测验分数来衡量）及教育背景的人。此外，阅读障碍的诊断还要排除那些由某种感知觉障碍，如听觉或视觉困难所导致的问题。与此相似，DSM- Ⅳ -TR 将**数学障碍**（mathematics disorder）定义为数学能力低于期望值；将**书写表达障碍**（disorder of written expression）定义为书写能力低于期望值。每种学习障碍都会对个体的学业表现造成影响，并干扰他们的日常行为。

对于使用 IQ 和成绩差异作为一部分指标来识别儿童的学习障碍，尚存在争议。部分批评意见认为，学习障碍的发生时间与它们最终导致智商和学习成绩（在儿童进入学校之前可能无法测量）间出现足够大差异的时间存在延迟。解决这一问题的一个可选择的方法（被称为干预反应）现在正在被许多临床医生使用。这种策略用儿童对一个已知的有效干预（例如某种早期阅读计划）的反应显著低于同龄人作为判断其是否患有阅读障碍的依据（Jackson，Pretti-Frontczak，Harjusola-Webb，Grisham-Brown，& Romani，2009）。这一方法提供了一个早期的预警系统，并专注于提供有效指导。

DSM 障碍标准概要

学习障碍*，包括阅读障碍（发育性阅读障碍）、数学障碍（发育性数学障碍）及书写表达障碍（发展性书写表达障碍）

A. 个体的阅读、数学或书写表达能力（通过对个体的标准化测验进行评价）显著低于其年龄、智商、受教育程度所应有的水平。

B. 需要这些技能（阅读、数学、书写表达）的学业表现及日常活动明显受损。

C. 如果同时存在感知觉障碍，学习困难将比一般情况更糟糕。

* 这三种独立的学习障碍被统一放在这里是因为其基本的标准是一致的，同时排除了其他一些受影响的特殊能力。

资料来源：Reprinted with permission from *Diagnostic and Statistical Manual of Mental Disorders* (4th ed., text revision). 2000 American Psychiatric Association.

学习障碍 个体的阅读、数学或书面表达能力明显地低于他的实际年龄、智商、受教育程度所预期达到的水平。
阅读障碍 阅读成绩显著低于同龄人的基本水平。
数学障碍 数学成绩显著低于同龄人的基本水平。
书面表达障碍 书写的表现显著低于同龄人的基本水平。

数据统计

据估计，学习障碍的患病率在 5%～10% 之间（Altarac & Saroha，2007），尽管在一些相对富裕的地区，患病率还在增加——提示在更有可能得到诊断服务的地区，被诊断为学习障碍的儿童越多。一般认为，仅在美国，有学习障碍的儿童就接近 600 万（Altarac & Saroha，2007）。对学习障碍的诊断确实存在种族差异。2001 年，大约 1% 的白人儿童和 2.6% 的黑人儿童因为学习问题而接受辅导（Bradley，Danielson，& Hallahan，2002）。然而，这项研究也表明，这一差异与孩子的经济地位，而不是人种背景有关。

阅读障碍是最常见的一种学习障碍，在一般人群中的患病率大约为 4%～10%（Pennington & Bishop，2009）。数学障碍的患病率在 1% 左右（Tannock，2009a）。但我们对书写表达障碍在儿童和成人中的患病率了解得非常少。早期研究认为男孩较女孩更易患上阅读障碍，但近来的研究显示，男孩、女孩患这种障碍的可能性是相同的（Feinstein & Phillips，2006）。有学习障碍的学生更有可能从学校退学（Vogel & Reder，1998）、失业（Shapiro & Lentz，1991）、有自杀的想法甚至付诸实施（Daniel et al.，2006）。

一组与言语或交流有关的障碍可能与学习障碍
171 有紧密关系。这些障碍在早期看来是良性的，但在日后会引起广泛的问题。表 5-1 列出了这些障碍的主要类型，包括**口吃**（stuttering）、**言语表达障碍**（expressive language disorder）、**选择性缄默**（selective mutism）以及**抽动障碍**（tic disorder）。

病因

有关学习障碍病因的理论涉及遗传、神经生物和环境因素。这一领域的遗传研究尤其复杂。学习障碍有很明显的家族遗传性，复杂的家系研究和双生子研究都揭示了这一点（Fletcher et al.，2007）。然而，对相关基因的分析表明，这种影响是非特异性的，这意味着并没有导致阅读障碍和数学障碍的特殊基因。相反，那些会影响学习的基因也导致广泛的问题（阅读、算术和写作）（Plomin & Kovas，2005）。

与学习自身相关的不同问题有不同的原因。例如，儿童（或成人）常常有着与阅读有关的多种问题。阅读障碍有时会表现为词汇识别困难（很难解码词汇——有时也称为诵读困难）、流畅性问题（不能流利并自动读词和句）和理解困难（难以理解所读内容的含义）（Tannock，2009b）。目前，大多数研究都在关注词汇识别问题，并且有证据显示，这些发展性问题的一部分起初是基因所致，但后来的一些发展性问题则源自环境的影响（Shaywitz，Mody，& Shaywitz，2006）。定位于 1，2，3，6，11，12，15，18 号染色体的基因都不断地被发现与这些困难有关（Tannock，2009b）。与此同时，环境影响（例如家庭阅读习惯）也会明显影响最终的结果——特别是一些技巧（例如词汇识别）。这提示，对那些阅读障碍的高危儿童来说，对其阅读能削弱基因对他们的负面影响（Petrill，Deater-Deckard，Thompson，DeThorne，& Schatschneider，2006）。

各种轻微脑损伤也被认为是学习障碍的病因，一些早期的理论就采用了这种神经学上的解释（Hinshelwood，1896）。研究表明，学习障碍患者大脑的结构与功能均与常人有异。特别是，左半球的三个脑区似乎与阅读障碍（词汇识别）有关：布罗卡区（影响发音和词语分析）、左颞叶顶区（影响词语分析）、左枕颞区（影响识别词语结构）（Shaywitz et al.，2006）。在左半球的一个不同区域（顶内沟）似乎对数字感觉的发育至关重要，进而与数学障碍有关联（Fletcher et al.，2007）。相反，目前尚无证据表明书写表达障碍与特定的缺陷有关。

我们看到，尽管因为学习障碍，以及老师和其 172
他人的反应带来的各种困难，艾丽丝还是坚持了下来。那么，是什么使艾丽丝在别人选择辍学的时候，仍然坚持为达到自己的目标而努力呢？被他人强化的心理因素和动机因素似乎在决定学习障碍患者的最终结果方面起着重要作用。一些因素，例如社会经济地位、文化期待、父母与患者的关系及对他们的期望、儿童自我管理的经验，与存在的神经缺陷以及学校提供的帮助共同决定了结果（Tannock，2009b）。

学习障碍的治疗

正如我们将在精神发育迟滞的治疗中看到的那样，学习障碍的主要治疗手段是进行教育干预。生物治疗（药物）一般限于同时患有 ADHD 的个体，

表5–1　交流及相关障碍

障碍	临床描述	数据统计	病因	治疗
口吃	言语流畅性障碍，例如重复音节或字词，延长某些发音，有明显的停顿，或用另外一些词替代那些发音困难的词。	男孩的患病率是女孩的两倍；通常在 3 岁以前发生，98% 的病例发生在 10 岁前。大约 80% 的口吃患儿在入学约一年后不再口吃（Kroll & Beitchman，2009）。	多个大脑环路与口吃有关，遗传影响可能也是口吃的原因之一（Kroll & Beitchman，2009）。	呼吸控制法，一种有效的行为治疗手段，这种方法让人在发生口吃时马上停止说话，做深呼吸（呼气、吸气），然后再继续说话（Bothe，Davidow，Bramlett，& Ingham，2006）；改变听觉反馈（对口吃者的电子语音反馈）（Lincoln，Packman，& Onslow，2006）；自我监控模式，帮助人们修正他们自己的口吃言语（Venkatagiri，2005）。
言语表达障碍	在所有场合言语都极少；表达性言语（所说的）明显低于接受性言语（所理解的）；后者常常处于平均水平。	1%~15% 的 3 岁以下儿童患有这种障碍；男孩的患病率是女孩的 5 倍（Koyama，Beitchman，& Johnson，2009）。	一个尚未得到认可的心理学解释认为，这是父母与儿童的言语交流不足所致；另一生物学理论则认为这可能是中耳感染所致。	或许能够自我纠正，可能不需要特别干预。
选择性缄默	尽管有说话的能力，但个体在一些特殊场合（例如学校）持续不说话（Kearney，2010）。	儿童患病率不到 1%；大多发生在 5～7 岁；女孩更常见。	目前知道的不多，焦虑可能是病因之一（Bergman & Lee，2009）。	偶联事件管理：对儿童的言语行为进行表扬和强化，同时忽略其试图用其他方式进行交流的行为。逐步强化其说话能力（Bergman & Lee，2009）。
抽动障碍	非自主性运动（抽搐），例如扭头或发出咕哝似的声响，动作往往快速而又连续，突然间出现，以特殊或刻板的方式发生。抽动秽语综合征（Tourette's disorder）——抽动障碍的一种，其言语抽动常伴随不自主地重复一些脏话。	在成长过程中，所有儿童中，接近 20% 会出现某种抽动障碍；每 1 000 名儿童中有 1～10 人患有抽动秽语综合征（Jummani & Coffey，2009）。这种现象通常出现在 14 岁之前。抽动障碍、ADHD 与强迫症间有很高的共病率（Jummani & Coffey，2009）。	可能有多种易感基因影响着抽动障碍的严重程度和表现形式（Jummani & Coffey，2009）。	心理治疗：自我监控、放松训练及习惯矫正。 药物治疗：氟哌啶醇以及较新的药物，如利培酮和齐拉西酮。

173 哌醋甲酯（利他林）等兴奋类药物有助于改善他们的冲动以及注意力不集中的症状。教育措施大体上可分为：（1）具体技能的指导，包括词汇学习、寻找主题思想以及在阅读过程中发现关键点；（2）策略指导，包括努力通过决策和批判性思维，提高认知能力（Fletcher et al.，2007）。

许多项目都被用于帮助儿童解决学习问题。其中一个得到相当多研究支持的项目被称为直接指导（Coyne et al.，2009）。这个项目包括几个部分，其

口吃　言语的流畅性与时间模式紊乱（例如声音和音节的重复或延长）。

言语表达障碍　个体言语交流障碍，与非言语智力测验的得分相比，其在言语表达标准测验中的得分明显偏低。其症状包括词汇量明显偏少或动词时态错误。

选择性缄默　发育障碍，个体尽管可以在其他场合说话，但在特殊社交场合却不说话。

抽动障碍　发育早期障碍，其特点是不自主的肢体运动或发声。

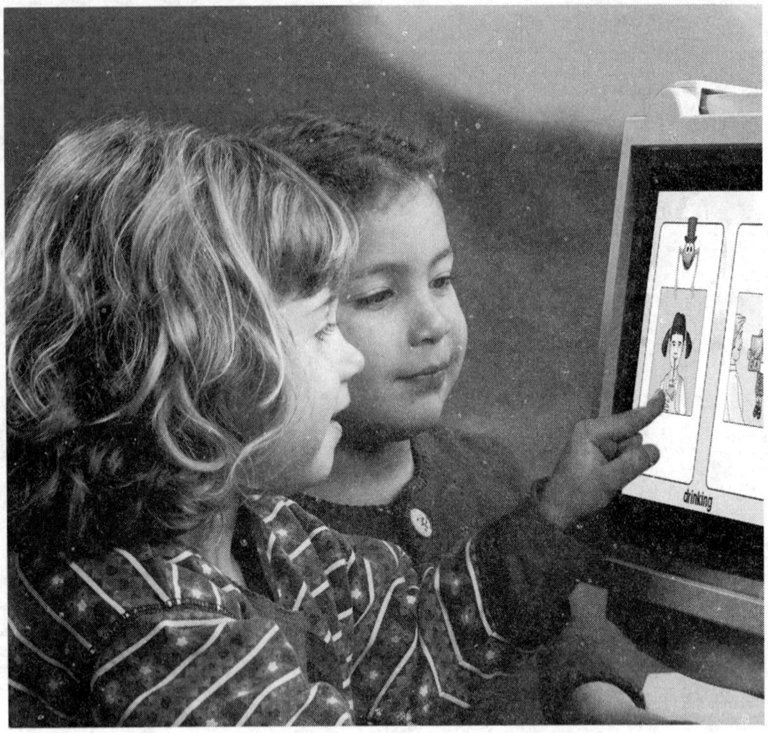

Courtesy of Laureate Learning Systems Inc.

特殊设计的电脑游戏能帮助学习障碍儿童提高其言语技能。

中有系统指导（使用规范化课程，这一项目按照学生的进度将其分为不同的小组）和教会（教学生直到他们理解所有的概念）。此外，还要对儿童不断进行评估，并根据其进度对项目进行修订。直接指导和一些相关的培训似乎能显著提高学习障碍儿童的学习技能（Coyne et al., 2009）。

这些行为 / 教育手段是如何帮助有阅读困难的儿童的呢？它们仅仅是一些小技巧或是对学习的适应吗？或者这些治疗对儿童信息加工的方式有更复杂的影响吗？令人兴奋的是，使用脑成像技术的研究使我们能够回答这些重要问题。其中的一项研究使用功能性磁共振成像（fMRI），对阅读障碍儿童和非阅读障碍儿童在完成简单任务时的大脑进行了比较（Temple et al., 2003）。阅读障碍儿童在随后8周内通过电脑接受了密集性训练，以帮助他们提高自己的听觉及言语加工技能。结果显示，这些训练不仅能提高他们的阅读技能，并使他们的大脑活动方式也更趋近于阅读能力正常的同伴们。这与其他一些类似研究（Keller & Just, 2009）重复了在其他障碍中看到的结果，也就是说，行为干预可以改变大脑的工作方式，因此，我们可以采用这类干预帮助那些有严重问题的个体。

174

概念自测 5.1

根据描述，把下列名词标在对应的案例上：（a）注意缺陷 / 多动障碍；（b）不伴随多动的注意缺陷障碍；（c）选择性缄默；（d）抽动秽语综合征；（e）阅读障碍。

1. 10岁的科尔让他的父母、老师和朋友都很沮丧。他在游戏中难以等待，并且也常常不经思考就开始做事情。在学校里，他经常大声叫唤着回答问题，有时甚至在问题都还没有问完时就开始叫喊。________
2. 在家里，6岁的迈莉正兴奋地和她的堂兄讲述最近到海滩旅行的事。如果这一幕让她的老师们看到了，他们将会感到非常惊讶，因为他们从没看到她开口说过话。________
3. 7岁的乔纳森在学校里经常不能完成任务。他作业做得很快，却常因粗心而犯错，当别人说话的时候常常心不在焉。他经常忘带家庭作业去学校，并在放学后忘带重要的课本回家。________
4. 特伦特的发育障碍的特征是无法控制的尖叫、抽搐和打呼噜。________
5. 凯莉在上六年级以前都是个好学生。她学习刻苦，但她的成绩却越来越糟。现在，作为一名即将毕业的高年级学生，她前来寻求帮助。凯莉在IQ测验中的得分高于平均水平，但她在阅读和理解上却表现出很明显的困难。________
6. 每个人都认为8岁的钱德拉是个“麻烦人物”。她在教室里总是坐立不安，用手指敲打桌子，把椅子动来动去，不停地站起来又坐下。在学习和游戏中她难以等待，有时还会激烈地大发脾气。________

广泛性发育障碍

> 广泛性发育障碍的定义是什么?
> 孤独障碍的三大特点是什么?

患有**广泛性发育障碍**(pervasive developmental disorders)的个体在言语、社会化及认知方面都存在问题(Durand, 2011)。"广泛"一词指的是这些问题并不是仅仅在小范围内存在,而是会明显影响个体的一生。广泛性发育障碍包括孤独障碍(孤独症)、**阿斯伯格障碍**(Asperger's disorder)、**雷特障碍**(Rett's disorder)、**儿童瓦解性障碍**(childhood disintegrative disorder)以及**未定型的广泛性发育障碍**(pervasive developmental disorder not otherwise specified)。我们将集中讨论其中两种最为常见的广泛性发育障碍——孤独障碍及阿斯伯格障碍,其余的障碍在表 5-2 中进行介绍。需要注意的是,目前正在讨论的这些障碍在 DSM-5 中被放在"孤独谱系障碍"主题下面,这个障碍谱系包括了孤独障碍、阿斯伯格障碍、儿童瓦解性障碍以及未定型的广泛性发育障碍(American Psychiatric Association, 2010d)。

孤独障碍

孤独障碍(**孤独症**, autistic disorder, autism)是一种儿童期障碍,其特点是社会交往和沟通能力的明显受损,以及刻板的行为、兴趣和活动(Durand, 2011)。每个孤独症患儿都有一组让人迷惑的症状。下面一起来看一下艾米的案例。

艾米:一个生活在自己世界里的孩子

艾米,3 岁,一天中的大多数时间里,她都在拾捡绒毛。她喜欢把绒毛抛向空中,然后专注地看着它慢慢落回地板上。她还喜欢舔舐自己的手背,然后盯着上面的唾液看。至今为止她还不会说话,也不会自己吃饭、穿衣。一天中她会大声尖叫几次,刚开始邻居以为她受到了虐待。艾米似乎对母亲对她的爱很漠然,但她会牵着妈妈的手,让她带自己去冰箱那里。艾米喜欢整块整块地吃黄油,一口气能吃好几块。她母亲用这种可以在某些餐馆买到的黄油来帮助艾米学习和保持恰当的行为。如果艾米自己穿了衣服,或者安静地坐了几分钟,她的母亲就会给她一些黄油。艾米的母亲知道黄油对她并不好,但这似乎是唯一对她有影响的东西。家庭儿科医生注意到艾米的发育迟滞问题已经有一段时间了,近来,他建议艾米去接受专家的评估。他认为艾米可能患有孤独症,她和她的家庭都需要专业人员的大量帮助。

临床描述 175

DSM-Ⅳ-TR 描述了孤独症的三大主要特征:社会互动受损、交流受损,以及刻板的行为、兴趣和活动(American Psychiatric Association, 2000)。

社会互动受损。社会互动受损是孤独症的一个决定性特征,这意味着个体未发展起与其年龄相符的社会性关系(Volkmar, Klin, Schultz, & State, 2009)。艾米从来不和与她年龄相仿的孩子交朋友,与成人的交往也仅限于把他们当作工具——例如,借助于成人的手来帮她拿想要的东西。对幼儿而言,社交问题的迹象通常包括不能实施一些技能(例如联合注意)(Dawson et al., 2004; MacDonald et al., 2006)。例如,当和家长一起坐在心爱的玩具面前时,正常幼儿通常一会儿看看家长,一会儿看看玩具,微笑着,并试图使家长也来玩玩具。然而,孤独症患儿则明显缺失这一联合注意技能。

广泛性发育障碍 在 18 岁前出现的几种影响范围广、严重、长期持续的功能损伤之一。

阿斯伯格障碍 一种广泛性发育障碍,其特征是社会关系受损、刻板或不寻常的行为,但没有孤独症患者的言语发育迟缓。

雷特障碍 渐进式的神经发育障碍,其特点是持续性手扭动、精神发育迟滞及运动机能受损。

儿童瓦解性障碍 一种广泛性发育障碍,表现为在 2~4 年时间的正常发展之后,出现语言、适应性行为以及运动技能的严重退行性改变。

未定型的广泛性发育障碍 在 18 岁前出现的范围广、严重并长期持续的功能损伤。

孤独障碍(孤独症) 一种广泛性发育障碍,其特征是社会互动和交流的明显受损,以及刻板的行为、兴趣和活动的模式。也被称为孤独症。

表5-2 其他的广泛性发育障碍

障碍	临床描述	数据统计	病因	治疗
雷特障碍	一种渐进性神经障碍，主要发生在女孩身上。其特点是一段正常发育之后出现的包括持续性的手扭动、不断恶化的智力失能，以及运动机能受损 (Sigafoos et al.，2009)。其中，运动机能会在整个发展过程中持续恶化；而社会技能的发展起初是正常的，在1～3岁时开始下滑，之后可有部分改善。因为与孤独症关联不大，这种障碍可能会被从 DSM-5 中排除。	雷特障碍相当少见，初生女婴中大约每12 000～15 000中会发生1例。	超过80%的案例显示很可能是X染色体上的一种基因（MECP2）突变的结果（Toth & King，2010）。	主要集中于教授患者自理、交流技能，以及努力减少问题行为（Sigafoos et al.，2009）。
儿童瓦解性障碍	2～4年时间的正常发展之后，出现语言、适应性行为以及运动技能的严重退行性改变（Volkmar et al.，2009）。	非常少见，大约100 000名婴儿中会出现1例。	虽然并没有明确的病因，但一些因素提示几种少见的基因突变的累积可能会导致这一问题（Volkmar et al.，2009）。	一般包括用行为干预来重新获得那些丧失的技能，用行为和药物治疗以帮助减少行为问题。
未定型的广泛性发育障碍	严重而广泛的社交受损，但未达到孤独症的诊断标准。患儿在早期可能并不表现出对社会互动的回避，但仍存在明显的社交问题。这些问题在3岁后变得越来越明显。	虽然比孤独症更常见，但目前对这一障碍的患病率还不甚清楚。	孤独症常见的某些遗传因素及神经生物方面的损伤，在这一类障碍中也都有（Volkmar et al.，2009）。	关注社会化和交流技能的训练，努力减少问题行为。

基于精密眼球追踪技术的研究显示了，随着年龄的增长，儿童的社会知觉障碍是如何演变的。在一项研究中，研究者展示了一个成年男性孤独症患者从一部电影里选择场景的过程，并将他与正常成年男性进行了对比（Klin，Jones，Schultz，Volkmar，& Cohen，2002）。从照片（见书前彩插）里你可以看到，孤独症患者（用红线显示）扫描的是场景中的非社会性画面（演员的嘴与夹克），而正常人扫描的则是有社会意义的部分（视线停留在谈话人的眼睛之间）。这项结果表明，由于一些我们尚未完全了解的原因，孤独症患者可能对社会情境没有什么兴趣，因此不能从与他人有意义的关系中获
176 得享受，也没有能力去发展与他人的关系。

交流受损。孤独症患者几乎总是存在着人际沟通方面的严重问题。大约三分之一的患者从来不会讲话 (Tager-Flusberg et al.，2009)。即使是那些有部分说话能力的患者，他们的交流也往往是偶然的。其中一些患者会重复他人的话，我们称之为模仿言语，这是我们在前面提到的言语发展迟滞的一种信号。假设你说："我叫艾琳，你叫什么？"他们会全部或部分性地重复这句话，如："艾琳，你叫什么？"他们常常不仅会重复你说过的话，甚至会重复你的语调。而另一些具有说话能力的患者则是不能或不愿持续与他人谈话。

刻板的行为、兴趣和活动。孤独症最令人惊奇的特点是其刻板的行为、兴趣和活动的模式。例如，艾米好像喜欢把她的东西都维持原状：哪怕只是一个微小的变化（例如动了她房间里的玩具），都会让她异常不安。这种对现状的强烈偏好被称为单调性维持（maintenance of sameness）。通常，孤独症患者会花相当多的时间在那些一成不变的仪式性行为上，例如转圈、歪着头将双手在眼前挥舞，或者咬自己的手（Durand，2011）。

数据统计

孤独症曾一度被认为是一种罕见的障碍，但近期的估计表明，孤独症的患病率呈上升趋势。先前估计孤独症的患病率为每10 000人中有2～20例，但是现在人们认为，孤独症的患病率高至每500个新生婴儿中就有1例（Shattuck，2006）。孤独谱系障碍（包括孤独障碍、未定型的广泛性发育障碍，以及阿斯伯格障碍）的患病率高达每110名新生婴儿中就有1例（Centers for Disease Control and Prevention，2009）。患病率的上升可能源自部分专业人士现在能够将广泛性发育障碍与智力障碍区别开来。但是，其他环境因素（例如暴露在有毒化学物中）对这一上升的结果的作用尚未被排除。

DSM 诊断标准概要

孤独障碍

A. 在（1），（2）和（3）中总共满足6项以上，其中至少2项来自（1），并且（2）和（3）中分别至少有1项：

（1）社会互动的实质性损伤，至少有下列2项表现：

（a）多种非言语交流方式的使用上存在明显缺陷，例如对视、面部表情、身体姿态，以及调节社会互动的手势等；（b）未能形成与其发展水平匹配的同伴关系；（c）缺乏寻找快乐、兴趣、成就，并与其他人分享的能力（例如，缺乏展示、带来，或指向兴趣对象的能力）；（d）社会或情绪互惠缺乏。

（2）交流的实质性损伤，至少有下列1项表现：

（a）言语发展滞后或缺失（没有试图通过其他方式如手势或模仿加以弥补）；（b）在与他人交谈时，启动或维持与他人的交谈能力明显受损；（c）重复或刻板地使用语言或特殊语言；（d）缺乏与其发展水平相适应的多种自发的假装或社会模仿游戏。

（3）刻板、重复和千篇一律的行为、兴趣与活动的模式，至少有下列1项表现：

（a）专注于一种或多种刻板和严格的兴趣模式，这种模式在紧张度或集中度上都表现异常；（b）明显不灵活地固着于一些特殊的、功能不良的日常行为和仪式；（c）枯燥和反复的运动模式（例如，挥舞或扭曲手指或手，或复杂的全身运动）；（d）持续关注于物体某些部分。

B. 在3岁前，在下列领域中至少出现一种功能的延迟或异常：（1）社会互动；（2）社交用语；（3）符号或想象游戏。

C. 这些症状不能用雷特障碍或儿童瓦解性障碍来加以解释。

资料来源：Reprinted with permission from *Diagnostic and Statistical Manual of Mental Disorders* (4th ed., text revision). ©2000 American Psychiatric Association.

孤独症的性别差异因患者的智商不同而有所不同。在智商低于35的群体里，女性患者更多；而在智商更高一些的群体中，男性患者更多。这一差异的原因尚不清楚（Centers for Disease Control and Prevention，2009）。孤独症遍及全球，已经在世界各地被发现，包括瑞典（Gillberg，1984）、日本（Sugiyama & Abe，1989）、俄罗斯（Lebedinskaya & Nikolskaya，1993）、中国（Chung，Luk，& Lee，1990）。绝大多数孤独症患者在36个月大之前就已经出现症状（American Psychiatric Association，2000）。

孤独症患者有一个智商范围。早期评估认为孤独症儿童中存在智力障碍的比例高达75%，尽管更多近期的工作（对这些孩子采用更适合的测量）认为这一比例在40%～55%之间（Chakrabarti & Fombonne，2001；Edelson，2006）。这意味着有45%到60%的孤独症患者拥有平均智商甚至高于平均水平的智商。

智商测量常被用于衡量孤独症儿童的预后：那些在智商测验中得分越高的儿童，他们需要家庭成员或专业人士特殊帮助的可能性越小。与此相反，那些智商测验得分较低的孤独症幼儿则更可能出现交流技能上的严重滞后，并且随着年龄的增长，需要更多的教育和社会支持。通常，言语能力和智商是预测孤独症儿童预后的有效因子：言语能力和智商越高，预后越好（Ben Itzchak，Lahat，Burgin，& Zachor，2008）。 177

病因：心理和社会维度

孤独症是一种令人费解的障碍，所以你应该对存在形形色色的理论来解释其病因并不感到奇怪。普遍认为，孤独症可能并不是由单一因素造成的（Durand，2011；Volkmar et al.，2009）。恰恰相反，许多生物因素与心理社会因素联合作用，共同造成了孤独症患者的异常行为。

过去，孤独症被认为是由父母教养不当造成的（Bettelheim，1967；Ferster，1961；Tinbergen & Tinbergen，1972）。与一般人群相比，孤独症患儿的父母常被描述成具有相对较高的社会经济地位（Allen，DeMyer，Norton，Pontius，& Yang，1971；Cox，Rutter，Newman，& Bartak，1975）和智商（Kanner，1943），但却吹毛求疵、冷酷、淡漠（Kanner，1949）。类似的观点对一代父母造成毁

灭性的影响，这些父母觉得对自己孩子的问题负有责任并有罪恶感。然而，大量精心设计的研究表明，孤独症患儿的父母与正常儿童的父母并没有本质的区别（Bhasin & Schendel，2007）。

其他一些关于孤独症病因的理论建立在某些患者异常的言语模式上，即患者有一种避免使用第一人称代词（如我），而用第三人称代词（如他/她）替代的倾向。举个例子，如果你问一个孤独症患儿“你想喝水吗？”，他可能会说“他想喝水”（意指“我想喝水”）。这些观察使理论家们猜测，孤独症可能与自我意识的缺乏有关（Goldfarb，1963；Mahler，1952）。这种衰退型的世界观被用来解释孤独症患者异常的行为方式。学者们认为，孤独症患者的退缩反映了他们自我意识的缺乏。

但是后来的研究表明，部分孤独症患者似乎确实具有自我意识（Lind & Bowler，2009），并且这种自我意识是逐步发展的。与那些没有失能的儿童相比，那些认知能力低于同龄人 18 ～ 24 个月的孤独症患儿几乎没有或有完全没有自我意识，但是认知能力更高一些的患儿则确实存在自我意识。当患儿同时存在认知缺陷或发展延迟时，可能会出现自我意识缺失，但这并不是孤独症本身所致。

孤独症让人感到神秘，特别是当它的某些特征被夸大时。一些描述增强了这种感觉，例如达斯汀·霍夫曼（Dustin Hoffman）在《雨人》中所饰演的人物——能在极短的时间内报出几百个落在地板上的牙签的准确数量。然而，这种天才式的技能在孤独症患者中并不常见。因此，将神话与现实区分开来非常重要，我们必须认识到文艺作品中的描述并不能如实反映这一复杂障碍的全貌。

言语模仿现象，即重复他人说过的词或短语，一度被认为是孤独症不同寻常的特征。但随后发展心理病理学的研究证实，重复别人的话是正常言语技能发展的一个阶段，在大多数幼儿身上都能够被发现（Dawson，Mottron，& Gernsbacher，2008）。甚至那些在孤独症患儿身上可见的令人不安的自伤行为，有时也会以一种更为缓和的方式（如敲头）在正常发育的婴儿身上出现（de Lissovoy，1961）。这类研究帮助人们将事实从关于孤独症患者的神话中分离出来，并进一步明确了发展在这种障碍中的作用。其实孤独症患者与正常人本质的区别在于其社会性的缺失。

病因：生物维度

让许多家庭安心的是，现在很明确，糟糕的养育并不是孤独症的病因。诸如社会技能与交流技能缺陷已经被证实有着生物学的起源。

遗传影响。目前我们已经很清楚，孤独症有遗传因素的影响（Volkmar，Klin，& Schultz，2005）。已有一个孤独症患儿的家庭再出生一个孤独症患儿的风险为 5%～10%。这一比例是一般人口的 50 到 200 倍，这为基因对这种疾病的作用提供了强有力的证据。一个备受关注的领域是基因对大脑化学物质催产素的影响。因为催产素被认为在我们与他人建立联结，以及社会性记忆中扮演着重要角色，研究人员正在探讨基因是否可能对这种障碍的这一神 178
经化学过程有影响。早期的工作发现孤独症和催产素受体基因之间存在关联（Wermter et al.，2010），研究人员希望在未来数年内，能够发现更多这样的联系。

神经生物学影响。与遗传学领域一样，许多正在进行的神经生物学研究将有助于解释在孤独症患儿身上观察到的社会性与交流障碍（Volkmar et al.，2009）。一个有趣的理论涉及杏仁核，正如你在第4章中所看到的，这一大脑区域与情绪（例如焦虑、恐惧等）相关。研究人员对孤独症患者死后的大脑进行了研究，结果发现，有无患孤独症成年人的大脑尺寸差别不大，但孤独症患者杏仁核中的神经元却更少（Schumann & Amaral，2006）。早期的研究显示孤独症患儿有更大的杏仁核。所提出的理论认为，孤独症患儿的杏仁核在早年会增大——造成过度的焦虑和恐惧（可能与其社会退缩有关）。在持续的压力作用下，应激激素皮质醇的释放损伤了杏仁核，导致成年后这些神经元相对缺乏。损坏的杏仁核可能导致了孤独症患者回应社会环境的方式不同（Lombardo，Chakrabarti，& Baron-Cohen，2009）。

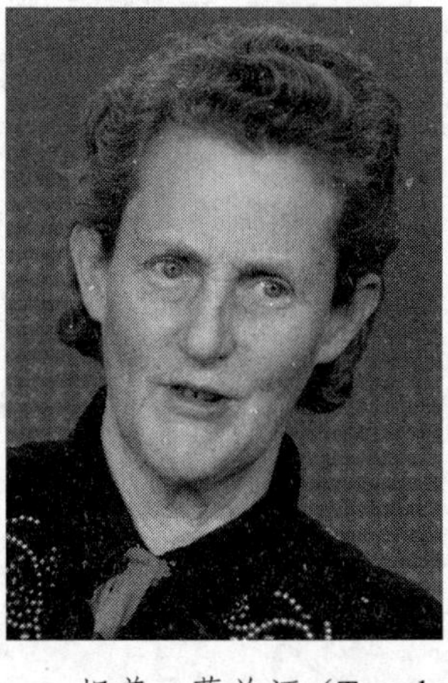
Frederick M. Brown/Getty Images

坦普·葛兰汀（Temple Grandin）拥有动物科学的博士学位，并且是一位成功的职业畜牧设备设计师。她也患有孤独症。

在遗传影响这部分我们提到的另外一种神经生物学影响涉及神经肽催产素。记住，这是一种非常重要的社会性神经化学物质，它会影响联结，并且被发现能增加信任、减少恐惧。一些对孤独症患儿的研究发现，患儿血液中的催产素含量较低（Modahl et al.，1998），并且给予孤独症患者催产素可以改善他们记忆和加工带情绪内容信息的能力（如记住笑脸），而这是孤独症的症状之一（Guastella et al.，2010）。

一个非常有争议的理论认为，汞——特别是儿童早期注射的疫苗中所含有的汞（水杨乙汞），导致了过去数十年间孤独症患病率的增加。丹麦的大型流行病学调查显示，注射疫苗并没有增加儿童患孤独症的风险（Madsen et al.，2002；Parker，Schwartz，Todd，& Pickering，2004）。尽管有这个以及其他一些可靠的证据，但是孩子接种麻疹、腮腺炎、风疹疫苗的时间（12 ~ 15 个月大）和首次出现孤独症症状的时间（3 岁以前）之间关联的事实使许多家庭仍然相信在二者间一定存在某种联系。

Courtesy Lee-Yun Chu

蒂莫西拉小提琴、弹钢琴、打棒球。孤独症发生在所有的文化和种族中。

阿斯伯格障碍

阿斯伯格障碍表现为参与有意义的社会互动的能力的明显受损，存在严格的、重复性的刻板行为，但不伴有孤独症特有的言语或认知技能发展的严重迟滞（American Psychiatric Association，2000）。这种障碍由汉斯·阿斯伯格（Hans Asperger）于 1944 年首先提出，接着洛娜·温（Lorna Wing）在 20 世纪 80 年代早期指出阿斯伯格障碍应该被视为一种与孤独症相互区别的障碍，其重点在于这些患者表现出不同寻常的、刻板的兴趣（例如火车时刻表）（Volkmar et al.，2009）。

临床描述

阿斯伯格障碍患者表现出社会关系的受损，存在刻板或不寻常的行为或活动（如对飞机时刻表特
179 别有兴趣或记忆邮政编码）。但与孤独症患者不同的是，他们能够运用语言。这类患者对深奥的事情比对人更感兴趣，倾向于使用正式的学究式的语言风格，以至于某些人将这一障碍称为“小教授综合征”。患者很少有严重的认知功能损伤，通常智商也在正常范围内（Volkmar et al.，1999）。他们经常显得动作笨拙，协调性差。一些研究者认为阿斯伯格障碍可能是孤独症的一种较轻的类型，而不是一种独立的障碍。

数据统计

直到最近，绝大多数的诊断医生对这一障碍还很不熟悉，一般认为很多患者都没有被诊断出来。目前估计的患病率是每 10 000 人中有 1 到 2 例，并且认为男孩比女孩更高发（Volkmar et al.，1999）。

病因

关于这一障碍的病因的研究很少。研究者怀疑可能存在遗传性致病因素。阿斯伯格障碍似乎多在家族内传播，并且在一些家族中孤独症和阿斯伯格障碍的患病率均较高。阿斯伯格障碍患者存在着社会性-情绪障碍，因此研究者认为杏仁核可能在阿斯伯格障碍的发病中起重要作用（Schultz，Romanski，& Tsatsanis，2000），但到目前为止，尚未得出任何有足够证据支持的生物学或心理学模型。

广泛性发育障碍的治疗

绝大多数治疗方面的研究都是针对孤独症患儿的，所以，我们将要讨论的治疗方法也是有关这些患者的。由于所有广泛性发育障碍的治疗方法很类

似，因此关于孤独症治疗方法的研究对其他障碍也是有意义的。总的说来，对孤独症及其他广泛性发育障碍而言，并不存在疗效理想的治疗方法。我们未能成功减少这些患者的社会性问题。与治疗精神发育迟滞的方法相类似，绝大多数治疗广泛性发育障碍的方法都致力于提高患者的交流和日常生活技能，减少问题行为（如暴怒、自伤）（Durand，2011）。下面我们将介绍一些治疗方法，包括对孤独症幼儿进行早期干预的方案。

交流和言语障碍是孤独症的决定性特征。孤独症患者常常没有习得有效使用语言的能力；他们要么使用有限的语言，要么使用不常见的语言形式，如模仿言语。教会患者有效地使用语言是非常困难的。想想我们是如何教授语言的：它主要依靠模仿。想象一下你是怎样教会一个小女孩说“Spaghetti”这个单词的。你可能会等上好几天，直到她说出一个听起来像“Spaghetti”（可能是“Confetti”）的单词。之后，你还将花几周的时间，纠正她的发音，使之更接近于“Spaghetti”。或者你也可以不断地对她说：“说‘Spaghetti’。”幸运的是，绝大多数儿童可以模仿并学会有效地交流。但是孤独症患儿却不能或不愿意去模仿。

在20世纪60年代中期，伊瓦尔·洛瓦斯（Ivar Lovaas）和他的同事迈出了里程碑式的一步，他们试图使孤独症患儿做出一些回应。他们使用一些基本的行为训练程序（塑造、辨别训练）来使不会讲话的患儿模仿他人的口头言语（Lovaas，Berberich，Perloff，& Schaeffer，1996）。研究者教他们的第一种技能是模仿其他人的话语。开始的时候，只要孩子在教师说话后发出声音，研究人员就给予奖励（食物或是赞扬）来巩固成效。完成这一步后，则只有当孩子在老师提出某个要求（如老师说，“说‘球’”——这是辨别训练的一个步骤）后发出了声音才予以奖励。一旦儿童可以在教师提出要求后再发出声音，教师就开始使用塑造技术，即只强化那些与教师所要求的发音相似的声音，例如像字母“b”之类的发音。有时，教师也用一些躯体提示来帮助这些儿童。在这个例子中，通过轻轻地合起双唇来帮助孩子发“b”这个音。一旦儿童能够成功地做出反应，就可以开始教新的单词了——如“mama”，然后重复上述步骤。该过程将一直持续到儿童可以正确地回应教师的多个要求，这表明孩子已经学会了模仿单词或短语。一旦儿童学会了模仿，说话就变得容易起来。接下来可以教他们标签、复数、句子及其他的一些更复杂的语言形式（Lovaas，1997）。尽管一些儿童的口语学习获得了成功，但是仍有部分儿童对这种训练没有反应。因此，工作人员有时也会采用其他的训练方法，如使用手语或借助于有语言输出功能的装置和儿童逐字逐句地交流（Tager-Flusberg et al.，2009）。

孤独症患者典型的特征之一是他们与他人的交流异常。孤独症患者的社会缺陷是比较明显的问题之一，且也是最难得到改善的。目前有许多方法被用于教授社会技巧（例如，如何进行一段谈话并对他人提问），包括将没有患孤独症的同伴作为训练者，已有证据表明孤独症患者能够改善其社会技巧（例如 Cotugno，2009）。

洛瓦斯和他在加州大学洛杉矶分校的同事报告了对年龄较小的孩子进行早期干预的结果（Lovaas，1987）。针对孩子的交流和社会技能，他们每周进行的至少40个小时高强度的行为治疗似乎改善了患者的智力和学习功能。追踪研究表明，这些改善 180
能保持较长的时间（McEachin，Smith，& Lovaas，1993）。这些研究引起了很大的兴趣和争议。一些批评者质疑研究的实用性、科学性和理论基础，声称每周40小时一对一的治疗太昂贵和费时；他们也批评研究没有适当的对照组。然而，这一重要工作和世界各地的重复的结果表明，早期干预对孤独症患儿的康复是有意义的（Eldevik et al.，2009）。

生物治疗

迄今为止，还没有发现哪种药物能治愈孤独症。实际上，药物治疗在社会性和言语障碍这一核心症状上很少能够成功。多种药物治疗被用于减少兴奋症状，一些主要的镇静剂和5-羟色胺再摄取抑制剂似乎有用（Volkmar et al.，2009）。

因为孤独症可能源自各种不同的缺陷，所以一种药物不太可能对所有的孤独症患者都适用。最近的工作致力于寻找针对特定行为或症状的药物治疗手段。

整合治疗

广泛性发育障碍（包括孤独症和阿斯伯格障碍）的治疗整合了多种治疗手段，以针对这种障碍的不同侧面。对儿童，绝大多数治疗包括在特别的心理支持下对交流与社交障碍的学校教育中。行为治疗在这一领域有着明确的效果。药物治疗对某些患者有短期的效果。另外，患儿的父母也需要帮助，因为照顾这种儿童的生活会带来许多要求和应激源。当孤独症患儿慢慢长大，干预将集中到帮助他们融入社区，其内容通常包括支持性生活管理和工作安置。因为孤独症患者拥有的能力千差万别，所以这些措施也有很大的差别。一些患者可以自主地生活在自己的公寓里，仅仅需要家人的少量帮助。而其他存在更严重的认知功能损伤的患者则需要社会更广泛的帮助。

概念自测 5.2

对下列的症状做出诊断，选项有：（a）孤独障碍；（b）阿斯伯格障碍；（c）雷特障碍；（d）儿童瓦解性障碍；（e）广泛性发育障碍。

1. 6岁的安琪莉克智商很低，她总是喜欢独自坐在一个角落里玩积木或是绕圈子。她不能用口语进行交流。当父母想让她做一些她不想做的事情或她的规律被改变，即使是轻微的改变时，她也会大发雷霆。________
2. 在小的时候，德怀特就精通地理方面的知识并能记住所有州府的名字。他的言语发展并不迟滞，但他不喜欢和其他孩子一起玩，也不喜欢被拥抱或是触摸。________
3. 5岁大的艾丽西娅有严重的精神发育迟滞，并且不能独立行走。她所患的障碍的特点之一是手不停地扭动。________
4. 罗兰多5岁时，他的父母注意到他的运动技能和言语能力开始大幅度退步。________
5. 6岁的梅根并不完全拒绝社交活动，但她在交流和与人打交道方面存在许多的问题。________

智力障碍

▶ 智力障碍是如何定义的，人们是如何对智力障碍患者进行区分的？

智力障碍（intellectual disability，ID，之前被称为精神发育迟滞）是在儿童中出现的一种障碍，表现为智力和适应功能明显低于正常水平（Toth & King，2010）。患者在日常活动中有许多困难，从某种程度上说，这反映了他们认知缺陷的严重程度，以及所需获得帮助的类型与数量。智力障碍患者在历史上所受到的对待可用屈辱这个词来形容（Scheerenberger，1983），他们所遭受到的困苦比我们在本书中所探讨的其他任何一个群体都多。除了明显可见的例外之外，整个社会都瞧不起这些智力低下者。虽然 DSM-Ⅳ-TR 使用“精神发育迟滞”一词，但我们在这一章中使用“智力障碍”一词，这
181 与此领域中的变化，以及 DSM-5 可能的改变相一致（American Psychiatric Association，2010b）。

智力障碍的表现形式多种多样。一些患者的功能相当好，即使在复杂的社会中，也能独立地生活。例如男演员克里斯·布克（Chris Burke，一个患唐氏综合征的演员），他是第一个在电视剧［《生活在继续》（*Life Goes On*）］中成为明星的智力障碍患者，他还出现在《天使在人间》（*Touched by an Angel*）之中。此外，劳伦·伯特（Lauren Potter，另一名患唐氏综合征的演员），在电视剧《欢乐合唱团》（*Glee*）中扮演拉拉队长。但其他一些患

John M. Heller/Getty Images

劳伦·伯特（一名患有唐氏综合征的女演员）在热播剧《欢乐合唱团》中扮演贝基·杰克逊（Becky Jackson）。

智力障碍　对一个人智力测验得分显著低于平均水平，并且在日常生活领域的功能受损的一种诊断。

者则有明显的认知和生理损伤，并因此需要相当多的照顾才能维持日常生活。下面来看看詹姆斯的案例。

詹姆斯：面对挑战

詹姆斯的母亲找到我们，因为他在学校和手工劳动时的状况一片混乱。詹姆斯已经17岁了，在当地的一所高中念书。他患有唐氏综合征，十分可爱，有时有点淘气。詹姆斯喜欢滑雪、骑自行车以及其他一些同龄孩子都喜欢的活动。事实上，对参与各种活动的愿望是他和母亲之间矛盾的根源：他想参加学校的驾驶教育课程，而他的母亲却觉得他会失败；他还想同他喜欢的一个女孩约会，他的母亲却担心他们的未来。

学校管理人员抱怨詹姆斯不参加活动（例如体育课），在学校规定的劳动项目中总是闷闷不乐，有时还与指导老师发生冲突。他们正考虑要将他转移到一个要受到更多的监督和管束而独立性更少的课程中去。

詹姆斯小时候经常搬家，这让父母感到各个社区对詹姆斯及其智力障碍的反应和态度有明显差异。一些学区会立刻安排他到同龄人的班级中，并且他的老师也会得到一些额外的帮助或咨询。而在其他学区，则只会很快建议他接受单独的教育。有时候，这个学区在当地学校中有专门为智力障碍儿童开设的班级。其他学区则在其他城镇提供这类计划，于是詹姆斯不得不每天花上整整一个小时的时间来回去上学。每一次在新学校都会接受评估，其结果都差不多。他的智商在40～50之间，处于中等程度智力障碍的水平。另外，每个学校都会给他下一个相同的诊断：伴中度智力障碍的唐氏综合征。

在高中，詹姆斯需要上几门专门为有学习问题的儿童开设的学业课程，但是他却参加了其他一些课程，例如体操，与那些没有智力障碍的学生一起。现在他在体操课（他没被允许参加）与手工课（他不愿参加）上存在的问题，使得他可能会失去参加所有这些课程的资格。当我与詹姆斯的母亲交谈时，她提到詹姆斯受到的挫折实际上是手工课所要求的低于他的能力造成的，因为他总是被要求去做例如折纸这样一些令人厌烦的、重复的工作。詹姆斯也表达了相同的感觉，说他被当作一个婴儿来看待。想交流的时候，詹姆斯能表达得很好，但是有时他自己也不清楚想要说什么，并且人们很难理解他试图表达的所有内容。在观察了他在学校、工作中的表现并与他的老师交流过之后，我们意识到这中间发生了一个常见的不协调。詹姆斯会拒绝做那些他认为太简单的任务。而老师则将他的这种拒绝解读为任务太难，因此会给他更容易的任务。詹姆斯因此会表现出更强烈的拒绝和反抗，而老师则会对他采取更多的监督和控制。

临床描述

智力障碍患者表现出一系列的能力和人格方面的问题。像詹姆斯这样轻度或中度的患者，如果有适当的准备，能够完成正常人所能完成的绝大多数日常活动。而那些更严重的患者则可能需要帮助才能吃饭、洗澡以及穿衣，但是经过恰当的训练和支持之后，他们也能达到相当程度的生活独立。这些患者的多方面功能受到损伤。语言和交流技能通常是最明显的。詹姆斯在该领域内只有很轻微的损伤，只需要一些在发音构词上的帮助。相反，那些重度智力障碍的患者则可能永远学不会用语言进行交流，而需要借助一些仪器，例如手语或用于特殊交流的仪器，去表达那些最基本的需要。因为多种认知功 *182* 能受损，所以智力障碍患者都存在学习困难问题，困难的程度取决于认知功能受损的程度。

在讨论智力障碍患者的具体诊断标准之前，

DSM 诊断标准概要

精神发育迟滞

A．智力功能显著低于正常水平：在智商测验中的得分大约在70分或更低（对婴儿来说，则是一个临床上智力显著低于平均水平的评价）。

B．适应功能（例如与个体年龄与文化背景的匹配性）至少在下述两个方面存在缺陷或损伤：交流、生活自理、家庭生活、社交／人际技巧、社区资源利用、自我指导、学业技能、工作、休闲、健康、安全。

C．发病年龄早于18岁。

资料来源：Reprinted with permission from *Diagnostic and Statistical Manual of Mental Disorders* (4th ed., text revision). ©2000 American Psychiatric Association.

虽然不能说话，但这位男士正在学习使用眼控面板与人交流，他只须用手指向或用眼盯住需要的图像，就能表达他的意思。

需要强调的是，与我们在第 8 章中所谈到的人格障碍一样，智力障碍也被归在 DSM-Ⅳ-TR 的轴 Ⅱ 中。用轴来区分各种障碍有两个目的：第一，这意味着处于轴 Ⅱ 的障碍倾向于更慢性、更不易受治疗的影响；第二，提醒治疗师考虑这些障碍是否正在影响着某种处于轴 Ⅰ 的障碍。因为个体可能同时在轴 Ⅰ（如广泛性焦虑障碍）和轴 Ⅱ（如轻度智力障碍）上被诊断。

DSM-Ⅳ-TR 中智力障碍的诊断标准有三组。第一，个体智力功能明显低于一般水平，它可以通过多种智商测验加以确定，DSM-Ⅳ-TR 将分界线定在 70 分或 70 分以下。大约有占总人口 2%～3% 的人在这些测验中的得分为 70 分或更低。美国智力和发育障碍协会（AAIDD）也有一个与此类似的标准，其智商的最终得分在 70～75 或之下（Thompson et al.，2009；Toth & King，2010）。

DSM-Ⅳ-TR 和 AAIDD 定义智力障碍的第二组共同标准被称为在适应机能上的并发缺陷或损伤。换句话说，智商测验得分“为 70 或之下”还不足以做出智力障碍的诊断，一个人必须在下述领域中至少存在两种以上明显的困难：交流、生活自理、家庭生活、社交和人际技巧、社区资源利用、自我指导、学业技能、工作、休闲、健康和安全。举例来说，虽然詹姆斯在一些方面表现不错，例如交流、社交和人际技巧（他有几个好朋友），但是他在家庭生活、健康、安全以及学业技能等方面的能力却比不上同年龄的孩子。这一方面的定义非常重要，因为它排除了那些社会功能良好但是却因为种种原因在智商测验中得分很低的人。最后一个标准是发病年龄。患者必须在 18 岁以前就表现出低于一般水平的智力和适应能力的特点。这一标准是为了能在发育阶段就将患者鉴别出来，因为这一时期大脑还在发育，一切问题还没有成为事实。发病年龄的标准将那些因颅脑外伤或各种类型的痴呆导致机能损伤的成人患者排除在智力障碍的诊断之外。智力障碍定义的不明确带来了一个很重要的话题：智力障碍，与其他任何一种精神障碍相比，更倾向于由社会来定义。70～75 的智商标准是基于统计理论（与平均数相差两个标准差以上），而不是基于智力障碍的内在本质。对于重度智力障碍诊断，没有什么争议，但是大多数被诊断为智力障碍的患者都只有轻度的认知损伤。他们需要社会的支持和帮助。但是要注意，“智力障碍”这个标签部分地基于近乎武断的智商分数标准，而这个标准会（也的确会）随着社会期待的改变而变化。

智力障碍患者的失能程度存在明显的差异。几乎所有的分类系统都按照智力障碍患者的功能水平和病因将他们进行分类（Toth & King，2010）。传统的（以及现在依然依据 DSM-Ⅳ-TR 的）分类系统确定了智力障碍的四种水平：轻度，智商得分在 50～70 或 55～70 之间；中度，智商得分在 35～40 或 50～55 之间；重度，智商得分 20～25 或 35～40 之间；极重度，智商分数低于 20～25。我们很难按照各种水平智力障碍患者的“平均”表现来进行分类。重度或极重度的智力障碍患者往往严重缺乏正常交流能力（没有口头语言或只会说一两个单词），并且穿衣、洗澡和吃饭都可能需要很多甚至是全部的帮助。但是即便是这种患者，在训练或其他方面的支持下仍然可能拥有广泛的技能。与之类似，像詹姆斯这样患有轻度或中度智力障碍的儿童则完全能够独立，或者只需要少量的生活监护。然而，他们的成功在一定程度上依赖于教育和可利用的社会支持。

AAIDD 关于智力障碍的新的定义最有争议的

变化可能就是它对这种障碍不同水平的描述，它以患者所需要的支持和帮助的程度为基础将其分为：间歇型（intermittent）、有限型（limited）、广泛型（extensive）或者是全方位型（pervasive）（Thompson et al.，2009）。最大的差异是AAIDD系统将“需要帮助”的程度作为个体功能水平的核心，而DSM-Ⅳ-TR则认为患者的能力是唯一的决定因素。AAIDD系统强调患者所需帮助的具体领域，这种需要能在今后转变为训练目标。詹姆斯在DSM-
183 Ⅳ-TR系统中的诊断可能是“中度智力障碍”，而在AAIDD中的诊断则可能是“智力障碍，在家庭生活、健康、安全及学业技能方面需要有限的帮助”。AAIDD的定义强调了詹姆斯以及其他患者所需要的社会支持的类型，并且，它强调有必要考虑患者的能力与潜力。当然，在撰写这部分内容时，还没有实验证据来确定是否AAIDD系统比传统的DSM分类体系更有价值。

另一个确定智力障碍患者能力的分类系统是在教育系统中使用的。它基于三个类别的区分：可教育型智力障碍（智商在50到70～75之间）、可训练型智力障碍（智商为30～50）、严重智力障碍（智商低于30）（Cipani，1991）。这一分类的假设是，可教育型智力障碍的学生（相当于轻度智力障碍）能学会基本的文化技能；可训练型智力障碍的学生（相当于中度智力障碍）不能掌握文化技能，但是能够学会初步的职业技能；严重智力障碍的学生（相当于重度和极重度智力障碍）则不能从文化或职业教育中获益。这一分类体系建立在一个消极的假设上，即认为某些儿童不能从训练中获益。这一体系及DSM-Ⅳ-TR潜在的不当之处和局限性（轻度、中度、重度、极重度智力障碍）反衬出AAIDD分类的特点是关注患者所需要的支持。当前的趋势是逐渐淘汰教育分类体系，因为它不恰当地造成了教师的消极期望。临床工作者们仍然继续使用DSM-Ⅳ-TR分类体系；同时，我们还将关注AAIDD分类体系能否得到广泛的应用。

数据统计

大约90%的智力障碍患者的情况属于轻度智力障碍（智商为50～70），如果加上中度、重度和极重度智力障碍（智商低于50），患者的人数占总人口的1%～3%（Toth & King，2010）。

不像物质滥用或是焦虑障碍，智力障碍是一种慢性疾病，这往往意味着患者无法康复。但是，这一障碍的预后却有许多差异。如果得到恰当的训练和支持，那些不是很严重的患者能够生活得相对独立和有价值。而那些有更严重损伤的患者则需要更多的支持才能参与工作和社区生活。

病因

智力障碍差不多有数百种已知病因，包括：

- 环境因素：例如被剥夺、被虐待和被忽视。
- 孕期因素：例如妊娠期疾病或使用药物。
- 围产期因素：例如分娩困难、难产。
- 产后因素：例如感染、脑损伤。

正如我们将在第11章中谈到的，孕妇大量饮酒 184
会导致孩子出现所谓胎儿酒精综合征，这种疾病可能会导致严重的学习障碍。其他可能导致智力障碍的孕期因素还包括孕妇生病、服药或营养不良。另外，出生时缺氧（缺氧症），以及发育期的营养不良和脑损伤都可能导致严重的认知功能受损。尽管智力障碍的已知病因有许多，但是记住一个事实：

©Paul Conklin/PhotoEdit

智力障碍能根据患者所需要的支持的程度来定义。

将近 25% 的案例既不能归于某种已知病因，也不能被认为是社会和环境影响的后果（Toth & King，2010）。

生物因素

大多数对智力障碍病因的研究都强调生物学影响。接下来，让我们来看看对智力障碍最常见的症状有影响的生物因素。

遗传影响。已经大约有 300 种基因被确定对智力障碍有潜在的影响，并且可能还有更多种（Inlow & Restifo，2004）。部分重度智力障碍患者的情况已经可以确定是单基因缺陷障碍，涉及显性基因（与正常基因同时表达）、隐性基因（与自身的某个副本一起表达）以及伴 X 基因（出现在 X 或性染色体上）。

只有少数几个显性基因会导致智力障碍，这可能是自然选择的一种结果：那些携带导致智力障碍的显性基因的人更不容易生育小孩，所以就更不容易将这种基因传递给下一代。因此，这种基因不太容易在人群中延续。但是，有些人，特别是轻度智力障碍的患者，仍然会结婚生子，因此他们的基因得以遗传给下一代。结节性脑硬化就是这样一个显性基因障碍的例子，它相当少见，大约每 30 000 名新生儿中会出现 1 例。大约 60% 的结节性脑硬化患者患有智力障碍，大多数人还会有癫痫发作（不可控的脑电波放电），以及在皮肤上出现类似于青春期粉刺的特征性肿块（Curatolo，Bombardieri，& Jozwiak，2008）。

下次当你喝汽水的时候，注意一下这句警告：“苯丙酮酸尿症患者注意：本饮料含苯丙氨酸。”这是一个针对那些**苯丙酮尿症**（phenylketonurid，PKU）患者的警告，每 14 000 名新生儿中会有 1 例这种患者，其特点是患者不能代谢饮食中摄入体内的苯丙氨酸这种化学物质。直到 20 世纪 60 年代中期，绝大多数 PKU 患者因为体内这种化学物质的含量过高而导致智力障碍、癫痫发作和行为问题。但是，研究者们已经发明了一种 PKU 的筛查技术。目前，每个婴儿在出生时都要接受这种常规性的检查，任何一个被诊断为患有 PKU 的婴儿都能通过特殊食谱以避免摄入苯丙氨酸而得到成功的治疗。这是能成功预防某种智力障碍的少数几个例子。

由于患 PKU 的母亲如果没有得到治疗会损害胎儿的发育，所以，目前人们关注的是如果正处于育龄期的患有 PKU 的妇女不坚持采用特殊食谱，她们的孩子在出生前就有可能不慎患上与 PKU 相关的智力障碍。目前许多医生建议在整个怀孕期都进行饮食限制——于是很多食品就有了苯丙氨酸的警告（Widaman，2009）。

容貌损毁综合征（Lesch-Nyhan syndrome），亦称莱施－尼汉综合征，是一种伴 X 染色体障碍，其特征为智力受损、大脑麻痹（肌肉强直或拉紧）和自残行为，包括咬手指和咬嘴唇（Nyhan，1978）。只有男性才会患上这种病，因为这一障碍是由一个隐性基因引起的，当它出现在 X 染色体上时，需要另一个正常的基因来平衡，而男性没有第二条 X 染色体。有这种基因的女性都是携带者，但不会出现任何症状。

随着基因缺陷检测技术的提高，更多的障碍将会在基因层面上被确认。希望知识的增加会提高我们的治疗水平，或者就像在 PKU 这个例子中那样，提高预防智力障碍和其他一些消极后果的能力。

染色体影响。一直到大约 50 年前，人类细胞中有 46 条染色体这一数量才得以确定（Tjio & Levan，1956）。3 年后，研究者发现唐氏综合征（詹姆斯身上表现出来的障碍）患者多了一条小染色体（Lejeune，Gauthier，& Turpin，1959）。从那时起，许多其他的会导致智力障碍的染色体异常被识别出来。我们将较详细地说明唐氏综合征和脆性 X 染色体综合征，但是，还有数百种染色体异常会导致智力障碍。

唐氏综合征（Down syndrome），一种最常见的由染色体异常导致的智力障碍，由英国医生兰登・唐（Langdon Down）于 1866 年首次确定。唐曾试图以这些患者与其他种族的人的相似性为基

苯丙酮尿症 隐性基因障碍，涉及无法代谢食物中一种化学物质，可导致精神发育迟滞、癫痫发作和行为问题。PKU 可以在婴儿期被筛查出来并可以通过专门的饮食来预防。

容貌损毁综合征 与 X 染色体相关的障碍，特征是精神发育迟滞，大脑麻痹症状和自我伤害行为。

唐氏综合征 一种由染色体异常（21 号染色体）导致的精神发育迟滞，所涉及的特征是生理外观。也被称为 21 三体。

础，建立一个智力障碍患者的分类体系。他将这种特殊障碍的患者称为“蒙古人样的”（mongoloid），因为他们长得与蒙古人相像（Scheerenberger，1983），但是现在已经被“唐氏综合征”一词所取代。这种障碍是由多出的一条21号染色体引起的，因此，有时又被称为21三体。因为某些我们没有完全理解的原因，细胞分裂时，两个21号染色体黏连在一起（一种被称为非分离状态的情况），从而导致所形成的两个细胞中，一个细胞只有一个副本，并自然死亡；而另一个细胞却有三个副本，这个细胞最终分裂以后成长为一个唐氏综合征患者。

唐氏综合征患者有着特殊的面容，包括双眼上斜、眼角多有皱纹，鼻梁扁平，嘴小并有扁平的上颚（使得舌头稍稍突出）。同詹姆斯一样，他们容易
185 患先天性心脏畸形。悲惨的是，几乎所有唐氏综合征患者在40岁以后都会出现阿尔茨海默型痴呆，这是一种退行性大脑障碍，会导致记忆损伤以及其他一些认知障碍（Wiseman，Alford，Tybulewicz，& Fisher，2009）。这种疾病在唐氏综合征患者中比一般人出现得更早（有时在20多岁时）。研究还发现，至少有一种类型的阿尔茨海默病与第21号染色体上的一个基因有关。

新生儿唐氏综合征的患病率与母亲生育的年龄有关：随着母亲生育年龄的增长，她们的孩子患有这种疾病的可能性也会增加（见图5-1）。20岁的妇女生下唐氏综合征患儿的可能性是1/2 000；而到35岁时，这一危险增加到1/500；到了45岁时，它会增加至1/18（Girirajan，2009）。尽管这样，唐氏综合征患儿更多的还是由年轻母亲所生，因为随着女性年龄的增长，她们就会更少生育孩子。唐氏综合征的患病率随着母亲年龄的增长而增加的原因还不甚清楚。一些人认为因为女性的卵细胞都是在年轻时产生的，那些年龄较大的产妇的卵细胞长期暴露在毒素、辐射以及其他有害物质中，从而干扰了染色体的正常分裂，产生了一条多余的第21号染色体（Pueschel & Goldstein，1991）。另一些人则认为，女性年龄变化时造成的激素分泌变化是细胞分裂出错的主要原因（Crowley，Hayden，& Gulati，1982）。

一段时间以来，人们已经能够通过**羊膜腔穿刺术**（amniocentesis，一种抽取并检测羊膜内胎儿羊水样本的程序），和胎儿**绒毛取样**（chorionic villus sampling，CVS，提取一小块胎盘组织并检验），检测出唐氏综合征的存在（但不是智力障碍的程度）。这类测试并不总是令人满意，因为它是一个侵入性的方法（插入一根管子可能会对发育中的胎儿造成损伤）。幸运的是，我们现在有对怀孕母亲进行血液检验的更复杂的方法，这些方法可以在怀孕头三个月测出唐氏综合征（Schmitz，Netzer，& Henri，2009）。

脆性X染色体综合征（fragile X syndrome）是第二种常见的与智力障碍相关的染色体异常（Toth & King，2010）。正如它的名字那样，这种障碍是由X染色体上的异常变化所致，这种突变让这一染色体的顶端看起来就像被吊在一根线上，呈现出易碎的样子。与同样是X染色体异常所致的容貌损毁综合征一样，脆性X染色体综合征也主要影响男性，因为他们缺乏第二条带有正常基因的X染色体以抵消基因突变的影响。但与容貌损毁综合征基因的携带 186
者不同，脆性X染色体综合征基因的女性携带者一般会表现出轻度到重度的学习障碍（Koukoui & Chaudhuri，2007）。而男性携带者则会表现出中度到重度的智力障碍，并伴有更高比率的多动、注意力狭窄、注视回避以及持续固着语症（一遍一遍地

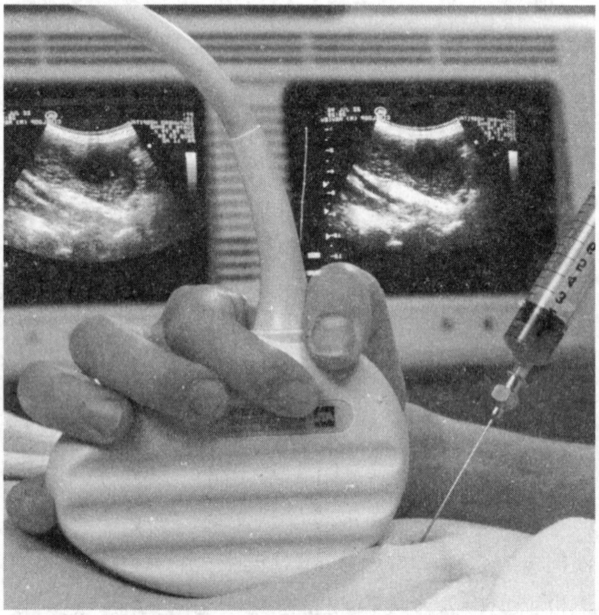

羊膜腔穿刺术可以在胎儿期就检测出唐氏综合征的存在。在超声影像引导下，医生正在提取羊水以进行分析。

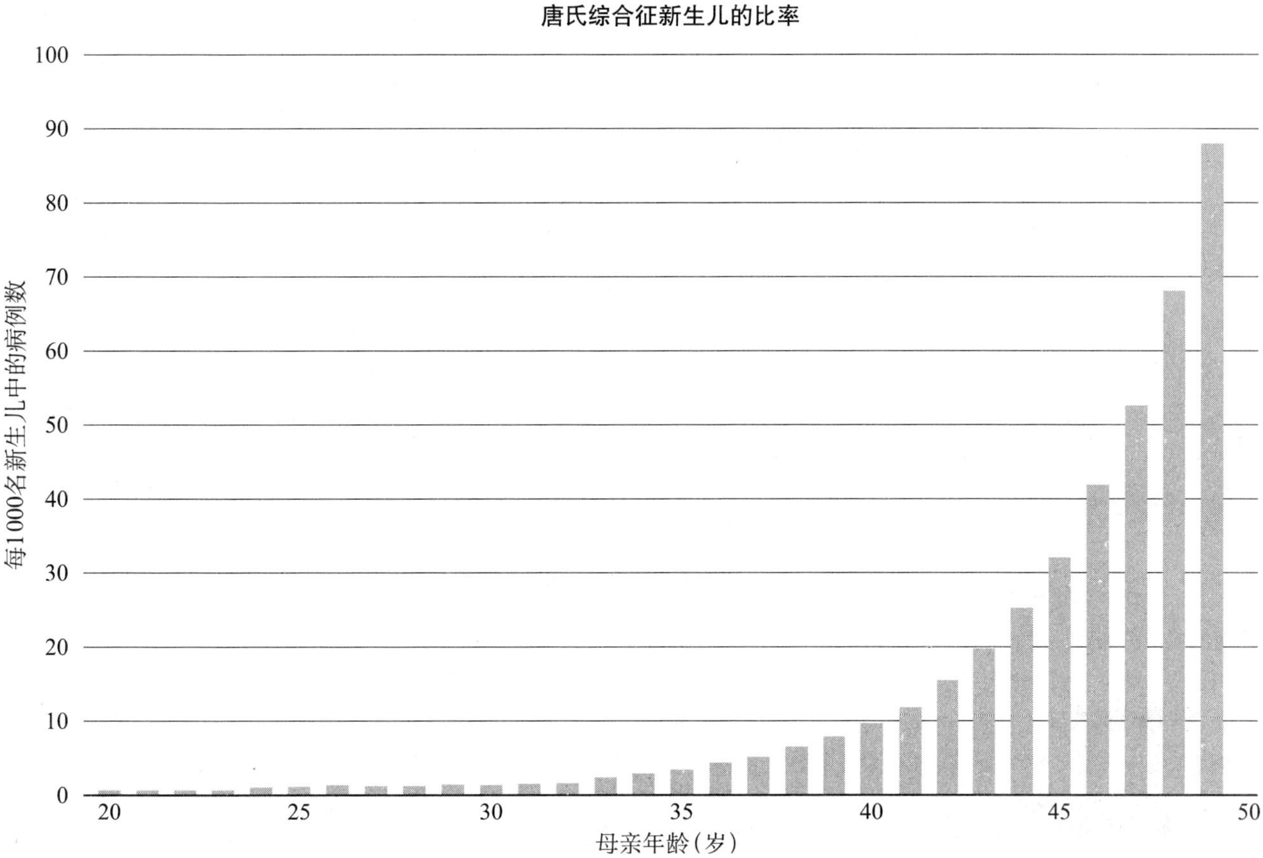

图 5-1　母亲年龄与唐氏综合征患病率的关系

资料来源：Hook, E.B., 1982. Epidemiology of Down syndrome. In S.M. Pueschel & J.E. Rynders, Eds., *Down syndrome: Advances in biomedicine and the behavioral sciences*[pp. 11-88]. Cambridge, MA: Ware Press, 1982 ©Ware University Press.

重复同样的词）。另外，一些躯体特征，例如大耳朵、睾丸增大、头颅周径增大等也很常见。据估计每 4 000 名出生的男孩和 8 000 名女孩中就会有一名脆性 X 染色体综合征患者（Toth & King，2010）。

心理社会因素

将近 25% 的轻度智力障碍与基因或生理问题没有显著的联系。尽管机制尚不十分清楚，但被称为**文化家族性智力障碍**（cultural-familial intellectual disability）的患者被认为具有一些由心理社会和生物因素共同造成的认知损伤。这些可能的文化因素可能包括虐待、忽视和社会剥夺等。

有时，将智力障碍患者归为两个群体是有价值的：文化家族性智力障碍群体和生物性（或“器质性”）智力障碍群体。后者有更严重的智力障碍，并且常常可以追溯到像脆性 X 染色体综合征这样的已知原因。如图 5-2 所示，文化家族性智力障碍患者主要由那些处于智商连续体低分段（换句话说，这只是正态智商分布的一部分）的人构成。而器质性智力障碍群体中，遗传、染色体以及其他因素影响了智力表现，这解释了他们的数量在人口分布末端“隆起”的形态。器质性智力障碍群体增加了处于智商连续体低分段的人数，以致超过了正态分布的期望值（Toth & King，2010）。

羊膜腔穿刺术　产前医学程序，可以检查发育中胎儿的异常状态（例如，唐氏综合征）。它是通过摘取和分析母亲的羊水来进行的。

绒毛取样　在怀孕早期进行的胎盘（绒毛膜）细胞样本的基因测试，以评估胎儿可能的基因或是染色体的异常问题。

脆性 X 染色体综合征　由 X 染色体缺陷导致的一种异常模式，可导致精神发育迟滞、学习问题和异常的生理特征。

文化家族性智力障碍　精神发育迟滞的温和形式，主要由环境影响所致。

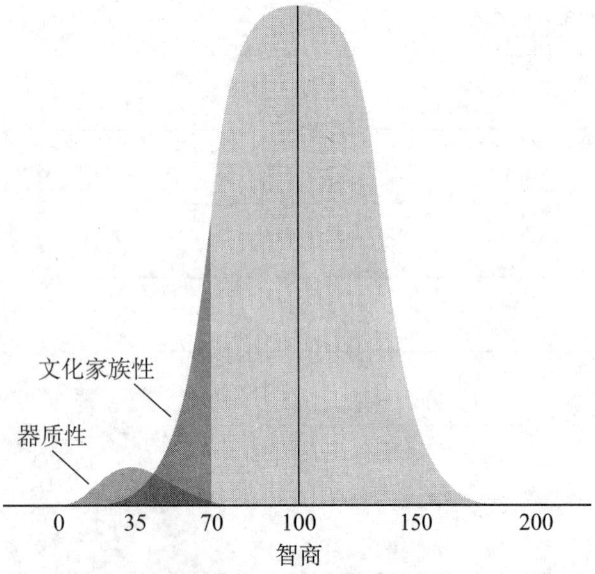

图 5–2　文化家族性智力障碍和器质性智力障碍患者智商分数的实际分布

注：文化家族性智力障碍群体代表正态智商分布的正常低端部分，但是器质性群体的分布却是独立的，并且与正态智商分布相互重叠。

资料来源：Adapted, with permission, from Zigler, E., & Hodapp, R. M., 1986. *Understanding mental retardation*. Cambridge: Cambridge University Press, ©1986 Cambridge University Press.

治疗

对智力障碍进行直接的生物治疗目前并不可行。一般来说，对智力障碍个体的治疗与对广泛性发育
187 障碍的治疗类似，都是试图教会患者一些必要的生活技能，让他们更有效、更独立地生活。对轻度智力障碍患者的干预方法与学习障碍类似。即确定患者特殊的认知缺陷，然后尽力帮助其改善诸如读、写这样的学习技能。与此同时，这些患者还常常需要一些社区生活中的额外支持。对那些更严重的智力障碍患者，虽然基本目标是一样的，但是他们常常需要更广泛的帮助。请记住，对所有智力障碍患者的期望是，他们未来能够以某种方式参与社会生活、进入学校并且毕业后能够拥有一份工作，以及有机会建立有意义的社会关系。电子与教育技术的进步正在让这一目标成为现实，即使是对那些严重的智力障碍患者也是如此。

智力障碍患者能通过多种行为改善技术获得技能，这些行为训练方法早在 20 世纪 60 年代早期就已出现。即使是最严重的患者，也能教给他们一些基本的自理技能，例如穿衣、洗澡、吃饭以及梳洗等（Durand，2011）。这些技能被分解成几个基本的部分（这一过程亦被称为任务分析），然后按顺序对每个部分进行训练，直到患者掌握整个技能。患者的每一个进步，都会得到表扬或给予他所喜爱的东西或是活动予以鼓励（强化）。最后，通过测量患者应用技能后所达到的独立生活的水平，来评估是否成功教会了患者这些技能。一般来说，不论障碍程度如何，绝大多数个体能够学会操作一些技能。

沟通训练对智力障碍儿童非常重要。让患者把自己的需要和想法表达出来，是让患者获得满足并乐于参加大多数社交活动的基础。沟通训练的目标因患儿原有技能水平的不同而有所不同。对轻度智力障碍儿童的沟通训练，目标相对来说要精细一些（例如改善语言表达能力）或者更广泛一些（例如组织对话能力）（Sigafoos，Arthur-Kelly，& Butterfield，2006）。一些像詹姆斯这样的儿童，他们所具备的沟通能力已经足以应付日常生活所需。

对极重度患者，沟通技能训练将是一个重大的挑战，因为他们可能还有多种生理或认知缺陷，这使得言语交流变得困难或不可能。但是，那些富于创造性的研究者们使用了可能对这些患者更容易的替代性训练方法，其中包括主要由听力障碍患者使用的手语和沟通增强策略。增强策略通过使用图画书，教这些儿童通过指图来表达自己的某种需求。例如，指着一张茶杯的图片就表示想喝水（Sigafoos et al.，2009）。还可以应用一系列计算机辅助设备，患者只须按某个键就可以表示一个完整的句子（例如：“你能到这里来吗？我需要帮助。”）。那些沟通技能有限的儿童会被教会使用这些设备，从而帮助他们减少因无法向他人表达自己的感觉与体验带来的挫折感（Durand，in press）。

家长、教师、雇主常常会表达他们对智力障碍患者的担心，因为患者在躯体或语言上具有攻击性，或是自我伤害性。在以恰当的方式减少这些行为问题的策略上有很多争议，争议最大的问题是，是否应该使用让人痛苦的惩罚措施（Repp & Singh，1990）。惩罚的替代措施对于减少诸如攻击、自伤（Durand，in press）等行为问题可能同样有效，这些措施包括教患者如何恰当地表达自己的需要和愿望，而不是用问题行为来获得别人的关注。虽然这些措施在明显减少一些患者的严重问题行为方面已经取得了重要进展，但是到目前为止，还没有一种或一

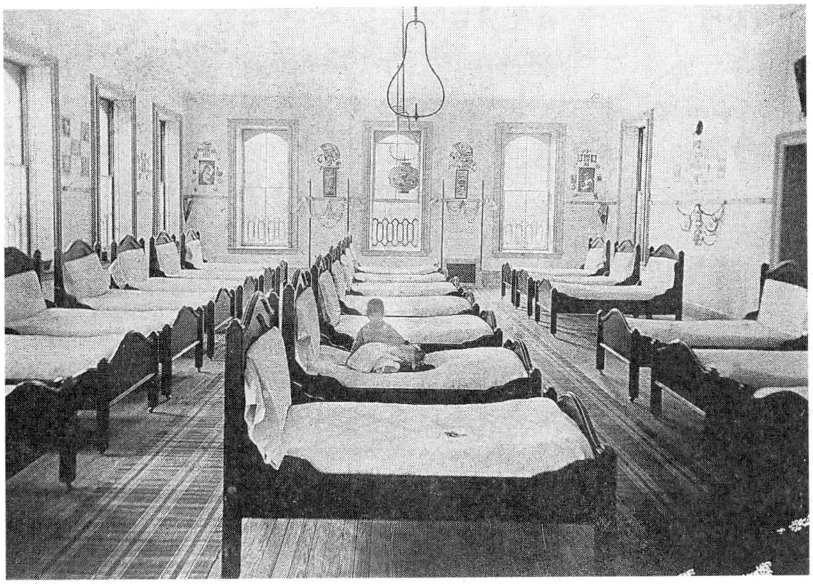

伊利诺伊弱智儿童庇护中心，约 1880 年建立。今天，人们努力让智力障碍儿童在家庭和社区中生活。

整套治疗手段被证明对所有的患者都有效。不过，在显著减少患者的严重行为问题上，研究者已经取得了重要的进展。

除了保证智力障碍患者能被教会一些特殊的技能以外，照料者们还关注为这些儿童的社区生活提供支持这一重要工作。“支持性雇佣”主要是帮助患者找到并满意地参与某个有一定竞争性的工作（Hall，Butterworth，Winsor，Gilmore，& Metzel，2007）。研究已经显示，智力障碍患者能够从事一些有意义的工作，尽管支持性雇佣需要一定的投入，但这项工作最终还是物有所值的（Sandys，2007）。对于这些患者而言能变成社会生产中的一部分还是有利的。 188

对于应该教给智力障碍儿童什么技能已经取得了广泛的共识。近年来，争论的焦点集中于这种教学工作应在哪里开展。智力障碍患者，特别是严重类型的患者，应该是在特殊设计的单独教室里或专题培训项目中接受教育，应该进入附近的公立学校就读，还是在当地谋一份职业？帮助这些学生学习的教学策略被越来越多地应用于普通班级，并为他们今后在社区中工作做好准备（Frankel & Gold，2007）。

发育障碍的预防

本章所描述的对发育障碍的预防措施还处于早期发展阶段。这方面的一项努力即早期干预，已经在广泛性发育障碍中描述过，似乎给一些儿童带来了希望。另外，早期干预可以发现并帮助那些由于环境缺乏，可能发展出文化家族性智力障碍的儿童（Eldevik，Jahr，Eikeseth，Hastings，& Hughes，2010）。国家启蒙计划就是一个在早期干预方面做出的努力措施，它联合了教育、医疗和社会力量，为这些儿童及其家庭提供支持。其中一个项目是在儿童出生后不久就为他们提供特别的学前帮助、医疗以及营养支持。这一干预措施一直持续到儿童开始在幼儿园接受正规教育为止（Martin，Ramey，& Ramey，1990）。研究者们发现，只接受医疗和营养支持的对照组，到 3 岁时，除了一个儿童外，其他儿童的智商都低于 85 分；而接受医疗和营养支持之外还接受密集教育的实验组，到 3 岁时，他们的智商都超过了 85 分。这些研究结果非常重要，因为它们揭示了为这些智力障碍儿童及其家庭的生活进行持续影响的可能性（Engle et al.，2007）。

尽管早期干预会使儿童获得明显的进步（Eldevik et al.，2010），但是早期干预尝试仍然存在许多重要问题。例如，并不是所有的儿童都能从这些措施中明显获益，今后的研究还需要解决许多这类一直存在的问题。例如，我们需要确定哪些儿童及其家庭会从这样的计划中获益，什么时候实施这类计划更恰当，以及这类计划持续多久才能获得理想的结果。

从今天基因筛查和技术上的进步来看，总有一天，我们将可能检测并最终修正基因和染色体变异。一些相关的正在进行的研究将从根本上改变我们治疗儿童发育障碍的方法。例如，一项研究使用了一种老鼠，它们经过基因工程改造被用来模拟在一些智力障碍患者身上发现的脆性X染色体综合征（Suvrathan，Hoeffer，Wong，Klann，& Chattarji，2010）。研究人员发现，有一种阻断药物能改善老鼠杏仁核中特定的谷氨酸受体的功能。这一结果使这些神经元之间能更正常地发挥作用，从而成为对脆性X染色体综合征儿童一种潜在的早期药物干预（Suvrathan et al.，2010）。有朝一日，对确定存在智力障碍相关综合征的儿童在产前实施类似的干预会成为可能。例如，可能不久以后就可以实施产前基因治疗，于是，那些被筛查出来存在某种遗传疾病的发育中的胎儿就可能成为产前干预的对象（Ye，MitChell，Newman，& Batshasv，2001）。

189 然而这一前景也不是没有困难（Durand，2001）。一个被关注的因素是基因治疗的可靠性。该技术尚未先进到能够稳定地产生预期结果的程度。目前，这类干预的任何一种都可能导致有害的突变或其他并发症，这反过来又可能对胎儿是致命的。基因治疗对那些多基因导致的障碍可能没有实际意义，其作用限制在单基因障碍，例如PKU。

概念自测 5.3

分析下列情况，对每一种智力障碍的程度进行分级，如轻度、中度、重度或极重度。同时填写所需的支持水平：偶尔的、有限的、广泛的或全方位的。

1. 凯文的智商测验得分为20分。他需要所有基本照顾，包括穿衣、洗澡和吃饭。________
2. 亚当的智商测验得分为45分。他在一个人员配备齐全的儿童之家中生活，在很多任务中都需要帮助。他正开始为能在社区工作而接受训练。________
3. 杰西卡的智商测验得分为30分。他在一个人员配备齐全的儿童之家中生活，在那里，她接受了基本适应技能和沟通能力的训练。她一直在进步，并已经能通过手势或眼控面板来与别人进行交流。________
4. 勒布朗的智商测验得分为65分。他住在家里，每天去上学，正准备毕业后去参加工作。________

认知障碍

- 谵妄和痴呆的症状有哪些？
- 遗忘症的致病因素和治疗方法有哪些？

尽管智力障碍和其他一些学习障碍被认为是出生时就存在的，但是大多数认知障碍却是出生以后才开始发生的。在本章节，我们将讨论三类认知障碍：谵妄，一种常常表现为意识混乱和定向困难的暂时性障碍；痴呆，一种以广泛的认知功能逐渐退化为特征的渐近式障碍；遗忘症，一种因身体状况、麻醉药或中毒造成的记忆功能障碍。

DSM-Ⅳ-TR中“认知障碍”的定义反映了对这类障碍观点的演变（Sweet，2009）。在DSM的早期版本中，它们与心境障碍、焦虑障碍、人格障碍、幻觉障碍（一种涉及幻觉的异常心理状态，包括幻觉）和妄想障碍一起被称为“器质性精神障碍”。“器质性”一词意味着这类障碍被认为存在脑损伤或脑功能障碍。虽然脑功能障碍仍然被认为是认知障碍的主要原因，但是我们现在知道，DSM-Ⅳ-TR描述的大多数疾病只涉及一些大脑的功能障碍（American Psychiatric Association Practice Guideline，2000c）。

一旦不使用“器质性”这一术语，我们就要给谵妄、痴呆和遗忘症寻找一个更合适的标签。“认知障碍”一词意味着它们最显著的特征是记忆、注意、知觉和思维等认知能力的损害。虽然精神分裂症和抑郁症这样的障碍也有认知问题，但这并不是这两种障碍的主要特征。然而，“认知障碍”这一命名依然存在问题，因为虽然认知障碍一般首先出现在老年人身上，但精神发育迟滞和学习障碍（这些早期出现的障碍）也以认知功能的损害为主要特征。目前，有关DSM-5中是否保留“谵妄”的标签，但将其与其他认知障碍（例如痴呆、遗忘症）结合起来，然后将其命名为“神经认知障碍”的方案正处于讨论之中；它们的维度特征被归入“主要”或“次要”类型（American Psychiatric Association，2010）。部分原因可能是各种痴呆（例如阿尔茨海默病）和遗忘症的相互重叠，例如一个患者实际上可能存在多种类型的神经认知问题（Sweet，2009）。

与其他障碍一样，澄清一下为什么把认知障碍放在本书中讨论是有必要的。因为这些障碍有明显的器质性原因，你可以认为它们完全属于医学范畴。但是，你将会看到，认知障碍的后果常常导致包括行为和人格方面的深刻改变。严重的焦虑或抑郁，或者二者同时存在，在认知障碍，特别是痴呆患者中很常见。另外，妄想障碍患者经常被报告特别易怒和具有攻击性。家庭成员和朋友也因这种改变而深受其害。试想一下，当一个你所爱的人变得和以前完全不一样、不记得你是谁、想不起来过去的事
190 情时，你会有怎样的痛苦？认知能力、行为及人格的退化以及对他人的影响，是精神卫生专业人员所关注的重点。

谵妄

谵妄（delirium）的特征是在几个小时或几天内意识和认知的受损。谵妄是人们最早认识的精神障碍之一：对其症状的描述可以追溯到 2 400 年前（Solai，2009）。让我们来看看 J 先生的案例。

J先生：突如其来的痛苦

J 先生，一位年老绅士，被送到医院的急诊室。他不知道自己的名字，并且有时候连与自己一起来的女儿也认不出来。J 先生表现出意识混乱和定向困难，并伴有一些不安。他很难说清楚话，也不能集中注意力来回答一些即使是最基本的问题。J 先生的女儿说，他是在头一天晚上开始这样的，从那时起，J 先生大多数时间是清醒的，好像受了什么惊吓，今天就更糊涂了。她告诉护士，这种行为对他来说是不正常的，她担心他是否变得老态龙钟。她提到医生刚给他调整了治高血压的药，她担心是不是这种新药导致了他的痛苦。J 先生最终被确诊为物质所致谵妄（一种对新药的反应）；停药两天后，他的情况得到明显改善。在大多数大城市的医院急诊室中几乎天天都能看到这种情况。

临床描述和数据统计

谵妄患者表现为意识混乱、定向困难以及丧失对周围环境的反应。他们甚至不能将注意力集中和保持在最简单的任务上。他们的记忆和言语能力明显受损。J 先生表现出言语困难，不仅存在意识混乱，而且记不起一些最基本的东西，例如他的名字。正如我们所看到的，谵妄的症状不是逐渐出现的，而是在数小时或数天内迅速出现，并会在一天内变化多次。

据估计，在进入急救医疗机构（例如急诊室）的老年人中，谵妄患者占到 30%（Fearing & Inouye，2009）。这种病的高发人群是老年人和正在接受药物治疗的患者、癌症患者以及获得性免疫缺陷综合征（AIDS）患者。谵妄消失得很快，谵妄一度被认为仅仅是个暂时性的问题，但近期的研究显示谵妄的作用可能会持续很长时间（Cole，Ciampi，Belzile，& Zhong，2009）。一些患者的病情时好时坏；有些人甚至会昏迷并可能死亡。谵妄与许多会损伤大脑功能的身体健康问题有关，包括服用会导致中毒的药物和毒物、药物（例如酒精、镇静剂、催眠药以及抗焦虑药物）的戒断、感染、头部受伤以及其他类型的脑创伤（Fearing & Inouye，2009）。

DSM 诊断标准概要

谵妄

A．意识障碍（对环境的意识程度降低），并伴随注意的集中、维持或转移能力的减退。

B．认知改变（例如记忆缺陷、定向困难、语言功能障碍）或知觉障碍，这些问题不能用先前已经存在的、刚刚出现的，或正在发展中的痴呆来解释。

C．症状在短时间内（一般几个小时或几天）出现，并且在一天内有所波动。

D．来自病史、躯体检查或是实验室发现的证据表明该障碍是某种躯体疾病的直接生理结果。

资料来源：Reprinted with permission from *Diagnostic and Statistical Manual of Mental Disorders* (4th ed., text revision). ©2000 American Psychiatric Association.

谵妄　快速发生的意识和认知模糊，伴随定向困难，以及记忆和言语缺陷。

病因

DSM-Ⅳ-TR 确认了谵妄亚型的几个病因。躯体疾病所致谵妄的诊断标准包括意识障碍（对环境的意识程度降低），以及短时间内发生、某种躯体疾病所致的认知功能（例如记忆和语言技能）改变。其他亚型包括 J 先生那样的诊断——物质所致谵妄——以及多因素所致谵妄和未定型谵妄。一些药物，例如摇头丸（亚甲二氧基甲基苯丙胺）使用量的上升受到人们关注，因为这些药物有导致谵妄的可能性（Solai，2009）。最后两类表明，谵妄有着复杂的病因。

对老年人来说，不恰当用药导致谵妄会是一个特殊问题，因为他们比其他年龄段的人服用更多的处方药。老年人机体降解药物的能力比年轻人弱，这加大了药物引起谵妄的危险性。所以，老年人住院期间对药物的不良反应比其他年龄段的人高了几乎 6 倍也就不足为奇了（Olivier et al.，2009）。现在认为，不恰当用药所致的谵妄，也是许多老年人跌倒而致髋骨骨折的主要原因（Stenvall et al.，2006）。虽然老年人的药物使用情况已经有了一些好转，但是不恰当的用药仍然会导致严重的不良反应，其中

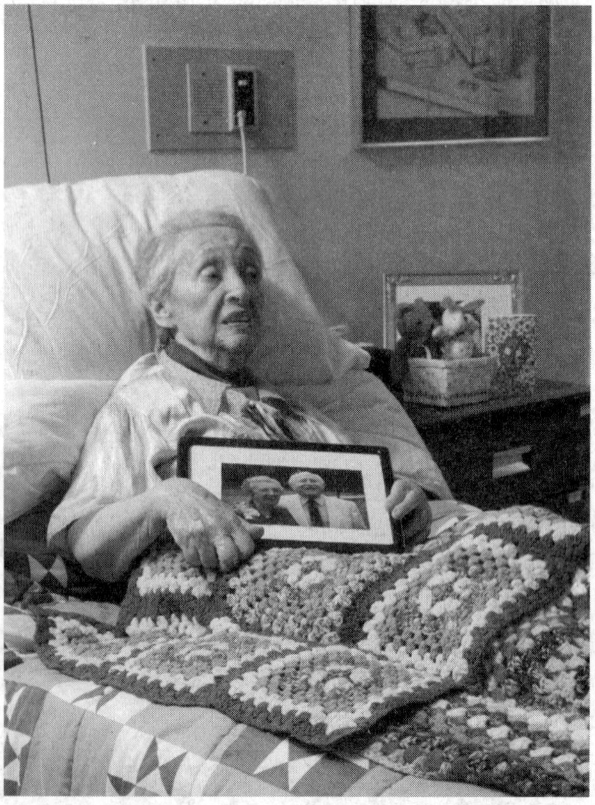

©Richard Hutchings/PhotoEdit

在看护机构居住的患者常因身边有属于他们个人的物品而感到安慰。

包括谵妄症状（Olivier et al.，2009）。疾病与药物的可能关系不胜枚举，所以确定谵妄的病因非常困难（Solai，2009）。 191

谵妄也可能出现在发高烧或服用了某种特殊药物的儿童身上，并常常被误认为是儿童不听话（Sweets et al.，2010）。谵妄还经常发生在痴呆患者的发病过程中，50% 的痴呆患者至少有过一次谵妄发作（Kwok，Lee，Lam，& Woo，2008）。因为大多数躯体问题是可以治疗的，所以伴发的谵妄经常在比较短的时间内好转。然而，在三分之一的案例中，谵妄可能是生命终结的标志（Wise，Hilty，& Cerda，2001）。

除药物以外，其他一些因素也可能引起谵妄。年龄本身就是一个重要因素：老年人更容易因轻微的感染或者用药改变而患上谵妄（Fearing & Inouye，2009）。睡眠剥夺、不能活动以及过度的应激也会导致谵妄（Solai，2009）。

治疗

酒精和其他麻醉药的戒断所引起的谵妄常常会用氟哌啶醇或其他抗精神病药物进行治疗，它是一种帮助镇静的药物。而感染、大脑损伤、肿瘤患者则常常需要进行必要的、适当的药物干预以缓解谵妄症状。抗精神病药物氟哌啶醇也被用于急性谵妄患者的治疗（Fearing & Inouye，2009）。

对于谵妄患者而言，心理社会干预也被建议为一线治疗方法。非医学治疗的目标是重塑患者信心，从而帮助他克服谵妄伴随的不安、焦虑以及幻觉。住院患者会因家庭照片等自己熟悉的物品而得到安慰（Fearing & Inouye，2009）。同样，那些参与所有治疗决策的患者会保留其自我控制感（Katz，1993）。这类心理社会治疗能帮助患者在患病期间管理自己，直到确定最终的病因。有证据表明，这类支持能延缓老年患者进入专门医疗机构治疗的时间（Rahkonen el al.，2001）。

预防

预防措施在帮助那些容易患上谵妄的个体时是最有效的。对患者适当的医疗关怀和对药物治疗的监控是预防谵妄很有效的措施（Fearing & Inouye，2009）。例如，越来越多的老年人接受针对他们的医疗关怀和用药咨询的帮助，使老人们合理使用处方药（U.S.General Accounting Office，1995）。

概念自测 5.4

将以下六项内容分别恰当地填入下列描述谵妄的句子中：(a) 记忆；(b) 病因；(c) 咨询；(d) 意识混乱；(e) 老年；(f) 创伤。

1. 医疗护理和对患者进行______是有效预防老年人患谵妄的措施。
2. 对谵妄的治疗取决于发作的______，治疗手段包括药物疗法和/或心理社会疗法。
3. 谵妄严重影响人们的______，使像记起自己的名字这样的事情都会变得非常困难。
4. ______人群处于用药不当所致谵妄的高度风险中。
5. 多种脑部______与谵妄有关，例如头部受伤或感染。
6. 谵妄患者会看起来似乎______或者丧失对周围环境的反应。

192

痴呆

没有什么事情比有一天你再也不认识你所爱的人、再也不能做那些以前是最容易的事情更可怕的了。更糟糕的是，你能清楚地意识到自己大脑的这种蜕变。当家庭成员出现这些现象时，成年的子女常常会否认由此给生活带来的不便，为父母的日渐衰退寻找各种借口（“我也经常会忘事”）。**痴呆**（dementia）是一种认知障碍，它会造成一些可怕的事实：大脑功能逐渐退化，进而影响到判断、记忆、言语以及其他高级认知过程。痴呆是由多种疾病，以及药物或酒精滥用所导致的认知功能退化而引起的。其中一些情况，例如感染或抑郁，也会导致痴呆，但是在对病症进行治疗后，痴呆常常可以逆转。这种障碍的另一些形式，例如阿尔茨海默病，目前还是无法逆转的。虽然谵妄和痴呆可能同时发生，但痴呆是一个慢性过程，而谵妄则是急性发作；与谵妄不同的是，痴呆患者在早期没有定向困难或意识混乱。但是与谵妄相同的是，痴呆也有许多病因，其中包括大脑的多种损伤，如卒中（会破坏血管）、梅毒或 HIV 感染、严重的脑伤、一些有毒有害物质的侵入以及一些疾病，例如帕金森病、亨廷顿病和最常见的病因——阿尔茨海默病等。下面我们来看一看戴安娜的自述，她用令人心酸的笔调描述了自己患上该病后的经历（McGowin，1993）。

戴安娜：羞辱和恐惧

45 岁的戴安娜·弗瑞尔·麦克高恩是一名成功的法律助理、妻子和母亲，但是她已开始体会到“衰退”的滋味。在为家人筹备聚会之前，她记录了这些症状的发展过程。

我从我运动服口袋里掏出备忘录，紧张地勾掉一个个约会。以前我根本不需要这样的备忘录，但是最近，我注意到自己经常出现短暂的糊涂和健忘。

我决定将这个可能造成家庭冲击的事情“瞒下来”，我开始用一个事先准备好的清单来准备饭菜。做饭也开始变得越来越困难，因为孩子和丈夫杰克开始嘲笑我的“心不在焉”。（pp.1-2）

除了记忆困难外，其他症状也出现了，包括简短的拼写错误。戴安娜描述了家人开始对这些特殊症状的关注。

肖恩去厨房时经过我身边停住了。“妈妈，怎么了？你看起来疲惫不堪。”他睡眼惺忪地说。“昨晚，昨晚，太兴奋了，早上又得早起，打点你爸爸上班。”我回答道。肖恩令人不安地笑了起来。我悲伤地盯着他。“有什么好笑的？”我追问道。“你！妈妈！你说话的时候就像喝醉酒似的！你一定是累坏了！”（pp.4-5）

在痴呆的早期，戴安娜试图对自己解释说这种变化只是暂时的，比如因为工作太紧张。但是，她的病情在持续恶化，并且有了更加恐惧的经历。她描述了一次尝试从离家很近的一个地方自己开车回家的经历。

突然，我意识到汽车在鸣喇叭。我环顾四周，感到非常陌生。我在一个十字路口停了下来，交通灯是绿灯。汽车不耐烦地鸣着喇叭，于是我只好继续向前开，试图找到自己的方向。我认不出路标，但是前面有另一个路标，可能它会给我一些提示，告诉我现在在哪儿。在前面几米远处，有一个巡逻站。我战栗着揉了揉眼睛，深呼吸，试图让自己镇

痴呆　缓发性的大脑功能退化，包括记忆丧失，不能识别事物或面孔，计划和抽象推理障碍，并伴随沮丧和挫败感。

定下来。最后，感到自己有能力开口说话了，我发动车靠近这个巡逻站。保安友善地笑着询问有什么需要帮助的。“我好像迷路了。”我开口说道，极力控制住自己声音以保持平静，尽管我的情绪很糟。“你要去哪儿？”那个保安礼貌地问道。突然间一阵寒意包住了我，因为我意识到自己竟然想不起家在哪条街上了。泪水从脸颊上流了下来。我竟然不知道自己要去哪里。（pp.7-8）

戴安娜的困难还在继续着。她有时会记不起自己孩子的名字，有一次还被她的侄子吓了一跳，因为她不认识他了。如果她离开家，几乎总是会迷路。她学会了将自己说成是一个外地来的游客，因为人们会更详细地给她指路。她感到“今天好像比昨天又少了什么似的”（p.33）。

刚开始到医院检查时，戴安娜想不起她的家族中曾经有人患有这个病。但是，看过她已故母亲的一些东西后，人们发现她并不是家族中第一个有痴呆症状的人。

然后我注意到了地图。在母亲死后我发现了她家里到处是一些奇怪的手绘地图，以及纸片上潦草记录的路线图。手袋里、书桌抽屉里、桌子上，到处可见。因为那时心太乱，无法多想它们的用途，我只是草草地将它们与其他东西一起包起来放在盒子里。现在我把那些地图和潦草的纸片一张张排列在地上，铺满了整个卧室的地板。镇上母亲常去的地方都有相关的地图，甚至有到我家和我兄弟家的。当我破解了每张纸片和地图的含义时，我开始
193 回忆起母亲其他一些古怪的习惯。她开车从不离开居住的街区附近，也不在夜晚开车。我和我的兄弟逗她，说她“爱忘事”。她对孩子们这种充满爱意的取笑感到愤怒。

于是，我感到全身冰冷，因为我回忆起有一天，当我到母亲那里告诉她一些事情的时候，她竟然认不出我是谁。（p.52）

包括磁共振成像（MRI）在内的几项测试都显示戴安娜大脑中的好几个部分存在损伤，她的神经科大夫诊断她为痴呆。病因可能是几年前的一次卒中，几个血管的破裂或阻塞破坏了她大脑的几处小区域。痴呆也可能预示着阿尔茨海默病。处于与戴安娜·弗瑞尔·麦克高恩一样的衰退阶段的人将继续恶化，最终可能死于痴呆的并发症。

临床描述和数据统计

虽然患者认知功能的各个方面最终都会受到影响，但是不同患者在痴呆发展的渐进性过程中可能会有不同的症状。在开始阶段，记忆功能受损较为典型，其特征是记不住正在发生的事情。换句话说，患者能记住如何谈话，能记起多年前发生过的事，但是却很难记住刚刚发生了什么。例如，戴安娜仍然知道如何使用炉子，但却记不起它是开着还是关了它。

戴安娜记不清回家的路，这是因为痴呆患者的视觉空间功能受到了损害。**失认症**（agnosia），指不能认识和命名事物，是最常见的症状之一。**面孔失认症**（facial agnosia），指不能认出即使是熟人的面孔，这会给亲人带来极大的痛苦。戴安娜不仅不能认出她的侄子，也认不出她多年来每天一起工作的同事。更广泛的智力功能退化来自记忆、计划和抽象推理能力的损伤。

可能因为痴呆患者能意识到自己的这些精神退化状况，所以其情绪常常会发生改变。常见的有妄想（不合理观念）、抑郁、不安、侵犯和冷漠（Richards & Sweet，2009）。但我们很难在其间建立因果关系。我们不知道患者行为的变化多大程度是由大脑逐渐退化直接决定的，有多大程度是由功能退化和“失去”亲人的孤独而产生的挫折感和沮丧感造成的。认知功能会持续衰退，直到患者需要接受几乎全方位的照顾才能完成日常活动。最后，患者可能会因失去活性，并伴发其他疾病（例如肺炎）而死亡。

尽管痴呆在老年人中患病率最高，但也几乎可以发生于任何年龄。据估计，美国65岁以上老人中的患病率稍微高于5%；这一比例到85岁上，增加到20%～40%之间（Richards & Sweet，2009）。仅对痴呆的一种——阿尔茨海默病的患病率的估计就已经足以引起人们的警惕。表5-3列出阿尔茨海默病的患病率被估计将在老年人中快速增加，其部分原因是第二次世界大战后的“婴儿潮”使出生人口猛增（Hebert，Scherr，Bienias，Bennett，& Evans，2003）。一项对百岁老人（100岁或100岁以上的人）的研究发现，100%的最年老的人有痴呆症状（Imhof et al.，2007）。阿尔茨海默型痴呆很少发生在45岁以下的人群中。

确定痴呆患病率的一个困难是，生存率会影响结果。因为当前人们普遍活得更长，并因此更有可能出现痴呆，所以，痴呆的患病率上升并没有什么值得惊讶的。流行病学研究（计算一年中新发患者数）可能是估计痴呆患病率最可靠的方法，尤其是对于老年人。研究显示，75 岁以上老人中每五年的患病率翻一倍。许多其他的研究却又发现，在女性中痴呆的患病率增加得更多（Richards & Sweet，2009），这可能是因为女性活得更长。阿尔茨海默型痴呆，像我们将在后面所讨论的一样，可能在女性中患病率更高。总体而言，研究表明，痴呆是老年人的一种相对常见的疾病，在 75 岁以后患病率会骤升。

表 5–3 美国到 2050 年阿尔茨海默病患病率的估计（百万人）

年份	65~74 岁	75~84 岁	85 岁及以上
2000	0.3	2.4	1.8
2010	0.3	2.4	2.4
2020	0.3	2.6	2.8
2030	0.5	3.8	3.5
2040	0.4	5.0	5.6
2050	0.4	4.8	8.0

资料来源：Adapted from Hebert, L.E., Scherr, P.A., Bienias, J.L., Bennett, D.A., & Evans, D.A.(2003). Alzheimer disease in the U.S. Population: Prevalence estimates using the 2000 Census. *Archives of Neurology, 60*, 1119-1122.

除了消耗人力外，治疗痴呆的经济损耗也是惊人的。在美国，据估计，阿尔茨海默型痴呆患者
194 的陪护成本高达每年 1 000 亿美元。据估计全球的痴呆花费超过 3 150 亿美元（Wimo，Winblad，& Jonsson，2007）。然而，这个数字尚不包括医疗保险和提供看护的个人所负担的经济成本——据估计，仅在美国这项费用就超过了 1 400 亿美元（Weiner et al.，2010）。许多时候，家庭需要日夜照顾患者，这更是一个无法估量的人力和财力负担（Richards & Sweet，2009）。

患病率和发生率的统计数字包括了各种原因导致的痴呆。DSM-Ⅳ-TR 的分类基于推测的病因，但确定痴呆的病因的过程并不是精确的。有些时候，就像对于阿尔茨海默型痴呆，临床工作者依靠的是排除法，即排除其他一切可能的病因，而不是直接确定准确的病因。

根据病因学确定了五类痴呆：（1）阿尔茨海默型痴呆；（2）血管性痴呆；（3）其他健康问题所致痴呆；（4）物质所致持续性痴呆；（5）多因素所致痴呆；（6）未定型痴呆，包括那些病因不能确定的痴呆。我们强调阿尔茨海默型痴呆，是因为其患病率较高（几乎占痴呆患者的一半），而且对这类痴呆的病因与治疗方法进行了大量的研究。

阿尔茨海默型痴呆

这种障碍由德国精神病学家阿洛伊斯·阿尔茨海默（Alois Alzheimer）在 1907 年首次描述并以他的名字命名。他记录了一个 51 岁有着“奇特的大脑皮层疾病”的妇女，这种病表现为渐进的记忆损伤和其他行为和认知困难，其中包括多疑（Richards & Sweet，2009）。他称这种障碍为“非典型性老年痴呆”，在那以后，它被用来特指**阿尔茨海默病**（Alzheimer’s disease）。

DSM-Ⅳ-TR 对**阿尔茨海默型痴呆**（dementia of Alzheimer’s type）的诊断标准包括渐进稳定发展的多种认知缺陷，其主要症状有记忆、定向、判断和推理能力的损伤。不能对新的信息进行整合导致患者难以学习新的知识。阿尔茨海默型痴呆患者会忘记一些重要的事情以及丢东西。他们对非日常行为的兴趣减退。他们容易对别人失去兴趣，并因此变得更加不合群。随着病情的发展，他们会变得不安、迷惑、抑郁、焦虑甚至好斗。许多这样的障碍在晚上尤为明显——表现为“日落综合征”现象，这可能是因为疲劳或大脑生物钟被打乱了（Lemay & Landreville，2010）。

阿尔茨海默型痴呆患者还会出现一种或数种其他的认知障碍，其中包括失语症（aphasia，言语障碍）、失用症（运动功能受损）、失认症（不能识别

失认症 不能认出和说出事物的名字，可能是痴呆或是其他的大脑障碍的症状。

面孔失认症 失认症的一种类型，特征是患者不能认出即使是熟人的面孔。

阿尔茨海默病 大脑皮层疾病，它会导致一种非典型性的老年痴呆，1906 年由德国精神病学家阿洛伊斯·阿尔茨海默首次发现。

阿尔茨海默型痴呆 阿尔茨海默病引起的渐进性认知缺陷，其基本特点是个体不能回忆新的或刚刚学习过的材料。是最常见的一种痴呆类型。

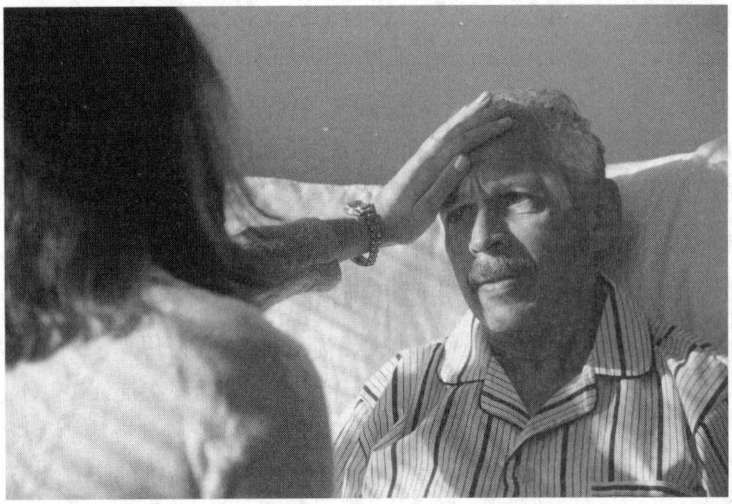

面孔失认症是痴呆的一种普遍症状，其患者无法识别面孔，哪怕是他们最亲密的朋友和亲人。

物体），或者计划、组织、排序或者抽象等认知活动障碍。这些认知障碍还会造成其社会和职业功能的严重损害，并表现为先前所具有能力的明显下降。

研究人员对存在轻度认知障碍的人进行大脑扫描，以探索患阿尔茨海默病之前是否在脑结构变化，这可以促成对阿尔茨海默病的早期诊断。在过去，只有在尸检确定大脑出现了某种特征性改变后，才能确诊阿尔茨海默病。但现在越来越多的证据表明，在明显的认知功能减退（通过一个被称为阿尔茨海默病神经成像筛查项目，ADNI）或死亡之前，使用成熟的大脑扫描技术，以及新型化学示踪剂可能很快能够帮助临床工作者确定阿尔茨海默病的存在（Weiner et al.，2010）。目前，一个简化的精神状态检查表（不需要对大脑进行直接检查就能做出诊断）正被用于评估言语和记忆问题（见表5-3）。

在一项有趣但富有争议的研究中（被称为“修女研究”），数十年来所收集的一批天主教修女的文字记录似乎揭示，在早年生活中就能发现哪些女性日后最容易患上阿尔茨海默病（Snowdon et al.，1996）。研究者们发现，修女们数十年日记中所记录的想法的数量存在差异，科学家们将这些想法的数量称为“思想密度”。换句话说，在日记中，有的修女对她们生活中发生的事件描述得很简单：“1913年
195 5月我出生于威斯康星州的欧克莱尔，在圣詹姆斯教堂接受洗礼。”另外一些人则描述得很详细：“迄今为止，一生中最快乐的事莫过于我的第一次圣餐礼，那是在1920年的6月，我年仅8岁。四年后的同一个月，我在麦克维奇（D.D.McGavich）主教的主持下接受了坚信礼。”（Snowdon et al.，1996，pg. 530）当把14个修女的尸检结果与思想密度放在一起时，人们发现所有患上阿尔茨海默病的五个修女的日记都写得很简单（低思想密度）（Snowdon et al.，1996）。这是一项极严谨的研究，因为修女们的日常生活每天都大同小异，这就排除了许多其他可能的影响因素。但是，我们在接受这一研究结果时还是要格外谨慎，因为样本数量很少。所以仍然不清楚阿尔茨海默型痴呆是否有这样一些早期征兆，但是研究仍在进行，寄希望于能早期发现，从而能发展出早期干预措施（Tyas et al.，2007）。

阿尔茨海默型痴呆患者的认知退化速度在早期和晚期都很慢，但在中期较快（Richards & Sweet，2009）。平均的生存时间据估计大约为8年，但是也有许多患者在依靠看护的情况下生存超过10年。在有些情况下，这一病症的发病可能会相当早，即在40多岁或50多岁就会出现（有时被称为早老性痴呆），但是本病通常发生在60多岁或70多岁。大约50%的痴呆患者最终都会发展出阿尔茨海默型痴呆，这一疾病困扰着超过500万的美国人，世界范围内的患者更超过数百万人（Alzheimer's Association，2010）。

一些早期的流行病学研究发现，阿尔茨海默病在受教育水平较低的人群中更为常见（Fratiglioni et al，1991；Korczyn，Kahana，& Galper，1991）。这一结果可能意味着更早的发病时间，说明阿尔茨海默病所造成的智力功能障碍反过来会阻碍患者的学习。或者可能某些智力成就能够阻止或延缓症状的出现。后来的研究证实了后一个假设。人们发现，受教育水平可以预测症状出现时间的延迟（Perneczky et al.，2009）。不幸的是，对于高教育水平的人，症状一旦出现就会快速地恶化（Scarmeas，Albert，Manly，& Stern，2006），这说明教育并不能阻止阿尔茨海默病的发生，而只是提供一个更好功能的缓冲期。教育程度可能或多或少地产生一种精神“储备”，它是一整套习得的技能，能帮助患者在更长时间内应对发病早期的认知退化症状。就像戴安娜的母亲，尽管出现了认知退化，但她使用大量的纸片和地图帮助自己维持一定的生活能力。一

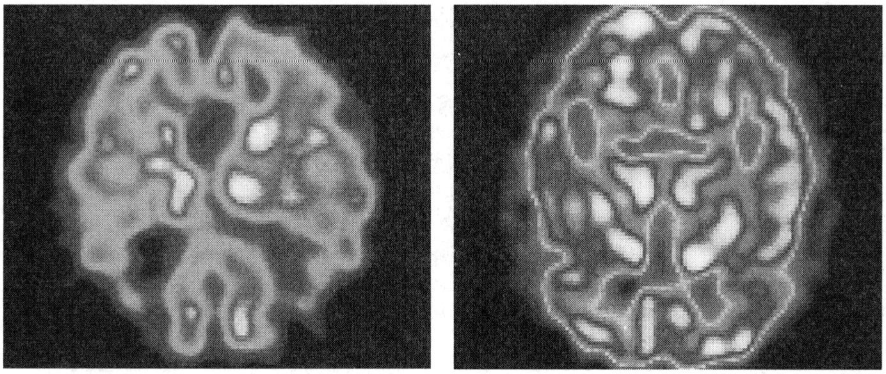

©Tim Beddow/Science Source/Photo Researchers, Inc.

PET 脑部扫描显示，与正常人的大脑（右）相比，阿尔茨海默病患者的大脑（左）有明显的组织退化。

些人可能比其他人做得更好，得以确诊的时间就更晚。虽然两个群体的大脑功能退化情况可能相当，但是教育程度更高的患者能更持久地维持日常生活。这一尝试性的假设在设计治疗方案时很有帮助，特别是在疾病早期阶段。

这一理论的生物学版本——认知储备假设——认为，个体在一生发展中形成的神经突触越多，那么在痴呆症状出现之前就会有越多的神经元以备死亡（Stern，2009）。教育引发的脑力活动可能增强了神经突触的储备，进而成为预防这种疾病的一种保护因素。显然，教育引发的技能发展和大脑变化可能都会影响痴呆的发展速度。

研究认为，阿尔茨海默病在女性中更为常见，即使当妇女的高存活率因素在统计学上加以考虑时也是这样（Craig & Murphy，2009）。换句话说，因为女性平均寿命比男性更长，她们更容易患阿尔茨海默病或其他一些疾病，但是单纯的长寿因素并不能解释这种疾病在女性中的患病率更高的现象。一种假设认为这与雌激素有关。女性随着年龄的增长，雌激素会越来越少，所以雌激素可能是个体对抗阿尔茨海默病的保护因素。一项大型的重要研究——女性健康初始记忆研究——考察了女性的激素使用情况及其对阿尔茨海默病的作用（Shumaker et al.，2004）。与那些认为服用雌激素有助于减少女性患痴呆的可能性的观点相反，研究者在最初对使用一种联合激素（雌激素加黄体酮）的 65 岁以上女性的追踪中发现，服用雌激素增加了她们患阿尔茨海默病的风险（Coker et al.，2010）。更多研究将继续讨论激素对痴呆的这两类不同作用。

最后，阿尔茨海默病的患病率在不同族群中似乎有所差别。早期研究似乎 196
表明，某些族群（如日裔美国人、尼日利亚裔美国人、某些美国原住民、阿米什人等）的患病率似乎很低（例如，参见 Pericak-Vance et al.，1996；Rosenberg et al.，1996）。但是，更多新近的研究表明，上述差异可能部分是不同人寻求协助的程度不同（有些文化人群不接受寻求协助）

DSM　障碍诊断概要

阿尔茨海默病

A. 多种认知缺陷，表现为下列二者：（1）记忆损伤（学习新知识或回忆之前学过的知识的能力受损）；（2）下列一种（或多种）认知障碍：（a）失语症（言语障碍）；（b）失用症（虽然运动功能没有问题，但不能执行动作）；（c）失认症（尽管感觉功能完整，但不能认出或识别物体）；（d）执行功能（如计划、组织、排序、抽象）障碍。

B. 标准 A1 和 A2 中的认知缺陷导致显著的社会或职业功能损伤，并可发现这些功能明显不如以前。

C. 病程特点是逐步起病和认知功能的持续减退。

D. 标准 A1 和 A2 中的认知缺陷并非下述状况所致：（1）能导致记忆与认知进行性缺陷的中枢神经系统疾病（例如，脑血管病、帕金森病、亨廷顿病、硬膜下血肿、正常颅压脑积水、脑瘤）；（2）已知能导致痴呆的系统性状况（例如，甲状腺功能减退、维生素 B_{12} 或叶酸缺乏、烟酸缺乏、高钙血症、神经梅毒、HIV 感染）；（3）物质所致状况。

E. 这些缺陷非谵妄所致。

F. 此障碍并非其他轴 I 障碍所致（例如，抑郁症、精神分裂症）。

资料来源：Reprinted with permission from *Diagnostic and Statistical Manual of Mental Disorders* (4th ed., text revision). ©2000 American Psychiatric Association.

及教育程度不同（可能延迟明显症状的出现）造成的（Wilson et al.，2010）。阿尔茨海默病同样被发现在所有的族群中都有，并且研究显示美国印第安人的患病率稍稍低一些（Weiner，Hynan，Beekly，Koepsell，& Kukull，2007）。我们将看到的是，这些研究将帮助我们更好地理解这种破坏性疾病的病因。

血管性痴呆

每年有 50 万人死于卒中（任何一种导致大脑血流减少或停止的大脑疾病或损伤）。虽然卒中只是美国的第三大死因，许多人都能幸存，但是会留下很严重的后遗症。**血管性痴呆**（vascular dementia）即是这样一种逐渐发展的大脑功能障碍，它作为痴呆的病因，仅次于阿尔茨海默病（Richards & Sweet，2009）。

“Vascular”一词意指血管。脑血管受阻或者受损，再也不能携带氧和其他营养物质到脑组织的特定部位，就会造成脑组织的损伤。戴安娜·弗瑞尔·麦克高恩的 MRI 扫描显示有许多受损区域（或多发性梗死），那是几年前的一次卒中留下的，这是她患痴呆的一个可能原因。因为大脑中的多处区域可能受到损伤，所以痴呆恶化的表现——某些特殊技能的损害——在每个人身上都不相同。DSM-Ⅳ-TR 的诊断标准列出了血管性痴呆的一些记忆和其他认知障碍，类似于阿尔茨海默型痴呆。但是，一些脑组织损伤的神经系统体征，例如行走异常和四肢虚弱，在许多血管性痴呆症患者身上能被发现，但在早期阿尔茨海默型痴呆患者身上却没有。然而，对血管性痴呆和阿尔茨海默型痴呆进行区分有时是矛盾的，因为这两种类型的痴呆比我们之前预想的有更多重合（Lyketos，2009）。

与阿尔茨海默型痴呆相比，对血管性痴呆的研究较少，这可能是因为它的患病率较低。血管性痴呆在 70 ～ 75 岁人群中的患病率大约 1.5%，而 80 岁以上人群中的患病率则增加到 15%（Neugroschi，Kolevzon，Samuels，& Mann，2005）。男性血管性痴呆的患病率略高于女性，而阿尔茨海默型痴呆则相反，女性的患病率更高，这已经在许多发达国家与发展中国家被证实（Kalaria et al.，2008）。这可能和男性心血管疾病患病率更高有关系。血管性痴呆的发病比阿尔茨海默型痴呆更突然，可能是因为卒中会迅速伤及大脑。但是这两种疾病的后果类似：最终，患者都将需要正规的护理，直到死于像肺炎之类的某种感染性疾病，因为免疫系统的虚弱，他们更容易被感染。

其他躯体疾病所致痴呆

除阿尔茨海默病和血管性痴呆外，许多其他的神经和生化过程也会导致痴呆。下面我们将看到，许多疾病都将导致认知能力不同程度的下降。

DSM-Ⅳ-TR 列出了几种由其他特殊原因所致痴呆类型，其中包括 HIV 感染所致痴呆、颅脑外伤所致痴呆、帕金森病所致痴呆、亨廷顿病所致痴呆、皮克病所致痴呆以及克罗伊茨费尔特－雅各布病所致痴呆。我们将对其分别进行讨论。其他可能导致痴呆的躯体疾病，包括正常颅压脑积水（大脑萎缩造成颅内过量积水）、甲状腺功能减退（甲状腺不够活跃）、脑瘤、维生素 B_{12} 缺乏等。这些障碍对认知能力的损害与前文提及的其他痴呆类似。头部遭受过多次击打的前拳击手或其他运动员患痴呆的风险会增加。在过去，这种类型的痴呆被称为“拳击手型痴呆”（它只严格地针对在拳击手和职业拳击运动员），但它目前被称为慢性创伤性脑病
（CTE）。CTE是由反复的**颅脑外伤**（head trauma）引 197
起的独特的神经退行性疾病（Gavett，Stern，Cantu，Nowinski，& McKee，2010）。所有这些障碍对认知能力的影响，与我们迄今为止讨论的其他痴呆相比差别不大。

引发艾滋病的**人类免疫缺陷 1 型病毒**（HIV-1）也会导致痴呆（Rappaport & Berger，2010）。而且与 HIV 伴随的其他感染相互独立。换句话说，HIV 感染本身就可造成神经系统的损伤。HIV 感染所致痴呆的早期症状有认知迟滞、注意力损伤和健忘。患者也容易出现行动笨拙、动作重复（例如颤抖）和腿脚无力，并变得情感冷漠和出现社会退缩。

虽然患者在 HIV 感染早期就会出现明显的认知功能损伤，但在晚期似乎更严重。认知损伤在那些艾滋病的患者中更为普遍，但是新的治疗手段（高活性抗逆转病毒疗法，或称 HAARTs）可以使现在有痴呆症状的患者降到少于 10%（Neugroschi et al.，2005）。与阿尔茨海默病和血管性痴呆相比，艾滋病所致痴呆所占的比例要少得多，但是这一伴随症状的出现，使患者的严峻病情更为复杂。

与帕金森病、亨廷顿病，以及其他几种病因

引起的痴呆相似，HIV 感染所致痴呆有时被认为是皮层下痴呆，因为它主要影响大脑的深层区域（Bourgeois，Seaman，& Servis，2003）。对“皮层”（包括阿尔茨海默型痴呆）和“皮层下”做出区分是很重要的，因为这两类痴呆有着不同的症状表现（见表 5–4）。**失语症**（aphasia，言语机能损伤）发生在阿尔茨海默型痴呆患者中，但是皮层下痴呆患者没有此种症状。相反，皮层下痴呆患者比阿尔茨海默型痴呆患者更可能出现严重的抑郁和焦虑。一般来说，皮层下痴呆患者早期可能出现包括速度和协调能力在内的运动技能的损伤。这些区别可能和大脑的不同部位受到损伤有关。

帕金森病（Parkinson’s disease）也是一种退行性大脑障碍，全球每 1 000 人中就有 1 人患此病（Marsh & Margolis，2009）。影视明星迈克尔·J. 福克斯（Michael J. Fox）及前司法部长珍妮特·雷诺（Janet Reno）都是这种渐进性疾病的受害者。运动功能失常是帕金森病患者的特点，可以表现为体位屈曲、躯体运动迟缓（即运动徐缓）、震颤以及运动性痉挛。发音也受到影响，患者语音单调。运动功能的改变是多巴胺通路受损的结果。因为多巴胺与复杂运动相关，这种神经递质的减少使患者控制肌肉运动的能力不断下降，从而导致震颤和肌肉无力。该病病程变化很大，一些人可以通过治疗保持功能良好。

据估计超过 75% 的帕金森病患者发病十年后会发展出痴呆，保守的估计认为这种可能性是正常人群的 4 到 6 倍（Aarsland & Kurz，2010）。这些患者的症状符合皮层下痴呆的类型（见表 5–4）。

表5–4　痴呆的特征

特征	阿尔茨海默型痴呆	皮层下痴呆
语言	失语症（很难进行交谈）	无失语症
记忆	回忆和再认都受损	回忆受损，再认无或少量受损
视觉空间技巧	受损	受损
心境	更少的严重抑郁和焦虑	更多的严重抑郁和焦虑
运动速度	正常	减慢
协调性	正常直到晚期渐进性改变	受损

资料来源：Adapted, with permission of Oxford University Press, from Cummings, J. L. (Ed.) (1990). *Subcortical dementia*. New York, NY: Oxford University Press, ©1990 Jeffrey L. Cummings.

Jed Jacobsohn/Getty Images Entertainment/Getty Images

迈克尔·J. 福克斯用自己的时间与名望来治疗帕金森病，这种退化性病症严重影响了他的生活。

亨廷顿病（Huntington’s disease）是一种遗传障碍，最初会影响运动功能，典型的表现是舞蹈病（chorea），即肢体的不自主运动（Marsh & Margolis，2009）。亨廷顿病患者在首次出现症状后还能生活近 20 年，但是在晚期常常需要专业看护。类似于帕金森病患者，只有部分亨廷顿病患者会继续发展出痴呆——20%～80%，虽然有些研究者认为，如果患者生命能持续下去的话，所有的亨廷顿病患者最终都会出现痴呆症状（Marsh & Margolis，2009）。亨廷顿病所导致的痴呆也属于皮层下痴呆。

一段时间以来，研究人员已经知道该病为常染色体显性遗传疾病，这意味着大约 50% 的亨廷顿病患者的后代也会患上这种疾病。自 1979 年以来，行为科学家南茜·韦克斯勒（Nancy Wexler）和一组研究人员研究了世界上遭受亨廷顿病折磨已知的最大的家族，这个家族生活在委内瑞拉的小村庄里面。村民们与研究者合作，部分是因为韦克斯勒自己因亨廷顿病失去了她的母亲、三个叔叔、外祖 198
父，并且自己也可能得了该病（Wexler & Rawlins，2005）。研究者使用基因连锁分析技术（见第 3 章）首先在 4 号染色体上找到了相应的缺陷（Gusella et al.，1983），然后确定了这个让人难以捕获的基因

血管性痴呆　渐进性大脑障碍，其特点是认知功能丧失，由脑内血管堵塞所致，常与其他神经系统症状同时出现。
脑外伤　因头部受损而伤及大脑，常常由意外事故造成，并可能导致认知损伤包括失忆。
人类免疫缺陷 1 型病毒　导致艾滋病的病毒。
失语症　由卒中、阿尔茨海默病，以及其他疾病或创伤导致的脑部受损所致的言语功能受损或缺失。
帕金森病　退行性大脑障碍，主要影响运动能力（如震颤和体位屈曲），由多巴胺减少造成，也可能导致痴呆。
亨廷顿病　一种特征为肢体不自主运动和会逐渐发展成痴呆的遗传障碍。

（Huntington's Disease Collaborative Research Group，1993）。发现一种基因导致一种疾病的情况是很特殊的，因为有关其他遗传性精神障碍的研究都典型地指向多基因影响。

皮克病（Pick's disease）是一种罕见的神经系统障碍，类似于阿尔茨海默病，它也会造成皮质型痴呆。大约5%的痴呆患者有该症。这一疾病的病程持续5～10年，病因仍然不明（Richards & Sweet，2009）。与亨廷顿病一样，皮克病的发病期也相对较早——40多岁或50多岁，因此被认为是早老性痴呆的一个例子。一种更罕见的疾病是**克罗伊茨费尔特－雅各布病**（Creutzfeldt-Jakob disease），其患病率只有百万分之一（Heath et al.，2010）。在对这一疾病的研究中，一个令人忧虑的进展是，发现的10例这种疾病的一个变种可能和海绵状脑病（俗称"疯牛病"）有关（Neugroschi et al.，2005）。这一发现导致很多国家禁止进口英国的牛肉，因为这种疾病可能是患病的牛传染给人的。然而，我们现在还不清楚疯牛病与克罗伊茨费尔特－雅各布病的新变种之间的确切关系（Wiggins，2009）。

物质所致持久性痴呆

长期服用麻醉药物，特别是同时伴有营养不良状况，会损伤大脑，在某些情况下也会导致痴呆。不幸的是，这种对身体的损害在中毒或戒断了这些药物之后仍将存在。

DSM-Ⅳ-TR确定了几种可能导致痴呆症状的药物，它们包括酒精、黏合剂或者汽油等吸入剂（一些人因为它们能产生快感而吸食）以及镇静剂、催眠药和抗焦虑药物（见第11章）。这些药物能造成威胁是因为它们会产生依赖，从而让那些使用者难以停止服用。物质滥用所导致的大脑损伤可能是永久性的，造成类似于阿尔茨海默型痴呆的症状。DSM-Ⅳ-TR对物质所致持久性痴呆的诊断标准在本质上与其他类型痴呆很类似，包括记忆损伤，以及至少符合下列认知障碍中的一种：失语症（言语障碍）、失用症（尽管运动机能完整，但功能受损）、失认症（尽管感觉机能完整，但是不能识别或确认事物）或者执行功能（例如计划、组织、排序和抽象）障碍。

痴呆的病因

虽然对这种已知的大脑损伤的起源进行全面介绍非本书所能及，但是我们将重点介绍关于常见痴呆类型的一些重要观点。

生物因素。认知能力可能以多种不恰当的方式结合在一起。正如我们已经看到的那样，痴呆可能由许多疾病引起：阿尔茨海默病、亨廷顿病、帕金森病、颅脑外伤、物质滥用以及其他因素。阿尔茨海默病是痴呆最常见的病因，同时也是最神秘的。因为患病率以及对致病因素缺乏足够的了解，阿尔茨海默病引起了许多研究者的注意。他们试图找出病因，以找到能应对这种破坏性疾病的治疗措施。

提醒我们注意科学严谨性的一个例子，是关于证明吸烟与阿尔茨海默病之间的负相关的研究（Brenner et al.，1993）。也就是说，这项研究发现，吸烟者与不吸烟者相比，阿尔茨海默病的患病率更低。这是否意味着吸烟是一种保护因素，可以降低个体患上这种障碍的可能性呢？进一步的研究表明，这种差异可能是由吸烟者和不吸烟者寿命不同造成的。一般来说，不吸烟者寿命更长，因此他们就更可能发展出常在生命晚期出现的阿尔茨海默病。一些研究者认为，细胞自我修复能力的相对减弱（较有可能引起阿尔茨海默病的一个因素）可能与香烟的毒素相互作用，从而导致那些有阿尔茨海默病高危因素的吸烟者的寿命缩短了（Riggs，1993）。换句话说，吸烟可能会加剧阿尔茨海默病的恶化，从而导致吸烟的阿尔茨海默病患者比不吸烟的阿尔茨海默病患者更早死亡。这种研究以及从中所得出的结论，会让我们对阿尔茨海默病的复杂本质有更深入的了解。

对于阿尔茨海默病，这种导致痴呆最常见的病因我们知道些什么呢？阿洛伊斯·阿尔茨海默在一个被他描述为患上了"奇特的大脑皮层疾病"的人死后，对其进行了尸检。他发现患者的脑中存在许多混乱的丝线状的纤维（指神经纤维缠结）。这种类型的损伤在每一个阿尔茨海默病患者身上都存在。第二种类型的损伤源自胶原蛋白——被称为淀粉样斑（也被称为老年性或神经炎斑块）——在患者脑中的沉积。淀粉样斑在没有痴呆症状的老年人中也有发现，但是数量比阿尔茨海默病患者要少得多（Richards & Sweet，2009）。这两种损伤的逐年累积——神经纤维缠结和淀粉样斑——被认为最终会导致我们在前文描述过的特征性认知障碍。 199

这两种类型的退化只影响大脑一些特别小的区域，并只能通过显微镜检查大脑时才能被发现。但是，如前所述，科学家正在发展神经成像技术，可能很快不必依靠尸检就能早期检测这些类型的脑细胞损伤了（Weiner et al.，2010）。除了神经纤维缠结和淀粉样斑沉积外，随着时间的推移，许多阿尔茨海默病患者大脑发生萎缩的程度远比正常年龄应有的程度严重得多（Richards & Sweet，2009）。但是大脑萎缩有很多原因，所以只有观察到缠结和沉积才是做出阿尔茨海默病诊断的可靠依据。

有关阿尔茨海默病的遗传研究进展迅速（例如 Seshadri et al.，2010）。与大多数其他行为障碍一样，阿尔茨海默病也与多种基因有关。表 5–5 列出了目前的研究成果。21，19，14，12 以及 1 号染色体上的基因都与阿尔茨海默病的某些类型有关（Neugroschi et al.，2005）。与 21 号染色体的联系首先被发现，它源自对唐氏综合征患者的观察，这些患者有 3 条 21 号染色体，而不是正常的两条，从而使患痴呆的比例非常高（Report of the Advisory Panel on Alzheimer's Disease，1995）。最近越来越多的研究开始关注其他染色体上的相关基因。这些研究发现多个基因与阿尔茨海默病相关。一些类型，包括与 14 号染色体相关的类型，可能发病较早。戴安娜・弗瑞尔・麦克高恩可能就患有这种类型的阿尔茨海默病，因为她在 45 岁时就出现了明显的症状。相反，与 19 号染色体上的基因有关的类型则发病较晚，多在 60 岁以后发病。

研究发现，一些基因对致病具有**决定性**（deterministic）作用，即具有该基因的人几乎 100% 会患阿尔茨海默病（Bettens，Sleegers，& Van Broeckhoven，2010）。如 β 淀粉样蛋白（或被称为 β 淀粉样蛋白或 Aβ）前体基因、Presenilin 1 和 Presenilin 2 等基因，无一例外都将导致阿尔茨海默病。幸运的是，这些基因在一般人群中极为罕见。从治疗角度来说，这意味着即使我们能找到防止这些基因致病的方法，那也只能使少数人受益。与此同时，某些基因，包括载脂蛋白 E4（apo E4）基因，被称为**易感性**（susceptibility）基因。这些基因只会稍微增加人们患阿尔茨海默病的可能性，但是和决定性基因相比，易感性基因在一般人群中更为常见（Bettens et al.，2010）。如果今后的研究能防止这些基因致病，更多人会受益。

虽然阿尔茨海默病的遗传起源研究并没有提供立竿见影的治疗方法，但是研究人员由此对其发病机制有了进一步的了解，这将会对药物治疗有所帮助。遗传研究促进了我们了解淀粉样斑如何在阿尔茨海默病患者的大脑中形成，可能也找到了致病的线索。淀粉样斑的核心是一种称为淀粉蛋白的蜡状固体物质，它由 Aβ 组成。正像累积在血管壁上的胆固醇会阻碍血液供应一样，一些研究者认为 Aβ 会导致阿尔茨海默病患者大脑细胞的死亡（Gatz，2007）。这些研究可以更好地理解阿尔茨海默病复杂的性质并可能产生重要的预防策略（Pedersen，2010）。

表5–5　　阿尔茨海默病的遗传因素

基因	染色体	发病年龄（岁）
APP	21	43~59
Presenilin 1	14	33~60
Presenilin 2	1	50~90
Apo E4	19	60
A2M	12	70

注：A2M=α-2- 巨球蛋白；AAP= 淀粉样前体蛋白；Apo E4= 载脂蛋白 E4。

对于本书中描述的所有障碍，我们都会指出生物和 / 或心理应激源在心理障碍发生中起到了部分作用。阿尔茨海默型痴呆——这看起来像是完全的生物 200
学表现——是否也是这样？导致这一疾病主要的外部因素之一是颅脑外伤。正如我们看到的，脑部被重复击打会引起拳击手型痴呆，这种命名来源于拳击手经常患上这种痴呆。实际上，携带 apo E4 基因的拳击手更有可能因为颅脑外伤而患上痴呆（Jordan et al.，1997）。除了拳击手以外，新的观点还认为 NFL 橄榄球运动员们遭遇的颅脑外伤所致后果也与这些前运动员的痴呆相联系（Schwarz，2007）。因为我们现在知道，不仅仅只有拳击运动员会受到这种类型的痴呆的影响，所以这种障碍现在被更名为“慢性创伤性脑病”（CTE）。颅脑外伤可能只是导致各种痴呆的应激源之一。其他应激源还包括糖尿病、高血压和单纯疱疹病毒 1 型（Richards & Sweet，2009）。就像以前讨论过的每一种障碍一样，阿尔茨海默病也是心理和生物

皮克病　一种罕见的可能导致早老性痴呆的神经疾病。

克罗伊茨费尔特 – 雅各布病　一种会导致痴呆的极罕见的情况。

决定性（基因）　在遗传学中，100% 的可能性会导致某种相关疾病的基因。在人群中非常罕见。

易感性（基因）　在遗传学中，只会稍微增加对某种疾病的患病风险的基因。但与决定型基因不同的是，它们在人群中更常见。

应激源共同作用于生理过程导致的。

心理和社会因素。研究大多数集中在产生痴呆的生物因素上。虽然几乎没有人认为心理、社会影响会直接导致痴呆患者身上表现的大脑退化，但是心理、社会因素却有助于确定疾病的发生和进程。例如，个体的生活方式可能会与那些导致痴呆的因素有关。例如，我们知道物质滥用会导致痴呆，我们将在后面谈到（见第 11 章），但是一个人是否会滥用药物，取决于生物和心理社会因素的共同作用。在血管性痴呆中，个体对血管疾病的易感性会影响患卒中的可能性，而卒中可能会导致血管性痴呆。生活方式（例如饮食、锻炼）以及应激等均会影响心血管疾病，从而与血管性痴呆也有关联。

文化因素也会影响疾病的发生。例如，高血压和卒中在非洲裔美国人及某些亚裔美国人中的患病率很高（King，Mainous，& Geesey，2007），这就解释了为什么在这些人群中血管性痴呆的患病率很高。一个极端的例子是，感染一种被称为“克鲁”（Kuru）的病毒会导致一种与克罗伊茨费尔特－雅各布病类似的痴呆。这种病毒通过巴布亚新几内亚人在葬礼上以悼念死者的一种食人方式而传播（Collinge et al.，2006）。颅脑外伤和营养不良所致的痴呆在经济不发达的乡村中比较常见（Del Parigi，Panza，Capurso，& Solfrizzi，2006）。没有充足的维生素 B_9 和 B_{12} 摄取，可能会导致痴呆。这些发现意味着职业安全（如保障工人不会遭受颅脑外伤）、影响饮食的经济环境，都会对某些类型的痴呆起到作用。

心理社会因素还会影响到痴呆的病程。教育成就会影响痴呆的起病时间（Richards & Sweet，2009）。拥有某些技能可以帮助某些人比其他人更好地应付早期的痴呆症状。正如我们在前文所看到的，戴安娜·弗瑞尔·麦克高恩的母亲能够通过画地图和其他一些技巧来弥补她受损的能力，以应对日常生活。另外，早期阶段的意识混乱和记忆丧失在对老人期望值较低的文化中更容易得到包容。在某些文化中，包括中国，年轻人负责照顾超过一定年龄的老人（Gallagher-Thompson et al.，2006；Hinton，Gun，Hillygus，& Levkoff，2000）。在这些社会文化中，痴呆可能发生多年而未被发现。

大多数痴呆类型的病因和进程仍然还有许多东西需要研究。正如我们在阿尔茨海默病以及亨廷顿病中所看到的，某些基因会导致某些人容易患上渐进式的认知功能障碍。另外，颅脑外伤、某些躯体疾病、服用某些药物，例如酒精、吸入剂、镇静剂、安眠药和抗焦虑药等都能导致特定的认知能力下降。我们也注意到，心理社会因素有助于确定那些易受这些因素影响的人，以及他们如何应对这些疾病。从整合的观点来看待痴呆，能帮助我们以更为乐观的态度来看待治疗措施。这将可能保护人们免受这些有害因素的影响，并且协助他们应付得病之后的种种困难。

治疗

对于我们在其他章节讨论过的许多疾病来说，治疗前景都是相当乐观的。医生们能综合使用各种策略以明显减少患者的痛苦。即使是当治疗没有产生预期的进展时，精神卫生专家通常也能在一定程度上阻止病情的恶化。但对痴呆的治疗却不是这样。

阻碍痴呆的治疗取得重大进展的一个因素，是痴呆所造成损害的本质。大脑有数十亿个神经细胞，远远超过实际使用的数量。同时，由于神经细胞的可塑性，受到损伤的细胞能由其他细胞来补偿其功能。但是，神经细胞受损的数量和部位有一个极限，超过这个极限就会导致大脑的重要功能受到破坏。虽然研究者正在逐步致力于攻克这一难关，但目前看来神经细胞是不能被替代的（Khachaturian，2007）。因此，就目前来看，对大范围的脑损伤，目前尚没有已知治疗方法可以恢复这些失去的功能。这样，治疗的目标就变成了：（1）致力于阻止某些痴呆的致病条件，如物质滥用；（2）尝试延缓症状的出现，以带来更好的生活质量；（3）尝试帮助患 201
者及其照料者应对病情的恶化。大多数治疗痴呆的方法都集中在第二和第三个目标上，即用生物治疗制止大脑功能的进一步恶化，用心理社会治疗方法帮助患者及其照料者积极应付。

一个令人担忧的统计数字给痴呆的治疗前景蒙上了阴影：超过 23% 的痴呆患者的照料者——通常是家属——出现了一种或多种焦虑障碍的症状，并且有 10% 的人出现了临床抑郁的症状（Katona & Livingston，2009）。与一般人群相比，这些照料者服用了更多的精神类药物（用于减少各种心理障碍的症状），并报告了 3 倍于正常人的应激症状。照顾痴呆患者，尤其是在病情晚期，无疑是一件相当艰巨的事情。事实上，有一些证据表明，照顾一个痴呆患者可能使得照料者自己患痴呆的风险大大增加（Norton et al.，2010）。因此，临床工作者越来越关注照料者的需要，有关如何帮助他们更好地照顾痴呆患者的研究正在进行中（Lee，Czaja，& Schulz，2010）。

生物治疗。如果发现得早，已知的感染性疾病、营养缺乏和抑郁所致的痴呆是可以治疗的。但不幸的是，对占痴呆绝大多数的其他痴呆类型，尚没有已知治疗方法。卒中、HIV、帕金森病或亨廷顿病所致痴呆通常是没有有效治疗方法的，因为这些原发病就没有有效的治疗手段。但是，在几个相关领域的最新研究结果可能给这几种痴呆患者的治疗带来曙光。有助于保护并有可能恢复神经细胞的物质——胶质细胞源性神经生长因子（GDNF）——有朝一日可能被应用于改善或扭转退行性大脑疾病的进程（Zuccato & Cattaneo，2009）。另外，研究者还在探索将胎儿的大脑组织（取自流产胎儿）移植到患者大脑中的可能性。从研究得到的初步结果来看，这种方法是有希望的（Arenas，2010）。现在卒中所致痴呆在新药物的帮助下能得到更好的预防，这些药物有助于防止因卒中特征性的血凝块所造成的脑损伤（Richards & Sweet，2009）。因为患者众多，新近的大多数研究集中于阿尔茨海默型痴呆的治疗，但也只获得了一定程度的成功。

绝大多数研究的重点在于研发出那些能改善阿尔茨海默型痴呆患者认知能力的新药上。许多药物起初看起来有效，但是与安慰剂组的对照研究并未发现其长期疗效（Richards & Sweet，2009）。有些药物（称为胆碱酯酶抑制剂）确实对一些患者的认知能力有一定程度的影响，如多奈哌齐（爱忆欣）、利伐斯的明（忆思能）和加兰他敏（利忆灵）。盐酸他克林（Cognx），这类药物家族中一种，因为对肝功能的潜在伤害，现在已经很少被使用了（Rabins，2006）。这些药物能阻止阿尔茨海默病患者所缺乏的神经递质乙酰胆碱的降解，从而增加大脑中乙酰胆碱的浓度。研究认为这些药物可以使患者的认知能力恢复到他们 6 个月以前的水平（Lyketos，2009）。但是这种结果并不持久。即使是对药物反应良好的患者也没能保持稳定的治疗效果，也仍然有阿尔茨海默病的认知退化症状。另外，如果停止服药——这是几乎四分之三的患者的做法，因为药物的不良反应（例如肝脏受损和恶心）——他们甚至会失去已经取得的 6 个月的疗效（Lyketos，2009）。治疗阿尔茨海默病的新药已经被研发出来。这些药针对脑中 β- 淀粉样蛋白（斑块），我们期待这些进展可以给这种破坏性疾病带来积极预后（Rafii & Aisen，2009）。

其他的几种药物治疗方法看来有希望延缓阿尔茨海默病的进程，但研究人员的发现使最初所产生的兴奋减少了。例如，大多数人都听说过服用银杏制剂铁线蕨可以增强记忆。初步研究表明，这种草药可能对阿尔茨海默病患者的记忆有温和的改善作用，但其他研究未能复制这一结果（DeKosky et al.，2008）。同样，维生素 E 的效果也得到了评估。一项大型的研究发现，在中重度损伤的患者中，与安慰剂相比，大剂量的维生素 E（每天 2 000 iu）减缓了患者的发病进程（Sano et al.，1997），但这样也不能避免这个疾病的发展。事实上，更多的研究显示服用高剂量的维生素 E 可能会增加死亡率，因此这 202
种措施已经不再被建议使用了（Richards & Sweet，2009）。也可通过建议患者运动，适度地减缓疾病的进展（Rockwood & Middleton，2007；Teri et al.，2003）。但是，至今还没有任何一种药物可以直接治疗，阻止阿尔茨海默病所致大脑损伤的继续恶化。

痴呆的药物治疗也包括用药物帮助减少一些伴随症状。多种抗抑郁剂（例如特定的 5- 羟色胺再摄取抑制剂）被广泛推荐用于缓解抑郁和焦虑这两种经常与认知功能减退伴随的症状。抗精神病药物有时也被用于治疗那些过于冲动的患者（Richards & Sweet，2009）。

心理社会治疗。目前，心理社会治疗受到了极大的关注，因为它们可以延缓严重的认知功能下降。心理社会治疗的重点在于提高痴呆患者及其家庭的生活质量。痴呆患者可以通过学习一些技巧以补偿他们失去的能力。前文提到戴安娜的母亲学会画地图来帮助自己从一个地方到另一个地方去。戴安娜自己也开始列清单，使自己不至于忘记重要的事情。一些研究者正在评估那些帮助早期痴呆患者的更规范的方法。米歇尔·布尔瓦（Michelle Bourgeois，2007）创造了“记忆钱包”技术以帮助痴呆患者进行交流。插在塑料钱夹里的白色索引卡上写着一些陈述句，例如“我丈夫约翰和我有三个孩子”，或者“我于 1921 年的 1 月 6 日出生在匹兹堡”。在她的一项研究中，布尔瓦（1992）发现，稍加训练后，成人痴呆患者能够使用这种记忆策略来改善他们与其他人的交流。采用这些方法可以帮助患者与他人交流，维持他们对周围环境的关注，并且还能减少患者因为意识到自己的能力退化而产生的挫折感。

认知刺激——鼓励痴呆患者练习学习和记忆技巧——似乎是一种可以延缓这种疾病所致严重认知衰退的有效方法（Knowles，2010）。这些活动包括文字游戏、著名和熟悉面孔记忆测试、数字练习（例如，在一次购买中你能找回多少零钱）。与对照组相比，这些类型的技能建立活动可以维持认知活动并提高患者的生活质量。

重度痴呆患者不能自己吃饭、洗澡以及穿衣。他们不能与人交流，甚至不认识自己的家人。他们可能从家里出走，然后就迷路了。因为不再能意识到社会羞耻感，他们可能会公开表现性行为，例如手淫。他们可能经常被激怒甚至有肢体暴力。为帮助痴呆患者及其照料者，研究者们已经探索出了一些应对这些后果的干预措施（Richards & Sweet，2009）。例如，有研究表明，结合对患者的行为训练，和对照料者的针对如何处理患者的行为问题的教育培训，能有效改善阿尔茨海默病患者和照料者的整体生活质量和抑郁状况（Logsdon，McCurry，Pike，& Teri，2009；Teri et al.，2003）。

最让人担心的是痴呆患者会乱跑迷路。有时，他们会逛到一些危险的地方（例如楼梯上、街道上）。为防止痴呆患者到处乱走，他们常常被绑在椅子上、床上或者让其服用镇静剂。不幸的是，身体和药物的限制都有其风险性，包括药物的不良反应；同时也会大大增加使痴呆患者感到痛苦的失控感和失去独立的感觉。心理社会治疗作为一种对限制措施的替代方法，用来帮助患者在有提示的情况下安全地在自己家里或其他地方活动。创新的监控技术——能够监控患者的位置并提醒照料者的“智能家庭”——可能会使这些患者的照料者更省心。与此同时，对该技术的使用可能侵犯隐私的伦理上的担忧也在上升（Bharucha et al.，2009；Mahoney et al.，2007）。

有些痴呆患者会躁动不安，有时还会有言语和躯体攻击。这些行为对那些照料者来说是巨大的压力。在这种情况下，通常需要采用药物治疗，尽管效果有限（Testad，Ballard，Brønnick，& Aarsland，2010）。照料者也常常需要进行自信训练以处理患者的敌对行为。否则，照料者要么被动地接受痴呆患者的攻击，从而承受更大的心理压力，要么因此
203 而变得愤怒和富于攻击性。后者特别值得关注，因为这存在潜在的虐待老人的倾向。例如克扣食物或

Power™ Cognitive Fitness System: Kara Kenna photographer. www.dakim.com

一个辅助生活设施的用户正在通过由几台计算机构成的系统尝试认知刺激（the Dakim™ Power Brain Fitness System）。

药物以及躯体虐待，这些情况在那些照料有认知功能缺陷的老年人的人们中很常见（Post，Page，Conner，& Prokhorov，2010）。所以，重要的是教会照料者如何恰当地处理压力，从而避免应激逐步升级为虐待行为。但是，目前没有足够的客观证据支持自信训练有助于减少照料者的压力，我们期待着进一步的研究能指导将来的工作。

一般来说，支持性心理咨询可以使痴呆患者的家人从中获益，帮助他们应对挫折、抑郁、内疚以及失落等不良情绪。但是，治疗者必须首先认识到，应对应激的能力存在个体差异。例如，一项研究发现，照料者的应对方式存在文化差异。在亚拉巴马州的农村地区，白人照料者采用接受和幽默的应对方式，而黑人照料者则更倾向于采用宗教和拒绝的应对方式（Kosberg，Kaufman，Burgio，Leeper，& Sun，2007）。在另一项大样本研究中，研究小组对555名主要照料者进行了为期3年的调查，确定了一些能帮助照料者度过困难时期的方法（Aneshensel，Pearlin，Mullan，Zarit，& Whitlatch，1995）。然而，尽管许多研究都针对支持照料者，但是到目前为止证据仍然不足，所以，还需要进一步的工作以确定那些能够最好地支持这些人的策略与方法（Schoenmakers，Buntinx，& DeLepeleire，2010）。

总体来说，延缓（但不是阻断）痴呆患者的认知功能衰退的前景还是乐观的。目前最好的药物可以使患者恢复部分功能，但并不能阻止功能衰退的进程。心理社会干预能帮助人们更有效地应对认知能力的丧失，特别是在病情的早期阶段。此外，当

DSM 诊断标准概要
阿尔茨海默病

阿尔茨海默型痴呆的症状包括：

- 多种认知缺陷，包括记忆损伤和至少以下一种障碍：失语症、失用症、失认症或执行功能（例如计划、排序）障碍。
- 与之前水平相比，存在明显的功能损伤。
- 渐进式起病，并且认知功能持续下降。

资料来源：Reprinted with permission from *Diagnostic and Statistical Manual of Mental Disorders* (4th ed., text revision). ©2000 American Psychiatric Association.

痴呆患者的功能持续衰退时，干预的重点将被转移到帮助照料者（痴呆的另一类受害者）上。

预防

如果不治疗，那么我们需要更多地依赖于预防策略来避免痴呆。你可以想象预防措施的研究有多困难，因为为了了解干预措施是否有效，需要对个体进行长期追踪。一项在瑞典进行的大型研究——因为这里的社会化医疗提供了所有居民完整的医疗记录——考察了许多危险因素（这些因素增加了患痴呆的风险）和保护因素（这些因素可以减少患痴呆的风险）（Fratiglioni，Winblad，& von Strauss，2007）。研究人员考察了 1 810 名 75 岁以上参与者的医疗记录，并追踪了 13 年。通过这些医疗记录和访谈，他们得出两个主要结论：控制血压和过一种在生理和社会方面都积极的生活。这两个建议是个体能够改变的主要因素（因为你不能改变你的基因），这将有助于减少发展成痴呆的可能。其他的预防研究也在进行，并且在其中可能还有许多潜在的研究领域能够让我们成功地预防这种破坏性疾病。

概念自测 5.5

第一部分

判断下列情况属于痴呆的什么症状：（a）面孔失认症；（b）失认症；（c）失语症。

1. 蒂米的祖母再也认不出自己的家。_______
2. 她不再能组成完整、连贯的句子。_______
3. 当蒂米来的时候她不能认出他，虽然他是她唯一的孙子。_______

第二部分

确定下列病例中认知障碍的类型：

4. 朱利安是一个恢复中的酒徒。当被问及他年轻时的野外冒险经历时，他的故事总是很快就结束了，因为他记不得整个故事了。他甚至需要把自己必须要做的事情在一本笔记本上写下来。_______
5. 布朗先生有过多次卒中发作的历史，但是现在还能自己照顾自己。只是，在过去的几年中，他对重要事情的记忆能力在持续地下降。_______
6. 缓慢而持续的认知功能下降，并伴随神经纤维缠结以及淀粉样斑被称为_______。

遗忘症

看这三个词：苹果、小鸟、屋顶。试着记住它们，然后从 100 起，以间隔 3 的方式倒着数。倒数 15 秒后，你还能记起这三个词吗？也许你还记得。但是，即使只是过了这么短短的 15 秒，遗忘症患者也记不起来了（Bourgeois，Seaman，& Servis，2008）。这种类型的记忆丧失被认为是痴呆的一种主要特征，可在其他高级认知功能未丧失的情况下产生。**遗忘症**（amnestic disorder）的主要缺陷是不能将类似于那几个词的信息转化为可以保持数分钟、数小时甚至数年的长时记忆。这种记忆障碍可能是某种躯体疾病如颅脑外伤所致的生理性后果，也可能是长期服用某种药物的结果。下面来看看 S.T. 的病例。

S.T.：记忆碎片

S.T.，一个 67 岁的白人妇女，她突然摔倒了，但没有失去意识。她随后表现出迷茫和焦虑，只能对人和地点定向。她的言语功能正常，但时间定向异常。她记不起自己的出生地、自己子女的年龄或美国近几任总统。她也不能在 1 分钟后回忆起三件事情，也不能回忆起她最近一餐饭所吃的食物。她不能说出任何一个展示给她看的物体的颜色，但是却能正确说出与某种特定颜色相关的某些词——

遗忘症 将信息从短时记忆转换成长时记忆的能力受损，但没有其他痴呆症状。多由脑外部创伤或药物滥用所致。

例如“草地”“天空”。物体命名能力是正常的。在1年之后的检查中，她能顺序或逆序重复说出5个数字，但是不能回忆起自己的结婚纪念日、丈夫的死因或者孩子们的年龄。她不知道她现在的住址和电话号码，并且5分钟之后就记不起3个事物中的任何一个。她的家人说她病前是个工作十分努力的人，但住院后，她大多数时候都在坐着或看电视。她有完整的定向功能，言语功能正常，也能正确地进行简单计算。（Cole，Winkelman，Morris，Simon，& Boyd，1992，pp. 63-64）

DSM-Ⅳ-TR中把遗忘症描述为不能学习新信息或者不能回忆以往的信息。与所有的认知障碍一样，记忆障碍会导致社会和职业功能明显受损。我们在上述病例中描述的这个妇女被诊断为遗忘症的一种类型，称为沃尔尼克－柯萨柯夫综合征，其病因是丘脑受损（丘脑是大脑深处的一个小区域，负责中转传递从大脑各处输送来的信息）。在上述病例中，丘脑损伤的原因被认为是卒中引起的血管损伤。导致沃尔尼克－柯萨柯夫综合征的另一个常见原因是长期酗酒。

与其他认知损伤一样，大脑的一系列损伤都可能引起暂时性遗忘症。研究者一直致力于阻止那些与沃尔尼克－柯萨柯夫综合征有关的损伤。特别要指出的是，在沃尔尼克－柯萨柯夫综合征患者中，酒精滥用会导致硫胺素（维生素B_1）的缺乏，这使研究者试图通过补充这种维生素（特别是对重度酗酒者）来预防它（Sechi & Serra，2007）。但是，直到今天，还很少有针对遗忘症的长期有效的治疗方法问世（Bourgeois et al.，2008）。

谱系讨论　发育障碍的新视野

本章所讨论的发育障碍表现为一系列在儿童期就首次出现的问题（Durand，2011）。所讨论的部分障碍可归为同一个疾病谱系。例如一些广泛性发育障碍被归入“孤独谱系障碍”进行研究，这种改变正在被讨论是否纳入DSM-5。孤独障碍与阿斯伯格障碍被认为与这个谱系有关，虽然研究者继续研究儿童瓦解性障碍与未定型的广泛性发育障碍（PDD-NOS）的共生关系（Swedo，Thorsen，& Pine，2008）。

其他两类主要障碍——品行障碍（CD）与对立违拗障碍（ODD）——可能被归类为“破坏性行为障碍”，虽然这一研究才刚刚开始（Shaffer，Leibenluft，Rohde，Sirovatka，& Regier，2009）。虽然在注意缺陷障碍、CD和ODD之间有重叠的部分，但是考虑将它们放入一个疾病谱系的想法还是草率的（Shaffer，Leibenluft，Rohde，Sirovatka，& Regier，2009）。为了在未来推动这方面的研究，研究人员正在检查CD和ODD复杂的遗传因素，以更清晰地了解这些童年期障碍及其相互重叠的部分（一些孩子两个障碍的症状都有）。

▼小　结

一般性发育障碍

注意缺陷/多动障碍核心的定义性特征有哪些？

- 发展心理病理学是一门研究障碍如何随时间变化而产生与改变的学科。这些变化通常会符合某种模式，因为孩子在获得一个新技巧以前需要掌握旧技巧。发展的这一特点极为重要，因为它意味着，从发展的自然规律来看，任何一种早期技能掌握的缺陷，都会破坏后面技能的学习。
- 注意缺陷/多动障碍患者的首要特征是一种注意力不集中的模式（例如在学校或是与工作相联系的任务上不能专心），过度活动/冲动，或是两者皆有。这些缺陷显著破坏了学业和社会关系。

学习障碍的主要类型有哪些，其典型的治疗方法有哪些？

- DSM-Ⅳ-TR将学习障碍分为阅读障碍、数学障碍以及书写表达障碍。这三种学习障碍均被定义为学业表现显著低于其智力和受教育程度应有的水平。
- 言语或交流障碍似乎与学习障碍紧密相关。它们包括：口吃，言语流畅性方面的障碍；言语表达障碍，在所有场合言语都很少，但没有由智力障碍或某种广泛性发育障碍所致言语困难引起的认知缺陷；选择性缄默，虽然有言语能力，但拒绝说话；抽动障碍，包括不自主地运动（如摆头）、不自主地发声（如突然出现的咕噜声），以一种持续快速的、特异的或是固定的方式出现。

广泛性发育障碍

广泛性发育障碍的定义是什么？

- 广泛性发育障碍患者在言语、社交和认知的发展上都存在问题。使用“广泛性”一词意指这些问题不是小问题（如学习障碍），而是对个体的生存状态都有重要影响的障碍。它包括孤独障碍、雷特障碍、阿斯伯格障碍及儿童瓦解性障碍。

孤独障碍的三大特点是什么？

- 孤独障碍或孤独症，是一种儿童期障碍，它以社会互动的显著损伤、交流能力严重损伤，以及刻板的行为、兴趣和活动模式为特点。孤独症可能并不是由单一病因造成的，相反，许多生物因素都会对其产生影响，并且这些因素与心理社会因素一起，共同导致了孤独症患者的异常行为表现。
- 阿斯伯格障碍以社会关系的损害、行为或活动受限或异常为特征，但没有在孤独症患者中常见的言语迟滞问题。
- 206 雷特障碍，几乎只发生于女性中。这是一种渐进性神经系统障碍，以持续性的双手扭动、智力障碍，以及运动技能受损为特征。
- 儿童瓦解性障碍的特点是在 2～4 年的正常发育阶段后出现的言语、适应行为和运动技能方面的严重衰退。
- 未定型的广泛性发育障碍表现为社会互动方面的明显损伤、交流能力严重损伤，以及刻板的行为、兴趣和活动模式。这些儿童与孤独症儿童类似，区别仅在于患者可能不符合孤独症的年龄或其他诊断标准。

智力障碍

智力障碍是如何定义的，人们是如何对智力障碍进行区分的？

- 智力障碍的定义包括三个部分：智力功能明显低于正常水平，并伴随适应功能缺陷或损伤，在18岁前起病。
- 唐氏综合征是智力障碍的一种，由存在额外的21号染色体引起。用羊膜腔穿刺诊断法可以检测子宫内胎儿是否患有唐氏综合征。
- 智力障碍还有两种较为常见的类型：脆性X染色体综合征，由X染色体顶端的染色体变异引起；文化家族性智力障碍，被认为是心理、社会和生物因素共同作用的结果，占近75%的智力障碍病例。

认知障碍

谵妄和痴呆的症状有哪些？

- 谵妄是一种暂时性的意识混乱和定向困难，可能由颅脑外伤、药物或劣酒中毒、外科手术及其他一些高应激情况所致，多见于老年人。
- 痴呆是一种渐进发展的、退行性疾病，它以大范围的认知能力退化为特征，涉及记忆、言语、计划、组织、排序及信息抽象能力。
- 阿尔茨海默病是痴呆最为常见的病因，它影响着大约400万美国人。目前我们还不清楚痴呆的病因和治愈方法。
- 到目前为止，对阿尔茨海默病、皮克病、亨廷顿病及其他许多不常见的病症导致的难以恢复的痴呆还没有有效的治疗方法，而这些病都会导致认知功能的渐进式损害。治疗常常是帮助患者应付认知功能的逐渐丧失，帮助护理人员处理在照顾痴呆患者过程中遇到的压力。

遗忘症

遗忘症的主要致病因素与治疗方法有哪些？

- 遗忘症是一种无法回忆近期及过去事情的功能障碍。最常见的是沃尔尼克–柯萨柯夫综合征，一种与长期酗酒有关的记忆障碍。

▼ 关键词

attention deficit/hyperactivity disorder（ADHD）注意缺陷/多动障碍　164
learning disorders 学习障碍　169
reading disorder 阅读障碍　170
mathematics disorder 数学障碍　170
disorder of written expression 书写表达障碍　170
stuttering 口吃　171
expressive language disorder 言语表达障碍　171
selective mutism 选择性缄默　171
tic disorder 抽动障碍　171
pervasive developmental disorders 广泛性发育障碍　174
Asperger's disorder 阿斯伯格障碍　174
Rett's disorder 雷特障碍　174
childhood disintegrative disorder 儿童期瓦解性障碍　174
pervasive developmental disorder—not otherwise specified 未定型的广泛性发育障碍　174
autistic disorder（autism）孤独障碍（孤独症）174
intellectual disability 智力障碍　180
phenylketonuria 苯丙酮尿症　184
Lesch-Nyhan syndrome 容貌损毁综合征　184
Down syndrome 唐氏综合征　184
amniocentesis 羊膜腔穿刺术　185
chorionic villus sampling（CVS）绒毛

取样 185
cultural-familial intellectual disability 文化家族性智力障碍 186
delirium 谵妄 190
dementia 痴呆 192
agnosia 失认症 193
facial agnosia 面孔失认症 193
Alzheimer's disease 阿尔茨海默病 194
dementia of the Alzheimer's type 阿尔茨海默型痴呆 194
vascular dementia 血管性痴呆 196
head trauma 颅脑外伤 197
human immunodeficiency virus type 1（HIV-1）人类免疫缺陷病毒 1 型 197
aphasia 失语症 197
Parkinson's disease 帕金森病 197
Huntington's disease 亨廷顿病 197
Pick's disease 皮克病 198
Creutzfeldt-Jakob disease 克洛伊茨费尔特－雅各布病 198
deterministic 决定性 199
susceptibility 敏感性 199
amnestic disorder 遗忘症 204

207 ## ▼ 概念自测答案

5.1

1. b; 2. c; 3. b; 4. d; 5. e; 6. a

5.2

1. a; 2. b; 3. d; 4. e; 5. c

5.3

1. 极重度，全方位的支持；2.中度，有限的支持；3. 重度，广泛的支持；4. 轻度，偶尔的支持；

5.4

1. c; 2. b; 3. a; 4. e; 5. f; 6. d

第一部分

1. b; 2. c; 3. a

第二部分

4. 物质所致持久性痴呆；5. 血管性痴呆；6. 阿尔茨海默型痴呆

208 ## ▼ 本章测验

1. 根据 DSM-Ⅳ-TR，注意缺陷 / 多动障碍的两大标志性症状是：
   a. 注意力不集中和多动 b. 模仿言语和冲动行为
   c. 幻觉和错觉 d. 强迫观念和强迫行为
2. 模仿言语以下列哪种行为为特点？
   a. 不停地读同一个句子或单词
   b. 不停地重复别人的话
   c. 模仿别人的动作
   d. 长时间凝视前方，眼睛眨都不眨一下
3. 行为技术常常被用于治疗孤独症患儿的交流问题。_______是当儿童发出与成人相接近的语音时而对儿童进行奖励；_______是当儿童发出教师所要求的语音时而对儿童予以奖励。
   a. 塑造；辨别训练
   b. 示范；句法训练
   c. 模仿；表达训练
   d. 处理；学业训练
4. 研究显示与儿童注意缺陷 / 多动障碍有关的因素有：
   a. 长期被忽略 b. 有一个酗酒的父亲
   c. 母亲在怀孕期间吸烟 d. 早年丧父或丧母
5. 呼吸控制法是一种用于减少_______的行为技术，包括在个体发生口吃时马上停止说话，做一个深呼吸，然后继续说话。
   a. 运动痉挛 b. 口吃
   c. 缄默症 d. 冲动
6. _______是智力障碍的一种形式，由 21 号染色体的变异引发。
   a. 唐氏综合征 b. 脆性 X 染色体综合征
   c. 苯丙酮尿综合征 d. 胎儿酒精综合征
7. 乔有轻度的智力障碍。他的治疗师是这样教他学习一种技能的：将该技能分解为不同部分来逐一学习。乔的治疗师使用的是何种技术？
   a. 技能训练 b. 生物反馈
   c. 成分加工 d. 任务分析
8. _______以急性意识混乱和定向困难为特点；而_______以大范围的认知能力的退化为特点。
   a. 谵妄；遗忘症 b. 遗忘症；谵妄
   c. 痴呆；谵妄 d. 谵妄；痴呆
9. 以下哪种障碍只有在尸检发现有大量淀粉样斑和神经纤维缠结时才能被精确诊断？ 209
   a. 血管性痴呆 b. 阿尔茨海默型痴呆
   c. 谵妄 d. 帕金森病
10. 在研究痴呆时，特别要考虑引起痴呆的心理和社会因素，这是因为它们：
    a. 使得某种引起痴呆的脑损伤进一步加剧
    b. 为精神药理学干预提供了基本原理
    c. 在决定痴呆的发作时间和进程上起到一定的作用
    d. 在扭转阿尔茨海默病的进程上起到一定的作用

（答案见附录 C）

第6章 进食障碍和睡眠障碍

Yuri Arcurs/Shutterstock.com

◆ **章节概览**

211 **学生学习的目标 ***

运用本学科的概念、专用语和主要理论来解释心理现象。	▶客观地描述行为和心理过程，包括下操作性定义（pp.211-219，235-243）。
恰当运用心理学知识解决问题。	▶异常行为的成因和治疗（pp.220-230，232-234，244-248）。

* 本章的这部分内容覆盖了由美国心理学会（American Psychology Association，2007）建议的学习目标，可作为心理学专业本科学生的学习指南。这些内容由美国心理学会学习目标建议小组（SLO）确定。

我们中的大多数人都会认同自己的身体。我们每天早上起床，然后确认自己已经清醒，并足以去处理那些必需的日常活动。我们每天吃2～3顿饭，之间也许还会吃些小零食；我们可能会参与一些大运动量的运动，有些时候，还有一些性行为。我们并不过多关心这些功能，除非由于生病而功能受损。当然，心理和社会因素也会很明显地影响到这些“生存活动”。

本章中，我们将会讨论两种我们相对自动化的行为，即进食和睡眠的障碍，它们会明显影响到我们的其他行为。

进食障碍的主要类型

▶神经性贪食症和神经性厌食症的定义特征是什么？
▶如何区分暴食障碍和贪食症？

尽管本章中我们将要讨论的一些障碍可能是致命的，但是大多数人都没有意识到这些障碍已经广泛地存在于我们周围。这些障碍在20世纪五六十年代开始增加，并在接下来的几十年里迅速蔓延。在**神经性贪食**（bulimia nervosa）中，患者进食失控或**暴食**（binges）之后接着常会出现自我催吐、过度使用泻药或其他形式的食物“清除”行为。而在**神经性厌食症**（anorexia nervosa）中，患者仅吃最少量的一点食物，所以有时他们的体重会降到很危险的程度。在**暴食障碍**（binge-eating disorder）中，个体反复出现暴食，并因此而感到烦恼，但并不准备去清除这些食物。这些相关障碍的主要特征是患者想要过度地、全面地变瘦。对神经性贪食症患者的长期追踪显示，超过20%的人会因为这种障碍而死亡，约5%的人会在10年内死亡（例如，参见Keel et al.，2003；Millar et al.，2005；Papadopoulos，Ekbom，Brandt，& Ekselius，2009；Theander，1985；Zipfel，Lowe，Deter，& Herzog，2000）。厌食相关问题所导致的死亡中，有30%的人死于自杀，是普通人自杀死亡风险的50倍（Agras，2001；Chavez & Insel，2007；Keel et al.，2003；Thompson & Kinder，2003）。

据最近的数据，越来越多来自不同国家的证据显示，1960—1995年以来，进食障碍在西方国家快速扩散并增加（Bulik et al.，2006；Hoek，2002）。例如，伊始勒斯和他的同事们（Eagles et al.，1995）的研究表明，进食障碍在苏格兰以超过5%的速度稳定增长。

更让人关注的是神经性贪食症的数据。加尔纳和费尔伯恩（Garner & Fairburn，1988）回顾了一个加拿大进食障碍中心的就诊率。结果发现，在1975—1986年间，神经性厌食症的就诊率上升缓慢，但是神经性贪食症的就诊率却迅速上升——从每年几乎为零，到每年140例。在世界其他地方 212
的研究也报告了类似的结果（Hay & Hall，1991；Lacey，1992），虽然最近的调查显示，贪食症的患病率趋于稳定，甚至在20世纪90年代开始从高点回落（Keel，Heatherton，Dorer，Joiner，& Zalta，2006）。前面提到的数字意味着，与正常人群的死亡率相比，进食障碍患者的死亡率增加了

6 倍（Crisp，Callender，Halek ，& Hsu，1992；Papadopoulos et al.，2009）。在 2000 年出版的 DSM-Ⅳ中，进食障碍首次作为单独的一组障碍被列入。

如果进食障碍在各种不同人群中都曾发生的话，那么其在 20 世纪下半叶的持续增加就会令人费解。让这种障碍更为引人注目的是其文化特异性。直到现在，进食障碍都没有在一些发展中国家或地区出现过，因为在这些国家或地区，人们还需要为得到足够的日常食物而斗争；只有在西方——食物极大丰富的地方——才如此猖獗。现在，这种情况正在发生改变。有证据表明，进食障碍正在变得全球化。另外，对来自亚洲的健康专业人士的非系统化访谈（Efon，1997）和许多正式的研究（Lee，1993）均显示，在一些国家或地区，尤其是日本和中国香港地区，进食障碍的患病率正在接近美国和其他西方国家。

并不是世界上的每个人都处于进食障碍的危险中。进食障碍只倾向于在一小部分人群中出现。超过 90% 的严重案例是年轻女性，她们大多来自中上阶层，且生活在充满竞争的环境中。这群患有进食障碍的女孩和年轻女性正越来越多地在互联网上通过的“pro-ana”（厌食支持者）和“pro-mia”（贪食支持者）网站和社交网络找寻彼此，在这里她们能得到支持，甚至在一些情况下得到鼓励（Peng，2008；pro-ana-nation，2010）。

进食障碍在性别、年龄和社会阶层上的极大差异是不平衡的，这使对其病因的探索变得更有价值。与其他大多数障碍不同，对进食障碍影响最大的因素不是生理或心理因素，而是社会文化因素。

肥胖（obesity）并不是 DSM 中一种正式的障碍，但是，我们在这里提出来，是因为在当今世界，肥胖被认为是公共卫生部门面对的最危险的流行病之一。最近的调查表明，在美国，接近 70% 的成人超重，而大约 30% 的人达到了肥胖的标准 (Flegal，Carroll，Ogden，& Cutin，2010)。最近数十年来肥胖的患病率一直在增长，尽管现在已经开始趋于平稳（Flegal et al.，2010；Ogden et al.，2006）。体重过轻、过重和肥胖的标准都将在后面讨论，但是它们都是以体质指数（body mass index，BMI）为基础的，这一指数与体脂具有高相关。在给定的身高条件下，超重越多，对健康的威胁越大。这些威胁十分广泛，包括许多疾病患病率的增加，例如心血管病、糖尿病、高血压、脑卒中、胆囊疾病、呼吸系统疾病、肌肉骨骼问题以及与激素相关的癌症（Flegal，Graubard，Williamson，& Gail，2005；Henderson & Brownell，2004；Must et al.，1999；Williams，Wake，Hesketh，Maher，& Waters，2005）。将肥胖问题纳入本章的原因在于，肥胖是由摄入的卡路里远远超过了正常的能量消耗所需导致的。这种行为使正常情况下的能量消耗被扭曲——与正常对照群体相比，肥胖的人吃得过多，锻炼得过少。他们确实是这样。虽然正如后面会谈到的，吃得过多和锻炼过少的倾向毫无疑问有遗传方面的作用，但是，肥胖被视为一种进食障碍的原因是这种障碍的核心表现：过度进食。

神经性贪食症

你可能因为自己或者朋友的经历对神经性贪食症很熟悉。这是大学校园中最普遍的心理障碍之一。让我们来看看菲比的例子。

菲比：显然很完美

菲比是一个典型的美国女孩：时尚、有魅力、聪明、能干。高三毕业的时候，她已经取得了许多成就。整个高中期间她都是班长，高中二年级时是返校节皇后，高中三年级时是舞会皇后。她与橄榄球队的队长约会。菲比有许多才能，尤其是她美妙的歌喉和优秀的芭蕾舞技。她参加了学校的多个运动队。菲比一直保持着 A− 的平均成绩，被认为是学生的典范，并顺利进入了一所一

神经性贪食症　一种进食障碍，其特点是反复发作的无节制过度进食（暴食），伴随为排出食物而进行的补偿性行为（例如故意催吐、滥用泻药以及过度运动）。

暴食　无节制过度进食（通常是食物或酒精）现象的一个相对短暂的发作。

神经性厌食症　一种进食障碍，其特点是反复拒食，并导致危险性的低体重。

暴食障碍　一种进食模式，其困扰包括不涉及补偿行为的暴食行为；被认为是一种新的 DSM 诊断类别。

肥胖　过多的体脂导致体质指数（体重与身高的一种比率）达到或超过 30。

流的大学。

但是菲比有一个秘密：她被自己长得又胖又丑的念头所困扰。每咬一下嘴里的食物，她都在心里觉得那是在不可阻挡地走向一条不归路，这条路将终结她所有的成就与辉煌。菲比从11岁开始就关注自己的体重。作为一个曾经的完美主义者，她从高中就开始控制自己的进食。她不吃早饭（经常遭到她母亲的抗议），中午只吃一小包脆饼干，不论晚餐吃什么，她总是控制自己只吃一半的量。

这种行为延续到了高中，但是不同的是，当菲比努力控制自己的进食时，偶尔会暴吃一顿垃圾食品。有时在暴食之后，她会把手伸进喉咙里（有一次她还尝试用牙刷），但是，这种方法并不成
213 功——她并没有吐。到高中三年级的时候，菲比开始不停地为该吃什么、什么时候吃所困扰。她用尽自己所有的意志力来控制自己不去吃，但是有时候她也会失败。在高中三年级秋季学期的一天，她放学回到家里，独自坐在电视机前，吃完了两大盒蜜饯。沮丧、内疚、绝望使她冲到洗手间，把手伸进喉咙，这一次比过去都更深，她吐了出来，并不停地吐。尽管这一切让她精疲力竭，并不得不躺了半个小时，但是菲比感到一种在暴食之后从未有过的，如此强烈的从焦虑、内疚和紧张中解脱的感觉。她知道自己刚吃完了所有的蜜饯，而现在她的胃已经排空了。这似乎是她的问题的如此完美的一个解决。

菲比很快就知道了她可以把哪些食物轻松地吐出来。而且她总是大量地喝水，并更严格地限制自己的进食。她在学校几乎不吃东西，但放学后，她就会买上一打炸面包圈和一盒曲奇饼。回到家，她还会再做一碗爆米花。

在接下来的时间，她会不停地吃，强迫自己吃完所有的炸面包圈、曲奇和爆米花，直到她的胃开始作痛。最后，在厌恶和解脱的混合感觉里，她开始清除，强迫自己把吃的东西吐出来。当她完成这一切后，她会站到体重计上开始称体重以确保她没有变胖，然后虚脱地倒在床上睡半个小时到一个小时。

这些例行的行为持续了6个月，直到高三那一年的四月份。那时，菲比的精力极大下滑，并且她的学业表现也越来越差。她的老师注意到这个情况，并发现她的状态看起来很糟糕。她总是很疲倦，脸部浮肿，特别是嘴唇周围。她的老师和母亲怀疑她在进食上出了一些问题。在他们的质问下，她的问题最终被公开了。

为了减少菲比暴食和清除的机会，她的母亲重新安排了自己的时间表，以确保菲比下午放学后，她也在家里。总体而言，她的父母尽量减少菲比独处的机会，尤其是在饭后。这种策略的作用只维持了1个月。因为极度担心体重增加，以及失去魅力，菲比恢复了她的模式，但这一次，她变得更善于隐藏了。在6个月的时间中，菲比大约每周会出现15次暴食和清除行为。

在菲比离开家去读大学的那个秋天，情况变得更困难了。现在她有了一个竞争的室友，因此，她比从前更确信必须要保守这个秘密。尽管学生健康服务中心为刚入学的女性新生提供了与进食障碍相关的工作坊和研讨会，但是菲比知道她为了避免体重增加的危险，绝对不能打破这个行为模式。为了避开公共洗手间，她会跑到附近一个废弃的建筑内去呕吐。大学中的社交活动常常要喝啤酒、吃一些容易发胖的食物，所以她比以前呕吐得更加频繁了。然而，她还是增加了10磅（1磅约合0.45千克）的体重。体重增加在大学新生中是常见的情况，但有一天母亲无心地评价说她的体重似乎有所增加。这句评价对菲比却是毁灭性的。

她一直保守着这个秘密，直到大二那一年，那时她的生活已经崩溃了。一天晚上，在一个聚会上喝过许多啤酒之后，菲比和她的朋友去了肯德基。尽管菲比没有真正地暴食，因为她的朋友在场，但她还是吃了很多炸鸡，这是她的清单中绝对禁止的东西。她感到内疚、焦虑和紧张，怕体重增加。她的胃开始抽动，并伴随着疼痛，但是当她试图呕吐的时候，她的呕吐反射好像消失了一样。菲比一下子陷入了歇斯底里，她叫男朋友过来，告诉男朋友她打算自杀。她的大声哭泣和喊叫引起了朋友们的注意，大家试图安慰她。此时，菲比意识到，她的生活完全失控了，她需要专业的帮助。

临床描述

神经性贪食症的核心特征是，在与大多数人在同样的情况下，持续吃更多的食物——通常情况是垃圾食品多于水果和蔬菜（Fairburn & Cooper,

1993；Fairburn，Cooper，Shafran，& Wilson，2008）。尽管实际的卡路里摄入量的个体差异极大，但贪食症患者基本认同这种描述（Franko，Wonderlich，Little，& Herzog，2004）。与进食的数量同等重要的是，这种进食被体验为失去控制的（out of control）（Fairburn，Cooper，& Cooper，1986；Sysko & Wilson，2011），这一标准是暴食定义的主要部分。

另一个重要的标准是，个体试图用代偿方法来对抗暴食和潜在的体重增加，通常是**清除术**（purging techniques）。这些方法包括进食后立即自我催吐，就像菲比的案例一样，以及使用泻药（减
214 少便秘的药物）和利尿剂（通过大量增加排尿频率来减少体液的药物）。有些人两种方法都用，而另一些人则会尝试使用其他一些代偿方法。有些人采用过量运动的方法［尽管进行严格的运动通常是神经性厌食症的特征之一，但是戴维斯等（Davis ct al.，1997）发现，57% 的贪食症患者存在过量运动，而厌食症患者中则有 81% 存在过量运动］。其他人则在两次暴食之间长期禁食。神经性贪食症在 DMS-Ⅳ-TR 中有两种亚型：清除型（例如呕吐、使用泻药或利尿剂）和非清除型（例如运动或禁食）。但是非清除型非常少见，仅占贪食症患者的 6%～8%（Hay & Fairburn，1998；Striegel-Moore et al.，2001）。

清除并不是减少卡路里摄入的有效方法。呕吐大约能减少摄入卡路里的 50%，如果延迟的话，减少的卡路里会更少（Kaye，Weltzin，Hsu，McConaha，& Bolton，1993）；使用泻药和相关方法的作用就更小了，因为实施这些行为时，通常都已在暴食后很长时间了。

除 DSM-Ⅳ的诊断标准外的一个更重要的特点是很清晰地出现在菲比身上的心理特征。即，尽管她取得了一定的成就和成功，但是她还是认为她的持续受欢迎和自尊在很大程度上是由她的体重和体形决定的。加芬克尔（Garfinkel，1992）指出，在 107 名寻求治疗的神经性贪食症患者中，只有 3% 没有这种态度。近期的研究也证实，神经性贪食症患者的一些重要症状（如暴食、清除、过分关注体形等）会在患者身上同时出现，这更有力地支持了诊断分类的有效性（Bulik，Sullivan，& Kendler，2000；Fairburn，Cooper，Shafran，& Wilson，2008；Fairburn，Stice，et al.，2003；Franko et al.，2004；Gleaves，Lowe，Snow，Green，& Murphy-Eberenz，2000；Keel，Mitchell，Miller，Davis，& Crow，2000）。DSM-Ⅳ标准中的一个问题是，“非清除型”这一亚型已被证明很难定义，因此可能不必放进 DSM-5 中（van Hoeken，Veling，Sinke，Mitchell，& Hoek，2009）。

医学后果

清除型的慢性贪食症会有很多的医学后果（Mehler，Birmingham，Crow，& Jahraus，2010；Pomeroy，2004）。其中之一是由反复呕吐而导致唾液腺增大，从而使得脸看起来丰满一些。这在菲比身上也很明显。反复呕吐还会导致牙齿表面的牙釉质腐蚀和食管撕裂。更重要的是，持续的呕吐还会破坏体液的化学平衡，包括钠和钾的水平。这种情况被称作电解质失衡，如果不加以注意，会导致一系列医学后果，包括心律不齐（心跳中断）或心悸、肾衰竭，所有这些都是致命的。与年龄、体重匹配的健康对照组相比，年轻的女性暴食症患者还会形成更多的体脂（Ludescher et al.，2009），而这正是她们努力想要避免的。进食习惯的正常化会很快扭转这些失衡。由滥用泻药导致的肠道问题也是很严重的，这些问题包括便秘或永久的结肠损伤。最后，

DSM 诊断标准概要

神经性贪食症

神经性贪食症的症状包括：

- 反复出现暴食，其典型特征是，在两个小时之内能够反常地吃掉大量的食物，并在此阶段伴随对进食的失控感。
- 反复出现不恰当的代偿行为，以防止体重增加，这些行为包括自我催吐、使用泻药、禁食，或过量运动。
- 暴食和不适当的代偿行为平均每周至少2次，并至少持续3个月。
- 极度关注体形和体重。

资料来源：Based on DSM-Ⅳ-TR. Reprinted with permission from *Diagnostic and Statistical Manual of Mental Disorders* (4th ed., text revision). ©2000 American Psychiatric Association.

清除术　在神经性贪食症进食障碍中，通过自我催吐或滥用泻药以补偿过量食物摄入。

一些神经性贪食症患者的手指或手背上会长出老茧，这是她们反复地用手抠喉咙来刺激呕吐反射时，手与牙齿和喉咙摩擦的结果。

相关心理障碍

贪食症个体通常还存在其他多种心理障碍，尤其是焦虑障碍和心境障碍（Sysko & Wilson，2011）。我们将 20 名神经性贪食症患者与 20 名惊恐障碍、20 名社交恐惧症患者进行了比较（Schwalberg，Barlow，Alger，& Howard，1992）。最令人震惊的结果是，75% 的神经性贪食症患者同时还患有一种焦虑障碍——例如社交恐惧症或广泛性焦虑障碍。这一结果接近于近期对进食障碍及相关伴随心理障碍患病率的全美调查的结果，这一调查发现贪食症患者中大约 80.6% 的人在其生命的某一阶段还患有焦虑障碍（Hudson et al.，2007）。但是，在施沃伯格等（Schwalberg et al.，1992）调查的焦虑症患者中，却没有发现同等比例的进食障碍患病率。心境障碍，尤其是抑郁症，也经常与贪食症共病，在访谈中，大约 20% 的贪食症患者亦满足某种心境障碍的诊断标准，而 50% 到 70% 的贪食症患者在其患病的某一阶段会满足诊断标准（Agras，2001；Hudson et al.，2007；Sysko & Wilson，2011）。

多年以来，一个突出的理论认为：进食障碍是抑郁的表达方式之一。但是大多数证据表明，抑郁在贪食症之后出现，并且对贪食症有反作用（Brownell & Fairburn，1995；Hsu，1990）。实际上，
215 物质滥用往往与神经性贪食症相伴而生。例如，肯德勒和他的同事（Kender et al.，1991）调查了 2 000 多对不需要治疗的双生子，结果发现贪食症患者的酗酒率（15.5%）更高。基尔等（Keel et al.，2003）报告，在他们的贪食症、厌食症或两种障碍都有的样本中，有 33% 同时达到了物质滥用的诊断标准，包括酒精和药物的滥用。总而言之，与心境障碍和物质滥用障碍相比，贪食症似乎与焦虑障碍的关系更强。这些患者的情绪不稳定和追求新奇的典型特性可能可以解释这些共病的模式。

神经性厌食症

绝大多数贪食症患者的体重在他们正常体重的 10% 以内（Hsu，1990）。与此相反，神经性厌食症（字面意思是“神经性的胃口丧失”，这是一种不正确的定义，因为厌食症患者食欲是正常的）患者与贪食症患者有一个重要差别。前者在减轻体重方面如此成功，以至于把自己的生命推向了危险的边缘。神经性厌食症和贪食症都有共同的特征，就是对体重增加的恐惧和对过量进食的失控。二者的主要区别看起来是个体是否成功地减轻了体重。厌食症的个体为其节食和超凡的控制力而感到骄傲。贪食症的个体则因为自己的进食行为和缺乏控制而感到羞愧（Brownell & Fairburn，1995）。下面来看看朱莉的案例。

朱莉：越瘦越好

朱莉 17 岁时第一次寻求帮助。她看起来消瘦并且不健康。18 个月之前，她曾经超重，身高 5 英尺 1 英寸（约合 1.55 米），体重 140 磅。她的母亲，一个好心但是专横而苛求的人，不断地唠叨朱莉的外表。她的朋友们都亲切但同样无情。朱莉从来没有过一次约会，她的朋友告诉她，如果她减掉一些体重，那么她看上去是很可爱的，而且一定不会为没有约会而烦恼。所以她就开始减肥了。在之前很多次不成功的尝试之后，她决定这次一定要成功。

在严格地节食几周之后，朱莉发现她的体重减轻了。她感到了前所未有的控制感。很快，她就得到了许多积极的评价，不仅来自她的同学，也来自她的母亲。朱莉开始自我感觉良好。问题是她的体重减轻得太快了。她开始停经。但是现在已经没有什么能停止她节食的步伐。她来我们诊所的时候，体重只有 75 磅。她的父母开始替她担忧。实际上，朱莉最初并不是因为她的进食行为来寻求治疗的，而是因为她的左小腿和左脚有些麻痹，即脚的前端无力抬起——一个神经科医生认为导致她腹膜神经性麻痹的是营养不良。因此神经科医生把她转介到我们的诊所。

和大多数厌食症患者一样，朱莉说她可能需要增加一些体重，但是她没打算这么做。她认为自己看起来不错，但是她“对所有食物失去了胃口”，但这种说法可能并不真实，因为大多数厌食症患者至少在有些时候是渴望食物的，只是她们控制住了自己。此外，她仍持续参加绝大多数平时参与的活动，而且在学校和课外活动中表现优秀。他的父母

很乐意为她买体育锻炼所需的录像带，她开始每天做一次，然后是每天两次。当她的父母指出她的运动量已经足够，甚至太多的时候，她就会在没有人在场的时候进行锻炼。在每顿饭之后，她都会跟着录像进行运动，直到她认为自己已经燃烧掉了所有刚刚摄入的卡路里。

厌食症在年轻明星和模特界中造成的悲剧性后果已经在媒体中得到了很多的宣传。2006 年 11 月，21 岁的巴西模特赖斯顿（Ana Carolina Reston）死了，当时她体重只有 88 磅。她身高 5 英尺 8 英寸，但 BMI 值仅有 13.4（16 被认为是饿死的值）。几乎同时，首先是西班牙，接着意大利、巴西和印度都颁布禁令，要求 BMI 值低于 18 的模特禁止参加顶级时装秀（30% 的西班牙模特被排斥在外）。目前尚不清楚这些禁令是否会影响这些国家的人们对理想身材的流行观念。

临床描述

神经性厌食症没有贪食症那么常见，但是它们在很大程度上是重叠的。例如，很多贪食症患者都有厌食症的历史。也就是说，她们曾经采用禁食来减轻体重而达到期望体重之下（Fairburn，Cooper，Shafran，& Wilson，2008；Fairburn，Welch，et al.，1997）。

尽管体重的减轻是神经性厌食症最明显的特点，但这并不是障碍的核心。很多人都会因为医学原因而减轻体重，而厌食症的个体则是因为对肥胖

DSM　诊断标准概要

神经性厌食症

神经性厌食症的症状包括：

- 拒绝体重维持正常或稍高于正常水平。
- 对体重增加有强烈的恐惧。
- 对自己体重和体形不正确的评估，或否认自己现有的低体重可能的严重后果。
- 停经。

资料来源：Based on DSM-Ⅳ-TR. Reprinted with permission from *Diagnostic and Statistical Manual of Mental Disorders* (4th ed.，text revision). ©2000 American Psychiatric Association.

具有强烈的恐惧，所以一味地追求变瘦（Fairburn，Cooper，Shafran，& Wilson,2008；Garfinkel & Garner，1982；Hsu，1990；Schlundt & Johnson，1990；Stice，Cameron，Killen，Hayward，& Taylor，1999）。就像朱莉，这种障碍通常在那些超重或感觉自己超重的青少年身上多见。于是，她开始节食，然后逐步发展出希望变瘦的强迫观念。严格的甚至惩罚性的运动很常见（Davis et al.，1997）。体重的急剧下降是通过严格限制卡路里的摄入或限制卡路里摄入与清除行为相结合而实现的。

DSM-Ⅳ区分了两个类型的神经性厌食症。在限 216
制型中，个体节制卡路里的摄入；而在暴食－清除型中，他们依赖于清除。不同于贪食症个体，暴食－清除型神经性厌食症患者暴食的食物量相对更少，但却更频繁地清除，有些患者甚至每次进食后都要清除。大约一半的符合神经性厌食症诊断的个体热衷于暴食和清除行为（Agras，1987；Carfinkel，Moldofsky，& Garner，1979）。对 136 名厌食症个体进行 8 年追踪的预测数据表明，这两种亚型的个体在症状的严重程度和人格方面没有差异（Eddy et al.，2002）。当时，已经超过 62% 的限制型患者有过暴食或清除行为。因此，与其说区分两种亚型有助于预测障碍的发展历程，不如说这反映了厌食障碍某个特定的阶段或状态。这在最近的一项研究中得到了证实（Eddy et al.，2008）。因此，DSM-5 可能会采纳将分型仅限于指代最近 3 个

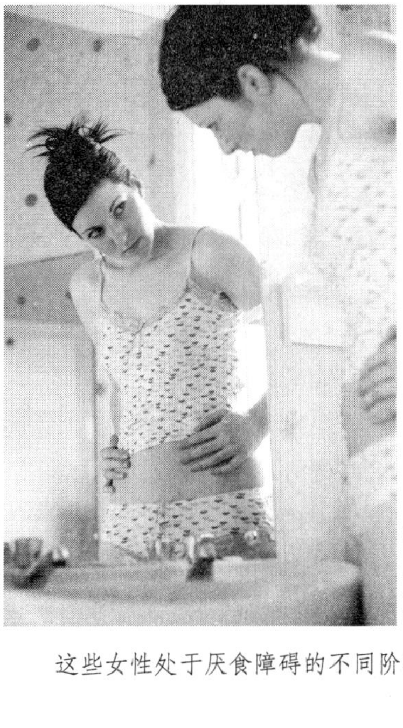

Chris Rout/Alamy

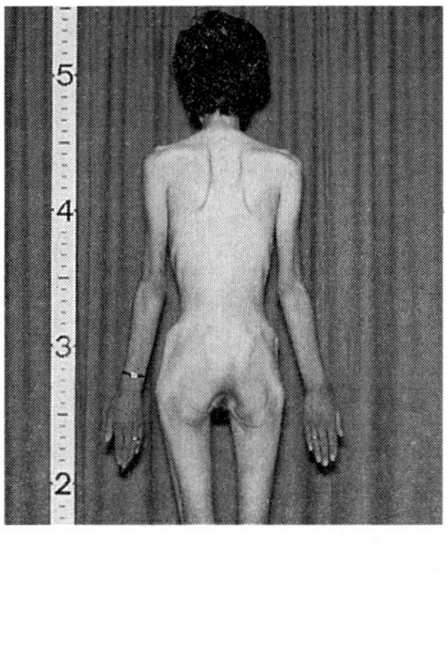

NMSB/Custom Medical Stock

这些女性处于厌食障碍的不同阶段。

月状况的意见（Peat，Mitchell，Hoek，& Wonderlich，2009）。

厌食症患者对其体重减轻从来没有满意过。两天之中体重保持不变或有一点点增加，都可能引起她们强烈的惊慌、焦虑和抑郁。只有体重持续数周每天都在减轻，她们才会满意。尽管DSM-Ⅳ诊断标准规定的体重偏离为低于正常的15%，但患者来寻求治疗时，其体重平均低于正常体重的25%～30%（Hsu，1990）。厌食症的另一个关键标准是明显的体像障碍。当朱莉照镜子时，她所看到的自己与他人看到的有所不同。他人看到是一个由半饥饿状态而造成的消瘦、病态、虚弱的女孩。而朱莉看到的则是一个身体某个部位至少还需要再减少几磅的女孩。对于朱莉而言，她的脸和臀部就是这样的部位。其他女孩可能会更关注身体的其他部分，例如胳膊、腿或者腹部。

在看过无数医生之后，像朱莉这样的患者开始变得“嘴甜”，她们知道人们希望听到什么。她们可能会同意她们的体重的确过轻，需要再增加几磅——但实际上她们并不相信。进一步询问的时候，她们会告诉你镜子中的那个女孩仍然很胖。因为这个原因，厌食症患者几乎不会主动寻求治疗。通常是迫于家庭中其他成员的压力，才有她们的初次治疗，就像朱莉的案例（Agras，1987；Fairburn，Cooper，Shafran，& Wilson，2008）。可能是为了证明对自己进食的绝对控制，一些厌食症患者会对烹调和食物越来越感兴趣。他们中的一些人可能因此而成为优秀的厨师，例如为家人准备所有的饮食。还有一些人则在他们的房间里囤积食物，并时不时去看一下。

医学后果

神经性厌食症的一个常见的医学后果是月经停止（停经），这种现象在贪食症患者中也很常见（Crow，Thuras，Keel，& Mitchell，2002）。这种特征可以成为禁食程度的客观物理指标，但不是一定的。因为它并不是在所有案例中都出现（Franko et al.，2004）。因为这种不确定性，停经可能会在DSM-5诊断标准中被删除（Attia & Roberto，2009；Fairburn，Cooper，Shafran，& Wonderlich，2005）。厌食症的其他一些医学指标和症状包括皮肤干燥、头发或指甲干枯易断，以及对寒冷敏感或缺乏忍受能力。另外，四肢和脸颊出现绒毛或毫毛也很常见。心血管问题，例如慢性低血压和心率过慢也是厌食症的后果。如果厌食症患者同时存在呕吐，那么就像贪食症患者一样，也会出现电解质失衡，以及由此带来的心脏和肾脏问题（Mehler et al.，2010）。

相关心理障碍

与神经性贪食症一样，焦虑障碍和心境障碍也经常出现在厌食症患者身上（Agras，2001；Kaye et al.，1993；Sysko & Wilson，2011；Vitiello & Lederhendler，2000），71%的患者会在生命中的某 217
一个时刻出现抑郁（Godart et al.，2007）。一个有趣的现象是，一种焦虑障碍，强迫症（OCD）（见第4章；Keel et al.，2004）看起来常与厌食症同时出现。对于厌食症患者来说，不愉快的想法主要集中在体重增加上，个体会努力采取各种行动，其中一些是仪式性的，以摆脱这些想法。物质滥用在神经性厌食症患者中也很常见（Keel et al.，2003；Root et al.，2010），并且它与厌食症结合，将会是死亡——尤其是自杀——的有力的预测因素。

暴食障碍

自20世纪90年代开始，研究就集中于这样一群人：他们经历着明显的痛苦，因为他们虽然暴食，但却没有过度的补偿行为，并因此而不能被诊断为贪食症（Castonguay，Eldredge，& Agras，1995；Fairburn et al.，1998；Spitzer et al.，1991）。这些人患有暴食障碍（BED）。目前，BED作为一种新的潜在病种被列入DSM-Ⅳ-TR附录以待进一步研究，但是已经基本确定作为一种正式的分类被纳入DSM-5（Wonderlich，Gordon，Mitchell，Crosby，& Engel，2009）。支持这一区分的证据包括与其他进食障碍相比不同的遗传模式（Bulik et al.，2000），以及在男性中更高的患病率、发病时间更迟等。另外，与其他进食障碍相比，该障碍缓解的可能性更高，并且治疗效果也更好（Striegel-Moore & Franko，2008；Wonderlich et al.，2009）。

在减肥群体中常常能发现那些符合BED标准的人。例如，布罗迪等（Brody，Walsh，& Devlin，1994）在对一个中等肥胖的减肥群体的研究中发现，18.8%的人符合BED的诊断标准。对另一个由不同肥胖程度的参与者构成的减肥群体的研究则显示接近30%的人符合BED的诊断标准（例如，参见

Spitzer et al.，1993）。但是亨德森及其同事（Hudson et al.，2006）则认为 BED 是一种一组相互独立的因素所致的障碍，这些因素使 BED 患者与肥胖但未患有 BED 的人相互区别，但却与更严重的肥胖相联系。一个普遍的共识是，减肥人群中大约 20% 的肥胖者存在暴食行为，而那些准备接受减肥手术（用手术来纠正严重的或病态的肥胖）的人群中，这一比例则接近 50%。费尔伯恩等（Fairburn et al.，2000）选择了 48 名存在 BED 的个体，并对其中 40 人进行了 5 年的追踪。这一群体的预后相当好，在 5 年追踪期结束时，仅有 18% 的人仍然满足 BED 的全部诊断标准。然而，到 5 年追踪结束时，这一群体中过度肥胖的比例却从 21% 上升到了 39%。

BED 患者中，大约一半的人在暴食之前曾经尝试节食，另一半人则是先出现暴食，然后尝试节食（Abbott et al.，1998）。那些从暴食首先开始的患者受 BED 的影响更大，同时附加障碍也更多（Spurrell，Wilfley，Tanofsky，& Brownell，1977）。另外，越来越清楚的是，BED 患者有一些与厌食症或贪食症患者类似的对体形和体重的关注，这使他们与未患有 BED 的人相区别（Fairburn，Cooper，Shafran，& Wilson，2008；Goldschmidt et al.，2010；Grilo，Masheb，& White，2010；Hrabosky，Masheb，White，& Gtilo，2007）。大约 33% 的 BED 患者用暴食来缓解“坏心情”或消极情绪（例如，参见 Grilo，Masheb，& Wilson，2001；Stice et al.，2001）。与 67% 的不使用暴食来调节情绪的人相比，这些个体的心理困扰更多（Grilo et al.，2001）。

数据统计

有记载的贪食症案例可以追溯到几千年之前（Parry-Jones & Parry-Jones，2002），但是神经性贪食症作为一种独特的心理障碍，直到 20 世纪 70 年代才被确认（Boskind-Lodahl，1976；Russell，1979）。因此，患病率的信息只有近期的。

在接受过治疗的患者中，绝大多数贪食症患者是女性（90%～95%），大多数是白人并且处于中等及以上的社会阶层。贪食症男性一般发病年龄较迟，并且大多数是男性同性恋或双性恋（Rothblum，2002）。例如，卡拉特等（Carlat，Camargo，& Herzog，1997）收集了 135 名男性进食障碍患者的资料，并且追踪了 13 年，结果发现，42% 的患者要么是同性恋要么是双性恋，这一比例远高于异性恋群体中进食障碍的患病率（Feldman & Meyer，2007）。患有进食障碍的另一大男性群体是那些从事需要控制体重的体育项目（例如摔跤）的男性运动员（Ricciardelli & McCabe，2004）。在女性中，青少年期女性的风险最高。近期一项对 496 名青少年期女性持续 8 年的调查显示，到 20 岁时，12% 的人出现过某种程度的进食障碍（Stice，Marti，Shaw，& Jaconis，2009）。在另一项严格的前瞻性研究中，研究者对 1 498 名大学新生（女生）的进食相关问题进行了 4 年追踪。结果发现，仅有 28% ～ 34% 的人不关注进食问题。但是 29% ～ 34% 的女生因担心体重或体形而持续限制饮食，14% ～ 18% 的女生存在过度进食或暴食，14% ～ 17% 的女生同时存在节食与暴食，6% ～ 7% 的女生出现了广泛的类贪食症现象。并且，这种趋势在她们 4 年的大学生活中相对稳定（Cain，Epler，Steinley，& Sher，2010）。

另一种稍微不同的观点来自对整体人群的调查，而不只是特殊的青少年群体，最确定的研究出现于 2007 年（Hudson et al.，2007）。这些来自全美共病调查的结果反映了进食障碍的终身患病率和 12 个月患病率。其内容不仅包括这里所描述的三种主要进食障碍，同时亦包括“阈下”BED。所谓阈下 BED 是指， 218
暴食发生率足够高，但是其他的一些诊断标准，例如与暴食相联系的“明显痛苦”则往往不满足。因此，这种障碍并不满足 BED 的“阈限”标准。此外，有人建设在 DSM-5 中，BED（或阈下 BED）的诊断仅需满足 3 个月的持续期标准即可，而不是 DSM-Ⅳ-TR 要求的至少持续 6 个月。这样，该调查中所报告的 BED 的患病率将比采用 6 个月持续期的诊断标准时可能会有所提升。最后，如果暴食现象在持续 3 个月的时间内每周至少发生两次，那么即使它只是表 6–1 中其他四种障碍的某一个症状而不是某一种障碍，这种情况亦应被列入“其他暴食”类。后一种分类提供了暴食现象的整体图景。这些数据均列在表 6–1 中。正如你能够看到的，除了阈下 BED 外，女性进食障碍的患病率都稳定地高于男性 2 ～ 3 倍。这一性别比反映了比其他样本稍高一点的男性比例，但是因为在进食障碍研究中男性极少，因此，这一结果并不完全可靠。在这项研究中没有发现有持续时间超过 12 个月的厌食症患者，但是在芬兰进行的基于电话访谈的一项大型研究发现，厌食症的终身患病率较高，达到2.2%，并且其中一半的患者并未被卫生健康系统发现（Keski-Rahkonen et al.，2007）。所以，很可能许多研究中的患病率被低估了。

表6-1　DSM-Ⅳ-TR中进食障碍及相关问题的终身和12个月患病率估计

	男性（%）	女性（%）	总体
1. 终身患病率			
神经性厌食症	0.3	0.9	0.6
神经性贪食症	0.5	1.5	1.0
暴食障碍	2.0	3.5	2.8
阈下暴食障碍	1.9	0.6	1.2
其他暴食	4.0	4.9	4.0
2. 12 个月患病率 *			
神经性贪食症	0.1	0.5	0.3
暴食障碍	0.8	1.6	1.2
阈限下暴食障碍	0.8	0.4	0.6
其他暴食	1.7	2.5	2.1
（*n*）被试人数	（1 220）	（1 760）	（2 980）

* 没有一例神经性厌食症达到 12 个月的标准。

资料来源：From Hudson et al. (2007). The prevalence and correlates of eating disorders in the national comorbidity survey replication. *Biological Psychiatry*，*61*，348-358. © Society for Biological Psychiatry.

所有进食相关障碍起病年龄的中位数位于18～21岁这个狭窄的年龄段上（Hudson et al.，2007）。例如厌食症，其发病年龄相当稳定，年轻的患者倾向于在15岁前发病，而贪食症患者则多在10岁以前发病，就像菲比那样。

如果不加治疗，贪食症一旦发生就会倾向于慢性化（Fairburn et al.，2000；Fairburn，Stice，et al.，2003；Hudson et al.，2007；Keel & Mitchell，1997）；有研究显示，在一个被诊断为贪食症的女性群体中，“求瘦倾向”及其伴随症状在诊断10年之后仍然还存在（Joiner，Heatherton，& Keel，1997）。在前面提到的一项对贪食症病程的重要研究中，费尔伯恩等（Fairburn et al.，2000）确定了一个含有102名神经性贪食症女性患者的群体，并对其中92名患者进行了5年的追踪。结果发现，每年都有大约1/3的患者会有所改善，并不再符合诊断标准，但是另外1/3之前已经好转的患者却又复发了。在5年研究中，每年年终时都会有50%～67%的患者出现严重的进食障碍症状，这说明这种障碍的预后相对较差。在另一个追踪研究中，费尔伯恩等（2003）报告对贪食症最强的预测因子是儿童期的肥胖史以及对变瘦的重要性的过分强调。同样，亨德森等（2007）的研究也发现一旦患上厌食症，特别是发病早又得到治疗的情况下，其病程就倾向于慢性——尽管不如贪食症那样持久。但是厌食症患者倾向于很长一段时间内保持较低水平的BMI值，并伴随对体形和体重的认知歪曲，这意味着即使他们不再符合厌食症的标准，也仍然会继续节食（Fairburn，Cooper，Shafran，& Wilson，2008）。也许正因为这个原因，从临床角度来看，厌食症被认为比贪食症更难治疗（Herzog et al.，1999；Vitiello & Lederhendler，2000）。一项对已经接受过治疗的患者的7年追踪研究显示，33%的厌食症患者在追踪的某个时间点上达到了完全缓解，而贪食症患者的这一比例则达到66%。

跨文化思考

我们已经讨论过厌食症和贪食症所具有的很高的文化特异性。一个具有警示性的发现是，那些新近移民到西方国家的个体身上出现了这些障碍（Anderson-Fye，2009）。其中一个最有趣的研究是纳瑟在1986年对伦敦的50名埃及女大学生和开罗的60名埃及女大学生所做的调查（Nasses，1988）。在开罗的被试中未发现进食障碍，但在英国的埃及女性中则发现12%的人出现了进食障碍。

进食障碍的患病率在大多数北美少数族群中的差异较大。这些少数族群包括非洲裔美国人、西班牙裔美国人、美国原住民以及亚裔美国人。与美国白人相比，非洲裔和亚裔美国女性中进食障碍的患病率更低，西班牙裔女性中的患病率与其接近，而美国原住民中的患病率则与其更为接近（Crago， *219*
Shisslak，& Estes，1997）。总体而言，这些调查显示，与白人青少年女孩相比，非洲裔美国青少年女孩对身体的不满更少、对体重关注更少、对自我形象持更积极的态度，并且她们知觉到的自己的体重比实际更瘦（Celio，Zabinski，& Wilfley，2002）。格林伯格和拉波特（Greenberg & LaPorte，1996）在一项实验中观察到，年轻的白人男性比黑人男性更喜欢偏瘦的女人，这也支持了非洲裔美国妇女中进食障碍的患病率较少的结果。

在一些少数族群中，清除行为的患病率相当高。

厌食症很少发生在北美黑人妇女中。

在绝大多数案例中，清除行为看起来都与肥胖相关。罗森及其同事（Rosen et al.，1988）发现，美国印第安齐佩瓦族女性中广泛存在着清除及其相关行为。她们中有74%的人节食，55%的人曾经采用过伤害性的减轻体重的技术（例如禁食和清除）；12%的人采用呕吐，6%的人报告使用过泻药或利尿剂。

在日本，神经性厌食症在十几岁的女孩中的患病率也低于北美的数据，但是，正如前面所提到的，这一比例在不断增加。尽管整个世界变得越来越西方化，但是在日本，对瘦的渴求或对超重的恐惧没有北美那么严重（Kawamura，2002）。

总之，厌食症和贪食症有很多相同之处，而且直到现在，仍然与西方文化紧密联系。另外，在西方少数族群中，进食障碍的发生频率和模式有所差别，但是都与对白人中产阶级价值观的认同密切相关。

发展性的思考

因为绝大多数案例始于青少年时期，所以，厌食症和贪食症很明显与发展有密切关系（Smith，Simmons，Flory，Annus，& Hill，2007）。正如斯特里恩格尔－摩尔等（Striegel-Moore，Silberstein，& Rodin，1986）以及艾蒂厄和布鲁克斯－冈恩（Attie & Brooks-Gunn，1995）所指出的，男孩和女孩身体发育的不同模式与文化影响一起共同作用导致了进食障碍的产生。进入青春期后，女孩体重的增加主要来自脂肪组织，而男孩则主要来自肌肉和无脂肪组织。因为西方国家的理想外貌是男性高大而肌肉发达、女性苗条而有活力，因此，身体发育会使男孩越来越接近于理想体形，而使女孩越来越远离理想体形。

进食障碍，尤其是神经性厌食症，有时也发生在不到11岁的儿童身上（Walsh，2010）。对超重的消极态度在3岁时就已经出现了，超过一半的6～8岁的女孩希望变得更瘦（Striegel-Moore & Franko，2002）。到了9岁，20%的女孩都表示要尝试减轻体重，到了14岁，40%的女孩报告会尝试减轻体重（Field et al.，1999）。

贪食症和厌食症都可能出现在晚年，尤其是在55岁以后。徐和齐默尔（Hsu & Zimmer，1988）报告，大多数晚年出现进食障碍的患者，其行为模式数十年都很少变化。然而，在这些少数晚发型进食障碍的案例中，我们仍然不清楚发病原因是什么。一般而言，对体形的关注会随着年龄的增加而减少（Tiggemann & Lynch，2001；Whitbourne & Skultety，2002）。

概念自测 6.1

为了考察你对进食障碍的理解，请将恰当的障碍类型填写在下面的空格中：(a)神经性贪食症；(b)神经性厌食症；(c)暴食障碍。

1. 吃大量食物时，曼尼不断出问题。他的体重已经因此而增加了许多。________
2. 有一天，我注意到伊莱娜吃了一个馅饼、一块蛋糕、两包薯片，当然她并不知道我看到了。吃完之后，她跑到洗手间，听声音似乎是在呕吐。这种障碍会导致电解质失衡，并会引起许多严重的健康问题。________
3. 峻延在短时间内吃了大量的食物。之后为了防止体重增加，她长时期地服用泻药并且运动。几个月来，她几乎天天如此。如果她的体重增加了哪怕只是1盎司（约合28.3克），她都会觉得自己是没有价值的、是丑陋的。________
4. 克尔斯滕的体重减轻了好几磅，现在她的体重还不到90磅。妈妈给她的食物她只吃很少一点点，而且她很担心如果每天摄入超过500卡路里，她就会发胖。自从体重减轻以来，克尔斯滕已经停经了。她认为镜子中的自己很胖。________

220

多样化讨论 影响进食障碍的文化因素

我们都需要进食。但是我们吃什么、吃多少，却受到我们自己文化的强烈影响。正如前面所提到的，文化因素均可部分解释进食障碍（例如神经性贪食症与神经性厌食症）患病率的性别、族群、地域差异。女性比男性容易出现进食障碍，美国的欧洲裔女性比非洲裔女性更容易患上进食障碍（Striegel-Moore et al.，2003）。

文化因素是如何使这些人群成为进食障碍的高发群体的？很大的可能性是因为不同文化的人们对理想体型所持有的信念不同。某种文化越重视“瘦”，这种文化中的人们就越希望自己的体形变得更苗条、更消瘦。有趣的是，研究显示，当女性的理想身材变得越来越苗条时（例如对过去数十年来《花花公子》杂志插页女郎和美国小姐选美赛参赛者的缩比测量），西方年轻女孩患进食障碍的比例就越来越高（Keel & Klump，2003）。

文化因素影响的证据——而不是一些在西方文化中起作用的遗传或其他生物因素——来自几项有趣的研究，这些研究探讨了文化变迁是如何影响进食障碍的患病率的。这些研究显示，西方大学中那些来自东方或中东的女生，在西方文化中生活期间进食障碍的患病率明显高于那些仍然在她们自己的文化中生活的女生（Mumford，Whitehouse，& Platts，1991；Nasser，1988）。有人可能会认为，影响女性选择到西方学习的某些因素导致了这一结果。但是，西方文化的一些特征（例如女性以“瘦”为美的观念）对进食障碍的影响的进一步证据，则来自斐济1995年引进电视以后研究者所做的一项关于斐济女孩进食问题演变的有趣研究。在第一次看电视1个月后，7.9%的斐济女孩报告了暴食现象，并且在之后的三年中自我催吐的比例从0上升到11%（Becker，Burwell，Gilman，Herzog，& Hamburg，2002）。对这些斐济女孩的访谈显示，她们是在看了电视后开始重视自己进食行为模式的。这提供了西方文化对斐济女孩进食行为影响的证据。总之，尽管进食障碍确实存在遗传的影响因素，但是这些研究强调了文化能够对个体的自我意象、进食习惯，以及发展形成进食障碍的可能性造成强烈的影响。

进食障碍的病因

➤ 哪些社会、心理和神经生物因素会导致进食障碍？

与本书所谈到的所有其他障碍一样，生物、心理和社会因素共同促成了这些严重的进食障碍的出现。但是越来越多的证据表明，最重要的影响因素是社会和文化因素。

社会维度

记住，厌食症和贪食症是已被证实的文化特异性最高的心理障碍。是什么驱使如此多的年轻人以半饥饿状态或清除行为来惩罚或威胁自己的生命？对许多年轻的西方女性来说，外表好看比健康更重要。对中上层阶级竞争环境中的年轻女性而言，自我价值感、快乐和成功在很大程度上是由身体的尺寸以及脂肪的比例决定的，虽然这些因素从长远来看和个人的快乐和成功关系很小，甚至没有关系。文化对于消瘦的要求直接导致了节食行为，这往往是滑向厌食症和贪食症危险的第一步。

列维和斯莫拉克（Levine & Smolak，1996）提到了杂志和电视中“对苗条的赞颂”，杂志和电视中的绝大多数女性比一般的美国女性更瘦。电视中出现的超重男性比超重女性多出2～5倍，这样，来自媒体的变瘦信息显然是针对女性的。格拉比等（Grabe，Ward，& Hyde，2008）回顾了77个研究后发现，女性对自己的理想身材和媒体对“理想的苗条身材”的描绘有很大关系。一项对电视台黄金时段播出的情景喜剧的分析显示，12% 的女性观众正在节食，并且其中许多人对自己的身材做出了较低的评价（Tiggemann，2002）。汤普森和斯塔瑟（Thompson & Stice，2001）发现，女性进食障碍发展的风险和她们内化自媒体的“苗条为美”的观念直接相关，这个观点也得到了卡里弗等（Carifi，Yamamiya，Brannick，& Thompson，2005）的证实。

问题是现在的女性越来越难以达到当今的标准，因为近些年来随着营养的改善，女性的身体尺寸和
221 平均体重均有所增加；从整个历史的发展进程来看，女性的身体尺寸也是普遍增加的（Brownell，1991；Brownell & Rodin，1994）。不管什么原因，当前文化和生理学的冲突（Brownell，1991；Brownell & Fairburn，1995）已经产生了一些消极的影响，其中之一就是女性对自己的身体变得不再满意。

法隆和罗辛（Fallon & Rozin，1985）对大学生样本的研究发现，男生对他们当前的身体尺寸、他们理想的身体尺寸以及他们认为对异性最有吸引力的身体尺寸的评分基本相同。实际上，他们对自己理想体重的评分比女性认为最有吸引力的男性体重要更高一些（图 6–1）。但是，女性则认为她们当前的体重比她们认为最有吸引力的体重更高，从而导致她们认为的理想体重更高。这种现实和时尚之间的冲突似乎与目前流行的进食障碍有紧密联系。

其他研究者也呈现了一些有价值的数据，这些数据支持法隆和罗辛所发现的男性的身体意象知觉与女性存在差异的结论。波佩等（Pope et al.，2000）的研究证实，男性通常更希望能比现在更重一些，肌肉更加发达一些。他们测量了三个国家（奥地利、法国和美国）男性大学生的身高、体重和体脂。他们要求这些男生选择能够代表（1）他们自己的体形、（2）他们理想中希望拥有的体形、（3）他们这个年龄男性的平均体形、（4）他们认为最受女性欢迎的男性体形的体形意象。在全部三个国家中，男生选择的理想体形平均比他们自己重 28 磅。男生选择的受女性欢迎的体形平均比他们自己重 30 磅。然而，与这种印象相反，波佩等（2000）在一项初步研究中证明，绝大多数女性更喜欢普通的男性身体，而不是有太多肌肉的身体。那些过度使用雄激素“堆”出肌肉的男性与不使用激素的男性拥有更多对肌肉、体重以及理想男人的扭曲态度（Kanayama，Barry，& Pope，2006）。

现在，我们有一些更具体的信息来说明这些态度是如何被社会化地传递给青少年女性的。帕克斯顿等（Paxton，Schutz，Wertheim，& Muir，1999）探讨了亲密朋友间对身体意象、饮食限制和极端的减肥行为的态度的相互影响。在一个巧妙的实验中，他们将 523 名青春期女孩划分为 79 个不同的朋友圈子。他们发现，这些朋友圈的成员在身体意象、饮食限制和对尝试减肥的重视程度方面持相同的态度。研究还表明，这些朋友圈对个体的身体意象关注和进食行为的形成有很大影响。换句话说，如果你的朋友倾向于采用极端的减肥行为，那么你也这么做的可能性也会很大（Field et al.，2001；Vander Wal & Thelen，2000）。

对胖的厌恶会带来悲惨的后果。在一项研究中，生活富裕的家长常常带着蹒跚学步的孩子出现在医院中，因为孩子患上了“成长不足”综合征，孩子由于营养不良而出现严重的发育迟滞。在这样的案例中，父母让他们年幼的健康的但是有些圆胖的婴儿节食，以防止孩子长大以后变得肥胖（Pugliese，Weyman-Daun，Moses，& Lifshitz，1987）。

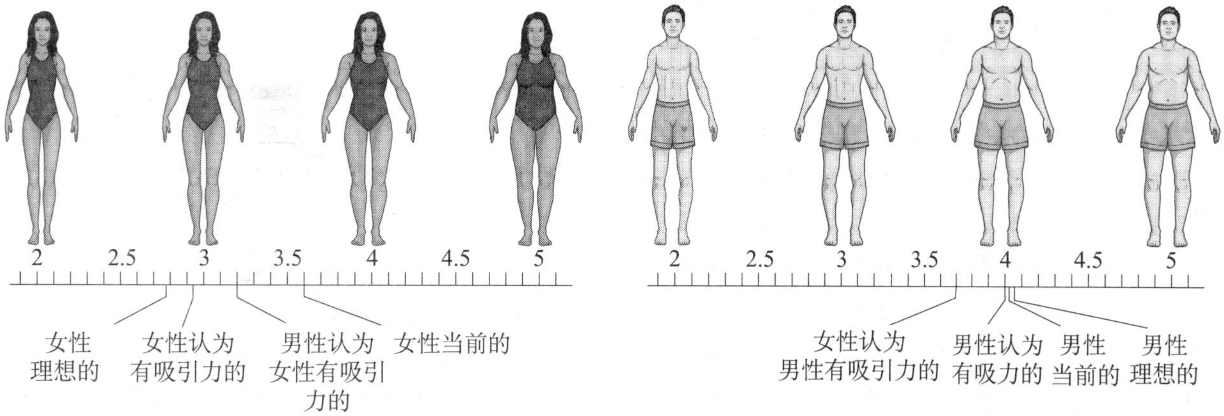

图 6–1　男性和女性对身体尺寸的评分

资料来源：Based on Fallon & Rozin，1985.

Peter Will/SuperStock

Michael Bush/UPI/Landov

一幅 17 世纪彼得·保罗·鲁本斯（Peter Paul Rubens）的绘画与一张当前时尚模特照片的对比中所体现出来的理想体形理念的变化非常明显。

大多数节食的人并不会发展出进食障碍，但是派顿等（Patton，Johnson-Sabine，Wood，Mann，& Wakeling，1990）在一项前瞻性研究中发现，节食的青少年女性比不节食的青少年女性在一年之后患上进食障碍的可能性高 8 倍。特尔奇和艾格拉斯（Telch & Agras，1993）对 201 个肥胖女性的研究发现，她们的暴食行为在严格的节食期间以及节食之后明显增加了。

斯塔瑟等（Stice et al.，1999）提出，试图减肥可能导致进食障碍的一个原因是青少年女性减肥的努
222 力通常会导致体重增加而不是减少！为了验证这一想法，他们对 692 名最初体重相等的女孩进行了 4 年追踪。结果表明，那些尝试节食的女孩比那些不节食的女孩出现肥胖的可能性高 300%。结果见图 6–2。

现在尚不清楚，为什么只有部分人的节食会导致暴食（Polivy & Herman，1993），但二者的相关又非常强。在一项研究中，乌尔布萨特等（Urbszat，

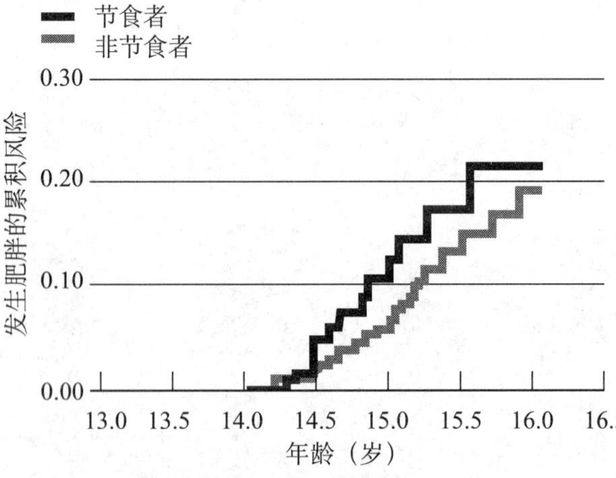

图 6–2 自我标识为节食者的女孩与自我标识为非节食者的女孩 4 年中肥胖的发生情况

资料来源：From Stice，E.，Cameron，R.P.，Killen，J.D.，Hayward，C.，& Taylor，C.B.，1999. Naturalistic weight-reduction efforts prospectively predict growth in relative weight and onset of obesity among female adolescents. *Journal of Consulting and Clinical Psychology*，*67*，967-976.

Herman，& Polivy，2002）要求 46 名大学生，他们要么将要节食一周（组 1），要么不需要节食（组 2），然后给他们食物，借口是让他们对食物的味道进行评价。但研究者真正关心的是他们会在测试过程中吃多少食物，而不是他们对食物的评价。结果发现，与不需要节食的人相比，那些预期自己接下来会节食的人吃了更多的食物——但仅限于那些持续限制自己摄入食物，特别是高脂肪食物的“被限制进食者”。因此，不断试图限制进食可能会让人陷入暴食的危险中。费尔伯恩等（Fairburn，Cooper，Doll，& Davies，2005）测量了 2 992 名节食的年轻女性，其中 104 人在随后的两年中发展出了进食障碍。在所有这些节食者中，他们发现了几个高风险
223 的因素。最有可能发展出进食障碍的人是那些已经开始出现暴食和清除行为的人、经常偷偷吃东西的人、表达空腹愿望的人、被食物占据的人以及害怕控制不住进食的人。

一些男性中的身体意象扭曲也会导致严重后果。奥利瓦尔迪亚（Olivardia，Pope，& Hudson，2000）描述了男性（特别是男性举重者）中的一组综合征。他们最初将其定义为“反向的神经性厌食症”。有这种综合征的男性会报告他们特别介意自己看上去很瘦，即使他们的肌肉实际上很发达。他们中的许多人会回避去海边、衣帽间以及其他可能被他人看到身体的地方。这些男性还倾向于使用合成雄性类固醇使自己变得更为健壮，但这却使自己陷入罹患服用类固醇所致的躯体和心理疾病的危险中。如果身体尺寸可以无限延展，那么身体意象冲突会更严重，但是实际上并非如此。越来越多的证据表明，遗传对身体尺寸有很大的作用，也就是说，我们中的一些人生来就会比其他人重一些，并且我们的体形也各不相同。尽管大多数人能够达到生理健康，但是很少有人既能够保持健康，又能充分满足现代社会对体形的要求。在生物学上，这几乎是不可能的（Brownell，1991；Brownell & Fairburn，2002）。然而，现代社会中，很多年轻人在对抗生物因素而使自己处于饥饿状态。在青少年中，文化标准常常被体验为一种同伴压力，这种压力比逻辑和事实更有影响力。在为数不多的男性进食障碍患者中，大多数男同性恋也受到同性恋文化中追求生理修饰的观念的影响（Carlat et al.，1997；Feldman & Meyer，2007）。相反，外表看上去更健康、肌肉更发达的压力在一定比例的男性中也是很明显的（Pope et al.，2000）。

饮食限制

如果对于瘦的文化压力和它对诱发进食障碍的作用同样重要，那么可以预期进食障碍将更有可能在这种压力特别严重的地方发生，例如在芭蕾舞演员身上所发生的（他们就处于要求变瘦的特殊压力下）。加尔纳等（Garner，Garfinkel，Rockert，& Dlmsted，1987）在一所芭蕾舞学校追踪了一组 11～14 岁的女生群体。保守估计，这些女孩在两年追踪期内至少有 25% 的人会发展出进食障碍。类似的结果也出现在运动员（例如体操运动员）身上，特别是女运动员。是什么对这些芭蕾舞学习班的女孩产生如此强烈的影响呢？让我们再来看看菲比的案例。

菲比：舞向毁灭

菲比清楚记得在她刚刚进行芭蕾舞学习的过程中，比她年长的女孩总是在讨论她们的体重。菲比练习得非常好并且希望得到珍贵的表扬。事实上，芭蕾舞教师好像更多地在评论她们的体重而不是跳舞的技巧，她经常这样评论：“如果你的体重减轻一点，你会跳得更好。”如果一个小姑娘经过英勇的节食减掉了几磅脂肪，教练就会指出：“你在控制体重上做得非常好，你们其余的人要努力以她为榜样。”有一天，没有任何预兆，教练突然对菲比说：“你需要在下一次上课之前减掉 5 磅。”那个时候菲比身高 5 英尺 2 英寸（约合 1.57 米），体重 98 磅。而下一次上课是在两天以后。有一次，在被警告以及随后几天严格的节食后，菲比经历了她第一次失控的暴食。

高中早期，菲比放弃了艰苦的芭蕾舞艺术，转而寻求各种其他的爱好。她不会忘记自己作为一个舞者担任主角时的荣耀以及过程的艰辛。她有时仍然会一个人跳舞，并保持着认真的舞者的那种毫不费力的优雅。但是，在大学里的某一天，当她把头伸到马桶里呕吐（那一天第 3 次），直到吐出胆汁时，她意识到这也是她在芭蕾舞学校学到的经验，它也许比其他所有的东西都更深刻、更彻底——不惜任何代价地保持苗条是生死攸关的事情。

因此，节食可能是进食障碍产生的一个原因（Polivy & Herman，2002），并且与对自己身体的不满意一起，是日后发展出进食障碍的最危险的因素

之一（Stice，Ng，& Shaw，2010）。

家庭影响

已经有很多研究关注进食障碍患者的家庭互动模式。许多研究者（例如，参见 Attie & Brooks-
224 Gunn，1995；Bruch，1985；Humphrey，1986，1988，1989；Minuchin，Rosman，& Baker，1978）发现，“典型”的厌食症家庭都是成功的、有进取心的、注重外表的，并且渴望保持和睦的。为了达到这些目标，家庭成员经常否认或者忽略冲突或消极情绪，并且倾向于将自身的问题归因于其他人，其代价是破坏了家庭成员彼此间的坦诚交流（Fairburn，Shafran，& Cooper 1999；Hsu，1990）。

派克和罗丁（Pike & Rodin，1991）发现，与对照组家庭相比，那些进食障碍女孩的家庭中成员的互动模式明显不同。从根本上讲，进食障碍女孩的母亲，在期待女儿变瘦的过程中，扮演了一个“社会传递者”的角色（Steinberg & Phares，2001）。这些母亲可能自己也正在节食，而且通常比对照组母亲更倾向于完美主义，例如她们可能对于自己的家庭以及家庭的凝聚力感到不满（Fairburnr，Cooper，et al.，1999；Fairburn，Welch，et al.，1997）。

不管以前的家庭关系如何，在进食障碍，尤其是厌食症产生以后，家庭成员的关系就迅速恶化了。受过教育或者知识渊博的父母，包括一些对进食障碍有深入了解的心理学家和精神病学家，都曾经报告说会在某种情况下诉诸躯体暴力（例如棒打或打耳光），例如极度受挫时，或者让女儿吃一点食物，哪怕放一点点在她嘴里都没有用时。父母所体验到的内疚和苦闷是相当严重的。

生物维度

和大多数心理障碍一样，进食障碍会在家庭中漫延，因此可能有一些遗传因素在起作用（Strober，2002）。虽然完整的研究才刚刚开始，但研究者指出，进食障碍患者的亲属也患进食障碍的可能性比普通人群高4～5倍，厌食症患者的女性亲属的患病风险更高（例如，参见 Hudson，Pope，Jonas，& Yurgelun-Todd，1983；Strober，Freeman，Lampert，Diamond，& Kaye，2000；Strober & Humphrey，1987）。在肯德勒及其同事（Kendler et al.，1991），以及沃尔特斯和肯德勒（Walters & Kendler，1995）对贪食症的一系列双生子研究中，他们对 2 163 名女性双生子进行了结构化访谈，以确定进食障碍的患病率。结果显示，23% 的同卵双生子都患上了贪食症，而异卵双生子中这一比例仅有 9%。由于尚没有寄养子研究报告，因此，还不能完全排除强大的社会文化因素的影响，并且还有其他一些研究得出了不同的结论（Fairburn，Cowen，& Harrison，1999）。就厌食症而言，虽然由于数量太少无法做出确切的估计，但双生子的一方患病，都会使双生子的另一方患厌食症或贪食症的风险明显加大。

比较一致的意见认为，基因构成在厌食症和贪食症的病因方面起到了一半的作用（Klump，Kaye，& Strober，2001；Strober，2002；Wade，Bulik，Neale，& Kendler，2000）。然而，到底遗传了什么？在这个问题上我们仍然没有一致性的答案（Fairburn，Cowen，& Harrison，1999）。徐（Hsu，1990）推测，那些非特异性的人格特质，例如情绪的稳定性，以及糟糕的冲动控制能力可能会被遗传。换句话说，一个人可能遗传了对应激性生活事件的情绪反应倾向，因此，为了缓解压力和焦虑他可能会尝试冲动性进食（Kaye，2008；Strober，2002）。克拉姆和他的同事（Klump et al.，2001）提到了完美主义者特质，以及相伴的负性情绪。这种生物易感性可能与社会、心理因素交互作用，共同导致了进食障碍。韦德和他的同事（Wade et al.，2008）在一项对 1 002 对同性双生子的研究中发现了支持这一观点的证据。他们的研究显示，厌食症可能与家族中流行的完美主义特质，以及对秩序的要求相关，或反映了这些特点。

生物学过程在进食调节，并因此也在进食障碍的调节中非常重要，大量的证据显示下丘脑在其中扮演着重要角色。研究者通过研究下丘脑及主要的神经递质系统（包括去甲肾上腺素、多巴胺，特别是 5- 羟色胺），以确定进食障碍发生时这些神经递质系统是否存在某些功能不良（Kaye，2008；Vitiello & Lederhendler，2000）。一般而言，5- 羟色胺的低活动性水平与冲动以及暴食有特殊的关联（见第 2 章）。因此，目前大多数在研的治疗贪食症的药物都是针对 5- 羟色胺系统的（例如，参见 de Zwaan，Roerig，& Mitchell，2004；Kaye，2008；Kaye et al.，1998；Walsh et al.，1997）。

即使研究者确实发现了神经生物学功能与进食障碍之间的强相关，原因与结果的问题也仍然存在。最近，一致的意见是，进食障碍患者确实存在一些神经生物学上的异常，尽管这些因素可能对进食障碍的持续（一旦形成以后）有很大影响，但是它们仍然只是半饥饿状态或暴食 – 清除循环的结果，而不是原因。

心理维度

临床观察表明，很多受进食障碍困扰的年轻女性自我控制意识下降，对自己的能力和天赋的信心较低（Bruch，1973，1985；Striegal-Moore，Silberstein，& Rodin，1993；Walters & Kendler，1995）。这可能表现为明显的低自尊（Fairburn，Cooper，& Shafran，2003）。她们还会表现出更多完美主义倾向（可能习得或遗传自她们的家庭），这可能反映了她们试图努力控制生活中的重要事件（Fairburn，Cooper，et al.，1999；Fairburn，Welch，et al.，1997；Joiner et al.，1997）。沙弗兰等（Shafran，Lee，Payne，& Fairburn，2006）通过要求其他方面完全正常的妇女在未来 24 小时内的任何事情上都要追求最高标准的方法，来人为地提高她们的完美主义的标准。结果发现，这些指导导致她
225 们在后来的 24 小时内吃高热量食物更少，限制饮食，并在进食后有更多的后悔（与未被要求的妇女相比）。即使当进食不再被特别地提示为追求“最高标准”的一部分的情况时，这种现象亦会发生。

然而，完美主义自身与进食障碍的形成仅有弱相关，因为在完美主义特质起作用之前，个体必须关注他们的超重问题，并表现出低自尊（Vohs，Bardone，Joiner，Abramson，& Heatherton，1999）。但是，当完美主义直接地扭曲了身体意象知觉时，一个导致进食障碍的强大引擎就开始启动了（Lilenfeld，Wonderlich，Roso，Crosgy，& Mitchell，2006；Shafran，Cooper，& Fairburn，2002）。女性进食障碍患者高度关注自己在他人面前的形象（Fairburn，Stice，et al.，2003；Smith et al.，2007）。她们觉得自己就像是个骗子，错误地认为自己是可以胜任的、自信的或有价值的。因为这些感觉，她们觉得自己像江湖骗子一样生活在社会中，并体验到高水平的社交焦虑（Smolak & Levine，1996）。斯特里恩格尔 - 摩尔等（Striegel-Moore et al.，1993）提出，作为进食障碍的一种后果，这些社会性的自我缺陷可能会增加，进而加重妇女与社会的隔离。

根据每天经验的不同，患者对身体意象知觉的特殊扭曲也经常会变化。麦肯齐等（McKenzie，Williamson，& Cubic，1993）发现，贪食症女性在她们吃完一块糖或者喝完一杯软饮料之后，就会认定她们长胖了，而对照组女性对身体的判断则不受这些零食的影响。因此，即使是与进食有关的最细小的事情也会激活她们对体重增加的恐惧，对身体意象更多的扭曲，以及与社会更进一步的隔离。

罗森和莱滕伯格（Rosen & Leitenberg，1985）发现患者在吃零食之前和过程中都存在明显的焦虑，并可以通过清除行为来缓解（relieved）。他们认为，缓解的状态强有力地强化了患者的清除行为，因为人们都倾向于重复那些能缓解焦虑或带来愉悦的行为。菲比的行为就属于这种模式。然而，其他证据却表明在治疗贪食症的时候，与对抗过分限制进食的倾向，以及可能导致暴食和清除行为的对身体意象的负面态度相比，减少由进食而引起的焦虑显得没那么重要（例如，参见 Agras，Schneider，Arnow，Raeburn，& Telch，1989；Fairburn，Agras，& Wilson，1992；Fairburn，Cooper，Shafran，& Wilson，2008）。

另一个重要的发现是，这些患者中至少有一部分人无法忍受任何消极情绪（心境不耐受），并且很容易暴食或采用其他行为，如自引呕吐或过度运动，来调整心情（Paul，Schroeter，Dahme，& Nutzinger，2002）。

一个整合模型

尽管这三种主要的进食障碍能够根据它们的特点加以辨别，并被有效地诊断出来，但是越来越清晰的是，所有进食障碍在病因学上有许多共同之处。因此，可能更有用的是将进食障碍归入同一种诊断，然后简单地标注有哪些特殊的症状，例如限制饮食、暴食或清除行为。

在整合我们对进食障碍的知识时，需要再次重申的是，没有任何一种因素能够单独引起这些障碍（见图 6–3）。进食障碍患者可能与焦虑障碍患者有一些共同的生物易感性（例如对生活应激的高反应性）（Kendler et al.，1995；Rojo，Conesa，Bermudez，& Livianos，2006）。焦虑障碍和心境障碍在进食障碍患者的家庭中也较为常见（Schwalberg et al.，1992），消极情绪和“心境不耐受”相结合可能会诱发许多患者的暴食行为。另外，正如我们所看到的，那些被认为

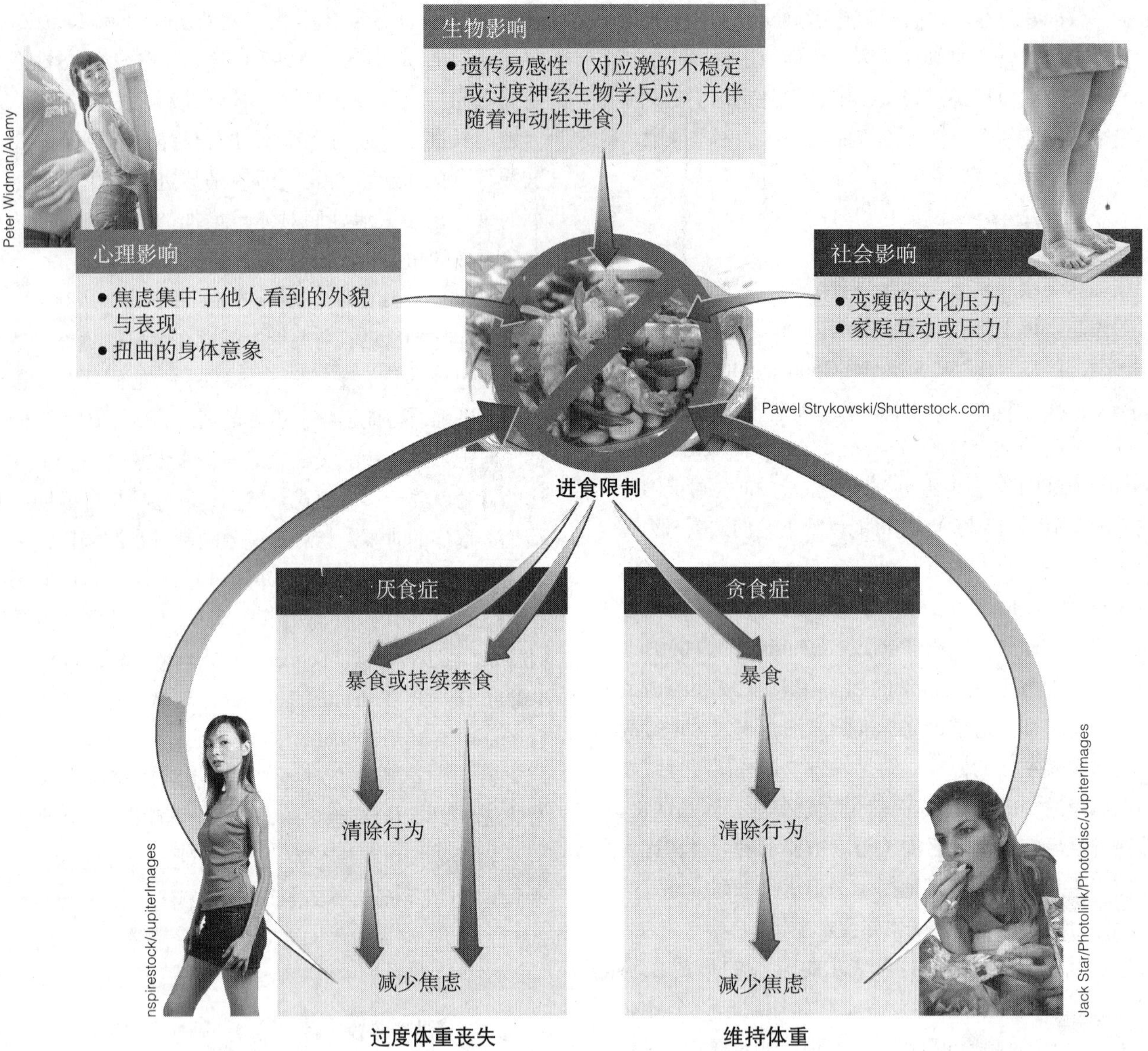

图 6-3 进食障碍的一个整合病因模型

对焦虑障碍有效的药物和心理疗法也是治疗进食障碍的可选方法。事实上，我们也可以把进食障碍定义为对变胖的过度恐惧而引起的焦虑障碍。

总之，很明显的是，以瘦为美的社会与文化压力常常通过严格的节食明显地激发了限制进食的行为。但是请记住，许多人都在严格节食，包括许多青年女性，但仅有很小一部分人最终发展出了进食障碍，所以仅节食一项并不足以导致进食障碍。另外还需要注意的是，高收入与高成就家庭中的社会互动可能也是一个原因。在这些家庭中对长相和成就，以及完美主义倾向的重视，可能有助于个体建立关于外貌对于人气和成功极端重要的强烈的意识。这些态度会导致个体过度关注身体意象和体重。

最后，还有一个问题是，为什么只有极少数进食障碍患者能够成功地通过节制饮食来控制他们的摄入量，并导致惊人的体重丧失（厌食症），而大多数人则减肥不成功，进而用暴食 – 清除的循环来对此进行补偿（贪食症），尽管大多数厌食症患者在某个时刻也确实存在暴食与清除行为（Eddy et al.，2002；Eddy et al.，2008）。这些差异，至少在最初，可能是由生物学或生理学因素决定的，例如某种遗传决定的特质使个体从出生起就显得比较瘦。接下来，也许先天就已经存在的某种人格特质，例如过度控制的倾向，对个体可能会出现哪种障碍起着决定作用。

进食障碍的治疗

▶ 进食障碍治疗中的药物治疗与心理治疗是如何进行的？

直到 20 世纪 80 年代起才开始出现对贪食症的治疗；而对厌食症的治疗尽管开始得更早，但并未得到较好的发展。快速累积的证据表明，至少有一种，或者两种心理治疗是有效的，特别是针对神经性贪食症。某些药物可能也有帮助，但证据尚不够充分。

药物治疗

目前，药物治疗尚未发现对治疗厌食症有效（例如，参见 Attia，Haiman，Walsh，& Flater，1998；de Zwann et al.，2004；Vitiello & Lederhendler，2000；Wilson & Fairburn，2002）。例如最近一项研究明确报
227 告，氟西汀（百忧解）对预防厌食症患者体重恢复后的复发没有效果（Walsh et al.，2006）。

然而，也有一些证据表明药物可能对一些贪食症患者有用。一般认为已经被证实对心境障碍和焦虑障碍有效的抗抑郁剂也是对贪食症最有效的药物（Broft，Berner，& Walsh，2010；Shapiro et al.，2007；Wilson & Fairburn，2002）。1996 年，美国食品药品管理局（FDA）批准氟西汀（百忧解）为治疗进食障碍的有效药物。这种有效性通常被用暴食频率的减少、至少停止暴食与清除一段时间的患者比例来衡量。在两项研究中（一项使用几种三环类抗抑郁药物，另一项使用百忧解），研究者发现，暴食和清除行为平均减少了 47% 和 65%（Walsh，1991；Walsh，Hadigan，Devlin，Gladis，& Roose，1991）。尽管在短期内抗抑郁药比安慰剂更有效，并且在一定程度上还会加强心理治疗的效果（Whittal，Agras，& Gould，1999；Wilson et al.，1999），但是目前的证据表明，在更进一步的评估中，单独使用抗抑郁剂对神经性贪食并没有长期持续的效果（Walsh，1995；Wilson & Fairburn，2002）。

心理治疗

短程的认知行为治疗主要针对不良的进食行为，以及相关的对体重和体形过度关注的态度，这些策略现在已经成为贪食症的治疗选择之一（Pike，Devlin，& Loeb，2004；Sysko & Wilson，2011；Wilson，Grilo，& Vitousek，2007）。

神经性贪食症

在由费尔伯恩（Fairburn，1985）始创的对贪食症的认知行为治疗中，第一阶段是教育患者认识到暴食和清除所带来的生理后果，以及呕吐和滥用泻药在体重控制上的无效性。节食的反作用也会被讨论，然后患者每天被安排进食 5～6 次，每次都摄入少量、可控的食物，并规定每两次正餐或零食间的间隔不超过 3 个小时，这样就减短了过量进食与饮食限制的交替频率，而这正是贪食症的典型特征。在随后的几个治疗阶段中，认知治疗将集中于改变患者对体形、体重和饮食的功能失调性思维和态度。对抗暴食和清除冲动的应对策略也需要训练，包括合理安排活动以使患者在早期治疗阶段的进食行为之后不会独自一人（Fairburn，Marcus，& Wilson，1993；Fairburn，Cooper，Shafran，& Wilson，2008）。

贪食症的短程认知行为治疗（大约 3 个月）能获得较好的疗效，显示了心理疗法的可靠性，不仅对暴食和清除行为，而且也对改变扭曲的态度及伴随的抑郁取得了不错的疗效。此外，尽管还有一些患者只有轻微的改善或没有效果，但是这些治疗效果看来是持久的（Whittal et al.，1999；Pike et al.，2003；Thompson-Brenner，Glass，& Westen，2003）。这是一个值得深入研究的问题。

艾格拉斯等（Agras，Walsh，Fairburn，Wilson，& Kraemer，2000）将220 名符合神经性贪食症诊断标准的患者随机分组，进行了19 次认知行为治疗（CBT）或专注于社会功能提高的人际心理治疗（IPT）。研究者发现，对那些完成了治疗的患者来说，治疗结束时，CBT 的效果明显优于 IPT，CBT 组 45% 的患者完全康复，而 IPT 组仅为 8%。CBT 组中，67% 的症状有所改善（不再符合神经性贪食症的诊断标准，但仍存在一些问题），IPT 组为 40%。然而，1 年后，两组之间的差异不再显著，IPT 组患者“追上”了 CBT 组患者。康复或缓解的总体结果显示，CBT 组中大约有相同比例（40%）的患者保持着康复状态，

而 IPI 组则有 27% 现在康复了。这些结果与不甚严格的康复标准类似。在接下来的分析中，艾格拉斯（2000）发现，最初 6 次治疗的效果能够最好地预测治疗结束时的康复情况。

菲比：控制

在大学二年级的时候，菲比参加了一个与上面的讨论类似的短程 CBT 小组。她在前几个月取得了很大的进步，认真做到规律性地进食并控制了自己的饮食。她也能确保自己在高危期间和其他人一起度过，并预先计划好各种可选的活动，以便当她感到自己在餐馆里吃得太多或者在聚会中喝了太多酒的时候，能够减少她自己清除的冲动。在最初 2 个月，菲比出现过三次失控，于是她和治疗师针对“什么导致了她的波动”进行了讨论。令菲比惊讶的是，在这个治疗计划中，虽然她没有时间去增加运动，但她的体重并没有增加。尽管如此，她仍然很关注食物，以及自己的体重和体形，一旦她认为自己多吃了一点点，就会有想呕吐的强烈冲动。

在随后的 9 个月治疗中，菲比报告说她的清除冲动在一定程度上减弱了，尽管有一次当她吃了一
228 个大比萨并喝了很多啤酒后失控过一次。菲比声称她对自己的清除行为感到非常厌恶，并且在这次失控后马上回到她的治疗计划中来。治疗结束两年后，菲比报告她的清除冲动已经消失了，这一点也被她的父母所证实。

进食障碍的短程治疗虽然对许多人非常有效，但也不是万能的。事实上，短程的 CBT 对有些人完全无效。目前有证据表明，药物与心理治疗的整合能提升整体疗效，至少在短时期内是如此（Whittal et al.，1999；Wilson et al.，1997）。一项大型研究（Walsh et al.，1997）表明，在贪食症的治疗中，CBT 的效果明显优于支持性的治疗（治疗师理解、共情、鼓励患者去实现他们的目标）；在 CBT 中加入两种抗抑郁药物，其中一种为选择性 5- 羟色胺再摄取抑制剂（SSRI），可以适当增加 CBT 的疗效。但是，CBT 仍然是贪食症的优先治疗方法，并且优于单纯的药物治疗（Sysko & Wilson，2011）。也有证据表明，对 CBT 治疗无效的患者可能能够从人际心理治疗（Fairburn，Jones，et al.，1993；Klerman，Weissman，Rounsaville，& Chevron，1984），或抗抑郁剂治疗（Walsh et al.，2000）中获益。

暴食障碍

史密斯等（Smith，Marcus，& Kaye，1992）使用对贪食症患者的 CBT 方法来治疗肥胖的暴食者，结果显示暴食频率平均减少了 81%，其中 50% 的患者完全停止了暴食行为。艾格拉斯等（Agras，Telch，Arnow，Eldredge，& Marnell，1997）对 93 名患有暴食障碍的肥胖个体进行了 1 年的追踪研究，结果发现，在治疗刚结束的时候，41% 的患者停止了暴食行为，72% 的患者减少了暴食频率。1 年以后，暴食行为减少者为 64%，33% 的患者完全停止了暴食。更重要的是，在 CBT 治疗过程中停止暴食行为的患者在 1 年的追踪期内体重大约减少了 9 磅，而那些继续暴食的人却增加了大约 8 磅。因此，停止暴食行为是肥胖患者保持体重不再增加的关键，这一发现与其他有关减轻体重方法的研究相一致（Marcus，Wing，& Hopkins，1998；Marcus et al.，1990；Telch，Agras，& Rossiter，1988）。

与贪食症的治疗结果相比，IPT 对暴食障碍的治疗与 CBT 同样有效。威尔弗雷等（Wilfley et al.，2002）用 CBT 或 IPT 对 162 名超重或肥胖的男性和女性进行了治疗，发现两种方法的治疗效果类似。总共 60% 的个体在 1 年后停止了暴食行为。对 162 名超重或肥胖的暴食障碍患者进行 CBT 或 IPT 治疗，发现了类似的结果，60% 的患者在 1 年后停止了暴食行为。在一项对暴食的治疗方法的对照研究中，格里洛等（Grilo，Masheb，& Wilson，2004）比较了百忧解、安慰剂、CBT 联合百忧解、CBT 联合安慰剂的效果。百忧解相对于安慰剂在治疗暴食障碍上并没有效果，而使用 CBT 的两种治疗方案（加百忧解或安慰剂）均取得了良好的效果，且二者间无差异。在完成了 CBT 联合安慰剂治疗的患者中，总共 73% 的人一个月内没有出现暴食行为（缓解的标准）。因此，至少在治疗刚刚结束时，百忧解并没有给 CBT 带来更多的好处。如果患者较早地对 CBT 治疗有反应（在前 4 周），那么治疗效果会非常好，不管是从长期还是短期来说（Grilo，Masheb，& Wilson，2006）。幸运的是，一些自助的方法对治疗暴食障碍也是有效的。在该领域最著名的其中一项研究中，卡特和费尔伯恩（Carter & Fairburn，1998）随机分配 72 名女性

暴食障碍患者到三个小组中：（1）纯自助组，只给患者邮寄自助手册；（2）指导自助组，治疗师在患者阅读手册的过程中定期会见患者；（3）对照组。结果发现，指导自助组中 50% 的患者、纯自助组中 43% 的患者暴食症状消失，而这一比例在对照组中只有 8%。这种改善在随后的 6 个月追踪期内仍然继续维持。

最近，把 CBT 作为指导自助的疗法，比针对暴食障碍患者的标准行为减肥程序更有效，不管是治疗刚结束时，还是两年后（Wilson，Wilfley，Agras，& Bryson，2010）。这种疗法在医生办公室外的初级保健机构同样有效（Striegel-Moore et al.，2010）。鉴于这些结果，在实施更贵而且费时的治疗师指导的治疗之前，应优先推荐自助疗法，尤其是对于一些有多种障碍（共病）的暴食障碍患者，以及低自尊患者（Wilson et al.，2010）。需要再次强调的是，对于一个患有暴食障碍的肥胖者，如果没有专门针对暴食的治疗，标准减肥程序可能是没有效果的。

神经性厌食症

在厌食症的治疗中，最重要的初始目标是要让患者的体重至少恢复到正常体重的下限范围内（American Psychiatric Association，1993）。如果一个人的体重低于均值的 85% 或体重减轻得非常快速但患者仍然拒绝进食，则必须建议其接受住院治疗（American Psychiatric Association，1993；Casper，1982），因为如果此时体重不能立即恢复，一些严重的健康问题就会出现，特别是急性心脏衰竭。如果体重的减轻是比较缓慢并且稳定的，那么体重的恢复就可以在门诊机构完成。

恢复体重可能是治疗中最简单的一部分。正如在各种研究中所报告的，在各种机构中对患者进行治疗的临床医生发现，至少 85% 的人能够恢复体重。
229 增重速度一般为每天半磅到一磅左右，直到体重恢复到正常范围内。事实上，告诉患者一旦体重增加到适当水平就可以离开医院，这一点就足以激励年轻的女性患者（Agras，Barlow，Chapin，Abel，& Leitenberg，1974）。前面案例中提到的朱莉在 5 周的住院阶段，体重增加了 18 磅。

接下来，困难的阶段就开始了。正如徐（Hsu，1988）和其他人已经指出的，最初的体重增加对厌食症患者的长期治疗效果的预测力很差。如果忽视患者在日常生活中对体形的潜在的功能失调的态度，以及人际困扰，那么她几乎一定会复发。对限制型厌食症患者来说，治疗的焦点应转移到患者对变胖、饮食失控的严重焦虑，以及对瘦的过度重视（甚至将其视为自我价值、幸福和成功的决定性）上来。在这一点上，对限制型厌食症的有效治疗方法与对神经性贪食症的治疗类似（Fairburn，Shafran，& Cooper，1999；Pike，Loeb，& Vitousek，1996；Vitousek，Watson，& Wilson，1998）。最近的一项研究（Pike，Walsh，Vitousek，& Bauer，2003）发现，扩展的门诊 CBT 治疗（1 年），比持续的营养学咨询在患者体重恢复后阻止障碍复发有更好的效果，接受 CBT 治疗的患者中仅有 22% 的人失败（复发或退出），而接受营养学咨询的患者中则有 73% 的人失败。最近，卡特等（Carter et al.，2009）报告了相同的结论，两项研究都表明，单独的营养学咨询的干预效果不佳。

此外，为了达到以下两个目标，每一分努力均需要家庭的参与。第一，必须消除关于食物和进食方面的各种消极的、功能不良的交流，且饮食要更加结构化并不断改进。第二，在家庭会谈中详尽讨论对体形和身体意象的态度扭曲。除非治疗师能处理这种不良态度，否则，厌食症患者将可能一辈子都陷入对体重和体形的过度关注中，疲于奔命地与维持边缘体重和社会适应做斗争，从而不得不反复住院治疗。用家庭治疗达到这里所提到的目标似乎是有效的，特别对那些病程较短的年轻女孩（年龄不超过 19 岁）（Eisler et al.，1997；Eisler et al.，2000；Lock，le Grange，Agras，& Dare，2001）。然而，与贪食症相比，厌食症治疗的长期效果是令人沮丧的，7 年半后完全康复的比例，厌食症比贪食症要低得多（Eddy et al.，2008；Herzog et al.，1999）。最近的一项建议提出，采用焦虑障碍治疗中成功的理论，更直接地集中于患者对体重增加的过度焦虑上的治疗方式是很有前景的（Steinglass et al.，2010）。

进食障碍的预防

人们尝试了多种努力预防和阻止进食障碍的出现（Stice，Shaw，& Marti，2007）。如果发现了成功的预防方法，意义将非同小可，因为许多进食障碍患者治疗效果不佳，而大多数未接受治疗的患者病程迁延多年，有些人甚至一生都为之痛苦（Eddy et al.，2008；Herzog et al.，1999；Keel，Mitchell，Miller，Davis，& Crow，1999）。青少年期进食障碍是成年后一系列其他障碍的危险因素，包括心血管疾病、慢性疲劳、感染性疾病以及焦虑和心境障碍（Johnson，Cohen，Kasen，& Brook，2002）。但是，在实施预防计划之前，有必要明确需要去改变的行为。基伦及其同事（Killen et al.，1994）对 887 名青少年女性进行了一项前瞻性研究。结果发现，在 3 年的时间中，32 名女孩，即样本的 3.6%，出现了进食障碍的症状。

早期对超重的关注是预测后期进食障碍症状的一个最有力的因素。表 6–2 给出了用于测量体重关注（weight concerns）的工具。在这个量表上得高分（平均分为 58）的女孩比得低分（平均分 33）的女孩更容易发展出严重的症状。后来基伦等（1996）实施了一项针对 967 名六年级和七年级的 11～13 岁女孩的预防计划。其中一半女孩参加了这个干预计划，另一半作为对照组不参加。此计划强调，青春期以后女性体重增长是正常现象，并指出过度限制热量摄入实际上会导致更快的增重。有趣的是，与对照组相比，这种干预几乎没有什么用处。但是，对那些有可能发展出进食障碍的高危女孩（在表 6–2 中得高分的人）而言，干预计划却明显地减少了她们的体重关注（Killen，1996；Killen et al.，1994）。研究者从这一基础性研究中得出结论：最有效的预防措施是认真筛选那些处于进食障碍高风险中的女孩，然后有选择地对她们实施干预（Killen，1996）。这些预防计划能够通过网络来进行吗？看起来是可以的！温泽尔伯格等（Winzelberg et al.，2000）对一组女大学生进行了研究，在研究之初，这些女孩没有进食障碍，但是却关注她们的身体意象，以及长胖的可能性。通常女大学生是高危人群，并且与非女大学生联谊会的成员相比，女大学生联谊会的成员的危险性更高（Becker，Smith，& Ciao，2005）。研究者开发了一个“学生身体课程”（Winzelbert et al.，1998），这是一个结构性的、互动式的健康教育课程，其设计目的是提高学生的身体意象满意度，并通过网络进行传播。这一互动课程的特点是，由文字、声音和图像构成，并且有在线自我监控日记、行为改变作业等。这一课程持续 8 周，每周都有各种不同的作业。此外，课程还要求参与者就每周的相关主题给一个讨论组留言。参与者如果没有完成作业，那么会收到提醒邮件，以鼓励其继续完成作业。结果显示，这一课程相当成功，因 *230*
为与对照组相比，参与者报告的身体意象改善和求瘦意向显著减少。最近，这些研究者对这一课程进行了改革，把参与者的依从度提高到了 85%（Celio，Winzelberg，Dev，& Taylor，2002）。

表6–2　体重关注*

1. 与其他同龄的女孩相比，你觉得你对体重和体形的担心程度多还是少？
   a. 比其他女孩的担心少很多（4）
   b. 比其他女孩的担心稍微少一点（8）
   c. 和其他女孩一样担心（12）
   d. 比其他女孩的担心稍微多一点（16）
   e. 比其他女孩的担心多许多（20）
2. 你对体重增加 3 磅有多害怕？
   a. 一点也不怕（4）
   b. 有一点怕（8）
   c. 中度害怕（12）
   d. 非常害怕（16）
   e. 极度恐惧（20）
3. 你最近一次为减轻体重而节食是什么时候？
   a. 从未节食（3）
   b. 1 年前（6）
   c. 6 个月前（9）
   d. 3 个月前（12）
   e. 1 个月前（15）
   f. 少于 1 个月前（18）
   g. 正在节食（21）
4. 你的体重对你有多重要？
   a. 相较于生活中的其他事情并不重要（5）
   b. 比生活中的其他事情稍微重要一点（10）
   c. 比生活中大多数事情要更重要（15）
   d. 是生活中最重要的事情（20）
5. 你曾经感到自己胖吗？
   a. 从未（4）
   b. 很少（8）
   c. 有时（12）
   d. 经常（16）
   e. 总是（20）

* 括号中显示了每一选项的分值，因此，如果你在第 1，2，3，5 题中选择的分值为 12，在第 4 题中选择的分值为 10，你的分数将会是 58 分（注意，这个量表只能预测 11～13 岁女孩的情况，而不能用于评估大学生）。

资料来源：Killen，J.D.(1996). Development and evaluation of a school-based eating disorder symptoms prevention program. In L. Smolak，M.P. Levine，& R.Striegel-Moore (Eds.)，*The development psychopathology of eating disorders: Implications for research*，*prevention*，*and treatment* (pp.313-339). Mahwah，NJ: Erlbaum.

概念自测 6.2

判断下面关于进食障碍的原因和治疗的陈述是正确的（T）还是错误的（F）。

1. 很多患者有进食障碍的年轻女性对自己的能力和天赋缺乏个人控制感和自信，她们是完美主义者，并且（或）极度关注自己在他人前的表现。________
2. 生物学局限、社会压力（通过节食和运动实现几乎不可能的体重目标），导致神经性厌食症和神经性贪食症人数增加。________
3. 一项研究显示，男性认为的女性有魅力的身体尺寸比女性自己认为的尺寸要小。________
4. 抗抑郁剂能够帮助神经性厌食症个体，但是对神经性贪食症个体无效。________
5. 认知行为治疗（CBT）和人际心理治疗（IPT）都是神经性贪食症的有效治疗方法，但CBT的效果更好。________
6. 必须关注厌食症患者对自己体形的功能失调性态度，否则个体很容易在治疗之后再次复发。________

肥胖

- 肥胖的可能原因有哪些？
- 对肥胖有哪些治疗方法？

我们在本章最开始已经提到，肥胖并没有正式进入 DSM 中进食障碍的分类。但是，在 2000 年，全球范围内超重的成人数量已经超过了体重不足的成人数量（Caballero，2007）。的确，肥胖的患病率如此之高，以至于如果它对健康、社会和心理功能等方面没有严重影响的话，我们必须考虑它在统计中的“正常化”。

数据统计

2000 年，美国成人中肥胖（BMI 值达到 30 或更高）的患病率为 30.5%，2002 年增加到 30.6%，2004 年是 32.2%，2008 年达到 33.8%（Flegal，Carroll，Ogden，& Curtin，2010；Ogden et al.，2006）。尤其让人担心的是，这些数字意味着成人肥胖的患病率
231 从 1991 年的 12% 到现在增加了差不多两倍。用于治疗肥胖的医疗费用将近 1 470 亿美元，相当于美国保健开支的 9.1% (Brownell et al.，2009)。2000 年，美国就有超过 164 000 起死亡与肥胖有关（Flegal et al.，2005）。肥胖和死亡（过早死亡）的直接关联见图 6–4。当 BMI 值达到 30 时，死亡风险会增加 30%，而当 BMI 值达到或超过 40 时，死亡风险将增加 100% 或更多（Manson et al.，1995；Wadden，Brownell，& Foster，2002）。5.7% 的成人的 BMI 值高于 40（Flegal et al.，2010），这是一个很庞大的群体，仅在美国就意味着有 1 000 万甚至更多人处于严重危险中。

儿童和青少年的情况更糟糕，在过去 25 年间，年轻人中肥胖的比例增长了两倍（Critser，2003）。在过去的几十年里，2～19 岁儿童的肥胖率（界定为超过那个年龄段特定性别的 BMI 值的第 95 百分位）从 2000 年的 13.9% 增加到了 2004 年的 17.1%（Ogden et al.，2006），但 2008 年又缓慢地下降到 16.9%（Ogden，Carroll，Curtin，Lamb，& Flegal，2010）。如果既考虑儿童和青少年的超重，又考虑肥胖（BMI 值超过第 85 百分位），这一比例则为 31.7%。肥胖的污名对生活质量有严重影响（Neumark-Sztainer & Haines，2004）。例如，大多数超重的人会在大学、工作场所，以及家庭中遭受偏见和歧视（Henderson & Brownell，2004）。肥胖不仅限于北美地区。肥胖的患病率在东欧和南欧也达到了 50%（Berghofer et al.，2008；Bjorntorp，1997），而且这一比例在东方国家正在快速增加。在日本，1992 年以来，男性的肥胖率已经增长了一倍，年轻女性中的增长亦接近一倍。尽管不是太突出，中国的肥胖率也在增加（Henderson & Brownell，2004；World Health Organization，1998），7 年内，中国的肥胖人数比例从 6% 增加到了 8%（Holden，2005）。肥胖也是 2 型糖尿病（已经达到流行病的程

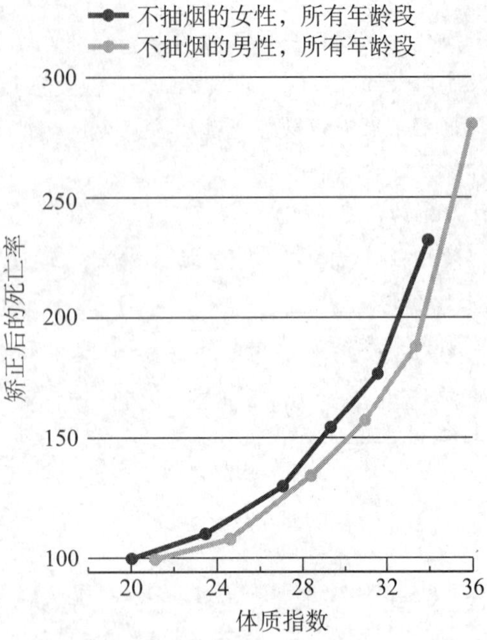

图 6-4 美国癌症协会研究中不抽烟的男性和女性（所有年龄段）的死亡率与体质指数（BMI）的关系

资料来源：Reprinted，with permission，from Vanitallie，T.B.，& Lew，E.A.，1992. Assessment of morbidity and mortality risk in the overweight patient. In T.A.Wadden and T.B.Vanitallie，Eds.，*Treatment of the seriously obese patient*（p.28）. New York: Guilford Press，©1992 Guilford Press.

度）的主要病因。族群也是影响肥胖发生的因素之一。在美国，50% 的非洲裔妇女和 43% 的西班牙裔妇女是肥胖的，而白人女性只有 33%（Flegal et al.，2002）。少数族群青少年的肥胖问题也值得关注。第一夫人米歇尔·奥巴马（Michelle Obama）已经将降低儿童肥胖率列为她优先考虑的问题。

肥胖者的异常进食模式

肥胖者有两种非适应性的进食模式。第一种是暴食，另一种是**夜食综合征**（night eating syndrome）（Striegel-Moore，Franko，& Garcia，2009）。前面我们已经讨论过暴食障碍，但是需要强调的是，仅有极少数存在肥胖的患者，大约 7%～19%，会表现出暴食。如果他们是这种类型，前面介绍过的对暴食的治疗方法应该被整合到他们的减肥计划中来。

更有趣的类型是夜食综合征，在寻求减肥治疗的肥胖者中其发生率大约为 7%～15%，而在那些因极端肥胖而寻求手术治疗（后面会有所介绍）的肥胖者中，这个比例大约为 42%（Lamberg，2003；Sarwer，Foster，& Wadden，2004；Stunkard，Allison，& Lundgren，2008）。夜食综合征的个体在晚餐后吃掉日间进食量的三分之一或更多食物，并且夜间至少起床一次去吃一些高热量的点心。这样，到了早上，他们不觉得饿，因此也就经常不吃早饭。这些人在夜间进食时不会暴食，也没有清除行为。有时候，不肥胖的人也会在夜间进食，但这种行为不可避免地与超重和肥胖相关（Lundgren et al.，2006；Striegel-Moore et al.，2010）。

需要注意的是，这种情况与夜食综合征不同，我们会在本章后面的睡眠障碍中进行讨论。在那种 232
情况下，个体夜间会起来扫荡冰箱，但是并没有醒来。他们还会在睡梦中吃下生的或者其他危险的食物。相反，夜食综合征的个体在他们开启夜晚进食模式时一直是清醒的。夜食综合征是任何一种减肥计划重要的治疗对象，目标是调整进食模式，以帮助个体在能量消耗最高的白天吃更多的食物。

病因

亨德森和布朗内尔（Henderson & Brownell，2004）指出，肥胖的流行性与现代化的迅速蔓延有很大关系。换句话说，科技越发达，我们就越容易变得肥胖。缺乏活动的、久坐的生活模式以及高脂肪、高能量的食谱是肥胖流行最重要的影响因素（Caballero，2007；Levine et al.，2005）。凯利·布朗内尔（Kelly Brownell，2002，2003；Brownell et al.，2010）提出，在现代社会中，个体不断暴露于大量广告性的、廉价的肥胖食品中，但这些食品的营养价值却很低。当消耗这些食品与日益增加的缺乏活动的生活方式结合起来之后，肥胖患病率的不断增加就不足为奇了。布朗内尔将其称为“有毒的环境”（Schwartz & Brownell，2007）。他指出这种现象的最好例证来自对墨西哥的比马印第安人的研究。这个部落的一部分人最近移居到了美国的亚利桑那州。拉维辛等（Ravussin，Valenzia，Esparza，Bennett，& Schulz，1994）对这部分移民的研究发现，这部分移居到亚利桑那州的比马女性将她们日常摄入卡路里的 41% 转化成了脂肪，她们的体重比留在墨西哥的比马女性平均重了 44 磅（留在墨西哥的比马女性只将日常摄入卡路里的 23% 转化成了脂肪）。因为这个相对较小的部落还保留着明显的基因的相似性，所以，似乎更现代化的美国社会的“有毒的环境”造成了亚利桑那州的比马女性的肥胖流行。

并不是每一个暴露在像美国这样的现代化环境中的人都会变得肥胖，还有遗传、生理和人格因素的共同参与。通常情况下，与文化因素相比，遗传影响只起到一小部分的作用，但是它能够帮助我们理解为什么暴露在同样的环境中，一部分人变得肥胖了，而另一部分人却没有。例如，基因影响了个体脂肪细胞的数量、储存脂肪的可能性，也许还有活动水平（Cope，Fernandez，& Allison，2004；Hetherington & Cecil，2010）。总体而言，基因被认为对肥胖的贡献率为 30% 左右（Bouchard，2002），但这一观点是有误导性的，因为还需要“有毒的环境”来启动这些基因。生理过程（尤其是激素对食欲的调节）在发动和维持进食行为，并使人与人之间相互区别的过程中扮演了重要角色（Friedman，2009；Smith & Gibbs，2002）。情绪调节（例如在心情不好的时候通过进食来改善情绪）、冲动控制、对进食的态度与动机，以及对进食后果的反应等心理过程也很重要（Blundell，2002；Stice，Presnell，Shaw，& Rohde，2005）。

许多这样的态度和进食习惯都受到家庭与亲密朋友的强烈影响。在一项重要研究中，克里斯塔基斯和富勒（Christakis & Fowler，2007）对超过 12 000 人的社交网络（亲密朋友和邻居）进行了长达 30 年的研究。他们发现，如果一个人的配偶、兄弟姐妹或亲密朋友是肥胖症患者，其成为肥胖者的概率会从 37% 增加到 57%，但是与他没有社会联系的邻居或同事的肥胖却没有这种作用。因此，肥胖似乎是通过社交网络传播的。尽管肥胖的病因十分复杂，但是与其他障碍一样，生物、心理因素与显著的环境和文化因素的交互作用提供了最完整的解释。

治疗

对肥胖的治疗在个体水平上只取得了中等程度的成功（Svetkey et al.，2008），而且长期的证据表明，与成年人相比，治疗在儿童和青少年中的有效性更高（Sarwer et al.，2004）。治疗通常包括一系列的步骤，根据肥胖程度从最低水平的干预到最高水平的干预。其中一个计划见图 6-5。可以看出，第一步通常是那些购买了节食书籍的个体的个人水平的自我指导式的减肥计划。最常见的结果是，一些个体可能会在短时间内减轻一些体重，但几乎总会反弹。此外，这些书籍对改变终身的饮食和运动习惯几乎没有作用（Freedman，King，& Kennedy，2001），并且很少有人通过这些节食书籍成功地实现远期目标，这也是为什么最新的总是销量最好的原因之一。类似地，几乎没有证据表明医生的咨询会带来任何改变。然而，医生通过提供特殊的治疗建议可以发挥重要作用，包括向专业人员转介（Sarwer et al.，2004）。

下一个步骤是商业性的自助计划，例如慧俪轻体（Weight Watchers）、珍妮·克雷格（Jenny Graig）和其他类似的计划。慧俪轻体称，每周全球超过 140 多万人参加了 50 000 多次的周末聚会（Weight Watchers International，2004）。与自我指导式的计划相比，这些项目至少提供了一个更好的机会去争取成功（Heshka et al.，2003）。在那些最初成功减轻体重并在完成计划后至少保持住体重 6 周的成功者中，仅有大约 19%～37% 在治疗 5 年后将体重控制在不超过他们目标体重 5 磅的范围内（Lowe，Miller-Kovach，Frie，& Phelan，1999；Sarwer et al.，2004）。这意味着接近 80% 的个体，即使最初成功减肥了，但长期来看仍然是不成功的。最成功的计划是专业指导的行为矫正计划，特别是那些在成功减肥后仍然定期参加团体维持环节活动的患者更是如此（Perri et al.，2001）。在一项大型研究中， 233
斯韦德基等（Svetkey et al.，2008）随机分配 1 032 名在 6 个月的行为矫正计划中至少减轻了 10 磅的超重或肥胖的成人到三种持续 30 个月的维持减肥计划中：（1）每月与顾问联系一次以帮助他们维持计划；（2）当他们需要维持其计划时能够登录一个网站（交互技术组）；（3）靠自己的对照组。总的来说，71% 的人的体重持续低于初始水平，这是一个很好的结果，但是三组中，每月一次联系的组增加的体重最少。尽管如此，这些计划也没能获得可观的效果。对于那些肥胖到很危险地步的个体来说，极低

夜食综合征 在晚餐后吃掉日间进食量的三分之一或更多食物，并且夜间至少起床一次去吃一些高热量的点心。他们早上不觉得饿，并经常不吃早饭。这些人在夜间进食时不会暴食，也没有清除行为。

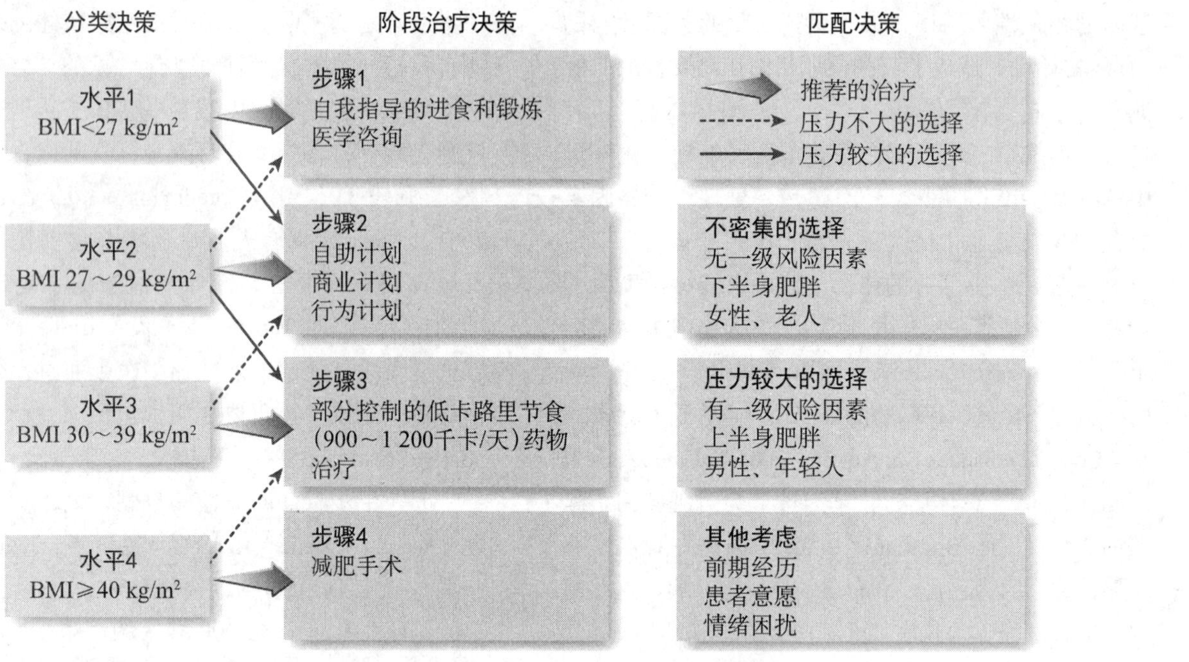

图 6–5　成人肥胖治疗途径（治疗选择的三阶段模型）

注：分类决策：根据 BMI 值在四种干预中确定最恰当的指标。阶段治疗决策：鼓励所有人增加体育锻炼，适当进食。匹配决策：基于个体之前的减重经历、治疗偏好，以及对减重的需要选择最终方案（根据所有健康要素做出判断）。那些报告存在膳食计划、抑郁、身体意象问题，或其他类似困难的患者则被推荐进行营养补充或进行心理咨询。

资料来源：Wadden，T.A.，Brownell，K.D.，& Foster，G.D.，2002. Obesity: Responding to the global epidemic. *Journal of Consulting and Clinical Psychology*，*70*，510-525.

卡路里的饮食和适当的药物，再配合行为矫正计划的方法得到了推荐。通过极低卡路里饮食，患者可以减掉 20% 的体重，典型的饮食包括一天 4～6 顿液体替代食物。在 3 或 4 个月结束时，再用低卡路里的平衡食物替代。在所有减重计划中，患者都会在减重一年后增加所减体重的 50%（Wadden & Osei，2002）。但是，他们中超过一半的人至少能够保持 5% 的体重减少，这对于这些超重严重的人来说是非常重要的（Sarwer et al.，2004）。同样，那些能够减少内部饥饿信号的药物治疗也是有效的，特别是配合旨在改变生活风格的行为方法会更有效。目前，FDA 已经批准了两种特效药：西布曲明（诺美婷）和奥利司他（罗氏鲜）。那些持续用药 1 年以上的患者平均体重能够减少 7%～8%，但是近期有警告说，诺美婷可能会导致心血管功能不良（Kuehn，2010）。因此，这些组合的治疗方法在维持一定程度的体重减轻上还是有效的（Wadden et al.，2005）。但是，药物会产生一些不良反应，并且有些人对此不能接受。

最后，对极端肥胖者实施的外科手术方法［被称为**减肥手术**（bariatric surgery）］，在 BMI 值至
少达到 40 的那些人中越来越流行（Omalu et al.， 234
2007；Wolfe & Morton，2005）。正如前面指出的，5.7% 的美国人的 BMI 值达到或者超过 40（Flegal et al.，2010）。2009 年，将近 220 000 人接受了减肥手术（American Society for Metabolic & Bariatric Surgery，2009）。由于这种手术导致的改变是永久性的，因此，它被保留下来仅仅为了那些严重肥胖的个体，对他们来说，肥胖是一种紧迫的健康威胁。通常，患者必须有一种或多种与肥胖相关的生理问题，如心脏病或糖尿病。在最常见的手术中，患者的胃被“装订”起来，形成很小的胃袋，从而严格限制食物摄取。另一种选择是胃旁路手术，顾名思义就是给胃加上一根导管，这种方法不仅限制食物摄取，同时还限制卡路里的吸收。

大约 15% 接受手术的患者体重没有明显减轻，或者在手术后又恢复了原状（Latfi，Kellum，DeMaria，& Sugarman，2002）。一小部分比例的个体，大约 0.1% 到 0.5%，在手术中死亡，另外 15% 到 20% 的患者在术后第一年和此后每两年会出现严

重的并发症，进而需要重新入院和接受额外的手术（O'Brien et al.，2010；Zingmond，McGory，& Ko，2005）。因此，手术通常要求患者尝试过其他所有的治疗方法，并且经过心理评估被确定能够适应手术之后所要求的进食方式的彻底改变（Kral，2002；Livingston，2010；Sarwer et al.，2004）。

新的心理治疗计划被设计出来专门帮助患者进行手术准备，同时帮助他们适应手术后的生活（Apple，Lock，& Peebles，2006）。与成人相反，对儿童和青少年的肥胖治疗方法无论是短期还是长期的效果都很好（Cooperberg，& Faith，2004；Epstein，Myers，Raynor，& Saelens，1998）。许多研究都报告，行为矫正计划，特别是那些把父母考虑在内的计划，大约能减少 20% 的超重，并且这种效果能够在治疗结束之后维持数年。另外，这些行为矫正计划包括许多改变饮食习惯的策略，特别是减少高卡路里、高脂肪的零食。这些计划的目标还包括减少儿童和青少年的久坐习惯，例如长时间地看电视、打电子游戏或坐在电脑前面。相对于成人，儿童和青少年在这些计划中会更加成功，因为父母一般都能充分参与到计划中来，并能提供稳定而持久的支持。而且，儿童的饮食习惯通常也没有成人那么根深蒂固。此外，如果提供适当的活动，那么儿童的身体活动会更多（Cooperberg & Faith，2004）。对于更加严重的肥胖青少年（BMI 值为 32～44），一项重要研究表明，药物治疗结合综合行为治疗比单纯的行为矫正计划更加有效（Berkowitz，Wadden，Tershakovec，& Cronquist，2003）。对于那些最严重的肥胖青少年（BMI 值超过 35）来说，一种与成人相比侵入更少，实施减肥手术时更安全的程序现在正在被评估（O'Brien et al.，2010）。

社会越来越关注防止肥胖继续流行的方法。最大的受益来自各种策略，这些策略专注于如何通过改变“有毒的环境”中的因素（这些因素鼓励摄入不健康的食物，以及久坐不动的生活风格）来预防肥胖（Brownell，2002）。

大多数人都清楚进食是我们生存的必需。同样重要的还有睡眠，这个还相对神秘却至关重要的日常功能，也经常与各种心理障碍相关。下面我们将转向这种基本的生存活动，以更好地理解我们如何以及为什么会受到各种睡眠失调的伤害。

概念自测 6.3

判断下面关于肥胖的陈述是正确的（T）还是错误的（F）。

1. 肥胖是美国付出代价最大的单一健康问题，超过了烟草和酒精滥用的总和。________
2. 夜食综合征的个体在他们的晚餐之后至少会消耗其日常所吃食物的一半。________
3. 高脂肪食物和技术对目前美国肥胖的流行没有责任。________
4. 专业指导的行为矫正计划是所有肥胖治疗中最成功的。________

睡眠障碍：严重的睡眠紊乱 235

- 主要睡眠障碍诊断中标准的关键症状有哪些？
- 哪些药物与心理治疗手段被用于治疗睡眠障碍？
- 快速眼动睡眠和非快速眼动睡眠与异态睡眠是如何联系在一起的？

人生三分之一的时间处于睡眠中。也就是说我们大多数人每年会睡接近 3 000 个小时。对于一些人来说，睡眠让人精力充沛，包括生理的和精神的。不幸的是，大多数人并没有得到足够的睡眠，20% 的美国人报告每天的睡眠时间不足 6 小时，而 1998 年时这一比例只有 12%（National Sleep Foundation，2009）。大多数人都知道如果夜晚睡眠很差意味着什么。第二天我们会头晕眼花，随着时间的推移，

减肥手术　一种针对极端肥胖者的手术治疗方法，通常通过将胃“装订”起来，以创造容量更小的胃，或通过胃旁路手术使食物绕过胃来达到减肥的目的。

我们会变得易怒。研究告诉我们，即使只是持续几天的轻微睡眠剥夺也会妨碍我们进行清晰的思维（Buysse，Strollo，Black，Zee，& Winkelman，2008）。睡眠缺乏还会影响到你的生理功能。睡眠不足的人更容易得病，例如感冒等（Cohen，Doyle，Alper，Janicki-Deverts，& Turner，2009），这也许是因为即使短短数小时的睡眠缺失也会导致免疫系统功能减弱（Imeri & Opp，2009）。

此时你可能会问：为什么睡眠障碍会被编入异常心理学教材？显然，不同种类的睡眠异常都有其生理学基础，因此完全可以将其看成纯粹的医学问题。然而，像其他的生理障碍一样，睡眠问题在许多重要方面都与心理学因素相互影响。

睡眠障碍概述

睡眠研究对异常心理学的概念有着深远的影响。在19世纪用于治疗一些严重精神疾病的道德疗法就将鼓励患者获得足量的睡眠作为治疗的一部分（Charland，2008）。研究者通过长时间阻止人们睡眠进行研究，结果发现慢性的睡眠剥夺通常会带来长远的影响。本书中所涉及的大量障碍均同时伴随一些睡眠问题，如精神分裂症、抑郁症、双相障碍和焦虑障碍。如果出现睡眠问题，你可能首先会想到这可能是由于某种心理失常。例如，你是否经常对未来的事件（例如即将到来的考试）感到焦虑，并因此而失眠？然而，睡眠困扰与精神健康的关系要复杂得多。睡眠问题可能导致人们日常生活中的各种困难（Buysse et al.，2008），或者睡眠问题是由某种心理障碍导致的结果。

在第4章中，我们阐述了大脑边缘系统中的脑环路可能与焦虑相关。我们知道大脑这一区域也与做梦的睡眠有关，这种睡眠被称为**快速眼动睡眠**［rapid eye movement（REM）sleep］（Steiger，2008）。这种共同的神经生物学关联可能提示，焦虑和睡眠之间通过某种重要的方式相互关联，然而确切的关系尚不清楚。类似地，REM睡眠似乎也与抑郁相关，正如第7章所指出的（Joska & Stein，2008）。睡眠异常是严重临床抑郁的前兆，这一点也表明睡眠问题可以预测哪些人未来可能有出现心境障碍的危险（Terman & Terman，2006）。在一项有趣的研究中，研究者发现认知行为治疗改善了一组男性抑郁症患者的症状，并使REM睡眠模式趋于正常化（Nofzinger et al.，1994）。此外，睡眠剥夺对某些人具有暂时的抗抑郁作用（Benedetti et al.，2003），尽管对于没有抑郁症状的个体而言，睡眠剥夺可能会导致出现抑郁症状（Perlis et al.，2006）。目前，我们还不能完全理解心理障碍和睡眠是如何联系的，但越来越多的研究指出，如果我们想要对异常行为做出更广泛的描绘，就必须理解睡眠问题的重要性。

睡眠障碍被区分为两种主要的类型：**睡眠紊乱**（dyssomnias）和**异态睡眠**（parasomnias）（表6–3）。睡眠紊乱包括难以获得足够的睡眠、想睡时却难以睡着（如第二天早上9点钟上课，可是凌晨2点还没睡着），以及对睡眠质量的抱怨（如尽管睡了一整夜，但第二天却仍然提不起精神来）。异态睡眠则表现为睡眠过程中的异常行为或生理事件，如梦魇和梦游。

表6–3　　DSM睡眠障碍概要

睡眠障碍	描述
睡眠紊乱	（睡眠数量、持续时间或质量方面的困扰）
原发性失眠	指入睡、维持睡眠方面的困难，以及睡眠不解乏（即使有正常情况下足够多的睡眠，也还是不能感到恢复精力）
原发性嗜睡	过度睡眠主诉，其表现是要么夜间睡眠时间过长，要么白天睡眠过多
发作性睡病	白天不可抵抗的睡眠发作，伴随短暂发作的肌肉张力消失（猝倒）
呼吸相关睡眠障碍	由与睡眠相关的呼吸困难导致的睡眠困扰，这些困扰导致了过度的睡眠或失眠
昼夜节律睡眠障碍（睡眠–觉醒时序障碍）	持续存在的，或反复发生的睡眠困扰，并导致过度睡眠或失眠，这些问题的出现是由个体所处的环境所要求的睡眠–觉醒时序，与其昼夜节律不相匹配导致的
异态睡眠	（觉醒和睡眠阶段的转换过程被干扰，从而使睡眠过程被中断）
梦魇	反复被一些特别深刻、恐惧的梦惊醒，这些梦常常是一些能够回忆起细节的梦，其内容常常包括对生存、安全或自尊的威胁；觉醒通常发生在睡眠的后半段
夜惊	反复发生的突然从梦中觉醒，常发生于主要睡眠周期的头三分之一阶段，并常常以惊慌失措的尖叫开始
梦游	反复发生的睡眠中起床和行走，常发生于主要睡眠周期的头三分之一阶段

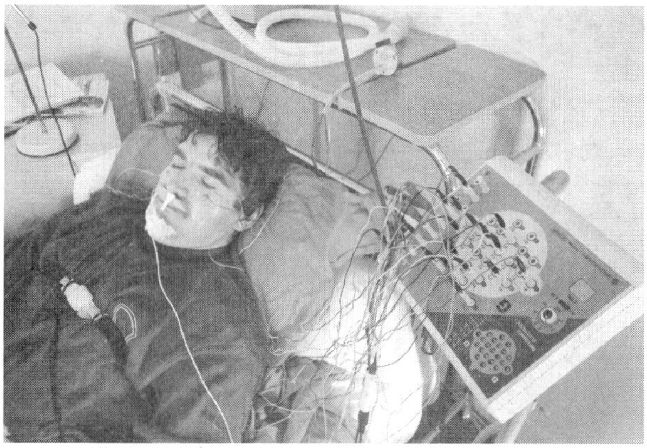
BISP/Agency/Index Stock/PhotoLibrary

这位参与者正在接受多导睡眠图评估，它可以对个体一整晚的睡眠模式进行监测。

最清晰、最全面的睡眠习惯的描述只能通过**多导睡眠图评估**［polysomnographic（PSG）evaluation］来获得。患者要在睡眠实验室睡一个或几个晚上，在此过程中被进行一系列监测，包括呼吸和氧饱和
236 度（对气流情况的检测）、腿部运动、通过脑电图检测脑电运动、通过眼动图测量眼动情况、通过肌电图测量肌肉运动、通过心电图测量心脏活动。白天的行为活动和典型的睡眠模式也被记录下来，比如患者是否使用药物或酒精，是否为工作或人际关系问题而焦虑，是否有午睡，是否有心理障碍。收集所有这些数据要花费一定的时间和金钱，但是对于做出正确的诊断和治疗计划是相当重要的。另一种全面评估睡眠的方法是使用腕表尺寸装置，称为**体动记录仪**（actigraph）。这种设备能够记录肢体运动次数，这些数据能被导入计算机以判断睡眠的长度和质量。已经有几项研究通过测量宇航飞船上的宇航员的睡眠情况测试了这种设备的有效性，结果发现，这种设备能够可靠地侦测宇航员们何时入睡、何时醒来以及他们在太空中的睡眠是否充分等（例如，Barger，Wright，& Czeisler，2008）。

此外，临床医生和研究者还发现考虑**睡眠效率**
237（sleep efficiency，SE，实际花在睡眠上的时间百分比，而不只是躺在床上准备入睡）对于了解个体每天实际的平均睡眠时间是很有帮助的。用睡眠时间除以在床时间可得到睡眠效率值。100% 的 SE 值意味着你的头一碰上枕头就睡着了，并且整晚都没有醒来。相比之下，50% 的 SE 值则说明你躺在床上时有一半的时间在用于努力入睡。也就是说，你有一半时间是醒着的。这种测量能帮助临床医生客观地评定你睡得怎么样。

判定一个人是否存在睡眠问题的一个方法是观察他在白天的继发状况，或者清醒时的行为。例如，如果你晚上花了 90 分钟才入睡，但是这并没有干扰你，而你在白天也感到休息充分、精神十足的话，那么你并没有睡眠问题。如果你的一个朋友也花 90 分钟才能入睡，但是这引发了他的焦虑，并且第二天感到疲惫不堪，那么他会被认为存在睡眠问题。在某种程度上这是一个主观的判断，部分依赖于个体如何看待这种情况并对其做出反应。

原发性失眠

失眠是最常见的睡眠障碍之一。你可以想象出一个整日不眠的失眠者的形象。当然，完全不睡是不可能的。例如，如果持续 40 小时不睡，个体会出现持续几秒或者更长时间的**微睡眠**（microsleeps）（Mendelson，2005）。在一种相当罕见的致命的家族性失眠症（一种退行性大脑障碍）中，睡眠的完全缺乏将最终导致死亡（Minagar，Alekseeva，Shapshak，& Fernandez，2009）。尽管通常将“失眠”一词理解为“不睡觉”，但实际上它包含了许多种睡眠困扰。个体如果夜里很难入睡（入睡困难），夜里频繁醒来或过早醒来之后就不能继续入眠（睡眠维持困难），以及晚上睡了足够多时间但第二天仍然很疲倦（睡眠不解乏），那么都会被认为是失眠症患者。请看下面宋雅的案例。

快速眼动（REM）睡眠 睡眠的周期性间断，在此期间眼球快速地从一侧运动到另一侧，并且会做梦，但身体未被唤醒。

睡眠紊乱 睡眠困难或睡眠质量不佳。

异态睡眠 睡眠过程中出现的某种异常行为，例如梦魇和梦游。

多导睡眠图（PSG）评估 睡眠障碍的一种评估方式，该方法在实验室对被试睡眠中的心跳、呼吸、肌肉运动、大脑波形以及其他功能进行监控。

体动记录仪 一种小型的电子设备，戴在手腕上与手表相似，用于记录身体的活动。此装备可用于记录睡眠周期。

睡眠效率（SE） 实际睡眠时间与在床时间的百分比。

微睡眠 个体被剥夺睡眠时出现的短暂的、持续数秒钟的睡眠。

宋雅：学校在她脑中

宋雅是一个23岁的法律系学生，有睡眠问题史。她表示她从来没有睡好过，同时存在入睡困难与早醒。自从去年她进入法律系，她的失眠问题变得更严重了。她会一直清醒地躺在床上想学校的事情直到凌晨，通常一个晚上只能睡3～4小时。早上起床对她而言非常困难，因此她上午的课经常迟到。

宋雅的睡眠问题及其与学校功课的冲突，导致她出现了越来越严重的抑郁。另外，她最近还报告出现了严重的焦虑发作，这使她半夜从睡梦中惊醒。所有这些问题导致她与家人和朋友越来越疏离，他们最终说服她去寻求帮助。

我们会在本章后面讨论宋雅的问题。

临床描述

宋雅的症状符合DSM-Ⅳ-TR中对**原发性失眠**（primary insomnia）的诊断，原发表示这种睡眠问题不是由其他医学或精神病性问题引起的。将睡眠障碍视为原发，会让我们回忆起睡眠障碍与心理障碍（例如焦虑与抑郁）重叠的问题。因为不能入睡会使你感到焦虑，而焦虑又会进一步干扰你的睡眠，这又会让你更焦虑，等等，很难找到一个只有睡眠障碍而没有其他相关问题的人。

宋雅是一个典型的失眠症案例。她同时存在入睡和睡眠维持困难。另外一些人是睡了一个晚上却感到自己始终是醒着的。虽然大多数人可以从事必需的日常活动，但他们在活动中不能集中注意力，因此可能产生一系列严重后果，例如当他们试图长途驾车（如公交车司机）时或处理危险材料（如电工）时出现衰竭性事故。由于注意力难于集中，像宋雅这样患有失眠症的学生，可能在校的学业表现欠佳。

数据统计

每年大约有1/3的人报告自己存在某些失眠症状（National Sleep Foundation，2009）。在这些群体中的大多数人会由于睡眠困难而终身痛苦（Mendelson，2005）。大约35%的老年人会报告过多的日间睡眠，其中老年黑人男性报告的问题最多（Green，Ndao-Brumblay，& Hart-Johnson，2009）。

DSM　诊断标准概要 238

原发性失眠

原发性失眠的症状包括：

- 入睡困难，难以维持睡眠，睡眠质量差，至少持续一个月。
- 睡眠困扰（或相关的日间困倦）导致了临床上明显的痛苦或功能损害。
- 不发生于嗜睡发作、呼吸相关睡眠障碍、睡眠节律障碍或异态睡眠病程中。
- 不发生于其他精神障碍病程中。
- 不是某种物质（例如成瘾药物、处方药物）或躯体疾病的直接生理后果。

资料来源：Based on DSM-Ⅳ-TR. Reprinted with permission from *Diagnostic and Statistical Manual of Mental Disorders* (4th ed.，text revision). ©2000 American Psychiatric Association.

很多心理障碍都与失眠有关。抑郁、物质滥用、焦虑障碍、阿尔茨海默型痴呆等通常都会使总体睡眠时间减少。酒精的使用与睡眠障碍的关系可能尤其复杂。酒精通常被用来帮助入睡（Schuckit，2009）。少量饮用可能会起到入睡的效果，但也会阻碍睡眠的持续。睡眠被打断可能引起焦虑，这常常导致再次使用酒精并因此而形成恶性循环。

报告存在失眠的女性是男性的两倍。这是不是意味着男性睡眠比女性好？不一定！要知道，睡眠问题只有当你体验到睡眠不适时才被视作一种障碍。女性更频繁地被诊断为失眠症可能是由于她们更经常报告这个问题，而并不一定是因为她们的睡眠受到了更多的干扰。正如正常睡眠需要随时间而变化一样，不同年龄的人对失眠的抱怨频率也是不一样的。入睡困难的儿童通常在就寝时间发脾气或者不愿上床睡觉。许多孩子在半夜醒来时会大哭。估计年幼儿童中的失眠比例在25%～40%以上（Owens，Rosen，& Mindell，2003）。越来越多的证据表明，生物和文化因素可以解释青少年中睡眠较差的问题。随着儿童成长到青春期，他们由生物因素决定的睡眠作息会发生转变，表现为就寝时间更晚（Mindell & Owens，2009）。然而，至少在美国，学校仍然希望儿童早起上学，从而导致慢性睡眠剥夺。这一问题并非在所有青少年中都会出现，它与社会和种族背景是有关系的。例如，一项研究表明，华裔美国青少年报告的失眠问题最少，而墨西哥裔美国青少年报告的睡眠困难则最多（Roberts，Roberts，& Chen，2000）。

随着年纪增大，对睡眠问题的抱怨越来越多。老年人中高比例的睡眠问题意味着我们在年老的时候睡眠时间会减少。然而，在 65 岁以上的老年人中，睡眠少于 6 小时、夜间多次醒来的现象也并不少见。

病因

失眠伴随着许多躯体和心理障碍，包括疼痛和身体不适、日间缺乏体力活动以及呼吸问题。有时，失眠与人体生物钟及其对体温的控制有关。一些晚上难以入睡的人可能存在体温调节延迟：他们的体温没有降低，因而直到深夜才会感到困倦。作为一个群体，失眠者的体温似乎比睡眠良好者更高，并且他们的体温变化也小；体温波动性的缺乏可能干扰了睡眠（Lack，Gradisar，Van Someren，Wright，& Lushington，2008）。

干扰睡眠的其他可能因素包括药物使用和各种环境因素的影响，例如光、声、气温的变化等。住院的人们通常会有睡眠困难，因为医院的噪声且生活规律与家里不同。其他的一些睡眠障碍，例如睡眠呼吸暂停（一种夜间呼吸受阻的障碍）或周期性肢体运动障碍（腿部运动过度抽动、痉挛）都可能打断睡眠，而且这些现象看起来和失眠相似。

最后，很多心理应激也可能干扰你的睡眠。例如，一项研究试图调查医学和牙科学校的学生如何被特殊的应激事件所影响——这里，应激事件指尸体解剖（Snelling，Sahai，& Ellis，2003）。这些学生报告这些事件降低了他们的睡眠能力。

失眠者对他们应该需要多少睡眠有很多不现实的预期（“我至少需要整整 8 小时的睡眠”），对失眠的后果考虑也不现实（“如果只睡了 5 小时，那我将不可能思考和工作”）（Sidani et al.，2009）。实际上，每天需要的睡眠量因人而异，它取决于睡眠是否会影响你的日间活动。认识到认知在失眠中的作用是很重要的，因为我们的想法本身就会干扰我们的睡眠。

较差的睡眠是习得性的吗？有一种认识被普遍接受，即失眠者习惯于把卧室和床与同失眠相伴的挫折和焦虑联系在一起。最终，就寝时间的临近本身就可能产生焦虑（Ebben & Spielman，2009）。与睡眠相关的互动可能造成儿童的睡眠问题。例如，有研究发现，如果儿童入睡时父母在场，孩子更可能在夜晚醒来（Adair，Bauchner，Philipp，Levenson，& Zuckerman，1991）。研究者认为，一些孩子学会了只有父母在场时才入睡。如果他们在夜间醒来，发现自己是独自一人时就会感到害怕，从而使睡眠受到干扰。跨文化的睡眠研究主要集中在儿童身上。在美国的主流文化中，婴儿被安排在单独的床上独自睡觉，如果有可能的话，甚至会睡在单独的房间中。然而，在其他许多不同的文化中，如危地马拉和韩国的乡村，以及日本的城镇中，孩子生命中最初的几年是与母亲在同一个房间度过的，有时还同床而眠（Mosko，Richard，& McKenna，1997）。在许多文化中，母亲报告她们不会对孩子的哭声充耳不闻（K. Lee，1992；Morellr，Rogoff，Oppenheim，& 239
Goldsmith，1992）。与此形成鲜明对比的是，在美国大多数儿科医生建议父母到一定年龄后就要忽略婴儿夜间的哭声（Ferber，1985）。从这一研究中得出的结论是，睡眠会受到文化模式的影响。儿童未满足的需求可能造成心理应激，这种心理应激对儿童最终的睡眠结果会产生消极影响（Durand，2008）。

一个整合模型

睡眠障碍的整合观点包括几个假设。第一，在某些水平上，大多数个案同时存在生理和心理问题。第二，这些多维因素是彼此关联的。这可以从上面提到的研究中看出。阿代尔及其同事们（Adair et al.，1991）发现，夜间经常醒来的儿童通常是在父母在场的情况下入睡的。然而，他们同时提到，孩子的气质（或人格）可能也扮演了重要角色：因为这些孩子的脾气很差，他们的父母不得不监督孩子入睡以避免入睡困难。换句话说，人格特征、睡眠困难和父母的反应会发生交互影响，从而产生并维持了这些睡眠问题。

人们可能对晚睡问题具有生物易感性。这种易感性因人而异，并且程度不同，可以比较轻微，也可能是严重的干扰。例如，一个人可能只是睡得不深（夜间易醒），但也可能有失眠、嗜睡、睡眠呼吸暂停障碍的家族史。而所有这些因素最终都可能导致睡眠问题。这些影响被称为素质因素（Spielman & Glovinsky，

原发性失眠　指入睡、睡眠保持和睡眠效果方面的困难；与其他药物与心理问题无关。

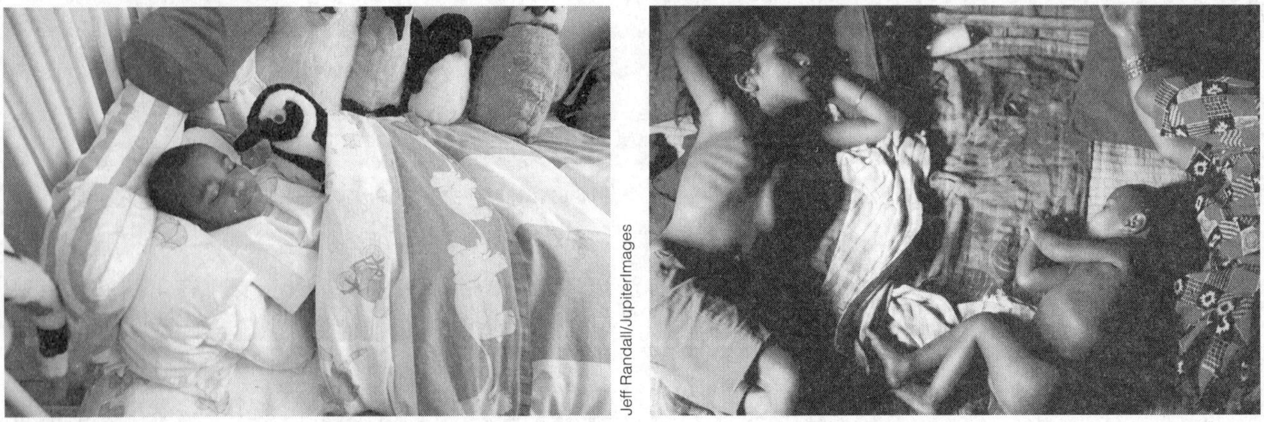

在美国，儿童通常独自睡眠（左图）。在许多其他文化中，所有家庭成员都睡在一起（右图）。

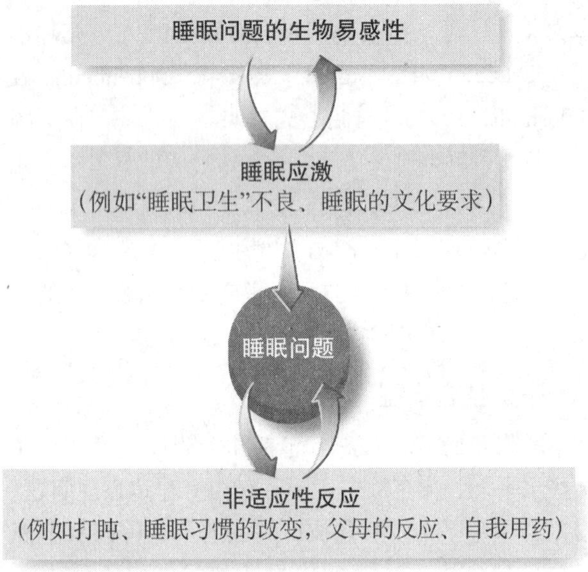

图 6–6　睡眠问题的一个整合多维模型

1991），它们本身可能不会造成问题，但它们可能与其他因素相结合，从而干扰睡眠（图 6–6）。

反过来，生物易感性也可能与睡眠应激交互作用（Durand，2008），睡眠应激包括许多可能对睡眠有消极影响的事件。例如，不良的就寝习惯（如过量饮酒或喝咖啡）可能干扰入睡（Stepanski，2006）。特别指出的是，生物易感性与睡眠应激是相互影响的（图 6–6）。虽然我们可以直觉地假设生物因素的作用在前，但外部因素如不良睡眠卫生（影响我们睡眠的日间活动）可能影响睡眠的生理活动。其中最令人惊奇的一个例子是飞行时差反应：当人们飞越很多个不同时区时，他们的睡眠模式会被打乱，而且通常会很严重。睡眠干扰会延续下去还是会变得更加严重可能取决于如何处理它们。例如，很多人通过服用自己从药店购买的安眠药片来应对睡眠干扰。不幸的是，大多数人并没有意识到，一旦停止用药，**失眠反弹**（rebound insomnia）就会出现——失眠问题又出现了，有时甚至会变得更糟。
这种反弹使得人们认为自己仍然存在睡眠问题，再 *240*
次求助于药物，使这种循环不断重复。换言之，寻求睡眠帮助反而会使睡眠问题持续下去。

另一种应对不良睡眠的方法同样可能使问题拖延下去。这看起来是很合理的：当一个人睡眠不足时，他可以通过白天的小睡补偿这种损失。遗憾的是，小睡虽然可以减轻日间的疲乏，但也会扰乱晚上的睡眠。焦虑也可能扩大这一问题。躺在床上，心里想着学校、家庭的问题，甚至为不能入睡而担忧，这些也会干扰你的睡眠（Uhde，Cortese，& vedeniapin，2009）。父母的行为也有可能使儿童的这些行为维持下去。在夜间醒来时得到大量安抚的儿童会更频繁地在夜里醒来（Durand，2008）。这种适应不良的反应模式与睡眠问题和睡眠应激的生物易感性相结合，能解释睡眠问题的持续性。

原发性嗜睡

失眠（insomnia）是指睡眠不足（前缀“in”表示“缺乏”或“没有”），而**嗜睡**（hypersomnia）则是睡眠过多的问题（“hyper”指“大量”或“超过正常”）。很多睡了整夜的人第二天仍然会多次睡着。看看下面安妮的例子。

安妮：在公共场合睡着

安妮，一名大学生，到我的办公室来讨论她的学习进展。我们谈论了有关她在上次考试中的一些错题。当她将要离开时，她告诉我，在我的课上她从没有睡过觉。这看起来像是很平常的恭维，但我还是表达了我的谢意以示反馈。“不，”她说，“你不明白。我常常在所有的课堂上睡觉，唯独在你的课上没有。”这一次我仍然不是十分理解她试图告诉我什么，并且开玩笑说，她应该认真选择教授。她笑着说：“也许吧。但我还是存在睡眠过度的问题。”

随着谈话的深入，安妮告诉我，从十几岁起，睡眠过度就已经成为一个困扰她的问题。在单调乏味的情景中，或是当她不活跃时，她就会睡着。这种情况在白天会发生多次，取决于她当时正在干什么。最近，这一问题在大型讲座式的课堂上时常发生，除非这场讲座特别有趣或是活泼。看电视和长途驾车中也会出现这一问题。

安妮说她的父亲也有相似的问题。他近来被诊断为患有发作性睡病（我们将在后面讨论），正在一家诊所接受治疗。她和她的哥哥都被诊断出嗜睡症。安妮按医生的处方服用利他林（一种兴奋剂）已经 4 年了，但她说这种药对于她在白天保持清醒的效果甚微。她说这种药物有助于减少困意的侵袭，但并不能完全消除它们。

DSM-Ⅳ-TR 对嗜睡的诊断标准，不仅仅包括安妮所描述的睡眠过多的情况，还包括对该问题的主观感受（American Psychiatric Association，2000）。记住，失眠究竟是不是一个问题取决于它影响每个人的方式。安妮发现她的这种障碍相当具有破坏性，因为它妨碍了驾驶和在课堂上集中注意力。嗜睡导致她的学习不佳，而且让她感到心烦意乱，这些都被认为是这种障碍的特征。她每天晚上大约能睡 8 个小时，因此她的日间睡眠不能归结于睡眠不足。

一些因素所造成的过度睡眠，不能被视为嗜睡症。例如，失眠者（未得到足量睡眠）常常会抱怨日间困倦。与此相反，嗜睡者则整晚都在睡，醒来时也觉得休息好了，但仍抱怨白天困倦。另一种会导致类似的过度睡眠的障碍是呼吸相关睡眠障碍，被称为**睡眠呼吸暂停**（sleep apnea）。存在这种问题的人在夜晚呼吸困难。他们通常鼾声如雷，呼吸会出现停顿，第二天早上醒来感到口干和头痛。在 241
识别嗜睡症时，临床工作者需要排除失眠症、睡眠呼吸暂停或其他会导致日间睡眠的因素（American Psychiatric Association，2000）。

对嗜睡症本质的了解才刚刚起步，因此很少有关于其病因的研究。部分案例可能与基因影响有关，因为患者往往拥有某种特定基因（HLA-Cw2 和 HLA-DR11）（Buysse et al.，2008）。嗜睡症患者的一个重要亚群被发现病前曾经有病毒感染史，如单核细胞增多症、肝炎、病毒性肺炎等，这说明嗜睡的病因可能不止一个（Hirshkowitz，Seplowitz，& Sharafkaneh，2009）。

发作性睡病

安妮描述了她父亲患有**发作性睡病**（narcolepsy），这与她和哥哥所患的睡眠障碍不一样（Buysse et al.，2008）。除了日间睡眠外，发作性睡病患者还会发生猝倒（cataplexy），这是一种肌张力突然丧失的情况。猝倒发生在个体清醒情况下，轻者为面部肌肉的轻度无力，重者则是完全的身体虚脱倒地。猝倒持续时间从几秒到几分钟不等，它通

DSM 诊断标准概要

原发性嗜睡

原发性嗜睡的症状包括：

- 过度睡眠至少持续1个月（如反复发作，可短于1个月），表现为几乎每天都觉得睡得过多或每天都出现日间睡眠发作。
- 过度睡眠导致临床上明显的痛苦或功能损害。
- 过度睡眠不能完全用失眠来解释，不发生于其他睡眠障碍的病程中，也不能由睡眠不足来充分解释。
- 不发生于其他精神障碍的病程中。
- 不是某种物质或躯体疾病的直接生理后果。

资料来源：Based on DSM-Ⅳ-TR. Reprinted with permission from *Diagnostic and Statistical Manual of Mental Disorders* (4th ed.，text revision). ©2000 American Psychiatric Association.

失眠反弹　对于失眠者来说，当使用药物对失眠问题进行治疗，然后又取消时，失眠会变得更严重。
嗜睡　睡眠的极度异常，这类人通常一天要睡好多次。
睡眠呼吸暂停　在睡眠过程中呼吸会出现短暂的停止。
发作性睡病　突然出现不可抵挡的睡眠欲望。

Monkey Business Images/Shutterstock.com

过度睡眠可能会是破坏性的。

常由强烈的情绪刺激（如生气或高兴）引起。可以想象一下，当你正在为你喜欢的球队欢呼时，突然睡着了；当你正在和朋友争论时，你突然倒在地上睡去并开始打鼾。这种障碍多么让人难堪啊！

猝倒似乎是由REM睡眠的突然发作所致。与正常睡眠中入睡后经过4个非快速眼动（NREM）睡眠期后再进入REM睡眠不同，发作性睡病患者则是周期性地从清醒状态直接进入REM睡眠这一做梦的阶段。REM睡眠的一个结果是抑制对肌肉的神经传导，这可能是产生猝倒的原因。

另外还有两个特征可以用来区分发作性睡病患者（Buysse et al., 2008）。他们通常存在睡眠麻痹，即醒来后有一段短暂的时间，不能动弹或说话，这常常会让患者受到惊吓。发作性睡病的最后一个特征是睡前幻觉，即在睡眠的开始阶段体验到生动而可怕的幻觉。据患者形容，这些体验不仅包含视觉成分，还包含触觉、听觉甚至躯体运动感，因而真实得令人不得不信。与睡眠麻痹类似，入睡前幻觉也是十分可怕的，它甚至可能包括被困在大火中或是飞在空中这样的生动的幻觉。发作性睡病相当少见，在人群中的患病率大概为0.03%～0.16%，男女患病率大致相等。虽然报告的一些案例是幼儿，但发作性睡病首次发病常常在青少年阶段。通常，最初的症状表现为过度睡眠，猝倒可能会同时发生，也可能会潜伏长达30年才发病。值得庆幸的是，虽然日常睡眠的时间不会随年龄的增长而减少，但猝倒、入睡前幻觉、睡眠麻痹的患病率则会随时间的增加而降低。

发作性睡病的特殊遗传模式正在探索中（Tafti, 242
2009）。对也遗传有这种障碍的杜宾犬和拉布拉多寻回犬的早期研究显示，发作性睡病与6号染色体上的一组基因有关，那可能是一种染色体的隐性遗传特质。发作性睡病的病因学以及治疗上的进展应该归功于“人类最好的朋友”的帮助。

DSM 诊断标准概要

发作性睡病

发作性睡病的症状包括：

- 在日常的生活中出现不能抵抗的睡眠，至少持续3个月。
- 存在以下症状中的1种或2种：（1）猝倒（例如发作性的肌张力丧失，经常与紧张情绪同时发生）；（2）快速眼动（REM）睡眠被反复地插入正常的睡眠与觉醒转换周期中，体现为在睡眠开始或结束时的睡前幻觉或睡眠麻痹。
- 不是某种物质或躯体疾病的直接生理后果。

资料来源：Based on DSM-Ⅳ-TR. Reprinted with permission from *Diagnostic and Statistical Manual of Mental Disorders* (4th ed., text revision). ©2000 American Psychiatric Association.

呼吸相关睡眠障碍

对一些人而言，日间瞌睡或者夜间睡眠被干扰是有生理原因的，即睡眠时的呼吸问题。DSM-Ⅳ-TR将这类问题诊断为**呼吸相关睡眠障碍**（breathing-related sleep disorders）。在睡眠中呼吸被干扰的人夜里常常有多次短暂的醒来，因此即使睡了八九个小时也仍然感到疲倦（Hirshkowitz et al., 2009）。对我们所有人来说，睡眠时上呼吸道肌肉松弛，在一定程度上限制了空气出入，使得呼吸有些困难。不幸的是，有些人的呼吸受到极大的限制，或者过度吃力（肺换气不足），更为极端的情况是，他们可能会有一小段时间（10～30秒）停止呼吸，称为睡眠呼吸暂停。通常，这类人对自己的呼吸困难只有很少的觉知，并且并不将睡眠问题归因于呼吸。然而，同床而眠的人通常会注意到响亮的鼾声（这是此问题的特征之一），或者会注意到呼吸暂停时的可怕情景。呼吸问题的其他特征是夜间出汗很多，早晨起来头痛，日间睡眠（睡眠发作）并伴随个体并不因此而感到得到了休息（Hirshkowitz et al.，2009）。

呼吸暂停有三种类型，每一种都有其特殊的成因、日间症状以及治疗方法。阻塞型睡眠呼吸暂停（obstructive sleep apnea，OSA）发作时，虽然呼吸系统保持活跃，但气流已经停止（Abad & Guilleminault，2009）。一些人是由于气管太过狭窄，另一些人则是由于气管的某些异常或伤害干扰了持续的呼吸能力。在一组 OSA 患者中，所有人都报告存在夜间打鼾（Guilleminault，1989）。肥胖和年龄的增长都与这一问题有关。一些研究指出，使用摇头丸可能导致阻塞型睡眠呼吸暂停，即使在青少年中和原本健康的成年人中也如此（McCann，Sgambati，Schwartz，& Ricaurte，2009）。睡眠中呼吸暂停绝大多数发生在男性身上，据估计人群中的患病率为 10%～20%（Jennum & Riha，2009）。

第二种类型的呼吸暂停，即中枢型睡眠呼吸暂停（central sleep apnea），其特点包括短暂的呼吸系统活动完全停止，这种现象通常与中枢神经系统的障碍有关，比如脑血管病、颅脑外伤以及退行性障碍（Buysse et al.，2008）。与阻塞型睡眠呼吸暂停患者不同，中枢型睡眠呼吸暂停患者夜间会频繁醒来，但他们一般不会报告过度的日间睡眠，并且通常没有意识到自己存在严重的呼吸问题。因为缺乏日间症状，人们不大会寻求治疗，因此我们对这种障碍的流行情况和病程均知之甚少。

第三种类型的呼吸暂停是混合型睡眠呼吸暂停（mixed sleep apnea），它是阻塞型和中枢型的综合。所有这些呼吸障碍都会干扰睡眠，并导致与失眠类似的症状。

昼夜节律睡眠障碍

“春季提前，秋季推后”（Spring ahead; fall back），大多数美国人使用这种记忆方法来提醒自己春天时将时钟向前拨一个小时，秋天再把时钟拨回去。我们大多数人会惊讶地发现这种时间的调整多么令人混乱。至少在一到两天的时间里，我们可能白天感到困倦，但晚上又难以入眠，好像是在倒时差一样。这种失调的原因并不是我们增加或者减少了 1 个小时的睡眠； 243
其实，我们的身体很容易调整并适应这种变化。真正的问题是，我们的生物钟如何及时地调整并且适应这一变化。在新的时间里，按照惯例你应该上床睡觉了，但我们的大脑却发出了不同的声音。如果这种斗争持续一定长的时间，那么你可能患上了**昼夜节律睡眠障碍**（circadian rhythm sleep disorders）。这是由睡眠模式与当前昼夜交替的模式同步失调而引起的睡眠障碍

DSM 诊断标准概要

呼吸相关睡眠障碍

呼吸相关睡眠障碍的症状包括：

- 因某种睡眠相关呼吸问题（例如阻塞型或中枢型睡眠呼吸暂停、中枢性肺泡低通气综合征）导致的过度睡眠或失眠。
- 不能很好地用另一种精神障碍加以解释，也不是某种物质或躯体疾病的直接生理后果。

资料来源：Based on DSM-Ⅳ-TR. Reprinted with permission from *Diagnostic and Statistical Manual of Mental Disorders* (4th ed., text revision). ©2000 American Psychiatric Association.

DSM 诊断标准概要

昼夜节律睡眠障碍（原睡眠–觉醒时序障碍）

昼夜节律睡眠障碍的症状包括：

- 持续或反复出现睡眠模式被打破，进而因个人的环境要求与其昼夜睡眠–觉醒模式要求的睡眠–觉醒时序的不匹配而导致过度睡眠或失眠。
- 导致了临床上显著的痛苦或功能损害。
- 不发生于其他睡眠障碍或精神障碍的病程中。
- 不是某种物质或躯体疾病的直接生理后果。

资料来源：Based on DSM-Ⅳ-TR. Reprinted with permission from *Diagnostic and Statistical Manual of Mental Disorders* (4th ed., text revision). ©2000 American Psychiatric Association.

呼吸相关睡眠障碍　一种因某种呼吸问题，例如呼吸中断（睡眠呼吸暂停）或呼吸困难（换气不足）所致的睡眠障碍，会导致过度睡眠或失眠。

昼夜节律睡眠障碍　一种机体不能平衡其睡眠模式与当前的昼夜节律所致的睡眠障碍，这种障碍会导致嗜睡或失眠。

（失眠或日间睡眠过多）。

20 世纪 60 年代，德国和法国的科学家识别出几种身体节律，它们的维持似乎不需要外部环境线索，而是自我调节的（Aschoff & Wever，1962；Siffre，1964）。因为这些节律并没有与一天 24 小时精确匹配，因此也被称作“昼夜节律”（circadian，其中“circa”表示“大约”，“dian”表示“一天”）。既然我们的昼夜节律并不与一天的 24 小时匹配，那我们的睡眠为什么没有受到很大的干扰呢？

值得庆幸的是，我们的大脑有这样一种机制，可以使我们保持与外部世界同步。我们的生物钟位于下丘脑中的视交叉上核中，与视交叉相连的传入神经通道起自我们的眼睛。我们早晨看到的日光和晚上减少的光线提示大脑每天调整生物钟。不幸的是，同样因为昼夜节律的问题，一些人想睡却睡不着。引起这一问题的原因可能来自个体外部（例如在短时间内跨越多个时区）或者内部。

昼夜节律睡眠障碍有几种不同的类型。时差型，正如它的名字所表示的，是快速跨越多个时区所致（Buysse et al.，2008）。时差型的人常常报告在该睡时难以入睡，白天又感到困乏。老年人、性格内向者（不合群者），以及早起者最有可能受到这种时区变化的消极影响（Gillin，1993）。白鼠实验显示，时差型的影响可能很严重——至少对老年人是如此。当老年白鼠被反复暴露于人工时差中时，相当数量白鼠的存活时间更短了（Davidson et al.，2006）。倒班型（shift work type）睡眠问题与工作时间安排有关（Akerstedt & Wright Jr.，2009）。很多人，如医院职工、警察或急救人员，常常在夜里加班或工作时间不规律。结果，他们可能出现睡眠问题或在清醒时间感到过度疲惫。不幸的是，在非常规时间工作（并因此而保持清醒）不仅仅会引起睡眠问题，还可能引起冠心病、溃疡，以及妇女的乳腺癌（Richardson，2006）。近期研究表明，昼夜节律睡眠障碍患者处于一种或多种人格障碍更高的风险中（Dagan，Dela，Omer，Hallis，& Dar，1996）。所有从事轮班工作的人员中，接近 2/3 的人都在抱怨糟糕的睡眠（Neylan，Reynolds，& Kupfer，2003）。

与时差型和倒班型睡眠相关问题（因外部原因所致，例如长途旅行和工作选择）不同，有一些昼夜节律睡眠障碍似乎是由个体内部原因引起的。一个极端是“夜猫子”，他们通常熬夜到很晚才睡。这种问题被称为睡眠时相延迟：睡眠被延迟或推迟到正常睡眠时间之后。另一个极端是，有些人患有睡眠时相提前的昼夜节律睡眠障碍，他们一般“早睡早起”。在这种情况下，睡眠被提前到了正常睡眠时间之前。部分原因是我们对它们缺乏了解，因而 DSM-Ⅳ-TR 并未将这类睡眠时相问题列入昼夜节律睡眠障碍中。

关于睡眠节律为什么被扰乱的研究已经有了很大进展，并且我们已经开始了解昼夜节律的作用过程。科学家们相信，褪黑素对生物钟的设定（告诉我们什么时候起床）起到了很大作用。这种激素是由位于大脑中央的松果体分泌的。褪黑素（不要与黑色素混淆，后者是决定皮肤颜色的化学物质）也被称作“恐怖激素”（Dracula hormone），它因黑暗来临和白天结束而分泌。当我们的眼睛看到现在是夜间时，这种信息传递至松果体，于是松果体就开始分泌褪黑素。研究者相信，光线和褪黑素共同对生物钟的设定起作用。

概念自测 6.4

将与睡眠问题有关的术语填入下面正确的位置：（a）猝倒；（b）原发性嗜睡；（c）原发性失眠；（d）睡眠呼吸暂停；（e）睡眠麻痹；（f）发作性睡病；（g）昼夜节律睡眠障碍；（h）呼吸相关睡眠障碍。

1. 蒂莫西晚上经常醒来，因为他感到自己要使劲换气。他似乎总是呼吸不到足够的空气，而且他的妻子常常把他弄醒并让他不要再打鼾了。他患上的是________。
2. 索尼娅白天很难保持清醒。即使是打电话或驾车时，她也会突然间失去肌肉张力，然后睡着一会儿。他患上的是________。
3. 杰米有时醒过来后发现自己不能移动或讲话，这种恐惧的经历被称为________。
4. 布雷特的新工作要求他每月倒班一次。他有时需要白天倒班，有时需要晚上倒班。从那以后，他就开始有了一些明显的睡眠问题。________ 244
5. 拉玛严重超重。他的妻子怀疑他可能患上了________，因为他每晚打鼾，并且醒来后总感到疲惫不堪，好像从未睡着过。
6. 虽然梅林达整夜都在睡，但在第二天仍然很想睡觉。这种现象就算在她很早就上床睡觉，并尽可能晚起的情况下仍然如此。________

睡眠障碍的治疗

- 哪些药物可用于慢性睡眠问题的治疗？
- 这些治疗方法的局限性有哪些？

当我们不能入睡或经常醒来，或者睡眠不解乏时，我们就需要寻求帮助了。已经开发出许多获得认可的生物和心理干预措施以帮助人们重新恢复正常睡眠的功能。

药物治疗

那些因为失眠而去寻求医学专业人员帮助的人通常会被要求服用苯二氮卓类或类似的药物，它们包括短效类药物［如三唑仑（海乐神）、扎来普隆（思威坦）和唑吡坦（安必恩）］和长效类药物［如氟西泮（带尔眠）］。人们更喜欢短效类药物（只能产生短暂的困倦），因为长效类药物的药力有时到了早上还没有消失，患者因此会报告更多的日间睡眠。但是，当患者服用短效类药物后出现负面情绪（例如日间焦虑）时，长效类药物则成为更优先的选择（Neubauer，2009）。更新一些的药物，例如那些直接作用于褪黑素系统的药物（例如雷美替胺，也被用于帮助人们入睡并提高睡眠质量。虽然医生可能给所有年龄的人，包括儿童，开助眠类药物，但 65 岁以上的老人最有可能通过药物来帮助睡眠（Durand，2008）。

失眠症的药物治疗有许多不良反应（Pagel，2006）。第一，苯二氮卓类药物可能导致过度睡眠。第二，人们容易对药物产生依赖，并且容易有意无意地误用。第三，这些药物主要用于短期治疗，不建议使用时间超过 4 周。过长时间的用药可能导致依赖和失眠反弹。一些药物（例如安必恩）新近受到关注是因为它们可能会增加睡行相关障碍的可能性，例如睡眠相关进食障碍（sleep-related eating disorder）（Morgenthaler & Silber，2002）。因此，尽管药物对于失眠问题很有帮助，可以在短时间内矫正失眠（例如由于对住院的焦虑而产生的失眠），但它们对慢性的失眠没有作用。

为了帮助那些过度睡眠或发作性睡病患者，内科医生通常会开一些兴奋类药物，如哌醋甲酯（利他林，安妮服用的药物）或莫达非尼（Nevsimalova，2009）。对猝倒或肌张力消失，可以使用一些抗抑郁剂，这并不是因为发作性睡病患者都有抑郁症状，而是因为抗抑郁药物可以抑制 REM 睡眠（或做梦）。γ-羟基丁酸（GHB）也是第一个得到特别批准来治疗猝倒的。猝倒似乎与突然发生的 REM 睡眠有关，因此抗抑郁剂能有助于减少这种发作。

对呼吸相关睡眠障碍的治疗集中于帮助患者在睡眠过程中更好地呼吸。对其中一部分人，推荐的方法是减肥。在一些肥胖患者中，颈部的软组织会压迫气管。不幸的是，正如我们在本章前面看到的，很少有人能够长期地成功减肥，因此，这个治疗方法并未被证明能够成功地帮助呼吸相关障碍患者（Sanders & Givelber，2006）。

阻塞型睡眠障碍治疗的黄金标准涉及使用一种仪器［被称为持续正压通气（CPAP）呼吸机］来帮助改善呼吸。患者睡眠时戴上一个面具，这个面具能在患者睡眠期间为其提供气压稍高一些的空气，这将有助于患者在整个夜间更正常地呼吸。不幸的是，许多患者使用这个仪器存在困难，因为舒适度存在问题，甚至部分人会出现某种程度的幽闭恐惧症。为帮助这些人，人们尝试了包括心理学干预在内的许多方法，例如，幽闭恐惧脱敏、患者和陪伴者教育，以及支持团体参与等（Abad & Guilleminault，2009）。严重的呼吸问题可能需要用外科手术将气管中的阻塞物取出。

Courtesy of William Dement

威廉·德蒙特（William C. Dement），睡眠研究的先驱，斯坦福大学睡眠障碍中心的主任。 245

环境治疗

药物治疗并不经常被推荐作为主要的治疗手段，因此人们会尝试其他方法以帮助恢复正常的睡眠节律。睡眠节律障碍的一个治疗原则是，时相延迟（睡觉时间推迟）比时相提前（睡觉时间提前）更容易实现。换句话说，让你比平时晚睡几个小时比要求你提前几个小时上床睡觉要容易。按照顺时针方向安排倒班（从白天转向夜晚的时间安排）似乎有助于工人更好地调节。通过每晚迟睡几个小时，人们能很好地调节他们的睡眠模式，直到睡眠时间点符合期待（Buysse et al.，2008）。这种方法的缺点是要求人们连续几天内一直在白天睡觉，这显然对生活有规律的人来说是有难度的。

另一种帮助解决睡眠问题的方法是使用强光来刺激大脑，从而改变生物钟。研究者发现，强光（还可参考光线治疗）能帮助有睡眠节律障碍的人调节其睡眠模式（Bjorvatn & Pallesen，2009）。患者通常坐在一个荧光灯的前面，荧光灯能发出大于 2 500 勒克斯的光线，明显不同于普通的室内照明灯（250 勒克斯）。在这种强光下几个小时的暴露成功地改变了许多患者的昼夜节律。这种治疗方法给时序相关睡眠障碍（schedule-related sleep problems）患者带来了一些希望。

心理治疗

正如你所能想象的，睡眠障碍药物治疗的局限性促进了心理治疗的发展。表 6–4 简要地描述了一些改善失眠的心理疗法。不同的方法能够帮助人们解决不同的睡眠问题。例如，放松治疗可以减轻阻碍患者夜里入睡时的躯体紧张。一些患者称他们对工作、人际关系或其他情境的焦虑使他们夜不能寐，或午夜惊醒。为了解决这些问题，我们可以采取认知治疗。

表6–4　　失眠的心理治疗

睡眠治疗	描述
认知	这种方法致力于改变睡眠者对睡眠的不合理的期待和想法（“我每晚必须睡 8 小时”“我如果没有睡够 8 小时，就会生病”）。治疗师尝试通过提供相关信息（例如正常睡眠量，以及人补偿缺失的睡眠的能力等）来改变患者的想法和态度。
引导式的想象放松	因为一些人会因睡眠问题而变得焦虑，这种方法采用冥想或想象来帮助患者在入睡或夜间醒来时放松。
渐进式消退	被用于在床上发脾气或者醒来哭闹的儿童，这种方法指导父母逐步延长确认孩子入睡情况的时间，直到孩子能够自己入睡。
矛盾意象法	这种技术从与患者期待结果相反的方向对患者进行指导，例如，告诉失眠者躺在床上，然后试着尽量保持不睡，以此来缓解患者努力入睡而造成的焦虑。
渐进式放松	这种技术通过放松身体的肌肉而产生睡意。

研究表明，一些针对失眠的心理治疗方法比其他方法更加有效。在治疗成人睡眠问题时，推荐使用刺激控制法。这种疗法要求人们在卧室里只能睡觉和进行性活动，不能在卧室里工作或从事其他会引起焦虑的活动（如看电视新闻）。渐进式放松或睡眠保健（sleep hygiene，改变可能干扰睡眠的日常生活习惯）单独使用可能对有的人来讲不如刺激控制法单独使用的效果明显（Means & Edinger，2006）。因为睡眠障碍如此广泛，对发展互联网治疗的兴趣逐渐增加，人们希望能够确定是否特定的患者能够通过适当的网上指导来帮助自己。例如，一项研究将成人被试随机分配到对照组和以互联网为基础的教育组（Ritterband et al.，2009）。互联网组接受了关于如何恰当使用几种心理治疗方法的在线教育（例如睡眠限制、刺激控制、睡眠保健、认知重构， 246 以及复发预防）。研究结果让人振奋，它显示这种方法不仅能够通过网络来进行，同时其对实验组睡眠的改善甚至在 6 个月后还在持续。在特定的环境下，人们能够利用循证教程（利用循证治疗方法进行教育）来改善多种心理问题。

在解决宋雅——我们前面提到的那个法律系学生——的睡眠问题时，运用了多种治疗技术。她被告知每晚在床上的睡眠时间应控制在 4 个小时左右（睡眠限制），这差不多是她每晚实际的睡眠时间。当她能整晚睡觉后，这个时间会有所延长。同时宋雅被要求在床上不能做任何与学校课业有关的活动，如果上床后 15 分钟之内睡不着必须马上起床（刺激控制）。最后，治疗还包括处理宋雅对她这个年龄段应有的充足睡眠时间的不合理信念（认知治疗）。大约经过 3 个星期的治疗，宋雅的睡眠时间延长了（最初每晚只睡 4～5 小时，现在增加到每晚 6～7 小时），而且她的睡眠中断也减少了。另外，她早起时感到精力更加充沛且白天更有精神了。宋雅的结果印证了其他研究得出的组合式治疗对老年人的失眠问题也是有效的结果（Petit et al.，2003）。一项采用随机安慰剂对照设计的研究发现，认知行为治疗（CBT）对老人失眠的治疗效果较药物治疗更好（Sivertsen，2006）。

一些认知策略对幼儿可能是无效的。但可以运用建立就寝时间规律的治疗取而代之，如给孩子洗澡后家长给他讲故事，来帮助儿童入睡。渐进式消退（见表 6-4）已经被成功地运用于处理儿童入睡和夜间惊醒问题（Durand，2008）。

睡眠障碍的预防

睡眠专家认为大多数每天都发生的睡眠问题通过在白天采取简单的几个步骤就可以得到预防。参考睡眠保健方法，这些对生活方式的调整很容易学习，并且能够帮助避免许多睡眠问题（例如失眠）（Gellis & Lichstein，2009）。推荐使用的一些睡眠保健方法依赖于大脑对睡眠调节功能的恢复，以取代人为的限制，即我们强加于自己的干扰睡眠的行为。例如制定一个每天有规律地起睡的时间，会让晚上入睡变得更容易。避免使用咖啡因和尼古丁等兴奋剂，有助于预防夜间不断醒来这类问题的出现。表 6-5 列出了一系列睡眠保健方法，来指导你预防睡眠问题。

表6–5　　良好的睡眠习惯

- 建立一个睡眠规律。
- 培养有规律的作息时间。
- 睡前 6 小时禁止食用所有含咖啡因的食品和饮料。
- 禁止使用酒精或者烟草。
- 睡前喝牛奶。
- 饮食平衡，控制体重。
- 只在困倦时才上床，如果 15 分钟内不能入睡或再次入眠，就起床。
- 睡前几小时内不要锻炼或者参与高强度活动。
- 做一份有规律的日间锻炼计划。
- 在床上只做那些有助于睡眠的活动。
- 减少卧室的噪声与光线。
- 在白天增加对自然光线的暴露。
- 避免卧室出现极端的温度变化（就是说，过热或过冷）。

资料来源：Adapted, with permission, from Durand, V.M. (1998). *Sleep better: A guide to improving sleep for children with special needs* (p.60). Baltimore: Paul H.Brookes.

一小部分研究考察了通过教育父母来预防儿童以后出现睡眠困难的效果。例如，安达及其同事（Adavhi et al.，2009）为有4个月婴儿的父母提供了一个 10 分钟的团体指导，和一本简单的教育手册。3 个月后，他们对这些婴儿进行了追踪，结果发现，与随机选择的对照组相比，父母接受睡眠教育的婴儿的睡眠问题更少。因为很多儿童都存在睡眠方面的问题，因此这种预防性努力可以显著改善很多家庭的生活质量。

异态睡眠及其治疗

异态睡眠不是睡眠本身的问题，而是发生在睡眠过程中或在睡眠与清醒之间的半清醒状态的异常行为。与异态睡眠有关的一些现象如果发生在你清醒的时候则是很平常的（例如，走进厨房看看冰箱里有什么），但是它们如果发生在睡眠期间则可能是让人痛苦的。

异态睡眠有两种类型，一种发生在 REM 睡眠阶段，另一种发生在 NREM 睡眠阶段。因此你可能会猜到，**梦魇**（nightmares）发生在 REM 睡眠阶段或睡梦中（Blanes，Burgess，Marks，& Gill，2009）。大约 10%～50% 的儿童和 1% 的成人经常有梦魇（Hirshkowitz et al.，2009）。根据 DSM-Ⅳ-TR 诊断标准，梦魇必须是令人感到痛苦的，以致损害了个体进行正常活动的能力（例如让人过度焦虑以致晚上不能入睡）。一些研究者根据是否从梦中醒来区分了梦魇和噩梦（bad dream）。梦魇的定义是让人烦
恼的梦境可以将患者唤醒。而噩梦的定义则是个体 247
不会从这些梦境中醒来。采用这一标准，大学生平均每年有 30 次噩梦、10 次梦魇（Zadra & Donderi，2000）。由于梦魇是很常见的，因此人们希望有大量的研究能够关注它的起因和治疗。不幸的是，事实并非如此，我们对于人为什么会出现梦魇以及如何治疗还知之甚少。但幸运的是，梦魇会随着年龄的增长而减少。

夜惊（sleep terrors）在儿童身上十分普遍，它常常由刺耳的尖叫声开始。儿童感到极度不安，常常大汗淋漓，并且经常心跳过速。表面上，夜惊与梦魇相似——儿童哭闹并表现得很恐惧，但是夜惊发生在 NREM 睡眠阶段，因此它们不是由恐惧的梦境引起的。在夜惊阶段，儿童很难被叫醒，他们感

梦魇　发生于快速眼动睡眠期的一种恐惧的、能引起焦虑的梦。个体能回忆噩梦，并且能很快恢复警觉和定向。

夜惊　突然发作的从睡眠中惊醒，伴随惊恐的表现，醒来后有定向障碍和对事件的记忆缺失。夜惊发生于非快速眼动睡眠期，因此并不涉及噩梦。

Katrina Wittlamp/Photodisc/JupiterImages

梦魇同时困扰着儿童与父母。

到不适，与在梦魇中相似。尽管在观察者看来儿童夜惊时有强烈的情绪，但儿童自己却记不住自己曾经有过夜惊（Durand，2008）。大约5%的儿童（男孩多于女孩）有夜惊的经历，成人的患病率则低于1%（Buysse，Reynolds，& Kupfer，1993）。尽管目前也提出了一些有关夜惊的理论，包括存在遗传因素的可能性（因为这种障碍倾向于在家族中发生），但是与梦魇一样，我们对夜惊仍然知之甚少（Durand，2008）。对夜惊的治疗首先是建议先等待观察夜惊是否会自动消失。

减少长期夜惊的一种方法是采用预定唤醒策略。在这种策略的第一个控制研究中，杜兰德和明代尔（Durand & Mindell，1999）对那些每晚出现夜惊的儿童的父母进行指导，让他们在夜惊发作前大约30分钟唤醒儿童（这些症状通常在每晚同样的时间发生）。这项技术非常简单，而且几乎可以完全消除夜惊症状，并且几周之后就可以停用。

你可能会很惊讶地发现，**睡行症**［sleepwalking，又称作**梦游**（somnambulism）］是发生在NREM睡眠阶段的（Shatkin & Ivanenko，2009）。这意味着当人们在睡眠中行走时，他们可能并没有在做梦。这种异态睡眠一般发生在深度睡眠阶段开始的一段时间内。DSM-Ⅳ-TR将睡行症的诊断标准界定为个体离开床，但也包括少量的活动，如从床上坐起来、在毛毯上抓捏或做手势等。因为睡行症发生在深睡期，在这一时期将人叫醒是很困难的。如果当事人此时被叫醒，他一般不记得刚刚发生了什么。“叫醒正在梦游的人很危险”这一说法是没有根据的。

尽管极少数成人也会出现睡行现象，但这 248
种现象主要发生于儿童期。相当多的儿童——15%～30%——至少经历过一次睡行发作，大约2%的儿童有多次的睡行发作（Neylan et al.，2003）。大多数人的睡行持续时间短暂，很少有人在15岁以后还表现出这种异态睡眠。

我们仍然不能完全理解为什么有的人会出现睡行症，尽管一些因素给了我们一些暗示：例如过度疲劳、先前的睡眠剥夺、镇静剂或催眠剂的使用、应激等（Shatkin & Ivanenko，2009）。睡行症偶尔会与一些暴力行为关联，包括杀人和自杀（Cartwright，2006）。在一个案例中，一个男人开车去岳父家杀死了他的岳母，并试图杀死他的岳父。律师用梦游作为他的合法辩护，使他最终被从被控谋杀转而被宣判无罪（Broughton，Billings，& Cartwright，1994）。这些案例仍然存在争议，尽管有证据证明一些在梦游中产生的暴力行为是合法的。

梦游似乎也受遗传因素影响，因为该障碍在同卵双生子与家族中的患病率更高（Broughton，2000）。

DSM 诊断标准概要

梦魇障碍

梦魇障碍的症状包括：

- 在主要的睡眠阶段或者打盹时不断惊醒，并能回忆起激烈的、令人恐惧的梦的细节，通常发生于睡眠的后半段。
- 在被从令人恐惧的梦中唤醒的过程中，个体会很快恢复定向和警觉。
- 唤醒导致的梦体验或梦困扰会导致明显的痛苦或功能损害。
- 不发生于其他精神障碍病程中，也不是某种物质或躯体疾病的直接生理后果。

资料来源：Based on DSM-Ⅳ-TR. Reprinted with permission from *Diagnostic and Statistical Manual of Mental Disorders* (4th ed., text revision). ©2000 American Psychiatric Association.

DSM 诊断标准概要
夜惊障碍

夜惊障碍的症状包括：

- 反复发作的突然从睡眠中惊醒，通常发生于睡眠的前三分之一时间中，并往往以惊恐的尖叫开始。
- 每一次发作时都有强烈的恐惧和自主神经唤醒，例如心动过速、呼吸加快、大量出汗。
- 在发作时，对他人的安慰行为基本没有反应。
- 不能回忆梦的细节，并存在对发作的记忆缺失。
- 发作导致了临床上明显的痛苦或功能损害。
- 不是某种物质或躯体疾病的直接生理后果。

资料来源：Based on DSM-Ⅳ-TR. Reprinted with permission from *Diagnostic and Statistical Manual of Mental Disorders* (4th ed., text revision). ©2000 American Psychiatric Association.

DSM 诊断标准概要
梦游障碍

梦游障碍的症状包括：

- 反复发作的在睡眠中起来并四处走动，常发生于睡眠的第一个三分之一阶段。
- 梦游时，个体目光呆滞、表情茫然，对他人的交流尝试缺乏反应，并且难以被唤醒。
- 在被唤醒（无论从梦游中或第二天醒来时）时会出现记忆缺失。
- 在梦游被唤醒后的几分钟内，不会出现精神或行为受损（尽管在刚比唤醒的短暂时间里会出现糊涂或定向不清）。
- 梦游导致了临床上明显的痛苦或功能损害。
- 不是某种物质或躯体疾病的直接生理后果。

资料来源：Based on DSM-Ⅳ-TR. Reprinted with permission from *Diagnostic and Statistical Manual of Mental Disorders* (4th ed., text revision). ©2000 American Psychiatric Association.

另一个与之相关的障碍是夜间进食综合征——个体在睡眠状态中起床并去吃东西，虽然他们仍然在睡（Striegel-Moore et al., 2010）！这种障碍（与前面进食障碍部分谈到的夜食综合征不同）的患病率可能比原先想象的更高。一项研究发现，大约 6% 的抱怨失眠的个体存在夜间进食综合征（Manni, Ratti, & Tartara, 1997）。

越来越清楚的是，睡眠对我们的精神与躯体健康都十分重要。睡眠障碍还与多种其他障碍共病，从而增加那些有明显心理困扰个体所面对的问题的复杂性。研究人员正在进一步理解睡眠及睡眠障碍的本质，我们也正期待着在这些年能够实现一些重要的治疗进步。

概念自测 6.5

第一部分

诊断下面案例中的睡眠问题属于哪种：(a) 夜间进食综合征；(b) 夜惊；(c) 梦魇。

1. 杰克琳的父亲有时会被女儿的叫声惊醒。他跑到女儿的房间去安慰她，最终使她平静下来。杰克琳常常告诉父亲自己被一个巨大的独眼绿色怪物追赶。这种情况通常发生在与朋友一起看了恐惧片后。________
2. 淑贞的父母经常在夜里听到她的尖叫声，然后冲过去安慰她，但她毫无反应。在此期间她的心率加速，睡衣被汗水浸透。但是第二天，她对这些经历没有任何记忆。________
3. 杰克下决心节食已经1个多月了，但体重仍在增加。他注意到冰箱里的食物不见了，但他不 249
记得自己吃过。________

第二部分

在下面的空格中填入适当的睡眠障碍的治疗方法。

4. 卡伦每晚从尖叫中醒来，父母竭尽全力安慰她也无济于事。这种情况出现时她的心跳加快、睡衣被汗水浸透。第二天，她对发生的事情不能回忆。为了帮助她减轻这种情况，卡伦的儿科医生采用________。
5. 自从乔治的妻子68岁去世以后，他就睡不着了。为了帮助他度过最艰难的第一周，布朗医生为他的失眠问题开了________。
6. 卡尔告诉自己的医生他出现了睡眠障碍，医生建议他对生活方式进行一些简单的调整，这也被称为________。

睡行症（梦游） 一种异态睡眠，其特点是在非快速眼动睡眠期离开床。

谱系讨论 进食障碍的跨诊断治疗

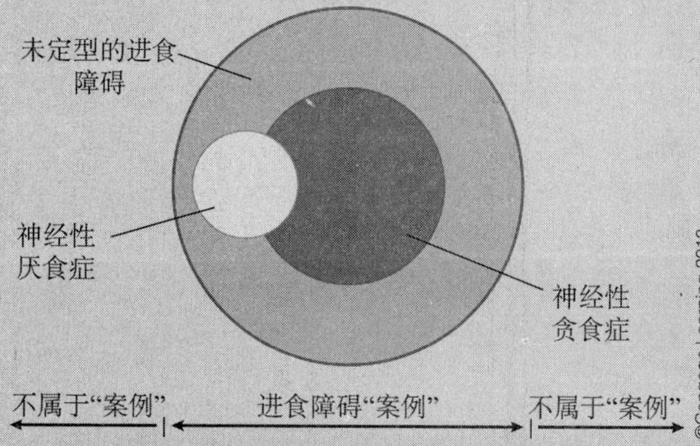

图 6–7 各种进食障碍相互关系示意图

大多数情况下，DSM-Ⅳ中的进食障碍被认为是互相排斥的。例如，根据DSM-Ⅳ指引，一个人不能既符合厌食症的诊断标准，又满足贪食症的诊断标准。但这一领域的一些研究者却发现，各种进食障碍有许多方面是重叠的（Fairburn，Cooper，Shafran，& Wilson，2008）。此外，许多患者（50%或更多）在临床上满足严重进食障碍的标准，但却并不符合厌食症或贪食症的标准，而只能被归入“未定型的进食障碍”（eating disorder NOS）（Fairburn & Bohn，2005）。正如本章前面谈到的，这类患者的一部分现在可能会满足“暴食障碍”（可能被纳入DSM-5成为一个完整的分类）的标准。图6–7是厌食症、贪食症和未定型的进食障碍间相互关系的示意图。图中内部的两个圆圈代表厌食症与贪食症，有部分重叠。如果DSM-Ⅳ允许这种重叠的话，这一重叠的部分包括那些同时满足两种障碍诊断标准的人。

如图6–3所强调的，这些进食障碍有非常相似的病因，包括相似的遗传的生物易感性、相似的社会影响（主要是以瘦为美的文化影响），以及家庭完美主义取向的强大影响。最后，所有进食障碍似乎都存在明显的焦虑，这些焦虑集中于个人的长相、在他人面前的表现，以及对身体意象的扭曲。目前，克里斯托弗·费尔伯恩（Christopher Fairburn）及其合作者提出了一种可用于几种不同类型进食障碍的跨诊断的治疗方案（Fairburn，Cooper，Shafran，& Wilson，2008；Fairburn，Cooper，Doll，et al.，2009）。在这个方案中，认知行为治疗（CBT）的核心内容直接指向所有进食障碍的共同病因，这些病因以一种整合的方式成为治疗目标（因为可能需要住院治疗，所以，那些同时存在厌食和低体重——BMI值为17.5或更低——的患者将被排除，直到他们的体重恢复正常，因为直到此时他们才能从治疗中获益）。因此，这一方案主要集中于：对体形和体重的认知扭曲；非适应性的体重控制方法，包括严格的节食（可能伴随暴食）；对过度进食的补偿性行为（例如清除、滥用泻药等）。

一些附加的心理问题（例如难于容忍消极情绪、完美主义倾向、低自尊、人际困难）在进食障碍患者中很常见，费尔伯恩及其同事发展出了一种他们称为“增强治疗”（CBT-E）的方案来处理这些问题（Fairburn，Cooper，Shafran，Bohn，et al.，2008）。在一项里程碑式的研究中（Fairburn，Cooper，Doll，et al.，2009），CBT-E方案被与一种更聚焦，即只处理进食障碍的一些特殊症状的跨诊断方案进行了对比。结果显示，与聚焦方案相比，这种增强型方案在处理伴随复杂的心理病理问题（例如完美主义和人际困难）的进食障碍时确实更有效，然而，聚焦方案则是所有没有复杂心理病理问题的进食障碍所需要的。这种跨诊断的方案已经在全球被广泛地应用于进食障碍的治疗，并且它也代表着一种趋势，即离开当前被分散的、狭义定义的诊断框架，转而支持在一个相关障碍的谱系内基础更广泛的心理病理学维度。

▼ 小　结 250

神经性贪食症与神经性厌食症

神经性贪食症和神经性厌食症的定义特征是什么?

- 这是两种常见的进食障碍。在神经性贪食症中，节食会导致失控的暴食发作，然后常常伴随呕吐或其他清除食物的行为。神经性厌食症的食物摄入量被极度减少，进而会导致体重减轻，有时会下降到极端危险的程度。

暴食障碍

如何区分暴食障碍和贪食症?

- 在暴食障碍中，暴食并不伴随清除行为。

进食障碍的数据统计和病程

- 神经性贪食症和神经性厌食症多发生在西方文化、上流社会阶层的年轻女性中，她们追求苗条身材，这些追求是文化期待的，但却与生物学要求不符，因此很难达到目标。
- 如果不进行治疗，进食障碍会变为慢性的，有时会导致死亡。

进食障碍的病因

哪些社会、心理和神经生物因素会导致进食障碍?

- 除了社会文化的应激以外，其他可能的致病因素包括：生物学和遗传学上的易感性（该障碍倾向于在家族中流行）、心理因素（低自尊）、社交焦虑（害怕被拒绝）和扭曲的身体意象（体重完全正常的人认为自己胖或丑）。

进食障碍的治疗

进食障碍治疗中的药物治疗与心理治疗是如何进行的?

- 一些心理治疗是有效的，如整合家庭治疗和人际心理治疗的认知行为治疗。目前药物治疗效果有限。

肥胖

肥胖的可能原因有哪些?

- 肥胖不是 DSM 中的障碍，但它是当今社会所面临的越来越危险的流行病。鼓励吃高脂肪食物的文化规范，以及遗传和其他因素共同导致了肥胖，并且很难治疗。

对肥胖有哪些治疗方法?

- 专业指导的行为矫正计划，有时配合药物，会有一定的效果。但是，对改变政府营养政策的努力可能是最有价值的。

睡眠障碍

主要睡眠障碍诊断标准中的关键症状有哪些?

- 睡眠障碍在普通人群中很普遍，主要被分为两类：睡眠紊乱（睡眠失调）和异态睡眠（在睡眠过程中出现异常现象，例如梦魇、睡行症）。
- 睡眠紊乱中最常见的是原发性失眠，包括入睡困难、睡眠维持困难、睡眠不解乏。其他的睡眠紊乱包括原发性嗜睡（过度睡眠）、发作性睡病（突然出现、无法抗拒的睡眠发作）、昼夜节律睡眠障碍（机体不能协调昼夜睡眠模式所导致的失眠或睡眠过度），以及呼吸相关睡眠障碍（因某种生物学原因的干扰，如睡眠呼吸暂停，而导致的失眠或睡眠过度）。
- 对睡眠障碍的正式评估，即多导睡眠图评估，通常在实验室中，通过对患者的心脏、肌肉、呼吸、脑电波以及其他功能进行监控来完成。除了这种监控以外，确定患者的睡眠效率也很有用。睡眠效率是指个体实际睡眠时间除以躺在床上的总时间所得出的百分比。

哪些药物与心理治疗手段被用于治疗睡眠障碍?

- 苯二氮卓类药物对治疗许多睡眠紊乱有短期的疗效，但是使用时必须很谨慎，否则它们可能引起失眠反弹，即在停止用药后可能引起更严重的睡眠问题。任何睡眠问题的长期治疗都应该包括心理治疗，如刺激控制和睡眠保健。

快速眼动睡眠和非快速眼动睡眠与异态睡眠是如何联系在一起的?

- 像梦魇这类异态睡眠发生在快速眼动（或做梦）睡眠期，而夜惊和睡行症则发生于非快速眼动睡眠期。

▼ 关键词 251

bulimia nervosa 神经性贪食症　211
binge 暴食　211
anorexia nervosa 神经性厌食症　211
binge-eating disorder（BED）暴食障碍　211
obesity 肥胖　212
purging techniques 清除术　213
night eating syndrome 夜食综合征　231
bariatric surgery 肥胖手术　233
rapid eye movement（REM）sleep 快速眼动睡眠　235
dyssomnias 睡眠紊乱　235
parasomnias 异态睡眠　235
polysomnographic（PSG）evaluation 多导睡眠图评估　235
actigraph 体动记录仪　236
sleep efficiency（SE）睡眠效率　236
microsleeps 微睡眠　237
primary insomnia 原发性失眠　237
rebound insomnia 失眠反弹　239
hypersomnia 嗜睡　240

▼ 概念自测答案

6.1

1. c; 2. a; 3. a; 4. b

6.2

1. T; 2. T; 3. F(女性认为女性有魅力的身体尺寸较男性认为的尺寸要小); 4. F(有助于神经性贪食症治疗，而不是厌食症); 5. T; 6.T.

6.3

1.T; 2.F(仅三分之一或略多); 3.F; 4.T

6.4

1. h; 2. f; 3. e; 4. g; 5. d; 6. b.

6.5

第一部分

1. c; 2. b; 3. a

第二部分

4.预定唤醒策略; 5.苯二氮卓类药物; 6.睡眠保健

252 ## ▼ 本章测验

1. 大约有________的进食障碍患者因进食障碍而死亡，其中50%死于________。
   a. 20%，他杀　　b. 20%，自杀
   c. 50%，他杀　　d. 50%，自杀
2. 汤普森医生观察到一个患者脸庞圆胖，手指上有老茧，手背上有细小的疤痕。检查表明，这名患者的体重略微超过她所期望的体重，电解质失衡。患者报告说有持续的便秘，而且感到自己的心脏快要跳出来了。这些症状符合________。
   a. 抑郁　　b. 焦虑
   c. 神经性厌食症　　d. 神经性贪食症
3. 对神经性贪食症的研究显示，这种障碍最常与________共病。
   a. 焦虑障碍　　b. 心境障碍
   c. 精神病性障碍　　d. 物质使用障碍
4. 神经性厌食症和神经性贪食症典型的发病年龄为________岁，其中神经性厌食症的年轻病例始于________岁，神经性贪食症的年轻病例始于________岁。
   a. 30，25，20　　b. 20，15，10
   c. 15，10，5　　d. 15，13，12
5. 在法隆和罗辛的一项研究中，女大学生：
   a. 认为她们现在的身体尺寸与理想的尺寸相同
   b. 认为理想的身体尺寸小于有吸引力的身体尺寸
   c. 认为理想的身体尺寸大于有吸引力的身体尺寸
   d. 认为她们现在的身体尺寸小于理想的身体尺寸
6. 下面哪项对贪食症认知行为治疗（CBT）和人际关系治疗（IPT）的描述是正确的?
   a. CBT比IPT起效快，但是一年后，二者有着同样积极的作用
   b. CBT和IPT的短期和长期疗效相同
   c. IPT比CBT起效快，但是一年后，二者有着同样积极的作用
   d. CBT和IPT对贪食症的治疗均无效
7. 下面哪项被用于测量肢体运动，并将其作为睡眠活动和睡眠质量的指标?
   a. 心电图　　b. 肌电图
   c. 脑电图　　d. 体动记录仪
8. 迈克尔是一名55岁的肥胖男性，在睡眠过程中出 253
   现过短暂的呼吸暂停。迈克尔的妻子报告说他一直鼾声不断，而且从未感到充分休息。迈克尔的症状符合________。
   a. 发作性睡病　　b. 睡眠呼吸暂停
   c. 睡眠－觉醒时序障碍　　d. 猝倒
9. 邓恩先生已经失眠几周了。医生建议他只在床上躺3个小时（他每晚实际睡眠时间），然后，按照其睡眠增加的时间相应增加躺在床上的时间。这种治疗被称为________。
   a. 睡眠保健　　b. 睡眠限制
   c. 间歇延迟　　d. 渐进放松
10. 夜惊和梦魇的主要区别在于：
   a. 夜惊通常以尖叫开始
   b. 儿童记不住梦魇
   c. 夜惊发生在NREM睡眠阶段
   d. 夜惊在人群中的患病率更高

（答案见附录C）

第7章 躯体障碍和健康心理学

©Blend Images/Alamy

255 **学生学习的目标 ***

理解并掌握特定心理学领域的内容。	▶ 行为和心理过程（包括生理机能、感觉、知觉、比较、动机和情绪）的生物学基础（pp.257-263）。
运用本学科的概念、专用语和主要理论来解释心理现象。	▶ 识别行为和心理过程的前提和结果（PP.263-276）。
恰当运用心理学知识解决问题。	▶ 异常行为的成因和治疗（pp.276-282）。

* 本章的这部分内容覆盖了由美国心理学会（American Psychology Association，2007）建议的学习目标，可作为心理学专业本科学生的学习指南。这些内容由美国心理学会学习目标建议小组（SLO）确定。

影响健康的心理和社会因素

▶ 行为医学与健康心理学之间的区别是什么？

▶ 免疫系统功能、应激和躯体障碍是如何联系在一起的？

20 世纪初时，导致死亡的首要原因是传染病，如流感、肺炎、白喉、结核病、伤寒、麻疹和消化道传染病。从那之后，这些疾病导致的年总死亡率逐年显著下降，从 38.9% 降至 5.5%（表 7-1）。这种死亡率的降低代表着第一次公共卫生革命，这次革命消灭了许多传染性疾病，并使更多的传染病得到了控制。然而，我们的卫生保健体系在降低疾病死亡率上的这一巨大成功，却揭开了一个更复杂、更具有挑战性的问题：目前，在美国，心理和行为因素成了导致疾病和死亡的主要因素。

在第 2 章中，我们阐述了心理和社会因素对大脑结构和功能方面的深远影响。这些因素似乎会影响神经递质的活性，影响内分泌系统神经激素的分泌，甚至影响更基础层面上的基因表达。我们已经反复讨论了生物、心理和社会因素在心理障碍发生和维持中复杂的交互作用。但是，心理和社会因素还对许多其他疾病有重要影响，包括内分泌疾病（如糖尿病）、心血管疾病和免疫系统疾病（如艾滋病）。这些疾病与本章所讨论的其他疾病均是明确的躯体疾病，它们都有可知的（或可明确推断的）躯体原因和大部分可观察到的躯体病理学改变（例如生殖器疱疹、心肌损伤、恶性肿瘤、可测性高血压）。这与第 9 章中所讨论的躯体形式障碍形成了对比，例如在转换障碍中，求助者会主诉有身体的损伤或疾病，但却没有表现出任何躯体的病理学改变。在 DSM- Ⅳ-TR 中，躯体障碍（如高血压、糖尿病）被编码在轴Ⅲ，这里有一项规定用于识别那些“影响躯体情况的心理因素”。

关于心理和社会因素是如何影响躯体障碍的研究一直相对独立，并区别于心理病理学。早先这一领域被称为心身医学（Alexander，1950），也就是心理因素如何影响躯体功能。心身障碍这一概念也被用于表达相似的理念。这类术语现在已很少使用，因为它们会引起误解。如果把一个有明显躯体成分的障碍描述为是心身的，会让人觉得心境障碍、焦虑障碍等心理（精神）障碍没有明显的生物学成分。我们现在认识到，这种假设是不可行的。生物、心理和社会因素在每一种障碍的发生和维持中都有作用，包括精神障碍和躯体障碍。

心理社会因素在躯体障碍的病因学和治疗中的
作用已得到广泛研究。其中一些心理学和生物学方 256
面的发现得出了令人兴奋的结论。例如在第 2 章中，我们简单描述了应激水平的下降、拥有更多家庭和朋友的社交网络，与健康状况更好、寿命更长以及更少的随年龄增长的认知衰退联系在一起（Cohen & Janicki-Deverts，2009）。同样记住，那些远离家庭和朋友圈的老年人在身体上和精神上都会变得很糟糕（Hawkley & Capioppo，2007）。

表7–1　1900年和2007年美国致死因素前10位（占全部死亡数的百分比）

1900 年	百分比	2007 年	百分比
1. 肺炎和流感	11.8	1. 冠心病	25.4
2. 肺结核	11.3	2. 恶性肿瘤（癌症）	23.2
3. 腹泻、肠炎、肠溃疡	8.3	3. 卒中和其他脑血管疾病	5.6
4. 心脏疾病	8.0	4. 慢性下呼吸道疾病	5.3
5. 血管源性颅内病变	6.2	5. 意外事故（非故意的伤害）	5.1
6. 肾炎（肾脏疾病）	5.2	6. 阿尔茨海默病	3.1
7. 意外事故（非故意的伤害）	4.2	7. 糖尿病	2.9
8. 癌症和其他恶性肿瘤	3.7	8. 流感和肺炎	2.2
9. 衰老	2.9	9. 肾炎（肾脏疾病）	1.9
10. 白喉	2.3	10. 败血症	1.4
其他 *	36.1	其他 *	23.9

* 包括血友病、输血、围产期暴露、卫生保健设置中的传播以及没有报告或确定的危险。

资料来源：Figures for the world adapted from UNAIDS (2009, November), *AIDS epidemic update*. Figures for the U.S. adapted from Centers for Disease Control and Prevention (2010), *Diagnosis of HIV infection and AIDS in the U.S. and dependent areas, 2008* (HIV Surveillance Report, Volume 20).

健康和健康相关行为

健康关注的焦点由传染病转向心理因素，这一转变被称为公共卫生领域的第二次革命。两个紧密联系的研究新领域已经形成。第一个领域是**行为医学**（behavioral medicine）（Agras，1982；Meyers，1991），它是将行为科学的知识应用于医学问题的预防、诊断和治疗。这是一个多学科交叉的领域，通过心理学家、临床医生和其他健康领域的专家共同紧密协作以发展新的治疗方法和预防措施（Schwartz & Weiss，1978）。第二个领域是**健康心理学**（health psychology），它不是跨学科的，而是一般被看作行为医学的分支。从业者一方面努力探索那些对维护和促进健康有重要作用的心理因素，另一方面也从心理学角度对健康维护系统和健康政策体系进行分析，并提出建议（Feuerstein，Labbe，& Kuczmierczyk，1986；Stone，1987；Taylor，2009）。

心理和社会因素通过两种不同的方式影响健康和躯体问题（图 7-1）。第一，它们可以直接影响导致疾病的基本生物学过程；第二，长期存在的行为模式可能会使人处于罹患某些疾病的风险之中。有时，两种途径会同时作用于疾病的产生和延续（Kiecolt-Glaser & Newton，2001；Miller & Blackwell，2006；Schneiderman，2004；Taylor，Repetti，& Seeman，1997；Williams，Barefoot，& Schneiderman，2003）。以生殖器疱疹为例，有可能你认识的某人得了生殖器疱疹，但他并没有告诉你。要理解这其中的原因并不困难：生殖器疱疹是一种无法治愈的性传播疾病。据估计，超过 5 000 万美国人——约为全部人口的 20%——已被单纯疱疹病毒感染，并影响到口腔或生殖器区域（Brentjens,

❶ 心理社会因素（如负性情绪和应激）干扰了基本的生物学过程，这可能导致躯体障碍和疾病。

❷ “危险的”行为会引起或者作用于多种躯体障碍和疾病。

图 7–1　心理社会因素通过两种途径直接影响躯体健康

行为医学　采用行为科学预防、诊断、治疗医学问题的跨学科取向。也被称为心身医学。

健康心理学　行为医学的分支，它研究健康维护和促进中重要的心理因素。

Yeung-Yue，Lee，& Tyring，2003）。由于此病在青年人中较为聚集，在这一人群中占的比率会更高。病毒保持休眠状态直到它周期性地再度活跃。当它在生殖器部位复发时，感染的个体通常会体验到诸多症状中的一些，包括疼痛、瘙痒、阴道或尿道溢液以及最常见的症状——生殖器区域的溃疡性损伤（开放性疮口）。损伤每年大约复发四次，但也可能更多。近几年生殖器疱疹的病例数显著增加，究其原因，心理行为因素与生物学因素同样多。尽管生殖器疱疹是一种生物学疾病，但它的迅速传播是人们不使用避孕套这样简单的行为而造成的。

257 应激在疱疹复发中也起着作用（Chida & Mao，2009；Goldmeier，Garvey，& Barton，2008；Pereira et al.，2003）。应激控制程序——特别是放松——似乎可以减少生殖器疱疹的复发以及每次发作时症状的持续时间，这很可能是通过这种训练对免疫系统产生的积极性影响达到的（Burnette，Kenyon-Jump，Huttun，& Stark，1991，Pereira et al.，2003）。

同样的悲剧性例子——艾滋病也一样。艾滋病是一种直接受应激影响的免疫系统疾病（Cohen & Herbert，1996；Kennedy，2000），因此应激可以加快艾滋病患者的死亡进程。这是心理因素直接影响生物学过程的一个例子。我们还知道许多行为会增加罹患艾滋病的风险，例如无防护滥交、共用不洁的针头。因为现在还没有医学方法可以治愈艾滋病，所以最好的方法就是通过大规模的行为矫正来预防疾病的发生。

其他一些行为方式也可导致疾病。在美国，排名前十的致死因素中，至少50%的情况可以追溯到某种生活方式中的常见行为（Center for Disease Control and Prevention [CDC]，2003b，Taylor，2009）。吸烟在美国是头号可预防的死因，据估计吸烟导致了所有死亡中的20%（CDC，2007）。其他不健康的行为包括不良饮食习惯，缺乏锻炼以及保护措施不充分（例如不系安全带）。这些行为都属于生活方式，因为它们大多是一些长期存在的习惯，而这些习惯已经成为个人生活方式的一部分（Lewis，Statt，& Marcus，2011；Oyama & Andrasik，1992）。有证据显示，在心理障碍中起作用的同类因素——社会的、心理的、生物的——在一些躯体障碍中也起着作用（Mostofsky & Barlow，2000；Uchino，2009）。但最引起关注的因素还是“应激”，尤其是应激反应中的神经生物学成分。

应激的本质

1936年，一位名叫汉斯·塞利（Hans Selye）的加拿大蒙特利尔的年轻科学家发现，在他给一组老鼠注射了一种化学提取物后，这些老鼠出现了溃疡和其他生理问题，包括免疫系统组织的萎缩。但是，每天接受生理盐水注射的对照组老鼠却也出现了相同的躯体病变，虽然它们本不应该出现任何问题。塞利继续对这一出人意料的现象进行研究，结果发现罪魁祸首不是注射的化学物质，而是每天的注射过程。此外，许多不同类型的环境改变也会产生相同的结果。于是，他借用工程学的术语，把引起这种非特异反应的原因称为应激（压力）。科学研究中经常发生这种情况：一个意外事件或者偶然发现促成了一个新研究领域的出现，应激生理学就是一例（Selye，1936）。

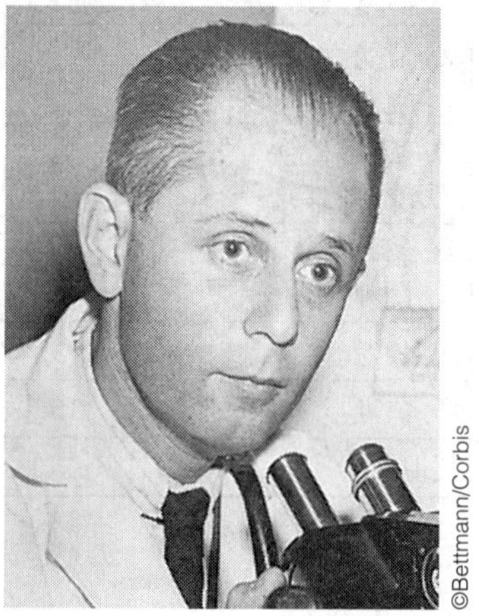

汉斯·塞利在1936年提出应激会对某些躯体问题产生影响。

塞利的学说认为，机体对持续应激的反应会经过几个阶段。第一阶段是对当下的危险或威胁的警觉反应。随着应激的持续，我们将步入一个抵抗阶段，在这一阶段，我们会动用各种应对机制以应付应激。最终，如果应激过强或持续时间过长，我们将进入衰竭阶段，在这一阶段，我们的机体会受到 258
永久性损害或者死亡（Selye，1936，1950）。塞利把这个过程称为**一般适应综合征**（general adaptation syndrome，GAS）。

应激（stress）这个词在现代生活中有多种含义。在工程学中，应激（压力）是指一辆重型卡车驶过一座桥时引发的张力，即桥对卡车重量的反应。但应激也可以是一种刺激。卡车对于桥来说是一种“应激源”，就像被解雇或面对困难的期末考试对人是一种刺激或应激源一样。这些不同的含义会引起一些混淆，不过在这里我们把**应激**（stress）限定为个体对应激源产生的生理反应。

应激生理学

在第 2 章，我们阐述了应激早期阶段的生理反应，尤其要注意它对交感神经系统的激活作用，即当我们受到威胁或遇到危险时，内脏器官会被激活以调动我们的资源，使机体做好立即行动的准备（要么战斗，要么逃跑）。这些改变会增强我们的力量和精神活动。在第 2 章我们还提到，应激状态下内分泌系统活性的增强主要是通过激活下丘脑－垂体－肾上腺皮质（HPA）轴来完成的。尽管许多神经递质会因这一神经系统的激活而开始活动，但目前的注意力集中于内分泌系统中的神经调质或神经肽，这些激素由腺体分泌直接进入血液并影响神经系统（Chaouloff & Groc，2010；Owens，Mulchahey，Stout，& Plotsky，1997；Taylor，Maloney，Dearborn，& Weiss，2009）。这些神经调质与神经递质作用很相似，即将大脑的信息送至身体的不同部位。促肾上腺皮质激素释放因子（CRF）就是神经调质的一种。它顺着 HPA 轴链条，由脑垂体（与自主神经系统一起）激活肾上腺，分泌皮质醇等激素。因为它们与应激反应紧密相关，所以皮质醇和其他相关激素被称为应激性激素。

还记得 HPA 轴与边缘系统有着紧密的联系吧？下丘脑位于脑干上部，紧邻边缘系统。而包含海马的边缘系统可能控制着我们的情绪性记忆。海马会对皮质醇起反应，当 HPA 轴激活时，海马在皮质醇的刺激下有助于终止应激反应，从而在边缘系统与 HPA 轴的各部分之间完成一个反馈回路。

有很多理由显示这个回路很重要。在灵长类动物实验中，罗伯特·萨波斯基和他的同事（例如，参见 Sapolsky & Meaney，1986；Sapolsky，2000a，2000b，2007）发现，因慢性应激而不断增加的皮质醇会杀死海马中的神经细胞。如果海马的活性因此而受到损害，皮质醇就会过度分泌，长此以往，海马终止应激反应的能力就会减弱，从而导致海马的进一步老化。这些发现表明，慢性应激导致的皮质醇慢性分泌会对躯体功能产生长久的影响，包括大脑损伤。接下来，细胞死亡可能导致老年人问题解决能力的损害，并最终导致痴呆。这一生理过程可能还会影响我们对传染病的易感性以及其他生理病理系统的恢复。萨波斯基的工作很重要，它让我们知道，海马细胞的死亡与人们在某些特定情况下，例如创伤后应激障碍（见第 4 章）、抑郁（见第 12 章），产生的慢性应激和焦虑有关。但对于海马细胞死亡的长期影响，我们目前还不清楚。

应激反应的影响因素

心理和社会因素对应激生理学有着深远的影响（Kemeny，2003；Taylor et al.，2009）。这一联系已被萨波斯基证实（1990，2000a，2000b，2007）。他研究了肯尼亚国家某自然保护区的野生狒狒，因为它们的主要应激来源和人类一样，是心理上的而非生理上的。和许多物种一样，狒狒生活在一个等级社会中，包括最高等级的统治者和最低等级的被统治者。底层狒狒的生活是艰难的！从属级别的动物生活十分困难（萨波斯基称之为“充满应激的”），因为它们不断受到统治层动物的欺凌，并且它们很少能获得食物、得到喜欢的休息地和配偶。在萨波斯基的发现中令人尤为惊讶的是，不同等级的狒狒有着不同的皮质醇功能状态。 259

从对 HPA 轴的描述中我们知道，肾上腺皮质醇的分泌是应激期间起源于大脑边缘系统的一系列激素分泌的最后一步。从短期来看，皮质醇的分泌有助于我们的觉醒和动员，但如果长期分泌则会破坏海马。此外，还会导致肌肉萎缩、由于睾酮下降而影响生育、心血管系统发生高血压以及免疫反应损害。萨波斯基发现，在狒狒的等级中占统治地位的雄性狒狒在不活动时皮质醇水平通常低于处于从属级别的狒狒。但是当发生突发事件时，这些狒狒的皮质醇水平比处于从属级别的狒狒上升得更迅速。

萨波斯基和他的同事通过回溯 HPA 轴寻找这种差异的原因。他们发现，从属级别狒狒的下丘脑分泌了过多的促肾上腺皮质激素释放因子（CRF），并

一般适应综合征（GAS）　汉斯·塞利所描述的对持续应激的一系列反应。这些反应阶段有警觉、抵抗、衰竭（可能导致死亡）。

应激　躯体对应激源的生理反应，应激源可以是需要适应的任何事件或变化。

且其垂体敏感性（受 CRF 刺激）亦出现了减退。因此，与统治层的狒狒不同，从属级别的狒狒会持续分泌皮质醇，这可能缘于它们的生活中充满了应激。此外，它们的 HPA 系统对皮质醇的作用更不敏感，所以在终止应激反应上的效率也更低。

萨波斯基还发现，从属级别的雄性狒狒与处于统治地位的雄性狒狒相比，循环淋巴细胞（白细胞）更少，这是一种免疫系统受到抑制的标志。此外，有证据显示，从属级别的雄性狒狒的循环高密度脂蛋白更少，这使得它们有患动脉硬化和冠心病的更高风险，这一问题我们将在本章稍后再讨论。

真正发挥积极作用的最主要因素是什么？萨波斯基推断，首先是在生活中对事情拥有的可预见性和可控制性带来的心理益处。他的部分数据来自对许多处于统治地位的雄性狒狒的多年观察，这些狒狒居于统治地位，但却没有绝对的“赢家”。尽管它们统治着群体中的其他狒狒，但是它们之间却总是不断地相互攻击。在这种情况下，它们和其他处于从属地位的狒狒显示出差不多的激素表现。因此，统治地位和稳定性结合在一起会导致最佳的应激激素分泌水平。不过，调节应激生理学的最重要因素是控制感（Sapolsky & Ray，1989），这一发现在后续研究中得到强有力的支持（Kemeny，2003，Sapolsky，2007）。对社会环境的控制及应对各种紧张状态的能力都对降低应激的长期影响大有帮助。

位于社会等级顶端的狒狒拥有可预见感和可控制感，这让它们能处理问题及维持身体健康。而位于等级底层的狒狒则饱受应激之苦，因为它们在获得食物、休息处所及配偶选择方面缺乏控制。

应激、焦虑、抑郁和兴奋

如果你已经阅读了有关焦虑障碍、心境障碍和相关心理障碍的章节，你可能会得出这样一个结论，那就是应激性的生活事件总是和心理易感性联系在一起，例如控制感不足是心理和躯体障碍的一个因素。那么心理和躯体障碍之间存在联系吗？看起来它们是具有紧密联系的。在一项经典的研究中，乔治·瓦利恩特（George Vaillant，1979）在 1942—1944 年间研究了 200 多个哈佛大学二年级的男生，这些学生在精神和躯体方面都很健康。他追踪研究了这些学生 30 多年。那些出现了心理障碍或处于高度应激下的人，与那些保持良好适应、没有心理障碍的人相比，患慢性疾病甚至死亡的比例要高得多，这一结果被反复证实（例如，参见 Katon，2003；Robles et al.，2005）。这表明，能导致心理障碍的、与应激有关的各种心理因素，可能同样也会导致躯体疾病，并且应激、焦虑和抑郁间有着密切的关联。你能说出应激、焦虑、抑郁和兴奋这些感觉之间的区别吗？你可能会说“没有问题”，但是这四种状态有着许多的共同之处。你到底会体验到哪一种感觉可能依赖于你在当时的控制感，或是你认为你能多好地应对你正面临的威胁或挑战（Barlow，2002；Barlow，Chorpita，& Turovsky，1996；Suárez，Bennett，Goldstein，& Barlow，2009）。从兴奋、应激、焦虑到抑郁的感觉连续体见图 7-2。

思考一下当你兴奋的时候你有什么感觉。你可能会体验到一种快速的心跳、突然的能量爆发或是一个急剧变化的胃。但是如果你已经为挑战做

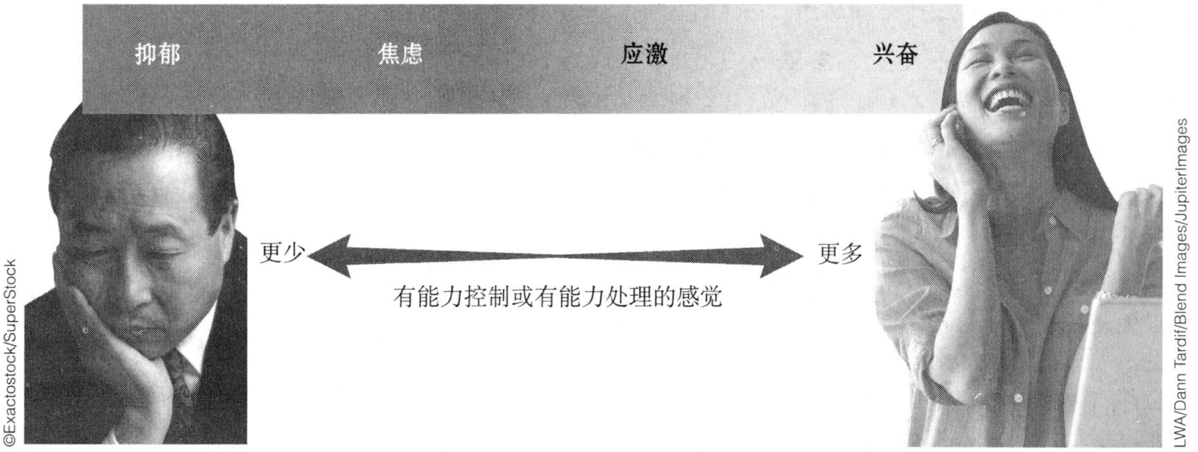

图 7–2　对威胁和挑战的反应

注：我们的感觉横跨一个从抑郁、焦虑到应激、兴奋的连续体，这种感觉决定于我们是否有控制感或处理能力。

资料来源：Adapted，with permission，form Barlow，D.H.，Rapee，R.M.，& Reisner，L.C.，2001. *Mastering stress 2001：A lifestyle approach.* Dallas，TX：American Health，©2001 American Health Publishing.

好了充足的准备，例如，假如你是一名运动员，已经为比赛做好了准备并且对自己的能力充满自信，或者你是一名音乐家，确信自己即将要呈现给大家一场出色的演出，那么这些兴奋的感觉确实令人愉快。

有时，当你面对一项富有挑战性的任务时，你会觉得如果给你充足的时间或者帮助，你就可以完成它，但由于你没有这些资源，你就感到有应激。因此，即使你认为自己最终不会有问题，但你还是会更加努力地工作以求做得更好或表现得更完美。
260 如果应激太大，你可能会变得紧张、急躁，或是出现头痛或胃部不适。这就是应激的感觉。如果事情真的很具威胁性，并且你认为自己几乎无能为力，你就会感到焦虑。威胁性情境可以是任何一种情况，如躯体疾病发作，或是你在别人面前表现得像个傻瓜。在你的身体为挑战做准备的时候，你却一直在担忧。此时你的控制感远比你在应激状态下要差得多。在某些情境下，可能实际上一点困难都没有。有时，我们只是感觉生活的某些方面可能会失去控制，为此我们就毫无理由地感到焦虑。最终，那些总感觉到生活充满威胁的人，可能会失去控制的希望，并陷入一种抑郁的状态，不再尝试。

总的来说，这些特殊情绪状态的潜在生理学基础似乎很相似。这就是为什么在我们讨论焦虑、抑郁和与应激有关的躯体障碍时，会提到相似的交感神经唤醒以及特定的神经递质和神经激素活动模式。然而，还是有些不同之处的。当挑战看上去超过了应对资源时，血压就会上升，并导致控制感降低（焦虑、抑郁），但血压却不会因兴奋或明显的应激而改变（Blascovich & Tomaka，1996）。尽管如此，心理因素——特别是控制感和我们能够处理应激或挑战的自信心，即班杜拉（Bandura，1986）所说的**自我效能**（self-efficacy）——在这几种情绪间明显不同，并导致了完全不同的感受（Taylor et al.，1997）。

应激和免疫反应

过去几个月中你感冒过吗？你是怎么患上感冒的？你是否和已经感冒的人一起待过？上课时，坐在你旁边的人打过喷嚏了吗？暴露在感冒病毒下是引发感冒的必要因素，但是，正如在第 2 章中简要提到的那样，你当时的应激水平似乎也在这种暴露导致感冒的过程中扮演了重要角色。谢尔顿 • 科恩（Sheldon Cohen）和他的同事（Cohen，1996；Cohen，Doyle，& Skoner，1999；Cohen，Tyrrell，& Smith，1991，1993）将一些志愿参与者暴露于一种特定剂量的感冒病毒下，然后进行紧密的跟踪观察。他们发现，参与者的患病率与这个人在过去一年中的应激水平直接相关。科恩与同事（1995）还通过黏液量的测量，将病毒暴露时个体的应激程度和负性情绪，与后来感冒的严

自我效能　有能力应对应激或挑战的感知。

重程度联系了起来。在一项有趣的研究中，科恩等（Cohen，Doyle，Turner，Alper，& Skoner，2003）证明了你有着怎样的社交——你的社会关系的数量和质量——会影响到当你遭遇感冒病毒时，是否会罹患感冒，其原因可能是与朋友社交能缓解应激（Cohen & Janicki-Devarts，2009）。

几乎可以肯定的是，应激对传染病易感性的影响是以**免疫系统**（immune system）为中介的（免疫系统可以在机体受到外源性物质侵入的时候保护机体）。处于应激状态之中的人们患传染性疾病（如感冒、疱疹和单核细胞增多症）概率会明显增加（Cohen & Herbert，1996；Taylor，2009）。有直接证据表明大量应激情境与免疫系统功能减弱存在联系，例如婚姻不和谐或人际关系困难（Kiecolt-Glaster et al.，2005；Kiecolt-Glaster & Newton，2001；Uchino，2009）、失业以及亲人亡故（Hawkley & Cacioppo，2007；Morris，Cook，& Shaper，1994；Pavalko，Elder，& Clipp，1993）。

我们已经注意到心理障碍似乎使我们更容易产生躯体障碍（Katon，2003；Robles et al.，2005；Vaillant，1979）。实际上，有直接证据显示，抑郁会降低免疫系统的功能（Herbert & Cohen，1993；
261 Miller & Blackwell，2006；Stone，2000；Weisse，1992），老年人尤其如此（Herbert & Cohen，1993）。抑郁水平可能是——或许更重要的是伴随许多抑郁症状而生的潜在的不可控感——导致免疫系统功能下降的根本机制，这一机制在许多消极的应激性生活事件中出现，如失业（Miller & Blackwell，2006；Robles et al.，2005；Weisse，1992）。抑郁还会导致自理能力下降以及出现危险性行为的倾向。就如萨波斯基研究的狒狒一样，对人类来说，保持对生活事件控制感的能力，可能是影响健康的最重要的心理因素之一。

大多数涉及应激和免疫系统的研究检测的都是突发而严重的应激源。但是慢性应激可能是一个更大的问题，因为其后果，根据定义，持续的时间更长（Schneiderman，2004）。例如，有报告称那些照顾患慢性病家庭成员（如阿尔茨海默病患者）的人，其免疫系统功能会因此下降（Holland & Gallagher-Thompson，2011；Mills et al.，2004）。

要理解免疫系统在如何保护我们，就必须首先知道它是如何工作的。下面我们将用图 7–3 作为引导，来简单了解一下免疫系统，然后我们会通过两个与免疫系统功能紧密联系的疾病（艾滋病和癌症）来检视心理因素的作用。

免疫系统是如何工作的

免疫系统在体内识别和清除外源性物质［被称为**抗原**（antigens）］。抗原可以是许多物质中的任何一种，通常是细菌、病毒或者是寄生虫。但是，免疫系统也会把在某些方面已经畸变或损伤的机体自身细胞（可能是恶性肿瘤的一部分）作为目标。捐赠器官是异质的，所以免疫系统在外科移植手术之后会攻击这些器官，因此在手术之后暂时抑制免疫系统是必要的。

免疫系统主要包括两个部分：体液免疫和细胞免疫。一些特定类型的细胞两部分都有。白细胞（主要是淋巴细胞）承担着其中大部分的工作。白细胞有几种不同的类型。巨噬细胞可能被认为是机体防御的第一道防线的组成部分之一，它们包围并破坏那些被识别的抗原，并将信息发送给淋巴细胞（分 B 细胞和 T 细胞两组）。

B 细胞行使免疫系统的体液免疫作用，它们释放出分子，这些分子能找出血液和其他体液中的抗原物质并中和它们。B 细胞产生一种很特殊的分子，叫作免疫球蛋白，它是一种抗体，能和抗原结合以中和抗原。抗原被中和后，会产生一种被称为记忆 B 细胞的亚群，这样，当机体再次接触抗原时，免疫系统就能更迅速地做出反应。这种功能解释了预防接种或疫苗能成功的原因，如你儿时可能接种过的腮腺炎或麻疹疫苗。一次接种只包含了微量的，并不足以使你生病的目标微生物。你的免疫系统从而就“记住”了这种抗原，并在你以后接触这种抗原时保护你不会生相应的疾病。

第二组淋巴细胞叫作 T 细胞，行使免疫系统的细胞免疫作用。这些细胞不产生抗体，而是通过其一组亚群，即杀伤性 T 细胞直接破坏病毒性感染和癌变过程（Dustin & Long，2010；Wan，2010）。当这个过程结束后，也会产生记忆 T 细胞以加快以后对同种抗原的反应。T 细胞的其他亚群能帮助调节免疫系统。例如，T4 细胞被称为辅助性 T 细胞，因为它们可以通过发信号给 B 细胞以产生抗体，通知其他 T 细胞破坏抗原而增强免疫系统的反应。当不需要抗体时，抑制性 T 细胞会抑制 B 细胞抗体的产生。

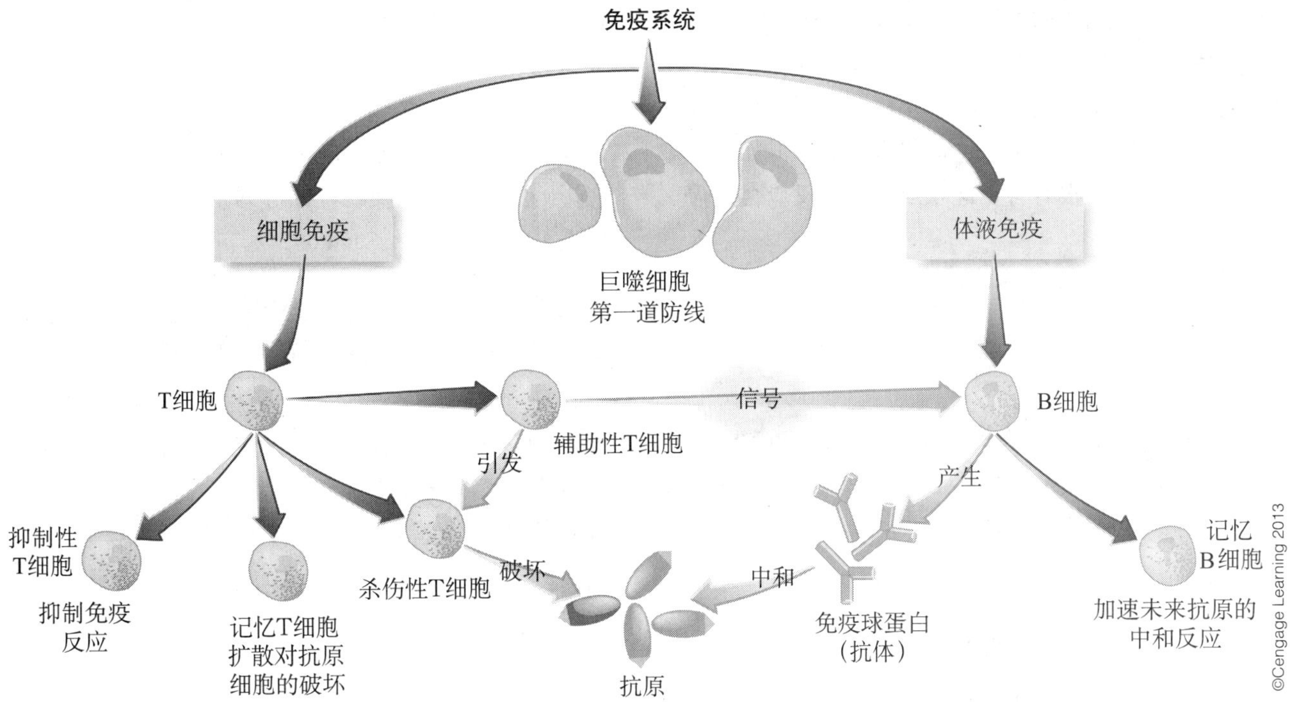

图 7–3　免疫系统概述

我们需要拥有两倍于抑制性 T 细胞的 T4 细胞（辅助性 T 细胞）。如果体内的 T4 细胞过多，免疫系统就会过度反应，并且可能会攻击机体的正常细胞而非抗原。当这种情况发生时，我们会患所谓的**自身免疫性疾病**（autoimmune disease），例如**风湿性关节炎**（rheumatoid arthritis）。如果抑制性 T 细胞过多，机体就易遭受许多抗原的入侵。人类免疫缺陷病毒（HIV）会直接攻击对体液免疫及细胞免疫都非常重要的辅助性 T 细胞，因此会严重削弱免疫系统并引发艾滋病。

262 直到 20 世纪 70 年代中期，大多数科学家还认为大脑和免疫系统是彼此独立的。然而，1974 年，罗伯特·阿德尔（Robert Ader）和他的同事（例如，参见 Ader & Cohen，1975，1993）得出了一个惊人的发现。在一个经典条件作用的范例中，他们给老鼠糖水，同时给予一种可以抑制免疫系统的药物。他们随后证实了只给这些老鼠糖水，也可以引起这些老鼠的免疫系统发生类似的变化。换句话说，这些老鼠已经“学会”（通过经典条件作用）通过抑制它们的免疫系统来对糖水做出反应。现在，我们知道神经系统和免疫系统之间存在很多联系。这些发现开启了一个新的研究领域，叫作**心理神经免疫学**（psychoneuroimmunology，PNI）（Ader & Cohen，1993），这个名称意味着该领域的研究对象是心理因素如何通过神经反应进而影响我们的免疫系统。

研究者们近期已经了解到了大量关于心理和社会因素影响免疫系统功能的途径。大脑（中枢神经系统）、HPA 轴（激素）以及免疫系统之间的直接联系已经得到描述。人们因应激性事件做出的行为改变，例如吸烟或不良饮食习惯的增加，同样可能抑制免疫系统（Cohen & Herbert，1996；图 7–4）。现在，科学家们已经通过开启某些特定的基因，揭开了将应激与疾病发生联系起来的分子链（Cole et al.，2010）。本质上，应激似乎激活了细胞中的某些分子，而这些分子能够激活基因（称为转录因子）。

免疫系统　机体识别和清除任何进入机体的外源性物质（如细菌、寄生虫，甚至是移植的器官）的途径。
抗原　进入机体的外源性物质，包括细菌和寄生虫。
自身免疫性疾病　机体的免疫系统攻击健康的组织而不是抗原的情况。
风湿性关节炎　令人痛苦的退行性疾病，免疫系统会自发地自我攻击，从而导致僵硬、肿胀，甚至导致关节破坏。认知行为治疗有助于减轻疼痛和僵硬。
心理神经免疫学　对心理因素如何通过神经反应进而影响我们的免疫系统的研究。

本例中是 GABA-1 转录因子激活了白介素 -6 基因。263 这种基因会产生一种能启动炎症反应的蛋白，从而将免疫系统的抗感染细胞带至相应区域。当你划伤了自己时，这一炎症反应过程非常有益，但如果它持续发生，则会很有害。这一慢性炎症反应会使癌症、心脏病及糖尿病恶化，并缩短寿命。当然，其他基因，如第 2 章中提到的 5- 羟色胺转运体基因，也会让人对特定类型的应激源产生易感性（Way & Taylor，2010）。毫无疑问，还有更多牵涉到应激反应影响的基因组以及综合的心理生物学途径将会被发现（Segerstrom & Sephton，2010）。

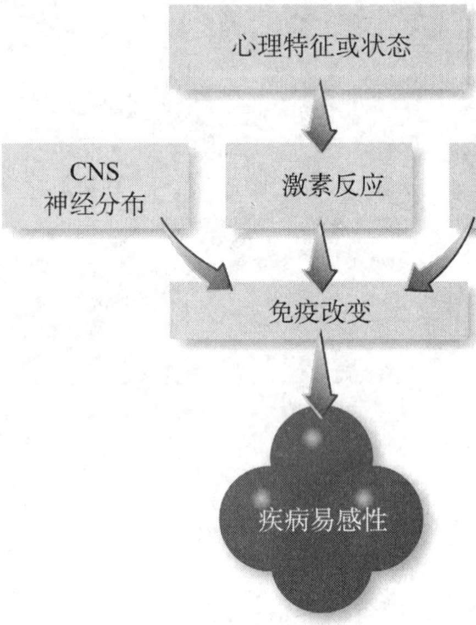

图 7–4　心理因素影响免疫系统调节性疾病发生发展的可能途径

注：为简便起见，只画了从心理特征到疾病的单向箭头，但这并不暗示其他可选路径是缺乏的。CNS= 中枢神经系统。

资料来源：From Cohen，S., & Herbert, T.B., 1996. Health psychology: Psychological factors and physical disease from the perspective of human psychoneuroimmunology. *Annual Review of Psychology, 47*，113-142.

概念自测 7.1

通过将免疫系统的成分与它们在机体中的功能配对，来评估你的免疫系统知识情况：（a）巨噬细胞；（b）B细胞；（c）免疫球蛋白；（d）杀伤性T细胞；（e）抑制性T细胞；（f）记忆B细胞。

1. 这一亚群在细胞内通过直接破坏抗原而把病毒感染作为目标。______
2. 白细胞的一种，包围被识别的抗原并破坏它们。______
3. 高度特异性分子，起抗体的作用，能与抗原结合并中和它们。______
4. 存在于血液及体液中，在体液免疫中发挥作用的淋巴细胞。______
5. 它们的产生是为了在将来遇到特定抗原时，使免疫反应会更迅速。______
6. 当抗体不再被需要时，这些T细胞可以终止B细胞产生抗体。______

心理社会因素对躯体障碍的影响

- 应激与艾滋病、癌症、心血管疾病是如何联系在一起的？
- 急性和慢性疼痛的潜在原因是什么？这两种类型的疼痛的差异在哪里？

在对情绪和行为因素对免疫系统的影响有了一定的理解之后，我们现在可以来探讨这些因素是如何影响特定的躯体疾病的了。让我们从艾滋病开始说起。

艾滋病

艾滋病流行引起的破坏使这种疾病成为全球公共卫生系统最为关注的疾病。全世界 HIV 感染者人数持续增长，2008 年评估达到 3 340 万，比 2000 年增加了 20%（UNAIDS，2009）。只是 2004 年，在世界的某些地区，在积极治疗及预防的努力下，成人和儿童死亡数开始趋于平稳（Bongaarts & Over，2010）。尽管有这样一定的成功，但 2008 年全球仍新增了 270 万 HIV 感染者，并有 200 万人死于艾滋病（Grabbe & Bunnell，2010；UNAIDS，2009）。据估计，2008 年在 15 岁以下的儿童中出现了 43 万新的感染者，其中大多数源于子宫内传播、分娩或是母乳喂养（UNAIDS，2009）。在问题最严重的非洲南部地区，20% 到 40% 的成年人被认为 HIV 呈阳性，包含全球三分之二的病例，有大约 1 800 万儿童因此疾病而成为孤儿（Klimas，Koneru，& Fletcher，2008）。而且，艾滋病正向印度等人口密集地区迅速传播（Normile，2009），在拉丁美洲，预计感染人数从 2006 年的 200 万增长到 2015 年的 350 万（Cohen，2006）。

人一旦感染了 HIV，病程不尽相同。在几个月到几年的无症状期后，患者会出现一些小的健康问题，例如体重减轻、发热、夜间盗汗，这些症状组成了所谓的**艾滋病相关症候群**（AIDS-related complex，ARC）。直到一种严重疾病出现，例如肺孢子虫性肺炎、癌症、痴呆或消耗症状直至机体逐渐衰竭，艾滋病才能被诊断。从最初感染到艾滋病完全发作，其间隔时间估计在 7.3～10 年之间，甚
264 至更长（Pantaleo，Graziosi，& Fauci，1993）。临床科学家已经开发出强大的药物联合治疗，被称为高效抗逆转录病毒疗法（highly active antiretroviral therapy，HAART），它能够抑制 HIV 感染者体内的病毒，甚至对晚期的病例也有效（Hammer et al.，2006；Thompson et al.，2010）。这已经是十分积极的进展，因为它能减缓疾病进程，甚至减少死亡率。例如，如果未接受治疗，大部分艾滋病患者会在诊断之后的 1 年内死亡，这是许多发展中国家的事实（Zwahlen & Egger，2006）。但是到 2005 年，接受治疗的艾滋病患者的生存期达到 2 年甚至更长时间的比例已上升到 85%，同时，自 1990 年以来，因艾滋病导致的死亡下降了 80%（Knoll，Lassmann，& Temesgen，2007）。

然而，HAART 似乎并不是治愈的方法，因为大多数最新的证据表明，病毒很少被消灭，而是转入了潜伏状态。因此，感染的患者将要面对终身服用大量药物的治疗（Buscher & Giordano，2010，Cohen，2002，Hammer et al.，2006）。而且，因为严重的不良反应（如恶心和腹泻）而停止 HAART 治疗的人数百分比很高（在一项研究中达到了 61%）（O'Brien，Clark，Besch，Myers，& Kissinger，2003）。因为这个原因，先前建议的治疗被推迟，直到感染者进入发展出有症状的疾病的危险期时再开始（Cohen，2002；Hammer et al.，2006），但鉴于此治疗方案对新近感染 HIV 成功治疗的比例，现在的建议是在发现感染后尽早开始治疗，并且与患者密切合作以增加对药物治疗计划的依从性（Thompson et al.，2010）。不幸的是，HIV 的耐药性现在已经在传播了。

因为艾滋病是一种相对较新的疾病，且有至少几年的发展潜伏期，所以我们仍在了解与其相关的因素，包括可能延长患者存活时间的心理因素（Klimas et al.，2008；Taylor，2009）。研究者鉴定了一组反复接触 HIV 但没有感染的人，这些人的一个显著特征就是他们的免疫系统，尤其是细胞免疫，非常强健有力（Ezzel，1993），这最有可能是缘于遗传因素（Kaiser，2006）。因此，增强免疫系统的措施有助于预防艾滋病。

因为心理因素会影响免疫系统的功能，所以研究者们已开始检验是否这些心理因素会影响 HIV 的发展。例如，高水平的应激和抑郁以及低水平的社会支持已被证实与加快疾病进展有联系（Leserman，2008；Leserman et al.，2000）。但一个更引人感兴趣的问题是，心理干预能否减缓疾病的进展，甚至是对那些已经出现症状的患者（Cole，2008；Gore-Felton，& Koopman，2008）。实际上，有几项重要的研究显示，认知行为应激管理（CBSM）程序对那些已经出现症状的个体的免疫系统有积极作用（Antoni et al.，2000；Carrico & Antoni，2008；Lutgendorf et al.，1997）。特别是，在路特根道夫和其同事（Lutgendorf et al.，1997）的研究中，与未接受治疗的对照组相比，他们使用的一项干预程序大大降低了患者抑郁和焦虑的程度。更重要的是，与对照组相比，治疗组中的单纯疱疹病毒Ⅱ抗体有显著的降低，这反映了免疫系统的细胞免疫部分的控制病毒能力增强了。

在一项由安东尼和其同事（Antoni et al.，2000）开展的研究中，73 名已感染了 HIV 并已经出现艾滋病症状的同性恋或双性恋患者，被分配到 CBSM 程序组或是不接受此程序治疗、只接受常规治疗的对

艾滋病相关症候群（ARC） 在感染 HIV 但没有完全发病前，出现的健康问题群，例如体重减轻、发热、夜间盗汗。

照组。就如早先的研究显示的，接受应激管理治疗的人比对照组的人显示出了治疗后明显更低的焦虑、愤怒及知觉应激水平，这表明治疗是有效的。更重要的是，在干预结束后长达一年时间里，那些接受了治疗的人显示出更高的T细胞水平，从而证明了有更好的免疫系统功能。

同样，古德金和同事（Goodkin et al.，2001）报告显示，与对照组相比，一项10周的心理治疗大大延缓了HIV载量的增长，而病毒载量是一项有力且可靠的艾滋病完全发作进程的预报指标。安东尼和同事（Antoni et al.，2006）把他们的重要研究又向前推进了一步。进行HAART药物治疗方案的HIV阳性男性，接受了10周恰当用药的训练，即尽可能在规定的时间内严格按照医生的处方药量服药。这组患者中的一半还接受了研究者的CBSM程序。接受CBSM的人15个月后出现了病毒载量的减少，而那些只接受用药训练的人则没有出现这样的变化。病毒载量的下降首先是抑郁减轻的结果，然后抑郁的减轻又减少了应激性激素皮质醇。因此，即使对于发作期、出现症状的HIV疾病，心理干预可能不仅仅能加强心理调节，还会影响免疫系统功能，并且这种影响可以持续很长时间。

尽管安东尼和同事（2000，2006）的研究得出了有价值的结果，但由此就得出这一方法的作用足够有效且持久，并足以改变艾滋病患者的生存期这样的结论还为时过早。如果像许多研究（Cole，2008；Leserman，2008）所指出的，应激和相关因素对HIV感染者的免疫应答、免疫功能及疾病发展有临床上的重大意义，那么支持免疫系统的心理社会干预就有可能提高患者的生存率，并且在最乐观的情况下，能够预防免疫系统的慢性恶化（Carrico & Antoni，2008；Kennedy，2000）。当然，最有效的干预首先集中于改变行为以防止感染HIV，如减少危险行为及促进安全的性行为（Temoshok，Wald，Synowki，& Garzino-Demo，2008）。

癌症

在疾病与障碍的研究中，更令人难以置信的进展是发现不同种类的**癌症**（cancer）的发展和病程都受心理社会因素的影响（Emery，Anderson，&
265 Andersen，2011；Williams & Schneiderman，2002）。这一结果导致了一个新的研究领域的诞生，叫作**心理肿瘤学**（psycho-oncology）（Andersen，1992；Antoni & Lutgendorf，2007；Helgeson，2005；Lutgendorf，Costanzo，& Siegel，2007）。肿瘤学是指对癌症的研究。在一项被广泛引用的研究中，大卫·斯皮格尔（David Spiegel）——一位斯坦福大学的精神病学家——和他的同事（Spiegel，Bloom，Kramer，& Gotheil，1989）研究了86位肿瘤转移的晚期乳腺癌患者，她们预计将在两年内死亡。显然，她们的预后是很糟糕的。尽管对治愈此病不抱任何希望，但斯皮格尔和他的同事认为通过对她们进行团体心理治疗，至少能使她们减少一些焦虑、抑郁和痛苦。

所有的患者都接受癌症的常规医疗护理。此外，（86位中的）50位患者每周一次以小组的形式与她们的治疗师见面接受心理治疗。令每个人都非常惊讶的是——包括斯皮格尔，治疗小组的存活期比那些接受了最好的医学治疗但没有接受心理治疗的对照组要长得多。治疗组的生存年限（大约3年）平均是对照组（大约18个月）的两倍。在研究进行四年后，治疗组的患者中有1/3的人仍然存活，而所有那些接受了最好的医学治疗但没有接受心理治疗的患者都已经死亡。随后，一项对每一组所接受的医学治疗进行的仔细再分析显示，没有任何差异可以解释心理治疗的效果（Kogon，Biswas，Pearl，Carlson，& Spiegel，1997）。这些发现并不意味着心理干预能够治愈晚期癌症。在第10年，治疗组中只有3位患者仍然存活。

随后的研究看上去都支持在不同类型的癌症中增加存活及减少复发的这些发现（Fawzy，Cousins，et al.，1990；Fawzy，Kemeny，et al.，1990）。但另一些研究没能重复心理治疗可以延长寿命这一发现（Coyne，Stefanek，& Palmer，2007）。一项这样的研究证实心理治疗减少了抑郁和疼痛，并增强了幸福感，但没有发现治疗有提高存活的效果（Goodwin et al.，2001）。

然而，在一项近期的重要研究中，安德森等（Andersen et al.，2008）随机将227名已做过外科手术治疗的乳腺癌患者，分配到附加心理干预评估组或单纯的评估组中。干预措施包括减少应激、改善情绪、扭转重要的健康行为（减少吸烟、增加体育锻炼等）及保持对癌症治疗与护理的依从性等。治疗成功地减少了应激，增加了积极情绪与健康行为（Andersen et al.，2007）。更重要的是，在11年的随访中，接受心理干预的患者，其乳腺癌死亡的风险降低了 56%，乳腺癌复发的风险降低了 45%，这再一次支持了心理治疗提高存活的潜在可能。

作为这些研究的一个结果，用于缓解癌症患者的应激、改善其生活质量，甚至增加其生存期，减少复发的心理治疗方法现在都更容易获得了（Manne & Ostroff，2008；Penedo，Antoni，& Schnei-derman，2008）。这些心理治疗方法在增加癌症患者的存活期方面最初的成功（至少在部分研究中如此），激起了人们极大的兴趣。也就是说，如果这些方法有
266 效，那么是如何起效的（Antoni et al.，2009；Antoni & Lutgendorf，2007；Emery et al.，2011；Helgeson，2005）。可能的因素包括更好的健康习惯、对药物治疗更好的依从性以及内分泌功能和应激反应的改善，所有这些都可以增进免疫功能（Antoni et al.，2006，2009；Classen，Diamond ，& Spiegel，1998；Emery et al.，2011；Foley，Baillie，Huxter，Price，& Sinclair，2010；Nezu et al.，1999）。

任何能够促进癌症患者建立更好、更有支持性的人际关系的因素同样非常重要，因为这能减慢疾病的进程（Antoni et al.，2006；Foley，Baillie，Huxter，Price，& Sinclair，2010；Nezu et al.，1999；Weighs，Enright，& Simmens，2008）。甚至有初步证据显示，心理因素不仅对癌症及其他疾病的病程有作用，还对它们的发展也有作用（Antoni & Lutgendorf，2007；Lutgendorf et al.，2007）。感到自己缺乏控制力、应对反应不充分、出现严重应激性生活事件，或者不适当的应对反应（例如否认）等都对癌症的出现有影响，这种影响可能是通过免疫功能的改变而实现的，也可能是通过调节致癌病毒的活动、脱氧核糖核酸（DNA）的修复过程及控制肿瘤生长的基因表达来起作用的（Antoni & Lutgendorf，2007；Lutgendorf et al.，2007；Williams & Schneiderman，2002）。

这些研究也使一个曾经被忽略的癌症结果再次得到重视，即一些人通过癌症发现了某些积极的结果。例如，许多乳腺癌患者体验到了目的性的增强、精神的深化、与他人关系的更紧密以及生活重点的改变（Lechner & Antoni，2004；Park，Edmondson，Fenster，& Blank，2008；Yanez et al.，2009）。这些体验被称为“意义发现”，并且可能体现着某些类型的特征，例如应对方式、控制感、乐观，这些内容都归于复原力的概念之下，能够减少应激的伤害性后果（Bower，Moskowitz，& Epel，2009）。这些特质和技能正是心理治疗最重要的目标之一。安东尼和同事们（2006）以这些作为目标，对 199 名非转移性乳腺癌患者实施了 CBSM 程序，他们发现在治疗接下来的一年中患者生活质量有了显著提升。

心理因素在儿童癌症的治疗和康复中也有突出的作用（Koocher，1996）。各种类型的癌症都会有一些侵入性、伤害性的治疗流程。这种痛苦不仅对于孩子，并且对父母以及医护工作者来说，都是很难忍受的。孩子们常常会挣扎、歇斯底里地哭闹，所以，要完成许多治疗过程，不得不限制他们的身体活动。这些行为不仅干扰了治疗的正常完成，并且，与不断的充满痛苦的治疗过程相联系的应激与焦虑，以及还可能与反复的疼痛性治疗过程相联系的应激和焦虑本身也会对疾病过程产生有害影响。心理治疗过程试图通过以下方法来减轻孩子的疼痛和应激，包括呼吸训练、观看录像了解确切发生的情况以除去对治疗过程的不确定性以及和布娃娃一起排演治疗过程，所有这些方法都使治疗过程更能被忍受，因此能使对年轻患者的治疗更加成功（Brewer，Gleditsch，Syblik，Tietjens，& Vacik，2006；Hubert，Jay，Saltoun，& Hayes，1988；Jay，Elliott，Ozolins，Olson，& Pruitt，1985）。这项工作中的大部分都建立在芭芭拉·梅拉梅德（Barbara Melamed）及其同事的开拓性努力的基础之上，他们论证了将心理治疗融入对孩子的医学治疗中的重要性，尤其对那些即将经受外科手术治疗的孩子们更是如此（例如，参见 Melamed & Siegel，1975）。无论如何，儿童心理学家正在更多地将这些治疗作为常规的方式。

减轻父母的应激，以便让他们能提供更多支持性的照料是非常重要的，因为几乎所有的父母在听说他们的孩子患上癌症之后都出现了创伤后应激障碍的症状（Kazak，Boeving，Alderfer，Hwang，& Reilly，2005）。扎勒和同事们（Sahler et al.，2005）用一种认知行为的问题解决策略对那些新近被诊断

癌症　一种常会致死的疾病类型，其特点是异常的细胞生长和肿瘤恶化。

心理肿瘤学　对癌症的形成与治疗中的心理影响因素的研究。

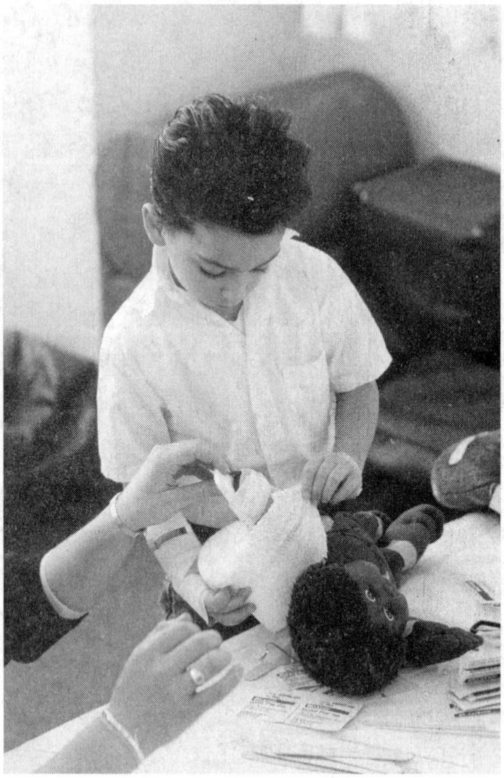
©David H. Wells/Corbis

心理准备能够减少准备接受外科手术的儿童的痛苦，并促进恢复。

出癌症的孩子的母亲们进行了干预，并且将结果与这些母亲能够得到的常规方法进行了对比。结果发现，问题解决策略组的母亲们变得更积极了，应激减少了，并且成了更好的问题解决者。显然，这些现象对于不得不面对自己孩子的癌症这样惨剧的母亲们来说是非常积极的。

心血管问题

心血管系统包括心脏、血管和调节它们功能的复杂调控机制。许多情况都会使心血管系统出现问题并导致**心血管疾病**（cardiovascular disease）。例如，许多人，尤其是老年人，会发生**卒中**（strokes），也叫作**脑血管意外**（cerebral vascular accidents，CVAs），这是一种通向大脑的血管的短暂阻塞或大脑中的血管破裂导致的大脑暂时性或永久性的损伤和功能丧失。雷诺病患者身体的末梢部分（例如手指和脚趾）会失去循环功能，这会导致他们的手脚疼痛以及持续的冰凉。目前，最受关注的心血管问题是高血压和冠心病，我们将接着讨论这两种疾病。首先，让我们看一下约翰的病例。

约翰：人类火山

约翰是一位55岁的业务主管，已婚，有两个十几岁的孩子。在成年后大部分时间里，他几乎每天抽一包香烟。尽管约翰保持着紧张而繁忙的生活状态，但他仍然轻度肥胖，这部分源于他与商业伙伴和同事定期的聚餐。从42岁开始，他开始服用几种抗高血压的药物。约翰的医生已经再三警告他要戒烟并更经常地进行体育锻炼，尤其因为他的父亲就是死于心脏病发作。尽管约翰有过几次胸痛发作，但他依然继续自己繁忙而紧张的生活方式。对于约翰来说，要把生活节奏放慢下来非常困难，因为他的生意在过去的10年中发展得非常好。

此外，约翰觉得生命如此短暂，所以没有时间 267
放慢节奏。他基本不重视家庭，经常工作到很晚才回去。即使回到家里，约翰也要工作到深夜。他很难放松，总感到需要尽可能地多做事情，并且还喜欢同时进行几项工作。例如，约翰经常在同一时间一边校对文件，一边打电话，一边吃午饭。他把自己事业上的成功大部分归功于自己的工作方式。尽管约翰很成功，但与他共事的人却并不喜欢他。他的合作伙伴和雇员经常觉得他很专横、易受挫，并且有时甚至充满敌意。特别是他的下属，认为他是一个极度缺乏耐心并且对他们的表现很挑剔的人。

大多数人会注意到，约翰的行为和态度会使他的生活不开心，并且可能致命。这些行为和态度中的某些方面会对心血管系统产生直接的影响，并有可能会导致高血压和冠心病。

高血压

高血压（hypertension，血压升高）不仅是卒中和心脏病，而且也是肾脏疾病的一个主要的危险因素。这使高血压成了一种非常危险的健康问题。当通往器官和外周组织的血管收缩（变窄）时，血压就会升高，以增加流向心肌的血液量。因为收缩的血管太多，因此，心肌必须更加努力地工作以使血液能流注到身体的各个部分，而这将导致血压升高。这些因素使持续收缩的血管产生了磨损和撕裂，进而导致心血管疾病。一小部分高血压患者的病因是特殊的身体异常，例如肾脏疾病或肾上腺肿瘤（Chobanian et al.，2003；Papillo & Shapiro，

1990），但是绝大多数患者（接近 90%）没有特定的可证实的躯体原因，这种高血压被称为**原发性高血压**（essential hypertension）。尽管血压达到或超过 140/90mmHg 就应引起关注并且更常被用于定义高血压（Chobanian et al.，2003；Taylor，2009；Wolf-Maier et al.，2003），但世界卫生组织对高血压的定义为血压超过 160/95mmHg（Papillo & Shapiro，1990）。第一个值叫作收缩压，是心脏泵出血液时的压力。第二个值是舒张压，是心脏处于两次搏动之间的休息状态时的压力。舒张压的升高在疾病风险方面更令人担忧。

按照一项综合调查，北美洲 35～64 岁的人中有 27.6% 的人患有高血压，相应的令人震惊的是在六个欧洲国家中，这一数字为 44.2%（Wolf-Maier et al.，2003）。一项近期的调查显示，美国 18 岁以上人群高血压的患病率提高到了 29%（Egan，Zhao，& Axon，2010）。这些数据是非常惊人的，考虑到高血压会作用于许多致命性疾病（例如卒中），因此它也被称为“静默杀手”，因为它很少有具体的症状（即便有也很少），因此许多人并不知道自己已经患上高血压。这些数字远远高于任何一种单一心理障碍患者的数目。更加引人注目的是，非洲裔美国人，无论男女，患高血压的概率大约是美国白人的两倍（Brannon & Feist，1997；Egan et al.，2010；Lewis et al.，2006；Yan et al.，2003）。更重要的是，非洲裔美国人患高血压性血管疾病的比率比美国白人高 5～10 倍。这使得高血压成为与非洲裔美国人关系最为密切的一种疾病。萨博和同事们（Saab et al.，1992）证明，在实验室应激试验中，没有患高血压的非洲裔美国人显示出更强的血管反应性，包括血压升高。因此，非洲裔美国人患高血压的风险可能更大。

当知道生物、心理和社会因素都可能导致这种潜在的致命问题时，你可能并不会感到吃惊。因为长期以来大家都清楚，高血压在家族中蔓延，并且可能有明显的遗传影响因素（Papillo & Shapiro，1990；Taylor，2009；Williams et al.，2001）。在实验室条件下接受应激时，即使自己有着正常血压，但其父母有高血压的人，也比自己及父母血压都正常的人，显示出更强的血压反应性（Clark，2003；Fredrikson & Matthews，1990）。换言之，高血压的遗传易感性很容易被激活。高血压父母的后代发生高血压的危险性，是血压正常者子女的两倍（Brannon & Feist，1997；Taylor，2009）。

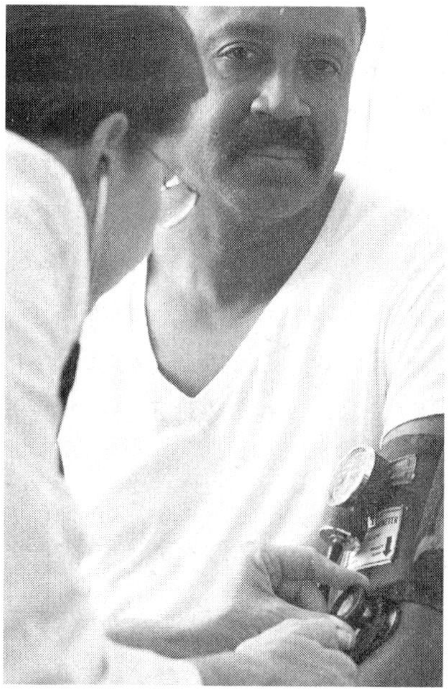

©Creatas/Superstock

非洲裔美国人罹患高血压的比例极其高。

对高血压的神经生物学病因的研究，集中在有关血压调节的两个主要方面：自主神经系统活动和肾脏对钠的调节机制。当自主神经系统的交感神经兴奋时，其中一种效应是导致血管收缩，产生更大的循环阻力，也就是说，血压升高（Guyton， 268
1981）。由于交感神经系统对应激非常敏感，许多研究者一直假设应激是原发性高血压的一个重要因素。肾脏的功能之一，即对钠和水的调节，对调节血压也非常重要。体内保留太多的盐会增加血容量和升高血压。这是高血压患者通常被告知要限制盐的摄入的一个原因。

心理因素，例如人格、应对风格以及应激水平（又一次），已经被用来解释个体在血压上的差异（Taylor，2009；Winters & Schneiderman，2000）。例如，在一篇对 28 项研究的综述中，乌奇诺等（Uchino et al.，1996）发现社会支持水平与血压之间有很强的相关。孤独、抑郁和不可控感可能是使高血压与社会支持相关联的心理机制。实际

心血管疾病 负责运送血液到身体组织和器官的各种结构（包括心脏、血管及它们的调控者）所出现的机能障碍。心理因素可能在这类疾病及其治疗中扮演着重要角色。

卒中 / 脑血管意外（CVA） 大脑供血血管暂时性阻塞或脑血管破裂导致的大脑暂时性或永久性的功能丧失。

高血压 卒中、心脏病、肾脏疾病主要的危险因素，与心理因素紧密相关。

原发性高血压 没有可以证实的躯体原因的高血压，占高血压患者的绝大多数。

上，一项对已婚夫妇的近期研究发现，经常将“温暖的接触”（经常的充满深情的抚触）作为传递爱与支持的途径，可以显著降低血压（Holt-Lunstad，Birmingham，& Light，2008）。

一项长期的研究确定了两个心理因素，其中任何一个都会使患高血压的危险性加倍：敌意（尤其是在人际关系中）以及时间紧迫感或急躁。这是青年人冠状动脉风险性发展（CARDIA）研究对超过5 000名（包括黑人和白人）成年人追踪15年后得出的结论（Yan et al.，2003）。而且这两个因素的结合很可能是一个更加强大的危险因素。同样，在实验室环境中，愤怒和敌意与血压的升高也是密切相关的（Jamner，Shapiro，Goldstein，& Hug，1991；King，Taylor，Albright，& Haskell，1990；Miller，Smith，Turner，Guijarro，& Hallet，1996）。

敌意或被压制的敌意会导致高血压（和其他心血管问题）的观点，可以追溯到亚历山大（Alexander，1939），他认为不能表达的愤怒会导致高血压和其他心血管问题。可能更加重要的不是愤怒是否被压制，而是在应激性情境中体验及对别人表达愤怒和敌意的频率（Brondolo et al.，2003；Ironson et al.，1992；Miller et al.，1996；Winters & Schneiderman，2000）。让我们回到约翰的病例。约翰无疑患有高血压。在他的病例研究中，你能察觉到任何的愤怒吗？他的高血压可能与他充满应激的生活方式、受挫水平和敌意有关。在一般人群中，通过建设性地表达这些感觉来控制愤怒的能力，与明显更低的血压之间存在关联（Davidson，MacGregor，Stuhr，Dixon，& MacLean，2000；Taylor，2009），向高血压患者指出这一点对他们会有所帮助。因此，高血压的病因似乎包括了对应激的高易感性（可能有遗传基础）、遭遇了更多的应激以及不恰当的应对技巧和反应（经常涉及敌意和愤怒）（al'Absi & Wittmers，2003；Taylor，2009）。

冠心病

心理和社会因素与高血压有关，这或许并不会使你感到惊讶，但是行为和态度的改变能预防心脏病发作吗？答案尚未完全清楚，但越来越多的证据表明，心理和社会因素与冠心病有关（Emery et al.，2011；Winters & Schneiderman，2000）。

冠心病（coronary heart disease，CHD），简单地说就是指给心脏肌肉（心肌）供血的动脉阻塞。描述心脏病的术语有许多：由动脉的部分梗阻造成的胸痛称为心绞痛；动脉粥样硬化是指当脂肪物质或斑块在动脉内壁上堆积而引起梗阻时的状况；局部缺血是指过多的斑块引起动脉狭窄，从而导致机体局部的供血不足；心肌梗死，或叫心脏病发作，是指当某一条动脉被斑块完全阻塞时导致的心脏组织的坏死。除了斑块以外，还有许多原因也可以导致动脉收缩或闭塞。例如，一个血凝块就可以卡在动脉中。

很显然，我们遗传了对冠心病（和许多其他躯体疾病）的易感性，同时其他一些因素，例如饮食、身体锻炼和文化，也都对我们的心血管状态有着重要影响（Thoresen & Powell，1992）。但是什么类型的心理因素会影响冠心病呢？

大量研究强有力地表明，应激、焦虑和愤怒，与应对技巧缺乏及低社会支持结合在一起，对冠心病有明显影响（Emery et al.，2011；Lett et al.，2005；Matthews，2005；Suls & Bunde，2005；Taylor，2009；Winters & Schneiderman，2000）。严重的应激，例如获知一位家庭成员突然离世，偶尔可以导致一种称为心肌顿抑的状况发生，这基本上就是心力衰竭（Wittstein et al.，2005）。一些研究显示，即便是健康的人，在遭受了应激之后，也比低应激组的人更有可能患上冠心病（Rosengren，Tibblin，& Wilhelmsen，1991）。对于这些个体，减压程序已被证明是一种重要的预防措施。

大量证据表明，减压程序有利于预防心脏病的 269
发作（Emery et al.，2011；Williams & Schneiderman，2002）。一份对37项研究结果进行的元分析报告显示，减压程序对冠心病的作用十分明显。特别是，作为一个整体，这些研究使心脏病导致的死亡减少了34%，心脏病复发减少29%，并对血压、胆固醇水平、体重以及其他冠心病的危险因素都有明显的积极作用（Dusseldorp，van Elderen，Maes，Meulman，& Kraaij，1999）。另一项重要的临床研究，在一组已经确认患有心脏疾病的群体中，证实了减压及锻炼在减少情绪困扰和改善心脏功能及改善将来心脏病发作风险方面的好处（Blumenthal et al.，2005）。但这也带给我们一个重要的问题：我们能否在心脏病发作前，识别出那些应激巨大，并有可能导致其出现第一次心脏病发作的人呢？答案看来是肯定的，但是答案远比我们最初设想的复杂。

几十年前，临床研究者就曾经报告，在应激环境中表现出一系列特定行为的群体，罹患冠心病的风险相当高。这些行为涉及过度竞争的内驱力、时间紧迫感、急躁、精力旺盛（可表现为语速快、动作快以及易怒）。这一系列的行为，后来被称为**A型行为模式**（type A behavior pattern），最初由两位心脏病学家梅耶·弗里德曼（Meyer Friedman）和雷·罗森曼（Ray Rosenman）确定（1959，1974）。这些临床医生还描述了**B型行为模式**（type B behavior pattern），它适用于基本上没有A型行为特征的人。换句话说，B型个体更放松，他们不太关注最后期限，也很少因挑战或雄心壮志而感到应激或兴奋。

A型人格或行为模式的理念被我们这种努力进取、目标导向的文化广泛接受。确实，一些早期研究提示A型行为会增加人们患冠心病的危险（Friedman & Rosenman，1974）。但是，最令人信服的证据来自两项大型前瞻性研究，研究对数千名患者进行了长期追踪以确定其行为与心脏病之间的关系。第一个研究是西方协作组研究（WCGS）。在这个项目中，有3 154名39～59岁的健康男性，在研究开始时接受访谈，以确定他们的典型行为模式。随后，他们被追踪观察了8年。最重要的发现是：在研究开始时表现出A型行为模式的人，出现冠心病的可能性至少是表现出B型行为模式的人的两倍。当研究者对较年轻的人（39～49岁）的数据进行分析后，得出的结果更加令人吃惊，A型行为组发生冠心病的概率几乎是B型行为组的7倍多（Rosenman et al.，1975）。

第二个大型研究是弗雷明汉姆心脏研究，这项研究已经进行了40多年（Haynes，Feinleib，& Kannel，1980），它让我们了解了许多我们所知道的有关冠心病的发展和病程。在这项研究中，1 674名健康男性和女性被分为A型或B型，并被追踪观察了8年。研究再一次证明，A型男性和女性罹患冠心病的可能性都是B型个体的2倍多（在男性中，危险性接近3倍）。对于具有A型行为模式的女性来说，最有可能罹患冠心病的是受教育水平较低的群体（Eaker，Pinsky，& Castelli，1992）。

在欧洲进行的大型研究基本上也得到了同样的结果（De Backer，Kittel，Kornitze，& Dramaix，1983；Frence-Belgian Collaborative Group，1982）。有趣的是，在夏威夷进行的一项对日本男性的大型研究，并没有重复这些发现（Cohen & Reed，1985）。日本男性中A型个体比美国男性低得多（大约18.7%比50%）。相应地，日本男性冠心病的发生率也较低（4%，而在弗雷明汉姆研究中美国男性为13%）（Haynes & Matthews，1988）。一项研究更夸张地展示了文化的影响，3 809名日裔美国人根据其“日本传统的程度”被划分为不同组（换句话说，也就是他们在家中是否讲日语、是否保持传统日本人的价值观和行为等等）。在这些人中，“最典型的日本人”冠心病的发生率最低，这和在日本本土的日本男性没有明显差别。相反，“最不典型的日本人”组冠心病的发生率水平则高出3～5倍（Marmot & Syme，1976；Matsumoto，1996）。很明显，社会文化的差异非常重要。

尽管有这些明确的结果，但至少在西方国家中，已证实A型行为的概念比科学家们曾经的看法要复杂难懂得多。首先，很难通过结构化访谈、问卷调查或其他诸如此类的方法来判定一个人是不是A型，因为这些测量方法的结果往往并不一致。许多人具有A型类型中的一些特征而不是全部，而另一些人则兼有A型和B型的混合特征。我们能将世界上的人区分为两类的信念——这一领域中早期工作的潜在假设——早已经被抛弃。其结果是，随后的研究已不再支持A型行为和冠心病之间的必然联系（Dembroski & Costa，1987；Hollis，Connett，Stevens，& Greenlick，1990）。

慢性负性情绪的作用 270

在这一点上，研究者们认为A型行为概念本身可能有一些错误（Matthews，1988；Rodin & Salovery，1989）。一种已经形成的共识是，A型人格的一些（但不是全部）典型行为和情绪可能对冠心病的发

冠心病（CHD） 给心肌供血的动脉发生的阻塞；是西方文化中的一个重要死因，社会和心理因素涉及其中。

A型行为模式 一系列行为，涉及过度的竞争性、时间紧迫的急躁情绪、语速快以及易怒，最初被认为会增加患心脏病的风险。

B型行为模式 一系列行为，涉及轻松的心态、对时间应激漠不关心以及少有强大的雄心，最初被认为会降低患心脏病的风险。

生具有重要作用。愤怒似乎是其中一个能代表A型行为与冠心病关联的因素（Miller et al.，1996），如果你读过第2章中艾隆森的研究以及前面高血压的部分，你就不会对此感到惊讶。你可能还记得，艾隆森和同事们（Ironson et al.，1992）曾引导患有心脏病的个体想象他们自己的生活中令他们感到愤怒的情境或事件，并将此时的心率增加情况与患者想象其他的情境（例如体育锻炼）时的心率做了比较。他们发现，愤怒会削弱心脏的泵血效率，使这些人处于危险的心律紊乱（心律失常）的风险中。这项研究证实了之前的发现，即频繁体验愤怒与随后发生冠心病之间存在联系（Dembroski，MacDougall，Costa，& Grandits，1989；Houston，Chesney，Black，Cates，& Hecker，1992；Smith，1992）。另一项重要研究的结果加强了这一结论。尔利巴伦等（Iribarren et al.，2000）在10年中评估了374名年轻的、健康的成年人，其中包括美国白人和非洲裔美国人。那些高敌意和高愤怒的人出现了冠状动脉钙化的迹象，这是冠心病的一个早期预兆。

A型性格与心脏病是否没有关联了呢？大多数研究者认为，A型行为结构中的一些成分是冠心病的重要决定因素，尤其是长期高水平的负性情感（例如愤怒）以及时间紧迫感或急躁因素（Matthews，2005；Thoresen & Powell，1992；Williams，Barefoot，& Schneiderman，2003；Winters & Schneiderman，2000）。再回顾一下约翰的例子，他有所有的A型行为，包括时间紧迫感，并有频繁的发怒。但是那些长期体验多种相关的负性情感的人会怎么样呢？回顾一下图7–2，注意在应激、焦虑和抑郁之间的密切关联。一些证据显示，这些情绪的生理成分和它们对心血管系统的作用可能是相同的，或至少是相似的（Suls & Bunde，2005）。我们也知道，通常与应激相联系的愤怒情绪，与恐惧情绪的联系也很紧密，战斗或逃跑反应便是明证。战斗是与愤怒联系在一起的一种典型的行为活动倾向，逃跑或逃离则是与恐惧相联系的。但是，因当下的危险或威胁激发的机体警戒反应，与这两种情绪都有联系。

一些研究者在回顾了文献之后认为，对于冠心病的发生，焦虑、抑郁与愤怒同样重要（Albert，Chae，Rexrode，Manson，& Kawachi，2005；Barlow，1988；Frasure-Smith & Lesperance，2005；Strike & Steptoe，2005；Suls & Bunde，2005），甚至焦虑和抑郁明显发生在更早的年龄（Grossardt，Bower，Geda，Colligan，& Rocca，2009）。在一项对896名有心脏病发作病史的患者的研究中，弗雷热－史密斯与同事（Frasure-Smith，Lesperance，Juneau，Talajic，& Bourassa，1999）发现，那些抑郁的患者在心脏病发作后一年内，死亡的概率较那些没有抑郁的患者高出3倍，无论患者最初的心脏病有多严重。在一项对1 017名冠心病患者的研究中，霍利和同事们（Whooley et al.，2008）发现，与那些没有抑郁症状的患者相比，有抑郁症状的冠心病患者的心血管问题（如心脏病发作或心律失常）的发生率要高出31%。严重的抑郁（如重度抑郁发作）与心血管的损害尤其相关（Agatisa et al.，2005；Emery et al.，2011）。因此，长期体验应激（愤怒）、焦虑（恐惧）、抑郁（持续性的）等负性情绪以及伴随这些情绪的神经生物学激活，可能是导致冠心病（可能还有其他躯体疾病）的最重要的心理社会因素。

研究者们还在了解更多有关负性情绪作用于冠心病的过程。又一次，与应激反应（以及所有负性情绪）相关联的炎症过程起了主要作用，因为炎症会直接促使动脉粥样硬化和心力衰竭的发生（Matthews et al.，2007；Taylor，2009）。盖洛和马修斯（Gallo & Matthews，2003；Matthews，2005）提出了一个心理社会因素对冠心病作用的模型（见图7–5）。较低的社会经济地位和相对较少的资源或低声望在第一个框中。应激性生活事件在第二个框中。应对技巧和社会支持对个体既有能力发挥作用，可以缓冲应激造成的影响，见第三个框。负性情绪和消极认知风格共同构成了主要的风险因素。与此同时，积极情绪和乐观的风格则会降低冠心病的风险（Giltay，Geleijnse，Zitman，Hoekstra，& Schouten，2004），并且可能会被证实的是，其对冠心病的正向作用可能与负性情绪的负面影响同样重要。负性情绪和正性情绪两者都在第四个框中。这一模型很好地总结了我们所知道的心理社会因素对冠心病的影响。

慢性疼痛

疼痛本身并不是一种疾病，对于我们大多数人来说，疼痛是损伤、不适或疾病的基本信号。如果

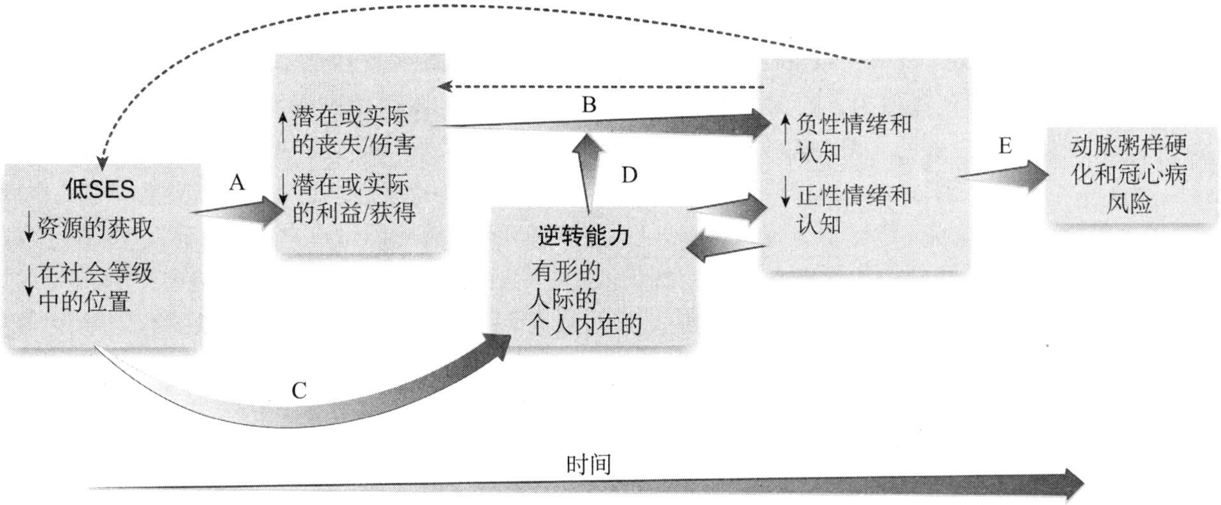

图 7–5　逆转能力模型：由低社会经济地位（SES）、应激性体验、心理社会资源以及情绪和认知构成的环境中各因素的相关性，以及冠心病风险增加的路径

注：箭头 A 描述了 SES 对暴露于应激性体验的直接影响。箭头 B 表明了应激性体验对情绪和认知的直接冲击。箭头 C 显示了 SES 决定和塑造可用于管理应激的资源库（即逆转能力）。箭头 D 显示了逆转能力对应激与情绪 - 认知因素之间联系的潜在调节作用。箭头 E 表明了情绪 - 认知因素对中间途径及动脉粥样硬化和冠心病风险的直接影响。虚线标注了可能存在的反向影响。

资料来源：Adapted from Gallo，L. C.，& Matthews，K. A. (2003). Understanding the association between socioeconomic status and physical health：Do negative emotions play a role?" *Psychological Bulletin, 129*, 34 (Figure 1), ©2003 American Psychological Association. Reprinted，with permission，from Matthews，K. A. (2005). Psychological perspectives on the development of coronary heart disease. *American Psychologist*，*60*(8), 791.(Figure 2), ©2005 American Psychological Association.

我们自己无法消除疼痛或不能确定它的起因，我们通常就会寻求医学帮助。美国国立卫生研究院已将慢性疼痛确定为美国最昂贵的医疗问题，它影响了将近 1 亿人（Byrne & Hochwarter，2006；Otis & Pincus，2008）。慢性疼痛的全部总花费，包括治疗费用以及像失去劳动能力之类的间接花费，据估计每年在 1 000 亿到 2 600 亿美元之间（Byrne & Hochwarter，2006；Edwards，Campbell，Jamison，& Wiech，2009）。美国人每年至少在慢性疼痛的治疗上花费 1 250 亿美元，包括购买非处方药物用于缓解头痛、感冒和其他小毛病引起的暂时性疼痛（Gatchel，2005；Taylor，2009）。疼痛是所有去看内科医生的患者中 80% 的原因所在（Gatchel，Peng，Peters，Fuchs，& Turk，2007；Turk & Gatchel，2002），这
271 使疼痛成了到目前为止最常见的看初级保健医生的原因（Otis，MacDonald，& Dobscha，2006）。现在，大多数研究人员都承认，慢性疼痛的原因及其对我们的健康保健系统造成的巨大消耗基本上都与心理和社会因素有关（Dersh，Polatin，& Gatchel，2002；Gatchel et al.，2007；Taylor，2009；Turk & Monarch，2002）。

临床上疼痛分两种：急性疼痛和慢性疼痛。**急性疼痛**（acute pain）通常发生在损伤后，通常会在一个月内，随着伤口愈合或得到有效治疗后消失。相比之下，**慢性疼痛**（chronic pain）可能以急性发作开始，但并不会随时间推移而减轻，甚至当损伤已经愈合或已经实施了有效治疗后仍然如此。慢性疼痛通常发生在肌肉、关节或肌腱，尤其是腰背部位。由血管扩张导致的血管性疼痛可以是慢性的，比如头痛；由组织慢性退行性改变引起的疼痛，就如一些绝症中见到的；而恶性肿瘤生长侵及痛觉

急性疼痛　通常发生在损伤后，会随着伤口愈合或得到有效治疗后消失的疼痛。
慢性疼痛　不随时间推移而减轻的持续性疼痛，可能发生在肌肉、关节以及腰背部位，可能由血管扩张或组织退化或癌变导致，其他的重要因素是社会和心理因素。

感受器所引起的疼痛也可能是慢性的（Melzack & Wall，1982；Otis & Pincus，2008；Taylor，2009）。

为了能更好地理解疼痛体验，临床医生和研究者们通常会对患者报告的主观体验即“疼痛”（pain）和这种体验的外显表现即“疼痛行为”（pain behaviors）做出清晰的区分。疼痛行为包括改变一个人坐或走的方式、持续对他人抱怨疼痛、做出痛苦的表情，以及最重要的是避免各种活动，尤其是涉及工作或休闲方面的活动。最后，疼痛的一种情绪性成分，叫作“痛苦”（suffering），有时会伴随疼痛出现，但有时则不会出现（Fordyce，1988；Liebeskind，1991）。因为它们非常重要，所以我们首先来看看心理和社会因素对疼痛的作用。

疼痛的心理和社会方面

慢性疼痛以一种看似不起眼的方式让人感到烦恼，但这种烦恼最终却会让你筋疲力尽，并夺走你生活中所有的快乐。严重的慢性疼痛会让你失去工作、远离家庭、放弃生活中的乐趣，并让你把全部精力都放在如何减轻疼痛上。对我们来说，让人感兴趣的是，疼痛的严重程度似乎并不预示着人们对它的反应程度。一些人经常经受强烈的疼痛，但仍然继续富有成果地进行工作，很少寻求医疗服务，并且过着相当正常的生活；而其他一些人则变成了病残者。这些差异的出现主要是因为心理因素（Dersh et al.，2002；Gatchel，2005；Gatchel & Turk，1999；Keefe，Dunsmore，& Burnett，1992；
272 Turk & Monarch，2002）。毫不奇怪，这些因素与包含在应激反应以及其他负性情绪状态，如焦虑和抑郁中的那些因素是相同的（Ohayon & Schatzberg，2003；Otis，Pincus，& Murawski，2010）（见第4章和第12章）。决定因素似乎是个体对于情境的总体控制感：他能否通过一种有效而又有意义的方式来处理疼痛及其后果。当积极的控制感与对未来的乐观展望相结合在一起时，苦恼和失能就会明显减少（Bandura，O'Leary，Taylor，Gauthier，& Gossard，1987；Gatchel & Turk，1999；Keefe & France，1999；Otis & Pincus，2008；Zautra，Johnson，& Davis，2005）。积极的心理因素还与积极的应对尝试相联系，例如体育锻炼和其他养生法，而不是被动地去忍受（Gatchel & Turk，1999；Lazarus & Folkman，1984；Otis et al.，2010；Turk & Gatchel，1999；Zautra et al.，2005），另外抑郁的成功治疗也减少了慢性疼痛的体验（Teh，Zaslavsky，Reyolds，& Cleary，2009）。

举一个例子，菲利普和格兰特（Philips & Grant，1991）研究了117名在一次事故中受伤后，背部和颈部疼痛的患者。虽然几乎所有这些患者都被认为应该能够迅速康复，但是足足有40%的患者在6个月时仍然报告感到切实的疼痛，从而符合“慢性疼痛”的标准。在6个月时没有报告疼痛的另外60%的患者中，大多数在事故后大约一个月就已经没有疼痛感了。此外，菲利普和格兰特还报告说，疼痛体验和随后的失能间的关系，并没有如其他因素（例如个性、社会经济上的差异以及当事人是否准备就受伤提起诉讼）与疼痛强度之间的联系那样紧密。先前存在的焦虑和个性问题预示着谁将被慢性疼痛困扰（Gatchel，Polatin，& Kinney，1995；Taylor，2009）。通常，负性情绪（如焦虑和抑郁）的状况、应对技巧不足、社会支持水平低以及通过伤残索赔而获得疼痛补偿的可能性，都可以预知大多数类型的慢性疼痛（Dersh et al.，2002；Gatchel et al.，2007；Gatchel & Dersh，2002；Gatchel & Epker，1999）。相反，发展更强的控制感以及对疼痛更少的焦虑，则可以使得患者更少出现剧烈疼痛和损伤（Burns，Glenn，Bruehl，Harden，& Lofland，2003；Edwards et al.，2009；Otis et al.，2010）。最后，扎乌特拉和同事们（Zautra et al.，2005）在对一组因关节炎或纤维肌痛而严重疼痛的124名女性患者中观察到，与低水平的积极情感相比，高水平的积极情感预测了这些女性患者在随后几周中感受到更少的疼痛。

心理因素影响疼痛的例子每天都可以遇到。出现重要组织损伤的运动员，经常继续进行比赛，而报告相对较轻微的疼痛。在一项重要的研究中，65%的曾在战斗中受伤的老兵报告说，他们受伤时没有感觉到疼痛。据推测，他们的注意力集中在外部，即考虑必须做什么才能生存下来，而不是集中在自身内部的疼痛体验上（Melzack & Wall，1982）。

社会因素还影响着我们的疼痛体验（Fordyce，1976，1988）。例如，那些以前总是爱批评和要求很高的家庭成员会变得关心他人并富有同情心（Kerns，Rosenberg，& Otis，2002；Otis & Pincus，2008；Romano，Jensen，Turner，Good，& Hops，

©Corbis RF/Alamy

人们感到不再存在的肢体的疼痛，这种现象并不罕见。

©Bob Daemmrich/The Image Works

一些有慢性疼痛或残疾的人应对非常良好，成了取得高成就的人。

273 2000）。这种现象被认为是对疼痛行为的操作性控制，因为这种行为看上去明显是受社会结果的控制。但是这些结果与实际体验到的疼痛的量之间的关系尚不明确。

相比之下，一个强大的社会支持网络能够减轻疼痛。贾米森和瓦尔茨（Jamison & Virts，1990）研究了 521 名慢性疼痛患者（背部、腹部和胸部疼痛）后发现，那些缺乏来自家庭的社会支持的患者报告有更多的疼痛部位，并且表现出更多的疼痛行为，例如卧床不起。虽然没有评价他们有更强烈的疼痛感，但与那些有强大家庭支持的患者相比，这些患者还是表现出更多的情绪上的痛苦。有强大支持的人能更早地恢复工作、表现出对药物更少的依赖，并且比其他人更快地提高他们的活动水平。甚至仅是有一张自己所爱的人的照片可以看着，也可以减轻疼痛体验（Master et al.，2009）。

尽管这些结论可能看起来与疼痛的操作性控制研究相矛盾，但是可能有不同的机制在发挥作用。普通的社会支持可以减少与疼痛和损伤有关的应激，并能促进形成更具有适应性的应对方式和控制能力。然而，对疼痛行为的特殊强化，尤其是缺乏社会支持时，则可能明显增加这种行为。这些复杂的问题尚未完全弄清楚。

疼痛的生物方面

正如没有人认为疼痛完全是由躯体因素引起的一样，也没有人会认为疼痛完全是由心理因素决定的。就像其他疾病一样，我们必须考虑心理和躯体因素是怎样相互作用的。

疼痛体验和疼痛控制的机制。疼痛的闸门控制学说（Melzack & Wall，1965，1982）调和了心理和躯体两方面的因素。根据这一学说，由疼痛刺激引发的神经冲动传向脊柱，并从脊柱传向大脑。一个叫作脊柱背角（dorsal horns of the spinal column）的区域起了一个“门”的作用，可以在刺激足够强烈的时候开放和传递疼痛的感觉。特定的神经纤维——指的是小纤维（A-δ 和 C 纤维）及大纤维（A-β 纤维）——决定刺激的模式和强度。小纤维趋向于开门，从而增加疼痛刺激的传递，反之，大纤维趋向于关门。

对我们来说最重要的是，大脑回传给脊髓的信号可以影响闸门的机制。例如，一个有着诸如恐惧或焦虑等消极情绪的人，会更加剧烈地感受到疼痛，因为从大脑获得的基础信息是要对可能出现的危险或威胁产生警觉。而一个有积极情绪或完全被一项活动所吸引的人（如一个专心致志于要完成长跑比赛的跑步者），大脑会下传关门的抑制信号。尽管许多人认为闸门控制学说过于简单——它已在近期被更新（参见 Melzack，1999，2005），但是研究发现仍然在继续支持着它的基本内容，尤其是在用它描述心理和生物因素在疼痛体验中复杂的相互作用时（Edwards et al.，2009；Gatchel et al.，2007；Gatchel & Turk，1999；Otis & Pincus，2008；Turk & Monarch，2002）。

内源性阿片类物质。大脑抑制疼痛的神经化学方法是一个重要的发现（Taylor，2009）。像海洛因和吗啡这些麻醉药都是由阿片类物质制造出来的。现在已经发现，人体内存在着**内源性（天然的）阿片类物质**（endogenous opioids），叫内啡肽或脑啡肽，它们的作用和神经递质很相似。即使在有显著的组织破坏或损伤时，大脑也可以通过这些物质来驱除疼痛。因为内源性阿片类物质在人体内广泛分布，各种心理病理性问题可能都与这些物质有关，包括进食障碍和更加常见的“跑步者高潮”——在剧烈的（有时是痛苦的）身体活动后会伴随内源性阿片类物质的释放。班杜拉和他的同事们（Bandura et al.，1987）发现具有较高自我效能感和控制感的人，比那些低自我效能感的人更能耐受疼痛，而且当这些人面对疼痛刺激的时候，他们的内源性阿片类物质的分泌量会增加。最近，爱德华兹等（Edwards et al.，2009）明确提出了心理应对程序有效性（即成功地改变了疼痛体验）的神经生物学过程基础。某些程序，如重新评估疼痛的意义而不是灾难化或想到最糟糕的方面，激活了多个大脑回路，从而调节或减少了疼痛体验并允许了更多正常功能发挥。

疼痛的性别差异

男性和女性似乎体验着不同类型的疼痛。一方面，除了经期疼痛和产前阵痛外，女性还比男性遭受更频繁的偏头痛、关节炎、腕管综合征和下颌处的颞下颌关节（TMJ）痛（Lipchik，Holroyd，& Nash，2002；Miaskowski，1999）。另一方面，男性则有更多的心脏疼痛和背痛。尽管男性的内源性阿片类物质系统可能更加强大，但男性和女性都有这个系统。不过女性似乎有着不同的额外疼痛调节机制。其机制可能是建立在雌激素依赖性神经系统的基础上的，这一系统可能是逐步形成起来以应对与生殖活动相联系的疼痛的（Mogil，Sternberg，Kest，Marek，& Liebeskind，1993）。这是女性“额外的”一条疼痛调节通路，通过消除激素来取消这条通路，对于其他通路没有任何影响，它们仍能继续工作。这个发现还显示，男性和女性可以从不同种类的药 274
物、不同种类的心理干预或这些治疗方法的独特组合中受益，以最好地处理和控制疼痛。

慢性疲劳综合征

慢性疲劳综合征（chronic fatigue syndrome，CFS）在整个西方世界盛行（Jason，Fennell，& Taylor，2006；Prins，van der Meer，& Bleijenberg，2006）。表 7–2 中列出的 CFS 的症状，已被归因于各种原因，包括病毒感染——尤其是 EB 病毒（Straus et al.，1985）或最近提到的 XMRV 病毒［一种与 HIV 有一些类似之处的逆转录病毒（Kean，2010）］与免疫系统功能失调（Strauss，1988）、暴露于毒素或临床抑郁（Chalder，Cleare，& Wessely，2000；Costa

表 7–2　慢性疲劳综合征的定义

入选标准

1. 临床上评估的、医学上不能解释的下列疲劳，至少持续6个月：
   - 新近发生（不是终身的）
   - 不是持续劳累所致
   - 通过休息不能得到实质性缓解
   - 以前的活动水平有实质性下降
2. 下列症状至少存在 4 项或以上：
   - 主观记忆减退
   - 喉咙痛
   - 淋巴结触痛
   - 肌肉疼痛
   - 关节疼痛
   - 头痛
   - 睡眠不能使精神恢复
   - 活动后的乏力感持续 24 小时以上

资料来源：Adapted from Fukuda, K., Straus, S.E., Hickie, I., Sharpe, M.B., Dobbins, J.G. & Komaroff, A.L. (1994). Chronic fatigue syndrome: A comprehensive approach to its diagnosis and management. *Annals of Internal Medicine*, *121*, 953-959.

多样化讨论 文化对个人健康和发展的影响：世界各地的女性生殖

有关心理学和个人体验到的许多不同的精神状态及可能的疾病障碍的研究，需要对此事实高度敏感，即人们总是被培养他们的文化价值观和经验无情地纠缠。各种文化影响的一个吸引人的例子以及这种经验的心理生理后果，可以在对世界各地女性生殖的检视中看到。结果发现，即使这种人类最基本的生物学方面也受到文化的、环境的以及作为结果的心理成分的显著影响。女性的生殖能力始于一个称为月经初潮的过程，指的是女孩子第一次月经来潮，这是开始具有生殖能力的信号。女性通常在整个成年期都能够生育，直到她们到达更年期，这指的是月经周期的停止以及生殖能力结束的信号。尽管所有的女性都会经历月经初潮和更年期，但依据文化的、环境的及这些过程发生所造成的心理环境的作用，她们的经历可能会显得非常不同。

月经初潮的发生时间会受到文化和环境因素的影响。例如，在过去的几十年中营养的变化可能对月经初潮年龄的提前有作用，这种差异有助于解释在世界不同地区看到的月经初潮起始年龄不同的现象（Euling et al.，2008）。此外，在家庭应激更多或父亲缺席的家庭中，女孩的月经初潮会提前，从进化观点来看，这可能因为这些事件标志着个体需要离开家并开始自己的家庭生活（Weisfeld & Woodward，2004）。

在更年期的心理和社会经历上同样有显著的跨文化差异，有一些文化庆祝每一个转变，而另一些文化则视这些问题为禁忌或耻辱的原因。例如，在有些文化中，生殖能力的丧失可能会与健康或社会地位的降低相联系（比如在意大利），而在另一些文化中（比如在中国和印度），更年期会赋予一个人在社会中更高和更有威望的地位（Fu，Anderson，& Courtney，2003；Gifford，1994）。有趣的是，这些对更年期的不同看法不仅影响不同的文化怎样对更年期女性做出反应，而且会影响更年期症状的发生，那些对其来说更年期被视为一种积极的生命转变的人，会体验到更少的或不消极的症状（Fu et al.，2003）。所有这些发现都表明，临床医生必须对患者带到治疗中的文化差异以及这些文化因素对患者体验和描述他们当前状态的影响有足够的敏感（例如，Ryder et al.，2008）。你是否能够想出一些文化对疾病（例如抑郁症和双相障碍）的影响方式以及不同文化背景对患者的疾病体验和疾病表达差异的影响方式？

Silva & De Girolamo，1990）。尽管偶尔出现有希望的研究线索，但至今尚无证据支持任何这些假设的躯体原因（Chalder et al.，2000；Jason et al.，2003；Kean，2010；Prins et al.，2006）。贾森与同事们（Jason et al.，1999）在一项对社区中CFS流行情况的精细研究中发现，其样本中有0.4%被确定患有CFS，与美国白人被测者相比，拉美裔和非洲裔美国人患病率更高。在初级保健门诊患者中，CFS
275 的发生率可能超过3%，其中主要是女性，通常始于成年早期（Afari & Buchwald，2003），但也可以发生在年仅7岁的儿童中（Sankey，Hill，Brown，Quinn，& Fletcher，2006）。一项涉及4 591对双生子的研究得到了2.7%的患病率（Furberg et al.，2005），一项更大的出生队列的前瞻性研究揭示，到53岁时，有1.1%的人报告有CFS的诊断（Harvey，Wadsworth，Wessely，& Hotopf，2008）。要得到更准确的患病率，还需要做大样本调查。

因为病程缓慢，CFS的患者相当痛苦，并常常不得不因此放弃他们的职业（Taylor et al.，2003）。在对100名患者18个月的追踪中，79%的病例的慢性疲劳症状没有明显缓解。只有当开始有更好的心理健康，并减少使用镇静剂，更加关注“心理的”而不是医学上的归因时，才能有更好的结果（Schmaling，Fiedelak，Katon，Bader，& Buchwald，2003）。幸

内源性阿片类物质 在体内广泛存在的自然产生的物质，其功能类似于神经递质，用以驱除疼痛感——即使是在有明显的组织损伤存在时。这些阿片类物质可能对心理问题有作用，如进食障碍。也被称为内啡肽或脑啡肽。

慢性疲劳综合征（CFS） 在只是很轻度的劳累之后就有的使人失能的精疲力竭，伴随有发热、头痛、肌肉和关节疼痛、抑郁和焦虑。

运的是，与一般人群相比，CFS并未导致患者死亡或自杀风险的增加（Smith，Noonan，& Buchwald，2006）。正如阿贝和加芬克尔（Abbey & Garfinkel，1991）以及夏普（Sharpe，1997）所指出的，19世纪的神经衰弱和20世纪及现今的CFS，都被归因于环境应激过大、女性角色的转变以及新技术和信息的快速传播。这两种疾病在女性中更常见。也可能会发现CFS是由某种病毒或特定的免疫系统功能失调引起的。阿贝和加芬克尔（1991）还猜测有另一种可能性，即这种状况代表了一种对应激的非特异性反应。海姆和同事们（Heim et al.，2006）发现与无疲劳的对照组相比，CFS患者存在更多不良的早期应激性事件，这令人回想起萨波斯基的狒狒（之前在本章中讨论过）。此外，近期的一项关注人格对CFS作用的大型研究发现，先前存在的应激和情绪不稳定性可能是重要的影响因素（Kato，Sullivan，Evengard，& Pederson，2006）。但是尚不清楚的是，为什么这些人会出现慢性疲劳而不是一些其他的心理或躯体疾病。

迈克尔·夏普（Michael Sharpe，1997）建立了第一个CFS的病因模型，用以说明它的所有特征（图7–6）。夏普的理论认为，具有明显的成就导向生活方式的个体（可能受一种基本的不足感所驱使）经历了一段高度应激或急性疾病。他们曲解了一些长期存在的症状，例如疲乏、疼痛以及不能维持他们通常具有的更高的功能水平，将它们视为一种持续性的疾病，这种疾病会因活动而加重，通过休息而缓解。这就导致行为上的回避、无助、抑郁和受挫。他们认为自己应当能够克服这一问题并处理相关症状。然而，长期的不活动又会导致精力缺乏、虚弱以及更严重的抑郁和无助感，这些症状接下来又会引起阶段性的行为爆发变得更持久，进而导致更严重的疲劳。当然，正如所有疾病一样，遗传因
276 素可能也会影响导致CFS的应激和心理变量的作用（Kaiser，2006）。

哈维等（Harvey et al.，2008）研究了34名CFS患者，发现他们在出现CFS之前有高强度的体育锻炼，而且甚至在出现CFS之后还增加了爆发性锻炼的持续时间，或许这是一种试图补偿疲劳感的尝试。因为没有证据显示在这些个体的生活中有增加疾病或暴露于病毒的情况，所以一种原因可能是这些精力充沛的、成就导向的人的运动过度。

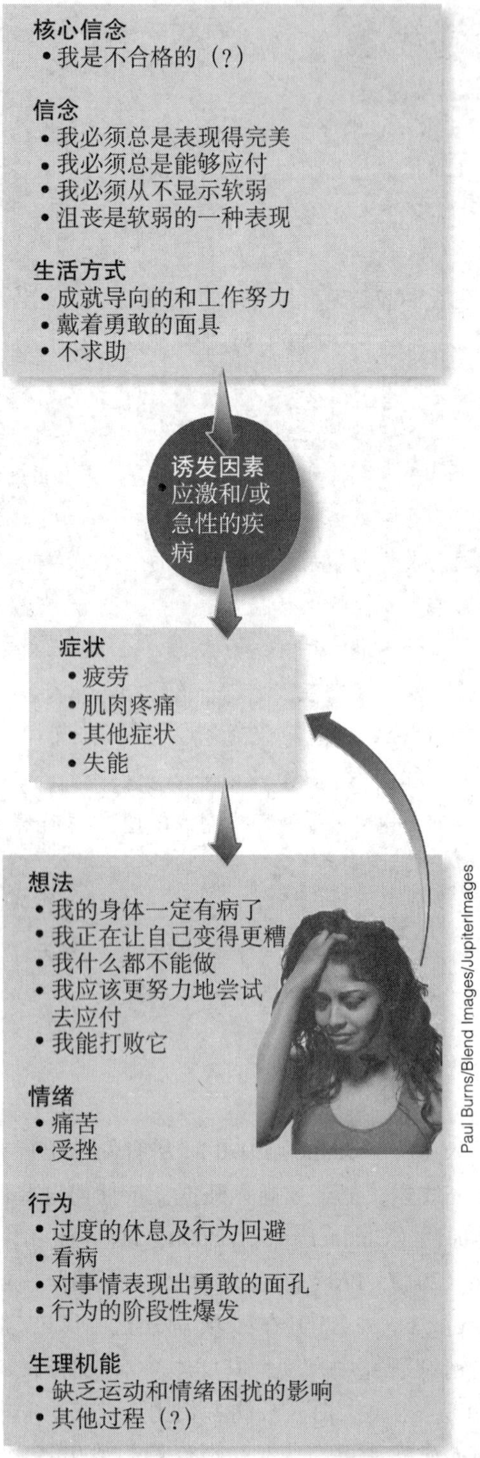

图7–6 CFS的一个整合模型

资料来源：Adapted，with permission，from Sharpe，M.，1997. Chronic fatigue syndrome. In D.M.Clark & C.G.Fairburn, Eds., *Science and Practice of Cognitive Behavior Therapy*. Oxford, UK: Oxford University Press, pp. 381-414, ©1997 Oxford University Press.

对CFS的药物治疗效果欠佳（Afari & Buchwald，2003；Chalder et al.，2000；Sharpe，1992），但夏普已发展出了一个认知治疗方案，该方案包括

增加活动、调节休息周期以及对图 7–6 中列举的认识进行直接的认知干预等。这一方案还纳入了放松技术、呼吸训练和一般减压程序以及我们将在下一节中描述的干预方法（Sharpe，1992，1993，1997）。在一项早期的对该方案进行评价的对照试验中，60 名患者被分配到这种认知行为治疗组或一般性治疗组。结果发现，认知行为治疗组中 73% 的患者在疲乏、残疾和疾病信念方面的测量都得到了改善，比对照组的情况好许多（Sharpe et al.，1996）。在第二个、更加完善的大规模地对一种类似的治疗 CFS 的认知行为方法进行评估的研究中（Deale，Chalder，Marks & Wessely，1997），60 名患有 CFS 的患者被随机分配到认知行为治疗组或仅接受放松训练的组。结果表明，接受认知行为治疗的小组在疲劳减轻及全身机能改善上都有更显著的提升。在接下来 6 个月的随访中，完成了认知行为治疗的患者中 70% 的人的身体机能得到了实质性的提升，而相比之下，在仅采取放松训练的小组中，只有 19% 的患者有这样的效果。一项 5 年的随访显示，治疗的成果在很大程度上得到保持（Deale，Husain，Chalder，& Wessely，2001）。随后的研究确认了这一基本方法的价值（Knoop，Prins，Moss-Morris，& Bleijenberg，2010；Price，Mitchell，Tidy，& Hunot，2008），但现在越来越重视的是预防运动过度的爆发（例如 Harvey & Wessely，2009；Jason et al.，2010）。这是因为增加体育锻炼和活动似乎并不能促进有益的改变。当然，治疗中的其他因素，例如对疲劳在一个人生活中意义的认知再评价以及自我效能的提升，似乎更重要（Friedberg & Sohl，2009）。

概念自测 7.2

回答下列关于心理社会因素对躯体疾病影响的问题。

1. 以下哪项不是疼痛体验的一部分？
   a. 患者报告的对疼痛的主观印象
   b. 疼痛行为或明显的疼痛表现
   c. 切割伤、擦伤和其他损伤
   d. 一种称为痛苦的情绪成分
2. 一些证据显示，心理因素不仅可以影响癌症、艾滋病和其他疾病的病程和____，还可以影响它们的治疗和康复。
3. 心理社会因素和生物因素会导致血压增高并出现潜在致命危险，也就是发生____以及形成____，即心肌供血动脉的阻塞。
4. 心理学家确定了影响疾病发生的两种行为模式类型，它们是哪两种类型？____和____
5. 经常导致个体放弃工作并忍受相当大的痛苦，但没有确定的证据显示存在躯体原因的疾病是____。

躯体障碍的心理社会治疗

> 什么样的程序和策略被用于应激管理以及预防和干预项目中？

某些实验表明，疼痛不仅对你不利，而且可能致命。几年前，约翰·利伯斯金德（John Liebeskind）和他的同事们（Page，Ben-Eliyahu，Yirmiya，& Liebeskind，1993）证明，老鼠的术后疼痛，使其癌症的肺转移（扩散）发生率增加了一倍。经历同样的腹部手术，没有给予吗啡的老鼠的肺转移发生数，是用了吗啡的老鼠的两倍。经历手术并给予止痛药物的老鼠，甚至比没有进行手术的老鼠发生转移的概率还低。

这种影响可能是疼痛和免疫系统相互作用的结果。也许是因为对疼痛的一般性应激反应，疼痛可能会减少免疫系统中被自然杀伤细胞的数量。因此，如果一只老鼠极度疼痛，相应的应激会进一步加剧疼痛，形成恶性循环。这个发现似乎也适用于人类（Taylor，2009），所以这很重要，因为目前的共识是，我们对如癌症之类的慢性疾病使用止痛药治疗是很不情愿的。一些估计表明，美国癌症患者中接受了充分的疼痛缓解治疗的不到总人数的一半。可以得到的直接证据是，对经历外科手术的患者进行早期的疼痛缓解治疗是有益的（Coderre，Katz，Vaccarino，& Melzack，1993；Keefe & France， 277

1999；Taylor，2009）。在术前接受止痛药的患者在术后报告疼痛更少，并且需要的止痛药也更少。适当的疼痛处理程序，无论是在医疗上还是在心理上，都是慢性疾病处理中必需的部分。

各种各样的心理治疗已经发展起来用于处理躯体障碍和疼痛，包括生物反馈、放松训练和催眠（Gatchel，2005；Linden & Moseley，2006；Otis & Pincus，2008；Otis et al.，2010；Turk & Monarch，2002）。然而，由于应激在许多躯体疾病的起病和维持中起到的极端重要的作用，综合应激管理方案在治疗这些疾病的医疗中心中的应用正在逐渐增加。我们简略地回顾一下躯体障碍的特定心理社会治疗方法，然后介绍一个典型的综合应激管理方案。

生物反馈

生物反馈（biofeedback）是一种使患者意识到他们通常不能有意识地注意到的特定生理功能的方法，如心率、血压、身体特定部位的肌紧张、脑电图节律（脑电波）和血流量的模式（Andrasik，2000；Schwartz & Andrasik，2003）。

临床工作者运用生理监测设备使患者能够看到或听到这些反应，如心率。然后，患者根据治疗师的指导，学会控制这些反应。成功的反应会产生某些类型的信号，例如，如果患者成功地降低了其一定量的血压，那么标尺上的应激读数将变为可视的，并且一个音调将会响起。不久前，研究者们才发现人类能够高度精确地辨别自主神经系统活动的变化（Blanchard & Epstein，1977）。

降低头部和头皮的肌肉紧张度，从而减轻头痛是生物反馈的目的之一。这个领域的先驱如艾德·布兰查德（Ed Blanchard）、肯·霍尔罗伊德（Ken Holroyd）和弗兰克·安德拉奇克（Frank Andrasik）发现，尽管不比深部肌肉放松程序的效果更好（Andrasik，2000；Blanchard & Andrasik，1982；Blanchard，Andrasik，Ahles，Teders，& O'Keefe，1980；Holroyd & Penzien，1986），但生物反馈在这一领域很成功（Holroyd，Andrasik，& Noble，1980）。由于这些结果，一些人认为生物反馈可能仅仅只是通过教会人们如何放松而达到它对紧张性头痛的治疗效果的。然而，霍尔罗伊德和同事们（1984）却得出结论：生物反馈的成功，至少在治疗头痛方面，可能并不取决于紧张的减少，而取决于这一方法在多大程度上能够让患者产生对疼痛的控制感。（联系本章开始部分描述的关于狒狒的应激研究，你有怎样的想法？）

无论机制如何，生物反馈和放松均是比诸如安慰剂干预之类更有效的治疗，并且，这两种治疗的结果不是完全能互换的，有些人用生物反馈更有效，而另一些人用放松程序效果好。因此，同时运用两种方法是一个安全的策略（Andrasik，2000；Schwartz & Andrasik，2003）。几篇综述发现，38%～63%的患者通过放松或生物反馈显著地减轻了头痛，而接受安慰剂治疗的患者的缓解率大约只有 35%（Blanchard，1992；Blanchard et al.，1980；Holroyd & Penzien，1986）。而且，生物反馈和放松的作用似乎能持续更长的时间（Andrasik，2000；Blanchard，1987；Lissper &Öst，1990）。

放松和冥想 278

各种类型的放松和冥想方法也被单独或合并其他方法用于治疗躯体障碍和疼痛患者。通过由艾德蒙德·雅各布森（Edmund Jacobson）在1938年设计的渐进式肌肉放松法，人们可以迅速地意识到身体的任何紧张，然后可以通过放松特定的肌肉群来

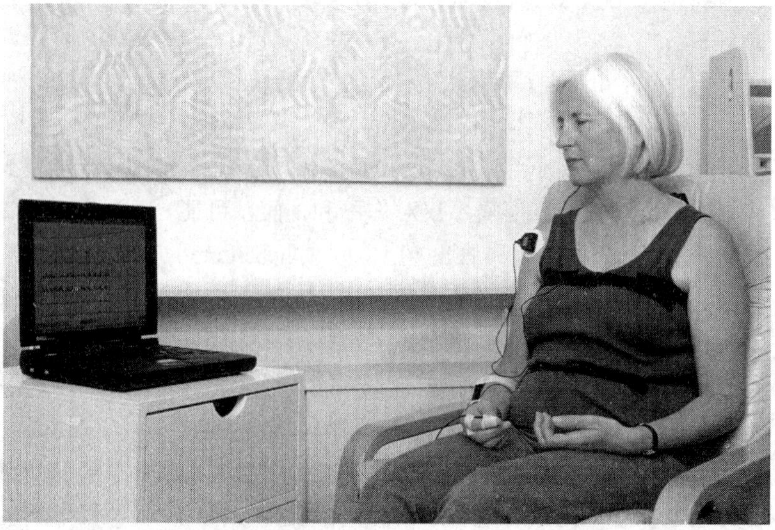

在生物反馈中，患者学会控制在屏幕上可见的生理反应。

每日应激记录
（样本）

第____周

8 极度应激
7
6 很大的应激
5
4 中等应激
3
2 轻微应激
1
0 无应激

日期	(1) 开始时间	(2) 结束时间	(3) 最高应激（0－8）	(4) 触发因素	(5) 症状	(6) 想法
1-5	10:00am	11:00am	7	销售会议	出汗，头痛	我的业绩不好
1-7	5:15pm	5:35pm	6	交通堵塞	紧张，急躁	我永远也回不了家了
1-8	12:30pm	12:32pm	3	丢失钥匙	紧张	我无法找到我的钥匙
1-9	3:30pm	4:30pm	4	等候客人	出汗，恶心	他们迷路了吗？

图 7–7 监测应激的方法

资料来源：Adapted，with permission，from Barlow，D.H.，Rapee，R.M. & Reisner，L.C.，2001. *Mastering stress 2001*：*A lifestyle approach* (p.28). Dallas，TX: American Health，©2001 American Health Publishing.

消除紧张。许多方法要求将注意力要么集中于身体的特定部位上，要么集中于一个单一的想法或想象上。这里的注意力集中通常伴随着规则的、缓慢的呼吸。在超觉冥想（transcendental meditation）中，注意力则仅仅集中在重复的音节或咒语上。

赫伯特·贝森（Herbert Benson）去除了超觉冥想中他认为非必需的成分，并发展出一种他称为**放松反应**（relaxation response）的简短程序，即一个人默默地重复一句咒语，通过把闯入性想法屏蔽在头脑之外以减少分心。尽管贝森建议集中注意于单词“一”，但其实任何中性的单词或短语都可以。每天冥想 10 或 20 分钟的个体报告说，感觉到一整天都更平静或更放松。这些简短的程序能够有效地减少某些神经递质和应激性激素的分泌，其效果可能是借助控制感和掌握感的增加来实现的（Benson，1975，1984）。贝森的观点非常流行，在美国 60% 的医学院校都会教授这种疗法，并且它被许多大型医院所采用（Roush，1997）。尽管有时效果相对有限，但放松技术对头痛、高血压和急慢性疼痛都有着普遍的积极疗效（Taylor，2009）。

一个综合的应激和疼痛缓解方案

在我们自己的应激管理方案中（Barlow，Rapee，& Reisner，2001），个体可以练习说明手册中介绍的各种应激管理方法。首先，他们学习密切监测自己的应激，识别出日常生活中的应激性事件（图 7–7 是日常应激记录的一个实例）。注意要教会求助者确切地记录下他们经历应激的具体时间、应激的强度以及应激的可能触发因素。他们还须注意经历应激

生物反馈 使用生理监测设备让个体意识到他们通常觉察不到的、自己的机体功能，如血压或脑电波，其目的是控制这些功能。

放松反应 冥想方法的有效成分，包括重复地思考一种语音以减少让人分心的想法以及把其他闯入性想法屏蔽在头脑之外，从而减少应激性激素和神经递质的分泌并获得平静感。

时产生的躯体症状和想法。所有这些监测在整个方案实行的过程中都会变得很重要，同时因为它揭示了应激的确切模式和原因，并且能帮助求助者了解应做什么样的改变以更好地应对，所以它本身也很有帮助。

279 在学会监测应激之后，求助者要学习深度肌肉放松，包括首先收缩各处肌肉以识别不同肌肉群的位置（收缩特定肌肉群的指导语见表7-3）。然后求助者要系统地学习如何超越静止状态的点来放松肌肉群——积极地放开肌肉，以便不再有紧张存在。

评价和态度是应激的一个重要成分，求助者要了解他们是怎样夸大日常生活事件的负性影响的。在这个方案中，治疗师和求助者运用认知治疗去发展起更现实的评价和态度，就如莎莉的案例那样。

表7-3 肌肉收缩指导语

大肌肉群	肌肉收缩指导语
小臂	握拳，掌心向下，向上臂方向抬手腕
上臂	收紧肱二头肌；两手臂放体侧，将上臂抬向不靠身体的方向（在这样做时试着不要收缩小臂；让小臂放松地悬垂）
小腿和脚	脚趾向上指向膝盖
大腿	使劲向下蹬脚
腹部	收腹
胸部和呼吸	深呼吸，屏住约10秒钟，然后释放
肩和下颈部	耸肩，提肩直到肩膀几乎碰到耳朵
后颈	仰头并压向椅背
嘴唇	紧闭嘴唇；不要咬紧牙齿或收紧下巴
眼睛	紧闭双眼，但不要太用劲（如果你有隐形眼镜要小心）
前额下部	皱眉（试着让两边眉毛相碰）
前额上部	抬高眉毛，使额头起皱

资料来源：Adapted，with permission，from Barlow, D.H., Rapee, R.M. & Reisner, L.C., 2001. *Mastering stress 2001*：*A lifestyle approach*. Dallas, TX: American Health, pp.113-114. ©2001 American Health Publishing.

莎莉：改善她的觉知

（莎莉是一位45岁的房地产经纪人。）

患者（P）：我妈妈总在我处理一些重要事情的时候给我打电话，这令我很生气，我发现我变得对她无礼。

治疗师（T）：让我们试着从另一个角度来看看你刚才说的话。当你说她总是在你做事情的时候打电话给你，这意味着100%的时候，这是真的吗？她怎么可能在你每次做重要事情的时候都会打电话给你呢？

P：哦，我回想了一下最近10次她打电话给我时，大多数时间我只是在看电视或看书。有一次我正在做晚饭，因为她打给我，饭都烧煳了。还有一次，她打来时我正在忙一些从办公室带回家的工作。我想大概20%的时间被她打扰了。

T：好，很好。现在让我们进一步，如果她在你不方便的时候打电话会怎样？

P：哦，我知道我首先想到的一点是，她认为我做的任何事情都不重要。但在你说什么之前，我知道这是一个明显过度的评价，因为她在打电话的时候显然不知道我在做什么。然而，我想我还是认为这是一个很大的干扰和不便，因为我不得不在那一刻停下手中的事情。

T：继续。那是一个很大的不便的可能性是什么？

P：当我在工作的时候，我忘了做到哪里了，要花10分钟才能想起来。我想这还不是很糟——只是10分钟。晚饭烧煳了，也真的不是太糟，只烧焦了一点。无论如何，这有一部分也是我的错，因为在接电话前我可以把炉火关小。

T：那么，听起来好像即使你母亲的确打扰了你，这成为一个很大的不便的可能性也很小。

P：是的。我知道你接下来要说什么了。即使它是一个很大的不便，也不会是世界末日。我在工作中处理过许多比这更大的问题。

在这个过程中，个体努力识别不现实的消极想法，并且努力在消极想法出现时立即产生新的评价和态度。这样的评估通常是这个方案中最困难的部分。会谈后，莎莉开始运用在认知治疗中学到的东 280
西重新评估应激性情境。最后，参与应激降低方案的求助者发展出了新的应对策略，如时间管理和自信心训练。在时间管理训练中，患者要学会把他们的活动区分出优先次序，并且对不重要的需求花更少的注意力。在自信心训练中，他们学习以一种适当的方式来坚持他们自己。求助者还会学习一些处理日常问题的其他方案。

许多研究对这一综合方案的一些版本进行了评估。结果显示，一般来说，它比单独的个别训练部分（如放松训练或生物反馈）更为有效，包括治疗慢性疼痛（Keefe et al.，1992；Otis & Pincus，2008；Turk &

Monarch，2002）、治疗 CFS（Deale et al.，1997）、治疗紧张性头痛（Blanchard et al.，1990；Lipchik et al.，2002）、治疗高血压（Ward，Swan，& Chesney，1987）、治疗颞下颌关节（下巴）疼痛（Turner，Mancl，& Aaron，2006）以及治疗癌症疼痛（Andersen et al.，2007；Crichton & Morey，2003）。

药物和应激缓解方案

一些证据表明，对非处方镇痛药物（疼痛缓解物）治疗的慢性依赖降低了治疗头痛的综合性方案的疗效，而且由于每当药效过去以后或停药时，患者都会体验到头痛加剧（反跳性头痛），所以这种依赖还可能使头痛变得更糟（Capobianco，Swanson，& Dodick，2001）。

霍尔罗伊德等（Holroyd，Nash，Pingel，Cordingley，& Jerome，1991）比较了一种综合性认知行为治疗和一种抗抑郁剂——阿米替林——对紧张性头痛的治疗作用。结果发现，心理治疗程序使 56% 的患者减少了至少 50% 的头痛发作，而药物治疗只对 27% 的患者有效。格拉齐和同事们（Grazzi et al.，2002）治疗了 61 位过度使用镇痛剂的偏头痛患者，撤掉了患者的镇痛剂，然后给他们实施一种更加综合性的但非成瘾性的药物治疗，其中一组联合使用生物反馈和放松疗法，另一组没有这些（仅用药物）。随访 3 年后，在仅用药物治疗组中明显有更多患者旧病复发，重新恢复使用镇痛剂并且体验到了更多的头痛状况。重要的是，心理治疗似乎还能相当持续地减少用药量（Radnitz，Appelbaum，Blanchard，Elliott，& Andrasik，1988）。正如格拉齐和同事们（2002）所做的研究所发现的，心理治疗不仅对于头痛，而且对于重度高血压也同样有效。

否认作为一种应对方式

我们已经强调了面对和处理我们的感受的重要性，特别是在应激性或创伤性事件之后。从弗洛伊德开始，精神卫生专业人员已经认识到，再体验或再经历那些痛苦的情绪经验，对我们最终扔下这些情绪包袱，并发展起更好的应对至关重要。例如，在经历了冠状动脉搭桥手术的患者中，与悲观的患者相比，那些乐观的患者手术 6 个月后恢复得更快，并更迅速地恢复了正常的活动，拥有更高的生活质量（Scheier et al.，1989）。研究还发现，乐观的人有更少的可能性使用否认作为应对像手术这样的严重应激源的方法。大多数精神卫生专业人员都致力于消除否认的工作，因为否认有许多消极的影响。例如，对与疾病相关的严重疼痛予以否认的人，可能不会注意到他们症状中的有意义的变化，他们一般都会回避治疗安排或康复计划。

但是否认总是有害的吗？著名的健康心理学家谢莉·泰勒（Shelley Taylor，2009）指出，大多数功能良好的人都会否认潜在的严重状况存在的暗示，至少是在最初的时候。一个常见的反应是，他们假设他们的情况并不严重或将很快过去。大多数患有严重疾病的人具有这样的反应，包括那些患有癌症的人（Meyerowitz，1983）和冠心病患者（Krantz & Deckel，1983）。几个研究组（例如，Hackett & Cassem，1973；Meyerowitz，1983）发现，在首次被诊断的极度应激期里，否认可以帮助患者更容易承受这个打击。他们在此之后能更好地发展出应对反应。否认作为一种应对机制的价值，可能更多地取决于它出现的时机而非其他情况。然而，从长远来看，所有的证据都表明，在某一时刻，我们必须面对我们的处境，处理我们的情绪，并且接受所发生的事情（Compas et al.，2006）。

调整行为促进健康

早在 1991 年，美国国立卫生研究院的主任就说过："只要在可能的范围内改变生活方式，许多常见病就能够被预防，而其他疾病也可以延缓发作或被简单地控制住。"（Department of Health and Human Services，1991）长期来看，不健康的饮食习惯、缺乏锻炼以及吸烟，是三种最常见的使我们处于多种躯体疾病风险中的行为（Lewis et al.，2011）。其他高危行为和情况包括不安全的性行为、未能采取预防措施以避免受伤、过量饮酒以及过度暴露在阳光下，这里只列出了其中的一些。许多这类行为与人的主要死因中的疾病和躯体障碍有联系，不仅包括冠心病和癌症，还包括各种意外（与饮酒和不使用安全带有关）、肝硬化（与过度饮酒有关）以及各种呼吸系统疾病，包括流行性感冒和肺炎（与吸烟和应激有关）（Lewis et al.，2011）。即使在现今，超过

21% 的美国成人是规律吸烟者（CDC，2007），而吸烟是主要的可预防的死因，大约每年导致 443 000 人死亡（CDC，2008）。美国癌症学会（ACS）最近的调查显示，有 860 万人至少患有一种与吸烟史或吸
281 烟盛行有关的慢性疾病（ACS，2007）。

相当多的工作正在开展以发展有效的行为矫正程序，用以改善饮食结构、增加对药物和医学治疗的依从性以及制订更优化的锻炼计划。这里，我们简单回顾一下三个令人感兴趣的领域：伤害控制、艾滋病预防以及一项重要的社区干预项目（被称作斯坦福三社区研究）。

伤害预防

在美国，意外事故是 1 至 45 岁的人的主要死因，是所有死因中的第五个主要原因（见表 7-1）。而且，伤害造成的个人和社会生产力的损失以及寿命损失年远比其他四种主要死因——心脏病、癌症、卒中和呼吸系统疾病——要严重得多（Institute of Medicine，1999）。因此，美国政府开始对能减少伤害的方法感兴趣（Scheidt，Overpeck，Trifiletti，& Cheng，2000）。斯贝尔伯格和弗兰克（Spielberger & Frank，1992）指出，心理变量在几乎所有导致伤害的因素中，具有关键作用。一个很好的例子是已故的莉泽特·彼得森（Lizette Peterson）和她的同事们的工作（例如，参见 Peterson & Roberts，1992）。彼得森对预防儿童意外特别感兴趣。因意外伤害导致的儿童死亡比接下来的六种儿童死亡原因总和还多（Scheidt et al.，1995；Taylor，2009），并且每年几乎一半的中毒致死案例都发生于 6 岁以下的儿童中（CDC，2006）。然而，因为大多数人，包括父母，通常觉得意外伤害是命运所致，因而并不由他们所掌握，所以他们不怎么考虑预防措施，即使是对他们自己的孩子（Peterson，Farmer，& Kashani，1990；Peterson & Roberts，1992）。

然而，许多关注行为改变的方案在预防儿童伤害中都被证明是有效的（Sleet，Hammond，Jones，Thomas，& Whitt，2003；Taylor，2009）。例如，儿童已被系统地和成功地教授了火灾逃生（Jones & Haney，1984）、识别和报告紧急情况（Jones & Ollendick，2002；Jones & Kazdin，1980）、安全地过马路（Yeaton & Bailey，1978）、安全地骑自行车以及处理如严重的切割伤之类的外伤（Peterson & Thiele，1988）。在这些方案的大部分中，共同参加的儿童在干预后的几个月中仍然保持着他们学到的安全技能——在大多数案例中，与评估持续的时间一样长。因为很少有证据证明重复的警告在预防伤害中是有效的，所以有计划地改变行为的努力非常重要。然而，在大多数社区中，这样的方案还没有实施。

艾滋病预防

早前我们已经描述了艾滋病令人惊骇的蔓延，尤其是在发展中国家。表 7-4 列出了艾滋病在美国（2008 年）和全球（2009 年）的传播模式。在发展中国家，如一些非洲国家，艾滋病几乎只通过与已感染的异性伙伴的性行为而传播。由于没有疾病的疫苗，所以改变高危行为是唯一有效的预防策略（Catania et al.，2000）。

表7-4　根据传播模式对艾滋病病例总数的比例估计（世界，2009；美国，2008）

传播种类	世界（%）	美国（%）*
男－男性接触	5～10	50
注射吸毒	10	17
男－男性接触和注射吸毒	—	5
异性接触	59～69	32
其他 **	16～21	1

* 因为总数是从亚群中独立计算得来的，所以各项百分比的总和可能不是准确的 100%。

** 包括血友病、输血、围产期暴露、在医疗保健机构中的传播以及没有报告或确定的风险。

综合方案尤其重要，因为单纯的测试仅能告诉我们一个人是 HIV 阳性还是 HIV 阴性，但对改变行为没什么用处（例如，参见 Landis，Earp，& Koch，1992）。就算对高危个体进行的教育，对于改变其高危行为一般也是无效的（Helweg-Larsen & Collins，1997）。数年前在旧金山进行的一项行为改变计划是最成功的行为改变方案之一。表 7-5 列出了作为靶目标的行为以及在各种群体中被用于改变这些行为的具体方法。在引入这个方案之前，无保护性行为的频率在一个男同性恋样本群中为 37.4%，另一个样本群中为 33.9%（Stall，McKusick，Wiley，Coates，& Ostrow，1986）。在 1988 年的后续随访中，这两个样本群中的发生率已经分别下降到 1.7%

和 4.2%（Ekstrand & Coates，1990）。在没有进行这种类型干预的对照组中则没有出现这种变化。在八个小城市中实施的一项类似的、大型的同性恋社区干预计划中，凯利和同事们（Kelly et al.，1997）对那些同性恋群体中最受欢迎、最被人喜欢的成员进行训练，让他们为其他成员提供信息和进行教育。在实施了该计划的四个城市中，与只散发教育性小册子的另外四个城市相比，同性恋危险的性行为有了实质性的减少。

把这些计划扩展到少数族群和妇女中很关键，他们常常不认为自己有危险，这可能是因为直到现在，美国的大多数媒体报道都集中于男性白人同性恋（Mays & Cochran，1988）。2003 年，新增的艾滋病病例中女性已经占到 50%（World Health Organization，2003）。此外，女性高危年龄在15～25 岁，而男性的高危年龄在 20 岁末和 30 岁初。鉴于女性使自己处于 HIV 感染的危险情况与男性不同——例如用 282 卖淫来应对经济上的贫困，因此对她们有效的行为改变方案也应该与男性有所不同（World Health Organization，2000）。

在非洲，HIV 的主要传播模式是异性间的，一项针对高危人群的、更关注人际和社交系统的工作也已经开始开展。一个重要的新转变是将干预的重点放在夫妻，而不是个人身上（Grabbe & Bunnell，2010）。这一点很重要，因为研究证明，在非洲只有 22% 的年龄在 15～49 岁之间的成年人知道他们的 HIV 状态，并且固定伴侣间避孕套的使用率非常低，因为他们认为伴侣是"安全的"，因此他们的风险也很低。55% 到 93% 的新增 HIV 感染者发生在同居关系中，这就意味着大多数的感染发生在那些没有意

表7–5　旧金山模型：新HIV感染降低社区水平协调方案

信息	技巧
干预方式：媒体 关于 HIV 怎样传播和怎样不被传播的教育。 卫生保健机构和提供者 提供关于 HIV 传播的教育材料和课程。 学校 散发关于 HIV 传播和预防的材料。 工作场所 散发关于 HIV 传播和预防的材料。 STD、家庭计划和药物滥用治疗中心 散发关于 HIV 传播的材料和视频资料。 社区组织（教堂、俱乐部） 邀请客座演讲人、发放材料和播放视频。 抗体检测中心 散发关于 HIV 传播的材料和指导。 **动机** 提供各种 HIV 感染者的案例。询问所有的患者关于 HIV 传播的危险因素。 建议高危患者检测 HIV 抗体。 提供 HIV 感染的青少年模型。 提供同事成为 HIV 感染者的案例。 进行 HIV 危险的详细评估。 建议检测 HIV 抗体。 提供与俱乐部或组织成员相似的 HIV 感染者案例。	模拟怎样清洁针头和使用避孕套及杀精剂。 模拟安全性行为和针头转让的技巧。 提供课程和视频展示安全性行为技巧。 提供安全性行为和药物注射技术的课程和示范。 在医疗和咨询会面中指导和练习安全性行为和药物注射技能。 提供艾滋病危险减少技术的课程和视频。 原则 宣扬降低高危行为的意识。 促进公众对安全性行为课程和避孕套推广的愿望。 劝说患者接受普遍的社区规范。 创建一个接受 HIV 感染的学生和教师的氛围。 促进学生对安全性行为愿望的认识。 营造接受 HIV 感染者的氛围。 提供艾滋病危险减少技能的课程和视频。 政策与法律 形成对政策的关注和行动。 提倡预防 HIV 传播的政策和法律。 动员学生和全体教员开展允许在学校里进行性教育的工作。 在公共洗手间安装避孕套售卖机。 允许 HIV 感染者工作。 动员求助者寻求额外的治疗地点和设施。 提倡有利的法律和政策。 提倡保密性和非歧视性原则。

注：STD = 性传播疾病。

资料来源：Reprinted，with permission，from Coates，T.J.（1990）. Strategies for modifying sexual behavior for primary and secondary prevention of HIV disease. *Journal of Consulting and Clinical Psychology, 58*(1), 57-69, ©1990 American Psychological Association.

识到自身所处的HIV状态的夫妻之间。这一成功的夫妻咨询和评估的尝试已经在卢旺达、乌干达和肯尼亚开展。针对HIV预防的夫妻咨询还为传递和促进更全面的孕产妇和儿童卫生服务提供了机会。

斯坦福三社区研究

为了减少社区中的疾病危险因素，最著名和最成功的尝试之一就是斯坦福三社区研究（Meyer，Nash，McAlister，Maccoby，& Farquhar，1980）。尽管它是在许多年前实施的，但它仍然是一个示范方案。这些研究者们不只是集合了三组人来研究，而是在1972年到1975年之间，对位于加州中心的、在居民的规模和类型上相当类似的三个完整社区进行了研究。目标是减少冠心病的危险因素。他们倡导的积极行为集中在减少吸烟、高血压、饮食和体
283 重方面。在第一个社区特雷西中，研究者们没有进行干预，只是从成人的随机样本中收集了详细的信息，以便在这过程中评估他们关于危险因素知识的任何增长情况以及任何危险因素的改变情况。另外，特雷西的参与者还接受了一次心血管情况的检查。吉尔罗伊的居民和一部分沃森维尔的居民通过媒体进行了一次集中宣传，其内容是关于冠心病的行为危险因素的危害、减少这些因素的重要性以及如何减少这些因素的帮助建议。大部分沃森维尔（第三个社区）的居民还接受了一次面对面的干预，在其中，行为咨询师与那些被判断为冠心病风险特别高的市民一起工作。在三年的时间内，所有三个社区的参与者每年都被调查一次。结果显示，在这些社区中，干预措施在减少冠心病危险因素上取得了显著的成功（图7–8）。而且，对接受了个体咨询的沃森维尔的居民来说，危险因素显著低于特雷西的居民，甚至也低于只接受媒体宣传的吉尔罗伊的居民和一部分沃森维尔的居民，同时，他们对于危险因素的知识也掌握得明显更多。

尽管在许多社区中，媒体都愿意抽出时间来开展这种有价值的活动，但像斯坦福研究这样的干预仍然需要花费大量的资金。结果显示，开展这些工作对个人、对社区以及对公共卫生机构都是很有价值的，因为许多生命将被挽救，病休的情况也能大幅减少，所以这项方案最初的花费是物超所值的。但不幸的是，这类方案仍然没有得到广泛实施。

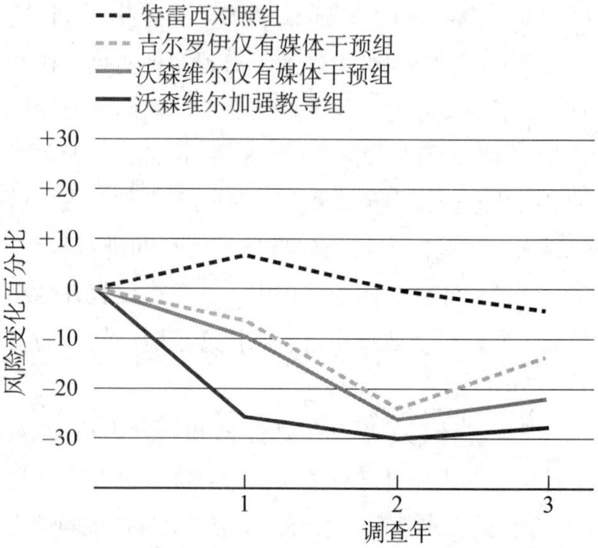

图7–8 斯坦福三社区研究的结果

资料来源：Reprinted，with permission，from Meyer, A.J., Nash, J.D., McAlister, A.L., Maccoby, N. & Farquhar, J.W., 1980. Skills training in a cardiovascular health education campaign. *Journal of Consulting and Clinical Psychology, 48*, 129-142, ©1980 American Psychological Association.

概念自测 7.3

根据你对心理社会治疗的理解，将下列治疗方法和正确的情境或叙述进行配对：（a）生物反馈；（b）冥想和放松；（c）认知应对程序；（d）否认；（e）调整行为以促进健康；（f）斯坦福三社区研究。

1. 玛莉经常因为别人总是做愚蠢的事而感到心烦意乱。她的医生想让她意识到她自己对这些事件的夸大，并建议她采取____。
2. 蒂隆似乎不能集中注意于工作中的事，他感觉太紧张。他需要____，一种能在工作时利用很少的时间应用的减少闯入性思维的方法。
3. 当哈利感觉紧张时，他的血压会猛升，他的医生向他演示了如何通过使用____让自己能意识到生理过程，以便更好地控制它们。
4. 在一个世界性的会议上，领导者们一起讨论如何减少儿童伤害风险、艾滋病风险和吸烟相关疾病的数量，专家们提出了一些方案，涉及教个体如何去____。
5. 最初，强烈的____能帮助患者忍受坏消息的打击；但以后它会抑制或阻碍治疗进程。
6. ____是最著名的减少社区疾病危险因素的尝试之一。

284

谱系讨论 心理和躯体体验的不可分离性

在本章和之前的章节中，我们已经描述了心理因素对大脑功能和结构的深远影响，例如，心理干预可以影响躯体疾病，如冠心病和艾滋病。有关安慰剂效应的吸引人的研究给这一讨论又增加了另一层含义。举一个例子，“假的”药丸真的减轻了疼痛——或者仅仅是个体想象或报告说他们的疼痛减轻了？这是安慰剂效应研究中主要的争论之一——不仅疼痛，诸如抑郁这样的问题也是这样。

在最新的大脑成像技术的帮助下，一些实验已经证明，给予安慰剂后，在一部分志愿者身上诱发疼痛（例如，通过在他们的下颌注射生理盐水），他们的大脑以这样一种方式运行——他们感到的疼痛确实减少了，而不仅仅是他们想象或报告说疼痛减少了（Wager，2005；Zubieta et al.，2005）。尤其重要的是，虽然大脑的广泛区域都受到了影响，但被激活的最重要的系统可能是内源性阿片系统（或内啡肽），除其他功能外，这一系统起着抑制疼痛的作用。遍及大脑广泛区域的内啡肽激活的增加，与更低的疼痛强度等级、疼痛的感觉减轻和对疼痛的情绪反应减少联系在一起。因此，这些研究显示，安慰剂效应确实不完全是“想象的”，“假的”药丸真的激起了大脑中的化学变化，从而减轻了疼痛。

但是还有其他的途径在起作用吗？医学治疗（如用药）会不会影响那些纯粹的心理过程？假如会，影响大脑中不同区域的药物与纯粹的心理干预相比，能达到同样的结果吗？例如，我们知道药物能减轻焦虑和抑郁，但是却假设这些药物发挥功能的大脑区域与心理治疗不同。现在，一项有趣的研究却证明了，物理性疼痛（例如由躯体损伤引起的）和社会性疼痛（如由社会排斥引起的痛苦感）可能遵循着同样的行为和神经机制（DeWall et al.，2010）。在第一个实验中，参与者服用一种常用于躯体疼痛治疗，叫作对乙酰氨基酚（泰诺林）的药物，另一组则服用安慰剂。然后他们每天在一张表格中记录他们的疼痛感觉，一直记录 3 周。服用对乙酰氨基酚的人比安慰剂组的人明确报告有更少的疼痛感觉。在第二个实验中，研究者们发现，对乙酰氨基酚减轻了已知与社会性疼痛和躯体疼痛都有关的大脑部位（背侧前扣带皮层和前脑岛）中对社会排斥的神经性反应。些发现表明社会性和物理性疼痛间实质性的重叠（Wager，2005）。他们也再一次阐明了本书的主题：你不能将由生化反应诱发的脑功能与由心理因素诱发的脑功能轻易地分开，包括预期和评估。躯体和精神的确是不可分割的，只有一种集中注意于完整的反应谱的多维度综合性方法，才会产生对行为（无论正常的或病态的）的完整理解。

▼ 小 结

影响健康的心理和社会因素

行为医学和健康心理学之间的区别是什么？

- 心理和社会因素对许多躯体疾病的发生和维持都起着重要作用。
- 由于研究者们对心理因素在疾病中作用的兴趣不断增长，因此出现了两个研究领域。行为医学涉及行为科学技术在预防、诊断和治疗医学问题中的应用。健康心理学则关注提升健康和幸福的相关心理因素。

免疫系统功能、应激和躯体障碍是如何联系在一起的？

- 心理和社会因素可以通过应激对免疫系统和其他生理机能的心理影响直接对疾病起作用。如果免疫系统被损害了，那它可能就不能继续有效地从身体里攻击和消除抗原，甚至还可能转而攻击身体的正常组织，这种情况被称为自身免疫性疾病。
- 随着对神经系统和免疫系统间众多联系了解的不断增加，这促成了一个新的领域——心理神经免疫学——的诞生。
- 可能部分与应激对免疫系统的影响有关的疾病包括有艾滋病、心血管疾病和癌症。

心理社会因素对躯体障碍的影响

应激与艾滋病、癌症和心血管疾病之间是如何联系在一起的？

- 长期存在的行为模式或生活方式可能使人处于罹患某种躯体疾病的风险之中。例如，不健康的性行为会导致艾滋病和其他性传播疾病；不健康的行为模式，如不良的饮食习惯、缺乏体育锻炼或A型行为模式，都

285 可能引发心血管疾病，如卒中、高血压和冠心病。在美国排名前10位的死亡原因中，多达50%的死亡可以追溯到与生活方式有关的行为。

急性和慢性疼痛的潜在原因是什么？这两种类型的疼痛的差异在哪里？

- 心理和社会因素对慢性疼痛也有影响。大脑通过自然产生内源性阿片类物质来抑制疼痛，此过程可能也与各种心理障碍有关。
- 慢性疲劳综合征是一种较新的疾病，虽然至少部分可以归因于应激，但也可能有病毒或免疫系统功能紊乱的原因。

躯体障碍的心理社会治疗

什么样的程序和策略被用于应激管理以及预防和干预项目中？

- 各种旨在治疗或预防躯体障碍的心理社会治疗已经发展起来了，其中包括生物反馈和放松训练。
- 综合性的应激和疼痛减少方案不仅包括放松和相关的技术，也包括促进有效应对的新方法，如应激管理、客观评估和通过认知治疗改进态度。
- 综合方案一般比单独实施的个别部分更为有效。
- 其他干预的目的旨在矫正这样一些行为，例如不安全的性行为、吸烟和不健康的饮食习惯。这样的努力已在许多领域中实施，包括伤害控制、艾滋病预防、戒烟活动和减少疾病（如冠心病）危险因素的方案。

▼ 关键词

behavioral medicine 行为医学　256
health psychology 健康心理学　256
general adaptation syndrome（GAS）一般适应综合征　258
stress 应激　258
self-efficacy 自我效能　260
immune system 免疫系统　260
antigens 抗原　261
autoimmune disease 自身免疫性疾病　261
rheumatoid arthritis 类风湿性关节炎　261
psychoneuroimmunology（PNI）心理神经免疫学　262
AIDS-related complex（ARC）艾滋病相关症候群　263
cancer 癌症　264
psycho-oncology 心理肿瘤学　265
cardiovascular disease 心血管疾病　266
stroke/cerebral vascular accident（CVA）卒中 / 脑血管意外　266
hypertension 高血压　267
essential hypertension 原发性高血压　267
coronary heart disease（CHD）冠心病　268
type A behavior pattern A 型行为模式　269
type B behavior pattern B 型行为模式　269
acute pain 急性疼痛　271
chronic pain 慢性疼痛　271
endogenous opioids 内源性阿片类物质　273
chronic fatigue syndrome（CFS）慢性疲劳综合征　274
biofeedback 生物反馈　277
relaxation response 放松反应　278

▼ 概念自测答案

7.1
1. d；2. a；3. c；4. b；5. f；6. e

7.2
1. c；2. 发展；3. 高血压，冠心病；4. A 型（努力进取的、急躁的），B 型（放松的、很少忧虑的）；5. 慢性疲劳综合征

7.3
1. c；2. b；3. a；4. e；5. d；6. f

286

▼ 本章测验

1. 下列哪项是应用人类思维、情绪和活动的知识来预防、诊断和治疗医学问题的跨学科领域？
   a. 行为医学　　b. 内源性医学
   c. 健康心理学　　d. 医学心理学
2. 一般适应综合征描述了人们对持续的应激做出反应所经历的几个阶段，这些阶段发生的顺序是什么？
   a. 警觉期，抵抗期，衰竭期
   b. 抵抗期，警觉期，衰竭期
   c. 抵抗期，衰竭期，警觉期
   d. 衰竭期，警觉期，抵抗期
3. 皮质醇是：
   a. 一种降低焦虑的神经递质

b. 一种神经激素，它的慢性分泌可以提高海马和免疫机能

c. 大脑的一部分，刺激 HPA 轴对应激做出反应

d. 一种刺激海马关闭应激反应的激素

4. 香提下个月要参加一个重要的大学入学考试，下列哪项因素最可能影响她对考试的反应是积极的还是消极的?

a. 香提从父母那遗传的对应激的遗传易感性

b. 香提是一个人在一间教室考试，还是和其他同学一起考试

c. 香提在多大程度上能控制这个局面的信念

d. 香提在考试前有多少时间学习

5. 琼感染 HIV 已经 3 年了，她刚刚开始参加一个应激管理支持小组。基于之前的研究，琼可能会从她的参与中得到什么?

a. 增加 T 辅助性细胞和自然杀伤细胞的活性

b. 增加她体内的抗原数量

c. 当她讨论她的病情时抑郁加重

d. 增强免疫机能，但只在小组治疗的前几周内

287 6. 关于心理社会因素怎样影响癌症的研究被称为:

a. 心理病理学　　b. 精神药理学

c. 心理肿瘤学　　d. 肿瘤社会学

7. 下列哪一项是冠心病的危险因素?

a. 愤怒，即 A 型行为模式的一部分

b. 好斗性，即 B 型行为模式的一部分

c. 竞争内驱力，即 B 型行为模式的一部分

d. 无忧无虑，漠视最后期限，即 A 型行为模式的一部分

8. 生物反馈可以被用于教会人们怎样:

a. 减少他们的竞争内驱力和紧迫感

b. 有意识地控制意识之外的生理功能

c. 发展更多支持性的社会支持网络

d. 控制他们的面部表情以控制情绪

9. 下列哪一项准确地刻画了“否认”作为一种应对策略的作用?

a. 经历了冠状动脉搭桥手术的患者，如果他们否认疼痛，就可以更快地恢复正常的活动

b. 否认在应激反应上可能产生有害的短期结果，但似乎有助于长期的康复

c. 否认其疾病的人可能不会注意到他们症状中富有意义的变化

d. 否认对于健康和适应似乎有独特的消极结果

10. 哪三种行为（都是可以矫正的）会使人们处于出现躯体问题的最大风险之中?

a. 不健康的饮食，缺乏锻炼，吸烟

b. 污染，不健康的饮食，缺乏锻炼

c. 缺乏锻炼，吸烟，鲁莽驾驶

d. 吸烟，酗酒，“路怒症”

（答案见附录 C）

第8章 人格障碍

©Robin Beckham @ Beepstock/Alamy

◆ **章节概览**

289 **学生学习的目标＊**

理解并掌握特定心理学领域的内容。	▶ 行为和心理过程（包括生理机能、感觉、知觉、比较、动机和情绪）的生物学基础（pp.305-307）。
运用本学科的概念、专用语和主要理论来解释心理现象。	▶ 客观地描述行为和心理过程，包括下操作性定义（pp.289-319）。
恰当运用心理学知识解决问题。	▶ 异常行为的起因和治疗（pp.310-319）。

＊本章的这部分内容覆盖了由美国心理学会（American Psychology Association，2007）建议的学习目标，可作为心理学专业本科学生的学习指南。这些内容由美国心理学会学习目标建议小组（SLO）确定。

人格障碍概述

▶ 人格障碍的本质特征是什么？为什么它们会被列在DSM-Ⅳ-TR的轴Ⅱ中？

我们每个人都认为自己知道人格是什么。人格就是一个人行为与思维的全部特征："迈克尔容易害羞。""麦迪喜欢表现自己。""胡安总是怀疑别人。""阿内特很开朗。""布鲁斯似乎比较敏感，容易因为一些小事情生气。""肖恩是个书呆子！"我们经常将那些在各种不同场景中表现出相同行为的人区分出来。例如就像迈克尔，我们中的许多人在陌生人面前会感到害羞，但我们与朋友一起时却不会这样。一个真正害羞的人即使在他认识很长时间的人面前也会感到不好意思。这种羞怯是这个人在多数场景下表现出来的个人行为方式的一部分。我们也同样具有这里所列举出来的所有其他可能的表现（例如戏剧化、多疑、开朗、容易伤感等）。但是，只有在某种行为方式在多数时间和地点都会出现的情况下，我们才将其视为一个人人格的一部分。在这一章，我们将讨论与人格障碍相关的特殊的行为方式。我们首先将讨论人格障碍的概念及其相关问题，然后再描述这些障碍本身。

人格障碍的表现

如果一个人特殊的思维方式与行为方式对他们自己或他人造成了严重困扰，将会怎样？如果这个人不能改变这种与世界联系的方式，并且感到不开心，又将会怎样？我们可能会认为这种人患有**人格障碍**（personality disorder）。DSM-Ⅳ-TR的定义指出，这些人格特征是"不灵活、非适应性，并会导致明显的功能损害或主观痛苦"。与我们前面讨论过的许多障碍不同，人格障碍是慢性的。它们不会来了又去，而是发源于儿童期，并持续整个成人期。因为它们影响人格，这些慢性问题会渗透到个人生活的各个方面。例如，如果一个妇女过分多疑（可能存在偏执型人格障碍的一种信号），这一特点会影响她所做的几乎每一件事情，包括她的职业（如果她认为同事在阴谋算计她的话，她可能会被迫不断变换工作）、她的人际关系（如果她不能相信别人，那么她也不能维持一段长久的人际关系），甚至她的日常生活（如果她怀疑房东要找她的碴，她可能不得不搬家）。

但是，人格障碍患者也可能感受不到任何主观上的痛苦；相反，真正感到痛苦的可能是那些被人格障碍患者的行为所困扰的其他人。这种现象在反社会型人格障碍患者身上尤为普遍，因为这些人可能表示出对他人权利的蔑视，且没有同情心（Patrick，2006）。在某些病例中，人格障碍是否导致了明显的功能损害，必须由其他人而非患者本人来进行判定，因为患者通常不能做出这样的判断。

DSM-Ⅳ-TR列出了10种明确的人格障碍，以及几种需要在未来加以考虑的人格障碍。我们会全部讨论。虽然对人格障碍的治愈前景比从前预想的更为乐观（例如，参见 Svartberg，Stiles，& Seltzer，2004），但是不幸的是，正如读者后面将读到的，许多人格障碍患者还同时患有其他心理障碍（例如抑
290 郁症），这些患者的治疗效果往往很差。本书中我们所讨论的大多数障碍都列于 DSM-Ⅳ-TR 轴Ⅰ，它涵盖了标准的常规障碍。而人格障碍则被列于一个单独的轴，即轴Ⅱ上。这是因为，作为一个群体，人格障碍患者是特殊的。他们身上的这些性格特质根深蒂固、难于改变，并且这些障碍本身不太可能被成功地矫正。

因为人格障碍被列于单独的轴上，所以临床工作者就需要一个症状一个症状地考虑患者是否患有人格障碍。在诊断轴系统中，一个患者可能仅在轴Ⅰ或轴Ⅱ上被诊断，但也可能同时在两个轴上被诊断。在轴Ⅰ和轴Ⅱ上同时被诊断意味着一个人既有即时性的障碍（轴Ⅰ），又有更加持久性的问题（例如人格障碍）。所以，一个人同时在两个轴上被诊断并非不同寻常。

类别与维度模型

我们有时也会对他人产生怀疑，甚至会有一点偏执，或者还会过度夸张、过于自我专注或自我封闭。幸运的是，这些特点不会持续太久或者不是那么突出，而且它们不那么严重影响我们的生活与工作。但是，人格障碍的患者则不同，他们会在一个相当长的时间中、在很多场景下表现出这些特征性的问题。这会对自己、他人或双方造成严重的情绪困扰（Ferguson，2010b）。因此，他们的困难也可以被视为一种程度问题，而不是类型问题。换句话说，人格障碍患者的问题可能只是我们许多人偶尔也会经历的问题（例如害羞或怀疑）的一个极端化版本（South，Oltmanns，& Krueger，2011）。

问题的程度与问题的类型之间的区别常常被用“维度”而不是“类别”一词来描述。人格障碍是正常人格变量的一种极端形式（维度），也是与心理健康行为不同的行为方式（类别），这是该领域中仍然在持续争论的问题（Widiger & Trull，2007）。维度与类别的差异在日常生活中随处可见。例如，我们常常以类别来定义性别。社会将我们视为某个类中的人：“女性”——或者另一类，即“男性”。当然，我们也可以用维度这个术语来考察性别。例如，我们知道“男性特征”与“女性特征”部分是由激素决定的。我们可以通用睾酮、雌激素，或两个维度一起，进而在男性－女性连续体，而不是绝对的男女类别上确定其性别。许多这一领域的研究者和临床工作者将人格障碍视为一种或多种人格维度上的极端表现。当然，因为 DSM 的诊断方式，人格障碍——与其他大多数障碍一样——最终都要被用类别的观点来考察。你只有两个选择——要么你有（“是”），要么你没有（“否”）某种障碍。例如，要么你有反社会型人格障碍，要么你没有。DSM 系统不会考察你有多依赖；但如果你符合了依赖型人格障碍的诊断标准，你会被贴上这一标签。达到人格障碍的诊断标准，并不是达到“多少”的问题。

使用行为的类别模型有许多优点，最重要的就是方便。但是，简化也带来了问题。一是使用类别观点的简单行为会引导临床工作者将它们具体化——把障碍视为真实“存在的东西”，与真实存在的感染或断了胳膊一样。一些人指出，人格障碍并非真实存在的，而仅仅是社会认定这是一种与世界联系的特殊方式后，才成为一个问题的。这里还有一个悬而未决的重要议题：人格障碍仅仅是正常人格一种极端表现，还是一种（与正常人格）明显不同的障碍呢？

有人认为 DSM-Ⅳ-TR 中的人格障碍部分应当被替换为维度模型或至少用维度模型进行补充（South et al.，2011；Widiger & Trull，2007），这样，将不仅能够对患者在类别上进行诊断，同时亦能在一系列人格维度上对其进行评估。尽管人们尚未对基本的人格维度达成共识，但已经有了一些较有竞争力的观点（South et al.，2011）。其中一个被广泛接受的是“五因素模型”，或“大五”。这一模型源自正常人格的研究（McCrae & Costa，2008）。此模型中，个体可以在一系列人格维度上被评估，五因素的结合描述了为什么一个人会这么特殊。这五因素或五维度是：外倾性（健谈、果断、活跃对沉默、被动、冷漠）、宜人性（和善、可信、温暖对敌对、自私、

人格障碍　一种长期存在的非适应的个人与环境的联系模式，它在一系列场景中存在，并导致了严重的功能损害或主观痛苦。

不可信）、尽责性（有条理、缜密、可靠对粗心、漫不经心、不可靠）、神经质（镇定对紧张、喜怒无常、情绪波动）、经验的开放性（幻想、好奇、富于创造对肤浅、迟钝）（McCrare & Costa，2008）。个体在每个维度上可以被评定为高、低或者中间的某个状态。

跨文化研究建立起了全球通用的大五维度——尽管不同文化间还存在一些差异（Hofstede & McCrae，2004）。例如，一项研究发现，奥地利人、瑞士人，以及荷兰人样本通常在经验的开放性因子上得分较高，而丹麦人、马来西亚人，以及印度的泰卢固人在这一因素上的得分则最低（McCrae，2002）。一些研究正试图去确定，人格障碍患者是否也能够以一种有意义的方式在这些维度上进行评估，以及这一系统是否有助于我们更好地理解人格障碍（Skodol et al.，2005）。

人格障碍的簇

DSM-Ⅳ-TR 将人格障碍分为三个群或簇（见表8-1）（American Psychiatric Association，2000）。簇的分类方法基于相似性。A 簇被称为奇怪或古怪簇，包括偏执型、分裂样、分裂型人格障碍。B 簇被称为戏剧化、情绪化或不稳定簇，包括反社会型、边缘型、表演型和自恋型人格障碍。C 簇被称为焦虑或恐惧簇，包括回避型、依赖型，以及强迫型。我们的叙述将按照这个次序来展开。 291

数据统计与病程发展

人格障碍在普通人群中的患病率在 0.5% ～ 2.5% 之间，住院患者为 10% ～ 30%，门诊患者为 2% ～ 10%（American Psychiatric Association，2000）。但是，一项重要的人口调查显示，每 10 个美国人中有一个可以被诊断为人格障碍患者（Lenzenweger，Lane，Loranger，& Kessler，2007b），这意味着人格障碍可能相当普遍（见表 8-2）。虽然不同国家或地区的数字有所差异，但全球大约 6% 的成年人可能患有至少一种人格障碍（Huang et al.，2009）。患病率估值的差异可能是因为调查样本来源不同（临床样本对

表8-1　人格障碍

人格障碍	描述
A 簇——奇怪或古怪型障碍	
偏执型人格障碍	对他人行为动机明显不信任的倾向，这导致高度的猜疑。
分裂样人格障碍	以社会隔离和情绪表达缺乏为特征，但这些特点不因社交焦虑而起。
分裂型人格障碍	因社交焦虑引起的社会和人际交往困难，但也可能是因对外部世界的扭曲观念和不正常的行为所致。
B 簇——戏剧化、情绪化或不稳定型障碍	
反社会型人格障碍	其特点是对他人缺乏尊重的行为。
边缘型人格障碍	其特点是高度不稳定的人际关系和情绪爆发、低自尊，以及冲动控制困难。
表演型人格障碍	经常通过夸张的情绪表达以引起他人的注意。
自恋型人格障碍	认为自己优于其他所有人的先占观念，这导致个体对他人关注的寻求和对他人缺乏关心。
C 簇——焦虑或恐惧型障碍	
回避型人格障碍	其特点是强烈地觉得到自己不够好，这可能导致个体对在社交场合的拘谨，以及对任何负面评价的敏感。
依赖型人格障碍	对他人照顾的强烈愿望，包括顺从的模式和对分离的恐惧。
强迫型人格障碍	其特点是在精神与人际方面都表现得完美的愿望、对秩序的需要，以及在灵活性与开放性上的减少。

正常样本——甚至那些没有寻求帮助的人)。同样，当调查的对象是正常人群时，障碍的性别差异——例如更多的女性被诊断为边缘型人格障碍患者，而更多的男性被诊断为反社会型人格障碍患者——可能就不会出现了。

人格障碍被认为源自儿童期并持续至成人期(Cloninger & Svakic，2009)。它们也被认为如此根深蒂固，以至于很难确定一个初始点。适应不良的人格特点随着时间的延续，会发展为适应不良的行为模式，这种行为模式会给患者带来痛苦，也因此引起他人的注意。长期以来，我们对人格障碍的发展历程这一重要内容所知有限。从表 8-2 中可以看到，半数以上人格障碍的病程信息是一片空白。研究缺乏的一个原因是许多患者不会在障碍发展的早期阶段寻求治疗，而往往在经历多年痛苦之后才会这样做。仅有少数几项研究有助于我们了解部分人格障碍的病程，这使从障碍的开始就展开对患者的 292
研究变得十分困难。

边缘型人格障碍患者以反复无常、不稳定的人际关系为特征，他们一般在成年早期就初露端倪，例如经常住院、不稳定的人际关系、严重的抑郁，以及自杀倾向。大约 10% 的人会试图自杀，其中 6% 的人最终会自杀成功(Skodol & Gunderson，2008)。从好的一面看，虽然老年的边缘型人格障碍患者可能在制订计划上存在困难，并可能常常在护士站出现破坏性行为(Hunt，2007)，但是如果能活到 30 岁以上，患者的症状会逐步改善(Zanarini，Fankenburg，Hennen，Reich，& Silk，2006)。反社会型人格障碍患者有漠视他人权利和情感的特征，他们说谎和操纵他人的破坏性行为贯穿成年期。

表8-2　　人格障碍的统计与发展情况

障碍类型	患病率 *	性别差异 †	病程
偏执型人格障碍	临床样本：4.2% 正常人群：2.3%～2.4%	临床样本：男性多见 正常人群：无差异	没有足够信息
分裂样人格障碍	临床样本：1.4% 正常人群：1.7%～4.9%	临床样本：男性多见 正常人群：无差异	没有足够信息
分裂型人格障碍	临床样本：0.6% 正常人群：0.6%～3.3%	临床样本：男性多见 正常人群：无差异	慢性；部分会发展成精神分裂症
反社会型人格障碍	临床样本：3.6% 正常人群：0.7% ～ 1%	临床样本：男性多见 正常人群：无差异	40 岁以后缓解(Hare，McPherson，& Forth，1988)
边缘型人格障碍	临床样本：9.3% 正常人群：0.7%～1.6%	临床样本：女性多见 正常人群：无差异	如果患者能活到 30 岁以上，其症状会逐步缓解(Zanarini et al.，2006)；大约 6% 的患者死于自杀(Perry，1993)
表演型人格障碍	临床样本：1.0% 正常人群：0.1%～2.0%	临床样本：无差异 正常人群：无差异	慢性
自恋型人格障碍	临床样本：2.3% 正常人群：0.1%	临床样本：男性多见 正常人群：无差异	会随年龄增长而逐步缓解(Cooper & Ronningstam，1992; Gunderson，Ronningstam，& Smith，1991)
回避型人格障碍	临床样本：14.7% 正常人群：5.0%～5.2%	临床样本：无差异 正常人群：无差异	没有足够信息
依赖型人格障碍	临床样本：1.4% 正常人群：0.6%～1.5%	临床样本：无差异 正常人群：无差异	没有足够信息
强迫型人格障碍	临床样本：8.7% 正常人群：2.0%～2.4%	临床样本：男性多见 正常人群：无差异	没有足够信息

* 临床样本数据来自 Zimmerman，Rothschild，and Chelminski(2005)。正常人群数据来自两个团体样本：Lenzenweger et al.(2007b)和 Torgersen，Kringlen，and Cramer(2001)。

† 临床样本数据来自 DSM-Ⅳ-TR(American Psychiatric Association, 2000)，正常人群数据来自 Lenzenweger et al.(2007b)。

293 幸运的是，40岁以后，部分患者似乎“厌倦了”，从而减少了犯罪性行为（Douglas，Vincent，& Edens，2006）。但是，正如研究人员对人格障碍患者病程的多年追踪所发现的，作为一个群体，人格障碍患者的问题还会持续（Ferguson，2010b）。

性别差异

边缘型人格障碍在女性中被诊断出的更多（虽然如你们后面会看到的，这里可能存在诊断偏见），在确诊病例中，大约75%是女性（Cloninger & Svakic，2009）（见表8-2）。过去，表演型和依赖型人格障碍被临床医生认为在女性中更多见（Dulit，Marin，& Frances，1993；Stone，1993），但是，根据近期这些障碍在正常人群中的流行病学调查，患表演型人格障碍与依赖型人格障碍的男女数量是相同的（见表8-2）。如果这一结论在未来能获得支持，那么为何在日常的临床实践以及其他研究中，被诊断出这些障碍的却主要是女性？

这种不一致是否揭示了男女在某些基本的遗传、社会文化或者二者的重要经验上存在差异？也或者它们确实部分代表了临床工作者的某些偏见？例如，在福特和威迪格（Maureen Ford & Thomas Widiger，1989）的经典研究中，他们把虚构的病史给临床心理学家作诊断。其中一个案例描述了一个反社会型人格障碍的患者，其特征是无责任感和不计后果的行为，经常在男性中被诊断；而另一个则描述了一个表演型人格障碍患者，其特征是过度情绪化、吸引别人注意，经常在女性中被诊断。每个案例都有一部分被标注为女性，另一部分被标注为男性，虽然其他所有内容都是一样的。正如在图8-1中看到

©Bonnie Kamin/Photo Edit

人格障碍往往始于儿童期。

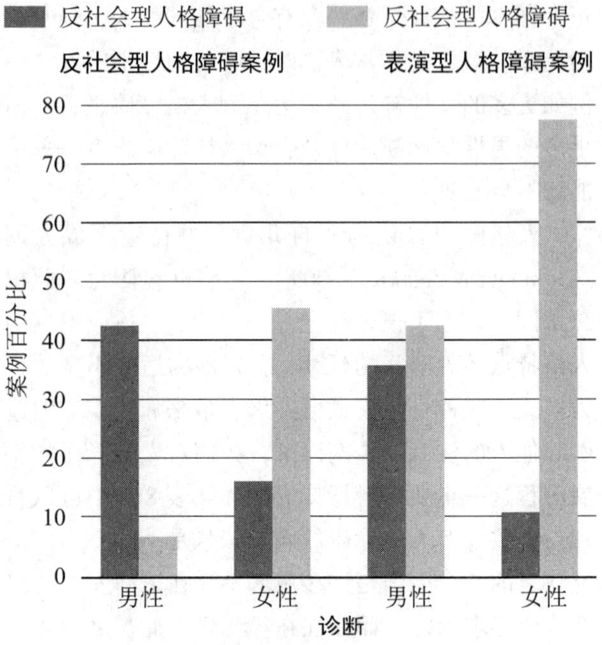

图8-1 人格障碍诊断中的性别偏见

注：数据显示了那些因为被描述为男性或女性，而被临床工作者判定为反社会型人格障碍患者或表演型人格障碍患者的比例。

资料来源：From Ford, M.R., & Widiger, T.A., 1989. Sex bias in the diagnosis of histrionic and antisocial personality disorders. *Journal of Consulting and Clinical Psychology, 57*, 301-305.

的，当反社会型人格障碍的案例被标注为男性时，大多数临床心理学家给出了正确的诊断。但是，当同样的案例被标注为女性时，大多数临床心理学家却将其诊断为表演型人格障碍，而不是反社会型人格障碍。在表演型人格障碍的案例中，被标注为女性也增加了其被诊断的可能。福特和威迪格（Ford & Widiger，1989）认为心理学家不正确地将过多的女性诊断为表演型人格障碍患者。

其他一些研究者也对这种诊断中的性别差异词提出了批评（例如，Kaplan，1983）。他们认为表演型人格障碍，像其他几种人格障碍一样，对女性是有偏见的。正如卡普兰（Kaplan，1983）所指出的，表演型人格障碍的许多症状，例如过度戏剧化、虚荣、诱惑力、过于关注物质，正是西方对女性的刻板印象的特征。这一障碍可能只是体现了极端“女性”的特质（Chodoff，1982）；按照卡普兰的观点，给这种个体以心理障碍的标签，反映着社会对女性根深蒂固的偏见。

人格障碍诊断的性别偏见问题仍然存在较大争议。但是，需要注意的是，仅仅某些障碍更多在男性或女性身上被发现并不意味着偏见（Lilienfeld，Van-

Hill Street Studios/Blend Images/Getty Images

性别偏见会影响那些将某些行为特征与性别联系起来的临床工作者的诊断。

Valkenburg，Larntz，& Akiskal，1986）。当这种现象出现时，偏见可能发生在诊断过程的任何一个阶段。威迪格和斯皮策（Widiger & Spitzer，1991）指出，诊断标准本身可能就已经存在偏见（性别标准偏倚），与此同时，评估的过程与方式亦可能存在偏见（性别评估偏倚）。总之，诊断标准本身确实没有表现出明显的性别偏见（Jane，Oltmanns，South，& Turkheimer，2007），但是临床医生可能在使用诊断标准时，带着自己的偏见，并最终导致诊断结果的性别差异（Morey，Alexander，& Boggs，2005）。

共病

看一下表 8-2，然后把所有人格障碍的患病率加起来，你可能会发现人群中大约 25% 的人都患有人格障碍。但事实上，人格障碍的患病率可能不超过 10%（Huang et al.，2009；Lenzenweger et al.，2007b）。出现这种差异的原因何在？与此关系最大的是患者常常被诊断出不止一种人格障碍。“共病”一词在过去主要用于描述那些有多种疾病的个体
294（Caron & Rutter，1991）。关于该词是否能够用于心理障碍的大量争议还在持续，因为不同障碍间的相互重叠太多（Skodol，2005）。仅仅举一个例子：齐默曼等（Zimmerman，Rothschild，& Chelminski，2005）调查了 859 名出院精神病患者，对他们有多少人患有一种或更多种人格障碍进行了评估。表 8-3 列出了患有某种人格障碍同时还符合其他人格障碍诊断标准的患者比例。例如，一个边缘型人格障碍患者也可能同时被诊断为偏执型、分裂型、反社会型、自恋型、回避型，以及依赖型人格障碍患者。

人们是否真的倾向于患多种人格障碍？是不是我们定义这些障碍的方式不正确？为了让这些障碍不再重叠，我们是否有必要改进我们的定义？或者，是否我们用一种错误的方式划分了这些障碍？对此，我们是否需要再考虑？这些关于共病的疑问还只是人格障碍研究者们需要去面对的重要问题中的少数几个。

研究中的人格障碍

其他人格障碍也被建议纳入 DSM——例如，施虐型人格障碍（sadistic personal disorder），涉及那些通过虐待他人获得快感的人（Morey，Hopwood，& Klein，2007），以及受虐型人格障碍（self-defeating personality disorder），涉及那些过度被动、接受他人施加的折磨和痛苦的人（Skodol，2005）。但是，只有少数几项研究支持这些障碍的存在，所以它们还没有被纳入 DSM- Ⅳ -TR（Cloninger & Svakic，2009）。

为了进入 DSM-5，两种新的人格障碍正在被研究。抑郁型人格障碍（depressive personality disorder），涉及自我否定、情绪低落、对别人持批评态度，以及动辄便有罪恶感。有证据显示这可能确实是一种区别于恶劣心境的人格障碍（第 12 章谈及的心境障碍涉及持续至少 2 年的抑郁心境）。这方面的研究仍在继续（Orstavik，Kendler，Czajkowski，Tambs，& Reichborn-Kjennerud，2007；Vachon，Sellborm，Ryder，Miller，& Bagby，2009）。被动攻击或违拗型人格障碍（passive-aggressive [negativistic] personality disorder）是一种以被动攻击为特征的人格障碍，患者采用消极对抗的方式来抵御他人正常的要求与期望。被动攻击型人格障碍是之前 DSM- Ⅲ -R 的扩展内容，现在可能会成为自恋型人格障碍的一个亚型（Hopwood et al.，2009）。

我们现在来回顾一下 DSM-Ⅳ-TR 中现有的人格障碍，总共 10 个。然后，我们简要地谈谈正在考虑纳入 DSM-5 中的几种其他类型。

295 表8-3 人格障碍诊断的重叠：符合其他人格障碍诊断标准的患者的优势比[†]

诊断	偏执型	分裂样	分裂型	反社会型	边缘型	表演型	自恋型	回避型	依赖型	强迫型
偏执型		2.1	37.3*	2.6	12.3*	0.9	8.7*	4.0*	0.9	5.2*
分裂样	2.1		19.2	1.1	2.0	3.9	1.7	12.3*	2.9	5.5*
分裂型	37.3*	19.2		2.7	15.2*	9.4	11.0	3.9*	7.0	7.1
反社会型	2.6	1.1	2.7		9.5*	8.1*	14.0*	0.9	5.6	0.2
边缘型	12.3*	2.0	15.2*	9.5*		2.8	7.1*	2.5*	7.3*	2.0
表演型	0.9	3.9	9.4	8.1*	2.8		13.2*	0.3	9.5	1.3
自恋型	8.7*	1.7	11.0	14.0*	7.1*	13.2*		0.3	4.0	3.7*
回避型	4.0*	12.3*	3.9*	0.9	2.5*	0.3	0.3		2.0	2.7
依赖型	0.9	2.9	7.0	5.6	7.3*	9.5	4.0	2.0		0.9
强迫型	5.2*	5.5*	7.1	0.2	2.0	1.3	2.0	2.7	0.9	

[†] 优势比（odds ratio）指一个人同时存在两种障碍的比率。优势比上有一个星号（*）意味着，统计上，人们倾向于被诊断为同时存在两种障碍——数字越大意味着个体越有可能同时患两种人格障碍。一些优势比高的个体可能在统计上并不显著，因为其样本太少。

资料来源：Reprinted, with permission, from Zimmerman, M., Rothschild, L., & Chelminski, I., 2005. The prevalence of DSM-Ⅳ personality disorders in psychiatric outpatients. *American Journal of Psychiatry, 162*, 1911-1918, © 2005 American Psychiatric Association.

概念自测 8.1

填空完成下列关于人格障碍的描述。

1. 作为与其他障碍不同的一个群体，人格障碍被归入一个单独轴，即________。
2. ________指的是人格障碍同时被诊断为其他障碍的情况。
3. 人格障碍被分为三个簇或群：________包括那些奇怪或古怪型障碍；________包括戏剧化、情绪化或不稳定型障碍；________包括焦虑或恐惧型障碍。
4. 人格障碍是正常人格的一种极端形式（以维度区分），还是与心理健康行为不同的行为方式（以________区分），这是一个尚存在争议的问题。
5. 人格障碍被描述为________，因为与许多其他障碍不同，人格障碍源自儿童期，并贯穿整个成人期。
6. 虽然研究中证实在人格障碍中存在性别差异，但是部分原因是________的结果。

A 簇人格障碍

▶ 每一种奇怪或古怪型人格障碍的本质、病因，以及治疗方法是什么？

偏执型、分裂样和分裂型这三种人格障碍，都有一些在精神分裂症患者身上存在的精神病性症状。下面将讨论这些奇怪或古怪型人格障碍。

偏执型人格障碍

虽然对他人及其动机有点警惕可能是适应性
296 的，但是过度不信任则可能干扰交友、与他人共事，以及日常人际交往的正常进行。**偏执型人格障碍**（paranoid personality disorder）患者会无端地对他人极度不信任、猜疑。他们假定其他人随时都在准备着伤害或戏弄他们。因此，这些患者倾向于不相信任何人。来看看杰克的案例。

杰克：研究的牺牲品

杰克在一个中产阶级家庭中长大。尽管他从来不惹什么大的麻烦，但是却有在高中时与老师、同学争吵的恶名。高中毕业后，他在一所社区学院里注册，但却在读了第一年后就退学了。杰克在学校里未能获得成功的一个原因，可能在于他对成绩漠不关心。他开始发展起关于同学以及教授的阴谋理论，认为他们要合起伙来看他失败。杰克不停地换工作，每次都抱怨雇主在他工作和在家时对他进行监视。

25 岁时，他不顾父母的反对，从父母家搬到了州外的一个小镇。不幸的是，杰克定期写给父母的信证实了父母的担心。他开始逐步沉迷于那些别人准备伤害他的想法中。杰克花了大量的时间在网络搜索上，并且他发展出一整套关于他从儿时开始就在被研究的理论。他写回家的信里描述了他的想法：当他还是个小孩子的时候，那些与中情局（CIA）一起工作的研究人员就开始给他吃毒药，并在他耳朵里安装了能发射微波的装置。他相信微波是被用来让他患上癌症的。整整两年多的时间，他变得越来越相信这些理论。他不断写信给各种权威人士，试图让他们相信他正在被人缓慢地杀死。在他威胁要伤害一些当地大学行政官员后，他的父母获知了这个情况，然后带他去见了心理学家，结果他被诊断出偏执型人格障碍和抑郁症。

DSM 诊断标准概要

偏执型人格障碍

A. 一种对他人广泛的不信任与猜疑，例如把他人的动机解读为恶意的，一般起源于童年早期，并在多种场景下表现出下列症状中的至少4种：

（1）没有充分理由地怀疑别人正在利用、伤害或欺骗他；（2）沉浸于对自己的朋友或伙伴无理由的怀疑，怀疑他们不忠或不值得信任；（3）因为无理由地害怕自己的信息会被用于恶意地反对他，因此不愿意相信他人；（4）从正性的言辞或事件中读出隐藏的侮辱或威胁性含义；（5）持续固执地怀恨，例如不能原谅被侮辱、被伤害或被轻慢；（6）感到自己的人格或尊严受到攻击，并且马上生气或反击，但在别人看来并不明显；（7）经常无理由地怀疑配偶或性伙伴的忠诚。

B. 不存在于精神分裂症、有精神病性症状的心境障碍或其他精神病性障碍的病程中，也不是某种躯体疾病的直接生理后果。

注：如果在精神分裂症发作之前满足本病的诊断标准，则增加标注“共病前”，例如“偏执型人格障碍（共病前）”。

资料来源：Reprinted with permission from *Diagnostic and Statistical Manual of Mental Disorders* (4th ed., text revision). © 2000 American Psychiatric Association.

临床描述

偏执型人格障碍的定义性特征是广泛存在的无端猜疑（Edens，Marcus，& Morey，2009）。虽然可能有时候确实有人要想欺骗或“算计”我们，但偏执型人格障碍患者即使在绝大多数人都认为没有理由怀疑的情况下，仍然怀疑。甚至那些与他们没有任何关系的事情也会被他们解读为人身攻击（Bernstein & Useda，2007）。患者可能将邻居家不断的狗叫声或被延误的航班视为对他们的蓄意骚扰。更糟糕的是，这种猜疑还常常延伸到他们的亲人身上，使那些温暖的关系变得冷漠。

猜疑和不信任可能以多种方式出现。偏执型人格障碍患者可能好争辩、好抱怨，也可能很安静。这种波动式的交互模式导致在与他人交流时（有时是非言语的），经常让那些与他们交往的人感到不舒服。患者常常很紧张，随时准备着反击那些瞧不起自己的人。他们对批评非常敏感，并且对自主有过分的要求（Bernstein & Useda，2007）。

病因

偏执型人格障碍的生物学证据很少。尽管关系不是很紧密，但是一些研究者认为这种障碍在精神分裂症患者的亲戚中可能更普遍一些（Tienari et al.，2003）。正如我们稍后将看到的，A 簇障碍中其他奇怪或古怪型人格障碍，似乎也与精神分裂症有一定联系，尽管确切的原因尚不明确。但是总体而言，基因在偏执型人格障碍的病因上扮演着重要角色（kendler，et al.，2006）。

尽管做出了一些有价值的推论，但心理学对这种障碍的贡献很有限。一些心理学家专注于偏执型人格障碍患者的（奇怪的）想法，把它作为解释他们行为的一种途径。一种观点认为，患有这种障碍

偏执型人格障碍 A 簇（奇怪或古怪型）人格障碍的一种，表现为对他人普遍的不信任和猜疑，以致他们常把他人的动机解读为恶意的。

297 的人对他人有如下基本的错误假设：“人都是有恶意的、爱骗人的。”“一有机会他们就会攻击你。”“只有保持警惕，你才会没事。”（Freeman，Pretzer，Fleming，& Simon，1990）这是一种适应不良的看待世界的方式，而且看起来这种方式遍及患者生活的方方面面。虽然我们不知道为什么他们会发展出这种认知，但是一些推测认为这可能源自患者早期的养育过程。他们的父母可能教导他们小心不要犯错误，而且让他们牢记自己与别人不一样。这种警惕使他们去关注那些他人可能会欺骗或伤害自己的信号（Carroll，2009）。

文化因素也是偏执型人格障碍的成因之一。特定人群，如囚犯、俘虏、听力损伤者和老人，他们被认为会因为独特的经历而变得特别敏感（Rogler，2007）。想象一下，如果你是一个外来移民，对你现在的环境，在语言和生活适应方面都存在困难，那么你会如何看待他人。一些无伤大雅的小事，例如他人的笑、说悄悄话等都有可能被你解读为在某种程度上直接针对自己的。我们也都见过有些人会把模糊场景解读为恶意的情况。因此，认知和文化因素可能共同作用产生了偏执型人格障碍患者的猜疑。

治疗

因为偏执型人格障碍患者对任何人都不信任，所以即便他们需要，也不太可能去寻求专业的帮助，并且他们在发展成功治疗所需要的信任关系上亦存在困难（Skodol & Gunderson，2008）。当这些人真正需要治疗时，推动力往往是其生活中的某种危机——例如杰克威胁要伤害陌生人时——或者其他问题，例如焦虑或抑郁，而未必是他们的人格障碍（Kelly，Casey，Dunn，Ayuso-Mateos，& Dowrick，2007）。

治疗师努力提供一种气氛来以发展信任感（Bender，2005）。他们通常采用认知疗法来辩驳患者对他人的错误假设，将注意力集中在改变这些个体的信念上，即认为所有人都是怀有恶意的，以及大多数人都是不可信任的（Skodol & Gunderson，2008）。然而，一项对精神卫生专业人员的调查显示，在那些治疗偏执型人格障碍的治疗师中，仅有11%的人认为这些患者会坚持足够长时间的治疗，以得到真正的帮助（Quality Assurance Project，1990）。

分裂样人格障碍

你认识的谁是“独行侠”？什么人宁愿选择一次单独的散步，而不是被邀请去参加聚会？什么人独自去上课、一个人坐、一个人离开？现在，反复放大这种隔绝偏好，你就会把握**分裂样人格障碍**（schizoid personality disorder）的特点（Cloninger & Svakic，2009）。分裂样人格障碍的患者表现出一种对社会关系的分离，和在人际环境中情绪表达的限制。他们看起来对他人“冷淡”“冷酷”“冷漠”。“分裂样”这个术语相对古老，曾被布洛伊勒（Bleuler，1924）用来描述那些有内向、与外界分离倾向的个体。这些人被认为缺乏情绪表达，寻求一些不甚明了的兴趣。来看一下Z先生的案例。

©Michael Newman/Photo Edit

偏执型人格障碍的患者常常认为客观现实中的很多事情都是有针对性、骚扰性的。

298 **Z先生：都是他自己**

一位39岁的科学家被发现从南极洲结束了与他人的合作回来后，把自己关在房间里一个人喝酒。Z先生4岁时就成了孤儿，由姨妈抚养到9岁，随后由一个冷漠的管家照料。上大学时他在物理学上表现突出，但下棋是他唯一与他人交往的方式。在他随后的生活中，他没有结交一个亲密的朋友，基本上是单独活动。直到这次去南极洲出差，他在物理学研究方面还是很成功的。现在，回来几个月了，他每天至少能够喝掉一瓶烈性酒，而他的工作表现则越来越糟糕。他出现自我封闭和退缩，且很难投入有效的工作中。他不理解同事们为什么会因为他在南极洲工作时的冷淡，以及对同事们给他的意见漠不关心而生气。他没有表现出对任何一种人际关系的期待，虽然他的确也对自己沉闷的生活有一点抱怨，在访谈的一个瞬间还显得很伤心，并表示很希望去看看在德国的叔叔，他唯一在世的亲人。

资料来源：Cases and excerpts reprinted, with permission of the Royal Australian and New Zealand College of Psychiatrists, from Quality Assurance Project, 1990. Treatment outlines for paranoid, schizotypal and schizoid personality disorders. *Australian and New Zealand Journal of Psychiatry*, *24*, 339–350.

临床描述

分裂样人格障碍患者似乎既没有愿望也没有兴趣与他人建立亲密关系，包括浪漫关系与性关系。因此，他们表现得冷漠、隔离，并且似乎对表扬与批评都无动于衷。也有部分人在意他人的意见，但是他们并不愿意或不能表达这种情绪。对于这部分患者，社会隔离似乎是很痛苦的。然而不幸的是，没有家庭在分裂样人格障碍患者中很普遍。这可能是因为他们缺乏关系亲近的朋友，并且他们也不会因为没有与他人的性关系而感到不满意（Rouff，2000）。

分裂样人格障碍患者的社会性缺陷与偏执型人格障碍患者类似，然而前者的情况更加极端。正如贝克和弗里曼（Beck & Freeman，1990，p. 125）所指出的，他们"把自己视为周围世界的观察者而非参与者"。他们看起来并没有A簇中其他障碍那种不同寻常的思维过程（Cloninger & Svakic，2009）（表8-4），例如偏执型与分裂型人格障碍患者常常有的牵连观念（ideas of reference，一种把无意义事件与自身联系起来的错误观念）。相应地，分裂样人格障碍患者有的社会隔离、社交缺乏以及情感受限（既没有积极也没有消极情绪）等症状在偏执型人格障碍患者身上也存在。在第13章，你将看到，在类精

表8-4 A簇障碍的分组示意

A簇人格障碍	类精神病性症状	
	阳性（如牵连观念、魔术性思维和知觉歪曲）	阴性（如社会隔离、亲和力差及情感受限）
偏执型	是	是
分裂样	否	是
分裂型	是	否

DSM 诊断标准概要

分裂样人格障碍

A．一种社会隔离和人际环境下严格限制情感表达的广泛模式，这些问题一般始于成年早期，并出现在各种场景下，有下列症状中的至少4种

（1）既不愿意，也不能享受亲密关系，包括家庭关系；（2）几乎总是选择单独活动；（3）即使有，也只有一点点与他人发生性关系的兴趣；（4）即使能够，也只能从少数几项活动中得到乐趣；（5）除了一级亲属外，没有亲密朋友或知己；（6）对他人的表扬或批评漠不关心；（7）情感上的冷漠、隔离或缺少情绪波动。

B．不存在于精神分裂症、有精神病性症状的心境障碍、其他精神病性障碍或广泛性发育障碍的病程中，也不是某种躯体疾病的直接生理后果。

注：如果在精神分裂症发作之前满足本病的诊断标准，则增加标注"共病前"，例如"分裂样人格障碍（共病前）"。

资料来源：Reprinted with permission from *Diagnostic and Statistical Manual of Mental Disorders* (4th ed., text revision). © 2000 American Psychiatric Association.

分裂样人格障碍 A簇（奇怪或古怪型）人格障碍的一种，表现为社会隔离、严格限制的情绪表达范围。

神病性症状上所存在的差异对于理解分裂样人格障碍十分重要，因为他们中的一些人会表现出“阳性”症状（明显的非正常行为，例如牵连观念），而其他一些人则可能只有“阴性”症状（更隐秘的表现，例如社会隔离或与他人糟糕的关系）。

病因与治疗

童年期害羞被认为是一种成年后出现分裂样人格障碍的先兆。可能这种人格特征被遗留下来，并
299 在障碍的发展过程中起到了重要的决定作用。这种障碍患者常常被报告存在童年期被虐待和被忽略的经历（Johnson，Bromley，& McGeoch，2005）。过去几十年的研究还表明导致孤独症（一种我们在第5章中详细谈到的障碍）的生物因素可能也有一定作用，以及孤独症儿童的父母更可能患有分裂样人格障碍（Constantino et al.，2009）。可能在孤独症与分裂样人格障碍中都存在的生物机能障碍，与早期学习或早期交往困难共同作用产生了这种分裂样人格障碍的特征性症状——社交缺陷。

除非遇到危机，例如严重抑郁或者失业，分裂样人格障碍患者很少会主动求治（Kelly et al.，2007）。治疗师常常通过向患者指出社会关系的价值来开始治疗。为了学习共情，分裂样人格障碍患者甚至需要被告知别人的情绪感受（Skodol & Gunderson，2008）。因为社交技能从未建立过，或因缺乏运用而退化，分裂样人格障碍患者常常需要接受社交技能训练。治疗师采用角色扮演技术，通过扮演患者的一个朋友或某个重要人物，以帮助他们练习如何建立并维持社会关系（Skodol & Gunderson，2008）。这种类型的训练是有益的，因为它让患者能够不断确认那些能够对其提供支持的社会网络（个人或群体）（Bender，2005）。

分裂型人格障碍

像分裂样人格障碍患者一样，**分裂型人格障碍**（schizotypal personality disorder）患者也以与社会隔离为特征。此外，他们的行为方式让我们大多数人感到奇怪，他们还经常有猜疑以及一些古怪的念头（Cloninger & Svakic，2009）。分裂型人格障碍被认为在某种程度上与精神分裂症——我们将在后面讨论的严重精神障碍——在同一个连续体中（同一个谱系），但是分裂样人格障碍没有更严重的症状，例如幻觉或妄想。下面来看一下S先生的案例。

S先生：一个肩负着使命的人

S先生，35岁，长期失业。由于某种维生素缺乏而被建议去见内科医生。这迟早会发生，因为S先生回避任何在他看来“可能已被机器弄脏”的食物。20多岁的时候，他就开始发展一些关于饮食选择的理论，此后不久他离开家，开始研究一种东方宗教。他说：“它打开了我的第三只眼，让我看清到处都是不洁之物。”

现在他一个人住在一个小农场，自己种植粮食，并交换那些自己不能种植的东西。他夜以继日地研究食品污染的起源和机制，并因此发展出了一个追随他思想的小团体。他没有结过婚，和家人也几乎没有联系：“我与父亲从来就不亲。我是个素食主义者。”

他说在回归自己的农场生活之前，打算去读一门草药学的课程以改善自己的食谱。他拒绝了内科医生的治疗，并在与医生讨论他的营养缺乏问题时，显得很烦躁。

资料来源：Cases and excerpts reprinted, with permission of the Royal Australian and New Zealand College of Psychiatrists, from Quality Assurance Project, 1990. Treatment outlines for paranoid, schizotypal and schizoid personality disorders. Australian and New Zealand Journal of Psychiatry, *24*, 339–350.

临床描述

被诊断为分裂型人格障碍的患者往往有类精神病性（但不是真正的精神病性）症状（例如相信任何事情都与他们个人有关）、社交缺陷，有时候还会存在认知损伤或偏执（Cloninger & Svakic，2009）。因为与他人相处的方式，想法和做法，以及穿着等方面与众不同，这些患者常常被认为是“古怪”或者“奇异”的。他们有牵连观念，这意味着他们会相信一些无关紧要的事情直接与他们有关。例如，他们可能会觉得，不知道怎么回事，一辆路过的公共汽车上的每个人似乎都在谈论他，但是，他们可能也会承认这种可能性不大。正如你们将在第13章中再一次看到的，一些精神分裂症患者同样有牵连观念，但是他们通常无法进行“现实检验”或看到他们想法中的逻辑错误。

DSM 诊断标准概要

分裂型人格障碍

A. 一种广泛的人际缺陷，其特点是对亲密关系的严重不适应和人际能力的减退、认知或感知的扭曲，以及古怪的行为，源自成年早期，并出现在各种场景下，有下列症状中的至少5种：

（1）牵连观念（排除妄想性牵连）；（2）影响行为并与亚文化标准不相容的古怪信念或奇幻思维（例如迷信，对千里眼、心灵感应，或第六感的信仰；在儿童与青少年中，表现为奇异的幻想或入神）；（3）不同寻常的知觉经验，包括躯体错觉等；（4）古怪的想法或言语（例如模糊的、赘述的、刻板的）；（5）猜疑与偏执观念；（6）不适当或严格限制的情感；（7）行为或神态古怪、反常或独特；（8）除一级亲属外，缺乏亲密朋友或知心的人；（9）即便在熟人面前也不会减少的过度的社交焦虑，这种社交焦虑倾向于与偏执的恐惧，而不是对自己的负面评价相联系。

B. 并非仅存在于精神分裂症、有精神病性症状的心境障碍、其他精神病性障碍或广泛性发育障碍的病程中。

注：如果在精神分裂症发作之前满足本病的诊断标准，则增加标注"共病前"，例如"分裂型人格障碍（共病前）"。

资料来源：Reprinted with permission from *Diagnostic and Statistical Manual of Mental Disorders* (4th ed., text revision). © 2000 American Psychiatric Association.

分裂型人格障碍患者还会有一些古怪的想法，或者沉浸于某种"奇幻思维"中，例如，认为自己能够透视或心灵感应。此外，他们还报告有一些不寻常的知觉经验，包括独处时感到有他人在场。注意分裂型人格障碍患者与知觉扭曲更严重的精神分裂症患者在此处有细小而重要的差异：分裂型人格障碍患者报告说，感觉房间里好像有人；而精神分裂症患者则报告说房间里确实有人。与那些只有不寻常的兴趣与念头的人不同，分裂型人格障碍患者更倾向于猜疑和思维偏执，他们几乎不流露感情，穿着和举止不同寻常（例如，在夏天穿好多层衣服或自言自语）（Cloninger & Svakic，2009）。对后来发展为分裂型人格障碍的儿童的前瞻性研究发现，他们倾向于被动和缺乏约束，并对批评过度敏感（Olin et al.，1997）。

临床工作者必须意识到，不同的文化理念或习 *300*
俗可能导致对分裂型人格障碍的误诊。例如，一些进行特定宗教仪式的人——例如他可能会讲一些听不懂的话，施行巫术，或心灵感应——可能会使他们看起来极度怪异，并因此而导致误诊（American Psychiatric Association，2000）。精神卫生工作者必须对那些可能与自身文化存在差异，并且可能导致误诊的，那些看起来不太正常的行为有足够的敏感性。

病因

历史上，"分裂型"一词被用于描述那些具有发展出精神分裂症先天倾向的人（Meehl，1962；Rado，1962）。分裂型人格障碍被一些人视为精神分裂症基因型的一种表现型。表现型是人类基因的一种表达方式。基因型是指构成一种特殊障碍的基因或基因群。但是，受其他许多因素的影响，你的基因表达方式——表现型——可能与其他有相同基因构成的人不同。一些人被认为拥有"精神分裂症基因"（基因型），但是因为缺少生物学影响（例如孕期疾病），或环境应激（例如贫穷），他们可能最终可能只会发展出相对不那么严重的分裂型人格障碍（表现型）。

认为分裂型人格障碍与精神分裂症间存在关联的想法部分源于这些患者的行为方式。分裂型人格障碍患者的许多特征，包括牵连观念、错觉和偏执思维，都可见于精神分裂症患者，只不过表现得更温和。遗传学研究似乎也支持这一关联的存在。家系、双生子与寄养子研究均显示，虽然自身没有患上精神分裂症，但精神分裂症患者的亲戚中分裂型人格障碍的患病率更高（Siever & Davis，2004）。与此同时，这些研究也告诉我们环境因素对分裂型人格障碍有明显的影响。一些研究发现，分裂型症状与男性儿童期受虐经历明显相关，但对于女性来

分裂型人格障碍 A 簇（奇怪或古怪型）人格障碍的一种，这是一种广泛的人际缺陷，表现为对亲密关系严重不适应和建立亲密关系能力的减退、认知或感知的扭曲，以及古怪的行为。

说，儿童期受虐却似乎导致了PTSD症状（见第4章）（Berenbaum，Thompson，Milanak，Boden，& Bredemeier，2008）。对分裂型人格障碍患者的认知评估显示，患者记忆和学习能力有轻度到中度的减退，提示可能存在大脑左半球损伤（Siever & Davis，2004）。其他一些运用磁共振成像（MRI）的研究指出，分裂型人格障碍患者存在广泛的大脑异常（Modinos et al.，2009）。

治疗

据估计，30%～50%寻求临床治疗的分裂型人格障碍患者同时也符合抑郁症的诊断标准。因此，对分裂型人格障碍患者的治疗包括部分针对抑郁的药物与心理治疗（Cloninger & Svakic，2009；Mulder，Frampton，Luty，& Joyce，2009）。

治疗分裂型人格障碍的对照研究几乎没有。但是对治疗这一障碍的兴趣正在不断增加，因为它被认为是治疗精神分裂症的前导（McClure et al.，2010）。一项研究采用了混合治疗的方案，包括抗精神病药物治疗、社区治疗（由支持专家小组提供治疗服务）和社会技能训练，来处理那些患者体验到的症状。研究者们发现，这种混合治疗，既能减少患者的症状，也能延缓后面精神分裂症的发生（Nordentoft et al.，2006）。

概念自测 8.2

下列描述的分别是哪一种人格障碍？

1. 海蒂不相信任何人，并有一种错误的观念，认为别人都想伤害她，或把她的钱财骗走。虽然没有任何证据，但她仍然相信自己的丈夫正在秘密计划要离开她，并带走他们的3个孩子。她也不再相信自己的朋友或向自己的工作伙伴 301 泄露任何信息，因为她担心这些信息可能会被用来阴谋反对她。她经常感到紧张，并因家人提出的一些无害的看法而与他们争吵。______
2. 丽贝卡独自一人与她的小鸟们一起住在乡下，她几乎不与亲戚或附近的其他人联系。她极度关注污染问题，害怕她周围的空气和水里有那些有害的化学物质。她修建了自己的净水系统，自己做衣服。如果一定要外出，她会穿上很厚的衣服，并戴上面罩以防止吸入被污染的空气。______
3. 道格是一个大学生，他没有亲密的朋友。他每天都去上学，并坐在角落里。偶尔会被看到一个人坐在公园的椅子上吃午饭。大多数学生发现他很难接近，并抱怨他对班级活动缺少投入，但是他似乎对这些意见都很漠然。他来见治疗师也是被家人骗来的。______

B簇人格障碍

▶ 戏剧化、情绪化或不稳定型人格障碍的本质特征是什么？

被诊断为B簇人格障碍的患者——反社会型、边缘型、表演型，以及自恋型——都有被描述为戏剧化、情绪化或不稳定的行为。下面将讨论这些人格障碍。

反社会型人格障碍

反社会型人格障碍（antisocial personality disorder）患者是临床工作者在工作中遇到的最让人感到迷惑的人。这些患者都有违反社会规则的历史。他们所做的事情，在我们大多数人看来都是不能被接受的，例如盗窃亲朋好友的财物。他们还倾向于不负责任、冲动和爱欺诈（De Brito & Hodgins，2009）。罗伯特·黑尔（Robert Hare，研究反社会型人格障碍的一个先驱）把他们描述为“社会掠夺者，他们迷惑、操纵他人，残忍地推行他们的生活方式，留下一路破碎的心灵、无望的未来和空空的钱包。由于完全缺乏良心和同情心，他们自私索取，恣意妄为，违背社会的规范与期望，而没有一丝一毫的罪恶感与悔意”（Hare，1993，p.xi）。让我们来看一下瑞安的案例。

瑞安：惊险探求者

我第一次见到瑞安，是在他17岁生日的时候。不幸的是，他是在精神病院庆祝这一时刻的。他已经逃学数月，并陷入一系列麻烦中。审理这一案子的当地法官要求对他进行精神状态评估。

我对瑞安的第一印象是他非常合作并且开心。他指着自己在胳膊上弄的一个刺青，说那是他所做的一件“蠢”事，他现在后悔了。他后悔好多事情，并表示很渴望改变自己现在的生活。但我后来发现，他实际上从来没有对所做的任何事情真正后悔过。

我们的第二次会面就大不一样了。在我们第一次会面后的48小时内，瑞安做了许多事情，说明为什么他需要大量的帮助。最严重的事情涉及一个名叫安妮的15岁女孩，她和瑞安一起在医院学校读书。他告诉她，他准备逃出去，然后去惹麻烦，使自己可以被送进安妮的父亲被囚禁的那所监狱，在那里，他可以抢劫她的父亲。瑞安的威胁使安妮极度不安，并导致她袭击了她的老师及几位工作人员。当我向瑞安询问此事时，他微微一笑，说他那时很闷，让安妮紧张很好玩。当我问他：“你的行为可能会延长安妮待在医院的时间，这会不会让你感到不安？”他看起来很迷惑，说：“怎么会让我不安呢？她本来就应该留在这种鬼地方！”

302 在瑞安来之前，镇上一个十几岁的孩子被谋杀了。一群少年晚上去当地的墓地做撒旦仪式，这个年轻人被刺死了，显然是因为毒品交易。瑞安当时也在人群中，尽管他没有刺那个男孩。他告诉我，他们有时会挖出墓里的头骨，以供聚会所用。这不是因为他们真的相信魔鬼，而是因为他们觉得这很有趣，而且可以用来吓唬那些更小的孩子。我问他：“如果你知道这个墓里是谁，比如你的某个亲戚或者朋友，会怎样？如果陌生人来挖他们的遗体，你会介意吗？”他摇头说：“伙计，他们是死人。他们不会在意的。我又何必在意呢？”

瑞安告诉我，他喜欢苯环己哌啶（PCP），或者称作“天使粉”，他最喜欢致幻的感觉。他定期花2小时的旅程去纽约城里那些最危险的街区购买毒品。对此，他一点也不觉得紧张。

瑞安几乎没有进步。我在家庭治疗环节讨论了他的未来。我们谈到他佯装后悔与自责，然后从父母那里偷取金钱再回到街头鬼混的行为模式。大多数的讨论都集中在如何使其父母鼓起勇气对他说不，并不再相信他的谎言。

瑞安最终被送去参加戒毒治疗。在不到4周内的时间内，他让父母相信了他，并把他带回了家。但是两天后，他偷走了他们所有的现金消失了。显然，他又回到了他的朋友和毒品中。

临床描述

反社会型人格障碍患者一般有长期侵害他人权利的历史（DeBrito & Hodgins，2009）。他们经常被描述为富于攻击性，因为他们任意索取，无视他人的利益。说谎与欺骗看起来是他们的自然习惯，而且他们看起来无法区分事实与他们编造的用来达到自己目标的谎言之间的差别。他们对自己的行为可能导致的灾难性后果从无悔意或毫不在意。物质滥用在他们中间很常见，60%的反社会型人格障碍患者存在这一问题，并且这似乎是这些患者终身的行为模式（Taylor & Lang，2006）。对反社会型人格障碍患者，无论哪种性别，我们对其长期后果都了解甚少（Colman et al.，2009）。例如一项经典研究对1 000名品行不端和没有品行不端的男孩进行了50年追踪研究（Laub & Vaillant，2000）。许多品行不端的男孩在今天可能被诊断有品行障碍（后面你们会看到，品行障碍可能是成人反社会型人格障碍的一个预测因子）。这些品行不端的男孩非正常死亡（例如意外事故、自杀或他杀）的可能性是正常男孩的2倍，这可能是诸如酗酒和缺乏自我保健意识（例如鲁莽行为和传染病）等所致。

许多年来，反社会型人格障碍曾经有过许多名称。皮内尔（1801/1962）用“不伴谵妄的躁狂”来描述那些有过度情绪反应和暴怒，但没有推理能力缺陷的个体（Charland，2010）。其他的名称包括“悖德狂”“自我病态”“社会病态”和“病态人格”。关于这些名词已经有很多论述，我们将主要

反社会型人格障碍 B簇（戏剧化、情绪化或不稳定型）人格障碍中的一种，表现为忽视和侵害他人权利的广泛模式。这种障碍与一种没有用于DSM-Ⅳ-TR的名称——病态人格相似，但更强调明显的行为而不是个人特征。

讨论两个心理学研究中最重要的名词：**病态人格**（psychopathy）和DSM-Ⅳ-TR中的反社会型人格障碍。正如你将看到的，这两个词有重大的差异。

定义标准。赫维·克莱克利（Hervey Cleckley，1941/1982），一位精神病学家，他把职业生涯中的大多数时间都花在了对“精神病性人格”的研究中。他确定了这种障碍的由16个主要特质构成的人格丛，其中大多数是人格特质，有时也被称为“克莱克利标准”。以克莱克利的描述性工作为基础，黑尔及其团队研究了病态人格的本质（例如，参见Hare，1970；Harpur，Hare，& Hakstian，1998），并发展出了一个由20个条目构成的检查表作为测量工具。下面是黑尔病态人格检查表修订版（PCL-R）中的6个条目：

1. 油腔滑调/外表迷人
2. 自夸自大
3. 容易厌倦/需要刺激
4. 病理性说谎
5. 好欺诈/好控制
6. 缺少自责

（Neumann，Hare，& Newman，2007：pg.，103）

通过一些训练，临床医生能够从对来访者的问诊中收集信息，也能从来访者重要的他人或者相关机构的文件（例如监狱记录）中获得重要信息。然后据此在检查表上为来访者打分，高分意味着病态人格（Hare & Neumann，2006）。

DSM-Ⅳ-TR中关于反社会型人格障碍的标准几乎完全集中于可观察到的行为上（例如“冲动性地并不断地更换工作、住所或性伴侣”）。相应地，克莱克利/黑尔的标准则主要集中于一些最基本的人格特质上（例如自我中心或操控性）。DSM-Ⅳ-TR与早期版本选择了仅使用那些能被观察到的行为，这样，临床工作者能够更容易地在诊断上取得一致。

303 **反社会型人格、病态人格和犯罪行为**。虽然克莱克利并不否认许多病态人格者是犯罪和反社会行为的高危人群，但是他强调有些个体几乎没有或者完全没有法律或者人际困难。换句话说，部分病态人格者不是罪犯，也不会表现出攻击性，这种DSM-Ⅳ-TR中反社会型人格障碍的一个诊断标准。尽管病态人格与反社会型人格障碍之间的联系还不确定，但是两种综合征显然不是完全重叠的（De Brito & Hodgins，2009）。图8-2展示了这种重叠关系，包括克莱克利和黑尔所描述的病态人格、DSM-Ⅳ-TR中的反社会型人格障碍，以及犯罪行为。

DSM 诊断标准概要

反社会型人格障碍

A. 从15岁开始就出现的一种漠视并侵犯他人权益的广泛性行为模式，有下列症状中的至少3种：

（1）不遵守法律及社会规范，例如反复出现足以导致其被捕的行为；（2）欺诈，例如反复说谎、使用假名，或者为自己的利益或者快乐操纵他人；（3）冲动或难于制订计划；（4）易怒和富于攻击性，例如经常打架、斗殴；（5）轻率地漠视自己或他人的安全；（6）一贯不负责任，表现为不能长期保持稳定的工作状态，或反复违反财务制度；（7）缺乏愧疚感，表现为对自己伤害、虐待或者偷盗他人的行为漠不关心或者为这些行为狡辩。

B. 至少18岁。

C. 15岁之前，有过品行障碍发作的证据。

D. 当前出现的反社会行为不存在于精神分裂症或者躁狂发作的病程中。

资料来源：Reprinted with permission from Diagnostic and *Statistical Manual of Mental Disorders* (4th ed., text revision). © 2000 American Psychiatric Association.

正如在图中所看到的，并非每一个病态人格患者或反社会型人格障碍患者都会犯罪。使这一群体与其他犯罪的人群区别开来的因素可能是他们的IQ值。在一项经典的纵向前瞻性研究中，怀特等（White，Moffit，& Silva，1989）追踪了约1 000名儿童，从他们5岁开始，观测能够预测其15岁时反社会行为的因素。结果发现，在这些被认为以后将有很大可能做出违法行为的5岁儿童中，有16%的人确实在15岁时出现了犯罪行为，但是84%的人却没有。这两个群体有什么区别呢？一般而言，低智商的高危儿童往往容易出现问题。这意味着，拥有高智商可能有助于避免出现更严重问题，或者可能至少可以防止他们被抓住。

一些病态人格者的功能在社会的某些领域还相当好（例如政治、商业和娱乐业）。因为很难甄别这些人，所以如此“成功”或“临床症状不明显”的病态人格者（符合病态人格的部分标准）一直没有成为研

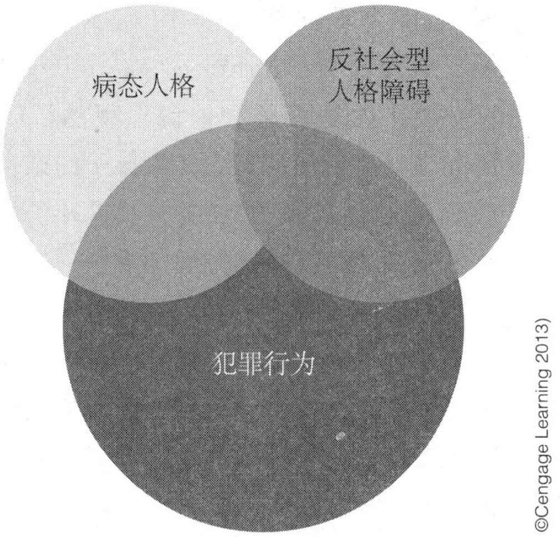

图 8–2　反社会型人格障碍、病态人格、犯罪行为的重叠与区别图示

究的中心。但也有一个例外，维多姆（Widom，1977）通过地铁报纸上的广告招募了一群临床症状不明显的病态人格者。广告主要是想招募那些有明显的病态人格特征的被试。例如一则广告这样写道：

> 招募：有吸引力的、有攻击性的、无忧无虑的人，他们虽然冲动而不负责任，但是善于控制别人，并总把自己放在第一位。

维多姆发现，她的被试具有许多与入狱的病态人格者相同的人格特征。例如，他们中的许多人都在共情和社会化的问卷测量中得分较低，他们的父母出现心理病理问题（例如酗酒）的比例往往较高。但是，这些人中的许多人拥有稳定的职业，并且一般不会入狱。尽管缺乏对照组，但维多姆的研究显示，至少部分存在病态人格的个体能够避免反复犯罪，并且甚至能在社会中获得成功。

304 把病态人格患者从犯罪人群中鉴别出来，对于预测他们今后的犯罪行为似乎有很重要的意义。能够想象，那些具有诸如缺乏自责和冲动人格特征的人更难于避免犯罪。总体而言，在病态人格测量中得分高的个体犯罪率也更高，并且更容易出现高暴力犯罪和成为惯犯（Widiger，2006）。

品行障碍。在我们讨论病因之前，关注反社会型人格障碍发展的一般过程很重要。DSM-Ⅳ-TR 对经常违反社会规则的儿童提供了一个独立的诊断：品行障碍。许多被诊断有品行障碍的儿童——多数情况下是男孩——会成为少年犯，或沉溺于毒品（Durand，2011）。瑞安就符合这个诊断。更为重要的是，反社会行为的终身模式是存在的，因为表现出反社会行为的年幼儿童长大后依然还会表现出这些行为（Soderstrom，Sjodin，Carlstedt，& Forsman，2004）。长期追踪研究显示，许多有反社会型人格障碍或病态人格的成年人在儿童期都曾经患有品行障碍（Robins，1978；Salekin，2006）。儿童期同时患有品行障碍和 ADHD 会增加其成年后患反社会型人格障碍的可能性（Biederman，Mick，Faraone，& Burback，2001；Moffitt，Caspi，Rutter，& Silva，2001）。在许多案例中，成人可能存在的反社会行为的类型——对工作或家庭不负责任——会在儿童的品行障碍中以类似的方式表现出来，例如逃学或离家出走。最主要的区别在于：反社会型人格障碍患者缺乏自省的特点并未出现在品行障碍的诊断标准中——这是因为与反社会型人格障碍的其他症状不同，一些患有品行障碍的孩子的确对他们的行为感到悔恨。

遗传影响

家系、双生子和寄养子研究都证明，遗传因素对反社会型人格障碍和犯罪行为都有影响（Ferguson，2010a）。例如在一项经典研究中，克罗（Crowe，1974) 对比了两类被收养的儿童，其中一部分儿童的母亲犯有重罪，另一部分儿童的母亲则是普通人。所有这些孩子在出生后就与母亲分开了，从而减少了他们原生家庭对结果可能造成的影响。克罗发现，被收养的重罪犯母亲的孩子在被捕率、犯罪率，以及反社会型人格方面均显著高于被收养的普通母亲的孩子。这意味着，至少在犯罪和反社会行为上存在着一定的遗传性。

但是，克罗还发现了一些有趣的结果：与那些后来没有犯罪行为的被收养的重罪犯的孩子，以及被收养的普通母亲的孩子相比，最终犯罪的被收养的重罪犯母亲的孩子在孤儿院里待的时间更长。克罗认为这体现了遗传与环境的交互作用。换句话说，遗传因素只有在特定的环境影响下才会变得重要（相应地，某种环境因素亦只有在某种遗传因素存在时才显得重要）。遗传因素可能表现为一种易感性，但犯罪行为的实际发展还需要环境因素的

病态人格　非 DSM-Ⅳ-TR 系统中的障碍，与反社会型人格障碍相似，但不关注那些明显的行为。其特征包括外表迷人、缺少自责，以及具有其他一些人格特征。

作用，例如缺乏早期与亲生父母或养父母的高质量关系。

DSM 诊断标准概要

品行障碍

A. 一种重复并持续存在的行为模式，包括侵犯他人的基本权利，或违反与其年龄相称的社会规范或准则。具有下列标准中至少3项（在过去12个月内），其中至少1项发生在6个月内：

对人或动物的攻击行为

（1）常欺负、威胁或恐吓他人。

（2）常主动与他人斗殴。

（3）曾使用能对他人造成严重躯体损伤的武器（例如短棍、砖块、碎瓶、刀子、枪）。

（4）曾对他人实施躯体虐待。

（5）曾对动物实施躯体虐待。

（6）曾经抢劫受害者（例如背后袭击、抢钱包、敲诈、武装抢劫）。

（7）曾胁迫与对方发生性行为。

损坏财物

（8）故意纵火企图造成严重损失。

（9）故意破坏他人财物（除纵火外）。

欺诈或偷窃

（10）破门进入他人的房屋、建筑或汽车。

（11）常说谎以取得财物、帮助，或者逃避责任（例如"诓"别人）。

（12）曾偷窃贵重财物（例如入店行窃，但不是破门而入的偷窃；伪造赝品）。

严重违背准则

（13）常不顾父母的禁令在外过夜，起自13岁以前。

（14）曾经至少两次从父母或养父母家中出走（或一次长期不归）。

（15）常逃学，起自13岁以前。

B. 行为问题导致了个体社会、学业或职业功能方面的临床显著的损害。

C. 如年龄已超过18岁，则应尚不符合反社会型人格障碍诊断标准。

资料来源：Reprinted with permission from *Diagnostic and Statistical Manual of Mental Disorders* (4th ed., text revision). © 2000 American Psychiatric Association.

这种遗传–环境交互作用在卡多雷特等（Cadoret，Yates，Troughton，Woodworth，& Stewart，1995）对寄养子和他们出现品行问题可能性的研究中显得更加清晰。如果孩子的亲生父母有反社会型人格障碍的病史，并且收养孩子的家庭长期存在婚姻、法律或精神方面的麻烦，那么，他们出现品行障碍的危险会更高。须注意的是，虽然研究证明了遗传的影响力，但这并不意味着遗传一定会导致某种障碍的发生。对品行障碍的大样本双生子研究也支持遗传与环境对这种障碍的共同作用（Thomas，2009）。

回忆一下第3章，我们介绍了内表型（endophenotype）的概念——障碍的潜在表现，它更直接地受到基因的影响。基因研究者正在寻找可能影响反社会型人格障碍的基因，例如影响患者5-羟色胺和多巴胺水平，或者焦虑或恐惧感缺乏症状的基因（后面还会讨论）（van Goozen，Fairchild，Snoek，& Harold，2007；Waldman & Rhee，2006）。尽管尚处于初期，但这类研究正在改变着反社会型人格障碍的基因探索——不是导致反社会型人格障碍的某种"原因"，而是引起各种非正常的表现（例如缺乏恐惧感、富有攻击性、冲动，以及缺乏自责）的基因。 305

神经生物影响

大量研究将反社会型人格障碍的神经生物因素作为研究的核心。看起来很明确的事实是：一般性脑损伤无法解释为什么一个人会成为病态人格患者或罪犯，这些人在神经心理测验上的得分与我们其他人一样好（Hart，Forth，& Hare，1990）。当然，这类测验被设计用来检测脑部的严重损伤，而不是检测（大脑）那些可能影响行为的化学或结构方面的细微改变。

唤醒理论。缺乏恐惧感、对惩罚不敏感，以及危险寻求行为都是反社会型人格障碍的特征性症状（特别是那些同时存在病态人格的个体）。这些特点激起了人们对可能导致这些非正常现象的神经生物学过程的兴趣。对反社会型人格障碍的早期理论研究提出了两大假设：低唤醒假说和恐惧缺失假说。根据低唤醒假说，病态人格患者的皮层激活水平过低（Sylvers，Ryan，Alden，& Brennan，2009）。唤醒与效率间呈倒U形关系。耶克森·多德森曲线（Yerkes-Dodson curve）指出，唤醒程度过高或过低的人，在许多情境下都更容易体验到负性情绪，并且表现更差。与此同时，中等唤醒程度的个体则往往更满意，并在大多数情况下表现良好。

根据低唤醒假说，病态人格患者大脑皮层唤醒水平过低的特点是其反社会和冒险行为的根本原因。他们寻求刺激以提高他们持续的低唤醒水平。这意味着瑞安试图通过说谎、吸毒以及挖墓，以获得我们可能通过与好友通电话或看电视就能得到的唤醒水平。一些研究者探讨了可能预测成人反社会行为和犯罪的童年期和青少年期的心理、生理因子。例如，瑞恩等（Raine，Venables，& Williams，1990）对一组 15 岁少年进行了系统的自主神经和中枢神经系统评估。他们发现，未来可能成为罪犯的个体在放松阶段的皮肤电位和心率都较低，并且低频脑波活动更多，这些都提示低唤醒水平。

根据恐惧缺失假说，病态人格患者对恐惧的感觉阈限比其他大多数人更高（Lykken，1957，1982）。换句话说，那些可能会把我们吓坏了的东西，可能对病态人格患者几乎没有任何影响。回想一下，瑞安不害怕一个人去危险的街区购买毒品。这一假说的支持者认为，病态人格患者的恐惧缺失会导致这种综合征的其他所有重要的症状表现。

理论家试图将我们所知的大脑的工作模式与对反社会型人格障碍患者，特别是那些带有病态人格特征的患者的临床观察结合起来。一些理论家已经把杰弗里·格雷（Jeffrey Gray，1987）的大脑功能模型应用于这些人群（Fowles，1988；Quay，1993）。按照格雷的理论，三个主要的大脑系统影响着学习和情绪行为：行为抑制系统（BIS）、奖励系统，以
306 及战斗 / 逃跑系统。其中 BIS 和奖励系统已经被用于解释病态人格患者的行为。BIS 主要负责当我们面对可能的惩罚、无奖励，或新异环境时，中止或延缓行为的能力。这一系统的激活会引起焦虑和受挫感。BIS 被认为位于海马系统，并与去甲肾上腺素和 5- 羟色胺神经递质系统有关。奖励系统主要负责我们行为的方式——特别是我们对正性奖励的趋向——并且与希望、放松相联系。这一系统可能涉及中脑区域的多巴胺系统，这是物质使用和滥用中起作用的“快乐通道”（见第 11 章）。

如果考虑一下病态人格患者的行为，这些系统可能存在的功能障碍就一清二楚了。BIS与奖励系统的不协调可能使由BIS引起的焦虑与恐惧变得模糊，而与奖励系统相联系的正性情绪则变得更突出（Levenston，Patrick，Bradley，& Lang，2000；Quay，1993）。理论家认为，这种神经生物学的功能紊乱可以解释病态人格患者实施某种反社会行为时不感到焦虑这一典型的症状。

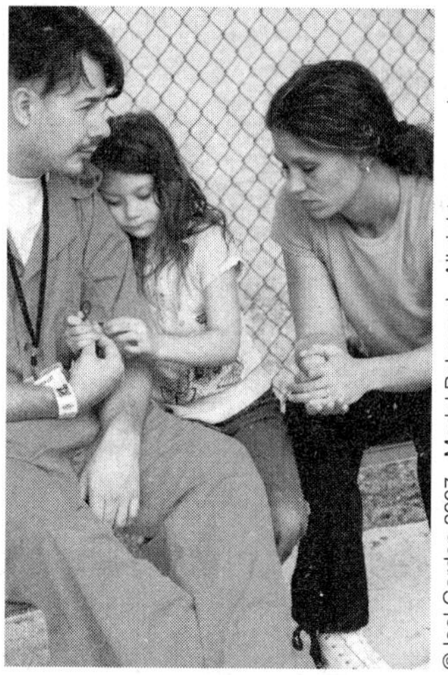

许多监狱允许亲人和子女的探视，部分原因是希望这有助于减少这些儿童以后的问题。

研究者们还在探索这些患者大脑中的神经递质（例如 5- 羟色胺）和神经激素（例如雄激素，如睾酮，以及应激性神经激素皮质醇）的功能差异，它们能解释病态人格患者的冷漠、外表迷人、缺乏自责以及冲动等特征。联结遗传与环境影响差异的整合理论正在兴起（van Goozen et al.，2007）。这一理论可能会让我们对这种退行性的障碍有更好的理解与治疗。

心理与社会维度

病态人格患者脑子里在想些什么呢？在对病态人格患者处理惩罚与奖励的心理过程的系列研究的一个实验中，纽曼等（Newman，Patterson，& Kosson，1987）用电脑设计了一个纸牌游戏任务。实验被试是具有病态人格的罪犯与普通罪犯，实验者根据被试答案的正确与否分别提供 5 美分的奖励或惩罚。实验的安排如下：起初被试将在 90% 的情况下得到奖励，只有 10% 的情况会被惩罚。然后按照这一比例，逐步将能够得到奖励的比例降到 0。尽管已经不再可能得到奖励，但具有病态人格的罪犯被试仍然继续玩这个游戏，然后被惩罚。而那些普通罪犯被试则停止了游戏。基于这个和其他一些研究的结果，研究者猜测一旦病态人格患者认为某种奖励可以获得，就算后来奖励已经不再可能得到，他们也比没有病态人格的人更难被阻断（Dvorak-Berscha，Curtin，Rubinstein，& Newman，2009）。同样，想想病态人格患者不计后果、大胆的行径（不戴任何面具去抢劫银行并被立即抓住），不能中

止那些不能达成的目标这一现象亦符合这一障碍整体的特点。

有趣的是，有研究指出，这种坚持失败的模式可能对其他种族群体的病态人格患者并不适用。在对这一研究模式的不断重复过程中，纽曼和施密特（Newman & Schmitt，1988）对美国白人和黑人罪犯的跨样本差异进行了研究，他们发现，美国黑人罪犯并不会犯白人罪犯对照组同样的错误。对这一差异的一种解释是：在美国，与其他群体相比，黑人男性被监禁的比例更高，在这个被监禁的群体中，病态人格患者的比例又较低，所以犯此类错误的可能性更小（Newman & Schmitt，1998）。

杰拉德·帕特森（Gerald Patterson）认为，反社会型人格障碍患者儿童期的攻击性会逐步增强，这部分源自他们与父母的互动（Granic & Patterson，2006；Patterson，1982）。他发现，这些孩子的父母经常对孩子表现出来的问题行为让步。例如，一个男孩的父母让他整理床铺，而他拒绝了。于是，父母中的一个开始训斥他。男孩回嘴并开始辱骂父母。随后，在某个时刻，当男孩的辱骂让人实在难以忍受时，父母停止了训斥，并离开了。这样争吵结束了，但是男孩也可以不用再整理自己的床铺了。对这些问题的让步可以使父母（家里恢复了平静）和孩子（得到自己想要的）都能获得短期的益处，但是却会带来持续的麻烦。孩子学会了坚持斗争决不让步，而父母则学会了唯一能“赢”的方法就是收回所有要求。这种“强制性家庭过程”（coercive family process）结合其他因素，例如父母的抑郁、对孩子活动的观察与参与较少等，使儿童的攻击行为得以持续（Chronis et al.，2007；Patterson，DeBaryshe，& Ramsey，1989）。

尽管人们对哪些环境因素对反社会型人格障碍和病态人格起了直接作用知之甚少（与儿童品行障碍相反），但是来自寄养子研究方面的证据有力地说明了那些共有的环境因素（往往使家庭成员具有相似性）是犯罪以及反社会型人格障碍的重要成因。例如，希格瓦德森等（Sigvardsson，Cloninger，Bohman，& von-Knorring，1982）进行的寄养子研究发现，养父母的社会地位较低会增加女性非暴力
307 犯罪的危险性。同具有品行障碍的儿童一样，反社会型人格障碍患者大多来自那些父母意见不一致的家庭（例如，参见 Robins，1996）。然而，意见不一致是否会直接导致反社会型人格障碍还不确定。可以确定的是，例如，那些有反社会型人格障碍遗传易感性的父母，一方面会将其遗传给子女，另一方面，这种遗传易感性也更容易让他们成为不称职的父母。

发展性影响

反社会行为的方式会在从儿童期进入成年期时发生一些变化，（例如）从逃学、偷窃演变成敲诈、攻击、武装抢劫或者其他犯罪行为。幸运的是，临床经验以及零散的实验报告（Robins，1996）都显示，反社会行为的发生率在 40 岁左右会开始显著下降。在一项经典研究中，黑尔等（Hare，McPherson，& Forth，1988）为这一现象提供了实验支持。他们检查了男性病态人格患者，和曾因各种犯罪行为被收监过的男性非病态人格者的定罪率。结果发现，年龄在 16 ～ 45 岁的非病态人格者的定罪率保持相对的稳定。相应地，病态人格者的定罪率在 40 岁之前亦基本稳定，但 40 岁之后却大幅下降（图 8-3）。为什么反社会行为经常在中年时下降尚未可知。

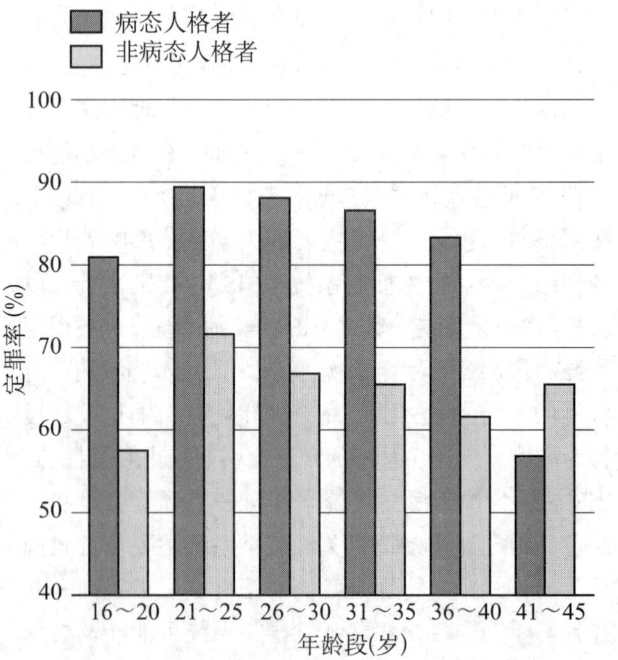

图 8-3　病态人格与非病态人格者犯罪行为发展历程

资料来源：Based on Hare, R.D., McPherson, L.M., & Forth, A.E., 1988, Male psychopaths and their criminal careers. Journal of *Consulting and Clinical Psychology, 56*, 710–714.

一个整合模型

我们如何才能将所有这些信息整合起来，以更好地理解反社会型人格障碍？回想一下刚才所谈到的研究，它们有时涉及那些所谓反社会型人格障碍者，而另一些时候则又涉及所谓病态人格者甚至罪犯。但是无论称其为什么，似乎这些人都有导致出现反社会行为和人格特质的遗传易感性。

一个潜在的遗传 – 环境交互作用可以在儿童恐惧的条件作用中被看到。回忆一下第 1 章和第 4 章，我们讨论过人们是如何学会对那些可能的伤害（例如烫的火炉）产生恐惧感的：将一个无条件刺激（例如火炉的热），和一个条件刺激（例如父母要我们远离的警告）配对，最终导致了我们对条件刺激的回避。但是，如果这些条件刺激没有被与无条件刺激配对，而你也就没有学会回避那些可能对我们造成伤害的刺激，那么将会发生什么？

有品行障碍的儿童可能发展成患有反社会型人格障碍的成人。

一项重要的研究探讨了幼儿期对恐惧条件刺激的反应是否会导致成年后反社会行为这一问题（Gao，Raine，Venables，Dawson，& Mednick，2010）。这项持续 20 年的研究，对 1 795 名孩子在其 3 岁时进行了恐惧条件作用的评估，然后看哪些人到 23 岁时会有犯罪记录。结果发现，与对照组相比，那些犯罪者在 3 岁时就表现出恐惧条件作用明显减少，许多这样的孩子甚至根本就不存在恐惧条件作用。杏仁核功能缺陷被认为是导致个体不能识别威胁线索的主因，这使他们很少有恐惧，这提示这些儿童的大脑相关区域可能存在问题（Sterzer，2010）。如果这些发现能够被证实，那么将指向一种机制，即遗传因素（导致杏仁核受损）与环境因素（学会恐惧）的交互作用会导致成人缺少恐惧感，并进而采取那些会对他们自己和他人造成伤害的行为。

生物因素进一步与其他环境因素，例如幼年时期的创伤交互作用。在一个因离婚或物质滥用而压力重重的家庭中，可能存在一种鼓励儿童反社会行为的交互作用模式（Thomas，2009）。这个孩子的反社会和冲动行为——部分可能源自儿童糟糕的气质和冲动控制（Chronis et al.，2007；Kochanska，Aksan，& Joy，2007）——会推开那些可能扮演好榜样的孩子，却会拉近那些鼓励反社会行为的孩子。这些行为还会导致辍学和成年后糟糕的职业经历，进一步增加生活的挫败感，进而激起更多的反社会行为（Thomas，2009）。

固然，这只是复杂故事的一种简化版本。最重要的内容是，在这个反社会行为的整合模型中，生物、心理和文化因素通过错综复杂的方式整合到一起塑造了瑞安这样的个体。

治疗 308

反社会型人格障碍的治疗中的主要困难，也是大量人格障碍患者共有的：他们很少认为自己需要治疗。正因为如此，同时也因为会对他们的治疗师进行摆布，大多数临床工作者对成年的反社会型人格障碍患者的治疗结果很悲观，并且几乎没有成功的案例（National Collaborating Centre for Mental Health，2010）。总体来说，治疗师赞同将这些人囚禁起来以阻止他们今后的反社会行为。临床工作者提倡鉴别高危儿童，以便在他们成年之前尝试进行治疗（National Collaborating Centre for Mental Health，2010；Thomas，2009）。

家长训练是针对儿童最常见的治疗策略（Patterson，1986；Sanders，1992）。父母被教授如何对行为问题进行早期识别，以及如何使用表扬、优待来减少问题行为，鼓励亲社会行为。治疗研究多显示，这类策略能够显著改善许多儿童的反社会行为（Conduct Problems Prevention Research Group，2010）。但是，许多因素会让家庭处于治疗失败或过早中断治疗的危险中，这些因素包括家庭功能高度紊乱、家庭经济困难、高家庭应激、父母一方的反社会行为史，以及部分儿童严重的品行障碍（Kaminski，Valle，Filene，& Boyle，2008）。

预防

幼儿攻击性行为是非常稳定的，这意味着那些袭击、侮辱和威胁他人的孩子会在成长过程中延续这些行为。不幸的是，随着时间的推移，这些行为会变得更严重，并且会成为一些成人杀人和袭击他人的早期征兆（Eron & Huesmann，1990；Singer & Flannery，2000）。

一些改变幼儿攻击性行为发展过程的方法主要在学前和学校教育机构中被运用。这些策略重视对他们的良性行为提供行为支持，并对他们提供技能训练，以改善其社会功能（Reddy，Newman，De Thomas，& Chun，2009）。采用对幼儿（从1岁半到2岁半的学步期儿童）家长进行培训的研究指出，早期干预非常有用（Shaw，Dishion，Supplee，Gardner，& Arnds，2006）。这些干预能够减少幼儿的攻击性行为，提高幼儿的社会能力（例如交友和分享），并且其成效通常能维持数年（Conduct Problems Prevention Research，2010；Reddy et al.，2009）。当然，现在就对这种预防成人反社会行为（反社会型人格障碍患者的典型症状）的训练方法的效果进行评估还为时过早。但是，既然对成人患者没有有效的治疗方法，预防可能是解决这一问题的最好方法。

边缘型人格障碍

边缘型人格障碍（borderline personality disorder）患者过着喧嚣的生活。他们的情绪和人际关系都不稳定，并且常常有糟糕的自我意象。这些人常常感到空虚，并有很高的自杀风险。让我们来看一下克莱尔的案例。

克莱尔：我们中间的陌生人

我认识克莱尔已经超过40年了。我目睹了她作为一个边缘型人格障碍患者整体还算不错，但大多数时候很糟糕的一生。在这一生中，她经常过着一种脆弱、不稳定的生活。从八年级到整个高中期间，克莱尔和我每天一起去上学。我们保持着定期的联系。我对她最早的记忆是她被剪得短而参差不齐的头发。她告诉我，每当遇到不顺心的事，她就会拼命剪自己的头发，这样能帮助她“填补空虚”。我后来发现，她总是穿长袖衣服来掩盖被她自己割的满是伤痕的胳膊。

在我们的朋友圈里，克莱尔是第一个开始吸烟的。她吸烟和后来吸毒的特别之处不在于这些行为本身或这些行为发生的时间较早，而是因为她并不像其他大多数人那样，想要用这些行为来引起别人的注意。克莱尔也是我们当中父母离婚最早的，她 309
的父母看起来对她漠不关心。后来，她告诉我她的父亲是个酒鬼，经常打她和她的母亲。她在学校表现很差，很自卑。她时常说自己又丑又笨，但她并不是那样。

在校学习期间，克莱尔会定期离开小镇，但没有任何解释。很多年后我才知道，她是因患有带自杀倾向的抑郁症而去精神病院寻求帮助。尽管我们无法推测她的病情有多严重，但是她经常威胁说想要自杀。

到了十八九岁时，我们渐渐远离了克莱尔。她已经变得越来越反复无常，有时她会因为感觉到的一点点轻蔑而指责我们（“你们走这么快，是不是不想与我在一起玩！”），有时她又会急切地要和我们在一起。她的行为让我们感到困惑。对有些人来说，情绪爆发会拉近你与他的关系。但对于克莱尔却不是这样，这些事情和她的举止让我们感觉自己好像不认识她了。随着年龄的增长，她所描述的自己的那种“空虚感”变得不可控制，并最终把她和我们所有人分隔开来。

克莱尔结过两次婚，每段感情都激情而狂野，但最终都因被收治入院而结束。她在一次极其愤怒的情绪爆发过程中，曾试图杀死她的第一任丈夫。她尝试过许多药物，但主要还是用酒精来“减轻痛苦”。

克莱尔现在50多岁了，尽管她会说她极少有开心的时候，但情绪稳定了一些。克莱尔的确对自己的感觉好些了，并且她旅游代理商的工作也干得不错。尽管她正准备去谈恋爱，但却因为自己过去的经历不愿意全身心投入。克莱尔最终被诊断有抑郁和边缘型人格障碍。

临床描述

边缘型人格障碍是临床上最常见的人格障碍之一。任何一种文化中都有，占总人口的 1% ～ 2%（Cloninger & Svakic，2009）。克莱尔的生活展示了边缘型人格障碍患者不稳定的特征。他们往往具有人际关系不稳定、害怕被遗弃但又对自己的情绪缺乏控制的特点（Linehan & Dexter-Mazza，2008）。他们经常出现自杀、自残，或二者都有；或者割、烧、刺自己。克莱尔有时会用烟头烧自己的手掌或前臂，还把自己姓名的首字母刻在胳膊上。一个重要的数字是，大约 6% 的边缘型人格障碍患者最终自杀成功（McGirr，Paris，Lesage，Renaud，& Turecki，2009）。但从积极的一面看，边缘型人格障碍患者远期结果还是令人鼓舞的，在首次治疗 10 年后，多达 88% 的患者最终缓解（Zanarini et al.，2006）。

边缘型人格障碍患者的情绪变化很快，在很短的时间内会从愤怒转变为严重的抑郁。情绪领域的机能缺陷有时被认为是边缘型人格障碍患者的核心特征（Linehan & Dexter-Mazza，2008），并且是这一群体自杀的最好预测因素（McGirr et al.，2009）。在物质滥用和自残行为中能够看到的冲动，是这些患者的另一大特征。虽然不是很清楚为什么，但自我伤害行为，例如割腕，有时被认为是患者缓解紧张的一种方式（Noch，Cha，& Dour，2011）。克莱尔的空虚感亦很普遍。这些患者被描述为存在长期的无聊感和自我认同困难（Linehan & Dexter-Mazza，2008）。我们将在第 12 章讨论的心境障碍在边缘型人格障碍患者中也很普遍：大约 20% 的患者有抑郁症，大约 40% 的患者患有双相障碍（Grant et al.，2008）。进食障碍也很常见，尤其是贪食症（见第 6 章）。大约 25% 的贪食症患者同时也患有边缘型人格障碍（Zanarini，Reichman，Frankenburg，Reich，& Fitzmaurice，2010）。有高达67% 的边缘型人格障碍患者同时被诊断存在至少一种物质滥用（Grant et al.，2008）。与反社会型人格障碍患者一样，边缘型人格障碍患者在他们十三四岁时症状也会有改善，尽管他们可能直到老年都还会持续存在一些困难（National Collaborating Centre for Mental Health，2009）。

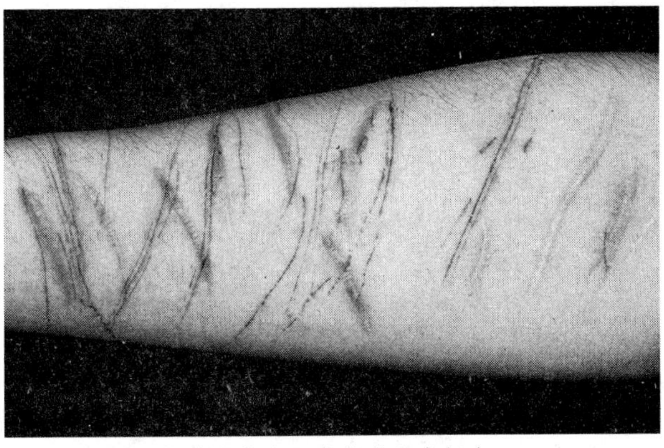

Dr. P. Marazzi/Photo Researchers, Inc.

边缘型人格障碍患者经常出现自残行为。

DSM 诊断标准概要

边缘型人格障碍

一种广泛存在的模式，其特点包括：不稳定的人际关系、不稳定的自我意象、不稳定的情绪，以及始于成年早期、表现在各种场合中的明显的冲动，有下列症状中的至少5种：

（1）疯狂地努力避免真实或想象中的被抛弃。**注**：不包括标准5中的自杀或自残行为。

（2）不稳定、紧张的人际关系模式，其特征是在过度理想化与过度贬低之间摇摆。

（3）认同困难：明显而持久的、不稳定的自我意象或自我感。

（4）至少在两个存在潜在自我伤害的领域内的冲动行为（例如花销、性、物质滥用、疯狂驾驶、暴食）。**注**：不包括标准5中的自杀和自残行为。

（5）反复出现自杀行为、自杀姿态或自杀威胁，或自残行为。

（6）因明显的心境反应性而导致的情绪不稳定（例如强烈的间歇性烦躁、易怒，或者常持续数小时或不超过几天的偶尔出现的焦虑）。

（7）长期的空虚感。

（8）不恰当、强烈的愤怒，或难于控制愤怒（例如经常生气、经常愤怒、时不时斗殴）。

（9）短暂的、与应激相关的偏执观念或严重的解离症状。

资料来源：Reprinted with permission from *Diagnostic and Statistical Manual of Mental Disorders* (4th ed., text revision). © 2000 American Psychiatric Association.

边缘型人格障碍 B 簇（戏剧化、情绪化或不稳定型）人格障碍中的一种，其特点是在人际关系、自我意象、情绪，以及冲动控制方面存在广泛的不稳定性。

310 ## 多样化讨论　性别与人格障碍

你如何描述这样一个妇女，她经常出现人际关系不稳定（例如很快地爱上一个人，然后很快又不爱了）、自我认同困难（例如频繁改变其职业目标）、决策冲动（例如不顾一切地疯狂购物）？这些是一个妇女"正常"的行为、表达和决策方式，还是某种心理障碍的表现？DSM-Ⅳ（American Psychiatric Association，2000）写道："一种始于幼儿期的普遍模式，表现为人际关系、自我意象和情绪方面广泛的不稳定，以及明显的冲动"是边缘型人格障碍（BPD）的基本表现（APA，2000，p.706）。根据DSM-Ⅳ，这位妇女可能被诊断有BPD——一种主要在女性中（75%的情况）被诊断的障碍。这种患病率上的性别差异，以及BPD的几个诊断标准，导致了对BPD诊断可能存在性别偏见的争议。

从社会化的角度来看，女性从小就被教导应该具备我们这个社会所谓的"依赖性"，并且对他人的批评或拒绝更敏感（例如女孩子总被教育要重视一些事情，例如人际关系，并且倾向于通过他人的评价来看待自己）（Becker，1997）。此外，在尝试去理解BPD诊断对女性的影响时，女权主义者争辩道："BPD诊断是历史上试图消除女性方式的最新证据，它通过将许多女性用以生存和抵抗压迫和虐待的方式，描述成某种病态人格或病理性问题，从而将其抹杀。"（Shaw & Proctor，2005，p.484）这两种观点都认为BPD是一种不公平的诊断：要么是将性别社会化过程病理化，要么是贬低女性的经验和特点。当然，诊断和治疗这种过度行为也可能是恰当的。你怎么看？情况果真如此吗？真的是性别社会化的过度表现不公平地导致了被贴上人格障碍的标签，还是这种过度的表现提示了不健康，并因此需要被诊断和治疗？

在人格障碍的性别偏见方面，DSM-Ⅳ指出，在所有人格障碍中，有两种容易出现在女性中（包括依赖型和表演型），而有6种更容易出现在男性中（包括反社会型、自恋型、强迫型、偏执型、分裂型和分裂样）。因此，正如女性更可能被诊断有边缘型人格障碍一样，男性被诊断有反社会型人格障碍四倍于此（Kessler et al.，1994）。各种类似的社会和性别偏见在DSM-Ⅳ中还有。你如何看待这里所列出的其他人格障碍中潜在的性别偏见？

病因

许多家系研究显示，边缘型人格障碍更易在家族中流行，并与心境障碍存在某种联系（Distel，Trull，& Boomsma，2009）。对同卵和异卵双生子的研究显示，同卵双生子的同病率更高，这更进一步支持了基因在边缘型人格障碍形成中发挥着重要作用的观点（例如，Reichborn-Kjennerud et al.，2009）。

情绪反应是边缘型人格障碍患者的一个核心成分。它导致研究者将这种人格特质视为受遗传影响的信号（内表型）。许多重要的遗传研究正在探讨基因与神经生化物质5-羟色胺的关系，因为这一系统的功能障碍被发现与这种障碍患者的情绪不稳定、自杀行为，以及冲动相关（Distel et al.，2009）。这一研究尚刚刚开始，对基因差异如何会导致边缘型人格障碍患者的各种症状这一问题还没有可靠的答案。

神经成像研究将与边缘型人格障碍相关的脑区定位于边缘系统（Nunes et al.，2009）。值得注意的是，这一脑区涉及情绪调节和5-羟色胺神经传递的机能障碍，因此是这些发现与基因研究的连接。 311

在边缘型人格障碍中，对认知因素的研究处于起步阶段。现在的问题还仅仅是患者的信息加工过程是怎样进行的，以及这种加工过程是否会影响患者的各种症状？一项研究探讨了患者整个的思维过程，研究者让患有和没有患边缘型人格障碍的被试看电脑屏幕上出现的单词，然后要求他们记住一些单词，而忽略另一些单词（Korfine & Hooley，2000）。当这些单词与边缘型人格障碍的症状无关时（例如"祝贺""迷人""收集"），两组人的表现相同。但当单词与边缘型人格障碍有关时（例如"遗弃""自杀""空虚"），尽管要求忽略这些单词，但患者组仍然记住了更多的这类词汇。这些记忆偏好的初步证据可能抓住了这种障碍的本质线索，并可能有助于在未来设计出更有效的治疗方案（Geraerts & McNally，2008）。

在边缘型人格障碍患者遗传与环境交互作用中，早期创伤，特别是性与躯体的虐待是一种重要的环境危险因素。许多研究显示，与正常人或其他心理障碍患者相比，边缘型人格障碍患者更有可能报告曾遭受虐待（例如，参见 Bandelow et al.，2005；Goldman，D'Angelo，DeMaso，& Mezzacappa，1992；Ogata et al.，1990）。遗憾的是，这类研究（以资料整理和两种现象间的相关关系为基础）并不能真正告诉我们，被虐待和被忽视是否一定会导致后来的边缘型人格障碍。在一项重要的研究中，研究者追踪了 500 名报告存在躯体和性虐待、被忽视的儿童，并在成年后，将其与对照组（没有被虐待和忽略史）进行了对比（Widom，Czaja，& Paris，2009）。结果发现，那些被虐待和被忽视的儿童后来发展出边缘型人格障碍的人数明显更多。这一发现，对女孩和妇女特别重要，因为女孩遭受性虐待的可能性比男孩要高 2 ～ 3 倍（Bebbington et al.，2009）。

很明显，大量被诊断为边缘型人格障碍的人都曾经经历过来自父母双方的可怕的虐待或忽视、其他人的性虐待和躯体虐待，或者两种情况都有（Ball & Links，2009）。对那些没有报告这种经历的患者，一些研究人员也正在探索其发展出边缘型人格障碍的原因。例如，诸如气质（情绪型，例如冲动、易怒或高敏感），或神经损伤（例如母亲产前酗酒或吸毒），以及与父母互动的模式等因素都可能对边缘型人格障碍的出现有影响（Graybar & Boutilier，2002）。

在经历文化快速变迁的人群中也会发现边缘型人格障碍。自我认同困难、空虚感、害怕被抛弃的感觉，以及低焦虑阈值等问题在儿童和成年移民身上都已经被发现（Laxenaire，Ganner-Vevonec，& Streiff，1982；Skhiri，Annabi，Bi，& Allani，1982）。这些观测进一步支持了部分个体的早期创伤可能导致边缘型人格障碍的观点。

但是要记住，儿童期创伤史，包括性和躯体虐待，也会发生在其他一些障碍中，例如分裂样人格障碍、躯体形式障碍（见第 9 章）、惊恐障碍（见第 4 章），以及分离性障碍（见第 9 章）。此外，部分边缘型人格障碍患者没有明显的创伤史（Cloninger & Svakic，2009）。尽管儿童期性和躯体虐待似乎在边缘型人格障碍的病因学中扮演着重要角色，但二者都不是引起这些症状的充分或必要条件。

一个整合模型

尽管对这一障碍尚没有被广泛接受的整合模型，但是借鉴焦虑障碍的研究成果，提出一个可能的框架还是很有意义的。在第 4 章中，我们描述了“三重易感性”理论（Barlow，2002；Suarez，Bennett，Goldstein，& Barlow，2008）。第一类易感因素（或素质）是一般生物易感性。我们能看到这种因素对边缘型人格障碍患者情绪反应，以及脑功能的影响。第二种易感因素是一般心理易感性。对边缘型人格障碍患者来说，他们倾向于将世界视为一种持续的威胁，进而会对这种真实的或想象的威胁进行激烈的回应。第三种易感因素是特定心理易感性，它源自个体对早期环境经验的学习；早期创伤、被虐待，或二者一起会强化被威胁的感觉。当三种因素叠加起来的时候，个体的生物易感性会与心理易感性产生过度的交互作用，进而使个体感到被威胁。这将导致在这一群体中常见的情绪爆发和自杀行为。当然，这个初步的模型还需要验证和进一步研究。

治疗

与反社会型人格障碍患者几乎不承认需要帮助相反，边缘型人格障碍患者表现得相当痛苦，并且更愿意寻求帮助，甚至比焦虑和心境障碍患者更甚（Ansell，Sanislow，McGlashan，& Grilo，2007）。对这种障碍的药物治疗的研究综述表明，抗惊厥剂（例如用于治疗癫痫的药）和新型抗精神病药物可能对治疗边缘型人格障碍的核心症状有一定疗效，但抗抑郁剂则作用有限（Citrome et al.，2010）。提高治疗成功率的努力因为药物滥用、治疗的依从性以及自杀企图等问题变得十分复杂。最终的结果是许多临床工作者都不愿意治疗边缘型人格障碍患者。

一种得到最充分研究的心理社会治疗方法是 312
由玛莎·莱恩汉（Marsha Linehan）发展起来的（Linehan et al.，2006；Linehan et al.，1999；Linehan & Dexter-Mazza，2008）。这种方法——被称为**辩证行为疗法**（dialectical behavior therapy，DBT）——旨在帮助患者处理那些可能引起自杀行为的应激事件。治疗优先考虑的是那些可能导致伤害（自杀行为）的行为，其次是那些干扰治疗的行为，最后是那些影响患者生活质量的行为。治疗通过每周一次的个别会谈为患者提供支持，并教患者如何去识别和管理自己的情绪。治疗也十分重视问题解决技能的培养，这样患者就能够更有效地解决各种困难。此外，患者还要接受类似于针对 PTSD 患者的治疗：在治疗过程中，让患者再次经历早期的创伤性事件，以帮助他们消除与事件相伴的恐惧情绪（见第 4 章）。在治疗的最后阶段，有时通过想象他们自己对批评不做任何反应的方法，来让患者学着相信自己的反应，而不需要他人的确认。

许多研究显示，DBT 有助于减少自杀企图、中断治疗和住院治疗（的比例）（Linehan & Dexter-Mazza，2008；Stanley & Brodsky，2009）。对 39 名女性患者［分别接受 DBT 和普通的治疗性支持（被称为"常规治疗"）］1 年的追踪显示，在头 6 个月，DBT 组的女性的自杀行为、愤怒都更少了，社会功能也得到改善（Linehan & Kehrer，1993）。另一项研究探讨了 5 天的 DBT 治疗方案对住院（一所精神病医院）的边缘型人格障碍患者可能的疗效（Yen，Johnson，Costello，& Simpson，2009）。结果发现，患者在许多方面都有了改善，例如抑郁、无望感、愤怒的表达以及解离症状等都得到了缓解（Stanley & Brodsky，2005）。

可能我们在本书中所讨论的许多重要而有趣的研究都使用了各种大脑成像技术来探测心理治疗对大脑功能的影响。例如，一项前瞻性研究检验了对照组与边缘型人格障碍患者组对那些焦虑图片（例如，一个妇女正被攻击）的情绪反应（Schnell & Herpertz，2007）。结果发现，作为治疗起效的一种表现，那些从治疗中获益的妇女对这些焦虑图片的唤醒（在杏仁核和海马）持续提高。而在对照组和治疗无效的妇女中，则没有发现这种改变。这种类型的整合研究为我们理解边缘型人格障碍患者，及成功治疗背后的机制方面有很重要的意义。

表演型人格障碍

表演型人格障碍（histrionic personality disorder）患者常常过分戏剧化，经常让人感觉在表演，这也是为什么使用"表演"（戏剧性行为）这个词的原因。来看一下帕蒂的案例。

帕蒂：始终在舞台上的人

我们第一次遇到的时候，帕蒂看起来很享受自己的生活。她那时三十来岁，单身，正在夜大攻读硕士学位。她经常衣着华丽。在担任残疾儿童教师期间，如果没有课，她经常会出去约会到很晚。我第一次与她交谈时，她热情地告诉我，她对我在发展障碍领域所做的工作印象深刻，并且她已经非常成功地将我的那些技术应用于她的学生身上了。她显然是过奖了，但是谁不喜欢这些溢美之词呢？

因为我们的研究涉及帕蒂班级的一些儿童，我经常会见到她。但是几周后，我们的关系开始变得紧张起来。她频繁地抱怨各种疾病和受伤（在停车场被摔得很严重，在看窗外时扭伤了脖子），这些都影响了她的工作。她缺乏计划性，经常把那些需要周密计划的事情留到最后一分钟去做。帕蒂说话从来不算数，她这样做似乎只是为了赢得别人的赞扬；当她违背诺言时，她总是编造一个故事去激起别人的怜悯和同情。

帕蒂经常打断研究会议的内容，转而去谈论她最近的男友。那些男友几乎每周一换，但她对每一个男友都保持着很高的激情（"与我之前见过的男人都不一样！"），并对未来感到非常乐观（"他就是我这辈子要找的那种男人！"）。尽管相识的时间很短，但她都会很认真地与每个人讨论结婚的计划。帕蒂很会讨好人，尤其是对那些男老师，他们也常常会帮助她摆脱一些由于不守纪律而招惹的麻烦。

当她得知自己会因糟糕的表现而失去这份教师的工作时，她设法利用几个男教师和副校长的推荐使她在附近的一个学区找到了新工作。一年后，她还在那所新学校，但是已经换了两个班级。尽管她用"深爱"来描述自己当前的恋爱关系，但是据同事说，帕蒂仍然缺少稳定的亲密关系。在一段长时间的抑郁后，帕蒂向心理医生求助，医生诊断她还患有表演型人格障碍。

临床描述

表演型人格障碍患者倾向于用夸张的方式表达他们的情绪，例如拥抱刚刚认识的人或因为一部悲伤的电影而控制不住地哭泣（Skodol & Gunderson，2008）。他们也往往虚荣，自我中心，如果不能成为众人关注的焦点就会感觉不舒服。他们经常通过外表和行为诱惑人，对自己的外貌非常关注（例如帕蒂花大量的钱购买与众不同的珠宝，并且一定会向任何一个可能的听众声明这一点）。此外，他们还不断地寻求安慰和赞许，而如果别人不这样做，他们就会生气或愤怒。同时，表演型人格障碍患者还容易冲动，延迟满足有很大的困难。

表演型人格障碍患者的认知风格让人印象深刻（Beck，Freeman，& Davis，2007），其特点是倾向于用表面的、非此即彼的视角来看问题。他们的语言往往比较含混，缺乏细节，并且带有夸张的特点（Nestadt et al.，2009）。例如，当帕蒂被问及前一天晚上的约会时，她可能会说"棒极了"，但却不能提供更多细节性的信息。

女性较男性更高的被诊断率，引起了对这种障碍的本质及其诊断标准的质疑。正如我们在本章一开始所讨论的，有一些观点认为，表演型人格障碍的许多表现，如过度戏剧化、虚荣、有诱惑力，以及过分关注外表等，都是西方"女性刻板形象"的特征，这可能导致了过多的女性被诊断有表演型人格障碍。斯普洛克（Sprock，2000）检验了这一重要问题，并发现心理学家和精神病学家倾向于把这种诊断更多地与女性而非男性联系起来的证据。

DSM 诊断标准概要

表演型人格障碍

一种过度情绪化并寻求他人注意的广泛性模式，始于成年早期，出现在多种场景下，并存在下列症状中的至少5种：

（1）如果他不是众人注意的中心，他就会感到不舒服。

（2）与人交往时常出现不适当的性挑逗或挑衅行为。

（3）情感易变而肤浅。

（4）习惯用外表吸引别人的注意。

（5）说话方式极其有冲击性，并且缺少细节。

（6）表现出装腔作势、夸大，以及过于夸张的情绪表达。

（7）容易受暗示，例如容易受他人或环境的影响。

（8）自认为拥有比其实际人际关系更亲密的关系。

资料来源：Reprinted with permission from *Diagnostic and Statistical Manual of Mental Disorders* (4th ed., text revision). © 2000 American Psychiatric Association.

Radius Images/JupiterImages

表演型人格障碍患者常常表现得虚荣、放纵、富有诱惑力。

病因

尽管表演型人格障碍有很长的历史，但对其病因或治疗却几乎没有研究。一种假设认为表演型人格障碍可能与反社会型人格障碍有联系。有证据显示，表演型人格障碍与反社会型人格障碍同时发生的可能性高于预期水平。例如，利林费尔德及其同事(Lilienfeld et al.，1986）发现，大约三分之二的表演型人格障碍患者同时亦符合反社会型人格障碍的诊断标准。这种联系的事实，已经导致了一种观点（例如，参见 Cloninger，1978；Lilienfeld，1992）：表演型人格障碍与反社会型人格障碍可能是某些共同的未确定的潜在特质在不同性别间的选择性表达。那些有这种潜质的女性常常更多地表现为表演型人格障碍，而男性则更可能表现为明显的反社会型人格障碍。虽然这种关联是否存在仍然是一个有争议的问题，但是，未来对这种可能存在的关联的研究仍然十分必要（Dolan & Vollm，2009；Salekin，Rogers，& Sewell，1997）。表演型人格障碍与其他人格障碍的重叠（例如边缘型、自恋型和依赖型）已经引起一些人的质疑，他们认为，表演型人格障碍应该在 DSM-5 中被归入其他人格障碍（例如自恋

辩证行为疗法（DBT） 一种针对边缘型人格障碍的有前途的治疗方法，这种方法在一个可控的场景下让患者暴露在应激中，同时帮助患者调整他们的情绪，并且应付那些可能诱发自杀行为的应激源。

表演型人格障碍 B 簇（戏剧化、情绪化或不稳定型）人格障碍中的一种，表现为过度的情绪表达和寻求关注的广泛模式。

314 型人格障碍）（Bakkevig & Karterud，2010）。

治疗

尽管已经有大量关于如何帮助此类患者的方法的著述，但几乎没有研究能够证实它们的效果（Cloninger & Svakic，2009）。一些治疗师尝试去矫正患者过度寻求他人关注的行为。凯斯等（Kass，Silvers，& Abrams，1972）给5名女性进行了治疗，这5人后来均被诊断有表演型人格障碍，其中4人曾因自杀企图而被收治入院。这些女性在做出适当的交往行为时会得到奖励，而出现过度寻求他人注意的行为时则会受到惩罚。治疗师报告说，患者在经过18个月的治疗后，症状获得了改善，但是他们并没有收集到科学的数据以证实他们的观察。

对表演型人格障碍患者的大部分治疗均聚焦于有问题的人际关系。因为这些患者经常通过情感危机，或利用魅力、性、诱惑，或抱怨来操纵他人（Beck et al.，2007）。因此，需要让表演型人格障碍患者看到，通过这种模式得到的短期获益，是如何转变为长期的代价的；同时，也需要让他们学会用更恰当的方式来平衡其想要和需要。

自恋型人格障碍

我们都知道那些过高评价自己的人，可能是在夸大他们真实的能力。他们认为自己与众不同，并因此应该得到特殊的对待。对**自恋型人格障碍**（narcissistic personality disorder）患者来说，这种倾向被演绎到了极致。在古希腊神话中，那喀索斯（Narcissus）是一个年轻人，他轻蔑地拒绝了女神厄科（Echo）的爱，却痴迷于自己的美貌。他整日沉醉在自己在水中的倒影中。精神分析学家，包括弗洛伊德，用Narcissistic一词来描述那些狂妄自大，沉醉于被别人关注的感觉里的人（Clonnger & Svakic，2009）。来看看威利的案例。

威利：都是关于我的

威利在一家小型律师事务所担任行政助理。在他30岁以前，威利有一段很糟糕的工作经历。他从未在任何一个工作岗位上工作超过2年，有相当长的一段时间，他通过就业机构从事一些临时性工作。但是，第一次会面还是会让你相信他很有能力。一进候客室，你就会受到威利的欢迎，即使他不负责接待。他会非常热情，询问能为你提供什么帮助，为你倒咖啡，并请你在“他”的接待室不要客气。威利很健谈，并且会让任何谈话都很快转移到以他为关注焦点的内容上去。

这种讨好的行为模式在刚开始时还是很受欢迎的，但很快就会让其他员工感到反感。特别是当他说办公室里某个其他员工是他的下属，而他实际上又不负责管理他们中的任何一个人时。这种与客人、员工的谈话耗费了他和其他人大量的时间，并且成了一个问题。

他很快就变得想要掌控工作中的一切——一种被发现也在先前的工作中存在的模式，渴望负责分派他人的工作。不幸的是，他并不能达成这一目的，并且这会产生大量的摩擦。

当面临这方面的任何麻烦时，威利总是首先指责其他人。但是，最终事情会变得越来越清晰：威利的自我中心和控制欲是办公室效率低下的根本原因。在一次事务所所有合伙人都参加（很少见的举动）的纪律会议上，威利激烈地谩骂并指责他们排斥他。他坚持认为，相比于所有先前岗位（部分内容与他曾经的雇主所说的相反），他在这里的表现是最好的——这一切都是他们的错。冷静下来后，他透露了先前曾经有过的酗酒问题、抑郁史，以及多种家庭问题，所有这些因此，在他看来是导致他问题的原因。

事务所要求他去一家大学诊所接受治疗，并将此作为他继续被雇用的一个条件。在这里，他被诊断患有抑郁症和自恋型人格障碍。最终，他的行为——包括效率低和难以胜任工作——导致他被解聘。2年后，在治疗期间，威利再次申请了这家事务所的另一个岗位。一个文件记录上的错误使公司没有发现他前期被解雇的历史，但他仅干了3天——在第二天和第三天就故态复萌了。虽然他确信自己能够获得成功，但是他的行为连工作成功所需要的最基本的要求都达不到。

临床描述

自恋型人格障碍患者对自己的重要性有不切实际的想法，并且沉迷于自己，以至于缺乏对他人的敏感与同情（Miller，Campbell，& Pilkonis，2007）。他们自我膨胀的感觉和对自我重要性不切实际的幻想，有时也被称为“自大”（grandiosity），并导致了一系列负面问题。他们要求并期望得到大量的特别 315

关注——要饭店里最好的位置，把车停在电影院前禁止停车的位置。他们往往为了自己的利益利用或剥削他人，对他人没有丝毫的怜悯。遇到成功者时，他们会变得极度嫉妒和傲慢。并且因为常常无法实现自己的愿望，他们也经常陷入抑郁。

病因与治疗

我们刚刚出生时，也会出现自我中心和过度要求，这是我们生存竞争的一部分。但是，培养孩子的共情和利他能力是其社会化过程的一部分内容。一些研究者，例如科胡特（Kohut，1971，1977）相信，自恋型人格障碍主要源自儿童发展的早期，父母在儿童共情能力培养上的重大失败。所以，这些儿童会继续固着在发展的自我中心、无视现实的阶段。此外，这样的儿童（以及成人）会逐渐执着于对理想客体——能够满足他无休止的共情需要的对象——的追寻，这种追求实质上没有终点，也不可能成功。

对自恋型人格障碍治疗的研究和成功个案在数量上都非常有限（Cloninger & Svakic，2009；Dhawan，Kunik，Oldham，& Coverdale，2010）。对自恋型人格障碍患者的治疗通常集中于他们的自大、对评价的高敏感，以及缺乏对他人的共情上（Beck et al.，2007）。认知治疗通过努力帮助患者专注于日常生活中他们真实获得的愉快经历，以替代他们幻想的内容。诸如放松训练这样的应对策略也被用于帮助他们面对并接受批评。另一个治疗目标是持续帮助他们关注他人的感受。因为此类患者容易出现严重的抑郁发作，尤其是中年人，因此，治疗也常常从抑郁开始。但是，这些治疗方法对自恋型人格障碍的效果，尚不能得出任何结论。

DSM 诊断标准概要

自恋型人格障碍

一种广泛性模式，其特点包括：自大（幻想或行为）、对赞美的需要，以及缺乏共情。始于成年早期，出现在多种场景下，并存在下列5种症状中的至少5种：

（1）对自我重要性的自大感（例如，夸大自己的成就和才能，没有相应的条件却希望被当作“特殊”人物）。
（2）幻想无限成功、权力、才华、美貌或理想爱情的先占观念。
（3）认为自己是“特殊”和独特的，并且只能被其他特殊的或地位高的人（或机构）所理解或与之交往。
（4）要求过度的赞美。
（5）有一种赋权感（例如不合理地期待特殊的优待，或他人完全顺从他的期望）。
（6）人际剥削（例如利用他人达到自己的目的）。
（7）缺乏共情：不愿意了解或认识他人的感受和需要。
（8）经常嫉妒他人，或认为他人妒忌自己。
（9）表现出傲慢、自大的行为或态度。

资料来源：Reprinted with permission from *Diagnostic and Statistical Manual of Mental Disorders* (4th ed., text revision). © 2000 American Psychiatric Association.

概念自测 8.3

请在下列描述后填入正确的人格障碍类型。

1. 伊莱妮是一个自我评价很低的人。除非当她去做一些危险并让人吃惊的事情，否则她就会经常感到空虚。她时不时服用违禁药物，偶尔会与他人，甚至陌生人发生性关系。如果她的男朋友提出要寻求帮助，或要离开她，她就威胁会自杀。她摇摆于对男友疯狂的爱与恨之间，有时候会在很短的时间内从一个极端转向另一个极端。
2. 兰斯是一个17岁的男孩，在过去的两年中一直有犯罪行为。他欺骗父母，破坏社区的建筑物，经常与别人打架。他对他所伤害的人，以及体弱多病的父母的悲伤均毫无同情。______
3. 南茜认为自己在所有方面都是最优秀的。她认为自己的表现总是那么好，并且对他人的成功极其挑剔。她总是期待着别人的赞美与肯定。______
4. 萨曼莎因过度戏剧化而出名。当看悲伤的电影时，她总会控制不住地哭泣，而我们则认为她有时候是在表演。她很自负并且自我中心，经常打断我们的课堂讨论，转而讨论她的个人生活。______

自恋型人格障碍 B簇（戏剧化、情绪化或不稳定型）人格障碍中的一种，涉及自大（幻想或行为）、需要被赞美、缺乏共情的广泛的心理行为模式。

316

C 簇人格障碍

➤ 焦虑或恐惧型人格障碍的本质特征是什么？

三种人格障碍——回避型、依赖型和强迫型——与焦虑障碍患者有同样的症状表现。下面将介绍这些焦虑或恐惧型人格障碍。

回避型人格障碍

正如这种障碍的名称，**回避型人格障碍**（avoidant personality disorder）患者对他人的意见特别敏感，并因此而回避大多数人际关系。他们极低的自尊水平，加上害怕被人拒绝，限制了他们的人际交往，导致他们依赖于那些让他们感到舒服的人际关系。看一下简的案例。

简：不值得关注的人

简由一个酗酒的母亲养大。母亲患有边缘型人格障碍，经常在言语和身体上对他进行虐待。作为一个孩子，她把母亲的虐待理解为自己天生就是一个让人讨厌的孩子，所以才会受到这样糟糕的对待。到她20多岁成年后，简仍然相信，一旦别人发现自己天生就是一个没有价值，并且很坏的人，她就会被拒绝。

简严于律己，并相信自己不会被人接纳。她认为别人都不会喜欢她，会把她看作一个失败者，并且对此她也无话可说。如果她察觉到别人的负性或中性的反应，即使只是一个擦肩而过的人，她也会变得心烦意乱。如果一个卖报的人没有对她微笑，或者一个营业员稍微有点不耐烦，简几乎就会自动地认为那一定是因为她（简）不值得尊敬或不讨人喜欢。即便她从朋友那里得到积极的反馈，她也持怀疑态度。因此，简几乎没有朋友，当然更没有亲密的朋友了。

资料来源：Case and excerpt reprinted, with permission, from Beck, A. T., & Freeman, A., 1990. *Cognitive therapy of personality disorders*. New York: Guilford Press, © 1990 Guilford Press.

临床描述

西奥多·米尔顿（Theodore Millon，1981）最先提出这个诊断，他指出把两类个体区别开来非常重要：一类个体的不合群是因为他们冷漠、情感单调，并因此而对人际交往不感兴趣（与DSM-Ⅳ-TR所描述的分裂样人格障碍类似）；另一类个体的不合群则是因为他们对人际关系感到焦虑，以及害怕被拒绝。后者符合回避型人格障碍的诊断标准（Millon & Martinez，1995）。这些个体感到持续地被他人拒绝，并对自己的未来感到悲观。

病因

有证据显示，回避型人格障碍被认为与其他亚精神分裂症相关障碍有关联——都容易发生在精神分裂症患者的亲戚中（Fogelson et al.，2007）。许多理论认为，生物与心理社会因素共同构成了回避型人格障碍的病因。例如，米尔顿（1981）提出，这些个体可能天生就有难以照料的气质或人格特征。因此，他们的父母可能就会因此而冷落他们，或者至少不会在早期给他们提供足够的、无条件的爱。这种冷落反过来又会导致他们的低自尊和社会疏离，这种情况会持续到成年期。部分证据支持回避型人格障碍病因的心理社会影响论。例如斯特拉文斯基

DSM 诊断标准概要

回避型人格障碍

一种社会隔离、感到不够完美、对负性评价高度敏感的广泛性模式，始于成年早期，出现在各种场景下，并存在下列症状中的至少4种：

（1）因为害怕被批评、遭到反对或被拒绝，回避那些重视人际接触的职业活动。
（2）除非确定被欢迎，否则不愿意与人交往。
（3）因为对害羞或嘲笑的恐惧，尽量避免与人发展亲密关系。
（4）在社交场合有被批评或排斥的先占观念。
（5）因为感觉不完美，而在新的人际场景表现拘谨。
（6）认为自己社交无能、没有魅力，或地位比他人低下。
（7）不愿意承担个人风险或从事任何新的活动，因为这会证明自己的笨拙。

资料来源：Reprinted with permission from *Diagnostic and Statistical Manual of Mental Disorders* (4th ed., text revision). © 2000 American Psychiatric Association.

等（Stravynski，Elie，& Franche，1989）调查了一组回避型人格障碍患者和对照组的被试，询问父母早期对待他们的方式。与对照组相比，患者组被试
317 对他们父母的回忆中有更多的冷落、更多被激起的负罪感，而温馨的内容则更少。同样，梅耶和卡尔弗（Meyer & Carver，2000）也发现这些个体更多地报告了他们童年期被隔离、排斥以及与他人冲突的经历。

治疗

与其他大多数人格障碍研究稀少的情况不同，对回避型人格障碍的治疗策略，已经有许多控制良好的研究（Beck et al.，2007）。针对患者焦虑与社交技能的行为干预已经取得了一些成果（例如，Borge et al.，2010）。由于回避型人格障碍患者所面临的问题与社交恐惧症患者相似，所以，许多同样的治疗方法被同时用于这两个群体（见第 4 章）。治疗联盟——治疗师与患者间的协作关系——看来是患者治疗获得成功的重要预测因子（Strauss et al.，2006）。

依赖型人格障碍

我们都知道依赖一个人意味着什么。然而，对于**依赖型人格障碍**（dependent personality disorder）患者来说，无论是重大事件，还是日常琐事，他们都需要依赖他人来为他们做决定。这就导致患者会出现一种不切实际的被抛弃的恐惧。来看一下卡伦的案例。

卡伦：无论你说什么我都同意

卡伦是一位 45 岁的已婚女性，因为惊恐发作而被她的内科医生建议来接受治疗。在评估过程中，她表现得非常忧虑、敏感和幼稚。她很容易被情绪所左右，整个过程，她一直在哭喊。在评估过程中，只要有机会，她就会不停地责备自己。例如，当问到她与别人相处得如何时，她回答说："别人认为我很蠢，没能力。"但她无法提供任何使她产生这种想法的证据。她说自己不喜欢学校，因为"我很笨"，并且她总是觉得自己不够好。

卡伦描述自己的第一段婚姻简直"就是地狱"，但她还是承受了 10 年。她丈夫和许多女人私通，并在言语上辱骂她。她曾经多次试图离开他，但都因为丈夫的反复哀求而放弃。最终她成功地离了婚，在之后不久结识了现在的丈夫，并与他结了婚。她形容现在的丈夫是一个善良、敏感、能支持她的人。卡伦说她更愿意让别人为她做重要的决定，为了避免冲突她总是同意别人的意见。她担心没人照顾、孤独一人，并且报告说，如果没有他人的确认，她就会感到失落。她还报告说自己很容易受伤害，因此她努力不做任何可能会导致被批评的事情。

资料来源：Case and excerpt reprinted, with permission, from Beck, A. T., & Freeman, A., 1990. *Cognitive therapy of personality disorders.* New York: Guilford Press, © 1990 by Guilford Press.

临床描述

当自己的观点与别人不同时，依赖型人格障碍患者总是倾向于赞同别人的意见，以避免被排斥（Cloninger & Svakic，2009）。他们想要获得并维持支持性、有关爱的人际关系，这导致了这个群体其他的一些行为特征，包括顺从、怯懦与被动。在不完美感、对批评的敏感和需要关心照顾等方面，依赖型与回避型人格障碍患者相似。然而，回避型人格障碍患者对这种感觉的反应是回避人际关系，而依赖型人格障碍患者的反应则是依附于人际关系（Cloninger & Svakic，2009）。

病因与治疗

我们生来就需要依靠别人给予食物、保护和养育。社会化过程的一部分就是学会独立生活（Bornstein，1992）。诸如父母一方早逝，或者被抚养者的忽视或排斥之类的问题被认为可能导致个体逐步形成对被抛弃的恐惧（Stone，1993）。这一观点来自对儿童"依恋"发展，或者儿童如何学会将父母与其他生命中重要人物联系起来的研究（Bowlby，1977）。如果这种早期联结被干扰，个体就可能持续担心他们会失去那些与其关系亲近的人。

对这种障碍治疗的文献大多数都是描述性的。几乎没有研究证明哪种治疗方法是有效的（Borge et al.，

回避型人格障碍　C 簇（焦虑或恐惧型）人格障碍中的一种，其特点是社会隔离、缺乏自尊，以及对批评的高敏感。
依赖型人格障碍　C 簇（焦虑或恐惧型）人格障碍中的一种，以患者对被照顾的广泛、过度的需要为特点，这种情况会导致患者的顺从和黏着行为，以及对分离的恐惧。

318 **DSM 诊断标准概要**

依赖型人格障碍

一种过度需要别人照顾的广泛性模式，这导致患者表现出顺从、黏着行为和对分离的恐惧，始于成年早期，出现在各种场景下，并存在下列症状中的至少5种：

（1）如果没有他人大量的建议和反复的保证，难于做出日常决定。

（2）需要他人为其生活中的大多数重要领域承担责任。

（3）因为害怕失去支持或赞同，难以表达与他人不同的意见。注：不包括有现实依据的恐惧。

（4）难以独自提出一项计划或做事情（因为对自己的判断或能力缺乏自信，而不是因为缺乏动机或精力）。

（5）愿意不遗余力地争取他人的照料和支持（甚至为此主动去做让自己不愉快的事情）。

（6）独处时，因为担心不能照顾自己而感到不舒服或无助。

（7）当一段亲密关系结束时，会急切寻求建立另一段关系，作为关心和支持的来源。

（8）不现实地沉浸于害怕被人抛弃，以致不得不自己照顾自己的恐惧中。

资料来源：Reprinted with permission from *Diagnostic and Statistical Manual of Mental Disorders* (4th ed., text revision). © 2000 American Psychiatric Association.

2010；Paris，2008）。表面上，因为患者关注并渴望将治疗的责任托付给治疗师，因此依赖型人格障碍患者似乎是理想的患者。然而，实际上，他们的顺从否定了治疗的主要目标之一：让他们变得更加独立，更能够为自己负责。当患者相信自己有能力独立做决定时，治疗才会逐步取得进展（Beck，2007）。这里特别需要注意的是不能让患者过度依赖治疗师。

强迫型人格障碍

强迫型人格障碍（obsessive-compulsive personality disorder）患者的特点是执着于按“正确的方式”做事。尽管许多人可能嫉妒他们的持之以恒和奉献精神，但是，沉迷于细节实际上让他们一事无成。看一下丹尼尔的案例。

丹尼尔：把事情做得精确无误

每天早上8点整，正在攻读心理学研究生课程的丹尼尔会准时来到他就读大学的办公室。在路上，他总是在7-11便利店停下来买一杯咖啡和一份《纽约时报》。从上午8点到9点15分，他边喝咖啡边看报纸。9点15分，他会再整理一下与自己博士论文有关的包括几百篇文章的文件（如今论文已经延迟好几年了）。从10点钟到中午，他会选读其中一篇文章，标出有关的段落。然后他拿出装着午饭（总是花生黄油果酱三明治加一个苹果）的公文包，去自助餐厅买一瓶汽水独自享用。从下午1点到5点的时间，他开会、整理办公桌、列下自己要做事情的清单，并把参考资料输入自己电脑中新的数据库中。回到家，他与妻子一起吃饭，然后继续他的论文直到晚上11点，尽管大量的时间都被花在了尝试家里电脑的新功能上。

与四年半前相比，丹尼尔的论文没有一点进展。他的妻子威胁要离开他，因为他对家里的一切也要求那么严格，她不想永远住这个像牢笼一样的研究生宿舍里。丹尼尔最终因为对他逐渐破裂的婚姻的焦虑而向治疗师求助，他被诊断有强迫型人格障碍。

临床描述

像许多这种人障碍的患者一样，丹尼尔专注于工作，几乎不会花时间去看电影、参加聚会或做与他的学业无关的事情。因为对任何事情都很苛刻，强迫型人格障碍患者的人际关系往往很差（Cloninger & Svakic，2009）。

这种人格障碍似乎与强迫症（在第4章中所讨 319
论的焦虑障碍的一种）只有微弱的关联。像丹尼尔这样的患者往往没有强迫思维与强迫行为这种在名称类似的强迫症中常见的症状。尽管焦虑障碍患者有时也会表现出强迫型人格障碍的特征，但他们同时也存在其他人格障碍的特点（例如回避型、表演型、依赖型）（Eisen，Mancebo，Chiappone，Pinto，& Rasmussen，2008）。

一种有趣的理论认为，许多连环杀人案罪犯的心理画像指向强迫型人格障碍。弗雷拉（Ferreira，2000）

DSM 诊断标准概要
强迫型人格障碍

一种以牺牲灵活性、开放和效率为代价，专注于条理性、追求完美的心理和人际控制的广泛性模式，始于成年早期，出现在多种场景下，并存在下列症状中的至少4种：

（1）专注于细节、规则、条理、秩序、组织或日程安排，以致失去主要的行为目标。
（2）表现出妨碍任务完成的完美主义（例如因自己过于严格的标准，而导致任务无法完成）。
（3）对工作过分投入，导致闲暇活动和交友减少（不是明显的经济原因所致）。
（4）在道德、伦理或价值观问题上，过度谨慎、认真、不灵活（不是文化或宗教因素所致）。
（5）即使已经没有情感价值，也不会丢弃那些破旧、无用的东西。
（6）不愿将任务安排给别人或和别人一起工作，除非其他人能够精确地遵从他做事情的方式。
（7）对自己和他人都采取非常吝啬的消费方式，认为钱一定要储存起来以备日后可能发生的灾难。
（8）显得古板、僵硬。

资料来源：Reprinted with permission from *Diagnostic and Statistical Manual of Mental Disorders* (4th ed., text revision). © 2000 American Psychiatric Association.

提出，这些个体通常并不符合严重精神疾病的定义——例如精神分裂症，但在操纵受害者上却是“控制大师”。他们控制犯罪所有细节的需要符合强迫型人格障碍的模式。强迫型人格障碍可能也在一些性侵者（特别是恋童癖）身上起着作用。对恋童癖的脑成像研究显示，这些人的脑功能与强迫型人格障碍患者相似（Schiffer et al.，2007）。这种行为谱系的另一端，即天才儿童身上也常常被发现存在强迫型人格障碍，他们对完美的要求几乎完全一样（Nugent，2000）。

病因与治疗

遗传因素对于强迫型人格障碍的影响似乎很小（Cloninger & Svakic，2009）。一些人天生就喜欢模式化的生活。但是要达到像丹尼尔那样的程度，还需要父母对一致性与整洁的强化。

强迫型人格障碍患者执着于按“正确的方式”做事。

对强迫型人格障碍的治疗往往针对患者的担心，即害怕无法达到完美秩序。这些患者常常害怕自己做得不到位，因此，他们像处理重要的问题一样，对琐碎的细节反复思量。治疗师帮助这些患者放松，或者采用干扰技术以改变其强迫思维。这种类型的认知行为治疗看来对强迫型人格障碍患者有一定效果（Svartberg et al.，2004）。

概念自测 8.4

在下面的空格中填入正确的人格障碍类型。

1. 在治疗过程中约翰起身去喝杯水。10分钟后，约翰仍然没有回来。在给自己的杯子里灌水之前，他首先不得不清洗干净水池，然后把所有的杯子都整理好。______
2. 惠特妮是一个习惯于自责的人，她认为自己不够聪明，也没有任何技能。她还害怕独处，需要不断从家人或朋友那里寻求安慰。她对丈夫的欺骗从来不敢说一个不字，因为她相信，如果她表现出任何一点点决心或主动，她就会被抛弃，并因此而不得不自己照顾自己。______
3. 迈克没有社交生活，因为他极度害怕被拒绝。他漠视别人的称赞，但却对批评反应激烈，这只会让他觉得自己更加无能。迈克做任何事情都独自一人。______

强迫型人格障碍 C簇（焦虑或恐惧型）人格障碍中的一种，涉及以丧失灵活性、开放性和效率为代价的，对整洁、完美主义及精神和人际控制的执着的广泛模式。

320

谱系讨论 人格障碍的新视野

本章一直在讨论围绕人格障碍分类的各种分歧，例如，这种障碍高重叠率（共病率）——一些患者可能被诊断有3种或更多种人格障碍——以及与维度取向相对的类别取向的使用。这些问题在持续引起研究这些人格障碍的研究者和治疗它们的临床工作者的关注（South et al.，2011）。例如，我们在本章中所使用的分类（A，B，C三簇）也在DSM-Ⅳ中被使用，但这仅仅是帮助临床工作者记住这些障碍的一种方便的方式，并非基于科学的证据（Widiger，2007）。在这一领域最有可能的改变是彻底使用维度观点对这些障碍进行再定义。我们希望DSM系统下一版DSM-5采用这一新取向，这样可能会让我们重新思考我们如何看待本书中提及的其他许多障碍（Krueger，Skodol，Livesley，Shrout，& Huang，2008；Lopez，Compton，Grant，& Breiling，2008；Widiger & Trull，2007）。

目前正在被讨论的一种引入维度取向的方法，是在6种显著的人格特质领域对患者进行评价（负情绪性、内省、敌意、去抑制性、强迫性，以及精神病性）（American Psychiatric Association，2010b）。每一个领域包含更多特殊的“特质面”。例如在“强迫性”领域，可能就有完美主义、执拗、刻板、秩序及风险厌恶等各个面。临床工作者可以在一个四点量表上，根据患者身上这些人格特质的情况进行打分（从“很少有或完全没有”到“极其典型”），从而提供患者在某一维度上的困难程度的信息。是否或如何将这一分类框架最终整合进主流的临床工作中，仍然是一个尚待解决的问题。

▼小　结

人格障碍概览

人格障碍的本质特征是什么？为什么它们会被列在DSM-Ⅳ-TR的轴Ⅱ中？

- 人格障碍代表着长期存在，根深蒂固的思维、感受和行为模式，这些特点会导致明显的应激。因为人们可能表现出两种或更多种与这个世界非适应性的互动，所以，在如何对人格障碍进行分类方面尚存在诸多争议。
- DSM-Ⅳ-TR包括10种人格障碍，并被归入三个“簇”：A簇（奇怪或古怪簇）包括偏执型、分裂样和分裂型人格障碍，B簇（戏剧化、情绪化或不稳定簇）包括反社会型、边缘型、表演型和自恋型人格障碍，C簇（焦虑或恐惧簇）包括回避型、依赖型和强迫型人格障碍。

A簇人格障碍

每一种奇怪或古怪型人格障碍的本质、病因，以及治疗方法是什么？

- 偏执型人格障碍患者会没有任何理由地对他人极度不信任和猜疑。他们从不向别人说心里话，并认为别人会伤害自己。
- 分裂样人格障碍患者表现为一种与社会关系隔离的模式，以及在人际情境中的有限的情感表达。他们看起来孤独、冷漠、对他人漠不关心。
- 分裂型人格障碍患者表现出典型的与社会隔离，并且有和我们大多数人不一样的行为方式。此外，他们往往多疑，并对世界持有古怪的念头。

B簇人格障碍

戏剧化、情绪化或不稳定型人格障碍的本质特征是什么？

- 反社会型人格障碍患者往往都有着违反社会规则的记录。他们所做的事情我们大多数人都无法接受，例如盗窃亲朋。他们还常表现出不负责任、冲动和爱欺诈。
- 与DSM-Ⅳ-TR中反社会型人格障碍的诊断标准相反，这一标准几乎完全基于可观察的行为（例如，冲动地反复更换工作、住所或性伴侣），相关的病态人格概念主要反映了潜在的人格特质（例如，自我中心或富有操纵性）。
- 边缘型人格障碍患者在情绪和与他人的关系方面缺乏稳定性，并且他们常常是低自尊的。这些人常感到空虚，并有高度的自杀风险。
- 表演型人格障碍患者往往过度戏剧化，经常看起来像在演戏。
- 自恋型人格障碍患者往往会对自己的评价过高——超

出他们的真实能力。他们认为自己是与众不同的，并应得到特别的对待。

321 C簇人格障碍

焦虑或恐惧型人格障碍的本质特征是什么？

- 回避型人格障碍患者对别人的意见极其敏感，并因此会回避社交关系。他们极低的自尊水平，加上对被排斥的恐惧，使他们不愿引人注意。
- 依赖型人格障碍患者不管是做重要的决定还是普通的决定都要依赖他人，这导致一种对被遗弃的不合理的恐惧。
- 强迫型人格障碍患者的特征是固执地认为事情应该按“正确的方式”来做。这种对细节的专注使他们做任何事情都无法完成。
- 人格障碍的治疗很困难，因为患者常常不明白他们自己的各种问题实际上都是他们为人处世方式的结果。
- 对于临床工作者来说，人格障碍很值得思考，因为它们可能还存在干扰治疗的更特殊的问题，例如焦虑、抑郁或物质滥用。不幸的是，一种或多种人格障碍的存在与糟糕的治疗结果和预后联系在一起。

▼ 关键词

personality disorders 人格障碍　289
paranoid personality disorder 偏执型人格障碍　296
schizoid personality disorder 分裂样人格障碍　297
schizotypal personality disorder 分裂型人格障碍　299
antisocial personality disorder 反社会型人格障碍　301
psychopathy 病态人格　302
borderline personality disorder 边缘型人格障碍　308
dialectical behavior therapy 辩证行为疗法　312
histrionic personality disorder 表演型人格障碍　312
narcissistic personality disorder 自恋型人格障碍　314
avoidant personality disorder 回避型人格障碍　316
dependent personality disorder 依赖型人格障碍　317
obsessive-compulsive personality disorder 强迫型人格障碍　318

▼ 概念自测答案

8.1

1. 轴 Ⅱ；2. 共病；3. A 簇，B 簇，C 簇；4. 类别；5. 慢性的；6. 偏见

8.2

1. 偏执型；2. 分裂型；3. 分裂样

8.3

1. 边缘型；2. 反社会型；3. 自恋型；4. 表演型

8.4

1. 强迫型；2. 依赖型；3. 回避型

▼ 本章测验 322

1. 关于人格障碍本质的维度取向与类别取向的争论也能被描述为________与________之间的争论。
   a. 诊断；预后　　b. 状态；特质
   c. 程度；种类　　d. 定性；定量
2. 与女性相比，男性更常被诊断有某些人格障碍。对这种差别的一种解释是：
   a. 症状被临床医生以不同的方式解读，这种不同取决于带有这些症状的个体的性别
   b. 与女性相比，男性更可能去精神卫生专业人员那里求助
   c. 大多数临床医生是男性，因此，他们更容易在与他们同性别的患者身上发现病理性问题
   d. 因为激素的差异，女性更容易患上急性，而男性则更容易患上慢性的人格障碍。
3. 遗传研究和症状上的重叠提示，精神分裂症与________存在联系。
   a. 边缘型人格障碍　　b. 分裂型人格障碍
   c. 分裂样人格障碍　　d. 反社会型人格障碍
4. 病态人格的诊断标准关注________，而反社会型人格障碍的诊断标准则重视________。
   a. 行为；人格　　b. 人格；行为
   c. 犯罪行为；社会隔离　　d. 社会隔离；犯罪行为
5. 下面哪种症状是边缘型人格障碍患者的特点？
   a. 冲动　　b. 孤独
   c. 躁狂　　d. 自大
6. 下面哪种理论认为病态人格者可能会用反社会或冒险

行为来刺激他们的皮层系统？

a. 等效假说　　b. 经皮层磁刺激假说

c. 低唤醒假说　　d. 等电位假说

7. 用感情洋溢的亲密态度欢迎刚认识的人，在看电影时不能控制地哭泣，努力成为聚会关注的焦点，这些表现是下面哪种人格障碍的典型行为特征？

a. 边缘型人格障碍　　b. 自恋型人格障碍

c. 表演型人格障碍　　d. 偏执型人格障碍

323 8. 下列陈述中，哪一项最符合边缘型人格障碍的特点？

a. 边缘型人格障碍患者很少在童年受过虐待

b. 与女性相比，男性被诊断有边缘型人格障碍的更多

c. 边缘型人格障碍患者的行为与创伤后应激障碍重叠

d. 边缘型人格障碍很少伴有自残行为

9. 哪种人格障碍患者经常表现出幼稚的、自我中心的行为？

a. 偏执型　　b. 反社会型

c. 分裂型　　d. 自恋型

10. 专注细节、规则、秩序，把日程安排到影响其日常功能的程度，这样的人可能患有：

a. 强迫型人格障碍　　b. 自恋型人格障碍

c. 反社会型人格障碍　　d. 分裂样人格障碍

（答案见附录 C）

第9章 躯体形式障碍和分离性障碍

James Blinn/Shutterstock.com

◆ **章节概览**

躯体形式障碍

- 疑病症
- 躯体化障碍
- 疼痛障碍
- 转换障碍
- 躯体变形障碍

分离性障碍

- 人格解体障碍
- 分离性遗忘症
- 分离性神游症
- 分离性恍惚障碍
- 分离性身份障碍

325 **学生学习的目标 ***

运用本学科的概念、专用语和主要理论来解释心理现象。	▶ 客观地描述行为和心理过程，包括下操作性定义（pp.326-328，330-331，332-336，338-341，343-349）。
恰当运用心理学知识解决问题。	▶ 异常行为的起因和治疗（pp.328-329，331-332，336-337，341-342，349-353）。

* 本章的这部分内容覆盖了由美国心理学会（American Psychology Association，2007）建议的学习目标，可作为心理学专业本科学生的学习指南。这些内容由美国心理学会学习目标建议小组（SLO）确定。

很多人尽管身体并没有什么问题，但仍然持续不断地向医生求诊。这种情况通常来说并无害处，甚至可以开一些善意的玩笑。但少部分人过分关注自身的健康和外表，甚至使之主宰了他们的生活。这类问题被统一归为**躯体形式障碍**（somatoform disorders）。Soma 是身体的意思，有这种问题的个体首先表现出躯体障碍。然而，这类障碍的共同之处是通常都没有可以确认的导致躯体主诉的医学原因（olde Hartman et al.，2009；Woolfolk & Allen，2011）。

你曾经有过和自己或者周围环境“分离”的感觉吗（“这不是真的我”，或者“那个看起来不像我的手”，或者“这个地方看起来不像真的”）？在这种经历中，有的人认为自己好像在做梦。大部分人偶尔有过这种感觉，但比较轻微，通常表现为意识或身份发生细微的改变或解离，它们被称为解离体验或者解离。对于少部分人来说，他们的这种体验过于强烈和极端，以至于他们完全失去了自己的身份，并且采取一个新的身份，或者他们失去了自己的记忆或真实感，并无法行使功能。在本章的后半部分我们将讨论**分离性障碍**（dissociative disorders）的几种类型。

躯体形式障碍和分离性障碍在历史上有很强的联系，并且越来越多的证据表明它们有很多共同的特征（Kihlstrom，Glisky，& Anguilo，1994；Prelior，Yutzy，Dean，& Wetzel，1993）。它们曾被归为统一的一个大类，名字叫“癔症性神经症”。你可能还记得（见第 1 章）“癔症”这个术语，它可以追溯到古希腊的希波克拉底以及在他之前的埃及人。这个术语暗示了这种被认为主要发生在妇女身上的障碍的原因，即“游走的子宫”。但是“癔症”这个术语被更多地用于那些没有已知机体原因的躯体症状，或者是具有女性特征的戏剧性的或“表演性的”行为。弗洛伊德指出，在一种叫作转换癔症的情况中，无法解释的身体症状暗示着无意识的情绪冲突通过转化为一种更能被接受的形式表现出来。历史上的“转换”这个术语我们至今还在使用（没有理论的含义），然而，这个带有偏见和诬蔑意味的术语“癔症”已不再使用。

正如精神分析理论所定义的那样，神经症这个术语指一类特定障碍的特殊原因。神经症特定地来源于无意识的冲突、这些冲突导致的焦虑，以及自我防御机制的使用。神经症这个概念太含混，被应用于几乎所有的非精神病性障碍，而且它暗示这些障碍有特定的却无法被证明的原因，因此神经症这个诊断在 1980 年的诊断系统中被去除了。

迄今为止，人们对躯体形式障碍和分离性障碍仍然存在许多不解，但是几个世纪以来，精神病学家和大众对它们产生了浓厚的兴趣。对它们的了解越多，就越能解释我们身上的那些平凡而普通的特质是如何发展为扭曲、奇怪和致残的障碍的。

326 躯体形式障碍

▶ 躯体形式障碍的定义性特征有哪些？
▶ 躯体形式障碍的治疗方法有哪些？

DSM-Ⅳ-TR 列出了五种基本的躯体形式障碍：疑病症、躯体化障碍、疼痛障碍、转换障碍以及躯体变形障碍。在上述每种障碍中都存在个体对其外表或身体功能的病理性关注。本节中的前三种障碍——疑病症、躯体化障碍和疼痛障碍——有许多重叠，所以 DSM-5 有可能将这三种障碍合并为一个新的类别，称为复杂性躯体症状障碍（American Psychiatric Association，2010f）。

疑病症

就像很多心理病理学术语一样，**疑病症**（hypochondriasis）的起源可以追溯到古代。对于希腊人来说，“hypochondria”是指肋骨下的区域，该区域内的器官会影响精神状态。例如，溃疡和腹部疾病曾经一度被认为是疑病症症状的一部分。但是，由于这些障碍（溃疡和腹部疾病）的生物学原因已经被发现，所以，它们不再被认为是心理障碍。但是，那些原因不明的躯体主诉仍然被称为疑病症（Barsky，Wyshak，& Klerman，1986；Taylor & Asmundson，2009；Woolfolk & Allen，in press）。正如人们目前所了解的，在疑病症中，对可能患有某种严重疾病的关注引发了强烈的焦虑。对患者来说，这种威胁看起来那么真实，以至于来自医生的保证也无济于事。我们来看一下盖尔的案例。

盖尔：看不到的病

盖尔在 21 岁的时候结婚，对未来的新生活充满了期待。作为一个中产阶级下层家庭的众多孩子之一，她感到脆弱、被忽视，并困扰于自己的低自尊，但是她相信结婚可以解决所有这些问题，她最终将成为与众不同的人。不幸的是，事情并非如此。她很快发现，她的丈夫继续和他的前女友藕断丝连。

在她结婚三年后，盖尔来到我们的诊所。尽管盖尔最开始来是抱怨焦虑和应激，但很快，她对自己健康状况的担心就成了主要的议题。每次当她体验到身体的症状，比如喘不过气或者头痛时，她都会担心自己得了非常严重的疾病。头痛可能预示了脑肿瘤。喘不上气可能是心脏病发作的前兆。其他的感觉也很快成了她担心自己患上艾滋病或者癌症的证据。盖尔很害怕晚上睡觉，因为她担心自己会停止呼吸。她回避锻炼、喝酒，甚至大笑，因为这些活动产生的感受使她难受。她担心公共休息室会成为传染源，偶尔还会担心公共电话。

引起焦虑和恐惧失控的主要诱因是报纸上和电视上的新闻。每次看到关于“这个月的疾病”的文章或者节目，盖尔就会发现自己不可控制地陷入了对这种病的恐惧中，并开始小心地寻找有关这种疾病的症状的蛛丝马迹。在接下来的几天中，她会不断地在自己和周围人身上寻找这些症状。她甚至密切地观察自己的狗，看它是不是也得了这种可怕的疾病。只有通过巨大的努力她才能在几天之后摆脱这些想法。如果朋友或者亲戚真的得了什么病，这会让她紧张好些天。

盖尔的恐惧是在婚后第一年发展起来的，与她知道丈夫有外遇的时候同时。刚开始的时候，她花了很多时间，以及超过她可以承担的金钱去看病。几年来，她每次去看病都得到相同的结果：“你的身体没有什么毛病，你很健康。”最后，当她开始确信自己的担心是多余的时，她不再去医院了，但是，她的恐惧并没有消失，她仍然感到痛苦。

临床描述

盖尔的问题是典型的疑病症。研究表明疑病症与焦虑、心境障碍有很多共同之处，尤其是惊恐障碍（Craske et al.，1996；Creed & Barsky，2004），这些共同之处包括相似的发病年龄、人格特征以及家族聚集模式（在家族中流行）。确实，焦虑和心境障碍经常和疑病症共病，也就是说，如果一个疑病症个体有附加的诊断，则很有可能就是焦虑或者心境障碍患者（Côté et al.，1996；Creed & Barsky，2004；Rief，Hiller，& Margraf，1998；Simon，Gureje，& Fullerton，2001）。DSM-5 委员会甚至提出，很多疑病症个体或许更应该被诊断为焦虑障碍患者，这个提议受到了广泛的支持（Taylor & Asmundson，2009）。

对自己可能患上了某种严重的疾病的焦虑与恐惧是疑病症的特征。因此，焦虑是核心问题，但是疑病症患者焦虑的表达方式与其他焦虑障碍不同。疑病症患者一门心思都放在躯体症状上，并将其错 327
误地解释为疾病的先兆。任何一种身体感觉都可能成为疑病症患者关注的焦点。一些人关注正常的身体功能，比如心跳或者出汗，另一些人则可能更关

躯体形式障碍　个体对其躯体的外表或功能的病理性关注，这种关注通常缺少必要的医学证据。

分离性障碍　个体感觉与自己或周围环境分离，并感到现实、体验和身份出现瓦解。

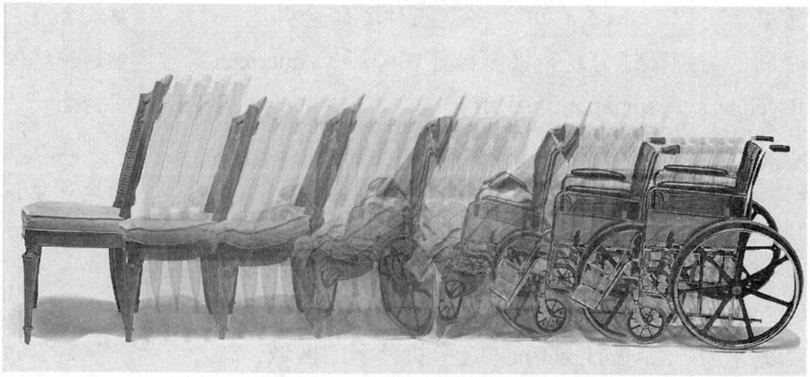
©Michael Newman/PhotoEdit

疑病症患者常常把正常体验和感觉解读为威胁生命的疾病。

注那些身体的异常反应（比如咳嗽）。一些人会抱怨那些不明确的症状，比如疼痛或者疲劳。因为这个障碍的关键特征是对躯体症状的先占观念，所以疑病症患者几乎总是先去见家庭医生。只有当家庭医生排除了现实的医学原因之后，他们才会来见精神卫生专家。

疑病症的另外一个重要特征是，医生的反复保证（例如什么问题都没有、很健康等）最多只能起到短期的效果。像盖尔这样的患者很快又会出现在另一个医生的办公室，因为他们认为前一个医生可能漏掉了什么。这是因为许多这样的人会错误地认为自己患有某种疾病，这种难以改变的观念有时被称为“疾病信念”（Côté et al.，1996；Haenen，de Jong，Schmidt，Stevens，& Visser，2000）。因此，疾病信念与对可能会患上某种疾病的担心一起，成了疑病症的核心特征（Benedetti et al.，1997；Kellner，1986；Woodfolk & Allen，in press）。

年幼的儿童常常会出现轻度的类似于疑病的关注，他们也经常抱怨腹痛和没有生理基础的疼痛。但是，大多数情况下，这种抱怨是对应激的反应，不会发展为完整的慢性的疑病症状。

数据统计

疑病症在普通人群中的患病率为1%～5%（APA，2000）。5项针对初级卫生保健机构的研究显示，疑病症在这些机构的患病率为6.7%。尽管历史上这种“癔症性”障碍被认为只存在于女性中，但是实际上性别比例接近1∶1（Creed & Barsky，2004；Kellner，1986；Kirmayer & Robbins，1991；Kirmayer，Looper，& Taillefer，2003）。很长时间以来，疑病症一直被认为在老年人群中更流行，但是这种观点看来并不正确（Barsky，Frank，Cleary，Wyshak，& Klerman，1991）。事实上，疑病症在各年龄段成年人中的流行情况大致相当。实际上，只是老年人去看医生的更多，才使得这个年龄阶段被诊断为疑病症的绝对数量比年轻人高，但是来看病的人中患有疑病症的比例是一样的。疑病症可能在一生中的任何时候都可能发生，高峰期在青少年期和中年期（四五十岁），以及60岁以后（Kellner，1986）。与大部分焦虑和心境障碍一样，疑病症也是慢性的（Taylor & Asmundson，2009）。

与焦虑障碍一样，具有文化特异性的综合征似乎也非常适合疑病症的特点（Kirmayer & Sartorius，2007）。其中一种叫恐缩症，患者有一种阴茎缩回到肚子里的信念，并伴随严重的焦虑，有时还会有惊恐。尽管在女性中也有报告，但大多数这种障碍的患者是中国男性；在西方社会这种障碍很少见。为什么恐缩症会发生在中国文化中呢？鲁宾（Rubin，1982）指出性功能在中国男性中具有核心重要性。他指出，典型的患者对过度手淫、不满意的性交，或者滥交感到内疚。这些事件可能使男性将注意力集中在他们的性器上，从而加重了他们的焦虑和情绪唤起，这与焦虑障碍的过程类似。

另外一种文化特异障碍在印度流行。这种障碍的患者过分担心会失去精液，这种明显在性活动中才会出现的东西。这种被称为dhat的障碍与多种躯体症状混在一起，这些躯体症状包括头晕、虚弱、疲劳等。患者往往将这些轻度的抑郁和焦虑症状仅仅归于躯体因素，即精液的流失（Ranjith & Mohan，2004）。其他与情绪因素相关的具有文化特异性的躯体症状，包括头部发热的感觉或者感到头里有东西在爬，主要见于非洲患者，而手和脚灼烧的感觉常见于巴基斯坦或者印度患者（Kirmayer & Weiss，1993）。

医学无法解释的躯体症状可能是更具挑战性的
心理病理学现象。首先，内科医生在建议患者去找 328
精神卫生专家之前，必须排除患者躯体主诉的生理原因；其次，精神卫生专家必须确定患者躯体主诉的性质，以了解这些主诉是某种具体的躯体形式障碍，还是其他心理病理综合征（如惊恐发作）的一部分；最后，临床工作者必须对患者的文化或亚文

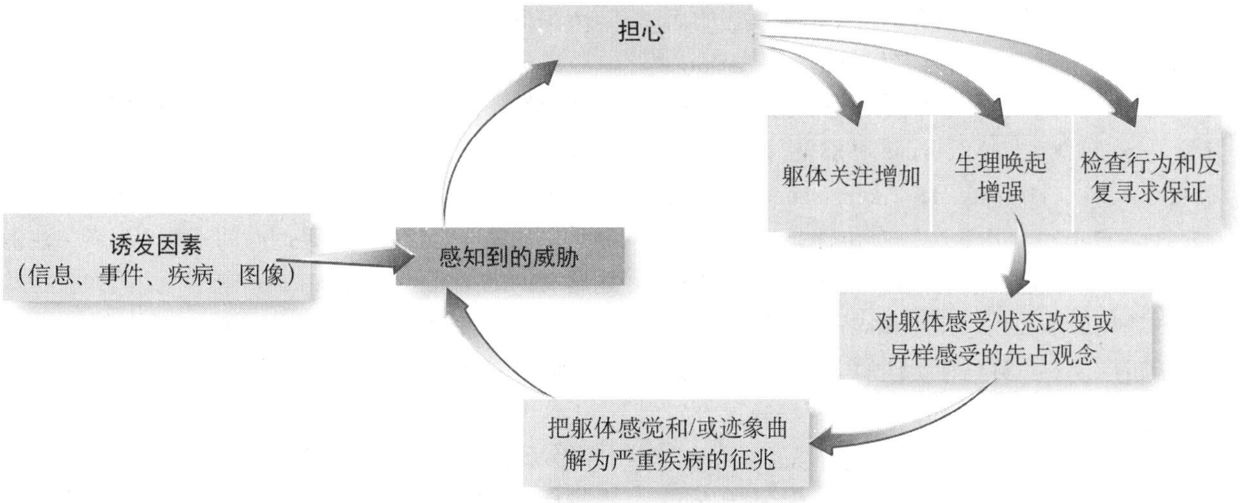

图 9–1 疑病症病因的整合模型

资料来源：Based on Warwick, H.M., & Salkovskis, P.M., 1990. Hypochondriasis. *Behavior Research Therapy, 28*, 105-117.

DSM 诊断标准概要

疑病症

疑病症的症状包括：

- 具有患上某种严重疾病的先占观念。
- 尽管有充分的医学评估和反复保证，但是这种先占观念依然会持续。
- 这种先占观念没有达到妄想的程度，也不仅限于对外貌的关注。
- 这种先占观念导致了临床上显著的痛苦或功能损害。
- 至少持续 6 个月。

资料来源：Based on DSM-Ⅳ-TR. Reprinted with permission from *Diagnostic and Statistical Manual of Mental Disorders* (4th ed., text revision). © 2000 American Psychiatric Association.

化特征有敏感的觉知，这通常需要请教跨文化心理病理专家。

病因

持不同观点的研究者都赞成疑病症中的心理病理学作用。把躯体症状和感觉曲解为躯体疾病是疑病症的主要问题，因此，几乎所有人都同意疑病症基本上是一种受情绪强烈影响的认知或感知障碍（Adler，Côté，Barlow，& Hillhouse，1994；Barsky & Wyshak，1990；Kellner，1985；olde Hartman et al.，2009；Taylor & Asmundson，2004，2009）。

疑病症患者体验到的躯体感觉对于我们所有人来说很平常，但是他们很快会将注意力集中到这些感觉上。记住，正是这种自我关注的行为增强了唤醒，使躯体感觉变得比实际更强（见第 4 章）。如果你还倾向于将这些躯体感觉错误地解读为疾病的表现，那么你的焦虑就会不断增强；而不断增强的焦虑又会引起其他躯体症状，进而形成恶性循环（图 9–1）（Salkovskis，Warwick，& Deale，2003；Warwick & Salkovskis，1990）。

使用认知科学的方法，例如 Stroop 测验（见第 2 章），很多研究者（Hitchcock & Mathews，1992；Pauli & Alpers，2002）证实，患有疑病症的被试对疾病线索的知觉敏感性较强。他们还倾向于把模糊刺激解释为危险信号（Haenen et al.，2000）。因此，他们很快就会对任何可能的疾病信号变得敏感（或害怕）。例如，轻微头痛可能被解释为脑肿瘤的确切信号。斯米茨等（Smeets，de Jong，& Mayer，2000）发现，与正常人相比，疑病症患者处理哪怕很小的躯体症状都会采取“安全第一”的方法，会尽可能快地去检查。更确切地说，他们对于健康有着很狭隘的观点，认为健康就是要达到完全没有症状的状态（Rief et al.，1998）。

是什么导致个体发展出这种对身体的敏感模式 329
以及歪曲信念呢？尽管不能确定，但是病因并非单

疑病症 躯体形式障碍的一种，个体因罹患某种疾病的信念引发严重的焦虑，但缺乏明确的躯体原因。

一的生物或心理因素。我们有理由相信疑病症的病因与焦虑症中所涉及的病因有相似之处（Barlow，2002；Suarez et al.，2009）。例如，有证据表明，疑病症会在家族中流行（Kellner，1985），并且有中等程度的遗传性（Taylor，Thordarson，Jang，& Asmundson，2006）。但是这种遗传性是非特异性的，例如对应激过度反应的倾向，因此这种非特异性的遗传作用可能与焦虑症的非特异性遗传作用没有区别。过度反应也许与把负性的生活事件解读为不可预测和不可控的倾向相联系，从而导致患者所有时间都很警惕（Noyes et al.，2004；Suarez et al.，2009）。正如我们在第4章中所谈到的，这些因素可能共同构成了对焦虑的生物与心理易感性。

为什么这种焦虑会集中在躯体感觉和疾病上呢？我们知道有疑病倾向的儿童经常会报告其他家庭成员曾经报告过的相同的症状（Kellner，1958；Kirmayer et al.，2003；Pilowsky，1970）。因此很有可能和惊恐障碍一样，那些发展出疑病症的个体从家庭成员那里习得了把焦虑集中在特定的躯体状况和疾病上。

还有三个因素可能对发病过程起作用（Côté et al.，1996；Kellner，1985）。第一，疑病症和其他很多障碍（包括焦虑障碍）一样，可能会因应激性生活事件发展起来。这些事件往往牵涉到死亡和疾病（Noyes et al.，2004；Sandin，Chorot，Santed，& Valiente，2004）（盖尔婚后第一年的创伤与她障碍的发生吻合）。第二，疑病症患者童年时期在他们的家庭中经历过不寻常的疾病。这样，即便他们成年期时没有发展出疑病症，但是他们也有着对疾病的深刻记忆，而这些记忆很容易成为焦虑的中心。第三，一些重要的社会和人际影响也会起作用（Noyes et al.，2003）。那些来自被疾病困扰的家庭的个体可能会习得成为患者常常能够得到更多关爱的观念。这种生病的“益处”可能是一些人发展出疑病症的原因。因为一个“生病的人”会因为得病而得到更多关注，并能承担较少的工作或其他责任，这种现象被描述为扮演“患者角色”。

治疗

遗憾的是，我们对于疑病症的治疗知之甚少。临床报告显示，保证和教育似乎对某些病例有效（Haenen et al.，2000；Kellner，1992），这个结果令人惊讶，因为根据疑病症的定义，患者无法从有关自身健康的保证中获益。但是，通常只有家庭医生才会给予简单的保证，他们几乎没有时间来提供持续的支持和保证，而这些可能是必需的。精神卫生专家也许可以尽可能以一种更有效和敏感的方式提供保证，他们会用更充足的时间来处理患者关注的所有问题，还会注意症状的“意义”（例如，这些症状与患者的生活应激间的关联）。法瓦等（Fava，Grandi，Rafanelli，Fabbri，& Cazzaro，2000）测试了这个想法，他们把20名符合疑病症诊断标准的患者分成两组。其中一组接受“解释性治疗”，临床医生仔细地回顾症状的起源和过程。这些患者在治疗结束后立即接受评估，并在6个月后再次接受评估。另一组是等待对照组，患者在6个月的等待期不接受治疗。所有患者都会得到医生的常规帮助。对两组患者来说，按照一个教育框架花时间对其详细解释障碍的本质，都与患者的疑病性恐惧和信念的显著减少，以及卫生保健的使用量显著降低相关，并且这些效果在追踪期内持续存在。对于等待对照组来说，治疗效果直到他们接受解释性治疗时才出现，这意味着这种治疗方法是有效的。

更全面的评估已经出现（Clark et al.，1998；Kroenke，2007；Thomson & Page，2007）。例如，在迄今为止最好的一项研究中，巴尔斯基和阿赫恩（Barsky & Ahern，2005）将187名疑病症患者随机地进行了分配，一部分患者接受经过培训的治疗师的6个疗程的认知行为治疗（CBT），另一部分患者则接受基层保健医生的常规治疗。CBT治疗策略关注于识别、挑战那些对躯体感受做出的与疾病相关的曲解，并向患者展示如何通过将注意力集中到身体的某些区域以诱发“症状”。让患者诱发自己的症状会让许多人明白现象都在他们的控制之下。同时还训练患者减少因所关注的症状而向医生求证的次数。CBT的治疗效果更佳，并且在跟踪随访中，无论是症状还是社会功能及生活质量的整体改变，CBT组的效果都更好。但是这些结果还是“谦虚”的，因为很多符合条件的患者拒绝参加治疗，他们坚信自己的问题是生理的而非心理的。

近年来的一些报告显示，药物可以帮助某些疑病症患者（Fallon et al.，2003；Kjernisted，Enns，& Lander，2002；Kroenke，2007；Taylor et al.，2005）。正如人们所预期的那样，这些类似的药物

（抗抑郁剂）也对抑郁和焦虑的治疗有效。在一项研究中，CBT 和帕罗西汀（一种特异性 5- 羟色胺再摄取抑制剂）同样有效，但是仅 CBT 与安慰剂的效果有显著差异。在该研究中，治疗对 45% 的 CBT 组患者、30% 的帕罗西汀组患者，以及 14% 的安慰剂组患者是有效的（Greeven et al.，2007）。

330 躯体化障碍

1859 年，皮埃尔·伯里奎特（Pierre Briquet），一位法国内科医生描述了这样一类前来求诊的患者，他们好像有无穷无尽的躯体主诉，但却没有任何器质性的基础（American Psychiatric Association，1980）。尽管他没有发现什么问题，但很快患者又会带着同样的抱怨或者在原来基础上有轻微变化的新问题回来找他看病。100 多年来这种障碍被称为伯里奎特综合征，直到 1980 年改名为**躯体化障碍**（somatization disorder）。下面我们来看一下琳达的例子。

琳达："全职"患者

琳达，一个 30 多岁的聪明的女人，来到我的诊所，她看上去悲伤而痛苦。当她坐下之后，她说来到这个办公室对她来说很不容易，因为她呼吸有困难，而且腿和手臂的关节肿得厉害。她还得了慢性尿路感染，非常疼痛，她希望可以马上离开这里去休息室，但是她为自己能守约而感到非常高兴。至少她正在见一个可以帮她减轻痛苦的人。她说尽管她知道我们会安排一个详细的初始访谈，但还是做了一些工作，以节省时间。她拿出几张纸并交给我。第一部分有 5 页，仅仅描述了她联系卫生保健系统的主要问题。她记录了发生的时间、日期、可能的诊断以及住院的天数。第二部分，一页半无行间距的内容，主要是她因为各种问题而服用的所有药物的清单。

琳达认为自己可能得了一种没有人能够准确诊断的慢性疾病。在她十几岁的时候就开始出现这些问题。她经常和医生、牧师讨论她的病症和担心。她对医院和医疗诊所很感兴趣，因此在高中毕业之后考取了护士学校。然而，在接受医院训练的过程中，她发现她的状况急剧恶化了：她好像患上了她学习过的所有疾病。一系列严重的情绪问题使得她离开了护士学校。

当她的腿莫名其妙瘫痪之后，她住进了精神病院，一年之后她恢复了行走能力。出院后，她不再从事全职工作，而是在一家当地医院当志愿者。由于她的问题时断时续，并长期存在，有些时候她可以去工作，有些时候则不能。一位家庭医生和六位专业人员正在为她看病，他们负责检查她身体的各个方面。她还向两位牧师咨询。

临床描述

你是否注意到患躯体化障碍的琳达和患疑病症的盖尔之间的不同之处？琳达受到的损害更严重，并且在过去曾经一度瘫痪（我们现在把它称为转换障碍）。另外，琳达并不像盖尔那么害怕她自己得了某种病。琳达更关注症状本身，而不是症状可能的意义（患上某种疾病）。疑病症患者大多会针对症状立即采取行动，比如看医生或服药。而躯体化障碍患者并不急于采取行动，而是不断感到虚弱和生病，并且他们回避锻炼，认为那样会使自己的情况更糟（Rief et al.，1998）。

此外，琳达的全部生活都围绕她的症状。她曾经对治疗师说，她的症状就是她的身份：没有这些

DSM 诊断标准概要

躯体化障碍

躯体化障碍的症状包括：

- 始于 30 岁之前的躯体不适主诉，这种情况持续数年，并导致持续的治疗寻求行为，或在重要的机能领域的明显损害。
- 符合下列每一条：（1）四种疼痛症状；（2）除了疼痛外的两种肠胃道症状（如恶心、腹泻、腹胀）；（3）一种性功能症状（如经血过多、勃起失常）；（4）一种假性神经病学症状（如复视、协调或平衡受损、吞咽困难）。
- 躯体症状不能用任何一种已知的身体健康问题或某种物质的作用（例如某种滥用的物质或药物）来充分解释，或者即使存在一些身体健康问题，但患者躯体主诉或伤害远远超过了应有的程度。
- 这些身体不适和损害不是伪装或故意引发的。

资料来源：Based on DSM-Ⅳ-TR. Reprinted with permission from *Diagnostic and Statistical Manual of Mental Disorders* (4th ed., text revision). © 2000 American Psychiatric Association.

症状她将不知道自己是谁。对于这一点，她的意思是，她和别人讨论她的症状，就像别人在办公室讨论他们的日常生活以及孩子在学校的表现一样，如果没有这些症状，她将不知道怎么跟别人交往。她有少数几位不是卫生保健专家的朋友能够耐心地听她讲述她的症状，她认为他们是自己的朋友是因为他们能够理解她的痛苦。琳达的案例属于之前所描述的扮演“患者角色”的典型情况。

数据统计

躯体化障碍很少见。DSM-Ⅲ-R 要求在一个 35 条症状清单中，至少存在 13 条时才能做出一个诊断，因此，要做出诊断很困难。DSM-Ⅳ则对此进行了大幅度简化，仅需要 8 个症状就可以做出
331 诊断（Cloninger，1996）。卡顿及其同事（Katon et al.，1991）证实躯体化障碍在一个连续谱上发生：那些仅有几项医学无法解释的躯体症状的个体可能会体验到严重的痛苦和机能损害，这类患者被认为患上了未分化的躯体形式障碍（undifferentiated somatoform disorder）。尽管名义上都是躯体形式障碍，但是这种“障碍”其实是少于 8 个症状标准的躯体化障碍，因此 DSM-5 可能会删除这一诊断。使用满足 4～6 条症状的诊断标准，埃斯科巴和卡尼诺（Escobar & Canino，1989）发现躯体化障碍在某大型城市的患病率是 4.4%。在某基层卫生保健机构 6 个大样本的统计中，符合躯体化障碍诊断的患病率中位数是 16.6%（Creed & Barsky，2004）。

琳达的障碍是在青少年期发展起来的，青少年期是典型的发病阶段。大量研究证实躯体化障碍患者多为女性、未婚者、社会经济地位较低者（例如，参见 Creed & Barsky，2004；Lieb et al.，2002；Swartz，Blazer，George，& Landerman，1986）。比如，在基尔迈耶和罗宾斯（Kirmayer & Robbins，1991）的大样本研究中，68% 的患者是女性。除了各种各样的躯体不适之外，个体还会有心理上的不适，通常为焦虑或心境障碍（Adler et al.，1994；Kirmayer & Robbins，1991；Lieb et al.，2002；Reif et al.，1998）。显然，躯体化障碍患者对医疗资源存在过度使用或滥用，他们的医疗费用比平均水平高出9倍（Barsky，Orav，& Bates，2005；Hiller，Fichter，& Rief，2003；Woolfolk & Allen，in press）。在一项研究中，有 19% 的躯体化障碍患者存在失能（Allen，

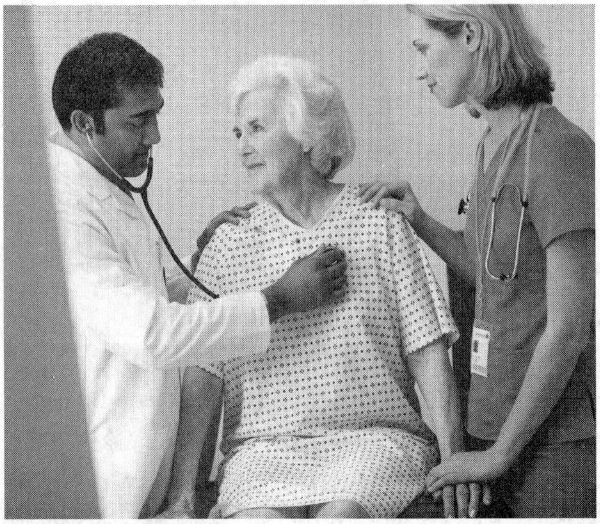

©Fuse/Jupiter Images

在躯体化障碍中，人际关系主要涉及照料者与患者。患者的症状就是他的身份。

Woolfolk，Escobar，Gara，& Hamer，2006）。尽管症状可能时断时续，但是躯体化障碍以及伴随的患者角色行为却是慢性的，通常会迁延至老年期。

难以解释的躯体症状在全球各地的发生率大致相当，相应的性别比例也是如此（Gureje，Simon，Ustun，& Goldberg，1997）。当问题严重到符合诊断标准时，男女比例大致为 1：2。

病因

躯体化障碍和疑病症有某些特征是相似的，包括家族患病史，或者儿童时期创伤史。但是这些只是很小的因素，因为无数的家庭经历了慢性疾病或者创伤，但是并没有把患者角色遗传给孩子。也许另外有一些因素对障碍的影响更大。

在以前要做出诊断很困难，对躯体化障碍病因的研究很少。早期关于遗传因素的研究得出的结果却是矛盾的。比如，在一项复杂的双生子研究中，图根森（Torgersen，1986）发现同卵双生子群体躯体化障碍的发生率并没有增加，但是许多研究的证据却显示这种障碍在家族中蔓延，而且可能有遗传基础（Bell，1994；Guze，Cloninger，Martin，& Clayton，1986；Katon，1993）。并且，从这些研究中得出了一个更让人吃惊的发现。家系和遗传研究发现，躯体化障碍与反社会型人格障碍（ASPD）（见第 8 章）密切相关，而 ASPD 的典型特征是故意破坏、持续撒谎、偷窃、在经济和工作上不负责任，以及身体攻击。ASPD 患者似乎对惩罚的信号以及

他们冲动行为会造成的负性结果不敏感，他们很少感到焦虑和罪恶感。

ASPD主要在男性中发生，而躯体化障碍患者多为女性，但是它们却有许多共同特征：都是早年起病，一般都有一个缓慢的起病过程，主要在社会经济地位较低的阶层发生，难以治疗，与婚姻不和、吸毒和酗酒、自杀企图以及其他问题有关（Cloninger，1978；Goodwin & Guze，1984；Lilienfeld，1992；Mai，2004）。家系和寄养子研究都表明，反社会型人格障碍和躯体化障碍都倾向于在家族中蔓延，并可能有可遗传的成分（例如，参见Bohman，Cloninger，von Knorring，& Sigvardsson，1984；Cadoret，1978），但是，这些行为模式也可能在适应不良的家庭教养环境中习得。

然而，以攻击性、冲动性和情感缺乏为特征的ASPD与躯体化障碍似乎差别很大。是什么原因使
332 得这两种障碍如此相似呢？尽管还没有确切的答案，但是斯科特·利林费尔德（Scott Lilienfeld，1992；Lilienfeld & Hess，2001）综述了许多理论假设。虽然只是推测，但是我们还是在这里讨论它们，因为这些心理病理学理论都是整合生物－心理－社会因素的典范。

其中一种得到一定支持的模型提出，ASPD与躯体化障碍有着共同的基于神经生物学的去抵制综合征，其特点是行为冲动（例如，参见Cloninger，1987；Gorenstein & Newman，1980）。有证据显示，冲动性在ASPD中很常见（例如，参见Newman，Widom，& Nathan，1985）。它是如何在躯体化障碍患者中起作用的呢？很多与躯体化障碍相关的特质和行为似乎反映了以长期麻烦为代价来换取短期获益的冲动性特征。持续不断的新的躯体症状会带来即时的怜悯和关心（暂时），但是最终会导致社会孤立（Goodwin & Guze，1984）。一项研究证明，躯体化障碍患者比其他患者（例如焦虑障碍患者）更冲动和更多寻求快感（Battaglia，Bertella，Bajo，Politi，& Bellodi，1998）。

如果ASPD患者和躯体化障碍患者具有相同的潜在神经生理易感性，为什么它们在行为上的表现如此不同呢？对此的解释是，社会和文化因素起了重要作用。凯西·温顿（Cathy Spatz Widon，1984）和罗伯特·克洛宁格（Robert Cloninger，1987）都指出，这两种障碍的主要不同在于它们的依赖程度。在大多数哺乳动物（也包括啮齿动物）中，攻击性与雄性紧密联系（Gray & Buffery，1971）。依赖性和缺乏攻击性与雌性紧密相连。因此，攻击性和ASPD与男性有着强相关，而依赖、躯体化障碍与女性有着高相关。为了证明这个观点，利林费尔德和赫斯（Lilienfeld & Hess，2001）对大学生进行了研究，发现有反社会和攻击特质的女性倾向于报告更多的躯体症状。性别角色是个体身份中最主要的成分。性别社会化几乎完全可以解释为什么有着相同生物易感性的男性和女性会表现出深远的差异。

这些假想能够应用到琳达或者她的家人身上吗？琳达的姐姐有过一段短暂的婚姻，并有两个孩子。她整个成年期的大多数时间在治疗中度过。有时候，琳达的姐姐会因为各种各样躯体不适去看病，但她主要的问题是无法解释的、反复发作的阶段性遗忘，遗忘一般会持续几天；间或还会出现眩晕发作，这时候她就必须立即去医院接受治疗。

琳达与她家人都存在性行为冲动和ASPD的迹象。琳达姐姐的长女在经过一段以逃学和青少年犯罪为特点的青春期后，由于吸毒和攻击他人而被判入狱。在我们对她进行的一次访谈中，琳达写下了与她有过性行为的人的名单。名单上人数超过20人，大部分性行为竟然发生在精神卫生专家或牧师的办公室！

琳达与照料者关系的发展很重要，因为她把它视为一种终极信号，即照料者关心她，把她看成一个人，一个对于他们很重要的人。但是这些关系几乎总是悲剧式地结束。有几个照料者婚姻破裂，至少有一位精神卫生专家自杀。琳达本人亦从未在这些关系中感到满意或满足，反而由于它们不可避免的结束而受到很大的伤害。美国精神病协会发布通告：在治疗期间任何与患者的性接触都是不道德的。破坏这一伦理规范几乎总是带来悲剧的结果。

治疗

躯体化障碍极难治疗。尽管有一些治疗被证实有效——大多数都属于认知行为治疗（Woolfolk & Allen，in press），但是疗效弱于对其他心理障碍的治疗，例如焦虑和心境障碍。在我们诊所里，我们

躯体化障碍 一种躯体形式障碍，表现为过度的、长期持续地关注多种躯体症状，但是缺乏可证实的医学原因。

致力于提供保证，缓解应激，特别是减少患者求助行为的频率。其中一个最常见的模式就是患者倾向于根据一周中的症状去见很多医疗专家。每次这些新拜访的内科医生（或者一段时间没有去找过的医生）都会要求患者做大量的身体检查，这导致花费大量的医疗资源（Barsky et al.，2005；Hiller et al.，2003）。在治疗期间，为了限制他们去看医生的次数，我们会给每位患者安排一位把关医生，这位把关医生负责筛查患者的所有主诉。若患者还想看其他专家必须得到这位把关医生的许可。在积极的治疗关系中，大部分患者能够服从安排。

其他的治疗重点在于减少重要他人仅仅基于躯体症状而给予患者的支持。鼓励患者采用更恰当的方式来改善与他人的关系，同时增强其社交和人际调节的能力，而不仅仅依赖于“生病”。在这种情况下，CBT或许最为有效（Allen et al.，2006；Mai，2004；Woolfolk & Allen，in press）。因为琳达和其他这种障碍的患者一样，正接受政府残疾救济，所以治疗的其他目标还包括鼓励他们至少从事一些兼职工作，从而不再继续成为残疾救济的对象。

疼痛障碍

疼痛障碍（pain disorder）是一种对其了解甚少的躯体形式障碍。疼痛障碍是指身体的一处或多处出现疼痛，并由此引发明显的痛苦或损害。疼痛的发生可能有明确的躯体原因，至少在刚开始时如此，但是心理因素在疼痛的维持中发挥着主要作用，尤其是对
333 疼痛体验的焦虑（Asmundson & Carleton，2009）。正如本章开头所述，DSM-5有可能将疼痛障碍归入“复杂性躯体症状障碍”。但临床医生依旧提出把对慢性疼痛（以及与此相关的焦虑）的主诉作为主要的焦点。在DSM-Ⅳ-TR中，疼痛障碍的三种亚型涵盖了主要由心理因素引发的疼痛，以及主要由医学因素引发的疼痛。一些研究表明，疼痛障碍是一类相当普遍的问题，人群中约5%到12%的人符合疼痛障碍的诊断标准（Asmundson & Carleton，2009；Frohlich，Jacobi，& Wittchen，2006；Grabe et al.，2003）。

疼痛障碍一个重要特征是，不管原因是什么，疼痛是真实存在的，而且使个体受到了伤害（Aigner & Bach，1999；King & Strain，1991）。我们来看下面两个案例。

一位医学院学生：间歇性疼痛

在进行第一次临床轮转时，一位25岁身体很健康的三年级医学院学生，在她实习的医疗机构里出现了持续数周的间歇性腹部疼痛。这个学生说她没有类似的疼痛史。身体检查也表明她没有任何身体问题，但是她告诉内科医生她最近与男友分手了。她被转介到该机构的精神科医生处，也没有被发现有精神病性问题。医生教她学习放松技术，还被辅以支持性治疗以帮助她应对当前生活应激。后来这个学生的疼痛消失了，她也顺利完成了在医学院的学习。

DSM 诊断标准概要
疼痛障碍

疼痛障碍的症状包括：

- 在一处或更多的组织部位出现严重疼痛。
- 疼痛导致了临床上显著的痛苦或功能损害。
- 心理因素被判定在疼痛的发生、严重程度、恶化或维持方面起了重要作用。
- 疼痛不是伪装或故意引发的。

资料来源：Based on DSM-Ⅳ-TR. Reprinted with permission from *Diagnostic and Statistical Manual of Mental Disorders* (4th ed., text revision). © 2000 American Psychiatric Association.

一位患癌症的妇女：可管理的疼痛

一位患有转移性乳腺癌的56岁的妇女似乎能很好地应对她的疾病，但她右腿的严重疼痛已经持续1个月了。起初，通过联合用药她的疼痛减轻了一些，后来她又接受了催眠治疗和团体治疗。这些治疗减轻了额外的疼痛，并在不增加疼痛的前提下降低了麻醉药的使用量。

那位医学院学生的疼痛看起来纯粹是心因性的。在第二位妇女的例子中，疼痛可能跟癌症有关。我们现在知道，不管病因是什么，疼痛都有很强的心理成分。如果药物治疗有效，而疼痛依然存在，或者如果疼痛与心理因素有明显的关联，那么进行心理干预是恰当的。由于疼痛本身的复杂性，以及需要使用的麻醉药和其他药物的多样性，所以大部分大医院都设有多学科的疼痛门诊。（在第7章，我们更深入地探讨了疼痛障碍的类别、病因和治疗。）

转换障碍

“转换”（conversion）这个术语从中世纪开始就

已经被断断续续地使用（Mace，1992），但是使这个术语真正流行起来的是弗洛伊德。他相信焦虑源自无意识冲突，在某种情况下，焦虑会“被转换”（converted）为躯体症状，从而表达出来。这让个体得以释放焦虑，而不至于实际体验到焦虑。

临床描述

转换障碍（conversion disorders）一般与躯体功能障碍，例如瘫痪、失明或者讲话困难（失语症）有关，但这些障碍却不能以任何生理或组织病变加以解释。尽管转换障碍能够模仿几乎所有的躯体功能障碍，但是大部分转换症状都暗示患者可能患有某种影响感觉 – 运动系统的神经性疾病。正因为如此，同时也因为“转换”这个术语暗示着其病因学证据有限，DSM-5 有可能将这个名称改为“功能性神经障碍”（“功能性”涉及由非器质性原因引起的症状）（Stone，LaFrance，Levenson，& Sharpe，2010）。

转换障碍给我们提供了最能激发人们兴趣，但有时候又令人大吃一惊的心理病理学案例。到底可以用什么来解释个体在所有的视觉器官都相当正常的情况下失明，或者在没有神经性损害的情况下出现手臂或腿部瘫痪？我们来看看埃洛薇兹的例子。

334 **埃洛薇兹：忘记走路**

埃洛薇兹双腿盘坐在椅子上，她不愿意把脚放在地上。她的母亲紧挨着她坐着，准备在她想站起来或移动时帮助她。她的母亲安排了这次会谈，并在一位朋友的帮助下把埃洛薇兹带到了办公室。埃洛薇兹 20 岁，智力处于平均水平。在初始访谈中，她表现得友好而有风度。

埃洛薇兹出现行走困难已经 5 年了。先是她的右脚失去控制，后来她开始不能走路。渐渐地，情况变得越来越糟糕，直到 6 个月前，埃洛薇兹只能靠在地板上爬行来移动，之后她被送进了医院。体格检查发现她并不存在任何身体问题。

埃洛薇兹是转换障碍的典型例子。虽然她没有瘫痪，但是她出现了特异的症状，包括腿部虚弱，以及难以保持平衡，而且她经常有这样的感觉。

埃洛薇兹与母亲一起生活在一个小镇上，母亲在屋前开了一家礼品店。埃洛薇兹在 15 岁之前一直在学校特殊教育计划中接受教育。在出现行走困难之后，就无法再接受教育了。自从埃洛薇兹待在家里以后，她的行走问题开始恶化。

除了失明、瘫痪和失语之外，转换症状还包括完全无法说话、触觉丧失。一些人还有抽搐症状，这可能有心理上的缘由，因为没有发现明显的脑电图（EEG）改变。另外一种相对常见的症状是感觉喉咙里有肿块，因而吞咽、吃东西困难，有时候影响说话（Finkenbine & Miele，2004）。

DSM 诊断标准概要
转换障碍

转换障碍的症状包括：

- 存在一种或者多种影响随意运动或感觉功能的症状，这些症状提示存在神经系统或一般躯体问题。
- 因为之前存在的心理冲突或其他应激，心理因素被认定与这些症状有关。
- 这些症状不能用一般的躯体情况、某种物质的效应或者文化认可的行为或体验来解释。
- 症状导致了临床上显著的痛苦或功能损害。

资料来源：Based on DSM-Ⅳ-TR. Reprinted with permission from *Diagnostic and Statistical Manual of Mental Disorders* (4th ed., text revision). © 2000 American Psychiatric Association.

密切相关的其他障碍。要区分转换反应、真正的躯体疾病以及完全的**诈病**（malingering，伪装），有时候是很困难的。有些因素能够帮助我们识别。转换症状通常由明显的应激引发。福特（C.V. Ford，1985）指出，先出现明显的应激事件，后产生转换症状的发生率在病例中占 52%～93%。应激通常以躯体伤害的形式出现。在一项大型调查中，869 名患者中的 324 人（37%）报告了之前所受的躯体伤害（Stone，Carson，Aditya，et al.，2009）。因此，临床医生如果不能确定转换症状出现之前是否有应激性生活事件，那么需要更谨慎地考虑是否存在真正的躯体问题。此外，尽管有转换症状的个体通常

疼痛障碍 这类躯体形式障碍的特征表现为真实的疼痛，但是心理因素在疼痛的产生、严重性或维持中发挥重要作用。

转换障碍 表现为生理功能失调，例如失明或瘫痪，提示神经性损害却无可解释的器质性病因。

诈病 为得到某种东西而故意假装患有躯体或心理障碍。

表现为功能正常，但他们似乎确实不知道这种能力或感觉输入。例如，转换性失明的个体通常能够避开在他们视觉范围内的物体，但是他们会告诉你他们看不见这些物体。类似地，转换性腿部瘫痪的个体可能在紧急情况下突然站起来奔跑，但是他们会很惊讶自己能这样做。至少那些在宗教仪式上奇迹般被治愈的部分人可能一直患有转换障碍。这些因素能帮助我们区别转换性和器质性的躯体疾病。尽管使用现代诊断技术犯错不常见，但临床医生有时候还是会犯错。不管怎样，在诊断转换障碍时排除医学原因是至关重要的，而且随着医学筛查程序的发展，这将在DSM-5中成为主要的诊断标准（APA，2010；Stone et al.，2010）。

要区分真正具有转换症状的个体与很擅长伪装症状的诈病者是很困难的。一旦诈病者暴露，他的动机是明显的：他们或许是想逃避什么，如工作、法律责任，或者力图想得到什么，如解决财政问题。诈病者很清楚地知道自己在做什么，并且很明显想利用他人来达到自己的目的。

更令人迷惑的是**伪装障碍**（factitious disorders），它介于诈病和转换障碍之间。和诈病者一样，伪装障碍的患者主动控制症状，但是，除了可能是获得患者身份来得到更多关心之外，并不存在明显的原因使患者主动产生症状。糟糕的是，这种障碍会扩展到其他家庭成员身上。一个成人，通常是母亲，可能会故意使孩子生病，因为很明显，一个有病孩子的母亲更容易获得关注和同情。这种一个人让另一个人生病的情况被称为“代理性伪装障碍”或者“代理性孟乔森综合征”，但是实际上它是非典型的儿童虐待方式（Check，1998）。表9–1展示了典型的儿童虐待和代理性孟乔森综合征之间的区别。

不愉快的父母可能会采取一些非常极端的策略来制造出孩子生病的表象。比如，一位母亲在孩子
335 的尿液样本中搅进了月经期卫生棉。另外一位母亲则把粪便混进孩子的呕吐物中（Check，1998）。由于母亲和医疗人员建立了积极的关系，医疗人员并不怀疑疾病的真正性质，他们认为父母是相当关爱孩子的、合作的，并且是完全为孩子的健康着想的。因此，母亲在逃避怀疑上一直很成功。

用来评估代理性孟乔森综合征有用的程序包括尝试把母亲和孩子分开，或者在医院里用电视监控孩子。一个重要的研究验证了在病房里对怀疑有代理性孟乔森综合征的孩子进行监视的有效性。在这项研究中，41位出现慢性的、难以诊断的身体问题的患者在住院期间被电视监控。在这些病例中，23例被诊断有代理性孟乔森综合征，这些孩子的父母对他们的问题应当负有责任。23人中有超过一半的人是通过电视监控的方法来确诊的。对于其他患者，则是通过实验室检验或者“捕捉”母亲导致孩子患病的行为来确诊的。

表9–1　与代理性孟乔森综合征相关的儿童虐待与典型的儿童虐待的比较

	典型的儿童虐待	非典型的儿童虐待（代理性孟乔森综合征）
孩子的躯体表现	与儿童直接的身体接触所导致的伤害，通常在身体检查中被发现	虚报为急性或突发的内科或外科疾病，但在身体检查时却不明显
获得诊断的过程	施虐者通常不配合对虐待证据的检验	放虐者通常会配合卫生保健系统对虐待行为的检验
受害者	儿童既是挫败或愤怒的宣泄对象，又会接受过分的或者是不适当的惩罚	儿童是家长获得所希望的关注的媒介，愤怒不是主要的诱发因素
对虐待的意识	通常能意识到	通常意识不到

资料来源：Reprinted, with permission, from Check, J.R. “Munchausen Syndrome by Proxy: An Atypical Form of Child Abuse.” *Journal of Practical Psychiatry and Behavioral Health*, 1998, p. 341, Table 6.2. Copyright ©1998 Lippincott Williams & Wilkins.

无意识心理过程。在很多心理病理现象中，无意识认知过程似乎起着很重要的作用（尽管不像弗洛伊德预想的那样必不可少），但是这一现象在转换障碍及相关疾病的区分中尤其适用和明显。在第2章所讨论的无意识认知过程在这里变得十分重要。我们都有能力在没有意识到的情况下，在多个感觉通

DSM　诊断标准概要

伪装障碍

伪装障碍的症状包括：

- 故意制造或假装出生理或心理问题。
- 行为的目的在于获得患者角色。
- 缺乏外在动机（比如经济获益、逃避现实责任）。

资料来源：Based on DSM-Ⅳ-TR. Reprinted with permission from *Diagnostic and Statistical Manual of Mental Disorders* (4th ed., text revision). © 2000 American Psychiatric Association.

道（比如视觉和听觉）接收和处理信息。还记得盲视或无意识视觉现象吗？韦斯克兰茨（Weiskrantz，1980）和其他一些人都发现，脑部特定区域小范围局部受损的人可以识别视觉范围内的物体，但是他们意识不到自己能看到。这些现象会在没有颅脑外伤的人身上发生吗？我们来看西莉娅的例子。

西莉娅：失明亦能看见

一个叫西莉娅的 15 岁女孩突然间看不见东西了。之后不久她恢复了部分视力，但是她的视觉仍相当模糊，以至于不能阅读。当她被送到诊所接受检查时，心理学家安排她做了一系列精心设计的视觉测试，这些测试不要求她报告什么时候能够或者不能够看见。其中一个任务要求她判断呈现在三个独立屏幕上的三个三角形，然后在含有直角三角
336 形的屏幕下面按按钮。西莉娅在这个测试中表现很好，但是她并没有意识到她能看到什么（Grosz & Zimmerman，1970）。西莉娅是伪装的吗？显然不是，否则她会在测试中故意犯错。

萨科姆等（Sackeim，Nordlie，& Gur，1979）评估了真正的无意识加工与伪装之间可能的区别。他们将两名被试催眠，暗示他们已经完全失去视觉。一位被试被告知她向每个人表现出失明是极其重要的，对另一名被试没有给进一步的指示。第一位被试很明显遵照指示，不惜任何代价地表现出失明，她的成绩远远低于视觉辨别任务（类似于三角形任务）中的概率水平。几乎每次试验，她都选择错误的答案。第二位被试，虽然被暗示失明，但是并没有要求不惜任何代价“表现”出失明，她在视觉辨别任务中表现很好——尽管她报告说她看不见任何东西。

怎样把这些与识别诈病联系起来呢？在一个更早的案例中，格罗茨和齐默曼（Grosz & Zimmerman，1965）评估了一位看上去患有转换性失明症的男性。他们发现他在视觉辨别任务中的表现比概率水平还要差得多。其他途径收集而来的信息证明他确实是诈病。总体来说，这些差异体现在：真正失明的人在视觉辨别任务上的表现应该达到概率水平。而患有转换障碍的人则能够看到他们视觉领域内的物体，因此，他们在这些任务上的成绩可以很好，不过他们的表现和他们对视力的意识是分离的。诈病和患伪装障碍的人则会尽一切可能来假装他们看不到。

数据统计

我们已经看到，转换障碍可能会和其他障碍一起发生，特别是躯体化障碍，就像琳达的例子。琳达的瘫痪持续了几个月就没再出现，尽管她偶尔还会报告说“感觉就像”瘫痪还在重新出现。转换障碍与焦虑和心境障碍的共病现象也很常见（Pehlivanturk & Unal，2002；Rowe，2010；Stone，Carson，Duncan，et al.，2009）。转换障碍案例在精神卫生门诊中相对少见，但是请记住，如果这类患者需要寻求帮助，他们通常更倾向于向神经病学家或其他专家求助。在神经病学领域中转换障碍的患病率很高，估计达到 30%（Allin，Streeruwitz，& Curtis，2005；Rowe，2010；Stone，Carson，Duncan，et al.，2009）。一项研究估计，在所有去癫痫中心的转换障碍患者中有 10%～20% 的患者有心因性、非癫痫性的抽搐发作（Benbadis & Allen-Hauser，2000）。

与躯体化障碍一样，转换障碍也主要发生于女性中（Deveci et al.，2007；Folks，Ford，& Regan，1984；Rosenbaum，2000），多起病于青少年期或之后稍晚一些时候。然而，也常发生于在极端应激下的男性身上（Chodoff，1974）。转换反应在战争时期的士兵中并不罕见（Mucha & Reinhardt，1970）。转换症状通常在一段时间后会消失，只有当新的应激事件出现时才会以同样的或类似的形式卷土重来。在其他文化背景下，一些转换症状在宗教或治疗仪式上非常常见。癫痫发作、瘫痪和恍惚在美国农村的宗教极端团体中很普遍（Griffith，English，& Mayfield，1980），并且常被视为与上帝接触的证据。出现这些症状的个体会受到群体中其他人的尊敬。这些症状还没有达到“障碍”的标准，除非它们持续下去并干扰了个体的功能。

病因

弗洛伊德描述了转换障碍发展中四个基本的阶段。第一，个体遭受创伤事件——按照弗洛伊德的观点，即无法接受的无意识冲突。第二，由于冲突及其引发的焦虑是无法接受的，个体会压抑冲突，使之进入无意识。第三，焦虑不断增加，有即将要

伪装障碍 不存在躯体或心理障碍却故意假装，没有明显的获益，但可能获得同情和关注。

出现在意识层面的危险，个体把它“转换”为身体症状，这样就减轻了个体直接处理冲突的应激。焦虑的降低被认为是“初级获益”，或者保持转换症状的强化事件。第四，个体获得亲友更多的关心和同情，并且被允许逃避困难情境或任务。弗洛伊德将这种关心或逃避称为“次级获益”，即次级强化事件。

尽管能证明这些观点的强有力的证据很少，而且弗洛伊德的观点远比这里介绍的复杂，但是，我们认为弗洛伊德的理论至少有三点是正确的，但是第四点或许并非如此。大多数转换障碍的患者曾经经历过一次不惜一切代价逃避的创伤性事件（Stone，Carson，Aditya，et al.，2009）。这些事件可能是战争、近在咫尺的死亡，或者可能是令人讨厌的人际环境。因为在大部分病例中，简单的逃避是无法为人们所接受的，而作为社会允许的选择方式——生病则是可以允许的。但是故意生病也是不允许的，因此，这一动机就从意识中被隔离了。最终，因为逃避行为（转换症状）在一定程度上成功地消除了创伤情境，所以这种行为被延续下来，直到潜在的问题被解决。最近的一项研究至少部分地证实了这些假设（Wyllie，Glazer，Benbadis，Kotagal，& Wolgamuth，1999）。在这项研究中，34个儿童青少年患者（其中25个女孩）在被诊断有心
337 因性假性发作（心因性非癫痫发作）后接受了评估。这些儿童青少年中的许多人还表现出了其他心理障碍，包括32%的心境障碍，24%的分离焦虑和厌学。一些患者还存在其他类型的焦虑障碍。

当检测这些孩子在生活中遭遇的心理应激的程度时，发现大部分患者都遭受过重大应激，包括性虐待、近期父母离异或者家庭成员死亡，以及躯体虐待。研究者得出结论：持续性心境障碍和严重的环境应激，尤其是性虐待，在患假性发作的转换障碍的儿童与青少年中很常见，其他研究也得出了类似结论（Roelofs et al.，2002）。

初级获益是弗洛伊德关于哪些问题会保留下来的事件演变流程中的一环。初级获益的概念解释了患者泰然漠视（前文已述）的特征，即患者似乎一点也不为症状苦恼。换句话说，弗洛伊德认为症状既然反映了无意识尝试解决冲突，患者就不会因之而苦恼。但是对这个特征的规范化测试并没有给弗洛伊德的观点提供支持。例如，斯通及其同事（Stone et al.，2006）在前面所述的对转换症状“漠视”程度的研究中发现，转换障碍患者与器质性疾病患者对症状引发的痛苦没有差异。

©Mario Tama/Reportage/Getty Images

作为转换障碍症状的癫痫发作和恍惚，在有些美国乡村的基督教极端团体中也很常见。

社会和文化影响也对转换障碍起了一定作用。像躯体化障碍一样，转换障碍倾向于发生在教育程度低、社会经济地位低的群体中，一般这些群体对疾病和躯体问题缺乏了解（Binzer，Andersen，& Kullgren，1997；Kirmayer，Looper，& Taillefer，2003；Woolfolk & Allen，in press）。例如，宾泽尔等（Binzer et al.，1997）记录了30个由于转换障碍而导致运动性残疾的人中只有13%进入高中学习，而由于生理原因而导致运动性残疾的对照组中有67%继续读高中。先前的真实躯体健康问题经验（常常发生于其他家庭成员身上），会影响后来转换障碍的表现形式。也就是说，患者倾向于选择表现出他们熟悉的症状（例如，参见Brady & Lind，1961）。此外，随着时间的推移，这些障碍的发生率会降低（Kirmayer et al.，2003）。最可能的解释是患者和亲友们增加了关于生理问题的真正原因的知识，从而减少了这些障碍中起着重要作用的次级获益的可能性。

最后，许多转换症状可以被看作更广泛的心理病理学问题中的一部分。琳达有着广泛的躯体化障碍，以及严重的转换症状，这些导致她不得不住院治疗。在类似的案例中，个体可能存在在应激情境下形成转换障碍的明显的生物易感性，这一生物学过程与在躯体化障碍中讨论的内容相似。通过大脑成像技术，神经病学家正在不断丰富着转换症状与大脑情绪调节脑区（例如杏仁核）关联的证据（Rowe，2010；Voon et al.，2010）。

但是，还有许多其他的例子，与患者主要的人际关系相比，生理因素可能没有那么重要（例如，

埃洛薇兹母亲的行为）。关于这一点，我们将在下一部分进行讨论。

治疗

因为转换障碍和躯体化障碍有许多相同之处，所以许多治疗原则是相似的。

治疗转换障碍的一个基本策略是识别并处理创伤性或应激性的生活事件，如果该事件的影响持续存在的话（在真实生活中或在记忆中）。就像安娜·O 案例，在再体验或“再经历”事件（宣泄）过程中的治疗性支持是最适当的第一步。

治疗师还必须努力减少任何对转换症状的强化和支持（次级获益）。例如，很明显，如果埃洛薇兹一天的大部分时间都待在同一个地方，这会使在家门前商店工作的母亲感到方便。这样，母亲的关注和关心就强烈地强化了埃洛薇兹的行走不能。任何不必要的变动都会受到惩罚。治疗师必须与患者及其家人合作，共同来消除这些自我挫败的行为。

338 躯体变形障碍

有些人认为自己太丑了以至于不能进行正常的人际交往，或者因为害怕别人嘲笑自己丑陋而使正常功能受损。这种奇怪的痛苦被称为**躯体变形障碍**（body dysmorphic disorder，BDD），其核心内容是对个人外貌缺陷（想象出来的）的专注，但该个体在别人眼中看来却完全正常。这一障碍也被叫作“想象中的丑陋”（Phillips，1991）。我们来看吉姆的例子。

DSM 诊断标准概要

躯体变形障碍

躯体变形障碍的症状包括：

- 过分关注自己想象中的外貌缺陷，或者过分夸大身体轻微的异常。
- 这种过分关注导致了显著的痛苦或功能损害。
- 这种过分关注不能由其他精神障碍（比如，神经性厌食症）来解释。

资料来源：Based on DSM-Ⅳ-TR. Reprinted with permission from *Diagnostic and Statistical Manual of Mental Disorders* (4th ed., text revision). © 2000 American Psychiatric Association.

吉姆：羞于见人

二十四五岁的时候，吉姆被诊断有疑似社交恐惧症。他刚刚完成了希伯来语的学习，并在附近城市的犹太教堂获得一个工作机会。但是，他发现自己不能接受这份工作，因为严重的社交困难。不久前，他放弃了离开自己那个小公寓的想法，因为害怕遇到他认识的人而被迫停下来和他们交流。

吉姆是一个帅气的年轻人，中等身材，拥有黑黑的头发和眼睛。尽管他有些抑郁，但是精神状况检查和针对当前功能和过去历史的简要访谈均未发现他有什么明显的问题。他也不存在精神病性过程的迹象（他没有与现实脱离）。于是，我们将注意力集中到吉姆的社交困难问题上。我们原本认为让他感到焦虑的是与人交往或在别人面前“做事情”。但实际上这不是吉姆关注的。事实上，他确信每个人，甚至他的好朋友，都会盯着那个他觉得长得比较怪的身体部分看。他说陌生人从来不指出他的畸形，而他的朋友为他难过而不想提及他的缺陷。吉姆觉得他的头是方的！就像《美女与野兽》中的野兽不相信人们对他的反应除了反感以外还会有其他反应一样，吉姆觉得人们不可能会忽视他的方头这个事实。为了尽量掩饰这个问题，吉姆戴着松软的宽檐帽，在冬天会觉得很舒适，因为这个帽子几乎能够完全遮住他的头。然而，对于我们大多数人来说，吉姆看起来完全正常。

临床描述

为了使大家能够清楚地理解躯体变形障碍患者在健康专家那里的抱怨的类型，表 9–2 列出了 200 位患者臆想中的缺陷部位。这些患者平均关注的身体部位有 5～7 个（Phillips，Menard，Fay，& Weisberg，2005）。为了减轻对身体的关注，多种检查或补偿性仪式行为在 BDD 患者中亦很常见。例如，把皮肤过度晒成褐色非常普遍，在 200 名患者的群体中有 25% 通过把自己晒成褐色以试图掩藏皮肤缺陷（Phillips，Menard，Fay，& Weisberg，2005）。许多患有该障碍的个体会迷恋镜子（Veale & Riley，2001）。他们经常会检查自己所认为的丑陋的特征，检查是否发生了任何变化。其他人则回避镜子，甚至达到恐惧的程度。不难理解，产生自杀

躯体变形障碍（BDD）　以对想象中的外貌缺陷（“想象的丑陋”）的破坏性先占观念为特征的一种躯体形式障碍。

想法、自杀企图，以及自杀行为都是该障碍的典型后果（Phillips，Menard，Fay，& Weisberg，2005；Zimmerman & Mattia，1998）。BDD患者还会出现“牵连观念”，即他们认为周围所有的一切都与自己有关——与他们所想象的缺陷有关。该障碍对患者的生活造成严重的损害。许多严重的患者由于恐惧暴露在他人面前而闭门不出。

表9-2　200名BDD患者臆想中的缺陷部位

部位	比例（%）	部位	比例（%）
皮肤	80	整张脸	19
头发	58	小体格	18
鼻子	39	腿	18
腹部	32	脸的尺寸或形状	16
牙齿	30	下巴	15
体重	29	嘴唇	14.5
乳房	26	手臂或手腕	14
臀部	22	髋部	13
眼睛	22	脸颊	11
大腿	20	耳朵	11
眉毛	20		

资料来源：Adapted from Phillips, K.A., Menard, B.A., Fay, C., & Weisberg, R., (2005). Demographic characteristics, phenomenology, comorbidity, and family history in 200 individuals with body dysmorphic disorder. *Psychosomatics, 46* (4), 317-325. © 2005 The Academy of Psychosomatic Medicine.

339 如果你觉得这一障碍很奇怪，你不是唯一这么认为的人。这一障碍以前被称为“畸形恐惧症”（字面意思为害怕丑陋），曾被认为是精神病性的妄想状态，因为受影响的个体不能够意识到他们观点的不合理性，哪怕只是很短的瞬间。这种看法正确与否还有待商榷。

例如，菲利普斯等（Phillips，Menard，Fay，& Weisberg，2005）研究的200名案例以及维拉等（Veale et al.，1996）报告的50名案例中，33%～50%的被试都确信他们想象的身体缺陷是真实的，并且这种关注有合理的根源。这是妄想吗？DSM-Ⅳ在这个问题上纠结了很长时间，最后决定，那些所持有观念过于顽固的BDD患者可以被认为存在妄想，除了BDD的诊断以外，可以把妄想障碍躯体型作为他们的第二诊断（见第13章）。菲利普斯等（Phillips，Menard，Pagano，Fay，& Stout，2006）仔细考察了妄想型与非妄想型之间的区别，除了妄想型更加严重且患者受教育程度较低以外，并无其他显著的差异。其他的研究也支持这两组之间缺乏有意义区别的结论（Mancuso，Knoesen，& Castle，in press；Phillips et al.，2010）。此外，这两种类型的治疗效果相当，并且治疗精神病性障碍的药物对“妄想”组无效（Phillips et al.，in press）。因此，DSM-5有可能将此类个体仅仅诊断为BDD患者，不论他们是否有“妄想”，即放弃将妄想障碍（一种精神病性障碍）作为第二诊断（Phillips et al.，in press）。

数据统计

由于躯体变形障碍天然的私密性，其患病率很难估计。然而，最好的估计就是它远比我们以前认为的要常见。如果不接受一定的治疗，这种障碍会持续一生（Phillips，1991；Veale，Boocock，et al.，1996）。菲利普斯等（Phillips et al.，1993）报告的一位躯体变形障碍患者，从9岁患病开始，一直持续了71年。如果你认为一位大学朋友可能患有至少轻微的躯体变形障碍，你很有可能是正确的。一项研究指出，有70%的大学生报告对身体至少有些不满意，这些人中有4%～28%似乎符合躯体变形障碍的所有诊断标准（Fitts，Gibson，Redding，& Deiter，1989；Phillips，2005）。然而，这个研究是通过问卷的形式做的，反映的可能仅仅只是大多数对体重不满的学生的情况。

另一项研究调查了566名14～19岁的不同族群的青少年样本以估计BDD的患病率。结果发现这一群体的BDD患病率是2.2%，其中女孩比男孩更不满意她们的身体，不同性别的非洲裔美国人比美国白人、亚裔美国人和西班牙裔美国人更少对他们的身体表示不满（Mayville，Katz，Gipson，& Cabral，1999；Roberts，Cash，Feingold，& Johnson，2006）。总体来说，普通人群中约有1%～2%以及学生群体中约有2%～13%符合BDD的诊断（Koran，Abujaoude，Large，& Serpe，2008；Phillips，Menard，Fay，& Weisberg，2005；Woolfolk & Allen，in press）。与正常人相比，BDD患者中个体表现出对艺术和设计有兴趣的比例更高，这可能反映了对审美或外表更强烈的兴趣（Veale，Ennis，& Lambrou，2002）。

在精神卫生诊所这种障碍也不常见，因为大部分BDD患者都去寻求其他类型的健康专家的帮助，比如整形医生和皮肤科专家。BDD被认为在男性和女性中的比例大致相同。在菲利普斯等（Phillips，

多样化讨论 美的代价

什么是美？你会如何描述完美的身体？你对美和身体意象的感知无疑会受到成长环境中社会及文化因素的影响。这种感知在不同文化中的差异很大，由此导致的求美行为在其他文化中可能会被认为是奇怪的甚至病态的。例如，许多美国人认为脸上的雀斑或胎痣是一个具有吸引力的特征（例如一些著名的模特、演员，如辛迪·克劳馥和林赛·罗韩）。但是，几个世纪以来，雀斑并不流行，并且在许多文化中，人们还用化学溶解的方法来祛除雀斑，这种方法有时会对皮肤层造成严重损害（Liggett，1974）。

在其他许多文化中，人们从婴儿期、童年期，甚至成年期通过佩戴一些工具，试图重新塑造骨骼形状——例如重塑新生儿的头部或鼻子，以让他们看起来更有吸引力（例如，Fallon，1990；Liggett，1974）。或许最广为人知的例子就是古代中国人通过捆绑女孩的足部来限制其生长。在 10 世纪至 20 世纪之间，缠足迫使女性以这种被当时的文化认为能够吸引男人的方式来行走。尽管这看似是一种外来观念，但是你能想到美国文化中也采取了类似的方法来提升一个人的美丽吗？尽管没有裹足那么极端，但是许多美国女性穿着高跟鞋，并把装有化学物质的袋子植入体内以增加胸部甚至臀部的尺寸（有些美国的名人自愿选择一次接受多项整形手术；真人秀明星海蒂·蒙塔格曾在一天之内接受 10 项手术）——所有这些都是为了让自己看上去更有吸引力。当然，男性也会想方设法提升外表，例如戴假发或植发，以及通过吸脂减肥。无论男性还是女性，都对他们自以为能够提升美丽的方法对健康带来的风险认识不足。事实上，大约 20% 年龄在 18 至 29 岁的美国成人曾在过去一年中采用过室内晒黑（Heckman，Coups，& Manne，2008），实际上在承受着用于晒黑皮肤的晒黑灯可能带来的健康风险（例如，黑色素瘤和鳞状上皮细胞癌）；室内晒黑在美国非常常见（Hoerster et al.，2009）。这类行为让人质疑求美的代价。在美国还有更多有关身体修饰的极端案例，例如文身与刺青，这种现象在美国历史上很少见，但在过去几十年间迅速增多（Laumann & Derick，2006）。这些现象在我们的文化中非常普遍，但是每一种在世界的其他地方都可能被视为异类。

Menard，Fay，& Weisberg，2005）的一项包括 200 人的大型系列研究中，68.5% 的患者是女性，但是，在日本，62% 的患者是男性。一般来说，BDD 在男性和女性中的相似多于差异，但有些差异已经被提出来（Phillips，Menard，& Fay，2006）。男性倾向于关注体格、生殖器和头发稀疏性，并且其程度往往更严重。对肌肉和体格的关注几乎仅限于男性 BDD 患者（Pope et al.，2005）。女性则关注更广泛的身体部位，并且更容易并发进食障碍。

正如你猜测的那样，BDD 患者很少会结婚。发病年龄从青少年早期到 20 多岁，高峰期是 16～17 岁（Phillips，Menard，Fay，& Weisberg，2005；Veale，Boocock，et al.，1996；Zimmerman & Mattia，1998）。患者不太愿意寻求治疗。在许多案例中，家人会强迫患者接受帮助，这种坚持可能反映了这种障碍对患者家人的伤害。一项对于 62 名
340 接受连续门诊治疗的 BDD 患者的研究发现，这些患者的心理应激、生活质量，以及受损程度比抑郁、糖尿病或心肌梗死（心脏病发作）患者更严重（Phillips，Dufresne，Wilkel，& Vittorio，2000）。一项来自 176 名患者的研究也报告了相似的结果（Phillips，Menard，Fay，& Pagano，2005）。因此，BDD 是一种更为严重的心理障碍，抑郁和物质滥用也是 BDD 的常见后果（Gustad & Phillips，2003；Phillips et al.，in press）。

进一步的研究反映，可能还有更痛苦的遭遇伴随这一障碍的出现，维拉（Veale，2000）收集了 25 位过去曾经寻求整形手术的 BDD 患者的资料。其中 9 位患者由于无法承担手术费用或者因其他原因被外科医生拒绝手术，而尝试自己动手使自己的外表获得显著改变，但往往导致悲惨的结果。在其中一个例子中，一位男性过分关注自己的皮肤，觉得自己的皮肤太“松弛”。他用订书钉卡住脸的两边，企图使自己的皮肤绷紧。10 分钟后钉子掉落，而他的

面部神经差点遭到损害。在另一病例中，一位妇女很关注自己的皮肤，以及脸形。为了改变自己下巴的外形，她锉掉了所有的牙。另一位女性的先占观念是感觉自己身体多个部位很丑陋并想做吸脂手术，但是无力承担手术费用，她用一把刀切开自己的大腿并试图挤出脂肪。BDD 的另一个特点是顽固、慢性。近期一项针对 183 名患者的前瞻性研究发现，仅 21% 的患者在一年中略有改善，15% 的患者则再度恶化（Phillips，Pagano，Menard，& Stout，2006）。

BDD 患者的症状针对他们自认可怕的、怪异的外貌。因此，他们的病理心理在于对别人无法觉察到的身体"畸形"的反应。在很大程度上，社会和文化决定了美丽和身体意象的定义以及什么是"畸形"。（这是比不断变化的体重和体形的文化标准更重要的证据，这些因素在进食障碍中扮演过重要角色，正如你在第 6 章中所看到的。）

例如，在意自己脸的宽度也是 BDD 患者中常见的，这也是由文化决定的。直到最近，在法国、非洲、格陵兰和秘鲁的某些地方，新生儿的头部还要被整形，人们用手或者用线把很紧的帽子罩在新生儿头上。有时候要将脸拉长，有时候要把脸加宽。类似地，还用手把新生儿的鼻子弄平（Fallon，1990；Liggett，1974）。

341 另外，许多人可能知道古代中国女孩缠足的旧习，这种行为通常是为了防止女孩的脚长到超过正常长度的 1/3。当时的人认为缠足能使她们走路变得更有魅力。就像布朗米勒（Brownmiller，1984）指出的那样，用不正常的小脚走路带来的特别美丽和优雅的神话在我们中间仍然存在。你可曾听说过一个美丽的传说，小脚是漂亮女主人公的标志？

©LIVERANI-UNEP/Peter Arnold, Inc./Photo Library

在许多文化中，人们改变小孩的头或脸来制造出想要的特征，正如在这位缅甸女孩的脖子上增加项环来增加脖子的长度。

从这些行为中我们能了解到关于 BDD 的什么东西呢？BDD 患者的行为看起来非常怪异，因为他们反对当前不重视改变容貌的文化。换句话说，那些遵循其文化期待的人是不会患某种障碍的（见第 1 章）。然而，美容整形手术，特别是针对鼻子和嘴唇的，还是被广泛接受的，因为有钱人往往为了提高自己的身份而尝试整形。在这方面，BDD 又显得不是那么奇怪。从心理病理学角度来看，BDD 患者特征性的态度和行为可能只是对正常的文化制裁行为的夸大而已。

病因和治疗

我们对 BDD 的病因和治疗都了解甚少。我们对 BDD 病因仅有的一点了解来自一个不是特别可靠的出处：BDD 与其他障碍的共病模式。BDD 是一种躯体形式障碍，因为它的核心特征是对躯体（或身体）问题的心理关注。例如，疑病症患者关注的焦点是躯体感受，而 BDD 患者关注的焦点则是外貌。我们已经看到，许多躯体形式障碍倾向于共病。琳达表现出的是躯体化障碍，但还有转换障碍病史。但是，BDD 不倾向于与其他躯体形式障碍共病，也不会发生在患有其他躯体形式障碍的家庭成员身上。

经常与 BDD 共病，且会出现在其他家庭成员中的障碍是强迫症（OCD）（Chosak et al.，2008；Gustad & Phillips，2003；Phillips et al.，in press；Phillips & Stout，2006；Tynes，White，& Steketee，1990；Zimmerman & Mattia，1998）。BDD 是 OCD 的变型吗？它们之间确实有很多相似之处。BDD 患者经常抱怨有持续的、闯入性的、可怕的关于外表的想法，而且他们也会采取一些类似的强迫性行为，比如反复照镜子来检查他们的身体特征。BDD 和 OCD 有类似的发病年龄和几乎相同的病程。最近一项脑成像研究发现，BDD 患者和 OCD 患者有相似的脑功能异常（Rauch et al.，2003）。

也许最重要的是，有两种方法，并且只有这两种治疗方法被证明对 BDD 有效。首先，使用能阻断 5- 羟色胺再摄取的药物，如氯米帕明（安拿芬尼）、氟伏沙明（兰释），至少能减轻一些患者的痛苦（Hadley，Kim，Priday，& Hollander，2006）。一项针对 BDD 的药物对照研究的结果显示，与去甲丙咪嗪（一种非特异性阻断 5- 羟色胺再摄取的药物）相比，氯米帕明对 BDD，甚至 BDD 妄想型都有明显疗效（Hollander et al.，1999）。另外一项对照研究报告氟西汀（百忧解）也有类似的效果，3 个月后，服用氟西汀的患者中 53% 有好转，相比之下服用安慰剂的患者则只有 18% 有好转（Phillips，Albertini，& Rasmussen，2002）。有趣的是，这些对 BDD 有效的药物对于治疗 OCD 的效果也极好。

其次，对于治疗 OCD 有效的认知行为治疗中的暴露和反应阻止，在治疗 BDD 上也一样很成功（McKay et al.，1997；Rosen，Reiter，& Orosan，1995；Veale，Gourney，et al.，1996；Wilhelm，Otto，Lohr，& Deckersbach，1999）。在罗森等（Rosen et al.，1995）的研究中，用这种方法治疗的患者中 82% 的病情有了起色，尽管他们可能不如其他人那么严重（Wilhelm et al.，1999；Williams，Hadjistavropoulos，& Sharpe，2006）。另外一种令人感兴趣的关于 BDD 病因的解释来自类似障碍的跨文化探索。你可能还记得日本人社交恐惧症的变型，即恐人症（见第 4 章），患有这种障碍的个体相信自己有可怕的气息或体味，因此逃避社会交往。但是，患有恐人症的人还有社交恐惧症的其他一切特征。在我们的文化背景下被诊断有 BDD 的人在日本和韩国可能会被单纯地认为患有严重的社交恐惧症。因此，也许 BDD 与社交焦虑存在重要的联系，这一联系给了我们关于这一障碍本质的更多线索。有关共病的研究表明，社交恐惧症和 OCD 一样常见于 BDD 患者（Phillips & Stout，2006）。基于上述原因，对 DSM-5 提出的一个重要建议即把 BDD 归入焦虑障碍，也许作为 OCD 的一种亚型（Phillips et al.，in press）。

342 **整形手术和其他医学治疗**。BDD 患者认为自己存在某些生理畸形并寻求医生的帮助以试图纠正缺陷（Woolfolk & Allen，in press）。菲利普斯等（Phillips，Grant，Siniscalchi，& Albertini，2001）研究了 289 名 BDD 患者（其中包括 39 名儿童或青少年）寻求的治疗类型，结果发现 74.6% 的患者曾经寻求过此类治疗，并且 66% 的患者接受过治疗。皮肤科治疗是最常见的（45.2%），其次是整形手术（23.2%）。换个角度来看，在另一项针对 268 名皮肤科求诊者的研究中，11.9% 的患者符合 BDD 的诊断（Phillips，Dufresne，Wilkel，& Vittorio，2000）。

由于 BDD 患者所关注的大部分是脸和头，所以这一障碍对于整形职业是一笔大生意也不足为奇——但这是不好的生意。患者并没有从整形手术

世界著名流行歌手迈克尔·杰克逊的童年和成年照片。很多人通过整形手术来改变他们的容貌。然而，BDD 患者很少对整形的结果满意。

中获益，而且可能还要做另外的手术，或者，偶然地，还会导致因医疗差错而引起的诉讼。有研究估计 8%～25% 寻求整形手术的人可能患有 BDD（Barnard；2000；Crerand et al.，2004）。最普遍的是鼻整形术、面部拉皮整容手术、修眉、皮下脂肪切除术、隆胸以及下颌整形手术。从 2000 年至 2009 年，根据美国整形外科协会的统计，整形手术的数量上升了 69%。在 2009 年，眼部手术的数量是 203 000 例，隆胸手术的数量是 289 000 例。问题在于 BDD 患者很少能通过手术获得预期的效果。这些患者往往会要求对同一缺陷再次手术或者开始关注一些新的缺陷。菲利普斯等（Phillips，Menard，Fay，& Pagano，2005）报告了在 50 名寻求手术者中，81% 的患者对结果不满。在一项大规模研究中，88% 的 BDD 患者寻求医学治疗，而不是心理治疗。手术并不能改变该障碍的严重程度和相伴的心理痛苦的程度。其他形式的医学治疗（例如皮肤科治疗）也得出了相似的令人气馁或负性的结果（Phillips et al.，2001）。整形外科医生对这些患者进行筛选非常重要；这样做大多数时候需要与受过医学训练的心理医生合作（Pruzinsky，1988）。

概念自测 9.1

将以下陈述与各选项进行配对：（a）疼痛障碍；（b）疑病症；（c）躯体化障碍；（d）转换障碍；（e）躯体变形障碍。

1. 艾米莉一直在担心她的健康状况。由于害怕自己患上癌症或其他严重疾病，她看了很多医生，但医生都确认她是健康的。艾米莉的焦虑

往往会因为一些小病（头痛，胃痛等）而加剧，她认为这些是严重疾病的标志。________

2. D.J. 来到布莱克医生的办公室，拿着满满的一包文件，包括医疗记录、症状文档，以及治疗处方和药物清单。几位医生正在对他的主诉做检查，其内容包括从胸痛到吞咽困难。D.J. 最近因为请病假太多而丢了工作。________

3. 16 岁的查德没有任何生理原因而突然觉得手臂不能动了。完全瘫痪稍微有了一些改善后，他能够稍稍地把手抬起来一点点。然而，查德还是不能开车、捡东西或完成每天生活必需的任务。________

4. 32 岁的洛丽塔两年来专注于鼻子的形状和大小。她一直在存钱准备做整形手术，她相信手术之后她的事业会有所改善。问题在于，三位诚实的整形医生告诉她，她的鼻子原来的样子最好。________

5. 贝蒂在手臂折断后感觉相当疼痛。在手臂治愈一年后，虽然所有的医学检查都证明手臂正常了，她还是感觉到疼痛。而且每当她和丈夫争吵的时候疼痛就会加剧。________

343

分离性障碍

- 分离性障碍有哪五种类型？
- 哪些因素会影响分离性障碍的病因与治疗？

在本章的一开始，我们说过，如果个体感觉与他们自身或所处的环境分离，仿佛他们在梦中或者生活在慢动作中，则说明他们正在经历解离体验。默顿·普林斯［Morton Prince，《异常心理学杂志》（*Journal of Abnormal Psychology*）的创办人］指出，100年来，许多人都多少有过一些解离体验（Prince，1906–1907）。这种情况常发生在严重的应激事件之后，例如意外事故，也容易发生在疲劳或熬夜准备考试的情况下（Giesbrecht，Smeets，Leppink，Jelicic，& Merckelbach，2007）。可能因为你知道这些原因，解离不会对你造成太大的干扰（Barlow，2002；Noyes，Hoenk，Kuperman，& Slymen，1977）。否则，它会变得非常可怕。大约一半的普通人会在一生中的某个时点出现短暂的解离体验。研究显示，如果经历创伤事件，31%～66% 的人会在这个时候出现解离体验（Hunter，Sierra，& David，2004；Keane，Marx，Sloan，& DePrince，2011）。因为难于对解离进行测量，所以创伤事件与解离症状间的关联仍存在争议（Giesbrecht，Lynn，Lilienfeld，& Merckelbach，2008）。

这些体验可以分为两种类型。在人格解体期，你的知觉会发生改变，因此你会暂时丧失自己的现实感，就像你在梦中看着自己似的。而在**现实解体**（derealization）期，你对外在世界的现实感也会消失。事物会改变形状和大小，人也变得很麻木或很机械。这些非现实的感受是分离性障碍的典型特征，从某种意义上说，它们是人与现实“分离”的心理机制。人格解体往往是一系列严重疾病的一部分，在这些情况下，个体的存在、经历，甚至身份都会变得不完整。

我们在日常生活中，一般都能清晰地感觉到自己是谁，也能了解其他人的身份。我们也清楚周围的事件、我们在哪里，以及为什么在这里。除了偶尔小小的遗忘外，我们的记忆会保持完整，因此，我们能够很清晰地知道当前的事实。但是，如果我们不记得为什么我们在某个地方，甚至我们是谁时，到底发生了什么呢？如果我们有了周围环境不真实的感觉，又发生了什么呢？最后，如果我们不仅忘记了自己是谁，而且还开始觉得我们是其他人——一个有不同人格、不同记忆，甚至不同生理反应的人，例如我们从来没有过的过敏反应，又会发生什么呢？这些都是解离体验的例子（Cardea & Gleaves，2003；Dell & O’Neil，2009；Spiegel & Cardena，1991；Spiegel，in press；van der Hart & Hijenhuis，2009）。在每一个例子中，人与自身、周围世界或者记忆过程的关系都发生了改变。

尽管我们对这些障碍还有很多需要去了解，在谈及分离性身份障碍奇异的状况之前，我们先简单阐述其中四种——人格解体障碍、分离性遗忘症、分离性神游症，以及分离性恍惚障碍。就像你将看到的，社会和文化因素对分离性障碍的影响很强。即使在严重的病例中，病理性表现也没有偏离社会文化认可的模式很远（Giesbrecht et al.，2008；Kihlstrom，2005）。

人格解体障碍

当非现实感变得极其严重而令人恐惧时，它们会控制个体的生活，阻碍正常的功能。此时，临床医生可能会将其诊断为较少见的**人格解体障碍**（depersonalization disorder）。我们来看邦妮的例子。

邦妮：跳着舞离开自己

邦妮，一个二十八九岁的舞蹈老师，在丈夫的陪同下第一次来到诊所，她说自己"精神错乱"。当医生问她这是什么意思的时候，她说："这是世界上最可怕的事情。它经常发生在我上现代舞课的时候。我必须站在讲台上，我感觉自己将成为众人的焦点。接下来，在我示范舞步的时候，我感觉这不是真的我，而且我不能控制我的腿。有时候，我感觉自己站在自己的身体后面，只是那么看着自己。我还出现了视野狭窄。似乎我只能看到前方的狭小区域，并且我和周围正在发生的事情完全分离了。这之后，我开始感觉恐慌、出汗和颤抖。"后来医生又了解到，邦妮的问题是从 10 年前她第一次抽大麻的时候开始的。当时她有同样的感觉，并觉得很可怕，但是在朋友的帮助下，她度过了那一段时期。最近，这种感觉又复发了，而且变得很频繁，尤其是在她上舞蹈课的时候。

344 你可能还记得，在第 4 章我们谈到，在强烈的惊恐发作期间，许多人（大约 50%）会体验到非真实感。人们在遭遇到严重应激或经历创伤事件时可能也会出现这些症状，这是新近提出的急性应激障碍的特点。人格解体和现实解体的感觉是几种不同障碍的组成部分（Boon & Draijer，1991；Giesbrecht et al.，2008）。但是当严重的人格解体和现实解体成为主要问题时，个体将符合人格解体障碍的诊断（APA，2010；Steinberg，1991）。调查显示，这种障碍存在于大约 0.8% 的人群中（Johnson，Cohen，Kasen，& Brook，2006）。希门昂等（Simeon et al.，2003）描述了 117 个案例，男女大致相当。平均发病年龄为 16 岁，病程倾向于慢性。所有患者都存在实质性的损害。焦虑障碍、心境障碍以及人格障碍在这些人中也很常见（Simeon et al.，2003；Johnson et al.，2006）。在所描述的 117 名患者中，在其生命的某个阶段，有 73% 的人困扰于心境障碍，64% 的人困扰于焦虑障碍。

有两项研究（Guralnik，Schmeidler，& Simeon，2000；Guralnik，Giesbrecht，Knutelska，Sirroff，& Simeon，2007）用成套神经心理测验对比了人格解体障碍患者与对照组被试，以评估其认知功能的差异。尽管两组被试的智力水平相当，但人格解体障碍组表现出了不同的认知模式，显示出在注意力测试、信息加工、短时记忆以及空间推理方面的认知缺陷。从根本上来看，这些患者很容易分心，处理和接受新信息的速度较慢。还不是很清楚这些认知和知觉缺陷是如何发展起来的，但是它们看起来与患者的"视野狭窄"（知觉歪曲）和"心智空虚"（吸收新信息困难）这些典型特征是一致的。

特定脑功能区域亦与人格解体障碍相关（例如，参见 Sierra & Berrios，1998；Simeon，2009；Simeon et al.，2000）。脑成像研究证实了知觉（Simeon，2009；Simeon et al.，2000）和情绪控制（Phillips et al.，2001）上的缺陷。其他一些研究也发现，与正常人群相比，人格解体障碍患者的 HPA 轴的功能失调（Simeon，Guralnik，Knutelska，Hollander，&

DSM 诊断标准概要

人格解体障碍

人格解体障碍的症状包括：

- 持续或者反复地体验到与身体或心理过程的脱离（例如，感觉像在梦中）。
- 在人格解体过程中，现实检验保持完整。
- 人格解体导致了临床上显著的痛苦或功能损害。
- 这种状况不是其他精神障碍的一部分，例如精神分裂、惊恐障碍或急性应激障碍。

资料来源：Based on DSM-Ⅳ-TR. Reprinted with permission from *Diagnostic and Statistical Manual of Mental Disorders* (4th ed., text revision). © 2000 American Psychiatric Association.

现实解体　个体丧失对外部世界现实感觉的一种状态。

人格解体障碍　分离性障碍的一种，其特点是严重的人格解体感主宰了个体的生活，并阻碍其正常功能的发挥。

Schmeidler，2001），这个发现再一次提示患者可能存在情绪反应缺陷。

分离性遗忘症

可能严重分离性障碍中最容易理解的就是**分离性遗忘症**（dissociative amnesia）了，这一障碍有几种不同的形式。那种什么都不记得（包括他们自己是谁）的情况被称为**广泛性遗忘症**（generalized amnesia）。广泛性遗忘症可能会贯穿终身或者仅涉及较近的过去，例如6个月或者1年前。来看一下这个案例。

失去记忆的女人

几年前，一位50多岁的妇女带着她女儿来到我们的一个诊所，因为这个女孩拒绝上学，并有其他严重的破坏行为。女孩的父亲不愿意过来，他脾气暴躁，酗酒，偶尔虐待家人。女孩的哥哥，现在二十四五岁，住在家里，肩负着家庭的重担。一个星期家里总会发生几次大的争吵，最后会以吵闹、推打、撞击结束。家庭的每个成员都会因为对方的所有问题而相互指责。

母亲是个非常坚强的女性，很明显是家庭和平的维持者，是她使这个家庭团结在一起。大约每6个月，通常都是在家庭战争之后，她会完全丧失记忆一次。家里人不得不把她送进医院。在几天的混乱之后，她又会恢复记忆，然后回家，但接着过几个月又会重复这个循环。由于这家人住得太远，我们没有给他们实施治疗，但是当孩子们都搬出去之后，母亲的应激减轻了，这一问题就自行解决了。

比一般的遗忘症更常见的是**局部或选择性遗忘症**（localized or selective amnesia），即记不起某一特定时期内的特定事件，通常是创伤性事件。分离性遗忘症在战争中很常见（Cardeña & Gleaves，2003；Loewenstein，1991；Spiegel & Cardeña，1991）。萨科姆和德瓦纳德（Sackeim & Devanand，1991）描述了一名年幼时被父亲抛弃的妇女的有趣案例。她在14岁时被迫做了流产，几年后因经常性的头痛来寻求治疗。治疗中，她相当如实地报告了早期的经历（例如流产）；但在催眠中，伴随强烈的情绪，她又重新体验了早年的流产，并记起随后自己又被做流产的医生
345 强奸了。她还想起了父亲参加她姨妈葬礼时的样子，这是她为数不多的与父亲相见中的一次。当她从催眠中醒来后，她没有记忆，已想不起自己重新经历这些事件时的情绪反应，她不知道自己为什么在哭。在这个个案中，这个妇女并没有忘记对事件本身的记忆，而是忘记了对于这些事件的强烈情绪反应。失去主观的情绪体验，这种在人格解体障碍中经常出现，并得到大脑成像研究的证实（Phillips et al.，2001）的现象，在这个个案中是最突出的特点。在大多数分离性遗忘症的个案中，遗忘不是广泛性的，只是选择性地针对那些创伤事件或者回忆。

DSM 诊断标准概要

分离性遗忘症

分离性遗忘症的症状包括：

- 一次或者多次出现不能回忆出重要的个人信息的情况，通常有创伤性或高应激事件基础，其内容太广泛以至于不能用一般的健忘来解释。
- 障碍的发作与某种躯体疾病无关，也不是某种物质（如成瘾药物）或其他单独的心理障碍的后果。
- 不能回忆导致了临床上显著的痛苦或功能损害。

资料来源：Based on DSM-Ⅳ-TR. Reprinted with permission from *Diagnostic and Statistical Manual of Mental Disorders* (4th ed., text revision). © 2000 American Psychiatric Association.

分离性神游症

分离性神游症（dissociative fugue）是与分离性遗忘症关系密切的一种障碍，已经基本确定在DSM-5中成为分离性遗忘症的一个亚型（APA，2010；Ross，2009）。Fugue的字面解释是“飞行”（fugitive和它有着相同的词根）。在这种奇怪的障碍中，记忆的遗失围绕着某个具体的事件——意料之外的旅行。大多数情况下，个体只是离开，不久会发现自己在一个新的地方，但是却不能回忆起他们为什么以及怎样到那里的。通常情况下，他们离开的是一个难以忍受的环境。在这些短期旅行中，个体有时会假设一个新的身份或至少对原来的身份感到迷惑。让我们来看看杰弗里·英格拉姆（Jeffrey Ingram）的案例，他是一个来自华盛顿的40岁男性，他发现自己不知怎么的来到了丹佛。

杰弗里：一次困惑的旅行

星期二，一位寻找自己身份好几个月的遗忘症

患者与未婚妻一起回到了华盛顿，但是他的母亲说，他仍然记不得这段时间的生活发生了什么。

杰弗里·艾伦·英格拉姆，40 岁，在丹佛被诊断患有分离性神游症，遗忘症的一种。

在过去，他也有一次的遗忘发作，可能由应激事件诱发，那一次他消失了 9 个月。这次发作出现在 9 月 6 日，当时他正去加拿大拜访一位因癌症即将去世的朋友，他的未婚妻佩妮·汉森说。

“我认为，面对最好的朋友即将离世，紧张、伤心、悲痛，再加上离开我，这些因素加在一起，足以让他进入遗忘状态了。”汉森告诉 KCNC 电视台。

当英格拉姆 9 月 10 日发现自己在丹佛时，他不知道自己是谁。他说，他游荡了差不多 6 个小时，不断向人寻求帮助，最后这一切在一所医院结束。在这里，警方发言人弗吉尼亚·奎诺尼斯宣布英格拉姆被诊断患有一种被称为“分离性神游症”的遗忘症。

寻找自己的身份。英格拉姆在几个新闻节目中向公众呼吁：“如果有人认识我，知道我是谁，请告诉那个人。”寻求帮助后，英格拉姆的身份在上周末终于揭晓。

“佩妮的哥哥立即给她打电话，并告诉她：‘你看这个新闻节目了吗？’‘我认为那是杰夫，他们在电视上放的。’”汉森的发言人玛丽琳·米汉说。

在英格拉姆从他母亲在华盛顿的贝灵翰姆的家里离开去加拿大后，汉森申请了失踪人口调查，但是警方的搜寻没有任何结果。

星期一晚上，两名丹佛的警探陪着英格拉姆乘飞机到西雅图与他的未婚妻会合。

他的母亲，亚伯达省奴隶湖的多琳·汤普金斯，谈到儿子和家庭仍然需要面对的奋斗时泣不成声。

“情况正在再一次变得糟糕，但是你知道吗，我能扛得住。”她告诉亚伯达省埃德蒙顿电视新闻节目，“我过去这样做过，现在也能再来一次。为了我的儿子，无论多少次，我都能做得了。”

记忆不可能完全恢复。1995 年当英格拉姆去杂货店买东西时出现过一次遗忘发作。9 个月之后，他在西雅图的一家医院被找到，华盛顿州瑟斯顿县官方说。他的母亲说他从未完全恢复过记忆。

米汉，与汉森一起在国家公共事业和交通委员会工作，说这两人不会接受采访，因为他们希望努力帮助英格拉姆恢复记忆。

“他们一直在讨论这个问题。”米汉说。

“他说，当她的容颜不再熟悉的时候，她的心却离他更近了。”她说，“他不能记得自己的家在哪里了，但他说他俩现在的家感觉就像自己的家一样。”

资料来源：

分离性遗忘症与神游状态很少出现于青春期之前，而多发于成年期。并且极少出现 50 岁以后首发的情况（Sackeim & Devanand，1991）。但是，一旦出现，则会持续到老。

DSM 诊断标准概要

分离性神游症

分离性神游症的症状包括：

- 突然出乎意料地从家里或者从平时工作的地方出走，并且不能回忆自己的经历。
- 搞不清楚自己的身份或者假想出新的身份（部分或完全）。
- 不存在于分离性身份障碍的病程中，也不是某种物质或躯体疾病的直接生理后果。
- 导致了临床上的痛苦或功能损害。

资料来源：Based on DSM-Ⅳ-TR. Reprinted with permission from *Diagnostic and Statistical Manual of Mental Disorders* (4th ed., text revision). © 2000 American Psychiatric Association.

神游状态常会突然间结束，然后个体会回到家里，即使不是全部，但是患者也能回忆起大多数所经历的事情。在这种障碍中，解离体验不仅涉及记忆的丧失，同时至少也包括一些身份解离，即使没

分离性遗忘症 一种分离性障碍，其特点是不能回忆个人信息；常有高应激或创伤事件基础。

广泛性遗忘 丧失所有有关个人信息的记忆，包括自己的身份。

局部或选择性遗忘症 记忆丧失限于特殊的时间和事件，特别是创伤事件。

分离性神游症 分离性障碍的一种，其特点是突然出乎意料地从家中走失，伴随不能回忆过去，有时会有假想的新身份。

从华盛顿州走失近 1 个月后，杰弗里·艾伦·英格拉姆发现自己在丹佛，他不知道自己是谁，也不知道他为什么出现在这里。

有完全采用新的身份。

一种在西方文化下未被发现的特殊的分离性障碍叫作杀人狂（amok，或者“running amok”）。患者大多数是男性。杀人狂引起人们的注意，是因为个体在这种恍惚的状态下经常会残忍地攻击，有时甚至会杀人或者动物；有时患者也会在这种状态中被杀。患者可能记不起所发生的事情。杀人狂是“奔跑”综合征的一种，这种综合征的患者会进入一种恍惚状态，并且会突然体验到内心充满了神秘的能量，然后会长时间地奔跑或逃跑。除了杀人狂，奔跑障碍像大多数的分离性障碍一样，在女性中患病率更高。奔跑障碍在北极的当地人中被称为 pivloktoq，在纳瓦霍人中被称为“疯狂的魔法”（frenzy witchcraft）。尽管在不同文化间的表达不同，奔跑障碍（除了杀人狂之外）似乎符合分离性神游症的诊断。

分离性恍惚障碍

不同文化中分离性障碍有着重要的区别。在世界的许多地区，解离现象可能以恍惚或者附体的形式出现。通常，解离症状的类型（例如人格的突然转变），依赖于特定文化中对神灵的重视程度。这种神灵经常要求或接受来自受众的家庭或朋友的礼物或贡奉。与其他分离性障碍一样，恍惚障碍似乎最常见于女性，经常与应激或创伤相伴，并且像分离性遗忘症和分离性神游症一样，这些应激与创伤是针对当前而不是过去的。

在一些传统宗教和文化活动中，恍惚和附体是常见内容，在这种情况下，这些现象并不被认为是异常。分离性恍惚障碍经常发生在印度、尼日利亚（在那里被叫作 vinvusa）、泰国（phii pob）和其他亚洲和非洲国家（Mezzich et al.，1992；Saxena & Prasad，1989；van Duijil，Cardena，& de Jong，2005）。在美国，被文化接受的解离经常发生在美国黑人的祈祷会（Griffith et al.，1980）、美国原住民的宗教仪式（Jilek，1982）和波多黎各的招魂仪式上（Comas-Diaz，1981）。在巴哈马群岛居民和美国南部黑人中，恍惚综合征经常是指通常所说的“显灵”。一项对 58 例来自新加坡的分离性恍惚障碍患者的人格客观测试结果显示，与“正常”人相比，患者更倾向于神经质、易激惹以及情绪不稳定（Ng，Yap，Su，Lim，& Ong，2002）。虽然恍惚和附体几乎从不在西方文化中出现，但却是分离性障碍最常见的形式。当这种状态不受欢迎，并 *347*
且被文化成员认为是病态时，特别是如果恍惚被认为是恶魔或另一个人（接下来将讨论）附体所致时，对 DSM-5 提出的建议是将**分离性恍惚障碍**（dissociative trance disorder，OTD）作为分离性身份障碍的亚型（APA，2010；Spiegel，in press）。

分离性身份障碍

虽然平均数只是接近 15，但有**分离性身份障碍**（dissociative identity disorder，DID）的人也许会采用多达 100 个新的身份，并且所有的身份都同时存在。有些个案中，身份是完整的，每个身份有其自己的行为、语调和身体姿势。但是在大部分案例中，只有部分身份是独立的，所以只有一些特征是明显的。因此，这种障碍的名称在 DSM-Ⅳ中由多重人格障碍改为 DID。我们来看一下乔纳的案例，它最初是由路德维希等（Ludwig，Brandsma，Wilbur，Bendfeldt，& Jameson，1972）报告的。

乔纳：令人迷惑的眩晕

乔纳 27 岁，黑人，患有严重的头痛，这种疼痛难以忍受，且持续时间越来越长。此外，他不能回忆起头痛期间发生的事情，但偶尔过了很长一段时间以后能回忆起来。

最后，在一个非常糟糕的晚上，他再也不能忍受了，于是进入了当地这家医院。但是，真正促使乔纳来到医院的原因是，有人告诉了他在头痛期间他所做的一切。比如，别人告诉他，昨晚他同另一个男人打架了，打得很激烈，并且企图刺伤对方。他逃离了现场，并在高速追击中被警察击中。他的妻子告诉他，在上一次头痛时，他追打她和 3 岁的女儿，并把她们赶出房子，还拿刀威胁她们。在头痛期间和变得凶暴时，他称自己是“尤瑟夫·阿卜杜拉，终结者之子”。他曾经试图将一个男人淹死在河中，结果那个男人没死，而乔纳逆流游了 0.25 英里（1 英里约合 1.6 千米）逃脱。第二天早上他在自己的床上醒来，浑身湿漉漉的，却想不起发生了什么。

临床描述

在乔纳住院治疗期间，医生能够直接观察到他的行为，包括他什么时候头痛以及在他失去记忆的其他时候。在这些时候，他声称自己叫别的名字，行为方式不同，而且看上去完全是另外一个人。医生区分出了除了乔纳以外的另外三个不同的身份，或者**替身**（alter，DID 中的不同身份或者人格的简写）。第一个替身叫萨米，萨米看上去理性、平静且能自控。第二个替身叫金·杨，他似乎负责所有的性活动，尤其与尽可能多的异性发生性行为感兴趣。第三个就是暴力和危险的尤瑟夫·阿卜杜拉。正常情况下，乔纳对这三个替身一无所知。萨米对其他三个替身知道得最多，金·杨和尤瑟夫·阿卜杜拉对其他替身了解一些，但却是间接的。

在医院里，心理学家断定乔纳在 6 岁时看见他的妈妈刺伤他的父亲后，萨米第一次出现。私下里，乔纳的妈妈有时把他打扮成女孩。有一次扮演时，金·杨紧跟着萨米出现了。当乔纳 9 岁或 10 岁时，他被一群白人青年残暴地攻击了。那个时候，尤瑟夫·阿卜杜拉出现了，宣称他出现的唯一理由是保护乔纳。

与分离性遗忘症和分离性神游症一样，DSM-Ⅳ-TR 中 DID 的诊断标准也包括遗忘。人们建议在 DSM-5 中更强调这一症状的重要性（Spiegel，in press）。但是，在 DID 中，身份也是分裂的。一个躯体中到底有多少个身份并不重要，不管是 3 个、4 个，或者甚至是 100 个。重要的是，这一障碍的定义性特征是个体特定身份认同的破碎，这解释了 DSM-Ⅳ-TR 中这一障碍的名称由多重人格障碍改为 DID 的原因。这个改变也纠正了这么一个概念，即很多人有时会存在于同一个身体里。

特征。那个成为患者而寻求治疗的人通常是“主人”身份。主人身份总是试图将各种分离的身份整合在一起，但是最后会被这些身份所制服。寻求治疗的第一个身份很少是个体原有的身份，主人身份通常是后来形成的（Putnam，1992）。许多患者至少有一个冲动性的身份，这个身份处理性活动、挣钱，有时通过卖淫来挣钱。在其他一些例子中，所有的身份都是禁欲的。跨性别的身份并不罕见。比如一个脆弱的女人可能会有一个强有力的男性身份，以充当保护者的角色。

从一种身份变为另一种身份称为切换（switch），348
通常这种切换是瞬间的（虽然在电影和电视上会拖得很长来达到戏剧性效果）。在切换中生理上会发生改变。姿势、脸部表情、面部皱纹的样子，甚至身体残疾都可能改变。在一项研究中，利手改变的发生率为 37%（Putnam，Gruoff，Silberman，Barban，& Post，1986）。

DSM　诊断标准概要

分离性身份障碍

分离性身份障碍的症状包括：

- 存在两个或多个身份或人格状态，其中每个身份或人格状态都有相对持续的模式。
- 这些身份或人格状态中至少有两个轮流控制着个体的行为。
- 不能回忆起重要的人格信息，并且遗忘的内容非常广泛，不能用一般的健忘来解释。
- 不是某种物质（如酒精中毒）或躯体疾病的直接生理后果。

资料来源：Based on DSM-Ⅳ-TR. Reprinted with permission from *Diagnostic and Statistical Manual of Mental Disorders* (4th ed., text revision). © 2000 American Psychiatric Association.

分离性恍惚障碍（DID）　一种改变的意识状态，在这种状态中，个体坚持认为他们被神附体；只有存在痛苦或功能失常时，才将其作为一种障碍来考虑。

分离性身份障碍（DID）　有多达 100 个人格或人格碎片同时存在于一个身体或心智中的障碍。曾经以多重人格障碍为人所熟知。

替身　分离性身份障碍的多个人格或身份中的一个。

DID 能伪装吗？破碎的身份是“真的”，还是为了逃避责任和应激而伪装的？就像在转换障碍中那样，出于几个原因，这个问题很难回答（Kluft，1999）。证据表明，DID 患者受暗示性强（Bliss，1984；Giesbrecht et al.，2008；Kihlstrom，2005）。因此，患者身份的建立有可能是对治疗师引导性问题的回应，这种现象可能出现在心理治疗中，也可能出现在催眠状态中。

肯尼斯：山坡扼杀者

在 20 世纪 70 年代晚期，肯尼斯·比安奇（Kenneth Bianchi）在洛杉矶地区残忍地强奸并杀害了 10 名年轻女子，并且把她们的尸体裸露着遗弃在山坡上，让每个人都能看见。尽管有充分的证据表明，比安奇就是那个“山坡扼杀者”，但是他坚持自己的清白，这促使一些专家怀疑他可能患有 DID。他的律师请一名临床心理学家对他进行了催眠，然后问他是否存在另外一个他能与之对话的身份。猜猜发生了什么？一个称自己为“史蒂夫”的身份做出了回答，并承认所有的屠杀都是他做的。史蒂夫还说肯尼斯对谋杀一无所知。基于这个证据，律师以精神错乱为由对其进行辩护。

辩护律师找来了马丁·奥恩（Martin Orne），一位著名的临床心理学家和精神病学家，他是世界上催眠和分离性障碍领域的顶尖专家（Orne，Dinges，& Orne，1984）。奥恩使用了与我们前面说的转换性失明类似的程序，以判定比安奇是在伪装 DID，还是真的有心理障碍。比如，奥恩在一次与比安奇的深入访谈中指出，真正的多重人格障碍至少有三种不同的人格。比安奇很快就表现出了第三种人格。在访谈比安奇的朋友和亲戚时，奥恩发现在被捕前，比安奇没有独立的证据证明他有不同的人格；心理测验也发现人格间并没有明显的差别，而真正身份分离的个体在心理测验中的得分也往往是不同的。奥恩得出结论：比安奇的反应像是在模仿催眠，而不是被深度催眠。

一些研究者对个体伪装解离体验的能力进行了研究。斯潘诺斯等（Spanos，Weeks，& Bertrand，1985）在一个实验中证明了大学生能够伪装新的身份，如果伪装的要求是合情合理的，就像在与比安奇进行访谈时所发生的一样。组中所有的学生都被要求扮演一个被指控谋杀但要证明自己无罪的人。那些接受了与比安奇几乎完全一致的访谈（逐字逐句）的被试组中超过 80% 的人为了逃避犯罪而伪装了另一种身份。而给予模糊指导语，并且没有直接建议可能存在另一人格身份的组，在辩解中就很少出现使用新身份的情况。

用认知科学方法对记忆，特别是内隐记忆（无意识的）进行的客观测验发现，DID 患者的记忆过程与“正常人”并无差异（Allen & Movius，2000；Huntjens et al.，2002；Huntjens，Postma，Peters，Woertman，& van der Hart，2003）。因此，亨特杰斯及其同事（Huntjens et al.，2006）指出，DID 患者的行为更像是在模仿他们的各种身份，虽然他们声称对这些身份没有任何记忆（跨身份遗忘），这意味着存在伪装的可能性。这一结果与既往对 DID 患者的总结相反，因为过去人们认为 DID 患者的记忆会因所伪装的身份不同而不同。此外，康等（Kong，Allen，& Clisky，2008）发现，就像正常人一样，被 DID 患者的一个身份记住的词，当切换到另一个身份上去后仍然被记着，而这与他们自我报告的跨身份遗忘相反。

有关伪装以及催眠效果的研究结果促使斯潘诺斯（Spanos，1996）提出，DID 的症状大多数可能应归因于无意间对那些受暗示性强的个体暗示了替身存在的治疗师。因为身份碎片和早期创伤存在的可能性被治疗师社会性地强化了，因此，这也被称为“社会认知模型”（Kihlstrom，2005；Lilienfeld *349*
et al.，1999）。一项对美国精神病家的调查发现，很少有人认同 DID 的科学性，只有 1/3 的被调查者认为这一诊断应该毫无保留地存在于 DSM 系统中（Pope，Oliva，Hudson，Bodkin，& Gruber，1999）。（在讨论虚假记忆时还会回到这个问题。）

客观测验表明，很多有分离性身份障碍的人并不是有意识和主动去模仿的（Kluft，1991，1999）。康顿等（Condon，Ogston，& Pacoe，1969）研究了关于克里斯·赛泽莫尔（Chris Sizemore）的以真实生活为蓝本的名为《三面夏娃》的书及电影。他们发现其中一个人格（黑夏娃）表现出“短暂的轻微斜视”（在横向的联合眼动中出现偏差），而这种现象却没有在其他人格中被观察到。这些视觉上的差异也被米勒（S.D. Miller，1989）证实，他在实验中发现 DID 组被试在替身身份中眼功能改变的平均次数比对照组中冒充替身身份的被试多 3.5 倍。米勒总结说，视

AP Images

克里斯·赛泽莫尔的分离性身份障碍的经历被改编成为电影《三面夏娃》。

觉上的变化，包括视敏度、折射度和眼肌的平衡都是很难伪装的。路德维希等（Ludwig et al.，1972）发现乔纳（见案例“乔纳：令人迷惑的眩晕”）的各种身份对情绪持有不同的心理反应，包括皮肤电（GSR）、很难觉察的汗腺活动以及 EEG 脑电波。

使用功能性磁共振成像（fMRI）技术，可以观察到患者从一个身份切换到另一个身份时脑功能的变化。具体来说，在身份切换后，患者的海马和内侧颞叶的活动有所变化（Tsai，Condie，Wu，& Chang，1999）。一系列后续研究证明，各个替身都有自己独特的心理生理特征（Cardeña & Gleaves，2003；Putnam，1997）。克卢夫特（Kluft，1999）提出了很多鉴别诈病和 DID 的临床策略，包括观察法，一般诈病者会急于表现他们的症状，并且以很流畅的方式去装病，而 DID 患者倾向于隐藏症状。

数据统计

乔纳有 4 个身份，但是临床上报告的替身人格的平均数量接近 15 个（Ross，1997；Sackeim & Devanand，1991）。在 DID 患者中，女性与男性的比例高达 9∶1，尽管这些数据是基于个案研究而不是调查研究（Maldonado，Butler，& Spiegel，1998）。DID 大多发病于儿童期，一般在 4 岁左右，但是通常要在症状出现近 7 年之后才能被确定（Maldonado et al.，1998；Putnam et al.，1986）。障碍一旦形成，如果没有得到治疗，会持续终身。障碍的表现形式在一生中不会有太大的变化，尽管有证据表明身份切换的频率会随年龄的增长而下降（Sackeim & Devanand，1991）。正如乔纳一样，不同的人格会在应对新的生活情境时出现。

尽管调查者认为 DID 要比原先估计的更普遍（Kluft，1991；Rose，1997），但是没有一个好的对这一障碍在普通人群中患病率的大样本流行病学调查。例如，对大量受 DID 严重困扰的住院患者的半结构化访谈发现，北美 DID 的患病率为 3%～6%（Ross，1997；Ross，Anderson，Fleisher，& Norton，1991；Saxe et al.，1993），在荷兰大概为 2%（Friedl & Draijer，2000）。在前几年中，最好的非临床样本调查显示，普通人群的患病率为 1.5%（Johnson et al.，2006）。

很大一部分的 DID 患者同时伴有其他心理障碍，包括焦虑、物质滥用、抑郁、人格障碍（Giesbrecht et al.，2008；Johnson et al.，2006；Kluft，1999；Ross et al.，1990）。

病因

至少从一个方面来看，促使 DID 产生发展的生活环境是一个明显因素。几乎每一个有这种障碍的患者都报告在童年期有过可怕的，经常是难以启齿的受虐经历。

西比尔：持续的虐待

你也许曾经看过根据西比尔自传改编的电影（Schreiber，1973）。西比尔的母亲患有精神分裂症，她的父亲拒绝或者无法干预她母亲的残暴行为。在她的童年里，西比尔日复一日地忍受着性折磨，有时差点被杀掉。在她 1 岁之前，她的母亲就开始用各种各样的方式捆绑她，偶尔还会把她悬挂在天花板上。许多个早晨，西比尔的母亲把她放在厨房的 350
桌子上，然后强制地把各种各样的东西插入她的阴道。西比尔的母亲精神病性地推断说，她正在为女儿成人后的性活动做准备。事实上，她很残忍地撕裂了孩子的阴道，以至于西比尔成人后做妇科检查时，阴道内的伤疤还非常明显。西比尔还被迫服下大剂量的泻药，却被禁止上厕所。由于她父亲不过问这些，而且他们表现得很像一个正常家庭，所以这种虐待一直在西比尔的童年持续，没有受到干预。

想象一下，你是处在这种环境下的儿童。你能做些什么呢？你太小了，以至于不能逃跑，也不能告知官方。虽然痛苦难以忍受，但是你也无法知道这是不正常的或是错误的。但是你能做一件事情！你可以逃进一个幻想的世界中，你可以是另外一个人。如果这种逃跑能让身体和情感上的痛苦减轻哪怕一分钟或者使下一个小时的痛苦变得可以忍受，那么下次有机会你还会这样逃跑。这样，你的大脑就知道了，根据需要而建立的身份是不受限制的。你会做一切能让你活下来的事情。并不是所有的创伤都因虐待所致。普特纳姆（Putnam，1992）描述了一个战争地区的小女孩，她亲眼看见她的父母在雷区被炸成碎片。悲痛欲绝的她，试图将所有碎片都捡回来，一块一块地重新拼接起来。

这种研究观察促使形成了一种广泛的共识，即DID根植于一种从严重虐待所带来的持续负面影响中逃跑或“分离”的自然倾向（Kluft，1984，1991）。在受虐待过程中或被虐待后缺乏社会支持可能也有一定作用。一项对428名青少年双生子进行的研究证实，解离体验大部分的原因可归于混乱、缺乏支持的家庭环境。个人经历和人格因素也有一定作用（Waller & Ross，1997）。

导致分离性障碍的行为和情绪因素，在某种程度上，似乎与我们所有人的正常倾向有关。正常人以某种方式逃避情感和精神上的痛苦是很常见的现象（Butler，Duran，Jasiukaitis，Koopman，& Spiegel，1996；Spiegel & Cardeña，1991）。诺耶斯和克莱蒂（Noyes & Kletti，1977）调查了100多个从不同死亡线上获救的幸存者，发现大多数幸存者经历过某种形式的解离，比如，非真实感、对情绪和身体上的痛苦反应迟钝，甚至有从身体里分离出来的感觉。分离性遗忘和神游状态就是对严重生活应激的明显反应。但是生活应激或者创伤都是当下的，而不是过去的，就像那个过度劳累母亲的案例，她就存在分离性遗忘症。许多患者是在逃避法律困境或者严重的家庭或工作应激（Sackeim & Devanand，1991）。但是精确的统计分析表明，“正常”的解离反应与我们所描述的病理性解离症状有实质的区别（Waller，Putnam，& Carlson，1996；Waller & Ross，1997），并且无论多么大的应激，至少有一些人不会发展为严重的病理性解离。这些发现与素质－应激模型一致，在这个模型中，只有具有适当易感性的个体，才会对应激以病理性解离的形式进行反应。

你也许已经注意到了，DID的病因与创伤后应激障碍（PTSD）相似。

一种观点认为DID是PTSD极端的亚型，尽管解离和焦虑在这两种障碍中都会出现，但是DID更多强调的是解离过程而不是焦虑症状（Butler et al.，1996）。有一些证据还显示，对可能导致DID的虐待的易感性的“发展窗口”会在9岁左右关闭（Putnam，1997）。在那以后，尽管还可能发生严重的PTSD，但却不大可能出现DID了。如果这是正确的，那么这会是一个好的例证，证明了发展在心理病理学中的意义。

还必须记住，我们对DID知之甚少。我们的结论是建立在对个案的回溯研究或者相关研究基础上的，而不是建立在对那些经历了可能会导致DID的严重创伤的被试的前瞻性研究基础上的（Kihlstrom，Glisky，& Anguilo，1994）。因此，很难说哪些心理或生理因素会对此起作用，但是对个体差异的关注可能会对研究起到指示作用。

受暗示性。受暗示性是一种人格特质，在人群中呈正态分布，就像体重和身高一样。一些人受暗示性比别人强，一些人相对来说不容易受暗示，而大多数人处于中间状态。

你曾经有过假想的儿时玩伴吗？许多人有过，这是个体有能力过一种充实而富于幻想生活的标志，这种能力非常有益并具有适应性。但是，这种特点也与受暗示性或者容易被催眠有一定的联系（一些人把术语受暗示性等同于催眠易感性）。催眠中的恍惚状态也与解离十分相似（Bliss，1986；Butler et al.，1996；Carlson & Putnam，1989）。恍惚状态中的人容易把全部注意力集中到生活的某一个侧面来，并且很容易受催眠师的暗示。还有一种现象是自我催眠，在这种状态下，个体能够与他们周围的大部分世界分离，并且“暗示”自己，比如不会对手上的疼痛有任何感觉。

根据自我催眠模型，受暗示性强的人可能能够用解离作为一种防御机制来应对极端创伤（Putnam，1991）。有50%的DID患者清楚地记得假想的儿时玩伴（Ross et al.，1990），但是这些假想的儿时玩伴是在创伤前还是创伤后被创造出来的就不是很清楚了。根据这一观点，当创伤变得难以忍受时，个体就会分裂为多个分离的身份。随着儿童的长大，大 351
约到9岁时，他们就具备清楚地区分现实与想象的能力了。可能正是这种能力关上了发展出DID的窗

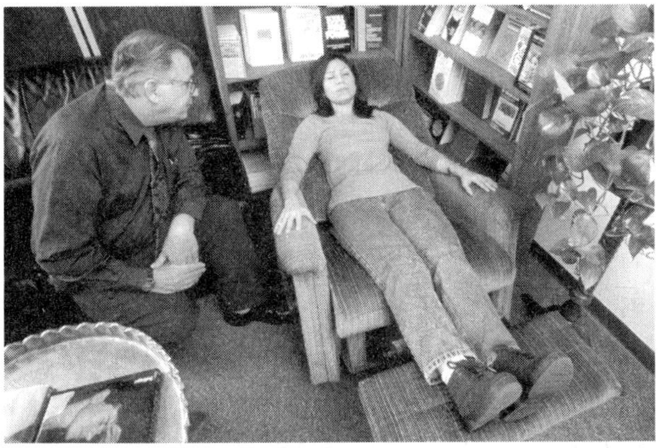

©Michael Newman/PhotoEdit

处于催眠恍惚状态中的人容易受暗示，并且会陷入某种特殊的体验中。

口。那些受暗示性不强的人可能会出现严重的创伤后应激反应，而不是解离反应。

生物因素。像 PTSD 一样，DID 也有特定的生物易感性，但是在 PTSD 中证据是确定的，而对于 DID 却很难验证。例如，在前面提到过的双生子大样本的研究中（Waller & Ross，1997），没有哪种变量或者可证实的原因是遗传学上的：所有的都属于环境因素。当然，和焦虑障碍一样，更多基础的遗传特质，如紧张和对应激的反应，会增加易感性。但是，与 PTSD 一样，有部分证据显示，与正常人相比，DID 患者的海马和杏仁核体积较小（Vermetten，Schmahl，Lindner，Loewenstein，& Bremner，2006）。

头部损害和因此导致的脑损害会引起遗忘或者其他类型的解离体验。但是这些情况通常更容易被诊断，因为它们都是广泛的和不可逆的，并且与可鉴别的脑损害相关（Butler et al.，1996）。最后，有明显的证据显示睡眠剥夺会导致解离体验，例如明显的妄想行为（Giesbrecht et al.，2007）。

真实和虚假记忆。在当今异常心理学领域中，其中一个最具争论的问题是有关早期创伤，尤其是性虐待的记忆是否准确的问题。一些人指出，许多这种记忆仅仅是粗心的治疗师的强烈暗示所导致的结果，他们假定存在这种问题的人受过虐待。这场争论的赌注是巨大的，争论双方都很容易伤及无辜。

一方面，如果早期性虐待确实发生过，但却因为分离性遗忘症而记不起来了，为了减轻现在的折磨，在一位有经验的治疗师的指导下重新经历创伤的各个方面是至关重要的。如果没有治疗，患者可能会永远患上 PTSD 或者 DID。把行凶者抓起来，让他们为自己的行为负责也同样重要。因为这种类型的虐待是一种犯罪，预防也是重要的目标。

另一方面，如果早期的创伤记忆是患者为了迎合一个粗心的治疗师而无意虚构的，但在患者看来是真实的，那么这可能导致对亲人的错误指控、家庭的破裂，也许还会使虚构的犯罪者获刑。近年来，由于虚假记忆引起的不准确的起诉已经引发了数起指控治疗师的案件，并造成了数百万美元的损失。对于大多数达到争辩和分歧水平的案例来说，很明显最终答案不是一个全或无的解决方案。有确凿的证据表明，虚假记忆可以由合理的、可理解的心理过程引发（Ceci，2003；Loftus，2003；Lilienfeld et al.，1999；McNally，2001；Schacter，1995）。但是，也有证据表明，早期的创伤经历可能会导致选择性的分离性遗忘症，而且对心理功能有很明显的损害（Gleaves，1996；Gleaves，Smith，Butler，& Spiegel，2004；Kluft，1999；Spiegel，1995）。

支持存在歪曲或者虚幻记忆的证据来自实验研究，就像著名的认知心理学家伊丽莎白·洛夫特斯（Elizabeth Loftus）和她的同事所主持的实验一样（Loftus，2003；Loftus & Davis，1996）。洛夫特斯及其同事（1996）成功地说服了许多个体，使他们相信自己在大约 5 岁时有一段走失经历，而这不是事实。一个值得信任的人被招募来给被试“植入”记忆。在一个个案中，一个 14 岁的男孩从他哥哥那里得知自己在 5 岁时曾经在附近的一个超市走失，后来被一个老人所救，并最终回到了他哥哥和妈妈身边。在得知这个消息几天后，那个男孩报告回忆起了这件事情，甚至能够感觉到他走失时的恐惧。随着时间的推移，这个男孩能够回忆起关于这个事件越来越多的细节，甚至比“植入”的内容还多，包括对那个老人的具体描述。当他最终被告知这个事件从来没有发生过时，他非常惊讶，而且继续描述这个事件的细节，就好像真的发生过一样。近期，伯恩斯坦和洛夫特斯（Bernstein & Loftus，2009）回顾了一系列实验证据，例如在一项被试不知道被测试其食物偏好的试验中，在被试吃完鸡蛋沙拉后制造生病的错误记忆，导致他们减少了吃鸡蛋沙拉，并且 4 个月后还报告讨厌鸡蛋沙拉。 352

年龄较小的儿童在报告事件的精确细节方面是极不可靠的（Bruck，Ceci，Francouer，& Renick，1995），特别是情绪性事件（Howe，2007）。在一项研究中（Bruck et al.，1995），对35名3岁女孩进行了一项生殖器检查，并将其作为她们日常体检的一部分；另35名女孩则没有（对照组）。在体检结束后不久，在她们母亲在场的情况下，每个女孩都被要求描述医生触碰了她们身体的哪个部位。结果发现，她们不能清楚地报告发生了什么。大约60%的被检查了生殖器的孩子拒绝承认，无论是否使用布娃娃。而对照组的儿童中，大约60%的孩子指出了医生的生殖器检查，或其他侵入行为，即使什么也没有发生过。

在另一项研究中（Ceci，2003），学前儿童被要求仔细回忆他们曾经经历过的真实的事情（例如交通事故），或者想象的事件（例如为了将捕鼠器中的手指拿出来必须到医院去）。在接下来的10周中，每周都对儿童进行一次访谈，要求儿童任意选择一个场景，然后"仔细想，并告诉我这些有没有在你身上发生过"。儿童于是需要在一段时间中认真思考并将真实与虚构情境进行视觉化。10周后，由一个没有参与实验的新访谈者来对儿童进行测验（Ceci，1995，2003）。

在塞西的其中一项研究中，58%的学前儿童描述了那些虚构的事件，就好像它们真的发生过一样。另外25%的儿童大部分时间认为这些虚构的事件真实发生过。此外，儿童的描述非常具体和连贯，还用先前没有暗示过的方式进行了修饰。更明显的是，在其中一项研究中，当被告知他们的记忆是虚假的时候，27%的儿童宣称他们确实记得经历过这些事情。

但是，也有大量证据表明，治疗师应该对那些表现出解离症状、创伤后应激症状的患者不完整回忆的创伤信号很敏感。患者尽管不能够报告或者回忆起早期的伤害，但有时却能够通过某种可靠的证据而加以确定（Coons，1994）。在一项研究中，威廉姆斯（Williams，1994）访谈了129名在儿童期曾遭受过性虐待，并有相关文件记载（例如住院记录）的妇女。即使对她们的受虐史进行了大量探索，但是38%的人仍然不能够回忆起她们17年前报告给专家的事件。如果受害者很年轻，或者认识虐待者的话，那么分离性遗忘的范围会变广。但是，古德曼及其同事（Goodman et al.，2003）访谈了175名有记录显示童年遭受过性虐待的人，结果发现大部分被试（81%）能够回忆并报告出虐待。虐待结束的年龄较大以及第一次揭发虐待时的情感支持，与更高的报告率有关。麦克纳利和杰拉尔茨（McNally & Geraerts，2009）也提供一些证据显示，一些人在经过许多年以后，单纯地忘记了这些早期经历，但在遇到一些治疗之外的回忆线索时却又想了起来。于是，在这部分人中，没有必要使用压抑、创伤或错误记忆理论。这就是简单的遗忘。总体来说，在那些报告性虐待记忆的人中，有些人能够一直体验并记得，有些人可能有错误记忆，有些人则是在治疗"压抑"的性虐待的过程中恢复记忆的，而还有部分人则可能就是简单地忘记了这件事，但是后来又能想起来。

正如布雷温等（Brewin，Andrews，& Gotlib，1993）所指出的，从认知科学中所得到的数据并不支持由粗心的治疗师所导致的（虚假）记忆的重构模式，因为大多数个体都能回忆起他们童年的重要细节，尤其是当这些细节独特和出乎意料时。

那么这个争论怎样解决呢？因为虚假记忆可以由一个权威人物反复强烈暗示所致，所以治疗师必须充分意识到那些可能发生的情况，尤其面对幼儿时。这要求对记忆的工作过程以及其他方面的心理功能及其表现有广博的知识。再强调一遍，与一位没有经验和没有受过充分训练的心理治疗师打交道是很危险的。关于儿童受到托儿所里的老妇人虐待的精细描述，很有可能是由侵犯性的、粗心的治疗师或法律执行官员植入的记忆（Lilienfeld et al.，1999；Loftus & Davis，2006；NmNally，2003）。在一些案例中，一些年长的照料者被判终身监禁。

但是，许多有DID和PTSD的人经历过有案可查的极端的虐待和创伤，而这些内容随后从意识中分离出来。未来的研究可能将揭示，易感个体的分离性遗忘症的严重程度是直接与创伤的严重程度相关的，并且这种类型的严重解离反应也可能被证明与"正常的"解离体验（我们偶尔也会出现，例如感到不真实或一瞬间的恍惚或两者都有）存在本质差异（例如，参见Kluft，1999；Waller et al.，1996）。这个问题两方面的拥护者都认为，临床科学应尽可能快速进步，以详细说明虚假记忆植入的可能过程，并确定那些真实而非解离性的创伤体验的具体表现（Gleaves et al.，in press；Kihlstrom，1997；Lilienfeld et al.，1999；Pope，1996，1997）。到那之前，精神卫生专家必须非常小心，要尽量避免使真实虐待受害者遭受更多的伤害或把受害者当作施虐者进行错误起诉。

治疗

经历分离性遗忘症或者神游症的个体常常能够

353 自己好起来，并回忆起他们所遗忘的东西。因为这些障碍的发作明显与现实的生活应激相关，所以，对疾病的预防措施往往包括对致病因素的治疗性干预，以及提高个体处理生活应激的能力。必要时，在知情的朋友或者家人的帮助下，将治疗集中于回忆在遗忘或神游期间发生的事情，这样，患者就能够面对这些信息，并将其整合到自己的意识经验中。对于更困难的案例，可以使用催眠或服用苯二氮卓类药物（轻微镇静剂），在治疗师的引导下回忆所发生的事情（Maldonado et al.，1998）。

但是，对 DID 患者来说，过程却并不那么容易。由于患者的身份被分成许多不同的单元，要重建人格似乎没有太多希望。幸运的是，情况并不总是这样。虽然关于治疗的效果没有对照研究，但却有不少文献表明，通过长期的心理治疗来重塑身份能获得成功（Ellason & Ross，1997；Putnam，1989；Ross，1997）。尽管如此，对大多数人的预后还是要慎重。库恩斯（Coons，1986）发现 20 个患者中只有 5 人重新整合形成了完整的身份。伊莱森和罗斯（Ellason & Ross，1997）报告了 54 人中的 12 人（22.2%）在治疗两年后达到了人格的整合，其他大多数个案的治疗仍在进行之中。当然，由于没有对照研究，所以这些结果也能归因于其他因素，而不是治疗（Powell & Howell，1998）。

今天，治疗师用于治疗 DID 患者的策略是基于不断积累的临床经验，以及成功治疗 PTSD 的程序（Gold & Seibel，2009；Keane，Marx，& Sloan，in press；Maldonado et al.，1998；见第 4 章）。基本的目标是找出激活创伤和/或解离的记忆线索或诱因，并使其中性化。更重要的是，患者必须面对并释放早期创伤体验，并且至少当这些可怕的事件在头脑中重现时获得控制感（Kluft，1996，1999，2009；Ross，1997）。为了逐步灌输这种控制感，治疗师必须很有技巧地，并且非常缓慢地帮助患者再现并重新体验创伤的各个方面，直到它仅仅是一个可怕的回忆而不是当前事件为止。因为记忆是无意识的，所以除非在治疗中出现这些经历，否则患者与治疗师都不会了解这些经验的具体内容。催眠经常被用于进入这些无意识的记忆，并将各种不同的身份带到意识中。因为解离的过程与催眠相似，所以，后者是一个非常有效的进入创伤记忆的方式（Maldonado et al.，1998）（当然，没有证据表明催眠是治疗的必要组成部分）。我们知道 DID 的病程似乎很缓慢，很少能自动改善，这也证实了现在的治疗，尽管是初步的，但还是有些成效的。

重现创伤记忆可能会诱发更严重的解离。因此，治疗师必须警惕这种现象的发生。信任对所有治疗关系都很重要，在治疗 DID 中也必不可少。我们偶尔会将药物治疗整合进来，但是药物的作用似乎不明显。临床上几乎没有证据表明抗抑郁药物对这种障碍有益（Coons，1986；Kluft，1996；Putnam & Loewenstein，1993）。

概念自测 9.2

从下列各项中选择对这里所描述的分离性障碍合适的诊断：（a）分离性神游症；（b）人格解体障碍；（c）广泛性遗忘症；（d）分离性身份障碍；（e）局部遗忘症。

1. 安妮是在街上闲逛时被发现的，她不能说出任何重要的个人信息。在检查她的钱包后，医生发现了一个地址，这才联系上她的母亲。他们发现安妮曾经经历了一次可怕的事故，是唯一的幸存者。安妮不能回忆起她的母亲或者那场事故的任何细节。她非常痛苦。________
2. 卡尔被他的母亲送到诊所。母亲十分关注他，因为有时他的行为十分古怪。他的言语和他与别人、周围环境相处的方式有时会有很明显的改变，几乎变成了另外一个人。最困扰母亲和卡尔的是，他不能回忆起这段时间他所做过的事情。________
3. 泰莉报告说她感觉失控。她说有时感觉自己漂浮在天花板上，观看那些发生在她身上的事情。她还感觉视野狭窄，感觉房间内发生在她周围的事情与她无关。这通常会使她恐惧和出汗。________
4. 亨利今年 64 岁，最近刚来到本镇。他不知道自己从哪儿来，或者自己怎么来到这儿的。他的驾照上有他的名字，但是他不确信这个人是他。他身体健康，也没有服用任何药物。________
5. 罗斯塔不能回忆起上周末发生的事情。星期一，她去了医院，发现她有割伤、瘀伤、擦伤。这表明她曾经受到了性侵犯。________

354 **谱系讨论**

DSM-5中的躯体形式障碍

以“躯体形式”为标题的躯体形式障碍的分类主要基于这样一种假设，即精神障碍常通过“躯体化”，以躯体症状的方式来表达自身。然后，某种具体的障碍则仅仅反映了症状能够以躯体的方式表达出来的特殊方式。近来，大量的疑问指向了躯体形式障碍的分类，并且已经有提案建议在DSM-5中从根本上改变这些障碍的分类（APA，2010；Noyes，Stuart，& Watson，2008；Voigt et al.，2010）。

特别是，躯体化障碍、疑病症、未分化的躯体形式障碍以及疼痛障碍都伴随有在症状的错构和过度专注方面存在认知扭曲的躯体症状。这些认知扭曲包括对健康或躯体症状的过度焦虑、一种认为这些症状糟糕至极或将其“灾难化”的倾向，以及认为躯体症状比健康管理专业人士所认为的更严重的强烈信念。同样，有这些障碍的人经常将对健康的关注变成对身体某个部位的关注，换句话说，他们采取了“患者角色”。因为这一原因，DSM-5将专注于躯体症状的严重程度和数量，以及对症状的焦虑，并将它们归入一个新的分类，命名为“复杂性躯体症状障碍”（CSSD）。对这一障碍的有效性和可用性的初步研究显示，这一新的维度反映了生理与心理两方面症状的严重程度，将对临床工作者很有帮助（Noyes et al.，2008；Voigt et al.，2010）。

这一思路的另一大优势是减少了医生在对症状是否有躯体原因方面做出更灵活的判断的负担。此外，慢性躯体症状与对症状的意义进行错误归因和过度关注的各种心理因素的结合，对做出诊断非常有益。DSM-5的提案亦建议这个大类的名称应从“躯体形式障碍”修改为“躯体症状障碍”，这一新的分类将不仅包括DSM-Ⅳ中的躯体形式障碍，也包括受心理因素影响的躯体健康问题（见第7章）和伪装障碍，因为所有这些障碍都存在具体的躯体症状和对生理疾病的担心。

▼小　结

躯体形式障碍

躯体形式障碍的定义性特征有哪些?

- 有躯体形式障碍的个体病理性地关注他们的外貌或者身体功能，并且带着他们的担忧向健康专家咨询，而这些专家通常找不到他们身体不适的明显的医学基础。
- 躯体形式障碍有几种不同类型。疑病症是一种个体相信自己患有严重疾病，并因为这种可能性而极度焦虑的状况。躯体化障碍则以无休止的、大范围的躯体主诉为主要特征，且这些主诉占据了个体生活及人际关系的主要方面。在转换障碍中，个体存在躯体上的功能障碍，例如瘫痪，但却没有明显的身体问题。在疼痛障碍中，心理因素在持续疼痛中发挥主要作用。在躯体变形障碍中，一个看起来正常的个体却强迫性地过分关注一些自己想象中的外在缺陷（想象中的丑陋）。
- 区分转换反应、真正的躯体疾病以及以逃避责任而进行的诈病或伪装，有时是很困难的。更令人迷惑的是伪装障碍，就像诈病一样，个体的症状是伪装的并且是故意的，但却没有明显的原因。
- 躯体形式障碍的原因还不是很清楚，但是有一些障碍，包括疑病症和躯体变形障碍，似乎与焦虑障碍密切相关。

躯体形式障碍的治疗方法有哪些?

- 躯体形式障碍的治疗范围包括从基本的保证技术和社会支持，到以减轻应激和去除行为的次级获益。最近，一些特殊的针对性的认知行为疗法被发现对疑病症的治疗很有效。躯体变形障碍的患者经常去做整容手术或接受其他医疗干预，但这些治疗更常见的结果是增加了他们对疾病的关注，并使他们更加痛苦。

分离性障碍

分离性障碍有哪五种类型?

- 分离性障碍以知觉变化为特征：一种从自己身体、从世界或者从记忆中分离的感觉。
- 分离性障碍：人格解体障碍，指个体暂时丧失了自身 355
存在的感觉（人格解体），以及意识不到外部世界的存在（现实解体）。在分离性遗忘症中，个体不能回忆起重要的个人信息。在广泛性遗忘症中，个体不能回忆起任何东西；更常见的是，个体不能回忆起在特定时期发生的特定事件（局部或者选择性遗忘症）。在分离性神游症中，记忆的丧失伴随着一次（或几次）意外的旅行。更极端的情况下，新的身份或替身会形成，就像分离性身份障碍的症状一样。最后，最近确定的分离性恍惚障碍，被认为是由文化因素决定的。

哪些因素会影响分离性障碍的病因与治疗？

- 分离性障碍的原因并不完全清楚，但通常与从心理上逃避创伤事件记忆的倾向有关。
- 分离性障碍的治疗包括在一个可控制的治疗方式下，帮助患者重新体验创伤事件，目的是要发展出合适的应对技巧。在分离性身份障碍的病例中，治疗是长期的，可能会采用抗抑郁药。对这种障碍的治疗特别重要的是患者与治疗师之间的相互信任。

▼ 关键词

somatoform disorders 躯体形式障碍　325
dissociative disorders 分离性障碍　325
hypochondriasis 疑病症　326
somatization disorder 躯体化障碍　330
pain disorder 疼痛障碍　332
conversion disorder 转换障碍　333
malingering 诈病　334
factitious disorder 伪装障碍　334
body dysmorphic disorder（BDD）躯体变形障碍　338
derealization 现实解体　343
depersonalization disorder 人格解体障碍　343
dissociative amnesia 分离性遗忘症　344
generalized amnesia 广泛性遗忘症　344
localized or selective amnesia 局部或选择性遗忘症　344
dissociative fugue 分离性神游症　345
dissociative trance disorder（DTD）分离性恍惚障碍　347
dissociative identity disorder（DID）分离性身份障碍　347
alters 替身　347

▼ 概念自测答案

9.1

1. b;　2. c;　3. d;　4. e;　5. a

9.2

1. c;　2. d;　3. b;　4. a;　5. e

▼ 本章测验 356

1. 疑病症的主要症状是：
   a. 害怕会患上某种疾病
   b. 害怕疾病的传播
   c. 害怕与患者的接触
   d. 害怕目前已经患病
2. 表现出以下哪些症状的个体可能患有疑病症：
   a. 把胃痛时的瞬间的发抖解释为疾病的标志
   b. 由于害怕惊恐发作而拒绝看医生
   c. 很享受看医生时所接受到的即时的关心
   d. 意识到患病能够获得不从事全职工作的益处
3. 下列哪一项符合躯体化障碍：
   a. 丽莎报告说她有持续的恶心，以致不能工作，但是医学检查没有发现任何疾病征兆。丽莎说只有丈夫在家照料她的时候，她才会感觉好点
   b. 艾迪在 6 个月内看了 11 个不同的内科医生，但是令人沮丧的是，好像没有哪个医生能做出适合的诊断
   c. 谢莉报告自己身体不适已经 10 年了。她的症状包括脚、手和脖子的疼痛，腹泻和便秘，行走困难。但她的内科医生没有发现任何身体方面的问题
   d. 佩德罗停止了工作，因为他觉得自己的耳朵是正常大小的两倍，而自己看上去很畸形。但是，医生观察后发现佩德罗的耳朵很正常
4. 疑病症与_____有关，而躯体化障碍与_____有联系。
   a. 强迫症，分裂型人格障碍
   b. 分离性障碍，强迫症
   c. 精神病性障碍，焦虑障碍
   d. 焦虑障碍，反社会型人格障碍
5. 在伪装障碍中：
   a. 个体为了个人获益而伪装症状
   b. 个体在没有明显经济或其他外在动机的情况下主动制造症状
   c. 个体不能控制症状，但症状却没有生理原因
   d. 症状是现在还没有确认的病毒所致
6. 约格是一个 19 岁的男性，他步行上学时突然腿不能走路，因而住院。尽管他很想走路，但是他至今还不能站起来走路。神经系统检查并没有发现任何躯体问题。约格的行为符合：
   a. 躯体化障碍　　b. 转换障碍
   c. 诈病　　d. 躯体变形障碍

357 7. 汤普森女士带着她 4 岁的女儿卡门来到急诊室，报告说孩子早晨不停地呕吐。卡门的状况在几天后有了好转。在她出院的那天，护士看到汤普森女士在给卡门喝地板洗涤剂。汤普森女士的行为符合：

a. 父母疑病症　　b. 代理性孟乔森综合征
c. 代理性转换综合征　　d. 父母躯体化障碍

8. _____描述的是一种丧失自身存在的感觉，而_____描述的是对外界世界存在感的丧失。

a. 人格解体，现实解体
b. 现实解体，躯体化障碍
c. 现实解体，人格解体
d. 躯体化障碍，现实解体

9. 迈克尔的妻子珍妮弗向警方报告迈克尔在 1998 年走失。两年后她在机场看见了他。他生活在离珍妮弗两个州远的地方，并娶了另外一个女人，有了两个小孩。但是，迈克尔告诉珍妮弗他的名字是丹尼，不是迈克尔，而且他以前从来没有见过她。迈克尔的表现符合：

a. 多重人格障碍　　b. 分离性恍惚障碍
c. 分离性身份障碍　　d. 分离性神游症

10. 分离性身份障碍中不同的身份或人格称为_____，而从一种人格转变为另一人格称为_____。

a. 面具；过渡　　b. 外表，转换
c. 正面，过渡　　d. 替身，转换

（答案见附录 C）

第10章 性功能障碍及性别认同障碍

Nikolag Titov/Vetta/Getty Images

◆ **章节概览**

359 **学生学习的目标** *

理解并掌握特定心理学领域的内容。	▶行为和心理过程（包括生理机能、感觉、知觉、比较、动机和情绪）的生物学基础(pp.376-379)。
运用本学科的概念、专用语和主要理论来解释心理现象。	▶客观地描述行为和心理过程，包括下操作性定义（pp.363-375，383-387）。
恰当运用心理学知识解决问题。	▶异常行为的成因和治疗（pp.364-368，375-382）。 ▶心理测验和测量（pp.375-376）。

* 本章的这部分内容覆盖了由美国心理学会（American Psychology Association，2007）建议的学习目标，可作为心理学专业本科学生的学习指南。这些内容由美国心理学会学习目标建议小组（SLO）确定。

什么是正常的性行为？

▶ 社会文化因素是如何影响所谓的“正常”性行为的？

你们都看过杂志上有关性行为的爆炸性的消息。一则调查报道中说，男性每天可以达到15次甚至更多的性高潮（在现实中，这样的能力十分罕见），而女性则幻想着被强奸［女性的这些关于屈服的理想化幻想其实与真实的强奸相差甚远（Critelli & Bivona，2008）］。这样的调查会对我们产生两方面的误导：第一，它们声称要揭示性的标准，而实际上却歪曲了部分事实。第二，虽然那些杂志确实很畅销，但是它们列举的典型事例没有建立在科学方法的基础之上，缺少可信度。

什么是正常的性行为呢？正如我们即将看到的那样，要视情况而定。更为重要的是，当性行为偏离常模到什么程度时就是一种障碍呢？同样，这也要视情况而定。除非性行为与重要的功能损害有关，否则它们就没什么异常，当今的观点倾向于对不同的性表达方式持宽容的态度。有三种性行为符合这个定义。性别认同障碍是指对自我生理性别有一种心理上的不满。这种障碍不是一种特殊的性行为，而是个体对自己是男性还是女性的认同感出现紊乱，但这些障碍通常被归入性障碍中。性功能障碍患者在进行性活动时通常难以发挥，例如，他们可能无法被唤起或无法达到高潮。性偏好障碍（papaphilia），是用于描述性取向的新术语，包括那些主要对不恰当的物体或个体产生性唤起的障碍。Philia 的意思是强烈的吸引或喜爱，而 para 意味着这种吸引是不正常的。性偏好障碍患者的唤起模式往往相当局限，即使有这种需要，他们也常常排斥双方都认可的成年人模式。在描述这三种类型的障碍之前，我们可以回到最初的“何为正常的性行为”这个问题上去获取一个重要的视角。

要准确判断性行为的发生率，就要从人群中随机抽样后进行仔细调查。在一项最新的科学调查中，比利等 Billy，Tanfer，Grady，& Klepinger，1993）报告了美国3 321名20～39岁男性的性行为发生率。参与调查的被试接受了访谈，其结果比填写问卷更加可靠，并且被试的所有反应都被详细地进行了分析。这项调查的目的在于确定包括艾滋病在内的性传播疾病的危险因素。部分数据见图10–1。由疾病控制与预防中心（CDC）发起的全美健康和营养检测调查在2007年6月得出了最新的报告：即使性行为领域调查取样相当受限，还是有超过6 000名的男女参了本项调查，提供了数据更新。

比利及其同事和CDC的研究显示，几乎所有男性被试均有过性经历，阴道性交最为常见，即使是那些从未结过婚的人也不例外。3/4的男性被试有过口交，只有1/5的人曾有过肛交，有一半人在最近一年半内没有过肛交，这是艾滋病传播的高危行为。一个令人担忧的发现是，23.3% 的被试与 20 个或更多的性伴侣发生过性行为，这是另一个高危行为。超过 70% 的人在最近一年只有一个性伴侣，而不到 10% 的人在同一时间段里有 4 个或更多的性伴侣。29% 的男性在他的一生中拥有 15 个或更多的性伴侣，与此相比 9% 的女性会这样。

一个令人吃惊的发现是，绝大多数的男性报告说
360 他们进行的是**异性性行为**（heterosexual behavior），仅有 2.3% 的人有过同性性行为，而只有 1.1% 的人进行的是**同性性行为**（homosexual behavior）。但是在不仅包括性行为还包括同性吸引的情况下，另一个复杂的调查发现大约 9% 的女性和 10% 的男性报告称他们有过一些同性之间的吸引举动或性行为。对于青少年来说，5% 的男孩和 11% 的女孩报告称有过同性性行为（Diamond，Butterworth，& Savin-Williams，2011；Mosher，Chandra，& Jones，2005）。以上所讲的大多数属于异性性行为，并且其中绝大多数青少年被认为是异性恋（Diamond et al.，2011）。

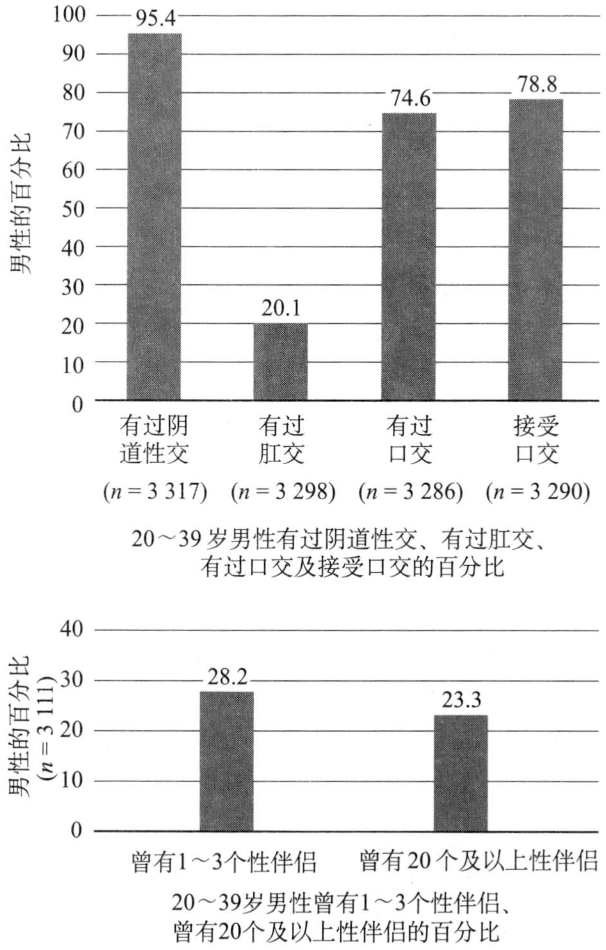

图 10–1　男性性行为调查结果

资料来源：Data from Billy, J. O. G., Tanfer, K., Grady, W. R., & Klepinger, D. H., 1993. The sexual behavior of men in the United States. *Family Planning Perspectives, 25*, 52–60.

一项来自英国的研究（Johnson，Wadsworth，Wellings，Bradshaw，& Field，1992）以及一项来自法国的研究（Spira et al.，1992）分别调查了本国超过 20 000 名男性与女性的性行为和活动。其结果与针对美国男性的研究报告惊人地相似。在英国和法国的研究中，各年龄组有超过 70% 的被试回答说最近一年内只有一个或没有性伴侣。与男性相比，女性拥有两个及以上性伴侣的可能性更小一些。仅有 4.1% 的法国男性和 3.6% 的英国男性报告说曾经有过一个男性性伴侣。对于英国男性，如果我们仅仅考虑过去的 5 年时间，这个数据将会下降到 1.5%。几乎可以肯定的是，仅仅进行同性性行为的男性比例要低得多。至少这三个国家的数据比较一致，并接近于西方国家的平均数。同样有趣的是性满足和性满意度的影响因素在全世界范围都很相似，正如最近一项针对中国城市成年人的大型调查所证实的（Parish et al.，2007）。

另一系列有趣的数据提出了我们对年长成人性欲性征的许多观点。按年龄讲，性行为能够持续至年老，甚至有些人 80 岁依然可以进行。而且是 50% 的男性和 36% 的女性在 75 到 79 岁之间依然保持性行为。但这种性别差异的原因至今不详。尽管调查显示，男性死亡年龄更早，许多年长女性也缺少合适的性伴侣，但是也有些女性会嫁给年长一些的男性。即使很多人都保留了性行为，但是超过 80 岁的样本太小从而无法得出有意义的结论。性活动的下降主要与下降的总体活动能力、各种疾病过程以及可能降低性唤醒的药物有关。此外，各种血管收缩反应的速度和强度也会随着年龄的增长而下降。

性别差异

尽管男性与女性都倾向于一夫一妻制（一个性伴侣）的性关系，但是性行为中的性别差异也的确存在，而且有些差异极大。最近，彼得森和海德

异性性行为　相反性别成员间的性行为。
同性性行为　相同性别成员间的性行为。

（Petersen & Hyde，2010）报告了数以百计的有关性习惯和性行为的性别差异调查及分析结果。在性调查中的一个普遍发现是，男性的手淫（通过自我刺激达到高潮）的比例高于女性（Oliver & Hyde，1993；Peplau，2003；Petersen & Hyde，2010）。尽管女性在这25年来被鼓励为自己的性满足承担更多的责任，并进行更多的自我性探索，但莱滕伯格等（Leitenberg，Detzer，& Srebnik，1993）在对280名大学生进行调查时发现，这种差异仍然存在（81%的男性报告自己有过手淫行为，而女性仅有45%）。

在那些进行手淫的群体中，男性的频率大概比女性高3倍，并且贯穿于整个青少年期。手淫与日后的性功能没有任何关联，也就是说，个体在青少年期手淫与否都不会影响其性交体验、性交频率、性伴侣个数或者其他影响性适应的因素。

361 为什么女性手淫的频率常常少于男性，这个问题一直困扰着性研究者，尤其当性行为中其他长期存在的性别差异已经最终消失时，如婚前性行为的比例（Clement，1990；Petersen & Hyde，2010）。对手淫行为差异的一个传统看法是：女性被教导把性与浪漫和情感紧密相连，而男性更对肉体的满足感兴趣。尽管对性的性别化看法减少了，但是这种差异依然持续着。一个更可能的原因是生理方面的：由于男性勃起反应的天性，以及他们可以相对容易地提供足以达到性高潮的刺激，所以手淫对于男性只是比女性更容易而已。这也许可以解释为什么在灵长类和其他动物中，手淫的性别差异同样那么明显（Ford & Beach，1951）。无论怎样，手淫的发生率是所有性行为中性别差异最大的。

Ryuhei Shindo/PhotoLibrary

性行为通常可以一直持续至老年。

性别差异的另一个方面反映在对婚前随意性行为的态度上，即男性比女性表现出更宽容的态度，尽管这种差距正变得越来越小。当前随意性行为的最典型形式是发生在大学生中的“猎艳”（hooking up），它特指承诺关系之外的一系列身体上的亲密行为（Owen，Rhoades，Stanley，& Fincham，2010）。“猎艳”研究与曾经的随意性行为研究有类似的发现：“猎艳”通常会受酒精的影响，并且相比于男性，女性认为它并不是一个积极的体验。“朋友间互利”（friends with benefits）是另一种大学生中流行的随意性行为方式，但一般发生在长期友谊关系中。

对比之下，众多调查的结果显示，当今对于同性恋（一般可接受）、性满足的体验（对双方都重要）或手淫（普遍接受）的态度都没有表现出性别差异。对于在双方已订婚或有了承诺关系的婚前性行为的态度上（男性较女性更为认同），以及对婚外性行为的态度上，存在微小或中等的性别差异。如在英国和法国的调查中，男性性伴侣的个数更多一点、性交频率微微高些，男性首次性交的年龄稍为小些。回顾一下1943年到1999年的趋势，我们可以看到几乎所有存在的性别差异都随着时间的推移而逐渐变小，尤其是对于婚前性行为的态度。尤其是在1943年仅有12%的女性赞成婚前性行为，而1999年增长到73%的女性赞成；男性是在1943年有40%，到1999年有79%赞成婚前性行为（Wells & Twenge，2005）。最近的20世纪90年代末以及21世纪后的调查发现，可能由于对艾滋病的恐惧，男性青少年的性伴侣人数在减少，并且性活动也有减少的趋势。女性青少年这一时期变化较少提及（Petersen & Hyde，2010）。

虽然这些在减少，但是有关性的行为和态度在男性和女性之间依然存在多种差异（Petlau，2003；Petersen & Hyde，2010）。例如，男女的性唤起模式存在差异（Chivers，Rieger，Latty，& Bailey，2004）。男性有更加特定和狭窄的性唤起模式，异性恋的男性要由女性刺激而非男性才会有性唤起。对于同性恋男性而言则相反，有性别认同障碍（在之后的章节详谈）的男性，即使是做了变性手术依然保留这个特性（对男性而非女性有性吸引）。然而，女性不管是异性恋还是同性恋，有更广的更普遍的唤起模式，对男性和女性的性刺激均能被唤起。

在一项令人印象深刻的系列研究中，芭芭拉·安德森（Barbara Anderson）及其同事对有关自我性方面的基础或核心信念做了评估。这些关于性的核心信念被称作“性的自我图式”。尤其是在一系列研究中（Andersen & Cyranowski，1994；Andersen，Cyranowski，& Espindle，1999；Cyranowski，
362 Aarestad，& Andersen，1999），安德森及其同事证明了女性倾向于将充满激情、浪漫的体验作为她们性生活的一个完整部分，并坦然对待性体验。然而，还是有大量女性持有一种尴尬的、保守的或者是害羞的观点，这会与她们性态度中积极的方面产生冲突。与此同时，男性除了把充满激情、缠绵和对性的开放作为性生活的一部分外，他们表现出强烈的力量感、支配感和攻击欲的成分。同样，大多数男性不会持有那些反映害羞、尴尬或行为抑制感的负性核心信念。

佩普劳（Peplau，2003）将有关人类性行为性别差异的研究数据概括为四个主要方面：（1）男性比女性有更强的性欲和性唤起。（2）女性比男性更强调忠诚于性关系。（3）男性有关性的自我概念不同于女性，其部分表现为力量、独立和侵略性。（4）女性的性信念更具有“可塑性”，因为它们更容易被文化、社会和环境所塑造。比如说，随着时间的流逝，女性更有可能改变性取向（Diamond，2007；Diamond et al.，2011），或者性行为的频率可能发生较大变化。如果爱人不在身边，女性的性行为频率会由高变低。

性革命带来了什么？据推测，人们对性表达和性满足采取“放任自流”的态度始于 20 世纪 60—70 年代，其影响体现在哪些方面呢？显然是有所改变的。对于大部分女性，她们的性行为不再受到较为严厉、保守的社会标准的约束，这种双重标准已经消失。尽管男女在一些态度和核心信念上的差异依然存在，但是他们在态度和行为上正趋于一致。不管怎样，绝大多数的个体只与一个异性伴侣进行阴道性交。基于这些信息，性革命可能主要是媒体炒作的结果，它们关注极端的、耸人听闻的事例。事实上，性吸引的对象似乎具有能促进种系繁殖的进化根源。例如，脸有吸引力的男性（对女性来说）具有较高的精子质量，身体有吸引力的女性（对男性来说）更能生育，声音有吸引力的人（不管是男性还是女性）会更早地失去他们的童贞（Gallup & Frederick，2010）。因此，性吸引（和性行为）与进化紧密相关，这反映了种系性行为的重要性。

文化差异

即使在西方国家属于正常的，在世界其他地方可能也未必是正常的（McGoldrick，Loonan，& Wohlsifer，2007）。在巴布亚新几内亚的桑比亚部落，精液被认为是部落年轻男孩成长和发育的重要物质，同时它不能自己生成，即身体无法自然生成精液。于是，部落里所有的年轻男孩，大约从 7 岁开始，都要与十几岁的男孩进行同性间的口交活动，成为精液的接受者。口交活动是被允许的，部落禁止进行任何形式的手淫。青少年早期，男孩就要转换角色而成为更年轻的男孩的精液供给者。在十几岁之前，异性关系甚至异性之间的接触都是被禁止的。在青少年后期，男孩被要求结婚并开始单纯的异性性活动。他们一概如此，毫无例外（Herdt，1987；Herdt & Stoller，1989）。对比起来，印度东北的蒙达部落同样要求青少年和儿童住在一起。但在这种群体中，男孩与女孩生活在同样的环境中，而性活动全部是异性间的，主要是由爱抚和相互间的手淫组成（Bancroft，1989）。

在对全世界 100 多个国家或地区的调查中，约有一半的社会文化接受并鼓励婚前性行为，而在其他的社会文化中，婚前性行为不被接受和提倡（Bancroft，1989；Broude & Greene，1980）。在一种文化中正常的性行为在另一种文化中未必是正常的，因此在对一种障碍的存在进行诊断时，性表达方式应被放在较宽的范围内评判。

性取向的发展

有报告显示同性恋会有家族延续性（Bailey & Benishay，1993），而同卵双生子之间的同性恋一致性系数高于异卵双生子或一般的同胞兄弟姐妹。在两个较佳的双生子研究中，同卵双生子具

有同性性取向的比例约为 50%，而异卵双生子只有 16%～22%，非双生兄弟或姐妹产生同性恋的比例与之接近或较之稍低（Bailey & Pillard，1991；Bailey，Pillard，Neale，& Agyei，1993；Whitnam，Diamond，& Martin，1993）。一个有关同性恋行为原因的研究指出，在男性中有 34% ～ 39% 是由基因导致，而女性是 18% ～ 19%；其他的同性恋一般是环境影响所致（Langstrom，Rahman，Carlstrom，& Lichtenstein，2010）。记得我们在第 2 章里讲过，环境影响可能包括独特的生物环境——例如，子宫内（出生之前）不同激素的浓度及暴露时间。其他报告指出，同性恋与暴露于不同程度的激素环境有关，特别是与出生之前子宫内的雄激素水平有关（Auyeng et al.，2009；Ehrhardt et al，1985；Gladue，Green，& Hellman，1984），并且同性恋者与异性恋者的脑部结构可能会有所不同（Allen & Gorski，1992；Byne et al.，2000；LeVay，1991）。

几个调查结果对于在子宫内暴露于不同激素水平的理论给予了支持。其中一个研究发现，与异性恋相比，39% 有同性性取向的人会更习惯使用非右手（左手或双手）（Lalumiere，Blanchard，&
363 Zucker，2000），但是这些发现并不能被重复（Mustanski，Bailey，& Kaspar，2002）。他们发现，男同性恋或男双性恋者的性器官明显较男异性恋的更短或更细，但是女性身上并无此发现。另一个令人好奇的发现是，男性和充当男性角色的女同性恋者倾向于无名指比食指长，女性和男性同性恋者表现出较小差异，或者甚至食指比无名指长（Brown，Finn，Cooke，& Breedlove，2002；Hall & Love，2003）。另一报告指出，在 X 染色体上可能存在同性恋的一个基因（或多个基因）（Hamer，Hu，Magnuson，Hu，& Pattatucci，1993）。

媒体所得出的基本结论是同性恋存在生物学的原因。同性恋权利主义分子决意抓住这些发现。一些人为这种生物学的解释感到高兴，因为人们不再认定同性恋者选择了一个被认为是偏离的性唤起模式。然而，另一些人则注意到很多民众很快地倾向于这种解释：同性性唤起模式的个体是在生理上出了某些“毛病”，他们认为有一天可以在胎儿身上检测到这种变异，并有可能通过基因工程来预防。

关于生物学原因的争论听起来是不是很熟悉呢？回想一下第 2 章中所阐述的关于将复杂的行为与特定的基因相联系的那些研究。几乎在所有的案例中，这些研究都是不可重复的，并且调查者借助于以下模型，即遗传对行为特质和心理障碍的影响来自多个基因，每个基因只对易感性产生很小的影响。这种一般生物易感性，必须通过一种复杂的方式与各种环境条件、人格特质以及其他决定行为模式的因素相互作用，才能决定行为。我们也讨论过遗传 - 环境交互作用，其中一定的学习经验和环境事件也会影响脑结构和功能以及基因的表达方式。

现在，同样的情况发生在性取向上。例如，贝利等（Bailey et al.，1999），以及赖斯等（Rice，Anderson，Risch，& Ebers，1990）在后来的一项研究中就无法重复出存在特定的同性恋基因这一结果（Hamer et al.，1993）。大多数理论模型揭示了异性恋或同性恋可能有很多种发展路径，而非由单一生物或心理因素决定的（Bancroft，1994；Byne & Parsons，1993）。还有可能的是，不同类型的同性恋可能（而且，异性恋也可能）由不同的原因导致（Diamond et al.，2011；Savin-Williams，2006）。

一个很有趣的结果来自贝利和他的同事对双生子的研究。他们发现，大约 50% 的同卵双生子——具有完全相同的基因结构，即使在相同的环境中（即在同一个屋子里长大），也会出现不同的性取向（Bailey & Pillard，1991）。同样有意思的是，一项调查了 302 位男性同性恋者的研究发现，同兄长一起长大的男性更有可能成为同性恋，而拥有姐姐或弟弟、妹妹却与日后的性取向没有相关。事实上，多一个兄长便增加了 1/3 的出现同性恋的概率。这项已经被重复多次的研究发现被称为“兄弟出生顺序假说”。尽管这种作用机制目前还不明确，但这已经可以说明环境影响的重要性了（Blanchard，2008；Blanchard & Bogaert，1996，1998；Cantor，Blanchard，Paterson，& Bogaert，2002）。

无论怎样，仅单方面地强调同性恋是由遗传导致或异性恋是由健康的发展经历导致的观点，将会继续影响着大众。尽管我们可能是错误的，因为不存在一种可以被证明是永远正确的观点，但可以肯定的是，社会心理因素影响发展的程度受到生物学基础的制约（Diamond，1995；Diamond et al.，2011；Langstrom et al.，2010）。

性别认同障碍

› 如何定义性别认同障碍的临床特征，其病因是什么，以及如何治疗？

什么因素让你感觉自己是一名男性或者是女性呢？显然，这不仅是指你的性唤起模式或解剖学特征。这同样不仅是普遍意义上的你与家庭、社会的互动和经历。男性或女性的本质在于一种被称为性别认同的根深蒂固的自我感觉。**性别认同障碍**（gender identity disorder）就是一个人的生理性别与其认同感不一致。这种障碍的患者会感到自己陷在一个错误性别的躯体里而不能自拔。看一下乔的个案。

364 **乔：被困于错误的躯体里**

乔是一个 17 岁的男孩，他是家里五个孩子中最小的一个。尽管他的妈妈想要个女孩，但他依然成为妈妈最喜爱的孩子。他的爸爸长时间工作，与他几乎没有什么接触。从乔记事开始，他就把自己当作女孩。还不到 5 岁，就开始完全穿着女孩的衣服，直到初中，一直异装。他对从百科全书里学习烹饪、编织、钩编、刺绣等非常感兴趣。

这期间，乔基本与女孩一起玩，尽管他记得一年级时曾与一个男孩非常亲密。大概 12 岁开始，在他的性幻想里，他描述自己作为一个女人和一个男人性交。当他 15 岁上高中时，他极度女性化的行为让他成为嘲笑和奚落的对象。他常常会冲动而不带任何保护地离家出走，甚至企图自杀。由于无法继续读高中，他上了一所秘书学校，在那里他是班上唯一的男生。他在与治疗师第一次会面时说："我是一个女人，陷在男人的身体里，我想做手术变成一个女人。"

性别认同障碍的定义

性别认同障碍（或者是以前所称的易性癖）必须同异装癖相区别。后者是一种性偏好障碍（稍后讨论），常常是男性在穿着异性的衣物时会产生性唤起。其中有一部分男性会临时扮演女性角色，但其基本目的是性的满足。而在性别认同障碍中，基本目的不是与性有关的，而是希望公然以与另一种性别相一致的方式全身心地去生活。

性别认同障碍也应该同双性个体（两性体）相区别，这种个体确实生来就有着模棱两可的生殖器，它被证实与激素或生理异常有关。依据两性体各自不同的混合特征，他们常常生来被"指定"为一定的性别，后来再通过手术和激素治疗来改变他们的性别解剖特征。对比之下，性别认同障碍的患者则没有显示出任何的生理变异。稍后我们再讨论双性个体的问题。

最后，性别认同障碍要与同性恋的性唤起模式相区别。在同性恋中，男性有时会表现得女性化或者女性会有男性化的举止，但这样的个体不会感觉自己是个陷在男性身体里的女人，也不会想变为一个女人（反之亦然）。同样要注意的是，如 DSM-Ⅳ-TR 分类标准中的描述一样，性别认同是独立于性唤起模式的（Savin-Williams，2006）。例如，一个男性性别认同障碍患者（带有女性性别认同的男性）可能被女性所吸引，这从学理上讲他拥有了对同性的性唤起。伊莱·科尔曼（Eli Coleman）及其同事（Coleman，Bockting，& Gooren，1993）报告了 9 例为男性性吸引的女性变男性个案。具体为，手术前为异性恋的女性手术后成为同性恋男性。切维斯和贝利（Chivers & Bailey，2000）将此组与手术前后都为女性性吸引的女性变男性个体进行对比，他们发现两个组在性别认同的程度上（作为男性的）没有差别，尽管后一组对性更为自信，并对制造一个人工阴茎的手术更感兴趣。

性别认同障碍相对来说是罕见的。据在瑞典、澳大利亚和荷兰的调查估计，其发生情况分别如下：对于生理性别为男性的，瑞典为 1∶37 000，澳大利亚为 1∶24 000，荷兰为 1∶11 000；而生理性别为女性的，分别是 1∶103 000，1∶150 000，1∶30 000（Baker，van Kesteren，Gooren，& Bezemer，1993；Ross，Walinder，Lundstrom，& Thuwe，1981；Sohn &

性别认同障碍　一种对生理性别的心理不满，或是被认为是男性或女性的忧虑。主要问题不在于性唤起，而在于以相反性别的方式生活。

多样化讨论

另类或者混合的性别认同？LGBT中的“T”

女同性恋、男同性恋、双性恋以及跨性别者（以下简称LGBT，lesbian，gay，bisexual，transgender的缩写）的问题在美国已经是热门话题，包括最近一些有关校园暴力的自杀事件和同性恋婚姻权利的争论。虽然女同性恋、男同性恋和双性恋经常被包含在内，但是跨性别者常不在其中，这或许是因为人们对其了解少或是跨性别群体的复杂性。跨性别者是对非传统性别表达者的一个总称（即他们的生理性别从出生起就无法识别）。这些个体在文化中会被认为是异类。

西方文化认为，人的性别是非男性即女性。因此，变性个体被视为有性别认同障碍并且被要求在完成性别改造手术之前完全接受他们的出生相反性别。有趣的是，世界许多国家性别不仅固定在男性或女性上，而双性别者和跨性别者的方式也是可以接受的。例如印度的“海吉拉斯”和泰国的“卡托伊”或“人妖”。这两个群体里，生理上为男性的人穿着女性的衣服并表现为女性化。这类个体被他们的社会接纳为第三性别。例如，被认为是“非男性也非女性”（Nanda，1999）的海吉拉斯，可能做了阉割手术，他们借由印度神话（例如，反串在人类这一概念出现之前就已存在）获得了宗教和文化合法性，并且某些人相信其具有神圣的力量（Bakshi，2004）。事实上，海吉拉斯满足了他们文化中的特殊功能，在婚礼和生产仪式上起作用，并且人们认为这一行为是符合自然的。同样泰国跨性别者——生理上为男性而拥有“女人的心”，也是第三性别。在某些场合，这些人甚至拥有他们自己的休息室，其门上画着一个左边穿着蓝色裤子右边穿着红色裙子的人（Beech，2008）。尽管印度和泰国两地接纳海吉拉斯和人妖作为第三性别，但一些国家则完全不接受变性个体。例如，在伊朗，跨性别者可能会被处死，案例是一个24岁的变性女人（生来是女人而进行了变性手术）被其哥哥们勒死。哥哥们承认杀了她，因为“反对她的不道德”。这种被认为是“荣耀杀戮”式的谋杀其实是不让家庭蒙羞的做法。伊朗法律目前认可了这种行为，案件中的兄弟只要为谋杀罪坐1到3年牢（Littauer，2010）。

虽然不同文化对跨性别者的理解和治疗不同，但LGBT个体会通过举行如“全国出柜日”（National Coming Out Day，NCOD）运动来获得国际支持。NCOD，即10月11日，在美国、澳大利亚、加拿大、克罗地亚、德国、新西兰和英国（在10月12日举行），被视一个“出柜”民意讨论日和纪念日。

Bosinski，2007）。这些数据揭示了一个事实：性别认同障碍发生在男性身上是发生在女性身上的4倍（American Psychological Association Task Force on Gender Identity and Gender Variance，2008）。许多国家现在允许通过一系列合法步骤来改变一个人的性别身份。20世纪90年代在德国，每100 000人中有2.1～2.4个人至少采取了第一步的合法步骤来改变他们自己的名字。男女比例为2.3∶1（Weitze & Osburg，1996）。在一些文化中，性别认同错误的个体常被认为与“巫师”“先知”的身份一致，并被当作智慧的象征。巫师几乎总是具有女性特质的男人（例如，参见Coleman，Colgan，& Gooren，1992）。斯托勒（Stoller，1976）报告了两个当代的女性化的美国男性原住民，他们不仅为人们所接受，并且因为他们在治疗仪式中的经验和技术而受到部落的尊敬。这些个体在某些文化中受到尊重，相反，在西方文化中对他们的社会宽容相对较低。他们经常成为人们猎奇、嘲笑，有时甚至是施暴的对象和目标。

病因

尽管将来很可能会发现生物因素对性别认同障碍的影响，但目前的研究还没有揭示出性别认同障碍的生物学原因。库里奇等（Coolidge，Thede，& Young，2002）在双生子研究中发现，遗传因素在性别认同障碍易感素质中起了62%的作用。另38%则源自非共同参与的（独特的）环境事件。一项最近针对在荷兰登记的双生子的调查显示，70%的跨性 365
别行为（cross-gender behavior，表现为与反向生物

学性别一致的行为习惯）易感性是遗传而非环境的缘故，但是该行为与未被测量的性别认同（之后会解释）有很大不同（van Beijsterveldt，Hudziak，& Boomsma，2006）。戈麦斯－吉尔等（Gomez-Gil et al.，2010）发现有性别认同障碍的非双生子同胞中，性别认同障碍患病率较高。然而，塞盖尔（Segal，2006）发现两对女性同卵双生子中，其中一个是性别认同障碍患者而另一个不是，并且没有异常的用药史和生活史导致这样的不同。尽管如此，遗传对于性别认同障碍还是有一个很明显的影响。

早期研究显示，和性取向一样，在特定的发育关键期，较高水平的睾酮或雌激素可能会使女胎儿男性化或男胎儿女性化（例如，参见 Gladue et al.，1984；Keefe，2002）。激素水平的变化可以自然发生，也可以是怀孕时母亲服药所致。尽管有这种可能性存在，但科学家还没有确认出生前的激素影响与后来的性别认同之间的联系。科学家发现有双性身份的 5 ～ 12 岁的女性儿童一般患有先天性肾上腺皮质增生症（congenital adrenal hyperplasia，CAH）。这些患者具有过量的男性激素（雄激素），其他的研
366 究证明其主要由外生殖器产生，虽然内部器官（卵巢等）保持了女性本性。梅耶－巴哈伯格（Meyer-Bahlburg）及其同事研究了 15 名患有 CAH 的女孩，这些孩子一出生就被认定为女性，并按照女孩来抚养，研究者一直观察她们的成长。与那些没患有 CAH 的男孩和女孩相比，CAH 组的女孩仅表现为外表男性化，但性别认同方面没有区别。

因此，科学家们已经建立了产前激素影响与之后的性别认同间的联系，尽管有可能存在其他因素。有一些证据表明性别身份在 18 个月至 3 岁开始得到确定（Ehrhardt & Meyer-Bahlburg，1981；Money & Ehrhardt，1972），并在此后相对固定。但是最新数据显示，先前存在的生物因素起了作用。格林和莫尼（Green & Money，1969）的一项有趣的研究最先阐明了这一现象，他们描述了布鲁斯 / 布兰达个案的事件序列。看起来的确有一些孩子生来被指定为一定性别并成功适应（例如，参见 Gearhart，1989）。但是生物因素显然在布鲁斯 / 布兰达的个案中表现了出来。

DSM 诊断标准概要

性别认同障碍

A. 一种强烈而持久的跨性别认同，不仅仅与作为异性而拥有的文化上的优势有关。

B. 对他/她的性别的持久性不适应，或者是作为那种性别角色的不适感。

C. 认为当务之急是祛除第一、第二性征，或是坚信他/她生错了性别。

D. 产生这种感觉的原因并非生理上是双性人，而是临床上有明显的痛苦或功能损害。

资料来源：Reprinted with permission from *Diagnostic and Statistical Manual of Mental Disorders* (4th ed., text revision). ©2000 American Psychiatric Association.

布鲁斯 / 布兰达：性别与生物学

一对男性双生子出生在一个和谐的家庭。几周之后，一件不幸的事情发生了。尽管其中一个男孩的包皮环割进行顺利，但是由于医生的手一滑，机器的电流烧坏了第二个孩子的阴茎。在对医生发泄了不满之后，这对父母就孩子的两性化问题咨询了专家，并面临一个选择。专家指出，最简单的解决方法将是重新把他们的儿子布鲁斯指定为女孩，父母同意了。几个月后，布鲁斯变成了“布兰达”。父母买了新的衣物，并尽一切可能像对待女孩一样抚养这个孩子。这对双生子度过了童年就要进入青春期了，这个小女孩接受了激素置换治疗。六年后，医生失去了个案的线索，而且认为她已经调整好了。事实上，布兰达忍耐着几乎是不能忍受的内部混乱。由于两位临床科学家发现了这个个体并于最近报告了这个长期的跟踪调查（Diamond & Sigmundson，1997），我们才得知此事。布兰达从未调整到她被指定的性别中来。当她还是一个小孩的时候，她就喜欢暴力、野蛮的游戏并且不愿意穿女孩的衣服。在公共浴室，她坚持站着小便，有时大便也会如此。到了青少年早期，她确信自己是个男孩，但是她的医生却强制她举止要女性化。她 14 岁时与父母对峙，告诉他们她非常迷惘以至于考虑要自杀。知道真相后，她脑子里的迷雾才渐渐散去。此后不久，布兰达做了另外的手术以变回布鲁斯。尽管布鲁斯已经结婚，并且已经有三个养子，但是他的生活却被早年的经历所折磨。也许是因为他的同胞哥哥近期去世，也许是因为失去了工作又离婚，或是多种原因，大卫·雷默（David Reimer，他的真实姓名）于 2004 年在 38 岁时结束了生命。

理查德·格林（Richard Green）是这一领

大卫·雷默在婴儿时期进行了变性手术，随后被当成女儿抚养长大，他在青春期时要求收回他的男性身份，并作为男人生活下去。他一直公开宣称反对婴儿的变性直到2004年过世。

域的研究先驱，他研究了那些举止女性化的男孩和举止男性化的女孩，调查是什么原因让他们如此，并跟踪他们以后发生的事情（Green，1987）。这一系列的行为和态度都涉及**性别倒错**（gender nonconformity）（例如，参见Skidmore，Linsenmeier，& Bailey，2006）。格林发现，当大多数小男孩自然地表现出“女性化”的兴趣与行为时，他们一般会被大多数家人阻止，并且这些行为通常会终止。然而，持续表现出这些行为的男孩没有被阻止，而有时甚至被鼓励，就会像乔的个案中所出现的一样。

其他因素，例如对母亲过度关注和身体接触可能也会有一些影响，正如个体在早期社会化过程中可能缺少男性玩伴这一因素。这些仅是格林所确定的女性化男孩特征的一些因素。不要忘记还有尚未发现的生物因素会导致与性别相反的行为和兴趣表现。记住，那些还未被发现的生物因素也可能促进表现出跨性别行为和兴趣。例如，最近的一项调查发现，男孩和女孩更加男性化与在胎儿期暴露在更高的睾酮水平中有关。然而，格林继续追踪这些男孩后发现，他们中几乎没有人发展出“错误”的性
367 别认同。最有可能的结果是同性恋偏好，但是这种性唤起模式在女性化男孩中的发生比例仅为40%而已。另外32%的人表现出一定程度的双性化，性吸引指向同性和异性。从另一面看，60%的人为机能正常的异性恋。

随后关于男孩的研究重复了这些结果（Zucker，2005）。女孩性别倒错行为在西方社会一般很少被研究。但最近一项调查跟踪随访了25名女孩，她们大约在9岁时被诊断有性别认同问题。大部分女孩在童年期符合或接近性别认同障碍的诊断标准。这些女孩（现在是女人）到了25岁时，只有3个人符合性别认同障碍的诊断标准。另外，6个有双性或同性恋行为，8个有同性性行为幻想，而没有性行为，其余的8个女性是异性恋（Drummond，Bradley，Peterson-Badali，& Zucker，2008）。

对于美国文化，性别倒错行为与随后的性别发展之间的关系宽松并不特别。例如，早期的性别倒错行为与随后的发展之间的这种关系也存在于“Fa'afafine”人群（有同性恋倾向的太平洋岛国萨摩亚男性）中（Bartlett & Vasey，2006）。并且，即使在稍有性别倒错行为暗示就会遭到强烈反对的正统的穆斯林群体中，性别倒错行为、性别认同障碍或者二者也都有可能存在（Doğăn & Doğăn，2006）。我们可以确切地说，错误的性别认同的原因仍然是个谜。

治疗

尽管对这种治疗还有许多争论，但在全世界已有一些专门的诊所提供性别认同障碍的治疗（Carroll，2007）。目前，最通常的解决方式是通过**变性手术**（sex reassignment surgery）改变身体的解剖学特征，使之与个体的认同感一致。最近，在一些个案中已经尝试应用直接改变错误性别认同的心理治疗。

变性手术

要在著名的诊所达到符合手术的要求，个人必须以相反的性别角色生活1～2年，以确定他们想改变性别。他们同时要在心理上、经济上和社会上处于稳定状态。对于男性变女性求治者，要给予激素来促进乳房（胸部生长）以及其他第二性征的发育。脸毛要通过电针全部被移除。如果个体对试验期的效果感到满意，生殖器将被除去，一个阴道将被构造出来。

对于女性变男性求治者，则通过整形手术（使用身体其他部位如大腿上的皮肤与肌肉）构造人工阴茎。乳房要被手术摘除。对于生理性别为女性的个体来说，生殖器手术将更为困难与复杂。手术变性满意度的评估显示，绝大多数变性者可以良好地

适应（约 75% 得到改善），女性变男性者比男性变女性者适应得更好（Bancroft，1989；Blanchard & Steiner，1992；Bodlund & Kullgren，1996；Carroll，2007；Green & Fleming，1990；Kuiper & Cohen-Kettenis，1988）。约有 7% 接受变性手术的个案会后悔（Bancroft，1989；Lundstrom，Pauly，& Walinder，1984）。很不幸，手术是不可逆的。同样，多达 2% 的个体在手术后企图自杀，这一比例比普通人群要高得多。不过，手术仍然使那些认为自己活在错误的躯体里的人过上了有意义的生活。

双性个体的治疗

双性个体的治疗我们刚才提过，手术与激素置换治疗已经成为许多生来具有两种性别生理特征的双性个体（两性体）的标准治疗方法。最近，人们对这类人群进行了更为细致的评估，一些新的想法和治疗方式得以产生（Fausto-Sterling，2000a，

Mirek Towski/DMI/Time Life Pictures/Getty Images

Jeffrey Mayer/WireImage/Getty Images

切尔·波诺（Cher Bono）和索尼·波诺（Sonny Bono）的儿子查兹·波诺（Chaz Bono）是一个女性变成男性的作家、音乐人、作者和活动家。左图是以一名同性恋女性出现时的样子，右图是选择进行变性手术后的样子。

©UPI/Bettmann/Corbis

勒妮·理查兹（Renee Richards）医生是男性时是一个很有竞争力的网球手，现在她经过变性后是理查德·拉斯金（Richard Raskin）。

2000b）。尤其是安妮·法斯托－斯特林（Anne Fausto-Sterling）此前曾提出实际上有五种性别：真正的男性；真正的女性；真正的双性（herms），其生来就具有两性的睾丸和卵巢；女性化男性（merms），解剖上更为男性化，但有部分女性生殖器官；男性化女性（ferms），有卵巢也有部分男性生殖器官。她估计，根据现有的最有力的证据，每 1 000 个出生的孩子里有 17 个或是 1.7% 会在一定形式上表现出双性化。法斯托－斯特林（2000b）及其他人也提到，这类人群中的个体常会对手术表示不满，就像我们在案例中提到的布鲁斯一样。已有建议要求医生一观察到出生后有双性化的解剖特征，就进行急诊处理，立即实施手术。

法斯托－斯特林提出，会有越来越多的小儿内 368
分泌科医生、泌尿科医生和心理学家，开始研究那些会引起不可逆的性别指向的早期生殖器手术的可行性。相反，健康专家则会仔细地检验变性方法的适用条件，而只将手术视作最后的手段，只有当他们肯定唯有变性的方法才能达到心理上的性别认同时，进行手术才是适宜的。否则，帮助这些个体适应他们独特的解剖特征，或是给予他们性别认同的心理治疗，可能更合适。

概念自测 10.1

回答下列有关正常的性以及性别认同障碍的问题。

1. 两性在性态度和性行为方面有什么性别差异？______
2. 哪种性偏好是正常的？它是如何产生的？______
3. 查理（Charlie）总是感到与男孩们格格不入。小时候，他喜欢和女孩们一起玩耍，并坚持要父母叫他沙琳（Charlene）。后来，他声称感到自己是陷入男人身体中的一个女人。查理罹患的是什么障碍？______
4. 查理所患障碍的病因是什么？______
5. 对查理可以采取什么治疗方法？______

性别倒错　个体的行为表现和态度与其相反性别一致。

变性手术　改变个体生理解剖以与其心理性别一致的外科手术。

性功能障碍概述

- 心理学家如何定义性功能障碍?
- 性功能障碍与性反应周期的关系是什么?

在对**性功能障碍**（sexual dysfunction）进行描述之前，我们需要注意的是，这些问题无论是在异性恋还是同性恋的性活动中都会出现。在同性恋中存在的性唤起或性高潮障碍似乎与异性恋一样普遍，但是我们只对异性恋中的相关问题进行讨论，这些患者占到就诊者的大多数。在性反应周期的三个主要阶段——性欲期、性唤起期和性高潮期（图 10–2）——中分别会出现相应的性功能障碍。此外，性活动中的疼痛可能会导致其他的障碍。

表 10–1 概括了 DSM-Ⅳ-TR 中所涵括的性功能障碍的种类。正如你所看到的那样，对于大多数类型的性功能障碍来说，男性和女性具有类似的表现，而他们的解剖学特征以及与性别相关的其他特征决定了某种障碍的具体形式。但是，有两种障碍仅发生于某种性别：早泄仅发生于男性，而阴道痉挛——阴道在阴茎试图插入时出现疼痛性收缩或痉挛——仅仅发生于女性。性功能障碍可能是终身性的，也可能是获得性的。终身性的性功能障碍是指在个体的整个性生活中始终保持着这种状态；获得性的性功能障碍则是指在个体相对正常的性活动之后发病的障碍。此外，性功能障碍可以是普遍性的，即个体在每次试图性交时都会发生障碍，或者是境遇性的，即仅与某些性伴侣或在某些时候才会发生障碍，而与其他性伴侣或在其他时候则不会发生障碍。最后，性功能障碍可以被进一步分成以下两类： 369
（1）由心理因素导致的障碍；（2）由心理因素和一般医学因素共同导致的障碍。后者是指由明确的血管、激素或相关躯体因素导致的性功能障碍。

在具体描述某种性功能障碍的患病率之前，我们

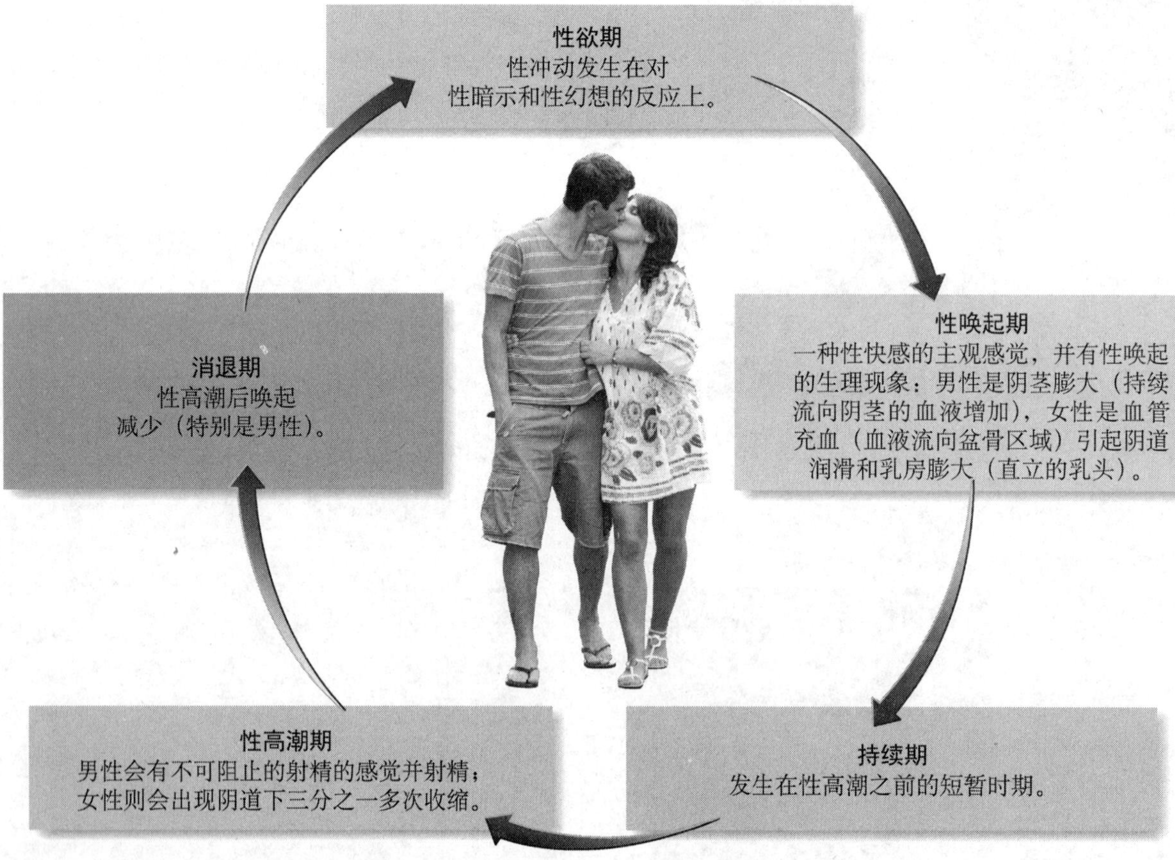

图 10–2 人类性反应周期

资料来源：Based on Kaplan, H. S., 1979, *Disorders of sexual desire*, New York, NY: Brunner/Mazel, and Masters, W. H., & Johnson, V. E., 1966, *Human sexual response*, Boston, MA: Little, Brown.

表10–1　　男性和女性的性功能障碍

性功能障碍类型	男性	女性
欲求	性欲减退障碍（性欲低下或缺乏） 性厌恶障碍（对性产生厌恶和回避）	性欲减退障碍（性欲低下或缺乏） 性厌恶障碍（对性产生厌恶和回避）
唤起	男性勃起障碍（难以获得或维持勃起）	女性性唤起障碍（难以获得或维持润滑或者膨胀反应）
高潮	男性性高潮抑制、早泄	女性性高潮抑制
疼痛	性交困难（在性活动中伴随疼痛）	性交困难（在性活动中伴随疼痛）、阴道痉挛（由于阴道肌肉痉挛，从而妨碍阴茎插入）

需要提及一项由艾伦·弗兰克（Ellen Frank）及其同事所做的重大研究，他们对 100 名教育良好且婚姻幸福的夫妇（这些夫妇未曾寻求治疗）进行了仔细的访谈（Frank，Anderson，& Rubinstein，1978）。在这些夫妇中，超过 80% 的人认为自己的婚姻关系和性关系是幸福的且令人满意的。令人惊讶的是，40% 的男性报告自己偶尔存在勃起和射精困难，并且 63% 的女性报告自己偶尔在性唤起或性高潮方面存在障碍。但是至关重要的发现是，这些被试所存在的性功能问题并未影响其总体的性生活满意度。在另一项研究中，仅 45% 的存在性高潮困难的女性认为自己在这方面存在问题（Fugl-Meyer & Sjogren Fugl-Meyer，1999）。

班克洛夫特等（Bancroft，Loftus，& Long，2003）对近 1 000 名异性恋美国女性进行了至少 6 个月的调查。研究结果非常有趣：尽管 44.3% 的女性符合表 10–1 中所列出的某种障碍的客观标准，但是仅有 24.4% 的女性为此感到困扰。这些女性中的很多人都没有把这当成一个问题。并且，这些女性中的性困扰最好的预测因子是一般情绪性幸福感或性关系中与伴侣的情绪性关系受损，而不是缺乏润滑和高潮（Bradford & Meston，2011；Graham，2010）。在一种健康的关系中，偶尔出现的性功能障碍或部分性功能障碍很容易被调节。但如果被诊断为性功能障碍则成为一个问题了。那如果即使一个人被诊断有性功能障碍，而此人并不为此而忧虑，这也算是一个性方面的问题吗？这是在修订 DSM-5 时可能出现的一个争论问题（Balon，Segraves，& Clayton，2007；Zucker，2010）。

370

性欲障碍

在性反应周期的性欲期会出现两种障碍。这两种障碍的特点都表现为性欲低下或缺乏，从而导致性关系出现问题。

性欲减退障碍

性欲减退障碍（hypoactive sexual desire disorder）患者对任何类型的性活动都表现出兴趣低下或缺乏。对性欲低下进行评估是非常困难的，并且需要大量的临床判断（Pridal & LoPiccolo，2000；Segraves & Woodard，2006；Wincze，Bach，& Barlow，2008；Wincze，2009）。你可以根据性活动的频率对此进行评估——比方说，一对已婚夫妇每月少于两次。或者，你也可以根据某个人是否拥有有关性的想法或性幻想来进行判断。然而，某个人每周进行两次性活动，但是他本人实际上并不想这样，只是因为他的妻子拥有更强的性欲，并且想要通过这种方式维持他们的婚姻。虽然此人的性活动频繁，但是他可能并无性欲。让我们来看 C 先生和 C 太太的案例。

C先生和C太太：开始行动

31 岁的 C 太太是一位成功的女商人，她的先生是一名 32 岁的律师。他们有两个孩子，一个 2 岁，一个 5 岁，当他们来寻求治疗时已经结婚 8 年了。他们目前的问题在于 C 太太缺乏性欲。在最初的评估阶段，C 先生和 C 太太分别接受了访谈，他们都承认彼此有吸引力并且相爱。C 太太说，一旦她融入性活动中，她就能够享受到乐趣并且几乎总是能够达到性高潮。但是问题在于她首先缺乏融入性活动中的欲望。她回避丈夫的求爱行为，并对他的感情和浪漫持有很大的怀疑，此外她还经常发怒和流泪。

C 太太出生于一个充满支持和关爱的中上层家庭。但是，她在 6～12 岁期间曾经反复经历被迫

性功能障碍　一种当事人发现进行性活动时很难完全发挥性功能的性障碍。

性欲减退障碍　不考虑到个人年龄和生活状况，个人的性活动和性幻想的兴趣明显减退。

的性活动，而对方是比她年长5岁的堂兄。这位堂兄总是违背她的意愿与其进行性活动。她没有把此事告诉父母，因为她觉得自己有犯罪感，原因在于这个男孩并没有使用身体暴力来让她顺从。C先生浪漫的求爱行为似乎触发了她被堂兄虐待的记忆。

根据最大估计，在那些求助于性治疗诊所的人群中，超过50%的患者表现为性欲减退（Kaplan，1979；Pridal & LoPiccolo，2000）。在许多诊所，性欲减退是女性最常见的主诉；而男性更为常见的问题是勃起障碍（Hawton，1995）。美国的一项调查证实，22%的女性和5%的男性患有性欲减退障碍（Laumann et al.，2005）。男性的患病率随年龄增长而增加，女性的患病率随年龄增长而降低（DeLamater & Sill，2005；Laumann，Paik，& Rosen，1999）。施赖纳－恩格尔和斯基亚维（Schreiner-Engel & Schiavi，1986）发现，性欲减退障碍患者很少拥有性幻想和进行手淫（35%的女性患者和52%的男性患者从未有过手淫，其他大部分患者的手淫次数为每月少于一次），并且他们试图性交的次数为每月一次或者更少。DSM-5可能会认识到低性欲水平的原因之一是这些个体较少经历性唤起，从而产生一个“性兴趣或性唤起障碍”的新标签（Brotto，2010a）。

性厌恶障碍

性厌恶障碍（sexual aversion disorder）是性欲减退障碍的连续体上的一个点，其表现为即使是有关性的想法或者短暂的偶然接触，也可能导致个体
371 产生害怕、惊慌或厌恶（Kaplan，1987）。有些病例的首要问题可能是惊恐障碍（见第4章），个体的害怕或惊慌反应与其对性的身体感觉联系在一起。在其他病例中，性行为和性幻想会触发个体的创伤想象或记忆，这些内容与创伤后应激障碍患者的经历相类似，但可能没有那么严重（见第4章）。一些患病率的数据表明，大部分在临床上表现出性厌恶障碍的似乎都是女性（Brotto，2010b；Wincze et al.，2008）。让我们来看丽莎的案例。

丽莎：对性感到害怕的人

36岁的丽莎已经结婚3年了，她现在是一名正在攻读副学士学位的全日制学生。她之前曾经有过一段婚姻。丽莎说自己的问题始于9个月前。她抱怨自己在性交过程中的阴道润滑不够，并且感到“焦虑”。她已经有两个月没有尝试性交了，并且在过去9个月中只是间断性地尝试。尽管丽莎和丈夫之间存在性生活困难，但是他们彼此相爱并且关系亲密。她无法准确地回忆起9个月前发生的事情，除了她在当时承受着巨大的压力，并且在性活动中感到焦虑。甚至连丈夫的触摸也让她越来越无法忍受，因为她害怕这会再次给自己带来惊慌感。她最害怕的是在性活动中心脏病发作和濒临死亡。

在罹患性厌恶障碍的男性中，10%的患者曾经在试图进行性活动时感到恐慌。根据卡普兰（Kaplan，1987）的报告，在106名性厌恶障碍患者中，25%的患者同时符合惊恐障碍的诊断标准。对于此类病例，针对惊恐障碍的治疗可能是必需的第一步。性厌恶障碍主要是指专注于性行为所带来的焦虑与恐慌，因此建议在DSM-5中，将性厌恶障碍划入焦虑障碍的类别中。

性唤起障碍

性唤起障碍被称作**男性勃起障碍**（male erectile disorder）和**女性性唤起障碍**（female sexual arousal disorder）。这里就不是性欲的问题了。许多性唤起障碍患者经常会拥有性要求和性幻想，并且拥有从事性活动的强烈欲望。他们的问题在于身体的唤起：男性难以获得或维持一次勃起，而女性无法获得或维持足够的阴道润滑（Basson，2007；Rosen，2007；Segraves & Althof，1998；Wincze，2009；Wincze et al.，2008）。让我们来看比尔的案例。

比尔：漫长婚姻中的新问题

比尔是一名58岁的白人男性，他的泌尿科医生介绍他到我们的诊所就诊。他是一名退休会计师，与57岁的妻子已经结婚29年了，他的妻子退休前是一名营养师。他们没有孩子。比尔在过去的几年里难以获得和维持勃起。他说自己和妻子采取了一种相当刻板的例行程序来处理这个问题。他们规定自己在星期天的早晨做爱。但是，比尔首先必须做许多的家务，包括把狗放到门外、洗碗和刮胡子。这对夫妇目前的性行为由相互的手动刺激组成。在他的妻子达到性高潮之前，比尔“不被允

许”试图插入。比尔的妻子相当固执，她不准备改变自己的性行为，并且也不愿“变成一个娼妓”。所以她拒绝尝试 K-Y 润滑剂，虽然这有助于改善其绝经后的阴道润滑度降低。她把他们的行为描述为“女同性恋者的性行为”。

比尔和妻子都认为，他们尽管多年来存在婚姻问题，但始终维持着良好的性关系，直至目前这个问题的出现，并且在早年的婚姻问题中，是性让他们结合在一起。在与这对夫妇的单独访谈中，我们获得了有用的信息。比尔在周六晚上会进行手淫，从而试图控制自己在第二天早晨的勃起；他的妻子对此一无所知。此外，当他独自在性治疗诊所的实
372 验室里看色情书籍时，他能够快速且轻易地获得一次充分的勃起（这让评估者感到惊讶）。我们私下了解到，比尔的妻子对丈夫在 20 年前所做的一件事情非常恼火。

在治疗的最后阶段，我们为这对夫妇提出了三点建议：比尔在进行性生活的前晚停止手淫，让这对夫妇使用润滑剂，以及将早晨的例行程序延缓至他们发生性关系之后。我们让这对夫妇在一个月后复诊，他们说自己的性生活有了很大改善。

对于男性勃起障碍和女性性唤起障碍有一个略带贬损的旧称呼，叫作阳痿和性感缺失，但是这些标签并不确切，因为他们无法明确问题发生于哪个特定的性反应阶段。与女性相比，男性会因为自己出现问题而备受打击。无法获得和维持勃起让性交变得困难或不可能。但是，阴道无法润滑的女性能够借助于某种人工润滑剂来补偿这种缺陷（Schover & Jensen，1988；Wincze，2009）。女性可能在任何时候出现性唤起和阴道润滑度降低的情况，但是男性的此类问题倾向于伴随着衰老而出现（Bartlik & Goldberg，2000；Basson，2007；DeLamater & Sill，2005；Laumann et al.，1999；Morokoff，1993；Rosen，2000）。一个男人完全无法获得勃起是一件很不寻常的事情。更多的情况是像比尔那样，能够通过手淫获得充分勃起，并且在试图性交时获得部分勃起，但是阴茎在插入时的硬度不够。

勃起障碍的患病率高得令人吃惊，并且患病率随年龄增长而增加。来自美国的调查数据显示，年龄在 18～59 岁的男性中，有 5% 完全符合勃起障碍的诊断标准（Laumann et al.，1999）。但是，该数字肯定低估了勃起障碍的患病率，因为 60 岁以上男性的患病率会迅速增加。罗森等（Rosen，Wing，Schneide，& Gendrano，2005）通过回顾来自世界各地的研究结果发现，60% 的 60 岁及以上的男性受到勃起障碍的困扰。来自另一项研究的数据显示（如图 10–3 所示），约有 40% 的 40～70 岁男性和 70% 的 70 岁以上男性至少存在某些受损（Feldman，Goldstein，Hatzichristou，Krane，& McKunlay，1994；Kim & Lipshultz，1997；Rosen，2007）。在寻求帮助的男性患者中，勃起障碍是最常见的问题，50% 或更多的男性参照专家的建议以解决性问题（Hawton，1995）。

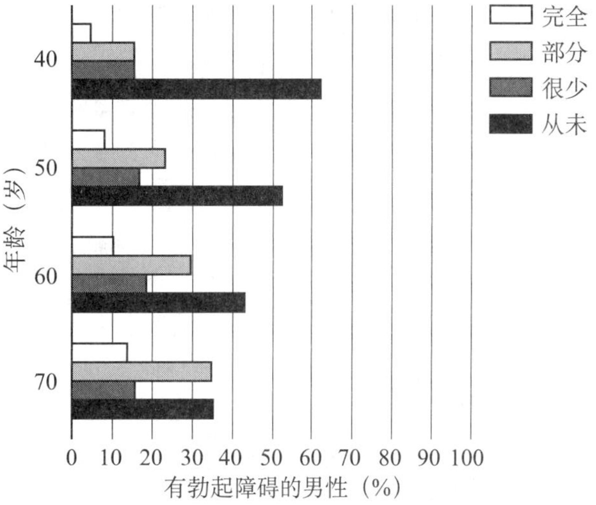

图 10–3　1 290 名年龄在 40～70 岁的男性的勃起障碍患病率和严重程度估计

资料来源：Reprinted, with permission, from Feldman et al., 1994. Impotence and its medical and psychosocial correlates: Results of the Massachusetts male aging study. *Journal of Urology*, *51*, 54-61.

对女性性唤起障碍患病率的估计更困难一些，因为许多女性仍然不认为缺乏性唤起是一种问题，更不用说是一种障碍了。来自美国的调查显示，14% 的女性患有性唤起障碍（Laumann et al.，1999）。由于性欲障碍、性唤起障碍和性高潮障碍经常共发，因此我们很难对求诊于性治疗诊所的女性的性唤起障碍的患病率进行准确的估计（Basson，2007；Segraves & Althof，1998；Wincze & Carey，2001）。

性厌恶障碍　对性接触或者类似活动的极度和持续厌烦。
男性勃起障碍　在完成性活动前有些男性对于达到或维持阴茎勃起的重复性无能。
女性性唤起障碍　在完成性活动前有些女性会很难达到或维持完全的润滑以及性兴奋膨胀反应的重复性无能。

DSM 诊断标准概要
性唤起障碍

DSM-Ⅳ-TR 中女性性唤起障碍的诊断标准：

A. 在性活动中持久或反复地出现无法获得或维持足够的阴道润滑 / 膨胀等性兴奋反应。

B. 以上情况导致了显著的痛苦或性关系困难。

C. 无法用其他轴 Ⅰ 障碍（除了其他性功能障碍）来更好地解释性唤起障碍的原因，并且不是某种物质（如成瘾药物）或躯体疾病的直接生理后果。

DSM-Ⅳ-TR 中男性勃起障碍的诊断标准：

A. 在性活动中持久并反复地出现难以获得或维持一次充分的勃起。

B. 以上情况导致了显著的痛苦或性关系困难。

C. 无法用其他轴 Ⅰ 障碍（除了其他性功能障碍）来更好地解释性唤起障碍的原因，并且不是某种物质（如成瘾药物）或躯体疾病的直接生理后果。

资料来源：Reprinted with permission from *Diagnostic and Statistical Manual of Mental Disorders* (4th ed., text revision).

373 ## 性高潮障碍

性反应周期中的性高潮期也可能会因为某种原因而中断。可能是性高潮的时间不合适，也可能根本没有性高潮。

性高潮抑制

对于女性来说，拥有足够的性欲和充分的性唤起却无法达到性高潮是相当普遍的现象（Stock，1993；Wincze，2009），但是男性**性高潮抑制**（inhibited orgasm）却相当罕见。让我们来看格丽塔和威尔的案例。

格丽塔和威尔：相爱的分裂

格丽塔是一名教师，威尔是一名工程师，这对引人注目的夫妇一同前来接受初次访谈，并且二人表现得彼此相爱。他们已经结婚 5 年并且年近 30。当被问及前来就诊的原因时，格丽塔很快回答道，她不认为自己曾经有过性高潮——“不认为”的原因在于她无法确信到底什么才是性高潮！

威尔肯定地认为格丽塔没有达到性高潮。他说，他们在性生活上显然已经走向了“不同的方向”，因为格丽塔在这方面的兴趣越来越少。在他们早期的婚姻生活中，她偶尔会主动发起性爱，而现在几乎从未这么做过，除了每 6 个月左右她会偶尔发起一次性爱。但是格丽塔注意到，她在这些时候最想要的是身体上的亲密而非性愉悦。进一步的调查显示，她有时可以被唤起，但是从未达到性高潮，即便在婚前的几次手淫中也是如此。

格丽塔出生于一个严厉但是充满关爱和支持的天主教家庭，这个家庭对性或多或少都有些淡漠。格丽塔的父母总是在她面前小心翼翼地掩饰着他们之间的感情，而当格丽塔的母亲发现她抚摸自己的生殖器部位时，母亲会严厉禁止她再次出现这种行为。

在所有因为性问题而寻求治疗的女性中，无法达到性高潮是最为常见的主诉。尽管来自美国的调查尚未对**女性性高潮障碍**（female orgasmic disorder）的患病率进行准确的估计，但是约有 25% 的女性报告自己在达到性高潮方面存在严重困难（Heiman，2000；Laumann et al.，1999），虽然

DSM 诊断标准概要
性高潮障碍

DSM-Ⅳ-TR 中女性性高潮障碍（原女性性高潮抑制）的诊断标准：

A. 在正常性兴奋期之后，持久或反复地出现性高潮延迟或缺乏。激发女性达到性高潮的刺激的类型或强度是因人因时因地而异的，变化极大。临床医生须根据女性性高潮能力确实低于她的年龄、性经历、她所接受的性刺激应该达到的水平而做出诊断。

DSM-Ⅳ-TR 中男性性高潮障碍（原男性性高潮抑制）的诊断标准：

A. 在性活动中正常性兴奋期之后，持久或反复地出现性高潮延迟或缺乏。对于性活动，临床医生须充分考虑人的年龄，以及判断是否有足够的焦点、强度和持续时间。

注：两种障碍还包括下列标准：

B. 以上情况导致了显著的痛苦或性关系困难。

C. 无法用其他轴 Ⅰ 障碍（除了其他性功能障碍）来更好地解释性唤起障碍的原因，并且不是某种物质（如成瘾药物）或躯体疾病的直接生理后果。

资料来源：Reprinted with permission from *Diagnostic and Statistical Manual of Mental Disorders* (4th ed., text revision).

这一估计还在变化着（Graham，2010）。该问题在不同年龄组中的表现相同，并且未婚女性体验到性高潮障碍的次数是已婚女性的 2.5 倍。在对这个问题进行诊断时，我们有必要判断该女性“从未还是几乎从未”达到性高潮（Wincze & Carey，2001）。对二者进行区别是相当重要的，因为有约 20% 的女性能够在性交过程中相当规律地体验到性高潮（Graham，2010；Lloyd，2005）。因此，约 80% 的女性无法在每次的性活动中达到性高潮，而对于大多数男性来说，他们的性高潮体验倾向于更加具有一贯性。因此，当我们在对性高潮障碍进行诊断时，了解“从未还是几乎从未”（达到性高潮）是相当重要的，同时还要明确这对夫妇的痛苦程度。

来自美国的调查显示，约 8% 的男性报告自己在性活动中存在性高潮延迟或无性高潮（Laumann et al.，1999）。男性很少会因为这个问题来寻求治疗。这可能是因为在许多病例中，有些男性会通过其他的刺激方式来达到高潮，并且夫妇双方能够适应**男性性高潮障碍**（male orgasmic disorder）（Apfelbaum，2000）。

有些男性无法在性伴侣面前射精，但是他们能够通过手淫获得勃起并且射精。在大多数通常模式下，我们把射精延迟叫作逆行性射精。男性偶尔会发生逆行性射精，即精液向后进入膀胱，而非向前射出。这种现象经常会在个体服用某些药物或者处于某种身体状态时发生，我们应当将其与男性性高潮障碍进行区分。

374

早泄

早泄（premature ejaculation）是一种更为常见的男性性高潮障碍，是指射精发生的时间比个体及其性伴侣的意愿提前（Polonsky，2000；Weiner，1996）。让我们来看加里的典型案例。

加里：战战兢兢

加里是一名 31 岁的推销员，他和妻子的性生活次数为每月三四次。他表示自己希望拥有更多的性生活，但是忙碌的时间表却要求他每周工作 80 个小时。他的首要问题在于无法控制自己射精的时间。在 70%～80% 的性活动中，他都会在阴茎插入后的数秒内射精。自从他在 13 年前遇到自己的妻子后，这种情况就一直持续。尽管他之前曾经和其他女性有过有限的性经历，但是当时并未出现早泄。为了试图让自己的射精延迟，加里通过考虑与性无关的事情来分散自己的注意力（球赛的得分或与工作相关的事情），并且有时会在尝试这些方法之后随即采取性行为，因为他似乎在这种情况下不会很快地达到性高潮。加里说自己很少进行手淫（一年最多三四次）。当他进行手淫时，他总是试图很快地达到性高潮，而他在十几岁时就养成了这个习惯，从而避免自己在手淫时被家人发现。

其中一个令他最为担心的问题是自己无法让妻子感到愉悦，并且他决不想让她说出自己正在寻求治疗。我们在进一步的调查中发现，他在妻子的要求下购买了许多奢侈的物品，甚至由此导致了他们的财政状况出现紧张，而这一切都源于他希望能够取悦妻子。他觉得如果他们最近才彼此相遇，那么妻子或许连一次约会都不会接受，因为他的头发已经脱落了许多，另一方面，他认为妻子在体重减轻后变得比过去更有魅力了。

早泄的发生频率似乎相当高。来自美国的调查显示，21% 的男性符合早泄的诊断标准，这使早泄成为最常见的男性性功能障碍（Laumann et al.，1999）。对某诊所的调查发现，16% 的男性求诊者的主要主诉为早泄（Hawton，1995）。

对“早泄”进行定义是相当困难的。在射精之前所能维持时间的长短存在着个体差异性。帕特里克和他的同事（Patrick et al.，2005）研究发现，存在早泄的男性通常在插入后的 1.8 分钟内射精，而不存在早泄的男性则在插入后的 7.3 分钟才发生射精。但是，对性高潮缺乏控制感可能是引发早泄的一个较为重要的心理因素（Wincze et al.，2008）。尽管偶尔出现早泄是一种正常现象，但是，严重且持续的早泄似乎主要发生在那些性教育程度不高且经验不足的男性身上（Laumann et al.，1999）。

性高潮抑制 排除性欲和性唤醒障碍，获得性高潮无能；常见于女性但极少出现于男性中。

女性性高潮障碍 一些女性中反复出现的正常性兴奋期后性高潮延迟或缺乏，与先前的性经验和目前的刺激有关。也被称为性高潮抑制（女性）。

男性性高潮障碍 一些男性中反复出现的正常性兴奋期后性高潮延迟或缺乏，与年龄和目前的刺激有关。也被称为性高潮抑制（男性）。

早泄 在极小的性刺激情况下，违背个体意愿过早地射精。

性疼痛障碍（性交困难） 男性或女性在性交之后或过程中反复出现的生殖器疼痛。也被称为性交困难。

性疼痛障碍

性疼痛障碍（sexual pain disorders）涉及在性活动中体验到显著的疼痛。对于有些男性和女性来说，他们拥有性欲，并且能够轻易地达到性唤起和性高潮，但是严重的性交疼痛会中断其性行为。这一亚型叫作**性交困难**（dyspareunia）。只有在无法用医学原因来对疼痛进行解释时，我们才能将其诊断为性交困难。做出该评估可能显得有些棘手（Binik，2010；Binik，Bergeron，& Khalifé，2000；Payne et al.，2005）。我们在几年前接诊了这样一名患者，他在射精时出现了类似偏头痛一样的剧烈头痛，并且持续了数分钟。这名男性当时50多岁，他和妻子一直保持着健康的性关系，直至他在大约两年前因为一次严重的摔倒而出现了部分残疾和严重跛行。从那以后不久，他就出现了射精疼痛。许多专家为他进行了详细的医学检查，但是没有发现任何导致疼痛的生理原因。因此，他符合性交困难的诊断标准，并且接受了心理干预——尽管如此，其状况却未能有所好转。后来，他对妻子采取手动刺激，并且偶尔进行性交，但是他避免射精。

性交困难相对较少，男性估计为1%～5%（Bancroft，1989；Spector & Carey，1990），女性较多，约10%～15%（Hawton，1995；Rosen & Leiblum，1995）。比尼克（Binik，2005；Binik，Bergeron，& 375
Khalife，2007）认为性交困难不应该作为一种性障碍，而应该作为一种“泌尿生殖道疼痛障碍”。他认为治疗应该主要集中在控制疼痛上。

阴道痉挛（vaginismus）是更为常见的问题，它是指阴道外三分之一的骨盆肌肉在试图性交时发生无意识痉挛（Bancroft，1997；Binik et al.，2007）。阴道痉挛患者可能在任何试图插入的过程中发生痉挛反应，包括妇产科检查或塞入止血棉条（Beck，1993；Bradford & Meston，2011）。这些女性会报告说自己在试图性交的过程中，体验到了撕裂感、烧灼感或痛苦（Beck，1993）。让我们来看吉尔的案例。

吉尔：性与痉挛

吉尔是被另外一位治疗师介绍至我们诊所的，因为她在这一年来无法履行自己的婚姻义务。23岁的吉尔是一位充满魅力并且令人喜爱的妻子，她经营着一家汽车旅馆；她的丈夫是一名会计师。尽管他们多次尝试用不同的姿势进行性交，但是吉尔所出现的严重的阴道痉挛阻止了任何方式的插入。吉尔也无法使用塞入式的止血棉条。在为数不多的妇科检查中，她每次都表现得极不情愿。吉尔这个焦虑的年轻女性来自一个很少谈及性问题的家庭，并且她的父母早在几年前就已经停止了性接触。尽管她能够享受爱抚，但是她对性交的总体态度是厌恶的。此外，尽管她采取了充分的避孕措施，但是她仍然对怀孕表现出一些恐惧。她还认为自己在性交过程中的表现很差，这让她在丈夫面前感到很尴尬。

尽管我们并不知道阴道痉挛在人群中的患病率，但是在社区样本中，最多估计有6%的女性受到了阴道痉挛的影响（Bradford & Meston，2011）。克罗利等（Crowley，Richardson，& Goldmeir，2006）研究发现，25%有性功能障碍的女性经历过阴道痉挛。在一些性观念非常保守的文化中，例如爱尔兰，阴道痉挛的患病率可能高得多——至少在两个诊所的样本中高达42%～55%（Barnes，Bowman，& Cullen，1984；

DSM　诊断标准概要

性疼痛障碍

DSM-Ⅳ-TR中性疼痛障碍（不是一般疾病状态所致）的诊断标准：

A. 无论是男性还是女性，在性交过程中反复或持久地出现生殖器疼痛。

B. 以上情况导致了显著的痛苦或性关系困难。

C. 疼痛并非阴道痉挛或缺乏润滑所致，无法用其他轴Ⅰ障碍（除了其他性功能障碍）来更好地解释性唤起障碍的原因，并且不是某种物质（如成瘾药物）或躯体疾病的直接生理后果。

DSM-Ⅳ-TR中阴道痉挛（不是一般疾病状态所致）的诊断标准：

A. 阴道外三分之一肌肉组织反复或持久地出现无意识痉挛，从而妨碍性交。

B. 以上情况导致了显著的痛苦或性关系困难。

C. 无法用其他轴Ⅰ障碍（除了其他性功能障碍）来更好地解释性唤起障碍的原因，并且不是某种物质（如成瘾药物）或躯体疾病的直接生理后果。

资料来源：Reprinted with permission from *Diagnostic and Statistical Manual of Mental Disorders* (4th ed., text revision). ©2000 American Psychiatric Association.

O'Sullivan, 1979)。(当然，来自任何一个诊所的结果可能并不适用于其他诊所，更别说整个爱尔兰人口。)因为阴道痉挛和性交困难都有疼痛的感觉，而且在女性患者中这两种疼痛会出现重叠，所以最近建议将这两种问题合并到一种疼痛相关类别中（Binik, 2005; Binik et al., 2010; Payne et al., 2005）。来自美国的调查结果显示，约有 7% 的女性患有这样或那样的性疼痛障碍，并且女性的年龄越小，患病率越高；受教育程度越低，患病率也越高（Laumann et al., 1999）。

性行为的评估

对性行为的评估主要包括三个方面（Wiegel, Wincze, & Barlow, 2002）：

1. 访谈，通常需要大量的问卷调查支持，因为患者可以通过这种书面的方式提供比言语交谈更多的信息。
2. 一次全面的医学评估，以排除各种可能导致性问题的医学状况。
3. 一次心理生理评估，以对性唤起的生理学方面进行直接测量。

许多临床医生都可以在患者清醒或熟睡状态下，通过心理生理学的测量方法，对患者在多种条件下的性唤起能力进行评估。对于男性来说，可以直接通过某种方式对阴茎勃起进行测量，例如，使用阴茎应变仪（Barlow, Becker, Leitenberg, & Agras, 1970）。该应变仪可以测查阴茎在膨胀时所发生的变化，并通过多导生理记录仪进行记录。我们需要注意的是，被试通常对于这些更为客观的性唤起测量并不关注（因为他们自我报告的性唤起情况与客观测量的是不一样的），而这种矛盾的增加或减少是视他们的性问题的类型而定的。对勃起障碍患者进行阴茎硬度的测量同样相当重要，因为仅有勃起而缺乏足够的硬度是不足以进行性交的（Wiegel et al., 2002）。

与之相对应的用于女性的装置叫作阴道光电容积描记仪，它是由詹姆斯·格尔（James Geer）及其同事所发明的（Geer, Morokoff, & Greenwood, 1974; Prause & Janssen, 2006; Rosen & Beck, 1988）。该装置比一个卫生棉条还要小，女性可以将其塞入自己的阴道。在该装置的顶部有一个光源，并在两侧各有一个对光敏感的感光器，用于测量从阴道壁反射回来的光量。由于血液会在性唤起过程中流向阴道壁，因此通过阴道壁的光量会随着性唤起的增强而有所减少。

在我们的诊所，我们会让那些接受生理评估的患者观看一段 2～5 分钟的性爱录像，或者有时听一段性爱录音（例如，参见 Bach, Brown, & Barlow, 1999; Weisburg, Brown, Wincze, & Barlow, 2001）。患者此时的性反应通过应变仪或光电容积描记仪来进行心理生理学的评估，同时患者被要求对自己此时体验到的性唤起强度做出主观报告。临床医生能够通过这种评估，对可能引起患者出现性唤起的条件进行仔细观察。例如，许多由于心理因素而导致性功能障碍的个体能够在实验室获得强烈的性唤起，但是他们无法在性伴侣面前获得唤起（Bancroft, 1997; Sakheim, Barlow, Abrahamson, & Beck, 1987）。 376

概念自测 10.2

请对下列性功能障碍进行诊断。

1. 凯伊对于自己目前所拥有的性关系很认真，并且感到相当满足。但是最近，她一想到男朋友触摸自己就感到反感。凯伊不知道这是什么原因导致的。她可能存在：(a) 惊恐障碍；(b) 性唤起障碍；(c) 性厌恶障碍；(d) a和b。
2. 自从鲍勃在踢足球时受伤以后，他在进行性活动时就会出现手臂疼痛。所有可能导致疼痛的医学原因均被排除。鲍勃可能存在：(a) 性交困难；(b) 阴道痉挛；(c) 阴茎应变；(d) 男性性高潮障碍。
3. 凯利对性爱没有真正的欲望。她只有在觉得丈夫会离开自己的时候才进行性活动。凯利可能存在：(a) 性厌恶障碍；(b) 性欲减退障碍；(c) 厌倦；(d) 女性性唤起障碍。
4. 比尔缺乏控制射精的能力。大多数时候，他会在插入后的数秒内发生射精。他可能存在：(a) 男性勃起障碍；(b) 应激；(c) 早泄；(d) a和b。
5. 萨曼莎因为无法获得性高潮前来就诊。虽然她爱着自己的丈夫，但却在发动性爱时停止。她最可能存在：(a) 女性性高潮障碍；(b) 女性性唤起障碍；(c) 阴道痉挛；(d) 讨厌她的丈夫。

阴道痉挛　在阴道外三分之一处反复出现的与性交有关的无意识肌肉抽搐。

性功能障碍的病因与治疗

- 性功能障碍的定义性特征和病因是什么？
- 什么样的心理社会治疗和药物治疗是可用的？它们确实有效果吗？

与大多数障碍一样，生物因素、心理因素以及社会因素都对性功能障碍的发生起到一定作用。并且这些问题能够通过心理治疗或药物治疗加以解决。

性功能障碍的病因

性功能障碍很少会单独出现。一名求诊于性治疗诊所的患者通常会有一类关于性问题的主诉，其中某个问题可能是患者最关注的（Rosen，2007；Wincze，2009）。一位45岁的男性最近来到我们的诊所，他的问题始于10年前，他在当时面临着巨大的工作压力，并且正在为一个重要的职业资格考试做准备。当时，他在50%的性活动中会发生勃起障碍，而现在则发展到大约80%。此外，他还无法控制射精，他通常在阴茎处于半勃起状态并且尚未插入时射精。在过去的5年中，他已经对性爱失去了大多数的兴趣，并且只是出于妻子的坚持才来寻求治疗。因此，这名男性同时患有勃起障碍、早泄以及性欲减退。

因为性功能障碍通常会出现共病，所以我们将共同讨论各种性功能障碍的病因，从生物因素、心理因素、社会因素以及具体的偶然因素出发，对各种性功能障碍所特有的和明确的病因进行简要回顾。

生物因素

许多生理因素和药物因素都可能导致性功能障碍（Basson，2007；Rosen，2007；Wiegel et al.，2001；Wincze & Caret，2001；Wincze et al.，2008）。尽管该结论并不会令人感到惊讶，但不幸的是，大多数患者甚至许多健康专业人士都不知道其中的关系。神经系统疾病以及其他影响神经系统的疾病，例如糖尿病和肾病，会降低生殖器部位的敏感性，从而直接影响性功能，并且这些问题是导致男性勃起障碍的常见原因（Rosen，2007；Wincze，2009）。根据费尔德曼等（Feldman et al.，1994）的报告，28%的男性糖尿病患者会出现完全不能勃起。血管疾病是导致勃起障碍的另一个主要原因，因为男性的勃起和女性的阴道充血取决于充足的血流量。两种相关的血管疾病分别是动脉供血不足（即动脉狭窄，这会导致血液难以到达阴茎）和静脉漏（由于血液流出过快而无法维持勃起）（Wincze & Carey，2001）。 377

慢性疾病也可能会对性功能造成间接影响。例如，曾经有过心脏病发作的人会对性活动中的身体运动特别提防，甚至出现先占观念，这是相当普遍的现象。尽管医生向他们保证性活动是安全的，但是他们通常无法达到性唤起（Cooper，1988）。同样，冠状动脉的疾病和性功能障碍是息息相关的，因此在诊断勃起障碍的时候应该排除心血管疾病的影响（Jackson，Rosen，Kloner，& Kostis，2006）。

服用处方药物是导致性功能障碍的一个主要的生理原因。用于治疗高血压的药物，大家所知道的β-受体阻滞剂，包括普萘洛尔，可能会导致性功能障碍。三环类抗抑郁药物，以及其他的抗抑郁和抗焦虑药物也会对男性和女性的性欲及唤起造成干扰（Balon，2006；Segraves & Althof，1998）。性功能障碍——特别是性欲减退和唤起困难——是SSRIs类抗抑郁药物，例如百忧解（见第12章）普遍存在的不良反应。有些人意识到酒精会抑制性唤起，但是他们可能并不知道，其他大多数药物的滥用，例如可卡因和海洛因，同样会导致常用者和滥用者产生性功能障碍，不论是男性还是女性。目前人们还存在一个误解，那就是酒精能够促进性唤起和性行为。事实上，低度和中度的酒精可以减轻社交压抑，所以人们会对性爱有更多的渴求（并且可能更加乐意提出性爱要求）（Crowe & George，1989；Wiegel，Scepkowski，& Barlow，2006）。从生理角度出发，酒精是一种中枢神经抑制剂，而中枢神经系统抑制会导致男性阴茎勃起和女性阴道润滑变得更加困难（Schiavi，1990）。慢性酒精滥用会引起神经系统的持久损害，并能从实质上消除性反应周期。诸如此类的滥用可能会引起肝脏和睾丸的损害，其结果表现为睾酮水平的降低以及性欲和唤起的降低。酒精的这种双重效果（社会性的去抑制和生理上的抑制）在莎士比亚的年代就被意识到了："它燃起了欲望，却带走了性能。"（*Macbeth*，Ⅱ，iii，29）

许多人报告可卡因或大麻可以增强性愉悦感。尽管我们对过量吸食大麻所造成的后果并不清楚，但是它所产生的化学作用并不会增强愉悦感。对于那些报告性愉悦感有所增强的个体（多数人并不会这样），更可能是心理因素导致了这种效果，因为他们的注意力变得更加集中，并且完全集中于感官刺激（Buffum，1982），而这似乎是健康性功能的一个重要部分。如果事实确实如此，那么我们就能够借助于非药物的方法来增强人们的想象和注意力，例如冥想，个体可以通过这种方法练习如何全神贯注于某个事物并尽可能少地出现分心。最后，曼尼诺等（Mannino，Klevens，& Flanders，1994）对 4 000 多名退伍军人进行了调查，研究结果表明，在控制了其他因素（例如酒精使用和血管疾病）的情况下，吸烟会引起勃起障碍（Wincze et al.，2008）。

心理因素

我们该如何从心理学的角度对性功能障碍加以说明呢？首先必须将行为焦虑这个概念划分为几个组成成分，其中一个组成部分是唤起。其次是认知过程。最后是负性情感（Wiegel et al.，2006；Wincze et al.，2008）。

当性功能障碍患者面临发生性关系的可能时，他们倾向于产生最坏的预期，并会发觉当时的条件消极且令人不快（Weisberg et al.，2001）。他们会尽可能地避免关注任何性暗示（并且因此无法了解自己的生理唤起程度，从而低估了他们的唤起）。他们还会用负性想法来转移自己的注意力，诸如“我是在欺骗自己”或“我将永远不可能被唤起，她（或他）会觉得我很愚蠢”。我们知道，一个人的注意力会随着性唤起的增强而变得更加集中和持续。但是，一个集中注意于负性想法的个体会发现自己不可能出现性唤起。

性功能正常的个体会对性情境做出积极的反应。他们将自己的注意力集中于性欲暗示，并且不会发生转移。当他们出现性唤起后，对于性和性欲暗示的注意会变得更加强烈，从而使他们的性唤起增强。378
图 10–4 中所示的模型对正常的性唤起以及异常的性

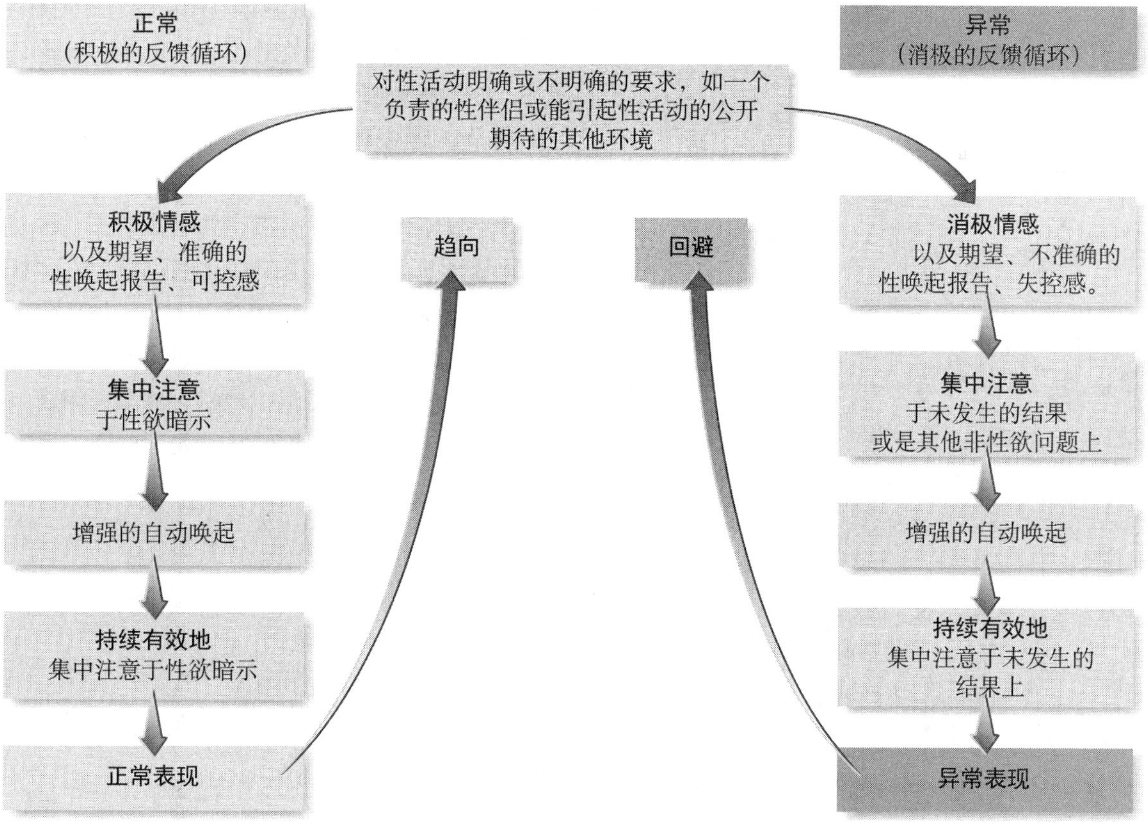

图 10–4　正常及异常的性唤起模型

资料来源：Adapted from Barlow, D. H., 1986. Causes of sexual dysfunction: The role of anxiety and cognitive interference. *Journal of Consulting and Clinical Psychology, 54,* 140-148.

唤起进行了说明（Barlow，1986，2002）。这些实验证实，性唤起受到心理因素的强烈影响，尤其是认知和情绪因素，这些因素决定着血液是否流入了适当的身体区域，例如生殖器，从而再次证实了心理因素和生物因素的相互作用对人体大多数功能的影响。

总之，功能正常的男性在“行为要求”（performance demand）情境中会表现出性唤起增强，体验到积极情感，对与性爱无关的刺激感到心烦，并且清楚地了解自己的唤起程度如何。存在诸如勃起障碍等性功能问题的男性在“行为要求”情境中会表现出性唤起减弱，体验到消极情感，对与性爱无关的刺激不会感到心烦，并且无法正确感觉自己的唤起程度。该过程似乎适用于大多数的性功能障碍，你或许还记得，性功能障碍倾向于共病，但是该过程尤其适用于性唤起障碍（Wiegel et al.，2006）。

我们对有关早泄的心理（或生物）因素知之甚少（Althof，2007；Bradford & Meston，2011；Weiner，1996）。我们确实了解到这种情况在年轻男性中最为普遍，并且交感神经系统的过度兴奋会导致快速射精。这些观察资料显示，有些男性发生射精的阈限生来较低。也就是说，他们在较小的刺激和唤起下就能射精。不幸的是，诸如焦虑等心理因素也会引起交感神经系统的兴奋性增强。因此，当一名男性因为射精过快而变得焦虑时，他的这种关注只会让问题变得更糟糕。

社会和文化因素

图 10–4 中所示的性功能障碍模型能够帮助我们理解，为何有些个体会在某个时期而非其他时期出现性功能障碍，但是它没有解释他们为何会变成这样。尽管我们并不十分确信为何有些人会出现问题，但是，许多人之前就认识到性可能是负性的并带有危险，并且该信念可以从他们的反应中表现出来。唐·拜恩（Donn Byrne）及其同事把这种负性认知叫作性爱恐惧症（erotophobia）。他们已经证实，性爱恐惧症可能是个体在孩童时期从家庭、宗教权威
379 人士或其他人那里习得的，这似乎会导致个体在今后的生活中出现性问题（Byrne & Schulte，1990）。因此对于有些个体来说，性暗示会首先与负性情感联系在一起。在其他的病例中，无论男性还是女性都会在一段时期相对良好的性体验之后，经历特定的负性事件或创伤性事件。这些负性事件可以包括突然的唤起失败，或者诸如强奸等真实的性创伤。

劳曼等（Laumann et al.，1999）在美国所做的性调查显示，早期的性创伤事件会对以后的性功能造成实质性的影响，对于女性来说尤其如此。例如，如果女性在青春期前遭到一名成人的性骚扰，或者被迫发生某种形式的性接触，那么，她们发生性高潮障碍的可能性是那些没有在青春期前遭受性骚扰，也没有在其他任何时候被迫发生性接触的女性的 2 倍左右。对于那些在儿童时期遭受成人性骚扰的男性来说，他们发生勃起障碍的可能性比没有在儿童时期遭受性骚扰的男性高出 3 倍多。有趣的是，那些承认对女性实施性侵犯的男性发生勃起障碍的可能性，是从未对女性实施性侵犯的男性的 3.5 倍。因此，无论对于男性还是女性来说，任何形式的创伤性性行为都会对以后的性功能造成长期的影响，有时会在事件发生后持续数十年（Hall，2007）。此类应激性事件会引发负性情感，使个体感到对自己对性反应周期的控制能力丧失，从而让他们陷入如图 10–4 所示的异常模式之中。对于在某个特定的应激时期出现勃起失败的个体来说，性功能障碍会在应激条件结束后依旧存在，这是相当普遍的现象。

除了与性接触相关的普遍的负性态度或经历以外，许多其他因素也会导致性功能障碍。其中最常见的是亲密关系出现显著恶化（Wincze，Bach，& Barlow，2008）。某人如果对性伴侣的厌恶感与日俱增，则很难拥有一种满意的性关系。有时，性伴侣可能不再具有身体上的吸引力。最后，对自己的吸引力感到满意也是非常重要的。科赫等（Koch，Mansfield，Thurau，& Carey，2005）发现，女性感知其吸引力减少越强烈，她越可能有性问题。性技巧贫乏也会引起频繁的性活动失败，并且最终导致性欲缺乏。例如，有勃起障碍的男性比起那些没有勃起障碍的男性来说在性行为上有更大范围的限制（Wincze et al.，2008）。

因此，社会和文化因素似乎会对人们今后的性功能产生影响。约翰·加格诺（John Gagnon）对该现象进行了研究并提出了一个重要的理论，叫作性功能脚本理论，该理论的依据是：人们都在根据反映社会和文化期望的“脚本”进行操作并引导自己的行为（Gagnon，1990；Laumann，Gagnon，Michael，& Michaels，1994）。在个体脚本和跨文化脚本中的发现将会让我们对性功能有更多的了解。例如，如果一个

人获悉性潜在是危险的、肮脏的，或者是被禁止的，那么他在今后的生活中会更加容易罹患性功能障碍。这种模式在那些对性持有限制性态度的文化中最为明显（McGoldrick et al., 2007）。例如，阴道痉挛在北美相对比较罕见，但是在爱尔兰和土耳其却是导致婚姻问题的最常见原因（Doğan, 2009; McGoldrick et al., 2007）。即使在我们的文化中，虽然我们对于性的态度相对开明和宽容，但是我们仍然会受到某些社会期望和态度的影响。芭芭拉 · 安德森和她的同事们（例如，参见 Cyranowski et al., 1999）已经证实，有关性的情感和自我意识（本章前面部分阐述了负性的性自我图式），都会让个体在今后面临应激情境时出现性问题。齐尔伯杰尔德（Zilbergeld, 1999）是最具权威的男性性问题专家之一，他阐述了许多令多数男性深信不疑的有关性的荒谬说法。贝克和德席尔瓦（Baker & DeSilva, 1988）对齐尔伯杰尔德所提出的早期版本进行了修改，将那些关于男性性知识的荒谬说法修订成问卷，并将其分发给两组男性，其中一组的性功能正常，而另一组存在性功能紊乱。他们发现，与性功能正常的男性相比，存在性功能紊乱的男性对那些荒谬说法的信念更加强烈。

心理因素和生理因素的交互作用

在对不同病因进行回顾之后，我们现在必须指出，任何一种性功能障碍都很少仅仅归因于心理因素或生理因素（Bancroft, 1997; Rosen, 2007; Wiegel et al., 2006）。更多时候，性功能障碍是由这些因素的微妙结合引起的。举一个典型的例子：有一名年轻的男性，他不仅容易产生焦虑并且坚信某些关于性的荒谬说法（社会因素），当他服用药物或酒精之后，与大多数男性一样，出乎意料地发生了勃起失败（生物因素）。他将会满怀焦虑地期待着下一次性接触的到来，并想知道是否会再次发生勃起失败。不论他是否饮酒，这种体验和理解的结合都会激发如图 10–4 中所示的心理后果。

总之，社会中所传播的有关性的负性态度、个体的人际困难，以及个体发生焦虑的易感性，这三者将相互结合，并最终导致性功能障碍。尽管一个患者同时发生几种性功能障碍是相当普遍的现象，但是从心理学的角度出发，我们无法得知为何有些个体只会发生某种障碍而非其他障碍。可能的情况是，某个个体的特定生物易感性与心理因素发生交互作用，从而导致某种特定的性功能障碍。

性功能障碍的治疗

与本书中所讨论的其他大多数障碍所不同的是，对于许多性功能障碍患者来说，有一种简单的治疗方法能够发挥令人惊讶的疗效：教育。如果人们不知道性反应周期和性交过程所涉及的基本问题，那么这将导致他们出现长期的性功能障碍（Bach, Wincze, & Barlow, 2001; Wincze et al., 2008; Wincze & Carey, 2001）。卡尔最近求诊于我们的性治疗诊所，让我们来看看他的案例。 380

卡尔：为时未晚

卡尔是一名 55 岁的白人男性，他的泌尿科医生把他介绍至我们的诊所，因为他出现了阴茎难以维持勃起这一问题。尽管他从未结过婚，但是他目前与一位 50 岁的白人女性维持着亲密的关系。这仅仅是他的第二段性关系。在经过仔细的访谈之后，我们了解到卡尔每周进行两次性活动，但是当医生要求他对性活动进行描述时，我们发现其不寻常的性活动方式：卡尔总是跳过性交前的爱抚，直接进行性交！不幸的是，他的性伴侣尚未出现唤起和润滑，因此他无法进行插入。他的勇敢尝试有时会导致双方的疼痛性磨损。卡尔接受了两个阶段的全面性教育，包括详细地逐步教导他如何进行性交前的爱抚，这使他对性有了一个全新的认识。他完成了生命中的首次成功且满意的性交，这大大出乎他本人及其性伴侣的期望。

在性欲减退障碍的病例中，我们经常能够看到夫妻双方的性欲存在显著差异，从而导致某一方被贴上性欲低下的标签。例如，如果性伴侣中的其中一方认为每周一次的性生活相当合适，但是另一方则希望每天进行，那么后者可能会控诉前者存在性欲低下，并且不幸的是，前者会认同这种说法。当情况发生好转时，这些误解通常能够得以解决。幸运的是，对于这种情况以及更加复杂的性功能障碍，现在已经出现了治疗方法，包括心理社会方法以及生物学（医学）方法。仅仅在过去几年里，医学方面的治疗方法就取得了惊人的进展，尤其是对勃起障碍的治疗。我们首先来看心理社会治疗，接着来看最新的医学治疗方法。

心理社会治疗

我们在探索性行为的过程中所取得的最为引人注目的进展，莫过于威廉·马斯特斯（William Masters）和弗吉尼亚·约翰逊（Virginia Johnson）在1970年所出版的著作《人类的性不足》（*Human Sexual Inadequacy*）。该著作在文字上进行了变革，通过一种简明、直接并且通俗的方式，介绍了一些成功的性功能障碍治疗程序。通过再次强调大多数性功能障碍的共同原因，一种相似的治疗方法被施予所有患者，包括男性和女性，并针对具体问题（例如，早泄或性高潮障碍）做了某些细小的变化。这个密集的治疗程序需要一名男性治疗师和一名女性治疗师，从而促进障碍双方彼此之间的交流（马斯特斯和约翰逊分别是最初的男性治疗师和女性治疗师）。整个疗程持续两周的时间，其间每天都进行治疗。

实际的治疗程序相当简单。除了提供有关性功能的基本教育之外，还要改变患者根深蒂固的荒谬想法并加强沟通，临床医生的主要目标是消除由心理因素引起的行为焦虑（参考前面的图10-4）。为了实现这一目标，马斯特斯和约翰逊提出了感觉集中和无要求愉悦（nondemand pleasuring）。该练习教导伴侣双方控制自己进行性交和爱抚生殖器的想法，仅仅通过触摸、接吻、拥抱、按摩或其他的类似行为，探索并享受彼此的身体。第一阶段是非生殖器愉悦，要将乳房和生殖器排除在外。当成功完成该阶段之后，夫妻将转移至生殖器愉悦，但是禁止达到性高潮和进行性交，并且要明确地教导男性获得勃起并非目标。

这时，性唤起应当恢复并且夫妻应该准备尝试性交。为了避免性交过程太快，该阶段同样要分成几个部分。例如，教导一对夫妻尝试着开始插入。也就是说，插入的深度和持续的时间最好能够逐步

Romilly Lockyer/Brand X Pictures/PictureQuest/ JupiterImages

治疗师通常通过同时接见伴侣双方的方式，对其中一方的性功能障碍进行治疗。

增进，并且同时维持生殖器和非生殖器愉悦。最后完成完整的性交。根据马斯特斯和约翰逊的报告，经过两周的密集治疗之后，790多名性功能障碍患者中的大多数患者都能有所恢复，但不同类型障碍的恢复比例存在一些差异。接近100%的早泄患者得以恢复，而对于那些终身性的且一般性的勃起障碍，恢复的比例接近60%。

随着近年来知识的不断发展，性治疗师对这些治疗程序进行了很多的扩充和修正（例如，参见Bancroft，1997；Rosen，2007；Wincze，2009；Wincze et al.，2008）。针对勃起障碍的治疗结果显示，60%～70%的病例至少在几年内表现出积极的治疗效果，尽管在此之后可能会有所减弱（Rosen，2007；Sarwer & Durlak，1997；Segraves & Althof，1998）。为了对具体的性功能障碍进行更好的治疗，性治疗师将几种具体的治疗程序融入一般性治疗之中。例如，大多数性治疗师在治疗早泄时都会采用西蒙斯（Semans，1956）提出的方法。有时也叫作捏挤法，实施该法时，通常由性伴侣刺激阴茎，直至其几乎完全勃起。此时，由性伴侣用力捏挤阴茎顶端，从而快速降低性唤起。（对于异性恋性伴侣）重复这些步骤，直至阴茎最终插入阴道并且不进行推挤。如果性唤起出现过快，则需要再次采用捏挤法。这种方法可以培养男性对于性唤起和射精的控制感。据 *381*
报告，在过去的20年里，这种方法让60%～90%的男性患者成功受益，但是在经过3年或更长的时间以后，成功率降至25%（Althof，2007；Polonsky，2000）。加里，这名31岁的推销员，就接受了这种治疗方法，并且他的妻子非常配合治疗。之前简短的婚姻治疗也让加里发现，他感觉妻子不再认为自己有魅力了，从而导致了自己的不安全感，而这一切是毫无依据的。在接受治疗之后，他将自己的工作时间减少了几个小时，并且这对夫妻的婚姻关系和性关系有所改善。

终身性的女性性高潮障碍可以通过手淫训练加以治疗。例如，格丽塔无法在丈夫的手动刺激下获得性高潮，甚至在她接受了性治疗的基本步骤之后依然如此。在完成了针对该问题的标准治疗程序之后（例如，参见Heiman，2000；Heiman & LoPiccolo，1988），格丽塔和威尔购买了一个振动器，并且治疗师教导格丽塔将自己在性唤起过程中的感受大声地畅所欲言，甚至在自己需要的时候放

声大喊或尖叫。在适当的生殖器愉悦和抑制解除练习中，格丽塔在振动器的作用下获得了首次性高潮。这对夫妻通过练习和良好的沟通，最终学会了如何在不使用振动器的情况下让格丽塔获得性高潮。尽管威尔和格丽塔都为她的进步而感到高兴，但是，威尔注意到格丽塔在性高潮期间发出的尖叫声会引起邻居们的注意。综合大量研究的结果，70%～90% 的女性能够从治疗中受益，并且不仅疗效稳定，甚至能够随着时间进展而有所改进（Heiman，2000；Heiman & Meston，1997；Segraves & Althof，1998）。

在对阴道痉挛进行治疗时，首先让女性自己将阴道扩张器插入阴道，并根据自身的承受能力逐步增加阴道扩张器的大小，最后由其性伴侣重复该过程。当一对异性恋夫妻中的女性（然后是性伴侣）能够将调至最大的阴道扩张器插入其阴道之后，接着逐渐插进男性的阴茎。该练习适用于维持性唤起的生殖器愉悦及非生殖器愉悦。在实施该练习时，必须密切注意练习者的恐惧和焦虑水平是否随着练习过程的进展而有所增加，因为这可能会触发练习者的早期性虐待记忆，而这些记忆会引起恐惧和焦虑。这些方法非常成功，绝大多数女性（80%～100%）在相对较短的时间内成功克服了阴道痉挛（Beck，1993；Binik et al.，2007；Leiblum & Rosen，2000；Segraves & Althof，1998；ter Kuile et al.，2007）。

我们同样有多种方法可以用于性欲减退的治疗（例如，参见 Pridal & LoPiccolo，2000；Wincze，2009；Wincze & Carey，2001）。这些治疗方法的重点即为传统性治疗中标准的再教育和沟通，并且可能辅以手淫训练以及观看色情书籍或电影。每个病例都需要单独的治疗策略。你还记得曾经遭受堂兄性虐待的 C 太太吗？我们通过治疗，帮助这对夫妻理解了 C 太太过去反复遭受的被迫性经历对其造成的影响，并且让 C 太太更加适应性交前的爱抚。她逐渐消除了过去的观念，即性活动一旦开始，自己便无法控制。她和丈夫练习如何开始并终止性接触。认知重构帮助 C 太太对其丈夫的示爱行为做出正性的解释，而不是持有怀疑的态度。一般而言，50%～70% 的性欲减退患者能够从性治疗中受益，至少开始是这样（Basson，2007；Brotto，2006；Hawton，1995；Segraves & Althof，1998）。

医学治疗

近年来所出现的多种用于治疗性功能障碍的药理技术和外科技术，几乎都集中于男性勃起障碍。自从万艾可（“伟哥”）于 1998 年问世以来，诸如乐威壮和西力士等类似的药物也随后问世，这些药物的名气很大。让我们来看四种最流行的治疗方法：口服药物、阴茎内直接注入血管活性物质、外科手术以及真空装置治疗。在开始介绍之前，我们需要注意的是，任何一种医学治疗方法都需要结合全面的教育程序以及性治疗程序，从而确保达到最佳的效果。

用于治疗勃起障碍的神奇药物西地那非（商品名为万艾可）于 1998 年问世。该药物于 1998 年初获得了美国食品药品管理局的批准，并且几个临床试验的结果显示有 50%～80% 的男性能够从中受益（Conti，Pepine，& Sweeney，1999；Goldstein et al.，1998），他们在服用该药物之后，可以获得性交所需的充分勃起。这与约有 30% 的人从安慰剂中获益形成了对比。这与使用西力士和乐威壮的结果相似（Carrier et al.，2005）。

然而，有 30% 的服药者出现了严重头痛这一不 382 良反应，尤其是在剂量较大时（Rosen，2000，2007；Virag，1999），并且报告性活动的满意度并不理想。大多数男性在几个月或一年以后停止使用药物，性活动的长期满意度也不理想（Rosen，2007）。为了解决这个问题，巴赫等（Bach，Barlow，& Wincze，2004）增加了认知行为治疗联合万艾可治疗。结果令人鼓舞，因为伴侣双方在接受药物治疗结合认知行为治疗之后，比单独接受药物治疗获得了更大的满意度和更多的性活动。

人们还希望万艾可能够对绝经后女性的性功能障碍有所帮助，尽管最初的结果令人失望（Kaplan et al.，1999）。根据伯曼等（Berman et al.，2003）近来的报告，万艾可在治疗绝经后的女性性唤起障碍方面有所进展，但是仅限于没有出现性欲减退的女性。

有时，睾酮（Schiavi，White，Mandeli，& Levine，1997）可以用于治疗勃起障碍。尽管睾酮比较安全并且不良反应相对较少，但是有关它在勃起障碍治疗方面的确切疗效几乎没有（Mann et al.，1996）。有些泌尿科医生教导患者，当他们想要进行性交时，可以将血管活性药物直接注入阴茎，诸如罂粟碱或前列腺素。这些药物通过扩张血管，从而让血液流入阴茎，并在 15 分钟内使患者产生勃起，持续时间为 1～4 个小时（Kim & Lipshultz，1997；Rosen，2007；Segraves & Althof，1998）。由于该过程会引起轻微疼痛（尽管没有你所认为的那么严重），所以确实有许多男性会在短期内停止使用这种方法，通常为 50%～60%。有研究显示，在100名患者中，有50人因为多种原因而放弃使用罂粟碱（Lakin，Montague，Vanderbrug，Medendrop，Tesar，& Schover，1990；Segraves & Althof，1998）。一种含有罂粟碱的软胶囊叫作MUSE可以被直接塞入尿道，但是会引起一些疼痛，与注射法相比，这种药物的效果较差，并且其由于使用困难和过于人工化，所以很可能难以被广泛接受（Delizonna，Wincze，Litz，Brown，& Barlow，2001）。然而，海曼等（Heiman et al.，2006）最近在实验室中研究发现，与安慰剂相比，罂粟碱局部外用会使女性的生殖器发生充血，引起绝经女性的性唤起。药物有效性还需要在实验室之外得到证实。

阴茎假体植入作为一种手术方法已经拥有将近100年的历史；但是时至今日，它才逐渐达到恢复正常的性功能的效果。其中一种方法是将一个半硬式的硅树脂棒植入阴茎，男性在性交时可以将它弯曲至恰当的位置，并且不影响其他时候的阴茎活动。另外一种更加流行的方法是将一个小泵植入阴囊，男性通过挤压小泵使液体流入一个膨胀的圆柱体，并由此产生勃起。最新型的阴茎假体装置是一个带泵的可膨胀棒，与那种将泵置于棒外的装置相比，这种假体使用更加方便。但是，使用阴茎假体无法使患者的性功能恢复到手术之前的状态，或者不能确保大多数患者感到满意（Gregoire，1992；Kim & Lipshultz，1997），并且目前只在其他方法无法奏效的情况下才被使用。与此同时，这种方法已被证实适用于那些因为癌症而需要假体手术的患者，因为大多数此类患者会出现勃起功能不良，尽管新的“神经保留”术在某种程度上减少了这种影响（Ramsawh，Morgentaler，Covino，Barlow，& Dewolf，2005）。

另外一种方法是真空装置治疗，即在阴茎上放置一个真空的圆柱体。真空可以将血液抽入阴茎，然后通过一个置于阴茎底部的特制装置将血液截留。尽管该真空装置使用起来相当困难，但是70%～100%的使用者报告出现了满意的勃起，尤其是当心理社会治疗无效时（Segraves & Althof，1998；Witherington，1988）。与外科手术或注射法相比，这种方法的侵入性更小，但是其由于使用困难和过于人工化，所以很可能难以被广泛接受（Delizonna et al.，2001）。

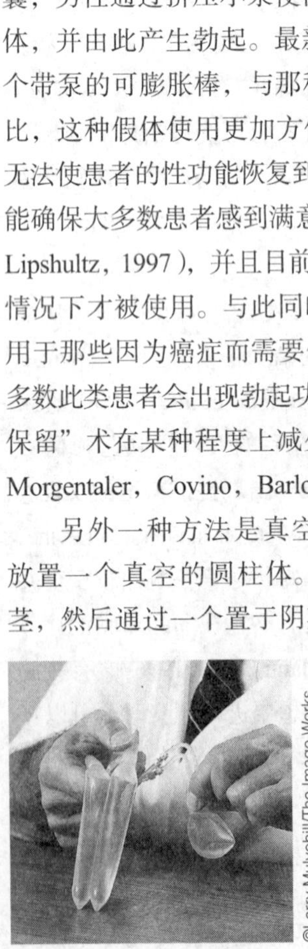
©Larry Mulvehill/The Image Works

一种充气阴茎植入物，可用于性功能不全的男性。

小结

无论是心理社会方法还是医学方法，都给大多数罹患性功能障碍的患者带来了希望。不幸的是，许多地方都无法提供这些治疗方法，因为只有少数的健康专业人士和精神卫生专业人士接受了相关培训，尽管用于治疗男性勃起障碍的万艾可随处可见，但是针对性唤起障碍的心理社会治疗还需要进一步完善，并且大多数关于性欲减退的治疗尚未经过测试。虽然每年都会出现新的医学进展，但是大多数仍然属于侵入性的并且比较笨拙，尽管诸如万艾可和乐威壮等药物在治疗勃起障碍方面显示出了一些成效，并且更多的此类药物正在研制之中。

不幸的是，大多数健康专业人士倾向于对衰老所引起的性问题表现出漠视。针对老龄夫妻的性咨询除了要强调沟通、教育以及感觉集中之外，还应该包括女性的适当润滑以及能够将男性的勃起反应增加至最佳程度的方法。更为重要的是，虽然他们的生理机能有所下降，但是，性关系的保持（并不一定包括性交）应该成为老龄夫妻关系中的一个令人享受和重要的部分。

概念自测 10.3 383

判断下列关于性功能障碍的病因和治疗的说法是正确的（T）还是错误的（F）。

1. 许多生理和医学情况及其治疗方式会导致性功能障碍（例如处方药），但是多数医生并未意识到其中的关联。______
2. 焦虑通常能够降低甚至消除性唤起。______
3. 以下原因可以引发性功能障碍：对某个性伴侣与日俱增的厌恶感、性创伤事件，或者在孩童时期所接受的有关性行为的负性后果的教育。______
4. 教育是一个对于大多数障碍均能奏效的简单的治疗方法。______
5. 所有的性功能障碍都能通过相同的心理社会方法进行治疗。______
6. 近年来的大多数外科和药理学治疗都集中于男性勃起障碍。______

性偏好障碍：临床描述

- 性偏好障碍的临床特征有哪些？
- 性偏好障碍的病因有哪些？

如果你和大多数人一样，那么你的性兴趣就是直接指向其他成熟的成年个体（或是青少年晚期个体），这些个体都能自由地决定做自己想做或不想做的事。但是，如果你的性吸引指向某物或成人之外的个体会怎样，比如说动物，特别是马或狗（Williams & Weinberg，2003）？如果指向一个真空吸尘器呢？（是的，确有其事！）或者如果你获得性满足的唯一方式就是残忍的谋杀呢？这样的性唤起模式以及其他模式在很多个体中存在，他们的行为如果影响了其他个体，那么就会给他们及其受害者造成无限的痛楚。正如本章前面所提及的，这些障碍被称为**性偏好障碍**（paraphilias）。

常年以来，我们鉴定和治疗了很多这样的个体，从有些怪异行为，有时看上去很可怜的案例，到任何地方都可能遇到的最危险的强奸杀人犯。我们先使用我们档案中的所有案例，简单地介绍一下性偏好障碍的主要类型。和性功能障碍一样，对于一个个体来说只有一种性偏好障碍的性唤起模式是不常见的。我们案例中有许多人会表现出两种、三种或更多模式，通常以其中一种为主（Abel et al.，1987；Abel，Becker，Cunningham-Rathner，Mittelman，& Rouleau，1988；Brownell，Hayes，& Barlows，1977）。还有，对于性偏好障碍患者来说，通常会同时共病有心境障碍、焦虑障碍和物质滥用（Kafka & Hennen，2003；Raymond，Coleman，Ohlerking，Christenson，& Miner，1999）。尽管性偏好障碍并不是广泛的，其发生频率的估算也很难测定，但是像异装癖这样的一些障碍还是较为普遍的（Bancroft，1989；Mason，1997）。在大城市中，尤其是在拥挤的地铁或巴士中，你可能成了**摩擦癖**（frotteurism）的受害者。（我们的意思是确实拥挤。）在这种情境中，女性知道她们要遭遇的不仅是来自后面的冲撞和推搡。让她们感到恐惧的是，一个带有摩擦性唤起模式的男人正在她们身上摩擦，并直至射精。由于受害者无法轻易逃脱，所以摩擦癖行为常常得逞（Lussier & Piché，2008）。

恋物癖

在**恋物癖**（fetishism）中，个人的性吸引指向无生命的物体。几乎有多少种物体就会有多少种不同类型的恋物癖，而最为常见的物体是女性的内衣和鞋子（Darcangelo，2008）。恋物癖的性唤起与两种不同的物体或行为有关：（1）无生命物体；（2）具有特别触感的材料，例如橡胶，尤其是橡胶所制的衣物。有光泽的黑色塑胶同样被使用（Bancroft，1989；Junginger，1997）。虽不是全部，但这些男性性幻想、欲望和需求的对象都集中于这样的物体。性刺激的第三来源（有时称为局部癖好）是身体的某一部分，例如脚、臀部或头发，但是这种吸引在学理上不再被列为一种恋物癖，因为将它与更为正常的唤起模式区别通常很困难。

DSM 诊断标准概要

恋物癖

A. 至少 6 个月以来，反复地、强烈地使用无生命的物体来激起性幻想、欲望或行为。

B. 这种性幻想、欲望或行为导致了临床上明显的痛苦或者社交、职业或其他重要领域的损害。

C. 恋物对象不限于在变装时（如在异装癖中）使用的女性穿戴物，或者是为增强生殖器触觉刺激而设计的装置（如振动器）。

资料来源：Reprinted with permission from *Diagnostic and Statistical Manual of Mental Disorders* (4th ed., text revision). ©2000 American Psychiatric Association.

窥阴癖与露阴癖

384

窥阴癖（voyeurism）是个体为达到性兴奋而去看一个毫无察觉的人脱衣服或裸露的行为。与之相反，**露阴癖**（exhibitionism）是个体通过向毫不相识

性偏好障碍 一种性障碍或偏差，患者一般只能通过不当的物体或个体来获得性唤起。

摩擦癖 患有这种性偏好障碍的人通过在人群中摩擦无法躲避的非情愿群众来获得性满足。

恋物癖 长期的、反复发生的、激烈的性激发冲动、幻想或行为，包括对无生命的特殊物体的使用，会导致痛苦或生活功能受损。

窥阴癖 通过观察未穿衣或裸体的不知情者获得性唤起的性偏好障碍。

的陌生人暴露自己的生殖器来达到性兴奋和满足的行为。看一下罗伯特的案例。

罗伯特：窗帘之外

罗伯特，一名31岁的已婚蓝领工人，据说，他第一次透过窗户“窥视”是在他14岁的时候。一天晚上，他在居民区里骑车闲逛，突然透过窗户看到一个女人，就停下来仔细观察。这一次，他第一次感到性唤起的痛苦。最终，他在观看的同时开始自慰，并暴露出自己的生殖器，尽管别人看不到他。当他长大后，他会一个劲儿兜风，直到发现年轻的女孩，他就会在她们附近停下车，拉开他的拉链，叫她们过来，并试图进行无性的会话。后来，他有时可以通过与一个女孩聊天达到互相手淫和口交的效果。他被逮捕了几次，但更为荒诞的是被逮捕的威胁反而增加了他的性唤起（Barlow & Wincze，1980）。

记住，在一些情况下，焦虑实际上会增加性唤起。许多窥阴者就是在当地酒吧里，欣然观看脱衣表演，但却无法达到同样的满足。

一个借助公共汽车的律师

几年以前，报道称一个著名的律师需要帮助并且他的事业也面临威胁。他是一个聪明、英俊的单身男性，他说，他可与在法庭工作期间认识的任何年龄的漂亮女性有性关系，这毫不夸张。但是，他唯一可以达到性唤起的方式就是离开他的办公室到公共汽车站，乘车直到一位有吸引力的女性上车，然后在公共汽车到达下一站之前暴露自己的生殖器，他常常在别人的追赶中逃离。为达到最大程度的性唤起，公共汽车不能满员或者空着，最好有一些人在座位上，并且上车的女性处在合适年龄。有时候出现性唤起环境要几个小时。这个律师即便不因为露阴癖被解雇，也会因为在工作时间缺勤而被解雇。在一些时候，他也会邀请他的女友在他的房间中扮演坐在公共汽车上的女性角色。尽管他向她暴露自己的生殖器，但因为不够刺激，他也不能获得性唤起和性快感。

尽管露阴癖的患病率还未知（Murphy & Page，2008），但是在一个瑞典的2 450位成年人的随机样本中，31%的人说至少有一次在向一个陌生女性暴露自己的生殖器时达到了性唤起，并且7.7%的人说至少有一次在偷窥性交时达到了性唤起（Långström & Seto，2006）。要诊断露阴癖，其暴露行为必须强制性或者失控性地反复发生。

DSM 诊断标准概要

窥阴癖和露阴癖

DSM-Ⅳ-TR 中窥阴癖的诊断标准：

A. 至少6个月以来，反复地、强烈地窥视一个不知情的、正在脱衣或进行性活动的裸体者来激起性幻想、欲望或行为。

B. 这种性幻想、欲望或行为导致了明显的痛苦或人际困难。

DSM-Ⅳ-TR中露阴癖的诊断标准：

A. 至少6个月以来，反复地、强烈地通过向不知情的陌生人暴露自己的生殖器来激起性幻想、欲望或行为。

B. 这种性幻想、欲望或行为导致了明显的痛苦或人际困难。

资料来源：Reprinted with permission from *Diagnostic and Statistical Manual of Mental Disorders* (4th ed., text revision). ©2000 American Psychiatric Association.

异装癖

385

在**异装癖**（transvestic fetishism）中，性唤起与穿着异性服装的行为强烈相连（Wheeler，Newring，& Draper，2008）。看一下M先生的个案。

M先生：穿裙子的硬汉

M先生，一名31岁的已婚警官，来到我们的门诊寻求治疗，他有一种穿着异性服装出现在公众面前的欲望，这种欲望难以控制。他这样已经16年了，并因为穿着异性衣服而被海军陆战队开除。从那以后，他几次被公众揭露。M先生的妻子因为他穿着异性服装而威胁与他离婚，但妻子仍旧为她丈夫买女性衣服，而当M先生穿上它们时，她感觉自己很“富有同情心”。

在加入警察部门之前，M先生在海军陆战队服役。在所谓的男子气强的团体中，一些男子强烈倾向于穿着女性服装以得到心理上的补偿，这种现象并不罕见。不管怎样，大多数这种障碍患者看来并没有表现出补偿行为。瑞典在此之前也做过相同的调查，发现 2.8% 的男性和 0.4% 的女性都报告至少有过一段时间的恋物嗜好（Langstrom & Zucker，2005）。

有意思的是，许多异装男性的妻子接受其丈夫的行为，如果这仅是他们之间的事情，她们可能会相当支持。道克特和普林斯（Docter & Prince，1997）报告在 1 000 多例的异装癖患者中，60% 的人在被调查时已经结婚。一些已婚或单身者，参加了异装俱乐部，他们定期见面，并订阅相关的内部通信。

性施虐癖与性受虐癖

性施虐癖（sexual sadism）与**性受虐癖**（sexual masochism）都与施加痛苦或羞辱（施虐癖）以及受苦或受辱（受虐癖）有关（Hucker，2008；Yates，Hucker，& Kingston，2008）。尽管 M 先生对异装非常感兴趣，但是他同时被另外一个问题所困扰。为了使自己在性交中达到最大的快感，他给妻子戴上项圈和皮带，将她绑在床上并铐起来。在穿着异装时，他有时也把自己用绳索、锁链、手铐和铁丝绑起来。M 先生担心他可能真的会伤到自己。作为一名警察，他听说过很多案子，并亲自调查了一宗：那人死的时候是完全被马具、手铐和绳索紧紧绑住的。在很多这样的案例中，可能会出错，而意外将自己绞死。这种事件必须与窒息式自虐（hypoxiphilia）相区别，后者是通过勒紧自己来减少脑部供氧以增加高潮感。一个人只有通过施加或遭受痛苦才能达到性高潮看起来很荒谬，但是这种类型的案例并非罕见。在很多情况下，这种行为本身是无害的（Krueger，2010），但是它们也会非常危险而变得代价很大。

DSM 诊断标准概要

性施虐癖和性受虐癖

DSM-Ⅳ-TR 中性施虐癖的诊断标准：

A. 至少6个月以来，反复地、强烈地以使对方心理上或生理上受苦（包括羞辱）而产生性唤起，从而激起性幻想、欲望或行为。

B. 这种性幻想、欲望或行为导致了明显的痛苦或人际功能的损害。

DSM-Ⅳ-TR中性受虐癖的诊断标准：

A. 至少6个月以来，反复地、强烈地通过被羞辱、击打、捆绑或其他受苦方式产生性唤起，从而激起性幻想、欲望或行为。

B. 这种性幻想、欲望或行为导致了临床上显著的痛苦或者社交、职业或其他重要领域功能的损害。

资料来源：Reprinted with permission from *Diagnostic and Statistical Manual of Mental Disorders* (4th ed., text revision). ©2000 American Psychiatric Association.

施虐性强奸

施虐性强奸仅次于谋杀，是一个人对另一个人能够进行的最具破坏性的侵犯。大多数强奸案更多地被看成一个男性的侵犯行为（极少是女性所为的），由于性唤起方式不属于性反常行为，它没有被划分为一种性偏好障碍。相应地，很多强奸犯符合反社会型人格障碍的诊断标准（见第 8 章），并会进行各种反社会性的和侵犯性的活动（Bradford & Meston，2011；McCabe & Wauchope，2005；Quinsey，2010）。事实上，很多强奸是机会主义的，因为一个富有侵犯性或反社会性的个体对别人施加痛苦时，明显缺乏同情心并非常冷漠（Bernat，Calhoun，& Adams，1999），通常是利用了那些易受侵犯和不认识的女性。这些无计划的侵犯常常在抢劫或其他犯罪事件中发生。强奸也可因为愤恨和报复特定的女性而被逐步计划实施（Hucker，1997；Knight & Prentky，1990；McCabe & Wauchope，2005；Quinsey，2010）。

多年前，我们在临床上确定的一些强奸犯事实 386
上几乎都符合性偏好障碍的定义，也许把他们描述为施虐狂更合适，这一发现已被证实（McCabe & Wauchope，2005；Quinsey，2010）。我们制作了两盘录音带，其中描述了彼此享受的性交以及对女性实施的暴力性交（强奸）。我们把每盘磁带给被试播放两遍。非强奸犯在听彼此满意的性交的录音时会产生性唤起，但在听有关暴力的内容时却不会产生性唤起；然而，强奸犯对两种录音内容都会产生性唤起。

露阴癖　通过向毫不相识的陌生人暴露自己的生殖器获得性满足的一种性偏好障碍。

异装癖　一种性偏好障碍，患者通常为男性，通过穿异性服装来获得性唤起或达到性满足。

性施虐癖　一种性偏好障碍，患者的性唤起与造成疼痛或羞辱有关。

性受虐癖　一种性偏好障碍，患者的性唤起与体验疼痛或羞辱有关。

恋童癖　一种性偏好障碍，涉及指向儿童的强烈的性吸引。

恋童癖与乱伦

可能最具悲剧性的性偏离是对儿童（或刚进入青春期的少年）的性吸引，这被称为**恋童癖**（pedophilia）（Blanchard，2010；Seto，2009）。美国天主教性丑闻被公开后，人们意识到这个问题，认为其中许多神父毫无疑问都符合恋童癖的诊断标准，他们反复地虐待孩子，当被调任到其他教堂时，他们又会重新开始。具有这种性唤起类型的个体会对男童或女童或者两者都有性吸引。在一个调查中，多达12%的男性和17%的女性报告，当他们还是孩子的时候，被成年人不适当地触摸过。另一个调查估计在20世纪90年代，美国有超过330 000名孩子曾被性虐待，人数上涨了125%（Fagan，Wise，Schmidt，& Berlin，2002）。其中大约90%的受虐者是男性，10%是女性（Fagan et al.，2002；Seto，2009）。与成人强奸类似，40%到50%的性犯罪者并不具有恋童癖的性唤起模式也并不符合恋童癖的诊断标准，而是这些罪犯都有残忍的反社会和随意攻击行为（Blanchard，2010；Seto，2009）。近来有很多有关儿童色情的新闻见诸报端，一些下载儿童色情片被控有罪的成人为自己辩护称“只是想看一看”，并不因为自己是恋童癖患者。但近期一项重要的研究显示，被控告有下载儿童色情内容的犯罪行为是诊断恋童癖的重要指征（Seto，Cantor，& Blanchard，2006）。

Allen Fredrickson/©Reuters/Corbis

谋杀犯杰弗里·达默尔（Jeffrey Dahmer）通过性施虐和食人肉来获得性满足。（他在狱中被狱友杀害。）

如果儿童是这个人的亲戚，那么恋童癖就成为**乱伦**（incest）。尽管恋童癖与乱伦有很多共同之处，但是，恋童癖的受害者常常是小孩，而乱伦的受害者往往是身体开始成熟的女孩（Rice & Harris，2002）。马歇尔等（Marshall，Barbaree，& Christophe，1986；Marshall，1997）利用阴茎张力测量证明，与恋童癖男性相比，普通男性更容易为成年女性所吸引。因此，乱伦比起恋童癖更可能在家庭内发生，就像托尼的案例一样。

托尼：是不是父亲

托尼，一名52岁的已婚电视维修人员，十分忧郁。约10年前，他就开始了与12岁的女儿的性行为。轻吻与一些抚弄逐渐上升为深深的拥抱，最后就是互相的手淫。当他女儿16岁的时候，他的妻子发现了这一乱伦关系。她带着女儿离开丈夫并最终与其离婚。不久，托尼再次结婚。就在托尼初次到我们门诊之前，他见了女儿，后者已经22岁，一人生活在另一个城市。他们已经5年没有见面了。而第一次见面不久后再见面时，又发生了乱伦行为。这时，托尼极度忧郁，并将此事告诉了他的新任妻子。在他完全愿意的情况下，她联系了我们的门诊，而他的女儿也在自己的城市里寻求治疗。

我们过后再回到托尼的个案，但有几点特征值得一提。首先，托尼非常爱自己的女儿，并对自己的行为感到痛苦、失望、忧郁。有时，调戏儿童是虐待性和侵犯性的，有时是杀害，这些案例通常既是性施虐癖又是恋童癖。但大多数的调戏儿童不会涉及身体上的虐待。极少有儿童确实被逼迫或致伤。从调戏者的角度看，因为没有身体上的逼迫或威胁，387
所以对被害者没有伤害。事实上，恋童者把他们的行为合理化为“爱”孩子或教授孩子一些关于性的有用课程。恋童者几乎从不考虑受害者的心理伤害，而这种行为常常会摧毁儿童的信任感和分享亲密的能力。恋童者极少在儿童身上使用暴力，这些孩子没有反抗，但是却非常害怕和不情愿。通常，儿童会感到自己对这种虐待负有责任，因为成人没有使用任何的外在逼迫或威胁，并且只有当这些被虐待

DSM 诊断标准概要

恋童癖

A. 至少6个月以来，反复地、强烈地通过与前青春期儿童（通常为13岁或更小）的性活动来产生性唤起从而激起性幻想、欲望或行为。

B. 这种性幻想、欲望或行为导致了明显的痛苦或人际功能的损害。

C. 该患者至少16岁，并比那些儿童大至少5岁。

资料来源：Reprinted with permission from *Diagnostic and Statistical Manual of Mental Disorders* (4th ed., text revision). ©2000 American Psychiatric Association.

儿童长大后他们才能理解，他们当时没有能力保护自己，对所遭受的一切他们并不负有责任。

女性中的性偏好障碍

有数据显示，在所有的性犯罪者中大约 5% 到 10% 是女性（Logan，2009；Wiegel，2008）。例如，费德罗夫等（Federoff，Fishell，& Federoff，1999）报告了女性性偏好障碍的最大一组案例，在临床上共有 12 例。一名异性恋女性承认自己在照顾孩子时，调戏了一名非亲属关系的 9 岁男童。她触摸了男孩的阴茎并让男孩在她看宗教电视节目时在她面前手淫。经常看到很多性偏好障碍患者认为自己的行为在道德上是正确或进步的。而另一名女性前来治疗是因为她有一种不可控制的习惯：要在自己房间的窗前脱衣服，并大概一个月手淫 5 次。除此之外，有时她还会开着卡车在居民区里亲近一些狗和猫，给它们食物吃。她会把蜂蜜或其他一些食物放在自己的生殖器区域，这样那些动物就会舔她。与大多数性偏好障碍患者一样，她们发现这种行为能带来极大的性兴奋，但女性也会对自己的这种行为感到十分恐惧，并寻求治疗来消除它。

性偏好障碍的病因

尽管不能取代科学调查，但是案例史常常会提供一些假设，而这些假设可以被科学观察所验证。让我们回到罗伯特和托尼的案例，看看是否在他们的历史中有什么线索。

罗伯特：对压抑的报复

罗伯特（因为露阴癖而寻求帮助）有一个苛刻、专制的父亲和一个顺从的母亲，他在得克萨斯的一个小镇被抚养长大。他的父亲，是旧时代宗教的坚定信仰者，常常鼓吹性交会对他的家庭带来不幸。罗伯特从父亲那里除了知道性是坏的以外，其余一无所知，因此他压抑了所有对异性的欲望和幻想。作为一个青少年，他与同自己年龄一样的女孩在一起会感到很不自然。偶然地，他发现了性满足的个人方法：透过窗户观看迷人且毫无察觉的女性。这促成了他第一次手淫经历。

罗伯特回顾说被捕不是那么坏的事情，因为这可以让他父亲丢脸，这是报复他的唯一方法。实际上，法院对他从轻处罚（并不少见），而他的父亲已经在大庭广众之下遭到了羞辱，这使他们一家不得不从得克萨斯的那个小镇搬走（Barlow & Wincze，1980）。

托尼：教育过早

因为和女儿的乱伦关系而寻求帮助的托尼，在一个相当富有关爱和表面上正统的天主教家庭长大，但他有一个与家人格格不入的叔叔。在他 9 岁或 10 岁的时候，托尼被叔叔怂恿观看了一个由他和邻居的妻子一起玩的脱衣纸牌游戏。他也看到叔叔在一个汽车餐厅里抚弄一个女接待员，在那以后不久，他的叔叔就教他抚弄他的小表妹。因此，他就有了这样一个包括互相抚弄、手淫和通过与小女孩的活动得到快感的早期的模式。尽管叔叔从没碰过托尼，但是他的行为显然是虐待性的。在托尼大概 13 岁的时候，他就与一个姐妹和女友互相调戏，他记得那时很快乐。后来，托尼 18 岁时，他的一个姐夫带他去了妓院，他第一次体验到了性交。他记得那次很不满意，因为召妓时他早泄了——与他和小女孩在一起的经验形成鲜明对比。其他与成年女性的经历也同样令他不满意。当他参军并被派往海外时，他找的常常是年轻至 12 岁的卖淫者。

这些案例提醒我们，性唤起的偏离模式常常发 388
生在其他性和社会问题的背景下。没有情欲的唤起可能与成人自愿在一起时“性欲”水平不足有关，罗伯特和托尼的案例能证实这一点，他们与成人的性关系都是不完善的。在许多案例中，无法与性伴侣发展充分的社会关系，就会产生不恰当的性方式（Barlow & Wincze，1980；Marshall，1997）。实际上，所有的关于性障碍病因的整合理论都认为，在儿童和青少年时期的混乱关系的出现会导致在以后健康性发育中的缺陷（Marshall & Barbaree，1990；Ward & Beech，2008）。然而，也有很多性和社交技巧不足的人并不会产生性唤起模式的偏离。

早期经历看来只有相当偶然的影响。托尼的早期性经历恰好与他后来所发觉的性唤起类型一致。很多恋童癖患者报告当他们还是孩子的时候曾经被

乱伦　指向家庭成员的一种性吸引偏差（恋童癖）；通常是父亲指向生理成熟女儿的性吸引。

虐待，而这是其以后实施性虐待的一个强烈的预测因子（Fagan et al.，2002）。罗伯特第一次的性经历发生于正在“窥视”时。但是我们很多人并没有发现反映在我们性模式中的早期经历。

另一个因素可能是个体早期性幻想的类型。例如，拉赫曼和霍奇森（Rachman & Hodgson，1968；也可参见 Bancroft，1989）证明，性唤起可以和一个中性物体联系在一起，例如一只靴子——如果靴子在个体性唤起时反复出现的话。早期的性幻想可能是产生异常唤起最有力的原因之一，这种性幻想被伴随手淫的强烈愉悦感反复强化（Bradford & Meston，2011）。在恋童癖患者或施虐癖患者做出行为之前，他可能在手淫时已经上千次地进行了这样的幻想。这表现为一种临床的或操作条件作用的范式，这是学习过程的另一个例子，其中行为（指向特定物体的性唤起或吸引）因伴随着一个愉快的后果（高潮）而被反复强化。这种机制可以解释为什么恋童癖患者大多数都是男性。存在于不同文化里的男性与女性的手淫频率的基本差别可能导致了恋童癖的不同发展。然而，如果说早期经历会导致以后的性唤起模式，那么在童年期和青少年早期仅进行同性性行为的桑比亚族的男人，为什么到成年都是异性恋者呢？当然，在这种社会里，性活动的社会期望与“脚本”比我们的文化更加强大和严厉，因此就可以忽略早期经历的影响（Baldwin & Baldwin，1989）。

此外，性偏好障碍的治疗师和性研究者观察到难以置信的强大的性驱力。对于性偏好障碍患者来说，一天手淫 3 到 4 次并不少见。临床上见过这样一个案例：施虐狂强奸犯一天大约半小时进行一次手淫，只要其生理上可能。我们推测这种行为可能与强迫症的不可摆脱的过程有关（Barlow, 2002）。在这两个案例中，患者想压抑不情愿的冲动想法与幻想的行为，结果反而增加其频率与强度（见第 4 章）。这种过程也发生在进食障碍与成瘾中，患者试图抑制强烈的渴望却导致了这些不期望的行为不可控制的增加。

心理病理学家开始对这些障碍的难以控制现象感兴趣，这可能预示在生物学上脑部的行为抑制系统（BIS）较弱（Fowles，1993；Kafka，1997；Ward & Beech，2008），从而抑制 5- 羟色胺的作用。图 10–5 所示的模型整合了被认为导致性偏好障碍的因素。不管怎样，所有的推测，包括我们说过的假设，现在还没有得到什么科学理论的支持。例如，这个模型就没有囊括生物学维度。性偏好障碍患者的过度唤起可能是生理性的。在能够做出任何确切的结论之前，我们需要进行更多的研究。

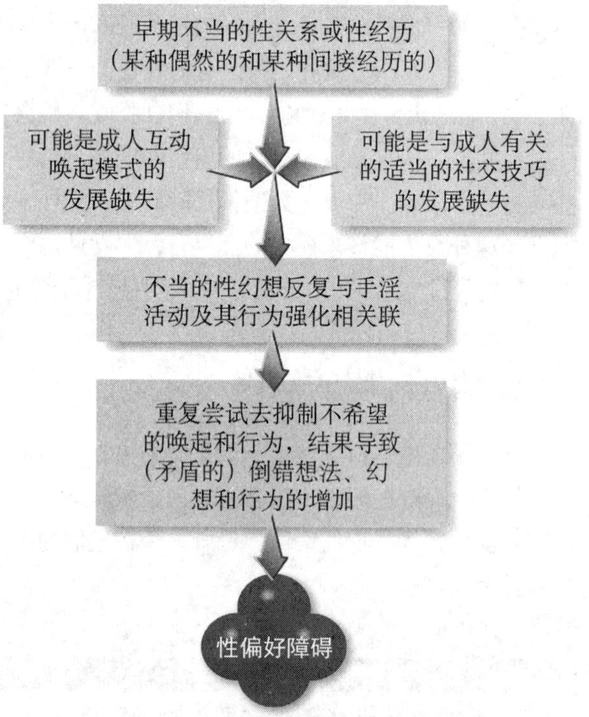

图 10–5 一个性偏好障碍的发展模型

389

性偏好障碍的评估与治疗

▶ 已有的针对性偏好障碍的心理及药物治疗有哪些？其疗效如何？

近年来，研究者发展出了评估特殊的性唤起模式的综合方法（Maletzky，1998；Wincze，2009）。这对研究性偏好障碍是重要的，因为有时甚至是这些患者本人也不能完全明白是什么引起性唤起的。

使用我们前面说过的性偏好障碍模型，我们不仅对每个患者表现出来的偏离的性唤起模式进行评估，而且对其指向成人的适当的性唤起水平、社交技巧和建立人际关系的能力进行评估。托尼在社交技巧方面没有任何问题：他 52 岁，相当快乐地结了婚，与他的第二任妻子也基本上很和谐。他主要的难题就是对他女儿的持续强烈的乱伦吸引。不管怎样，他非常爱他的女儿，并强烈希望能以正常的父亲的方式和她相处。

心理治疗

有很多减少异常性唤起的治疗方法。大多数的行为治疗方法是直接把性唤起与能使其愉快的中性事物分离开。有一种方法是完全通过患者的想象来完成的，叫作**内隐致敏**（covert sensitization），是由约瑟夫 · 考特拉（Joseph Cautela，1967；也可参见 Barlow，1993）首创的。在这一治疗中，性唤起的情境与直接导致患者求治的行为后果被联系在一起。研究者认为，这种唤起模式远期的后果很糟，患者也不希望其出现，但是，即时的满足和强化作用，远远超过了对将来可能的伤害或危险的考虑。

在想象过程中，有害的或危险的后果会通过一种非常有力并富有感情的有意义的方式，直接与不必要的行为和唤起联系在一起。托尼的行为中最消极的方面之一，是他一想到现任妻子、其他家庭成员或者最重要的是家庭神父发现此事时，他会很尴尬。因此，我们引导他进行上述的想象。

在 6 次或 8 次会面中，治疗师要生动描述这些画面，而患者则被要求每天想象它们，直到所有的性唤起消失为止。托尼治疗的结果见图 10-6。“卡片分类分数”代表相比于以无性色彩的父亲方式相处，托尼想与女儿进行性行为的程度。他的乱伦唤起大部分在 3～4 周后消失，但是治疗没有使他与女儿以一种更为健康的方式相处。他的性唤起反应的心理生理测量证实了这些结果。托尼在 3 个月的随访中反复出现了唤起，这促使我们询问其生活中是否发生了不同寻常的事情。他承认他的婚姻变得很糟，与妻子的性关系完全终止。在经过一段时间的婚姻治疗后，他又恢复了治疗成果（见图 10-6）。几年后，当他女儿的治疗师认为她已没有问题的时候，她和托尼重新开始了非性的父女关系，这是他们都想要的。 390

托尼：想象最坏的结果

你与女儿单独在拖车上。你意识到想要抚弄她的乳房。因此你用手臂抱住她，把手伸进她的衬衫里。意料之外地，你拖车的门被打开了，你的妻子和神父走了进来。你的女儿立即跳起身来奔出门外。你的妻子出去追她。你和神父在一起。他看着你，似乎在等待你对他刚才所看到的一切做出解释。才过了几秒钟，而你感觉就像是几小时一样。你清楚当神父站在那里看着你时心里一定在想着什么。你不知所措，想说些什么，可你又不知道该说什么。你明白神父不再会像以前一样尊重你了。最后神父说：“我无法理解这一切，这不像你。”你们都开始叫喊。你意识到将会失去妻子和神父的爱和尊敬，他们对你都很重要。神父问：“你知道这样会对女儿造成什么样的影响吗？”你为此思考并听到女儿在哭泣，她已经歇斯底里了。你想逃走，但是你不能。你对自己的行为感到迷惘和恶心。你不知道会不会再次得到你的妻子和神父的爱和尊敬。

资料来源：Reproduced, with permission of the authors and publisher, from Harbert, T. L., Barlow, D. H., Hersen, M., & Austin, J. B., 1974. Measurement and modification of incestuous behavior: A case study. *Psychological Reports*, *34*, 79–86, © 1974 Psychological Reports.

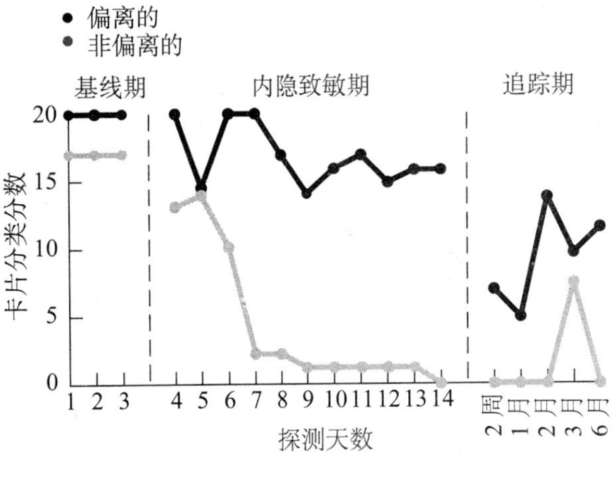

图 10-6　在内隐致敏治疗中，托尼的乱伦欲望（偏离的）和与女儿正常交往的要求（非偏离的）的评分

资料来源：Reproduced, with permission, from Harbert, T. L., Barlow, D. H., Hersen, M., & Austin, J. B., 1974. Measurement and modification of incestuous behavior: A case study. *Psychological Reports*, 34, 79–86, ©1974 Psychological Reports.

内隐致敏　一种认知行为干预，来访者通过想象他极其厌恶的行为后果并建立负性而非正性的联系，来减少不想要的行为。

高潮修复　一种学习程序，通过将自慰的快感与适当的刺激相匹配，来增强来访者的合适的性兴奋模式。

托尼生活中需要治疗的两大部分是：偏离的（乱伦的）性唤起和婚姻问题。对于大多数有性偏好障碍唤起模式的个体，需要重点关注他们的家庭功能，或家庭成员之间的相互关系（Barbaree & Seto，1997；Fagan et al.，2002；Rice & Harris，2002）。另外，许多人需要帮助，以强化他们适当的性唤起模式。在**高潮修复**（orgasmic reconditioning）中，患者被引导在通常的性幻想中进行手淫，但是在即将射精之前增加性幻想的程度。通过反复练习，患者应该能够在手淫过程中开启需要的幻想，并仍然保持他们的唤起。这种技术最先由杰拉德·戴维森（Gerald Davison，1968）提出，并在很多不同条件下取得了一些成功（Brownell et al.，1997；Maletzky，2002）。最后，像许多非常愉快但不合理的行为（包括成瘾行为）一样，必须给予积极关注，给患者提供防止退步或复发的应对技巧。针对成瘾的复发预防（relapse prevention）治疗（Laws，1989；Laws & O'Donohue，1997）就是如此。教会患者识别诱惑的早期信号，并在他们的欲望变得强大之前开启一系列的自我控制方法。

目前心理治疗对于性侵犯者影响的效果依然存疑。对于那些触及法律体系的性侵罪犯，包括服刑的那些人（显然是非常严重的群体），在阻止他们之后犯罪行为的再发生方面（称为定期惯犯），结果显得不尽如人意。由于接近这些惯犯的方法和过程实际上相当困难，有关研究受到限制。但是许多持续了4到5年的大规模随访调查显示，相比一般的和传统的治疗方法，认知行为治疗对于减少犯罪行为是最为有效的，性再犯（即累犯）比预期有11%到20%的下降（Hanson et al.，2002；Losel & Schmucker，2005）。然而，加利福尼亚州的一个大型调查显示，这些因性侵服刑的人，在他们刑满释放的8年时间里并没有因为性或暴力侵犯所受到的惩罚而受到多大影响和改变（Marques，Wederanders，Day，Nelson，& van Ommeren，2005）。

然而对于门诊患者，有经验的专业人士对其进行治疗还是会有成功案例。举个例子，巴里·马莱茨基（Barry Maletzky），俄勒冈大学医学院的精神病学家及其成员们报告了20年来对8 000名不同类型的性罪犯的治疗（Maletzky，2002）。在这一持续3～4个月的项目里，他们使用了一系列程序。令人印象深刻的是，除了患者的病程报告之外，马莱茨基几乎搜集了每一个案例的心理测量结果。很多情况下，他还要从家人和法律权威那里确证信息。

在对这些患者的随访中，马莱茨基认为成功的治疗是指：（1）个体完成所有治疗环节；（2）在随访时的客观生理测验中，没有表现出任何的偏离的性唤起；（3）在治疗结束后的所有时间里，没有报告过任何偏离的唤起或行为；（4）即使未被证实，也不能有任何偏离的性行为的指控的记录在案。他把所有不大成功的治疗个案都定义为治疗失败。不管什么原因，只要是没有完成治疗的罪犯都以失败计算，即使一些个体在部分的治疗中有非常好的受益并在继续康复。依据此标准，75%到95%（与性犯罪类型有关，例如恋童癖、强奸或是窥阴癖）的具有性侵行为的个体被治疗成功。然而可惜的是，马莱茨基的结果并不是源自科学的临床试验。

男性强奸犯是所有被做出单一诊断的犯罪者（75%）中成功率最低的，而多重性偏好障碍患者是所有组别中成功率最低的。马莱茨基也研究了失败的相关因素。预测子集中关联最大的有不稳定的社会关系、不稳定的工作、否认问题存在、各类受害史，还有患者继续与受害者住在一起（一般在乱伦案件中）。这些问题中大部分是之前所提到的被监禁人群的共性。

尽管这样，其他使用类似治疗方法的团队也取得了相当高的成功率（Abel，1989；Becker，1990；Fagan et al.，2002；Pithers，Martin，& Cumming，1989）。治疗者的知识和经验在对这些性侵犯患者实行治疗时 391
是很重要的，可以阻止患者今后的性侵行为。

药物治疗

用来治疗性偏好障碍最普及的药物是环丙孕酮（Bradford，1997；Seto，2009）。这种药物通过降低睾酮水平来消除性需要与性幻想，但是一旦离开药物，幻想与唤起就又会恢复。这就是在新闻中看到过的“化学阉割”药物。另一种药物是安宫黄体酮（作为注射剂时为醋酸甲羟酮），一种能减少睾酮水平的制剂（Fagan et al.，2002）。对于一些其他治疗都不起作用的危险的性罪犯，这些药物可能会起作用。它们也可以用于那些需要药物临时压抑性唤起的患者，但并不是总能奏效。

小结

基于不同条件的研究结果表明，心理社会治疗对于性偏好障碍的疗效不一。相对较轻且比较稳定的患者在门诊治疗效果较好。然而，大多数结果是来自一小部分临床研究中心的非对照观察，其效果可能不如其他门诊的好。无论如何，像性功能障碍的治疗一样，性偏好障碍的心理治疗在专科治疗中心之外并不容易被找到。与此同时，因为性偏好障碍涉及一个长期的过程且复发很常见，所以大多数这种障碍的患者的前景比较黯淡。

概念自测10.4

将下列假想的案例和正确的分类相匹配，以检验你对性偏好障碍的理解：（a）露阴癖；（b）窥阴癖；（c）恋物癖；（d）性受虐癖。

1. 简在前戏时喜欢被皮鞭抽打。没有这种刺激，她在性行为中就无法达到高潮。________
2. 迈克尔搜集女性的短裤给自己带来性兴奋。他喜欢观看、搜集并穿戴它们。________
3. 萨姆发现，在公园里走向陌生人并向她们暴露自己的生殖器会令他感到性兴奋。________
4. 汤姆喜欢透过苏珊的卧室窗户看她脱衣服。当她脱光时，他会极度兴奋。________
5. 汤姆没有意识到的是，苏珊知道他在看。当别人观看时，她会慢慢地脱衣服来获得兴奋，并幻想他们在想什么。苏珊的行为是________。
6. 让汤姆震惊的是，他发现"苏珊"实际上是斯科特，一个只有穿上女性服装才会有性唤起的男人。斯科特的行为是________。

谱系讨论　儿童中的性别倒错和成人中的性别差异

本章的前面，我们讨论了儿童性别倒错，并指出长时间的随访研究表明儿童的性别倒错与性别认同的发展和性取向有很大关系，对于成人亦如此。简单来讲，与性别观念正常的儿童相比，性别倒错的儿童发展为同性恋的比例更高。但大多数同性恋者在童年是认同自己性别的（男孩表现得像男孩，女孩表现得像女孩）。也发现很少数的性别倒错儿童会表现出与他们生理性别不同的性别认同障碍。这些儿童将会持续地认同相反的性别，并在成年后出现性别认同障碍。法斯托－斯特林（Fausto-Sterling，2000b）的研究显示，双性个体可能有相反性别的生理特征——据此他推测生理性别和性别认同是处于一个连续体上的。

一个具有争议的问题是，是否要对儿童的早期性别倒错行为和兴趣进行干预。与此同时，一些地方如旧金山和纽约，对儿童和成年人性别改变持有很宽容的态度。2006 年，纽约市决定市民可以改变其证件上的性别，这样的确帮助了那些希望以自己认同的性别而非出生性别生活的群体。某些学校允许并鼓励儿童穿着和表现出另一性别，它们假定借此能给予儿童自由去发现他们的"真我"（Brown，2006）。斯基德莫尔和其同事（Skidmore et al.，2006）基于社区样本对男同性恋和女同性恋进行了调查，验证是否性别倒错与心理痛苦相关。性别倒错通过儿童性别倒错自评量表和对当前行为的评级来进行评定。研究发现性别倒错与心理痛苦程度相关，但这一结果仅出现在男同性恋而非女同性恋身上。

虽然只有少数的男同性恋报告他们是性别倒错者，但是研究发现许多性别倒错的男性会在他们成年时去女性化，这可能是来自家庭和同龄人持续的社会压力造成的。并且在多数校园环境中，为避免年幼儿童被排斥和鄙视，旨在改变他们性别倒错行为的干预是 392

JIM WILSON/The New York Times/Redux Pictures

存在的（Rekers，Kilgus，& Rosen，1990）。

因此，社会面临需要更多研究的两难处境。由于在世界的大部分地区，性别倒错会导致因难以适应社会而产生长期的巨大痛苦，我们是否应该对性别倒错持更加开放的态度？如果性别倒错被允许和接纳，那么心理调节是否会有更好的结果？对于双性个体而非做手术改变自己性别的人来说，社会是否应该鼓励从男性到女性的性别范围的表达？并且这样会使这些个体被认为是“更健康”的吗？如果研究认同了这些个体在性别连续体上的积极调整，那么在20世纪90年代一致认为同性恋不是一种疾病之后，沿着持续数十年的为争取男同性恋权利的成功运动之路，旨在改变社会规范的大规模运动有可能会发生。对于这样一个重要又有趣的主题，研究将会继续。

▼小　结

什么是正常的性行为？

社会文化因素是如何影响所谓的“正常”性行为的？

- 性行为模式，包括异性恋和同性恋，在行为和风险方面，在世界范围内变化很大。接受调查的个体中约有20%的人与多个性伴侣有过性行为，这使他们有感染像艾滋病这样的性传播疾病的危险。最近的调查同样显示多达60%的美国女大学生不使用安全套，因此她们在进行不安全的性行为。
- 与性功能和性别认同相关的三种不同类型的障碍：性别认同障碍、性功能障碍和性偏好障碍。

性别认同障碍

如何定义性别认同障碍的临床特征，其病因是什么，以及如何治疗？

- 性别认同障碍表现为一种对自我生理性别的不满意和总感到自己实际上是一名异性（例如，陷于男性身体的女人）。18个月至3岁，个体形成性别认同。正确的性别认同和错误的性别认同都有受学习影响的生物学根源。
- 对成人的治疗可能包括变性手术，并辅以心理社会方法。

性功能障碍概述

心理学家如何定义性功能障碍？

- 性功能障碍包括个体在性行为过程中感到无法充分完成的多种障碍。

性功能障碍与性反应周期的关系是什么？

- 具体的性功能障碍包括：性欲障碍（性欲减退障碍和性厌恶障碍），对性关系的兴趣极度低下或根本不存在；性唤起障碍（男性勃起障碍和女性性唤起障碍），在阴茎达到或保持充分的勃起或在阴道润滑方面有问题；性高潮障碍（女性性高潮障碍和男性性高潮障碍），高潮来得太快或根本没有高潮。在这种类别中，
393 最常见的障碍是发生于男性的早泄和常见于女性的性高潮抑制。
- 性疼痛障碍涉及与性行为有关的不可忍受的疼痛，包括性交困难和阴道痉挛。
- 评估的三个部分为访谈、完整的医学评估和心理生理评估。

性功能障碍的病因与治疗

性功能障碍的定义性特征和病因是什么？

- 性功能障碍与社会流传的对性的负性态度、当前人际交往困难，以及对性行为的焦虑有关。

什么样的心理社会治疗和药物治疗是可用的？它们确实有效果吗？

- 性功能障碍的心理社会治疗通常很成功但不容易获得这样的治疗。近年来，各种各样的药物被开发出来用于治疗，例如万艾可。这些治疗大多数集中在男性勃起障碍上，而且前景光明。

性偏好障碍：临床描述

性偏好障碍的临床特征有哪些？

- 性偏好障碍是指向不适当的个体（如儿童），或不适当的物体（如衣物）的性吸引。
- 性偏好障碍包括恋物癖，即性唤起仅发生在与不适当的物体或个体的联系中；露阴癖，即性的满足是通过向无关的陌生人暴露自己的生殖器来实现的；窥阴癖，即性唤起是源自偷窥无关个体脱衣服或赤裸；异装癖，即个体通过穿着异性的服装达到性唤起；性施虐癖，即性唤起与对别人施加痛苦或羞辱相连；性受虐癖，即性唤起与经受疼痛或凌辱相连；恋童癖，即有一种指向儿童的强烈的性吸引。乱伦是恋童癖的一个类型，其受害者通常是儿子或女儿。

性偏好障碍的病因有哪些？

- 性偏好障碍的形成与成年人的性唤起互动的缺陷有关，与成年社交技巧的缺乏有关，与青春期之前或期间发展起来的偏离的性幻想有关，以及与这些个体试图压抑和这些唤起模式相关的想法有关。

性偏好障碍的评估与治疗

已有的针对性偏好障碍的心理及药物治疗有哪些？其疗效如何？

- 涉及性偏好障碍的心理治疗仅有中等效果，且仅能在少数专科诊所中获得。

▼ 关键词

heterosexual sex 异性性行为　360
homosexual sex 同性性行为　360
gender identity disorder 性别认同障碍　363
gender noncomformity 性别倒错　366
sex reassignment surgery 变性手术　367
sexual dysfunction 性功能障碍　368
hypoactive sexual desire disorder 性欲减退障碍 370
sexual aversion disorder 性厌恶障碍　370
male erectile disorder 男性勃起障碍　371
female sexual arousal disorder 女性性唤起障碍　371
inhibited orgasm 高潮抑制　373
female orgasmic disorder 女性性高潮障碍　373
male orgasmic disorder 男性性高潮障碍　373
premature ejaculation 早泄　374
sexual pain disorder 性疼痛障碍（性交困难）　374
vaginismus 阴道痉挛　375
paraphilias 性偏好障碍　383
fetishism 恋物癖　383
voyeurism 窥阴癖　384
exhibitionism 露阴癖　384
transvestic fetishism 异装癖　385
sexual sadism 性施虐癖　385
sexual masochism 性受虐癖　385
pedophilia 恋童癖　386
incest 乱伦　386
covert sensitization 内隐致敏　389
orgasmic reconditioning 高潮修复　390

▼ 概念自测答案 394

10.1

1. 更多的男性手淫且频率更高，男性的性交对象更随意，女人想要通过性爱变得更加亲密，等等。
2. 异性恋和同性恋都是正常的；遗传因素似乎对性偏好的发展起到了一定的作用。
3. 性别认同障碍
4. 发育过程中的激素水平异常，社会或父母的影响
5. 变性手术，适应性别的心理社会治疗。

10.2

1. c；2. a；3. b；4. c；5. a

10.3

1. T；2. F（有时增加唤起）；3. T；4. T；5. F（无要求愉悦、挤压法等等）；6. T

10.4

1. d；2. c；3. a；4. b；5. a；6. c

395 ## ▼ 本章测验

1. 有关性行为的统计学资料表明：
   a. 进行口交的人数多于阴道性交
   b. 大多数人只有一个性伴侣，并且与这名异性伴侣进行阴道性交
   c. 人群中有10%～15%的人仅仅从事同性恋之间的性活动
   d. 在20世纪90年代之前，人类拥有的是一夫一妻制的性关系，而在此之后，人类更加愿意拥有多个性伴侣
2. 研究证据表明，同性恋的发生与下列哪个因素无关？
   a. 遗传或染色体的影响　　b. 感情疏远的父亲
   c. 大脑结构的大小或功能　　d. 激素因素
3. 对性别认同障碍最为常见的治疗方法是：
   a. 暴露疗法　　b. 抗抑郁药物治疗
   c. 认知行为治疗　　d. 变性手术
4. 男性会在性反应周期的哪个阶段出现难以获得或维持勃起？
   a. 消退期　　b. 性高潮期
   c. 性唤起期　　d. 持续期
5. 西莫妮与其性伴侣的性交频率约为每月一次。西莫妮说自己想拥有性爱，但是似乎无法获得足够的润滑，以至于无法享受性爱。根据西莫妮的症状，她最有可能罹患的是：
   a. 阳痿　　b. 性厌恶障碍
   c. 性唤起障碍　　d. 阴道痉挛
6. 下列哪一项是女性性高潮障碍诊断所必需的？
   a. 性高潮的出现次数少于预期
   b. 最近6个月的性高潮次数减少了20%～30%

c. 最近一年的性高潮次数减少了70%～80%
d. 从未或几乎从未出现性高潮

7. 马斯特斯和约翰逊对性功能障碍实施心理社会治疗的总体目标是：
a. 减少或消除由心理因素引起的行为焦虑
b. 帮助伴侣双方将他们的性交频率增加至正常水平
c. 鼓励伴侣双方更多地尝试药物治疗，尽管可能存在一些不良反应
d. 帮助伴侣双方了解，过去的养育因素对于当前他们之间性关系的影响

8. 性唤起由一个不适当的无生命物体所引发的障碍叫作：
a. 性厌恶障碍 b. 性欲减退障碍
c. 性偏好障碍 d. 性疼痛障碍

9. 下列关于恋童癖的描述，哪一项是正确的?
a. 恋童癖所累及的男童多于女童
b. 恋童癖累及最多的是那些身体开始发育的女孩
c. 患者通常将其作为一种教导儿童性知识的方法，从而使自己的行为合理化
d. 患者会使用身体暴力，以此胁迫儿童与其发生性行为

10. 尚内正在接受性偏好障碍的治疗，即想象自己的有害行为和性唤起会引起哪些伤害性的后果。尚内正在接受的是哪种治疗方式?
a. 内隐致敏 b. 婚姻治疗
c. 预防复发 d. 高潮修复

（答案见附录C）

第11章 物质相关障碍和冲动控制障碍

Pidjoe/Vetta/Getty Images

◆ **章节概览**

397 学生学习的目标 *

展示和理解特定心理学内容的广度和深度。	▶ 行为和心理过程（包括生理机能、感觉、知觉、比较、动机和情绪）的生物学基础（pp.401-405，417-421）。
运用本学科的概念、专用语和主要理论来解释心理现象。	▶ 客观地描述行为和心理过程，包括下操作性定义（pp.398-418，429-431）。
恰当运用心理学知识来解决问题。	▶ 异常行为的成因和治疗（pp.418-429）。

* 本章的这部分内容覆盖了由美国心理学会（American Psychology Association，2007）建议的学习目标，可作为心理学专业本科学生的学习指南。这些内容由美国心理学会学习目标建议小组（SLO）确定。

本章我们将探索**物质相关障碍**（substance related disorders），这是一种与诸如酒精、可卡因和海洛因，以及种类繁多的其他物质的滥用有关的障碍，沉迷于这些物质会改变使用者的思维、感觉和行为方式。这些障碍成为人类千年的魔咒，并继续对我们的生活、工作和娱乐产生影响。

与物质相关障碍的影响类似的是，**冲动控制障碍**（impulse-control disorders）也包括一系列不能抵制驱力或诱惑等问题。这类问题会导致无法控制的攻击性冲动，包括偷窃、纵火、赌博，或拔毛发的冲动。有时候简单地认为出现物质相关和冲动控制障碍这类问题是因为缺乏“意志”会导致争议，如你想停止饮酒、使用可卡因或赌博，你可能会认为只要停下来就可以了。首先我们会看看这些受到他们自己使用不同化学物质（物质相关障碍）伤害的人，然后将注意力放在冠以冲动控制障碍的一系列障碍之名的谜题上。

物质相关障碍概述

▶ 什么是物质相关障碍?

生命、金钱和情绪紊乱带来的损失使得药物滥用问题成为全球关注的焦点之一。有理由相信当前超过8%的人群正在使用非法药物（Substance Abuse and Mental Health Services Administration, 2009）。美国的许多主要机构都曾经以各种方式向药物滥用宣战，但是这一问题却依然存在。1992年，罗马天主教会颁布了一项新的教规，正式宣布药物滥用和酒后驾车是一种罪过（Riding, 1992）。然而，从1970年摇滚明星吉米·亨德里克斯（Jimi Hendrix）和詹尼斯·乔普林（Janis Joplin）到当代名人如迈克尔·杰克逊（Michael Jackson）和希斯·莱杰（Heath Ledger）相继因药物滥用而死亡，药物使用持续地对许多人的生命产生不良影响。

请看一下丹尼的例子。他有一种令人不安但又很普遍的使用多种药物，即**多重物质使用**（polysubstance use）的习惯。

丹尼：多重依赖

35岁的丹尼正待在监狱里等待着审判。他酒后驾车引发事故，致使一个女性死亡，因此他被指控过失杀人罪。丹尼成长在美国城郊，是家中三个孩子中最小的。他在学校是一个还算受欢迎的普通学生。像他的许多朋友一样，他在十二三岁时就开始吸烟并在晚上和朋友们在附近喝酒。但与其他人不同的是，丹尼经常喝到不醉不归。此外，他还尝试了许多其他药物，包括可卡因、海洛因、“快快”（苯丙胺类药物）和镇静剂（巴比妥类药物）。

高中毕业后，丹尼在当地一所社区大学读了一 398
学期，但因为大多数课程没能通过而辍学。他糟糕的学业表现是由于多数课程旷课而不是因为不具备学习和理解所学内容的能力。他晚上的聚会越来越频繁，因而难以按时起床上课。他的心情波动很大，而且经常感到不愉快。丹尼的家人知道他偶尔会喝得过多，但他们不清楚（或者不愿知道）他还使用其他药物。之前他母亲在放袜子的抽屉里发现一些装着白色粉末（可能是可卡因）的小袋子时，他的解释是帮朋友藏的并且会马上还给他们。从此以后丹尼禁止任何人进入他的房间。他为家人怀疑他使用违禁药物而生气。他家里有时会丢钱，有一次一些音响设备也不见了，但是家里即使有人怀疑丹尼也不会说。

丹尼从事过一系列低收入的工作。当他有工作时，家人总是相信他回到了正轨，事情会好起来。不幸的是，丹尼的工作很少超过几个月。由于能继续住在家里，他能够在经常性失业的困境中生存下来。在他快 30 岁的时候，丹尼像换了一个人一样，突然宣布他需要帮助并准备到一家酒精治疗康复中心报名，但他仍然不承认在使用其他药物。家人为丹尼的决定感到高兴并愿意尽全力帮助他。因此对于他索要数千美元以支付他想要参加的个人治疗计划，没有人提出怀疑。此后，丹尼消失了好几个星期，家人都以为他在接受治疗。然而一个从当地警察局打来的电话令这一闹剧结束。丹尼被发现待在一幢废弃的建筑中，高度兴奋。丹尼的欺骗和在钱财上的不负责任使他和家人的关系十分紧张，虽然

©Daily Mirror/MirrorPix

正准备吸食可卡因的模特凯特・莫斯（Kate Moss），摄于 2005 年。人们越来越担心名人使用非法药物会导致其被认为不会产生不良后果。

他仍可以住在家里，但他的父母和兄妹把他从他们的感情生活中孤立出去。后来，丹尼似乎改正了，并在一个加油站干了近两年。他和加油站站长及其儿子的关系变得很友好，并且经常和他们一起外出打猎。但在没有任何迹象的情况下，丹尼重新开始酗酒并使用药物，还因为在其长期工作的地方行窃而被捕。

为什么丹尼对药物产生了依赖而他的许多朋友以及兄妹却没有呢？为什么他会偷家人和朋友的钱财？他最后怎样了？在讨论了物质相关障碍的病因和治疗后，我们将回到丹尼这个令人沮丧的故事上来。

卷入水平

尽管本章提到的每种药物都有其独特的作用，但使用它们的方式和治疗滥用它们的方式却有着相似之处。我们先来看物质相关障碍的一些概念。

你能使用药物而不滥用它们吗？你能滥用药物而不依赖它们吗？要回答这些重要的问题，我们首先要明白物质使用、物质中毒、物质滥用和物质依赖等词的意义。物质指的是人们摄入后能改变心境或行为的一类化合物。尽管你可能首先会想到可卡因、海洛因之类的药物，但是这一定义也包括一些更常见的合法药物，如酒精、烟草中的尼古丁以及咖啡里的咖啡因、软饮料和巧克力。就像我们将看到的那样，这些被称为安全的药物同样会影响心境和行为，也能够成瘾，并带来更多的健康问题，甚至它们造成的死亡率超过所有非法药物的总和。为理解物质相关障碍，我们必须先知道摄入精神活性物质意味着什么。**精神活性物质**（psychoactive substances）能改变心境或 / 和
行为，这类物质能导致中毒或欣快、滥用，并使人变 399
得对它们产生依赖或成瘾。

物质使用

物质使用指摄入中等剂量的精神活性物质，这

物质相关障碍　一个与药物使用和滥用相联系的问题，这些药物包括酒精、可卡因、海洛因和其他能够使人改变思维、感知和行为的物质。这些极度耗费人力和财力。

冲动控制障碍　一种个体表现出不能抵制，但是具有伤害性和冲动性的障碍。

多重物质使用　使用多种能改变思维和行为的物质，比如药物。

Ariel Skelley/Blend Images/JupiterImages

物质使用。

一剂量不会对社会、教育或职业功能造成显著影响。正在阅读这本书的你们大多数都使用过一些种类的精神活性物质。在早晨喝一杯咖啡使自己清醒，或和朋友一起抽支烟、喝一杯酒放松一下都属于物质使用。对非法药物如大麻、可卡因、苯丙胺类药物或巴比妥类药物的偶尔摄入也是一样。

中毒

物质中毒（substance intoxication）指摄入物质后的生理反应，如喝醉或变得欣快。一个人是否中毒取决于摄入物质的种类、摄入量，以及使用者自身的生物反应。对我们在这里谈及的许多物质来说，中毒的表现为判断力受损、心境变化和运动能力减退（如行走或说话出现问题）。

DSM 障碍标准概要

物质中毒

A. 由于近期摄入（或暴露于）某种物质而产生的可逆的物质特异性综合征。**注：**不同的物质可能产生相似或者同样的综合征。

B. 在使用物质时或使用物质后很短时间内，由于物质对中枢神经系统的作用，表现出临床上显著的适应不良行为或心理变化（如富有攻击性、心境不稳定、认知受损、判断力受损、社会和职业功能受损）。

C. 该综合征不继发于其他疾病状态，也不能够由其他精神障碍来解释。

资料来源：Reprinted with permission from *Diagnostic and Statistical Manual of Mental Disorders* (4th ed., text revision). © 2000 American Psychiatric Association.

物质滥用

用物质的摄入量来定义**物质滥用**（substance abuse）是有问题的。例如，一小时内喝 2 杯酒算滥用吗？还是 3 杯？或者是 6 杯？注射一次海洛因算滥用吗？ DSM-Ⅳ-TR（American Psychiatric Association，2000a）用物质摄入在多大程度上影响了使用者的生活来定义物质滥用。如果物质扰乱了你的学习、工作或与他人的关系，使你置身于危险境地（例如，酒后驾车），并存在与此相关的法律问题，你就会被看作一个药物滥用者。许多证据显示，高中时期使用药物能够预测之后的职业状况。在一项研究中，研究者在控制教育背景和其他问题行为后，发现反复的重度药物使用［一次或多次使用下列药物：苯丙胺类药物、巴比妥类药物、快克、可卡因、PCP（苯环己哌啶）、LSD、其他迷幻剂、冰毒、吸入剂、海洛因，或者其他尼古丁］，可以预测 29 岁时糟糕的职业状况（Ringel，Ellickson，& Collins，2007）。

丹尼符合滥用这一定义。他不能完成社区大学一学期的学业就是药物使用的直接结果。丹尼经常在酒后或在其他药物的作用影响下驾车，而且已经被拘留两次。丹尼如此长久而广泛地使用多种药物，

DSM 障碍标准概要

物质滥用

A. 一种不适当的物质使用方式，导致临床上显著的损害或痛苦，并在 12 个月内出现一种（或更多种）如下症状：

（1）不断出现由物质使用导致的工作、学业或家庭责任无法履行的情况（如反复出现与物质使用相关的旷课或糟糕的工作表现，物质相关的缺课、停课或被学校开除，不照料孩子或不做家务）。（2）不断出现在危险情境下使用物质（如驾驶或操作机器）；（3）不断出现与物质使用相关的法律问题（如因物质相关障碍的行为被拘留）。（4）即使持续存在或不断出现社交或人际问题，仍继续使用物质，并导致恶性循环（如由于物质中毒的影响而与配偶争吵、打架）。

B. 该综合征达不到物质依赖的诊断标准。

资料来源：Reprinted with permission from *Diagnostic and Statistical Manual of Mental Disorders* (4th ed., text revision). © 2000 American Psychiatric Association.

Andrew Hobbs/Stone/Getty Images

物质中毒。

以至于他可能被诊断有药物依赖。药物依赖是一种非常严重的障碍。

物质依赖

400 药物依赖通常被描述为成瘾。尽管我们通常将那些看起来被药物控制的人称为成瘾者，但如何定义成瘾或**物质依赖**（substance dependence）却存在着争议（Strain，2009）。其中一个条件是，一个对药物产生躯体依赖的人，需要逐步摄入更大剂量来获得同样的效果（**耐受性**，tolerance），当不再摄入药物时会产生相反的躯体反应（**戒断**，withdrawal）（American Psychiatric Association，2007）。耐受性和戒断是摄入化学品的躯体反应。你们中有多少人在早上不喝咖啡就会头痛？那你可能就在经受咖啡因的戒断反应。一个更极端的例子是酒精戒断能够导致酒精戒断谵妄，症状发作时患者会出现恐怖性幻觉并浑身颤抖。许多物质的戒断都可以导致发冷、发烧、腹泻、恶心、呕吐以及疼痛。然而，不是所有物质都具有躯体成瘾性。例如当停止使用LSD，你并不会感受到严重的生理戒断症状。可卡因戒断的症状包括焦虑、动机缺乏和厌倦

DSM 障碍标准概要

物质依赖

一种不适当的物质使用方式，导致临床上显著的损害或痛苦，并在12个月内同时出现以下症状中的至少3种：

（1）耐受性上符合下列特征之一：（a）需要通过增加药物剂量来达到中毒或期望的效果；（b）持续使用相同剂量药物导致药效显著下降。

（2）戒断上符合下列说法之一：（a）物质的特征性戒断综合征（参考不同物质戒断的标准A和标准B）；（b）服用同样（或相似）的物质来缓解或避免戒断症状。

（3）与原计划相比，物质经常被更大量或更长时间地使用。

（4）持续地期望或控制及减少物质使用的尝试均失败。

（5）耗费大量的时间以获得（如看很多的医生或开车去很远的地方）或使用物质（如连续不停地抽烟），或从物质作用中恢复过来。

（6）因物质使用而导致明显的社交、职业或娱乐活动的减少或回避。

（7）尽管知道物质使用会引起或加重持续的或反复的躯体或心理问题却还会继续使用（如尽管认识到可卡因使用可以引起抑郁却还会继续使用，或尽管认识到酒精会使溃疡加重还会继续饮酒）。

特定情况：

伴有生理依赖：有耐受性或戒断证据（即出现条目1或条目2）。

不伴有生理依赖：没有耐受性或戒断证据（即既没有出现条目1也没有出现条目2）。

资料来源：Reprinted with permission from *Diagnostic and Statistical Manual of Mental Disorders* (4th ed., text revision). © 2000 American Psychiatric Association.

精神活性物质　能改变心境或和行为的物质。

物质中毒　由于摄入精神活性物质而出现的生理反应，如判断力和运动能力受损、心境改变。

物质滥用　精神活性物质使用的一种方式，会导致社会和职业角色方面明显的痛苦或损害，并处于危险状态。

物质依赖　一种不良的物质使用模式，为达到预期的效应常需要不断增加用量；戒断时会产生不良的躯体效应；控制该物质的使用往往以失败告终；花费很多时间获取或使用该物质或者从它的影响中恢复过来。也称成瘾。

耐受性　为达到预期的效应常需要不断增加用量，或者服用同等的剂量，效应将减弱。

戒断　不再使用时会产生严重的不良躯体效应，这种效应可在重新使用同样或相似的物质后得到消除。

©ACE STOCK LIMITED/Alamy

物质滥用。

（Leamon，Wright，& Myrick，2008），而大麻戒断的症状包括紧张不安、食欲改变和睡眠紊乱（Ehlers et al.，2010）。实际上，大麻的戒断症状尽管既往不被认为是个问题，但是有可能会被包含在 DSM-5 中（Martin，Chung，& Langenbucher，2008）。

关于物质依赖的另一种观点是将觅药行为本身作为衡量物质依赖的标准。对一种药物的重复使用、为摄入更多药物而不顾一切（偷钱去买药物，站在寒冷的户外抽烟），以及在戒断一段时间后再次用药的可能性等都可以用来描述药物依赖程度。这类
401 行为反应与我们之前描述的药物躯体反应有所不同，有时会与心理依赖有关。DSM-Ⅳ-TR 对物质依赖的定义将躯体方面的耐受和戒断与心理及行为方面结合起来（American Psychiatric Association，2000a）。

对物质依赖的这一定义应当被看作一个“发展的过程”。根据这一标准，很多人可以被看作对诸如性活动、工作，甚或吃巧克力产生依赖。人们通常认为的严重的药物成瘾和对购物或电视的依赖有着本质的差别。躯体和行为模式可能需要更加深入的探讨，从而能够将十分严重的物质依赖现象与危害性较小的成瘾行为区分开来。

让我们回到最开始的问题：“你能使用药物而不滥用它们吗？你能滥用药物而不依赖它们吗？”对第一个问题的回答是肯定的。显然，有些人喝葡萄酒或啤酒有规律并且适量，而不会喝得过多。尽管大多数人并不相信，但确实有一些人偶尔（例如，一年使用几次）使用像海洛因、可卡因或快克（一种可卡因）等药物而不会导致滥用（Goldman & Rather，1993）。问题是我们不能事先预测哪些人可能会失去控制从而滥用这些药物，哪些人只用了一次就会对之产生依赖。

也许与你的想象不同，依赖的同时也可以不存在滥用。例如，用吗啡来镇痛的癌症患者可能会变得对这一药物产生依赖——形成耐药性，停用时会产生戒断症状——但并不会滥用它们（Portenoy & Mathur，2009）。在本章稍后的部分我们将探讨物质相关障碍的病因以及学习为什么这些物质会产生不同的个体化反应的生物学和心理社会理论。

有人曾经询问过物质使用领域的专家不同药物成瘾性的相对大小（Franklin，1990），调查结果见图 11–1，你可能会惊奇地发现尼古丁排在甲基苯丙胺和快克、可卡因之前而被列为最具成瘾性的药物。虽然这只是专家们的主观判断，但它显示出我们的社会并不是根据成瘾性来排斥或容许使用一种药物的。

诊断问题

在 DSM 的早期版本中，酗酒及药物滥用没有被单独地列为一类障碍，而是被归类为“反社会型人格失调”（即现在所谓“反社会型人格障碍”的前身，我们在第 8 章讨论过这一问题），因为物质使用被看作其他问题的症状。事实上，它被看作道德败坏的表现，而其遗传和生物学表现几乎不被承认。1980 年 DSM-Ⅲ 中物质滥用障碍作为一个分类而被独立出来。从那时起人们开始认识到这一问题复杂的生物学和心理学本质。

DSM-Ⅳ-TR 中物质相关障碍这一类目包括了对每种物质的亚型诊断，包括依赖、滥用、中毒、戒断，或一些综合问题。这些区分有助于澄清问题并对障碍的某些方面给予恰当的治疗。丹尼被诊断有

402 为了将今天常用的药物按成瘾性大小进行排序，专家们需要考虑两个问题：对这些物质成瘾有多容易，以及要停止使用又有多难。尽管一个人对某种药物的易感性取决于个体特质——生理的、心理的、社会的以及经济压力，但这一排序只反映了药物自身的成瘾潜力。下面是根据专家们对每种物质的打分而得出的相对名次。

图 11-1　成瘾容易，戒掉难

资料来源：Reprinted, with permission, from Hastings, J., 1990, November/December. Easy to get hooked on, hard to get off. *In Health*, p. 37, © 1990 In Health.

可卡因依赖，因为他具有对这一药物的耐药性、超出自己原本打算的使用量、失败的停止用药尝试、为得到可卡因而放弃的活动。他使用药物的方式超过了简单的滥用的范畴，诊断为依赖勾勒出了他需要帮助的清晰画面。其他障碍的症状能使物质滥用的表现变得更加复杂。例如，是抑郁导致了过量饮酒，还是饮酒及其后果（如失去朋友、工作）导致了抑郁？研究者们估计在成瘾治疗中心里几乎有 3/4 的人存在其他精神障碍，超过 40% 伴有心境障碍（如抑郁）、超过 25% 伴有焦虑障碍和创伤后应激障碍（McGovern，Xie，Segal，Siembab，& Drake，2006）。

由于多种原因，物质使用也可能与其他障碍同时出现（Strain，2009）。物质相关障碍、焦虑障碍、心境障碍的患病率很高，即使是随机筛选也可能发现某些人同时存在两种障碍。药物中毒和戒断能导致焦虑、抑郁和精神病性症状。在一些障碍中，如精神分裂症、反社会型人格障碍，物质使用很可能作为次要问题存在。

物质相关障碍十分复杂，因此 DSM-Ⅳ-TR 试图区分什么时候一个症状是物质使用的结果而什么时候又不是。基本上，在中毒或戒断后 6 周内出现的精神分裂症的症状或严重的焦虑状态不被视为单独的精神病性障碍的信号。因此，个体如果在停止使用大剂量兴奋剂后出现严重抑郁症状，就不能被诊断有抑郁症。然而，个体如果在使用兴奋剂之前就出现严重抑郁症状而且症状在停药后持续 6 周以上，则可能被诊断有某种独立的障碍（Leamon et al.，2008）。

现在我们来看各种物质本身，它们对我们大脑和身体的作用，以及它们在社会中被使用的情况。我们将物质分为五大类。

- **抑制剂**（depressants）：这类物质能造成行为的镇静并导致放松，包括酒精（乙醇）和镇静剂、催眠剂，以及巴比妥类的抗焦虑药物（如速可眠）和苯二氮卓类药物（如安定和阿普唑仑）。
- **兴奋剂**（stimulants）：这类物质会使人变得

抑制剂　一类导致行为镇静的精神活性物质，如镇静剂、催眠剂和抗焦虑药物。

兴奋剂　一类导致情绪兴奋、活跃和警觉的精神活性物质，如苯丙胺类药物、咖啡因、可卡因和尼古丁。

阿片类物质　一类有成瘾性的精神活性物质，如海洛因、阿片或吗啡，它们可引起暂时性的欣快和痛觉丧失（镇痛）。

致幻剂　一类能够引起妄想、幻觉、偏执和感知觉改变的精神活性物质，如 LSD 或大麻，

酒精使用障碍　与酒精使用和滥用相关的认知、生物、行为和社会问题。

更加活跃、警觉并能够提振情绪，包括苯丙胺类药物、可卡因、尼古丁和咖啡因。

- **阿片类物质**（opioids）：这类物质的主要影响是痛感丧失（镇痛）和欣快感。海洛因、阿片剂、可待因和吗啡均属此类。
- **致幻剂**（hallucinogens）：这类物质可改变感知觉并能引起妄想、偏执和幻觉。大麻和LSD均属此类。
- **其他被滥用药物**（other drugs of abuse）：不能很好地归为以上几类的其他物质，包括吸入剂（如航模黏合剂）、合成的类固醇，以及其他非处方和处方药物（如一氧化二氮）。这类物质带来的各种精神活性影响不能够被以上其他分类所涵盖。

抑制剂

▸ **抑制剂的生理和心理影响有哪些？**

抑制剂主要作用于中枢神经系统以降低其兴奋性，其主要功效是降低我们的生理唤醒水平，帮助我们放松。酒精、镇静剂、催眠剂以及诸如开给失眠患者的抗焦虑药（见第6章）均属于此类。这类物质是最容易导致生理依赖、耐药性和戒断症状的物质之一。我们先来看看这类物质中被使用最普遍的一种——酒精——及其可能导致的**酒精使用障碍**（alcohol use disorders）。

酒精使用障碍

临床描述

虽然酒精属于抑制剂，但它最初却表现出明显的兴奋作用。我们通常会体验到舒适感，我们的自控能力会下降，并变得更加外向。这是因为首先被抑制或者说被减慢的是脑内的抑制中心。随着继续饮酒，酒精会抑制脑内更多的区域，并阻碍这些脑区的正常工作。运动协调性受损（眩晕、口齿不清），反应时间延长，我们开始变得迷惑，判断能力也随之下降，甚至视觉和听觉也受到负面影响，所有这些都能用来说明为什么醉酒驾驶是非常危险的。

> **DSM 障碍标准概要**
>
> **酒精中毒**
>
> A.近期酒精摄入。
>
> B.在酒精摄入过程中或者摄入后短时间内，出现临床上明显不适当的行为或心理变化（如不适当的性行为或冲动性行为、情绪波动、判断力受损、社会或职业功能受损）。
>
> C.出现以下症状中的至少1种：（1）口齿不清；（2）共济失调；（3）步态不稳；（4）眼球震颤；（5）注意力或记忆力下降；（6）不省人事或昏迷。
>
> D.该综合征不继发于疾病状态，也不能够由其他精神障碍来解释。
>
> 资料来源：Reprinted with permission from *Diagnostic and Statistical Manual of Mental Disorders* (4th ed., text revision). © 2000 American Psychiatric Association.

影响 403

酒精能影响身体的许多部位（图11–2）。酒精被饮用后，通过食道（图11–2中的1）到达胃（2），在胃里有小部分会被吸收。其余的大部分酒精从胃到达小肠（3），在那里酒精很容易被吸收并进入血液。循环系统将酒精运送到全身各处，使它接触到

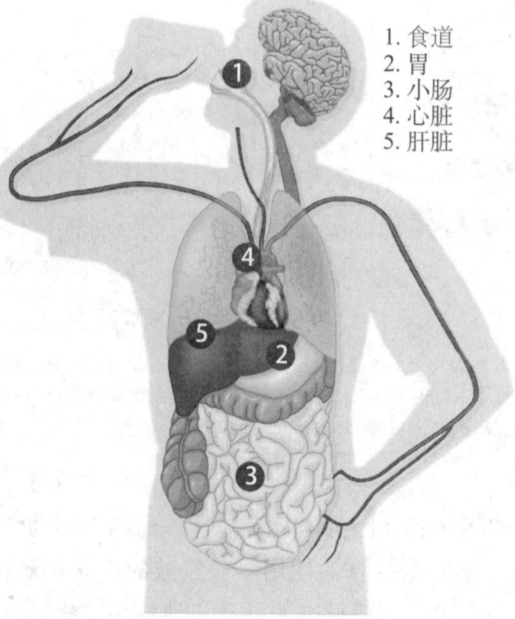

图11–2　酒精到达全身的路径

注：详细描述见正文。

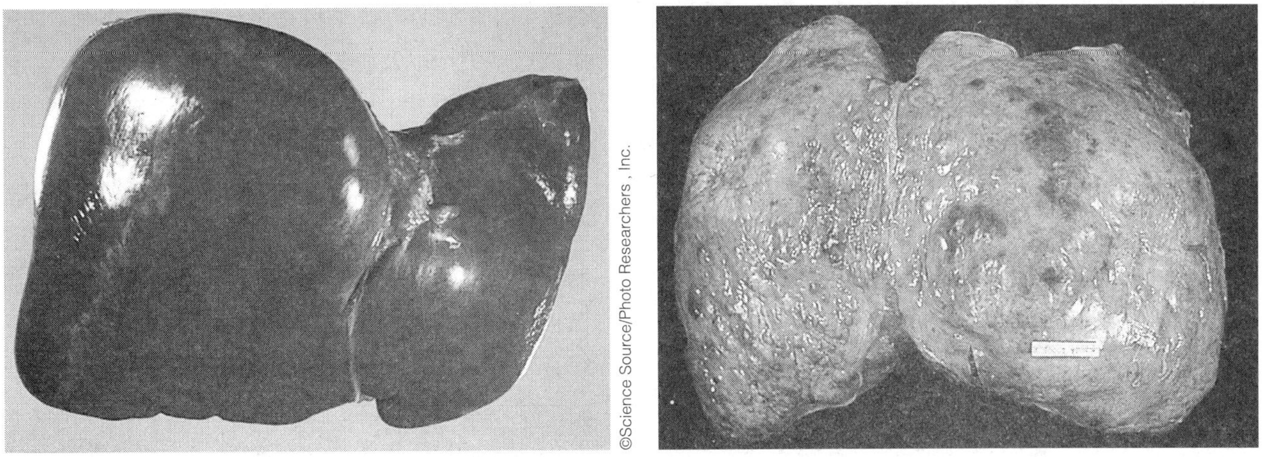

健康肝脏（左图）和长年滥用酒精导致硬化的肝脏（右图）。

每个主要器官，包括心脏（4）。有些酒精进入肺部，通过蒸发被呼出，这一现象是通过呼吸分析器检测酒精摄入水平的基础。酒精通过肝脏（5）时，会被分解或代谢为二氧化碳和水（Maher，1997）。

本章所描述的大部分物质，包括大麻、阿片剂以及麻醉剂，都能与脑细胞的某些特殊受体相互作用。然而酒精的作用机制要复杂得多。酒精能够影
404 响许多不同的神经受体系统，这使得它变得难以研究。例如，我们在第 2 章和第 4 章曾讨论过的 γ- 氨基丁酸（GABA）系统似乎对酒精特别敏感。GABA，正如你所记得的那样，是一种抑制性神经递质。它的主要作用是抑制神经元的兴奋性。当 GABA 与受体结合时，氯离子进入细胞，细胞膜兴奋性降低，这将使该细胞对其他神经递质作用的敏感性降低。酒精可以加强氯离子向细胞内转移，结果使神经元的兴奋性变得更低。换句话说，虽然酒精看上去让我们更善于交谈且更好交际，事实上它使神经元之间的交流更加困难（Strain，2009）。因为 GABA 系统似乎作用于我们对焦虑的感受，所以酒精的抗焦虑作用可能就来源于它与 GABA 系统的相互作用。

谷氨酸盐系统在酒精所带来影响中的作用正在研究中。与 GABA 系统相反，谷氨酸盐系统是兴奋性的，能帮助神经元兴奋，并被认为与学习和记忆的过程有关，因此谷氨酸盐系统可能是酒精影响个体认知能力的途径。酒精和谷氨酸盐的相互作用可能导致记忆暂停，即失去对醉酒时所发生事情的记忆。5- 羟色胺系统也表现出对酒精的敏感性。这种神经递质能影响情绪、睡眠和进食行为并被认为与对酒精的渴求有关（Strain，2009）。酒精影响着如

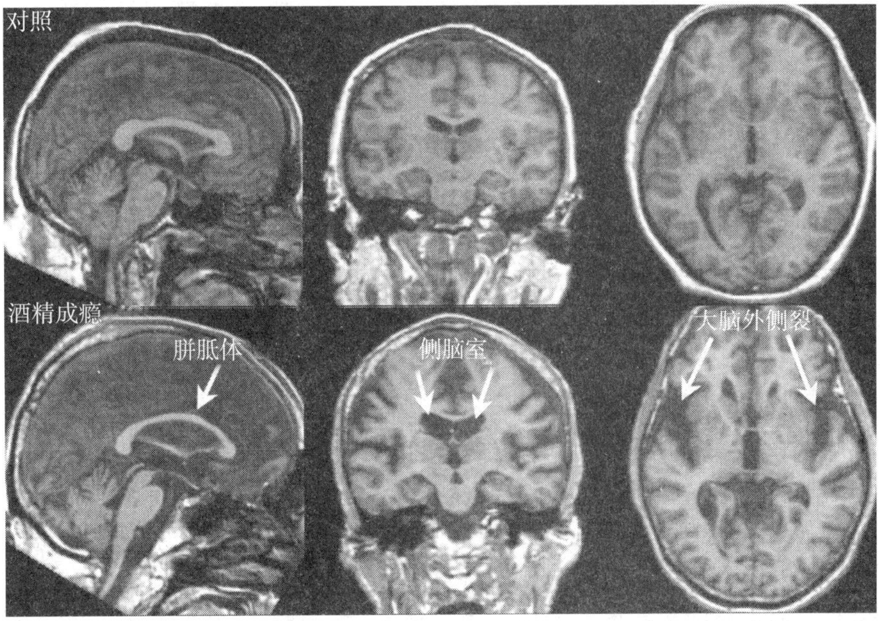

源自一位 53 岁对照对象（上）和一位 53 岁酒精成瘾对象（下）的 MRI 扫描显示，与正常人相比，长期饮酒的人会出现扩大的侧脑室、减少的皮质组织和缩小的胼胝体。[Adapted from Rosenbloom MJ，Pfefferbaum A（2008）：Alcohol Res Health 31: 362-376.]

戒断性谵妄（DTs） 酒精成瘾者戒断时出现的可怕的幻觉和身体颤抖。也称为震颤性谵妄。

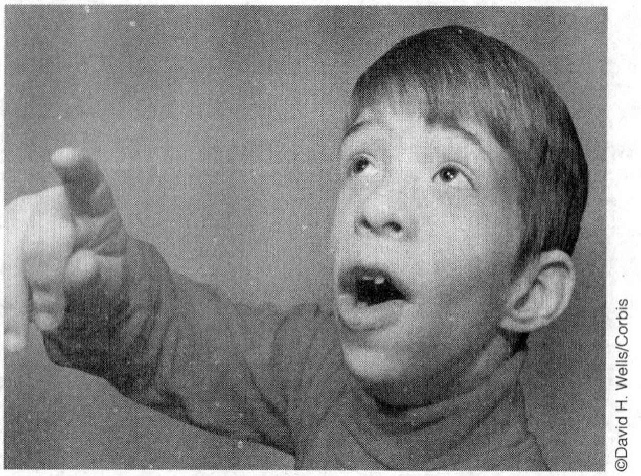

胎儿酒精综合征的躯体特征包括眼角皮肤折叠、鼻梁低、鼻子短小、鼻子和上嘴唇之间出现沟槽、头围小、眼裂小、脸的中部小，及上嘴唇薄。

此多的神经递质系统，因此对于酒精有如此广泛而复杂的作用，我们不应感到惊奇。

过度饮酒的长期效应往往是很严重的。慢性酒精使用戒断的典型反应包括手部颤抖，以及在几个小时内出现恶心或呕吐、焦虑、短暂的幻觉、兴奋、失眠。最严重时可造成**戒断性谵妄**［withdrawal delirium，或震颤性谵妄（delirium tremens，DTs）］，这种情况会造成恐怖性幻觉和躯体颤抖。这种震颤性谵妄可以通过充分及时的临床治疗而缓解（Schuckit，2009b）。

酒精是否会导致器官的损伤取决于遗传因素、饮酒频率、宿醉时间的长短、在饮酒期间达到的血液酒精浓度水平，以及在两次宿醉之间身体是否有足够的时间得以恢复。长期过度饮酒的后果包括肝病、胰腺炎、心血管问题以及脑部损伤。

一些关于酒精的说法认为它会永久杀死脑细胞（神经元）。正如我们一会儿要看到的，这一说法可能并不属实。一些证
405 据来源于一些酒精依赖并体验过暂时失忆、癫痫、幻觉的人的经历。记忆力以及解决一定任务的能力可能被损害。更严重的是，长期过度饮酒可能导致两种脑组织综合征：痴呆和沃尔尼克 - 柯萨柯夫综合征。痴呆包括广泛性的智力丧失，可能是超量酒精所致神经毒性或“大脑中毒”的直接结果（Leamon et al.，2008）。在第 5 章，我们已对痴呆的症状进行了更深入的讨论。沃尔尼克 - 柯萨柯夫综合征可导致神志不清、肌肉运动失调以及言语紊乱（Schuckit，2009b）。它被认为是缺乏维生素 B_1 所致，而过度饮酒者的维生素代谢状况往往很差。一旦大脑受损，疾病所致痴呆就不可避免。

酒精滥用不仅仅影响使用者自身的健康和幸福。**胎儿酒精综合征**（fetal alcohol syndrome，FAS）目前已被普遍认为是母亲在怀孕期间饮酒所导致的一种综合性问题。这些问题包括胎儿发育迟缓、认知缺陷、行为问题，以及学习困难（Gray，Mukherjee，& Rutter，2009）。此外，患有 FAS 的儿童通常具有独特的外形特征。

使用和滥用情况的数据统计

美国的大多数成年人都认为自己是轻度或节制饮酒者。与此同时，在美国超过 12 岁的人群中大约有一半在近期有饮酒行为，而且在不同种族之间饮酒频率有着显著的差异（图 11-3；Substance Abuse and Mental Health Services Administration，2009）。白人饮酒率最高（56.5%），夏威夷原住民的饮酒率最低（37.3%）。

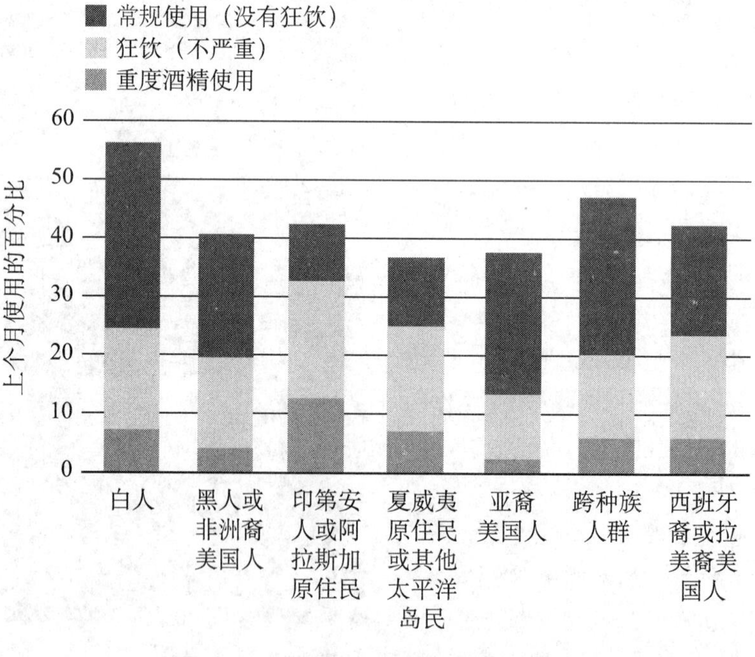

图 11-3 美国不同族群的酒精使用情况

注：狂饮是指每月至少一次出现一次性饮酒 5 杯或以上。重度酒精使用是指每月至少狂饮 5 次或以上。

资料来源：From Substance Abuse and Mental Health Services Administration, Office of Applied Studies, 2006. *Results from the 2005 National Survey on Drug Use and Health: National Findings*, NSDUH Series H-30, DHHS Publication No. SMA 06-4194. Rockville, MD: Author.

大约 5 800 万（23%）美国人在过去一个月有过狂饮（5 人以上的聚会饮酒），这是一个很惊人的统计（Substance Abuse and Mental Health Services Administration，2009）。这方面同样存在种族差异，亚裔美国人狂饮率最低（11.9%），印第安人（24.4%）、西班牙裔美国人最高（25.6%）。一个在青年男女中进行的更大规模调查显示，约 42% 的参与调查者表示他们在之前的两周里有过一次狂饮（Presley & Meilman，1992）。而男性在两周内有数次狂饮的可能性要高于女性。同样的调查发现，平均成绩为"A"的学生每周饮酒不超过 3 次，而成绩为"D"和"F"的学生平均每周饮酒 11 次（Presley & Meilman，1992）。

依赖情况的数据统计

日常经验告诉我们，不是每个饮酒的人都会出现酒精依赖或者酒精滥用。然而，研究者估计有将近 300 万美国成年人存在酒精依赖（Substance Abuse and Mental Health Services Administration，2009）。

在美国以外，酒精滥用和依赖的发生率差别很大。酒精依赖的患病率在秘鲁大约为 35%；在韩国则接近 22%。而在中国台湾这一比率约为 3.5%，在上海则低至 0.45%（Helzer & Canino，1992；Yamamoto，Silva，Sasao，Wang，& Nguyen，1993）。对待饮酒的不同态度可能是由文化差异引起的，其他因素还包括酒精的可获得性、酒精的生理反应，以及家庭规范和模式。

406

进程

丹尼经历过重度饮酒和使用药物的时期，但是他也有相当正常且不使用药物的时候。简单来说，许多酒精滥用或酒精依赖的人都在重度饮酒、没有负面影响的社交性饮酒、节制饮酒之间来回波动（Schuckit，2009a）。约有 20% 的重度酒精依赖者存在自发的痊愈（他们能自己停止饮酒）并且不再有饮酒问题。

过去人们常常认为酒精饮用问题一旦发生，就会变得更糟，只要继续饮酒，问题必定会越来越严重（Sobell & Sobell，1993）。换句话说，就像一种没有被正确治疗的疾病一样，酒精饮用问题如果没有被重视就会越来越糟。50 多年前杰利内克（Jellinek，1946，1952，1960）首先支持了这一观点，这种看法持续影响着人们如何看待及处理酒精使用障碍的方式。不幸的是，杰利内克的酒精使用过程理论是建立在虽然著名但却是错误的研究之上的（Jellinek，1946）。

尽管酒精滥用的过程可能各不相同，但是看起来酒精依赖对于大多数人来说可能是渐进的。例如，早期的酒精使用可以预测之后的滥用。一项对近 6 000 名终身饮酒者的研究发现，在早年（11～14 岁）开始饮酒的人之后更可能出现酒精使用障碍（DeWitt，Adlaf，Offord，& Ogborne，2000）。另一项研究对 636 名在戒酒康复中心住院的男性患者进行了追踪（Schuckit et al.，1993）。在这些慢性酒精依赖的男性中，与酒精相关的生活问题确实会有一个普遍的渐进过程，尽管这一过程不像杰利内克所指出的那样。有 3/4 的人报告他们在 20 多岁的时候就已经出现由饮酒导致的中等程度的后果，如工作的降级。在 30 多岁时，这些人出现更严重的问题，如常常暂时性失去知觉及酒精戒断的症状。快 40 岁及 40 岁出头，这些人的长期过度饮酒会导致严重的问题，包括出现幻觉、戒断痉挛以及肝炎或胰腺炎。这一研究揭示了慢性酒精滥用及酒精依赖人群共有的行为模式，即越来越严重的行为后果。但这一模式并不适用于所有使用酒精的人，然而我们并不能区分出哪些人易感而哪些人不易感（Schuckit，2009a）。

最后，有关酒精与暴力行为的统计数据经常能够联系在一起（Bye，2007）。大量研究发现，很多做出暴行如谋杀、强奸及袭击的人在犯罪时处于醉酒的状态（Murdoch，Pihl，& Ross，1990）。我们希望读者对这种相关持谨慎态度。因为醉酒与暴力的联系并不意味着酒精必然导致暴力。实验室研究表明，酒精确实会使人更具侵犯性（Bushman，1993）。然而，在实验室外个体是否也会表现出侵犯行为还依赖于一些相关因素，例如酒精饮用的数量和时间、个体的犯罪记录、对饮酒的预期，以及醉酒时个体的反应。酒精并不会直接导致侵犯行为，但它可能增加人们做出冲动行为的可能性，并损害个体思考冲动行为后果的能力（Bye，2007）。在恰当的环境下，受损的理性思维可能增加一个人的行为冲动性。

胎儿酒精综合征（FAS） 胎儿母亲在孕期大量饮酒所致的一类问题，包括学习困难、行为缺陷和特征性躯体缺陷。

镇静剂、催眠剂及抗焦虑物质使用障碍

这一组抑制剂包括镇静剂（镇定）、催眠剂（促进睡眠），以及抗焦虑药物（降低焦虑）（Ciraulo & Sarid-Segal，2009）。这些药物包括巴比妥类和苯二氮卓类。**巴比妥类**（barbiturates，包括阿密妥、速可眠以及宁比泰）是一系列镇静药物，于1882年在德国首次合成（Cozanitis，2004）。它们可以帮助人们
407 入睡并取代酒精或阿片。巴比妥类药物在20世纪30年代到40年代被内科医生广泛使用，此时它们的成瘾性还没有被完全了解。到20世纪50年代，巴比妥类已经成为美国成人所滥用药物之首（Franklin & Frances，1999）。

苯二氮卓类（benzodiazepines）药物（目前包括安定、阿普唑仑、氟硝西泮及三唑仑）在20世纪60年代得到应用，主要作用是降低焦虑。这些药物最初的宣传噱头是可以用来奇迹般缓解在高应激的科技社会中生活所带来的焦虑。尽管在1980年，美国食品药品管理局规定它们不适合用来降低由日常应激和过度疲劳带来的紧张和焦虑，但苯二氮卓类药物每年在美国的消耗量约有7 400万剂（Ciraulo & Sarid-Segal，2009）。总的来说，苯二氮卓类药物比巴比妥类药物安全得多，产生滥用和依赖的危险也较低。然而，关于氟硝西泮误用的报告指出，这些药物可能是相当危险的。氟硝西泮（更被人熟知的名称为迷奸药或约会强暴药）在20世纪90年代初为十几岁的青少年所推崇，因为它具有与酒精类似的效果，但没有酒精的气味。然而有不少报告指出男性将这种药物在不知情的情况下给女性使用，以便更容易在约会时发生强暴行为（Nicoletti，2009）。

临床描述

低剂量使用巴比妥类药物能够放松肌肉并产生舒适感。然而，大剂量使用则可能导致与醉酒类似的结果：言语含混，行走、集中精力和工作都会产生问题。极高剂量使用会使膈肌过度松弛并导致因窒息而死亡。超剂量服用巴比妥类药物是自杀的常用方式之一。

与巴比妥类药物类似，苯二氮卓类药物常被用

多样化讨论　酒精、药物和性别

全世界的人都在使用酒精和药物。然而，不同的国家和文化的使用率差异显著，这一部分是由于药物的可获得性和社会准则。最近一项对世界17个国家人群的调查发现，尽管在非洲和中东地区的使用率明显较低（40%～58%），但是大约有85%～95%的人一生之中的某个阶段使用过酒精（在美国是92%）（Degenhardt et al.，2008）。其他物质的使用，如烟草、大麻和可卡因，在调查的国家中明显较低，然而在美国的使用率依旧高于调查中的任何一个国家。例如，大麻在许多其他国家的使用率是0%～19%，而美国（和新西兰）是42%。除了美国，其他每个国家的可卡因使用率是0%～4%，在美国16%的人报告在他们一生中某一阶段使用过可卡因。在美国这种高使用率的其他原因还不清楚，但是药物使用与收入有显著的联系，药物的可获得性和国家所积累的财富可能也有重要的作用。

尽管酒精使用率和药物使用率在不同国家存在差异，但是又有相似性。年轻人的酒精和药物使用率高于老年人，尽管一直以来男性的药物和酒精使用率高于女性，但是女性的使用率近年来逐渐增加。这在酒精使用（Grucza，Bucholz，Rice，& Bierut，2008；Grucza，Norberg，Bucholz，& Bierut，2008）和药物使用（Degendardt et al.，2008）上都是一致的。

对于目前女性酒精和药物使用率变化的解释，集中于一个事实，就是过去的几十年，女性取得了较高的收入、社会和政治地位。更具体地说：（1）女性职业选择的变化（如女性有更多工作的机会并且认可饮酒是对每天辛勤工作的奖励这一传统的男性观念，或有更多的机会饮酒）；（2）女性社会角色的改变（如更加普遍的同居现象与较高的酒精使用率相联系）；（3）性别刻板印象的改变（如女性不再遵守过去哺乳、顾家和温顺的传统角色）（其他解释可参见Plant et al.，2008）。尽管女性的喝酒（和药物使用）行为从社会和文化上可以被接受，但是女性始终会承受着比男性在同等情况下更多的治疗阻碍和污名。研究需要进一步了解为什么这个改变会出现以及发展更好的方法来防止美国和其他国家如此高的依赖和滥用率。

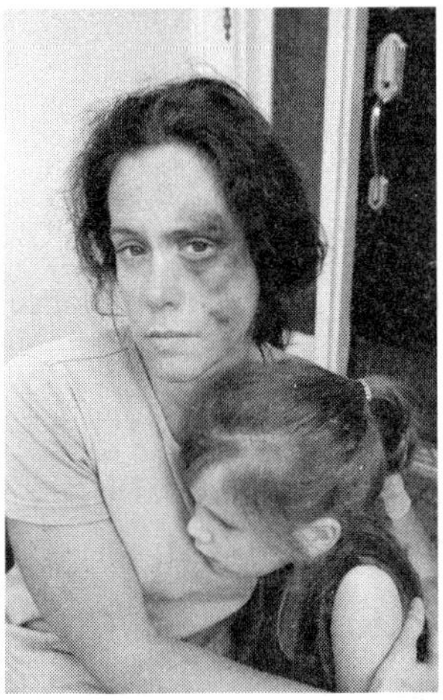

©Robin Nelson/Photo Edit

家庭暴力经常与醉酒等物质相关问题联系在一起。

408

来使个体镇静并改善睡眠。此外，此类药物常会被用来松弛肌肉和抗痉挛（Ciraulo & Sarid-Segal，2009）。因非药用原因而使用这些药物的人报告说服用后首先会产生愉快和兴奋感、压抑被消除感，这类似于饮酒后的感受。然而，继续使用会带来耐药性和依赖性。试图停止使用这些药物的人会产生类似酒精戒断的症状（焦虑、失眠、震颤以及谵妄）。

DSM- Ⅳ -TR 中镇静剂、催眠剂及抗焦虑药物使用障碍和酒精使用障碍标准没有太大差异。二者都会导致适应不良的行为改变，例如不适当的性行为或侵犯行为、情绪不稳、判断力受损、社会或职业功能受损、言语含混、动作协调问题以及步态不稳。

尽管其中有一些细微的不同，但镇静剂、催眠剂、抗焦虑药物和酒精一样，都是通过 GABA 神经递质系统对大脑产生影响的（Ciraulo & Sarid-Segal，2009）。因此，当人们将酒精与这些药物的任何一种

DSM　障碍标准概要

镇静剂、催眠剂或抗焦虑药物中毒

A. 近期使用镇静剂、催眠剂或抗焦虑药物。

B. 药物使用时、使用过程中或使用后出现明显临床适应不良的行为或心理改变（如不适当的性行为或侵犯行为、情绪不稳、判断力受损、社会或职业功能受损）。

C. 药物使用时、使用过程中或使用后，至少出现下列一种症状：（1）言语含混；（2）动作不协调；（3）步态不稳；（4）眼球震颤；（5）注意力或记忆力损害；（6）昏迷。

D. 该综合征不继发于一般疾病状态，也不能够由其他精神障碍来解释。

资料来源：Reprinted with permission from *Diagnostic and Statistical Manual of Mental Disorders* (4th ed., text revision). © 2000 American Psychiatric Association.

一起使用时，协同作用都会出现。换句话说，如果在使用巴比妥类或苯二氮卓类药物之后饮酒将是十分危险的。对 2008 年男演员希斯·莱杰之死的一种

概念自测 11.1

第一部分

为测查你对物质相关定义的理解，请根据以下案例的简要描述填入：（a）使用；（b）中毒；（c）滥用；（d）依赖。

1. 吉娅5个星期前开始一个新工作，现在又被开除了。这是她今年第三份工作，在过去的五周她每周都有至少1天旷工。尽管打电话请了病假，她还是因为被发现在日常工作时间醉倒在酒吧而遭到训斥。在上一份工作中，她因满口酒气地去上班而被解雇。当遭遇这些问题时，吉娅就去附近的酒吧，通过喝得更多来忘记。________
2. 布兰南为他高中足球队进了球，朋友们和他一起去庆祝。他不抽烟，但是他不介意有时喝酒。因为布兰南为此比赛高兴，所以他决定喝几杯。尽管在比赛中表现很好，但是他容易激惹、笑和大叫。他越闲扯他的进球，就越难理解他。________
3. 马尔蒂是一名24岁的大学生，他从15岁开始酗酒。与其他同学不同的是，马尔蒂每天晚上都要饮用中等量的酒，而不是只在周末派对上喝醉。在高中，马尔蒂的酒量是4瓶啤酒，但现在他的耐受量已经是当时的不止两倍了。马尔蒂声称酒精能够缓解大学生活的压力。他曾经有一次试图戒酒，但出现了寒战、发烧、腹泻、恶心和呕吐，以及躯体的疼痛。________
4. 过去几年，亨利养成了一个午饭后抽一支烟的习惯。他更喜欢去院子里吸烟，而不是与朋友坐在休息室休息。如果他因为某些事情而在午饭后没有抽烟，他也不会依赖它，仍旧正常工作生活。________

巴比妥类　一类镇静（和成瘾性）药物，如阿密妥、速可眠以及宁比泰，可以用于促进睡眠。

苯二氮卓类　一类抗焦虑药物，如安定、阿普唑仑、氟硝西泮及三唑仑，被用来治疗失眠。虽然抗焦虑（高剂量可抗惊恐发作）效果显著，但苯二氮卓类药物显示出一些不良反应，如一些认知和运动能力受损，并可能导致物质依赖。当药物停用时复发率很高。

第二部分

将以下障碍与其相应的影响进行配对：（a）物质相
409 关障碍；（b）痴呆；（c）冲动控制障碍；（d）酒精使用障碍；（e）沃尔尼克–柯萨柯夫综合征。

5. 该障碍剥夺了个体抵抗驱力或诱惑的能力。______
6. 该障碍中药物通过影响视觉、运动控制、反应时间、记忆和听觉等阻碍了人体各项功能的正常发挥。______
7. 该障碍包括智力的减退，比如过度使用酒精。______
8. 该障碍影响人们思考、感受和行为的方式。______

解释就是联合服用羟考酮、大量巴比妥类和苯二氮卓类药物而导致意外死亡。

数据统计

1960年以后，巴比妥类药物的使用开始减少，而苯二氮卓类药物的使用却在增加（Substance Abuse and Mental Health Services Administration，2009）。与其他被滥用的药物相比，在寻求物质相关障碍治疗的人当中苯二氮卓类药物的问题不到1%。寻求帮助解决这类药物所致问题的人大多是35岁以上的白人女性（Substance Abuse and Mental Health Services Administration，2009）。

兴奋剂

▶ 兴奋剂的生理和心理影响有哪些？

在美国，所有精神活性药物中被使用最普遍的就是兴奋剂。这一组药物包括咖啡因（含于咖啡、酒精及许多软饮料中）、尼古丁（含于香烟等烟草制品中）、苯丙胺类和可卡因。早上起床时，你就可能食用咖啡因。与抑制剂相反，兴奋剂——正如它的名字一样——使你更加警觉和更有精力。人们对它们的使用有一个很长的历史。例如，中医使用一种叫作麻黄的苯丙胺类混合物已经有超过5 000年的历史，它被用来治疗头痛、哮喘和普通感冒（Fushimi，Wang，Ebisui，Cai，& Mikage，2008）。下面我们将介绍几种兴奋剂以及它们对行为、情绪和认知的影响。

苯丙胺类使用障碍

少量使用时，苯丙胺类药物可以引发安乐感，提高活力，并降低疲劳。你会感到很兴奋。然而在一段时间的兴奋过后，你又会回到原来的状态，并感到沮丧和疲劳。当使用数量足够多时，兴奋剂可导致**苯丙胺类使用障碍**（amphetamine use disorders）。

苯丙胺类药物是在实验室里制造出来的，最早合成于1887年，不久就被用于治疗哮喘和鼻塞（McCann & Ricaurte，2009）。因为苯丙胺类药物可以降低食欲，一些人也服用它们来减肥。阿道夫·希特勒（Adolph Hitler）对苯丙胺类药物成瘾部分是因为他自身的躯体疾病（Judge & Rusyniak，2009）。长途运输司机、飞行员和一些常常熬夜的大学生经常使用苯丙胺类药物，以让自己获得额外的精力并保持清醒。有些苯丙胺类药物（利他林）甚至可以用来治疗儿童的ADHD（见第5章），尽管这类药物会因为其精神兴奋作用导致可能的滥用。一项研究发现多达十分之一的学生报告非法性使用处方兴奋剂（Carroll，Mclaughlin，& Blake，2006）。

DSM-Ⅳ-TR中苯丙胺类中毒的诊断标准包括明显的行为症状，如欣快感或情感迟钝（缺少情绪表达）、变得好交际、人际敏感、焦虑、紧张、愤怒、行为刻板、判断力受损和社会职业功能受损。此外，苯丙胺类及其相关物质使用期间或使用后很快会出现生理症状，包括心率或血压变化、出汗或寒战、恶心呕吐、体重减轻、肌张力消失、呼吸抑制、胸痛、痉挛或者昏迷。重度中毒或过量使用会导致幻觉、惊恐、激惹和偏执型妄想（Leamon et al.，2008）。苯丙胺类的耐药性发展很快，这使它的危
险性倍增。其戒断常会导致情感淡漠、睡眠延长、 410
易激惹和抑郁。

有些“策划药”会周期性地在小范围地区流行。一种叫作亚甲基二氧基甲基苯丙胺（MDMA）的苯丙胺类药物，作为食欲抑制剂于1912年在德

DSM 障碍标准概要
苯丙胺类中毒

A. 近期摄入苯丙胺类或相关物质（如哌醋甲酯）。

B. 苯丙胺类或相关物质使用时或过后不久出现临床明显适应不良的行为或心理上的变化（如欣快感或情感迟钝，社交改变，过度警觉，人际敏感，焦虑、紧张或愤怒，行为刻板，判断力受损，社会和职业功能受损）。

C. 苯丙胺类或相关物质使用时或过后不久出现下列2种（或更多种）症状：（1）心率加快或减慢；（2）瞳孔扩大；（3）血压升高或降低；（4）出汗或寒战；（5）恶心或呕吐；（6）体重减轻；（7）精神运动性激越或迟滞；（8）肌无力、呼吸抑制、胸痛或心律失常；（9）意识模糊、痉挛、运动障碍、肌张力障碍或昏迷。

D. 该综合征不继发于一般疾病状态，也不能够由其他精神障碍来解释。

特定情况：

伴有感知觉障碍：在具有完整现实检验力的非谵妄状态下出现幻觉，如听、视和触幻觉。完整现实检验力意味着知道幻觉是由物质引起而不代表外在现实。当没有完整现实检验力时出现幻觉，就应该考虑伴有幻觉的物质相关障碍的诊断。

资料来源：Reprinted with permission from *Diagnostic and Statistical Manual of Mental Disorders* (4th ed., text revision). © 2000 American Psychiatric Association.

国首次被合成（McCann & Ricaurte，2009）。这种药物被用来娱乐时更为人们熟知的名字是摇头丸/快乐丸。在 20 世纪 80 年代后期摇头丸的使用量剧增。在甲基苯丙胺之后，MDMA 成为将人们送进急诊室最多的夜总会药物，并且在使用频率上超过了 LSD（Substance Abuse and Mental Health Services Administration，2009）。这种药物的效果可以通过一位使用者的描述得到很好的阐述："兴奋使你感觉更好"，并"喜爱每个人每件事"；"音乐很好听，跳舞很有趣，你可以说出你心中所想而不用去担心其他人会怎么看"（Levy，O'Grady，Wish，& Arria，2005，p.1431）。一种苯丙胺类结晶提炼物——通常称为"冰毒"——可通过吸食来摄取。这种药物会导致使用者的攻击性显著增强，而且其在体内停留的时间比可卡因更长，这使它格外危险。最初这种药物只在同性恋之间传播使用，后来也逐渐在其他人群中流行起来（Parsons，Kelly，& Weiser，2007）。即使只是短时间地使用这些新型苯丙胺类制品来娱乐，使用者对它们产生依赖的可能性也非常高，存在很大的长期使用的危险。

苯丙胺类药物通过增强多巴胺和去甲肾上腺素的活性来兴奋中枢神经系统。明确地说，苯丙胺类药物促进了这些神经递质的释放并阻碍其再摄取以使其在神经系统中作用增强（McCann & Ricaurte，2009）。过多使用苯丙胺类药物——导致过量的多巴胺和去甲肾上腺素——能导致幻觉和妄想。正如我们将在第 13 章看到的那样，这一兴奋模式是精神分裂症的病因之一。精神分裂症的症状同样包括幻觉和妄想。

可卡因使用障碍

临床描述

和苯丙胺类药物类似，少量的可卡因可以提高警觉性，引起安乐感，提高血压和脉搏并导致失眠和食欲减退。丹尼在和朋友彻夜狂欢时是通过吸食来服用可卡因的。后来他说这种药物使他感到精力充沛、战无不胜——只有这样他才能真正感到自信。可卡因的作用时间很短，对丹尼来说，只持续了不到一个小时。为此，他不得不反复吸食来保持兴奋的状态。在大量摄入的状况下，他变得妄想偏执，产生一种他将要被捕或有人要偷他的可卡因的夸大的恐惧感。这种妄想——可卡因所致妄想——在可卡因使用者中非常普遍，比例大约为 2/3 或更多（Kalayasiri et al.，2006）。可卡因会使人心跳加速、心律不齐，还可能有致命的危险，具体情况要视每个人的身体状况和使用量的不同而定。比利·梅斯（Billy Mays），一个电视广告产品如 OxiClean 的销售员，在 2009 年就是死于可卡因所致的心脏疾病。

数据统计

在美国，每年超过 190 万人报告使用可卡因，远多于除大麻外的任何药物（Substance Abuse and

苯丙胺类使用障碍　与苯丙胺类使用和滥用有关的心理、生物、行为和社会问题。

可卡因使用障碍　与可卡因使用和滥用有关的认知、生物、行为和社会问题。

Mental Health Services Administration，2009）。在因可卡因相关问题而进入急救室的案例中，白人男性占到了1/3（29%），接着是黑人男性（23%）、白人女性（18%），以及黑人女性（12%）（Substance Abuse and Mental Health Services Administration，2002）。将近17%的常规可卡因使用者也使用“快克”可卡因（一种可以吸食的可卡因晶体）（Closser，1992）。1991年的一项调查估计，约有0.2%的美国人吸食过快克，其中在寻求治疗的使用者中增加比例最快的是城市中失业的年轻人（Substance Abuse and Mental Health Services Administration，2009）。

可卡因与苯丙胺类药物属于兴奋剂中的同一类，因为它们对大脑有相似的影响。兴奋的状态似乎主要源于可卡因对多巴胺系统的影响。请看图11-4中的作用过程。可卡因进入血液之后被带到脑部。在这里可卡因分子阻断了多巴胺的再摄取。正如你所知，被释放在突触的神经递质会刺激下一个神经元，然后重新被最初的神经元吸收得以循环起效。可卡因与本应该接受多巴胺的母神经元结合，从而阻断了多巴胺的再摄取。多巴胺由于无法被再摄取而在神经突触间隙聚集，反复刺激下一个神经元。对位于“快乐通道”（脑中与体验愉快相关的部位）的多巴胺神经元的刺激引发了可卡因使用者的高潮。 411

20世纪80年代后期，很多人认为可卡因是一

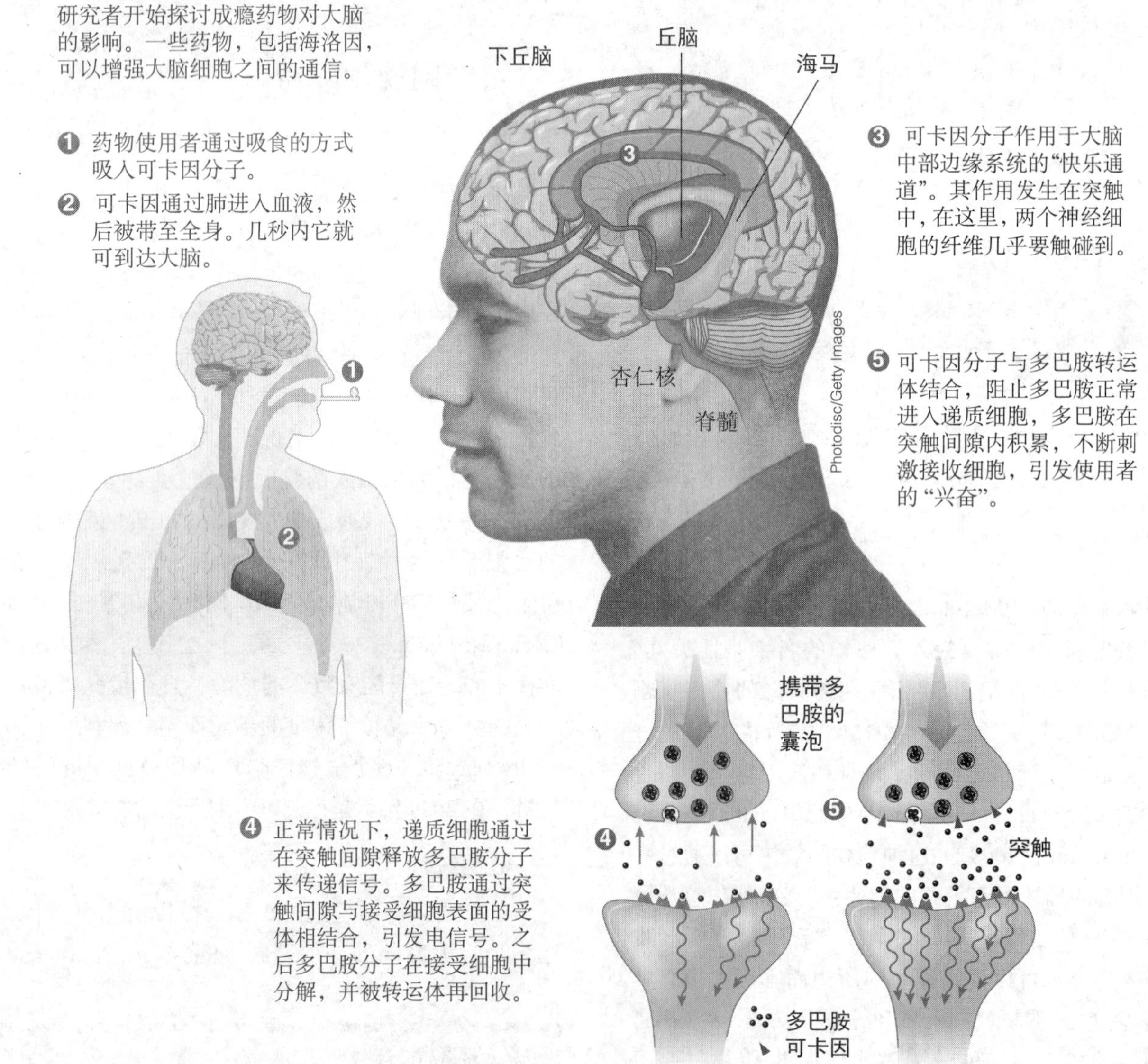

图11–4　药物所致高潮的解剖基础

资料来源：Adapted with permission from Booth W. 1990. “The anatomy of a high” Washington Post National Weekly Edition, March 28-April 1, p. 38. Copyright © 1990 The Washington Post.

种神奇的药物，它可以制造安乐感却不会使人成瘾（Weiss & Iannucci，2009）。正如 1980 年《精神病学综合教程》（*Comprehesive Textbook of Psychiatry*）这一陈旧的资料所显示的，“每个星期使用不超过三次，可卡因不会产生严重问题”（Grinspon & Bakalar，1980）。仅仅想象一下——一种药物让你充满精力，让你思维清晰、更具创造性、一天能完成更多的事情，没有任何不良反应！在我们这样一个高度竞争和复杂的科技社会，这将是一个待实现的梦。但是，正如你可能意识到的，暂时的利益将会付出严重的代价。非常典型，可卡因不像其他药物早期就使人产生依赖，人们仅仅发现他们越来越不能抵抗去服用更多（Weiss & Iannucci，2009）。最初几乎没有任何负面的反应；然而随着持续使用，使用者的睡眠会出现问题，耐药性的增加使人们需要更大的剂量，妄想和其他一些消极特征也开始出现。逐渐地，可卡因使用者会变得社交孤立。

丹尼的案例再次证明了这一模式。刚开始几年他只有和朋友在一起时偶尔使用可卡因，属于社交性的使用。最后他越来越频繁地大量使用，并发现
412 自己在不使用时变得对药物越来越渴望。大量使用后丹尼感到崩溃和嗜睡。可卡因的戒断与酒精不同。可卡因戒断不会导致心跳加速、震颤或恶心，而会导致显著的兴趣缺乏和厌倦。想一想这种戒断反应的危险性。你对任何东西都感到厌倦，无法从每天 411
的工作或交往中找到一丁点儿乐趣。唯一能让你感觉“回到正常生活”的东西就是可卡因。可以想象这会成为一种恶性循环：可卡因滥用，戒断导致兴趣缺乏，继续滥用可卡因。这一不典型的戒断模式让人们错误地相信可卡因并不会成瘾。现在我们知道可卡因使用者与其他精神活性药物的使用者一样会经历耐药和戒断的模式（Weiss & Iannucci，2009）。

尼古丁使用障碍

香烟中的尼古丁也是一种精神活性物质，同样会引起依赖、耐药和戒断模式——**尼古丁使用障碍**（nicotine use disorders）——的出现，就像我们到目前为止讨论的其他药物一样（Hughes，2009）。1942 年苏格兰医生列诺克斯·约翰逊（Lennox Johnson）开始注射尼古丁提取物，在注射 80 次以后，他发现这比香烟更棒，而且不注射时会有种丧失的感觉（Kanigel，1988）。这种无色的油状物——在让·尼古特（Jean Nicott）于 16 世纪将烟草引入法国宫廷之后称作尼古丁——就是使吸烟者产生快感的物质。今天，美国人吸烟的比例从 1965 年的 42.4% 下降到了大约 21%（Hughes，2009）。

DSM-Ⅳ-TR 并没有说明尼古丁中毒的模式。而是列出了戒断症状，包括情绪低落、失眠、易激惹、焦虑、注意力集中困难、不安，以及食欲和体重的上升。少量尼古丁会刺激中枢神经系统，能缓解压力并调节情绪。但是它同时会导致血压升高，增加患心脏病和癌症的风险（Stewart，Cutler，& Rosen，2009）。大剂量尼古丁会使人视物模糊、精神错乱、痉挛，严重时可导致死亡。一旦吸烟者依赖尼古丁，停止吸烟就会导致出现这些戒断症状。不用怀疑尼古丁使人成瘾的力量，在试图戒断的人群中复发的比率与酒精和海洛因使用者相近（图 11–5）。

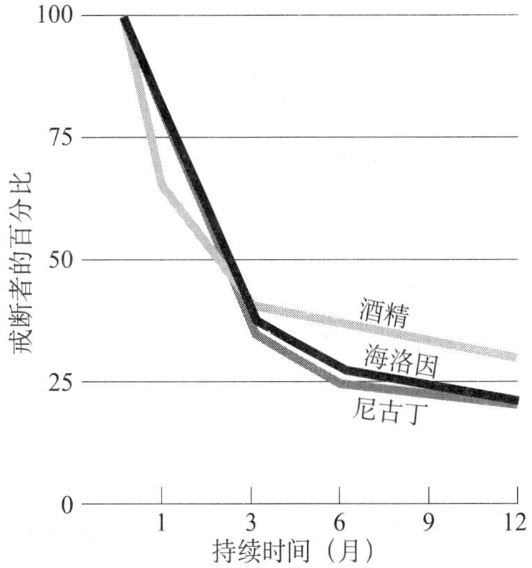

图 11–5　尼古丁、海洛因和酒精使用者的复发率

注：吸烟者试图戒断而又复发的比率和酒精与海洛因相近。

资料来源：Adapted，with permission，from Kanigel，R.，1988，October/November. Nicotine becomes addictive. *Science Illustrated*，pp. 12-14，19-21，© 1988 Science Illustrated.

尼古丁在肺里被吸收，并从那里进入血液循环。仅在吸烟 7～19 秒后，尼古丁就可到达大脑。尼古丁对特定的受体——尼古丁乙酰胆碱受体起作用，

尼古丁使用障碍　与尼古丁使用和滥用相关的认知、生物、行为和社会问题。

DSM 障碍标准概要

尼古丁戒断

A. 连续几周时间每天使用尼古丁。

B. 突然停止或减少使用尼古丁后24小时内出现以下症状中的至少4种：（1）烦躁或情绪低落；（2）失眠；（3）易激惹、挫败或愤怒；（4）焦虑；（5）注意力集中困难；（6）不安；（7）心率变慢；（8）食欲和体重增加。

C. 标准B中的症状导致了临床上显著的痛苦和社会、职业和其他重要功能的损害。

D. 该综合征不继发于一般疾病状态，也不能够由其他精神障碍来解释。

资料来源：Reprinted with permission from *Diagnostic and Statistical Manual of Mental Disorders* (4th ed., text revision). © 2000 American Psychiatric Association.

这些受体位于中脑网状结构和边缘系统之中，也就是之前提到过的“快乐通道”的位置（负责产生欣快感的多巴胺系统）（Benowitz，2008）。有证据表明，尼古丁会对胎儿大脑产生影响，怀孕期间吸烟的母亲，其子女以后吸烟的可能性更大（Kandel，Wu，& Davies，1994）。吸烟者努力使血液中的尼古丁含量在一天中保持稳定的水平（Dalack，Glassman，& Covey，1993）。

吸烟与一些消极的情感相联系，如抑郁、焦虑和愤怒（Rasmusson，Anderson，Krishnan-Sarin，Wu，& Paliwal，2006）。许多尝试戒烟但又重拾旧习的人在戒断时都感到抑郁或焦虑，并因此放弃戒烟（Hughes，2009）。这些发现表明，尼古丁可能有助于改善心境。

咖啡因使用障碍

413 咖啡因是最常见的精神活性物质，90%的美国人都会有规律地使用它（Juliano & Griffiths，2009）。将咖啡因称为“温和兴奋剂”是因为与其他成瘾药物相比，它的危害是最小的。但咖啡因仍然会导致**咖啡因使用障碍**（caffeine use disorders）。这一药物包含在茶叶、咖啡、很多可乐饮品和可可制品中。高剂量的咖啡因被加到所谓的“能量型饮料”中，这种饮料目前在美国被广泛消费，但是欧洲一些国家（包括法国、丹麦和挪威）从健康角度出发禁止其销售。

DSM 障碍标准概要

咖啡因中毒

A. 最近使用咖啡因，用量通常超过250毫克（如酿造的咖啡超过2～3杯）。

B. 使用中或者不久之后出现以下症状中的至少5种：（1）不安；（2）烦躁；（3）兴奋；（4）失眠；（5）面部潮红；（6）多尿；（7）胃肠失调；（8）肌肉抽搐；（9）思维或言语散漫；（10）心率加快或心律不齐；（11）一段时间的不知疲倦；（12）精神运动亢奋。

C. 标准B中的症状导致了临床上显著的痛苦和社会、职业和其他重要功能的损害。

D. 该综合征不继发于一般疾病状态，也不能够由其他精神障碍来解释。

资料来源：Reprinted with permission from *Diagnostic and Statistical Manual of Mental Disorders* (4th ed., text revision). © 2000 American Psychiatric Association.

就像大多数人所经历的那样，小剂量的咖啡因可以振奋情绪和减缓疲劳。大量使用则使人感到神经过敏并引起失眠。咖啡因在体内逗留的时间较长（血液中的半衰期约为6小时），因此在睡前使用会干扰睡眠。这样的影响在那些已经遭受失眠痛苦的人中更加明显（Saln-Pascual，Castao，Shiromani，Valencia-Flores，& Campos，2006）。和其他精神活性药物一样，人们对咖啡因的反应各不相同：一些人对其很敏感，而另一些人即使大量使用也只能产生很小的反应。有研究表明，孕妇适量使用咖啡因（每天一杯咖啡）不会对胎儿的发育产生影响（CARE Study Group，2008）。

与其他兴奋剂一样，有规律地使用咖啡因会引起耐药性和依赖性。那些早晨不喝咖啡就会头痛、犯困、情绪不高的人，就经历了这种药物的戒断症状（Juliano & Griffiths，2009）。咖啡因对大脑的影响可能与神经调质腺苷和神经递质多巴胺有关，其中对多巴胺的影响程度较小（Herrick，Shecterle，& St. Cyr，2009）。咖啡因可能可以阻断腺苷的再摄取。然而，我们还不清楚腺苷在脑功能中扮演的角色，或是否腺苷的中断与咖啡因所引发的兴奋和精力增加有关。

阿片类物质

▶阿片剂的生理和心理影响有哪些?

“阿片”一词是指罂粟中一种天然的化学物质，它有麻醉的效果（可以减轻疼痛并引人入睡）。在一些情况下，它们可导致**阿片类使用障碍**（opioid use disorders）。广义的“阿片类”物质涉及一组物质，包括天然的阿片、人工合成的各种变体（海洛因、美沙酮、氢可酮、羟考酮），以及在人脑中自然形成的与之相对应的物质（脑啡肽、β-内啡肽及强啡肽）。阿片作为药物使用可以追溯至3 500年以前（Strain，Lofwall，& Jaffe，2009）。在《绿野仙踪》中，西方的邪恶女巫让多罗西、托托和他们的同伴们走过一片罂粟地令他们沉沉睡去这一情节间接提到了可以用来制造吗啡、可待因和海洛因的阿片。

就像罂粟能使铁皮人、稻草人、多罗西、胆怯的狮子和托托麻痹一样，阿片剂可以引起安乐感、困倦以及呼吸抑制。大剂量的阿片剂可以引起呼吸的完全抑制从而导致死亡。阿片剂同时也是一种镇痛剂，即帮助缓解疼痛的物质。有些患者在手术前后可能会使用吗啡来帮助镇静和止痛。

阿片剂的戒断反应非常不适，以至于即使有很大戒断决心的人也可能重新使用，虽然巴比妥类药物和酒精的戒断可能会更加痛苦。在停止或减少阿片类物质摄入6～12小时后戒断症状就开始出现，包括哈欠连天、恶心和呕吐、寒战、肌肉疼痛、腹泻和失眠。这些症状会暂时干扰人们的工作、学习和社会交往。症状能够持续1～3天，戒断过程的持续时间约为一周。

414 海洛因（最常见的阿片剂）的滥用者和依赖者在美国约有250 000人（Substance Abuse and Mental Health Services Administration，2009）。阿片类处方药物的非法使用最近有所上升。一项研究发现，9.3%的高三学生报告使用过氢考酮，5%使用过羟考酮（Johnston，Bachman，& Schulenberg，2005）。阿片类使用者面临的危险不仅是成瘾，还包括使用过量。因为这类药物通常经由静脉注射，所以使用者感染HIV和患艾滋病的危险也在持续增加。

Dan Gair/JupiterImages

罂粟果实。

阿片类成瘾者的生活往往比较凄凉。一项对一个英格兰小镇80多名成瘾者长达33年的跟踪研究突出呈现了这些人悲剧的人生（Rathod，Addenbrooke，& Rosenbach，2005）。在随访中，22%的成瘾者死亡，

DSM 障碍标准概要

阿片类中毒

A. 最近摄入阿片类物质。

B. 阿片类物质使用时或使用之后出现临床上明显适应不良的行为或心理上的变化（如开始兴奋之后冷漠、烦躁不安、精神运动性激越或迟滞、判断力受损、社会和职业功能受损）。

C. 使用时或使用之后出现瞳孔缩小（或由于严重缺氧而导致瞳孔散大）和下列1种（或更多种）症状：（1）困倦或昏迷；（2）言语混乱；（3）注意力和记忆力受损。

D. 该综合征不继发于一般疾病状态，也不能够由其他精神障碍来解释。

特定情况：

伴有感知觉障碍：在具有完整现实检验力的非谵妄状态下出现幻觉，如听、视和触幻觉。完整现实检验力意味着知道幻觉是由物质所致而不代表外在现实。当没有完整现实检验力时出现幻觉，就应该考虑伴有幻觉的物质相关障碍的诊断。

资料来源：Reprinted with permission from *Diagnostic and Statistical Manual of Mental Disorders* (4th ed., text revision). © 2000 American Psychiatric Association.

咖啡因使用障碍　与咖啡因使用和滥用相关的认知、生物、行为和社会问题。

阿片类使用障碍　与阿片及其变体使用和滥用相关的认知、生物、行为和社会问题。

几乎是自然死亡率12%的两倍。超过一半都是由于药物使用过量造成的，还有的是自杀。这个研究中的好消息是幸存者80%完全戒除了阿片类使用，剩余20%正在接受美沙酮的治疗。

使用者体验到的兴奋和快感来自人体内天然的阿片类系统。也就是说，大脑本身就含有它自己的阿片类物质——脑啡肽和内啡肽，它们可以产生麻醉的效果（Strain et al.，2009）。海洛因、阿片、吗啡以及其他的阿片剂激活了这个系统。人体内天然阿片类系统的发现是精神药理学研究中的一项重大突破：不仅使我们能够研究成瘾药物对大脑的影响时，还有助于治疗那些依赖此类药物的人。

致幻剂

› 阿片类物质和致幻剂有什么不同？

在本节之前，我们讨论的物质带来的效果包括：兴奋剂，如可卡因、咖啡因和尼古丁，令人“高涨”；抑制剂，如酒精和巴比妥类药物，令人“低落”。接下来，我们将看到能引起**致幻剂使用障碍**（hallucinogen use disorder）的物质。这些物质的核心特征是可以改变使用者对世界的感知。当人们受到这些药物，如大麻和LSD的影响时，其视觉、听觉、触觉、味觉，甚至嗅觉都会被扭曲，有时这些改变是非常鲜明生动的。

415

大麻

大麻是日常生活中最常见的违禁物质，1 520万美国人报告说在过去一个月使用过大麻（Substance Abuse and Mental Health Services Administration，2009）。**大麻**（marijuana）是指大麻作物（大麻纤维）风干后的部分（Hall & Degenhardt，2009）。野生大麻遍及地球上的热带和温带地区，因此它还有一个绰号叫“杂草”。

服用大麻的反应通常包括情绪波动。其他反应似乎十分滑稽，吸食者会进入一种梦境，在那里，时间似乎停止了。使用者常常会有一些夸大的感觉体验，如看到鲜明的色彩，或欣赏到精妙的音乐。与其他药物不同，每个人对大麻的反应可能是很不一样的。在第一次使用大麻时，没有任何反应十分常见；而且如果使用者的意愿很强的话，可以把兴奋的感觉“关掉”（Hall & Degenhardt，2009）。少量使用时产生的舒适感随着摄入量的增加会变为偏执、幻觉和头昏眼花。服用大麻的高中学生学习成绩往往较差，很少能够正常毕业（Lynskey & Hall，2000）。对大麻频繁使用者进行的研究表明，长时间使用大麻所带来的消极影响通常包括对记忆力、注意力、动机、自尊、与他人的关系，以及雇佣关系的损害，尽管一些研究者指出在使用大麻之前的一些心理问题可以增加使用大麻的可能性（Macleod et al.，2004）。

大麻是否存在耐药性目前还是一个存在争议的问题。长期大量使用大麻的人存在耐药性，特别是在欣快感方面（Mennes，Ben Abdallah，& Cottler，2009），他们无法再次体验到过去曾有的愉悦感。然而，也有“反耐药性”的证据，有规律使用大麻者在反复使用后会体验到更多的快感。大麻的戒断症状并不明显。长期服用者停服之后会有一段时间的易怒、不安、食欲下降、恶心及睡眠困难（National Institute on Drug Abuse，2005）。

争论围绕着大麻的医疗使用目的。然而，越来越多的数据证实，大麻可以成功治疗某种疾病的症状，但也会产生不良反应。例如，在加拿大，四种大麻产物可用于临床，包括野生大麻提取物（四氢大麻酚——喷鼻剂的形式）、屈大麻酚、大麻隆和以吸食的方式使用的大麻作物（Wang，Collet，Shapiro，& Ware，2008）。这些大麻提取物被用来治疗化学药物引起的恶心呕吐、HIV相关厌食症、多发性硬化症中的神经性疼痛和癌症疼痛。不幸的是，吸食大麻可能和吸烟一样会带来很多致癌物质。对大麻的长期使用会导致一些疾病的产生，如肺癌。多数大麻使用者通过抽食风干的大麻叶子来吸入大麻；其他人则使用加工制品，如大麻麻醉剂。这种麻醉剂是从雌性大麻叶的树脂中提取出来的。大麻中含有超过80种化学物质，称为大麻素。正是这些大麻素令使用者的心境和行为发生改变。大麻素中最常见的是四氢大麻酚，又叫作THC。在大麻研究领域一个令人振奋的发现是大脑能够产生它自己的THC类物质。这是一种叫作内源性大麻素的神经化

©WILDLIFE GmbH/Alamy

大麻叶子。

学物质，以梵文“ananda”来命名，意思是“天赐之福”（Sedlak & Kaplin，2009）。这个领域的工作还很新，科学家们才刚刚开始研究这种神经化学物质是怎样影响大脑和行为的。

LSD和其他致幻剂

LSD（d-麦角酸二乙酰胺）（*d*-lysergic acid diethylamide），有时也称作“迷幻药”，是最常见的致幻剂。尽管在历史上 LSD 是在天然的麦角菌
416 衍生物中被发现的，但现在则是在实验室中合成的。由于人们食用了被菌类感染的谷物，中世纪的欧洲曾产生过一次爆发性的疾病。这种疾病后来被称为麦角中毒。麦角中毒的一种表现是流向手臂和腿的血液被限制，并最终导致坏疽和截肢；另一种情况则会导致痉挛、谵妄和幻觉。多年以后，科学家们将这种疾病和麦角菌联系起来并开始研究这种菌类的不同形态可能带来的价值。20 世纪 60 年代以前，LSD 仅存在于实验室里，此后它首次被非法使用于娱乐活动。LSD 改变心智的作用迎合了当时社会上人们否定固有文化和追求情绪和行为表达的潮流。1961 年，时任哈佛大学教授的蒂莫西·利里（Timothy Leary）首次使用了 LSD 并立即发起了一项运动：让每一个孩子和成年人都来尝试这种药物，体验“开启、高潮和解脱”的过程。

还有许多其他种类的致幻剂，其中一些是在不同植物中天然生成的，包括：裸盖菇素（在某种菌类中发现）、麦角酸（在牵牛花种子中发现）、二甲基色胺（DMT）（在中南美地区生长的苏里兰维罗拉蔻木的树皮中发现），以及麦司卡林（在佩约特仙人掌中发现）。

DSM-Ⅳ-TR 中致幻剂中毒的诊断标准与大麻相 416

DSM 障碍标准概要

大麻中毒

A. 近期摄入大麻。
B. 服用期间或之后出现临床上明显适应不良的行为或心理上的变化（如运动协调性受损、欣快感、焦虑、时间变慢感、判断力受损、社交退缩）。
C. 在摄入大麻后2个小时内出现下列症状中的至少2种：（1）结膜充血；（2）食欲增加；（3）口干；（4）心动过速。
D. 该综合征不继发于一般疾病状态，也不能够由其他精神障碍来解释。

特定情况：

伴有感知觉障碍： 在具有完整现实检验力的非谵妄状态下出现幻觉，如听、视和触幻觉。完整现实检验力意味着知道幻觉是由物质所致而不代表外在现实。当没有完整现实检验力时出现幻觉，就应该考虑伴有幻觉的物质相关障碍的诊断。

资料来源：Reprinted with permission from *Diagnostic and Statistical Manual of Mental Disorders* (4th ed., text revision). © 2000 American Psychiatric Association.

致幻剂使用障碍 与致幻剂使用和滥用相关的认知、生物、行为和社会问题。

大麻（大麻纤维） 广为使用的违禁物质，它主要是大麻作物的风干部分。

LSD（d-麦角酸二乙酰胺） 最常见的致幻药物，由谷物麦角真菌合成。

似，包括：感知觉改变，如主观感知觉增强、人格解体和幻觉。生理症状包括瞳孔放大、心跳加速、流汗和视觉模糊（American Psychiatric Association，2000）。很多使用者将与致幻剂有关的内容记录下来，他们描述了很多不同的体验。在一项设计严谨的致幻剂的安慰剂对照实验中，约翰·霍普金斯医学院的研究者分别给两组志愿者迷幻剂裸盖菇素和对照药物（治疗 ADHD 的药物利他林），然后评估他们的反应（Griffiths，Richards，McCann，& Jesse，2006）。裸盖菇素组出现个性化的反应，包括感知觉改变（如轻度视幻觉）和情绪改变（如高兴或快乐、焦虑或恐惧）。有意思的是药物增加了神秘体验的报告（如非常强烈的积极情绪），并且两个月之后，许多人认为这种体验具有精神意义。更多的研究需要被用来探索这类药物的作用机制，这个研究可能告诉我们大脑是怎么处理这些具有个人意义和精神意义的体验的（Griffiths，Richards，Johnson，McCann，& Jess，2008）。

许多致幻剂的耐药性会很快出现，包括 LSD、裸盖菇素和麦司卡林（Jones，2009）。如果一段时间内被反复使用，这些药物就会完全丧失功能。然而，只要停止使用约一周，对药物的敏感性就会恢复。大多数致幻剂没有有关戒断症状的报告。尽管如此，对它们的使用仍然存在着很多需要注意的地方。其中之一是可能出现精神病性反应。在一些广为流传的故事里，由于感知觉的改变，人们跳出窗外，因为他们相信自己能够飞起来；或者跑到马路中间，因为他们错误地认为自己不会受伤。不过实际上很少有证据显示使用致幻剂比醉酒或受任何其他药物的影响更危险。人们确实报告过他们经历的“糟糕旅程”，这是一些恐怖的情景，在其中云彩变成了可怕的怪物。一般情况下，处于“糟糕旅程”中的人能被提供支持性帮助的人“说服”，支持者须坚定地不断保证此类经历只是药物暂时带来的影响，并会在几小时内逐渐消失。

我们至今也无法完全了解 LSD 和其他致幻剂是如何作用于大脑的。这些药物大都与神经递质有某些相似之处。LSD、裸盖菇素、麦角酸和 DMT 与 5-羟色胺在化学结构上类似，还有一些我们没有讨论到的致幻剂与乙酰胆碱类似。然而，引起使用者产生幻觉和其他感知觉变化的机制仍然不明。

DSM 障碍标准概要

致幻剂中毒

A. 近期摄入致幻剂。
B. 致幻剂使用期间或之后出现临床上明显的适应不良的行为或心理上的变化（如明显的焦虑或抑郁、牵连观念、对心智丧失的恐惧、偏执性观念、判断力受损、社会和职业功能受损）。
C. 致幻剂使用期间或之后在清醒和警觉状态下出现感知觉改变（如主观感受增强、人格解体、错觉、幻觉、联觉）。
D. 致幻剂使用期间或之后出现下列2种或更多种症状：（1）瞳孔扩张；（2）心率加快；（3）出汗；（4）心悸；（5）视觉模糊；（6）震颤；（7）运动失调。
E. 该综合征不继发于一般疾病状态，也不能够由其他精神障碍来解释。

资料来源：Reprinted with permission from *Diagnostic and Statistical Manual of Mental Disorders* (4th ed., text revision). © 2000 American Psychiatric Association.

417

其他被滥用药物

其他一些被人们使用的药物也会导致感觉的改变。我们将简要介绍吸入剂、类固醇，以及一组被称为策划药的物质。

吸入剂包括一系列从挥发溶剂中发现的物质，这些挥发溶剂能够直接被吸入肺部。被滥用的吸入剂中较常见的有喷漆、发胶、油漆稀释剂、汽油、戊基硝酸盐、一氧化二氮（“笑气”）、指甲油、涂改液、航模黏合剂、接触黏合剂、干洗剂以及去污剂（Sakai & Crowley，2009）。吸入剂的使用在乡村或小城市的青年男性白人中最常见，他们有较高水平的焦虑和抑郁，并显示出更多的冲动和无畏的气质（Perron & Howard，2009）。这些药物可以从容器中或者从靠近口鼻的织物中吸入，吸收后通过肺部迅速进入血流。与吸入剂高度相关的症状类似于酒精中毒，通常包括眩晕、言语含混、共济失调、欣快和懒散（American Psychiatric Association，2000）。使用者对此类药物可以建立耐受性，并有戒断反应，包括睡眠紊乱、震颤、易激惹及恶心。戒断症状可以持续 2～5 天。不幸的是，吸入剂的使用同时会增加使用者的攻击性和反社会行为，长期使用会对骨髓、肾脏、肝脏以及大脑产生损害（Sakai & Crowley，2009）。

蛋白同化－雄激素类固醇（提到类固醇时最常被想到的类型）生成或合成自睾酮（Pope & Brower，2009）。这些药物可合法用于治疗哮喘、贫血、乳腺癌以及男性的性发育不全。然而，这些药物的代谢活动（能够引起体格的增强）会导致那些希望变得强壮和增强体能的人的非法使用。类固醇可以口服，也可以注射，一些调查估计大约有 2% 的男性在一生中的某个时间会非法使用这类药物（Kanayama，Brower，Wood，Hudson，& Pope Jr.，2010）。使用者有时会在按计划使用类固醇数周或数月以后突然打破戒律——被称为“兜风”（cycling），或与其他几种类型的类固醇一起使用——被称为“堆砌”（stacking）。类固醇的使用与其他药物的使用不同，因为该物质并不能使人们产生所渴望的快感，而是被用来增强身体机能和体魄。因此对该物质的依赖更多地在于对保持身体机能增强的渴望，而不是对再次体验情绪或生理状态改变的需要。研究显示类固醇长期使用的常见后果是情绪紊乱（如抑郁、焦虑和惊恐）（Pape & Brower，2009），还有一点需要注意的是类固醇的经常性使用给身体带来的损害可能要更为严重。

另外一类药物——解离性麻醉剂——可以引起困倦、疼痛减轻和出体感觉（Javitt & Zukin，2009）。策划药由制药公司制造用来治疗特定的疾病或障碍。可以预见，用这一不断发展的技术来策划“娱乐性药物”只是时间的问题。我们在有关兴奋剂的章节中已经介绍过非法策划药中较常见的一种——MDMA 或摇头丸。这种苯丙胺类药物属于一组种类很少却呈现出惊人增长态势的相关药物，这组药物还包括 3，4- 甲基二乙醇胺（MDEA）和 2-（4- 溴 -2，5- 二甲氧基苯）- 乙胺（BDMPEA）（Wu
418 et al.，2009）。它们能够增强使用者的听觉、视觉、味觉和触觉，并已经使用于夜店、通宵舞会（狂欢）或以男同性恋为主的大型集会（游行派对）。

AP Photo

新型娱乐药物如摇头丸的泛滥使司法系统有了更多的警觉。

苯环己哌啶（PCP 或五氯酚）可以通过鼻吸、吸食或静脉注射摄入体内，并会导致冲动性和攻击性。还有一种与苯环己哌啶相关并经常在“嗑药夜总会”出现的药物叫作氯胺酮［俗称 K 粉、超 K（Special K）和咔安定（Cat Valium）］，这是一种解

概念自测 11.2

判断以下关于兴奋剂的描述是否正确的（T）还是错误的（F）。

1. 怀孕妇女使用快克可卡因肯定会影响到胎儿。______
2. 有规律地使用兴奋剂会导致耐药性和依赖。______
3. 苯丙胺类药物曾被用来抑制食欲。______
4. 与其他药物相比，人们对咖啡因的反应是最多种多样的。______
5. 苯丙胺类药物是自然生成的药物，能够带来兴奋和精力充沛的感觉并可缓解疲劳。______
6. 兴奋剂只能在实验室中产生。______

离性麻醉剂，能够制造解离的感觉来降低对疼痛的觉察（Javitt & Zukin，2009）。γ-羟基丁酸（GHB或液体摇头丸）是一种中枢神经系统抑制剂，20世纪80年代曾在保健食品店销售用来刺激肌肉增长。小剂量使用时，使用者能够产生一种放松的状态并有言语增多的倾向，而剂量增加或者与酒精和其他药物同时使用则会导致痉挛、严重的呼吸抑制和昏迷。所有这些药物的使用都能导致耐药性和依赖，它们在青少年中的逐渐流行应该引起公共卫生部门的关注。

物质相关障碍的病因

▶ 哪些心理和生理过程会导致物质依赖？

我们知道虽然丹尼有着很好的个体发展潜力，但他却继续使用药物并带来损害。有很多不同的因素能够用来解释为什么像丹尼这样的人会持续使用药物。药物滥用与依赖曾一度被认为是"道德败坏"的结果，但现在则被认为是受生物和社会、心理因素的联合影响。

为什么有些人能使用精神活性药物而不滥用或对其产生依赖？为什么有些人能在对药物产生依赖后停止使用或在适度的剂量下使用而其他人尽管努力停止却仍将终身依赖？这些问题不断地吸引着全世界众多研究者的关注。

生物因素

在2007年，美国模特和电视名人安娜·妮可·史密斯（Anna Nicole Smith），被发现死于至少9种处方药物的超量使用，包括美沙酮、安定、镇静剂水合氯醛，这个不幸的新闻轰动媒体。这个悲剧还伴随另一个事实，就是仅仅几个月前，她唯一的儿子丹尼尔也显然死于过量使用药物。她的儿子是否从母亲那里遗传了对药物成瘾的易感性？或是他在与母亲共同生活多年后习得了这一习惯？儿子与母亲同时依赖于药物是否仅仅是一个巧合？

家族与基因影响

就像你在这本书中已经看到的那样，遗传总是以一种重要的方式对许多心理障碍产生影响。大量的证据表明，药物滥用通常都会遵循这一模式。相当数量的动物研究支持了遗传对物质滥用影响的重要性。对普通人、双生子、家庭和寄养者的研究显示，一些人可能具有药物滥用的遗传易感性（Strain，2009）。例如，关于吸烟的双生子研究发现，遗传能够产生中等程度的影响（例如，Hardie，Moss，& Lynch，2006；McCaffery，Papandonatos，Stanton，Lloyd-Richardson，& Niaura，2008）。然而，大多数关于药物滥用遗传影响的资料都来自对酗酒的研究，这类研究得到广泛开展的原因是酒精使用的合法性，而且对酒精产生依赖的人数众多。总之，研究显示遗传风险因素和所有改变心境的药物都具有交互作用（Strain，2009）。

在一个重要的双生子研究中，环境和遗传在物质使用、滥用和依赖中的作用得到了检验。研究者对超过1 000对的男性双生子进行了研究，询问了他们对大麻、可卡因、致幻剂、镇静剂、兴奋剂和阿片剂的使用情况（Kendler，Jacobson，Prescott，& Neale，2003）。结果显示，遗传在所有这些药物的使用中都存在影响。然而，对非法药物的使用主要受环境因素的影响，而滥用和依赖则可能主要受尚不明确的遗传因素的影响。因此，你是否会使用诸如可卡因或海洛因这样的药物可能取决于你暴露 419
在什么人或什么事的环境中，但你是否会对它们成瘾则主要建立在生物学基础上。随着对基因如何影响物质使用、滥用、依赖等研究的不断深入，下一个重要问题是这些基因是如何在成瘾过程中起作用的，这一研究领域被称为功能基因组学（Khokhar，Ferguson，Zhu，& Tyndale，2010）。

迄今为止，遗传学研究告诉我们物质滥用普遍受到自身基因的影响，但没有哪个基因会单独导致物质滥用或依赖。研究显示，遗传因素可能会对人们对某一药物的体验产生影响，这反过来可能决定哪些人会成为滥用者而哪些人不会。为了说明这些关系多么复杂，研究已经发现在西班牙裔和非洲裔美国人中的某些基因与海洛因成瘾有较大的关联（Nielsen et al.，2008）。

神经生物影响

一般来说，人们使用精神活性物质后的愉快体验部分解释了为什么人们会继续使用它们（Strain，2009）。从行为的角度说，人们使用药物的行为得到了正强化。但此种体验的机制是什么呢？很多复杂而精细的研究显示，大脑有一个天生调节我们奖赏体验的“快乐通道”。所有被滥用的药物似乎都会对这一内在的奖赏中枢产生影响。换句话说，精神活性药物的共同之处在于它们都有能激活这一奖赏中枢并带给使用者至少一时的快乐体验的能力。

快乐中枢是 50 年前由詹姆斯·奥尔兹（James Olds）发现的，他研究电刺激对老鼠大脑的影响（Olds，1956；Olds & Milner，1954）。如果用非常微弱的电流刺激大脑的某一特定区域，老鼠就会表现得好像得到什么令它们愉快的东西，如食物。人脑中这一区域的具体位置存在争议，但可以确定的是它包括多巴胺系统和阿片类－释放神经元，始于中脑腹侧被盖区，穿过伏隔核到达额叶皮层（Strain，2009）。

那些作用于不同神经递质系统的各种药物是如何全部汇聚于并激活基本由多巴胺神经元组成的快乐通道的呢？研究者刚开始寻找这个问题的答案，但近几年已得到一些惊人的发现。例如，苯丙胺类药物和可卡因可以直接作用于多巴胺系统，而其他药物则似乎能以更迂回和复杂的方式增加多巴胺的生物利用度。例如，大脑腹侧被盖区神经元通过 GABA 神经元来抑制持续的激活。GABA 神经元的存在可以避免我们持续地处于兴奋状态，它就像一个奖赏神经递质系统的“大脑警察”（brain police）或是超我。阿片类物质（阿片、吗啡、海洛因）抑制 GABA，又反过来阻止 GABA 神经元对多巴胺的抑制，从而使得在大脑快乐通道中有更多可用的多巴胺。那些刺激奖赏中枢的药物直接或间接包括苯丙胺类药物、可卡因、阿片剂、尼古丁和酒精（Strain，2009）。

这一复杂的图景离完成还差得很远。目前我们知道除了多巴胺之外还有其他神经递质——包括 5- 羟色胺和去甲肾上腺素——也参与脑奖赏系统（Khokhar et al.，2010）。接下来几年应该更多地研究药物与大脑的相互作用。一个有待解释的问题是药物如何在引起快乐体验（正强化）的同时也驱除了不愉快的体验，如疼痛、不适或焦虑（负强化）。阿司匹林就是一种负强化源：我们使用它并非因为它让我们愉快，而是因为它让我们不感到难受。同样的道理，精神活性药物的一个特性是它能让人们不再感到糟糕，这一作用与产生快乐同样强大。

在一些药物中，负强化与抗焦虑的作用，即减轻焦虑的能力（在镇静剂、催眠剂和抗焦虑药物部分有简要的介绍）有关。酒精就有抗焦虑的作用。这些药物减少焦虑的神经基础似乎与中隔－海马系统有关（Gray，1987），这一系统包括有大量的 GABA 敏感神经元。某些药物可以通过加强这一区域中 GABA 的活性而减少焦虑，从而抑制大脑对焦虑性情境的正常反应（焦虑或恐惧）（Gordis，2000；Pihl，Peterson，& Lau，1993）。研究者就人们对酒精不同的个体反应进行了区分。理解这些不同的反应是重要的，因为它们可以解释为什么一些人不停地使用药物以致产生依赖，而其他人在依赖发生前就会停止。很多研究将有酗酒家族史的人和没有酗酒家族史的人进行了比较（Gordis，2000），结果发现与不酗酒者的后代相比，酗酒者的后代在初次饮用酒精时可能更加敏感，并且在饮酒几小时后对酒精的作用更加不敏感。这一发现很重要，因为酒精引起的欣快感仅在饮酒后发生，但饮酒几小时后的体验通常是悲伤和抑郁。那些有酗酒危险的人（在这里是指酗酒者的后代）可能更容易享受饮酒最初带来的兴奋而对接下来的低迷更不敏感，这使得他们成为继续饮酒的理想人选。一项长达 10 年的追踪研究支持了这一结论，它发现那些对酒精较不敏感的人同时倾向于更猛烈、更频繁地喝酒（Schuckit，1994，1998）。

心理因素

我们已展示了物质使用对人们改变心境与行为的特殊效果。海洛因带来的兴奋与吸烟的感觉完全不同，而吸烟的感觉又不同于苯丙胺类药物或 LSD
的效果。然而，总结人们对大多数物质所产生的相 420
似的精神心理反应显得十分重要。

正强化

在某种程度上，使用精神活性物质能够带来愉快的感觉，于是人们继续使用药物来重获快感。研究结果清晰地显示，被人类使用或滥用的许多药物同样会使动物感到愉快（Young & Herling，1986）。实验室动物会为了得到如可卡因、苯丙胺类、阿片剂、镇静剂和酒精等药物的注射而劳作，这说明即使排除了社会和文化的影响这些药物也能带来愉快。

对人体的研究同样表明在一定程度上所有精神活性药物都能带来愉快的体验（Strain，2009）。此外，药物使用的社会效应可能会强化其使用，即使药物使用本身不会带来快感。一项研究发现如果在服药时给予金钱，被试对药片的选择会从安慰剂变为安定，虽然他们在一开始的时候偏好的不是安定（Alessi，Roll，Reilly，& Johanson，2002）。药物使用中的正强化以及围绕药物使用的情境都会影响人们对是否尝试和继续使用药物的判断。

负强化

大部分研究者都着眼于药物如何通过负强化减少不愉快的体验。许多人都是为了摆脱生活中的不快而开始并持续使用药物的。除了最初的欣快感，很多药物都能避免躯体的疼痛（阿片剂）、应激（酒精）或惊恐和焦虑（苯二氮卓类药物）。这一现象曾被冠以许多名字，包括缓解紧张、消极情感和自我治疗，每一个名字所关注的焦点都不同（Strain，2009）。

许多有关滥用与依赖观点的基本假设是物质使用成为使用者应对生活中不愉快感受的一种方法。例如，一项以 1 252 例从伊拉克退役的美军士兵为对象的研究发现，那些直接接触暴力战斗和人类创伤的人和那些对剥夺他人生命负直接责任的人均具有较高的频繁大量使用酒精的风险（Killgore et al.，2008）。经历其他类型的创伤，如性虐待，也较可能导致滥用酒精（Ullman，Najdowski，& Filipas，2009）。这些发现强调了在决定哪些人会有物质使用问题的因素中，影响滥用和依赖的因素涵盖各个方面，包括生物、心理、社会和文化。

在一项有关青少年通过物质使用缓解应激的研究中（Chassin，Pillow，Curran，Molina，& Barrera，1993），研究者将父母有酗酒问题的青少年与父母无酗酒问题的青少年进行了比较。这些青少年的平均年龄为 12.7 岁。研究者发现，在预测谁会使用酒精和其他药物时只有一个主要影响因素——父母中的一方有酒精依赖。不过他们还发现，有消极情感，如孤独、常哭泣，或紧张的个体比其他人更容易使用药物。研究者进一步确定青少年倾向于将使用药物作为应对不愉快感受的一种方式。这个研究和其他研究（例如，参见 Pardini，Lochman，& Wells，2004）显示，青少年药物使用的一个重要因素是希望逃避那些不愉快的体验。这些研究还表明，如果要防止人们使用药物，我们可能需要关注一些影响因素，如应激和焦虑。我们将在有关治疗的部分讨论这一策略。

很多使用精神活性药物的人在兴奋过后都会体验到一种崩溃。如果人们真的崩溃了，那他们为什么不停止使用药物呢？有研究者在巧妙地综合了正负强化的过程之后给出了一种解释（Solomon，1980；Solomon & Corbit，1974），即对抗过程理论。该理论认为在积极感受增加之后的短时间内往往伴随着消极感受的增加。类似地，消极感受增加之后也会伴随一段时间积极感受的增加（Skinner & Aubin，2010）。运动员在最终完成了一个长期奋斗的目标之后常感到失落。对抗过程理论声称，这一机制被不断使用所增强，而被停止使用所减弱。因此一个使用药物已有一段时间的人如果想达到相同的效果（耐受性）就需要更大的剂量。与此同时，药物使用之后的消极感受会变得更强烈。对于许多人来说，这就是使用药物的动机从对愉快感的需要变为缓解不断增加的不适感的关键。不幸的是，最好的治疗就是更多地使用同种药物。那些在过度饮酒后宿醉未醒的人常常被建议去喝一杯解宿醉的酒。具有嘲讽意味的是，能使你感到很糟的药物也正是能驱散你痛苦的药物。你能看到为什么人们被这一阴险的恶性循环所奴役。

研究者们还将物质滥用看作解决其他问题的一种自我治疗方式。例如，存在焦虑问题的人可能被巴比妥类药物或酒精所吸引，因为这些物质具有缓解焦虑的特性。在一个研究中，研究者成功地使用哌醋甲酯（利他林）治疗了一组对可卡因成瘾的 ADHD 患者（Levin，Evans，Brook，& Garawi，2007）。他们的假定是这些个体使用可卡因来帮助集中注意力。一旦能够通过哌醋甲酯改善注意力，使用者便可停止摄入可卡因。

认知因素

人们对药物所带来体验的期待影响着他们如何对药物做出反应。一个期望通过饮酒变得不那么害

421 羞的人，在饮用后会变得更开放，无论他饮用的是酒还是一种他认为是酒的安慰剂（Moss & Albery，2009）。这一我们如何看待药物使用会产生影响的现象被称为期望效应，并得到大量研究的关注。

期望在人们开始实际使用药物之前便已出现，这可能是受父母或同伴的药物使用、广告及媒体中药物使用榜样的形象影响的结果（Campbell & Oei，2010）。一项研究使用问卷大样本测查了七和八年级的学生，问卷的内容聚焦于他们对饮酒的期望。一年后，研究者追踪调查了同一批学生，来观察他们的期望是如何预测之后的饮酒行为的（Christiansen，Smith，Roehling，& Goldman，1989）。一个令人惊奇的发现是，仅一年之后这些学生中的饮酒行为就有显著的增加。在研究者第一次对他们进行测查时，约 10% 的学生每年喝醉 2～4 次。而第二年这一数字增加到 25%。而学生对于饮酒的期望也确实预测了之后哪些人会出现饮酒问题。那些认为饮酒会改善社交行为以及认知和运动能力（尽管所有的证据都与之相反）的学生更有可能在一年后出现饮酒问题。这些结果说明，青少年开始喝酒的部分原因可能是他们相信饮酒会带来积极的效果。

当对药物有更多的经验时，人们的期望会发生改变，尽管他们对酒精、尼古丁、大麻和可卡因（Simons，Dvorak，& Lau-Barraco，2009）的期望都是相似的。一些证据指出，积极的期望——相信使用药物会感觉良好——会间接影响药物使用问题。换句话说，这些信念能够增加你使用某种药物的可能性，从而增加出现药物使用问题的可能性。

人们在长时间或反复使用药物后，一旦停止使用就会产生被称为药物“渴求”的强烈欲望，这会干扰人们禁用药物的努力（Epstein，Marrone，Heishman，Schmittner，& Preston，2010）。如果你从未尝试过放弃冰激凌，然后发现你自己不得不吃一些，你就会多少对药物渴求有一定的认识。这些欲望似乎会被一些因素所触发，如药物的可获得性、接触与药物使用有关的事物和情境（如坐在酒吧里）、特定的情绪（如感到失落），或摄取很少量的药物。例如，一项研究利用虚拟现实设备向酒精依赖的成人提供视觉、听觉和嗅觉（蘸酒精的纱布）的刺激线索（Lee et al.，2009）。参与者能在所有酒精性饮料（如啤酒、威士忌、白酒）中、进餐中和饮酒环境（啤酒园、餐厅和酒馆）中进行选择。研究者发现，参与者在这些情境下对酒精的渴求显著地增加（Lee et al.，2009）。这种类型的技术很容易让内科医生去评估患者的问题，然后可以针对性地防止其复发。有研究正在试图找到药物渴求是如何在大脑中发生的，以及是否有一些特定的药物能够用来减少这一渴求并协助治疗（Skinner & Aubin，2010）。

社会因素

之前我们已经指出，暴露在精神活性物质的环境下是使用并可能滥用它们的一个重要先决条件。你可以列出很多将这些物质暴露给人们的方式——通过朋友、媒体等。例如，一项有关香烟广告影响的研究表明，在影响青少年是否吸烟的因素上，媒体的暴露作用可能比同伴压力更有影响力（Jackson，Brown，& L’Engle，2007）。

研究显示药物成瘾的父母在监管孩子上花的时间比没有药物问题的父母少（Dishion，Patterson，& Reid，1988），而且这被认为是导致青少年药物使用的一个重要因素（Barnes，Hoffman，Welte，Farrell，& Dintcheff，2006）。当父母不能提供适当的监管时，他们的孩子就容易与那些支持药物使用的同伴发展友谊。那些在家里受药物使用影响的孩子，同样可能暴露于使用药物的同伴。似乎存在一种与药物使用有关的永恒模型，它能够超越我们之前谈到的遗传的影响。

我们的社会如何看待那些药物成瘾的人呢？这一问题是极为重要的，因为它影响到这些药物在销售、制造、拥有和使用上的立法问题。它同样决定了药物依赖的个体被如何对待。有两种有关滥用与依赖的观点能够代表当前的看法：道德薄弱论和依赖的疾病模型。按照道德薄弱论的观点，药物使用被看作面对诱惑时自我控制失败的结果，这是一种心理社会的角度。药物使用者缺乏人格或道德力量来抵御药物的引诱。与此相反，依赖的疾病模型假设药物依赖由一种潜在的心理障碍导致，这是一种生物学的角度。正如不能将糖尿病或哮喘归罪于那些受苦的患者一样，药物成瘾也不能。匿名戒酒协会（AA）和类似的组织将药物依赖视为一种成瘾者不能控制的不能治愈的疾病（Kelly，Stout，Magill，Tonigan，& Pagano，2010）。

无论哪种观点，其本身都不能公正地解释影响物质障碍的心理社会和生物因素之间的复杂关系。将药物使用视为道德薄弱的结果将导致那些遭受痛苦的物质使用者受到惩罚，而疾病模型则包含了寻找治疗手段来解决这一医学问题的意味。这些认为物质使用是由于失去控制的解释有时会起反作用。关于受到社会广泛关注的物质相关障碍的合理的观点需要同时包括心理社会和生物影响。

422

文化因素

当你在不同的文化下审视同一种行为时，有必要重新界定什么是异常行为（Kohn，Wintrol，& Alareon，2009）。每一种文化对于精神活性药物以及对于所发现的不可接受物质的排斥有其自己的偏好。需要谨记的是，除了定义哪些是可接受的、哪些是不可接受的以外，文化规范也通过一种重要的方式影响着药物滥用和依赖的比率。如世界上一些地区贫困的经济条件会限制药物的可获得性，这部分说明了墨西哥和巴西相对较低的药物滥用患病率（de Almeidia-Filho，Santana，Pinto，& de Carvalho-Neto，1991；Ortiz & Medicna-Mora，1988）。

在某些文化中，如韩国，社会成员在一些特定的场合被期望大量饮酒（C. K. Lee，1992）。正如之前我们所看到的，暴露在这些物质下，再加上大量且频繁使用的社会压力可能促进人们的滥用，这可以用来解释为什么像韩国这样的国家会有如此高的滥用率。这种文化影响为探索基因－环境交互作用提供了一个有趣的文化实验。亚洲人更可能携带 ALDH2 基因，它可以在饮酒之后引发严重的“脸红”效应（脸色通红）。这种脸红效应可以部分解释人口中相对较低的饮酒率。然而，在 1979—1992 年之间——喝酒因寻求社交而增加，酒精滥用一直在增加（Higuchi et al.，1994）。ALDH2 基因的保护性价值因文化标准的变化而减小（Rutter，Moffit，& Caspi，2006）。

文化因素不只会影响药物滥用的比率，还会决定它的表现形式。研究显示，波兰与芬兰的酒精消耗相对较低，但相对于有同样酒精消耗比例的荷兰而言，其与饮酒有关的冲突以及酒后被捕则很多（Osterberg，1986）。我们对于期望的讨论可以对为何等量饮酒却产生不同行为表现这一现象提供一些更深入的见解。对于酒精使用效果的期望因文化而异（如“饮酒使我更好斗”或“饮酒使我更退缩”），这些不同的期望可以部分解释在波兰、芬兰和荷兰饮酒所带来的不同结果。物质使用是否被看作一种有害的机能障碍常取决于不同文化团体的假定。

一个整合模型

任何有关物质使用、滥用和依赖的解释都必须说明本章开始时提出的这一基本问题：为什么一些人使用药物但并不滥用或变得依赖？图 11-6 说明了我们讨论过的这些多重影响因素是如何相互影响并导致这一过程发生的。药物可获得性对于滥用和依赖而言是一个必要条件，但显然还不足够。暴露有许多来源，包括媒体、父母、同伴以及一些更间接的因素，如缺乏监管。人们是否使用一种药物还取决于社会与文化的期望，这些期望中一些起促进作用，一些起阻碍作用，如反对拥有或贩卖药物的法律。

从药物使用到滥用和依赖的过程更加复杂（图 11-6）。重大的应激源能恶化许多我们之前讨论过的障碍，同样也会增加滥用和依赖精神活性物质的危险。遗传影响可能有很多不同的方式。一些个体可能遗传了对某些药物效果更强的敏感性；另一些个体则可

©W. Perry Conway/Corbis

在许多文化中，酒精被用在庆祝仪式中。

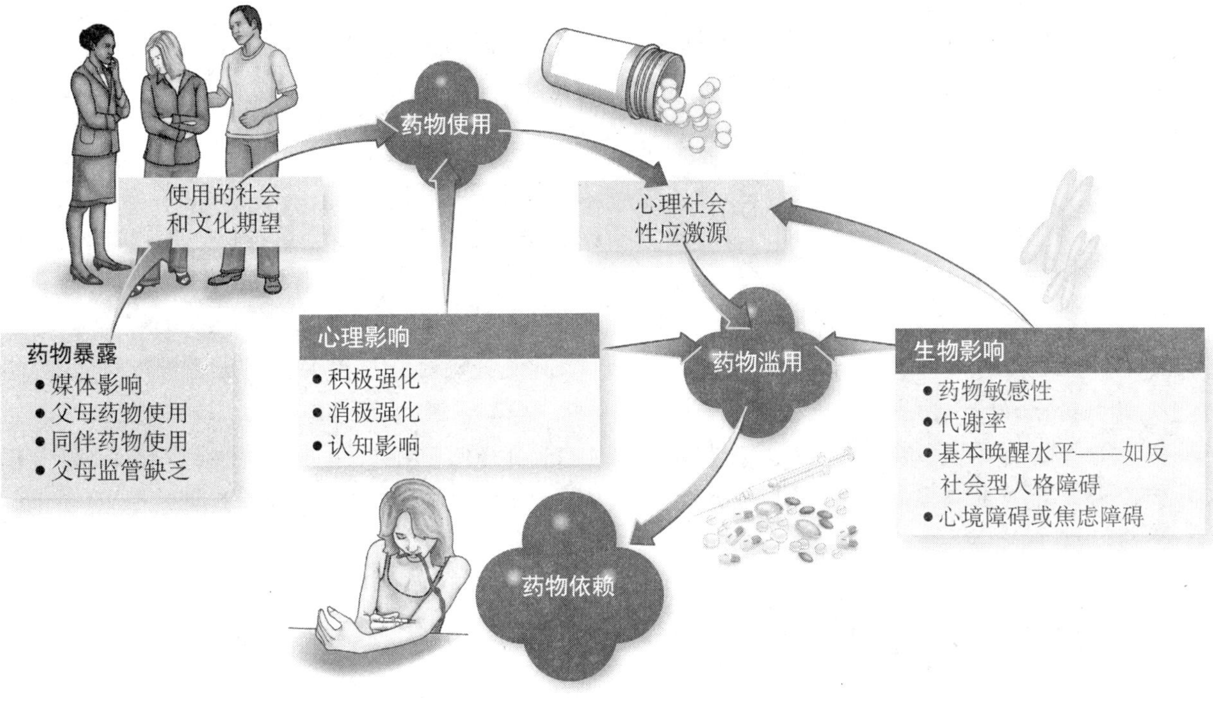

图 11-6 一个物质相关障碍的整合模型

能遗传了更快的药物代谢能力，从而能够耐受更高（也更危险）的等级。其他一些精神病学因素可能间接将某人置于滥用物质的危险中。反社会型人格障碍，其特点是频繁地违反社会规范（见第 8 章）。这种人格障碍的患者被认为有较低的唤醒水平，这可能可以解释这一群体中很高的物质滥用比率。心境障碍或焦虑障碍患者自己使用药物来减轻消极症状，这也可能可以解释此类患者中较高的物质滥用率。

我们也知道持续使用某种物质可以通过神经可塑性过程来改变大脑工作方式。随着物质的持续使用，如酒精、可卡因，或者其他我们在本章中涉及的物质，大脑会自我重组来适应这种物质。不幸的是，这
423 种大脑改变增加了获得药物的驱力并降低了对非药物体验的渴求——两者共同促进药物的持续使用和复发（Russo，Mazei-Robison，Ables，& Nestler，2009）。

很明显，滥用和依赖不能由单一的因素进行预测，如遗传、神经生物、心理或文化因素。例如，某些基因与许多物质滥用问题有关，但一些人虽然有这些基因却并不会成为滥用者。许多人都曾经遭受过最令人崩溃的应激，如一贫如洗或偏执和暴力，但他们并没有用药物来应对这些问题。有很多不同的方式能导致滥用，我们现在才仅仅开始辨认它们基本的轮廓。

一旦一种药物被反复使用，生物和认知因素将共同导致依赖。对大多数药物而言，持续使用会带来耐药性，这要求使用者摄入更多的药物来得到相同的效果。环境也是一个影响因素。如果对药物的愉快体验与一些特定的情境相关联，那么再次回到这一情境将会导致欲望的萌动，就算周围并没有药物的存在。

概念自测 11.3

第一部分

请将下列描述与对应的兴奋剂进行匹配：（a）阿片类物质；（b）苯丙胺类药物；（c）可卡因；（d）致幻剂；（e）尼古丁；（f）咖啡因。

1. 因为其合法性，这是一种最常见的精神活性物质，它能够提振情绪并缓解疲劳。在很多饮料中都能发现它的踪影。________
2. 这一物质会导致欣快、食欲丧失和警觉性增加。依赖通常发生在使用多年以后。对此成瘾的女性所产下的婴儿存在易激惹的倾向。________
3. 这些药物，包括LSD，影响知觉并扭曲触觉、视觉、听觉和嗅觉。________
4. 它们会导致欣快、困倦和呼吸减缓。这些物质被用来缓解疼痛。使用者倾向于对使用行为保密，这阻碍了对这一领域的广泛研究。________

5. 这一物质能刺激神经系统并缓解应激。DSM-IV-TR用对该物质戒断症状的描述替代了对中毒的描述。________

6. 它们能带来兴奋和精力充沛的感觉并能缓解疲劳。它们被用来治疗嗜睡症和ADHD的患者。________

424

第二部分

判断以下关于物质相关障碍病因的描述是正确的（T）还是错误的（F）。

7. 物使用能够避免疼痛、应激和惊恐等负面因素，因此导致的药物持续使用与负强化有关。________

8. 对于动物和人类的研究都显示，物质滥用通常会受到我们基因的影响，虽然不是某一特定的基因。________

9. 媒体和父母对青少年的药物使用没有影响；同伴压力是唯一的影响因素。________

10. 期望效应的表现是当一个人对饮酒的期望更开放时，使用安慰剂后其行为/感受表现正常。________

11. 在一定程度上，所有的精神活性物质都能带来愉快的体验，并导致正强化。________

物质相关障碍的治疗

➤ 哪些心理治疗和药物治疗适用于物质相关障碍？

当我们告别丹尼时，他正在监狱中等待对其过失杀人罪的法律判决。在人生中的这一刻，丹尼需要的远不只是法律援助，他还需要从对酒精和可卡因的成瘾中解脱出来。而康复的第一步必须由他自己迈出。丹尼必须承认他需要帮助，承认他的确有药物问题并需要其他人帮他克服这一长期依赖。在物质滥用的治疗中，个人对解决物质问题的动机是一个基本条件（Miller，2009）。所幸的是，（最终）被捕似乎震动了丹尼并促使他认识到问题的严重性，并且做好了应对当前问题的准备。

治疗那些有物质相关障碍的人是一项困难的工作。这可能是因为所有影响因素联合起作用使人们被成瘾困住，药物依赖者的前景通常都不太乐观。例如，我们在海洛因成瘾的案例中会看到，最佳的结果也仅是将一种成瘾（海洛因）换为另一种成瘾（美沙酮）。而且即使是成功停用药物的人也可能会终身受到重新使用药物的欲望的折磨。

对物质相关障碍的治疗着眼于几个方面。有时治疗的第一步是帮助患者度过戒断阶段，正规的最终目标是禁用。在另一些情况下，治疗目标是使患者的药物使用保持在一定的水平而不再加重，有时这与防止药物的暴露相联系。由于物质滥用由诸多的影响因素引起，对物质相关障碍患者的治疗并不是简单地找出正确的药品或找到改变思想或行为的最佳方法也就不奇怪了。

重要的一点是，有严重物质使用障碍的人群中只有不到25%的人会寻求问题的解决（Dawson et al.，2005）。为了能够接触到这些人，需要努力在一些地方进行物质相关障碍筛查，如医生办公室、医院急诊室，甚至大学校医院。这种社会性的方法在识别问题及给予这些人治疗方面是一个很重要的部分（Tucker，Murphy，& Kertesz，2010）。

我们将物质相关障碍的治疗放在一起，因为这些治疗方法有非常多的共同之处。例如，许多针对不同物质依赖患者的治疗计划都同样教授应对生活应激的技巧，一些生物治疗都关注如何减少所摄入物质的影响。以下我们将对此加以讨论。

生物治疗

有很多基于生物基础的方法主要被用来改变使用者对物质的体验。换句话说，科学家试图找到一种方法来阻止人们体验到与药物使用有关的愉快和兴奋，或找到一些有积极作用（如减低焦虑）却不会成瘾的物质作为替换。

激动剂替代

随着对精神活性药物如何作用于大脑的更多了解，研究者开始探索改变成瘾者对药物体验的途径。其中一种方法是**激动剂替代**（agonist substitution），即给人们提供化学构成与成瘾药物相似的安全药物（因此被称为激动剂）。美沙酮作为一种阿片激动剂常被作为海洛因的替代品使用（例如，Schwartz et al.，2009）。然而当使用者对美沙酮产生耐药性后，它就失去了止痛和镇静的效果。由于海洛因和美沙酮作用于相同的神经递质，会产生交叉耐受，因此海洛因成瘾者使用美
425 沙酮后会对美沙酮成瘾，但是并不是每个人都会出现这种现象（Maremmani et al.，2009）。研究显示当成瘾者在医生的指导下联合使用美沙酮时，很多人会减少他们对海洛因的使用量，并减少犯罪行为（Schwartz et al.，2009）。一种新的激动剂——丁丙诺啡——可以阻断阿片类物质的效果，可能比非阿片类物质或阿片物质拮抗剂有更好的依从性（Strain et al.，2009）。

吸烟上瘾也可以用替代法进行治疗。为吸烟者提供的药物形式有口香糖、贴片、吸入剂或鼻吸剂，这些产品不含有烟草中的致癌物质，其使用剂量会逐渐减少以减轻药物的戒断症状。大体上，这些替代疗法能成功地帮助吸烟者戒烟，但是这些方法和支持性心理治疗相结合则效果最佳（Hughes，2009）。人们必须学会如何正确使用这种口香糖，一部分人能够成功戒烟而对口香糖本身产生依赖（Etter，2009）。尼古丁贴片是一种需要更少的努力并提供更稳定尼古丁替代的产品，这在一定程度上可以更有效地帮助人们戒烟（Hughes，2009）。另外一个对吸烟的医学治疗方式——安非他酮（耐烟盼）——也通常被使用，它的商品名威博隽，是一种抗抑郁剂。这种药物对尼古丁没有激动作用而是控制兴奋（不是通过让吸烟者改善抑郁来达到戒烟）。

拮抗剂治疗

我们介绍了很多精神活性药物能够与大脑中的神经递质系统产生交互作用从而带来欣快的感觉。如果这些药物的效果被阻断，继而无法带来欣快的感觉会发生什么呢？人们会停止使用这些药物吗？**拮抗剂**（antagonist drugs）能够阻断或中和精神活性药物的效果，而且已经有很多看上去能抵消阿片剂效果的药物被用来治疗对不同物质产生依赖的人。最常用的阿片拮抗剂是纳曲酮，但它在治疗没有同时加入结构化治疗计划时效果有限（Krupitsky & Blokhina，2010）。阿片剂依赖者使用这种药物时，会立即产生戒断症状，一种极度不适的反应。在使用纳曲酮之前，患者必须完全消除这些戒断症状，而且纳曲酮会消除阿片剂的欣快感，因此使用者继续接受治疗的动机必须很强。阿坎酸似乎也可以降低酒精依赖者的渴望，那些对参加心理干预具有强烈动机的人群效果更好（Kennedy et al.，2010）。这种药物作用于脑的机制仍旧还不清楚（Oslin & Klaus，2009）。

总而言之，纳曲酮和其他一些正在被开发的药物并不是能够切断成瘾者对精神活性药物的反应并结束依赖的神奇武器。它们只能在药物滥用者更好地处理戒断症状以及与停药后出现的对药物的渴望方面有些帮助。因此，拮抗剂可以被作为其他治疗的有益补充。

厌恶治疗

除了寻找能阻断精神活性药物产生欣快感的方法，这个领域的研究者们还会用一些能使摄入被滥用物质变得极不舒适的处方药物。这种方法的假设是，将不适的感觉与药物联系在一起将会避免人们使用这种药物。最为人们所熟知的厌恶疗法是使用戒酒硫（安塔布司）来治疗酒精依赖的患者（Ivanov，2009）。戒酒硫能阻止酒精的副产物——乙醛的分解，乙醛在体内的聚集会造成不适的感觉。使用戒酒硫后饮酒的人会感到恶心、呕吐，以及心率和呼吸的加速。最好的情况是，患者每天早晨在想喝酒的念头出现以前服用戒酒硫。不幸的是，患者的服从性存在很大问题，而一个人如果几天没有服用戒酒硫就可能复发。

吸烟的厌恶治疗包括在糖果或口香糖中加入硝酸银。这种化学物质与吸烟者的唾液结合后可以在嘴里产生一种难闻的味道。不过，还没有研究能证明其有显著的效果（Jensen，Schmidt，Pedersen，& Dahl，1991）。针对酗酒者的戒酒硫和针对吸烟者的硝酸银一般都无法作为有效的策略被单独使用，这主要是因为它要求人们在没有精神卫生专家监管时，也有极强的动机来坚持使用。

其他生物学方法

在帮助人们应对频繁恼人的戒断症状时，经常

激动剂替代　用一种药物来取代患者依赖的药物，它有相似的化学效果。用于对物质依赖的治疗。

拮抗剂　一种可阻断或中和精神活性物质效果的药物。

会用到药物治疗。可乐定，一种降血压药，被用来治疗人们的阿片剂戒断。由于戒断某些处方药物，如镇静剂，会导致心搏骤停和痉挛，因此这些药物需逐渐减量以尽量减少危险的发生。另外，镇静类药物（苯二氮卓类药物）经常被用来最大限度地降低人们对其他药物，如酒精戒断的不适感（Sher，Martinez，& Littlefield，2011）。

心理社会治疗

大部分针对物质滥用的生物治疗都会对那些试图消除药物使用习惯的人有所帮助。然而，没有哪一种
426 治疗能单独对所有人奏效（Schuckit，2009b）。已有的研究大都表明社会支持或治疗性的干预是必需的，因为有如此多的人需要帮助以战胜他们的物质障碍，因此很多的模式和方案被发展出来。不幸的是，在心理学中无论哪个领域都没有出现被广泛应用的经过验证或检验的治疗方法。需要指出的是，没有经过研究验证的方案并不意味着它没有效果，但有相当多数量的人在接受效果未知的治疗服务应该得到关注。下面我们将回顾一些已经被验证有效的治疗途径。

住院治疗

第一个专门为物质滥用者服务的医疗设施成立于1935年，当时第一个联邦镇定“农场”在肯塔基州的莱克星顿市建立。现在这类设施大部分为私人机构，它们被用来帮助人们度过最初的戒断期并提供支持性的治疗以使患者回归社区（Morgan，1981）。住院治疗的费用极为昂贵（Bender，1981）。而患者如果在门诊接受治疗，其花费可以减少90%。因此接下来的问题是如何能使这种治疗对门诊患者也有效。研究显示，密集式居住设置计划和优质的门诊治疗对酗酒患者的治疗效果并没有差异（Miller & Hester，1986），而对于普通的药物治疗而言也同样没有差异（Guydish，Sorensen，Chan，Werdegar，& Acampora，1999；Smith，Kraemer，Miller，DeBusk，& Taylor，1999）。

匿名戒酒协会及类似组织

毫无疑问，最著名的物质依赖治疗模式是从匿名戒酒协会（Alcoholics Anonymous，AA）的十二阶段计划演变而来的。AA是由两名“资深”的酗酒者威廉·威尔逊（William “Bill W” Wilson）和罗伯特·史密斯（Robert “Dr.Bob” Holbrook Smith）在1935年建立的，它的基本理念是酗酒是一种疾病，而酗酒者必须承认自己对酒精成瘾以及酒精对他们具有毁灭性的力量。这一成瘾的力量似乎比任何人都强大；正因为如此，成瘾者必须寻找一种更强大的力量来帮助他们走出泥沼。AA计划设计的核心是其独立于已经存在的医疗团体，把参与者从酗酒的污名中解放出来（Denzin，1987；Robertson，1988）。在AA的小组聚会中，一个重要的内容是它所提供的社会支持。

1935年以来，AA得到了稳定而广泛的发展，在超过100个国家拥有近106 000个小组（White & Kurtz，2008）。在一项调查中，超过9%的美国成人表示他们至少参加过一次这样的聚会（Room & Greenfield，2006）。AA的十二阶段计划有着自己的哲学基础（表11-1）。从中你可以看到对祷告的信任和对上帝的信仰。

表11-1　　AA的十二阶段计划建议

1. 我们承认酒精比我们更强大——这使得我们的生活变得一团糟。
2. 相信有一个比我们更强大的力量能使我们恢复身心健康。
3. 下决心使我们的生活和愿望处于上帝的照料之下，就像我们对他一贯的了解一样。
4. 对自己做一个检查并列出无畏的道德清单。
5. 向上帝、向自己、向他人承认我们是有错误的。
6. 做好完全的准备让上帝去除性格中的所有缺陷。
7. 谦逊地请求上帝去除我们的缺点。
8. 列出我们曾伤害过的所有人的名单，并愿意向他们做出补偿。
9. 只要有可能就向这些人做出直接补偿，除非这样做会伤害他们或其他人。
10. 继续进行个人反思，一旦犯错要立即承认。
11. 通过祈祷和冥想来改善与上帝意识上的联系，就像我们对他一贯的了解一样，不断祷告我们对上帝意志的认识和实现这一点的力量。
12. 在经历了这些阶段有了灵性的觉悟以后，我们将这些信息带给其他酗酒者并且在日常生活中实践这些原则。

资料来源：The Twelve Steps are reprinted with permission of Alcoholics Anonymous World Services (AAWS). Permission to reprint the Twelve Steps does not mean that AAWS has reviewed or approved the contents of the publication or that AAWS necessarily agrees with the views expressed herein. AA is a program of recovery from alcoholism only—use of the Twelve Steps in connection with programs and activities which are patterned after AA, but which address other problems, or in any other non-AA context, does not imply otherwise.

对 AA 及类似组织，如匿名可卡因戒断协会和匿名镇静剂戒断协会的评价褒贬不一（Miller, Gold, & Pottash, 1989）。许多人相信这种方式能拯救他们的生命，而另一些人则反对这种精神依赖的观点，并认为认可这种治疗模式会滋生依赖的土壤。虽然还没有足够的数据证明有百分之几的人通过参加 AA 而停止使用酒精，但研究发现那些定期参加 AA 活动或其他相似的支持性计划，并且认真服从其指导方针的人更有可能获得积极的结果（Moos & Moos, 2007）。AA 可以作为对酒精依赖患者中有强烈动机者的有效治疗方式。然而我们还不清楚，在 AA 中谁更可能成功而谁更可能失败。对于那些不想以 AA 模式的十二阶段计划为戒断导向的人，他们可以参加现存针对个人的其他组织（如理性回归组织、节制饮酒管理协会、女性成瘾康复协会、自我管理和恢复训练组织）（Tucker et al., 2010）。

控制性使用

AA 的宗旨之一是完全的节制，康复的酗酒者就算只是尝了一小口酒也会被认为是“失足”直到他
427 再次达到禁用。然而，一些研究者质疑这些假设并且相信至少有部分某些物质（特别是酒精和尼古丁）使用者不会重新滥用这些物质而仅仅是社交性使用而已。

在酗酒治疗领域，关于教导人们**控制性饮酒**（controlled drinking）的观点存在着极大的争议，部分原因是，有研究显示，教导严重滥用者有限度地饮酒仅取得了有限的成功（Sobell & Sobell, 1978）。参与者是在州立医院进行戒酒治疗的被认为是预后较好的 40 名男性酗酒者，他们被分为两组，一组的治疗计划是教导患者如何适度饮酒（实验组），另一组的治疗计划是教导患者完全戒除（对照组）。研究者索贝尔夫妇（Mark sobell 和 Linda Sobell）对参与者进行了超过两年的追踪，并成功与 80% 的人保持联系。在治疗后的第二年，控制性饮酒组的参与者在 85% 的时间里都能保持良好的机能，而在完全戒除组的参与者中这一比率仅为 42%。尽管两个组的治疗效果差异显著，但两个组中都有一些人存在严重的复发现象，并需要住院治疗，其中一些被监禁。这个研究的结果显示，对一些酗酒者而言，控制性饮酒是在戒除酒精以外一种可行的方法，尽管它很显然并不能达到治愈的效果。

对索贝尔研究的争论始于发表在权威杂志《科学》上的一篇文章（Pendery, Maltzman, & West, 1982），文章的作者在 10 年后与索贝尔研究的参与者取得了联系，发现实验组的 20 人中只有 1 人仍在保持控制性饮酒。尽管这一再评估成为头条并在《60 分钟》电视节目中播出，但它也有很多问题（Marlatt, Larimer, Baer, & Quigley, 1993），最大的缺陷是缺少禁用组在同一个 10 年期间的跟踪数据。由于没有一个关于物质滥用治疗的研究会企图帮助所有参与者，因此研究中会加入对照组以便对治疗进程加以比较。在这个案例中，我们需要知道与禁用组相比，控制性饮酒组的情况会有多好。

在美国，对索贝尔研究的质疑对将控制性饮酒作为一种治疗酗酒的方法的热潮起到了冷却作用。与此相反，在英国控制性饮酒作为治疗酗酒的一种方法得到了广泛认可。尽管存在反对意见，但对这种方法的研究在近几年一直没有间断过（例如，Orford & Keddie, 2006）。研究结果显示，控制性饮酒与戒除似乎同样有效，但在长程治疗后没有任何一种方法能对 70% ～ 80% 的参与者起到作用——这对有酒精依赖问题的人来说是一个相当黯淡的前景。

综合治疗

大多数旨在帮助物质滥用和依赖患者的综合治疗方案都包含很多不同的成分，这些成分从不同方面加强了“治疗包”的有效性。在对生物治疗的回顾中我们看到，当在生物治疗中加入以心理学为基础的疗法时，其效果会更好。在以条件作用模型为基础的厌恶治疗中，物质使用是与一些令人极度不愉快的事一起出现的，如一个短暂的电击或恶心的感觉。例如，一个人想要一杯酒，但他的嘴唇接触到酒杯时就会受到一次痛苦的电击。这样做的目的是将与物质有关的正性体验和负性体验联系起来。这种负性联系也可以通过想象不愉快的场景来获得，其专有名称为内隐致敏（Cautela, 1966）；一个人可以在头脑中描绘自己开始吸食可卡因的场景，然后被自己变得病入膏肓的景象所打败（Kearney, 2006）。

控制性饮酒 一种对酒精依赖极具争论的治疗方法，它教导严重酗酒患者只饮用少量的酒。

在物质使用治疗中很有价值的一个成分是意外事件管理（Higgins，Sigmon，& Heil，2008）。在这里，临床医生和患者共同选取需要改变的行为，并且一起决定达到某个目标的强化物，可以是钱或一些小物品如CD。在对可卡因滥用者的研究中，如果患者的尿样检验结果为可卡因阴性，他就会得到代金券（几乎多达2 000美元）一样的奖励（Higgins et al.，2006）。这项研究发现，在可卡因依赖者中，使用意外事件管理和一些其他技巧训练比使用较传统的包括十二阶段治疗计划在内的治疗方案有更高的戒断率。

另一种治疗叫作社区强化法（Higgins et al.，2008）。影响物质使用的因素有很多，与此相一致，药物问题的许多方面都被用来帮助识别和纠正个体生活中可能强化药物使用或干扰戒除效果的各种因素。第一，患者没有物质问题的配偶、朋友或亲属被招募参与到关系治疗中，以帮助患者改善与重要他人之间的关系。第二，教导患者如何确认影响药物使用因素的先后关系。例如，如果患者与某些朋友在一起时更可能使用可卡因，那么就要教导他们识别这一关系并鼓励他们避免这种联系。第三，向患者提供职业、教育、财政及其他社会服务上的帮助以减少他们的应激。第四，以新的娱乐选择来帮助患者用新的活动替代药物使用。关于针对酒精和可卡因滥用者的社区强化法的初步研究结果是令人鼓舞的（Higgins et al.，2008）。

影响物质使用和依赖成功治疗的障碍包括患者对问题缺乏个人认识和不愿意改变。越来越常见的干
428 预方法可以直接解决这些问题，如动机访谈（Miller，2009）。动机访谈是基于米勒和罗尔尼克（Miller & Rollnick，2002）的工作，他们提出成人的行为改变更可能与共情和乐观咨询联系在一起（治疗师理解患者的观点并相信他是能够改变的），并认为应该聚焦于个人和患者的核心价值的联结（如饮酒和饮酒对他与家人在一起时间的影响）。通过提醒患者认识到他最珍贵的东西，动机访谈可以提升患者的信念，即任何改变（如减少饮酒）都会产生积极的结果（更多和家人在一起的时间），从而使个人更可能做出改变。动机访谈被用于帮助有一系列物质使用问题的人，它是一个可以加入心理治疗中的有用成分（Lundahl，Kunz，Brownell，& Burke，2010）。

认知行为治疗（CBT）是一个对许多心理障碍都有效的治疗方法（例如第4章），它也是在物质依赖治疗中被设计和研究最多的治疗方法之一（Carroll，2008；Sher et al.，2011）。这个治疗方法从多角度去解释障碍，包括对物质使用线索（如在某些朋友中）的个人反应（Ferguson & Shiffman，2009），和抵抗使用的思维和行为（Wiser et al.，2008）。CBT的另外一个目标是处理复发问题。马拉特和戈登（Marlatt & Gordon，1985）的**复发预防**（relapse prevention）治疗模型注重依赖的习得方面，并将复发视为认知和行为应对技巧的失败（Witkiewitz & Marlatt，2004）。这一治疗包括帮助人们通过检查对药物积极方面的信念（“没有任何东西能像可卡因一样令人兴奋”）和面对物质使用的消极后果（“当变得兴奋时，我会与妻子打架”）来消除任何关于停止药物使用的矛盾情绪。高风险的情境得到确认（口袋里有额外的钱），应对潜在问题情境的策略和应对由戒断引起的渴求增加的策略得以发展。该治疗将复发视为个体能够克服的偶发事件，而不认为这一插曲将不可避免地导致更多的药物使用。也就是说中，在治疗中人们被鼓励将复发视为由暂时的应激或情境带来的一段插曲，而这些应激或情境是可以改变的。研究表明，这一技术的使用可能对治疗酒精问题（Irvin，Bowers，Dunn，& Wang，1999）和一些其他物质使用障碍（例如，参见Burleson & Kaminer，2005）特别有效。

预防

在过去的几年，预防物质滥用和依赖的策略从以教育为基础的方法（如对学生进行药物有害的教育）向更多元的方法转换，包括与药物拥有和使用有关的立法的改变以及以社区为基础的干预（Sher et al.，2011）。例如，美国很多州都已经在学校贯彻执行了以教育为基础的计划来阻止使用药物。使用范围更广的DARE项目（药物滥用抵抗教育）鼓励在对药物使用后果的畏惧中传递出“杜绝药物使用”的信息以及在有人提供药物时加以拒绝的策略。不幸的是，一些大型的评估显示这类项目并没有取得预期的效果（Pentz，1999）。

所幸还有更多综合项目出现，包括避免或抵抗社会压力（如同伴压力）和环境压力（如媒体中描述的药物使用）的技巧训练，这些项目中必定有一些能有效预防药物滥用。例如，一个大型的量表追踪研究使用以社区为基础的干预策略来减少宿醉和与酒精相关的伤害（如车祸、攻击）（Holder et al.，

2000)。有三个社区被动员鼓励负责任地提供饮品服务(如不向酒吧顾客销售过多酒精),禁止未成年人使用酒精,加强有关酒后驾车的地方法律的力度,以及使用区域条例来限制酒精的使用。通过自我报告的调查发现,干预后社区成员饮酒过多和酒后驾车的行为得到减少,与酒精有关的事故和袭击也同样得以减少。

从最有力的预防措施中,我们可以看到文化的变迁。大约 25 年以前,我们从"开启、高潮和解脱""只要感觉好就去做"和"我不用靠朋友的帮助"的社会文化进入倡导"对药物说不"这类陈述的社会文化。社会对饮酒、吸烟和其他药物使用的不接受可能与这一转变有关。

贯彻这些干预方案显然不是一个研究调查者能够做到的,即使是很多机构研究人员的协作也很难实现,这要求政府、教育,甚至是宗教机构的通力合作。我们或许需要重新思考这些预防药物使用和滥用的方法(Cook,1993,p.1750)。

概念自测 11.4

将以下陈述与各选项配对以检测你对物质相关障碍治疗的理解:(a)依赖;(b)交叉耐受;(c)激动剂替代;(d)拮抗剂;(e)复发预防;(f)控制性饮酒;(g)厌恶治疗;(h)内隐致敏;(i)意外事件管理;(j)匿名。

1. 因为一个消极但有缺陷的实验结果,________成为针对酒精滥用的一种有争议的治疗,同时也因为其与完全戒断信念之间的分歧。
2. 用美沙酮帮助海洛因成瘾者改变习惯的方法称为________。 429
3. ________能够阻断药物或抵消精神活性药物的作用,有些对治疗成瘾者是有效的。
4. 在________中,临床医生和患者一起工作决定哪些行为是患者需要改变的,以及哪些强化物可以作为达到预设目标的奖赏。
5. 对AA的有效性很难进行严谨的评估,因为其参与者都是________的。
6. 在________的过程中,物质使用与一些极度不适的事物联系起来(如酒精和戒酒硫带来的呕吐)。
7. 海洛因和美沙酮存在________,即它们作用于相同的神经递质受体。
8. ________模型的治疗包括通过检验与药物使用有关的积极和消极的信念以消除患者对停止药物使用的矛盾情绪。
9. 通过在头脑中描绘不愉快的场景,________技术帮助个体将药物使用与药物的消极作用联系在一起。
10. 不幸的是,海洛因成瘾者可能会终身________美沙酮。

冲动控制障碍

> DSM-Ⅳ-TR 中列出的冲动控制障碍的种类有哪些?

在本书开始时我们介绍的很多障碍都与不可遏制的冲动有关——这一情况最终通常会给个体带来伤害。冲动控制障碍的典型特征是在导向行为中经历逐渐增加的紧张感和有时伴有愉快渴望的冲动行为。例如,性偏好障碍如恋童癖(性吸引对象为儿童)、进食障碍和本章的物质相关障碍常常由破坏性且很难遏制的诱惑或渴望开始。DSM-Ⅳ-TR 中有五种附加的冲动控制障碍(被称为"未分类的冲动控制障碍"),它们不被包括在其他类别中,分别是间歇性暴怒障碍、偷窃癖、纵火癖、病理性赌博和拔毛癖(Moeller, 2009; Nock, Cha, & Dour, 2011)。

间歇性暴怒障碍

间歇性暴怒障碍(intermittent explosive disorder)的患者发病期间会出现冲动的侵犯性行为并导致对物品严重的攻击或破坏(Coccaro & McCloskey, 2010)。即便排除其他障碍(如反社会型人格障碍、

复发预防 通过教导患者怎样应对未来生活中不安情景来延长治疗过程。

间歇性暴怒障碍 患者发病期间会出现冲动的侵犯性行为并导致对物品严重的攻击或破坏。

REUTERS/Lee Celano/Pool/Landov

2002 年演员薇诺娜·赖德因从贝弗利山的一家百货公司偷走了价值几千美元的物品被判有罪。

边缘型人格障碍、精神病性障碍、阿尔茨海默病）或物质使用的影响，在普通人群中侵犯的爆发也经常出现，因此间歇性暴怒障碍极少被诊断。少见但是非常重要的一个针对超过 9 000 人的研究发现，间歇性暴怒障碍的终身患病率是 7.3%（Kessler et al.，2006）。

这种疾病的诊断也充满争议，争论贯穿整个 DSM 发展过程。在众多观点中，有一个观点认为，通过一个涵盖攻击行为的一般类别，它可能被作为所有暴力犯罪的一种法律保护——精神错乱（Coccaro & McCloskey，2010）。

关于这一障碍的研究也仅处在起步阶段，并集中于神经递质的影响，如 5- 羟色胺、去甲肾上腺素和睾酮水平，以及这些神经递质的影响与心理社会因素影响（应激、混乱的家庭生活、教养方式）的交互作用。这些因素的影响与其他一些影响不断被评估并用来解释疾病的成因（Moeller，2009）。用认知行为干预（如帮助患者识别并避免侵犯爆发的“触发点”）以及由药物治疗延伸而来的方法进行治疗的效果最佳，尽管还没有对照研究对其进行检验（McCloskey，Noblett，Deffenbacher，Gollan，& Coccaro，2008）。

偷窃癖

富有的女演员薇诺娜·赖德（Winona Ryder）的故事既让人困惑又让人好奇，她在加利福尼亚贝弗利山的萨克斯第五大道百货公司偷走了价值 5 500 美元的货品。为什么她要为了一些很容易买得起的衣服而 430
拿自己价值数百万美元的职业生涯冒险？原因是她患有**偷窃癖**（kleptomania），一种对偷东西欲望的遏制的反复失败，尽管这些东西对当事人来说没什么用或没有经济价值。这一障碍很罕见，而且并没有得到很好的研究，部分是因为承认所做违法行为会导致污名。这一障碍的患者所描述的模式惊人地相似——在偷窃之前会开始感到一种不安，偷窃行为实施后随之而来的是愉快或舒缓的感觉（Nock et al.，2011）。偷窃癖患者的冲动性评估的得分很高，反映了他们无法将偷窃带来的及时满足感和长期的不良结果（如逮捕、尴尬）进行比较（Grant & Kim，2002）。偷窃癖患者经常报告没有入室行窃的记忆（记忆缺失）（Hollander，Berlin，& Stein，2009）。脑成像研究证实了这一结果，其中一个研究发现了与不能做决定相关的脑区（额下区）的损伤（Grant，Correia，& Brennan-Krohn，2006）。

偷窃癖与心境障碍的共病率很高，其次是物质滥用和依赖（Baylé，Caci，Millet，Richa，& Olié，2003）。有人将偷窃癖视为一种“抗抑郁”行为，或一种通过偷窃缓解不愉快感受的反应（Fishbain，1987）。迄今为止，对偷窃癖的治疗仅限于案例研究的报告，这些治疗包括行为干预和抗抑郁药物的使用。

纵火癖

就像我们知道的那样，一个偷窃的人并不一定是偷窃癖患者，同样并不是每个放火的人都被认为是**纵火癖**（pyromania）患者。纵火癖属于冲动控制障碍，涉及一种不可遏制的纵火的欲望。纵火癖的模式与偷窃癖的模式存在着类似的地方，患者在放火前会感到不安或激越，在火燃起来以后会感到满足或舒缓。患者会将注意力集中在火以及与引燃和制造火灾相关的装备上（Lejoyeux，McLoughlin，& Ades，2006）。纵火癖也十分罕见，纵火犯中只有不到 4% 的人被诊断有纵火癖（Scott，Hilty，& Brook，2003），因为纵火犯也包括为钱财或是为复仇而放火，而不仅仅是为了满足生理或心理需求的那些人。因为被诊断有此种障碍的人数稀少，所以几乎没有对其病因和治疗的研究。有研究对普通人群中纵火犯（其中有一小部分患有纵火癖）的纵火家庭史和共存的冲动障碍（反社会型人格障碍、酗酒）的影响进行了检验。对纵火癖的治疗通常为认知行为治疗，包括帮助患者辨认会引发纵火欲望的信号，以及教授应对策略以克制纵火的诱惑（Bumpass，Fagelman，& Brix，1983；McGrath，Marshall，& Prior，1979）。

病理性赌博

赌博有悠久的历史，比如在埃及的古墓中就发现有骰子（Greenberg，2005）。在美国，赌博受到越来越多的欢迎，在很多地方赌博是合法的、可接受的娱乐形式。结果与其他相当罕见的冲动控制障碍不同，**病理性赌博**（pathological gambling）在人群中的比例不断增长，最近的调查显示，在美国的成年人中患病率为 3%～5%（Greenberg，2005）。据估计在病理性赌博患者中，14% 至少丢过一次工作，19% 宣布过破产，32% 被拘留过，还有 21% 被监禁过（Gerstein et al.，1999）。DSM-Ⅳ-TR 就病理性赌博的诊断列出了问题赌博者的相关行为。这些行为与我们在其他冲动控制障碍中所观察到的行为有着相同的欲望模式。病理性赌博与物质依赖也非常相似，对赌博的需求随着时间的延长会导致金钱总量的增加，当试图停止时会出现“戒断症状”，如不安和易激惹。实际上，在 DSM-5 中，与物质滥用的这种相似性，就引发了对病理性赌博分类的讨论。有人就提出病理性赌博应该从“未分类的冲动
431 控制障碍”中移至“物质相关障碍”中，同时这一“物质相关障碍”应该被重新命名为“成瘾及相关障碍”（Moeller，2009）。

对病理性赌博性质及其治疗的研究正在不断增加，例如探索病理性赌博患者对赌博渴望的生物学原因的工作正处于进行之中。在一项研究中，脑成像技术（平面回波功能性磁共振成像）被用来观察赌博者在观看其他人赌博录像时的脑功能（Potenza et al.，2003）。与对照组相比，赌博者大脑中活动水平下降的区域与冲动管理有关，这显示与赌博有关的环境线索和大脑的反应（这一反应可能会降低抵抗这些线索的能力）存在着相互作用。在一些对病理性赌博者的研究中，科学家们发现了多巴胺系统（可以解释赌博后的愉快）和 5- 羟色胺系统（与冲动行为有关）的异常（Moeller，2009）。

对病理性赌博的治疗是困难的，病理性赌博患者显示出多种特征——包括否认问题、冲动和持续的乐观（一次大赢就能弥补所有损失！），它们都可能影响治疗效果。病理性赌博患者经常也会体验到类似于物质依赖的兴奋（Wulfert，Franco，Williams，Roland，& Maxson，2008；Wulfert，Maxson，& Jardin，2009）。

对赌博问题的治疗与物质依赖治疗相似，并存在一个类似的匿名戒赌协会编制的我们之前讨论过的十二阶段计划。然而，对匿名戒赌协会效果的评估显示，有 70%～90% 的人最终放弃了这一计划，此外在干预之前患者必须表现出对停止的期望（McElroy & Arnold，2001）。认知行为干预同样得到研究，一项研究包含了一系列组成部分——设置经济限制、计划替代活动、预防复发和想象脱敏。这些基础研究为潜在结果提供了一个更乐观的视角（Dowling，Smith，& Thomas，2007）。

拔毛癖

拔毛癖（trichotillomania）是一种对拔掉自己毛发的渴望，毛发的位置可能是身体的任何部位，包括头部、眉部和手臂。这种行为会导致明显的毛发丢失、痛苦和社交受损。这一障碍通常会带来严重的社交后果，患者会耗费大量的时间和精力来掩盖自己的行为。冲动性拔毛发比过去人们认为的更常见，在大学生中这一比率大约为 1%～5%，而且女性多于男性（Scott et al.，2003）。也许基因对拔毛癖有影响，一项小样本研究发现了一个独特基因的突变（Zuchner et al.，2006）。应激也可能参与其中，并且与创伤后应激障碍有越来越多的重叠（Chamberlain，Menzies，Sahakian，& Fineberg，2007）。在 DSM-5 中关于拔毛

偷窃癖 对偷东西欲望的遏制的反复失败，尽管这些东西对患者来说没什么用或没有经济价值。

纵火癖 一种冲动控制障碍，涉及不可遏制的纵火的欲望。

病理性赌博 持续出现的不良赌博行为。

拔毛癖 一种对拔掉自己毛发的渴望，毛发的位置可能是身体的任何部位，包括头部、眉部和手臂。

癖有一番关于怎样分类的争议，有提议认为应将之从“未分类的冲动控制障碍”中移至“焦虑和强迫谱系障碍”中（Nock et al.，2011）。尽管还没有严格的试验研究，但正如使用认知行为干预一样，使用5-羟色胺再摄取抑制剂治疗的研究显示出有效的希望（Chamberlain et al.，2007）。

除了这五种冲动控制障碍以外，其他冲动性行为有时可能会增加这些问题的难度。一些个体表现出同样不可遏制的渴望进行冲动性购买或购物（购物癖）、自残、抠皮肤（强迫性皮肤剥离症）、严重的咬指甲（咬甲癖）和过度电脑使用（“网络成瘾”）（McElroy & Arnold，2001）。相关的文献虽然有限但在持续增加，这会帮助我们理解并最终治疗这些冲动控制问题。

概念自测 11.5

将以下障碍与相对应的症状配对：（a）病理性赌博；（b）拔毛癖；（c）间歇性暴怒障碍；（d）偷窃癖；（e）纵火癖。

1. 这一极少能被诊断的障碍的特点为阶段性的攻击性冲动，有时会使用认知行为干预和/或药物来进行治疗。________
2. 这种障碍的患者一开会感到一种不安，在实施偷窃后则会转为愉快和舒缓。________
3. 在美国成年人中受这一障碍影响的比率为3%～5%，识别特点为对赌博的需求。________
4. 这种障碍涉及冲动性拔毛发，而且女性多于男性。________
5. 这种障碍的患者会将注意力集中在火以及与引燃和制造火灾的装备上。________

432

谱系讨论　物质相关障碍的新视野

涵盖物质相关或冲动控制障碍的谱系研究还处于起始阶段。这些研究的一个困难是其复杂性。隶属于物质使用或冲动控制障碍的问题是多方面的，并与很多其他疾病相重叠（共病）。例如，反社会型人格障碍（见第8章）（Copeland，Shanahan，Costellp，& Angold，2009）、焦虑障碍（见第4章）（Hofmann，Richey，Kashdan，& Mcknight，2009）、精神分裂症（见第13章）（Horsfall，Cleary，Hunt，& Walter，2009）、双相障碍（见第12章）（Joshi & Wilens，2009）和抑郁症（见第12章）（Rao，Hammen，& Poland，2009）的患者在符合物质相关障碍的诊断上存在较高的风险。同时，还要关注其他心理健康问题，如物质使用模式、依赖、戒断，但是不涉及心境改变物质。正如我们所看到的，在DSM-5中，将病理性赌博作为一个障碍的新的分类，即“成瘾及相关障碍”正在讨论之中，其中“成瘾”将会扩大至心境改变物质（Moeller，2009）。其他在人群中可以引起实际功能紊乱的问题，包括“网络成瘾”（Block，2008），甚至是“日光浴成瘾”（Poorsattar & Hornung，2010），都是具有相似情况的问题。

目前另一个争论涉及正在研究的谱系分化问题（Krueger，Markon，Patrick，& Lacono，2005；Sher et al.，2011）。这个分类包括伴随反社会行为（一种以不管其他人的权利和感受，违反社会标准为特征的人格障碍；见第8章）的物质相关障碍和一些人格特质，如侵犯性、冲动性，它们经常共同出现（Krueger et al.，2005）。如果我们返回到丹尼的案例，我们能够看到，他表现出这个障碍谱系的许多特征。回想除了物质滥用问题，他还在家里和在工作中偷窃，他对每一个人撒谎，但是他从来没有因他的行为对他人的影响表达过懊悔——所有反社会型人格障碍的特征。事实上，即使是在监狱等待涉嫌过失杀人罪的判决时，他也在向许多人抱怨那天给他带来麻烦的药物，并从未感到内疚，没有表达对被他杀死的那位女士的家庭的任何关心。众多困难的核心特征是寻求新奇、寻求兴奋，目前许多研究范式（包括基因研究）将这些令人忧虑的问题作为一个可能统一的谱系进行研究以进一步理解它们（例如，Dick et al.，2008）。

小　结

物质相关障碍概述

什么是物质相关障碍?

- 在DSM-Ⅳ-TR中，物质相关抑制中的物质被划分为抑制剂（酒精、巴比妥类药物和苯二氮卓类药物）、兴奋剂（苯丙胺类药物、可卡因、尼古丁和咖啡因）、阿片类物质（海洛因、可待因和吗啡）以及致幻剂（大麻和LSD）。
- 具体的诊断被进一步分类为物质依赖、物质滥用、物质中毒和物质戒断。
- 尽管在美国每年非医疗性药物滥用仍然会导致数10亿美元的损失和对生命的严重损害，但近年来这种情况有减少的趋势。

抑制剂、兴奋剂、阿片类物质和致幻剂

抑制剂的生理和心理影响有哪些?

- 抑制剂是一类能降低中枢神经系统活动的药物。它最初被用来降低我们的生理唤醒水平，以帮助我们放松。抑制剂包括酒精、镇静剂、催眠剂和抗焦虑药物，如用来治疗失眠的处方药物。

兴奋剂的生理和心理影响有哪些?

- 兴奋剂是一类最常用的精神活性药物，包括咖啡因（在咖啡、巧克力和许多软饮料中都含有）、尼古丁（在烟草产品，如香烟中含有）、苯丙胺类药物和可卡因。与抑制剂相反，兴奋剂能使我们更警觉、更有活力。

阿片剂的生理和心理影响有哪些?

- 阿片剂包括阿片、吗啡、可卡因和海洛因。它们都具有麻醉的功能——减轻疼痛并导致睡眠。广义的阿片类物质涉及一组物质，包括天然的阿片、人工合成的各种变体（美沙酮），以及在人脑中自然形成的有相似作用的物质（脑啡肽、β内啡肽及强啡肽）。

阿片类物质和致幻剂有什么不同?

- 致幻剂主要改变使用者感知世界的方式。当一个人处于药物，如大麻和LSD的影响之下时，其视觉、听觉、触觉，甚至嗅觉都会被扭曲，有时候这种改变充满了戏剧性。

物质相关障碍的病因和治疗

哪些心理和生理过程会导致物质依赖?

- 大多数精神药物可以通过直接或间接地作用于边缘系统中的多巴胺系统（快乐通道）来产生正向的效果。此外，心理社会因素，如期望、应激和文化实践与生理因素的相互作用也会影响药物的使用。

哪些心理治疗和药物治疗适用于物质相关障碍?

- 只有少数物质依赖患者被成功治愈，最佳的疗效源自药物使用者的动机与生物和心理治疗方法的联合使用。
- 预防药物使用的项目很可能对药物问题产生显著的影响。

冲动控制障碍

DSM-Ⅳ-TR中列出的冲动控制障碍的种类有哪些?

- 在DSM-Ⅳ-TR中，冲动控制障碍包括五种不同的障碍：间歇性暴怒障碍、偷窃癖、纵火癖、病理性赌博和拔毛癖。

关键词

substance-related disorders 物质相关障碍　397
impulse-control disorders 冲动控制障碍　397
polysubstance use 多重药物使用　397
psychoactive substances 精神活性物质　398
substance intoxication 物质中毒　399
substance abuse 物质滥用　399
substance dependence 物质依赖　400
tolerance 耐受性　400
withdrawal 戒断　400
depressants 抑制剂　402
stimulants 兴奋剂　402
opioids 阿片类物质　402
hallucinogen 致幻剂　402
alcohol use disorders 酒精使用障碍　403
withdrawal delirium 戒断性谵妄　404
fetal alcohol syndrome（FAS）胎儿酒精综合征　405
barbiturates 巴比妥类　406
benzodiazepines 苯二氮卓类　407
amphetamine use disorders 苯丙胺类使用障碍　409
cocaine use disorders 可卡因使用障碍　410
nicotine use disorders 尼古丁使用障碍　412
caffeine use disorders 咖啡因使用障碍　413
opioid use disorders 阿片类使用障碍　413
hallucinogen use disorders 致幻剂使用障碍　414
marijuana 大麻　415
LSD（*d*-lysergic acid diethylamide）LSD（麦角酸二乙酰胺）　415
agonist substitution 激动剂替代　424
antagonist drugs 拮抗剂　425
controlled drinking 控制性饮酒　427
relapse prevention 复发预防　428
intermittent explosive disorder 间歇性暴怒障碍　429
kleptomania 偷窃癖　430
pyromania 纵火癖　430
pathological gambling 病理性赌博　430
trichotillomania 拔毛癖　431

▼ 概念自测答案

11.1

第一部分

1.c；2.b；3. d；4. a

第二部分

5.c；6.d；7. b；8. a

11.2

1. F（怀孕妇女使用快克仅对一些胎儿有影响）；2. T；3. T；4. F（对大麻的反应是最多种多样的）；5. F（苯丙胺类药物在实验室中合成）；6. F（兴奋剂是天然的）

11.3

第一部分

1. f；2. c；3. d；4. a；5. e；6. b

第二部分

7. T；8. T；9. F（都有影响）；10. F（它们依然会不受节制）；11. T

11.4

1. f；2. c；3. d；4. i；5. j；6. g；7. b；8. e；9. h；10. a

11.5

1. c；2. d；3. a；4. b；5.e

434 ## ▼ 本章测验

1. DSM-Ⅳ-TR 中，物质滥用的诊断取决于：
   a. 每天物质用量的多少
   b. 每周物质用量的多少
   c. 物质在多大程度上干扰了使用者的生活
   d. 使用物质的类型
2. ________涉及需要使用更大量的药物来达到相同的效果体验，而________是指当药物停止使用时出现的消极躯体反应。
   a. 耐受性；戒断　　b. 谵妄；戒断
   c. 依赖；耐受性　　d. 适应；滥用
3. 下列描述中哪一项最符合性别与酒精消费之间的关系？
   a. 女性更可能使用酒精，但男性更可能成为酗酒者
   b. 男性更可能使用酒精，但女性更可能成为酗酒者
   c. 女性更可能使用酒精并成为酗酒者
   d. 男性更可能使用酒精并成为酗酒者

435 4. 迈尔斯医生开了一种药物来帮助患者控制痉挛。该患者表示这种药物同时让她感到平静并帮助她睡眠。迈尔斯医生所开的药物最可能是：
   a. 致幻剂　b. 阿片剂　c. 苯二氮卓类药物　d. 苯丙胺类药物
5. 可卡因主要影响的神经递质是________，阿片剂主要影响的神经递质是________。
   a. GABA，去甲肾上腺素　　b. 乙酰胆碱，GABA
   c. 去甲肾上腺素，多巴胺　　d. 多巴胺，GABA
6. 对大麻使用者来说，“反耐药性”发生在：
   a. 长期使用无法感到兴奋时
   b. 第一次使用不感到兴奋时
   c. 反复使用后感到更愉快时
   d. 慢性使用者体验到戒断症状时
7. 吉诺正在从酗酒中康复。他的医生开了一种药物来帮助治疗。这种药物能够在吉诺喝酒时让他产生呼吸急促和严重呕吐的症状。医生开的这种药物是什么？
   a. 戒酒硫　b. MDMA　c. 硝戊酯　d. PCP
8. 成瘾的一个心理学成分可能是使用药物是为了避免由兴奋感消失带来的消极感受。这一使用药物来避免更糟的情况能够被哪种理论所解释？
   a. 耐受理论　　b. 物质循环理论
   c. 对抗过程理论　　d. 多重依赖理论
9. 研究显示，个体对药物的认识会影响他们使用药物时的行为。这一现象被称为：
   a. 耐受范式　　b. 期望效应
   c. 依赖模型　　d. 对抗过程理论
10. 卡洛斯的精神科医生在他试图使用可卡因时给他一次电击来治疗他的可卡因滥用，这一治疗被称为________。与此相反，丽莎的治疗师让她在想到使用可卡因时，想象痉挛的痛苦场景，这一治疗被称为________。
    a. 厌恶疗法，内隐致敏
    b. 意外事件管理，复发预防
    c. 匿名镇静剂戒断协会，控制性使用
    d. 激动剂替代，厌恶疗法

（答案见附录C）

第12章 心境障碍与自杀

Hemera Technologies/Getty Images/JupiterImages

◆ **章节概览**

437 **学生学习的目标 ***

理解并掌握特定心理学领域的内容。	▶ 行为和心理过程（包括生理机能、感觉、知觉、比较、动机和情绪）的生物学基础（pp.451-453）。
运用本学科的概念、专用语和主要理论来解释心理现象。	▶ 客观地描述行为和心理过程，包括下操作性定义（pp. 438-446）。 ▶ 运用整合理论视角提出可理解的、多角度的解释（pp. 460-462，474-476）。
恰当运用心理学知识解决问题。	▶ 异常行为的成因和治疗（pp. 463-471，477-479）。

* 本章的这部分内容覆盖了由美国心理学会（American Psychology Association，2007）建议的学习目标，可作为心理学专业本科学生的学习指南。这些内容由美国心理学会学习目标建议小组（SLO）确定。

理解与定义心境障碍

- 抑郁发作与躁狂或轻躁狂发作的区别是什么？
- 抑郁障碍、恶劣心境和双相障碍的临床症状有哪些？

回想一下过去一个月的生活，你可能在大多数情况下都很正常：平时学习，周末参加社交活动，偶尔思考一下未来。或许你正有些高兴地期待着下一个假期或者去见一个老朋友。但是，在过去的这一个月，你可能有时也会感觉不好。例如虽然努力学习了，但考试成绩却不理想；与男友（或女友）分手了；或者更糟糕的，你的祖父或祖母去世了。想想你这段时间的感受。你伤心吗？也许你记得你哭了。也许你感到无精打采，提不起精神去学习或与朋友们一起外出。也许你偶尔会无缘无故这样，以至于你的朋友会认为你喜怒无常。

如果你和多数人一样，你就会知道自己的心情会好起来。几天或许一周后，你就会恢复到原来的样子。如果你从来不觉得自己心情不好，并且总是只能看到那些好的东西，这比偶尔抑郁一下更不寻常（你朋友也会觉得如此）。心情不好（和高兴）太常见，这使我们理解心境障碍变得更为困难。这种障碍有时让人感到如此无奈，以至于激烈的自杀看起来似乎是一种比活着更好的选择。来看一下凯蒂的案例。

凯蒂：被抑郁笼罩的女孩

凯蒂是一个16岁的女孩，漂亮但害羞，她和父母一起来到我们的诊所。几年来，因为严重的社交焦虑，凯蒂很少与外人接触。对她来说，上学是件很困难的事情，并且随着社会交往的减少，她的生活变得空虚而枯燥。刚到16岁，严重的、笼罩一切的抑郁完全挡住了她生活的阳光。下面这些文字是她后来描述的：

抑郁的感觉就像掉进了一个深深的黑洞，你没有办法爬出来。掉下去的时候你尖叫着，但是好像没有人能听到。有时你没有做任何努力却感觉在往上飘；而另外一些时候，你却希望自己不如干脆就这样一落到底，这样就不会再下落了。抑郁影响着一个人对事物的解读。它会影响你看待自己和他人的方式。我记得曾经对着镜子想，我是这个世界上最丑陋的生物。后来，当这些类似的想法再次出现时，我学会了提醒自己，我昨天并没有这些想法， 438
我明天或今后的日子也不一定会有这些想法。这跟等着天气变化有点像。

但在16岁时，处于深深的绝望中的凯蒂已经没有了这种想法。她经常在晚上哭上好几个小时。一年前，在父母的默许下，她开始饮酒，这很奇怪，这可能是因为她的家庭医生开的药没见效。晚饭时的一杯红酒对凯蒂能起到暂时的抚慰作用，她和她处于绝望中的父母愿意做任何事情，只要能使她变得好一些。但是一杯很快就不够了。她开始喝得越来越多。她开始不断依靠酒精让自己入睡。她感到这只是一种逃避的方式："我完全没有好转的希望了，我想我的家人也不抱希望了。我开始变得愤怒、怨恨，沉浸在深深的痛苦中。”

几年来，凯蒂想过用自杀来结束她的痛苦。13岁那年，她曾当着父母的面把这些想法告诉了一位心理学家。父母落泪了，他们的眼泪深深地打动了凯蒂。自那以后，她再也没有说过要自杀，但这种想法一直在她心里。到16岁时，她想死的念头更强烈了。

我完全筋疲力尽了，我厌倦了日复一日地应付焦虑和抑郁。不久我发现自己试图切断我仅有的一些人际交往，包括最亲密的朋友、妈妈和大哥。我几乎无法与他们交谈。我总是处于愤怒和挫败的感觉当中。有一天，我终于到了崩溃的边缘。我和母亲为一些琐事意见不合。我冲进了自己的卧室，拿出一瓶酒，也不知道是威士忌、伏特加还是其他什么，我喝了一杯又一杯，直到使自己十分麻木，什么感觉也没有。然后拿出一把藏起来的锋利的匕首，向手腕猛割了过去。除了流出来血液的温热感，我什么感觉也没有。

我躺在床上，鲜血流淌在床边的地板上。我突然想到我虽然失败，但这并不足以让我去死。于是，我从床上起来，开始大笑，并试着用纸巾止血。整个过程我感到很平静，并有种令人恐怖的愉悦。我走到厨房去叫妈妈。我无法想象她看到我衬衫和裤子上满是鲜血时内心的感受是什么，但她出奇平静。她看了我的伤口，然后说这血不会自己止住，我需要立刻去医院。我记得当医生向伤口注射普鲁卡因时，说我在割腕前肯定用了麻醉剂。在他注射或缝合时，我没有任何感觉。

自那以后，自杀的想法变得越来越频繁、越来越真实。我爸爸让我许诺不再做傻事，我答应了，但那种许诺对我毫无意义。我知道那会减轻他的痛苦和担心，但那不能减轻我的痛苦，我想死的念头仍然持续存在。

很明显，首先，凯蒂的抑郁在强度和持续时间上都超出了一般经验的范围。其次，她重度的或“临床的”抑郁严重干扰了她的功能。最后，她的临床抑郁伴随着许多生理、心理症状。

由于**心境障碍**（mood disorders）有时会导致悲剧性的结局，我们需要对其有一个尽可能全面的理解。在以下的几个部分里，我们将介绍各种情绪体验和症状是怎样相互关联而产生特定的心境障碍的。我们将详细描述不同心境障碍的症状和诊断标准。我们还将讨论焦虑和抑郁的关系、心境障碍的病因和治疗，以及自杀相关问题。

抑郁与躁狂概述

心境障碍由单独或同时出现的抑郁和躁狂的基本体验构成。最常见也是最严重的抑郁被称为**抑郁发作**（major depressive episode）。DSM-Ⅳ-TR 指出，严重的心境低落至少持续两周以上，并存在认知症状（如无价值感和犹豫不决）、躯体症状（如睡眠模式的改变、食欲和体重的显著变化，或明显的精力缺乏），以至于最轻微的活动或运动都需要使尽全力。发病期通常会伴随对事物兴趣的普遍丧失，以及不能从生活中（包括与家人、朋友的交流）获得愉悦感，或者在工作或学业上取得成就。尽管上述所有症状都很重要，但有证据显示，充分的抑郁发作最关键的指标是生理变化（有时叫作躯体症状或自主神经症状）（Bech，2009；Buchwald & Rudick-Davis，1993；Keller et al.，1995；Kessler & Wang，2009），以及行为和情绪的“停转”（表现为行为激活量表上的低分）（Kasch，Rottenberg，Arnow，& Gotlib，2002；Rottenberg，Gross，& Gotlib，2005）。与其他症状，例如所报告的悲伤或不幸（Kasch et al.，2002），以及好哭（在抑郁与非抑郁个体中的发生率差异不大，并以女性为主）等相比，快感缺失（精力不济，以及不能投入愉快的活动中或不能让自己欢乐）是重度抑郁发作更典型的症状（Rottenberg，Gross，Wilhelm，Najmi，& Gotlib，2002）。快感缺失表明，抑郁发作的特点还体现着低水平的积极情感状态，而不仅仅是高水平的消极情感（Brown & Barlow，2009；Kasch et al.，2002）。如果不治疗，抑郁发作会持续大约4～9个月（Hasin，Goodwin，Stinson，& Grant，2005；Kessler & Wang，2009）。 439

心境障碍的第二个基本状态是异常夸张的兴奋、

心境障碍 以严重、持续的情绪困扰（从兴高采烈到严重抑郁）为特征的一组障碍。

抑郁发作 最常见且最严重的一种抑郁，其特点是无价值感、躯体活动困扰（例如失眠、兴趣丧失，以及不能体验到快乐），持续至少2周以上。

高兴或欣快。在**躁狂**（mania）状态下，个体对每一项活动都感到非常快乐；一些患者将其每天的躁狂体验比喻为持续的性高潮。他们变得格外活跃（活动过度）、几乎不需要睡眠，他们也可能制订一些宏伟的计划，并且相信他们可以完成任何他们想去完成的事情。一项建议提出在 DSM-5 中将“持续增加的行为或精力”增加到 A 标准中，以强调这一特征。因为患者试图在瞬间表达太多令人兴奋的想法，他们的语速通常很快。这一现象通常被称为思维奔逸（flight of ideas）。

DSM-Ⅳ-TR 还定义了**轻躁狂发作**（hypomanic episode）的概念。它是缓和一些的躁狂发作。轻躁狂发作不会引起明显的社会或职业功能损害，并只需要持续 4 天，而不是一周。（hypo 的意思是“低于”，即这种发作是在躁狂发作水平之下的）。轻躁狂发作本身并不是一种重要的临床问题，但它的存在有助于对其他几种心境障碍的界定。

心境障碍的框架

只出现抑郁或躁狂的患者被认为患有“单相心境障碍”，因为他们的心境只保持在常见的抑郁－躁狂连续体的一“极”上。虽然躁狂本身（单相躁狂）确实会单独出现（Bech，2009；Solomon et al.，2003），但很少，因为大多数单相心境障碍最终都发展成了抑郁。那些在抑郁与躁狂间转换的患者被认为患上了双相心境障碍，他们会从抑郁－躁狂连续体的一“极”转向另一“极”，并不断重复。当然，这一界定在某种程度上也会误导我们，因为抑郁与躁狂可能实际上并不是同一种心境状态对立的两端。尽管二者有关联，但它们也经常是相互独立的。一个人在出现躁狂症状的同时，亦可能出现抑郁或焦虑症状。这种混合状态亦被称为**烦躁性躁狂发作**（dysphoric manic episode）或**混合型躁狂发作**（mixed manic episode）（Angst，2009；Angst & Sellaro，2000；Cassidy，Forest，Murry，& Carroll，1998；Hantouche，Akiskal，Azorin，Chatenet-Duchene，& Lancrenon，2006）。这类患者常常将躁狂症状解读为即将失控或处于危险之中，进而因这种失控感而变得焦虑或抑郁。研究人员认为，以烦躁不安（焦虑或抑郁）为主要特征的此类躁狂发作较之前所认为的更普遍，并且这种类型的躁狂发作更为严重（Cassidy et al.，1998）。在一项研究中，1 090 名因急性躁狂发作而住院的患者中有 30% 是混合型（Hantouche et al.，2006）。在一项精心设计的近期研究中，研究人员在超过 4 000 人的患者中发现，有三分之二的单相抑郁发作的患者同时亦存在躁狂症状，多数情况是思维奔逸、注意散乱，以及烦躁。与那些没有并发抑郁和躁狂症状的患者相比，这些患者的损害更严重（Goldberg et al.，2009）。很少有单相躁狂发作，这种患者也常常符合双相心境障碍的标准。经验表明，大多数这种患者后来会变得抑郁（Goodwin & Jamison，2007；Miklowitz，& 440
Johnson，2006）。DSM-5 有可能会取消“混合型发作”一词，取而代之的是，明确是否存在典型的躁狂发作或抑郁发作，然后标注“伴混合特征”，从而使其更精确（American Psychiatric Association，2010b）。

抑郁障碍

DSM-Ⅳ-TR 中描述了好几种类型的抑郁障碍。这些障碍因抑郁症状发生的频率和症状的严重程度

DSM 诊断标准概要

抑郁发作

抑郁发作的症状包括：

- 一天中大多数时间心境低落（在儿童、青少年中可表现为易怒）。
- 对大多数日常活动的兴趣或乐趣明显减少。
- 非节食所致的体重明显减轻或体重增加，或者食欲的明显减弱或增强。
- 存在失眠或嗜睡。
- 精神运动性兴奋或迟滞。
- 疲惫或精力不济。
- 无价值感或过分自责。
- 思维和注意力下降。
- 反复出现死亡想法、自杀意念或自杀行为。
- 临床上显著的痛苦或功能损害。
- 与丧亲无关。
- 持续时间超过2个月。

资料来源：Based on DSM-Ⅳ-TR. Reprinted with permission from *Diagnostic and Statistical Manual of Mental Disorders* (4th ed., text revision). ©2000 American Psychiatric Association.

而相互区别。

临床描述

最容易识别的心境障碍是**单次发作的抑郁障碍**（major depressive disorder，single episode），其特点是在之前或此次障碍过程中没有躁狂或轻躁狂发作。不过，现在我们知道，一生中只出现一次抑郁发作的情况很少见（Angst，2009；Eaton et al.，2008；Judd，1997，2000；Kessler & Wang，2009）。

如果两次或多次出现抑郁发作，发作间隔超过两个月，且在此期间未出现抑郁，那么可诊断为**复发性抑郁障碍**（major depressive disorder，recurrent）。复发对于预测预后和选择恰当的治疗方法很重要。35%～85% 的单次发作患者会经历第二次发作，并因此满足复发性抑郁障碍的诊断标准（Angst，2009；Eaton et al.，2008；Judd，1997，2000）。这是基于长达 23 年的追踪调查得出的结论（Eaton et al.，2008）。在一次发作后第一年，复发的风险为 20%，而第二年就会增加到 40%（Boland & Keller，2009）。结合这项研究以及后来的一些，临床科学家最近断定，单相抑郁通常是一种慢性状态，它会随着时间的推移而波动，但却几乎不会消失。在一生中，抑郁发作次数的中位数是 4～7 次，在一次大的抽样调查中，25% 的人经历过 6 次或更多的抑郁发作（Angst，1998，2009；Angst & Preizig，1996；Kessler，Wang，2009）。复发性抑郁的持续周期的中位数是 4～5 个月（Boland & Keller，2009；Kessler et al.，2003），比首次发作的平均时间稍短。

基于这些标准，你能对凯蒂做出诊断吗？凯蒂饱受心境低落之苦，并有无价值感、难以集中注意力、反复出现想死的念头、睡眠困难、缺乏活力病状。很明显，她符合复发性抑郁障碍的标准。凯蒂的抑郁发作时很严重，但是她表现出反复发作的特点。

恶劣心境（dysthymic disorder）与抑郁障碍有许多相同的症状，但在病程上有所不同。恶劣心境的症状偏轻，但会在相当长的一段时间中保持不变，有时甚至持续 20～30 年，甚至更长（Angst，2009；Klein，2008；Klein，Schwartz，Rose，& Leader，2000；Klein，Shankman，& Rose，2006）。

恶劣心境被认为是一种持续至少两年的低落心境，在此期间，患者一次缓解的时间不超过 2 个月。恶劣心境与抑郁发作的区别仅在于严重程度、持续时间，以及症状数量上。恶劣心境患者的症状更温和，症状的数量也更少，但持续时间更长。在后面谈到的一项长达 10 年的追踪研究中，22% 的恶劣心境患者最终出现了抑郁发作（Klein et al.，2006）。

双重抑郁 441

近来，同时遭受抑郁发作与恶劣心境的个体得到了研究，个体的这种情况被认为患有**双重抑郁**（double depression）。通常情况是，患者首先出现恶劣心境，可能在早年，接着出现后来的一次或

DSM 诊断标准概要

躁狂发作

躁狂发作的症状包括：

- 明显异常且持续的兴奋、夸大或易激惹心境，并持续1周以上。
- 以下至少有3条达到显著水平：自负，睡眠需求减少，话多，思维奔逸或思想奔流感，注意力易分散，目标导向的活动增加或精神运动性激越，过多地卷入令其兴奋但危险的行为。
- 心境困扰严重，以至于引起一般功能性损害，或需要住院治疗，或出现精神病性症状。
- 排除器质性病变或药物所致的症状。

资料来源：Based on DSM-IV-TR. Reprinted with permission from *Diagnostic and Statistical Manual of Mental Disorders* (4th ed., text revision). © 2000 American Psychiatric Association.

躁狂 与一些心境障碍相关的异常的极度喜悦或欣快的阶段。

轻躁狂发作 躁狂发作的相对缓和、困扰较少的形式，也是心境障碍的一种。

混合型躁狂发作（烦躁性躁狂发作） 个体同时体验到兴高采烈、抑郁或焦虑的情况。也被称为烦躁性躁狂发作。

单次发作的或复发性抑郁障碍 涉及一次或多次（其间至少间隔 2 个月无抑郁）抑郁发作的心境障碍。

恶劣心境 持续的低落心境，并伴有低自尊、退缩、悲观主义或失望，持续时间超过 2 年并且没有症状超过 2 个月的心境障碍。

多次抑郁发作（Boland & Keller，2009；Klein et al.，2006）。识别这种特殊模式很重要，因为它与严重的心理病理问题，以及糟糕的病程演变联系在一起（Boland & Keller，2009；Klein et al.，2006）。例如凯勒等（Keller，Lavori，Endicott，Coryell，& Klerman，1983）发现，61%的双重抑郁患者未能从持续两年以上的恶劣心境中恢复过来。研究者还发现，在恶劣心境基础上出现抑郁发作的患者即使恢复了，复发或再发的概率也较大。看一下杰克的案例。

杰克：沉闷的一生

杰克是一个离异的49岁白人。他与自己10岁的儿子一起住在母亲家。他抱怨自己的慢性抑郁，说他终于意识到自己需要帮助。杰克说自己是一个悲观主义者，成年后的大部分时间他都忧心忡忡。他一直感觉到沉闷和低落，没有什么乐趣。他很难做出决定，对未来很悲观，很少考虑自己。在过去的20年，他所能记起的心境"正常"或者是不怎么低落的日子最长也只持续了4到5天。

尽管这样，杰克仍然完成了大学学业，并获得公共管理专业的硕士学位。人们告诉他，他的前途光明，将会在政府部门受到重用。但杰克并不这样认为。他在州政府中找了一个低级职位的工作，想自己总有一天会升职，但是他没有，在这个职位上一干就是20年。

杰克的妻子受够了他无休止的悲观、缺乏自信，整天无精打采，百无情趣，并最终对他失去了信心，和他离婚了。杰克搬去和母亲住在了一起，这样她能够帮着照顾杰克的儿子，另外也能节省些开支。

大约在来就诊前5年，杰克经历了一次非常糟糕的抑郁发作。他原本就很低的自尊变得几乎不再存在。因为失去决断的能力，他变得不能决定任何事情。他终日疲惫不堪，感觉四肢好像灌满了铅，他连移动都困难，他变得不能完成任务或要拖到最后期限才能完成。因为觉得没有希望，他开始考虑自杀。杰克的雇主本来对他寄予厚望，打算提升他，但在容忍了他多年的无所作为之后，最终还是解雇了他。

大约6个月后，抑郁发作缓解了，但杰克又恢复了慢性轻度的抑郁状态。他尽管仍怀疑自己的能力，但可以起床做一点事情了。然而，他找不到新工作。在经过几年的等待之后，他意识到自己无法解决自己的问题，如果没人帮助，他的抑郁仍会持续。经过全面评估，我们断定杰克患有典型的双重抑郁。

起病和病程 442

一般来说，青少年早期出现抑郁的危险性很低，此后，患病的可能性将逐步上升。一项基于美国人口的大型（43 000人）代表性样本调查发现，抑郁的平均发病年龄为30岁，其中，55岁以上才出现第一次发作的占到患者总数的10%（Hasin et al.，2005）。一个令人担忧的发现是，抑郁的患病率及随之而来的自杀率似乎在稳定地增长。凯斯勒及其同事（Kessler et al.，2003）比较了4个年龄组，并发现18～29岁年龄段中，整整25%的人已经出现过抑郁，这一比例远高于大年龄组个体在这个年龄阶段出现抑郁的比例。近期的研究亦显示，这一趋势正在削平各年龄组间的差异（Hasin et al.，2005）。

DSM 诊断标准概要

恶劣心境

恶劣心境的症状包括：

- 在大多数日子，一天中的大多数时间都心境低落，并至少持续2年（在儿童、青少年中持续1年以上）。
- 至少有以下情况中的2种：食欲不振或进食过多，失眠或睡眠过多，精力减退或疲乏，自卑，注意力差或犹豫不决，无望感。
- 在2年或更长的时间里，一次没有症状的间隔期不超过2个月。
- 在此期间未出现过抑郁发作。
- 无躁狂发作和环性心境障碍。
- 排除器质性病变或药物所致的症状。
- 临床上显著的痛苦或功能损害。

资料来源：Based on DSM-Ⅳ-TR. Reprinted with permission from *Diagnostic and Statistical Manual of Mental Disorders* (4th ed., text revision). © 2000 American Psychiatric Association.

正如我们前面提到的，抑郁发作的持续时间是可变的，有些持续不到2周，而那些严重的病例则可能持续数年，这类患者如果不进行治疗，通常第

阿尔伯特亲王去世后，维多利亚女王陷入了深深的悲痛中，以致在此后许多年，她无法行使自己的君主职能。歌手艾丽西亚·凯斯（Alicia Keys）亦曾经谈到她与抑郁的斗争。

一次抑郁发作就会持续 4～9 个月（Angst，2009；Boland & Keller，2009；Hasin et al.，2005；Kessler et al.，2003）。尽管对抑郁发作的患者来说，9 个月的时间已经很漫长，但研究显示，即使是那些最严重的病例，1 年内缓解的比例也接近 90%（Kessler & Wang，2009）。即使是那些严重的病例（抑郁发作持续 5 年以上），也有 38% 的患者被认为最终会痊愈（Mueller et al.，1996）。但是，有时发作可能不能完全康复，会留下一些残余症状。在这种情况下，再次发生不完全缓解抑郁发作的可能性会很高（Boland & Keller，2009）。了解这一点对制订治疗计划很重要，因为对这些患者的治疗需要持续更长的时间。

近期的证据也验证了恶劣心境的重要亚型，这些证据大多数以症状开始的时间为依据。尽管人们估计典型的发病年龄在 20 岁以前，但克莱因等（Klein，Taylor，Dickstein，& Harding，1988）发现，在 21 岁以前或更早时间发病的患者，往往有 3 个特征：（1）慢性化（病程更漫长）；（2）预后更差（治疗反应不佳）；（3）患者家族中其他人患这种病的可能性很大。这些发现已经被证实（Akiskal & Cassano，1997）。与抑郁障碍患者相比，早期发作的恶劣心境患者中人格障碍的患病率更高（Klein，2008；Pepper et al.，1995）。这些发现可能能够解释早期发作的恶劣心境患者内在的心理病理学机制。研究者们发现，儿童恶劣心境的患病率（0.07%）比成人（3%～6%）更低（Klein et al.，2000），但其症状却会持续存在，贯穿整个儿童期（Garber，Gallerani，& Frankel，2009）。科瓦奇等（Kovacs，Akiskal，Gatsonis，& Purrone，1994）发现，患有恶劣心境的儿童样本中，有 76% 的人后来发展出抑郁障碍。

恶劣心境可能持续 20～30 年甚至更长的时间，虽然研究显示持续时间的中位数在成人中平均为 5 年（Klein et al.，2006），儿童平均约为 4 年（Kovacs et al.，1994）。在之前提到的一项研究中，克莱因及其同事（2006）对 97 名患有恶劣心境的成人患者进行了 10 年追踪，结果发现，74% 的人在某个时间点上恢复了，但其中 71% 的人又复发了。全部 97 名患者在这 10 年中大约 60% 的时间都符合某种心境障碍的所有诊断标准。相应地，在那些也被追踪了 10 年，但没有慢性抑郁的患者群中，这一比例仅有 21%。这些发现都证明了恶劣心境的慢性化。最糟糕的是，与在 5 年内出现过抑郁发作的对照患者群体相比，恶劣心境的患者更有可能试图自杀。抑郁发作与恶劣心境的共病（双重抑郁）的情况相当普遍（Boland & Keller，2009；McCullough et al.，2000）。79% 的恶劣心境患者，在其生命中的某个时间段亦会出现抑郁发作。

从哀伤到抑郁 443

如果某个你爱的人去世了——特别是意外去世，并且他又是你最亲近的人之一，那么在你对创伤的初期反应之后，你可能会经历大多数抑郁发作患者的症状：焦虑、情绪麻木以及否认（Kendler，Myers，& Zisook，2008）。在爱的人亡故之后，严重抑郁的发生率如此之高（约 62%），以至于精神

双重抑郁　在恶劣心境背景下以抑郁发作的叠加为典型特点的严重的心境障碍。

卫生工作者认为这不是障碍，除非出现严重的症状，例如精神病性症状或自杀意念，或者警觉性降低等症状持续6个月以上（Maciejewski，Zhang，Block，& Prigerson，2007）。一些哀伤的人需要立即接受治疗，因为他们被这些症状（如体重明显减轻或缺乏精力）折磨得无法正常生活。

我们必须面对死亡，并在情感上接受它。所有的宗教与文化都有仪式，例如葬礼、丧葬仪式等，从而能够在亲朋好友的支持与关爱下，帮助我们处理好这种丧失（Bonanno & Kaltman，1999；Shear，2006）。哀伤通常会在最初的6个月内达到顶峰，尽管部分人的哀伤可能持续1年或更长的时间（Clayton & Darvish，1979；Currier，Neimeyer，& Berman，2008；Maciejewski et al.，2007）。哀伤经常会在一些重要的纪念日再次出现，例如所爱之人的生日、假日，以及其他一些有意义的日子，例如祭日。因为哀伤是我们面对和处理丧失的自然方式，精神卫生工作者关注的是在丧亡事件发生后多久人们才停止哀伤。精神卫生工作者关注的是超过正常时间范围的哀伤（Neimeyer & Currier，2009)。如果哀伤超过1年或更长，没有得到治疗，想要从中恢复的机会被认为将大大减少，并且其中大约10%～20%的丧亲者将从正常的状态转变为障碍（Bonanno，2006；Jacobs，1993；Middleton，Burnett，Raphael，& Martinek，1996）。在这一阶段，自杀意念会大量增加（Stroebe & Abakoumkin，2005）。

总体来说，许多与心境障碍相关的心理社会因素，包括抑郁发作史（Horowitz et al.，1997；Jacobs et al.，1989），都能预测正常的哀伤反应是否会演变成**病理性或伤害性哀伤反应**（pathological or impacted grief reaction）。就算过去没有出现过抑郁发作，这种反应也可能发生（Bonanno，Wortman，& Nesse，2004）。在儿童与青少年中，父母的突然亡故会让他们在正常的哀伤之外，更容易陷入严重抑郁，这意味着需要立即对他们进行干预（Brent，Melhem，Donohoe，& Walker，2009）。在这个群体中，特别突出的症状包括闯入记忆、对亲人强烈的思念，以及回避那些可能让他们想起所爱之人的人或场所（Horowitz et al.，1997；Lichtenthal，Cruess，& Prigerson，2004；Shear，2006）。尽管近期的分析显示，哀伤与抑郁的相似性大于差异性（Kendler et al.，2008），但大脑成像研究指出，在人们哀伤时，除了与一般性情绪反应相联系的脑区被激活外，那些与亲密关系、依恋相关的脑区的活动也增强了（Gundel，O'Conner，Littrell，Fort，& Lane，2003）。

在哀伤持续的情况下，那些试图帮助我们面对和接受死亡的常规方法是无效的。与创伤后应激的受害者类似，在严密的监控的条件下，帮助哀伤者对创伤进行再体验是一种治疗方法。通常，哀伤者被鼓励来谈论他们所爱之人（逝者）、死亡以及丧失的意义，同时体验所有相关的情绪，直到他能接受现实。这一过程将与关系记忆相联系的正性情绪，和与丧失联系的强烈的负性情绪整合起来，并最终让哀伤者处理自身的伤痛，让生活继续成为可能（Bonanno & Kaltman，1999；Currier et al.，2008）。好几项研究已经证实，与其他可供选择的致力于处理哀伤与丧失的心理疗法相比，这种方法是更成功的（Neimeyer & Currier，2009；Shear，Frank，Houck，& Reynolds，2005）。

双相障碍

双相障碍的典型特点是躁狂发作与抑郁发作交替出现，就像在一辆永不停止的过山车中，我们不断地被从兴奋的顶点推向绝望的深渊。除此之外，双相障碍在许多方面与抑郁障碍类似。例如，躁狂发作可能只发生一次，也可能反复出现。来看一下简的案例。

简：有趣、聪明和绝望

简是一位知名外科医生的妻子、三个孩子的慈母。她与家人一起住在城市边缘的一栋老式乡村别墅里。房子为一家人及宠物们提供了足够宽敞的空间。简快50岁了。最大的孩子已经搬出去住了。最小的儿子迈克，16岁。儿子在学习上遇到了许多困难，比较焦虑。简带着迈克到诊断来，希望能 444
找到原因。

当他们进入办公室时，我注意到，简穿着得体，优雅，活泼，有风度，步履轻盈。还没有坐下，她就开始讲述她完美、成功的家庭。相反，迈克安静而内敛。他看起来很顺从，并且可能因为在会谈中几乎不用讲什么而显得比较放松。简一坐下来就开始讲丈夫的性格优点和事业成功，接着是她大孩子的聪明和美貌，然后是第二个孩子。但是在她讲完之前，她发现了一本关于焦虑障碍的书，她急切地浏览了主题后，便开始长篇大论地谈起那些可能影响迈克的焦虑相关问题。

与此同时，迈克坐在角落里，嘴角带着浅浅的笑，似乎在掩盖巨大的痛苦，以及对母亲接下来要做什么的不确定感。随着会谈的进行，迈克患有强迫症的事实越来越清晰，这严重干扰了他在校内外的注意力，并导致他所有的课程都不及格。

另一点也很明显，简自己正处于轻躁狂发作的状态中，她不加约束的热情、夸张的感知、"无法打断"的话语以及报告说这段时间几乎不需要睡觉等等都是证据。她还很容易转移注意，例如她会很快从描述她的儿子转移到桌子上的书。当询问她自己的心理状态时，简很容易就承认自己患有"躁郁症"（双相障碍的旧名），她说自己从感觉非常兴奋变成非常抑郁的速度很快；她接着又开始谈自己现在所服的药物。我突然间意识到，迈克的强迫可能与他母亲的情况有关。

迈克曾经专门接受过强迫症的治疗，但收效甚微。他说，当母亲抑郁时，他在家里的生活就会很痛苦。她有时会在床上一待就是 3 个星期。在这 3 周中，她似乎进入了一种抑郁性木僵的状态中，好几天基本不能动弹。孩子们只能承担起照顾自己和母亲的职责，喂母亲吃饭。由于年长的孩子现在都已经离开家了，所以沉重的负担就落到了迈克身上。简严重的抑郁发作 3 周后会缓解，然后又会立即进入轻躁狂发作状态，而这将持续几个月甚至更久。在轻躁狂发作期间，简通常很风趣、很快乐，并且很容易相处——如果你能够跟上她的节奏。在与她的治疗师（一个该领域的专家）沟通后，我们了解到，虽然给她开了许多药，但至今也不能使她多变的情绪得到控制。

简所患的是双相障碍Ⅱ型（bipolar Ⅱ disorder），其特点是抑郁发作与轻躁狂发作（而不是完全的躁狂发作）交替出现。正如我们在前面提到的，轻躁狂发作并不严重。尽管她明显地"狂"了，但简的各种功能在这种心境状态中表现很好。双相障碍Ⅰ型（bipolar Ⅰ disorder）的诊断标准与此类似，唯一不同的是患者经历了一个完全的躁狂发作。与抑郁发作的标准一样，因为躁狂发作被认为是独立的，所以，在躁狂与抑郁之间必须存在间隔 2 个月以上的完全缓解期，否则这会被视为上一次发作的继续。

比利的案例是完全躁狂发作的一个例子。当他被收治住院时，是首次发病。

DSM 诊断标准概要

双相障碍Ⅱ型

双相障碍Ⅱ型的症状包括：

- 现有（或曾有）一次或多次抑郁发作。
- 现有（或曾有）至少一次轻躁狂发作。
- 无完全躁狂发作史或混合发作史。
- 心境症状不能用分裂情感性障碍解释，也不与其他障碍如精神分裂症共病。
- 临床上显著的痛苦或功能损害。

资料来源：Based on DSM-IV-TR. Reprinted with permission from *Diagnostic and Statistical Manual of Mental Disorders* (4th ed., text revision). © 2000 American Psychiatric Association.

比利：每件事都要做到世界最好

比利还没有到达病区，你就已经能够听到他的大笑和兴奋的声音。听起来他很愉快。当护士带着比利来到大厅，把他介绍给医务人员时，比利发现了乒乓球桌。他突然大声地叫了起来："乒乓球！我爱乒乓球！我只打过两次，但这就是我要在这里做的事情了。我要成为世界上最好的乒乓球手！这个桌子真漂亮！我要马上开始工作，把它变成世界上最好的乒乓球桌。我要把它拆下来，拆成几部分，再重新装好，直到它闪烁光芒，每个角都完美！"但很快比利就被其他事情吸引过去了。

上个星期，比利花光了他银行账户上的钱，拿出自己和与他住在一起的父母的信用卡，购买了他能找到的每一种高档音响设备。他想建一个全市最好的音乐工作室，然后将它们出租给从世界各地来的人，

病理性或伤害性哀伤反应 对所爱之人死亡的过度反应，其特点包括精神病性症状、自杀意念、严重的体重减轻或精力减退，以及这种现象持续 2 个月以上。也被称为伤害性哀伤反应。

双相障碍Ⅱ型 在抑郁发作与轻躁狂发作（非完全躁狂发作）间转换。

双相障碍Ⅰ型 在抑郁发作与完全躁狂发作间转换。

从而赚取数百万美金。这次发作使他被收治入院。

445

在躁狂或轻躁狂期，患者常否认其存在问题，就像比利。即使花了大量不该花的钱或做了愚蠢的交易，这些人，特别是当他们处于完全躁狂发作过程时，他们依然沉浸在狂热与自大中，认为自己的行为是应该的。躁狂期的高昂情绪让人的感觉如此之好，以至于患者往往会在痛苦或沮丧时（抑郁期）停止服药，以期再次进入躁狂状态。

回到简的例子，我们对简的儿子迈克持续治疗了几个月。但直到学年结束，我们也没有取得多少进展。因为迈克的表现如此糟糕，校方通知他的父母明年他不能再入校了。迈克和他的父母明智地认为，让他离开家做点别的事情，可能会是个好主意。于是他开始在一家滑雪场和网球中心工作并住在那里。几个月后，迈克的父亲打电话告诉我们，自从离家以后，迈克的强迫症完全消失了。他父亲认为，迈克应该继续住在网球中心，住那以后迈克进了学校，并且学得比以前好了些。他现在同意了我们以前的评估，认为迈克的状况可能与母子关系有关。几年之后，我们听说简在一次抑郁性木僵中自杀了，这是双相障碍最悲惨的结局。

双相障碍更温和、慢性的表现形式被称为**环性心境障碍**（cyclothymic disorder），这种障碍在许多方面与恶劣心境相似（Akiskal，2009）。与恶劣心境一样，环性心境障碍也表现为一种慢性的心境状态的交替起伏变化，但其严重程度均未达到躁狂和抑郁发作的程度。环性心境障碍的患者倾向于多年处于一种状态或另一种状态中，很少出现中性（或愉悦）心境期。这种模式必须至少持续 2 年（儿童与青少年 1 年）才满足诊断标准。环性心境障碍患者会在像杰克在恶劣心境中所体验到的轻度的抑郁状态，以及简的轻躁狂两种症状中交替。在两种情况下，其行为都严重到了需要住院或立即干预的程度。许多情况下，这些人只被认为有点喜怒无常。但是，按照定义，这种慢性的心境波动状态实际上已经足以影响患者正常的功能。此外，因为有发展出更严重的双相障碍Ⅰ型或Ⅱ型的风险，所以，环性心境障碍的患者应该接受治疗（Akiskal，2009；Akiskal & Pinto，1999；Alloy & Abramson，2001；Goodwin & Jamison，2007；Otto & Applebaum，2011）。

起病和病程

尽管这两种病都可能起病于儿童期，但双相障碍Ⅰ型的平均发病年龄是 15～18 岁，双相障碍Ⅱ型为 19～22 岁（Angst，2009；Judd et al.，2003；Merikangas & Pato，2009）。这比抑郁障碍的发病年龄稍早一些，并且双相障碍一般起病更急（Angst & Sellaro，2000；Johnson，Cuellar，& Miller，2009）。大约 1/3 的双相障碍起病于青少年时期，发病前经常会出现较小的心境波动或微弱的环性心境变化（Goodwin & Ghaemi，1998；Goodwin & Jamison，2007；Merikangas et al.，2007）。10%～25% 的双相障碍Ⅱ型患者会逐步演变成完全的双相障碍Ⅰ型患者（Birmaher et al.，2009；Coryell et al.，1995）。

尽管单相和双相障碍一直被认为是相互区别的两种障碍，不过，昂斯特和塞拉斯（Angst & Sellaro，2000）在回顾了一些过去的研究后估计，抑郁个体在抑郁发作后出现完全躁狂发作的概率接近 25%。卡萨诺和他的同事（Cassano et al.，2004），以及阿基斯卡尔（Akiskal.，2006）发现，多达 67.5% 的单相抑郁障碍的患者出现过躁狂症状。这些研究对单相和双相障碍间是否存在本质的差异提出了质疑，并指出它们可能是一个连续体（在心理病理学上称为“谱系”）（Johnson et al.，2009；Merikangas & Pato，2009）。

40 岁以后患双相障碍的人相当少。一旦出现， 446
病程就会是慢性的——躁狂和抑郁可能会无限期地交替。治疗通常是通过规律性用药来阻断发作的循环。自杀是双相障碍一个很常见的结果，大多数发生于抑郁发作期，就像简的案例那样（Angst，2009；Valtonen et al.，2007）。据估计，在一生中，双相障碍患者的自杀尝试比例在 12%～48% 之间，这一比例比未患双相障碍的人群高出大约 20 倍（Goodwin & Jamison，2007）。而最终自杀成功的双相障碍患者是复发性抑郁障碍患者的 5 倍（Brown，Beck，Steer，& Grisham，2000；Miklowitz & Johnson，2006）。即便在治疗中，双相障碍的治疗效果亦更差。一个大样本研究显示，60% 的患者在前 5 年的治疗中效果很差（Goldberg，Harrow，& Grossman，1995；Goodwin et al.，2003）。一项对 219 名患者更全面和长期的追踪研究显示，仅有 16% 的患者康复，52% 的人继续处于交替发作中，16% 的人处于慢性失能状态，8% 的患者自杀（Angst & Sellaro，2000）。另一项持续 40

年的追踪研究显示，11% 的患者最终自杀（Angst，Gerber-Werder，& Gamma，2005）。

在典型的病例中，环性心境障碍是慢性、持续一生的。大约 1/3 到 1/2 的环性心境障碍患者最终会发展出完全的双相障碍（Kochman et al.，2005）。在一个环性心境障碍患者样本中，60% 为女性，其发病年龄通常在十几岁或更小的时候。有些数据显示，最常见的发病年龄是 12～14 岁（Goodwin & Jamison，2007）。这一障碍常被忽视，患者往往只被认为是敏感、脾气暴躁、喜怒无常或好动（Akiskal，2009；Biederman et al.，2000；Goodwin & Jamison，2007）。环性心境障碍的一种亚型以轻度抑郁症状为主，另一种则以轻躁狂症状为主，还有一种则两种症状兼有。

DSM 诊断标准概要

环性心境障碍

环性心境障碍的症状包括：

- 持续至少2年，出现多次轻躁狂症状及多次抑郁症状，但不符合抑郁发作的标准。
- 一旦起病，患者在一次发作中，未有超过2个月的缓解期。
- 在受困扰的第一个2年中，无抑郁发作、躁狂发作或混合发作。
- 心境症状不能用分裂情感性障碍解释，也不与其他障碍如精神分裂症共病。
- 症状不是某种物质或躯体疾病的直接生理后果。
- 临床上显著的痛苦或功能损害。

资料来源：Based on DSM-IV-TR. Reprinted with permission from *Diagnostic and Statistical Manual of Mental Disorders* (4th ed., text revision). © 2000 American Psychiatric Association.

概念自测 12.1

给每一个描述或案例填上正确的障碍名称：(a) 躁狂；(b) 双重抑郁；(c) 恶劣心境；(d) 抑郁发作；(e) 双相障碍 I 型。

1. 上周，与他每三个月要做的事情一样，瑞安和他的朋友一起外出，买了许多酒，一直喝到凌晨，兴高采烈。但是，瑞安今天没办法起床去上班、看朋友，甚至没办法去开灯。______
2. 因为感觉一定会中奖，所以查尔斯狂欢了一整夜，逛商场时毫不犹豫地用光了信用卡里所有的钱。我们知道他这样做已经有好几次了，他表现得异常兴高采烈、愉悦和欣快。______
3. 艾安娜过去曾经患过心境障碍，尽管有时候她的心情似乎比所有人都要好。一段时间以来，她似乎陷入了一种困境。尽管她试图摆脱，但是她已经不能做任何决定，因为她不相信自己。______
4. 在过去的几个星期里，珍妮弗睡眠很多，感觉自己没有价值，不能提起精神出门，消瘦了许多。她的问题属于最常见，但又是最特别的心境障碍。______
5. 桑切斯总是比较沉闷，有点忧郁，有时候他会非常低落，以至于什么事都无法让他开心。______

心境障碍的患病率 447

- 心境障碍的患病率随年龄会如何变化？

近几年，估计心境障碍患病率的几项大型调查已经完成（Kessler et al.，1994；Kessler & Wang，2009；Merikangas & Pato，2009；Weissman et al.，1991）。对全球心境障碍患病率的最佳估计认为，人群中大约 16% 的人在其一生中曾经历过抑郁发作，大约 6% 的人在过去的 1 年内出现过抑郁发作（Hasin et al.，2005；Kessler et al.，2003，2005）。对恶劣心境来说，其终身患病率与过去 1 年患病率都大约为 3.5%（Kessler & Wang，2009；Wittchen，Knauper，&

环性心境障碍 慢性（至少持续 2 年）心境障碍，其特征为心境高涨与心境低落的交替出现，但其严重程度又未达到躁狂发作或抑郁发作的水平。

Kessler，1994）。双相障碍的终身患病率大约为1%，过去1年患病率大约为0.8%（Merikangas & Pato，2009）。恶劣心境与双相障碍在终身患病率与过去1年的患病率上的相似性反映出这些障碍都是慢性的，会持续患者的一生。研究显示，女性患心境障碍的可能性是男性的2倍（Kessler，2006；Kessler & Wang，2009），但这种不平衡仅适用于抑郁障碍和环性心境障碍，因为双相障碍的男女患病率基本是一样的（Merikangas & Pato，2009）。尽管患病率相似，但双相障碍还是存在一些性别上的差异。正如前面所提到的，与男性相比，女性不仅更容易出现较短的躁郁周期，同时亦更容易感到焦虑，并且更容易陷入抑郁相，而不是躁狂相（Altshuler et al.，2010）。

©Corbis

青少年中，抑郁障碍多发生于女孩。

有意思的是，抑郁障碍和环性心境障碍在黑人中的患病率远低于白人（Hasin et al.，2005；Kessler et al.，1994；Weissman et al.，1991），但是，同样，在双相障碍上没有差异。一项对非洲裔美国人样本的调查发现，在过去1年中抑郁障碍的患病率为3.1%（Brown，Ahmed，Gary，& Milburn，1995），另一项研究为4.52%（Hasin et al.，2005），而白人则为5.53%。身体健康状况是非洲裔美国人抑郁最重要的预测因子。这些患者很少接受治疗，仅11%的人会去联系精神卫生工作者（Brown，et al.，1995）。美国原住民抑郁的患病率明显偏高（Hasin et al.，2005），尽管在将抑郁翻译成为土著语言中存在的许多困难提示这一发现还需要更多的证据（Beals et al.，2005；Kleinman，2004）。

儿童、青少年和老年人中的患病率

尽管更完善的研究还在不断涌现，但是对儿童和青少年心境障碍患病率的估计还是差异很大。共同的结论是，抑郁障碍在儿童中的患病率小于成人，但是青少年期会急剧增长（Brent & Birmaher，2009；Costello，Foley，& Angold，2006；Garber & Carter，2006；Garber et al.，2009；Rudolph，2009）。2～5岁的低龄儿童中，抑郁障碍的患病率约为1.5%，比童年后期略低（Garber et al.，2009），但是多达20%～50%的儿童体验过抑郁症状，尽管这些症状的频率和严重程度尚不满足诊断标准的要求，但是他们依然受到了损害（Kessler，Avenevoli，& Reis Merikangas，2001；Rudulph，2009）。青少年抑郁障碍的患病率与成人基本相同（Rudulph，2009）。抑郁障碍儿童的性别比约为50 ∶ 50，但是到了青少年期这一比例急剧变化。与成人一样，青少年抑郁障碍很大程度上也是一种女性障碍，青春期似乎会促发这种性别的不平衡（Garber & Carter，2006；Garber et al.，2009；Nolen-Hoeksema & Hilt，2009）。值得注意的是，在轻度抑郁中并未发现这种性别不平衡。

超过65岁的老年抑郁障碍的整体患病率只有 448
正常人群的一半（Blazer & Hybels，2009；Byers，Yaffe，Covinsky，Friedman，& Bruce，2010；Fiske，Wetherell，& Gatz，2009；Hasin et al.，2005；Kessler et al.，2003）。这可能是因为诱发抑郁发作的应激性生活事件随年龄增长而呈下降趋势。但不符合抑郁障碍的温和症状似乎在老年人中很普遍（Beekman et al.，2002；Ernst & Angst，1995；Gotlib & Nolan，2001），并且这些症状似乎与疾病和衰弱联系在一起（Delano-Wood & Abeles，2005；Roberts，Kaplan，Shema，& Strawbridge，1997）。

双相障碍在儿童、青少年中的患病率似乎与成人相当（1%）（Brent & Birmaher，2009；Merikangas & Pato，2009）。然而，由于对儿童双相障碍兴趣的增加，以及将一些可能是正常发展过程中的变异现象看成双相障碍的症状，诊断标准有被放宽的倾向，儿童、青少年双相障碍的诊断率实际上在不断增加，关于这一点，本章的后面部分还会进一步讨论（Leibenluft & Rich，2008；Youngstrom & Starr，2005）。

考虑到心境障碍的慢性化和严重性（Gotlib & Hammen，2009），各个年龄段的患病率实际上都很高，这意味着心境障碍不仅对患者及其家庭，同时亦对整个社会有严重影响。

毕生发展对心境障碍的影响

你也许会假设，抑郁可能与一些生活中的经历，如负性事件或失望的积累有关，它们可能造成悲观，进而导致抑郁。与其他许多心理病理学中的看似合理的推论一样，这种推论也同样是不正确的。有证据显示，3 个月大的婴儿也可能变得抑郁。抑郁母亲的婴儿会出现明显的抑郁行为（表情悲伤、活动缓慢、反应缺乏），即便与不抑郁的成人接触时也是如此（Garber et al.，2009；Guedeney，2007）。现在尚不清楚的是，这种行为或气质是继承自母亲的某种遗传倾向，还是与抑郁的母亲或主要照顾者的早期互动的结果，或者两者兼有。

大多数研究者都同意，儿童和成人心境障碍在本质上是一样的（Brent & Birmaher，2009；Garber et al.，2009；Weiss & Garber，2003）。所以，不像焦虑障碍，DSM-Ⅳ-TR 里没有针对特定发展阶段的“儿童期心境障碍”。然而，抑郁的具体表现也会明显地随着年龄的变化而变化。例如，3 岁以下儿童的抑郁可能表现为：悲伤的面部表情、易激惹、疲劳、易吵闹不安、易生气，以及进食、睡眠方面的问题。到了 9 岁到 12 岁，这些症状大多不会再出现。同样，对 6 岁及以下的儿童，卢比及其同事（Luby et al.，2003）认为有必要严格执行两周的病程标准，因为在这个年龄阶段，心境波动是很正常的。此外，如果这些儿童确实存在悲伤或易兴奋，以及快感缺失（丧失愉悦感）等核心症状，那么只需具备 4 个症状就足够了，而不是 5 个。但是，就算像快感缺失、绝望感，以及过度睡眠和社会退缩等核心症状似乎亦会随年龄而变化，典型的情况是逐步变得更严重（Garber & Carter，2006；Weiss & Garber，2003）。

例如躁狂，9 岁以下儿童的躁狂更多表现为易怒和情绪波动，而不是典型的躁狂状态，特别是易怒症状（Fields & Fristad，2009；Leibenluft & Rich，2008），但是同样重要的是，仅仅易怒并不足以诊断躁狂，因为儿童期易怒会与其他许多问题联系在一起（不是躁狂独有的）。“情绪波动”或间歇性躁狂状态不如成年人明显也是儿童的特征之一，其特点就像短暂或快速循环的躁狂发作，只持续不到一天（Youngstrom，2009）。

与成人相比，儿童与青少年的发展性差异涉及共病。例如，儿童，特别是男孩们，在抑郁或躁狂发作时会倾向于变得富于攻击性，甚至破坏性。由于这些现象在 ADHD 或品行障碍中很常见，因此，儿童期抑郁（或躁狂）亦常常与它们联系在一起，甚至被误诊为这两种障碍，当然，被误诊为品行障碍的更多（Fields & Fristad，2009；Garber et al.，2009）。在双相障碍中，品行障碍与抑郁常常同时出现。在双相障碍的患者中，60% 的儿童和 90% 的青少年也符合 ADHD 的诊断标准（Biederman et al.，2000；Singh，DelBello，Kowatch，& Strakowski，2006；Youngstrom，2009）。总之，对潜在抑郁的成功治疗（或自然缓解）也可以解决这些患者与双相障碍相关的 ADHD 和品行障碍。青少年双相障碍患者也可能会变得富于攻击性、冲动、喜欢性挑逗和容易出事（Carlson，1990；Keller & Wunder，1990）。

年轻人中的双相障碍是否被过度诊断?

过去几年里，儿童青少年被诊断有双相障碍的比率大幅增长。实际上，年轻人中的诊断率在门诊患者中已经增加了 1 倍（超过 6%），而在美国社区医院中则增加了 3 倍（超过 40%）（Youngstrom et al.，2005；Leibenluft & Rich，2008）。其原因何在？许多临床医生现在使用了更宽泛的诊断标准，与其说这一标准符合当前对双相障碍 Ⅰ 型或 Ⅱ 型的定义，不如说它可能更符合一个相对模糊、未做详细说明的分类标准，这一标准将儿童长期的易兴奋、愤怒、攻击、高警觉，以及频繁发脾气等症状纳入。尽管这些更宽泛的症状定义确实表现出了 449
一些与经典双相障碍症状的相似性，并且可能也反映着对双相障碍当下的治疗现实（Biederman et al.，2005；Biederman et al.，2000），但是，其危险性在于，当这些儿童的症状更符合传统的诊断分类，例如 ADHD 或品行障碍（见第 5 章）时，他们可能会被误诊。在这种情况下，那些有大量不良反应，但对治疗双相障碍非常有效的药物更容易给孩子们带来危险，而不是益处。

以对那些年轻的双相障碍患者的病程与后果的大型多点研究（COBY；Axelson et al.，2006；Birmaher et al.，2006）（这项研究追踪了 263 名年轻的双相障碍患者长达 2 年）为基础，美国儿童与青少年精神病学委员会建议，大多数满足双相障碍宽标准的年轻人，不应该被诊断有双相障碍，除非他们同时也满足更多经典的诊断标准，如明显的发作周期，以及过度的情绪反应（抑郁或躁狂）（Leibenluft & Rich，2008；McClellan，Kowatch，& Findling，2007）。这样，那些有明显的躁狂发作，但持续时间太短，以至于不符合DSM标准（无论欣快或烦躁情绪的持续时间都不超过4小时，但会多次反复发作）的年轻患者将被纳入双相障碍谱系，而那些存在慢性、严重、伤害性易怒，和那些持续存在不间断愤怒，并伴随过度警觉、乱发脾气以及攻击行为等症状的年轻人，则更适宜于将其描述为存在严重的心境失调（severe mood dysregulation，SMD），而不是双相障碍。与接受不恰当的高强度药物治疗相反，这个群体更可能从对ADHD或抑郁、焦虑的更常规的治疗（包括心理治疗在内）中获益。这一思路已经向DSM-5提出。

无论以何种形式表现，考虑到可能的后果，儿童青少年的心理障碍都是很重要的（Garber et al.，2009）。在一项大型的前瞻性研究中，弗格森和伍德沃德（Fergusson & Woodward，2002）发现，在一个1 265名青少年的群体中有13%的人在14～16岁间出现了抑郁障碍。后来，到16～21岁时，与那些没有抑郁的青少年相比，这部分青少年出现抑郁、焦虑、尼古丁依赖、自杀倾向、物质和酒精依赖、学业表现不良和早育等问题的风险亦明显偏高。韦斯曼及其同事（Weissman et al.，1999）对83名青春期前就出现过抑郁障碍的青少年进行了10～15年追踪。他们发现，与未出现过抑郁的青少年相比，这个群体成年后的情况也更差，例如有更高的自杀倾向，以及社会功能损害。需要引起重视的是，与青春期才患上抑郁障碍的青少年不同，这些青春期前就出现抑郁的儿童，成年后更有可能发展出物质滥用或其他障碍，而不是继续出现抑郁。弗格森等（Fergusson，Horwood，Ridder，& Beautraits，2005）发现，青春期抑郁症状的广度和严重程度能够预测其成年时抑郁和自杀行为。很明显，青少年抑郁是一个危险并具有威胁性的事情，如果可能，应立即治疗或尽可能预防。

老年抑郁是一个严重问题，它很难被诊断，因为其症状常常与躯体疾病或痴呆相似。

老年人的年龄影响

直到最近我们才认真地对待老年抑郁的问题。一些研究估计，敬老院里14%～20%的老人会有抑郁发作（Djernes，2006；Fiske et al.，2009）。在一项大型研究中，一组56～85岁的老龄抑郁患者被追踪了6年。尽管症状尚未严重到需要做出某种诊断的程度，但其中大约80%的患者症状并没有消除而是持续处于抑郁状态中（或反复发作）（Beekman et al.，2002）。

晚发性抑郁常伴有明显的睡眠障碍、疑病症状（担心可能因某种原因生病或受到伤害）和激越（Baldwin，2009）。但是老年抑郁的诊断比较困难，因为那些感到不舒服或开始出现一些痴呆症状的老人会因此而变得抑郁，但这些抑郁或心境障碍的信号常常被归于躯体疾病或痴呆，进而被忽略（例如，参见Blazer & Hybels，2009；Delano-Wood & Abeles，2005）。高达50%的阿尔茨海默病患者存在抑郁的共病，这给他们的家庭带来了更多的困难（Lyketsos & Olin，2002）。

焦虑障碍与抑郁障碍的共病率在老年患者中大约为1/3到1/2，特别是广泛性焦虑障碍和惊恐障碍（Fiske et al.，2009；Lenze et al.，2000），二者同时出现时，患者的抑郁会变得更严重。其中1/3的老年患者还伴有酗酒（Devanand，2002）。数项研究显示，对于那些之前从未抑郁过的女性来说，进入更年期会增加其抑郁的可能性（Cohen，Soares，Vitonis，Otto，& Harlow，2006；Freeman，Sammel，Lin，& Nelson，2006）。这可能是由一些生物因素（例如激素变化）、令人痛苦的躯体症状，或者其他一些发生于这段时间的生活事件导致的。抑郁还会增加老人出现躯体疾病甚至死亡的可能性 450
（Blazer & Hybels，2009）。抑郁会使心脏病发作和卒中老人的死亡风险增加1倍（Schultz，Drayerl，& Rollman，2002）。

华莱士和奥哈拉（Wallace & O'Hara，1992）在一项持续 3 年的纵向研究中发现，城市老年人的抑郁在不断增加。他们指出，部分证据表明这种趋势与躯体疾病的增加和社会支持的减少有关。换句话说，随着我们变得越来越脆弱和孤独，其心理后果就是抑郁，而抑郁又会使我们变得更脆弱，使我们能获得的社会支持更少。布鲁斯（Bruce，2002）证实配偶亡故、对生病配偶的照顾负担，以及独立性的丧失，是这一年龄组的人发生抑郁最具危险性的因素。尽管这种比例近来在不断下降（Blazer & Hybels，2009），但这种恶性循环是致命的，因为老年人的自杀率比其他任何一个年龄段的人都要高（Conwell，Duberstein，& Caine，2002）。

在抑郁患病率上，早年的性别不平衡在 65 岁以后明显下降。在儿童早期，男孩比女孩更可能出现抑郁；但是青春期以后，女性抑郁激增，并导致性别比例失衡，这种情况一直持续到老年。进入老年后，女性抑郁的患病率与以往相似，而男性的患病率则在上升（Fiske et al.，2009）。从一生来看，这是自童年早期以来，抑郁性别比例的首次平衡。

跨文化

我们注意到，在一些文化中，有一种将焦虑躯体化的强烈倾向：许多人不会去讲述自己的害怕、惊恐或广泛性焦虑，但却会描述自己的胃痛、胸痛或心脏痛，以及头痛。对心境障碍来说，这种类似的倾向亦存在于多种文化中，因此，发现焦虑与抑郁的紧密联系就一点也不奇怪了。虚弱或疲惫感是抑郁的典型特征，这些症状还会与心理或躯体行为的迟缓，或者阻滞相伴（Kleinman，2004；Ryder et al.，2008）。一些文化对抑郁有自己的习惯用语，如霍皮人（一个美国土著部落）称其为“心碎”（Manson & Good，1993）。

尽管作为心境障碍特征之一的躯体症状在各种文化中似乎都大致相同，但还是很难去比较主观的感受。人们对抑郁的看法可能受到个体的文化视角，以及个体在社会中的角色影响（Jenkins，Kleinman，& Good，1990；Kleinman，2004；Ryder et al.，2008）。例如，在重视个体而不是集体的社会中，听到“我心情不好”或“我很郁闷”的说法很平常。但是，在那些个体被紧紧地整合到大集体的社会中，人们可能会用集体的感受来替代个人的感受，说“我们的生活失去了意义”（Manson & Good，1993）。

韦斯曼及其同事（Weissman et al.，1991）调查了非洲裔美国人和西班牙裔美国人心境障碍的终身患病率。每一种障碍的数据都很相似（但是，正如前面所提到的，非洲裔美国人的抑郁障碍与恶劣心境的患病率稍低），这意味着各亚文化间没有特别的差异。当然，这些数据都来源于能代表整个国家的精选样本。

在特定地区，结果可能会有极大的不同。金泽等（Kinzie，Leung，Boehnlein，& Matsunaga，1992）用结构化访谈来确定一个美国土著村庄成人患心境障碍的百分比。结果发现，任一心境障碍的终身患病率，男性为 19.4%，女性为 36.7%，平均为 28%，大约是一般人群的 5 倍。调查发现，几乎所有的增高都是抑郁障碍的比率增高所致。这个村庄物质滥用的结果和抑郁障碍的结果很相似（见第 11 章）。海辛等（Hasin et al.，2005）发现，另一个村庄的总体患病率为 19.17%，稍微低一些，而这个数字仍然比白人居住地区的患病率要高 1.5 倍，并且差异显著。但是，比尔斯等（Beals et al.，2005）在其研究的两个部落中却发现患病率相当低，这可能是访谈方法的不同或者不同部落间环境和文化的巨大差异所致。此外，时至今日，许多印第安保留地的社会与经济条件之差仍然令人震惊，这些因素满足慢性重大生活应激的所有要求，而应激与心境障碍，特别是抑郁障碍的发生有极密切的关系。

概念自测 12.2

判断下列描述心境障碍患病率的说法是正确的（T）还是错误的（F）。

1. 被诊断有心境障碍的女性人数大约是男性的两倍。________
2. 抑郁与生活经历有关，所以婴儿和年幼的儿童不会患上这一障碍。________
3. 老年人抑郁的诊断十分困难，因为它的症状与躯体疾病或痴呆相似。________
4. 心境障碍的躯体症状在各种文化中几乎都是一样的。________

451

心境障碍的病因

> 哪些生物、心理和社会文化因素对心境障碍的形成有影响？

心理病理学家认为，无论诱因是什么，生理、心理和社会因素似乎都与心境障碍的病因有关。心境障碍病因学的整合理论强调生物、心理和社会维度间的交互作用，并重视抑郁和焦虑间的强相关。在讨论这种交互作用之前，我们将先来回顾一下与各个因素相关的证据。

生物维度

确定一种特定疾病或疾病类型的遗传特点是非常复杂和困难的。不过，有几种策略，例如家系研究和双生子研究，可以对我们有所帮助。

家族和遗传的影响

在家系研究中，我们观察一种疾病在患病个体（先证者）的一级亲属中的患病情况。尽管可变性很大，心境障碍先证者亲属的患病率始终比对照组亲属高约2～3倍（Gershon，1990；Klein，Lewinsohn，Rohde，Seeley，& Durbin，2002；Levinson，2009）。先证者抑郁的日益加重、复发率、更早的发病年龄，与亲属中抑郁症的最高患病率有关（Kendler，Gatz，Gardner，& Pedersen，2007；Klein et al.，2002；Weissman et al.，2005）。

基因影响心境障碍的最好证据来自双生子研究。在这种方法中，我们比较同卵双生子（具有同样的基因）与只有50%相同基因的异卵双生子（与一级亲属相同）的患病情况。如果遗传影响存在，同卵双生子障碍的出现率应该比异卵双生子高许多。许多双生子研究表明，心境障碍具有遗传性（例如，参见 Kendler，Neale，Kessler，Health，& Eaves，1993；McGuffin et al.，2003）。其中最有说服力的研究中的一项表明，如果双生子中的一个出现了某种心境障碍，那么同卵双生子的另一个患心境障碍的可能性比异卵双生子高2～3倍（如果双生子中的一个出现双相障碍，同卵双生子中的另一个患心境障碍的可能性为66.7%，而异卵双生子的可能性仅为18.9%；如果双生子中的一个出现单相障碍，同卵双生子中的另一个患心境障碍的可能性为45.6%，而异卵双生子的可能性为20.2%）（McGuffin et al.，2003）。但是，如果双生子中的一个出现单相障碍，那么双生子中的另一个出现双相障碍的可能性会降到零。

有两项研究均显示了抑郁遗传易感性的性别差异。布雷特等（Bierut et al.，1999）研究了2 662对澳大利亚双生子，发现抑郁障碍在女性双生子中的患病率更高。他们估计的女性的遗传率在36%～44%之间，这与其他研究一致。但是男性的遗传率则较低，大约在18%～24%之间。这些结果大部分与莱昂斯等（Lyons et al.，1998）对美国男性的一项重要研究相一致。研究者得出结论，与女性相比，环境因素在男性抑郁的发生上扮演着更重要的角色。

这些研究仅描述了双相障碍会增加其近亲出现某些心境障碍（但不一定是双相障碍）的危险性。这一结论支持了之前提到的一个假设，即双相障碍可能仅仅只是心境障碍的某种更严重的变异，而不是在本质上有所不同的另一种疾病。因此，如果同卵双生子同时患上了心境障碍（一致性），那么两人有80%的可能性患的是同一极性的障碍。换句话说，如果同卵双生子中的一个患有单相障碍，那么双生子中的另一个将有80%的机会患上单相障碍，而不是双相障碍。这些发现显示，这些障碍可能是分开遗传的，并因此而最终可能是两种相互独立的障碍（Nurnberger & Gershon，1992）。

麦古芬等（McGuffin et al.，2003）认为，这两种观点都部分正确。他们发现两种障碍中，遗传因素对抑郁的影响是相同或相似的，躁狂的遗传与抑郁的遗传是不一样的。因此，双相障碍患者对抑郁有遗传易感性，对躁狂则有独立的遗传易感性。这一假设还需要进一步验证。

尽管这些研究确实激起了对心理社会和遗传因素影响心境障碍的持续质疑，但大量的证据表明，这些障碍具有一定的家族聚集性，至少反映着某种潜在的遗传易感性，特别是女性。正如第2章中所描述的一些细节，目前的研究正开始试图确定一小群指向这种易感性（至少对部分抑郁的类型）的基因（Bradley et al.，2008；Caspi et al.，2003；Garlow，Boone，Li，Owens，& Nemeroff，2005；Levinson，

2009）。在这个复杂的领域将有可能发现更多作用于不同类型抑郁的基因组合模式。

总之，遗传因素对抑郁的影响在女性中大约为 40%，而在男性中则明显更低（仅 20% 左右）。遗传对双相障碍的影响更大一些。这意味着抑郁障碍病因的 60%～80% 来自环境因素。此外，近期研
452 究强调了遗传因素对不同心理障碍影响的极大的异质性。因此，这些百分数（女性的 40%，男性的 20%）也许并没有反映特定基因族群中任何一种基因贡献的具体模式，而可能反映着不同基因族群中的多种作用形式（McClellan & King，2010）。正如我们在第 3 章中提到的，行为遗传学家把环境影响分为双生子共享事件（在同一家庭长大，可能，也经历着相似的应激事件）和非共享事件。那么，我们经历的哪一部分会引起抑郁呢？一般认为独特的非共享事件而不是共享事件与生物易感性交互作用造成了抑郁（Bierut et al.，1999；Plomin，DeFries，McClearn，& Rutter，1997）。

抑郁和焦虑：相同的基因？

有证据支持抑郁、焦虑和惊恐（以及其他心境障碍）关系紧密的假设。例如，家系研究的数据表明，一个患者的焦虑和抑郁的信号和症状越多，其一级亲属中患抑郁或焦虑或二者皆有的人就越多（Hudson et al.，2003；Leyfer & Brown，2011）。在几个关于 2 000 多对女性双生子的重要报告中，肯·凯德勒（Ken Kendler）和他的同事们（Kendler，Heath，Martin，& Eaves，1987；Kendler，Neale，Kessler，Heath，& Eaves，1992b；Kendler et al.，1995）发现了导致焦虑和抑郁的相同的遗传因素。社会学和心理学似乎比基因更能有效地解释将焦虑从抑郁中区别出来的因素。这些发现再一次表明，除了躁狂外，对心境障碍的生物易感性可能并不是特异性的，而更可能反映着对焦虑或心境障碍更一般的易感性。这种障碍的具体形式可能是由独特的心理、社会或附加的生物因素决定的（Kilpatrick et al.，2007；Rutter，2010）。

神经递质系统

在第 2 章，我们已经看到，神经递质系统有许多亚型，且它们的很多复杂方式在彼此之间或与神经调质（内分泌系统的产物）相互作用。研究显示，低水平 5- 羟色胺是心境障碍的可能原因，但这种效应只有当与其他神经递质（例如去甲肾上腺素和多巴胺）关联时才存在（例如，参见 Spoont，1992；Thase，2005，2009）。注意，5- 羟色胺的主要功能是调节我们的情绪反应。例如，当 5- 羟色胺含量较低时，我们就会更冲动，心境波动也会更大。这可能是因为 5- 羟色胺的功能之一就是控制与调节去甲肾上腺素和多巴胺系统。根据“允许性”假说，当 5- 羟色胺水平下降时，其他神经递质就会被“允许”变化幅度增大、失调，进而使心境出现不规则变化，包括抑郁。去甲肾上腺素减少是其后果之一。曼恩及其同事（Mann et al.，1996）采用复杂的大脑成像技术（PET 扫描）证实了抑郁障碍患者存在的 5- 羟色胺神经递质系统受损，但后续研究指出这种关联仅在存在自杀倾向的重度患者身上存在（Mann，Brent，& Arango，2001；Thase，2009）。目前的观点认为，各种神经递质间的制衡关系，以及其与自我调节系统的相互作用，比任何一种神经递质的水平更重要（Carver，Johonson，& Joormann，2009）。

在这种微妙的平衡背景下，研究者们对多巴胺的作用，特别是其与躁狂发作、非典型抑郁，以及存在精神病性症状的抑郁的关系，产生了持续的兴趣（Dunlop & Nemeroff，2007；Garlow & Nemeroff，2003；Thase，2009）。例如，配合其他多巴胺激动剂（Silverstone，1985），多巴胺激动剂左旋多巴似乎会造成双相障碍患者的轻躁狂（例如，参见 Van Praag & Korf，1975）。慢性应激也可能会降低多巴胺水平，进而导致抑郁类行为（Thase，2009）。但是，与这一领域内的其他研究一样，确定任何实质性的关联很困难。

内分泌系统

过去几年，抑郁症的病因学说大多数已经转移到了内分泌系统和“应激假说”上（Nemeroff，2004）。这一假说专注于下丘脑 - 脑垂体 - 肾上腺皮质轴（HPA 轴）（后面会讨论）的过度激活，这会导致应激性激素的产生。并且，请注意其与第 4 章中讲到焦虑的神经生物学观点的相似性（例如，参见 Britton & Rauch，2009；Charney & Drevets，2002）。研究者们注意到，那些内分泌系统受到躯体疾病影响的患者有时会变得抑郁，于是他们开始对这个系统产生了兴趣。例如，甲状腺机能减退或库欣病会影响肾上腺皮质，使皮质醇分泌过多，这经常会导致抑郁（或焦虑）。

我们在第 2 章和第 4 章中讨论了被称为 HPA 轴

的大脑环路，它始于下丘脑，穿过脑垂体，该环路负责调节内分泌系统（见图 2-10）。研究者们还发现，下丘脑神经递质的活动会调节影响 HPA 轴的激素分泌。这些**神经激素**（heurohormones）正日益成为心理病理学研究中的焦点（例如，参见 Garlow & Nemeroff，2003；Nemeroff，2004；Thase，2009）。由于存在着上千种神经激素，梳理它们与前面神经递质系统的关系（并确定它们各自对中枢神经系统产生的影响）确实是一件复杂的任务。受垂体影响的腺体之一为 HPA 轴的一部分肾上腺皮质，它会分泌应激性激素皮质醇。皮质醇被称为应激性激素是因为它会在应激性生活事件中升高。（我们在第 7 章
453 中详细讨论过这个系统。）现在，我们已经充分地了解到皮质醇的水平在抑郁障碍患者中会升高，这个发现促使我们认真地考虑抑郁和严重生活应激的关系（Bradely et al.，2008；Thase，2009）。

众所周知，抑郁（和焦虑）患者体内的应激性激素会升高，研究者开始关注这种升高的后果。初步结果表明，这些激素对神经元是有害的，它们降低了一种让神经元保持健康并不断生长的关键成分。我们在第 4 章焦虑障碍中看到，长期高水平的应激性激素会造成一种称为海马的大脑结构的萎缩。海马负责监控应激性激素的水平，并在短时记忆等认知过程中发挥重要的作用。但是，至少在动物方面，最新发现表明长期过量的应激性激素会造成有机体不能产生新的神经元（神经再生）。因此一些理论家怀疑高水平的应激性激素与抑郁的联系表现为海马神经再生功能的抑制（Heim，Plotsky，& Nemeroff，2004；McEwen，1999；Thase，2009）。现在，新的证据发现，因为母亲抑郁复发而处于抑郁风险中的女孩，虽然目前尚处于健康状态中，但与那些母亲没有抑郁的女孩相比，其海马的体积变小了（Chen，Hamilton，& Gotlib，2010）。这一发现提示，更小的海马体积可能推动并导致了抑郁。科学家已经发现，对抑郁的成功治疗，包括电休克疗法，似乎唤起了海马的神经再生，从而逆转了这一过程（Duman，2004；Santarelli et al.，2003；Sapolsky，2004）。

睡眠和昼夜节律

长期以来我们知道，睡眠困扰是大多数心境障碍的共同特点。最重要的是，抑郁的人从入睡到快速眼动睡眠期之间的时间比常人明显缩短。你可能还记得在基础心理学或生理学课程中学过睡眠有两个阶段：快速眼动睡眠（REM）和非快速眼动睡眠（non-REM）。当我们入睡后，会经历几个逐渐加深的睡眠阶段，从而使我们获得休息。大约 90 分钟后，我们开始进入 REM 睡眠，此时大脑处于“唤醒”状态，我们开始做梦。我们的眼睛在眼睑下快速移动，因此称为快速眼动睡眠。随着夜色更深，REM 睡眠时间会不断增加（本书第 6 章有对睡眠过程的更详细的讨论）。除了进入 REM 睡眠非常快以外，抑郁患者的 REM 活动也非常剧烈，到最后才有深睡眠，又称为慢波睡眠，甚至有时根本就没有。看起来睡眠的某些特征只在抑郁时，而不在其他时候出现（Riemann，Berger，& Voderholzer，2001；Rush et al.，1986）。但是，其他证据显示，至少在复发性抑郁这种较严重的病例中，就算患者不抑郁时，也会出现睡眠困扰的持续及深度睡眠的减少（Kupfer，1995；Thase，2009）。

抑郁儿童的睡眠模式紊乱不像成人那么明显，这可能因为儿童都是深睡者，这再次证明了发展阶段在心理病理学中的重要性（Brent & Birmaher，2009；Garber et al.，2009）。但睡眠障碍在老年抑郁患者中就严重多了。实际上，在老年人中频繁出现的失眠，是一个引起抑郁和使抑郁持续的危险因素（Fiske et al.，2009；Perlis et al.，2006）。在一项有趣的新研究中，研究者们发现，对那些既患有失眠又有抑郁的患者直接进行失眠治疗会增强对其抑郁治疗的效果（Manber et al.，2008）。双相障碍患者也会出现睡眠障碍，这一障碍会特别严重，不仅伴有 REM 潜伏期的减少，还伴有失眠和过度睡眠（Goodwin & Jamison，2007；Harvey，2008；Harvey，Talbot，& Gershon，2009）。

另一个有趣的发现是，剥夺抑郁患者的睡眠，特别是后半夜，会使他们的状态暂时好转（Giedke & Schwarzler，2002；Thase，2009），尤其是对于处于抑郁期的双相障碍的患者来说更是如此（Johnson et al.，2009；Harvey，2008）。但是当患者开始正常睡眠后，抑郁又会再次出现。无论如何，因为睡眠形式反映着生物节律，因此在**季节性情感障碍**（seasonal affetive disorder）、抑郁患者的睡眠困扰，以及更普遍的生物节律紊乱之间应该存在一定的关系（Soreca，Frank，& Kupfer，2009）。如果这是真的，也没什么可吃惊的，因为大多数哺乳动物对它们所生活的纬度

的白昼长度有敏锐的觉察，这个“生物钟”控制着进食、睡眠和体重变化。因此，对一些易感者来说，昼夜节律紊乱可能会是一个很特殊的问题（Moore，1999；Sohn & Lam，2005；Soreca et al.，2009）。

心理维度

迄今为止，我们讨论了遗传和生物因素，包括神经递质、内分泌系统、睡眠和昼夜节律研究中的发现，以及与抑郁相关的特定脑区的活动。但这些因素与心理、社会维度紧密相关，在这些领域，科
454 学家也发现了与抑郁紧密相关的因素。现在，我们来讨论一下这些发现。

应激性生活事件

应激和创伤在所有心理障碍的病因中都起着关键的作用。这一观点贯穿整个心理病理学理论，并为广泛接受的心理病理的特质 - 应激模型所证实，该模式在第 2 章中论及（并贯穿于全书）。这一理论描述了可能存在的遗传和心理易感性。但要寻找何种因素激起了这种易感性（特质），我们通常会从应激或创伤性生活事件中去搜寻。

应激和抑郁。你可能会认为，询问人们在患抑郁或其他心理障碍以前，生活中是否有一些重大的事情发生就足够了。大多数抑郁者也将失业、离婚、生育、毕业或开始工作作为一个诱因来报告。但是，与心理病理学研究的大多数问题一样，重大事件的意义很难界定（Kessler，1997；Monroe & Reid，2009；Monroe，Slavich，& Georgiades，2009），所以，大多数研究者已经不再询问患者是否经历过一些坏（或好）事情，而是开始考虑事件发生的背景，以及事件对个体的意义。

例如，失业对大多数人来说是应激性的，但是一些人的失业可能远比另一些人可怕。只有极少数人可能将其视为一件幸事。如果你因为机构重组而失去了一家大公司经理的职务，但你的妻子是另一家公司的总裁，可以赚足够的钱养家，失业对你而言可能不算是很糟糕的事。此外，如果你是一个有抱负的作家或艺术家，却没有时间去追求你的梦想，那么失业可能正是你一直在等待的机会。

现在再想象一下，如果你是一个带着两个孩子艰难度日的单身母亲，由于近期的医疗费用，你不得不在交电费和买食物之间选择其一，而这时你却失业了。应激性事件相同，但背景不同，事件的意义也就改变了。为了使这一特定情节进一步复杂化，想象一下，各种不同的母亲对失业会如何反应。一个女性可能会判定自己是个完全的失败者，无法继续生活和抚养她的孩子；另一个女性可能会认为失去工作根本不是自己的错，她会在这种无可奈何的窘境下设法利用工作训练课程来帮助自己。因此，生活事件的背景和意义都是重要的。这种研究生活事件的方法，是由英国的乔治·布朗（George W. Brown，1989b）及其同事发展出来的，见图 12-1。

布朗的这种有关生活事件的研究方法很难实施，并且方法仍然在改进之中。一些心理学家，如斯科特·门罗和康斯坦丝·汉曼（Scott Monroe & Constance Hammen，2005；Monore et al.，2009；Monroe，Rohde，Seeley，& Lewinsohn，1999；Dohrenwend，1981）发展出了新的方法。一个关键的问题是回忆事件时固有的偏倚。如果你去问一个人，5 年前第一次患抑郁时发生了什么事情，根据他现在是否正处于抑郁状态，你可能会得到不同的答案，因为现在的心境会扭曲记忆。许多研究者认为，研究应激性生活事件唯一有用的方法是前瞻性的跟踪研究，它更精确地确定事件的本质，以及它

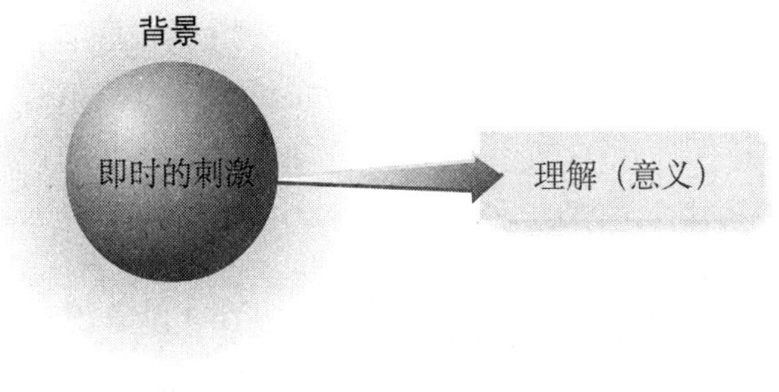

图 12-1　生活应激的背景与意义

资料来源：Reprinted，with permission，from Brown，G.W.，1989b. Life events and measurement. In G.W.Brown &T.O. Harris，Eds.，*Life events and illness*. New York，NY: Guilford Press，©1989 New York，NY: Guilford Press.

神经激素　一种影响大脑的激素，正在成为心理病理学研究的焦点。

季节性情感障碍（SAD）　心境障碍的一种，其特点是与一年中各个季节相对应的循环发作，以发生于冬天的抑郁最为典型。

们与后来的心理病态之间的关系。

当然，大量的研究表明，应激性生活事件与心境障碍的发生有明显的相关性（Grant，Compas，Thurm，McMahon，& Gipson，2004；Hammen，2005；Kendler，Karkowski，& Prescott，1999b；Kessler，1997；Mazure，1998；Monroe et al.，2009；Monroe & Reid，2009）。在对随机样本的应激性生活事件背景及其影响的测量中，许多研究发现，严重的或创伤性的生活事件与抑郁发作显著相关（Brown，1989a；Brown，Harris，& Hepworth，1994；Kendler et al.，1999b；Mazure，1998）。严重事件的发生先于所有类型的抑郁，可能仅有少数内因性抑郁和精神病性抑郁者除外，他们正好相反，严重生活事件的发生后于抑郁（Brown et al.，1994）。与复发性抑郁相比，重大生活应激对初次抑郁发作有更强的预测作用（Lewinsohn，Allen，Seeley，& Gotlib，1999）。另外，对于复发性抑郁患者，在最近一次抑郁发作时出现之前或早期的严重生活应激，则往往预示着更差的治疗效果和更长的缓解期（Monroe et al.，2009；Monroe，Kupfer，& Frank，1992），以及更大的复发可能性（Monroe et al.，2009；Monroe，Roberts，Kupfer，& Frank，1996）。

尽管事件的背景和意义通常比事件自身的性质更重要，但还是有一些事件本身就很容易导致抑郁。关系的破裂就是其中的一种，它对于青少年（Monroe
455 Rohde，Seeley，& Lewinsohn，1999）和成年人都是困难的（Kendler，Hettema，Butera，Gardner，& Prescott，2003）。肯德勒等（Kendler et al.，2003）在一项精巧的双生子研究中揭示，如果双生子中的一个经历了丧失，例如亲人丧亡，那么其出现抑郁的可能性会比没有经历丧失的双生子中的另一个高出 10 倍。但是如果双生中的一个经历的是对丧失的耻辱感，例如她的男朋友或丈夫离开了她，并和她最好的朋友在一起了，而她还要整天面对他们，那么她患抑郁症的可能性将比与她具有相同基因但却没有经历这种事件的双生子中的另一个高 20 倍。科学家已经证实羞耻、丧失和社会拒绝可能是对抑郁最具影响力的应激性因素（Monroe et al.，2009）。

很明显，应激和抑郁有很强的相关性，并且科学家们也正在探索两者间因果关系的可能路径。还记得第 2 章中我们提到过，我们的遗传特征可能会增加我们遭遇到应激性生活事件的可能性吗？我们将其称为遗传－环境交互模型（Saudino，Pedersen，Lichenstein，McClearn，& Plomin，1997）。例如，以遗传为基础的人格特征，会使一些人具有容易遭遇人际困难关系的倾向，而这将最终导致抑郁。肯德勒等（Kendler et al.，1999a）报告说，在应激性生活事件与抑郁的联系中，大约有 1/3 的人与其说患的是由通常所谓的应激诱发的抑郁，不如说是个体对抑郁的易感性使其更倾向于将自己置于高危的应激环境下，例如困难的关系或其他高危场景（在这些场景中出现糟糕的结果很常见）。交互模型最重要的观点是，在同一个人身上应激诱发抑郁，或抑郁个体制造或寻找应激性事件都可能出现。有趣的是，如果你问做母亲的，他们会倾向于认为他们抑郁的孩子制造了许多问题，而青少年们则归罪于应激性事件本身（Carter，Garber，Cielsa，& Cole，2006）。根据交互模型，真相可能界于这两种观点之间。

*应激与双相障碍。*应激性事件和双相障碍发作的关系也很密切（Alloy & Abramson，2010；Ellicott，1988；Goodwin & Jamison，2007；Johnson，Gruber，& Eisner，2007；Johnson et al.，2008；Reilly- Harrington，Alloy，Fresco，& Whitehouse，1999）。但是，几个问题可能与双相障碍的病因有特别的关系（Goodwin & Ghaemi，1998）。首先，一般认为负性的应激性生活事件会诱发抑郁，但是有点差异的是，多数正性的应激性生活事件似乎会诱发躁狂（Johnson et al.，2008）。与努力实现重要目标联系在一起的经验，例如考取大学、获得一份新工作或得到晋升，或者结婚，都可能诱发易感者的躁狂。其次，应激似乎最初引起了躁狂和抑郁，但是随着障碍的发展，这些发作似乎衍生出自己的规律。换句话说，一旦循环开始，心理病理或病理生理过程就开始成为主导并使障碍持续存在（例如，参见 Post，1992；Post et al.，1989）。再次，一些突如其来的躁狂发作似乎与睡眠缺失有关，就像在妇女在产后（Goodwin & Jamison，2007；Harvey，2008；Soreca et al.，2009），或者倒时差那段时间（打乱了昼夜节律）一样。不过，在大多数双相障碍的病例中，应激性生活事件不仅引起复发，同时亦会延缓康复（Alloy，Abramson，Urosevic，Bender，& Wagner，2009；Johnson & Miller，1997）。

最后，虽然几乎每个患有心境障碍的人都经历过明显的应激事件，但是，大多数经历这样事件的人并没有患心境障碍。尽管数据没有我们希望的那么精确，但大约 20%～50% 经历严重应激事件的人最终发展出心境障碍。也就是说，大约有 50%～80% 的个体并没有出现心境障碍，或者其他心理障碍。数据再一次有力地支持了应激性生活事件与某种易感性交互作用的观点：遗传的易感性、心理的易感性、或更可能是两种易感性的综合（Barlow，2002；Hankin & Abramson，2001；Kendler，Kuhn，Vittum，Prescott，& Riley，2005；Thase，2009）。

如果同时出现了某种遗传易感性（特质）和某种严重的生活事件（应激），那么会发生什么？研究人员分离出了许多独立的心理和生物学过程。为讲清楚这一点，让我们回到凯蒂的案例。她的应激性生活事件是去一所新的学校。凯蒂的失控感涉及另一种可能导致抑郁的重要心理因素：习得性无助。

凯蒂：不容易的跨越

我是一个严肃而敏感的 11 岁女孩，像其他许多 10 多岁的孩子一样，我也即将进入青春期，并面临着从小学到中学的巨大转变：新的学校、新的老师和同学、新的任务、新的压力。就学习而言，到目前为止我还是一个好学生，但我不觉得自己好，因为我缺乏自信。

凯蒂开始出现严重的焦虑反应，紧接着因为严重的流感而病倒了。在恢复后准备回学校的时候，她发现她的焦虑比以前更重了。更糟糕的是，她开始感到自己正在失控。

当我回头看时，我能确定使我出现焦虑和恐惧的事件，但是每一件事又似乎都发生得很突然且没有原因。我的情绪和身体的反应让我自己都无法理解。我感到对情绪和身体失去了控制。每天我都像个小孩一样期盼，希望发生在我身上的一切会奇迹般结束。

456

习得性无助

回顾一下第 2 章讨论过的研究，马丁·塞利格曼发现，狗和老鼠对不能控制的事件表现出很有意义的情绪反应。老鼠受到偶然的电击，如果它们能通过做什么事来避免，如按一个杠杆，它们的功能会基本保持正常。但如果它们发现无论做什么都不能避免电击，它们最终会变得非常无助，放弃努力，出现类似抑郁的表现（Seligman，1975）。

人类会有同样的反应吗？塞利格曼认为我们

©Benelux/Cusp/PhotoLibrary

根据抑郁的习得性无助理论，当人们相信自己无法控制生活中的应激时，抑郁就会开始出现。

也会如此，但是只发生在一种重要的条件下：当人们相信自己不能控制其生活中的应激时，他们就会变得焦虑和抑郁（Abramson，Seligman，& Teasdale，1978；Miller & Norman，1979）。这些发现演化为一个重要的模型，称作**抑郁的习得性无助理论**（learned helplessness theory of depression）。经常被忽略的塞利格曼的观点是，焦虑是对应激情境的第一个反应，而抑郁则是在对应付生活生活事件困难出现明显的无望感之后才发生的（Barlow，1988，2002）。抑郁的归因模式是：（1）内归因，即个体将负性事件归因于个人的失败（“都是我的错”）；（2）稳定性归因，即使某种特殊的负性事件已经过去，仍存在“其他的坏事情也都是我的错”的归因；（3）全面性归因，即归因扩展到各种问题上。关于这个有趣的概念的研究还在继续，但是你能够看到它是如何对凯蒂发挥作用的。在早期入学困难时，她就开始相信自己无法控制事情，并且甚至无从应对。更重要的是，在她眼里，坏事都是她的错：“我为自己缺乏控制而自责。”随后她的情绪不断低落，直到抑郁发作。

但是仍然有一个重要的疑问：习得性无助是抑郁的原因还是抑郁过程的副产物？如果是原因，那么习得性无助应该在抑郁发作之前就存在。一项历时 5 年的对儿童的纵向研究给了这一疑问一些提示。诺伦－霍克西玛等（Nolen-Hoeksema，Girgus，&

抑郁的习得性无助理论　马丁·塞利格曼的理论，该理论认为当人们将事情归因于他们无法控制生活中的应激时，焦虑和抑郁就会开始出现。

Seligman，1992）报告，幼儿的消极归因方式未能预测后来的抑郁症状；相反，应激性生活事件似乎才是症状的主要诱发者。然而，再长大一点后，处于应激中的儿童似乎更容易形成消极的认知风格，这样，当个体应对其他负面事件时，这种认知风格就会对抑郁的症状有预测作用了。诺伦－霍克西玛及其同事推测，儿童早期有意义的负性事件可能会导致他们形成消极的归因方式，从而使这些孩子在未来遭遇应激事件时，更易出现抑郁发作。确实，多数研究已经证实了负性认知方式会导致抑郁，并是抑郁的一个危险因素（Alloy & Abramson，2006；Garber & Carter，2006；Garber et al.，2009）。

这让我们想起了焦虑障碍产生的心理易感模型（Barlow，1988，2002；Suarez，Bennett，Goldstein，& Barlow，2009），就是说，对于一个对焦虑或抑郁具有非特异性遗传易感性的人，应激性事件会激活其认为生活事件不可控的心理感受（Barlow，2002；Chorpita & Barlow，1998）。有证据显示，消极归因方式不是抑郁患者特有的，焦虑患者也有这个特征（Barlow，2002；Hankin &Abramson，2001；Suarez et al.，2009）。这可以说明，心境障碍的心理（认知）易感性并不比遗传易感性更具有特异性。两类易感性都可以成为多种障碍的基础。

阿布拉姆森等（Abramson，Metalsky，& Alloy，1989）修订了习得性无助理论，不再强调特定的归因，而是突出了无望感的形成是导致许多类型抑郁的关键原因。归因的重要性仅在于它们对无望感的影响程度。这与近来关于焦虑和抑郁存在本质差异的观点吻合。虽然焦虑和抑郁的个体都会感到无助，并相信自己缺乏控制，但只有抑郁的人会放弃，并认为没有希望再得到控制（Alloy，Kelly，Mineka，& Clement，1990；Barlow，1991，2002；Chorpita & Barlow，1998）。

消极的认知方式

1967年，阿伦·贝克（Aaron T. Beck，1967，1976）提出，抑郁可能源自个体习惯于用消极的方式来解读日常事件。根据贝克的观点，抑郁的人
457 对每件事都做最坏的打算；对他们来说，最小的挫折都是大灾难。在大量的临床工作中，贝克通过这种方式观察了他的几乎所有的抑郁患者，并开始对“认知歪曲”这种认知方式的特征进行分类。在他罗列的一系列认知歪曲中，两个典型的例子是武断推论和过度概括。武断推论是指抑郁者只强调事物的负性的一面而忽视正性的一面。一个高中老师可能会因为两个学生在他的课上睡觉而认为自己是一个糟糕的老师。他没想到他们睡觉的其他原因（例如整晚参加聚会），而“推断”是由于自己的教学方式不好。过度概括的一个例子是：你的老师在你的某一次作业上写了一个批评的评语，你就设想你将会通不过这门课，而不管以前一系列好的评语和在其他作业上的好成绩。这就是对一次批评的过度概括。根据贝克的理论，抑郁的人总是这样想事情。他们的认知歪曲表现为消极地看待自己、目前的世界和未来，三个方面一起被称为**抑郁认知三角**（depressive cognitive triad）（图12-2）。

另外，贝克推论说，在经历了儿童期一系列的消极事件之后，个体可能发展出深层的消极图式（negative schema），一种关于某些生活侧面持久的消极认知信念系统（Beck，Epstein，& Harrison，1983；Gotlib & Krasnoperova，1998；Kurtzman，& Blehar，1997；Gotlib & Macleod，1997；Young，Rygh，Weinberger，& Beck，2008）。那些有“自责”图式的人会感到自己对每一件不好的事情都负有责任。那些

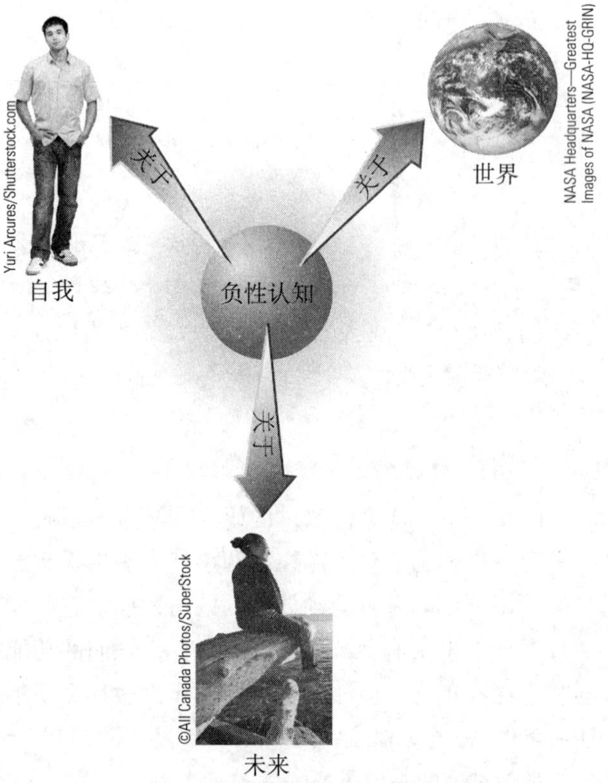

图12-2　贝克的抑郁认知三角

有消极自我评价图式的人则会认为他们任何事情都做不好。按照贝克的观点，这些认知歪曲和图式是自动化的，即不一定是有意识的。实际上，个体甚至可能没有意识到这种想法是消极和不合逻辑的。这样，非常小的负性事件就可能导致抑郁发作。

各种证据都支持心境障碍，尤其是抑郁障碍的认知理论（Goodman & Gotlib，1999；Ingram，Miranda，& Segal，2006；Mazure，Bruce，Maciejewski，& Jacobs，2000；Reilly-Harrington et al.，1999）。抑郁患者的思维在认知三角的每个维度上——自己、世界和未来（例如，参见 Gotlib & Abramson，1999；Hollon，Kendall，& Lumry，1986；Joormann，2009）都比非抑郁患者更消极（Garber & Carter，2006；Joormann，2009）。抑郁性认知似乎源自对问题的扭曲，以及对信息的自动加工方式。容易抑郁的人在抑郁时，比不抑郁时，同时也比不抑郁的人更容易回忆起那些消极的事情（Gotlib，Roberts，& Gilboa，1996；Lewinsohn & Rosenbaum，1987）。

这个理论非常重要。因为通过了解认知错误和潜在的图式，我们就可以矫正它们，进而减轻抑郁和相关的心境障碍。由于发展了这一方法，贝克成为认知治疗之父。这是近 50 年来心理治疗领域里最重要的发展之一。双相障碍患者也存在着负性认知方式——但是是扭曲的。这些患者的认知模式的特点是在一般的抑郁认知模式外，对目标、完美主义过度追求，以及自我苛求（Alloy & Abramson，2010；Johnson et al.，2008）。

抑郁的认知易感性：一种整合

塞利格曼和贝克各自独立地发展出了他们的理论，并且有很好的证据显示两个模型具有独立性：一些人可能具有消极的眼光（功能不良的态度），而另一些人则倾向于对事件作消极的解释（无望的归因）（Joiner & Rudd，1996；Spangler，
458 Simons，Monroe，& Thase，1997）。然而，二者的基本前提大量重叠，并且有相当多的证据表明，抑郁常常与悲观的解释模式和负面的认知模式结合在一起。还有证据显示，认知易感性使一些人似乎天生就具有从负面角度看问题的倾向，从而使他们更容易抑郁（例如，参见 Ingram，Miranda，& Segal，2006；Mazure，Bruce，Maciejewski，& Jacobs，2000；Reilly-Harrington et al.，1999）。

对这一结论确凿的支持来自坦普－威斯康星研究，一项由劳伦·阿洛伊（Lauren Alloy）和林恩·阿布拉姆森（Lyn Abramson）主持的有关抑郁的认知易感性研究（Alloy & Abramson，2006；Alloy，Abramson，Safford，& Gibb，2006）。他们对那些在初始评估中没有抑郁的大学一年级学生，在持续 5 年的时间中，每隔几个月进行一次评估，以确定他们是否经历了任何应激性生活事件、是否符合抑郁发作或其他心理病理问题的诊断。在第一次评估中，研究者以学生在功能不良的态度和无望感归因问卷上的得分来确定这个学生是否具有形成抑郁的认知易感性。结果显示，因功能不良态度而处于高风险中的学生组，既往发生抑郁的比例高于低风险学生组。但是，真正重要的结论来自这项研究的预测部分。负性认知风格确实是后来抑郁的易感因素。即使被试过去从未出现过抑郁，高风险被试（在认知易感性测量中得分高者）比低风险被试出现抑郁发作的可能性高出 6～12 倍。并且，16% 的高风险者经历过一次抑郁发作（低风险者仅 2.7%），46% 出现过轻度抑郁症状（低风险者仅 14%）（Alloy & Abramson，2006）。在另一项重要研究中，阿贝拉和斯基特奇（Abela & Skitch，2007）证明了因母亲患抑郁而处于抑郁高风险中的儿童，当遇到轻微应激时，也会出现抑郁性认知模式，而那些无风险的儿童则不会这样。这一数据提示，发展出抑郁的认知易感性确实存在，它与生物易感性结合起来，很容易导致抑郁。

社会和文化维度

许多社会和文化因素与抑郁的发生或持续有关。在这些因素中，婚姻关系、性别以及社会支持是最重要的。

婚姻关系

如前面所提到的关系破裂常常导致抑郁一样，婚姻不满意与抑郁（包括双相障碍）存在明显的关联（Davila，Stroud，& Starr，2009）。布鲁斯和金（Bruce & Kim，1992）收集了 695 位女性和 530 位男性的数据，并于 1 年后对他们重新进行访谈。在

抑郁认知三角 抑郁者的错误思维，表现为负性地集中于三个领域：他们自己、他们当前面对的世界和他们的未来。

此期间，虽然大多数人报告婚姻关系稳定，但亦有不少人报告与配偶分手或离婚。在报告婚姻破裂的妇女中，大约21%的人经历了严重的抑郁，这一比例比婚姻稳定的妇女高出3倍。而在报告婚姻破裂的男性中，约17%的人经历了严重抑郁，比婚姻稳定的男性高出9倍。但是，当研究者只考虑那些未出现过严重抑郁的被试时，却发现分手或离婚的男性中只有14%的人出现了严重抑郁，女性的比例大约为5%。换句话说，在婚姻破裂后，只有男性会面临首次心境障碍发作的高风险。

另一项具有大量支持的发现是，包含双相障碍在内的抑郁，特别是持续的抑郁，可能会导致婚姻关系的实质性恶化（Beach，Jones，& Franklin，2009；Beach，Sandeen，& O'Leary，1990；Davila et al.，2009；Gotlib & Beach，1995；Paykel & Weissman，1973；Uebelacker & Whisman，2006）。原因是显而易见的，在一个持续消极、情绪失常和悲观的人周围，很容易让人疲惫不堪。由于情绪会被他人感染，所以配偶也有可能会感到情绪变差。这种互动的模式极易导致双方争吵，或者更糟糕，使没有抑郁的一方想离开（Joiner & Timmons，2009；Whisman，Weinstock，& Tolejko，2006）。

但是，婚姻冲突似乎对男女有不同的影响。抑郁似乎会让男性变得退缩甚至离婚。但是对于女性来说，却是常因为婚姻关系中的各种问题而导致抑郁。因此对不同性别的人来说，抑郁和婚姻关系问题是相联系的，但是彼此因果关系不同（Fincham，Beach，Harold，& Osborne，1997），斯潘格勒等（Spangler，Simons，Monroe，& Thase，1996）也发现了这一结果。基于这些因素，比奇等（Beach，Jones，& Franklin，1990）建议，治疗师在治疗心境障碍的同时，也要处理不良的婚姻关系。

女性中的心境障碍

心境障碍的流行病学资料显示了极度的性别不平衡。尽管双相障碍的性别分布较为均衡，但是将近70 %的抑郁障碍和恶劣心境的患者是女性（Bland，1997；Hankin & Abramson，2001；Kessler，2006；Weissman et al.，1991）。令人震惊的是，尽管抑郁的患病率在各个国家或地区之间可能不同，但是这种性别的不平衡在全世界都是一样的（Weissman & Olfson，1995）（见图12-3）。类似的性别比例失衡也见于大部分焦虑障碍特别是惊恐障碍和广泛性焦虑障碍，但经常被忽略。正如我们在第2章提到的一样，女性在特定恐惧症患者中所占的比例更高。如何解释这种现象？

对不可控性的感知差异，可能明显影响了情绪障 459
碍的性别差异（Barlow，1988，2002）。如果你感觉能够掌控自己生活和那些我们都可能遇到的困难，那么，虽然你偶尔也会感受到应激，但你不会体验到无助感——焦虑和心境障碍的核心内容。这些差异的来源是文化性的，也就是说源于社会赋予男、女不同的性别角色。男性被强烈地鼓励成为独立、独断、自信的；相反，女性则被希望被动，对他人敏感，且比男性更依靠别人（依附）（Cyranowski，Rrank，Young，& Shear，2000；Hankin & Abramson，2001）。尽管这些刻板印象正在缓慢地改变，但它们

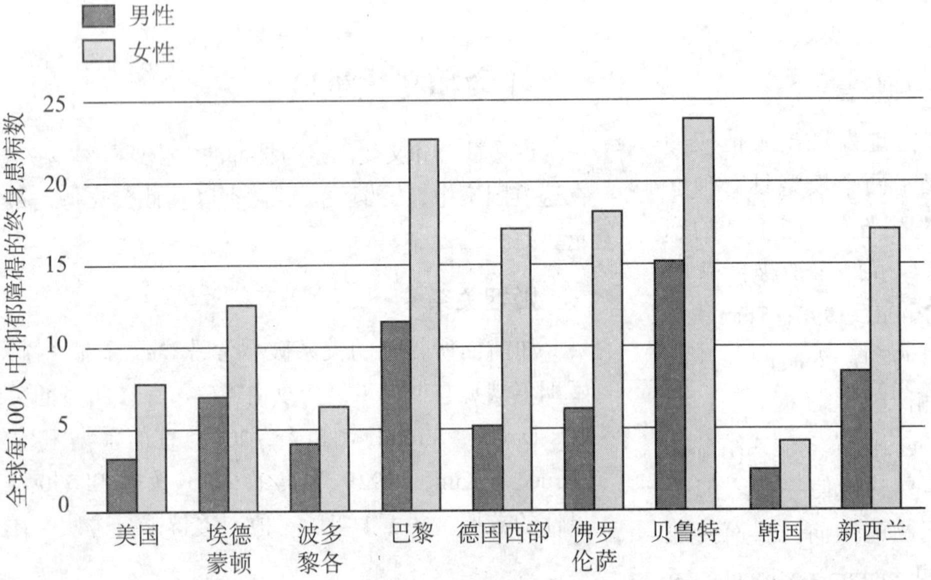

图12-3　全球每100人中抑郁症障碍终身患病数

资料来源：Reprinted，with permission，from Weissman，M. M.，& Olfson，M.，1995. Depression in women: Implications for health care research. *Science*，*269*，799–801，© 1995 American Association for the Advancement of Science.

在很大程度上仍在影响着当前的性别角色特征。但是，这种文化引起的依赖和被动，却增加了女性的不可控制感和无助感，使她们更易出现心境障碍。

越来越多的证据表明，那些会强化刻板的性别角色的父母教养方式，有可能影响个体早期心理易感性的发展，进而影响到后来的抑郁与焦虑（Chorpita & Barlow，1998），特别是令人窒息的过度保护模式，会阻碍孩子主动性的发展。同样有趣的是前面所提到的，女孩在青春期出现的“突然”的抑郁大潮。许多人认为这可能是由生物原因引起的。然而，凯斯勒（Kessler，2006）指出，在一所三年一贯制（七年级至九年级）的中学，女孩到七年级时会很快出现低自尊，但如果是在一所包含幼儿园和中学的学校，那么女孩子要到九年级才会出现低自尊（Simmons & Blyth，1987）。这些结果显示，刚进入一个新学校的年轻女孩，不管是七年级、九年级或者是别的年级，都会感受到应激。同样，生理上较早成熟的女孩比还未成熟的女孩有更多的更多的困扰和抑郁（Ge，Conger，& Elder，1996）。

与男性相比，女性倾向于把亲密关系放在更重要的位置上。如果社会支持网络足够强大，这会具有保护性，但同时亦会让女性处于风险中。因为一旦这种关系破裂，加上没有能力应对这种破裂，女性所遭受的伤害要远大于男性（Nolen-Hoeksema & Hilt，2009；Rudolph & Conley，2005）。塞拉诺夫斯基等（Cyranowski et al.，2000）注意到，与男孩相比，那些倾向于通过拒绝其他女孩来表达攻击的青春期女孩，加上自身又对被拒绝更敏感，她们比男孩更容易出现抑郁发作。肯德勒等 (Kendler，Myers，& Prescott，2005）也观察到，女性倾向于拥有比男性更大和更亲密的社会网络，这样她们可以通过朋友情感支持群体来抵御抑郁。但是，前面谈到的来自布鲁斯和金（Bruce & Kim，1992）的数据显示，假如婚姻关系的破裂达到了离婚的程度，那么原来心理功能很好的男性患抑郁的风险就会更大。

苏珊·诺伦－霍克西玛（Susan Nolen-Hoeksema）提出了另一个可能很重要的性别差异（1990，2000；Nolen-Hoeksema，Larson，& Grayson，1999；Nolen-Hoeksema，Wisco，& Lyubomirsky，2008）。女性比男性更倾向于反思自己的处境，因自己的抑郁而自责。而男性则倾向于忽略他们的感情，并可能通过行为来摆脱自己的想法。男性的这种行为可能具有治疗作用，因为让人“激活”（让他们忙于做事情）是成功治疗抑郁的一种常见因素（Dimidjian，Martell，Addis，& Herman-Dunn，2008；Jacobson，Martell，& Dimidjian，2001）。

正如斯特里克兰德（Strickland，1992）指出的，在我们的社会，女性处于劣势：她们比男性经历更多的歧视、贫穷、性骚扰和虐待。同时她们赢得的尊敬、获得的权力也较少。在美国，居住在贫民区的人中有四分之三是妇女和儿童。女性，特别是单身母亲，很难找到工作。值得重视的是，全职在外工作的已婚女性的抑郁水平并不比同样在外工作的已婚男性高。单身、离婚和丧偶的女性比同样情况的男性明显经历更多的抑郁（Davila et al.，2009；Weissman & Klerman，1977）。但这并不一定意味着任何人都需要 460
有一份工作来避免抑郁。实际上，无论对于一个男性还是一个女性，如果能在强有力的、社会性的、支持性的主妇和父母的角色扮演中感到有掌控感和价值感，那么发生抑郁的可能性应该也会比较低。

最后，其他疾病也可能反映着性别角色的刻板印象，但是方向相反。与攻击性、活动过度，以及物质滥用相联系的障碍发生于男性的远多于女性（Barlow，1998，2002）。在整个心理病理障碍的范围内确定导致性别不平衡的原因，对发现这些障碍的病因可能有重要作用。

社会支持

在第 2 章，我们阐述了社会影响对我们心理和生物功能的强大作用。我们引用了几个社会影响如何导致早亡的例子，比如老年人遭白眼或缺乏社会支持。一般来说，社交与接触的数量与频率越高，你可能活得越长（例如，参见 House，Landis，& Umberson，1988）。因此，社会因素会对我们是否会变得抑郁产

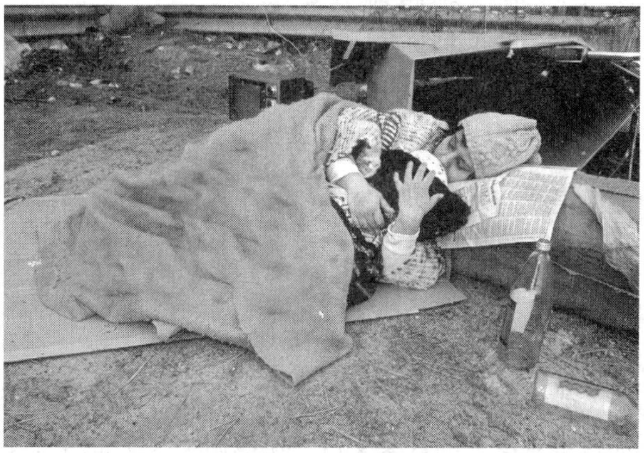

©David Urbina/PhotoEdit

在美国，居住在贫民区的人中有四分之三是妇女和儿童。

生影响就不足为奇了（Beach et al.，2009）。

在一项早期的划时代研究中，布朗和哈里斯（Brown & Harris，1978）第一次指出了社会支持在抑郁发生中的重要性。在一项对曾经经历过严重生活事件的女性的研究中，他们发现有依赖的朋友可以倾诉的女性只有10%变得抑郁，而相比之下，没有亲密支持关系的女性中有37%变得抑郁。随后的一些前瞻性研究也证实了社会支持（或者缺乏社会支持）对预测抑郁的发生具有重要作用（例如，参见 Joiner，1997；Kendler，Kuhn，et al.，2005；Lin & Ensel，1984；Monroe，Imhoff，Wise，& Harris，1983；Monroe et al.，2009；Phifer & Murrell，1986）。社会支持对预防抑郁的重要性在中国（Wang，Wang，& Shen，2006）和其他每一个被调查的国家都得到了证实。其他一些研究也明确了社会支持对加速抑郁发作患者恢复过程具有重要作用（Keitner et al.，1995；McLeod，Kessler，& Landis，1992；Sherbourne，Hays，& Wells，1995）。在一个有趣的实验中，约翰逊等（Johnson，Winett，Meyer，Greenhouse，& Miller，1999）比较了社会支持在加速双相障碍患者恢复中的作用，他们得到了一个惊人的发现。来自朋友和家庭的社会支持系统有助于患者抑郁发作患者的快速恢复，但对躁狂发作却无效。这一发现突出了躁狂发作的独特性质（McGuffin et al.，2003）。不管怎样，这些以及相关的关于社会支持重要性的发现，引出了治疗心境障碍的令人兴奋的、新的心理治疗途径——人际心理治疗，我们将在本章的后面部分讨论这种方法。

让我们再回到凯蒂的例子，在对她混乱的时光，以及那些感觉死比活着更好的日子进行反思时，一个想法清晰地浮现在她脑海中：

> 我的父母是早期这些年真正的英雄。我总是羡慕他们的力量、他们的爱、他们的担当。我的父亲高中毕业，而我的母亲只上到八年级。他们应付了那些复杂的逻辑的、医学的和心理学上的问题。他们几乎从未得到朋友和专家的支持，但他们仍然坚持去做那些他们最相信的事情。在我眼中，这就是勇气和爱的最好证明。

凯蒂的父母并没有获得那些能够帮助他们度过那些艰难岁月的社会支持，但他们给了凯蒂这种支持，我们之后还会回到她的案例中。

一个整合理论

怎样把这些内容整合起来？从根本上看，抑郁和焦虑可能有一个共同的、被遗传决定的生物易感性（Barlow，2002；Barlow，Chorpita，& Turovsky，1996；Suarez et al.，2009），可以将其描述为对应激性生活事件过度的神经生物学反应。当然，这种易感性仅仅是患抑郁（或焦虑）的一般倾向，而不是对抑郁或焦虑本身的特殊的易感性。但是，导致抑郁的原因中，仅有20%～40%能归结为基因作用。461
后面，我们将讨论生活经历。

患心境障碍的人也有某种心理易感性，即感到不能充分地应付自己面临的困难和抑郁的认知方式。和焦虑一样，我们可能也是在儿童期形成这种控制感的（Barlow，2002；Chorpita & Barlow，1998）。这种控制感可能存在于一个从完全自信到完全应付不能的连续体中。当易感性被触发时，悲观的“放弃”过程似乎对抑郁的发生至关重要（Alloy，Kelly，Mineka，& Clements，1990；Alloy et al.，2000；Alloy & Abramson，2006）。

应对不足和抑郁的认知方式这两种易感性是由神经质或负性影响构成的。你也许记得，第4章提到，神经质与一系列因素相关，例如应激与抑郁的生化标记物（例如，参见 Nemeroff，2004；Thase，2009）、大脑两半球不同的唤醒水平（大脑两半球功能的不对称），以及大脑特殊通路的激活。同样有很好的证据表明，应激性生活事件触发这些易感个体大多数情况下的抑郁发作，尤其是初次发作。这些因素是如何相互作用的？最新的观点认为，应激性生活事件激活了应激性激素，继而引起了大范围神经递质系统的变化，特别是5-羟色胺、去甲肾上腺素以及促肾上腺皮质激素因子释放系统。布吉等（Booji et al.，2007）证明了神经递质功能和负性认知方式的互动模式。他们与39名曾患有抑郁发作但已经康复的患者合作。这些患者参加了两个生物测试或被称为急性色氨酸耗竭（ATD）的“挑战性”程序，这种实验会导致暂时性的5-羟色胺水平降低。通过改变一天的饮食结构，即限制色氨酸（一种血清素功能前体）的摄入和增加必要的氨基酸混合物，就很容易达到降低5-羟色胺水平的目的。当然，参加实验的患者已经充分地被告知了这些影响，自愿地接受合作。

布吉和范德多斯（Booji & Van der Does，2007）发现的是，像往常一样，这种生物学挑战对于其中一些患者来说，起到了临时性降低各种各样抑郁症状的效果，但是这些症状在那些存在认知易感性的患者中更常见。也就是说，在生物学挑战前的认知易感性评估清晰地预测了后面的抑郁反应。有意思的是，ATD 挑战在健康被试中并没有引起显著的心境变化。因此，这一结果仅限于那些对抑郁有易感性的人群。

到目前为止，我们得到的是素质–应激模型一个可能的机制。最终，似乎能够明确的是，那些诸如人际关系或认知模式的因素能使我们免受应激的影响，并因此免于出现心境障碍。或者说，这些因素至少决定了我们能否迅速从这些障碍中恢复。但要记住的是，双相障碍，特别是躁狂发作，似乎有某些不同的遗传基础，并且对社会支持有不同的反应。科学家正在试图对双相障碍进行理论解释，除了这里所提到的因素外，双相障碍患者还对将生活事件的体验与努力实现某种重要目标相联系的经验高度敏感，这可能是被称为行为趋向系统（BAS）的大脑环路的过度激活所致（Alloy & Abramson，2010；Gruber，Johnson，Oveis，& Keltner，2008）。在一些情况下，那些更正性但仍有压力的应激性生活事件，如开始一份新工作，或者通宵完成一篇重要的学期论文，可能会使易感个体陷入躁狂发作而非抑郁发作之中。双相障碍患者还对昼夜节律的破坏高度敏感。因此，双相障碍患者可能有一个使他们同时容易出现抑郁和躁狂的脑回路。不过，对这个假设的研究才刚刚开始。

总之，生物、心理和社会因素都影响了心境障

462

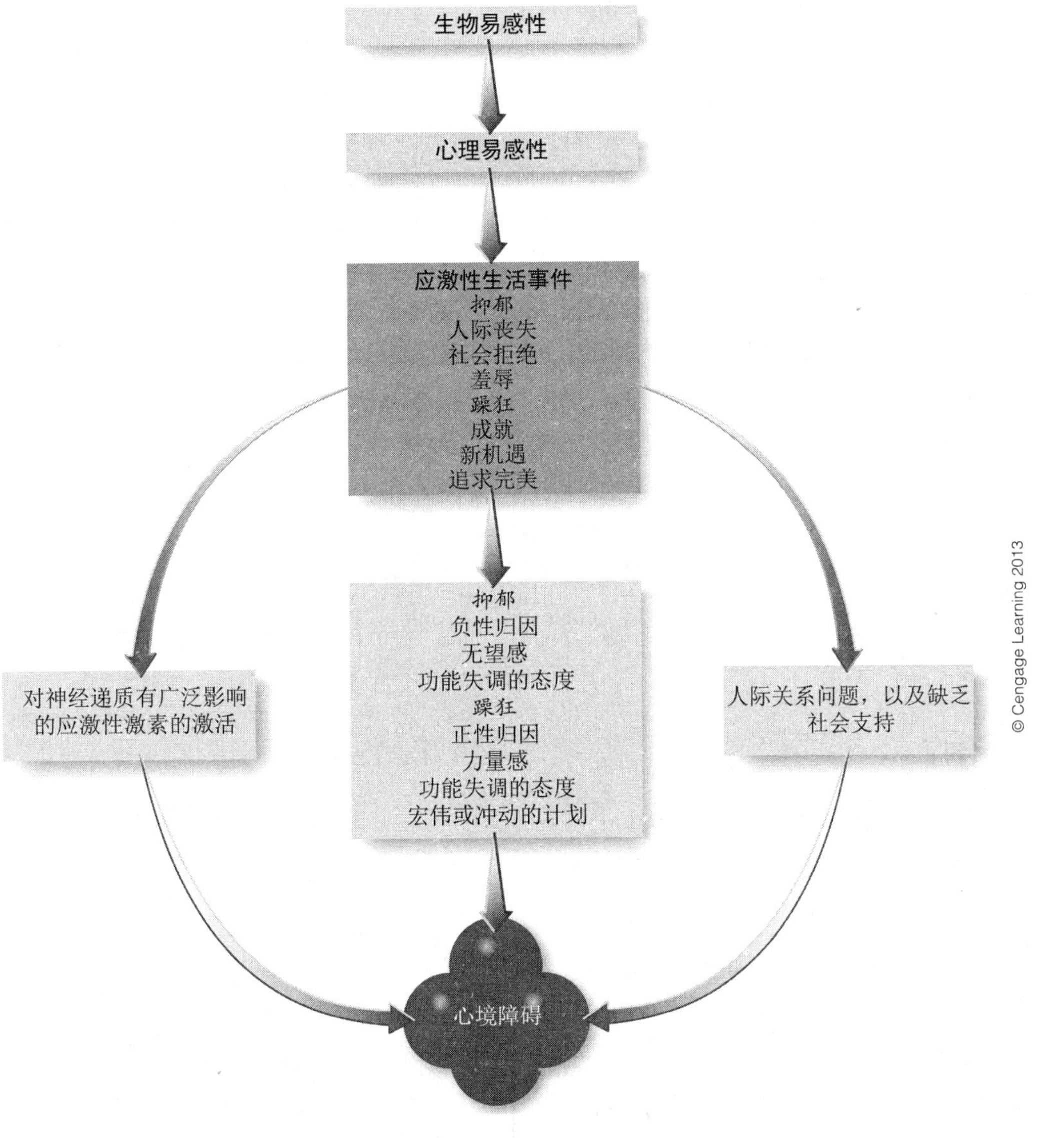

图 12–4 心境障碍的一个整合模型

碍的发生，如图 12-4 所示。虽然双相障碍中的躁狂发作似乎与独特的遗传因素有关，并且会被前面所提到的独特的应激性生活事件所激活，但是这一模型不能完全解释心境障碍的各种不同表现形式——季节性的、双相的，以及其他心境障碍。为什么一个具有遗传易感性的人在经历了某种应激性生活事件后，发展出了心境障碍，而不是焦虑障碍或躯体形式障碍？对焦虑障碍与其他应激性障碍来说，特殊的心理社会环境，例如早期学习经历，可能与特殊的遗传易感性，以及人格特征交互作用，共同导致了各种各样的情绪障碍。

概念自测 12.3

回答下列关于心境障碍病因的问题。

1. 列出 5 个能够导致心境障碍的生物因素？
________ ________ ________ ________ ________
2. 什么心理因素对心境障碍有明显影响？
________ ________ ________ ________
3. 指出几个导致心境障碍的社会、文化维度。
________ ________ ________

463

心境障碍的治疗

› 哪些药物和心理治疗对心境障碍的治疗是成功的？

在过去几年里，研究人员对心境障碍的神经生物学特征有了很多了解。对神经生化因素间复杂的相互作用的发现，正开始揭示心境障碍的本质。正如我们提到的，药物治疗的主要原理是改变神经递质和其他神经生化物质的水平。其他的生物治疗，如电休克治疗，也可以显著地影响脑生化代谢。然而，整本书中都提到的更有趣的发展是，有效的心理治疗也会改变大脑生化。虽然有了这些进步，但是大多数的抑郁没有得到治疗，因为无论是专业的健康工作者，还是患者都不能正确地认识、准确地鉴别或诊断抑郁。同样，许多专业人员和患者都未能意识到存在有效并且成功的治疗方法（Delano-Wood & Abeles，2005；Hirschfeld et al.，1997）。

药物治疗

能有效治疗抑郁的药物有许多。新药和老药疗效估计方面的新信息很容易获得。

抗抑郁剂

被用于治疗抑郁障碍的四种基本的抗抑郁药物包括：选择性 5- 羟色胺再摄取抑制剂（SSRIs）、混合再摄取抑制剂、三环类抗抑郁剂和单胺氧化酶（MAO）抑制剂。从一开始就有必要指出，这些不同的抗抑郁剂在疗效上很少有差异。这些药物对大约 50% 的患者有帮助，其中接近一半的患者能够恢复正常功能（缓解）。如果排除脱落的患者，显效的患者能达到 60%～70%。

当前治疗抑郁的首选药物是对 5- 羟色胺神经递质系统起特殊作用的药物（尽管这类药物也会在一定程度上影响其他系统）。这些选择性 5- 羟色胺再摄取抑制剂能特异性地阻滞突触前膜对 5- 羟色胺的再摄取。这会使受体部位 5- 羟色胺的水平暂时升高，但是同样的问题是，虽然 5- 羟色胺水平升高了，但这种活动的确切的长期机制却仍然不清楚（Gitlin，2009；Thase & Denko，2008）。这类药物中最具代表性的可能就是氟西汀（百忧解）了。像其他药物一样，氟西汀最初被作为一种突破性的药物受到欢迎，它甚至上了《新闻周刊》的封面（Cowley & Springen，1990）。随后开始有报告显示它可能会导致自杀意念和偏执反应，偶尔会导致发生暴力行为（例如，参见 Mandalos & Szarek，1990；Teicher，Glod，& Cole，1990）。氟西汀从原来媒体眼中神奇的药物变成了对现代社会潜在的威胁。当然，这两种结论都是不正确的。研究显示，这种药物所导致的自杀倾向不比其他任何抗抑郁剂高，且效果差不多（Fava & Rosenbaum，1991）。

最近，对于自杀危险性的关注（不断增加的想法等等）再次浮出水面，特别是在青少年中。这次这种关注似乎是合理的，至少对青少年是这样（Baldessarini，Pompili，& Tondo，2006；Berman，2009；Fergusson，Doucette，et al.，2005；Hammad，Laughren，& Racoosin，

2006；Olfson，Marcus，& Schaffer，2006）。这些发现使美国食品药品管理局（FDA）和全球其他相关管理机构发出了对这些药物的警告。然而，吉布斯等（Gibbons et al.，2006）发现，在美国，开出选择性 5- 羟色胺再摄取抑制剂药方更多的地区，实际的自杀率更低。事实上，一项大型的社区调查显示，服用选择性 5- 羟色胺再摄取抑制剂的青少年抑郁患者，在实际自杀率方面明显低于未服用此类药物的青少年抑郁患者（Olfson，Shaffer，Marcus，& Greenberg，2003）。然而，这些发现是相关联的，这意味着我们不能就此断定选择性 5- 羟色胺再摄取抑制剂处方的增加会导致自杀率的下降。需要继续对这个问题进行研究。一个可能的结论是，它们可能在一些青少年服药的最初几周导致他们的自杀的想法增加了，但是药物一旦在一个月或更多的时间后开始发挥作用，可能就能够阻止抑郁者的自杀了（Berman，2009；Simon，2006）。百忧解和其他选择性 5- 羟色胺再摄取抑制剂有它们自己的不良反应，其中最主要的是生理激越、性功能障碍、性欲减退（非常普遍，占到 50%～75%）、失眠以及胃肠道不适。但是，就整体而言，除了性功能障碍外，该药在大多数患者身上的不良反应比三环类抗抑郁剂要少得多。研究显示，在恶劣心境治疗上选择性 5- 羟色胺再摄取抑制剂与三环类抗抑郁剂效果相当（Lapierre，1994）。

两种新的抗抑郁剂（有时候又被称为混合型再摄取抑制剂）在神经生化反应上似乎有些不同的机制。文拉法辛与三环类抗抑郁剂相似，但以稍微不同的方式起作用，它会抑制去甲肾上腺素和 5- 羟色胺的再摄取。文拉法辛减少了选择性 5- 羟色胺再摄取抑制剂的部分不良反应，降低了其对心血管系统
464 造成损害的危险。但其他典型的不良反应仍然存在，包括恶心和性功能不良。

奈法唑酮与选择性 5- 羟色胺再摄取抑制剂的作用相近，但能提高睡眠质量而不是影响睡眠。这两种药的药效与以前的抗抑郁剂大致相同（American Psychiatric Association，2000；Nemeroff，2006；Preskorn，1995；Thase & Kupfer，1996）。但由于奈法唑酮对肝脏损害的危险性，已经少有人使用了（Gitlin，2009）。

单胺氧化酶抑制剂的工作原理则完全不同。如同它们的名字所显示的一样，它们是通过阻断单胺氧化酶来阻断诸如去甲肾上腺素和 5- 羟色胺等神经递质的。其结果大致与三环类抗抑郁剂相同。由于突触内的神经递质池不会破裂，这会导致受体下调。单胺氧化酶抑制剂似乎和三环类抗抑郁剂一样有效甚至更有效些（American Psychiatric Association，2000；Depression Guideline Panel，1993），不良反应也更少。有证据显示它们对伴有非典型性症状的抑郁更有效（Thase & Kupfer，1996）。但是因为存在两个潜在的严重后果，现在单胺氧化酶抑制剂已经不太使用了：吃或喝了含酪胺的食物和饮料，如奶酪、红酒或者啤酒，会导致严重的高血压发作，甚至偶尔会死亡。另外，许多人日常服用的药物，如感冒药，在与单胺氧化酶抑制剂相互作用后，会很危险甚至致命。因此只有其他抗抑郁剂无效时才会使用单胺氧化酶抑制剂。

在选择性 5- 羟色胺再摄取抑制剂发明之前，三环类抗抑郁剂曾经是使用最广泛的抗抑郁剂，但现在已经使用得不多了（Gitlin，2009；Thase & Denko，2008）。这类药物中，最有名的可能是丙咪嗪（托法尼）和阿米替林（依拉维）。现在还不清楚这些药物是如何起作用的，但至少在最初，它们阻断了某些神经递质的再摄取，使这些递质堆积在突触内，然后，理论上说，会使那种特殊的神经递质的传递失去敏感性或下调（因此减少了神经生化物质的传递）。尽管对其他的神经递质系统，特别是 5- 羟色胺系统也有影响，但三环类抗抑郁剂似乎对降低去甲肾上腺素作用更大。这个过程对于神经递质活动的前突触和后突触规则有更复杂的作用，最终使其恢复到适当的平衡。其不良反应包括视力模糊、口干、便秘、小便困难、困倦、体重增加（平均至少增加 13 磅），有时会导致性功能紊乱。因此这些患者中有多达 40% 的人可能会停药，认为这种治疗比疾病更糟糕。然而，如果得到仔细的护理，许多不良反应在一段时间后就会消失。另外一个临床医生必须考虑的问题是，如果服用剂量过大，三环类抑郁剂是会致命的。因此，对于有自杀倾向的患者来说，要非常小心地使用。

由于选择性 5- 羟色胺再摄取抑制剂和其他药物对于所有接受治疗的患者中的 50% 有一定程度上减缓抑郁症状的作用，但其中只有 25% 到 30% 的患者能够消除抑郁或接近消除抑郁（称为缓解）（Trivedi et al.，2006），那么问题是：当患者对药物没有反应，即我们称为患有难治性抑郁（treatment-resistant depression）时，临床医生该做些什么？有一个被称

为“减轻抑郁的续贯治疗选择”（STAR*D）的大型研究，检查了给那些抑郁未能缓解的患者提供一种选择，即增加第二种药物或一种一种不断地更换药物，看是否能够最终帮助其治愈。在那些参与者中，约20%（不断更换药物）到约30%（增加第二种药物）的人得到了缓解。但是当对使用前两种药物仍未缓解抑郁的患者再使用第三种药物时，效果就没有那么好了（仅约10%到20%的人缓解）（Insel，2006；Menza，2006；Rush，2007），当然，很少有医生会在前两种药物失败后继续使用第三种同类药物（Gitlin，2009）。因此，结论是，只要患者还愿意尝试下一种药物，就有必要继续，因为有些人可能对一种药物无反应，但却可能对另一种药物有反应。后面，还会报告整合心理与药物治疗的方案。总之，所有的抗抑郁剂在大型的临床试验中都是有效的，虽然有时候一种药物对一个患者不一定很有效果，但患者对另一种药物可能反应更好。

目前的研究发现，对成人有效的药物对儿童未必有效（American Psychiatric Association，2000；Geller et al.，1992；Kaslow，Davis，& Smith，2009；Ryan，1992）。有报告指出，14岁以下儿童服用三环类抗抑郁剂会导致突然死亡，特别是在运动过程中，如参加学校运动会（Tingelstad，1991）。其原因在于这类药物对心脏的不良反应。但有证据显示，至少有一种选择性5-羟色胺再摄取抑制剂，如氟西汀（百忧解）是安全的，而且有证据表明，对于青少年抑郁的初期（Kaslow et al.，2009；TADS Team，2004）和后期（TADS Team，2009）治疗都有效，特别是合并认知行为治疗（CBT）（March & Vitiello，2009）时。传统的抗抑郁剂药物治疗对老年患者有效，但是治疗时需要特别注意，因为它们对上了年纪的人比对年轻人的不良反应更多，包括会造成记忆损害和激越（例如，参见Deptula & Pomara，1990；Marcopulos & Graves，1990）。在老年人的初级医疗保健医生那里安排一个抑郁护理的管理者专门为老年人提供用药帮助，包括鼓励老人服药的依从性、监控对老年患者独有的不良反应、提供一些心理治疗等，这种方法比日常护理更为有效（Alexopoulos et al.，2005；Unutzer et al.，2002）。

临床工作者与研究人员已经得出结论，从抑郁中康复虽然很重要，但不是最重要的治疗效果（Frank et al.，1990；Thase，2009）。绝大多数人最终都会从抑郁发作中恢复，只是其中一些人的恢复会快一些。465
更重要的治疗目标是延缓下一次抑郁发作，或完全阻止抑郁的再发生（National Insitute of Mental Health，2003；Prien & Potter，1993；Thase，2009；Thase & Kupfer，1996）。这对那些还存在一些抑郁症状、有慢性抑郁史以及有多次抑郁发作史的患者来说非常重要。所有这些因素会使他们有复发的风险，所以建议在抑郁发作停止后6～12个月或者更长时间内继续服药（American Psychiatric Association，2000；Insel，2006）。然后慢慢地在几周或几个月逐步停止服药。抗抑郁剂的长期用药管理还没有得到深入研究，但有一些证据显示，持续数年的药物治疗可能会使抑郁的情况恶化（Fava，2003）。

抗抑郁药物缓解了严重抑郁，毫无疑问，也防止了全世界成千上万名患者的自杀。尽管这些药物是有效的，但是很多人却拒绝或不能正确地用药。有些人担心长期用药的各种不良反应。虽然有很好的证据显示药物最可能的结果是导致早产而不是伤害，但考虑到对胎儿的可能伤害，育龄期妇女在服用抗抑郁剂时必须防止怀孕（Wisner et al.，2009）。此外，30%～40%的患者服用这些药物后无效，在剩余的人当中，并且还有相当数量的人存在残余症状。

锂盐

另一种类型的抗抑郁剂是锂盐，这是一种在自然界随处可见的盐（Nemeroff，2006）。人们发现，锂盐在我们的日常饮用水中也存在，只是其含量太低，因此不会对我们有任何影响。但是，治疗剂量的锂盐，其潜在不良反应比其他的抗抑郁剂更严重。对锂盐的使用剂量必须仔细控制，以防止中毒以及导致甲状腺功能减低，后者又会加重抑郁患者本来就存在的精力缺乏。锂盐所致的体重增加也很常见。然而，与其他抗抑郁剂相比，锂盐有一个重要的优点：它能有效地预防和治疗

Tom Wolff/Knopf Publishers

凯·雷德菲尔德·贾米森（Kay Redfield Jamison），一位在国际上享有盛誉的双相障碍专家，从青少年时期就患上了这种障碍。

躁狂发作。因为这个原因，它经常被作为**心境稳定剂**（mood stabilizing drug）来使用。三环类抗抑郁剂可以引起躁狂发作，甚至使原来没有双相障碍的个体出现躁狂（Goodwin & Ghaemi，1998；Goodwin & Jamison，2007；Prien et al.，1984），因此，锂盐常用来治疗双相障碍（Thase & Denko，2008）。

结果显示，50% 的双相障碍患者对锂盐的初期反应较好，这意味着至少 50% 的人的躁狂症状减少了（Goodwin & Jamison，2007）。因此，锂盐虽然有效，但对很多人而言，其治疗是不充分的。对锂盐反应较差的患者可以服用其他的抗躁狂药物，包括抗惊厥药如卡马西平和丙戊酸钠，以及钙通道阻滞剂如维拉帕米（Keck & McElroy，2002；Sachs & Rush，2003；Thase & Denko，2008）。近来，作为心境稳定剂的丙戊酸钠的处方量超过了锂盐（Goodwin et al.，2003；Keck & McElroy，2002；Thase & Denko，2008），甚至对患有快速循环症状的患者也同样有效（Calabrese et al.，2005）。但是，更新的研究显示，这些药物有一个显著的缺点：在预防自杀方面没有锂盐有效（Thase & Denko，2008；Thies-Flechtner，Muller-Oerlinghausen，Seibert，Walther，& Greil，1996；Tondo，Jamison，& Baldessarini，1997）。古德温和他的同事（Goodwin et al.，2003）回顾了超过 20 000 名服用锂盐或丙戊酸钠的患者的用药记录，发现服用丙戊酸钠的患者的完全自杀率是服用锂盐患者自杀率的 3.7 倍。因此，锂盐仍然是双相障碍患者的推荐用药（Goodwin & Ghaemi，1998；Goodwin & Jamison，2007）。这一发现为一个大型实验所证实，这个实验证明，将某种传统的抗抑郁药物（例如选择性 5- 羟色胺再摄取抑制剂）加入心境稳定剂（例如锂盐）治疗中并无益处（Sachs et al.，2007）。

对那些确实对锂盐有反应的患者，5 年追踪研究发现，即使持续服用锂盐，但仍然有大约 70% 的患者最终复发（Frank et al.，1999；Gitlin，Swendsen，Heller，& Hammen，1995；Peselow，Fieve，Difiglia，& Sanfilipo，1994）。然而，几乎每一个反复发作的躁狂患者都被建议坚持服用锂盐或其他相关药物，以防止再次发作（Yatham et al.，2006）。双相障碍药物治疗的另一个问题是，患者通常喜欢躁狂所引起的欣快、兴奋的感觉，他们经常会停药以维持或恢复这种状态。也就是说，他们会不遵从服药的方法。因为现在的证据清楚地显示，患者停止服药会有相当大的复发危险，正因如此，其他的方法如心理学的方法常被用来提高患者的治疗依从性。

电休克治疗和经颅磁刺激 466

当药物对某患者无效时（或是在非常严重的病例中），临床医生可以考虑用一种更特殊的治疗——电休克治疗（electroconvulsive therapy，ECT）。它是继精神外科治疗之后，对心理障碍最有争议的治疗方法。在第 1 章，我们介绍了在 20 世纪早期 ECT 的应用。尽管这个治疗方法有时会被不幸地滥用，但是现在 ECT 已经有了很大的改变。对于用其他方法治疗无效的严重抑郁患者来说，它是一种安全而且相当有效的治疗方法（American Psychiatric Association，2000；National Institute of Mental Health，2003；Nemeroff，2006）。

目前，治疗时要求给患者使用麻醉药以减轻不适，使用肌肉松弛剂以预防抽搐时骨折。直接穿过大脑的电刺激要在一秒钟以内完成，其产生的一次惊厥和一系列短暂的抽搐，通常能持续几分钟。在目前实际应用中，治疗每隔一天 1 次，共 6～10 次（如果患者的心境回到正常，治疗次数可以少一些）。不良反应少得令人吃惊，一般仅有短时记忆的丧失和朦胧状态，而这种症状在一两个星期后就会消失，不过有些患者也会出现长时记忆问题。对照研究显示，在那些药物治疗无效的、带有精神病性症状的重度抑郁患者中，大约 50% 的人能从这种方法中获益。持续的药物或心理治疗因此也是必要的，因为复发率达到 60% 甚至以上（American Psychiatric Association，2000；Depression Guideline Panel，1993；Fernandez，Levy，Lachar，& Small，1995；Gitiln，2009）。例如，萨科姆和他的同事（Sackeim et al.，2001）用 ECT 治疗了 84 名患者，然后随机分配这些患者服用后续的安慰剂或一种抗抑郁剂。结果发现，所有安慰剂治疗组患者在 6 个月内都复发了，而药物治疗组只有 40%

心境稳定剂 用于治疗心境障碍，特别是双相障碍的一种药物，它能有效防止并治疗心境的病理性波动。

电休克治疗（ECT） 针对严重的、慢性抑郁的生物治疗方法，它通过穿过大脑的电脉冲产生痉挛。但其有效性的原因尚不清楚。

到60%人在6个月内复发。因此，后续的抗抑郁剂治疗或心理治疗是必要的，但复发率仍然较高。然而，精神病性抑郁和急性自杀住院者不可能等到3～6周后，再去决定药物或心理治疗是否起效。因此，较为妥当的方法是立即使用ECT进行治疗。

最近，另一种通过建立一个强磁场来改变大脑电活动的方法被引入。这个方法被称为经颅磁刺激（TMS），即通过在患者的头部放置一个磁性线圈，以产生适当的局部性的电磁脉冲。这种方法并不需要进行麻醉，其不良反应通常仅局限于头痛。最初报告，作为最新的治疗程序，TMS给治疗抑郁带来了新的希望（Fitzgerald et al.，2003，2006；George，Lisanby，& Sackheim，1999）。最近的评论证实了TMS是有效的（Schutter，2009）。但是，几项重要的临床试验结果显示，对于那些严重的或具有精神病性特征、对于药物或心理治疗没有反应的抑郁患者，ECT的效果比TMS要好（Eranti et al.，2007）。可能相较于ECT，TMS与抗抑郁剂更具有可比性。

抗抑郁治疗的其他几种非药物治疗形式正在开发之中。迷走神经刺激术包括植入一个类起搏器装置以形成颈部的迷走神经冲动，进而影响脑干和边缘系统的神经递质的产生（Gitlin，2009；Marangell et al.，2002）。因为累积了充分的证据，因此美国食品药品管理局已经认可了这种程序，但结果总的来说是微弱的，使用很少。深层脑刺激术（DBS）在几个严重抑郁患者上使用了。这种治疗方法将电极如同外科手术般植入脑边缘系统（情绪脑）。这些电极则通过一个脑部节律器连接在一起（Mayberg et al.，2005）。时间会告诉我们是否这是一种有用的治疗手段。

心理治疗

在对抑郁的各种有效的心理治疗途径中，有两种主要的治疗途径拥有最好的证据支持其效果。第一种是认知行为途径，贝克创立的认知疗法与这种途径最为接近；第二种途径是由迈兰·韦斯曼（Myran Weissman）和杰拉德·克莱曼（Gerald Klerman）创立的人际心理治疗。

认知行为疗法

贝克的**认知治疗**（cognitive therapy）直接源自他对引发抑郁的根深蒂固的消极思维的观察（Beck，1967，1976；Beck & Young，1985；Young et al.，2008）。在抑郁出现时，来访者被要求仔细检查自己的思维过程，并识别其思维中的“抑郁性”错误。这个任务并不总是那么容易，因为许多思维是自动的、超出求助者意识的。来访者被告知，思维的歪曲会直接引起抑郁。治疗包括不断纠正认知歪曲，并用抑郁性更小的思维和（也许是）更灵活的思维与评价代替。在治疗后期，导致特定认知歪曲的潜在的消极认知图式（看待世界的特定方式）成为治疗的目标，并且不仅在咨询室中，同时亦在来访者的日常生活中实施治疗。治疗师有目的地采用苏格拉底式问答（通过问答方式进行指导——参见后面的对话片断），明确地让治疗师与来访者形成治疗同盟，共同去揭示错误的思维模式、潜在的图式。治疗师必须有高超的技术并接受过高级的训练。下面是贝克和求助者艾琳共同工作的一个真实例子。

贝克和艾琳：一次对话

因为另一位治疗师已经完成了初始访谈，所以贝克没有仔细地回顾艾琳的症状或采集病史。艾琳是从描述她的“糟糕状态”开始的，但贝克几乎立 467
即就在这个过程中开始抽取她的自动性思维。

治疗师：在过去的这周，当你有这些悲伤的感觉时，你脑子里有什么想法吗？

患者：好吧……我在想这一切的重点是什么。我的生活完了。就是和以前不一样了……我在想：“我该怎么办？有时候我会为他而发疯，你知道的，我的丈夫。他怎么可能就这么离开了我？这真的对我很糟糕吗？我这是怎么了？我怎么可能为他疯狂？他不想这么糟糕地死去的……我本来可以做得更多，当他第一次头痛时，我本应该带他去医院的……哦，有什么用……”

治疗师：听起来你现在感觉很糟糕，是吗？

患者：是的。

治疗师：那么请你继续告诉我你脑海中现在在想些什么。

患者：我什么也改变不了……完蛋了……我不知道……一切都那么悲凉和无助……我能期待什么呢？……生病然后死去。

治疗师：所以你的其中一个想法是你无法改变任何事情，并且没有任何事情会变好？

患者：是的。

治疗师：有时候你完全相信？

患者：是的，有时候我相信。

治疗师：现在你相信吗？

患者：我相信——是的。

治疗师：现在你相信你无法改变这些事情，也不会变好了？

患者：哦，还是有一丝希望的，但多数情况下没有……

治疗师：以你目前的状态，生活中有没有什么在意的事情，你对其是抱有期待的？

患者：好吧，我期待——我喜欢看到我的孩子，但他们现在很忙。我的儿子是个律师，我的女儿在医学院……他们都很忙……他们没时间陪我。

在询问艾琳自动性思维的过程中，治疗师开始了解她的看法——她会往前走下去，虽然大多时候是一个人。这种关于未来的无望感是大多数抑郁患者的典型特征。这种询问的第二个好处是帮助艾琳看到了自己的想法，这是认知疗法的中心（Young et al.，2008）。

在治疗过程中，来访者被指导着去仔细地监督和记录他们的思维过程，特别是在他们可能感到抑郁的情况下。他们也试图通过家庭作业这样的特定活动来矫正他们的行为，在这些任务中来访者可以检验他们的错误思维。例如，一个来访者必须要参加一个即将开始的会议，他可能会想："如果我参加了这个会议，肯定会像个傻子一样，所有的同事都会觉得我很傻。"治疗师可能会指导来访者去参加会议，提前预测同事的反应，然后看看实际发生的是什么。治疗的这个部分叫假设检验，因为来访者总会对将要发生的事情做一个假设（通常是一个抑郁的结果），然而，大多数情况下他会发现它是错误的（"我的同事对我的出席表示欢迎"）。一般治疗师会设计一些活动，使放弃了大部分活动的抑郁患者恢复活力，帮助他们找回一些生活乐趣。经典的认知治疗一般每周安排 1 次，共 10～20 次。

后来，内尔·雅各布森（Neil Jacobson）等证明了仅增加活动就足以增强自我概念，改善抑郁（Dimidjian，Martell，Addis，& Herman-Dann，2008；Jacobson et al.，1996）。因为最初的评价认为其效果等同，甚至优于认知疗法，这种包括了更多行为治疗的策略被发展出来（Jacobson，Martell，& Dimidjian，2001）。这种新方法的核心是关注如何防止对可能产生负性影响或抑郁并进而导致逃避和不失去活力的那些社会和环境线索的回避。此外，在治疗师的帮助下，个体通过发展更好的应对技巧，以面对那些抑郁的线索或诱发物，并修通它们，以及它们导致的抑郁。同理，持续数周或数月的有计划的练习在治疗抑郁方面有令人吃惊的效果（Stathopoulou，Powers，Berry，Smits，& Otto，2006）。巴比亚克等（Babyak et al.，2000）证实，一周 3 次的有计划的有氧练习，与抗抑郁剂（左洛复）治疗或者有氧练习与左洛复的联合治疗的效果是一样的。更重要的是，相比使用药物和联合治疗来说，有氧练习对于阻止治疗后 6 个月内的复发是更好的，尤其是如果患者坚持锻炼。这种专注行为的一般方 468
法与可有效改善情绪失调的方法是一致的（参见本章后面的"谱系讨论"）（Barlow，Allen，& Choate，2004；Campbell-Sills & Barlow，2007），在不久的将来，我们有可能看到更多针对这种方法的研究。

人际心理治疗

我们已经了解到，人际关系中的重大困扰是引发心境障碍的一个重要的应激源（Joiner & Timmons，2009；Kendler et al.，2003）。此外，很少或没有重要的社会关系的人具有产生和维持心境障碍的风险（Beach et al.，2009；Sherbourne et al.，1995）。**人际心理治疗**（Interpersonal psychotherapy，IPT）（Bleiberg & Markowitz，2008；Klerman，Weissman，Rounsaville，& Chevron，1984；Weissman，1995）着眼于解决现存人际关系中的问题和学习建立新的重要的人际关系。

和认知行为疗法一样，IPT 有很高的结构性，访谈很少超过 15～20 次，通常是每星期 1 次。在识别了会促发抑郁的生活应激源之后，治疗师和患者一起合作解决患者当前的人际关系问题。这涉及四大典型人际关系议题中的一个或几个：处理人际

认知治疗　一种治疗策略。它通过确定、改变诸如焦虑、抑郁等心理障碍相关的负性思维模式，最终替代为用更积极的思维与态度——最终是更有适应性的行为与应对方式。

人际心理治疗（IPT）　一种短程心理治疗，其重点是解决人际交往中的问题，和一些应激源，例如婚姻矛盾中的角色冲突、重建婚姻关系，或者获得新工作。这种方法被认为对诸如抑郁等问题有效。

角色冲突，如婚姻冲突；适应人际关系的丧失，如因爱人的死亡而悲伤；获得新的人际关系，如结婚或建立职业关系；鉴别和纠正妨碍个体开始或维持重要人际关系的社交能力的不足。

举一个常见的例子。治疗师首先要做的工作是识别和定义一个人际冲突（Bleiberg & Markowitz，2008；Weissman，1995）。例如一个妻子原本希望她的丈夫能养活她，但现在却不得不到外面去工作来帮助支付生活的开销，而丈夫则可能希望妻子为家庭收入做出同样的贡献。如果这种冲突看起来与抑郁的产生相关，并导致一系列无法解决的争吵和矛盾，它就将成为 IPT 的焦点。

在帮助患者识别冲突以后，下一步就是解决这一冲突。首先，治疗师帮助患者确定冲突的阶段。

1. 交涉阶段：冲突的双方都意识到这个冲突，他们试图重新谈判。
2. 僵持阶段：处于冷战状态并互相怨恨，但没有尝试解决问题。
3. 解决阶段：双方采取一些行动，如离婚、分居或继续这段婚姻。

治疗师与患者一起工作，确定争吵的各个阶段，并制定出解决它们的特定策略。近期的研究比较了认知治疗、IPT 治疗和抗抑郁药物治疗以及其他对照条件，发现对抑郁障碍和恶劣心境的治疗来说，心理治疗和药物治疗同样有效，且所有的治疗都比安慰剂、短期心理动力治疗或其他的对照条件效果好（Beck，Hollon，Young，Bedrosian，& Budenz，1985；Blackburn，& Moore，1997；Hollon et al.，1992；Hollon & Dimidjian，2009；Miller，Norman，& Keitner，1989；Paykel & Scott，2009；Schulberg et al.，1996；Shapiro et al.，1995）。根据成功的标准，约 50% 或更多的人有显著获益，而安慰剂组或对照组只有约 30% 有显著获益（Craighead，Hart，Craighead，& Ilardi，2002；Hollon & Dimidjian，2009）。

在抑郁的儿童和青少年中报告了相似的结果（Kaslow et al.，2009）。在一个著名的临床试验中，布兰特等（Brent et al.，2008）证实，在超过 300 名服用选择性 5- 羟色胺再摄取抑制剂抗抑郁无效的严重抑郁的青少年中，认知行为疗法相比使用另外一种抗抑郁剂效果更好。肯纳德等（Kennard et al.，2009）表示，如果青少年接受过 9 次以上的治疗，则效果更明显。

另外，研究发现，在严重程度不同的抑郁组之间，治疗效果没有差别（Hollon et al.，1992；Hollon，Stewart，& Strunk，2006；McLean & Taylor，1992）。德鲁贝斯等（DeRubeis，Gelfand，Tang，& Simons，1999）仔细评估了四项研究中严重抑郁患者的认知治疗和药物治疗的效果，未发现哪一种治疗比另一种更好。奥哈拉等（O'Hara，Stuart，Gorman，& Wenzel，2000）报告了 IPT 在产后抑郁妇女群体中积极的治疗效果，这意味着这种治疗方法对那些因为担心哺乳等问题而不愿意接受药物治疗的产后抑郁患者是一种有价值的选择。在一项类似的重要研究中，斯皮内利和安迪科特（Spinelli & Endicott，2003）在一个包含 50 位因为担心药物对胎儿的潜在危险而无法服药的抑郁孕妇群体中，对比了 IPT 和另一种心理治疗的效果。结果发现，60% 的患者康复了。因此，作者建议应该将 IPT 作为抑郁孕妇的首选。当然 CBT 也会得到相似的结果。那些接受过 IPT 培训并被获准在学校环境下应用 IPT 的临床工作者，已经在学校中成功地将这种方法应用于抑郁的青少年，并取得了良好的效果（Mufson et al.，2004）。这种实践已经得到了大量抑郁青少年的认可。

预防

鉴于儿童和青少年心境障碍的严重性，人们已经开始在这个年龄的群体中进行预防工作（Horowitz & Garber，2006；Munoz，1993；Munoz，Le，Clarke，Barrera，& Torres，2009）。医学研究所（IOM）描绘了三类项目：通用项目，适用于每一个人；选择性干预，针对那些因为离婚、家庭酗酒等而处于抑郁风险中的个体；指导性干预，针对那些已经出现轻微抑郁症状的个体（Munoz et al.，2009）。作为选择性干预的一个例子，吉尔汉姆等（Gillham，Reivich，Jaycox，& 469
Seliyman，1995）把认知和社会的问题解决技术传授给由于负性思维方式而有抑郁风险的 69 名五年级和六年级的儿童。与无治疗的对照组相比，预防组在参与试验的两年内报告的抑郁症状更少。更重要的是，在接下来的时间内，预防组内成员的中度到重度的抑郁症状减少了一半，并且这种策略的积极结果在随后的一年中还在增加。

现在，将“选择性干预”和“指导性干预”结合起来运用于那些有抑郁风险的儿童中的大型临床试验结果已经出来了（Garber et al.，2009）。316 名青少年（其父母患有或曾经患有抑郁障碍）加入了这个试验，并被随机分配到认知行为治疗预防项目或者是寻常的帮助项目中。这些青少年的入组标准是必须有抑郁史，或当前存在尚未达到抑郁标准的抑郁症状，或者两个条件同时存在。CBT 预防干预组的青少年将接受 8 周的团体治疗和 6 个月的持续治疗。结果显示，CBT 预防干预组在预防未来的抑郁发作上较日常帮助组明显更好，但仅限于那些父母近期未出现抑郁发作的青少年。如果这些青少年在接受帮助的同时，其父母出现抑郁发作，他们会在此时报告不怎么抑郁，但他们在追踪期的抑郁却并不会显著减少。这些结果很重要，因为它们展示了预防项目的潜在力量，同时亦显示了与抑郁父母住在一起会在一定程度上减少这种预防项目的力量（Hammen，2009）。这些结果还提示，为了防止将来的抑郁发作，有必要在整个家庭的层面上，用一种相互协作的方式来处理抑郁问题。

另外一项近期的研究亦证实，对包括曾经有抑郁史的父母和他们 9～15 岁孩子（因父母的抑郁而处于风险中）的家庭整体进行的会谈，能够在追踪期成功地预防这种家庭可能出现的抑郁（Compas et al.，2009）。其他研究显示，在初级保健背景下预防老年人的抑郁是可能的（van't Veer-Tazelaar et al.，2009），并且对脑卒中患者，这种高危群体亦同样有用（Reynolds，2009；Robinson et al.，2008）。

整合治疗

一个重要的问题是，将心理治疗和药物治疗结合起来，是否就比单独使用这些方法治疗抑郁和预防复发更有效。在凯勒及其同事（Keller et al.，2000）报告的一项对慢性抑郁发作的大型研究中，全美 12 个诊所 681 名患者被随机安排使用抗抑郁药物（奈法唑酮）治疗，或者接受专门为慢性抑郁患者设计的认知行为治疗（CBASP，先前讨论过）（McCullough，2000），或者二者的结合。研究发现，48% 的接受某一种治疗的患者的抑郁得到缓解或达到了临床满意的疗效，相应地，73% 的接受结合治疗的患者达到了这种效果。由于这项研究只针对抑郁患者的一个子集，即慢性抑郁患者，所以，在研究者认为整合治疗可能对所有抑郁都有效之前，尚需要进行更多验证。另外，这项研究没有包括另外一种情况，即认知行为治疗与安慰剂协同治疗，所以我们不能排除联合治疗提高的疗效来自安慰剂效应的可能。然而，对所有这些研究的元分析表明，整合治疗确实有一定的优势（Pampallona，Bollini，Tibaldi，Kupelnick，& Munizza，2004）。注意这个结论与第 4 章对焦虑障碍的结论的不同之处，对焦虑障碍的整合治疗显然没有优势。但是整合治疗的开销更大，所以许多专家认为序贯式的治疗可能更有实际意义，也就是你首先开始某种治疗（可能是患者更认可或更容易开展的），然后当前者不完全令人满意时再选择另一种方法（例如，参见 Schatzberg et al.，2005）。

防止复发

由于抑郁的高复发率，如果在最后一次抑郁发作后的 4 个月内停药，50% 的接受抗抑郁剂治疗的患者会复发（Hollon，Shelton，& Loosen，1991；Thase，1990）。因此，用**维持治疗**（maintenance treatment）来预防复发或再发非常重要。许多研究显示，与抗抑郁剂治疗比较，认知行为治疗可使复发率减少 50% 以上（例如，参见 Evans et al.，1992；Hollon et al.，2005，2006；Kovacs，Rush，Beck，& Hollon，1981；Simons，Murphy，Levine，& Wetzel，1986；Teasdale et al.，2000）。

在一项令人印象深刻的研究中，患者被分别施以 470
抗抑郁剂或认知治疗，以及安慰剂（参见 Derubeis et al.，2005），然后开始进行研究（Hollen et al.，2005；Hollen，Stewart，& Strunk，2006）。研究对所有对治疗反应较好的患者进行了持续 2 年的追踪。在第一年，最初使用抗抑郁剂的患者组继续使用药物治疗但在第二年停下来。最初接受认知疗法的患者组在第一年又接受了 3 次额外的治疗，但此后再没有做过。第三组最初亦使用抗抑郁剂治疗，但随后转为安慰剂。

第一年的结果显示，那些不再使用药物治疗而改为安慰剂治疗的患者，在接下来的 12 个月内，比继续使用药物治疗的患者更有可能复发（23.8% 使用安慰剂的人不复发而 52.8% 使用药物治疗的人不复发）。相比较而言，曾有认知治疗史的患者有 69.2% 没有复发。单从这一点来看，那些接受认知

维持治疗　持续的心理社会治疗、医学治疗，或二者的结合，其目的在于防止治疗后的复发。

治疗和继续接受抗抑郁药物治疗的患者的复发率并没有统计学上的显著性差异。这表明，优先使用认知治疗有一个持久的治疗效果，这种效果的大小和继续对患者进行药物治疗的效果一样大。到了第二年，当所有的治疗都停止后，在第一年内继续使用药物治疗的患者比最初接受认知治疗的患者（17.5%）更容易复发（56.3%）。这些研究似乎证明了抑郁的心理治疗在预防复发的持续能力是最显著的。

双相障碍的心理治疗

尽管药物，尤其是锂盐，是治疗双相障碍的必需，但大多数临床医生都强调用心理干预来改善患者的人际关系和各种现实问题（如由这种障碍引起的婚姻和工作困难）（Otto & Applebaum，2011），直到最近，心理干预的主要目标仍然是增加对药物治疗如锂盐的依从性。我们以前提到过，躁狂状态的“愉悦”体验会使患者拒绝服用锂盐，这是治疗的一个主要障碍。在躁狂发作期间停止服药或减少剂量都会影响治疗。所以，提高药物治疗的依从性非常重要（Goodwin & Jamison，2007；Scott，1995）。例如，克拉金等（Clarkin，Carpenter，Hull，Wilner，& Glik，1998）评估了对住院患者在药物治疗的基础上增加心理治疗的优点，发现这样与仅采用药物治疗相比，增加了所有患者服药的持续性，即使是最严重的患者其效果也比原来更好。

最近，心理治疗已经被直接用于处理双相障碍的心理社会方面的问题。在一项新研究中，艾莉·弗兰克（Ellen Frank）和她的同事正在测试一种心理治疗方法，它可以帮助患者调节他们的饮食和睡眠周期和其他的日常作息时间以调节其昼夜节律以及更有效地应对应激性生活事件，尤其是人际交往方面的问题（Frank et al.，2005；Frank et al.，1997；Frank et al.，1999）。在对这项名为“人际和社会节律疗法”（IPSRT）的方法的评估中，接受IPSRT治疗的患者，相比那些接受标准化、密集性临床干预的患者来说，免于新的躁狂或抑郁发作的时间更长。针对青少年的初步结果也显示这一方法是可行的（Hlastala，Kotler，McClellan，& McCauley，2010）。

大卫·米克洛维茨（David Miklowitz）和他的同事们发现家庭气氛紧张与双相障碍的复发相关。初步研究表明，帮助家庭成员了解症状及发展新的应对技能和交流模式的心理社会治疗确实可以改变交流方式（Simoneau，Miklowitz，Richards，Saleem，& George，1999）并预防复发（Miklowitz，2008；Miklowitz & Goldstein，1997）。米克洛维茨等（Miklowitz，George，Richards，Simouneau，& Suddath，2003）的研究证明，与同期接受危机管理与药物治疗的患者相比，他们的家庭聚焦治疗结合药物治疗的方法在治疗开始后1年内明显减少了患者的复发率。值得关注的是，接受家庭治疗结合药物治疗的患者的复发率只有35%，而对照组的复发率则达到54%。同样，接受家庭治疗的患者平均缓解期为一年半（73.5周），亦显著长于对照组。莱阿等(Rea，Tompson，& Miklowitz，2003）将接受这一治疗的患者与这在同一时期接受同样数量的个别治疗的患者进行了对比，仍然发现2年后家庭治疗具有更大的优势。在另一项重要研究中，兰姆等(Lam et al.，2003；Lam，Hayward，Watkins，Wright，& Sham，2005）证明了对双相障碍的患者进行认知治疗联合药物治疗，与对照组仅接受药物治疗相比，复发的时间显著延迟了1年到2年。赖利－哈林顿等(Reilly-Harrington et al.，2007）发现，认知行为疗法对于具有快速循环特征的双相障碍患者也同样有效。在一项之前提到过的、有关对双相障碍抑郁期无效的药物治疗的综述中，米克洛维茨等（Miklowitz et al.，2007）报告了一项重要研究，该研究显示，与一般通常的最佳治疗相比，在提升双相障碍患者抑郁的康复率及保持率方面，超过30次的密集心理治疗明显更有效。这种对双相障碍抑郁（亦是双相障碍最常见的阶段）的特殊效果，与抗抑郁剂效果的缺乏结合在一起，提示这种程序对为双相障碍提供一种综合的治疗方案有重要启示。奥托等（Otto et al.，2008a，2008b）正在将针对双相障碍的这些有依据的心理治疗程序整合进新的治疗方案中。

现在让我回到凯蒂的案例，你应该还记得，她 471
在抑郁发作中有严重的自杀倾向。

凯蒂：自我的胜利

与绝大多数患有严重心理障碍的人一样，尽管凯蒂一次又一次接受各种精神卫生工作者的评估，但她从未接受过充分的治疗。她生活在乡村，在那里得不到有效的帮助。她的时间在征服焦虑和抑郁的斗争中流逝。当她能够充分地控制自己的情绪时，她参加了高中的自学课程，发现自己对学习很着迷。19岁时，她进入了一所社区学院，尽管在第一年没有什么进展，但她最终适应得很好。在这所学院里，她获得了相当于高中水平的学历，然后进了一家地方工厂工作。但她仍旧会喝很多酒，而且需要服用安定。焦虑和抑郁偶尔还会回来打搅她的生活。

最后，凯蒂离开了家，进入了全日制大学，还爱上了一个人。不过她的浪漫史只是单相思，她被拒绝了。

一天晚上，在与他通过电话后，我喝得烂醉如泥。我住在宿舍的一个单人间，我大口大口地喝酒，能喝多少就喝多少，然后就睡着了。当我醒来时，周围是大量的呕吐物，我不记得难受的感觉，也不知道什么时候睡着了。第二天我又喝了很多。当我第三天上午醒来时，我意识到再这样我会因为窒息而死。更重要的是，我不确定我是否确实想死。那是我最后一次喝酒。

凯蒂决定做出改变。她利用在为数不多的治疗中所学到的东西，开始以不同的方式看待生活和自己，不再徘徊于自己的无能和不幸，开始注意自己的力量。"我现在意识到，我需要接受真实的自己，去面对眼前的每一个阻碍。我需要努力使自己快乐和舒服。我有权这样。"在治疗中学到的其他东西现在也变得有价值，凯蒂开始更能意识到自己的心境波动：

我学着客观地对待我的抑郁期，仅仅把它看作一个"感觉"的阶段。它是我的一部分，但不是我的全部。我认识到，当我感觉抑郁时，如果不能确定它们的存在，我就向我信任的人求证我的感知。我试着坚持这样一种信念：这些阶段都只是暂时的。

凯蒂还发展了其他方法来顺利地应对生活：

我努力将注意力放在自己的目标和那些对自己重要的东西上。我明白了，如果一种方法不能达到目标，那么一定有其他方法可能会达到。忍耐力是我所祈求的。耐心、投入和自律也很重要。我所经历的改变没有任何一个是立即成功或自动来临的。我所实现的目标大多数都需要时间、努力和坚持。

凯蒂梦想着如果她做得足够好，就可以帮助其他和她有相似问题的人。凯蒂追逐着这个梦想，并最终拿到了心理学博士学位。

概念自测 12.4

指出下列描述的是哪种治疗心境障碍的方法。

1. 有争议但是成功的治疗，通过对大脑进行电刺激产生惊厥而发生作用。________
2. 教来访者仔细检查他们的思维过程，认识思维中的"抑郁性"歪曲认知。________
3. 主要有三种类型（三环类抗抑郁剂、单胺氧化酶抑制剂和选择性5-羟色胺再摄取抑制剂），但有许多不良反应。________
4. 这种抗抑郁剂必须小心使用以避免得病，但它能够治疗躁狂发作。________
5. 这种治疗致力于解决人际关系中存在的问题，以及学习建立新的人际关系。________
6. 从长远来看，这是一种预防复发或再发的方法。________

自杀 472

▶ 自杀与心境障碍之间的关系是什么？

大多时间，我们会听到与癌症的斗争或与艾滋病的竞赛。我们也会不停地听到要改善饮食结构、加强锻炼以预防心脏病之类的忠告。但另一项最令人恐惧、最危险的，导致死亡的因素的排名却在不断提升。这就是美国每年近 40 000 人让人无法解释的自杀。

数据统计

在美国，自杀是官方公布的排名第 11 的导致死亡的原因（Nock，Borges，Bromet，Cha，et al.，2008），大多数流行病学家认为实际的自杀数字可能比这一数字高 2～3 倍。这些未纳入统计的自杀，许多与故意驾车撞桥或坠崖有关（Blumenthal，1990）。在全世界范围内，每年自杀导致的死亡比蓄意谋杀和艾滋病导致的死亡人数更多（Nock，Borges，Bromet，Cha，et al.，2008）。

在美国，自杀者绝大多数是白人。如图 12-5 所示，多数少数族群，包括非洲裔或西班牙裔美国人，很少采取这种暴力的选择。但是，尽管各族群间的差异很大（Berlin，1987），正如你可能因美国原住民抑郁的特点而想象到的，他们的自杀率也相当高，远远超过其他族群（Beals et al.，2005；Hasin et al.，2005；Nock，Borges，Bromet，Cha，et al.，2008）。更让我们警觉的是，青少年自杀率急剧上升。在美国，每10万人中的自杀数从10～14岁组的1.29人，上升到20～24岁组的12.35人（Centers for Disease Control and Prevention[CDC]，2010b；Nock，Cha，& Dour，2011）。对青少年来说，自杀是2007年排名第3的导致死亡的因素，排在意外伤害，例如交通意外和他杀之后（CDC，2010b；Minino et al.，2002；Ventura，Peters，Martin，& Maurer，1997）。如图12-5所示，自杀率的差异主要来自族群。这一事实强调了预防和治疗青少年自杀时，加入文化因素的重要性（Goldston et al.，2008）。

还需要注意与其他年龄组的人（见图12-6）相比，老年人自杀率的急剧增长。这种增长已经与老年人的一些特定问题联系在了一起，例如内科疾病的增加与社会支持的缺失（Conwell，Duberstein，& Caine，2002），以及这些因素导致的抑郁（Fiske et al.，2009）。正如我们提到的，疾病或虚弱，以及无望感与抑郁之间有密切的关联。

如果不考虑年龄因素，除中国外，全球男性的自杀率比女性高4倍（CDC，2010b；Nock et al.，2011；World Health Organization，2010）。这一令人吃惊的事实似乎部分与自杀方式的性别差异有关。男性一般会选择较为激烈的自杀方式，例如用枪或上吊；而女性则倾向于采取一些更温和的方式，例如过量服药（Gallagher-Thompson & Osgood，1997；Nock et al.，2011）。男性更多在老年时自杀，而女性则更多在中年时自杀，这部分是因为老年女性的大多数自杀都不成功（Berman，2009；Kuo，Gallo，& Tien，2001）。

只有在中国，女性自杀率超过男性，尤其是在农村（Murray，1996；Murray & Lopez，1996；Nock，Borges，Bromet，Cha，et al.，2008；Phillips，Li，& Zhang，2002）。什么原因造成这种文化性反转？中国
473 科学家认为，这可能是自杀耻辱感的缺失导致的。自杀，特别是女性的自杀，在一些经典的中国文学作品中常被描写为解决问题的一种合理方式。对于一个中国农村妇女来说，家庭就是她的整个世界。如果家庭崩溃的话，她的自杀会是一种有尊严的解决方式。此外，剧毒农药可以轻而易举地得到，这可能也使许多不一定真想自杀的妇女喝农药而亡。

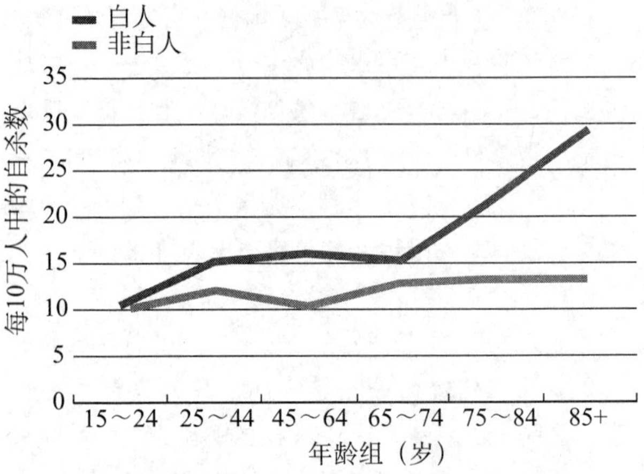

图12-5　美国白人和非白人自杀率合并性别的年龄组差异

资料来源：From Centers for Disease Control and Prevention，2003. Deaths: Final date for 2001. *National Vital Statistics Reports*，*52*(3). Hyattsville，MD: National Center for Health Statistics.

图12-6　全美人口与15～19岁群体中的自杀率

资料来源：From Centers for Disease Control and Prevention，2003a. Deaths: Final date for 2001. *National Vital Statistics Reports*，*52*(3). Hyattsville，MD: National Center for Health Statistics.

除自杀死亡外，自杀行为的另外三种重要标志是**自杀意念**（suicidal ideation，很想自杀）、**自杀计划**（suicidal plan，采用某种特定方式自杀的构想）和**自杀未遂**（suicidal attempts，幸存下来）（Kessler，Berglund，Borges，Nock，& Wang，2005；Nock et al.，2011）。另外，诺克和凯斯勒（Nock & Kessler，2006）区分了“未遂者”（带有想死的念头的自伤者）与“自杀姿态者”（其自我伤害的目的不是想死，而是想借此影响或操纵他人，或传递希望得到帮助的意愿）。在一项谨慎的跨国研究中，研究者使用一致的定义进行调查，结果发现在一生中，自杀意念的发

生率估计为 9.2%，自杀计划为 3.1%，而自杀未遂为 2.7%（Nock，Borges，Bromet，Alonso，et al.，2008）。尽管世界上大多数地方男性的自杀率超过女性，但是自杀未遂的女性人数至少超过男性 3 倍（Berman & Jobes，1991；Kuo et al.，2001）。而且非致死的自杀意念、自杀计划，以及自杀未遂的总比率，女性要比男性高出 40% 到 60%（Nock et al.，2011）。这种高比率可能反映着抑郁的女性更多，而抑郁又与自杀明显相关（Berman，2009）。同样有趣的是，尽管在美国白人中自杀成功率非常高，但在自杀意念、自杀计划和自杀未遂的比率方面并没有族群之间的显著差异（Kessler et al.，2005）。在青少年中，自杀意念与自杀未遂的比例亦在 3∶1 到 6∶1 之间。换句话说，有 16%～30% 曾经想过自杀的青少年会尝试自杀（Kovacs，Goldston，& Gatsonis，1993；Nock，Borges，Bromet，Cha，et al.，2008）。这里所讲的"想过"，不是一种暂时的哲学性的思考，而是严重的行为企图。发生自杀危险的第一步就是考虑自杀。

一项关于大学生（自杀是这一群体第二大死因）的研究显示，在过去的 12 个月里，约 10%～25% 的人有过自杀意念（Brener，Hassan，& Barrios，1999；Meehan，Lamb，Saltzman，& O'Carroll，1992；Schwartz & Whitaker，1990）。只有很少一部分有自杀意念的大学生（约 15%）会尝试自杀，成功的人则更少（Kovacs et al.，1993）。虽然如此，由于这个问题的严重性，自杀意念仍受到精神卫生工作者的高度关注。

474

病因

伟大的社会学家涂尔干（Emile Durkheim，1951）根据自杀所处的社会文化条件，定义了许多自杀的类型。一种类型是受到赞许的自杀"仪式"，如日本古老的切腹自尽的习俗，如果一个人给自己或家庭带来了耻辱，他就会用刀切腹自杀。涂尔干称它为利他型自杀。涂尔干也认识到社会支持的缺失是自杀的一种重要诱因，他称之为利己型自杀（那些与朋友或家人丧失联系的老年人所选择的自杀就属于这一类）。麦吉·英格瓦尔（Magne-Ingvar，Ojehagen，& Traskman-Bendz，1992）发现，在 75 个有严重的自杀未遂行为的人中，仅 13% 的人有广泛的朋友和亲属的社会关系网。紊乱型自杀是明显的困扰的结果，如

474

AP Photo/Mark J. Terrill

男性通常选择暴力的自杀方式。涅槃乐队（Nirvana）的科特·柯本（Kurt Cobain）就死于开枪自杀。

突然失去高薪的工作（"紊乱"是指丧失感和困惑）。最后，宿命型自杀是由于一个人失去了其命运的控制权。1997 年 39 名"天堂之门"的信徒成员的大规模自杀，就是这样一个例子。涂尔干的工作十分重要，因为他向我们警示了社会因素对自杀的影响。弗洛伊德（1917/1957）认为，自杀（和一定程度上的抑郁）象征着无意识的敌意向内指向了自我，而不是向外指向引起愤怒的那个人或环境。实际上，自杀似乎常常是一种对那些拒绝或伤害过他们的人的心理"惩罚"。近来的观点不仅考虑了社会和心理因素，也强调生物因素重要的潜在影响。

危险因素

爱德华·施奈德曼（Edward Shneidman）是研究自杀危险因素的先驱（Shneidman，1989；Shneidman，Farberow，& Litman，1970）。在被用于研究使人产生易感性的场景和事件的方法，即**心理解剖**（psychological autopsy）中，他与其他研究者

自杀意念 实施自杀的严重想法。
自杀计划 用特定的方法自杀的构想。
自杀未遂 曾尝试过的自杀举动。

通过对死者的朋友、家人的深度访谈（因为他们可能更了解自杀者生前那段时间的想法和行为），对自杀者的心理资料进行重构。这种方法结合其他一些方法能够让研究者得以确定自杀的危险因素。

家族史

如果一个家庭成员自杀了，其他成员自杀的可能性也会增加（Berman，2009；Kety，1990；Mann，Waternaux，Haas，& Malone，1999；Mann et al.，2005；Nock et al.，2011）。布兰特等（Brent et al.，2002）注意到有自杀未遂者的后代与没有自杀未遂者的后代相比，其自杀未遂的风险高5倍。如果一个人的兄弟姐妹有过自杀未遂，那他自杀未遂的风险会更高（Brent et al.，2003）。这并不奇怪，因为很多自杀者存在抑郁或患有其他相关精神障碍，而这些障碍会在家族中蔓延（Nock et al.，2011）。然而，问题仍然存在：自杀者是采取了一种他们在家族中经历过的家族化的解决方式，还是遗传了一种特质，就像冲动，能解释家庭中不断增加的自杀行为？似乎这两种因素都能起作用。如果个体心境障碍发病较早，并且有攻击性或冲动特质，那么他的家族将处于自杀行为的严重风险中（Mann et al.，2005）。几项寄养子研究证明了某些东西可能会遗传。一项研究发现，与没有自杀行为的寄养子对照组相比，有自杀行为的寄养子组的生物学亲属们的自杀率明显更高（Nock et al.，2011；Schulsinger，Kety，& Rosenthal，1979；Wender et al.，1986）。尽管这个研究的样本相当小，但它显示了自杀的一些生物学（遗传）影响，不过，遗传对抑郁或相关障碍的影响可能并不是独立的。

神经生物学

多项证据表明，低水平的5-羟色胺与自杀及暴力性的自杀未遂有关（Asberg，Nordstorm，& Traskman-Bendz，1986；Cremniter et al.，1999；Winchel，Stanley，& Stanley，1990）。正如我们所知道的，5-羟色胺水平过低与冲动、不稳定和对环境的过度反应关联。因此，低水平的5-羟色胺很可能导致了行为冲动的易感性。这也就包括了自杀，自杀有时也是一种冲动行为。布兰特等（Brent et al.，2002）和曼恩等（Mann et al.，2005）的研究提出，包括冲动特征在内的心境障碍易感性的传递，可能也是家族自杀行为传递的中介。

475

多样化讨论　世界范围内的自杀行为

自杀是世界范围内的一个主要致死原因，每年大约有100万人死于自杀，每40秒就有1人死于自杀（Nock，Borges，Bromet，Cha，et al.，2008）。尽管自杀是导致死亡的一种主要原因，但它很难预防，部分原因在于那些自杀身亡的人显然已经不能再提供导致他们死亡的信息。而且许多自杀身亡者几乎没有留下什么导致他们决定结束自己生命的原因的线索。为了更好地理解和预测自杀，研究者们现在经常研究那些有过自杀想法和经历过非致命自杀行为的人。这些研究结果提供了一些关于世界上自杀行为的有价值的信息。

最近从对17个国家进行的调查中得到的数据显示，约有9%的成年人报告在人生的某个时刻曾经很认真地考虑过自杀，3%的人制订过实际的自杀计划，只有不到3%的人曾经采取过自杀行为（Nock，Borges，Bromet，Alonso，et al.，2008）。但是，自杀想法和自杀行为的发生率在不同国家差异很大。例如，在意大利，只有3%的人有过自杀的想法，而在新西兰则有16%。研究者们仍在试图理解为什么这些比率在各国间如此不同。值得重视的是，一旦人们报告自己有过自杀想法或者有过自杀行为，各国之间的特征看起来就非常相似了。例如，在每个被调查的国家，自杀意念在青少年期会迅猛增长，其中约1/3有过自杀想法的人接着会实施某种自杀行为，并且在这一些人中有超过60%试图自杀的人在一年内会那样做。此外，自杀意念和行为的危险因素在各国间相当一致，包括女性、更年轻、受教育较少、未婚和患有心理疾病（Nock，Borges，Bromet，Alonso，et al.，2008）。不幸的是，尽管被确定的可能影响自杀的危险因素的数量还在不断增加，但是迄今为止还没有任何一种自杀理论能把这些因素整合到一个清晰的，能够让我们准确地预测谁最危险，以及如何防止他们实施自杀行为的模型中来。

现存心理疾病和其他心理危险因素

超过 80% 的自杀者患有心理疾病，通常是心境障碍、物质滥用或冲动控制障碍（Berman，2009；Brent & Kolko，1990；Conwell et al.，1996；Joe，Baser，Breeden，Neighbors，& Jackson，2006；Nock，Hwang，Sampson，& Kessler，2009）。自杀经常与心境障碍联系在一起并不是没有道理的。高达 60% 的自杀者（75% 是青少年）存在心境障碍（Berman，2009；Brent & Kolko，1990；Oquendo et al.，2004）。但是许多有心境障碍的人并没有企图自杀，相应地，许多尝试自杀的人也并没有患心境障碍。所以，尽管抑郁和自杀的相关性非常高，但它们仍然是相互独立的。进一步分析二者的关系，一些研究者将无望感（抑郁的一个特定成分）分离出来作为预测自杀的有力因素（Beck，1986；Beck，Steer，Kovacs，& Garrison，1985；Goldston，Reboussin，& Daniel，2006）。最近一个被称为“自杀的人际理论”的重要自杀理论认为，感觉自己是他人的负担以及归属感的降低，是无望感以及随后的自杀更好的预测因素。

大约有 25%～50% 的自杀与饮酒及酗酒有关，在青少年自杀中这一点更加明显（Berman，2009；Brener et al.，1999；Conwell et al.，1996；Hawton，Houston，Haw，Townsend，& Harriss，2003；Woods et al.，1997）。布兰特和他的同事们（Brent et al.，1988）发现，1/3 的青少年自杀者自杀时处于醉酒状态，更多的人可能还受药物的影响。同时存在多种心理障碍，例如成人的物质滥用与心境障碍，或儿童和青少年的心境障碍与品行障碍，比只有单独一种心理障碍更容易导致自杀（Conwell et al.，1996；Nock et al.，2009；Woods et al.，1997）。例如，诺克和他的同事（Nock et al.，2009）发现，单独抑郁不能预测自杀意念和自杀未遂，但伴有冲动控制障碍和焦虑/激惹的抑郁则能够预测。对青少年而言，伍兹等人（Woods et al.，1997）发现，物质滥用合并其他的危险行为，如打架、携带枪支或者吸烟，会导致青少年自杀，这可能也反映了这些问题少年的冲动性。艾斯波西托和克卢姆 (Espostio & Clum，2003）也注意到，焦虑和心境障碍能够预测青少年的自杀企图。曾经有过自杀未遂是另一个会导致自杀的高危因素，我们必须认真对待（Berman，2009）。库珀和他的同事（Cooper et al.，2005）对 8 000 名曾因故意自伤而在急诊室治疗的患者进行了 4 年的追踪。这些人当中有 60 人已经自杀了，这一数字是正常人群统计数字的 30 倍。

一种带有更多冲动而不是抑郁特征的心理障碍 476
是边缘型人格障碍（见第 8 章）。这种类型的患者以操纵和冲动性自杀风险闻名，虽然他们并不想死，但有时会错误地杀死自己，并且这一比例高达 10%。边缘型人格障碍合并抑郁很容易导致死亡（Soloff，Lynch，Kelly，Malone，& Mann，2000）。

自杀与严重心理障碍，特别是抑郁的关联，否定了自杀是健康的人对失望的一种反应这种说法。

应激性生活事件

也许导致自杀的最重要的危险因素是令人感到羞愧或耻辱的应激性生活事件，如在学业或在工作上的失败（真实的或想象的）、意料之外的被拘捕或被所爱的人拒绝（Blumenthal，1990；Conwell et al.，2002；Joiner & Rudd，2000）。身体和性虐待也是重要的应激源（Wagner，1997）。有证据表明，自然灾害造成的应激和混乱也会增加自杀的可能性（Krug et al.，1998）。根据 20 世纪 80 年代 337 个经历过自然灾害的国家的数据，人们发现，在严重的水灾后，4 年内自杀率增加了 13.8%，饥荒后 2 年内增加了 31%，地震后 1 年内增加了 62.9%。如果事先存在易感性（包括患有心理障碍、冲动性特质和缺乏社会支持），那么应激性生活事件往往会让一个处于危机的边缘。引起自杀行为的一个整合模型见图 12-7。

自杀会传染吗?

多数人听到自杀的消息时的反应是难过和好奇，一些人的反应却是尝试自杀，并常常采取与他们听到的同样方式。古尔德（Gould，1990）曾报告，在一则自杀消息公开传播之后的 9 天内，自杀率会上升。系列自杀（几个人模仿一个人）似乎在青少年中占多数，有高达 5% 的青少年的自杀是模仿性的（Gould，1990；Gould，Greenberg，Velting，& Shaffer，2003）。

心理解剖 通过与自杀者生前认识的人的访谈，进而对自杀者进行的死后心理画像。

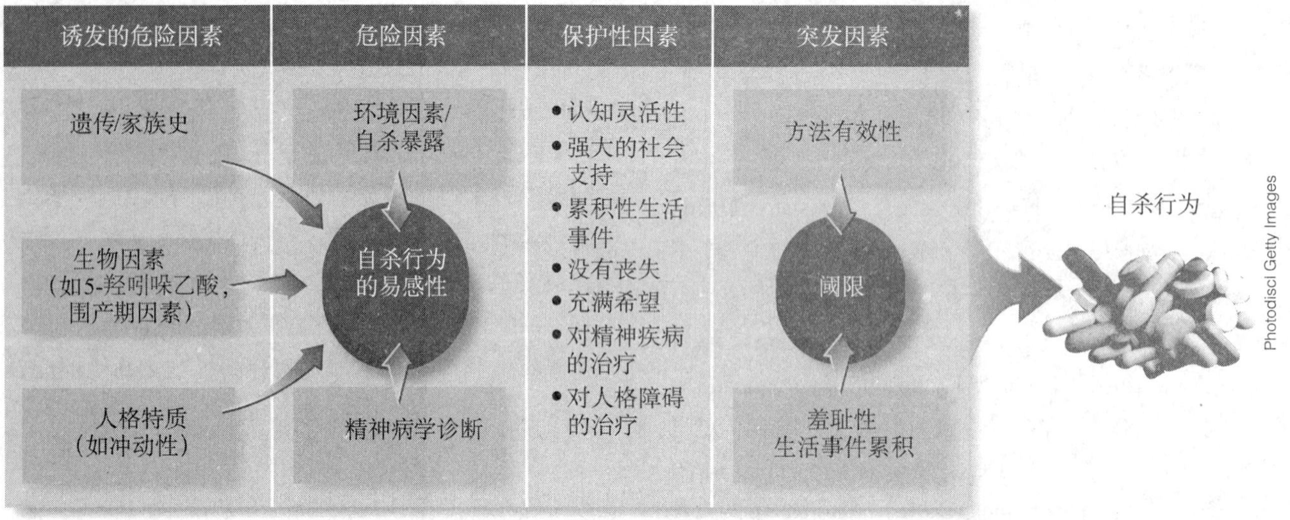

图 12–7 自杀行为的阈限模型

资料来源：Reprinted，with permission，from Blumenthal，S. J.，& Kupfer，D. J.，1988. Clinical assessment and treatment of youth suicide. *Journal of Youth and Adolescence*，*17*，1–24，© 1988 by Plenum Publishing.

为什么会有人想模仿自杀呢？首先，自杀常被传媒浪漫化：一个有魅力的年轻人在无法忍受的压力下选择了自杀，以报复成人为他们制造的如此痛苦的世界，并因此而成了朋友和同伴们心中的殉道者。媒体还常常详细地描述他们自杀的方法，这往往给潜在的受害者提供了指导。然而，媒体却极少报道那些不成功或失败的自杀所导致的瘫痪、脑损伤和其他悲惨的后果，也不报道为什么自杀常常与严重的心理障碍相联系的情况。更严重的是，更少有人提到自杀是一种于事无补的解决问题方式（Gould，1990，2001；O'Carroll，1990）。为避免这些悲剧，精神卫生工作者必须立即对学校和其他可能出现抑郁或出现自杀蔓延的地方进行干预。但自杀是否会像传染病那样真的“传染”目前尚不清楚。此外，朋友自杀所带来的应激或其他一些重要应激源可能影响那些因患有心理障碍而处于易感状态的人群（Joiner，1999）。

477

治疗

尽管已经确定了这些重要的危险因素，但要预测自杀仍是一件困难的事。那些几乎没有突发因素的个体会出人意料地自杀，而许多似乎有无法克服的应激和疾病，并且几乎没有社会支持和帮助的人，却活着并战胜了他们的困难。

精神卫生工作者们在评估可能存在的自杀观念方面受过全面的训练（Joiner et al.，2007）。其他人可能不愿去问这些有指向性的问题，因为担心会把这些想法植入对方的头脑。然而，我们知道，检验这些“秘密”远比什么都不做重要得多。因为激发自杀想法的危险性很小，而将它们留在那里忽视它们的危险却是巨大的（Berman，2009）。古尔德和他的同事（Gould et al.，2005）发现，在一项筛查项目中，有超过 1 000 名高中生被问及是否有自杀的想法和行为，相比第二组没有问及这一问题的 1 000 名学生，前者的出现自杀意念的危险并没有增加。因此，如果一个人有任何的自杀迹象，精神卫生工作者都会询问：“最近你是否曾觉得生活不值得留恋，或有伤害自己或企图自杀的想法？”

这种方法的一个困难是，有时候这些想法是隐藏的或者意识不到的。现在查等（Cha，Najmi，Park，Finn，& Nock，2010）已经发展出一种对内隐（无意识）认知的测量方法，这一方法是根据认知心理学实验改编的，主要用于评估内隐的自杀意念。这个评估使用了第 2 章谈到的 Stroop 测验。那些被发现在单词“死 / 自杀”和“自我”之间具有内隐联系的人，即使自己并没有意识到，与那些没有被发现有这种内隐联系的人相比，在接下来的 6 个月内尝试自杀的可能性要高出 6 倍。因此，这种评估方法对自杀企图的预测，要比患者自己的预测和医生的预测都更好（Nock et al.，2010）。精神卫生工作者还会检查近期可能存在的羞耻感，并确定其中存在的任何一种可能预示自杀高风险的因素。例如，一个想自杀的人是否已经有了详细的自杀计划，或者仅有一个模糊的想法？如果发现有详细的计划（如特定的时间、地点和方法），那么其风险性是很高的。这个详细的计划中是否包括安排好所有个人事务、放弃财产，以及其他一些临终行为？如果有，危险性就更高。这个人正在考虑的特定的自杀方法是什么？一般来说，方法越致命、越激烈（开枪、上吊、服毒等），其自杀的危险性就越高。这个人真的明白可能会发生什么吗？许多人不明白过量使用药物的后果。最后，这个人是否采取了任何预防措施以防被发现？如果是，则危险是极大的（American Psychiatric Association，2003）。

如果危险存在，临床医生会试图让他同意或者签一份“不自杀协议”。协议通常包括承诺在与精神卫生工作者接触前，不做任何与自杀有关的事。如果这个有自杀风险的人拒绝承诺（或临床医生高度怀疑患者承诺的可靠性），那么自杀危险将被判断为极高，此时，需要立即要求患者住院，甚至是在违背患者意愿的情况下强制其住院。无论患者住院与否，针对帮助其解决重要的生活应激的干预，以及对现存的心理障碍的治疗都需要立即展开。

从自杀的公共卫生后果来看，许多减少自杀率的项目已经开始实施。大多数研究发现，这种以课程为基础，在学校或组织中通过教授如何处理生活应激或增加社会支持的方式来实施的，针对一般人群的项目（通用项目），其效果并不明显（Berman，2009；Garfield & Zigler，1993；Shaffer，Garland，Vieland，Underwood，& Busner，1991）。更有益的项目针对的是有自杀危险的个体，例如针对刚刚出现过学生自杀事件的学校里的青少年。医学研究所（Institute of Medicine，2002）建议对自杀者的亲戚和朋友提供即时的服务。一个重要的步骤是禁止任何有自杀风险的人拥有致命的武器。一项近期的分析指出，这可能是预防自杀项目中最有效的部分（Mann et al.，2005）。热线电话和其他的危机干预服务也很有用。不过，就像加菲尔德和齐格勒（Garfield & Zigler，1993）指出的那样，热线电话志愿者必须得到能够识别出潜在风险因素的、有能力的精神卫生工作者的支持。一个大型健康维护组织认真筛查了其所有 200 000 名因为存在自杀风险而来求助的会员，然后对那些确实存在风险的人进行了干预。在这项有希望的项目实施过程中，自杀行为明显地降低了（Hampton，2010）。

针对有自杀风险的人的特殊治疗方法也在不断发展。例如，萨科夫斯基等（Salkovskis，Atha，& Storer，1990）用认知行为的问题解决策略治疗了 20 名反复自杀未遂的高风险患者。结果显示，在治疗后的 6 个月内，他们企图自杀的行为显著减少了。马歇尔・林汉（Marshal Linehan）和他的同事们针对边缘型人格障碍患者的冲动性自杀行为，发展出了一种引人注目的治疗方法（见第 8 章）。大卫 · 卢德（David Rudd）和他的同事们发展出了一种针对高危年轻人的短程心理治疗方法。这些年轻人存在自杀意念，并伴有早期自杀未遂、心境障碍或物质滥用，或两者都存在（Rudd et al.，1996）。他们随机选择了 264 名年轻人，或者用新的方法治疗，或者用社会通行的方法进行干预。对于采用新方法的患者，每天花 9 小时，持续 2 周时间在医院住院部进行治疗。治疗包括解决问题、发展社会能力、更好地应对生活问题，以及了解那些可能促发自杀行为或意念的情绪和生活经历。患者在治疗后的 2 年内持续接受评估，结果显示患者的自杀意念和行为减少了，而问题解决的能力则显著提高了。此外，这种短程的试验性治疗对有高自 478
杀危险的那些年轻人疗效更为显著。由于疗效得到了实验结果的支持，这个项目现在已被拓展为一种针对自杀行为的心理治疗方法（Rudd，Joiner，& Rajab，2001）。最近一项比较重要的研究显示，对自杀未遂者进行 10 次认知治疗会使个体在未来 18 个月内新的自杀尝试减少 50%（Brown et al.，2005）。认知治疗组中仅 24% 的人再次实施了自杀行为，而普通关怀组这一比例高达 42%。因为认知治疗被使用得相当广泛，它是自杀预防中一个重要的手段。

概念自测 12.5

从下面选项中选择正确的自杀类型填空：（a）利他型；（b）利己型；（c）紊乱型；（d）宿命型。

1. 拉尔夫的妻子带着孩子离开了他。他是一个著名的电视节目主持人，但由于与新董事长起了冲突，最近刚被解雇。如果拉尔夫自杀，他的自杀会被认为是________。

2. 山姆在越南当战俘期间自杀了。________

3. 谢芭生活在非洲的一个偏远的山村，她最近在和附近村子的一个男人通奸时被抓住了。她的丈夫想杀掉她但不行，因为部落的习俗是要她自杀。于是她就从附近的“罪妇崖”跳了下去。________

4. 玛贝尔住在敬老院多年了，刚开始她的朋友和家人还经常去看她，但他们现在仅仅在圣诞节才来。最近她在敬老院的两个最亲密的朋友都去世了，她也没有别的兴趣爱好。玛贝尔的自杀应归为哪个类型？________

多样化讨论

一种新的情绪障碍的标准化跨诊断治疗

本章所讨论的心境障碍与第4章讨论的焦虑障碍经常在“情绪障碍”一词下被弄混。其原因在于，这些障碍有一些相同的特征，例如处理强烈情绪的困难。这种困难常常被称为“情绪失调”。同样，这些障碍群还有一些共同的危险因素，例如共同的遗传危险因素（前面讨论过）。它们还有很高的共病性，也就是说，许多焦虑障碍患者同时也患有，或曾经患有抑郁障碍；而大多数抑郁障碍患者同样也患有，或曾经患有焦虑障碍。明显的焦虑往往意味着更严重的抑郁、双相障碍，以及更长的病程、更差的治疗效果（Coryell et al.，2009；Fava et al.，2008）。同时患有焦虑与心境障碍的人，会比健康的人体验到更频繁和更强烈的负性情绪，并且对这些体验更反感。他们还会出现类似的负性认知过程。

对心境障碍与焦虑障碍的心理治疗因其类型不同而各不相同，但是也有共同的部分。例如改变负性态度、负性的认知风格、负性的归因，阻止患者回避那些可能激起其紧张情绪（例如焦虑或抑郁）的场景和体验，鼓励患者进行有治疗意义的活动，以及让患者暴露于那些能诱发强烈情绪的场景中。因为认识到这些优点，我们的一个诊所提出了这种新的标准化跨诊断治疗。这种方法被设计用于治疗任何情绪障碍的患者，即使他们患有一种以上的情绪障碍（共病）、不常见的焦虑或心境障碍的变种，或者因某种原因而不完全满足标准的焦虑或心境障碍（Barlow et al.，2011a，2011b）。使用“标准化”一词是因为它整合了与所有情绪障碍相关的原则。这种被称为情绪障碍跨诊断治疗的标准化协议（UP）（Barlow et al.，2011a，2011b）包括5个核心模块：（1）增加对情绪体验的意识程度（因为情绪反应带来的不舒适感，患者经常试图去压抑或忽视这些情绪）；（2）鼓励患者更灵活地对情绪场景进行评价和归因（因为遇到强烈情绪时，焦虑或心境障碍的患者常常会只去想那些最糟糕的结果）；（3）确认并阻止患者回避特定的场景和强烈情绪的倾向（因为患者常常并不能意识到他们的回避倾向，例如当他们感到焦虑时就会转移注意力）；（4）鼓励患者参加那些设计出来以激起与患者的焦虑与心境障碍类似的躯体感觉的练习；（5）鼓励患者通过让自己暴露于那些与强烈情绪相联系的情境线索或诱发物，以及内在的生理线索中，从而增强患者对强烈的、不舒服的情绪的容忍力。初步研究结果显示，这种方法对许多障碍都是有效的（Ellard，Faiholme，Boisseau，Farchione，& Barlow，2010）。如果这种效果在后续研究中仍然存在，那么这一标准化协议就有可能消除为各种不同的情绪障碍采取不同的治疗方法的必要性，并且可能在广泛的情绪障碍中更有效。 479

其他近期的研究正让跨诊断治疗变得更有意义。研究人员发现，抗抑郁剂最重要的功能可能不是对神经递质活动的改变（尽管这也很明显），而是对调节情绪反应的神经心理过程的改变。这种改变似乎是在治疗效果充分展现之前、在服用抗抑郁剂后马上出现的（Harmer，2010）。如果这是事实，那么跨诊断心理治疗与抗抑郁剂治疗（对焦虑障碍同样有好处）的行为机制的相似性可能大于其差异性，因为它们都以情绪失调为目标。

小　结

理解与定义心境障碍

抑郁发作与躁狂或轻躁狂发作的区别是什么?

- 心境障碍是最常见的心理障碍之一，该病的全球患病危险性在不断增加，特别是在年轻人中。
- 所有心境障碍都共有两种可能单独出现或同时出现的基本症状：抑郁发作和躁狂发作。那种轻微的导致社会或职业功能损害的躁狂发作被称为轻躁狂发作。而合并焦虑或抑郁的躁狂发作则被称为烦躁性躁狂发作或混合型躁狂发作。
- 仅存在抑郁发作的情况被称为单相抑郁障碍。在抑郁与躁狂间变换的情况被称为双相障碍。

抑郁障碍、恶劣心境和双相障碍的临床症状有哪些?

- 抑郁障碍可以是一次发作，也可以是反复发作，但持续时间一般有限；另外一种形式的抑郁是恶劣心境，其症状较轻，但是在很长的时间内难以改变。在双重抑郁中，患者会同时出现抑郁发作和恶劣心境。
- 大约20%有丧亲体验的人可能出现病理性的、复杂的哀伤反应，在这一过程中，正常的哀伤反应可能会发展为某种典型的心境障碍。
- 双相障碍的关键鉴别症状是躁狂发作与抑郁发作的交替出现。环性心境障碍是一种温和，但更慢性的双相障碍。
- 有时，与心境障碍相伴的额外症状的模式，也被称为标记，能预测病程或患者对治疗的反应，就像心境障碍的短期模式或病程一样。季节性情感障碍就是这样一种类型，这种障碍多发生于冬季。

心境障碍的患病率

心境障碍的患病率随年龄会如何变化?

- 儿童心境障碍的患病率与成人基本相似。
- 抑郁症状在老年期急剧增长。
- 焦虑体验因文化差异而不同，很难进行比较，特别是，例如当我们试图去比较抑郁的主观感受时，这种文化差异更明显。

心境障碍的病因

哪些生物、心理和社会文化因素会对心境障碍的形成有影响?

- 心境障碍是生物、心理与社会因素复杂的相互作用的结果。从生物学视角来看，研究人员对应激假说和神经激素的作用特别感兴趣。抑郁的心理学理论关注习得性无助、抑郁性认知图式，以及人际困扰。

心境障碍的治疗

哪些药物和心理治疗对心境障碍的治疗是成功的?

- 许多治疗方法，包括生物学和心理学的，都被证明对心境障碍有效，至少在短期如此。对于那些对抗抑郁药物或心理治疗均无效的患者，有时会采用一种更激进的躯体治疗方法：电休克治疗（ECT）。两种心理治疗方法——认知治疗和人际治疗——看起来在抑郁障碍的治疗中是有效的。
- 从长期来看，心境障碍的复发或再发是普遍的，因此，必须关注维持治疗——关注预防复发或再发。

自杀 480

自杀与心境障碍之间的关系是什么?

- 自杀经常与心境障碍相联系，但也可能发生在没有心境障碍或者其他障碍的人群中。自杀在致死原因中列第11位，但是在青少年中，自杀是第三大致死原因。
- 在对自杀行为的理解中，三个指标是很重要的：自杀意念（认真想过自杀）、自杀计划（自杀的详细方法）和自杀未遂（未成功）。同样重要的是通过心理解剖来了解自杀的危险因素，人们通过这种方法来重建自杀者的心理画像，并检验导致自杀的线索。

关键词

mood disorders 心境障碍　438
major depressive episode 抑郁发作　438
mania 躁狂　439
hypomanic episode 轻躁狂发作　439
mixed manic episode or dysphoric manic episode，混合型或烦躁性躁狂发作　439
major depressive disorder，single or recurrent episode 单次的或复发性抑郁障碍　440
dysthymic disorder 恶劣心境　440
double depression 双重抑郁　441
seasonal affective disorder（SAD）季节性情感障碍　443
pathological or impacted grief reaction 病理性或伤害性哀伤反应　443
bipolar Ⅱ disorder 双相障碍Ⅱ型　444
bipolar Ⅰ disorder 双相障碍Ⅰ型　444
cyclothymic disorder 环性心境障碍　445
neurohormones 神经激素　452
learned helplessness theory of depression 抑郁的习得性无助理论　456
depressive cognitive triad 抑郁认知三角　457
mood-stabilizing drug 心境稳定剂　465
electroconvulsive therapy（ECT）电休克治疗 466

cognitive therapy 认知治疗 466
interpersonal psychotherapy（IPT）人际心理治疗 468
maintenance treatment 维持治疗 469
suicidal ideation 自杀意念 473
suicidal plans 自杀计划 473
suicidal attempts 自杀未遂 473
psychological autopsy 心理解剖 474

▼ 概念自测答案

12.1

1. e； 2. a； 3.c； 4. d； 5. b

12.2

1. T； 2.F（生活经历并不是必需的）；
3. T； 4.T

12.3

1. 遗传，神经递质系统异常，内分泌系统，昼夜或睡眠节律，神经激素
2. 应激性生活事件，习得性无助，抑郁认知三角，不可控感
3. 婚姻不满意，性别，缺乏社会支持

12.4

1. 电休克治疗；2. 认知治疗；3. 抗抑郁剂；4. 锂盐；5. 人际心理治疗；6. 维持治疗

12.5

1. c； 2. d； 3. a； 4. b

481 ## ▼ 本章测验

1. 某人正经历高昂的心境，睡眠需要减少，注意力不集中。这最可能是：
   a. 惊恐障碍 b. 躁狂 c. 人格解体 d. 幻觉
2. 对丧亲反应与抑郁间的关系，精神卫生工作者共同的认识是什么？
   a. 丧亲反应比所有种类的抑郁都轻
   b. 很多情况下，抑郁会导致丧亲反应
   c. 很多情况下，丧亲反应会导致抑郁
   d. 丧亲反应和抑郁的症状很少重叠
3. 双相障碍Ⅰ型的特征为_____，双相障碍Ⅱ型的特征为_____。
   a. 完全的躁狂发作；轻躁狂发作
   b. 轻躁狂发作；完全的躁狂发作
   c. 抑郁和躁狂发作；完全的躁狂发作
   d. 完全的躁狂发作；抑郁和躁狂发作
4. 对丧亲反应的治疗一般包括：
   a. 发现丧失的意义
   b. 用其他人替代去世的人
   c. 发现悲剧中的幽默
   d. 用更快乐的想法替代有关去世者的悲伤想法
5. 以下哪项最好地描述了抑郁和焦虑的关系？
   a. 焦虑通常发生在抑郁之前
   b. 抑郁通常发生在焦虑之前
   c. 几乎所有抑郁的患者都焦虑，但不是所有焦虑的患者都抑郁
   d. 几乎所有焦虑的患者都抑郁，但不是所有抑郁的患者都焦虑
6. 当个体相信他们对生活中的环境无法控制时会发生抑郁，这是哪种理论？
   a. 归因理论 b. 习得性无助理论
   c. 社会学习理论 d. 等结果性理论
7. 在对抑郁来访者的治疗中，一位心理学家帮助他们更积极地思考自己、自己在世界上的位置，以及对未来的观点。这个心理学家是采用了谁的抑郁模型？
   a. 西格蒙德·弗洛伊德 b. 卡尔·罗杰斯
   c. 罗洛·梅 d. 阿伦·贝克

8 抑郁的维持治疗非常重要，因为可以预防：
   a. 转移 b. 丧亲反应 c. 意外 d. 复发

9. 下列哪项解释了为什么有些人不愿吃药，或服药后又停下来？
   a. 药物市场上不多见并且买不到
   b. 药物对大部分人都不起效
   c. 药物可能导致一些人出现严重的不良反应
   d. 药物短期有效，长期就无效了
10. 以下哪项是自杀的危险因素？
   a. 有一个自杀的亲属
   b. 从事富有攻击性的、完全接触式的运动
   c. 有多次婚姻史
   d. 抽象的、哲学式的认知风格

（答案见附录C）

第13章 精神分裂症与其他精神病性障碍

iStockphoto.com/hidesy

◆ **章节概览**

483 **学生学习的目标 ***

理解并掌握特定心理学领域的知识。	▶行为和心理过程（包括生理机能、感觉、知觉、比较、动机和情绪）的生物学基础（pp.495-503）。 ▶心理学的历史，包括各种心理学方法的发展演变、各种理论之间的冲突及其社会文化背景（pp.483-484）。
运用本学科的概念、专用语和主要理论来解释心理现象。	▶客观地描述行为和心理过程，包括下操作性定义（pp.484-493）。
恰当运用心理学知识解决问题。	▶异常行为的起因和治疗（pp.493-509）。

* 本章的这部分内容覆盖了由美国心理学会（American Psychology Association，2007）建议的学习目标，可作为心理学专业本科学生的学习指南。这些内容由美国心理学会学习目标建议小组（SLO）确定。

精神分裂症概述

▶如何定义精神分裂症，诊断包含哪些症状？

一名中年男子行走在纽约街头，他戴着礼帽，帽子里附了一层铝箔，他认为这样火星人就不能洞悉他的思维。一个年轻的女子，坐在她的大学教室里，听到上帝的声音，说她是一个卑鄙和令人憎恶的人。当你试图和一个超市装袋员讲话时，他却茫然地盯着你，用贫乏而单调的嗓音嘟哝着一两个字。上面所讲的这些人都有可能患了**精神分裂症**（schizophrenia）。这种让人感到讶异的障碍，以广泛的认知、情绪功能失调为特征，包括妄想、幻觉、言语和行为紊乱以及情感不协调。

精神分裂症是一种复杂的综合征，它不可避免地对患者及其家庭成员的生活产生破坏性影响。这些患者往往受到社会的歧视。尽管治疗上有了重要的进展，但能完全康复的精神分裂症患者却很少。这种灾难性疾病涉及的每一个人都会产生巨大的负面情绪。除了情绪上的影响，疾病带来的经济损失也相当严重。在美国，每年用于精神分裂症的花费，估计超过600亿美元，包括家庭看护费、误工费和治疗费等（Jablensky，2009；Wu et al.，2005）。由于精神分裂症十分普遍，大约每100个人当中就有1人会在其一生的某个时段里发病，且该病预后不良，因此针对精神分裂症病因和治疗的研究激增。本章我们将探讨这种令人费解的疾病，确定精神分裂症是诊断明确的，还是多个疾病的组合，并对就此所做的努力进行综述。该病存在各种亚型，且这些亚型又有不同的表现形式和症状的混合，如幻觉、妄想以及言语、情绪和社交障碍，使得研究变得很复杂。在讨论完精神分裂症的特征之后，我们再介绍它的病因和治疗。

诊断精神分裂症的先驱人物

1809年，约翰·汉斯拉姆（John Haslam）出版了《对疯狂与忧郁的观察》（*Observations on Madness and Melancholy*），他极富表现力地描述了被称为“疯狂的形式”的概念。

汉斯拉姆在英国对之进行了描述；与此同时，法国医生菲利普·皮内尔也对精神分裂症的一些病例进行了描述（Pinel，1801/1962，1809）。大约50年后，另一位法国医生本尼迪克特·莫雷尔（Benedict Morel），使用法语 démence（心智丧失）précoce（早期的、过早的）来描述它，因为精神分裂症常常在青少年期发病。

直到19世纪末，德国精神病学家埃米尔·克雷佩林（1899）在汉斯拉姆、皮内尔和莫雷尔（及其他学者）的著作的基础上，提出了延续至今的、最为持久的关于精神分裂症的描述和分型。其中有两点特别重要。首先，克雷佩林将以往被视作反映了独立和不同的几种精神病性症状结合起来：**紧张症**（catatonia，木僵和兴奋性激越的交替）、**青春期痴呆**（hebephrenia，愚蠢和幼稚的情绪）、**偏执**
484 **症**（paranoia，夸大妄想或被害妄想）。克雷佩林认为这些症状有潜在的相似特征，可以用**早发性痴呆**（dementia praecox，拉丁语）来概括。虽然临床表现因人而异，但克雷佩林认为每种障碍的早年发病是关键，并最终导致发展为“精神衰退”。

第二个重要的贡献是，克雷佩林（1898）将早发性痴呆从躁郁症（现称双相障碍）中区分出来。早发性痴呆患者，其特征是早年发病和预后不良。相比而言，这些特征不是躁郁症的必要条件（Lewis，Escalona，& Keith，2009）。克雷佩林还指出早发性痴呆患者也会出现幻觉、妄想、违拗和刻板行为等多种症状。

在精神分裂症的研究史上，第二重要的人物是和克雷佩林同时代的瑞士精神病学家厄根·布洛伊勒（1908），他引入了“精神分裂症”（schizophrenia）这一术语（Fusar-Poli & Politi，2008）。此命名具有重要的意义，因为它标志着布洛伊勒在核心问题上与克雷佩林的观点不同。Schizophrenia 由希腊语中的“分裂”（split，*skhizein*）和“精神”（mind，*phren*）两个词组合而成，它反映了布洛伊勒的观点：精神分裂症患者表现出的所有异常行为的背后是人格基本功能**联想破裂**（associative splitting）。这个概念强调“连接通路的中断”，或者说连接不同功能的力量遭到了破坏。并且，布洛伊勒认为所有精神分裂症患者都难以保持思维链一致性的特征，这导致了患者的症状多种多样。克雷佩林关注的是早年发病和预后不良，布洛伊勒强调的是普遍存在的根本问题。不幸的是，“分裂性思维”的概念被普遍而错误地应用于对术语“精神分裂症”的解释，即意味着分裂或多重人格。

症状的识别

当你阅读了本书中各种不同的精神疾病，你就会了解：每种疾病常常以独特的行为表现、思维方式或情绪来定义，或者以此为特征。例如，抑郁总是包含忧伤的感受，惊恐发作总是伴随强烈的焦虑感。但令人吃惊的是，精神分裂症不是这样。精神分裂症有很多行为或症状，但并不是所有被诊断为精神分裂症的患者都必须具有这些行为和症状。

尽管症状很复杂，研究者还是将精神分裂症的症状群进行了归类。随后，我们将描述这些戏剧性的症状，比如听到或看到别人不能听到或看到的东西（幻觉），坚信一些不现实的、荒谬的和在相同文化背景下不能为他人所理解的信念（妄想）。不过首先，我们还是来看一个短暂发作、强烈而罕见的精神病性个案。

亚瑟：救救孩子们

我们第一次遇到 22 岁的亚瑟是在一家精神病医院的门诊。亚瑟的家人为他的异常行为感到非常担心和不安，想方设法地为他寻求帮助。亚瑟的家人说他“病了”，而且“说话像个疯子”，他们担心他会伤害自己。

亚瑟在一个郊区的中产家庭度过了他正常的童年生活。他的父母婚姻生活幸福，但早些年前他的父亲去世了。在学校亚瑟是一个中等的学生，获得了大学三年的肄业证书。亚瑟干了一些临时的工作，他母亲说他似乎对工作还算满意。亚瑟在一个大城市工作和生活，距离他母亲和已经结婚的兄弟姐妹家有 15 分钟的路程。

亚瑟的家人说来这家门诊前 3 周，他开始说一些奇怪的话。在裁员前几天，亚瑟已经被解雇，好几天不与家中任何人沟通。当家人和他联系上时，他的行为举止令他们吃惊。尽管他以往总是空想并且急于帮助他人，但现在他谈论的是用他的“秘密计划”来拯救世界上所有挨饿的儿童。起初，亚瑟

精神分裂症　具有破坏性的精神病性障碍，包括特征性的思维紊乱（妄想）、知觉障碍（幻觉），以及言语、情绪、行为紊乱。

紧张症　包括木僵或兴奋性激越的一种运动障碍。

青春期痴呆　表现为愚蠢的和不成熟的情绪，是精神分裂症一些亚型的特征性症状。

偏执症　非理性信念，患者认为自己是特别重要的人物（夸大妄想）或其他人正试图迫害他。

早发性痴呆　表现为思维过早丧失，是精神分裂症的早期名称，强调其常常起病于青少年期。

联想破裂　人格基本功能（例如认知、情绪、知觉）的分离，被认为是精神分裂症的特征性症状。

的家人认为这只是他那种不值得关注的才智的一种体现，但很快他就表现出超乎寻常地关心自己的计划，并且对他的计划唠叨不停。他开始在他的一些笔记本上记录关于拯救饥饿儿童的计划，他说只会在恰当的时间向合适的人透露他的计划。亚瑟的家人怀疑他可能是因为嗑药，以致行为发生了突然和急剧的变化。于是，他们检查了他的住所。虽然他们没有发现亚瑟嗑药的证据，但他们还是在他的支票簿上发现了一些奇怪的内容。在过去的几周里，亚瑟在支票上写的字很潦草，不是通常的支票信息，而是一些奇怪的东西（“现在开始”“这非常重要”“他们必须获得拯救”）。他还在几本最珍贵的书上记录非同寻常的笔记。

之后，亚瑟的情绪发生急剧变化，经常哭泣，焦虑不安。他不穿袜子和内衣，即使天气非常寒冷，出门时也不穿夹克。在亚瑟家人的坚持下，他住到了母亲家里。他睡眠很少，整个晚上也不让家人睡觉。每天早上，他的母亲都在揪心中醒来，不想起床，她感到无助，对帮助亚瑟摆脱痛苦无计可施。

485 当亚瑟开始透露他计划的更多细节时，亚瑟的家人感到越来越担心。他说他要去德国大使馆，因为只有在那里人们才会听他的计划。他打算在晚上大家睡着时爬过围墙，向德国大使陈述他的计划。因为害怕亚瑟在设法闯入德国大使馆时会受到伤害，他的家人与当地的精神病医院取得联系，描述了亚瑟的症状，要求将其收治入院。令他们惊讶和失望的是，院方说，虽然亚瑟可能会伤害自己，但医院不能在他不自愿的情况下收治他入院，除非他正在伤害自己或他人。亚瑟的家人最后带他去门诊看医生。

在我们的访谈中发现，亚瑟明显存在妄想，坚信有能力来帮助所有挨饿的儿童。经过劝哄，他最终被说服让我看他的书。他写下了一些随意的想法（如“贫困、挨饿的灵魂”“月球是唯一的地方”），还画了宇宙飞船的草图。他的部分计划包括建造一艘飞往月球的宇宙飞船，在那儿他将为所有饥饿的儿童成立一个社区，在社区里他们能够生活并得到帮助。在简单评价了他的计划之后，我开始询问他的健康状况。

“你看起来很疲倦，睡眠充足吗？”

“我实际上不需要睡眠，”他说道，“我的计划陪着我，以后他们都能得到安置。”

“你的家人很担心你，”我说，“你能理解他们的关心吗？”

“重要的是把所有的关心聚到一块儿，结合到一块儿。”他回答道。

接下来，他告诉他的家人他一会儿就回来，然后就站起来走出房间和大楼。5 分钟后，他的家人出去找他，但他不见了。他失踪了两天，他的家人非常担心他的健康和安全。事情发展得令人不可思议，后来他们发现亚瑟走在城市的街头，好像什么事情都没有发生过。没有笔记本，也不再谈论他的神秘计划了。

我们永远无法确切地知道是什么原因使亚瑟的行为如此奇怪，又恢复得如此之快和彻底。尽管如此，接下来我们将讨论的研究可能有助于了解精神分裂症，并对其他像亚瑟这样的患者和家庭有所帮助。

临床描述、症状和亚型

- 精神分裂症的阳性、阴性、紊乱症状的区别是什么？
- 精神分裂症和其他精神病性障碍的临床特征和主要亚型是什么？

亚瑟的病例让我们看到了精神分裂症和其他精神病性障碍的患者所经历的问题范围。尽管从严格意义上讲，**精神病性行为**（psychotic behavior）这一术语通常以妄想和/或幻觉为特征，但已经被习惯于用来描述许多异常行为。精神分裂症只是包含了精神病性行为的精神障碍之一；后面我们将进一步探讨其他的疾病。

精神分裂症会影响我们日常的各种功能。在我们描述精神分裂症的症状之前，仔细地观察出现那

DSM 诊断标准概要

精神分裂症

A．特征性症状：在1个月（如果得到有效治疗，可少于1个月）时间内，存在下述症状中的至少2种：（1）妄想；（2）幻觉；（3）言语紊乱（例如，言语经常离题或不连贯）；（4）明显的行为紊乱或紧张性行为；（5）阴性症状，即情感淡漠、言语贫乏或意志减退。

注：如果妄想内容是怪异的或幻觉表现为持续听到一种声音在对本人行为或思想作实时评论，或者听到两种或多种声音在相互交谈，则标准A中只要求存在一种症状。

B．社交、职业功能失调：从起病以来大部分时间内，一或多个主要功能方面，如工作、人际关系或自我照料功能明显低于病前已达到的水平（儿童或青少年期起病者，社交、学业或职业功能不能达到预期的发展水平）。

C．持续时间：症状连续存在至少6个月，这6个月必须包括至少有1个月其症状（如果得到有效治疗，可少于1个月）满足标准A（即活动期症状），并且可能包括前驱症状期或残留症状期。在前驱期或残留期，可能仅有阴性症状，或标准A中两种或两种以上的减弱形式的症状（例如奇特的信念、不寻常的知觉体验）。

D．排除分裂情感性障碍和心境障碍：（1）在活动期有抑郁发作、躁狂发作或混合发作，或（2）虽在活动期有心境发作，但其总时间较活动期和残留期总时间为短，因此可排除分裂情感性障碍和伴有精神病性症状的心境障碍。

E．排除物质使用、一般躯体疾病：障碍不是某种物质（例如，成瘾药物、处方药物）或一般躯体疾病的直接生理后果。

F．与广泛性发育障碍的关系：如果有孤独障碍或其他广泛性发育障碍的病史，则只有存在至少1个月（如果得到有效治疗，可少于1个月）突出的妄想或幻觉时才附加精神分裂症的诊断。

资料来源：Reprinted with permission from *Diagnostic and Statistical Manual of Mental Disorders* (4th ed., text revision). © 2000 American Psychiatric Association.

些异常行为的患者的特征是很重要的，因为我们经常看到精神分裂症患者被歪曲的形象。有关精神分裂症暴力行为的证据显示，与普通人群相比，尽管精神分裂症患者更可能实施暴力行为，但你更可能会看到物质滥用及人格障碍（反社会或边缘型人格障碍）患者的暴力行为（Douglas，Guy，& Hart，2009）。尽管有这些信息，但在黄金时段的电视节目里有关精神分裂症患者的角色中，有 70% 被塑造成有暴力特征，超过 20% 被描述成杀人犯（Wahl，1995）。

DSM-Ⅳ-TR 从多方位来诊断是否患精神分裂症。之后我们将讨论患者在发病过程中的症状（活动期症状）、病因和目前所用的精神分裂症的分型。

精神卫生工作者通常将精神分裂症的症状分为阳性和阴性两种。第三组症状，是紊乱症状，也是精神分裂症的重要的症状（Lewis et al.，2009）。哪些症状应纳入这些类别还没有取得一致意见。阳性症状一般包括更活跃的异常行为表现，或是正常行为的过度和歪曲的表现，包括妄想和幻觉。阴性症状包括诸如言语和动机领域中正常行为的缺陷。紊乱症状包括散漫的言语、奇异行为和不协调的情感（例如，不安时却面带微笑）。精神分裂症的诊断需要符合两种或两种以上的阳性、阴性症状和/或紊乱症状，并持续至少 1 个月。现在研究者对精神分裂症的不同症状做了大量研究，下面我们将详细讨论这些症状。 486

阳性症状

下面，我们来描述精神分裂症的**阳性症状**（positive symptom），这是精神病更明显的标志，包括妄想和幻觉的紊乱经历。50% 至 70% 的精神分裂症患者存在幻觉、妄想或二者兼有（Lindenmayer & Khan，2006）。

妄想

一种信念，社会上绝大多数人认为它不符合现实，该信念就被称作思维内容障碍（disorder of

精神病性行为　以幻觉、与现实脱离为特征的严重心理障碍。

阳性症状　精神分裂症患者比较常见的症状，如妄想或幻觉。

thought content），或**妄想**（delusions）。由于妄想在精神分裂症诊断中的重要性，它被称作“精神分裂症的基本特征”（Jaspers，1963）。例如，你认为松鼠是被派到地球上执行侦察任务的外星人，那么就可能考虑你有妄想症状。媒体常常将精神分裂症患者描写成确信自己是有名的或者重要的人物（如拿破仑或耶稣基督），尽管这只是妄想的一个类型。亚瑟认为自己能够解决全世界儿童的饥饿问题，这也是一种夸大妄想（delusion of grandeur，一种认为自己声名显赫或位高权重的错误信念）。

精神分裂症患者常见的妄想是认为其他人“对自己不利”，这叫作被害妄想（delusions of persecution），这些想法是最令人烦恼的。我们的一位患者，世界级水平的自行车选手，正努力成为奥林匹克梯队中的成员。然而，不幸的是，她出现了一个信念，认为其他竞争者要破坏她的努力成果，这导致她停止骑车多年。她认为对手在她的自行车上喷洒了化学药水，以使她丧失力量；他们还在只有她经过的马路上放置石块，使她的速度慢下来。这些想法使她非常焦虑，有一段时间她甚至拒绝靠近她的自行车。

其他更加不常见的妄想，包括冒充者综合征（Capgras syndrome），即患者认为他所认识的某人被替身替代了。还有虚无妄想综合征（Cotard's syndrome），即患者认为自己死了（Kristodoulou，Margariti，Kontaxakis，& Christodoulou，2009；Debruyne，Portzky，Vanden Eynde，& Audenaert，2009）。

为什么这些人会对那些显然不可能的事情如此坚信（例如，一位朋友被替身所替代，或你的投票将决定国家的选举结果）？大量已有的理论可以归纳为如下两个方面：动力学理论或缺陷理论（McKay，Langdon，& Coltheart，2007）。有关妄想的动力学理论认为这些信念是患者试图来处理并缓解焦虑和应激的。一个人，围绕着某些议题，发展出各种故事——例如某位著名的人物爱上她（钟情妄想，erotomania），这能帮助她在这个纷乱的世界缓解不可控制的焦虑。专注于妄想，个体即能从对世界的不安中转移出来，专注于幻觉也是如此。与此相反，妄想的缺陷理论将这些信念看作是大脑功能失调所致，从而导致患者产生认知或知觉障碍。

幻觉

487 你曾经认为有人喊自己的名字，却发现没有人在那儿吗？你曾经认为看到有东西朝你移动，然而却什么也没有吗？我们都有过这样短暂的时刻，看到或听到并不存在的东西。然而对于许多精神分裂症患者，这些感知是真实的，而且经常出现。周围环境中没有任何感觉输入时所产生的感觉体验，叫作**幻觉**（hallucination）。大卫的病例就体现了这种幻觉现象，以及其他思维障碍，这在精神分裂症患者中很常见。

大卫：想念比尔叔叔

当我遇见大卫时，他25岁，已经在一家精神病医院度过了3年。他稍胖，中等个头，穿了件T恤和牛仔裤，显得很有活力。当我第一次遇见他时，我正和与他住同一层的患者交谈。当时大卫拉拉我的臂膀，打断了我们的谈话。“我的比尔叔叔是一个好人。他对我很好。”为了不失礼，我说：“我相信是这样的，也许等我和迈克尔谈完后，我们可以谈谈你的叔叔。”大卫却继续说道：“他能用一把小刀杀鱼。当你跌到河里时，你的思维会变得非常敏捷。我要赤手空拳杀了你——把一切掌握在我手中……我知道你懂！”他的语速非常快，并且伴随着情绪的反应。我平静地和他交谈，直到他冷静下来。过后，我看了大卫的卷宗，了解他的背景。

大卫在一个农场长大，由他的卡蒂婶婶和比尔叔叔抚养。他父亲的身份不明，母亲精神发育迟滞，不能照顾他。大卫也被诊断有精神发育迟滞，不过，他的功能只是轻微受损，他上了学。在他比尔叔叔去世的那一年，他的高中老师首次发现他有异常行为。大卫偶尔在教室里和死去的比尔叔叔说话。随后，他变得越来越易激惹，并在口头上攻击他的同学，最后他被诊断为患有精神分裂症。他好不容易高中毕了业，但没有找到过工作，他待在家里和婶婶生活了几年。尽管他的婶婶真诚地想和他一块儿住，但大卫日益危险的行为迫使她送大卫去了当地的精神病医院。

我又一次和大卫交谈，有机会问了他一些问题。“你为什么在医院，大卫？”“我真不想在这儿，”大卫回答我，“我还有其他的事情要做。时间有限，你知道的，当机遇到来的时候……”当我打断他时，他已经讲了好一会儿。“听说你的比尔叔叔几年前去世了，我感到非常遗憾。这些天你对他有什么感受？”“是的，他去世了。他病了，现在他走了。他喜欢带我去钓鱼，在河边。他还要带我去打猎。我有枪。我能射你，你将在几分钟内死去。”

大卫的谈话就像一个从石头山上滚下来的球，或是一个加速的物体。他谈话时间越长，获得的动力越多。正像遇到障碍会弹回一样，话题随时会改变。如果他讲的时间太长，他常常会变得易激惹并会用言语攻击他人。大卫还告诉我他叔叔的声音经常在他的耳边响起。他还听到其他的声音，但他不能区分它们，也不能告诉我声音的内容。我们将在本章讨论病因和治疗时再次讨论大卫的案例。

幻觉包含各种感觉。听到并不存在的声音，即幻听，是精神分裂症患者最常见的症状。大卫就有频繁的幻听：经常听到他叔叔的声音。当大卫听到比尔叔叔的声音时，他经常不能理解他叔叔讲的是什么。但在有些情况里，声音是很清晰的。“他叫我关了电视，他说：‘该死的，太响了，关小点，关小点。’”这与最近对幻觉的观念一致，即认为幻觉与元认知或“对思维的思维”有关。换句话说，元认知是一个描述“检查你自己思维”的短语。大多数人都曾经偶尔有过侵入性的思维，我们努力不去关注它们。有幻觉的人似乎存在侵入性的思维，但他们坚信这来自某地或他人。之后他们担心拥有这些思维，并产生元担忧——或“对担忧的担忧”（Ben-Zeev，Ellington，Swendsen，& Granholm，2010）。

在幻觉方面令人兴奋的研究，使用了复杂的脑成像技术，以试图在大脑中定位这些症状。通过 SPECT 扫描来研究具有幻听的精神分裂症患者的脑血流情况，伦敦的研究者们有了惊人的发现（McGuire，Shah，& Murrary，1993）。他们利用脑成像技术来研究患者正在体验幻觉和没有幻觉时的状态，发现在有幻觉时大脑中最活跃的部分是布洛卡区（Broca's area）（图 13-1，见书前彩色插图）。
488 这是令人吃惊的，因为布洛卡区是公认的产生言语的区域，而不是语言的理解区域。由于幻听通常要理解他人的“言语”，因此一般认为更活跃的应该是涉及语言理解的威尔尼克区（Wernicke's area）。然而，这一研究结果与此前另一研究小组的发现一致，当产生幻觉时，布洛卡区比威尔尼克区更加活跃（Cleghorn et al.，1992）。这些发现证实了一个理论，即产生幻觉的患者实际上不是听到其他人的声音，而是听到来自自己思维和自己的声音，但他们认识不到这些声音的差别（例如 Ford et al.，2009）。

阴性症状

与精神分裂症阳性症状的特征不同，**阴性症状**（negative symptoms），通常指正常行为的缺乏和不足。阴性症状包括情感淡漠、思维或言语的贫乏（即有限的思维或言语）、情感和社会退缩。大约 25% 的精神分裂症患者会表现出这样的症状（Lewis et al.，2009）。

意志缺乏

意志缺乏（avolition）是指不能启动和持续活动。具有这些症状的患者（也会出现情感淡漠）对于日常最基本的活动很少有兴趣，包括与个人卫生相关的事情。

缄默症

缄默症（alogia）指言语相对匮乏。言语匮乏的患者回答问题时非常简短，没什么内容，显得对交谈不感兴趣。

这种交流缺乏是阴性思维障碍的反映，而不是交流技巧不足。例如，一些研究者认为，缄默症的患者很难用恰当的词表达他们的想法（Kerns，2009）。有时候，缄默症表现为延迟发表评论，或者对问题反应迟钝。和这些缄默症患者交流会使你感到非常沮丧，好像你要撬开他们的牙齿才能得到回答。

快感缺失

一个相关的症状称为**快感缺失**（anhedonia），指精神障碍的患者缺少愉快体验。就像一些心境障碍患者一样，快感缺失是指患者对通常被认为能够产生愉

妄想　精神病性症状，包括思维内容障碍及与现实完全不符的强烈的信念。

幻觉　感觉障碍的精神病性症状，患者看到、听到或其他感觉器官感觉到的实际上不存在的事物。

阴性症状　缺乏主动性的症状，例如某些精神分裂症患者表现出的情感淡漠或言语匮乏。

意志缺乏　不能启动和持续重要活动。也被称为情感淡漠。

缄默症　言语数量和内容缺乏，常见于精神分裂症患者。

快感缺失　不能体验愉悦感，常见于心境障碍与精神分裂症患者。

情感淡漠　对可预期的反应无动于衷（包括无声的言语和茫然的注视）。

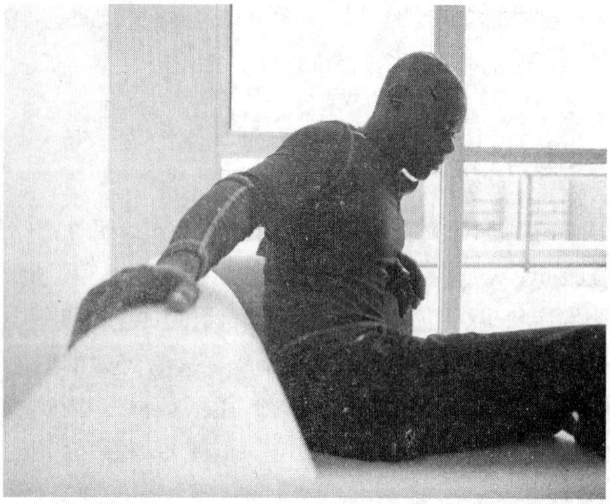

精神分裂症的阴性症状包括社会性退缩和情感淡漠。

悦感的活动毫不关心，包括进食、社会交往和性行为。

情感淡漠

想象人们总是戴着面具：你可以和他们口头交流，但你看不到他们的情绪反应。大约 1/4 精神分裂症患者表现出**情感淡漠**（flat affect）（Lewis et al., 2009）。他们与戴面具的人相似，因为当你对他有所期待时，他们不能表达情绪。他们神情茫然地盯着你，讲话平淡而单调，似乎对于身边的事情毫无感情。然而，虽然他们对于情绪性的情境无开放性的反应，但对自己的内心世界是有反应的。

霍华德·布伦鲍姆和托马斯·奥尔曼斯（Howard Berenbaum & Thomas Oltmanns，1992）对有情感淡漠（或者"迟钝"）的精神分裂症患者和没有此症状的精神分裂症患者做了对比研究。两组患者都观看了能激发观众情绪反应的喜剧和戏剧剪辑。布伦鲍姆和奥尔曼斯发现，情感淡漠组的患者，虽然他们报告有适当的情绪体验，但面部表情几乎没
489 有变化。研究者得出结论：情感淡漠的精神分裂症患者可能是表达情绪时有困难而不是缺乏感受。研究者们现在能够使用计算机分析面部表情，以更客观地评估精神分裂症患者的情绪表达。有一项类似的研究，确认了精神分裂症患者在恰当表达面部表情方面存在困难（Alvino et al.，2007）。

情感的表达——或缺乏表达——可能是精神分裂症发展的一个重要症状。在一个特别创新的研究中，研究者在 1972 年对高风险的儿童（他们的父母一方或双方罹患精神分裂症）吃午餐的场景录像，然后追踪了他们 20 年之久（Schiffman et al., 2004）。研究者发现，与未发展出疾病的儿童相比，后来发展出精神分裂症的儿童表现出较少的积极情感和较多的消极情感。这表明情绪表达有可能成为在儿童期识别潜在的精神分裂症的一条途径。

紊乱症状

由于研究最少，因此精神分裂症的症状中为人们所理解最少的是"紊乱症状"。它们包括各种影响言语、运动行为和情绪反应的古怪行为。精神分裂症患者中行为紊乱的流行病学情况还不得而知。

言语紊乱

和一个精神分裂症患者谈话是一件特别令人沮丧的事。如果你想知道是什么在困扰患者或使患者心烦意乱，那么引出相关信息是非常困难的。首先因为，精神分裂症患者通常缺乏内省（insight），即觉察自我有问题的意识。另外，他们表现出布洛伊勒所称的"联想破裂"和保罗·米尔所称的"认知滑脱"（Bleuler，1908；Meehl，1962）。这些短语能帮助描述精神分裂症患者的言语障碍：有时候他们从一个话题跳到另一个话题，有时候他们讲话毫无逻辑。DSM-Ⅳ-TR 用**言语紊乱**（disorganized speech）来描述此类的交流障碍。让我们回到和大卫的交谈来阐述此症状。

治疗师：你为什么在医院，大卫？

大卫：我真不想在这儿。我还有其他的事情要做。时间有限，你知道的，当机遇到来的时候……

大卫其实并没有回答被问的问题。这种类型的反应被称作言不达意（tangentiality）——离开主题，而不是回答专门的问题。大卫也会突然改变交流的主题而转到不相干的领域，这种变化的行为被称作联想松散或脱轨（loose association or derailment）（Barrera，McKenna，& Berrios，2009）。

治疗师：听说你的比尔叔叔几年前去世了，我感到非常遗憾。这些天你对他有什么感受？

大卫：是的，他去世了。他病了，现在他走了。他喜欢带我去钓鱼，在河边。他还要带我去打猎。我有枪。我能射你，你将在几分钟内死去。

再一次地，大卫没有回答问题。不清楚他是不理解问题，还是不能集中注意力，或者是觉得谈到他叔叔感到很困难。因此人们只能花大量的时间去

试图分析此类谈话背后隐藏的含义。然而不幸的是，此类分析并没有提供有用的关于精神分裂症的本质或治疗方面的信息。

情感不协调和行为紊乱

精神分裂症患者时常会表现出**情感不协调**（inappropriate affect），在不适宜的时候大笑或哭泣。
490 有时候他们表现出怪异的行为，如收集没有用的东西，或在公共场合有不同寻常的举动。精神分裂症患者忙于“活动性”行为通常被认为是不正常的。例如，紧张症是部分精神分裂症患者中最为古怪的症状，它涉及运动功能失调，从躁动到不动都可能发生。在症状连续谱的活跃部分，有些患者兴奋地踱步，或以刻板的方式移动手指和上肢。而在另一极的末尾部分，患者保持着非同寻常的姿势，好像一旦移动就会有什么可怕的事情发生（**紧张性木僵**，catatonic immobility）。这一表现也可以涉及蜡样屈曲（waxy flexibility）：他们的身体和四肢保持由其他人摆弄的姿势。

再次说明，诊断精神分裂症，患者必须有两种或两种以上的阳性、阴性症状和／或紊乱症状，并持续至少 1 个月。根据症状的组合，有相同诊断的两个人其行为表现可以完全不一样——例如，一个是有明显的幻觉和妄想，而另一个表现出言语紊乱和阴性症状。有效治疗有赖于鉴别患者变化着的症状。

精神分裂症亚型

精神分裂症主要有三种亚型：偏执型（夸大妄想或被害妄想）、紊乱型（或青春型，表现为愚蠢和不成熟的情感）和紧张型（木僵和兴奋性激越，二者之一）。尽管这种分型的实用性存在一定问题，DSM- Ⅳ -TR 还是继续采用了。我们将在本章最后“谱系讨论”部分讨论，这种分型方法在 DSM-5 中可能会被摒弃（American Psychiatric Association，2010）。有关精神分裂症潜在的生物学影响（表型）显示，尚不清楚分型方法是否能做到匹配。另外，对患者的诊断会在他的病程中经常被改变，患者可能会从一种诊断转为另一种诊断（Lewis et al.，2009）。但是，由于当前的诊断系统仍依赖于此，在讨论了它们的历史价值之后，我们仍然对精神分裂症的各种亚型进行描述。

无家可归的偏执型精神分裂症患者，常常忍受着被害妄想的额外影响，而这些妄想干扰了外界帮助他们的努力。

偏执型

偏执型精神分裂症（paranoid type of schizophrenia）患者的妄想或幻觉非常突出，但他们的认知和情感相对完整。他们一般没有紊乱性言语或淡漠的情感，他们的预后比精神分裂症的其他类型要好。这种类型患者的妄想和幻觉通常有主题，例如夸大或被害。DSM- Ⅳ -TR 诊断标准包括一种或一种以上的先占性妄想或者经常性的幻听，但没有明显的言语紊乱或紧张性行为，或平淡或及不协调的情感（American Psychiatric Association，2000）。

言语紊乱 常见于精神分裂症患者的交谈风格，包括思维不连贯和思维逻辑障碍。

情感不协调 情绪表达与环境不协调。

紧张性木僵 一种运动行为障碍，患者很长时间保持不动，有时表现出笨拙的姿势。

紊乱型

与偏执型精神分裂症不同，**紊乱型精神分裂症**（disorganized type of schizophrenia）的患者会表现出言语和行为的破裂，也会表现出情感淡漠及情感不协调，例如不合时宜的傻笑（American Psychiatric Association，2000）。他们也会异乎寻常地关注自我，并花相当多的时间看镜子中的自己（Lewis et al.，2009）。如果存在妄想或幻觉，它们通常不像偏执型那样系统化、有中心主题，而是片段性的。此型以前被称为青春型。紊乱型的早期诊断是比较困难的，通常是慢性病程，与该病的其他类型相比不易缓解（症状的改善）（Lindenmayer & Khan，2006）。

紧张型

紧张型精神分裂症（catatonic type of schizophrenia）患者，除了具有保持固定姿势的特殊运动反应（因为其他人可以移动他们的肢体和身体姿势，而被称为“蜡样屈曲”），以及过度活动，有时还会展现出身体和面部的奇怪样式，包括扮鬼脸（American Psychiatric Association，2000）。他们有时重复或模仿别人说的话（模仿言语）或者模仿别人的动作（模仿动作）。有些紧张型精神分裂症患者主要的症状被贴上以下标签：“消极退缩”（不动、作态、缄默）和“自动症”（规则服从、蜡样屈曲），
491 “重复 / 模仿”（扮鬼脸、姿态保持、模仿言语），以及“激越 / 阻滞”（兴奋、冲动、攻击性）（Ungvari，Goggins，Leung，& Gerevich，2007）。

未分化型

不符合以上类型的患者属于**未分化型精神分裂症**（undifferentiated type of schizophrenia）患者，他们有精神分裂症的主要症状，但不符合偏执型、紊乱型或紧张型的诊断标准。

残留型

患者至少有过一次精神分裂症发作，但后来不再表现出精神分裂症的主要症状，这种情况被诊断为**残留型精神分裂症**（residual type of schizophrenia）。虽然他们也许没有奇异的妄想或幻觉，但他们可能表现出残留或“残余的”症状，如消极的信念，或者他们仍然具有不寻常的想法但不是充分的妄想。残留型症状包括社会退缩、想法奇异、活动减少和情感淡漠。

有几种其他障碍也有精神病性行为，如幻觉和妄想，但和精神分裂症的表现方式不同。在下一节，我们首先将它们和精神分裂症区别开来，然后详细介绍它们。

其他精神病性障碍

分裂样精神障碍

有些患者具有的精神分裂症症状仅持续几个月，他们通常可以维持正常的生活。这些症状有时经过治疗可以消失，但通常不知道原因。这种情况被归为**分裂样精神障碍**（schizophreniform disorder），但由于对它的研究相当少，所以相关方面的重要数据也很少。然而，有研究显示它的终身患病率大约是 0.2%（American Psychiatric Association，2000）。DSM- Ⅳ -TR 对分裂样精神障碍的诊断标准包括：在首次注意到常规行为改变后的 4 周内，出现精神病性的症状，在疾病发作的高峰期有混乱的表现，病前（精神病性发作之前）社会交往和职业功能良好，不存在情感迟钝或淡漠（Kendler & Walsh，2007）。

分裂情感性障碍

历史上，曾经将存在精神分裂症症状和心境障碍特征（如抑郁或双相障碍）的患者诊断为患有精神分裂症。而现在，具有如此混合问题的障碍被诊断为**分裂情感性障碍**（schizoaffective disorder）

DSM 诊断标准概要

分裂样精神障碍

A．符合精神分裂症的A，D和E项标准。

B．障碍的发作（包括前驱期、活动期和残留期）持续至少1个月，但不足6个月（如在未恢复前必须做出诊断，应注明“暂定”）。

特定情况：

不具有良好预后特征。

具有良好预后特征：具有下述情况中的至少 2 种：（1）日常行为或功能最初有可察觉的改变，即出现突出的精神病性症状在 4 周之内；（2）精神病性发作的高潮时存在错乱或混乱状态；（3）病前社会功能和职业功能良好；（4）不存在情感迟钝或淡漠。

资料来源：Reprinted with permission from *Diagnostic and Statistical Manual of Mental Disorders* (4th ed.，text revision). © 2000 American Psychiatric Association.

（Sikich，2009）。该病的预后与精神分裂症相似，患者没有自愈的倾向而且症状会持续多年。DSM-Ⅳ-TR 对分裂情感性障碍的诊断标准为：除了有一种心境障碍，还存在至少 2 周以上的不以心境症状占主导地位的妄想或幻觉（American Psychiatric Association，2000）。

妄想性障碍

妄想性障碍（delusional disorder）的主要特点是存在持久的与现实不符的信念，没有其他精神分裂症特征性症状。例如，某个女性，在没有任何证据的情况下坚信同事要害她，向她的食物里下毒，向她的公寓喷毒气，这就是妄想性障碍。此障碍以持久的妄想为特征，且妄想不是由器质性因素（如癫痫发作）或其他重性精神病引起的。妄想性障碍的患者没有情感淡漠、快感缺乏或精神分裂症的其他阴性症状。然而特别重要的是，患者会因为怀疑他人而变得与社会隔离。妄想会长期存在，有时长达数年之久（Suvisaari et al.，2009）。

492

DSM 诊断标准概要

妄想性障碍

A. 非怪异妄想（即妄想涉及在现实生活中可以出现的情况如被跟踪、被下毒、被感染、被钟情、被配偶或情人欺骗，或者患了一种疾病），持续时间至少1个月。

B. 不符合精神分裂症A项标准。

注：可有与妄想主题有关的幻触和幻嗅。

C. 除受妄想或其衍生症状影响外，功能无明显的损害，亦无明显的奇特或怪异行为。

D. 如果除了妄想还同时出现过心境发作，则心境发作的总持续期比妄想期短。

E. 障碍不是某种物质（例如，成瘾药物、处方药物）或一般躯体疾病的直接生理后果。

分型（根据突出妄想主题分型）：

钟情型：认为有人（通常是地位较高的人）钟情自己。

夸大型：夸大自己的价值、权力、知识、身份或声称与神灵或名人有特殊的关系。

嫉妒型：认为性伴侣不忠实。

被害型：认为自己（或亲人）被以某种方法迫害。

躯体型：认为自己有某种身体缺陷或一般的躯体疾病。

混合型：有一种以上的妄想，但没有一种是突出的。

未定型。

资料来源：Reprinted with permission from *Diagnostic and Statistical Manual of Mental Disorders* (4th ed.，text revision). © 2000 American Psychiatric Association.

DSM-Ⅳ-TR 将妄想分为钟情、夸大、嫉妒、被害和躯体妄想五种。钟情妄想是坚信他人（通常是社会地位较高的人）爱慕自己的非理性信念。一些喜欢攀附名人的患者表现出钟情妄想障碍。夸大妄想患者认为自己有超常的价值、权力、知识、身份，或者与神灵或名人具有特殊的关系。嫉妒妄想患者坚信自己的性伴侣是不忠实的。被害妄想患者坚信自己（或亲密的人）正在受到某种恶毒的对待。最后是躯体妄想，患者会为躯体的缺陷或内部不适而感到难受。这些妄想与精神分裂症更为荒谬的妄想是有区别的：妄想性障碍的妄想涉及将现在未发生的事件想象成正在发生中（例如，错位地认为你正被人跟踪），而在精神分裂症中想象的事件是根本不可能发生的（例如，认为你的脑电波将你的思想散播给全世界的人）。

妄想性障碍的患病率相对较低，在每 10 万普通人中只有 24～30 个人患病（Suvisaari et al.，2009）。

偏执型精神分裂症　精神分裂症类型之一，主要症状包括幻觉和妄想；言语、运动以及情感行为功能相对完好。

紊乱型精神分裂症　精神分裂症类型之一，表现为特征性的言语和行为中断、片段性的幻觉和妄想、愚蠢行为及情感淡漠。

紧张型精神分裂症　精神分裂症类型之一，表现为持续的运动障碍（肌肉僵硬、激越和奇怪的举止）。

未分化型精神分裂症　符合精神分裂症的诊断标准但是不属于已定义的任一类型。

残留型精神分裂症　至少有过一次精神分裂症发作，目前不再长期表现出主要症状，但仍有怪异的思维或社会功能退缩。

分裂样精神障碍　一种精神病性障碍，具有精神分裂症的症状，但是持续时间少于 6 个月。

分裂情感性障碍　一种精神病性障碍，同时具有精神分裂症与心境障碍的症状。

妄想性障碍　一种精神病性障碍，表现为持续性的与现实不符的歪曲信念（妄想），但是没有精神分裂症的其他症状。

在有精神病性障碍的人中，有2%～8%患有妄想性障碍（Vahia & Cohen，2009）。妄想性障碍的发病年龄相对较晚，首次收治入院的患者平均年龄为40～49岁（Vahia & Cohen，2009）。然而，由于许多妄想性障碍的患者能正常生活，因此他们直到症状很明显时才去寻求治疗。女性妄想性障碍患者似乎多于男性（男女比例分别为45%和55%）。

在一项纵向研究中，奥普约兹莫（Opjordsmoen，2009）追踪了53例妄想性障碍的患者，平均为30年，发现他们比精神分裂症患者生活得更好，但是不如一些其他精神病性障碍的患者，例如分裂情感性障碍。这53例患者中80%结过婚，一半找到了工作，这证明妄想性障碍患者尽管存在妄想症状，但是他们有较好的现实功能。

我们对影响妄想性障碍的生物因素和心理社会因素知之甚少（Vahia & Cohen，2009）。家系研究显示，具有多疑、嫉妒和隐秘行事个性的人群比一般人群更易罹患妄想性障碍，这也显示了妄想性障碍的某些方面可能具有遗传性（Kendler & Walsh，2007）。

很多其他疾病也会导致妄想，在诊断妄想性障碍之前要排除这些疾病的存在。例如，苯丙胺类药物、酒精和可卡因的滥用可导致妄想，同样，脑肿瘤、亨廷顿病和阿尔茨海默病也能引发妄想（Vahia & Cohen，2009）。

短暂精神病性障碍

回顾亚瑟的病例，他突然出现可以拯救世界饥饿儿童的妄想，而这种强烈的情绪波动仅仅持续了几天的时间。他的症状符合DSM-Ⅳ-TR关于**短暂精神病性障碍**（brief psychotic disorder）的诊断标准，即存在1种或1种以上的阳性症状，如妄想、幻觉或紊乱性言语、行为，病程在1个月以内。像亚瑟这样的患者可以恢复以往良好的社会功能。极端的应激环境经常导致短暂精神障碍的发生。

感应性精神病性障碍（二联性精神病）

对于**感应性精神病性障碍（二联性精神病）**（shared psychotic disorder，*folie à deux*）的研究较少，指个体因为与有妄想的患者关系亲密而发展出妄想。妄想的内容和性质来源于与他一起生活的患者，妄想可能很荒谬，例如认为有敌人向你房间释放有害的γ射线；妄想也可能很普通，例如尽管事实相反，却认为你将要获得重要的晋升。尽管感应性精神病性障碍曾经被认为在母女或姐妹当中相当常见，但这种情况似乎并不必然（Shimizu，Kubota，Toichi，& Baba，2007）。

分裂型人格障碍（schizotypal personality disorder），在第8章中曾经讨论过，与精神病性障碍相关。这些患者的特征与不严重的精神分裂症相似。有证据表明，精神分裂症和分裂型人格障碍可能都属于“精神分裂谱系”的一部分。

要记住，尽管相关精神病性障碍的患者表现出 493
许多精神分裂症的特征，但这些障碍明显不同。

概念自测 13.1

第一部分

判断下列描述的情节属于精神分裂症的哪一种亚型。

1. 简已经盯着镜子看了半个小时。当你接近她的时候她转过脸来咯咯地笑。当你问她为什么发笑时，她的回答让你无法理解。________
2. 两年前德鲁有过一次典型的精神分裂症发作，虽然现在不再表现出主要的症状。但是他仍然偶尔会有一些奇怪的想法以及情感淡漠。________
3. 格雷格的认知能力和情感是相对完整的，但经常有妄想和幻觉，他确信他的敌人在四处活动要加害他。________
4. 艾丽丝经常保持一个奇怪的姿势，还会做鬼脸。________
5. 卡梅隆患有某种类型的精神分裂症，表现为言语和行为的破裂和不一致，他常有不协调的情感，经常在悲伤或不安的情况下大笑。________

第二部分

指出下列精神病性障碍的类型：（a）分裂样精神障碍；（b）分裂情感性障碍；（c）妄想性障碍；（d）感应性精神病性障碍。

6. 最近道姆变得越来越孤立，原因是他坚信自己的同事正在合谋以让他被解雇。基于认为他的同事正在策划如何反对他，当他看见同事在一起交谈

并开怀大笑的时候，他就会变得怒不可遏。________

7. 娜塔丽告诉她的治疗师，她听到许多声音和她讲话，还对她下达命令。她的医生刚把她送到治疗师这里，并认为她有抑郁发作。她开始变得嗜睡，经常试图自杀。________

8. 如果肖恩的分裂样症状在4个月内消失，而且他又恢复到以前的正常生活，他的诊断是什么？________

9. 伊利亚斯坚信政府在到处抓她，认为每天有人跟踪她，窃听他的电话，偷看他的邮件。他的室友塞德里克试图证实不是这样。然而，一年后，塞德里克开始相信伊利亚斯是正确的，并且也认为政府正在四处抓他了。________

精神分裂症的患病率及病因

› 精神分裂症潜在的遗传、神经生物、发展和心理社会危险因素是什么?

为了揭示精神分裂症的病因，研究者们对不同的领域进行了研究：（1）涉及精神分裂症的可能的基因；（2）治疗该疾患有效的药物的化学作用；（3）患者大脑功能的异常（Tamminga，2009）。下面我们来探讨精神分裂症的本质，并学习研究人员是如何试图去理解并治疗精神分裂症患者的。

数据统计

世界范围内，精神分裂症的男女终身患病率大致相当，估计占总人口的 0.2%～1.5%（Mueser & Marcello，2011），这意味着精神分裂症的时点患病率为总人口的 1% 左右。精神分裂症患者的寿命比平均水平稍低，部分是精神分裂症患者的自杀率
494 和意外发生率较高所致。尽管有关精神分裂症在男女之间的分布存在一些争议，但不同性别发病年龄上的差异是明显的。就男性而言，发病的可能性随年龄增加而减少，但还是可能在 75 岁后首次发病。在 36 岁前，女性的发病率低于男性，但在晚年，女性比男性的发作风险增加（Mueser & Marcello，2011）。然而，女性患者的预后比男性要好。

发展

精神分裂症更多严重的症状在青少年后期及成年早期首次起病的患者中常见，尽管这些症状在儿童早期出现是疾病进展的标志（Murray & Bramon，2005）。在发展出精神分裂症的进程中，儿童会出现早期临床特征，例如轻微的躯体异常、运动协调性差以及轻微的认知和社交问题（Schiffman et al.，2004；Welham et al.，2008）。不幸的是，这些早期出现的问题对于精神分裂症来说还不够具有特异性——意味着这些症状也可能在其他问题中出现，例如在第 5 章谈到的广泛性发育障碍——以至于不能够肯定地说某个特别的孩子以后将患精神分裂症。

大约 85% 经历过前驱期的人最终发展出精神分裂症，前驱期指在严重症状出现之前 1～2 年，不过在这一时期，个体以不严重但不寻常的行为开始展现他们自己（Murry & Bramon，2005；Yung，Phillips，Yuen，& Mcgorry，2004）。这些行为（你可以在第 8 章的分裂型人格障碍常见症状中学到）涉及牵连观念（认为一些不重要的事情都与己直接相关）、奇怪的思维（坚信自己有特殊能力，例如洞悉感或心灵感应）以及幻觉（例如当他们独处的时候感受到他人的存在）。另外，还有一些其他常见症状，例如孤僻、显

短暂精神病性障碍　病程少于 1 个月的精神病性障碍，症状包括妄想、幻觉或紊乱性言语、行为，通常是对应激源的反应。

感应性精神病性障碍（二联性精神病）　一种精神病性障碍，个体因为与有妄想的患者关系亲密而发展出妄想。又称二联性精神病。

分裂型人格障碍　A 簇（奇怪或古怪型）人格障碍的一种，这是一种广泛的人际缺陷，表现为对亲密关系严重不适应和建立亲密关系能力的减退、认知或感知的扭曲，以及古怪的行为。

著的功能受损以及动机、兴趣、动力的缺乏（Moukas, Stathopoulou, Gourzis, Beratis, & Beratis, 2010）。

一旦精神分裂症的症状形成，在其被诊断、治疗之前会有1～2年的时间（Woods et al., 2001）。出现这段延迟的时间部分是由于这些症状隐藏在其他症状之后（有时是由于越来越偏执）。一旦得到治疗，患者的症状通常会得到改善。不幸的是，大多数患者仍然会经历复发和康复交替的模式（Harvey & Bellack, 2009）。在讨论精神分裂症病程的时候复发率是非常重要的。例如，一个经典的研究数据显示精神分裂症患者具有4种典型病程结局（Zubin, Steinhauer, & Condray, 1992）。大约有22%的患者有一次发作，且病情好转后没有遗留任何功能缺损。但是，剩下78%的患者则数次发作，并伴随有不同程度的功能缺损。对比本书谈到的其他精神障碍，精神分裂症患者的预后无疑是更差的，包括高自杀风险，尽管许多患者会有一个长期的康复状态（Jobe & Harrow, 2005）。图13-2（见书前彩插）生动地描述了精神分裂症患者的疾病转归，以说明精神分裂症复杂的发展过程。各个阶段（从出生前到死亡）列在图的顶部，各个色区代表衰退及痊愈期。

文化因素

由于精神分裂症相当复杂，所以其诊断存在很多争议。一些学者认为精神分裂症其实并不真正存在，而是对那些行为脱离文化常模的人群的一种贬损的标签（例如，参见Laing, 1967；Sarbin & Mancuso, 1980；Szasz, 1961）。这个问题把我们带回到第1章中关于什么是异常的讨论。虽然这种认为精神分裂症仅存在于精神卫生工作者想象中的观点具有一定的煽动性，但这种极端的观点被实践否定了。我们与相当多的患者以及他们的家人、朋友接触过，精神分裂症所带给他们的巨大情感痛苦，明确地表明该疾病的存在。另外，许多不同文化背景的患者都具有精神分裂症症状，这也支持了精神分裂症在世界范围内是存在的。因此精神分裂症是全球性的疾病，影响到至今所研究的所有种族和文化背景的群体。

495 不过，精神分裂症的病程和预后是有文化差异的。例如，在非洲、拉丁美洲以及亚洲，存在明显的与政治、社会和经济问题相关的应激源，导致这些国家的精神分裂症患者预后不良（Burns, 2009）。预后的不同也可能是因为文化差异，或者是因为生物因素的影响，如免疫功能，但是我们还不能确切解释这种预后上存在的差异。

在美国，与白人相比，有更多的非洲裔美国人被诊断为患有精神分裂症（Schwartz & Feisthamel, 2009）。英国和美国的研究都表明，来自被歧视种族的少数群体（非洲－加勒比裔英国人，以及非洲裔美国人和波多黎各人）更有可能是偏见和刻板观念的受害者（Jones, & Grary, 1986；Lewis, Croft-Jeffreys, & Anthony, 1990）。换句话说，他们比那些国家的主流人群更容易被诊断为患有精神分裂症。伦敦一项针对不同族群精神分裂症患者的前瞻性研究发现，虽然不同族群的患者预后相似，但黑人更加容易被强行扣留，被警察带到医院，予以急诊注射（Goater et al., 1999）。因此，精神分裂症患病率的差异可能是误诊的结果，而不是任何的真正意义上的文化差异。不过，另外一种导致不平衡的因素可能是应激水平不同，例如病耻感与隔离状态（Pinto, Ashworth, & Jones, 2008）。某些种族特有的遗传变异可能会促进精神分裂症的发病（Glatt, Tampilic, Christie, DeYoung, & Freimer, 2004）。我们将在下面对此进行详细探讨。

遗传影响

我们可以说，在异常心理学中没有任何一个领域能像精神分裂症这样，把遗传因素对行为复杂而神秘的影响阐明得如此清晰（Braff, Schork, & Gottesman, 2007）。尽管精神分裂症有可能是几种不同的疾病，但我们能肯定地说：基因是一些个体易患精神分裂症的原因。我们将介绍一系列家系、双生子、寄养子、双生子的后代以及连锁和关联研究中的发现。通过对受人瞩目的成因的探讨，我们可以得出结论：精神分裂症不是单基因导致的疾病，而是多个基因联合作用导致了疾病的易感性（Purcell et al., 2009；Wray & Visscher, 2010）。

家系研究

1938年，弗朗茨·卡尔曼（Franz Kallmann）发表了一篇关于精神分裂症患者的重要家系研究（Kallmann, 1938）。在柏林的一家精神病医院，卡尔曼调查了 1 000 多个被确诊为精神分裂症的患者的家庭成员。卡尔曼发现父母患病的严重程度影响子女患病的可能性：父母的病情越严重，子女就越可能患病。另一项重要的发现是：在家系中，精神分裂症的所有类型（如紧张型、偏执型）都可能出现。换句话说，一个人并不是遗传了父母所患类型的易感性，如偏执型精神分裂症，而是可能遗传了对精神分裂症的普遍易感性，然后表现为与父母相同的类型或不同的类型。一项更新的研究支持上述观察结果，并指出如果家族中有精神分裂症患者，其他成员不仅仅会有患精神分裂症或所有心理障碍的危险性，而且表现出患与精神分裂症相关的所有心理障碍的家系危险性。换句话说，与精神分裂症相关的精神病性谱系障碍具有家族性风险。

在一个经典的分析中，戈特斯曼（Gottesman，1991）总结了 40 项关于精神分裂症研究的数据，如图 13-3 所示。该图最醒目的特征是它按照个体与精神分裂症患者共有的基因数目，有规律地排列了

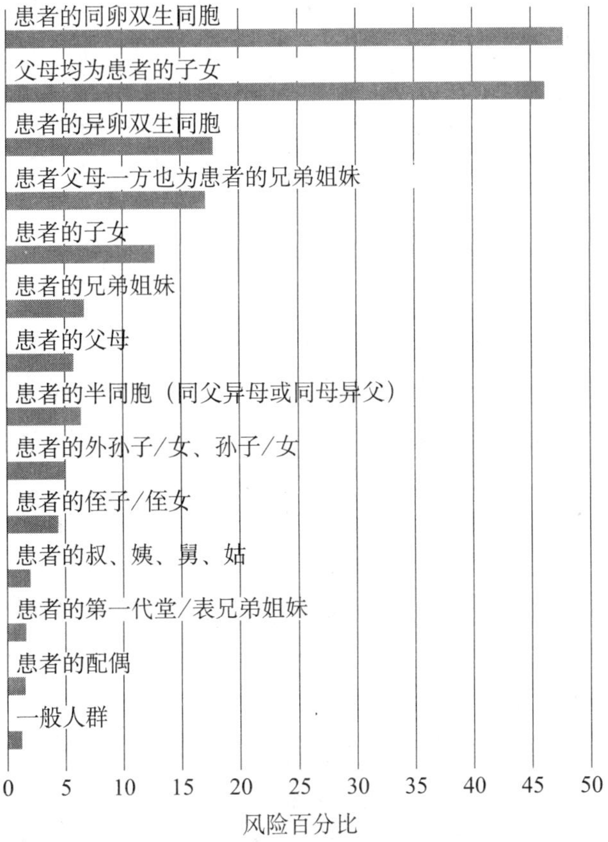

图 13-3 发展出精神分裂症的风险

资料来源：Based on Gottesman，I. I.，1991，Schizophrenia genesis: *The origins of madness*. New York，NY: W. H. Freeman.

不同个体患精神分裂症的危险度。例如，同卵双生子具有100%相同的遗传信息，如果其中一人患有精神分裂症，另一个人患病的危险性最大（大约48%）。如果是异卵双生子，由于具有50%的相同 496
遗传信息，另一个人患病的危险性将降至17%。如果你和精神分裂症患者有亲缘关系，那么你将比没有这种关系的一般人群（大约1%）有更高的患病可能性。因为家系研究不能将遗传的影响从环境影响中分离出来，所以我们采用双生子和寄养子研究来帮助我们评估相同的经历在精神分裂症发病中的作用。

双生子研究

如果在一起抚养，那么同卵双生子将有 100% 相同的基因和 100% 相同的环境，而异卵双生子有 50% 相同的基因和 100% 相同的环境。如果环境是导致精神分裂症的单一因素，那么我们将会发现同卵双生子和异卵双生子在患病方面不会有什么差别。如果仅与遗传相关，那么同卵双生子肯定都会患病（完全一致），异卵双生子将有 50% 的概率均患病。双生子研究表明患病率介于两者之间（Braff et al.，2007）。

在一项引人注目的“自然实验”中，一组同卵四胞胎都患有精神分裂症，她们受到广泛关注。四胞胎的昵称为“Genain”（来自希腊语，意为“可怕的基因”）。美国国家精神卫生研究所的大卫·罗森塔尔（David Rosenthal）和他的同事对她们进行了好几年的随访研究（Rosenthal，1963）。她们在研究生活中的虚拟名称——Nora，Iris，Myra 和 Hester——代表美国国家精神卫生研究所的简写 NIMH。从某种意义上来说，她们表现了遗传和环境因素的综合作用。四胞胎具有相同的遗传易感性，并且在相同的家庭环境中长大，然而她们精神分裂症的发病时间、症状、诊断、病程和最终的预后等均有显著的不同。

Genain 四胞胎的案例为研究遗传对行为的影响揭示了一个重要的因素——非共享环境（Plomin，1990）。我们倾向于认为同胞，尤其是同卵的同胞是在相同条件下成长的。给我们的印象是“好”父母会给孩子好的环境，“坏”父母会给孩子不稳定的体验。然而，即使是同卵的同胞也会有不同的出生前及家庭成长经历，也可能遭遇不同的生物学和环境应激。例如，Hester，Genain 四胞胎姐妹之一，据她的父母讲她有手淫习惯，在成长过程中与她的姐

妹相比有更多的社会问题。她 18 岁时第一个表现出精神分裂症的严重症状，而她的姐姐 Myra 直到 6 年后才因为出现症状而住院。这种不同寻常的病例表明，即使在生活上各方面都很接近的同胞之间，在他们成长过程中，身体的和社会的经历也会有很大的不同，而且这些差异可能导致非常不同的结果。在这四胞胎 66 岁的时候，对她们的生活随访研究结果显示她们的病情稳定，并在某种程度上获得了改善（Mirsky et al.，2000）。

Dr. Allan F. Mirsky/National Institute of Mental Health

Genain 四胞胎都有精神分裂症，但是多年以来，症状各不相同。

寄养子研究

一些寄养子研究已经区分了环境因素和遗传因素对精神分裂症的影响作用。规模最大的寄养子研究是在芬兰进行的（Tienari，1991）。从 20 000 个左右患有精神分裂症的妇女样本中，研究者找到了 190 个成长在寄养环境中的孩子。研究数据支持精神分裂症代表了相关障碍的一个谱系，所有这些障碍在遗传学上均有重叠。如果一个被寄养的孩子，其亲生母亲是精神分裂症患者，那么他患精神分裂症的概率为 5%（一般人的患病概率是 1%）。然而，如果其亲生母亲患有精神分裂症或相关的精神病性障碍之一（如妄想性障碍、分裂样障碍），被寄养的孩子患这些障碍之一的危险性就上升到了 22%（Tienari et al.，2003；Tienari，Wahlberg，& Wynne，2006）。即使不是由亲生父母养大，精神分裂症患者的子女也会有较高的患病概率。同时，成长于健康的支持性家庭被视为保护性因素。换句话说，这个研究
497 展示了基因与环境的相互影响，一个良好的家庭成长环境能减少精神分裂症的发病风险（Gilmore，2010；Wynne et al.，2006）。

双生子后代研究

双生子和寄养子的研究很大程度上都证实了遗传对精神分裂症的影响，但是在父母未患病的情况下子女患精神分裂症，这是为什么呢？例如，我们刚讨论过的蒂尔纳利及其同事（Tienari et al.，2003，2006）的研究发现，有 1.7% 的子女在父母没有精神分裂症的情况下患病。这是否意味着没有"精神分裂症基因"也会患病？或者，一些人群是携带者，带有精神分裂症的基因，但由于某些原因自己并没有表现出障碍？关于这个问题的一个重要线索来自对精神分裂症的双生子的后代的研究。

在一项 1971 年由玛吉特·费舍尔（Margit Fischer）开始，后来被尔文·戈茨曼（Irving Gottesman）和阿卡塞尔·伯特尔森（Aksel Bertelsen）继续的研究中，具有精神分裂症病史的 21 对同卵双生子和 41 对异卵双生子以及他们的子女被确认出来（Fischer，1971；Gottesman & Bertelsen，1989）。研究者试图证实患病的相对可能性，即父亲或母亲患病时，子女患病的相对可能性，以及如果父亲或母亲的双生子同胞患病而父亲或母亲并未患病时子女患病的可能性。图 13-4 说明了这项研究的发现。例如，如果一个人的父亲或母亲是同卵双生子之一，并患病，那么他将有约 17% 的患病可能性；如果他的父亲或母亲未发病，但父亲或母亲的同卵双生子同胞患病，那么他将有相似的患病可能性。

与此同时，看一下异卵双生子子女的患病可能性。如果一个人的父亲或母亲是双生子之一且患病，那么他具有约 17% 的患病可能性。然而，如果一个人的父亲或母亲未发病，但他的父亲或母亲的异卵双生子同胞患病，那么他患病的可能性仅有约 2%。解释这一现象的唯一途径就是遗传学。数据清楚地表明，一个人可以带有易患精神分裂症的基因，而自己本身并不发病，但仍然可将基因传给其子女。换句话说，他可能是精神分裂症的"携带者"。这是一些人具有精神分裂症易感性的有力证据。但是记住，遗传的机会只有 17%，这意味着还有其他因素决定谁会患病。

基因连锁和关联研究

基因连锁和关联研究依赖于某些特质比如血型（所在染色体的定位已经明确），它们与你所研究的疾病——如这里的精神分裂症——在家系中是相伴随的。因为我们知道这些特质基因的定位（称作标

记基因），我们就能够大体估计伴随特质基因遗传的疾病基因的定位。迄今为止，研究者已经发现好几处可能与精神分裂症有关的基因定位。例如，1，2，3，5，6，8，10，11，13，20，以及 22 号染色体已被证实与精神分裂症相关（Kirov & Owen，2009）。

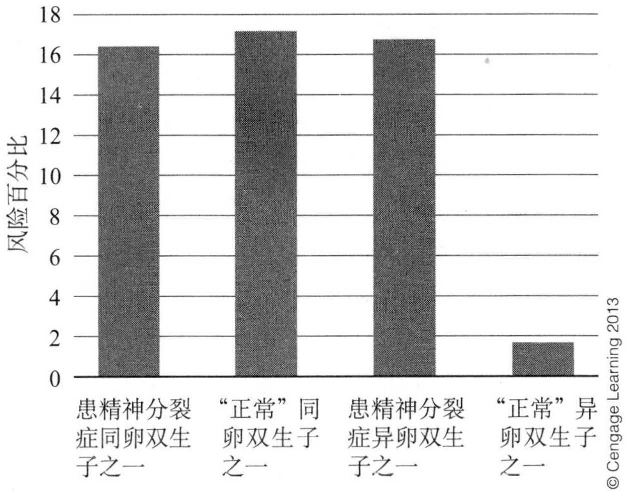

图 13–4　双生子的子女中患精神分裂症的风险

内表型。精神分裂症的基因研究正在不断发展，这些复杂的研究所发现的信息正在与关于精神分裂症患者特殊缺陷的最新发现相结合。请记住，在诸如精神分裂症这样的复杂性疾病研究中，研究人员现在不再寻找某个“精神分裂症基因”或基因群。取而代之的是一个叫作内表型法的策略：研究人员试图发现导致精神分裂症异常行为或症状群的基本过程，从而发现特定的相关基因或基因群（Braff et al.，2007）。

精神分裂症的一些潜在候选内表型已被研究多年。其中一种被高度关注的研究方式被称作平稳追随眼动或眼追踪。即保持头部不动，用眼追踪一个来回移动的摆锤。许多精神分裂症患者缺乏这种在视野范围内平稳追踪物体的能力（Clementz & Sweeney，1990；Holzman & Levy，1977；Iacono，Bassett，& Jones，1988），而且与药物或住院治疗无关（Lieberman et al.，1993）。患者的亲属似乎也存在这一缺陷（Lenzenweger，McLachlan，& Rubin，2007a）。图 13–5 表明，观察到异常眼追踪能力的可能性越小，被遗传精神分裂症的可能性越小。结合所有的观察结果，研究者们得出结论，眼追踪能力的缺陷可能是一种可被进一步研究的精神分裂症内表型。

其他的一些研究着眼于精神分裂症患者特征性的社会、认知及情绪缺陷。例如，某个研究关注精神分裂症患者家庭的后代（Gur et al.，2007）。研 498
究者使用多种方法来测试他们病前的认知缺陷——如情绪识别，结果显示这些问题跟精神分裂症具有同样的遗传方式（推测这些情绪缺陷症状是精神分裂症的内表型）。基因研究——在这个例子中是一个大型家系研究——联合神经认知评估可能会让我们更加接近理解精神分裂症的遗传方式（Braff et al.，2007）。

神经生物学影响

多巴胺

精神分裂症的病因理论中，最持久却仍具争议的理论之一涉及神经递质多巴胺（Howes & Kapur，2009）。但是，在探讨这类研究之前，让我们简单回顾一下神经递质在大脑内是如何起作用的以及它们是如何受神经阻滞剂影响的，这类药物能治疗幻觉与妄想症状。在第 2 章我们讨论了特定的神经元对特定的神经递质的敏感性，并描述了神经递质是如何在脑内集聚的。图 13–6 的上半部显示的是两个神

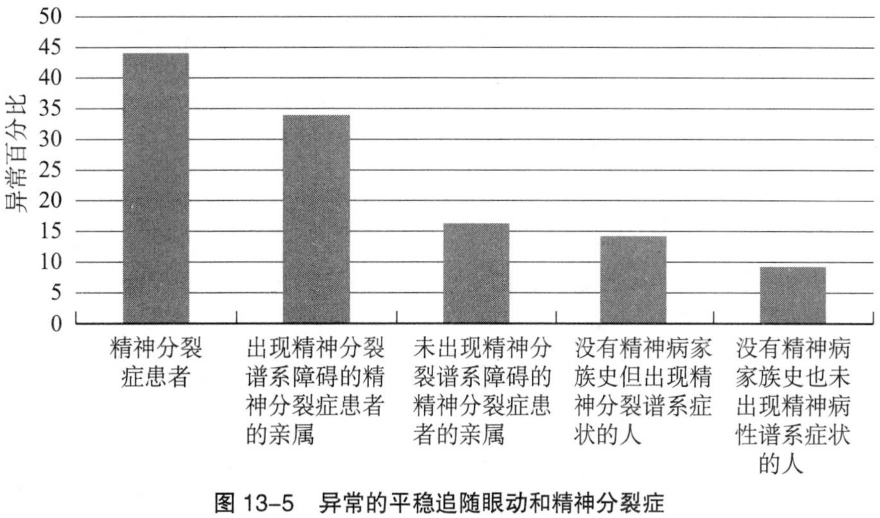

图 13–5　异常的平稳追随眼动和精神分裂症

资料来源：Adapted，with permission，from Thaker，G. K.，& Avila，M.，2003. Schizophrenia，V: Risk markers. *American Journal of Psychiatry*，*160*，1578，© 2003 American Psychiatric Association.

经元，以及神经元之间的突触间隙。轴突末端的囊泡（突触小泡）释放神经递质，神经递质通过突触间隙，在下个神经元的树突与受体结合。化学“信息”就是这样在大脑神经元之间传递的。

这个过程会受到一些途径的影响，图 13-6 的剩余部分做了一些说明。化学信息可以因为激动因子的作用而增强，也可以因为拮抗因子的作用而减弱。拮抗作用会通过阻止神经递质的释放、在树突上阻断接收，或通过渗漏以减少神经递质的释放量等方式来减慢或停止信息的传递。与此同时，激动作用协助化学信息的转移，极端情况下，增加神经递质的释放、激活更多的树突受体，导致神经递质作用过强。

我们所知的抗精神病药的作用机理的依据是精神分裂症患者的多巴胺系统过度活跃。图 13-6 的简图没有显示实际上存在着的不同受体位点，也没有显示像多巴胺这样的化学物质由于影响的位点不同而产生不同的后果。关于精神分裂症，人们关注几个多巴胺位点，尤其是 D_1 和 D_2。

多巴胺在精神分裂症中的作用，就像故事里的玄妙情节，是由一些“间接证据”支持的。

1. 治疗精神分裂症患者有效的抗精神病药（神经阻滞剂）是多巴胺拮抗剂，它部分阻断了大脑中多巴胺的作用（Creese，Burt，& Snyder，1976；Seeman，Lee，Chau Wong，& Wong，1976）。
2. 这些药物的不良反应类似帕金森病的症状，而帕金森病是多巴胺不足所致。
3. 左旋多巴，一种多巴胺的激动剂，常用于治疗帕金森病。它会导致部分帕金森病患者产生类似精神分裂症的症状（Davidson et al.，1987）。
4. 苯丙胺类药物，也可以激活多巴胺，能够使一些精神分裂症患者的精神病性症状加重（Van Kammen，Docherty，& Bunney，1982）。

换句话说，当药物导致多巴胺增加（激动剂）时，精神分裂症行为就会增多；当药物减少多巴胺的活性（拮抗剂）时，精神分裂症症状就会减轻。

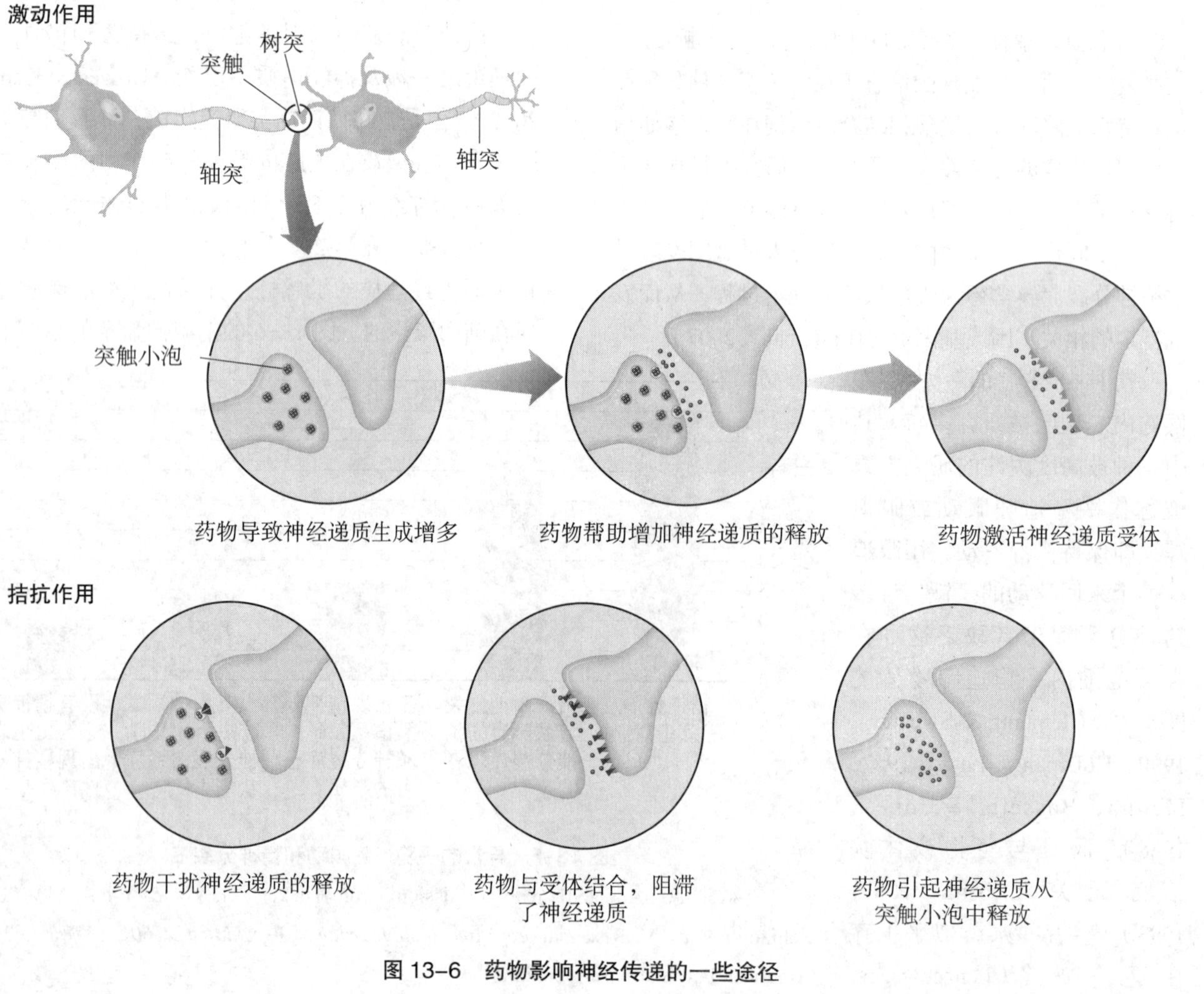

图 13-6　药物影响神经传递的一些途径

综合以上的观点，研究者得出一些精神分裂症患者的患病是多巴胺活性过高所致。

除了这些发现，有一些证据质疑多巴胺理论（Javitt & Laruelle，2006）：

1. 相当一部分的精神分裂症患者使用多巴胺拮抗剂治疗无效。
2. 尽管神经阻滞剂阻断多巴胺受体非常迅速，但相应症状需几天或几周以后才有改善，比研究者预期得要慢。
499 3. 这些药物对减轻精神分裂症的阴性症状（例如，情感淡漠、快感缺乏）仅部分有效。

除此之外，还有一些与现行精神分裂症理论矛盾的证据。一种叫作奥氮平的药物（与其相似的有一系列的药物）对许多传统神经阻滞剂无反应的患者治疗有效（Kane，Stroup，& Marder，2009）。这是个好消息，但对多巴胺理论是个坏消息。奥氮平以及一系列的新型药物，是一种多巴胺的弱拮抗剂，比其他药物阻断多巴胺受体的作用要弱（Javvit & Laruelle，2006）。假如精神分裂症是多巴胺的过度激活引起的，那么为什么一种对于阻断多巴胺效果不大的药物却对治疗精神分裂症有效呢？

答案也许是，虽然多巴胺和精神分裂症症状有关，但相互关系比我们想象的要复杂（Howes & Kapur，2009）。根据高度先进的研究技术不断得出的证据，目前认为，精神分裂症患者的脑中至少同时存在三种特异性的神经化学异常。

现在我们有足够的证据认为精神分裂症部分是纹状体多巴胺 D_2 受体过度激活所致（Javvit & Laruelle，2006）。纹状体是大脑深处基底节的一个部分。这些细胞控制运动、平衡和行走，它们依赖多巴胺起作用。我们如何得知 D_2 受体的过度激活与精神分裂症有关？证据之一是大多数有效的抗精神病药物都有拮抗多巴胺 D_2 受体的作用，也就是说，它们帮助阻断 D_2 受体的活性（Ginovart & Kapur，2010）。使用脑成像技术，如 SPECT，科学家们可以看到精神分裂症患者活体状态下的大脑，还可以观察更新的“第二代”抗精神病药物如何作用于这些特异性多巴胺位点。

研究精神分裂症病因的科学家们感兴趣的另一个领域是患者的前额叶 D_1 受体激活存在缺陷（Howes & Kapur，2009）。因此，虽然有些多巴胺
500 位点可能存在过度活跃（例如，纹状体的 D_2 受体），但是脑内的另一种多巴胺位点，位于负责思考和推理的脑区（前额叶的 D_1 受体），却表现出活性降低。这可以解释精神分裂症常见的其他症状。正如我们在本章后面的内容中将要看到的，精神分裂症患者大脑的前额叶有一定的缺陷，表现为该脑区的活性低下。

最后，第三个科学家感兴趣的神经化学研究领域是前额皮层谷氨酸盐活性异常（Javvit & Laruelle，2006）。谷氨酸盐是一种兴奋性神经递质，存在于整个大脑区域，直到现在才受到关注。和我们看到的多巴胺一样（如 D_1 和 D_2 受体），谷氨酸盐也有不同的受体，精神分裂症的研究中涉及的是 N- 甲基右旋天冬氨酸（NMDA）受体。正如研究者们因为观察到多巴胺特异性药物对行为的影响而研究多巴胺那样，作用于 NMDA 受体的特异性药物也为精神分裂症的研究提供了线索。第 11 章提到的两种致幻剂——苯环己哌啶（PCP）和氯胺酮能够使非精神分裂症患者表现出精神病样行为，并能加重精神分裂症患者的精神病性症状。PCP 和氯胺酮都是 NMDA 的阻滞剂，也就是说精神分裂症的某些症状可能是谷氨酸盐的缺乏或 NMDA 受体的阻滞所致（Goff & Coyle，2001）。

可以看到这两种神经递质以及它们相互间关系非常复杂，有待进一步研究。但是，随着技术的进步，我们正在接近这个神秘疾病背后的线索，并掌握更好的治疗方法。

脑的结构

一些观察研究显示，精神分裂症患者存在神经损伤。父母患有此病的孩子，有患病的危险性，表现为轻微的但可观察到的神经系统问题，如反射的异常和注意力不集中（Wan，Abel，& Green，2008）。这些问题是持久存在的：患有精神分裂症的成年人表现为完成一定任务的能力不足，以及反应时练习中存在缺陷（Cleghorn & Albert，1990）。尽管不存在能解释整个症状的确切定位，但这些发现表明大脑损伤或功能失调可能导致了或伴随着精神分裂症（Belger & Dichter，2006）。

关于精神分裂症患者大脑的一项最可靠的发现之一涉及脑室的大小（图 13-7，见书前彩插）。早在 1927 年，对一些精神分裂症患者的脑检查显示这些充满了液体的腔室扩大了（Jacobi & Winkler，

1927）。之后更多被用于观察人的大脑的先进技术发展起来，近50项与脑室的大小有关的研究均发
501 现，精神分裂症患者侧脑室异常增大（Shenton & Kubicki，2009）。脑室大小本身也许不是什么问题，但脑室的扩张（增大）意味着邻近的脑组织要么没有发育完全，要么已经萎缩。

并非每个精神分裂症患者都有脑室增大现象。有些因素似乎与这个发现有关。例如，脑室扩大在男性中比女性更多见（Goldstein & Lewine，2000）。同样，脑室的扩大似乎与患者的年龄和患精神分裂症的时间是成比例的。一项研究发现，在胎儿期曾遭受流感病毒侵袭的精神分裂症患者更容易出现脑室的增大（Takei，Lewis，Jones，Harvey，& Murray，1996）。有关脑室的大小，研究者们观察了遗传的可能性（Staal et al.，2000）。应用脑成像技术——磁共振成像（MRI），研究者对精神分裂症患者、患者的未患病的同性别同胞以及正常志愿者的脑结构进行了比较。与志愿者相比，患者和他们的未患病的同胞的第三脑室均有扩大。这表明脑室的扩大可能与精神分裂症的易感性有关。

我们在关于遗传的内容中提过非共享环境的概念（Jang，2005；Plomin，1990）。虽然同卵双生子的遗传信息是一致的，但他们经历的环境，甚至包括他们出生前的环境，却存在一些差异。例如，在子宫里，双生子存在营养竞争，他们不太可能分到相等的养分。另外，出生时的并发症，例如缺氧可能仅影响双生子中的一个（Jang，2005）。双生子之一患病常与产科并发症相关，而双生子均患病提示更严重的产科并发症（McNeil，1987）。对于已经具有患病倾向的双生子，不同的生活经历会损伤大脑，并导致产生不同种类的精神分裂症症状群。

大脑的前额叶也是学者们所关注的与精神分裂症有关的脑结构（Shenton & Kubicki，2009）。正如我们在关于神经递质的内容中提到的，精神分裂症患者这个区域的活性比正常人低。这种现象有时被称为额叶功能低下（hypofrontality，"hypo" 是指活性低或缺陷）。美国国家精神卫生研究所的温伯格和其他的科学家们对这种现象的进一步研究指出，大脑前额叶的一个特殊部位，即前额叶皮层的背外侧部（DLPFC）的活性缺陷可能与精神分裂症有关（Berman & Weinberger，1990；Weinberger，Berman，& Chase，1988）。当患者和正常被试接受涉及DLPFC区域功能的任务时，精神分裂症患者脑部活性较低（通过脑血流量评估）。接下来的研究显示某些患者表现出额叶功能亢进（hyperfrontality，即活性过高），这说明功能失调是肯定的，但不同患者额叶功能亢进的情况不同（Callicott et al.，2003；Garrity et al.，2007）。

有观察发现大脑有多个区域与精神分裂症患者的认知功能失调有关，特别是前额叶皮层、各种其他相关皮层区，以及皮层下环路包括背侧丘脑区和丘脑层区（Shenton & Kubicki，2009）。值得强调的是，这些功能失调似乎发生在精神分裂症症状出现之前。换句话说，脑损伤是累积性发展的，在精神分裂症症状出现前就存在了，也许在患者出生以前就存在了。

产前及围产期的影响

有证据显示，精神分裂症的发生与产前（出生以前）及围产期（出生前后）环境相关（van Os & Allardyce，2009）。胎儿如经历暴露于病毒感染、妊娠及分娩并发症等情况，似乎会对其是否患精神分裂症产生影响。

多项研究表明，精神分裂症可能与胎儿期暴露于流感有关。例如，萨诺夫·麦迪尼克（Sarnoff Medinick）和他的同事们在芬兰的赫尔辛基一次严重的A2型流感爆发后，跟踪研究了大批人群，发现那些在妊娠的第二个3个月里暴露于流感的母亲的后代，比其他人更容易得精神分裂症（Cannon，Barr，& Mednick，1991）。这个发现被一些研究者证实（例如，参见O'Callaghan，Sham，Takei，Glover，& Murray，1991；Venables，1996），但也受到其他一些研究者质疑（Buchanan & Carpenter，2005）。这些情况说明病毒性疾病会导致胎儿的脑损伤，继而引起精神分裂症的症状，同时也有助于解释一些精神分裂症患者的行为方式（van Os & Allardyce，2009）。

从表面上看，妊娠并发症（例如，失血）、分娩并发症（例如，窒息或缺氧）以及它们与后来发生的精神分裂症之间的关系表明，这种类型的环境应激可能会触发疾病的表达（Byren，Agerbo，Bennedsen，Eaton，& Mortensen，2007）。但是，还有一种可能就是带有这种易感精神分裂症基因的

胎儿本身导致了生产并发症（van Os & Allardyce，2009）。

长期或早期使用大麻也是精神分裂症发病的潜在影响因素（Mueser & Marcello，2011）。有证据显示大剂量使用大麻会增加精神分裂症的患病风险（Henquet et al.，2005），并且精神分裂症患者相比非精神分裂症患者更容易共患大麻滥用（Arseneault，Cannon，Witton，& Murray，2004；Corcoran et al.，2008）。然而，这两者之间的关系还不是十分清楚，
502 还有一些关于是否还有其他因素对这一关系产生影响的发现是相互矛盾的（Foti，Kotov，Guey，& Bromet，2010；Sevy et al.，2010）。

心理和社会影响

同卵双生子中可以有一个发病而另一个不发病，这种情况表明精神分裂症还和基因以外的一些因素有关。我们知道，妊娠第二个 3 个月的病毒感染或产科并发症可能导致早期的大脑损伤，大脑损伤又可能引起躯体应激，继而导致精神分裂症。所有的研究都清楚地表明精神分裂症绝对不是一些简单因素所致。例如，不是所有的精神分裂症患者都有脑室的扩大，也不是所有患者都有额前区功能缺陷或多巴胺系统的亢进。心理和社会因素的加入使发病原因进一步错综复杂。我们下面来看一看有关心理社会因素的研究。情绪应激源或者家庭的互动模式会引发精神分裂症的症状吗？如果是，这些因素又是如何导致患者缓解一段时间后又复发的？

应激

研究多大强度的应激、何种应激会使对精神分裂症易感的患者发病非常重要。回顾一下这一章开始时我们提到的两个病例。你注意到存在什么激发事件了吗？亚瑟的父亲在前几年去世，以及亚瑟在被解雇时首次出现症状。大卫在叔叔去世的同一年，行为举止开始出现异常。这些应激事件仅仅是巧合还是它们导致了后来的发病？

研究者们已经研究了各种应激源对精神分裂症的影响。例如，多伦温德和艾格里（Dohrenwend & Egri，1981）在观察了在战争中参加作战的各种健康人群后发现，他们经常会表现出类似精神分裂症的短暂性症状。在一项早期研究中，布朗和伯利（Brown & Birley，1968；Birley & Brown，1970）发现，一些发病在一周内的患者，在出现症状之前三周内经历了相当多的应激性生活事件。在由世界卫生组织资助的一项大规模研究中，研究者们也研究了生活事件在精神分裂症发病中的作用（Day et al.，1987）。这项涉及 8 个不同国家研究中心的研究，支持了布朗和伯利的研究结果。

然而这类回顾性研究存在一些问题。每项研究都依赖事后的报告，即患者表现出精神分裂症症状之后再收集资料。我们常常怀疑这种报告会在某种程度上出现偏倚，并因此产生误导。在经历相同的生活事件时，个体之间有巨大的差异性，另外精神分裂症患者与非精神分裂症患者经历的事件是不同的（Phillips，Francey，Edwards，& McMurray，2007）。

精神分裂症的症状会由于生活应激的影响而加重吗？精神分裂症易感 - 应激模型得出了肯定的结论，而且这对于预测精神分裂症的发生也有一定帮助。1994 年加州北岭发生地震，一个研究评估了精神分裂症、双相障碍及健康对照组在此自然灾害的情况下的反应（Horan et al.，2007）。与健康对照组相比，患病组表现出更多的应激相关症状；然而，对比其他两组，灾后精神分裂症患者组表现出低自尊水平及高应对回避（面对困难时不考虑解决办法或直接放弃）。研究人员对社会文化应激的研究，例如贫穷、无家可归及移民至一个新的国家（van Os & Allardyce，2009），扩展了精神分裂症患者的心理社会应激类型。在这个领域重要的相关研究已经开始分离基因 - 环境的相互作用。例如，现在的一些研究表明，特定的基因变异可以预测什么样的精神分裂症患者在不断增加的应激面前表现消极（如复发）（Myin-Germeys & van Os，2008）。这些类型的研究指出什么样的应激能够影响精神分裂症患者，并能对有效的治疗方案给出建议（Phillips et al.，2007）。

家庭和复发

相当多的工作研究了家庭和精神分裂症患者之间是如何相互影响的。例如，有一段时间用术语**精神分裂症源性母亲**（schizophrenogenic mother）来形容冷酷、专断、固执的母亲，认为是这种性格导致了她的孩子患病（Fromm-Reichmann，1948）。另

外，术语**双重困境交流**（double bind communication）被用于描述一种传递冲突性信息而引发精神分裂症的交流模式（Bateson，1959）。这种模式下，父母传达两种矛盾的信息。例如，母亲与孩子拥抱时反应冷淡，当孩子退缩时却又说："你不再爱我了吗？"虽然这些理论不再受到研究的支持，但已经产生了（并在一些病例中继续具有）毁坏性。它们会使父母们产生罪恶感，认为是他们先前的失误导致了破坏性的后果。

最近的研究工作更加聚焦于家庭内部的互动如何影响精神分裂症的复发，而不是如何影响精神分裂症的发生。你会看到这些研究类似于只是讨论在一般应激下易感的工作。研究集中于一种被称作**情感表达**（expressed emotion，EE）的特殊情感交流模式。这个概念是由伦敦的乔治·布朗（George W. Brown）和他的同事提出的。他们随访了一批出现
503 精神分裂症症状并已经出院的患者，研究者发现，和亲友接触较少的患者比那些长期与家人在一起的患者恢复得更好（Brown，1959）。另外的研究结果也表明，如果家庭表达的批评（不赞同）、敌对（怀有敌意）和情感过分卷入（侵入性）的水平过高，患者会倾向于复发（Brown，Monck，Carstairs，& Wing，1962）。

以往其他的研究者发现，家庭中过高的情感表达是预测慢性精神分裂症患者复发的一个很有价值的指标（Kymalainen & Weisman de Mamani，2008）。一个生活在高情感表达家庭中的精神分裂症患者，比生活在低情感表达家庭中的患者的复发率高 3.7 倍（Kavanagh，1992；Parker & Hadzi-Pavlovic，1990）。下面是一些表明精神分裂症患者的家庭可能有高情感表达的例子（Hooley，1985）。

高情感表达：

- 我总是说："你为什么不读读书，做做填字游戏或其他类似的事情，这样可以让你不再胡思乱想。"这样说只会导致更多的麻烦。
- 我试图使他摆脱疾病，让他做些事情。也许我做得过头了，我也不知道。

低情感表达：

- 我知道对她来说顺其自然比较好，她可以离开我去做她自己的事情。
- 她做什么我都满意。
- 我仅仅是顺其自然，因为我知道她要说的时候自然会说。

这种风格显示高情感表达的家庭把精神分裂症的症状看作是可自控的，当家庭成员认为患者自己不想帮助自己时他们会表现出敌意（Hooley & Campbell，2002；McNab，Haslam，& Burnett，2007）。对家庭影响的研究引出了一个很有意义的话题：我们所看到的家庭影响是我们的文化特有的，还是全世界普遍具有的？不同文化背景下有关情感表达的研究也许能帮助我们了解它是不是精神分裂症发病的一个原因（Kymalainen & Weisman de Mamani，2008）。精神分裂症的患病率在全球范围内相似，占总人口的 1%。如果家庭中高情感表达是一个病因的话，我们应该在不同文化的家庭中看到相同的概率。然而事实上，正如你在图 13-8 中看到的，它们是不一样的。这些数据来自印度、墨西哥、英国和美国的几个关于情感表达概念的分析研究（Jenkins & Karno，1992）。这些差异表明家庭对精神分裂症患者情感反应的影响具有文化差异，且他们的反应不会导致疾病的发生（Weisman de Mamani，Kymalainen，Rosales，& Armesto，2007）。但是，批评和敌对的环境明显会对患者产生额外的应激，继而导致更多的复发。

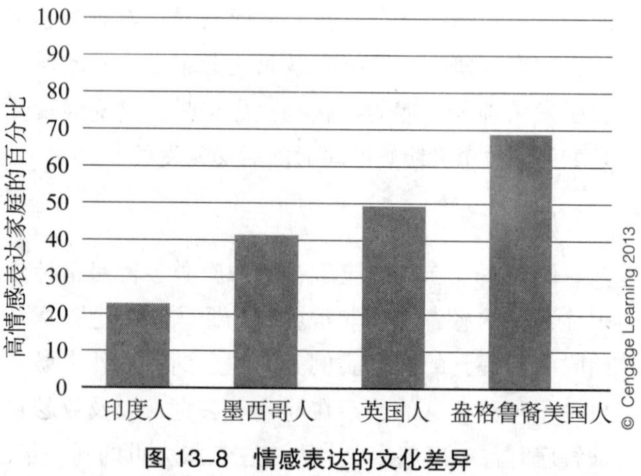

图 13-8 情感表达的文化差异

概念自测 13.2

在下面的空格上填写正确的内容，以测验你对家系、双生子、寄养子遗传易感性研究的理解。候选项：（a）高；（b）低；（c）相等；（d）严重性；

（e）类型；（f）同卵双生子之一；（g）特异性；（h）异卵双生子之一；（i）一般的。

1. 精神分裂症患病危险性最高的是家庭成员中有个________或________患有精神分裂症。有亲属患精神分裂症将使这些个体比一般人群患病的可能性________。
2. 父母患有精神分裂症，即使在养父母身边长大，其患病的可能性仍然较________。即使患者的孩子被寄养在未患病的家庭，孩子患病的可能性仍然比平均可能性________。
3. 子女患精神分裂症的可能性受到父母患病________的影响。子女可以从父母那里遗传________精神分裂症易感性，但与父母的病情不一定相同。

精神分裂症的治疗

504

- 精神分裂症的治疗目标是什么？
- 精神分裂症有哪些生物和心理社会治疗手段？

如果你还记得前面我们对亚瑟和大卫两个患者情况的描述，你就会回想起他们家人的担忧。在每个病例中，患者的家人都会想尽一切办法去帮助他，但面对充满妄想、能听到他已故叔叔的声音或不能完整交流思想的患者，你能做些什么呢？人们想尽各种各样的方法来帮助精神分裂症患者，有时使用了极为荒谬的手段，以致后果令人担忧。例如，在16 世纪人们用原始的外科手术来去除“疯狂的魔石”，因为那被认为是产生异常行为的根源。虽然今天看来这种方法是非常野蛮的，但是这与 20 世纪50 年代才开始的对精神分裂症患者施行的脑部前额叶切断术没有多大区别。这种手术切断了前额叶与其余部分脑区的联系，有时候这样的确会使患者安静下来，但也会带来认知和情绪的缺陷。

目前在西方国家，对精神分裂症的治疗通常使用某种神经阻滞药物，这种药物可以消除大多数患者的症状。通常用药物治疗结合心理治疗来减少疾病复发，改善患者的功能缺陷并提高服药依从性（Kane et al.，2009）。

生物干预

一百多年来，研究者们一直认为精神分裂症是需要一些生物干预的。在 19 世纪末，克雷佩林已经对早发性痴呆做了详细阐述，他把这种疾病看作大

Bridgeman Art Library London/SuperStock

一幅 16 世纪早期精神外科治疗的绘画，画中精神疾病患者的一部分脑组织正在被切除。

脑的疾病。由于缺乏生物治疗的方法，克雷佩林按照惯例向医生提出要以“耐心的、友好的对待和自我控制”来安慰情绪激动的患者（Nagel，1991）。

20 世纪 30 年代，一些新奇的生物治疗开始被采用。一种方法是注射过量的胰岛素（这种药物在正常剂量范围内是被用来治疗糖尿病的）使精神分

精神分裂症源性母亲　根据一个过时的、不被支持的理论，导致后代患精神分裂症的冷酷、专断、拒绝的家长。
双重困境交流　根据一个过时的、不被支持的理论，导致精神分裂症的冲突性信息传递活动。
情感表达（EE）　家庭成员对心理障碍患者表现出的敌意、批评及过度卷入。这能导致患者的病情复发。

裂症患者昏迷，来达到治疗的效果。胰岛素休克疗法在一段时期被认为是有效的，但进一步研究显示，这种疗法会导致其他严重的疾病和很高的死亡风险。在同一时期，人们发明了精神外科治疗方法，包括前额叶切断手术。20世纪30年代末，电休克治疗（ECT）被认为是治疗精神分裂症的一种先进方法。像早期激进的治疗方法一样，人们对它的热情很快就消失了，因为这种方法对大多数患者来说效果并不显著，尽管目前它还被应用于少数患者，有时与抗精神病药联用（Braga & Petrides，2005）。在第12章我们阐述过，对于一些严重抑郁发作的患者，ECT可以被推荐使用。

抗精神病药物治疗

20世纪50年代，在精神分裂症的治疗方面有了新突破，这一时期人们发明了几种能有效缓解患者症状的药物（Kane et al.，2009）。这种被称作神经阻滞剂（neuroleptics，意为“可以控制神经”）的药物真正地给精神分裂症患者带来了希望。当药物起效时，神经阻滞剂可以使患者思维清楚，幻觉和妄想得以减少或消除。它们对阳性症状（妄想、幻觉、激越）非常有效，对阴性症状和紊乱症状例如社会功能缺陷效果较差，表13-1显示了这类药物的分类（根据它们的化学结构）。

回顾对于精神分裂症多巴胺理论的讨论，我们知道神经阻滞剂是多巴胺的拮抗剂。药物对大脑的一个主要作用方式是干扰多巴胺的受体系统。然而，它们也能影响其他的系统，如5-羟色胺和谷氨酸盐系统。我们目前才刚开始了解这些药物的作用机制。

一般来说，每一种药对一部分病人有效，但对其他患者效果并不显著。医生和患者经常要通过试误来寻找效果最好的药，还有一些患者对于任何药物都没有明显反应。早期的神经阻滞药物，被
505 称为传统的或第一代抗精神病药（例如，氟哌啶醇和氯丙嗪），对大约60%的使用者有效（Kane et al.，2009）。然而，抗精神病药对许多患者没有效果或会使其产生不良反应。幸运的是，一些患者对新药（称为非典型性或第二代抗精神病药）反应很好，最普遍的是利培酮和奥氮平。这些新药使一些先前对药物治疗无效的患者重获希望（Leucht et al.，2009）。这些新药似乎比传统的抗精神病药具有较轻的不良反应。然而，两个大规模的研究，一个在美国（称为“抗精神病药干预效果临床试验”，CATIE）（Stroup & Lieberman，2010），一个在英国（称为“治疗精神分裂症最新的抗精神病药的成本效用研究”，CUtLASS）（Jones et al.，2006），发现第二代抗精神病药并不比老一代药更有效或耐受性更好（Lewis & Lieberman，2008）。这些结果表明，对所有新的治疗方法的结果进行认真研究是多么重要。

表13-1　　常用抗精神病药物

分类	举例	锥体外系症状程度
传统抗精神病药物		
	氯丙嗪	中度
	氟奋乃静	高度
	美索达嗪	轻度
	奋乃静	高度
	甲硫哒嗪	轻度
	三氟啦嗪	高度
	氟哌啶醇	高度
	洛沙平	高度
	吗茚酮	轻度
	氨砜噻吨	高度
第二代抗精神病药物		
	阿立哌唑	轻度
	氯氮平	轻度
	奥氮平	轻度
	喹硫平	轻度
	利培酮	轻度
	齐拉西酮	轻度

资料来源：Adapted from American Psychiatric Association. (2004). Practice guideline for the treatment of patients with schizophrenia, 2nd edition. *American Journal of Psychiatry*, *161(Suppl)*, 1–56.

服药依从性差的原因

尽管服用抗精神病药具有积极的效果，但抗精神病药只有正确服用时才能发挥疗效，而许多精神分裂症患者并不能按照规定服药。大卫经常将氟哌啶醇的药丸含在嘴里，等到他单独一人时再吐出来，而这种药对于减轻他的幻觉是非常有用的。一个大规模研究提到，74%的受访者在首次用药18个月后停止服药（Lieberman et al.，2005）。

多种因素造成了患者服药依从性差的现状，包括消极的医患关系、药物的费用高和缺乏社会支持（Miller，McEvoy，Jest，& Marder，2006）。显然，药物的不良反应是患者拒绝服药的一个重要原因。抗精神病药会产生一些躯体不适症状，例如步态不稳、视物模糊、口干。因为药物作用于神经受体系统，还会

发生更加严重的不良反应，如锥体外系症状（Kane et al.，2009）。这些症状包括类似帕金森病患者表现出的运动困难，有时也被称作类帕金森症状。运动不能是其中最常见的症状之一，包括面具脸、动作迟缓和单一的语调。另一种锥体外系症状叫作迟发性运动障碍，包括不自主的舌部、面部、嘴巴或颌部的运动，还有舔舌、鼓腮、嘴巴的吮吸和咀嚼动作。迟发性运动障碍似乎与长期服用大剂量的抗精神病药有关，障碍的发生常常是不可逆的。在使用抗精神病药的头 5 年里，有 3% 到 5% 的患者出现迟发性运动障碍，随着用药时间的延长，患病风险亦增加（Kane，2006）。虽然患者症状得到了缓解，但是随之出现的不良反应显然又给患者带来了新的困扰。

为了了解患者本人是如何说的，温德加森（Windgassen，1992）调查了 61 名最近刚发病的精神分裂症患者。约有一半的患者报告存在运动迟缓或步态不稳等不良反应：“我睁眼总是很困难。”“我感到由于药物作用而昏昏欲睡，但实际是清醒的。”其他的抱怨包括：思维难以集中和注意力减退（18%）、流涎（16%）和视物模糊（16%）。虽然有 1/3 的患者觉得药物是有效的，但有大约 25% 的患者持有消极的态度。相当大比例的接受过抗精神病药治疗并从中获益的患者认为这些药物是令人难以
506 接受的治疗方法，这也可以解释为何存在相当高的拒服和依从性差的情况（Pratt，Mueser，Driscoll，Wolfe，& Bartels，2006；Yamada et al.，2006）。

研究者认为这对于精神分裂症患者来说是个重要的治疗问题，如果患者不规律服药的话，治疗是不会成功的。研究者希望通过推荐使用注射型药物来提高服药依从性。这样患者可以每几周注射一次来替代每日口服药物。不幸的是，依从性差仍然是个问题，主要表现在患者不愿到医疗机构接受重复给药（Kane et al.，2009）。目前社会心理干预不仅被用于治疗精神分裂症，还通过帮助患者增进与专家交流困惑来提高治疗依从性。

心理社会干预

历史上已经有很多的社会心理干预措施被用于治疗精神分裂症，相应的观点认为疾病是早期不能适应外界环境所造成的（Tenhula，Bellack，& Drake，2009）。很多治疗师认为如果能够洞察既往可能的个人经历，个体就能够安全地处理当前处境。尽管临床医生不断地使用传统心理动力学或精神分析方法，但有研究显示这些方法可能不仅无益，反而甚至有害（Mueser & Berenbaum，1990；Scott & Dixon，1995）。

今天，很少有人认为心理因素导致了精神分裂症，或者传统心理治疗可以治愈疾病。然而，你会发现心理学方法起着重要的作用。尽管药物治疗首先被推荐使用，但是无效、断药、复发的出现表明药物对某些人并没有治疗效果。就像本书所讨论的很多疾病那样，目前在心理社会领域的成果显示在两个领域联合使用更有效果（Mueser & Marcello，2011）。

直到现在，很多患有严重或慢性精神分裂症的患者主要通过住院来治疗。在 19 世纪，住院患者的治疗包括“道德治疗”，它强调增强患者的社会化，帮助他们提高自我控制的能力，向他们展示工作和宗教信仰的价值（Tenhula et al.，2009）。不同类型的“环境”改善（改变物质和社会环境——通常使住院设施更像家中一样）逐步流行，但除了少数例外，这些看起来并不能帮助精神分裂症患者。

戈登·保罗（Gordon Paul）和罗伯特·伦茨（Robert Lentz）于 19 世纪 70 年代在伊利诺伊州精神卫生中心做了些开创性的工作（Paul & Lentz，1977）。通过借鉴特德·艾德和内特·阿兹林（Ted Ayllon & Nate Azrin，1968）的行为学方法，保罗和伦茨专门为病人设计了一个生活环境，在这个环境中鼓励适当的社会化、参加集体活动、整理床铺等自我照料行为，不鼓励冲动发脾气。他们设计出精巧的**代币经济**（token economy），使患者可以通过适当的行为获得肉食或小的犒赏。例如，病人如果保持房间整洁的话，可以获得钱币并购买香烟。但是，病人也可能会由于破坏性或不适当的行为被处罚（罚款）。这些激励体制与每日活动相结合。保罗和伦茨比较了运用行为（或者是社会学习）原理和传统住院环境下的效果。总的来讲，他们发现接受训练项目的病人在社会化、自我照料、职业技能方面表现更好，更多的人可以不再依赖住院治疗。

从 1955 年以后，在美国有许多努力试图减少精神分裂症患者的机构住院治疗（Fakhoury & Priebe，2007）。这一趋势部分是由于法院限制非自愿住院（正如我们在亚瑟的病例中看到的），部分是由于抗精神病药物的出现。坏消息是去机构化的政策部分被歪曲地执行了，导致很多精神分裂症或其他严重精神疾

病患者无家可归，仅美国这一数字估计就在150 000到200 000之间（Pearson，Montgomery，& Locke，2009）。好消息是更多的努力集中在使这些患者在社区与朋友和家人在一起。今后的趋势是不再营造更好的住院环境，而是努力去处理复杂的不可预知和不安全的外界环境。精神分裂症一个更内在的问题是阴性症状对个体交际能力的影响。虽然并不像幻觉和妄想症状那样显著，但社交技能问题在精神分裂症患者中也是十分常见的，这一问题导致患者不能获得并维持
507 工作和结交朋友。为此，临床医生试图训练患者的社交技能，例如基础交流能力、判断能力以及关系建立能力（Mueser & Marcello，2011）。

治疗师将复杂的社交技能分解成几个部分。来访者进行角色扮演练习并且在“现实生活”中实践，有进步时给予反馈和鼓励。但这并不像听起来那么简单。例如，你怎样教某些人去交朋友？这其中包括很多技巧，包括当你与某人讲话时保持眼神接触，表现出希望（不要太多）与某人做朋友并做出与自身行为相适应的反馈（“与你交谈感到很高兴”）。不断地练习这些技巧直到运用自如（Swartz，Lauriello，& Drake，2006）。与其他治疗方法一样，社交技能训练所面临的问题是如何保持长期有效。

另外，相关项目也教授一些适应自身疾病和社区生活所需的一系列方法。在加州大学洛杉矶分校的独立生存技能项目中，训练焦点在于帮助患者掌控自我照料，认识疾病复发征兆，学习管理药物（表13-2）（Liberman，2007）。初步的证据显示这些训练能帮助精神分裂症患者预防复发，但是仍需长期随访观察这些效果的持续时间。为了处理影响维持效果的干扰因素，这类项目将技能训练和在社区直接提供服务的专业团队结合起来，这些看起来确实降低了住院率（Swart et al.，2006）。在这方面给予的时间精力越多，进步可能越明显。

Ghislain & Marie David de Lossy/The Image Bank/Getty Images

一位母亲正在安抚刚从精神病院回家的女儿，“此刻，真正的斗争也开始了”。

在讨论心理社会因素对精神分裂症患者的影响时，我们回顾了个人、社会、情绪环境与精神分裂症复发的联系（McNab et al.，2007）。对于家庭成员是否能够通过学习来降低情感表达水平，这样是否可以减少复发并且使精神分裂症患者获得更好的总体功能，一些研究在不同的方面进行了探讨（Fallon
et al.，1985；Hogarty et al.，1986，1991），家庭行 508
为疗法已经被用来提高精神分裂症患者的家庭支持（Dixon & Lehman，1995；Mueser，Liberman，& Glynn，1990）。另一个活跃的研究领域是对为精神分裂症患者提供照料的专业人员进行研究，这部分人有高水平的情感表达（Grice et al.，2009）。

与传统的治疗完全不同，家庭行为治疗就像是课堂教育（Lefley，2009）。研究者帮助家庭成员学习良好的交流技能，使他们成为更有共情能力的倾听者，学会用更有建设性的方式来表达负性情绪，而不是对患者进行严厉讽刺和批评。另外，家庭成员还要学习解决问题的技巧，这可以帮助他们更好地处理冲突。就像社会技能训练的研究一样，有关家庭行为疗法的研究结果表明，这种疗法在第一年的效果非常显著，但在两年后效果就不太理想了（Montero，Masanet，Bellver，& Lacruz，2006；Montero et al.，2005）。因此，如果患者及其家庭成员都能从中获益的话，这种类型的治疗就应该持续下去。

患有精神分裂症的成年人要获得一份收益不错的工作会面临很多困难。他们的社会功能缺陷使他们的工作表现不稳定，也很难处理好和同事之间的关系。为了解决这些困难，一些项目致力于职业康复，例如支持性雇佣。支持性雇佣包括提供能给予在岗培训的辅导员，以帮助他们维持有意义的工作（Mueser & Marcello，2011）。

近年来，精神分裂症治疗的地点已经从大型精神病医院的封闭式病房扩展到家庭和社区中。另外，还有一些服务扩展到组织自我支持和自我帮助小组。之前的患者们组成纽约温泉之家这样的自助小组，互相提供帮助。心理社会俱乐部具有不同的模式，但都是“以人为中心”，强调通过提供就业机会、交友、激励让患者获得积极的体验。很多人将

表13-2　　加州大学洛杉矶分校的独立生存技能项目　　507

模块	技能领域	学习目标
症状管理	识别复发征兆	● 识别个人复发征兆 ● 通过他人帮助监控个人复发征兆
	管理复发征兆	● 从卫生服务部门获得帮助以区分是复发征兆，还是持续症状、药物不良反应及心境变化；形成应对复发征兆的应急预案
	处理持续症状	● 识别和监控持续的个人症状；从卫生服务部门获得帮助以区分是持续症状，还是复发征兆、药物不良反应及心境变化；使用特殊技术处理持续症状 ● 每天监控持续症状
	避免饮酒和使用街头药物	● 认识酒精或违法药物的不良后果和避免使用它们的好处；拒绝酒精或违法药物的提供者；学习如何通过不使用这些药物来处理焦虑、低自尊或抑郁；与卫生服务人员开放性地讨论使用酒精和违法药物的问题
药物管理	获取抗精神病药物相关知识 学习正确的自我管理和评价 识别药物不良反应 与卫生服务人员协商药物治疗相关问题	● 理解药物作用原理、为什么进行药物维持期治疗，以及药物治疗带来的益处 ● 遵循正确的规范服用药物，每日评价药物反应 ● 了解服用药物时特殊的不良反应及如何应对这些不良反应 ● 实践服用药物时相关问题出现后如何正确地获得帮助

资料来源：Reprinted, with permission, from Eckman，T. A.，Wirshing，W. C.，Marder，S. R.，Liberman，R. P, Johnston-Cronk，K.，Zimmermann，K.，&Mintz，J. (1992). Techniques for training schizophrenic patients in illness self-management: A controlled trial. *American Journal of Psychiatry, 149*，1549-1555，© 1992 American Psychiatric Association.

消费型自助模式视为更具体的干预措施的额外组成部分，例如社会技能训练、家庭干预、症状的医学管理。一些研究显示参与这些活动能减少复发，也有研究认为由于参加这些活动的是一些特殊的患者，这些进步很难得到解释（Goering et al.，2006）。

因为精神分裂症这种复杂的障碍影响到患者各方面的功能，因此有效的治疗也应在多方面展开。表 13-3 列出了能提高患者生活质量的六种有效的治疗方法。由威斯康星麦迪逊地区的研究人员提出的自信社区治疗（ACT）项目可能是最广泛的研究项目（Swartz et al.，2006）。ACT 项目是指利用多学科的专业团队在所有领域提供广泛的治疗，包括药物管理、心理社会治疗、职业训练和支持。我们能清楚地看到，单一治疗并不能满足精神分裂症患者及其家庭多方面的需求（Mueser & Marcello，2011）。

表13-3　　整合的治疗方法

治疗	描述
药物联合治疗	使用抗精神病药物治疗主要症状（幻觉、妄想），使用其他药物治疗继发性症状（例如使用抗抑郁药治疗继发性抑郁）
自信社区治疗	在社区中提供支持，治疗者不要面对过多的案例，服务应基于社区机构，并有别于提供 24 小时服务的诊所
家庭心理教育	帮助家庭成员，包括教授疾病及疾病管理相关知识、帮助缓解压力和紧张、提供社会支持

续前表

治疗	描述
支持性雇佣	在岗位聘任前及工作中提供足够的支持，使个体能够维持有意义的工作
疾病管理和康复	帮助患者成为治疗主动参与者，包括健康宣教疾病知识、与临床医生合作学习有效使用药物的策略、处理疾病相关症状。
综合处理共病情况	处理物质依赖共病问题

跨文化治疗

在不同的国家或同一国家的不同文化背景下，对精神分裂症的治疗方法各不相同。例如，据报告，在南非，绝大多数的患精神分裂症的科萨人采取传统的治疗方法，他们有时会建议使用口服治疗诱导呕吐、灌肠、宰牲等方式来安抚心灵（Koen，Niehaus，Muller，& Laurent，2008）。西班牙裔美国人主要依靠家庭的支持，而不像其他族群的患者一样寻求专业机构的帮助（Liberman & Kopelowicz，2009）。采取与文化相适应的治疗方法——如将精神分裂症患者的重要亲属邀请来一起参加社会技能训练——对增强疗效是重要的（Kopelowicz，Mintz，Liberman，Zarate，& Gonzalez-Smith，2004）。在 509

代币经济　某种社会行为学习矫正系统，个体通过适当的行为表现可以获得某种价值物，并可以用此物交换所期望的犒赏。

一个有趣的研究中，英国人和中国人关于精神分裂症的症状和治疗的信念被拿来进行比较（Furnham & Wong，2007）。在精神分裂症的病因和治疗方面，相比英国人，中国人表现出更多的宗教色彩——例如，认同“精神分裂症是在前世作恶所致”和“祭祖（点燃香烛）有助于治疗精神分裂症”这类说法。这些不同的信念也会体现在行动上——英国人使用更多的生物、心理社会及社区治疗，而中国人更多依靠换用不同的药物（Furnham & Wong，2007）。在巴厘岛，家庭成员对精神分裂症病因的超自然信念导致抗精神病药的使用受到限制（Kurihara，Kato，Reverger，& Gusti Rai Tirta，2006）。在非洲的很多国家，精神分裂症患者被关进监狱，这主要是因为缺少相应的治疗选择（Mustafa，1990）。总的来说，在绝大多数的西方国家，患者正在被从大型的专业机构转移到社区接受治疗。

预防

要预防像精神分裂症这样的疾病（通常在成年的早期首次出现症状），策略之一是对潜在的后期高危儿童进行识别和治疗。在关于遗传的讨论中，我们注意到父母患病的儿童中大约有17%的人自身可能会出现精神疾病。研究者已经对这些高危儿童进行了大量的研究。

在20世纪60年代，萨诺夫·麦德尼克和芬尼·舒尔辛格（Sarnoff Mednick & Fini Schulsinger，1965，1968）组织了一项经典的关于患病危险性的研究。他们将母亲患有严重精神分裂症的207个丹麦儿童和104个母亲没有精神分裂症患病史的儿童做对照研究。这些儿童在研究刚开始的时候平均年龄是15岁，研究者对他们进行了10年的跟踪观察，试图找到预测发病的因素。我们已经讨论过怀孕和与分娩相关的并发症。麦德尼克和舒尔辛格也发现早期不稳定的抚养环境是患病的影响因素，这表明环境的影响可能是精神分裂症的诱发因素（Cannon et al.，1991）。对于一些存在患病危险的孩子，父母不适当的照料也会增加发病可能性。

当我们在等待这个长程研究结果时，其他研究则发现了一些有价值的能够减少这一疾病的发病率的方法。例如，我们发现如分娩时的并发症和早期的疾病（如病毒感染）等是精神分裂症的诱发因素，特别是在一些具有易感基因的患者中。因此，给育龄妇女接种疫苗和改善产前营养的措施也许可以起到预防的作用（McGrath，2010）。

多样化讨论　不同文化背景下对精神病的治疗和理解

尽管在世界各地许多具有相同症状的人群被诊断为患有精神分裂症，但是他们所接受的治疗却受到当地文化的强烈影响。这些差异不是具体的精神分裂症诊断所致，而是因为每一个国家提供的精神卫生服务不同。例如一个最新的研究显示，在一个特定的年份，尼日利亚只有2%的人接受了精神卫生照料，而在美国是18%，并且，这种差距主要是由每个国家对精神卫生服务机构投入的资金量决定的（Wang et al.，2007）。文化差异存在于每一个国家，并特别与对精神分裂症的治疗和理解相关。在美国，被诊断为精神分裂症的西班牙裔与其他人群不同，他们主要从家庭中而不是到正规的机构寻求帮助（Dassori，Miller，& Saldana，1995）。由于家庭的关注，对西班牙裔精神分裂症患者的治疗过程中更有可能涉及患者的亲属（Kopelowicz，Liberman，& Zarate，2006）。

全球对精神分裂症不同治疗方法的研究同样在某种程度上受到对精神分裂症病因不同观点的影响。例如，相比于西方文化（美国等），来自东方文化（中国等）的人对精神分裂症的病因持有更多的宗教信念，而在英国则重点强调生物及心理因素（Furnham & Wong，2007）。这些对精神分裂症病因不同的看法导致了不同文化环境下对精神分裂症的不同治疗方法，中国人更多地依赖替代性的药物治疗，而英国人更重视生物学及心理学的治疗方法（Furnham & Wong，2007）。许多有关精神分裂症预测和治疗的最新研究是跨文化的（Bertelsen et al.，2008；Cannon et al.，2008）。使用这种更广泛的研究方法可能会增强我们对文化能够影响研究、评估、治疗这种严重精神疾病的认识。

谱系讨论 精神分裂症的新兴观点

510

尽管DSM-Ⅳ-TR没有使用这个术语，但是在精神分裂症领域还有一种观点：本章（及其他章）所涉及的一组疾病构成了精神分裂症谱系障碍。事实上，厄根·布洛伊勒，在他所写的《精神分裂症中的早发性痴呆型》(*Dementia Praecox or the Group of Schizophrenias*，1911）一书中在创造了精神分裂症这一术语的同时，还确定了其不同的种类都包含在这个谱系障碍中（Heckers，2009)。在过去的一段时间里，DSM在不同的版本中挑战这一概念，并且就像我们在本章描述的，DSM-Ⅳ-TR最新列出的精神分裂症的五种亚型（分裂型、紊乱型、紧张型、未分化型及残留型）以及其他相关精神病性障碍（精神分裂样、分裂情感性、妄想性、短暂性以及感应性）都归在了这个条目之下。另外，一种人格障碍（在第8章谈到的分裂型人格障碍）及可能的两种心境障碍（伴有精神病性症状的双相障碍和伴有精神病性症状的抑郁发作）也在某种程度上被归于精神分裂谱系障碍。所有这些问题似乎都有相同的特征：对现实的极度歪曲（例如幻觉、妄想）。

对DSM-5的讨论包括可能去除精神分裂症的亚型，代之以对精神分裂症的核心症状增加一个评估维度（American Psychiatric Association，2010)。例如，讨论到一种可能，即评估个体存在并感到痛苦的下列症状的程度：幻觉、妄想、紊乱、异常精神运动性动作、受限的情绪表达、意志缺乏、认知缺陷、抑郁及躁狂。这允许医生在面对一个复杂的问题时可以使用更加丰富的描述，而不再做单一诊断（例如，偏执型精神分裂症)。所需要的是对这些维度结构亚型做详细、彻底的研究，确定它们是否能够代表有效诊断。

概念自测 13.3

阅读下列描述并选择合适的名词填写：（a）奥氮平；（b）锥体外系症状；（c）5-羟色胺；（d）多巴胺；（e）代谢物；（f）代币经济；（g）职业康复；（h）社会技能训练；（i）家庭干预。

1. 通过建立一种严密的________，患者在医院中会因为破坏性或不恰当的行为被处罚，也会因为有利和恰当的行为而受到奖励。
2. 在________中，临床医生设法教会患者一些基本的会话技巧、培养自信心和与他人建立关系的技能。
3. 除了社会技能训练以外，________（教会家庭成员提供支持治疗）和________（教会获得有意义的工作）这两种心理治疗方法对精神分裂患者有一定疗效。
4. 最近的研究表明，神经递质________和________之间的关系可以解释精神分裂症的一些阳性症状。
5. 因为抗精神病药物会产生严重的不良反应，所以一些患者不愿意服药。有一种严重的不良反应叫作________，会产生类似帕金森病的症状。
6. 严重的精神分裂症患者可以通过一种5-羟色胺和多巴胺的拮抗剂使病情得到改善，这种药物叫作________。

▼ 小　结

临床描述、症状和亚型

- 精神分裂症是一种以广泛的认知和情感功能受损为特征的精神障碍，包括妄想、幻觉、言语和行为紊乱以及情感不协调等症状。
- 精神分裂症的症状可分为阳性、阴性和紊乱症状。阳性症状是异常行为的活跃表现或正常行为的过分和歪曲表现，包括妄想和幻觉。阴性症状是正常行为能力的缺失，表现在情感、言语和运动等方面。紊乱症状包括言语散漫、行为怪异和情感不协调。
- DSM-Ⅳ-TR将精神分裂症分为五种亚型。偏执型：患者突出地表现出妄想或幻觉，而他们的认知功能和情感相对未受损。紊乱型：患者的显著表现为言语和行为的破裂，也表现为情感淡漠和不协调。紧张型：患者具有特殊的运动反应，如保持固定的体位（蜡样屈曲）、激越活动、违拗症。他们还表现出奇怪的姿态，包括扮鬼脸。未分化型：患者不完全符合以上类型的被归为未

511

分化型精神分裂症。残留型：一些患者具有至少一次的精神分裂症发作，但不再表现出主要症状的被归为残留型精神分裂症。

- 其他一些障碍以幻觉和妄想等精神病性症状为特征。分裂样精神障碍：患者具有精神分裂症的症状，但持续时间少于6个月；分裂情感性障碍：患者同时具有精神分裂症症状和心境障碍，如抑郁或双相障碍；妄想性障碍：在没有其他精神分裂症的症状基础上持久存在与现实不相符的信念；短暂精神病性障碍：存在一种或一种以上的阳性症状，如妄想、幻觉或言语和行为紊乱，病程在一个月以内；感应性精神病性障碍：包括个体受到具有妄想的关系密切的人影响而产生的妄想。

精神分裂症的患病率及病因

- 一些因素与精神分裂症的成因有关，包括遗传影响、神经递质失衡、产前病毒感染或分娩时损伤所引起的大脑结构损坏、心理应激等。
- 敌对的和批评性的高情感表达的家庭环境容易导致精神分裂症的复发。

精神分裂症的治疗

- 几乎没有精神分裂症患者经过治疗后能完全康复。然而，抗精神病药物治疗、心理治疗、职业支持以及基于社区和家庭的干预能使患者的生活质量得到很大改善。
- 治疗方法包括：抗精神病药物治疗以及一系列辅助的心理社会治疗，目的是减少复发、改善功能缺陷和提高服药的依从性。然而精神分裂症毕竟是一种典型的慢性疾病，所以治疗的效果是很有限的。

▼ 关键词

schizophrenia 精神分裂症　483
catatonia 紧张症　483
hebephrenia 青春型　483
paranoia 偏执症　483
dementia praecox 早发性痴呆　484
associative splitting 联想破裂　484
psychotic behavior 精神病性行为　485
delusion 妄想　486
hallucinations 幻觉　487
negative symptoms 阴性症状　488
avolition 意志缺乏　488
alogia 言语贫乏　488
anhedonia 快感缺失　488
flat affect 情感淡漠　488
disorganized speech 言语紊乱　489
inappropriate affect 情感不协调　489
catatonic immobility 紧张性木僵　490
paranoid type of schizophrenia 偏执型精神分裂症　490
disorganized type of schizophrenia 紊乱型精神分裂症　490
catatonic type of schizophrenia 紧张型精神分裂症　490
undifferentiated type of schizophrenia 未分化型精神分裂症　491
residual type of schizophrenia 残留型精神分裂症　491
schizophreniform disorder 分裂样精神障碍　491
schizoaffective disorder 分裂情感性障碍　491
delusional disorder 妄想性障碍　491
brief psychotic disorder 短暂精神病性障碍　492
shared psychotic disorder(folie à deux) 感应性精神障碍　492
schizotypal personality disorder 分裂型人格障碍　492
schizpphrenogenic mother 精神分裂症源性母亲　502
expressed emotion（EE）情感表达　502
token economy 代币经济　506

512 ## ▼ 概念自测答案

13.1
第一部分
1. 紊乱型；2. 残留型；3. 偏执型；
4. 紧张型；5. 紊乱型

第二部分
6. c；7. b；8. a；9. d

13.2
1. f，h，a；2. a，a；3. d，i

13.3
1. f；2. h；3. i，g；4. d，c；5. b；
6. a

▼ 本章测验

1. 精神分裂症的症状可分为哪两大类？
   a. 偏执型和紧张型　　b. 发作性和慢性
   c. 精神病性和躯体性　　d. 阳性和阴性
2. 情感和社会退缩、情感淡漠、言语和思维贫乏，这是精神分裂症中哪一类型的症状？
   a. 精神病性　　b. 阴性
   c. 紊乱型　　d. 阳性
3. 罗达害怕她的老板试图通过办公室的电灯来释放毒气毒 513

死她，根据你所知道的，罗达最可能患的是哪一类型精神分裂症？

a. 紧张型　　b. 紊乱型
c. 偏执型　　d. 未分化型

4. 下面哪个疾病的症状与精神分裂症症状相似，但持续时间短，症状缓解后恢复良好？
   a. 分裂样精神障碍　　b. 妄想性障碍
   c. 分裂情感性障碍　　d. 双相障碍
5. 大多数精神分裂症患者表现为：
   a. 有多次发作，并且逐渐加重
   b. 仅有一次发作，并且能完全康复
   c. 阳性和阴性症状交替发作
   d. 有多次发作，并且在两个病程之间有不同程度的损害
6. 关于精神分裂症相关文化因素的研究显示非洲裔美国人：
   a. 由于被误诊，他们可能要比其他种族的人群患病率高
   b. 由于社会对他们有更多的偏见和歧视，他们可能要比其他种族的人群患病率高
   c. 因为染色体的差异，他们的精神分裂症易感性较高
   d. 精神分裂症患者更多地表现为阴性症状，而不是阳性症状
7. 下列哪一种精神分裂症患者的同胞更容易患精神分裂症？
   a. 在同一家庭长大的同卵双生子之一
   b. 在不同家庭长大的同卵双生子之一
   c. 在同一家庭长大的异卵双生子之一
   d. 在不同家庭长大的异卵双生子之一
8. 下列关于抗精神病药物和精神分裂症治疗的说法中哪个是正确的？
   a. 抗精神病药物没有心理社会治疗有效。
   b. 不同的药物对不同的患者有不同程度的疗效。
   c. 所有的抗精神病药物对于所有的患者都有效。
   d. 大多数患者要经过一个试误期来确定某种抗精神病药、抗抑郁药或者是抗焦虑药是否对他们很有效。
9. 对于精神分裂症患者的行为问题，哪种类型的心理社会治疗最有效？
   a. 心理动力学疗法　　b. 道德疗法
   c. 精神外科治疗　　d. 代币经济
10. 哪两种心理社会干预对于精神分裂症患者最有效？
    a. 催眠和精神外科治疗
    b. 电休克治疗和社会技能训练
    c. 精神分析治疗和情绪管理训练
    d. 家庭干预和职业康复

（答案见附录 C）

第14章 精神卫生服务：法律与伦理问题

©John Neubauer/PhotoEdit

◆ 章节概览

民事强制收留

- 民事强制收留的标准
- 民事强制收留的演变
- 民事强制收留概述

刑事监管

- 精神错乱的无罪辩护
- 精神错乱无罪辩护引起的反响

治疗性法学

- 受审能力
- 警告义务
- 作为专家证人的精神卫生专业人员

患者的权利及临床实践指南

- 治疗的权利
- 拒绝接受治疗的权利
- 研究参与者的权利
- 循证实践及临床实践指南

515 **学生学习的目标 ***

恰当运用心理学知识解决问题。	▶以心理学为基础的临床、咨询、教育，工业/组织和社区干预，以及其他设置及其实证评价 (pp.515-518，526-531)。
阐明心理学原理是如何用来解释社会问题并达成公共政策的。	▶运用心理学原理来解释社会问题并提出公共政策。(pp.518-526)。

* 本章的这部分内容覆盖了由美国心理学会（American Psychology Association，2007）建议的学习目标，可作为心理学专业本科学生的学习指南。这些内容由美国心理学会学习目标建议小组（SLO）确定。

在本章的开始，我们首先回顾一下第 13 章中提到的有精神病性症状的亚瑟的案例。

亚瑟：一个家庭的两难处境

你可能记得，亚瑟由于言语和行为的怪异，被家人带到我们的诊所就诊。他不停地谈论他要拯救世界上所有饥饿儿童的“秘密计划”。亚瑟还说他打算潜入德国大使馆，并把他的计划呈给德国大使，这加剧了家人的担忧。后来他的行为越来越怪异，他的家人变得警觉起来，担心亚瑟会受到伤害，这时他们才震惊地了解到他们无权将亚瑟强行送入精神病院，除非他有伤害自己或他人的危险性。亚瑟可以自己要求住院——但是，鉴于他觉得自己没有病，这种可能性不大。即使家人坚信他会带来某些伤害，那也不是把他强制送入精神病医院的充分理由。这种紧张的状态一直持续了几个星期，亚瑟的情况才有所缓解。在这段时间里，亚瑟的家人一直在竭尽全力地应付着。

亚瑟已经明显地脱离现实，并确实需要帮助，为什么精神卫生机构不能接收他？为什么他的家人无权要求精神卫生机构采取行动？如果亚瑟真的闯入德国大使馆，并且伤害或杀害了某个人，情况又会变成什么样呢？他会被监禁，还是会得到精神卫生机构的帮助？如果亚瑟在妄想状态时伤害了其他人的话，他应不应该为此负责？这些仅仅是我们在试图平衡精神疾病患者的权利以及社会对他们应提供的照料时，所遇到的一小部分问题。

精神卫生专业人员每天都会遇到这类问题。他们不仅需要诊断和治疗患者，同时也需要考虑患者个人与社会的权利与义务。当我们描述伦理以及法律概念系统发展过程的时候，请记住它们是随着时间以及社会、政治对精神疾病的看法而改变的。我们如何对待精神疾病患者部分地取决于社会对他们的看法。举一个例子，精神疾病患者是否需要帮助和保护，或者是社会需要保护以免受其所害？当社会公众对精神疾病患者的看法发生改变的时候，相关的法律条文也会随之改变，法律与伦理对精神疾病的研究和实践都有影响。你将会发现，这些对研究与实践的影响是互为补充的。例如，相关机构对参加精神疾病研究的受试者或者就诊于精神卫生机构的患者的身份，都必须给予保密。一个就诊于精神卫生机构的患者往往也是精神疾病研究的受试者，因此我们必须同时考虑这两个方面的利益。

民事强制收留

- 精神疾病的法律概念与心理障碍的临床诊断有何不同？
- 危险性和精神疾病之间的关系是什么？
- 精神疾病、院外治疗和无家可归之间是如何相互作用的？

无论好坏，法律制度对精神卫生系统是有着明显影响的。法律既要保护那些有异常行为的人，同时也要保护整个社会。然而，这样的平衡经常很难把握，法律的天平有时候会倾向于保护个人的权利，516 有时候又会倾向于保护整个社会的权利。例如，美国每个州都有**民事强制收留法**（civil commitment laws），详细规定什么情况可以在法律上判断一个人患有精神疾病，强制其住院接受治疗（Simon & Shuman，2009）。当亚瑟的家人打算强制把他送进精神卫生机构时，医院方面认为由于他并不处于即将伤害自己或他人的危险之中，因此不能违背他自己的意愿而将亚瑟收入医院。在这个案例中，法律保护了亚瑟，避免了非自愿性监管，但是也因为没有强迫他接受帮助而将他和其他人置于潜在的危险之中。

美国的民事强制收留法可以追溯到 19 世纪末。在此之前，几乎所有严重的精神疾病患者或由家庭成员看护，或由社区照料，或置之不理。随着专门治疗这些个体的庞大的公共医疗制度的发展，出现了一种值得警惕的倾向：把没有精神疾病的人强制送入精神病医院（Simon & Shuman，2009），甚至有些女性仅仅因为个人观点或政治观念与丈夫不同而被丈夫强制送入精神病医院。19 世纪，帕卡德（E. P. W. Packard）夫人在她被强制收入精神病医院 3 年以后，参加了修改民事强制收留法的运动（Grob，2009）。

民事强制收留的标准

在历史上，美国许多州允许在下列几种条件下可以将患者强制送入精神病医院：（1）患有“精神疾病”并需要治疗；（2）会对自己或其他人造成危险；（3）无法照顾自己，被认为有“严重残疾”。对这些条件的解释多年来一直众说不一，而且饱受争议。很重要的一点是，政府如何证明这个违背个人意愿的权利是正当的。政府需要两种权力——治安权力以及代行父母权力（由州或者联邦充当父母角色），从而在个人不同意的情况下将其强制送入精神卫生机构。通过治安权力，政府有责任保护公众的健康、安全以及财富，并制定法律和法规来确保这种责任。如果罪犯对社会来说是一种威胁的话就会被监禁起来。政府的代行父母权力是指在某些情况下，公民不能完全按照自己的意愿行事，政府代替父母行使权力，比如为那些失去父母的孩子提供监护。同样，当有严重精神疾病的患者被确认不能保障自己最基本的生活需要，如食物与居所（严重残疾情况下），或者无法意识到自己需要治疗，并可能因此受到伤害的时候，政府就可以把他们强制送入精神卫生机构（Simon & Shuman，2008）。通过代行父母权力，政府扮演代理父母的角色，为那些需要帮助的个人争取最大的利益。

一个需要帮助的人在精神卫生专业人员的评估之后，可以按照自己的意愿要求进入精神卫生机构接受治疗。但是，当患者并非自愿寻求帮助，而其他人认为治疗和保护又是必要的时候，正式的民事强制收留程序就将启动。虽然每个州的具体细节有所不同，但是通常是由亲属或精神卫生专业人员向法庭提出申请。接着，法庭会要求对患者的精神状况、自我照料能力、是否需要治疗以及潜在危害的可能性进行评估。法官会结合这些信息，决定强制收留是否合适。这种程序与其他法律程序相似，患者在其中享有法律提供的权利与保护。在大部分州中，患者甚至可以要求一个陪审团来聆听证供并做出决定。在所有的案例中，患者必须被告知民事强制收留过程正在进行，他本人在庭审中必须到场，必须请律师作为代表，还可以调查证据并要求进行 517

Laurent HAMELS/Photononstop/PhotoLibrary

政府可以行使代行父母权力以保护那些试图伤害自己的人。

民事强制收留法　在非自愿情况下，对于确诊患有精神疾病的人，可强制要求其住院的法律程序。

独立的评估。这些保护措施是民事强制收留程序的组成部分，用来保障受审者的权利，并确保没有人以非法的理由被强制送入精神病医院。

在紧急情况下，当危险明显即将爆发，可以不必通过民事强制收留法所要求的正规程序而直接短期收留。家庭成员或者警察须证明，当事人表现出对自己或其他人“明显存在的危险”（Simon & Shuman，2009）。亚瑟的家人不能以紧急情况为由将其送入医院，是因为他们无法证明任何人明显处于紧急的危险之中，而仅仅证明有人可能将受到伤害。当然，在判断什么是明显存在的危险时，有时在很大程度上需要依赖法庭与精神卫生专业人员的主观判断。

定义精神疾病

精神疾病的概念在民事强制收留法中十分关键，因此，理解如何定义精神疾病的概念非常重要。**精神疾病**（mental illness）是一个法律概念，通常是指对个人健康以及安全造成负面影响的严重的情绪或思维紊乱。每个州都有自己的定义。例如，在纽约州，“精神疾病是指一种表现为行为、情感、思维或判断的障碍或紊乱的精神状态，并严重到需要照顾、治疗以及康复的一种疾病”（*New York Mental Hygiene Law*，1992）。与之不同的是，在康涅狄格州，“精神疾病患者是指一种不良的精神或情感状态已经影响其正常功能以及需要照料和治疗的人，但不包括酒精依赖和药物依赖的患者”（Conn. Gen. Stat. Ann.，1992）。事实上，许多州都把认知功能障碍或物质依赖的患者排除在精神疾病的定义之外。

精神疾病与心理障碍是不同的，换句话说，达到DSM-Ⅳ-TR诊断标准的，并不一定意味着这个人符合法律定义的精神疾病。尽管DSM在诊断标准方面有明确的规定，但对于什么是“精神状况”、什么是“对他的正常功能的不利影响”等方面的界定仍然含混不清。这使得个人能够做出比较灵活的判断，但是也使得做出的这些判断受到主观印象和偏见的影响。

危险性

评价一个人对自己或其他人是否具有危险性，是民事强制收留程序的关键。**危险性**（dangerousness）对于精神疾病来说是一个特别有争议的概念：大众的观点认为，有精神疾病的人比没有精神疾病的人更具危险性。虽然这种结论是值得商榷的，但还是广为流传，其中部分原因是耸人听闻的媒体报道。

有一个广为流传的观念，便是精神疾病能让一个人变得暴力（Kobau，DiIorio，Chapman，& Delvecchio，2010）。研究结果显示，危险与精神疾病常被混为一谈，而有证据表明精神疾病患者产生暴力行为的可能性略高（Elbogen & Johnson，2009）。对这些研究的进一步分析显示，尽管总体而言患有精神疾病不会增加将来暴力行为产生的可能性，然而，特定的症状（如幻觉、妄想或共病有人格障碍）确实会增加暴力行为发生的概率（Lurigio & Harris，2009）。这些研究表明，尽管某些特定的症状会增加他们产生暴力行为的可能性，但是即使是先前有过暴力行为的患者，在他们病情缓解以后也不一定会再次犯罪。

不幸的是，这种被广泛接受的认为精神疾病患者更具危险性的错误观点对少数族群的影响更大（Vinkers，de Vries，van Baars，& Mulder，2010）。即使黑人男性没有表现出任何的暴力行为，他们也经常会被认为具有危险性。或许这可以部分解释为什么在各州的精神卫生机构被强制收留的患者中，黑人比例比较高（Lindsey，Joe，Muroff，& Ford，2010）。

回到原来的话题：你如何判定一个人是否对其他人有危险？精神卫生专业人员预测患者将来是否产生暴力行为的准确性如何？这些答案直接影响着对民事强制收留程序的实施和对社会的保障。我们如果不能准确地预测危险性，就无法公正地决定是否应该将患者强制收入精神病医院。

临床医生们更善于从法律的角度来评估相对风险性，而不是在逐个案例基础上判定危险性（Scott，Quanbeck，& Resnick，2008）。换句话说，精神卫生专业人员可以从普通人群中识别出在暴力方面更具危险性的人群——例如，有暴力前科和药物或酒精依赖的患者——并且可以向法庭建议。然而，临床医生目前还无法做到百分之百确定某个人将来是否会产生暴力行为。

民事强制收留的演变 *518*

很明显，在民事强制收留的执行过程中存在许多的问题。特别是在判断一个人是否有精神疾病或

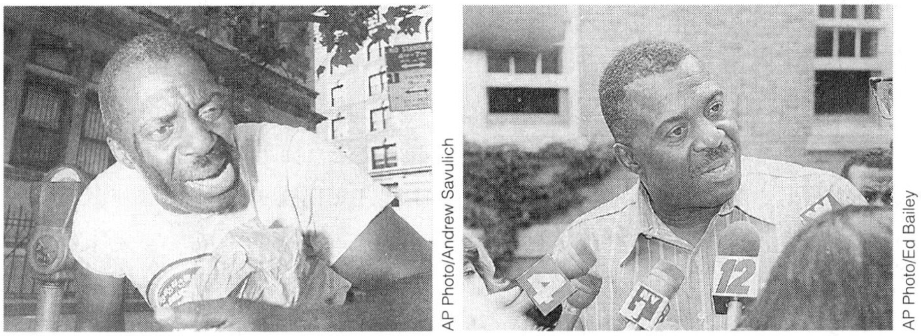

拉里·霍格（Larry Hogue）被强制送入一家精神病医院。因为他无家可归并吸食毒品（左），他多年以来威胁着纽约市一个社区居民的安全。戒毒之后（右），他能够控制自己了。

是否有危险性时，很大程度上依赖于主观判断，而且由于法律条文的不同，每个州的判决都会不一样。这些问题引发了一系列具有重大意义的法律进展。

最高法院与民事强制收留

在 1957 年，肯尼斯·唐纳森（Kenneth Donaldson）的父母将他送入佛罗里达州立精神病医院，以治疗他的偏执型精神分裂症。尽管没有人认为唐纳森具有危险性，而且中途康复站或朋友都不断地表示愿意收容他，但是医院的院长奥康纳（O'Connor）博士 15 年内都拒绝让他出院，而事实上唐纳森在这期间没有接受过任何实质性的治疗（Donaldson，1976）。后来，唐纳森成功地起诉了奥康纳博士，并获得了 48 500 美元的赔偿金。在这个案例的判定过程中，最高法院认为“州政府不应该监禁……一个没有危险性的、依靠自己的力量或者在家庭以及朋友的帮助下能安全生活的人”（*Donaldson v. O'Connor*，1975）。

在这个案件中，以及随后被熟知的“爱丁顿诉得克萨斯州案”（*Addington v. Texas*，1979）中，最高法院声称，不能仅仅以提高患者生活质量为由把患者强制送入精神病医院。如果一个不具有危险性的患者，在他人的帮助下能够在社会上正常生活，那么就不应该违背他们的意愿将他们强制收留。需要治疗和严重残疾等不是对精神病患者采取强制收留的充分理由。最高法院的这项决定从根本上限制了政府对不具危险性的患者强制收入医院的权力（Simon & Shuman，2008）。

刑事犯罪

由于 20 世纪 70—80 年代对强制收留实行严格限制，许多在正常情况下应该被送入精神卫生机构接受治疗的患者，都由刑事法律审判系统处置。换句话说，当时一些严重的精神疾病患者都生活在社会上，但是许多人都没有得到治疗，并且最终因为他们的行为不当而触犯法律。因为刑事审判制度没有准备照管这些个体，精神疾病患者的这种“刑事犯罪”引起了人们的极大关注（Lamb，2009；Lamb & Weinberger，2009）。患者在监狱中孤立无援，而他们的家人也因为无法为自己所爱的人争取到治疗的权利而日益绝望。

院外治疗与无家可归

20 世纪 80 年代以来，除了刑事犯罪之外，还出现了另外两个趋势：无家可归者增多，以及使严重精神疾病患者脱离专业医疗机构的**院外治疗**（deinstitutionalization）运动。切记无家可归并不是精神疾病所带来的唯一问题。每年在美国约有 200 万至 300 万人曾经在晚上遇到无家可归的人，估计每晚都有高达 80 万人无家可归（Hudson & Vissing，2010）。约有 3% 到 42% 的无家可归者被诊断为患有严重的精神疾病（例如，精神分裂症和双相障碍），4% 到 41% 被诊断有抑郁障碍，3% 至 71% 被诊断有人格障碍（Fazel，Khosla，Doll，& Geddes，2008）。其原因尚未完全明了，种族问题也可能使患有精神疾病的人变得无家可归。例如在圣迭戈县的一项大型研究显示，患有精神疾病的拉美裔和亚裔美国人不太可能成为无家可归者，但非洲裔美国人却更有可能变得无家可归（Folsom et al.，2005）。

无家可归者的特征非常重要，它可为我们了解他们为何成为无家可归者提供线索，并可推翻关于无家可归者都有精神健康问题的观念。无家可归曾一度被认为是严格的民事强制收留标准和院外治疗

精神疾病　通常指精神紊乱，一般不常用，因为它意味着这种紊乱可能是由生物医疗过程引起的。

危险性　即暴力倾向。在大众观念中精神疾病患者一般更具有危险性，但事实并非如此。

院外治疗　系统地将患有严重精神疾病或精神障碍的患者从精神病院这样的机构转移，收容出院。

©Michal Besser/Alamy

成为无家可归者是由多种因素造成的，包括经济状况、精神健康状况和物质滥用等。

造成的（Colp，2009）。就是说，政策严格限制强制入院的患者范围，限制了对严重精神疾病患者的留院观察时间，并同时导致了许多大型的精神病医院关闭，以及20世纪80年代无家可归者数量的增加。尽管无家可归者中有相当一部分人患有精神疾病，但是造成无家可归者增多的原因还有很多，比如不断增长的失业率以及低收入公寓短缺等经济因素（Wright，2009）。由于认为严格限制强制入院的民事法律和院外治疗造成了无家可归者增多，修订民事强制收留法的运动得以出现。

民事强制收留法改革，使强制入院变得更加困难，同时院外治疗政策的出台导致很多大型的精神病医院关闭（Lamb & Weinberger，2009）。院外治疗有两个目标：（1）关闭大型的州立精神病医院；（2）建立社区精神卫生中心网络，以便为那些出院的患者提供治疗。第一个目标已经初步实现，住院患者减少了75%（Kiesler & Sibulkin，1987），但建立替代的社区治疗的根本目标却没有实现。相反，出现了**转院治疗**（transinstitutionalization）的现象，即患者从大型精神病医院出院，转移到疗养院或其他的监管机构，包括拘留所和监狱，其中很多地方只能提供很少的医疗服务（Lamb & Weinberger，2009）。由于许多过去在大医院住院的患者出院后得到的照料比以前有所下降，院外治疗在很大程度上被认为是失败的。虽然许多人赞同为严重精神疾病患者提供社区服务，但是目前为这种照料提供的支持却严重不足。

对于严格的强制收留法的反应

亚瑟的精神病性反应和他的家人为得到帮助而付出的努力发生在20世纪70年代中期，那个年代人们更多关心的是个人的自由而不是社会的权利，并且人们相信强制精神病患者接受治疗是不恰当的。然而其他人，特别是患者的家人，觉得不强制患者入院治疗，实际上就是在加重患者的病情，并将他们置于一种会带来更大伤害的危险之中。多种因素的综合作用——如院外治疗的不成功、无家可归者以及有严重精神疾病患者的刑事犯罪的增多——激起了对包括严格的民事强制收留在内的所有措施的强烈反对。乔伊斯·布朗（Joyce Brown）的案例引起了人们关于精神疾病患者的自由以及社会治疗他们的责任之间冲突的思考。

乔伊斯·布朗：无家可归但并不无助

在1988年冬天的纽约市，市长埃德·科克（Ed Koch）命令，要求将所有患有精神疾病的无家可归者强制收容到精神卫生机构以保护他们。他引用了政府有代行父母权力的法律条文来解释这一行动，声称这样就可以保护他们不至于受冻，也不至于伤害自己。在这些人中有一个40岁的妇女叫乔伊斯·布朗，她被强行带走并送入了贝尔维尤医院，在那里她被诊断有偏执型精神分裂症。她已经无家可归一段时间了，经常咒骂过路的人。有一段时间，她把自己改名为一个她幻想与之有关系的纽约电视台主持人的名字比利·博格斯（Billie Boggs）。在纽约公民自由联盟的帮助下，乔伊斯·布朗争取到了自己的权利，并在3个月后出院（Tushnet，2008）。

这个案例的重要之处在于它说明了民事强制收留中的利益冲突。乔伊斯·布朗的家人曾很关注她的健康状况，并试图将她强制送入医院，但是没有成功。虽然她从来没有伤害任何人或企图自杀，但
是她的家人还是觉得住在纽约的街头实在是很危险，520
而且也很担心她的安全。市政官员们对布朗和其他留宿街头的人表示担忧，尤其是在这样透骨奇寒的冬天。当然，也有人怀疑这仅仅是一个把这些行为古怪的人从富裕街区清除出去的借口（Kasindorf，1988）。布朗不愿意接受治疗，也不愿意接受任何机构的安排。有时候，她可以清晰地表达自己有选择自由的权利。在她出院后仅仅几个星期，她又重新露宿街头。"唐纳森诉奥康纳案""爱丁顿诉得克萨斯州案"中的裁决，强调精神疾病与危险性应该作

为强制入院的标准。然而，出于对乔伊斯・布朗这样的案例以及对无家可归者和刑事犯罪的关注，一场呼吁在更广的范围内执行强制收留法的运动得以出现。呼吁者要求不仅仅将那些对自己或他人有危险的患者强制送入医院，而且还要将那些虽然不存在危险性，但需要治疗的患者或有严重功能障碍的患者强制送入医院。一些组织，包括由精神疾病患者的家属组成的"国家精神疾病联盟"（NAMI），呼吁改革法律以使民事强制收留更容易操作，这是他们对未能保护和治疗精神疾病患者的情绪性响应。20 世纪 70 年代末到 80 年代初，有许多州为此而修改了它们的民事强制收留法以解决这些担忧。例如，华盛顿州在 1979 年修订了关于强制入院的民事法律，允许将那些被判定需要治疗的患者强制送入医院，结果，在第一年强制入院的人数增加了 91%（Durham & La Fond，1985）。但是那时住院的总人数基本没有变化，改变的仅仅是患者入院的方式（La Fond & Durham，1992）。以前患者多由于暴力行为而被拘禁，现在他们入院是因为政府行使了代行父母权力；以前患者都是自愿住院，现在多数患者被强制送入精神病医院。由于患者住院时间变长、反复以及强制入院，医院又开始人满为患了。因此，对于强制入院民事法律的放宽，仅仅改变了精神疾病患者的入院方式而已。

近年来，性犯罪这些特殊案例引起了公众的注意，而如何对待这些惯犯成为民事法律关注的焦点。在 1930—1960 年，一些州通过了"性精神病态者法案"，对这些性犯罪者采用无限期收住入院以代替监禁（Saleh，Malin，Grudzinskas Jr.，& Vitacco，2010）。对这些性犯罪者（强奸犯、恋童癖者）采取强制入院，直到确认治疗有效为止。但是，当患者不配合的时候，这种治疗很难产生效果（见第 10 章），而且公众的观点从要求对罪犯进行治疗转到要求进行惩罚，这些法律逐渐被废除或不再被引用。近来的意见是对那些性罪犯者实施监禁，如果他们在服刑期满的时候被发现仍有危险性则对他们采取民事强制入院。这种"性侵犯者"法案在 1990 年首次颁布，堪萨斯州的法案版本得到美国最高法院的支持并被认定为符合宪法原则（*Kansas v. Hendricks*，1997）。这种监禁虽然经常是无效的，但因被认为是一种治疗而被法院所接受（Zonana & Buchanan，2009）。当然，也有一些人非常担心这种法律给了政府过多的权力，在监禁受到抗议的时候运用民事收留法将某些人与社会上的其他人隔离开来（La Fond，2005）。

大量无家可归者往往都是精神疾病患者，他们中许多人带着孩子在收容所留宿或流落街头。

民事强制收留概述

将有严重精神疾病的患者强制送入精神卫生机构应该采用什么样的标准呢？对自己或他人会造成迫在眉睫的危险是唯一的理由吗？社会应该有监护职能，将那些看起来痛苦的、需要收容的人强制收管吗？亚瑟的家人不愿意眼睁睁看着自己所爱的人因精神疾病而遭受痛苦，我们应该如何解决这样的以及类似的担忧呢？我们怎样才能不为乔伊斯・布朗这样的人而烦恼呢？什么时候强制收留的权利比那些个人不愿被监禁的自由权利更重要呢？只能说现行的法律系统在解决这些问题方面是失败的，它们仅仅是时代政治需要的产物。

然而，从另一个角度来讲，这种周期性的改变是卫生保健系统对于以前决议的局限性所做出的回应。20 世纪 70 年代最高法院关于民事执行的强制和专断，如同近年来人们试图使那些明显需要帮助的患者更容易被收留而所做出的努力，都是可以理解的。当这些变化的影响变得明显时，法律系统就会对不公正的裁决做出修正。这种改善虽然慢得令人痛苦，而且不一定总能正确地反映改革的要求，

转院治疗　将患有严重精神疾病的人从大型精神病院转移到其他小型机构。

521

多样化讨论 精神疾病、无家可归，以及文化

精神疾病与明显的心理困扰和损害有关，也可能对人的谋生能力和日常生活产生巨大的负面影响。例如，最近的一些研究表明，较为严重的精神疾病如抑郁障碍（例如，单相和双相抑郁）与工作业绩显著降低（Kessler et al.，2006）和收入下降（Kessler et al.，2008）相关。据估计，美国社会平均每年在精神疾病上花费约 1 932 亿美元，其中 75% 花费在这些严重精神疾病患者身上的经济损失上，还有 25% 是因为患有精神疾病而失业的收入损失（Kessler et al.，2008）。

值得注意的是，精神疾病的一些负面影响似乎对某些群体的打击比对其他群体的更大。加利福尼亚州最近有一个关于圣迭戈县 10 340 个居民的研究，发现在接受治疗的严重精神疾病患者（如精神分裂症、双相障碍和抑郁障碍）中，有 15% 的人在过去一年里有过无家可归的经历，更重要的是，非洲裔美国患者比其他患者更容易遭遇无家可归的经历（Folsom et al.，2005）。此外，相较于美国白人和非洲裔美国患者，拉美裔和亚裔美国患者明显更少遭遇无家可归。在控制了各地区如精神疾病的患病率、物质滥用、医疗福利和整体运作水平等方面的差异后，不同种族患者遭遇无家可归的概率仍然不同（Folsom et al.，2005），这表明我们还需要其他原因来解释这些差异。研究人员认为，这种差异可能是各社会群体和社区资源可用性的文化差异造成的，而不是由于种族原因——拉美裔和亚裔美国人比美国白人和非洲裔美国人拥有更多的支持和资源。

另一种可能的解释是，在提供给这些群体治疗时存在的差异可能会影响患者的生活自理能力和正常就业的能力。为了支持这一观点，库诺和罗斯巴德（Kuno & Rothbard，2002）做了一项研究，结果发现医疗补助受益人中非洲裔美国人与美国白人更难接受新型有效的抗精神病药物治疗。虽然目前我们不知道这些差异的确切原因，但这些研究表明，对于精神卫生研究者和临床医生来说，更加清晰地了解精神疾病、职业功能、无家可归以及文化之间的相互作用是至关重要的。

但是法律可以改善这一事实让我们可以乐观地相信个人以及社会的需要，最终可以通过法院来解决。

概念自测 14.1

填空以检查你对民事强制收留的理解。

在下列几种情况下，公民可以被强制送入精神病医院：公民有（1）______并且需要治疗；公民被认为对自己或他人有（2）______并且无法照顾自己或他人，即被认为有（3）______。精神疾病是一个（4）______概念，尽管美国每个州都有自己的定义，但它通常是指对个人健康与安全造成负面影响的严重性情绪紊乱或思维紊乱。当民事强制收留法出台以后，（5）______（将患者从精神卫生机构转移出来）以及（6）______（将患者从大型医院转到疗养院或其他监管机构）也开始了。

刑事监管

▶ 进行精神错乱辩护和判断受审能力的法律标准是什么？

如果亚瑟真的因为侵入使馆领地而被捕，或者更糟的是，在他试图递交自己拯救世界饥饿儿童的计划时，伤害或杀害了某个人，事情会变成什么样子呢？考虑到他的精神状态明显异常，他需要对自己的行为负责吗？如果他在几天之后看起来很正常，陪审团会对他做何反应呢？如果他对自己的行为不负有责任，那么为什么他现在看起来这么正常呢？

在我们争论那些有精神疾病的人是否应该对他们的犯罪行为负责时，对这些问题的回答显得相当重要。2001 年安德莉亚·叶茨（Andrea Yates）在浴缸里淹死了她的五个孩子，原本被判处终身监禁，但后
522 来她被判因精神错乱而无罪（NGRI），这样的案例让我们思考法律保护是否做得有些过火了。在**刑事监管**（criminal commitment）中，可能会出现以下两种情况：（1）人们被指控有罪，并被拘留在精神病医院中，直到能够准确评估他们是否可以参加对他们的诉讼程序为止；（2）他们因为患有精神疾病而被认为无罪。

精神错乱的无罪辩护

我们制定法律审判制度的目的是保护我们的生命权、自由权以及追求幸福的权利，但并不是所有人都会因为犯罪行为而受到惩罚。立法者认为，在某些特定的环境下，人们不应该对他们的行为负责。惩罚他们将是不公正的，也可能是无效的。目前的各种观点源于 150 年前英国的一个案例。丹尼尔·麦纳顿（Daniel M'Naghten）在今天可能被诊断有偏执型精神分裂症。他妄想英国保守党正在对他实施迫害，于是他计划刺杀英国首相。他误把首相的秘书当成首相本人，并杀害了他。在著名的麦纳顿审判中，英国法院最后裁决，当人们不知道自己在做些什么或者不知道自己的所作所为是错误的时候，他们不必为自己的犯罪行为负责。其实，这条法则就是精神错乱无罪辩护的开始（详见表 14-1）。100 多年来，这条法则被应用于判决精神状态有问题的人是否有罪。

在随后的几年里，麦纳顿法则做了一些改动。因为很多批评者认为仅仅根据罪犯能否辨别对错来判决太过局限，需要一个更广泛的定义（Simon & Shuman，2009）。精神疾病不仅仅影响患者的认知能力，同时也影响患者的情绪功能。精神卫生专业人员认为，在决定一个人是否应该对他的行为负责时，应该综合考虑他精神状态的各个方面。达拉谟法则就源自一次有影响的裁决，它于 1954 年由联邦巡回上诉法院的大卫·贝泽隆（David Bazelon）法官依据达拉谟诉联邦案（*Durham v. United States*，1954）为哥伦比亚特区设立。达拉谟法则认为，判决精神疾病患者对自身犯罪行为是否应该负有责任时，不仅仅依据其判断对错的能力，还应该考虑其是否存在“精神疾病或缺陷”（详见表 14-1）。这个决议最开始受到了精神卫生专业人员的欢迎，因为它允许他们为法官或陪审团呈现精神病患者的全部病情。不幸的是，很快精神卫生专业人员就发现他们无法精确地评估一个人的精神疾病是不是其犯罪

表14-1　**精神错乱辩护演变中的重要影响因素**

影响因素	年份	引文
麦纳顿法则	1843	有足够的证据表明被告方在犯罪时，受到精神疾病的影响，以致不能意识到自己正在进行的行为的本质以及后果；或者即使能意识到自身行为，也没有判断其错误的能力。（101 Cl. & F. 200，8 Eng. Rep. 718，H.L. 1843）
达拉谟法则	1954	若被告方的违法行为是精神疾病或者缺陷所致，则对其犯罪的指控不成立。（*Durham v. United States*，1954）
美国法律协会（ALI）法则	1962	1. 若当事人的精神疾病或者精神缺陷造成其能力削弱，以至于其不能识别自己的犯罪行为，或其行为无法符合法律规范，则其不需要对犯罪行为承担法律责任。 2. 文中所用的术语“精神疾病或缺陷”不包括仅表现为重复犯罪行为或其他反社会行为的精神异常。（American Law Institute，1962）
限制行为能力	1978	在对被告方做出判决的时候，量刑应当考虑犯罪时存在精神异常的证据，特别是对于那些需要动机和常识的犯罪，应按照无意犯罪从轻处理。（New York State Department of Mental Hygiene，1978）
无罪辩护改革法案	1984	被告方如果被证明是由于精神疾病或精神发育迟滞造成他在犯罪的时候不能意识到自己的行为是错误的，则对其犯罪行为的指控应被判定为无罪。（American Psychiatric Association，1983，p. 685）

资料来源：Reprinted, with permission, from Silver, E., Cirincione, C., & Steadman, H. J. (1994). Demythologizing inaccurate perceptions of the insanity defense. *Law and Human Behavior, 18*, 63–70, ©1994 Plenum Press.

的原因，因此，裁决就被认为建立在非科学的个人意见基础之上（Simon & Shuman，2009）。尽管达拉谟法则不再被使用，但是它促使人们对用于无罪辩护的标准进行重新审视。

523 在达拉谟法则被提出的同时，美国法律协会（ALI）的律师、法官和法律学者们共同进行了一项有关这个问题的有影响的研究。他们所面临的挑战就是制定一些标准，以确定个人犯罪时的精神状态是否足以使其对其犯罪行为负责。ALI首先重申，将一个精神疾病患者的行为同没有精神障碍的人的行为区分开来是非常重要的。他们指出惩罚的威胁不能阻止那些有严重精神疾病患者的犯罪行为，他们主张应该对这些患者进行治疗，直到症状改善后再释放。ALI得出结论：个人由于精神疾病而不能认识到自己的行为不恰当或不能控制自己的行为时，他将不对犯罪行为负有责任（ALI，1962）。这些标准列于表14–1，称为ALI法则，规定当事人必须符合以下情况之一，才可以不用对其法律后果负责：（1）不能辨认自己的行为（麦纳顿法则也提到过）；（2）不能控制自己的行为。

ALI同时规定了**限制行为能力**（diminished capacity）的概念，即个体对自己行为的理解能力和犯罪意向可能因他们的精神疾病而削弱。犯罪意向理论——或者叫作犯罪意图或有“犯罪思想”——在法律上非常重要，要控告一个人犯罪，不但要证明他有犯罪的行为（行为意图），还要证明他犯罪时的精神状态（犯罪意图）（Simon & Shuman，2009）。例如，一个妇女意外地撞死了一个走到她车前的行人，这位妇女没有刑事责任。虽然那个人死了，但是司机并没有犯罪意图——司机并不是有意撞到他，并没有企图谋杀他。根据限制行为能力的概念，一个人由于有精神疾病，虽然犯罪了，但是没有犯罪的意图，因此将不必承担责任。

精神错乱无罪辩护引起的反响

20世纪60—70年代，司法规则认为对精神疾病患者追究犯罪责任与民事执行过程是等效的。然而，司法系统强调对犯罪的精神疾病患者的需要予以关注，可以用治疗代替惩罚。但是，这种对于精神疾病患者的保护以及限制行为能力概念的运用也带来了许多问题，为人们敲响了警钟。例如，1979年一个由于写空头支票而被捕的人成功地以精神错乱的理由而被无罪释放。他的案件基于一个专家证人的口供，专家认为被告患有病理性赌博，因而无法区分对错（*State v. Campanaro*，1980）。其他成功的辩护一部分是基于DSM中列出的精神障碍，例如，创伤后应激障碍和偷窃癖（Novak，2010）；另一部分是没有包括在其中的精神障碍，如“受虐妇女综合征”（Cookson，2009）。

毫无疑问，将精神错乱无罪辩护推向风口浪尖的是小约翰·辛克利（John W. Hinckley Jr.）案件，它激起了极大民愤以至于公众要求废除无罪辩护（Zapf, Zottoli，& Pirelli，2009）。在1981年3月31日，当罗纳德·里根总统从华盛顿希尔顿酒店走出来的时候，辛克利向他连开数枪，重伤了总统、一名安全特工以及总统新闻秘书詹姆斯·布拉迪（James Brady）。安全特工当即抓住了辛克利并解除了他的武器。辛克利迷恋着女影星朱迪·福斯特，他声称刺杀总统是为了引起她的注意。陪审团采用“ALI法则”，判定辛克利因精神错乱而无罪（NGRI）。这个判决在整个国家和法律界引起了轩然大波（Zapf et al.，2009）。虽然以前已经存在关于无罪辩护的批评，但在辛克利案件审判之后，美国约75%的州从根本上改变了这条法例，使得人们更难运用无罪辩护（Simon & Shuman，2009）。正如我们前面看到的一样，这种冲动更多是基于情感而不是事实。在那些广为人知的案件中，如辛克利、查尔森·曼森（Charles Manson），杰弗里·达默尔（Jeffrey Dahmer）和泰德·卡克辛斯基（Ted Kaczynski）案等，精神疾病患者被媒体描述为有极端暴力行为，这就使公众对无罪辩护条例产生了不良印象。一项电话调查发现，91%的被访者认为“法官与陪审团很难分辨被告是否真的精神错乱”（Hans，1986）。将近90%的人认为“精神错乱无罪辩护所造成的漏洞让太多的人因此而逃脱了法律的制裁”。

那么，是否有充分的证据证明无罪辩护条例在法庭上被过多地引用呢？有一项研究将公众所认为的无罪辩护条例的使用频率和使用结果与其实际的使用频率和使用结果进行了对比（Silver，Cirincione，& Steadman，1994）。如表14–2所示，公众认为在所有重罪中有37%使用了这种条例，这个数字大大超出了实际。事实上，这项法则被引用的频率低于1%。同时，公众也过高地估计了它的成功率以及被判NGRI（因精神错乱而无罪）而释放的频率。人们倾向于低估那些无罪释放者被要求的住院时间。这最后一点是很重要的：与公众的认识不同的是，那些被判定为 NGRI 的患者的住院时间，可能比按照他们的罪行应该被监禁的时间还要长（Simon & Shuman，2008）。例如，小约翰·辛克利在圣伊丽莎白
524 医院接受治疗超过 30 年。其他研究显示，同样是非暴力犯罪，有精神疾病的罪犯的住院时间是没有精神疾病罪犯的监禁时间的 8 倍多（Perlin，2000）。显然，精神疾病患者没有经常因为被判 NGRI 而逃过惩罚。

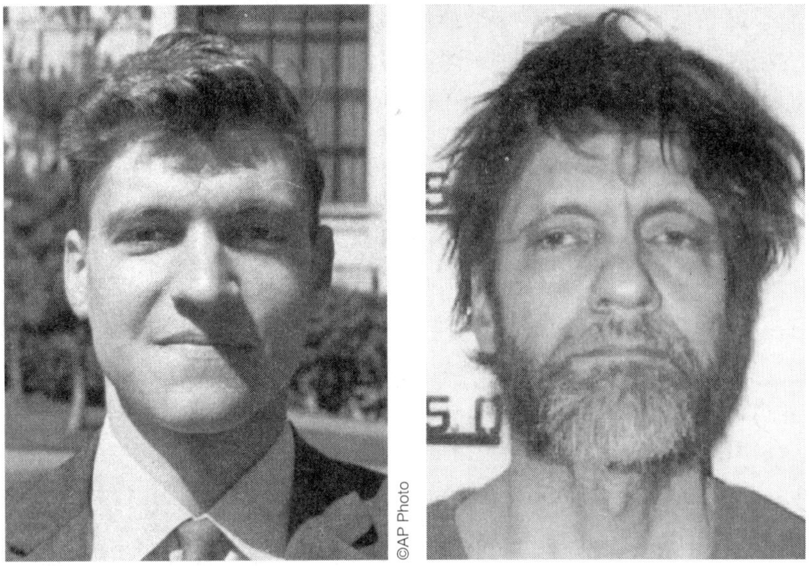

©AP Photo

©AP Photo/ho

泰德·卡克辛斯基，曾经是一个有前途的数学家（左图），后来成了臭名昭著的恐怖分子（右图）。他通过在邮件中寄自制炸弹的方式炸死 3 人，炸伤 23 人。他患有精神疾病，他的律师努力争取因此而保全他的性命，但他拒绝与律师合作。具有讽刺意味的是，迫于要判他死刑的呼声和压力，法庭判定他精神正常。（最后，他承认有罪，并被接受了无期徒刑判决。）

尽管有合理的证据表明这项法案没有被滥用，也没有导致危险的个人被过早地释放，但是在辛克利案件裁决之后，无罪辩护条例的标准还是有了重大的变动。美国精神病协会（American Psychiatric Association，1983）以及美国律师协会（American Bar Association，1984）都认为应该进行一些修改，并回到类似于麦纳顿法则的程度。不久，议会通过了《无罪辩护 1984 改革法案》。这个法案综合了以上建议，使得要成功应用无罪辩护条例变得更加困难了。

表14–2　对精神错乱无罪辩护的公众认识与实际应用的比较

	公众认识（%）	实际应用（%）
精神错乱无罪辩护		
以精神疾病为由为重罪做出无罪辩护的百分比	37.0	0.9
以精神疾病为由获被判无罪的百分比	44.0	26.0
无罪判决的处理		
被判无罪后被送入精神病医院的百分比	50.6	84.7
被判无罪后被释放的百分比	25.6	15.3
有条件释放		11.6
门诊治疗		2.6
释放		1.1
被判无罪后被监护的时间（月）		
所有罪行	21.8	32.5
谋杀		76.4

资料来源：Reprinted, with permission, from Silver, E., Cirincione, C., & Steadman, H. J. (1994). Demythologizing inaccurate perceptions of the insanity defense. *Law and Human Behavior, 18,* 63–70, ©1994 Plenum Press.

另外一项改进精神疾病患者保护条例的尝试是将 NGRI 的判决改为“有罪但应考虑罪犯有精神疾病”（GBMI）（Torry & Billick，2010）。虽然已经有好几个不同的 GBMI 判决的案例，但是它们共同的前提是被判决为 GBMI 的人与被判决为 NGRI 的人的结局是不同的。被判决为 NGRI 的人不会被送到监狱，但需要接受评估。一个人如果被认为有精神疾病，则会被送往精神病医院，直到他被认为可以出院为止。而他一旦被认为精神疾病已痊愈就必须出院。如果亚瑟犯了罪，并被判决为 NGRI，但因为他患的是短暂精神病性障碍，会很快痊愈，他很可能会被当庭释放。与之相反，一个 GBMI 的裁决在理论上是同时对犯罪者进行治疗以及惩罚。如果一个人的确没有精神疾病，那么他将被送往监狱。罪犯是被监禁在监狱中还是在精神卫生机构中由法院裁定。如果罪犯的精神疾病在服刑期满之前得到康复，那么他还将在监狱里继续服完余下的刑期。如

刑事监管　被告方因精神错乱而被判无罪后，必须接受精神病院监护的合法程序。

限制行为能力　能够证明当事人犯罪时存在精神异常，对于那些需要动机和常识的犯罪，可按照无意犯罪从轻处理的证据。

果亚瑟在这种体制下被判决为 GBMI，那么尽管他的精神疾病已经痊愈，但他仍将会服满刑期。这种 GBMI 的方式已经被许多州采用（Simon & Shuman，2008）。

GBMI 的第二个版本对于那些有精神疾病的罪犯更加苛刻。判处被告入狱服刑，如有可能，则由监狱当局提供精神卫生服务。陪审团仅仅是宣布罪犯在犯罪的当时是有精神疾病的，但他们应该接受与其他罪犯一样的惩罚。近来，艾奥瓦州、蒙大拿州和犹他州都完全废弃了无罪辩护条例，而采用了这一版本的 GBMI（“The Evolving Insanity Defense,” 2006）。

525 正如前面提到的那样，GBMI 是针对无罪辩护条例的缺陷而制定的。它已经在许多州中被应用超过 15 年，研究人员也调查了它的效果。有两项研究表明，被判处 GBMI 的人比被判处 NGRI 的人更可能被送进监狱，他们被监禁的时间也更长（Callahan，McGreevy，Cirincione，& Steadman，1992；Keilitz，1987）。研究同时也表明，被判处 GBMI 的人不会比其他患有精神疾病的犯人得到的治疗更多（Keilitz，1987；Smith & Hall，1982）。目前，这种判决是否可用（NGRI 对 GBMI）取决于发生犯罪所在的州的法律。

总体而言，据估计在监狱里的严重精神疾病患者比在医院的多 3 倍，这就是精神卫生法修改的结果（Torrey，Eslinger，Lamb，& Pavle，2010）。图 14-1 说明了严重精神疾病患者越来越多地被关在监狱，而不是送进特殊的精神卫生机构。在监狱安置的比例与 150 年前服务还不充足的时候相比差不多。

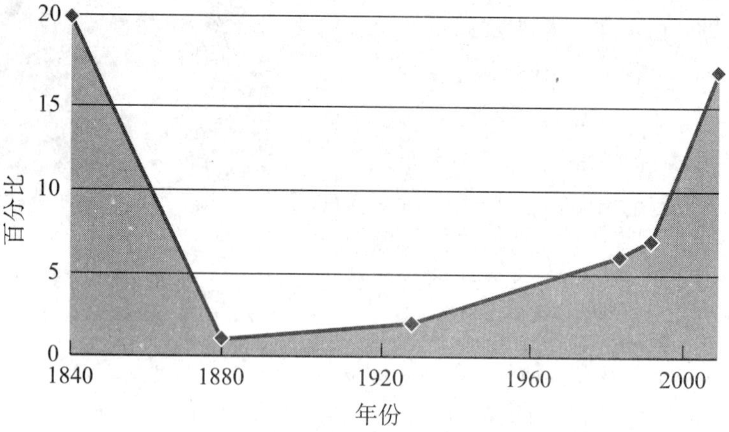

图 14–1　在监狱里患有严重精神疾病的囚犯的比例

注：该图显示在过去的几十年中呈现的增长趋势，即关押严重精神疾病患者而不是提供治疗。

资料来源：From Torrey，E.，Eslinger，S.，Lamb，R.，& Pavle，J. [2010]. *More mentally ill persons are in jails and prisons than hospitals: A survey of the states* [p. 13]. Arlington，VA: Treatment Advocacy Center.

治疗性法学

法律体制与精神卫生体制具有与生俱来的矛盾。法律体制是对抗性的，换句话说，具有原告和被告、胜诉和败诉的矛盾双方。与此相反，精神卫生体制则是在不归罪任何一方的前提下找到解决严重精神疾病的方法，目的是获得“双赢”的结果。幸运的是，法律体制已经越来越多地认识到，以严格对抗的方式对待精神疾病患者对谁都没有好处。思想上的转变所带来的结果就是，当诉讼涉及精神疾病患者的犯罪行为的时候，会有各种类型的“问题解决法庭”来处理他们的问题（King & Wexler，2010）。这类新型的法庭是为满足有特殊情况的群体的独特需要而设立的。目前在美国的许多州可以找到毒品治疗法庭、家庭暴力法庭、精神卫生法庭等。有趣的是，这类法庭的源头可以追溯到美国、加拿大、澳大利亚、新西兰等国家中的部落社会的法律系统（King & Wexler，2010）。

这些“问题解决法庭”基于治疗性法学的理论，即利用我们所知道的行为改变方法去帮助这一类的违法者。例如，毒品治疗法庭的法官可以处理一切涉及瘾君子的刑事案件，在被告得到或拥有一份超过 6 个月的工作，同时接受了戒毒治疗并停止吸毒的情况下，可以暂时不对被告做出判决。与此类似，一个有精神障碍的被告也可以在社区及家庭成员的帮助下参加一些治疗。相对于仅仅判决被告是监禁还是释放，这类法庭更多的是在履行社会改造的职责。这一概念的演变可能会为针对严重精神疾病患者的刑事司法体系提供有效的备选方案。

整个社会早就认识到需要确定哪些罪犯是无法

控制自己行为的，对哪些罪犯简单地监禁是没有意义的。具有挑战性的是我们试图去做也许不可能的事情：判断个人是否能意识到其行为、辨别对错以及控制自己的行为。精神卫生专家不能回顾性地评估患者过去的精神状况。还有一个进退两难的问题是，一方面我们要为精神疾病患者提供治疗，另一方面又要把他们当作有民事行为能力的人。我们既想帮助精神疾病患者，又想远离他们保护自己，最终我们必须处理好两种同时存在又互相矛盾的想法。当前采用“问题解决法庭”可能是解决这些问题的一个办法。我们必须对精神疾病患者的基本价值达成共识，以便决定在法律上如何对待这些患者。

526

受审能力

在达斯基诉联邦案中（*Dusky v. United States*, 1960）最高法院规定，人们因为犯罪而接受审判之前，必须能了解自己被起诉的罪名以及如何为自己寻求辩护。因此，除了要评估个人在犯罪过程中的精神状态外，专家们还必须对他在随后的法律程序中的精神状态进行评估。如果一个人在犯罪的时候精神异常，但是在审判过程中精神正常，他仍可能被判 NGRI。如果亚瑟犯了罪并接受审判，就有可能是这种情况。

如果一个人被评估为没有接受审判的能力，就意味着他没有做出决定以及正确认识他所犯罪行的能力。接受审判要求具备这种**受审能力**（competence），因此那些有明显严重功能损害的人就不会因为罪行而被审判。一些观察员估计，每当有一个人被判为 NGRI 的时候，就相应地有 45 个人因被诊断有严重的精神疾病而被移送至精神卫生机构（Butler，2006）。他们在里面接受治疗，直到被认为有接受审判的能力为止。由于这个时间可以延长，所以法院规定这个时间不是无限的。在一段合理长度的时间之后，如果个人能力得到恢复，他就必须被释放或交由民法处置（*Jackson v. Indiana*, 1972）。然而，法律语言常常不够精确，对“一段合理的时间”可以有许多不同的理解。

最后结果同一个法律概念有关，即举证责任，也就是需提供能够胜诉的证据。在决定是否有能力接受审判的时候，被告方需要提供证据表明被告确实没有接受审判的能力（*Medina v. California*, 1992）。再一次，公众会认为精神疾病患者在犯下许多严重的罪行之后，又按常规被判定无罪，并明目张胆地重新回到社会。实际情况是，对非暴力犯罪的精神疾病患者，可以通过法律，如能力判定程序，使他们接受治疗。

警告义务

当一个专业人员怀疑他正在治疗的患者可能会伤害甚至杀害另一个人的时候，他应负有什么样的责任呢？他们应该和有关机构或是那个可能会遭到伤害的人联系，还是应该对治疗过程中患者的信息进行保密呢？

这些问题都是塔拉索夫诉加州大学董事会（*Tarasoff v. Regents of the University of California*, 1974，1976）这一悲剧性案件的要点。1969 年，加州大学的一名研究生普罗森吉特・波达（Prosenjit Poddar）杀害了拒绝和他约会的同学塔蒂耶娜・塔拉索夫（Tatiana Tarasoff）。在谋杀案发生前，他正在大学健康中心接受两名治疗师的治疗，并被诊断有偏执型精神分裂症。在最后一次治疗中，波达暗示他打算杀掉塔拉索夫。他的治疗师相信波达是认真的，便报告了校警，校警立刻展开了调查，并从波达那里得到保证，将不再为难塔拉索夫。但是，几星期之后，经过几次接近她的尝试后，波达向她开枪，并用刀猛刺直至她死亡。

在得知整个事件中治疗师所起的作用之后，塔拉索夫的家人决定起诉大学、治疗师和校警，认为他们没有预先警告塔拉索夫，让她知道自己处于危险之中。法院认可了这种意见，且从此以后，塔拉索夫案件成为治疗师须对可能成为他治疗的患者的受害者承担**警告义务**（duty to warn）的标准案例。之后的相关案件进一步明确规定治疗师有警告他人的责任（Masona，Worsleyb，& Coylea，2010）。法院规定这种威胁必须是明确的。在汤普森诉阿拉米达县（*Thompson v. County of Alameda*, 1980）案件中，加州最高法院规定在个体没有针对具体的人做出明确的威胁时，治疗师没有警告的义务。治疗师很难确切地知道如何保护受到他的患者所威胁的第三者。大量的临床实践表明，当治疗师产生怀疑时，

受审能力　刑事被告人参加庭审、接受审判，以及理解自己行为诉讼中的意义和自己在诉讼中所处的地位的能力。

他们应该与同事互相讨论。别人的意见对治疗师和来访者都很有帮助。

作为专家证人的精神卫生专业人员

法官以及陪审团经常需要依赖具有专业知识的**专家证人**（expert witnesses）来帮助他们做出裁决
527 （Mullen，2010）。我们在前面数次提及精神卫生专业人员的这种作用，他们会在辩护环节提供有关当事人的危险性、理解能力以及参与能力等方面的信息。公众对专家证人的印象是两种情感并存的：一方面，他们明白具有说服力的专家证词为陪审团的决定提供了依据；另一方面，他们也看到专家证人有点像是“雇佣军”，只说对雇主有利的话（Simon & Shuman，2009）。因而，作为专家证人的精神卫生专业人员的判断在多大程度上可信呢?

AP Photo/Don Shrubshell Pool

伊丽莎白·洛夫特斯（Elizabeth Loftus）博士是华盛顿大学西雅图校区的心理学家及人类记忆专家。她在审判前的听证会上为前白宫官员刘易斯·利比（Lewis“Scooter” Libby）提供证词。

举一个例子，决定一个人是否应该被民事诉讼，评估者必须确定这个人将来产生暴力的潜在可能性。研究发现精神卫生专业人员可以可靠地预计2～20天的短期之内的危险性（Scott et al.，2008）。但是，专家们没有办法做出长期的预测（Tardiff，2003）。另一个经常要求精神卫生专业人员提供咨询的领域是疾病诊断。在第3章，我们讨论过发展诊断体系就是为了确保诊断的可靠性。近来的诊断标准，如DSM-Ⅲ-R和最新的DSM-Ⅳ-TR都对诊断做出了明确的规定，以帮助临床医生做出可靠的诊断。然而，要记住法律上定义的精神疾病与DSM-Ⅳ-TR中定义的精神障碍并不相同。因此，判定一个人是否有“精神疾病”的是法院而不是精神卫生专业人员。

精神卫生专业人员还需要评估患者的能力以及鉴定他是否装病。装病就是假装某种症状或者夸大某种症状，以达到逃避惩罚的目的。例如，一个人可能会声称自己在犯罪时会出现生动的幻觉，因此不需要对自己的行为负责。研究显示明尼苏达多项人格调查表（MMPI）对于鉴别宣称自己患有严重精神疾病的人是否装病有极高的准确性。检查员所寻找的真正症状，却是那些精神疾病患者很少报告的。装病的人急于伪造自己的病情，往往会过多报告这些问题，也许就是为了说服别人相信他们是精神疾病患者(Gassen，Pietz，Spray，& Denney，2007)。精神卫生专业人员对于患者的作证能力，或者理解审判的含义以及为自己辩护的能力，也能做出比较可靠的判断（Shulman，Cohen，Kirsh，Hull，& Champine，2007）。总的来说，精神卫生专业人员可以在某些特定的领域为法官以及陪审团提供可靠而有用的信息（Scott et al.，2008）。

这里介绍的研究没有提供专家证词在日常条件下的准确程度。换句话说，在恰当的情境下，专家可以为一个人在短期内是否有暴力倾向、是否伪装某种症状、是否有接受审判的能力以及应该得到什么样的诊断等问题提供准确的答案。然而其他因素也可能会影响专家的证词。专家的个人观点以及学术观点比他的能力更重要，会影响着他是否以及怎样将证据呈现给法庭（Simon & Shuman，2009）。举个例子，如果作证的专家认为在一般情况下，人们不应该被强制送入医院，就会影响他在民事法庭上提供的证言。

概念自测 14.2

定义以下概念，检查你对刑事监管的理解。选项有：（a）受审能力；（b）限制行为能力；（c）美国法律协会法则；（d）达拉谟法则；（e）麦纳顿法则；（f）装病；（g）专家证人；（h）警告义务。

1. 如果被告不能理解程序或参与辩护，他将不能接受审判。________
2. 一个人在犯罪当时不能区分正确与错误。________
3. 由于一个人的精神疾病或者缺陷造成其能力的缺陷，以至于不能意识到自己行为的错误性，他将不用对自己的行为负责。________
4. 我的一个来访者在今天接受治疗的时候威胁要伤害他的母亲。现在我必须决定我是否履行________。
5. 精神障碍可以削弱一个人理解犯罪行为和形成犯罪意图的能力。________
6. Z博士在法庭上证实被告装病、夸大症状以逃避责任。X博士是作为一名________，而被告是在________。
7. 当一个人的违法行为是由于“精神疾病或者缺陷”导致的，他将不用对自己的行为负责。________

患者的权利及临床实践指南 528

▶ 精神卫生系统中患者的主要权利是什么？

直到30年前，精神卫生机构中的患者几乎没有什么权利。他们接受什么样的治疗，他们能否打电话、收发信件或与探视者见面，这些都是由医院管理者决定的，而他们很少与患者商量。然而，这种滥用权威引起了法律界的关注，并促使产生了一系列关心住院患者权利的法案。

治疗的权利

在精神卫生机构中的患者最基本的权利之一是治疗的权利。在许多大型精神卫生机构中往往患者很多，治疗时间很长，条件又差，并因此缺少相应的治疗措施。从20世纪70年代初开始，一系列的集体诉讼（代表了很多人的利益）帮助精神疾病患者和精神发育迟滞者确立了权利。一个里程碑式的案件是怀亚特诉斯蒂科尼案（*Wyatt v. Stickney*，1972）。这是一群由于资金困难而被亚拉巴马州一个大型机构解雇的雇员们提起的诉讼，在这个案件中第一次确立了精神卫生机构必须满足的与住院患者有关的最低标准。由怀亚特诉斯蒂科尼案所确定的最低标准，包括医护人员与患者的最低比例以及某些设备要求，如与规定的住院人数相匹配的淋浴和卫生间的数目。该案件同时也要求机构必须为他们的患者取得治疗效果而积极努力。

怀亚特诉斯蒂科尼案进一步阐述了“最少限制条件”这一概念，也就是说，在任何可能的情况下，都要尽可能不受限制地给患者提供治疗和照料。例如，法庭对于精神发育迟滞者有以下的条文：

> 患者有权利要求具有最低的住院生活条件，精神卫生机构应尽一切努力以达到以下目标，使患者：（1）生活上的限制越来越少；（2）生活设施越来越方便；（3）由公共的大房间逐渐过渡到小房间；（4）由集体居住过渡到独自居住；（5）由脱离社会过渡到融入社会；（6）从依赖他人过渡到独立生活。（*Wyatt v. Stickney*，1972）

尽管这个运动是为了确保患者在精神卫生机构获得治疗，但问题是什么是合适的治疗方案。“杨博格诉罗密欧案”（*Youngberg v. Romeo*，1982）重申了应该在非限定条件下给予患者治疗，但首先由专业人员决定采取何种治疗方案。这引起了为患者伸

警告义务　精神卫生专业人员有责任打破保密性原则，而警告被患者指定威胁的潜在受害者。

专家证人　受过专业训练、有专业经验，因而可以为法律庭审提供意见或建议的人。

张权益的人们的担忧，因为在过去，专业人员所给出的治疗方案并非总能达到预期效果，那些需要帮助的患者没有得到想要的帮助。1986年，美国国会通过了《精神疾病患者保护和倡议法案》，其中提供了多项保护措施（Woodside & Legg，1990）。这项法案使各个州建立了一系列的保障机构和辩护机构，以调查滥用和忽视此法律的指控。

拒绝接受治疗的权利

今天，在精神卫生方面引起最多争议的话题就是精神疾病患者，特别是那些严重精神疾病患者是否有拒绝接受治疗的权利（Simon & Shuman，2009）。近来，这种争论主要集中在抗精神病药物的使用上。一方面，精神卫生专业人员认为，在某些特定情况下，严重精神疾病患者没有能力做出对自己最有利的决定，因此临床医生有责任向患者提供治疗，而不必顾及患者的反对。另一方面，患者以及他们的保护者认为，即使某种做法可能从医学角度上对他们并非最佳方案，但任何人都有决定自己接受治疗与否的基本权利。

这样的争论还没有完全解决，有一个法庭的案例回答了一个相关的问题：人们是否应该“被迫”获得受审能力？这是一个有趣的问题：如果一个面临犯罪指控的人处于幻觉之中或频繁产生这种严重的幻觉，那么他就不能完全参与法律程序，我们是否能够违背他的意愿强迫他服用药物，以减轻这些症状而使他能够接受审讯呢？在“里金斯诉内华达州案”（*Riggins v. Nevada*，1992）中，最高法院判决，由于潜在的不良反应（例如与迟发性运动障碍有关的不自主运动），不可以强迫被告服用抗精神病药物。虽然这项决定没有解决拒绝治疗的问题，但是它确实体现了最高法院尊重个人选择的意愿（Simon & Shuman，2008）。

研究参与者的权利

在本书中，我们提到了遍布世界的参与研究的精神疾病患者，并对这些人的权利问题做了简要介绍。总的来说，参与研究的患者有以下一些权利（American Psychological Association，2010a，2010b）：

1. 被告知研究目的的权利
2. 隐私权
3. 被尊重的权利
4. 免遭身体和精神伤害的权利
5. 在不会被伤害或报复的前提下，自愿选择参与或拒绝研究的权利 529
6. 在研究报告中匿名的权利
7. 对自己病历采取保护措施的权利

这些权利对那些不能完全理解这些条文的心理障碍患者来说尤其重要。在研究中，最重要的事情之一就是参与者必须被充分告知研究的风险以及益处。仅仅简单地通报是不够的，必须是在详细地提供信息，或者是在充分告知参与者研究的各个方面信息，特别是所有可能的潜在危险性之后签署正式的知情同意书。最近的一个案例体现了知情同意的重要性以及在应用研究中存在的某些灰色区域。

格雷格·阿勒：要求自己的权利

1988年，23岁的格雷格·阿勒（Greg Aller）签署了一份同意书，同意参加加利福尼亚大学洛杉矶分校（UCLA）神经精神研究所进行的一项治疗研究（Willwerth，1993）。在一年以前，格雷格就开始有清晰而恐怖的关于外星人的幻觉以及妄想。他的父母来到UCLA请求帮助。他们得知这个大学正在进行一项评估早期精神分裂症的症状，以及评价停药以后的疗效的研究。如果格雷格参加这项研究，他将免费得到极其昂贵的药物治疗以及免费的心理咨询。作为研究的一部分，他服用了3个月的氟奋乃静，他的情况有了显著的改善：幻觉、妄想都消失了。

虽然结果令人喜悦，但是格雷格的父母十分担心第二阶段不服药的研究。研究者再次向他们保证这只是治疗精神分裂症患者的重要而正常的一个部分，而长期服药带来的不良反应可能会非常巨大。同时，研究人员也告诉格雷格的父母，如果他停药以后情况变得明显恶化，研究者会重新给他服药。

到1989年底，格雷格逐渐停药了，而不久他就产生关于当时的美国总统罗纳德·里根和外星人的妄想。尽管对于父母来说，他的恶化十分明显，但是格雷格没有向研究者表示他需要药物，也没有告诉他们关于他再次出现幻觉以及妄想的事情。格雷格的情况不断恶化，甚至威胁要杀害父母。又过了几个月后，父母终于说服他进行药物治疗。尽管他比稍前有所好转，但是格雷格仍然没有恢复到在第一轮药物治疗后所取得的最佳状态。

格雷格·阿勒（右，和他父母一起）参加了 UCLA 的一项药物研究，在药物治疗停止后病情严重恶化。他和他的家人后来对这项研究的知情同意提出了质疑。

这个案例凸显了研究人员在研究心理病理学方面的重要问题时可能出现的冲突。美国国家卫生研究院的专家们指出，UCLA 的研究人员没有给格雷格及其家人提供关于这项治疗危险性的充分信息以及其他可能的治疗方案（Aller & Aller，1997）。批评者宣称，在这种情况下以及类似的情况下告知患者的信息总是不充分的，而且这种信息多半是倾向于促使患者参加研究。然而，UCLA 的研究人员认为，他们所做的一切与不参加研究时的情况没有什么不同：他们努力使格雷格从抗精神病药物的潜在危险中摆脱出来。这个案例中产生的问题提醒研究人员要关注他们对于参加研究的患者的责任，以及他们为研究中的受试者提供足够的保护措施的义务。一些研究人员致力于探索一种方法，以便正式评价参加研究的患者是否充分了解这些研究的利益及危险性（例如，Jeste et al.，2009）。

循证实践及临床实践指南

政府及医疗政策的决策者都在推崇循证实践（EBP）——以研究结果作为证据指导有效的健康保健实践活动。EBP 是偶然产生并风靡全球的想法之一。虽然 EBP 的一些原理已经存在了几十年，但它只是在过去的 15 年里才正式被确定为提供临床照料的系统化方法（Institute of Medicine，2001；Sackett， 530
Strauss，Richardson，Rosenberg，& Haynes，2000）。美国心理学会首席特别工作组在 2006 年采用了一篇报告作为一项政策，其中描述了心理学中的 EBP，并鼓励广泛采用基于证据的心理学实践基础原则的观点（American Psychological Association，2006）。

正如全书所述，不管是在研究所还是在直接服务于公众的诊所里，大量证据都表明心理治疗对于特定疾病具有有效性。当这些证据以解决特定问题的建议形式出现的时候，这些建议就被称为临床实践指南。1989 年，立法机构建立了一个新的联邦政府部门，称为健康维护政策与研究署（Agency for Health Care Policy and Research，AHCPR）。1999 年，国会为这个机构重新授权并将其更名为保健研究与质量署（Agency for Healthcare Research and Quality，AHRQ）。这个机构的成立目的是建立一个全美统一的有效的健康以及精神卫生促进体系，并与全美的从业者、政策制定者及患者保持联系，随时通报最新的对某种精神疾病的治疗进展。这个机构同时也担负着进一步改进健康以及精神卫生服务系统的责任。现在，随着在 2010 年通过了为美国国民提供健康保险形式的立法（《患者保护与平价医疗法案》），医疗保健更快捷有效的重要性就变得前所未有。

政府希望这个机构不仅可以通过消除不必要的和无效的治疗来降低开支，还希望促进以最新研究成果为基础的有效治疗方法的推广。近年来，政府已拨出数十亿美元旨在宣传和贯彻各种健康保健系统的循证心理治疗，如美国的退伍军人卫生管理局和英国的国民健康服务中心（McHugh & Barlow，2010）。有效地治疗患者以减轻他们的疼痛和痛苦，是降低健康维护成本的最有效的途径，因为患者不需要再寻求一个又一个治疗以减轻症状。为此，新的立法将创建患者中心疗效研究所，以便于研究各种病情用什么疗法是最有效的，并将此信息广泛宣传（Dickersin，2010）。

预见到这种趋势的重要性，以及临床实践指南合理有效的必要性，美国心理学会成立了一个特别小组，负责构建临床指南的模板，它不仅仅被用于指导精神疾病的临床实践，也被用于指导躯体疾病的心理社会方面问题的临床实践。这些原则在1995年出版，2002年的修订版做了小的修改（American Psychological Association，2002a and b）。

特别小组认为临床实践指南的构建应该基于两方面的考虑，或者说两个轴，即临床疗效轴和临床适用轴。**临床效果轴**（clinical efficacy axis）要求充分地结合科学依据以评判干预手段是否有效。这种依据应该能够回答以下这个问题：与其他的治疗方法或不予治疗的对照组相比，这种治疗方法是否更具疗效？

在第3章中，我们回顾了许多用来验证干预是否有效的研究方法。你可能记得，由于种种原因，一种治疗方法看起来有效，而实际上根本没有效果。例如，在治疗过程中，可能仅仅由于时间的推移或者一个自然痊愈的过程，患者症状得到好转，但是，实际上这种症状的改善与治疗方法没有什么关系。也许治疗中非特异性的作用——可能仅仅是和一个关心患者的健康专业人员会面——就足以让一个人感觉要好得多，而无需任何特别的治疗技术。为了评估临床效果，必须进行实验以明确正在讨论的干预是否比没有治疗、比非特异性的治疗或者比其他治疗有更好的效果。当有许多临床医生都在用这种方法治疗某种疾病时，我们也可以从不同的临床医生那里搜集足够的信息。如果这些临床医生系统地采集了干预后疾病转归的数据，他们就可以确定有多少患者被"治愈"，多少患者的症状有所改善但没有完全恢复，以及有多少患者对这种干预没有反应。这些临床数据被称为"临床定量观察"或"临床应用再评价"数据。当然，核心临床专家的一致意见也值得参考，但是，它的参考价值不如临床定量观察或随机对照试验的数据（指个体被随机分配一种治疗或控制条件来评估治疗效果）。

临床适用轴（clinical utility axis）关注不管在实验研究中的效果如何，关键是在临床工作第一线的实践中，这种治疗方法的效果如何。换句话说，一种在实验室中被证明有效的干预方法，是否在临床中被反复使用时也同样有效呢？而且，在临床实践中，这种治疗方法是否切实可行，性价比如何？这个轴关注外部效度，即在不同的精神卫生机构或者不同的使用环境下的治疗效果。

在临床适用轴上第一个要考虑的主要问题就是可行性。患者是否能够接受这种治疗方法，是否能够按照要求来做？对治疗者而言，操作是否容易？正如第12章中提到过的，在很多情况下电休克治疗（ECT）
对于严重抑郁来说非常有效，但对于患者来说也是极 531
其恐怖的，许多患者拒绝接受这种治疗方法。这种治疗同样需要在医院里，由有经验的人来操作并由医务人员密切监视。因此，这种方法并不是特别可行。

在临床适用轴上第二个要考虑的问题是普适性，即对于不同背景的患者（种族、年龄和性别）以及不同的治疗环境（住院治疗、门诊治疗、社区治疗）或不同的治疗师，这种治疗方法是否都有效果。一种治疗方法可能在实验室环境中对于特定的人群有效，但是对于不同种族患者的普遍疗效就非常差。关于两个轴的概述见表14-3。

2010年，美国心理学会决定自己制定一套临床实践指南，为有心理疾病的人提供最好的循证心理照料。

在第1章中，我们回顾了构成一个精神卫生职业的科学家型实践者角色的各种活动，他们在临床实践中不断钻研更好的评估方法以及治疗方案。精神卫生服务体系的变化关系到上百万人，因此可能会伴随着相当多的坎坷，但是这种变化也会带来很多机会。科学家型实践者可以通过几种途径为临床指南的发展做出自己的贡献。例如，在评估临床疗法的临床适用性或外部效度时，成千上万的精神卫生专业人员的经验是非常有价值的。事实上，绝大多数与临床适用性或外部效度有关的信息，都是由这些临床医生在临床实践过程中搜集而来的。

概念自测 14.3 532

使用下列术语区分以下情况：（a）知情同意书；（b）拒绝治疗；（c）临床适用；（d）临床效果；（e）降低成本。

1. 目前，临床实践指南确立了两个轴。_______轴涉及评价科学依据以判定某一干预手段是否有效。
2. _______轴关注一种干预手段在临床应用而不是研究情境中的效果。
3. 临床研究人员知道这项研究中参与者受到潜在伤害的可能性非常小，但还是详细地告诉他们这一点，并征求他们是否同意并签署_______。
4. 临床实践指南被设计用来保护患者并_______。
5. 在审理里金诉内华达州案（1992）时，最高法院支持患者_______的权利。

表14–3　心理干预指南模板概述

临床效果轴（内部效度）	临床适用轴（外部效度）
A. 比其他治疗效果好（随机对照试验） B. 比非特异性治疗效果好（随机对照试验） C. 比不予治疗效果好（随机对照试验） D. 临床定量观察 E. 临床一致性 1. 强阳性 2. 混合 3. 强阴性 4. 相互矛盾的证据	A. 可行性 1. 患者接受性（费用、疼痛、持续时间、不良反应等） 2. 在效果相同的情况下患者的选择 3. 依从性 4. 推广的容易程度——从业人员数量、培训要求、培训机会、科技成本以及额外支持人力等 B. 普适性 1. 患者的特征 a. 文化背景 b. 性别 c. 发展水平 d. 其他有关的特征 2. 治疗师的特征 3. 在不同时间等条件下应用效果的稳定性 4. 与治疗环境有关的其他因素 C. 成本与效益 1. 为个人和社会提供治疗的成本 2. 不为个人和社会提供治疗的成本

注：治疗效果的真实性建立在以下基础上：（a）治疗的绝对与相对效果；（b）做出判定的研究的质量及可重复性。另外，临床适用轴上三个方面的真实性，必须基于通过系统及客观的方法与策略，对实际应用的治疗特点所进行的评估。在一些情况下可以使用随机对照试验，大多数情况下数据以临床定量观察（临床应用再评价）的形式出现，或者以诸如健康经济计算等其他策略的方式得到。

资料来源：Reprinted，with permission，from American Psychological Association Board of Professional Affairs Task Force on Psychological Intervention Guidelines. (1995). *Template for developing guidelines: Interventions for mental disorders and psychosocial aspects of physical disorders*. Approved by APA Council of Representatives，February 1995. Washington，D.C.: American Psychological Association，© 1995 American Psychological Association.

小　结

民事强制收留

精神疾病的法律概念与心理障碍的临床诊断有何不同？

危险性和精神疾病之间的关系是什么？

精神疾病、院外治疗和无家可归之间是如何相互作用的？

- 民事强制收留法规定了在什么情况下，一个人被认为是法律角度上的精神疾病患者，因而可以违背个人意愿将其送入医院治疗。
- 历史上，美国许多州都曾在下列几种情况下将患者强制送入精神病医院：（1）患者有精神疾病并需要治疗；（2）患者对自己或其他人造成威胁；（3）患者不能照顾自己。
- “精神疾病”是法律用语，在含义上并不等同于“心理障碍”。每个州都有自己对精神疾病的定义，它常常指那些对个人的健康以及安全造成严重负面影响的紊乱。
- 虽然产生幻想和妄想的症状似乎意味着发生暴力行为的可能性增大，事实上，患有精神疾病并不意味着危险性增大，或者说，精神疾病患者不一定在将来产生暴力行为。
- 由院外治疗的失败导致的转院治疗、无家可归者的增多以及严重精神疾病患者的刑事犯罪，打破了以往的观念，对严厉的民事强制收留条件产生了冲击。

刑事监管

进行精神错乱辩护和判断受审能力的法律标准是什么？

- 下列两种情况之一下人们将受到刑事监管：（1）他们受到犯罪指控，并被监管在精神病医院中，直到被确认是否适合参加控诉他们的法律程序为止；（2）他们因为患有精神疾病而被判无罪。

临床效果轴　临床指南构建的基础之一，指要依据临床效果来评估干预手段是否有效，与临床适用轴相对。

临床适用轴　临床指南构建的基础之一，指评估干预手段是否有效，要看他们是否有较高的适用性和性价比，与临床效果轴相对。

- 对精神疾病患者无罪辩护体现在一系列的法律原则中。麦纳顿法则：如果个体不能意识到他们在做什么或不能意识到所做的事情是错误的，那么他对犯罪行为不负有责任。达拉谟法则：将责任的标准从不能区分对错扩展到罪犯的违法行为是由于“精神疾病或缺陷”导致的。美国法律协会（ALI）标准：认为人们由于精神疾病而缺乏对自己行为是否恰当的认知能力，或缺乏控制自己行为的能力，在这种情况下的行为不负法律责任。
- 限制行为能力的概念是指个体理解自己行为的性质和犯罪意图的能力，因为患有精神疾病而有所下降。
- 在一个人因违法行为受审判之前，必须进行能力评估，以决定他是否有能力接受审判——了解自己被起诉的罪名以及如何为自己寻求辩护的能力。
- 警告义务是指当治疗师发现自己的患者试图伤害或者杀害某个人的时候，有责任去警告可能的受害者。

533 ● 有专业的知识，并帮助法官以及陪审团做出特别是关于诸如被告的能力以及是否装病等问题的判决的个人被称为专家证人。

患者的权利及临床实践指南

精神卫生系统中患者的主要权利是什么？

- 在精神卫生机构就诊的患者的基本权利之一就是治疗的权利，就是说，患者有接受为达到一定的治疗目标而进行治疗的法律权利。相反，在是否所有的患者都有拒绝治疗的权利方面存在很多的争议，尤其是在抗精神病药物的使用上，因为治疗可以改善症状，但也会带来严重的不良反应。
- 研究参与者都必须以知情同意的形式被正式通知参加研究的所有危险性以及收益。
- 临床实践指南在提供对于特定的精神疾病，哪一种治疗方法可能有效方面起着重要的作用。为此，必须用临床效果（内部效度）和临床适用性（外部效度）加以衡量。前者是测量治疗是否有效，而后者是测量治疗是否在各种情况下都有效。

▼ 关键词

civil commitment laws 民事强制收留法 516
mental illness 精神疾病 517
dangerousness 危险性 517
deinstitutionalization 院外治疗 518
transinstitutionalization 转院治疗 519
criminal commitment 刑事监管 522
diminished capacity 限制能力 523
competence 受审能力 526
duty to warn 警告义务 526
expert witness 专家证人 526
clinical efficacy axis 临床效果轴 530
clinical utility axis 临床适用轴 530

▼ 概念自测答案

14.1

1. 精神障碍；2. 危险性；3. 严重残疾；4. 法律；5. 院外治疗；6. 转院治疗

14.2

1. a；2. e；3. c；4. h；5. b；6. g，f；7. d

14.3

1. d；2. c；3. a；4. e；5. b

534 ## ▼ 本章测验

1. 根据拉·福德（La Fond）和杜尔汉姆（Durham）的最新评论，20世纪60年代以来美国精神卫生法按照哪种模式变化？
   a. 从强调保护个体转变为一场保护社会的运动
   b. 从强调保护社会转变为一场保护个体的运动
   c. 始终将保护个体置于保护社会之上
   d. 始终将保护社会置于保护个体之上
2. 萨莉拒绝吃饭，因为她的幻觉使她相信外星人要毒害她。由于她的病情，萨莉被强制送进精神病院，这是以什么民事权力为基础的？
   a. 装病　　b. 知情同意
   c. 警察权力　　d. 代行父母权力
3. 根据精神疾病与危险性之间的关系，下列哪一项陈述是正确的？
   a. 患有精神疾病的西班牙裔美国人比其他族群的患者更加危险
   b. 被强制送入精神卫生机构的精神疾病患者更加危险
   c. 女性精神疾病患者比没有精神疾病的女性更加危险

d. 大多数研究表明精神疾病患者不比没有病的人更加危险

4. 将人们从精神卫生机构转移到外面（院外治疗）的一个目标是：

a. 在社区建立精神卫生中心以提供治疗支持系统

b. 减少已经太复杂的民事执行的需要

c. 允许家属在更加家庭化的环境中提供更细致的看护

d. 检验刚刚研制的抗精神病药物的有效性

5. 判定个体精神状况是否影响有罪或无罪的时候，麦纳顿法则包含了下列哪一个标准？

a. 行为是否在个体控制之内

b. “一般人”是否会饶恕这种行为

c. 该个体是否知道这种行为是错误的

d. 个体是否因为这种行为而后悔

6. “限制行为能力”是一个法律概念，指一个精神疾病患者犯罪时，他可能缺乏：

a. 意图　b. 罪责　c. 悔恨　d. 回忆

7. 关于“因精神错乱而无罪”（NGRI）免刑的使用状况的调查发现：

a. 公众低估了在重罪案件中的使用频率

b. 公众高估了成功使用的频率

c. 公众低估了多少人使用这种免刑而被释放的频率

d. 公众高估了被判NGRI的患者被监禁在医院的时间

8. “有罪但应该考虑罪犯有精神疾病”（GBMI）裁决与“因精神错乱而无罪”（NGRI）的不同在于：

a. 只有在GBMI中人们被认定为不知道他们的行为是错的

b. 被判定为GBMI的个体可以获得精神疾病的治疗，但仍要在监狱中服满刑期

c. 被判定为GBMI的个体要被送往监狱，但必须接受精神疾病的治疗

d. 被判定为GBMI的个体被拘禁在精神病院，而不是监狱

9. 犯了罪但无法受审的个体可能会：

a. 被立即释放

b. 不通过审判而被直接送入监狱

c. 进入精神卫生机构直到恢复能力

d. 不确定是否会被送入精神卫生机构

10. 根据塔拉索夫案的判决，何种情况下治疗师可以打破对患者信息的保密性原则？

a. 患者虽然没有做出任何威胁，但治疗师怀疑患者会很危险

b. 患者虽然做出了不明确的威胁，但他曾经有暴力行为的历史

c. 患者针对某个个体做出了明确的威胁

d. 患者做出了暴力性威胁，虽然这种威胁并不明确

（答案见附录C）

附录A　重大事件的时间线

前 400 —1825 年

前400年：希波克拉底提出心理障碍兼有生物上的和心理上的病因。

1300年代：精神障碍被归咎于恶魔和女巫；驱魔术施法将寄居在体内的邪灵驱出。

1400—1800年：放血和吸血被用来除去体内不健康的体液以恢复平衡。

1793年：菲利普·皮内尔引入道德疗法，使得法国精神机构更加人性化。

前400年　1300年代　1500年代　1825—1875年

前200年：盖伦提出正常的和异常的行为与四种身体内的液体或体液有关。

1400年代：精神错乱源于精神和情绪应激这种观点得到发展，抑郁和焦虑被看作失调这种观点再次被重视。

1500年代：帕拉塞尔苏斯提出月亮和星体影响人们的心理功能。

1825—1875年：梅毒被区分于其他精神问题，因为它是由特殊的细菌引起的；青霉素被发现可以用于治疗梅毒。

1930—1968 年

1930年：胰岛素休克治疗、电休克治疗以及脑外科手术被用作心理病理学治疗方法。

1943年：明尼苏达多项人格调查表出版。

1950年：第一批用于治疗严重心理障碍的有效药物被研发出来。人本主义心理学（基于荣格、阿德勒以及罗杰斯的思想）在某种程度上被接受。

1958年：约瑟夫·沃尔普使用基于行为科学原理的系统脱敏法有效地治疗恐惧症患者。

1930 年　1943 年　1950 年　1968 年

1938年：B. F. 斯金纳出版《有机体的行为》一书，该书描述了操作性条件作用的原理。

1946年：安娜·弗洛伊德出版《自我与防御机制》。

1952年：《精神疾病诊断与统计手册》（第一版）（DSM-Ⅰ）出版。

1968年：DSM-Ⅱ出版。

1848—1920年

1848年：多萝西娅·迪克斯成功争取到美国精神机构更人性化的治疗。

1870年：路易斯·巴斯德提出细菌致病的理论，这个学说有助于鉴别引起梅毒的细菌。

1900年：西格蒙德·弗洛伊德出版《释梦》。

1913年：埃米尔·克雷佩林从生物学的视角对多种心理障碍进行分类，并出版有关诊断的著作。

1848年　1870年　1900年　1920年

1854年：纽约尤迪卡州立医院的院长约翰·P. 格雷认为精神错乱源于生理因素，因此不再强调心理治疗。

1895年：约瑟夫·布洛伊尔对患有癔症的安娜·O进行治疗，从而对弗洛伊德精神分析理论的发展起了引导作用。

1904年：伊万·巴甫洛夫辨认出狗的条件反射。

1920年：约翰·B. 华生用小白鼠对小阿尔伯特进行条件性的恐惧实验。

1980—2000年

1980年：DSM-Ⅲ出版。

1990年代：日益复杂的研究方法被发展出来；任何一个方面的影响因素——生物的或环境的——被发现都不可能单独导致心理障碍。

2000年：DSM-Ⅳ-TR出版。

1980年　1990年代　2000年

1987年：DSM-Ⅲ-R出版。

1994年：DSM-Ⅳ出版。

附录 B　主要心理障碍概览

焦虑障碍探究

焦虑障碍患者：

- 没有危险时也感到过度紧张、忧虑或恐惧。
- 可能会采取一些极端措施来避免焦虑源。

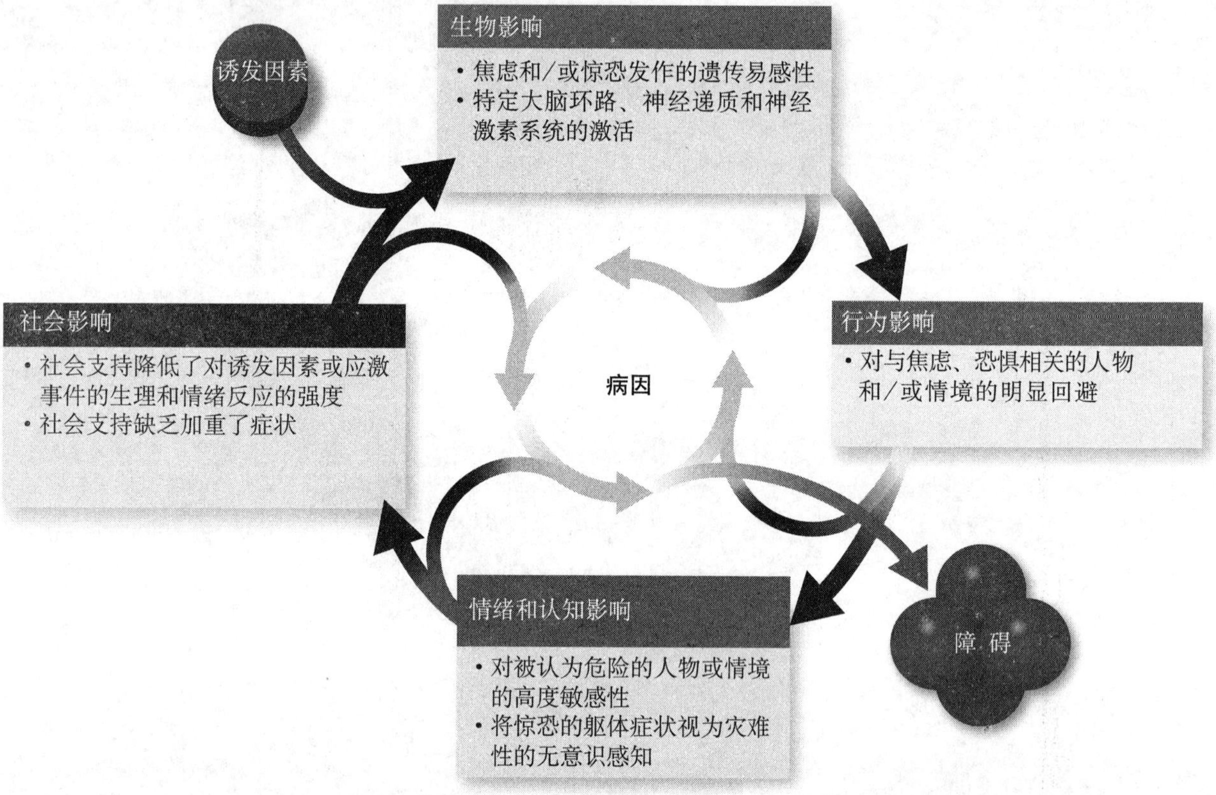

焦虑障碍的治疗

认知行为治疗	药物治疗	其他治疗管理
• 系统地暴露于诱发焦虑的情境和想法中 • 学习用积极的行为和想法来代替消极的行为和想法 • 学习新的应对技术：放松训练、呼吸控制等	• 通过影响大脑化学成分而降低焦虑的水平 —抗抑郁剂（丙咪嗪、帕罗西汀、文法拉辛） —苯二氮卓类药物（阿普唑仑、氯硝西泮）	• 通过健康的生活方式管理应激：休息、锻炼、营养、社会支持、控制酒精和其他药物的摄入

Photos: Photodisc/Getty Images

焦虑障碍分类

惊恐障碍

患有惊恐障碍的人有过一次或多次的惊恐发作并且非常担心和忧虑以后的发作

Photodisc/Getty Images

什么是惊恐发作？

一个惊恐发作的人会感觉到：

- 对可能出现强烈恐惧的忧虑
- 感到“要疯了”或失去控制
- 痛苦的生理反应：心跳加速，呼吸急促，头昏眼花，呕吐，或者感到心脏病发作或即将死去

惊恐发作发生在什么时候及为什么发生？

惊恐发作可能是：

- 情境性爆发的：通常发生在特殊的情况下，可能导致对触发的人、地点或事件的极端回避（见特定和社交恐惧症）
- 不可预期的：可能导致对那些感到不安全的任何情境或场所的极端回避（广场恐惧症）
- 情境性倾向的：在一定的条件下可能发生也可能不发生（在情境性爆发和不可预期之间）

恐惧症

患有恐惧症的人会避开那些使其产生严重焦虑和/或惊恐的地方，有如下三种类型：

Eyewire/Getty Images

广场恐惧症

- 害怕并且避免见到那些引起惊恐发作的情境、人或场所：购物中心、商店、公共汽车、飞机、轮船等
- 极度地不愿意离开家甚至一个特定的房间
- 开始于一次惊恐发作，即使以后再没有发作也会持续几年

特定恐惧症

- 害怕某一引起发作的特殊物体或情境：高处、密闭的空间、昆虫、蛇、飞行等
- 从直接或间接的经验和伤害习得而来，或是来自误传

社交恐惧症

- 害怕被叫起来表演一些可能会被评价的“节目”：使用公共休息室、在公众面前讲话、见陌生人等

其他类型

Eyewire/Getty Images

广泛性焦虑障碍

- 不可控制地担心每天发生的事情
- 即使成功了也感到有灾难降临
- 无力停止这种焦虑、担心的循环，如艾琳担心学业失败、人际关系和健康，尽管这些看起来都很好
- 出现肌肉紧张等躯体症状

创伤后应激障碍

- 害怕再次遇到创伤事件：强奸、战争、人身威胁等
- 创伤事件闪回的噩梦
- 通过情感麻木来避免对过去事件的强烈感受

强迫症

- 对不情愿的、闯入性的想法（强迫想法）的恐惧
- 寻求一些仪式性的动作来压抑闯入性的想法（强迫行为），如理查德用不停地洗和擦的动作来压制一些诸如性、攻击和宗教的想法

发育障碍探究

生命早期出现，会干扰正常发育过程的障碍。

- 打断或妨碍能力的发展，延缓了对通常会习得的此能力的掌握。
- 知道哪些技能会因某种障碍而受损，是发展恰当干预策略的基础。

认知
语言
社会化

婴儿期　童年期　青少年期

发育障碍分类

		描述	病因	治疗
注意缺陷/多动障碍（ADHD）	 ©Sky Bonillo/PhotoEdit	• 注意力不集中、多动，以及冲动行为 • 影响学业与人际关系 • 症状会因成熟而变化，但问题会持续 • 男孩多见	• 研究表明受遗传因素影响 • 异常的神经病学因素 • 可能与母亲孕期吸烟相关 • 他人消极反应带来的低自尊	• 生物治疗（用药） —提高依从性 —减少消极行为 —效果非长期 • 心理治疗（行为） —目标设定和强化
学习障碍	 Courtesy of Laureate Learning Systems Inc.	• 阅读、计算和书写表达能力低于智商、年龄和教育应有的水平 • 可能同时伴有ADHD	• 理论上认为存在遗传、神经生物和环境因素的影响	• 教育干预 —基本处理 —认知和行为技能

	类型	描述	治疗
交流障碍 与学习障碍密切相关，但相对温和。早期出现，广泛影响以后的生活。 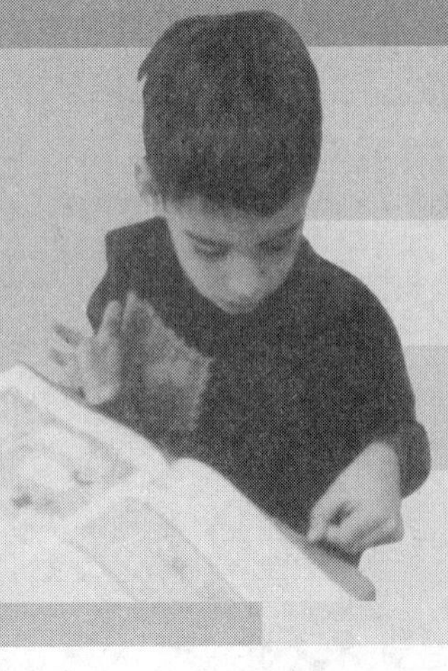 ©Photodisc/Getty Images	口吃	言语流畅性障碍（重复单词、拖长语音、停顿）	• 心理治疗 • 药物治疗
	言语表达障碍	所有情境下言语能力受限	• 或许能够自我修正
	选择性缄默	特定情境（例如，学校）下言语能力丧失	• 偶联性事件管理
	抽动障碍	无意识的身体动作（抽动），例如身体抽搐或发声	• 心理治疗 • 药物治疗

广泛性发育障碍

	描述	病因	治疗
孤独障碍	• 社会化和沟通严重受损 • 刻板的行为、兴趣和活动 —模仿言语 —固定的兴趣 —刻板、仪式化的行为 • 症状大多数在3岁前出现	• 缺乏结论性数据 • 众多生物因素 —明显受遗传因素影响 —有证据显示受脑部损伤（认知缺陷）及心理社会性因素影响	• 行为聚焦 —交流 —社会化 —生活技能 • 融合教育 • 药物可以短期改善
阿斯伯格障碍	社会化受损、受限 / 不寻常的行为，但言语发展无延迟 • 几乎无认知受损（智力正常） • 可能是轻度的孤独症，而不是单独的障碍		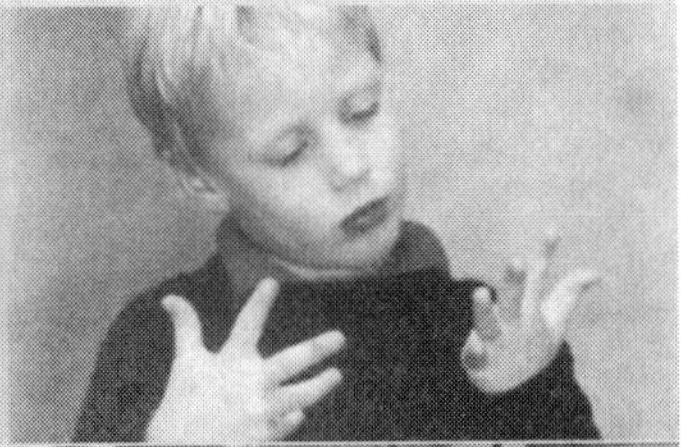 Nicola Sutton/Life File/Getty Images
雷特障碍	早期正常发育后发生的渐进性神经系统疾病 • 主要影响女孩 • 精神发育迟滞 • 运动能力退化 • 经常性扭转或翻转手		 ©moodboard/Corbis
儿童瓦解性障碍	2～4 年正常发育后发生的严重退化 • 影响语言、适应行为和运动技能 • 有神经性病源的证据		 ©Paul Conklin/PhotoEdit

智力障碍

	描述	病因	治疗
 Photodisc/Getty Images	• 适应和智力功能明显低于平均水平 —言语和交流受损 • 日常行为的广泛损伤——从轻度到重度（90%的患者为轻度受损）	• 数百种已知病因 —遗传 —产前期 —围产期 —出生后 —环境 • 接近75%的个案不能归于任何一种已知病因	• 没有生物治疗手段 • 行为治疗的重点与孤独症相似 • 预防 —遗传咨询 —生物扫描 —孕期保健

认知障碍探究

- 当大脑受损时，其影响是不可逆的，并会不断累积直到学习、记忆或意识明显受损。
- 认知障碍的出现时间远晚于通常被认为是先天性的智力障碍和其他学习障碍。

认知障碍分类

	描述	病因（亚型）	治疗
谵妄	• 数小时或数天的意识和认知受损 —混乱、定向障碍、无法集中注意力 • 老人、艾滋病患者、服药中的患者最常见	• 躯体健康问题所致的谵妄 • 药物所致谵妄 • 多病因所致谵妄 • 未定型的谵妄	• 药物治疗 —苯二氮卓类药物 —抗精神病药物 • 心理社会治疗 —安慰 —接触个人物品 —纳入治疗决策

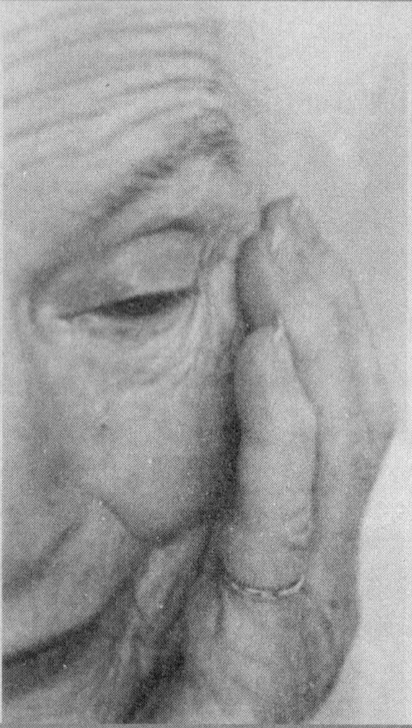

Todd Pearson/Digital Vision/Getty Images

PhotoLink/Photodisc/Getty Images

	描述	病因	治疗
遗忘症	• 未见其他认知功能受损的永久性短时记忆丧失 —无法接受新的信息或回忆以前已接受的信息 —社会和职业功能显著受损	• 躯体健康问题，例如颅脑外伤 • 某种成瘾物质的持续影响，即便不再使用某种成瘾物质之后也这样	• 预防：适当的药物治疗和用药监控 • 没有应对损伤的长效治疗方法

亚型

沃尔尼克–柯萨柯夫综合征

丘脑受损所致，其原因包括伤害（卒中）或慢性酗酒（硫胺素缺乏）

Keith Brofsky/Photodisc/Getty Images

痴呆

➤ 大脑功能的逐渐恶化，影响判断、记忆、语言和其他高级认知过程。

➤ 躯体健康问题或药物滥用所致。

➤ 有些类型是不可逆的，有些类型可通过基础治疗获得缓解。

痴呆分类

		描述	病因	治疗
阿尔茨海默型痴呆	 ©Gabriela Medina/Blend Images/Jupiter Images	• 逐渐加重的记忆受损和其他多种行为和认知缺陷，影响语言、运动机能、识别人和物的能力和/或计划能力 • 最常见的痴呆类型 • 大多数研究的对象	• 渐进性脑损伤，以神经纤维缠结和神经炎斑块为标志，经尸检证实，但通过简化的精神状态检查可以评估 • 涉及多个基因	• 目前无法治愈，希望寄托在基因和神经斑中淀粉样蛋白的研究上 • 管理策略包括列表、制作示意图和笔记应对等，以帮助维持定向能力 • 新疗法——防止乙酰胆碱缺乏和维生素疗法——有一定希望
物质所致持久性痴呆	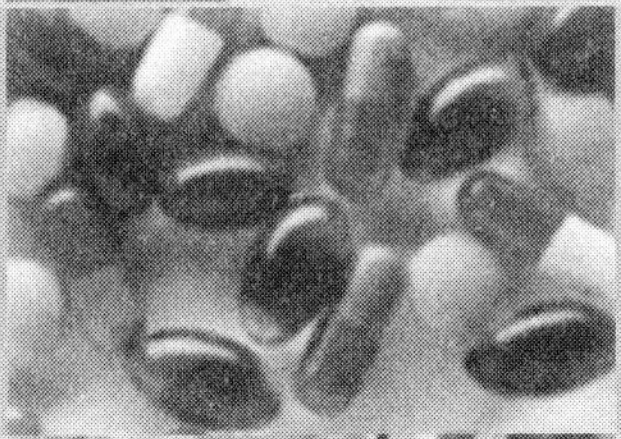 ©Photodisc/Getty Images	• 由于长时间使用药物造成的脑损伤，尤其是同时还有不良饮食习惯，如酒精依赖；其他物质可能包括吸入剂、镇静剂、催眠药和抗焦虑药 • 治疗重在预防		
血管性痴呆	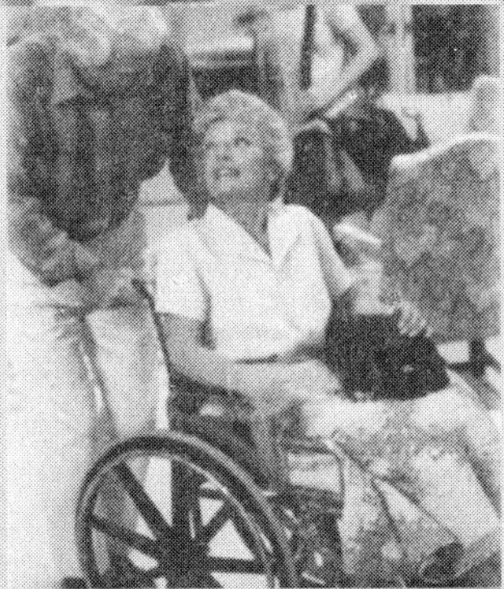 Stockbyte/Getty Images	• 由大脑中的血管堵塞或破损（卒中）引起的永久性恶化 • 症状和阿尔茨海默型相同，还可能包括行走不便和四肢无力等问题 • 治疗重在应对		
其他躯体疾病所致痴呆	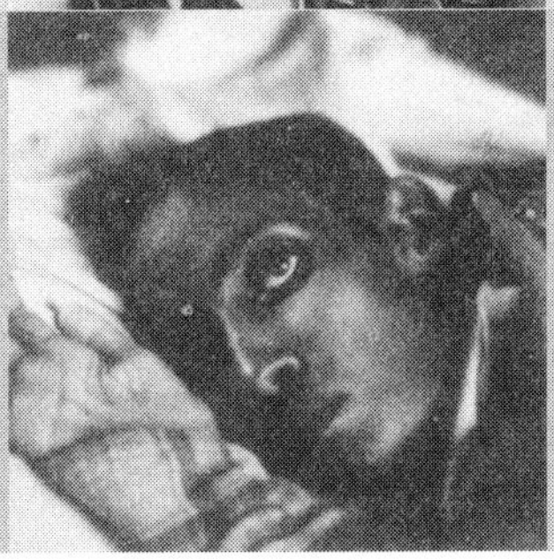 ©Harmut Schwarzbach/Peter Arnold/PhotoLibrary	• 和其他认知障碍影响类似，但还由以下因素引起： —颅脑外伤 —HIV 感染、帕金森病、亨廷顿病、皮克病或克罗伊茨费尔特－雅各布病 —脑积水、甲减、脑肿瘤和维生素 B_{12} 缺乏 • 预选治疗有时候是可能的		

进食障碍探究

进食障碍的患者：

- 心无旁骛、全身心地想要变瘦。
- 以来自社会竞争环境激烈的中、上流社会阶层中年轻女性为主。
- 曾经只存在于西方社会，但现在已经不再如此。

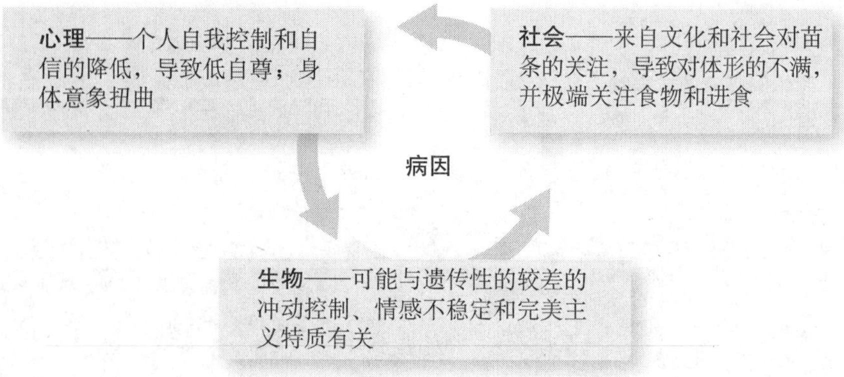

进食障碍

描述	特征	治疗
神经性贪食症	• 在短时间内不可控制地进食大量无营养的食物 • 通过自我引吐和/或泻药或利尿剂的使用来清除食物 • 一些患者会在两次暴食之间用极端运动或禁食作为代偿 • 呕吐会导致唾液腺肿大（造成脸庞圆胖）、牙釉质被腐蚀，以及电解质失衡而引起心脏衰竭或肾功能问题 • 体重通常低于正常体重的90% • 典型初发年龄为16～19岁	• 药物治疗，如抗抑郁药物 • 短程认知行为治疗（CBT）改变对进食和体形的态度 • 人际关系治疗（IPT）改善人际功能 • 如果不治疗会转为慢性
神经性厌食症	• 对长胖有强烈的恐惧并持续追求变瘦，对体重减轻始终不满意 • 极端地限制卡路里摄入，通常用极端运动，有些会采用清除行为，达到半饥饿的状态 • 限制卡路里摄入可能会导致闭经、四肢或脸颊长出绒毛、皮肤干燥、头发和指甲易断裂、对冷敏感，以及存在急性心脏或肾脏衰竭的危险 • 体重至少低于正常体重的85% • 平均起病年龄为13岁	• 住院（低于正常体重的70%） • 门诊治疗包括恢复体重、纠正对进食和体形的功能失调性态度 • 家庭治疗 • 如果不治疗会转为慢性，比贪食症更加顽固
暴食障碍	• 对暴食的失控与贪食症相似，但没有清除食物的行为（呕吐、使用泻药和利尿剂）或代偿行为 • 明显的生理和情绪应激，一些人以暴食缓解不良心情 • 暴食者与厌食症和贪食症患者类似都关注体重和体形 • 相比于贪食症和厌食症，受影响的人更年长	• 短程CBT矫正有关进食和体形的行为和态度 • IPT改善人际功能 • 药物治疗减轻饥饿感 • 自助疗法

Photodisc/Getty Images

描述	特征	治疗
肥胖	• 65%的美国成年人超重，超过30%肥胖 • 世界范围的问题，城市的危险大于农村 • 与肥胖相关的两种不良进食模式：暴食和夜食综合征 • 增加心血管疾病、糖尿病、高血压、卒中和其他躯体问题的危险	• 自我指导的减重计划 • 商业性自助计划，如慧俪轻体 • 专业指导的行为矫正计划，是最有效的治疗 • 手术，最后的手段

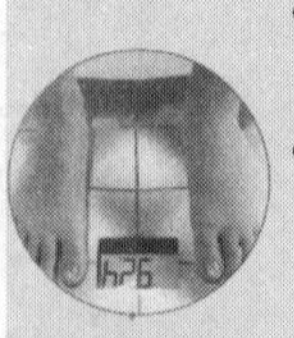

Stockbyte/Getty Images

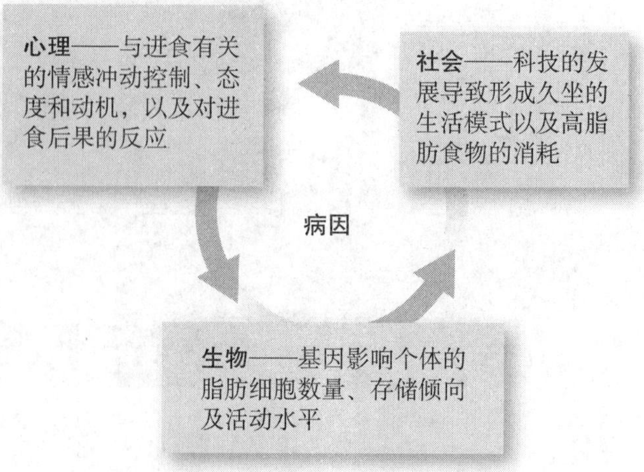

睡眠障碍探究

▶ 以个体日常生活处于极度混乱的状态为特征，也是很多心理障碍的重要影响因素。

睡眠障碍

睡眠障碍诊断

多导睡眠图（PSG）可以通过各种电子测验对呼吸气流、大脑活动、眼动、肌肉运动以及心脏活动的测量来评估个体的睡眠习惯。其结果以个体睡眠效率（SE），即睡眠时间的百分比来衡量。

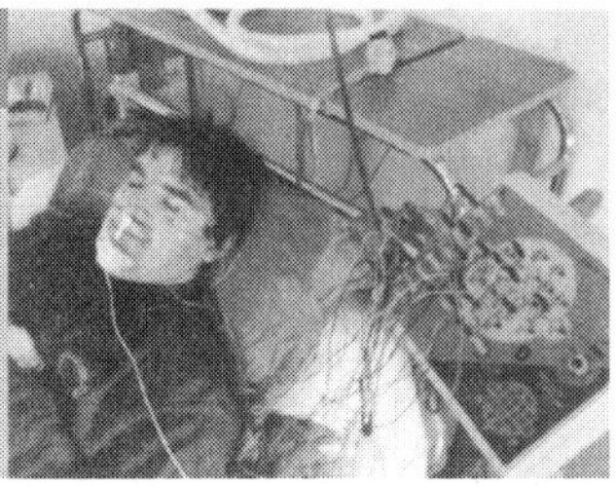

BISP/Agency/Index Stock/PhotoLibrary

睡眠失调

在睡眠时间、数量和质量方面的困扰。

障碍	特征	病因	治疗
原发性失眠	• 入睡困难或睡眠维持困难，或感到缺乏睡眠效力	• 原因包括疼痛、缺乏运动、药物的使用、环境影响、焦虑、呼吸问题，以及生物易感性	• 可以使用药物（苯二氮卓类）治疗或心理治疗（减轻焦虑、放松训练、睡眠保健），两者相结合效果更好
发作性睡病	• 在白天突然出现REM睡眠，并伴有猝倒（肌张力突然丧失）；常常伴随着睡眠麻痹和 / 或入睡前幻觉	• 原因可能与遗传有关	• 使用药物治疗（兴奋类药物）
原发性嗜睡	• 异常的过度睡眠或困倦，不自觉地在白天睡觉；只有当被主观觉察为干扰时，才能被定义为一种障碍	• 原因可能与遗传和 / 或5-羟色胺过多有关	• 通常使用药物（兴奋类药物）疗法
呼吸相关睡眠障碍	• 特征为肺换气不足（吃力的呼吸）或睡眠中呼吸暂停（呼吸中止）引起的睡眠破坏和白天的疲惫	• 原因可能包括气管的狭窄或阻塞、肥胖和老龄化	• 治疗：使用药物或器械改善呼吸
昼夜节律睡眠障碍	• 特征包括过度睡眠或失眠	• 由于时差、变换工作、推迟睡觉，或过度提前睡眠（比平时睡觉更早）导致不能形成与当前昼夜交替同步的睡眠方式	• 治疗包括通过调节上床时间和光线强度来重新调整生物钟

异态睡眠

睡眠中出现的异常行为。

梦魇

发生在 REM 阶段的恐怖的梦。只有在梦魇给个体的正常功能带来严重损伤时才被定义为一种障碍。原因尚不清楚，但随年龄的增长发生率下降。

Image Source/Getty Images

夜惊

发生于 NREM（无梦）睡眠阶段，多见于儿童。睡眠中的儿童突然尖叫，大哭，出汗，乱走，心跳加速，且不容易被叫醒或使其舒适。因为存在家族聚集性所以可能与遗传有关，男孩比女孩多见。可随着时间推延自行缓解。

睡行症

发生于 NREM 阶段，在 15 岁以前的儿童 15%～30%有过梦游经历。原因可能是极度疲惫、睡眠剥夺、服用了镇静剂或催眠药以及应激。成人的梦游常常与其他心理障碍有关。可能与遗传有关。

躯体障碍和健康心理学探究

心理和行为因素是导致疾病和死亡的重要因素。

- 行为医学将行为科学应用于医学问题。
- 健康心理学聚焦于心理对健康的影响以及提升健康保健。

心理和社会因素的生物学影响

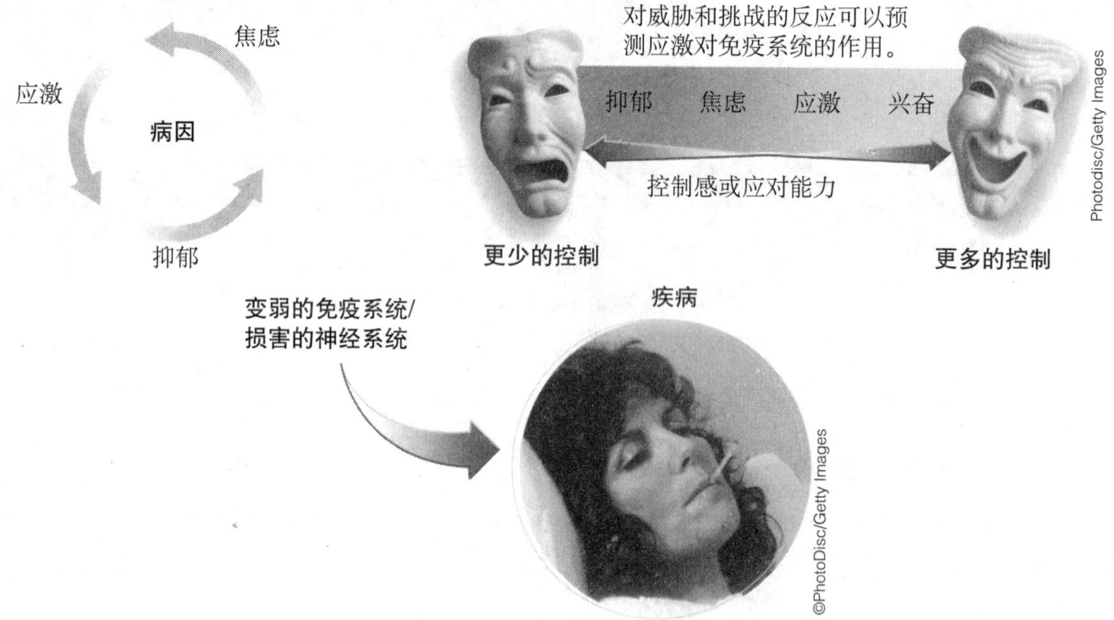

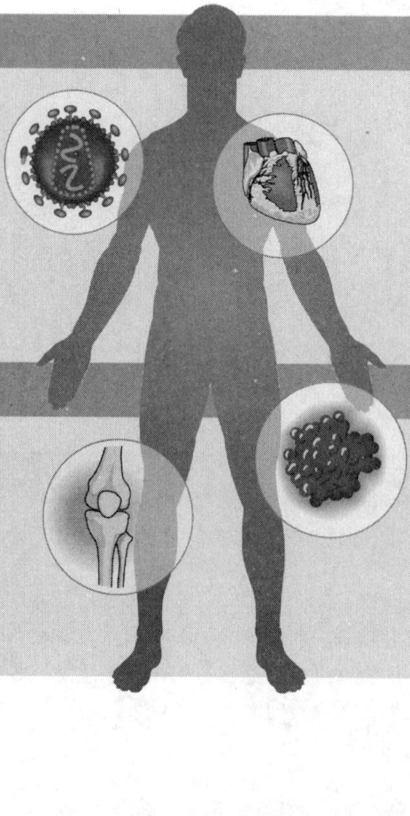

艾滋病（获得性免疫缺陷综合征）

- 人免疫缺陷病毒（HIV）攻击免疫系统，使机遇性感染变得不可控制
- 心理治疗聚焦于加强免疫系统以及获得控制感
- 虽然药物治疗可以控制病毒，但迄今为止没有生物学的预防方法，此病仍然总是致命的

心血管问题

- 心脏和血管可能因下列情况受损：
  —卒中：脑血管阻塞或破裂
  —高血压：器官和四肢的血管收缩导致心脏承受额外的加压，最终导致心脏衰弱
  —冠心病：心脏供血动脉的阻塞
- 生物、心理、和社会因素对所有这些状况都有影响，并且对治疗也发挥作用

慢性疼痛

- 可能始于急性发作，但不随着损伤的愈合而减轻
- 典型的部位包括关节、肌肉和肌腱，亦可能是血管扩张、组织退化或癌性肿瘤所致
- 心理和社会因素可以明显引起和维持慢性疼痛

癌症

- 异常的细胞生长导致恶性肿瘤
- 心理社会治疗可以延长生命、缓解症状以及减少抑郁和疼痛
- 不同的癌症有不同的治愈率和死亡率
- 心理肿瘤学是研究癌症病程和治疗中的相关心理社会因素的学科

躯体疾病的心理社会治疗

与疼痛相关的应激反应会减少免疫系统中自然杀伤细胞的数量。

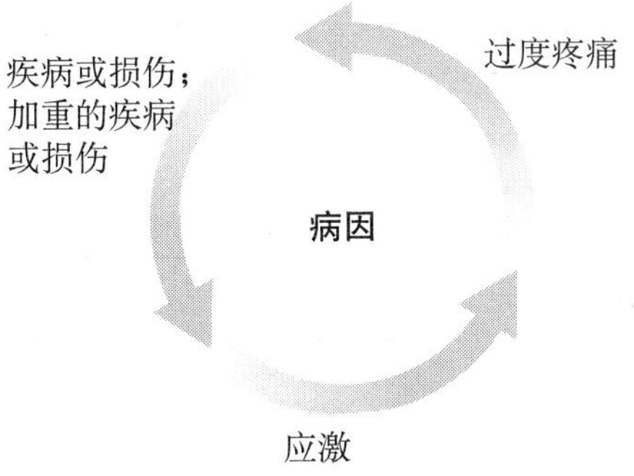

生物反馈

- 电子监护仪使得生理反应（例如心跳）可以在电脑屏幕上看到
- 患者学习增加或减少反应，从而改善机能（减少紧张）
  —发展控制感可能有治疗作用

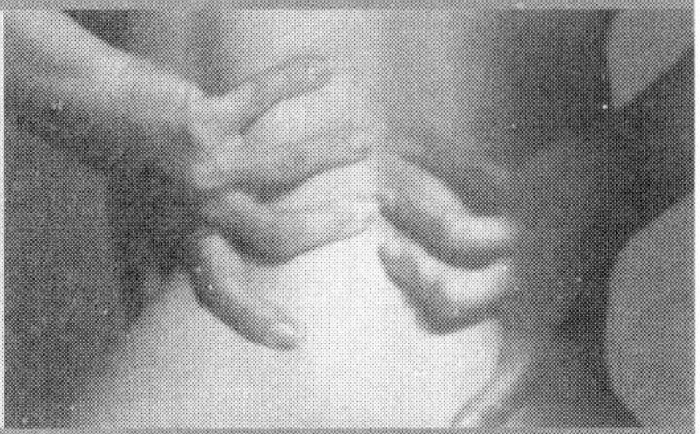

Suza Scalora/Photodisc/Getty Images

放松和冥想

- 渐近式肌肉放松：人们学习定位身体的紧张，然后通过放松特定的肌肉群来消除紧张
- 冥想：将注意力集中在一个特定的身体部位或过程，或集中在一个确定的想法或想象上，在有些形式中，集中在一个单一的脑中默默重复的音节（咒语）“空物”上；冥想伴随着缓慢而规则的呼吸
  —每天冥想至少10～20分钟，能通过减少某些神经递质和应激激素以及增加控制感来实现平静和放松

Ryan McVay/Photodisc/Getty Images

调整行为促进健康

许多损伤和疾病能够通过生活方式的转变而得到预防或控制，包括饮食、物质使用、体育锻炼和安全预防措施。

伤害控制

- 对于年龄在1～45岁的人来说，尤其是对于儿童，伤害是导致死亡的首要原因
- 许多人认为伤害是不受他们控制的，因而不改变他们的高危行为
- 对于儿童，预防集中于：
  —火灾逃生
  —过马路
  —使用汽车座位、座椅安全带以及自行车头盔
  —急救

Karl Weatherly/Photodisc/Getty Images

艾滋病预防

- 通过个人和社区教育改变高危行为是唯一有效的策略
  —通过认知行为自我管理训练和社会支持网络消除不安全的性行为
  —向药物滥用者展示怎样清洁针头和进行安全注射
- 聚焦没有认识到自己处于危险之中的群体——少数族群和妇女
  —媒体报道都集中在白人男同性恋身上
  —更多的女性是通过异性的性交被感染，而不是通过药物静脉注射被感染

Photodisc/Getty Images

人格障碍探究

- 人格障碍患者思考与行为的方式会对他们自己和关心他们的人带来痛苦。
- 有三群或三簇主要的人格障碍，通常始自童年期。

A簇

奇怪或古怪型

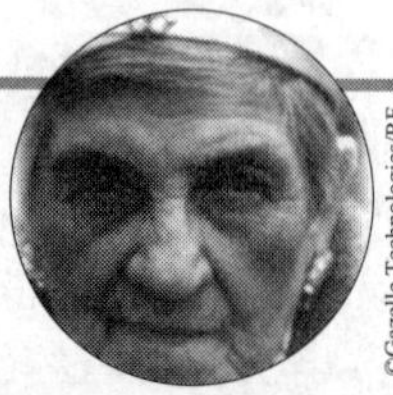

©Gazelle Technologies/RF

分裂样人格障碍
社会隔离

心理影响
- 情绪范围极其有限
- 外表冷淡和漠不关心
- 对表扬和批评均无动于衷

生物影响
- 可能与低密度多巴胺受体有关

病因

社会/文化影响
- 喜欢社会隔离
- 缺乏社交技能
- 缺乏对亲密关系的兴趣，包括恋爱或性关系

治疗
- 学习理解社会关系的价值
- 用角色扮演训练社交技能

偏执型人格障碍
极度猜疑

心理影响
- 相信人们具有恶意、欺诈性和威胁性的观念
- 基于对他人错误假设的行为

生物影响
- 可能但不确定与精神分裂症相联系

病因

社会/文化影响
- 因为独特经历，“局外人”是易感人群（例如囚犯、俘虏、听觉损伤者、老人）
- 父母的早期教育亦可能有影响

治疗
- 因为患者的不信任和猜疑，很困难
- 通过认知治疗改变观念
- 成功率低

分裂型人格障碍
猜疑和古怪的行为

心理影响
- 怪异的信念、行为或装束
- 猜疑
- 相信无关紧要的事情也与自己有关（“牵连观念”）
- 极少表达情绪
- 有抑郁障碍的症状

生物影响
- 如果没有生物或环境应激的作用，遗传易感性不足以导致分裂型人格障碍

病因

社会/文化影响
- 喜欢社会隔离
- 过度的社交焦虑
- 缺乏社交技能

治疗
- 教授社交技能以减少社会隔离和猜疑
- 使用药物（氟哌啶醇）减少牵连观念、怪异的联想与隔离
- 成功率低

C簇

焦虑或恐惧型

©Photodisc/Getty Images

依赖型人格障碍
广泛的被照顾需要

心理影响
- 受照顾者的早期“丧失”（死亡、排斥或忽视）会导致对被抛弃的恐惧
- 胆小、顺从

生物影响
- 我们每个人生下来就依靠他人得到保护、食物和照顾

病因

社会/文化影响
- 为避免争吵而表示赞同与回避型人格障碍的相同之处：
  —认为自己不完美
  —对批评敏感
  —需要反复确认
- 与回避型人格障碍的不同之处：
  —回避型人格障碍的退缩
  —依赖型人格障碍的黏着

治疗
- 几乎没有研究
- 看上去像理想的来访者
- 过于顺从导致很难使其独立

B簇

戏剧化、情绪化、或不稳定型

注：B簇也包括自恋型人格障碍

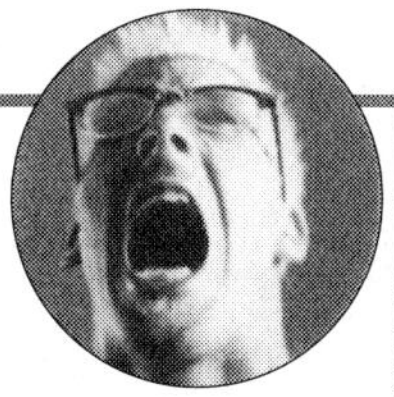

©Thinkstock Images/Comstock Images/Getty Images

表演型人格障碍
过度情绪化

心理影响
- 空虚与自我中心
- 如果被忽视，很容易生气
- 模糊和夸张
- 冲动，延迟报偿困难

生物影响
- 可能与反社会型人格障碍有联系
  —女性表演型/男性反社会型

病因

社会/文化影响
- 用过度戏剧化的行为吸引他人注意
- 富有诱惑力
- 赞誉寻求

治疗
- 极少有成功的案例
- 奖励和惩罚
- 聚焦于人际关系

反社会型人格障碍
侵犯他人的权利

心理影响
- 对避免被惩罚的学习困难
- 对他人漠不关心

生物影响
- 遗传易感性与环境影响共同作用
- 皮层唤醒水平异常低
- 恐惧阈值高

病因

社会/文化影响
- 犯罪
- 创伤导致的应激或伤害
- 父母教养不一致
- 社会经济地位低下

治疗
- 极少成功（以监禁代替）
- 如果早期能发现，可采取父母训练
- 通过学前教育项目进行预防

边缘型人格障碍
极度不稳定

心理影响
- 自杀
- 心理不稳定
- 冲动

生物影响
- 与心境障碍有家族性关联
- 可能具有遗传倾向（冲动或易激惹）

病因

社会/文化影响
- 早期创伤史，特别是性创伤/躯体虐待
- 快速的文化变迁（移民）可能诱发症状

治疗
- 辩证行为治疗（DBT）
- 药物治疗：
  —三环类抗抑郁剂
  —微量镇静剂
  —锂盐

回避型人格障碍
（隔离）

心理影响
- 低自尊
- 对拒绝的批评的害怕导致害怕被关注
- 极度敏感
- 与社交焦虑相似

生物影响
- 先天的个性特征可能导致被拒绝

病因

社会/文化影响
- 父母关爱不足

治疗
- 行为干预技术有时会奏效
  –系统脱敏
  –行为演练
- 通常只是轻微改善

强迫型人格障碍
专注于细节

心理影响
- 通常较苛刻
- 循规蹈矩
- 拖沓

生物影响
- 与强迫症的关联较少
- 可能存在较弱的基因影响
  —先天素质与父母的行为强化共同作用

病因

社会/文化影响
- 极重视工作
- 糟糕的人际关系

治疗
- 资料少
- 治疗
  —处理需要背后的恐惧
  —利用放松或注意力转移技术调整患者对秩序的强迫

躯体形式和分离性障碍探究

这两种障碍有一些共同的特点，在历史上被紧密地联系在一起称为“癔症性神经症”。二者都比较少见，并且未得到充分的理解。

躯体形式障碍

以对躯体功能或表现的病理性关注为特征

疑病症

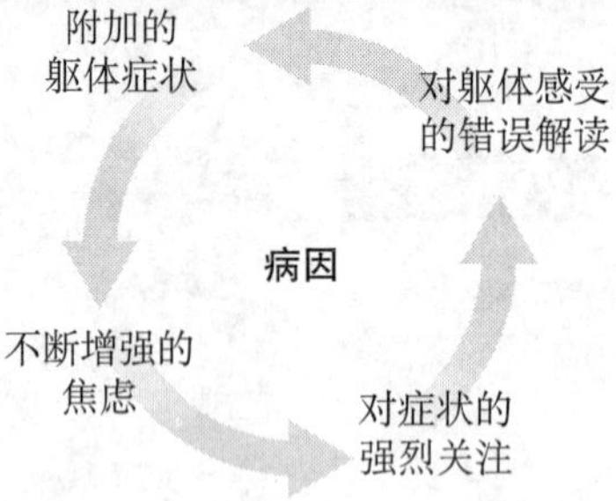

特征	治疗
• 对医学检查未发现的躯体问题过度焦虑 • 患者性别比相同 • 可能发生于任何年龄段 • 存在于不同文化中	• 挑战疾病观念的心理治疗 • 通过咨询和/或支持性团体提供保证

躯体化障碍

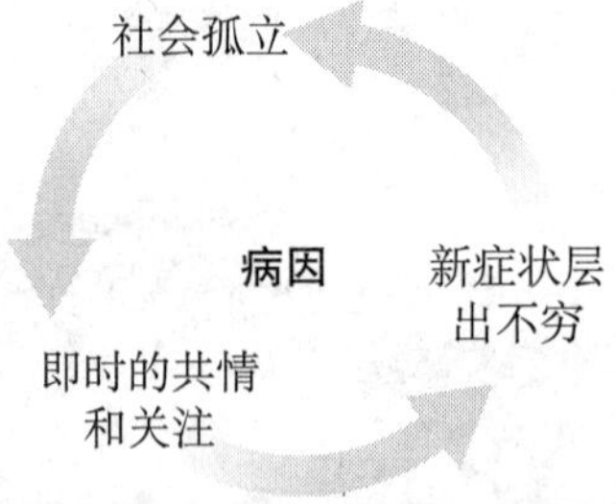

特征	治疗
• 报告多种没有没有医学基础的躯体症状 • 在家族中漫延，可能有遗传基础 • 少见——多数发生于低收入阶层的未婚女性中 • 通常起病于青少年期，并延续到老年	• 难于治疗 • 通过认知行为治疗（CBT）提供保证、减少应激，并使寻求帮助的行为最小化

转换障碍

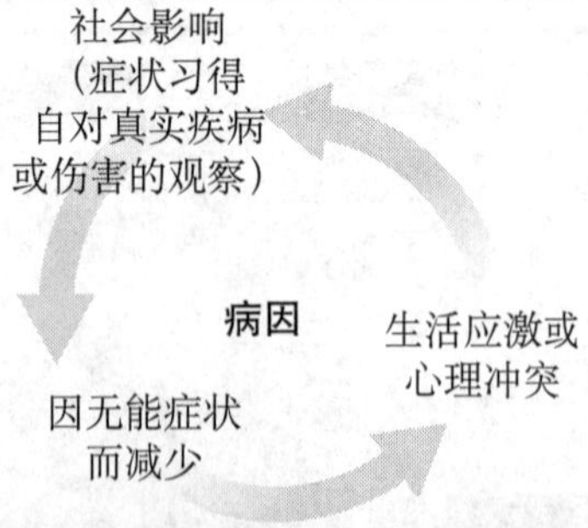

特征	治疗
• 严重的身体机能失调（如瘫痪、失明），但没有相应的生理病理基础 • 患者确实没有意识到他们的机能是正常的 • 可能与其他问题同时发生，尤其是躯体化障碍 • 大多数发生于低收入阶层、女性，以及高应激下的男性（例如士兵）	• 与躯体化障碍相同，重视解决生活应激或冲突，以及减少寻求帮助的行为

躯体变形障碍（BBD）

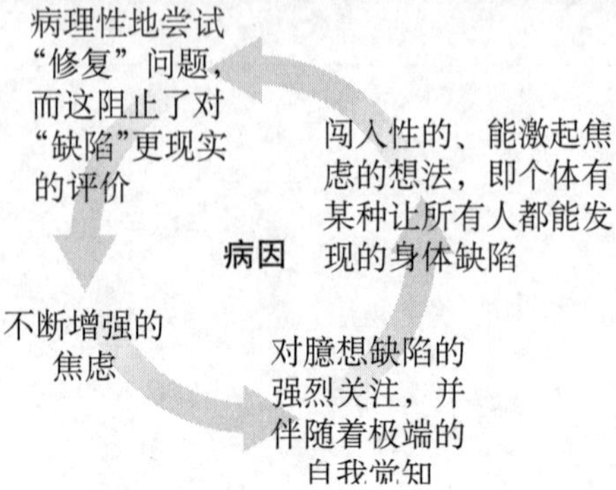

特征	治疗
• 本来正常的身体外表被视为丑陋不堪（“想象丑陋”）的想法所导致的社交不能的先占观念 • 患病率情况不清楚，患者男女比例相同 • 与强迫症有关	• CBT 治疗似乎最有效 • 药物治疗能缓解部分患者的痛苦 • 如果没有得到治疗，BDD 会持续一生

分离性障碍

以与自我（人格解体）和客观现实（现实解体）的分离为特征

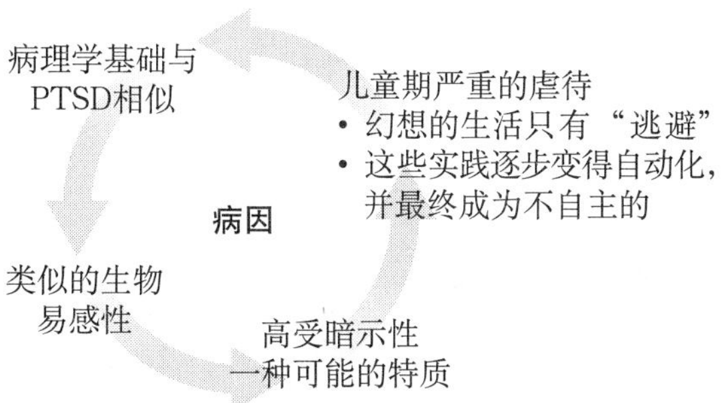

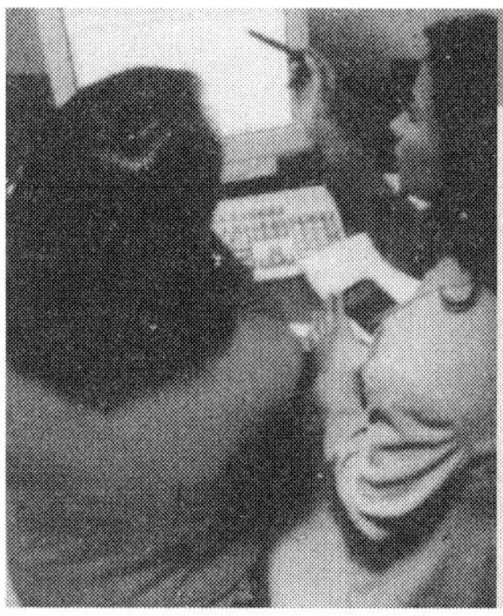
Photodisc/Getty Images

争议

- 在多重身份是真实体验还是伪装这个问题上，科学家团体被分为两派。研究表明，“虚假记忆”能够被治疗师创造出来（“植入”）。其他研究确实发现不同的替身间存在生理上的差异

障碍	特征	治疗
分离性身份障碍（DID）	• 患者采用同时存在的新身份或替身，替身可能是完整的、与其他人格相互区别的或者仅有部分是独立的 • 替身的平均数量为15个 • 童年起病；女性多于男性 • 患者还同时存在其他心理障碍 • 在非西方文化中很少见	• 长期的心理治疗也许能帮助25%的患者重构其分裂的人格 • 对伴随创伤的治疗类似于PTSD；如果没有得到治疗，会持续终身
人格解体	• 严重的或令人恐惧的分离感主宰了患者的生活 • 患者感觉是自己的精神或身体活动的外部观察者 • 导致了明显的痛苦与功能损害，特别是情绪表达和感知缺陷 • 少见，通常起病于青少年期	• 类似于治疗惊恐障碍的心理治疗方法可能有用 • 与障碍发作相关的应激因素需要被考虑进来 • 倾向于持续终身
分离性神游	• 与一次无计划的旅行相伴的记忆丧失 • 个体有时会假想一个新的身份或对旧身份变得迷惑 • 常与某种难于忍受的场景有关 • 神游状态常常突然结束 • 通常在成年期起病	• 当前的生活应激事件解决后，常常自我恢复 • 如果需要，治疗会聚焦在恢复丢失的记忆上
分离性遗忘症	• 广泛性：什么事情都想不起，包括身份；相对较少 • 局部性：不能想起特定的事件（通常是创伤性的），在战争中频繁发生 • 比广泛性遗忘症更常见 • 两种类型通常都在成年期起病	• 当前的生活应激事件解决后，常常自我恢复 • 如果需要，治疗会聚焦在恢复丢失的记忆上
分离性恍惚	• 人格的突然转变，伴随着恍惚或者“附体” • 导致了明显的痛苦和/或功能损害 • 常与应激或创伤关联 • 全球普遍流行，通常在宗教环境中；在西方文化下少见 • 女性多于男性	• 几乎没有

Photodisc/Getty Images

性功能障碍及性别认同障碍探究

- 我们的文化认为性行为是正常的，除非它与以下三种功能性受损有联系：性别认同障碍、性功能障碍、性偏好障碍。
- 性取向可能有稳固的生物学基础，同时受到环境和社会因素的影响。

性别认同障碍

对自己的生物学性别不满，并感觉自己确实是另外一个性别的人。（性别认同与性唤起模式无关。）该病症相对罕见。

©Thinkstock/Getty Images

病因

生物影响

- 尚未被证实，但似乎与出生前的性激素暴露有关
  —性激素的变化可能是自然产生的，或是由药物引起的

心理影响

- 18个月至3岁产生性别认同
  —不同的家庭对女孩的“男性化”行为及男孩的“女性化”行为产生的反应不同

治疗

- 变性手术：切除乳房或阴茎，重建性器官
  —要求充分的心理准备，以及稳定的经济和社会关系
- 通过心理社会干预来改变性别认同
  —疗效不甚理想，在做变性手术前只能起到暂时缓解作用

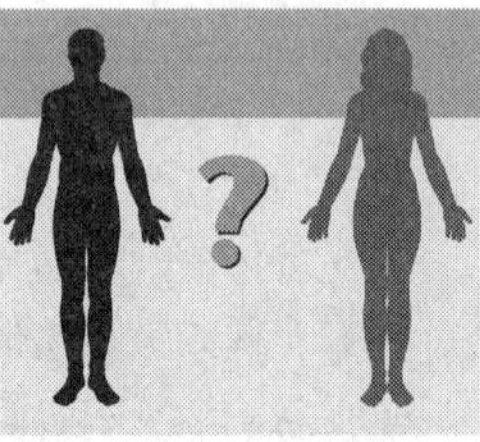

性偏好障碍

专门对某些不适当的人或物体产生性唤起。

性偏好障碍的类型

- **恋物癖**：性唤起产生于不适当的物体
- **窥阴癖**：由观察不知情者脱衣服或裸露而产生性唤起
- **露阴癖**：通过向不知情者暴露自己的生殖器而获得性满足
- **异装癖**：通过穿着异性的服装而达到性唤起
- **性施虐癖**：性唤起与造成他人疼痛或屈辱相联系
- **性受虐癖**：性唤起与感受疼痛或屈辱相联系
- **恋童癖**：对儿童有一种强烈的性吸引
- **乱伦癖**：指向亲人的性吸引

©PhotoDisc/Getty Images

病因

- 先前存在的缺陷
  —与两相情愿的成人产生性唤起的水平
  —与两厢情愿的成人的社交技巧
- 在儿童期与某些成人的交往经历
- 早期的性幻想，并通过手淫进一步得到加强
- 极为强烈的性驱力，伴以无法控制的思维过程

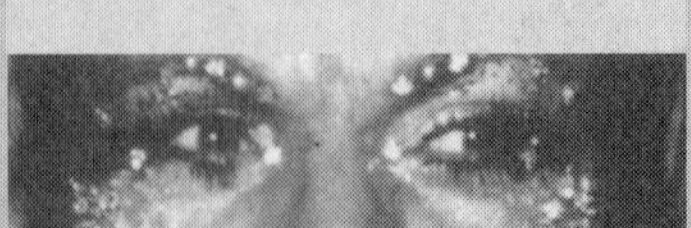

©Thinkstock/Getty Images

治疗

- 内隐致敏：反复地在心里审视不良后果，从而建立性行为的负面联系
- 复发预防：为将来的复发情况提前做好准备
- 性高潮修复：将手淫与适当的性刺激相结合，从而建立正性的性唤起模式
- 药物治疗：这类药物通过降低睾酮水平以减少性欲和性幻想，但当停药以后，幻想和兴奋的方式会立即恢复

©PhotoDisc/Getty Images

性功能障碍

性功能障碍可以是

- **终身性的：**存在于整个性经历中
- **获得性的：**发生于正常的性模式之后
- **普遍性的：**在每次的性活动中都会发生
- **境遇性的：**仅与某些性伴侣或在某些时候发生性功能障碍

人类的性反应周期

一种性功能障碍是发生于某个性反应阶段的受损

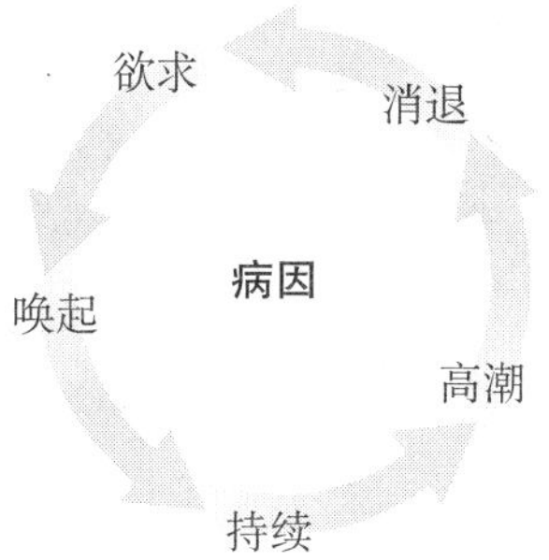

性功能障碍分类

性欲障碍

- **性欲减退障碍：**对性活动或性幻想明显缺乏兴趣
- **性厌恶障碍：**对性接触表现出极为持久的厌恶

性唤起障碍

- **男性勃起障碍：**反复出现阴茎无法获得或维持充分的勃起
- **女性性唤起障碍：**反复出现阴道无法获得或维持充分的润滑

性高潮障碍

- **性高潮抑制：**尽管拥有足够的性欲和唤起，但仍然无法达到性高潮
- **早泄：**在最小限度的性刺激下，射精发生的时间比个体的意愿提前

性疼痛障碍

- **性交疼痛症：**性交过程中出现明显疼痛，并且无法用医学原因来解释；男性和女性均会发生
- **阴道痉挛：**阴道外三分之一发生无意识的肌肉痉挛，从而阻止或妨碍了性交

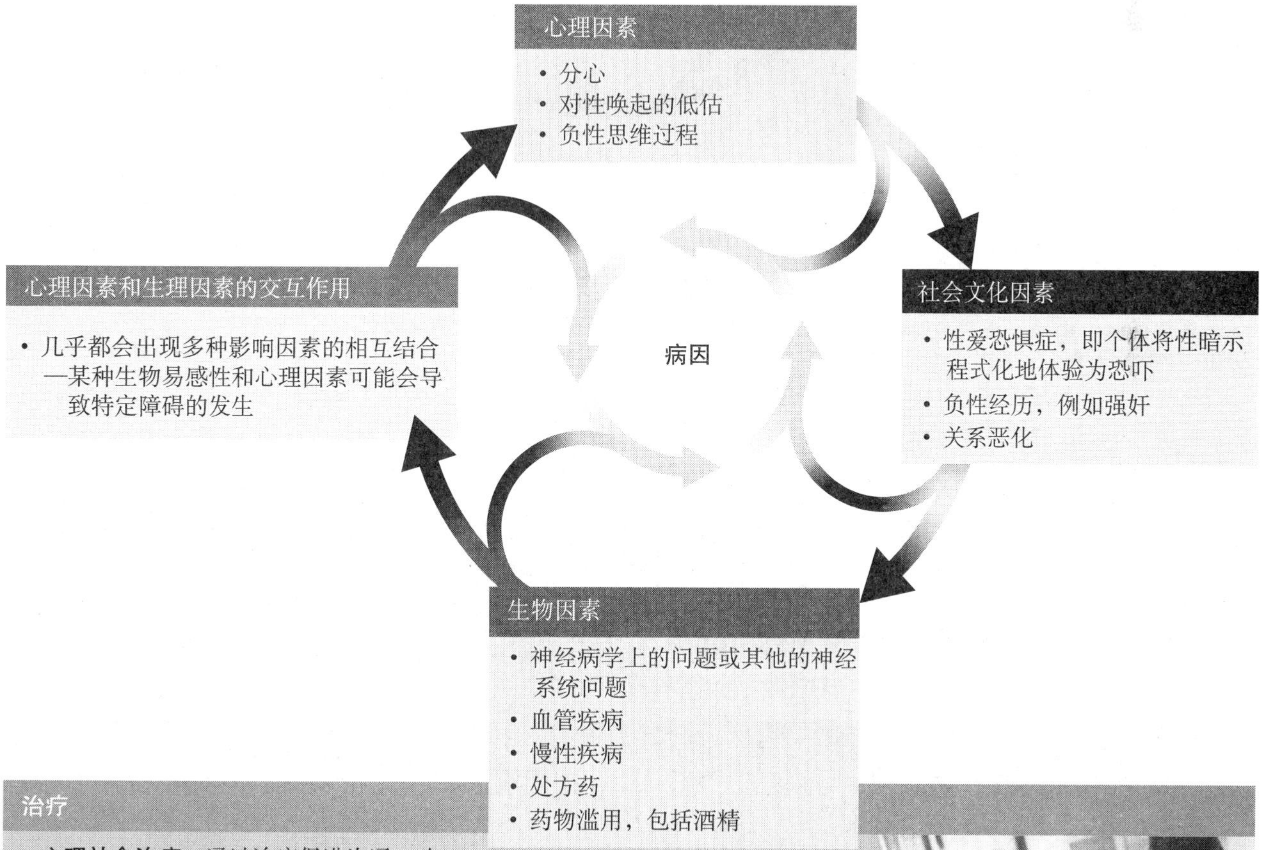

治疗

- **心理社会治疗：**通过治疗促进沟通、改进性教育并消除焦虑。需要性伴侣双方的充分参与。
- **医学治疗：**几乎所有的干预都集中于男性勃起障碍，包括药物、假体和外科手术。如果将医学治疗与性教育及治疗相结合，就能取得最好的治疗效果。

Romilly Lockyer/Brand X Pictures/PictureQuest/JupiterImages

物质相关障碍探究

- 物质能够改变人们的思想、感受和行为，当人们使用或滥用它们时，很多问题随之而来。
- 药物滥用和依赖曾经被视为是因为个体的软弱，现在被认为是受到了生物和心理社会因素的双重影响所致。

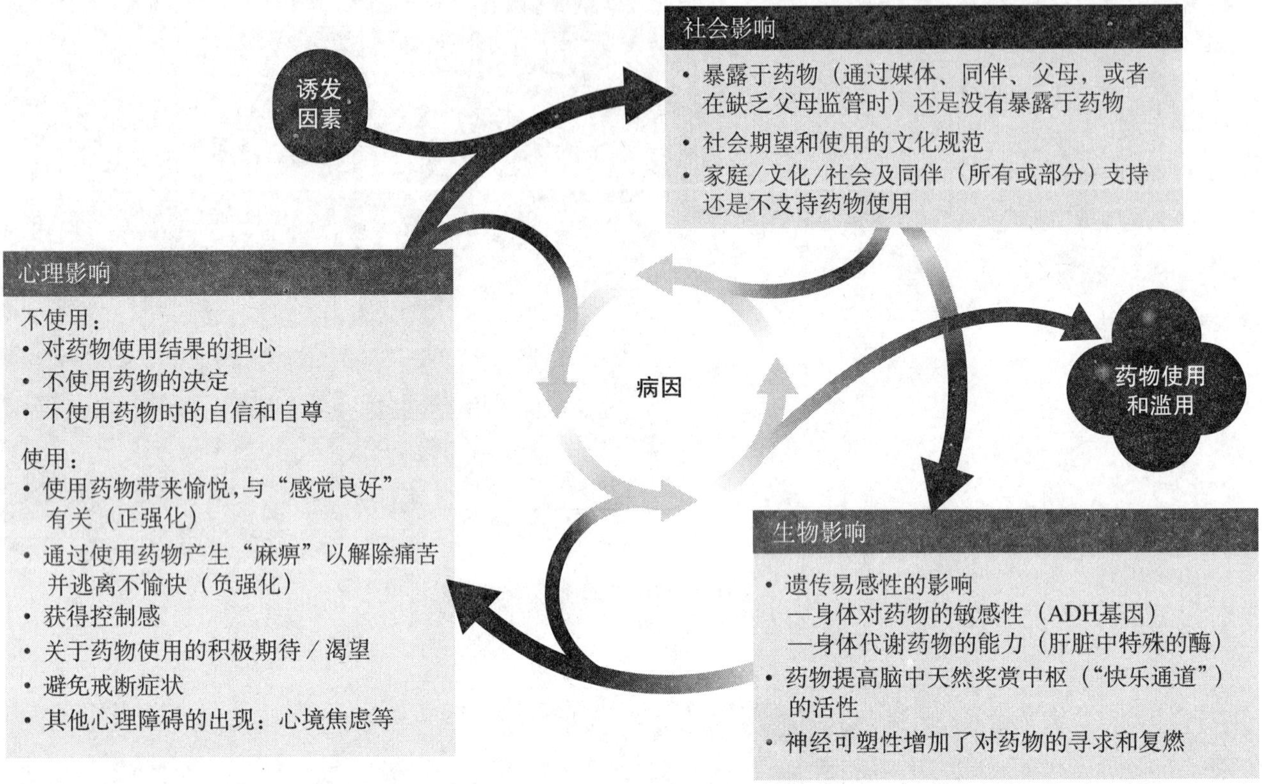

治疗：最好使用多种方式

心理社会治疗	生物治疗
• 厌恶疗法——创造一种与药物使用相联系的消极反应（饮酒伴随电击，想象使用可卡因时令人恶心的场景） • 意外事件管理——通过奖赏可选择的行为来改变行为 • 匿名戒酒协会及其类似组织 • 住院治疗（可能很昂贵） • 控制性使用 • 社区强化 • 复发预防	• 激动剂替代 —用相似的药物替代当前的药物（美沙酮替代海洛因，尼古丁口香糖和贴片替代香烟） • 拮抗剂替代 —用另一种药物阻滞当前药物的作用（针对阿片剂和酒精的纳曲酮） • 厌恶疗法 —令使用药物变得非常不适（使用戒酒硫来治疗酗酒，这一药物在与酒精混合后可导致恶心和呕吐） • 用来帮助人们应对戒断症状的药物（针对阿片剂戒断的可乐定、针对酒精的镇静剂等）

药物分类

	举例	作用
抑制剂	酒精、巴比妥类药物（镇静剂：阿密妥、速可眠、宁比泰）、苯二氮卓类药物（抗焦虑药物：安定、阿普唑仑、三唑仑）	• 降低中枢神经系统的活性 • 降低躯体的唤醒水平 • 放松
兴奋剂	苯丙胺类药物、可卡因、尼古丁、咖啡因	• 增加躯体唤醒 • 使用者感到更加警觉和精力充沛
阿片类物质	海洛因、吗啡、可待因	• 麻醉剂——缓解疼痛、促进睡眠和欣快，同样的效果也可来自大脑中与之相似的阿片类物质（内啡肽等）
致幻剂	大麻、LSD、迷幻药	• 改变精神和感知觉 • 扭曲感知觉（有时是戏剧性的）

冲动控制障碍探究

以无法抵抗驱力或诱惑的作用为特征。受害者经常被社会认为仅是存在缺乏“意志”的问题。

冲动控制障碍分类

障碍		特点	治疗
间歇性暴怒障碍	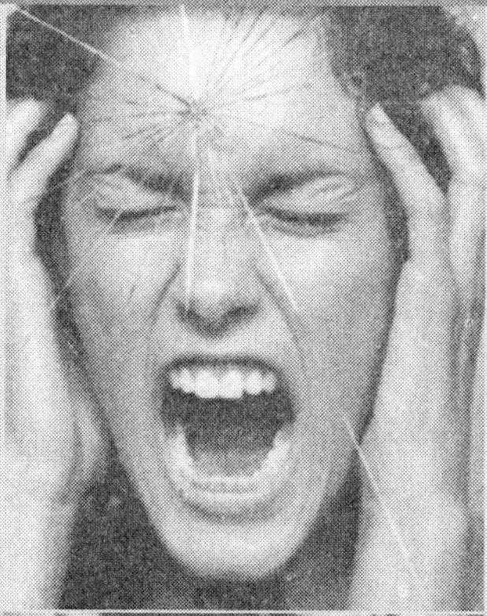 Tom Morrison/Stone/Getty Images	• 受到侵犯性冲动的影响并导致攻击或财产的损失 • 近期的研究集中于神经递质和睾酮水平是如何与心理社会因素（压力、教养方式）相互影响的	• 认知行为干预（帮助患者识别和避免引发侵犯性爆发的扳机信号）与药物治疗相结合会达到最好的效果
偷窃癖	 Mauro Speziale/Photonica/Getty Images	• 反复的无法克制的偷窃物品的冲动，所偷窃物品并非个人所需 • 在偷窃之前，偷窃癖患者会感到紧张，而当偷窃实施后会感到愉悦或放松 • 与心境障碍的共病率很高，其次是物质滥用 / 依赖	• 行为干预或抗抑郁药物治疗
病理性赌博	 Tom and Steve/Flickr/Getty Images	• 专注于赌博，为了获得相同的兴奋程度需要不断增加赌博的金钱投入 • 当试图停止时，会出现不安和易激惹的“戒断症状” • 可能存在涉及大脑活动的生物学基础（大脑冲动控制区域活动性的降低、多巴胺和5-羟色胺系统的异常）	• 匿名赌博者协会；与物质依赖的治疗相似
拔毛癖	 ©Wedgworth/Custom Medical Stock Photo (CMSP)	• 从身体的任何部位拔除毛发的强烈冲动 • 患者会耗费大量的时间和精力来掩盖自己的行为 • 相对常见（在大学生中的比率为1%～5%）	• 5-羟色胺再摄取抑制剂可能有作用，认知行为干预也有一定效果
纵火癖	 Joel Sartore/National Geographic/Getty Images	• 无法控制的纵火冲动 • 纵火之前患者会感到被唤起，当大火烧起来时则感到满足或放松 • 罕见，在纵火犯中的诊断率低于4%	• 认知行为干预（帮助患者识别激发冲动的信号并教导患者抵抗纵火欲望的应对策略）

心境障碍探究

心境障碍患者会出现下列两种体验中的一种或两种：

- **躁狂**：疯狂的“嗨”，其特点在于过度自信或过多的精力，常常导致不计后果的行为。
- **抑郁**：全面的“低落”，其特点包括过度缺乏活力、兴趣、自信，以及对生活的享受。

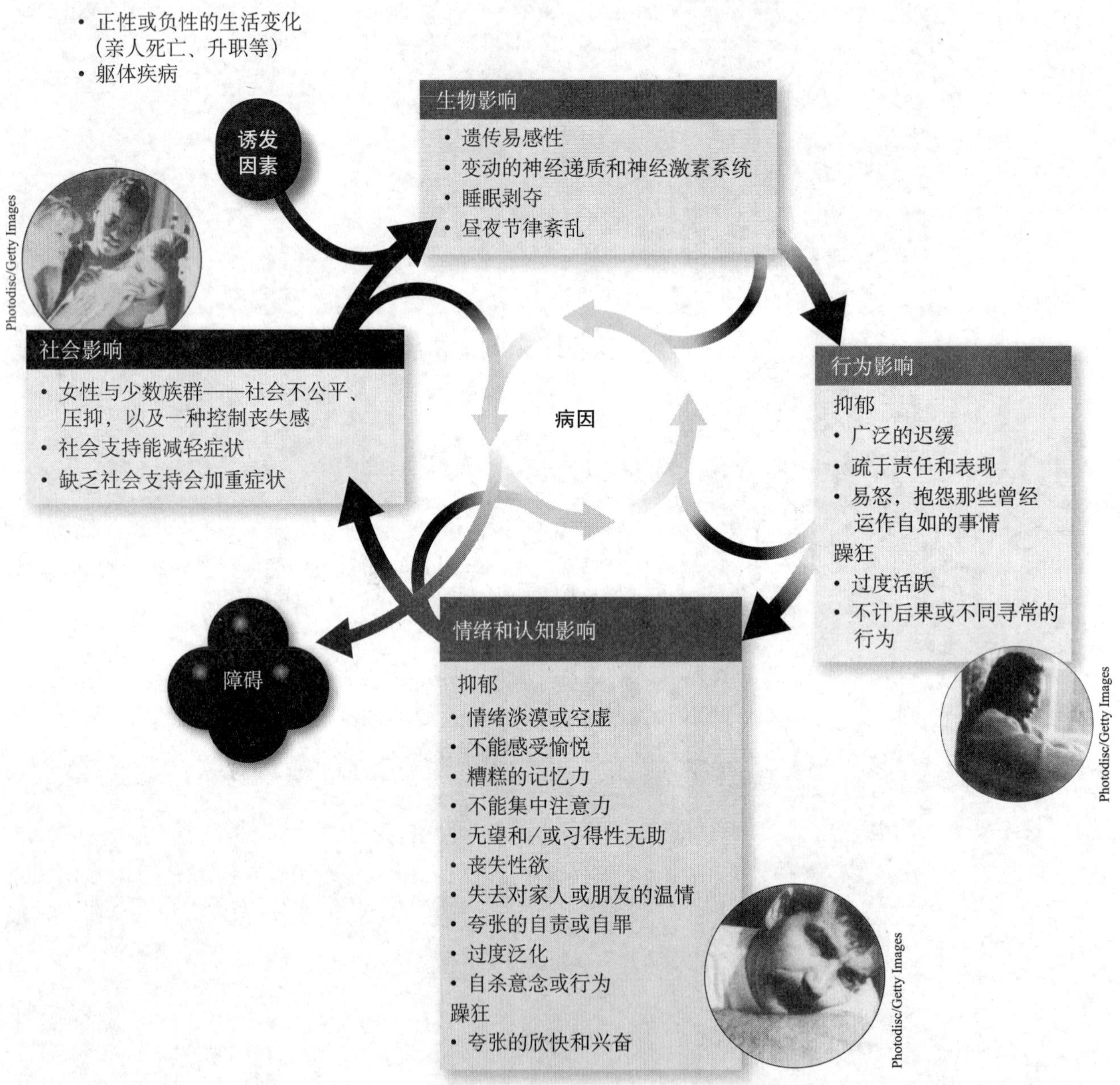

心境障碍的分类

抑郁

抑郁障碍

抑郁障碍的症状：

- 突然开始，常由危机、改变或丧失诱发
- 特别严重，干扰正常功能
- 可能是长期的，如果不加以治疗可能持续数月或数年

虽然部分人仅有一次发作，但是这一模式常表现为反复发作或有残留症状

恶劣心境

长期得不到改变的轻度抑郁，如果不加以治疗，有时会持续20～30年。虽然患者日常功能不会受到严重影响，但是随着时间的流逝，损害会累积

双重抑郁

在抑郁与恶劣心境之间波动

Photodisc/Getty Images

双相

双相障碍的患者生活于永不休止的情绪过山车中

双相障碍的类型

- **双相Ⅰ型**：抑郁与完全的躁狂
- **双相Ⅱ型**：抑郁与轻度躁狂
- **环性心境障碍**：慢性或长期存在的带轻度躁狂的轻度抑郁

在**抑郁期**，个体可能会：

- 失去对令人愉悦的活动和朋友的所有兴趣
- 感到无价值、无助、无望
- 注意力难于集中
- 体重无故减轻或增加
- 睡眠困难或比日常睡得多
- 整天感到困倦
- 感到躯体疼痛，但没有医学原因
- 想死或试图自杀

在**躁狂期**，个体可能会：

- 从每种活动中都能感到特别愉悦高兴
- 活动过度，计划过多的日常活动
- 睡得很少也不觉得困
- 提出不切实际的计划，并导致不计后果的行为：不加节制的疯狂购物、性轻浮、愚蠢的商业投资等
- "思维奔逸"，并且不断地说了又说
- 易激惹，易分心

心境障碍的治疗

如果起病早，心境障碍治疗的效果最好，并且也是最容易的。大多数患者接受的是组合治疗。

治疗

药物治疗

抗抑郁剂能帮助控制症状，并修复神经递质的功能。

常见的抗抑郁剂包括：

- 三环类（丙咪嗪、阿米替林）
- 单胺氧化酶抑制剂（MAOIs，如苯乙肼、反苯环丙胺）；MAOIs可能有严重的不良反应，特别与某些特定的食物或非处方药同时使用时
- 选择性5-羟色胺再摄取抑制剂（SSRIs，如百忧解、左洛复）比三环类或单胺类更新、不良反应更少
- 锂盐是对双相障碍的建议用药，不良反应可能很严重，必须小心控制剂量

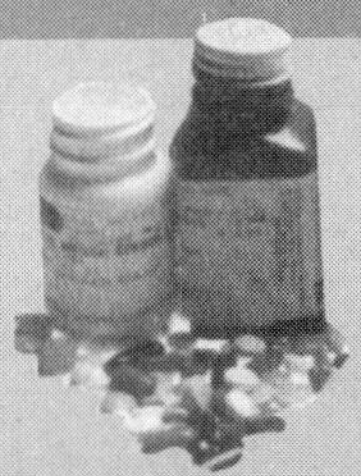
Photodisc/Getty Images

认知行为治疗

帮助抑郁者：

- 学会将负性的抑郁思维和归因替换为更积极的
- 发展更有效的应对行为和技能

人际心理治疗

帮助抑郁者：

- 集中于诱发抑郁的社会与人际问题（例如亲人死亡）
- 发展技能以处理人际冲突，并建立新的人际关系

电休克疗法（ECT）

- 针对严重抑郁，ECT被用于其他方法无效的情况下。它通常有短暂的不良反应，例如记忆丧失和嗜睡。部分患者可能会出现部分智力和记忆功能的短暂丧失

日光治疗

- 针对季节性情感障碍

Photodisc/Getty Images

精神分裂症探究

➤ 精神分裂症阻断了对世界的感知、思维、言语、运动，以及日常功能的几乎每一个方面。

➤ 通常慢性精神分裂症患者复发率很高，完全康复者非常罕见。

诱发因素

- 应激性、创伤性生活事件
- 高情感表达（家庭成员的批评、敌意和／或干涉）
- 有时没有明显的诱发因素

生物影响

- 发生疾病的遗传倾向（多基因）
- 妊娠期／出生时并发症——妊娠期病毒感染或影响新生儿脑细胞的产伤
- 脑内化学物质（多巴胺和谷氨酸系统异常）
- 脑结构（脑室扩大）

©Dynamic Graphics/Jupiter Images

行为影响

- **阳性症状：**
  —表现出明显的异常行为（妄想、幻觉、言语紊乱、怪异动作、紧张症）
- **阴性症状：**
  —情感淡漠（缺乏情感流露）
  —缺乏意志（缺乏主观努力、情感淡漠）
  —缄默症（言语的数量和内容相对缺乏）

病因

情绪和认知影响

- 明显的批评、敌意和情感过度卷入的相互作用模式能够引起疾病的复发

社会影响

- 环境（早年的家庭经历）能够引发疾病
- 文化对疾病/症状（幻觉、妄想）的修饰作用

Javier Pierini/Photodisc/Getty Images

精神分裂症的治疗

治疗		
个人、团体和家庭治疗		• 能够帮助患者和家属了解疾病和症状的诱发因素 • 教导家庭成员沟通技巧 • 为应对情绪和实际困难提供资源
社会技能训练		• 可以在医院或社区进行 • 教精神分裂症患者社交、自理以及职业技巧
药物治疗	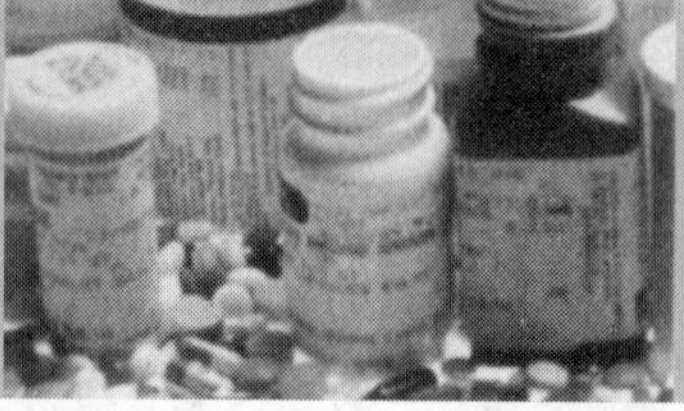	• 服用抗精神病药可以帮助精神分裂症患者： —澄清思维，感知真实 —减少幻觉和妄想 • 药物治疗必须坚持至有效剂量和疗程，服药中断可能加重原有症状或引发新的症状

Photos (top to bottom):
David Buffington/Photodisc/Getty Images Duncan Smith/Photodisc/Getty Images Photodisc/Getty Images

精神分裂症的症状

精神分裂症患者的症状常各不相同，因人而异，且可能呈周期性波动。常见症状包括：

症状		
妄想	 Joshua Ets-Hokin/Photodisc/ Getty Images	• 不真实的、奇异的信念，且不被相同文化中的其他人认可 • 可以是夸大妄想（比如认为亲生母亲是特蕾莎或拿破仑）或被害妄想（例如自行车运动员认为他的对手将石头放在路上来破坏他的比赛）
幻觉	 Don Farrall/Photodisc/ Getty Images	• 缺乏外界刺激作用时产生的感知觉（听到声音、看到已经死去的人） • 大多是幻听（大卫 听到他死去的叔叔和他聊天）
言语紊乱	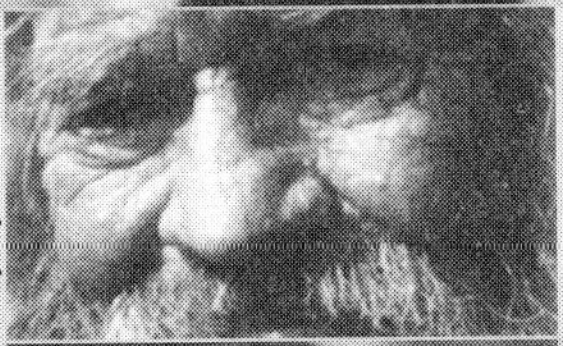 ©Royalty Free/Corbis	• 话题跳跃 • 说话没有逻辑（不直接回答问题，谈话离题） • 说一些难以理解的词句
行为问题	 ©Dynamic Graphics/Jupiter Images	• 行为表现躁动、鲁莽 • 紧张木僵，运动失能 • 蜡样屈曲（身体随别人的移动保持同一个姿势） • 衣着不当（夏天穿大衣，冬天穿衬衫） • 情感不协调 • 个人卫生不能自理
退缩	 ©Photodisc/Getty Images	• 缺乏情感反应（言语贫乏，面部表情没有变化） • 情感淡漠（对每天的生活不感兴趣） • 交谈中反应迟钝或单一 • 在愉快的活动（进食、社交、性）中缺乏快感

精神分裂症分类

偏执型	紊乱型	紧张型	残留型	未分化型
• 夸大或被害妄想 • 幻觉（尤其是听幻觉） • 缓解期社会功能较好 • 较其他类型而言家族史更明显	• 言语和/或行为紊乱 • 情感幼稚（情感不协调） • 慢性病程并难以缓解	• 木僵和兴奋激越交替 • 运动反应异常（蜡样屈曲、僵直） • 面部表情或身体姿势怪异（常常模仿他人） • 罕见	• 至少有一次精神分裂症发作，但之后未再表现出主要症状 • 仍然有“残留”症状（社会退缩、奇异观念、没有活力、情感淡漠）	• 具有各种类型的症状表现，难以归入某种特定类型

附录 C　各章测验答案

第 1 章（p.26）
1. b　2. c　3. d　4. a　5. d　6. b　7. b　8. c　9. d
10. c

第 2 章（p. 68）
1. b　2. b　3. d　4. d　5. b　6. b　7. c　8. c　9. d
10. c

第 3 章（p. 114）
1. c　2. b　3. a　4. d　5. a　6. d　7. b　8. c　9. a
10. c

第 4 章（p. 160）
1. c　2. a　3. b　4. d　5. d　6. a　7. c　8. a　9. a
10. d

第 5 章（p. 196）
1. d　2. a　3. c　4. d　5. b　6. b　7. b　8. a　9. d
10. d

第 6 章（p. 245）
1.b　2.c　3.a　4.a　5.c　6.b　7.b　8.d　9.c
10. a

第 7 章（p. 280）
1. a　2. a　3. d　4. c　5. a　6. c　7. a　8. b　9. c
10. a

第 8 章（p. 326）
1. b　2. d　3. a　4. b　5. b　6. a　7. d　8. b　9. b
10. c

第 9 章（p. 367）
1. b　2. b　3. d　4. c　5. c　6. d　7. a　8. c　9. c
10. a

第 10 章（p. 408）
1. c　2. a　3. d　4. c　5. d　6. c　7. a　8. c　9. b
10. a

第 11 章（p. 446）
1. c　2. a　3. b　4. b　5. a　6. c　7.c　8. c　9. d
10. a

第 12 章（p. 480）
1. d　2. b　3. c　4. a　5. d　6. a　7. a　8. b　9. d
10. d

第 13 章（p. 530）
1. a　2. b　3. a　4. c　5. b　6. a　7. d　8. d　9. b
10. c

第 14 章（p. 556）
1. b　2. d　3. d　4. a　5. c　6. a　7. b　8. b　9. c
10. c

参考文献

Aarsland, D., & Kurz, M. W. (2010). The epidemiology of dementia associated with Parkinson disease. *Journal of the Neurological Sciences, 289*(1–2), 18–22.

Abad, V., & Guilleminault, C. (2009). Treatment options for obstructive sleep apnea. *Current Treatment Options in Neurology, 11*(5), 358–367.

Abbey, S. E., & Garfinkel, P. E. (1991). Neurasthenia and chronic fatigue syndrome: The role of culture in the making of a diagnosis. *American Journal of Psychiatry, 148,* 1638–1646.

Abbott, D. W., de Zwaan, M., Mussell, M. P., Raymond, N. C., Seim, H. C., Crow, S. J., ... Mitchell J. E. (1998). Onset of binge eating and dieting in overweight women: Implications for etiology, associated features and treatment. *Journal of Psychosomatic Research, 44,* 367–374.

Abel, G. G. (1989). Behavioral treatment of child molesters. In A. J. Stunkard & A. Baum (Eds.), *Perspectives in behavioral medicine: Eating, sleeping and sex* (pp. 223–242). Hillsdale, NJ: Erlbaum.

Abel, G. G., Becker, J. V., Cunningham-Rathner, J., Mittelman, M., & Rouleau, J. L. (1988). Multiple paraphilic diagnoses among sex offenders. *Bulletin of the American Academy of Psychiatry and Law, 16,* 153–168.

Abel, G. G., Becker, J. V., Mittelman, M., Cunningham-Rathner, J., Rouleau, J. L., & Murphy, W. E. (1987). Self-reported sex crimes of nonincarcerated paraphiliacs. *Journal of Interpersonal Violence, 2,* 3–25.

Abela, J. R., & Skitch, S. A. (2007). Dysfunctional attitudes, self-esteem, and hassles: Cognitive vulnerability to depression in children of affectively ill parents. *Behaviour Research and Therapy, 45*(6), 1127–1140.

Abramson, L. Y., Metalsky, G. I., & Alloy, L. B. (1989). Hopelessness depression: A theory-based subtype of depression. *Psychological Review, 96*(2), 358–372.

Abramson, L. Y., Seligman, M. E. P., & Teasdale, J. D. (1978). Learned helplessness in humans: Critique and reformulation. *Journal of Abnormal Psychology, 87,* 49–74.

Adachi, Y., Sato, C., Nishino, N., Ohryoji, F., Hayama, J., & Yamagami, T. (2009). A brief parental education for shaping sleep habits in 4-month-old infants. *Clinical Medicine & Research, 7*(3), 85–92. doi:10.3121/cmr.2009.814

Adair, R., Bauchner, H., Philipp, B., Levenson, S., & Zuckerman, B. (1991). Night waking during infancy: Role of parent presence at bedtime. *Pediatrics, 87,* 500–504.

Addington v. Texas, 99 S. Ct. 1804 (1979).

Addis, M. E. (2008). Gender and depression in men. *Clinical Psychology: Science and Practice, 15*(3), 153–168.

Ader, R., & Cohen, N. (1975). Behaviorally conditioned immunosuppression. *Psychosomatic Medicine, 37,* 333–340.

Ader, R., & Cohen, N. (1993). Psychoneuroimmunology: Conditioning and stress. *Annual Review of Psychology, 44,* 53–85.

Adler, C. M., Côte, G., Barlow, D. H., & Hillhouse, J. J. (1994). *Phenomenological relationships between somatoform, anxiety, and psychophysiological disorders.* Unpublished manuscript.

Afari, N., & Buchwald, D. (2003). Chronic fatigue syndrome: A review. *American Journal of Psychiatry, 160,* 221–236.

Agatisa, P., Matthews, K., Bromberger, J., Edmundowicz, D., Chang, Y., & Sutton-Tyrell, K. (2005). Coronary and aortic calcification in women with major depression history. *Archives of Internal Medicine, 165,* 1229–1236.

Agras, W. S. (1982). Behavioral medicine in the 1980s: Nonrandom connections. *Journal of Consulting and Clinical Psychology, 50,* 797–803.

Agras, W. S. (1987). *Eating disorders: Management of obesity, bulimia, and anorexia nervosa.* Elmsford, NY: Pergamon Press.

Agras, W. S. (2001). The consequences and costs of eating disorders. *Psychiatric Clinics of North America, 24,* 371–379.

Agras, W. S., Barlow, D. H., Chapin, H. N., Abel, G. G., & Leitenberg, H. (1974). Behavior modification of anorexia nervosa. *Archives of General Psychiatry, 30,* 279–286.

Agras, W. S., Schneider, J. A., Arnow, B., Raeburn, S. D., & Telch, C. F. (1989). Cognitive-behavioral and response-prevention treatments for bulimia nervosa. *Journal of Consulting and Clinical Psychology, 57,* 215–221.

Agras, W. S., Sylvester, D., & Oliveau, D. (1969). The epidemiology of common fears and phobia. *Comprehensive Psychiatry, 10,* 151–156.

Agras, W. S., Telch, C. F., Arnow, B., Eldredge, K., & Marnell, M. (1997). One-year follow-up of cognitive-behavioral therapy of obese individuals with binge eating disorder. *Journal of Consulting and Clinical Psychology, 65,* 343–347.

Agras, W. S., Walsh, B. T., Fairburn, C. G., Wilson, G. T., & Kraemer, H. C. (2000). A multicenter comparison of cognitive-behavioral therapy and interpersonal psychotherapy for bulimia nervosa. *Archives of General Psychiatry, 57,* 459–466.

Aigner, M., & Bach, M. (1999). Clinical utility of DSM-IV pain disorder. *Comprehensive Psychiatry, 40*(5), 353–357.

Aikins, D. E., & Craske, M. G. (2001). Cognitive theories of generalized anxiety disorder. *Psychiatric Clinics of North America, 24,* 57–74.

Åkerstedt, T., & Wright, K. P., Jr. (2009). Sleep loss and fatigue in shift work and shift work disorder. *Sleep Medicine Clinics, 4*(2), 257–271. doi:10.1016/j.jsmc.2009.03.001

Akiskal, H. (2006). Special issue on circular insanity and beyond: Historic contributions of French psychiatry to contemporary concepts and research on bipolar disorder. *Journal of Affective Disorders, 96,* 141–143.

Akiskal, H. S. (2009). Dysthymia, cyclothymia, and hyperthymia. In M. G. Gelder, N. C. Andreasen, J. J. López-Ibor, Jr., & J. R. Geddes (Eds.), *New Oxford textbook of psychiatry* (2nd ed., Vol. 1, pp. 680–692). Oxford, UK: Oxford University Press.

Akiskal, H. S., & Cassano, G. B. (Eds.) (1997). *Dysthymia and the spectrum of chronic depressions.* New York, NY: Guilford Press.

Akiskal, H. S., & Pinto, O. (1999). The evolving spectrum: Prototypes I, II, III, and IV. *The Psychiatric Clinics of North America, 22*(3), 517–534.

al'Absi, M., & Wittmers, L. E., Jr. (2003). Enhanced adrenocortical responses to stress in hypertension-prone men and women. *Annals of Behavioral Medicine, 25,* 25–33.

Alarcon, R. D., Bell, C. C., Kirmayer, L. J., Ling, K., Bedirhan, U., & Wisner, K. L. (2002). Beyond the funhouse mirrors: Research agenda on culture and psychiatric diagnosis. In D. Kupfer, M. First, & D. Regier (Eds.), *A research agenda for DSM-V* (pp. 219–281). Washington, DC: American Psychiatric Association.

Albano, A., Pincus, D. B., Tracey, S., & Barlow, D. H. (in preparation). Cognitive behavioral group treatment of social phobia in adolescents: Importance of parent inclusion in treatment. Manuscript in preparation.

Albano, A. M., & Barlow, D. H. (1996). Breaking the vicious cycle: Cognitive-behavioral group treatment for socially anxious youth. In E. D. Hibbs & P. S. Jensen (Eds.), *Psychosocial treatment research and adolescent disorders* (pp. 43–62). Washington, DC: APA Press.

Albano, A. M., Chorpita, B. F., & Barlow, D. H. (1996). Childhood anxiety disorders. In E. J. Mash & R. A. Barkley (Eds.), *Child psychopathology* (pp. 196–241). New York, NY: Guilford Press.

Albano, A. M., DiBartolo, P. M., Heimberg, R. G., & Barlow, D. H. (1995). Children and adolescents: Assessment and treatment. In R. G. Heimberg, M. R. Liebowitz, D. A. Hope, & F. Schneier (Eds.), *Social phobia: Diagnosis, assessment and treatment.* New York, NY: Guilford Press.

Albano, A. M., & Hack, S. (2004). Children and adolescents. In R. G. Heimberg, C. L. Turk, & D. S. Mennin (Eds.), *Generalized anxiety disorder: Advances in research and practice* (pp. 383–408). New York, NY: Guilford Press.

Albano, A. M., Miller, P. P., Zarate, R., Côté, G., & Barlow, D. H. (1997). Behavioral assessment and treatment of PTSD in prepubertal children: Attention to development factors and innovative strategies in the case study of a family. *Cognitive and Behavioral Practice, 4,* 245–262.

Albert, C., Chae, C., Rexrode, K., Manson, J., & Kawachi, I. (2005). Phobic anxiety and risk of coronary heart disease and sudden cardiac among women. *Circulation, 111,* 480–487.

Alessi, S. M., Roll, J. M., Reilly, M. P., & Johanson, C. E. (2002). Establishment of a diazepam preference in human volunteers following a differential- conditioning history of placebo versus diazepam choice. *Experimental and Clinical Psychopharmacology, 10,* 77–83.

Alexander, F. G. (1939). Emotional factors in essential hypertension: Presentation of a tentative hypothesis. *Psychosomatic Medicine, 1,* 175–179.

Alexander, F. G. (1950). *Psychosomatic medicine.* New York, NY: Norton.

Alexander, F. G., & Selesnick, S. T. (1966). *The history of psychiatry: An evaluation of psychiatric thought and practice from prehistoric times to the present.* New York, NY: Harper & Row.

Alexopoulos, G., Katz, I., Bruce, M., Heo, M., Have, T., Raue, P., Reynolds, C. F., III, (2005). Remission in depressed geriatric primary care patients: A report from the PROSPECT study. *American Journal of Psychiatry, 162,* 718–724.

Alim, T. N., Feder, A., Graves, R. E., Wang, Y., Weaver, J., Westphal, M., ... Charney, D. S. (2008). Trauma, resilience, and recovery in a high-risk African-American population. *The American Journal of Psychiatry, 165*(12), 1566–1575.

Allen, J., DeMyer, M., Norton, J., Pontius, W., & Yang, G. (1971). Intellectuality in parents of psychotic, subnormal, and normal children. *Journal of Autism and Childhood Schizophrenia, 1,* 311–326.

Allen, J. J., & Movius, H. L. (2000). The objective assessment of amnesia in dissociative identity disorder using event-related potentials. *International Journal of Psychophysiology, 38,* 21–41.

Allen, L. A., Woolfolk, R. L., Escobar, J. I., Gara, M. A., & Hamer, R. M. (2006). Cognitive-behavioral therapy for somatization disorder: A randomized controlled trial. *Archives of Internal Medicine, 166*(14), 1512–1518.

Allen, L. B., White, K. S., Barlow, D. H., Shear, M. K., Gorman, J. M., & Woods, S. W. (2010). Cognitive-behavior therapy (CBT) for panic disorder: Relationship of anxiety and depression comorbidity with treatment outcome. *Journal of Psychopathology & Behavioral Assessment, 32*(2), 185–192.

Allen, L. S., & Gorski, R. A. (1992). Sexual orientation and the size of the anterior commissure in the human brain. *Proceedings of the National Academy of Science, 89,* 7199–7202.

Allen, N. J., & Barres, B. A. (2009). Neuroscience: Glia—more than just brain glue. *Nature, 457*(7230), 675–677.

Aller, R., & Aller, G. (1997). An institutional response to patient/family complaints. In A. E. Shamoo (Ed.), *Ethics in neurobiological research with human subjects: The Baltimore Conference on Ethics* (pp. 155–172). Amsterdam, The Netherlands: Gordon and Breach Publishers OPA.

Allin, M., Streeruwitz, A., & Curtis, V. (2005). Progress in understanding conversation disorder. *Neuropsychiatric Disease and Treatment, 3,* 1–5.

Alloy, L., & Abramson, L. (2001). Cyclothymic personality. In W. E. Craighead & C. B. Nemeroff (Eds.), *The Corsini encyclopedia of psychology and behavioral science* (3rd ed., pp. 417–418). New York, NY: Wiley & Sons.

Alloy, L., & Abramson, L. (2006). Prospective incidence of first onsets and recurrences of depression individuals at high and low cognitive risk for depression. *Journal of Abnormal Psychology, 115,* 145–156.

Alloy, L., Abramson, L., Safford, S., & Gibb, B. (2006). The cognitive vulnerability to depression (CVD) project: Current findings and future directions. In L. B. Alloy & J. H. Riskind (Eds.), *Cognitive vulnerability to emotional disorders* (pp. 33–61). Hillsdale, NJ: Erlbaum.

Alloy, L., Abramson, L. Y., Hogan, M. E., Whitehouse, W. G., Rose, D. T., Robinson, M. S., ... Lapkin, J. B. (2000). The Temple-Wisconsin cognitive vulnerability to depression project: Lifetime history of axis I psychopathology in individuals at high and low cognitive risk for depression. *Journal of Abnormal Psychology, 109,* 403–418.

Alloy, L., Kelly, K. A., Mineka, S., & Clements, C. M. (1990). Comorbidity of anxiety and depressive disorders: A helplessness–hopelessness perspective. In J. D. Maser & C. R. Cloninger (Eds.), *Comorbidity of mood and anxiety disorders* (pp. 499–543). Washington, DC: American Psychiatric Press.

Alloy, L. B., & Abramson, L. Y. (2010). The role of the behavioral approach system (BAS) in bipolar spectrum disorders. *Current Directions in Psychological Science, 19*(3), 189–194.

Alloy, L. B., Abramson, L. Y., Urosevic, S., Bender, R. E., & Wagner, C. A. (2009). Longitudinal predictors of bipolar spectrum disorders: a behavioral approach system (BAS) perspective. *Clinical Psychology* (New York), *16*(2), 206–226.

Altarac, M., & Saroha, E. (2007). Lifetime prevalence of learning disability among U.S. children. *Pediatrics, 119*(Suppl. 1), S77–S83.

Althof, S. (2006). The psychology of premature ejaculation: Therapies and consequences. *Journal of Sexual Medicine, 3,* 324–331.

Althof, S. E. (2007). Treatment of rapid ejaculation: Psychotherapy, pharmacotherapy, and combined therapy. In S. R. Leiblum (Ed.), *Principles and practice of sex therapy* (4th ed., pp. 212–240). New York, NY: Guilford Press.

Altshuler, L. L., Kupka, R. W., Hellemann, G., Frye, M. A., Sugar, C. A., McElroy, S. L., ... Suppes, T. (2010). Gender and depressive symptoms in 711 patients with bipolar disorder evaluated prospectively in the Stanley Foundation bipolar treatment outcome network. *American Journal of Psychiatry, 167*(6), 708–715.

Alvino, C., Kohler, C., Barrett, F., Gur, R., Gur, R., & Verma, R. (2007). Computerized measurement of facial expression of emotions in schizophrenia. *Journal of Neuroscience Methods, 163*(2), 350–361.

Alzheimer's Association. (2010). 2010 Alzheimer's disease facts and figures. *Alzheimer's & Dementia* (Vol. 6). Chicago, IL: Alzheimer's Association.

Amat, J., Baratta, B. V., Paul, E., Bland, S. T., Watkins, L. R., & Maier, S. F. (2005). Medial prefrontal cortex determines how stressor controllability affects behavior and dorsal raphe nucleus. *Nature Neuroscience, 8,* 365–371.

American Bar Association Standing Committee on Association Standards for Criminal Justice. (1984). *Criminal justice and mental health standards*. Chicago, IL: Author.

American Cancer Society (2007). Prevention and early detection: Cigarette smoking. Retrieved from http://www.cancer.org/acs/groups/cid/documents/webcontent/002967-pdf.pdf

American Law Institute. (1962). *Model penal code: Proposed official draft*. Philadelphia, PA: Author.

American Psychiatric Association. (1980). *Diagnostic and statistical manual of mental disorders* (3rd ed.). Washington, DC: Author.

American Psychiatric Association. (1983). American Psychiatric Association statement on the insanity defense. *American Journal of Psychiatry, 140,* 681–688.

American Psychiatric Association. (1987). *Diagnostic and statistical manual of mental disorders* (3rd ed. rev.). Washington, DC: Author.

American Psychiatric Association. (1994). *Diagnostic and statistical manual of mental disorders* (4th ed.). Washington, DC: Author.

American Psychiatric Association. (2000). *Diagnostic and statistical manual of mental disorders* (4th ed., text revision). Washington, DC: Author.

American Psychiatric Association. (2000). Substance use disorders: Alcohol, cocaine, opioids. In Practice guideline for the treatment of psychiatric disorders: Compendium 2000 (pp. 139–238). Washington, DC: Author.

American Psychiatric Association. (2003). Practice guideline for the assessment and treatment of patients with suicidal behaviors. *American Journal of Psychiatry, 160*(Suppl.), 1–44.

American Psychiatric Association. (2004). Practice guideline for the treatment of patients with schizophrenia (2nd ed.). *American Journal of Psychiatry, 161*(Suppl.), 1–56.

American Psychiatric Association. (2006). Practice guideline for the psychiatric evaluation of adults (2nd ed.). *American Journal of Psychiatry, 163*(Suppl.), 1–36.

American Psychiatric Association. (2007). Practice guidelines for the treatment of patients with substance use disorders (2nd ed.). *American Journal of Psychiatry, 164*(Suppl.), 1–14.

American Psychiatric Association. (2010a). APA practice guidelines for treatment of patients with eating disorders (3rd ed.). Retrieved from http://www.psychiatryonline.com/content .aspx?aID5138866

American Psychiatric Association. (2010b). *DSM-5* development: Personality and personality disorders. Retrieved from http://www.dsm5.org/ProposedRevisions/Pages/PersonalityandPersonalityDisorders.aspx

American Psychiatric Association. (2010c). *DSM-5* development: Schizophrenia and other psychotic disorders. Retrieved from http://www.dsm5.org/ProposedRevisions/Pages/SchizophreniaandOtherPsychoticDisorders.aspx

American Psychiatric Association. (2010d). *DSM-5* development: Autistic disorder. Retrieved from http://www.dsm5.org/ProposedRevisions/Pages/proposedrevision.aspx?rid594#

American Psychiatric Association. (2010f). *DSM-5* Development: Proposed revisions. Retrieved from http://www.dsm5.org/ProposedRevisions/Pages/Default.aspx

American Psychiatric Association Practice Guideline. (2000a). Substance use disorders: Alcohol, cocaine, opioids. In Practice guideline for the treatment of psychiatric disorders: Compendium 2000 (pp. 139–238). Washington, DC: Author.

American Psychiatric Association Practice Guideline. (2000b). Practice guideline for the treatment of patients with major depressive disorder (revision). *American Journal of Psychiatry, 157*(Suppl. 4), 49.

American Psychiatric Association Practice Guideline. (2000c). *Practice guideline for the treatment of patients with Alzheimer's disease and other dementias of late life: Compendium 2000*. Washington, DC: Author.

American Psychological Association. (2002a). Ethical principles of psychologists and code of conduct. *American Psychologist, 57*, 1060–1073.

American Psychological Association. (2002b). Criteria for practice guideline development and evaluation. *American Psychologist*, 57, 1048–1059.

American Psychological Association. (2010a). 2010 Amendments to the 2002 "Ethical principles of psychologists and code of conduct." *American Psychologist, 65*(5), 493–493.

American Psychological Association. (2010b). Report of the ethics committee, 2009. *American Psychologist, 65*(5), 483–492.

American Psychological Association Board of Professional Affairs Task Force on Psychological Intervention Guidelines (1995). *Template for developing guidelines: Interventions for mental disorders and psychosocial aspects of physical disorders*. Approved by APA Council of Representatives, February 1995. Washington, DC: American Psychological Association.

American Psychological Association Presidential Task Force. (2006). Evidence-based practice in psychology. *American Psychologist, 61*, 271–285.

American Psychological Association Task Force on Gender Identity and Gender Variance. (2008). Report of the Task Force on Gender Identity and Gender Variance. Washington, DC: Author.

American Society for Metabolic & Bariatric Surgery. (2010). Fact Sheet. Retrieved from http://www.asmbs.org/Newsite07/media/ASMBS_Metabolic_Bariatric_Surgery_Overview _FINAL_09.pdf

Amir, N., Cashman, L., & Foa, E. B. (1997). Strategies of thought control and obsessive-compulsive disorder. *BRAT, 35*, 775–777.

Anastopoulos, A., Sommer, J., & Schatz, N. (2009). ADHD and family functioning. *Current Attention Disorders Reports, 1*(4), 167–170. doi:10.1007/s12618-009-0023-2

Ancoli-Israel, S., & Ayalon, L. (2009). Diagnosis and treatment of sleep disorders in older adults. *Focus: The Journal of Lifelong Learning in Psychiatry*, 7(1), 98–105.

Andersen, B. L. (1992). Psychological interventions for cancer patients to enhance the quality of life. Special issue: Behavioral medicine: An update for the 1990s. *Journal of Consulting and Clinical Psychology, 60*(4), 552–568.

Andersen, B. L., & Cyranowski, J. M. (1994). Women's sexual self-schema. *Journal of Personality and Social Psychology, 67*(6), 1079–1100.

Andersen, B. L., Cyranowski, J. M., & Espindle, D. (1999). Men's sexual self-schema. *Journal of Personality and Social Psychology, 76*(4), 645–661.

Andersen, B. L., Farrar, W. B., Golden-Kreutz, D., Emery, C. F., Glaser, R., Crespin, T., & Carson, W. E., III. (2007). Distress reduction from a psychological intervention contributes to improved health for cancer patients. *Brain, Behavior, and Immunity, 21*, 953–961.

Andersen, B. L., Yang, H., Farrar, W. B., Golden-Kreutz, D. M., Emery, C. F., Thornton, L. M., ... Carson, W. E., III. (2008). Psychologic intervention improves survival for breast cancer patients: A randomized clinical trial. *Cancer, 113*, 3450–3458.

Anderson, D. J., Noyes, R., & Crowe, R. R. (1984). A comparison of panic disorder and generalized anxiety disorder. *American Journal of Psychiatry, 141*, 572–575.

Anderson-Fye, E. (2009). Cross-cultural issues in body image among children and adolescents. In L. Smolak & J. K. Thompson (Eds.), *Body image, eating disorders, and obesity in youth: Assessment, prevention, and treatment* (2nd ed., pp. 113–133). Washington, DC: American Psychological Association.

Andrasik, F. (2000). Biofeedback. In D. I. Mostofsky & D. H. Barlow (Eds.), *The management of stress and anxiety in medical disorders* (pp. 66– 83). Needham Heights, MA: Allyn & Bacon.

Andrews, G., Hobbs, M. J., Borkovec, T. D., Beesdo, K., Craske, M. G., Heimberg, R. G., ... Stanley, M. A. (2010). Generalized worry disorder: A review of DSM-IV generalized anxiety disorder and options for DSM-V. *Depression and Anxiety, 27*(2), 134–147.

Aneshensel, C. S., Pearlin, L. I., Mullan, J. T., Zarit, S. H., & Whitlatch, C. J. (1995). *Profiles in caregiving: The unexpected career*. San Diego, CA: Academic Press.

Angst, A., Angst, F., Gerber-Werder, R., & Gamma, A. (2005). Suicide in 406 mood disordered patients with and without long-term medication: A 40 to 44 years' follow-up. *Archives Suicide Research, 9*, 279–300.

Angst, J. (1988). Clinical course of affective disorders. In T. Helgason & R. J. Daly (Eds.), *Depressive illness: Prediction of course and outcome* (pp. 1–44). Berlin, Germany: Springer-Verlag.

Angst, J. (2009). Course and prognosis of mood disorders. In M. G. Gelder, N. C. Andreasen, J. J. López-Ibor, Jr., & J. R. Geddes (Eds.), *New Oxford textbook of psychiatry* (2nd ed., Vol. 1, pp. 665–669). Oxford, UK: Oxford University Press.

Angst, J., & Preizig, M. (1996). Course of a clinical cohort of unipolar, bipolar, and schizoaffective patients: Results of a prospective study from 1959 to 1985. *Schweizer Archiv fur Neurologie und Psychiatrie, 146*, 1–16.

Angst, J., & Sellaro, R. (2000). Historical perspectives and natural history of bipolar disorder. *Biological Psychiatry, 48*(6), 445–457.

Ansell, E., Sanislow, C., McGlashan, T., & Grilo, C. (2007). Psychosocial impairment and treatment utilization by patients with borderline personality disorder, other personality disorders, mood and anxiety disorders, and a healthy comparison group. *Comprehensive Psychiatry, 48*(4), 329–336.

Anton, R. F., O'Malley, S. S., Ciraulo, D. A., Cisler, R. A., Couper, D., Donovan, D. M., ... Zweben, A. for the COMBINE Study Research Group. (2006). Combined pharmacotherapies and behavioral interventions for alcohol dependence: The COMBINE Study: A randomized controlled trial. *JAMA: Journal of the American Medical Association, 295*, 2003–2017.

Antoni, M. H., Cruess, D. G., Cruess, S., Lutgendorf, S., Kumar, M., Ironson, G., ... Schneiderman, N. (2000). Cognitive-behavioral stress management intervention effects on anxiety, 24-hr urinary norepinephrine output, and T-cytotoxic/suppressor cells over time among symptomatic HIV-infected gay men. *Journal of Consulting and Clinical Psychology, 68*, 31–45.

Antoni, M. H., Lechner, S., Diaz, A., Vargas, S., Holley, H., Phillips, K., ... Blombery, B. (2009). Cognitive behavioral stress management effects on psychosocial and psychological adaptation in women undergoing treatment for breast cancer. *Brain, Behavior, and Immunity, 23*, 580–591.

Antoni, M. H., Lechner, S., Kazi, A., Wimberly, S., Sifre, T., Urcuyo, K., ... Carver, C.S. (2006). How stress management improves quality of life after treatment for breast cancer. *Journal of Consulting and Clinical Psychology, 74*, 1143–1152.

Antoni, M. H., & Lutgendorf, S. (2007). Psychosocial factors and disease progression in cancer. *Current Directions in Psychological Science, 16*, 42–46.

Antony, M. M., & Barlow, D. H. (2002). Specific phobias. In D. H. Barlow, *Anxiety and its disorders: The nature and treatment of anxiety and panic* (2nd ed.). New York, NY: Guilford Press.

Antony, M. M., & Barlow, D. H. (Eds.). (2010). *Handbook of assessment and treatment planning for psychological disorders* (2nd ed.). New York, NY: Guilford Press.

Antony, M. M., Brown, T. A., & Barlow, D. H. (1997a). Heterogeneity among specific phobia types in DSM-IV. *Behavior Research and Therapy, 35,* 1089–1100.

Antony, M. M., Brown, T. A., & Barlow, D. H. (1997b). Response to hyperventilation and 5.5% CO_2 inhalation of subjects with types of specific phobia, panic disorder, or no mental disorder. *American Journal of Psychiatry, 154,* 1089–1095.

Antony, M. M., Craske, M. G., & Barlow, D. H. (2006). *Mastering your fears and phobias: Workbook.* New York, NY: Oxford University Press.

Aouizerate, B., Rotge, J., Martin-Guehl, C., Cuny, E., Rougier, A., Guehl, D., ... Tignol, J. (2006). A systematic review of psychsurgical treatments for obsessive-compulsive disorder: Does deep brain stimulation represent the future trend in psychosurgery? *Clinical Neuropsychiatry, 3*(6), 391–403.

Apfelbaum, B. (2000). Retarded ejaculation: A much misunderstood syndrome. In S. R. Leiblum & R. C. Rosen (Eds.), *Principles and practice of sex therapy* (3rd ed., pp. 205–241). New York, NY: Guilford Press.

Apple, R. F., Lock, J., & Peebles, R. (2006). *Preparing for weight loss surgery.* New York, NY: Oxford University Press.

Arai, J. A., Li, S., Hartley, D. M., & Feig, L. A. (2009). Transgenerational rescue of a genetic defect in long-term potentiation and memory formation by juvenile enrichment. *The Journal of Neuroscience, 29*(5), 1496–1502.

Arenas, E. (2010). Towards stem cell replacement therapies for Parkinson's disease. *Biochemical and Biophysical Research Communications, 396*(1), 152–156.

Arenkiel, B. R., & Ehlers, M. D. (2009). Molecular genetics and imaging technologies for circuit-based neuroanatomy. *Nature, 461*(7266), 900–907.

Armbruster, D., Mueller, A., Moser, D. A., Lesch, K. P., Brocke, B., & Kirschbaum, C. (2009). Interaction effect of D4 dopamine receptor gene and serotonin transporter promoter polymorphism on the cortisol stress response. *Behavioral Neuroscience, 123*(6), 1288–1295.

Arrindell, W. A., Eisemann, M., Richter, J., Oei, T. P. S., Caballo, V. E., van der Ende, J., ... Hudson, B. L. (2003a). Phobic anxiety in 11 nations part I: Dimensional constancy of the five-factor model. *Behaviour Research and Therapy, 41,* 461–479.

Arrindell, W. A., Eisemann, M., Richter, J., Oei, T. P. S., Caballo, V. E., van der Ende, J., ... Zaldívar, F. (2003b). Masculinity–femininity as a national characteristic and its relationship with national agoraphobic fear levels: Fodor's sex role hypothesis revitalized. *Behaviour Research and Therapy, 41,* 795–807.

Arseneault, L., Cannon, M., Witton, J., & Murray, R. M. (2004). Causal association between cannabis and psychosis: Examination of the evidence. *British Journal of Psychiatry, 184,* 110–117.

Asberg, M., Nordstrom, P., & Traskman-Bendz, L. (1986). Cerebrospinal fluid studies in suicide: An overview. *Annals of the American Academy of Science, 487,* 243–255.

Aschoff, J., & Wever, R. (1962). Spontanperiodik des Menschen die Ausschulus aller Zeitgeber. *Die Naturwissenschaften, 49,* 337–342.

Asmal, L., & Stein, D. J. (2009). Anxiety and culture. In M. M. Antony & M. B. Stein (Eds.), *Oxford handbook of anxiety and related disorders.* (pp. 657–664). New York, NY: Oxford University Press.

Asmundson, G. J., & Carleton, R. N. (2009). Fear of pain. In M. M. Antony & M. B. Stein (Eds.), *Oxford handbook of anxiety and related disorders* (pp. 551–561). Oxford, UK: Oxford University Press.

Attia, E., Haiman, C., Walsh, B. T., & Flater, S. R. (1998). Does fluoxetine augment the inpatient treatment of anorexia nervosa? *American Journal of Psychiatry, 155*(4), 548–551.

Attia, E., & Roberto, C. A. (2009). Should amenorrhea be a diagnostic criterion for anorexia nervosa? *International Journal of Eating Disorders, 42*(7), 581–589.

Attie, I., & Brooks-Gunn, J. (1995). The development of eating regulation across the life span. In D. Cicchetti & D. J. Cohen (Eds.), *Developmental psychopathology* (Vol. 2, pp. 332–368). New York, NY: Wiley.

Auyeng, B., Baron-Cohen, S., Ashwin, E., Knickmeyer, R., Taylor, K., Hackett, G., & Hines, M. (2009). Fetal testosterone predicts sexually differentiated childhood behavior in girls and boys. *Psychological Science, 20,* 144–148.

Axelson, D., Birmaher, B., Strober, M., Gill, M. K., Valeri, S., Chiappetta, L., ... Keller, M. (2006). Phenomenology of children and adolescents with bipolar spectrum disorders. *Archives of General Psychiatry, 63*(10), 1139–1148.

Ayala, E. S., Meuret, A. E., & Ritz, T. (2009). Treatments for blood-injury-injection phobia: A critical review of current evidence. *Journal of Psychiatric Research, 43*(15), 1235–1242.

Ayearst, L. E., & Bagby, R. M. (2010). Evaluating the psychometric properties of psychological measures. In M. M. Antony & D.H. Barlow (Eds.), *Handbook of assessment and treatment planning for psychological disorders* (2nd ed., pp. 23–61). New York, NY: Guilford Press.

Ayers, C. R., Thorp, S. R., & Wetherell, J. L. (2009). Anxiety disorders and hoarding in older adults. In M. M. Antony & M. B. Stein (Eds.), *Oxford handbook of anxiety and related disorders.* (pp. 625–635). New York, NY: Oxford University Press.

Ayllon, T., & Azrin, N. H. (1968). *The token economy: A motivational system for therapy and rehabilitation.* New York, NY: Appleton-Century-Crofts.

Azmitia, E. C. (1978). The serotonin-producing neurons of the midbrain median and dorsal raphe nuclei. In L. Iverson, S. Iverson, & S. Snyder (Eds.), *Handbook of psycho pharmacology: Vol. 9. Chemical pathways in the brain* (pp. 233–314). New York, NY: Plenum Press.

Baasher, T. A. (2001). Islam and mental health. *Eastern Mediterranean Health Journal, 7,* 372–376.

Babyak, M., Blumenthal, J. A., Herman, S., Khatri, P., Doraiswamy, M., Moore, K., ... Krishnan, K. R. (2000). Exercise treatment for major depression: Maintenance of therapeutic benefit at 10 months. *Psychosomatic Medicine, 62,* 633–638.

Bach, A. K., Barlow, D., & Wincze, J. (2004). The enhancing effects of manualized treatment for erectile dysfunction among men using slidenafil: A preliminary investigation. *Behaviour Therapy, 35,* 55–73.

Bach, A. K., Brown, T. A., & Barlow, D. H. (1999). The effects of false negative feedback on efficacy expectancies and sexual arousal in sexually functional males. *Behavior Therapy, 30,* 79–95.

Bach, A. K., Wincze, J. P., & Barlow, D. H. (2001). Sexual dysfunction. In D. H. Barlow (Ed.), *Clinical handbook of psychological disorders: A step-by-step treatment manual* (3rd ed., pp. 562–608). New York, NY: Guilford Press.

Bailey, J. A. (2009). Addressing common risk and protective factors can prevent a wide range of adolescent risk behaviors. *Journal of Adolescent Health, 45*(2), 107–108.

Bailey, J. M., & Benishay, D. S. (1993). Familial aggregation of female sexual orientation. *American Journal of Psychiatry, 150*(2), 272–277.

Bailey, J. M., & Pillard, R. C. (1991). A genetic study of male sexual orientation. *Archives of General Psychiatry, 48,* 1089–1096.

Bailey, J. M., Pillard, R. C., Dawood, K., Miller, M. B., Farrer, L. A., Trivedi, S., & Murphy, R. L. (1999). A family history study of male sexual orientation using three independent samples. *Behavior Genetics, 29,* 79–86.

Bailey, J. M., Pillard, R. C., Neale, M. C., & Agyei, Y. (1993). Heritable factors influence sexual orientation in women. *Archives of General Psychiatry, 50,* 217–223.

Baker, A., van Kesteren, P. J., Gooren, L. J. G., & Bezemer, P. D. (1993). The prevalence of transsexualism in The Netherlands. *Acta Psychiatrica Scandinavica, 87,* 237–238.

Baker, C. D., & DeSilva, P. (1988). The relationship between male sexual dysfunction and belief in Zilbergeld's myths: An empirical investigation. *Sexual and Marital Therapy, 3*(2), 229–238.

Bakkevig, J. F., & Karterud, S. (2010). Is the Diagnostic and Statistical Manual of Mental Disorders, Fourth Edition, histrionic personality disorder category a valid construct? *Comprehensive Psychiatry.* doi:10.1016/j.comppsych.2009.11.009

Bakshi, S. (2004). A comparative analysis of hijras and drag queens: The subversive possibilities and limits of parading effeminacy and negotiating masculinity. *Journal of Homosexuality, 46,* 211–223.

Baldessarini, R., Pompili, M., & Tondo, L. (2006). Suicidal risk in antidepressant drug trials. *Archives General Psychiatry, 63,* 246–248.

Baldwin, J. D., & Baldwin, J. I. (1989). The socialization of homosexuality and heterosexuality in a non-Western society. *Archives of Sexual Behavior, 18,* 13–29.

Baldwin, R. (2009). Mood disorders in the elderly. In M. G. Gelder, N. C. Andreasen, J. J. López-Ibor, Jr., & J. R. Geddes (Eds.), *New Oxford textbook of psychiatry* (2nd ed., Vol. 2, pp. 1550– 1558). Oxford, UK: Oxford University Press.

Ball, J., & Links, P. (2009). Borderline personality disorder and childhood trauma: Evidence for a causal relationship. *Current Psychiatry Reports, 11*(1), 63–68. doi:10.1007/s11920-009-0010-4

Balon, R. (2006). SSRI-associated sexual dysfunction. *American Journal of Psychiatry, 163,* 1504–1512.

Balon, R., Segraves, R., & Clayton, A. (2007). Issues for DSM-V: Sexual dysfunction, disorder, or variation along normal distribution—Toward rethinking DSM criteria of sexual dysfunctions. *American Journal of Psychiatry, 164,* 198–200.

Bancroft, J. (1989). *Human sexuality and its problems* (2nd ed.). New York, NY: Churchill Livingstone.

Bancroft, J. (1994). Homosexual orientation: The search for a biological basis. *British Journal of Psychiatry, 164,* 437–440.

Bancroft, J. (1997). Sexual problems. In D. M. Clark & C. G. Fairburn (Eds.), *Science and practice of cognitive behavior therapy* (pp. 243–257). New York, NY: Oxford University Press.

Bancroft, J., Loftus, J., & Long, J. S. (2003). Distress about sex: A national survey of women in heterosexual relationships. *Archives of Sexual Behavior, 32,* 193–208.

Bandelow, B., Krause, J., Wedekind, D., Broocks, A., Hajak, G., & Ruther, E. (2005). Early traumatic life events, parental attitudes, family history, and birth risk factors in patients with borderline personality disorder and healthy controls. *Psychiatry Research, 134,* 169–179.

Bandura, A. (1973). *Aggression: A social learning analysis.* Englewood Cliffs, NJ: Prentice Hall.

Bandura, A. (1986). *Social foundations of thought and action: A social cognitive theory.* Englewood Cliffs, NJ: Prentice Hall.

Bandura, A., O'Leary, A., Taylor, C. B., Gauthier, J., & Gossard, D. (1987). Perceived self-efficacy and pain control: Opioid and nonopioid mechanisms. *Journal of Personality and Social Psychology, 53,* 563–571.

Bankert, E. A., & Amdur, R. J. (2006). *Institutional Review Board: Management and function.* Boston, MA: Jones and Bartlett Publishers.

Barbaree, H. E., & Seto, M. C. (1997). Pedophilia: Assessment and treatment. In D. R. Laws & W. O. O'Donohue (Eds.), *Sexual deviance: Theory, assessment, and treatment* (pp. 175– 193). New York, NY: Guilford Press.

Barger, L. K., Wright, K. P., & Czeisler, C. A. (2008). Sleep and sleep-promoting medication use in shuttle crewmembers. *Aviation, Space, and Environmental Medicine, 79*(3), 266.

Bargh, J. A., & Chartrand, T. L. (1999). The unbearable automaticity of being. *American Psychologist, 54,* 462–479.

Barkley, R. A. (1990). *Attention-deficit hyperactivity disorder: A handbook for diagnosis and treatment.* New York, NY: Guilford Press.

Barkley, R. A. (2006a). ADHD in adults: Developmental course and outcome of children with ADHD, and ADHD in clinic-referred adults. In R. A. Barkley (Ed.), *Attention-deficit hyperactivity disorder: A handbook for diagnosis and treatment* (3rd ed., pp. 248–296). New York, NY: Guilford Press.

Barkley, R. A. (2006b). Primary symptoms, diagnostic criteria, prevalence, and gender differences. In R. A. Barkley (Ed.), *Attention-deficit hyperactivity disorder: A handbook for diagnosis and treatment* (3rd ed., pp. 76–121). New York, NY: Guilford Press.

Barlow, D. H. (1986). Causes of sexual dysfunction: The role of anxiety and cognitive interference. *Journal of Consulting and Clinical Psychology, 54,* 140–148.

Barlow, D. H. (1988). *Anxiety and its disorders: The nature and treatment of anxiety and panic.* New York, NY: Guilford Press.

Barlow, D. H. (1991). Disorders of emotion. *Psychological Inquiry, 2*(1), 58–71.

Barlow, D. H. (1993). Covert sensitization for paraphilia. In J. R. Cautela & A. J. Kearney (Eds.), *Covert conditioning casebook* (pp. 187–198). Pacific Grove, CA: Brooks/Cole.

Barlow, D. H. (2000). Unraveling the mysteries of anxiety and its disorders from the perspective of emotion theory. *American Psychologist, 55,* 1245–1263.

Barlow, D. H. (2002). *Anxiety and its disorders: The nature and treatment of anxiety and panic* (2nd ed.). New York: Guilford Press.

Barlow, D. H., Allen, L. B., & Basden, S. (2007). Psychological treatments for panic disorders, phobias, and generalized anxiety disorder. In P. E. Nathan & J. M. Gorman (Eds.), *A guide to treatments that work* (3rd ed.). New York, NY: Oxford University Press.

Barlow, D. H., Allen, L. B., & Choate, M. L. (2004). Toward a unified treatment for emotional disorders. *Behavior Therapy, 35,* 205–230.

Barlow, D. H., Becker, R., Leitenberg, H., & Agras, W. S. (1970). A mechanical strain gauge for recording penile circumference change. *Journal of Applied Behavior Analysis, 3,* 73–76.

Barlow, D. H., Brown, T. A., & Craske, M. G. (1994). Definitions of panic attacks and panic disorder in DSM-IV: Implications for research. *Journal of Abnormal Psychology, 103,* 553–554.

Barlow, D. H., Chorpita, B. F., & Turovsky, J. (1996). Fear, panic, anxiety, and disorders of emotion. In D. A. Hope (Ed.), *Perspectives on anxiety, panic, and fear* (The 43rd Annual Nebraska Symposium on Motivation) (pp. 251– 328). Lincoln, NE: Nebraska University Press.

Barlow, D. H., & Craske, M. G. (2007). *Mastery of your anxiety and panic* (4th ed.). New York, NY: Oxford University Press.

Barlow, D. H., Ellard, K. K., Fairholme, C. P., Farchione, T. J., Boisseau, C. L. Allen, L. B. & Ehrenreich-May, J. (2011-b). *Unified Protocol for the Transdiagnostic Treatment of Emotional Disorders (Workbook).* New York, NY: Oxford University Press.

Barlow, D. H., Farchione, T. J., Fairholme, C. P., Ellard, K. K., Boisseau, C. L. Allen, L. B. & Ehrenreich-May, J. (2011-a). *Unified protocol for the transdiagnostic treatment of emotional disorders (Therapist Guide).* New York, NY: Oxford University Press.

Barlow, D. H., Gorman, J. M., Shear, K. M., & Woods, S. W. (2000). Cognitive-behavioral therapy, imipramine, or their combination for panic disorder: A randomized controlled trial. *JAMA: Journal of the American Medical Association, 283*(19), 2529–2536.

Barlow, D. H., Hayes, S. C., & Nelson, R. O. (1984). *The scientist practitioner: Research and accountability in clinical and educational settings.* Boston, MA: Allyn & Bacon.

Barlow, D. H., & Lehman, C. L. (1996). Advances in the psychosocial treatment of anxiety disorders: Implications for national health care. *Archives of General Psychiatry, 53,* 727–735.

Barlow, D. H., Levitt, J. T., & Bufka, L. F. (1999). The dissemination of empirically supported treatments: A view to the future. *Behaviour Research and Therapy, 37*(Suppl. 1), S147–162.

Barlow, D. H., & Liebowitz, M. R. (1995). Specific and social phobias. In H. I. Kaplan & B. J. Sadock (Eds.), *Comprehensive textbook of psychiatry: VI* (pp. 1204–1217). Baltimore, MD: Williams & Wilkins.

Barlow, D. H., Moscovitch, D. A., & Micco, J. A. (2004). Psychotherapeutic interventions for phobias: A review. In M. Maj, H. S. Akiskal, J. L. Lopez-Ibor, & A. Okasha (Eds.), *Phobias.* (pp. 179–210). Hoboken, NJ: John Wiley & Sons.

Barlow, D. H., Nock, M. K., & Hersen, M. (2009). *Single case experimental designs: Strategies for studying behavior change* (3rd ed.). New York, NY: Allyn & Bacon.

Barlow, D. H., Pincus, D. B., Heinrichs, N., & Choate, M. (2003). Anxiety disorders: A lifespan developmental perspective. In I. Weiner (Ed.), *Comprehensive Handbook of Psychology* (Vol. 8, pp. 119–147) New York, NY: John Wiley.

Barlow, D. H., Rapee, R. M., & Reisner, L. C. (2001). *Mastering stress 2001: A lifestyle approach.* Dallas, TX: American Health.

Barlow, D. H., & Wincze, J. P. (1980). Treatment of sexual deviations. In S. R. Leiblum & L. A. Pervin (Eds.), *Principles and practice of sex therapy* (pp. 347–375). New York, NY: Guilford Press.

Barnard, A. (2000, September 12). When plastic surgeons should just say "no." *Boston Globe,* pp. E1, E3.

Barnes, G. M., Hoffman, J. H., Welte, J. W., Farrell, M. P., & Dintcheff, B. A. (2006). Effects of parental monitoring and peer deviance on substance use and delinquency. *Journal of Marriage and the Family, 68,* 1084–1104.

Barnes, J., Bowman, E. P., & Cullen, J. (1984). Biofeedback as an adjunct to psychotherapy in the treatment of vaginismus. *Biofeedback and Self-Regulation, 9,* 281–289.

Barrera, Á., McKenna, P., & Berrios, G. (2009). Formal thought disorder, neuropsychology, and insight in schizophrenia. *Psychopathology, 42*(4), 264–269.

Barrett, L. F. (2009). Variety is the spice of life: A psychological construction approach to understanding variability in emotion. *Cognition and Emotion, 23*(7), 1284–1306.

Barrett, R., Loa, P., Jerah, E., Nancarrow, D., Chant, D., & Mowry, B. (2005). Rates of treated schizophrenia and its clinical and cultural features in the population isolate of the Iban of Sarawak: A tri-diagnostic approach. *Psychological Medicine, 35,* 281–293.

Barsky, A. J., & Ahern, D. K. (2005). Cognitive behavior therapy for hypochondriasis: A randomized controlled trial. *JAMA: Journal of the American Medical Association, 291,* 1464–1470.

Barsky, A. J., Frank, C. B., Cleary, P. D., Wyshak, G., & Klerman, G. L. (1991). The relation between hypochondriasis and

age. *American Journal of Psychiatry, 148*, 923–928.
Barsky, A. J., Orav, E., & Bates, D. (2005). Somatization increases medical utilization and costs independent of psychiatric and medical comorbidity. *Archives of General Psychiatry, 62*, 903–910.
Barsky, A. J., & Wyshak, G. (1990). Hypochondriasis and somatosensory amplification. *British Journal of Psychiatry, 157*, 404–409.
Barsky, A. J., Wyshak, G., & Klerman, G. L. (1986). Hypochondriasis: An evaluation of the DSM-III criteria in medical outpatients. *Archives of General Psychiatry, 43*, 493–500.
Bartlett, N., & Vasey, P. (2006). A retrospective study of childhood gender-atypical behavior in Samoan Fa'afafine. *Archives of Sexual Behavior, 35*, 695–666.
Bartlik, B., & Goldberg, J. (2000). Female sexual arousal disorder. In S. R. Leiblum & R. C. Rosen (Eds.), *Principles and practice of sex therapy* (3rd ed., pp. 85–117). New York, NY: Guilford Press.
Basson, R. (2007). Sexual desire/arousal disorders in women. In S. R. Leiblum (Ed.), *Principles and practice of sex therapy* (4th ed., pp. 25–53). New York, NY: Guilford Press.
Bateson, G. (1959). Cultural problems posed by a study of schizophrenic process. In A. Auerback (Ed.), *Schizophrenia: An integrated approach*. (pp. 125–148) New York, NY: Ronald Press.
Battaglia, M., Bertella, S., Bajo, S., Politi, E., & Bellodi, L. (1998). An investigation of the cooccurrence of panic and somatization disorders through temperamental variables. *Psychosomatic Medicine, 60*(6), 726–729.
Baxter, L. R., Jr., Schwartz, J. M., Bergman, K. S., Szuba, M. P., Guze, B. H., Mazziotta, J. C., et al. (1992). Caudate glucose metabolic rate changes with both drug and behavior therapy for obsessive-compulsive disorder. *Archives of General Psychiatry, 49*, 681–689.
Baylé, F. J., Caci, H., Millet, B., Richa, S., & Olié, J. P. (2003). Psychopathology and comorbidity of psychiatric disorders in patients with kleptomania. *American Journal of Psychiatry, 160*, 1509–1513.
Beach, S. R. H., Jones, D. J., & Franklin, K. J. (2009). Marital, family, and interpersonal therapies for depression in adults. In I. H. Gotlib & C. L. Hammen (Eds.), *Handbook of depression* (2nd ed., pp. 624–641). New York, NY: Guilford Press.
Beach, S. R. H., Sandeen, E. E., & O'Leary, K. D. (1990). Depression in marriage: A model for etiology and treatment. In D. H. Barlow (Ed.), *Treatment manuals for practitioners* (pp. 53–86). New York, NY: Guilford Press.
Beals, J., Manson, S., Whitesell, N., Mitchell, C., Novins, D., Simpson, S., & Spicer, P. (2005). Prevalence of major depressive episode in two American Indian reservation populations: Unexpected findings with a structured interview. *American Journal Psychiatry, 162*, 1713–1722.
Bebbington, P., Cooper, C., Minot, S., Brugha, T., Jenkins, R., Meltzer, H., Dennis, M. (2009). Suicide attempts, gender, and sexual abuse: Data from the 2000 British Psychiatric Morbidity Survey. *American Journal of Psychiatry, 166*(10), 1135.
Bebbington, P. E., Brugha, T., MacCarthy, B., Potter, J., Sturt, E., Wykes, T., ... McGuffin, P. (1988). The Camberwell Collaborative Depression Study: I. Depressed probands: Adversity and the form of depression. *British Journal of Psychiatry, 152*, 754–765.
Bech, P. (2009). Clinical features of mood disorders and mania. In M. G. Gelder, N. C. Andreasen, J. J. López-Ibor, Jr., & J. R. Geddes (Eds.), *New Oxford textbook of psychiatry* (2nd ed., Vol. 1, pp. 632–637). Oxford, UK: Oxford University Press.
Beck, A. T. (1967). *Depression: Clinical, experimental, and theoretical aspects*. New York, NY: Harper & Row.
Beck, A. T. (1976). *Cognitive therapy and the emotional disorders*. New York, NY: International Universities Press.
Beck, A. T. (1986). Hopelessness as a predictor of eventual suicide. *Annals of the New York Academy of Science, 487*, 90–96.
Beck, A. T., Epstein, N., & Harrison, R. (1983). Cognitions, attitudes and personality dimensions in depression. *British Journal of Cognitive Psychotherapy, 1*(1), 1–16.
Beck, A. T., & Freeman, A. (1990). *Cognitive therapy of personality disorders*. New York, NY: Guilford Press.
Beck, A. T., Freeman, A., & Davis, D. D. (2007). *Cognitive therapy of personality disorders* (2nd ed.). New York, NY: Guilford Press.
Beck, A. T., Hollon, S. D., Young, J. E., Bedrosian, R. C., & Budenz, D. (1985). Treatment of depression with cognitive therapy and amitriptyline. *Archives of General Psychiatry, 42*, 142–148.
Beck, A. T., Steer, R., Kovacs, M., & Garrison, B. (1985). Hopelessness and eventual suicide: A 10-year prospective study of patients hospitalized with suicidal ideation. *American Journal of Psychiatry, 142*, 559–563.
Beck, A. T., & Young, J. E. (1985). Depression. In D. H. Barlow (Ed.), *Clinical handbook of psychological disorders* (pp. 206–244). New York, NY: Guilford Press.
Beck, J. G. (1993). Vaginismus. In W. O'Donohue & J. H. Geer (Eds.), *Handbook of sexual dysfunctions: Assessment and treatment* (pp. 381–397). Boston, MA: Allyn & Bacon.
Beck, J. G., & Averill, P. M. (2004). Older adults. In R. G. Heimberg, C. L. Turk, & D. S. Mennin (Eds.), *Generalized anxiety disorder: Advances in research and practice* (pp. 409–433). New York, NY: Guilford Press.
Beck, J. G., & Stanley, M. A. (1997). Anxiety disorders in the elderly: The emerging role of behavior therapy. *Behavior Therapy, 28*, 83–100.
Becker, A. E., Burwell, R. A., Cilman, S. E., Herzog, D. B., & Hamburg, P. (2002). Eating behaviours and attitudes following prolonged exposure to television among ethnic Fijian adolescent girls. *British Journal of Psychiatry, 180*, 509–514.
Becker, C. B., Smith, L. M., & Ciao, A. C. (2005). Reducing eating disorder risk factors in sorority members: A randomized trial. *Behavior Therapy, 36*, 245–253.
Becker, D. (1997). *Through the looking glass: women and borderline personality disorder*. Boulder, CO: Westview Press.
Becker, J. V. (1990). Treating adolescent sexual offenders. *Professional Psychology: Research and Practice, 21*, 362–365.
Beech, H. (2008, July 7). Where the 'Ladyboys' Are. *TIME*, Retrieved from *http://www.time.com/time/world/article/0,8599,1820633,00.html*
Beekman, A. T., Geerlings, S. W., Deeg, D. J., Smit, J. H., Schoevers, R. S., de Beurs, E., ... van Tilberg, W. (2002). The natural history of late-life depression: A 6-year prospective study in the community. *Archives of General Psychiatry*, *59*, 605–611.
Beets, M. W., Flay, B. R., Vuchinich, S., Li, K. K., Acock, A., & Snyder, F. J. (2009). Longitudinal patterns of binge drinking among first year college students with a history of tobacco use. *Drug and Alcohol Dependence, 103*(1–2), 1–8.
Belger, A., & Dichter, G. (2006). Structural and functional neuroanatomy. In J. A. Lieberman, T. S. Stroup, & D. O. Perkins (Eds.), *The American Psychiatric Publishing textbook of schizophrenia* (pp. 167–185). Washington, DC: American Psychiatric Publishing.
Bell, I. R. (1994). Somatization disorder: Health care costs in the decade of the brain. *Biological Psychiatry, 35*, 81–83.
Bellak, L. (1975). *The thematic apperception test, the children's apperception test, and the senior apperception technique in clinical use* (3rd ed.). New York, NY: Grune & Stratton.
Ben Itzchak, E., Lahat, E., Burgin, R., & Zachor, A. D. (2008). Cognitive, behavior and intervention outcome in young children with autism. *Research in Developmental Disabilities, 29*(5), 447–458.
Benbadis, R. R., & Allen-Hauser, W. (2000). An estimate of the prevalence of psychogenic non-epileptic seizures. *Seizure, 9*(4), 280–281.
Bender, D. S. (2005). Therapeutic alliance. In J. M. Oldham, A. E. Skodol, & D. S. Bender (Eds.), *Textbook of personality disorders* (pp. 405– 420). Washington, DC: American Psychiatric Publishing.
Bender, E. (2004). Data show wide variation in addiction treatment costs. *Psychiatric News, 39*, 11.
Benedetti, A., Perugi, G., Toni, C., Simonetti, B., Mata, B., & Cassano, G. B. (1997). Hypochondriasis and illness phobia in panic-agoraphobic patients. *Comprehensive Psychiatry, 38*, 124–131.
Benedetti, F., Colombo, C., Serretti, A., Lorenzi, C., Pontiggia, A., Barbini, B., & Smeraldi, E. (2003). Antidepressant effects of light therapy combined with sleep deprivation are influenced by a functional polymorphism within the promoter of the serotonin transporter gene. *Biological Psychiatry, 54*, 687–692.
Benowitz, N. (2008). Neurobiology of nicotine addiction: Implications for smoking cessation treatment. *The American Journal of Medicine, 121*(4A), S3–S10.
Benson, H. (1975). *The relaxation response*. New York, NY: William Morrow.
Benson, H. (1984). *Beyond the relaxation response*. New York, NY: Times Books.
Ben-Zeev, D., Ellington, K., Swendson, J., & Granholm, E. (2010). Examining a cognitive model of persecutory ideation in the daily life of people with schizophrenia: A computerized experience sampling study. *Schizophrenia Bulletin*.
Berenbaum, H., & Oltmanns, T. F. (1992). Emotional experience and expression in

schizophrenia and depression. *Journal of Abnormal Psychology, 101*, 37–44.
Berenbaum, H., Thompson, R. J., Milanak, M. E., Boden, M. T., & Bredemeier, K. (2008). Psychological trauma and schizotypal personality disorder. *Journal of Abnormal Psychology, 117*(3), 502–519.
Berghöfer, A., Pischon, T., Reinhold, T., Apovian, C. M., Sharma, A. M., & Willich, S. N. (2008). Obesity prevalence from a European perspective: A systematic review. *BMC Public Health, 8*, 200.
Bergman, R. L., & Lee, J. C. (2009). Selective mutism. In B. J. Sadock, V. A. Sadock, & P. Ruiz (Eds.), *Kaplan & Sadock's comprehensive textbook of psychiatry* (9th ed., Vol. II, pp. 3694– 3698). Philadelphia, PA: Lippincott Williams & Wilkins.
Berkman, L. F., & Syme, S. L. (1979). Social networks, host resistance, and mortality: A nine-year follow-up study of Alameda county residents. *American Journal of Epidemiology, 109*, 186.
Berkowitz, R. I., Wadden, T. A., Tershakovec, A. M., & Cronquist, J. L. (2003). Behavior therapy and Sibutramine for the treatment of adolescent obesity: A randomized controlled trial. *JAMA: Journal of the American Medical Association, 289*, 1805–1812.
Berlin, I. N. (1987). Suicide among American Indian adolescents: An overview. *Suicide and Life Threatening Behavior, 17*(3), 218–232.
Berman, A. L. (2009). Depression and suicide. In I. H. Gotlib & C. L. Hammen (Eds.), *Handbook of depression* (2nd ed., pp. 510–530). New York, NY: Guilford Press.
Berman, J. R., Berman, L. A., Toler, S. M., Gill, J., Haughie, S., for the Sildenafil Study Group. (2003). Safety and efficacy of sildenafil citrate for the treatment of female sexual arousal disorder: A double-blind, placebo controlled study. *The Journal of Urology, 170*, 2333–2338.
Berman, A. L., & Jobes, D. A. (1991). *Adolescent suicide: Assessment and intervention.* Washington, DC: American Psychological Association.
Berman, K. F., & Weinberger, D. R. (1990). Lateralization of cortical function during cognitive tasks: Regional cerebral blood flow studies of normal individuals and patients with schizophrenia. *Journal of Neurology, Neurosurgery and Psychiatry, 53*, 150–160.
Bernat, J. A., Calhoun, K. S., & Adams, H. E. (1999). Sexually aggressive and nonaggressive men: Sexual arousal and judgments in response to acquaintance rape and consensual analogues. *Journal of Abnormal Psychology, 108*, 662–673.
Bernstein, D. M., & Loftus, E. F. (2009). How to tell if a particular memory is true or false. *Perspectives on Psychological Science, 4*(4), 370–374.
Bernstein, D. P., & Useda, J. (2007). Paranoid personality disorder. In W. O'Donohue, K. Fowler, & S. Lilienfeld (Eds.), *Personality disorders: Toward the DSM-V* (pp. 41–62). Thousand Oaks, CA: Sage.
Bertelsen, M., Jeppesen, P., Petersen, L., Thorup, A., Ohlenschlaeger, J., le Quach, P., et al. (2008). Five-year follow-up of a randomized multicenter trial of intensive early intervention vs standard treatment for patients with a first episode of psychotic illness: the OPUS trial. *Archives of General Psychiatry, 65*(7), 762–771.
Bettelheim, B. (1967). *The empty fortress.* New York, NY: Free Press.
Bettens, K., Sleegers, K., & Van Broeckhoven, C. (2010). Current status on Alzheimer disease molecular genetics: From past, to present, to future. *Human Molecular Genetics, 19*(R1), R4–11.
Bhagwanjee, A., Parekh, A., Paruk, Z., Petersen, I., & Subedar, H. (1998). Prevalence of minor psychiatric disorders in an adult African rural community in South Africa. *Psychological Medicine, 28*, 1137–1147.
Bharucha, A., Anand, V., Forlizzi, J., Dew, M., Reynolds, C., III, Stevens, S., Wactlar, H. (2009). Intelligent assistive technology applications to dementia care: Current capabilities, limitations, and future challenges. *The American Journal of Geriatric Psychiatry: Official Journal of the American Association for Geriatric Psychiatry, 17*(2), 88.
Bhasin, T., & Schendel, D. (2007). Sociodemographic risk factors for autism in a U.S. metropolitan area. *Journal of Autism and Developmental Disorders, 37*, 667–677.
Biederman, J., Faraone, S. V., Wozniak, J., Mick, E., Kwon, A., Cayton, G. A., & Clark, S. V. (2005). Clinical correlates of bipolar disorder in a large, referred sample of children and adolescents. *Journal of Psychiatric Research, 39*(6), 611–622.
Biederman, J., Mick, E., Faraone, S. V., & Burback, M. (2001). Patterns of remission and symptom decline in conduct disorder: A four-year prospective study of an ADHD sample. *Journal of the American Academy of Child and Adolescent Psychiatry, 40*, 290–298.
Biederman, J., Mick, E., Faraone, S. V., Spencer, T., Wilens, T. E., & Wozniak, J. (2000). Pediatric mania: A developmental subtype of bipolar disorder? *Biological Psychiatry, 48*(6), 458–466.
Biederman, J., Rosenbaum, J. F., Hirschfeld, D. R., Faraone, S. V., Bolduc, E. A., Gersten, M., ... Reznick, J. S. (1990). Psychiatric correlates of behavioral inhibition in young children of parents with and without psychiatric disorders. *Archives of General Psychiatry, 47*, 21–26.
Biederman, J., Spencer, T., Wilens, T., & Greene, R. (2001). Attention-deficit/hyperactivity disorder. In G. O. Gabbard (Ed.), *Treatment of psychiatric disorders* (3rd ed., Vol. 1, pp. 145–176). Washington, DC: American Psychiatric Publishing.
Bierut, L. J., Heath, A. C., Bucholz, K. K., Dinwiddie, S. H., Madden, P. A., Statham, D. J., ... Martin, N. G. (1999). Major depressive disorder in a community-based twin sample: Are there different genetic and environmental contributions for men and women? *Archives of General Psychiatry, 56*(6), 557–563.
Billy, J. O. G., Tanfer, K., Grady, W. R., & Klepinger, D. H. (1993). The sexual behavior of men in the United States. *Family Planning Perspectives, 25*, 52–60.
Binder, E. B., Bradley, R. G., Liu, W., Epstein, M. P., Deveau, T. C., Mercer, K. B., ... Ressler, K. J. (2008). Association of FKBP5 polymorphisms and childhood abuse with risk of posttraumatic stress disorder symptoms in adults. *JAMA: Journal of the American Medical Association, 299*(11), 1291–1305.
Binik, Y. (2005). Should dyspareunia be retained as a sexual dysfunction in DSM-V? A painful classification decision. *Archives of Sexual Behavior, 34*, 11–21.
Binik, Y. M. (2010). The DSM diagnostic criteria for dyspareunia. *Archives of Sexual Behavior, 39*, 292–303.
Binik, Y. M., Bergeron, S., & Khalifé, S. (2000). Dyspareunia. In S. R. Leiblum & R. C. Rosen (Eds.), *Principles and practice of sex therapy* (3rd ed., pp. 154–180). New York, NY: Guilford Press.
Binik, Y. M., Bergeron, S., & Kalifé, S. (2007). Dyspareunia and vaginismus: So-called sexual pain. In S. R. Leiblum (Ed.), *Principles and practice of sex therapy* (4th ed., pp. 124–156). New York, NY: Guilford Press.
Binzer, M., Andersen, P. M., & Kullgren, G. (1997). Clinical characteristics of patients with motor disability due to conversion disorder: A prospective control group study. *Journal of Neurology, Neurosurgery, and Psychiatry, 63*(1), 83–88.
Birley, J., & Brown, G. W. (1970). Crisis and life changes preceding the onset or relapse of acute schizophrenia: Clinical aspects. *British Journal of Psychiatry, 16*, 327–333.
Birmaher, B., Axelson, D., Goldstein, B., Strober, M., Gill, M. K., Hunt, J., ... Keller, M. (2009). Four-year longitudinal course of children and adolescents with bipolar spectrum disorders: The Course and Outcome of Bipolar Youth (COBY) study. *American Journal of Psychiatry, 166*(7), 795–804.
Birmaher, B., Axelson, D., Strober, M., Gill, M. K., Valeri, S., Chiappetta, L., ... Keller, M. (2006). Clinical course of children and adolescents with bipolar spectrum disorders. *Archives of General Psychiatry, 63*(2), 175–183.
Biron, M., Risch, N., Hamburger, R., Mandel, B., Kushner, S., Newman, M., ... Belmaker, R. H (1987). Genetic linkage between X-chromosome markers and bipolar affective illness. *Nature, 326*, 289–292.
Bisson, M. A., & Levine, T. R. (2009). Negotiating the friends with benefits relationship. *Archives of Sexual Behavior, 38*, 66–73.
Bjorntorp, P. (1997). Obesity. *Lancet, 350*, 423–426.
Bjorvatn, B., & Pallesen, S. (2009). A practical approach to circadian rhythm sleep disorders. *Sleep Medicine Reviews, 13*(1), 47–60. doi:10.1016/j. smrv.2008.04.009
Blackburn, I. M., & Moore, R. G. (1997). Controlled acute and follow-up trial of cognitive therapy and pharmacotherapy in outpatients with recurrent depression. *British Journal of Psychiatry, 171*, 328–334.
Blacker, D. (2005). Psychiatric rating scales. In B. J. Sadock & V. A. Sadock (Eds.), *Kaplan & Sadock's comprehensive textbook of psychiatry* (pp. 929–955). Philadelphia, PA: Lippincott Williams & Wilkins.
Blagys, M. D., & Hilsenroth, M. J. (2000). Distinctive features of short-term psychodynamic–interpersonal psychotherapy: A review of the comparative psychotherapy process literature. *Clinical Psychology: Science and Practice, 7*, 167–188.
Blair, K., Shaywitz, J., Smith, B. W., Rhodes, R., Geraci, M., Jones, M., ... Pine, D. S. (2008). Response to emotional expressions in generalized social phobia and generalized anxiety disorder: Evidence for separate

disorders. *American Journal of Psychiatry, 165*(9), 1193–1202.
Blakemore, S. J., Oakley, D. A., & Frith, C. D. (2003). Delusions of alien control in the normal brain. *Neuropsychologia, 41*(8), 1058–1067.
Blanchard, E. B. (1987). Long-term effects of behavioral treatment of chronic headache. *Behavior Therapy, 18,* 375–385.
Blanchard, E. B. (1992). Psychological treatment of benign headache disorders. Special issue: Behavioral medicine: An update for the 1990s. *Journal of Consulting and Clinical Psychology, 60*(4), 537–551.
Blanchard, E. B., & Andrasik, F. (1982). Psychological assessment and treatment of headache: Recent developments and emerging issues. *Journal of Consulting and Clinical Psychology, 50*(6), 859–879.
Blanchard, E. B., Andrasik, F., Ahles, T. A., Teders, S. J., & O'Keefe, D. (1980). Migraine and tension headache: A meta-analytic review. *Behavior Therapy, 11,* 613–631.
Blanchard, E. B., & Epstein, L. H. (1977). *A biofeedback primer.* Reading, MA: Addison-Wesley.
Blanchard, R. (2008). Sex ration of older siblings in heterosexual and homosexual, right-handed and non-right-handed men. *Archives of Sexual Behavior, 37,* 977–981.
Blanchard, R. (2010). The DSM diagnostic criteria for pedophilia. *Archives of Sexual Behavior, 39,* 304–314.
Blanchard, R., & Bogaert, A. (1996). Homosexuality in men and number of older brothers. *American Journal of Psychiatry, 153,* 27–31.
Blanchard, R., & Bogaert, A. (1998). Birth order in homosexual versus heterosexual sex offenders against children, pubescents, and adults. *Archives of Sexual Behavior, 27*(6), 595–603.
Blanchard, R., & Steiner, B. W. (1992). *Clinical management of gender identity disorders in children and adults.* Washington, DC: American Psychiatric Press.
Blanco, C., Heimberg, R. G., Schneier, F. R., Fresco, D. M., Chen, H., Turk, C. L., ... Liebowitz, M. R. (2010). A placebo-controlled trial of phenelzine, cognitive behavioral group therapy, and their combination for social anxiety disorder. *Archives of General Psychiatry, 67*(3), 286–295.
Bland, R. C. (1997). Epidemiology of affective disorders: A review. *Canadian Journal of Psychiatry, 42,* 367–377.
Blanes, T., Burgess, M., Marks, I., & Gill, M. (2009). Dream anxiety disorders (nightmares): A review. *Behavioural and Cognitive Psychotherapy, 21*(01), 37–43.
Blascovich, J., & Tomaka, J. (1996). The biopsychosocial model of arousal regulation. *Advances in Experimental Social Psychology, 28,* 1–51.
Blashfield, R. K., & Livesley, W. J. (1991). Metaphorical analysis of psychiatric classification as a psychological test. *Journal of Abnormal Psychology, 100*(3), 262–270.
Blazer, D. G., George, L., & Hughes, D. (1991). The epidemiology of anxiety disorders: An age comparison. In C. Salzman & B. Liebowitz (Eds.), *Anxiety disorders in the elderly* (pp. 17–30). New York, NY: Springer.
Blazer, D. G., & Hybels, C. F. (2009). Depression in later life: Epidemiology, assessment, impact, and treatment. In I. H. Gotlib & C. L. Hammen (Eds.), *Handbook of depression* (2nd ed., pp. 492–509). New York, NY: Guilford Press.
Bleiberg, K. L., & Markowitz, J. C. (2008). Interpersonal psychotherapy for major depressive disorder. In D. H. Barlow (Ed.), *Clinical handbook of psychological disorders* (4th ed.). New York, NY: Guilford Press.
Bleuler, E. (1908). Die prognose der dementia praecox (schizophreniegruppe). *Allgemeine Zeitschrift für Psychiatrie, 65,* 436–464.
Bleuler, E. (1911). *Dementia praecox or the group of schizophrenias* (J. Zinkin, Trans.). New York, NY: International Universities Press.
Bleuler, E. (1924). *Textbook of psychiatry* (A. A. Brill, Trans.). New York, NY: Macmillan.
Bliss, E. L. (1984). A symptom profile of patients with multiple personalities including MMPI results. *Journal of Nervous and Mental Diseases, 172,* 197–211.
Bliss, E. L. (1986). *Multiple personality allied disorders and hypnosis.* New York, NY: Oxford University Press.
Bloch, M. H., Landeros-Weisenberger, A., Rosario, M. C., Pittenger, C., & Leckman, J. F. (2008). Meta-analysis of the symptom structure of obsessive-compulsive disorder. *American Journal of Psychiatry, 165*(12), 1532–1542.
Block, J. J. (2008). Issues for DSM-V: Internet addiction. *American Journal of Psychiatry, 165*(3), 306–307. doi:10.1176/appi.ajp.2007.07101556
Bloom, F. E., & Kupfer, D. J. (1995). *Psychopharmacology: The fourth generation of progress.* New York, NY: Raven Press.
Bloom, F. E., Nelson, C. A., & Lazerson, A. (2001). *Brain, mind, & behavior* (3rd ed.). New York, NY: Worth Publishers.
Blumenthal, J. A., Sherwood, A., Babyak, M., Watkins, L., Waugh, R., Georgiades, A., ... Hinderliter, A. (2005). Effects of exercise and stress management training on markers of cardiovascular risk in patients with ischemic heart disease. *JAMA: Journal of the American Medical Association, 293,* 1626–1634.
Blumenthal, S. J. (1990). An overview and synopsis of risk factors, assessment, and treatment of suicidal patients over the life cycle. In S. J. Blumenthal & D. J. Kupfer (Eds.), *Suicide over the life cycle: Risk factors, assessment and treatment of suicidal patients* (pp. 685–734). Washington, DC: American Psychiatric Press.
Blumenthal, S. J., & Kupfer, D. J. (1988). Clinical assessment and treatment of youth suicide. *Journal of Youth and Adolescence, 17,* 1–24.
Blundell, J. E. (2002). The psychobiological approach to appetite and weight control. In K. D. Brownell & C. G. Fairburn (Eds.), *Eating disorders and obesity: A comprehensive handbook* (2nd ed., pp. 13–20). New York, NY: Guilford Press.
Bockoven, J. S. (1963). *Moral treatment in American psychiatry.* New York, NY: Springer.
Bodlund, O., & Kullgren, G. (1996). Transsexualism—General outcome and prognostic factors: A five-year follow-up study of nineteen transsexuals in the process of changing sex. *Archives of Sexual Behavior, 25,* 303–316.
Bogart, A. F. (2010). Physical development and sexual orientation in men and women: An analysis of NATSL-2000. *Archives of Sexual Behavior, 39,* 110–116.
Bögels, S. M., Alden, L., Beidel, D. C., Clark, L. A., Pine, D. S., Stein, M. B., ...Voncken, M. (2010). Social anxiety disorder: Questions and answers for the DSM-V. *Depression and Anxiety, 27*(2), 168–189.
Bohman, M., Cloninger, C. R., von Knorring, A. L., & Sigvardsson, S. (1984). An adoption study of somatoform disorders: III. Cross-fostering analysis and genetic relationship to alcoholism and criminality. *Archives of General Psychiatry, 41,* 872–878.
Boland, R. J., & Keller, M. B. (2009). Course and outcome of depression. In I. H. Gotlib & C. L. Hammen (Eds.), *Handbook of depression* (2nd ed., pp. 23–43). New York, NY: Guilford Press.
Bonanno, G. (2006). Is complicated grief a valid construct? *Clinical Psychology Science Practice, 13,* 129–134.
Bonanno, G., & Kaltman, S. (1999). Toward an integrative perspective on bereavement. *Psychological Bulletin, 125*(6), 1004–1008.
Bonanno, G., Wortman, C., & Nesse, R. (2004). Prospective patterns of resilience and maladjustment during widowhood. *Psychology and Aging, 19,* 260–271.
Bond, A., & Lader, M. L. (1979). Benzodiazepines and aggression. In M. Sandler (Ed.), *Psychopharmacology of aggression.* New York, NY: Raven Press.
Bongaarts, J., & Over, M. (2010). Global HIV/AIDS policy in transition. *Science, 328,* 1359–1360.
Booij, L., & Van der Does, A. J. (2007). Cognitive and serotonergic vulnerability to depression: Convergent findings. *Journal of Abnormal Psychology, 116*(1), 86–94.
Boon, S., & Draijer, N. (1991). Diagnosing dissociative disorders in the Netherlands: A pilot study with the Structured Clinical Interview for DSM-III-R dissociative disorders. *American Journal of Psychiatry, 148,* 458–462.
Borckardt, J. J., Nash, M. R., Murphy, M. D., Shaw, D., O'Neil, P., & Moore, M. (2008). Clinical practice as natural laboratory for psychotherapy research: A guide to case-based time-series analysis. *American Psychologist, 63*(2), 77–95.
Borge, F. M., Hoffart, A., Sexton, H., Martinsen, E., Gude, T., Hedley, L. M., ... Abrahamsen, G. (2010). Pre-treatment predictors and in-treatment factors associated with change in avoidant and dependent personality disorder traits among patients with social phobia. *Clinical Psychology & Psychotherapy, 17*(2), 87–99.
Borkovec, T. D., Alcaine, O. M., & Behar, E. (2004). Avoidance theory of worry and generalized anxiety disorder. In R. G. Heimberg, C. L. Turk, & D. S. Mennin (Eds.), *Generalized anxiety disorder: Advances in research and practice* (pp. 77–108). New York, NY: Guilford Press.
Borkovec, T. D., & Hu, S. (1990). The effect of worry on cardiovascular response to phobic imagery. *Behaviour Research and Therapy, 28,* 69–73.
Borkovec, T. D., Newman, M. G., Pincus, A. L., & Lytle, R. (2002). A component analysis of cognitive-behavioral therapy for generalized anxiety disorder and the role of interpersonal problems. *Journal of Consulting and Clinical Psychology, 70,* 288–298.

Borkovec, T. D., Shadick, R., & Hopkins, M. (1991). The nature of normal and pathological worry. In R. M. Rapee & D. H. Barlow (Eds.), *Chronic anxiety, generalized anxiety disorder, and mixed anxiety depression*. New York, NY: Guilford Press.
Bornstein, R. F. (1992). The dependent personality: Developmental, social, and clinical perspectives. *Psychological Bulletin, 112,* 3–23.
Borodinsky, L. N., Root, C. M., Cronin, J. A., Sann, S. B., Gu, X., & Spitzer, N. C. (2004). Activity-dependent homeostatic specification of transmitter expression in embryonic neurons. *Nature, 429,* 523–530.
Boskind-Lodahl, M. (1976). Cinderella's stepsisters: A feminist perspective on anorexia nervosa and bulimia. *Signs, 2,* 342–356.
Bothe, A. K., Davidow, J. H., Bramlett, R. E., & Ingham, R. J. (2006). Stuttering treatment research 1970–2005: I. Systematic review incorporating trial quality assessment of behavioral, cognitive, and related approaches. *American Journal of Speech-Language Pathology, 15*(4), 321–341.
Bouchard, C. (2002). Genetic influences on body weight and shape. In K. D. Brownell & C. G. Fairburn (Eds.), *Eating disorders and obesity: A comprehensive handbook* (2nd ed., pp. 21–26). New York, NY: Guilford Press.
Bouchard, M. F., Bellinger, D. C., Wright, R. O., & Weisskopf, M. G. (2010). Attention-deficit/hyperactivity disorder and urinary metabolites of organophosphate pesticides. *Pediatrics, 125*(6), e1270–e1277.
Bouchard, T. J., Jr., Lykken, D. T., McGue, M., Segal, N. L., & Tellegen, A. (1990). Sources of human psychological differences: The Minnesota study of twins reared apart. *Science, 250,* 223–228.
Bourgeois, J. A., Seaman, J. S., & Servis, M. E. (2003). Delirium, dementia, and amnestic disorders. In R. E. Hales & S. C. Yudofsky (Eds.), *Textbook of clinical psychiatry* (4th ed., pp. 259– 308). Washington, DC: American Psychiatric Publishing.
Bourgeois, J. A., Seaman, J. S., & Servis, M. E. (2008). Delirium, dementia, and amnestic and other cognitive disorders. In R. E. Hales, S. C. Yudofsky, & G. O. Gabbard (Eds.), *The American Psychiatric Publishing textbook of psychiatry* (5th ed., pp. 303–364). Arlington, VA: American Psychiatric Publishing, Inc.
Bourgeois, M. S. (1992). Evaluating memory wallets in conversations with persons with dementia. *Journal of Speech and Hearing Research, 35,* 1344–1357.
Bourgeois, M. S. (2007). *Memory books and other graphic cuing systems: Practical communication and memory aids for adults with dementia.* Baltimore, MD: Health Professions Press.
Bouton, M. E. (2005). Behavior systems and the contextual control of anxiety, fear, and panic. In L. Feldman Barrett, P. Niedenthal, & P. Winkielman (Eds.), *Emotion: Conscious and unconscious* (pp. 205–227). New York, NY: Guilford Press.
Bouton, M. E., Mineka, S., & Barlow, D. H. (2001). A modern learning-theory perspective on the etiology of panic disorder. *Psychological Review, 108,* 4–32.
Bower, G. H. (1981). Mood and memory. *American Psychologist, 36,* 129–148.
Bower, J. E., Moskowitz, J. T., & Epel, E. (2009). Is benefit finding good for your health? Pathways linking positive life changes after stress and physical health outcomes. *Current Directions in Psychological Science, 18,* 337–341.
Bowers, J. S., & Marsolek, C. J. (2003). *Rethinking implicit memory.* New York, NY: Oxford University Press.
Bowlby, J. (1977). The making and breaking of affectionate bonds. *British Journal of Psychiatry, 130,* 201–210.
Boyer, P., & Liénard, P. (2008). Ritual behavior in obsessive and normal individuals: Moderating anxiety and reorganizing the flow of action. *Current Directions in Psychological Science, 17*(4), 291–294.
Bradford, A., & Meston, C. M. (2011). Sex and gender disorders. In D. H. Barlow (Ed.), *Oxford handbook of clinical psychology* (pp. 446–468). New York, NY: Oxford University Press.
Bradford, J. (1997). Medical interventions in sexual deviance. In D. R. Laws & W. O'Donohue (Eds.), *Sexual deviance: Theory, assessment and treatment* (pp. 449–464). New York, NY: Guilford Press.
Bradley, B. P., Mogg, K., White, J., Groom, C., & de Bono, J. (1999). Attentional bias for emotional faces in generalized anxiety disorder. *British Journal of Clinical Psychology, 38,* 267–278.
Bradley, R., Danielson, L., & Hallahan, D. P. (Eds.). (2002). *Identification of learning disabilities: Research to practice.* Mahwah, NJ: Erlbaum.
Bradley, R. G., Binder, E. B., Epstein, M. P., Tang, Y., Nair, H. P., Liu, W.,...Ressler, K. J. (2008). Influence of child abuse on adult depression: Moderation by the corticotropin-releasing hormone receptor gene. *Archives of General Psychiatry, 65*(2), 190–200.
Brady, J. P., & Lind, D. L. (1961). Experimental analysis of hysterical blindness. *Archives of General Psychiatry, 4,* 331–339.
Braff, D., Schork, N. J., & Gottesman, I. I. (2007). Endophenotyping schizophrenia. *American Journal of Psychiatry, 164,* 705–707.
Braga, R., & Petrides, G. (2005). The combined use of electroconvulsive therapy and antipsychotics in patients with schizophrenia. *The Journal of ECT, 21*(2), 75.
Brand, B., Classen, C., Lanins, R., Loewenstein, R., McNary, S., Pain, C., & Putnam, F. (2009). A naturalistic study of dissociative identity disorder and dissociative disorder not otherwise specified patients treated by community clinicians. *Psychological Trauma: Theory, Research, Practice, and Policy, 1*(2), 153–171.
Brannigan, G. G., & Decker, S. L. (2006). The Bender-Gestalt II. *American Journal of Orthopsychiatry, 76*(1), 10–12.
Brannon, L., & Feist, J. (1997). *Health psychology: An introduction to behavior and health.* Pacific Grove, CA: Brooks/Cole.
Brawman-Mintzer, O. (2001). Pharmacologic treatment of generalized anxiety disorder. *Psychiatric Clinics of North America,* 24, 119–137.
Bremner, J. D. (1999). Does stress damage the brain? *Biological Psychiatry, 45,* 797–805.
Bremner, J. D., Licinio, J., Darnell, A., Krystal, A. H., Owens, M. J., Southwick, S. M., ... Charney, D. S. (1997). Elevated CSF corticotropin-releasing factor concentrations in posttraumatic stress disorder. *American Journal of Psychiatry, 154,* 624–629.
Bremner, J. D., Randall, P. R., Scott, T. M., Bronen, R. A., Seibyl, J. P., Southwick, S. M., ... & Innis, R. R. (1995). MRI-based measurement of hippocampal volume in patients with combat-related posttraumatic stress disorder. *American Journal of Psychiatry, 152,* 973–981.
Bremner, J. D., Vermetten, E., Southwick, S. M., Krystal, J. H., & Charney, D. S. (1998). Trauma, memory, and dissociation: An integrative formulation. In J. D. Bremner & C. Marmar (Eds.), *Trauma, memory, and dissociation.* Washington, DC: American Psychiatric Press.
Brener, N. D., Hassan, S. S., & Barrios, L. C. (1999). Suicidal ideation among college students in the United States. *Journal of Consulting & Clinical Psychology, 67,* 1004–1008.
Brenner, D. E., Kukull, W. A., van Belle, G., Bowen, J. D., McCormick, W. C., Teri, L., & Larson, E. B. (1993). Relationship between cigarette smoking and Alzheimer's disease in a population-based case-control study. *Neurology, 43,* 293–300.
Brent, D. & Birmaher, B. (2009). Paediatric mood disorders. In M. G. Gelder, N. C. Andreasen, J. J. López-Ibor, Jr., & J. R. Geddes (Eds.), *New Oxford textbook of psychiatry* (2nd ed., Vol. 2, pp. 1669–1680). Oxford, UK: Oxford University Press.
Brent, D., Emslie, G., Clarke, G., Wagner, K. D., Asarnow, J. R., Keller, M., ... Zelazny, J. (2008). Switching to another SSRI or to venlafaxine with or without cognitive behavioral therapy for adolescents with SSRI-resistant depression: The TORDIA randomized controlled trial. *JAMA: Journal of the American Medical Association, 299*(8), 901–913.
Brent, D., Melhem, N., Donohoe, M. B., & Walker, M. (2009). The incidence and course of depression in bereaved youth 21 months after the loss of a parent to suicide, accident, or sudden natural death. *American Journal of Psychiatry, 166*(7), 786–794.
Brent, D. A., & Kolko, D. J. (1990). The assessment and treatment of children and adolescents at risk for suicide. In S. J. Blumenthal & D. J. Kupfer (Eds.), *Suicide over the life cycle: Risk factors, assessment and treatment of suicidal patients.* Washington, DC: American Psychiatric Press.
Brent, D. A., Oquendo, M., Birmaher, B., Greenhill, L., Kolko, D., Stanley, B., ... Mann, J. J. (2002). Familial pathways to early-onset suicide attempt risk for suicidal behavior in offspring of mood-disordered suicide attempters. *Archives of General Psychiatry*, *59,* 801–807.
Brent, D. A., Oquendo, M., Birmaher, B., Greenhill, L., Kolko, D., Stanley, B., ... Mann, J. J. (2003). Peripubertal suicide attempts in offspring of suicide attempters with siblings concordant for suicidal behavior. *American Journal of Psychiatry*, *160,* 1486–1493.
Brent, D. A., Perper, J. A., Goldstein, C. E., Kolko, D. J., Allan, M. J., Allman, C. J., & Zellenak, J. P. (1988). Risk factors for adolescent suicide: A comparison of adolescent suicide victims with suicidal inpa-

tients. *Archives of General Psychiatry, 45,* 581–588.
Brentjens, M. H., Yeung-Yue, K. A., Lee, P. C., & Tyring, S. K. (2003). Recurrent genital herpes treatments and their impact on quality of life. *Pharmacoeconomics, 21,* 853–863.
Breslau, N., Davis, G. C., & Andreski, M. A. (1995). Risk factors for PTSD-related traumatic events: A prospective analysis. *American Journal of Psychiatry, 152,* 529–535.
Breslau, N., Lucia, V. C., & Alvarado, G. F. (2006). Intelligence and other predisposing factors in exposure to trauma and posttraumatic stress disorder. *Archives of General Psychiatry, 63,* 1238–1245.
Breuer, J., & Freud, S. (1957). *Studies on hysteria.* New York, NY: Basic Books. (Original work published 1895).
Brewer, S., Gleditsch, S. L., Syblik, D., Tietjens, M. E., & Vacik H. W. (2006). Pediatric anxiety: Child life intervention in day surgery. *Journal of Pediatric Nursing, 21,* 13–22.
Brewin, C. R., Andrews, B., & Gotlib, I. H. (1993). Psychopathology in early experience: A reappraisal of retrospective reports. *Psychological Bulletin, 113,* 82–98.
Britton, J. C. & Rauch, S. L. (2009). Neuroanatomy and neuroimaging of anxiety disorders. In M. M. Antony & M. B. Stein (Eds.), *Oxford handbook of anxiety and related disorders* (pp. 97–110). Oxford, UK: Oxford University Press.
Brody, A. L., Saxena, S., Stoessel, P., Gillies, L. A., Fairbanks, L. A., Alborzian, S., ... Baxter, L. R., Jr. (2001). Regional brain metabolic changes in patients with major depression treated with either paroxetine or interpersonal therapy. *Archives of General Psychiatry, 48,* 631–640.
Brody, M. J., Walsh, B. T., & Devlin, M. J. (1994). Binge eating disorder: Reliability and validity of a new diagnostic category. *Journal of Consulting and Clinical Psychology, 62,* 381–386.
Broft, A., Berner, L. A., & Walsh, B. T. (2010). Pharmacotherapy for bulimia nervosa. In C. M. Grilo & J. E. Mitchell (Eds.), *The treatment of eating disorders: A clinical handbook.* (pp. 388–401). New York, NY: Guilford Press.
Brondolo, E., Rieppi, R., Erickson, S. A., Bagiella, E., Shapiro, P. A., McKinley, P., & Sloan, R. P. (2003). Hostility, interpersonal interactions, and ambulatory blood pressure. *Psychosomatic Medicine, 65,* 1003–1011.
Brotto, L. A. (2006). Psychologic-based desire and arousal disorders: Treatment strategies and outcome results. In I. Goldstein, C. M. Meston, S. R. Davis, & A. M. Traish (Eds.), *Women's sexual function and dysfunction: Study, diagnosis, and treatment* (pp. 441–448). New York, NY: Taylor and Francis.
Brotto, L. A. (2010a). The DSM diagnostic criteria for hypoactive sexual desire disorder in women. *Archives of Sexual Behavior, 39,* 222–239.
Brotto, L. A. (2010b). The DSM diagnostic criteria for sexual aversion disorder. *Archives of Sexual Behavior, 39,* 271–277.
Broude, G. J., & Greene, S. J. (1980). Cross-cultural codes on 20 sexual attitudes and practices. In H. Barry, III, & A. Schlegel (Eds.), *Cross-cultural samples and codes* (pp. 313–333). Pittsburgh, PA: University of Pittsburgh Press.
Broughton, R., Billings, R., & Cartwright, R. (1994). Homicidal somnambulism: A case report. *Sleep, 17,* 253–264.
Broughton, R. J. (2000). NREM arousal parasomnias. In M. H. Kryger, T. Roth, & W. C. Dement (Eds.), *Principles and practice of sleep medicine* (3rd ed., pp. 693–706). Philadelphia, PA: W. B. Saunders.
Brown, D. R., Ahmed, F., Gary, L. E., & Milburn, N. G. (1995). Major depression in a community sample of African Americans. *American Journal of Psychiatry, 152,* 373–378.
Brown, G. K., Beck, A. T., Steer, R. A., & Grisham, J. R. (2000). Risk factor for psychiatric outpatients: A 20-year perspective study. *Journal of Consulting and Clinical Psychology, 63*(3), 371–377.
Brown, G. K., Have, T., Henriques, G., Xie, S., Hollander, J., & Beck, A. (2005). Cognitive therapy for the prevention of suicide attempts: A randomized controlled trial. *JAMA, 294,* 563–570.
Brown, G. W. (1959). Experiences of discharged chronic schizophrenic mental hospital patients in various types of living group. *Millbank Memorial Fund Quarterly, 37,* 105–131.
Brown, G. W. (1989a). Depression. In G. W. Brown & T. O. Harris (Eds.), *Life events and illness* (pp. 49–93). New York, NY: Guilford Press.
Brown, G. W. (1989b). Life events and measurement. In G. W. Brown & T. O. Harris (Eds.), *Life events and illness* (pp. 3–48). New York, NY: Guilford Press.
Brown, G. W., & Birley, J. L. T. (1968). Crisis and life change and the onset of schizophrenia. *Journal of Health and Social Behavior, 9,* 203–214.
Brown, G. W., & Harris, T. O. (1978). *Social origins of depression: A study of psychiatric disorder in women.* London, UK: Tavistock.
Brown, G. W., Harris, T. O., & Hepworth, C. (1994). Life events and endogenous depression. *Archives of General Psychiatry, 51,* 525–534.
Brown, G. W., Monck, E. M., Carstairs, G. M., & Wing, J. K. (1962). Influence of family life on the course of schizophrenic illness. *British Journal of Preventive and Social Medicine, 16,* 55–68.
Brown, J., & Finn, P. (1982). Drinking to get drunk: Findings of a survey of junior and senior high school students. *Journal of Alcohol and Drug Education, 27,* 13–25.
Brown, P. L. (2006, December 2). Supporting boys or girls when the line isn't clear. *New York Times.* Retrieved from http://www.nytimes.com/2006/12/02/us/02child.html
Brown, T. A., & Barlow, D. H. (2002). Classification of anxiety and mood disorders. In D. H. Barlow (Ed.), *Anxiety and its disorders: The nature and treatment of anxiety and panic.* (2nd ed., pp. 292–327). New York, NY: Guilford Press.
Brown, T. A., & Barlow, D. H. (2005). Dimensional versus categorical classification of mental disorders in the fifth edition of the diagnostic and statistical manual of mental disorders and beyond: Comment on the special section. Special issue: Toward a dimensionally based taxonomy of psychopathology. *Journal of Abnormal Psychology, 114*(4), 551–556.
Brown, T. A., & Barlow, D. H. (2009). A proposal for a dimensional classification system based on the shared features of the DSM-IV anxiety and mood disorders: Implications for assessment and treatment. *Psychological Assessment, 21*(3), 256–271.
Brown, T. A., Campbell, L. A., Lehman, C. L., Grisham, J. R., & Mancill, R. B. (2001). Current and lifetime comorbidity of the DSM-IV anxiety and mood disorders in a large clinical sample. *Journal of Abnormal Psychology.*
Brown, T. A., Chorpita, B. F., & Barlow, D. H. (1998). Structural relationships among dimensions of the DSM-IV anxiety and mood disorders and dimensions of negative affect, positive affect, and autonomic arousal. *Journal of Abnormal Psychology, 107*(2), 179–192.
Brown, T. A., Marten, P. A., & Barlow, D. H. (1995). Discriminant validity of the symptoms comprising the DSM-III-R and DSM-IV associated symptom criterion of generalized anxiety disorder. *Journal of Anxiety Disorders, 9,* 317–328.
Brown, T. E. (Ed.). (2009). *ADHD comorbidities: Handbook for ADHD complications in children and adults*. Arlington, VA: American Psychiatric Publishing.
Brown, W. M., Finn, C. J., Cooke, B. M., & Breedlove, S. M. (2002). Differences in finger length ratios between self-identified "butch" and "femme" lesbians. *Archives of Sexual Behavior, 31,* 123–127.
Brownell, K. D. (1991). Dieting and the search for the perfect body: Where physiology and culture collide. *Behavior Therapy, 22,* 1–12.
Brownell, K. D. (2002). Eating disorders in athletes. In K. D. Brownell & C. G. Fairburn (Eds.), *Eating disorders and obesity: A comprehensive handbook* (2nd ed., pp. 191–196). New York, NY: Guilford Press.
Brownell, K. D. (2003). *Food fight: The inside story of the food industry, America's obesity crisis and what we can do about it*. New York, NY: McGraw-Hill.
Brownell, K. D., & Fairburn, C. G. (Eds.) (1995). *Eating disorders and obesity: A comprehensive handbook.* New York, NY: Guilford Press.
Brownell, K. D., & Fairburn, C. G. (2002). *Eating disorders and obesity: A comprehensive handbook* (2nd ed.). New York, NY: Guilford Press.
Brownell, K. D., Hayes, S. C., & Barlow, D. H. (1977). Patterns of appropriate and deviant sexual arousal: The behavioral treatment of multiple sexual deviations. *Journal of Consulting and Clinical Psychology, 45*(6), 1144–1155.
Brownell, K. D., Kersh, R., Ludwig, D. S., Post, R. C., Puhl, R. M., Schwartz, M. B., & Willett, W. C. (2010). Personal responsibility and obesity: A constructive approach to a controversial issue. *Health Affairs, 29*(3), 379–387.
Brownell, K. D., & Rodin, J. (1994). The dieting maelstrom: Is it possible and advisable to lose weight? *American Psychologist, 49*(9), 781–791.
Brownmiller, S. (1984). *Femininity.* New York, NY: Ballantine Books.
Bruce, M. L. (2002). Psychosocial risk factors for depressive disorders in late life. *Biological Psychiatry, 52,* 175–184.

Bruce, M. L., & Kim, K. M. (1992). Differences in the effects of divorce on major depression in men and women. *American Journal of Psychiatry, 149*(7), 914–917.
Bruce, S. E., Vasile, R. G., Goisman, R. M., Salzman, C., Spencer, M., Machan, J. T., & Keller, M. B. (2003). Are benzodiazepines still the medication of choice for patients with panic disorder with or without agoraphobia? *American Journal of Psychiatry, 160*, 1432–1438.
Bruce, S. E., Yonkers, K. A., Otto, M. W., Eisen, J. L., Weisberg, R. B., Pagano, M., ... Keller, M. B. (2005). Influence of psychiatric comorbidity on recovery and recurrence in generalized anxiety disorder, social phobia, and panic disorder: A 12-year prospective study. *American Journal of Psychiatry, 162*, 1179–1187.
Bruch, H. (1973). *Eating disorders: Obesity, anorexia nervosa, and the person within.* New York, NY: Basic Books.
Bruch, H. (1985). Four decades of eating disorders. In D. M. Garner & P. E. Garfinkel (Eds.), *Handbook of psychotherapy for anorexia nervosa and bulimia* (pp. 7–18). New York, NY: Guilford Press.
Bruch, M. A., & Heimberg, R. G. (1994). Differences in perceptions of parental and personal characteristics between generalized and non-generalized social phobics. *Journal of Anxiety Disorders, 8*, 155–168.
Bruck, M., Ceci, S., Francouer, E., & Renick, A. (1995). Anatomically detailed dolls do not facilitate preschoolers' reports of a pediatric examination involving genital touching. *Journal of Experimental Psychology: Applied, 1*, 95–109.
Bryant, R. A., Moulds, M. L., & Nixon, R. V. D. (2003). Cognitive behavior therapy of acute stress disorder: A four-year follow-up. *Behaviour Research and Therapy, 41*, 489–494.
Buchanan, R. W., & Carpenter, W. T. (2005). Schizophrenia and other psychotic disorders. In B. J. Sadock & V. A. Sadock (Eds.), *Kaplan & Sadock's comprehensive textbook of psychiatry* (pp. 1329–1345). Philadelphia, PA: Lippincott Williams & Wilkins.
Buchwald, A. M., & Rudick-Davis, D. (1993). The symptoms of major depression. *Journal of Abnormal Psychology, 102*(2), 197–205.
Buffum, J. (1982). Pharmacosexology: The effects of drugs on sexual function—A review. *Journal of Psychoactive Drugs, 14*, 5–44.
Bulik, C. M., Sullivan, P. F., & Kendler, K. S. (2000). An empirical study of the classification of eating disorders. *American Journal of Psychiatry, 157*(6), 886–895.
Bulik, C. M., Sullivan, P. F., Tozzi, F., Furberg, H., Lichtenstin, P., & Pederson, N. L. (2006). Prevalence, heritability, and prospective risk factors, for anorexia nervosa. *Archives of General Psychiatry, 63*, 305–312.
Bumpass, E. R., Fagelman, F. D., & Brix, R. J. (1983). Intervention with children who set fires. *American Journal of Psychotherapy, 37*(3), 328–345.
Burleson, J. A., & Kaminer, Y. (2005). Self-efficacy as a predictor of treatment outcome in adolescent substance use disorders. *Addictive Behaviors, 30*, 1751–1764.
Burnette, M. M., Koehn, K. A., Kenyon-Jump, R., Hutton, K., & Stark, C. (1991). Control of genital herpes recurrences using progressive muscle relaxation. *Behavior Therapy, 22*, 237–247.
Burns, J. (2009). Dispelling a myth: Developing world poverty, inequality, violence, and social fragmentation are not good for outcome in schizophrenia. *African Journal of Psychiatry, 12*(3), 200–205.
Burns, J. W., Glenn, B., Bruehl, S., Harden, R. N., & Lofland, K. (2003). Cognitive factors influence outcome following multidisciplinary chronic pain treatment: A replication and extension of a cross-lagged panel analysis. *Behaviour Research and Therapy, 41*, 1163–1182.
Burton, R. (1977). *Anatomy of melancholy.* (Reprint edition). New York, NY: Random House. (Original work published 1621).
Buscher, A. L., & Giordano, T. P. (2010). Gaps in knowledge in caring for HIV survivors long-term. *JAMA: Journal of the American Medical Association, 304*, 340–341.
Bushman, B. J. (1993). Human aggression while under the influence of alcohol and other drugs: An integrative research review. *Psychological Science, 2*, 148–152.
Butcher, J. N. (2009). Clinical personality assessment: History, evolution, contemporary models, and practical applications. In J. N. Butcher (Ed.), *Oxford handbook of personality assessment* (pp. 5–21). New York: Oxford University Press.
Butcher, J. N., & Perry, J. N. (2008). *Personality assessment in treatment planning: Use of the MMPI-2 and BTPI.* New York: Oxford University Press.
Butler, B. (2006). NGRI revisited: Venirepersons' attitudes toward the insanity defense. *Journal of Applied Social Psychology, 36*, 1833–1847.
Butler, L. D., Duran, R. E. F., Jasiukaitis, P., Koopman, C., & Spiegel, D. (1996). Hypnotizability and traumatic experience: A diathesis stress model of dissociative symptomatology. *American Journal of Psychiatry, 153*, 42–63.
Buysse, D. J., Reynolds, C. F., & Kupfer, D. J. (1993). Classification of sleep disorders: A preview of the DSM-IV. In D. L. Dunner (Ed.), *Current psychiatric therapy* (pp. 360–361). Philadelphia, PA: W. B. Saunders.
Buysse, D. J., Strollo, P. J., Black, J. E., Zee, P. G., & Winkelman, J. W. (2008). Sleep disorders. In R. E. Hales, S. C. Yudofsky, & G. O. Gabbard (Eds.), *The American Psychiatric Publishing Textbook of Psychiatry* (5th ed., pp. 921–969). Arlington, VA: American Psychiatric Publishing.
Bye, E. K. (2007). Alcohol and violence: Use of possible confounders in a time-series analysis. *Addiction, 102*, 369–376.
Byers, A. L., Yaffe, K., Covinsky, K. E., Friedman, M. B., & Bruce, M. L. (2010). High occurrence of mood and anxiety disorders among older adults: The National Comorbidity Survey Replication. *Archives of General Psychiatry, 67*(5), 489–496.
Byne, W., Lasco, M. S., Kemether, E., Edgar, M. A., Morgello, S., Jones, L. B., & Tobet, S. (2000). The interstitial nuclei of the human anterior hypothalamus: An investigation of sexual variation in volume and cell size, number and density. *Brain Research, 856*, 254–258.
Byne, W., & Parsons, B. (1993). Human sexual orientation: The biologic theories reappraised. *Archives of General Psychiatry, 50*, 228–239.
Byrne, D., & Schulte, L. (1990). Personality dispositions as mediators of sexual responses. *Annual Review of Sex Research, 1*, 93–117.
Byrne, M., Agerbo, E., Bennedsen, B., Eaton, W. W., & Mortensen, P. B. (2007). Obstetric conditions and risk of first admission with schizophrenia: A Danish national register based study. *Schizophrenia Research, 97*(1–3), 51–59. doi:10.1016/j.schres.2007.07.018
Byrne, Z., & Hochwarter, W. (2006). I get by with a little help from my friends: The interaction of chronic pain and organizational support and performance. *Journal of Occupational Health Psychology, 11*, 215–227.
Caballero, B. (2007). The global epidemic of obesity: An overview. *Epidemiologic Reviews, 29*, 1–5.
Cacioppo, J. T., Amaral, D. G., Blanchard, J. J., Cameron, J. L., Carter, C. S., Crews, D., ... Quinn, K. J. (2007). Social neuroscience: Progress and implications for mental health. *Perspectives on Psychological Science, 2*(2), 99–123.
Cadoret, R. J. (1978). Psychopathology in the adopted-away offspring of biologic parents with antisocial behavior. *Archives of General Psychiatry, 35*, 176–184.
Cadoret, R. J., Yates, W. R., Troughton, E., Woodworth, G., & Stewart, M. A. (1995). Genetic–environment interaction in the genesis of aggressivity and conduct disorders. *Archives of General Psychiatry, 52*, 916–924.
Cafri, G., Yamamiya, Y., Brannick, M., & Thompson, J. K. (2005). The influence of sociocultural factors on body image: A meta-analysis. *Clinical Psychology: Science and Practice, 12*, 421–433.
Cain, A. S., Epler, A. J., Steinley, D., & Sher, K. J. (2010). Stability and change in patterns of concerns related to eating, weight, and shape in young adult women: A latent transition analysis. *Journal of Abnormal Psychology, 119*(2), 255–267.
Calabrese, J., Shelton, M, Rapport, D., Youngstrom, E., Jackson, K., Bilali, S., ... Findling, R. L. (2005). A 20-month, double-blind, maintenance trial of lithium versus divalproex, in rapid-cycling bipolar disorder. *American Journal of Psychiatry, 162*, 2152–2161.
Calamari, J. E., Wiegartz, P. S., Riemann, B. C., Cohen, R. J., Greer, A., Jacobi, D. M., ... Carmin, C. (2004). Obsessive-compulsive disorder subtypes: An attempted replication and extension of symptom-based taxonomy. *Behavior Research and Therapy, 42*, 647–670.
Callahan, L. A., McGreevy, M. A., Cirincione, C., & Steadman, H. (1992). Measuring the effects of the guilty but mentally ill (GBMI) verdict: Georgia's 1982 GBMI reform. *Law and Human Behavior, 16*, 447–462.
Callicott, J. H., Mattay, V. S., Verchinski, B. A., Marenco, S., Egan, M. F., & Weinberger, D. R. (2003). Complexity of prefrontal cortical dysfunction in schizophrenia: More than up or down. *American Journal of Psychiatry, 160*, 2209–2215.
Cameron, N. M., Champagne, F. A., Parent, C., Fish, E. W., Ozaki-Kuroda, K., & Meaney, M. J. (2005). The programming

of individual differences in defensive responses and reproductive strategies in the rat through variations in maternal care. *Neuroscience and Biobehavioral Reviews, 29*, 843–865.

Campbell, J. M., & Oei, T. P. (2010). A cognitive model for the intergenerational transference of alcohol use behavior. *Addictive Behaviors, 35*(2), 73–83. doi:10.1016/j.addbeh.2009.09.013

Campbell-Sills, L., & Barlow, D. H. (2007). Incorporating emotion regulation into conceptualization and treatment of anxiety and mood disorders. In J. J. Gross (Ed.), *Handbook of emotion regulation* (pp. 542–560). New York, NY: Guilford Press.

Cannon, T. D., Barr, C. E., & Mednick, S. A. (1991). Genetic and perinatal factors in the etiology of schizophrenia. In E. F. Walker (Ed.), *Schizophrenia: A life-course developmental perspective* (pp. 9–31). New York, NY: Academic Press.

Cannon, T. D., Cadenhead, K., Cornblatt, B., Woods, S. W., Addington, J., Walker, E., et al. (2008). Prediction of psychosis in youth at high clinical risk: A multisite longitudinal study in North America. *Archives of General Psychiatry, 65*(1), 28–37.

Cannon, W. B. (1929). *Bodily changes in pain, hunger, fear, and rage* (2nd ed.). New York, NY: Appleton-Century-Crofts.

Cannon, W. B. (1942). Voodoo death. *American Anthropologist, 44*, 169–181.

Cantor, J. M., Blanchard, R., Paterson, A. D., & Bogaert, A. F. (2002). How many gay men owe their sexual orientation to fraternal birth order? *Archives of Sexual Behavior, 31*, 63–71.

Capobianco, D. J., Swanson, J. W., & Dodick, D. W. (2001). Medication-induced (analgesic rebound) headache: Historical aspects and initial descriptions of the North American experience. *Headache, 41*, 500–502.

Cardeña, E. A., & Gleaves, D. H. (2003). Dissociative disorders: Phantoms of the self. In M. Hersen & S. M. Turner (Eds.), *Adult Psychopathology and Diagnosis* (4th ed., pp. 476–404). Hoboken, NJ: John Wiley & Sons.

Cardeña, E., Lewis-Fernández, R., Bear, D., Pakianathan, I., & Spiegel, D. (1996). Dissociative disorders. In T. A. Widiger, A. J. Frances, H. A. Pincus, R. Ross, M. B. First, & W. W. Davis (Eds.), *DSM-IV sourcebook* (Vol. 2, pp. 973–1005). Washington, DC: American Psychiatric Press.

CARE Study Group. (2008). Maternal caffeine intake during pregnancy and risk of fetal growth restriction: A large prospective observational study. *BMJ, 337*, 1334–1338.doi:10.1136/bmj. a2332

Carlat, D. J., Camargo, C. A., Jr., & Herzog, D. B. (1997). Eating disorders in males: A report on 135 patients. *American Journal of Psychiatry, 154*, 1127–1132.

Carlson, E. B., & Putnam, F. W. (1989). Integrating research on dissociation and hypnotizability: Are there two pathways to hypnotizability? *Dissociation, 2*, 32–38.

Carlson, G. A. (1990). Annotation: Child and adolescent mania—Diagnostic considerations. *Journal of Child Psychology and Psychiatry, 31*(3), 331–341.

Caron, C., & Rutter, M. (1991). Comorbidity in childhood psychopathology: Concepts, issues, and research strategies. *Journal of Child Psychology and Psychiatry, 32*, 1063–1080.

Carr, E. G., & Durand, V. M. (1985). Reducing behavior problems through functional communication training. *Journal of Applied Behavior Analysis, 18*, 111–126.

Carrico, A. W., & Antoni, M. H. (2008). Effects of psychological interventions on neuroendocrine hormone regulation and immune states in HIV-positive persons: A review of randomized controlled trials. *Psychosomatic Medicine, 70*, 575–584.

Carrier, S., Brock, G. B., Pommerville, P. J., Shin, J., Anglin, G., Whittaker, S., & Beasley, C. M., Jr. (2005). Efficacy and safety of oral tadalafil in the treatment of men in Canada with erectile dysfunction: A randomized, double-blind, parallel, placebo-controlled clinical trial. *Journal of Sexual Medicine, 2*, 685–698.

Carroll, A. (2009). Are you looking at me? Understanding and managing paranoid personality disorder. *Advances in Psychiatric Treatment, 15*(1), 40.

Carroll, B. C., McLaughlin, T. J., & Blake, D. R. (2006). Patterns and knowledge of nonmedical use of stimulants among college students. *Archives of Pediatrics and Adolescent Medicine, 160*, 481–485.

Carroll, E. M., Rueger, D. B., Foy, D. W., & Donahoe, C. P. (1985). Vietnam combat veterans with posttraumatic stress disorder: Analysis of marital and cohabitating adjustment. *Journal of Abnormal Psychology, 94*, 329–337.

Carroll, K. M. (2008). Cognitive-behavioral therapies. In M. Galanter & H. D. Kleber (Eds.), *The American Psychiatric Publishing Textbook of Substance Abuse Treatment* (4th ed., pp. 349–360). Arlington, VA: American Psychiatric Publishing.

Carroll, R. A. (2007). Gender dysphoria and trans-gender experiences. In S. R. Leiblum (Ed.), *Principles and practice of sex therapy* (4th ed., pp. 477–508). New York, NY: Guilford Press.

Carson, R. C. (1991). Discussion: Dilemmas in the pathway of DSM-IV. *Journal of Abnormal Psychology, 100*, 302–307.

Carson, R. C. (1996). Aristotle, Galileo, and the *DSM* taxonomy: The case of schizophrenia. *Journal of Consulting and Clinical Psychology, 64*(6), 1133–1139.

Carstensen, L. L., Charles, S. T., Isaacowitz, D., & Kennedy, Q. (2003). Life-span personality development and emotion. In R. J. Davidson, K. Scherer, & H. H. Goldsmith (Eds.), *Handbook of affective sciences* (pp. 931–951). Oxford, UK: Oxford University Press.

Carter, J. C., & Fairburn, C. G. (1998). Cognitive-behavioral self-help for binge eating disorder: A controlled effectiveness study. *Journal of Consulting and Clinical Psychology, 66*, 616–623.

Carter, J. C., McFarlane, T. L., Bewell, C., Olmsted, M. P., Woodside, D. B., Kaplan, A. S., & Crosby, R. D. (2009). Maintenance treatment for anorexia nervosa: A comparison of cognitive behavior therapy and treatment as usual. *International Journal of Eating Disorders, 42*(3), 202–207.

Carter, J. S., Garber, J., Cielsa, J., & Cole, D. (2006). Modeling relations between hassles and internalizing and externalizing symptoms in adolescents: A four-year prospective study. *Journal of Abnormal Psychology, 115*, 428–442.

Carter, R. M., Wittchen, H. U., Pfister, H., & Kessler, R. C. (2001). One-year prevalence of subthreshold and threshold DSM-IV generalized anxiety disorder in a nationally representative sample. *Depression & Anxiety, 13*, 78–88.

Cartwright, R. D. (2006). Sleepwalking. In T. Lee-Chiong (Ed.), *Sleep: A comprehensive handbook* (pp. 429–433). Hoboken, NJ: John Wiley & Sons.

Carver, C. S., Johnson, S. L., & Joormann, J. (2009). Two-mode models of self-regulation as a tool for conceptualizing effects of the serotonin system in normal behavior and diverse disorders. *Current Directions in Psychological Science, 18*(4), 195–199.

Casper, R. C. (1982). Treatment principles in anorexia nervosa. *Adolescent Psychiatry, 10*, 431–454.

Caspi, A., McClay, J., Moffitt, T. E., Mill, J., Martin, J., Craig, I. W., & Poulton, R. (2002). Role of genotype in the cycle of violence in maltreated children. *Science, 297*, 851–853.

Caspi, A., Sugden, K., Moffitt, T. E., Taylor, A., Craig, I. W., Harrington, H.,...Poulton, R. (2003). Influence of life stress on depression: Moderation by a polymorphism in the 5-HTT gene. *Science, 301*, 386–389.

Cassano, G., Rucci, P., Frank, E., Fagiolini, A., Dell'Osso, L., Shear, K., & Kupfer, D. J. (2004). The mood spectrum in unipolar and bipolar disorder: Arguments for a unitary approach. *American Journal Psychiatry, 161*, 1264–1269.

Cassidy, F., Forest, K., Murry, E., & Carroll, B. J. (1998). A factor analysis of the signs and symptoms of mania. *Archives of General Psychiatry, 55*, 27–32.

Castonguay, L. G., Eldredge, K. L., & Agras, W. S. (1995). Binge eating disorder: Current state and directions. *Clinical Psychology Review, 15*, 815–890.

Catania, J. A., Morin, S. F., Canchola, J., Pollack, L., Chang, J., & Coates, T. J. (2000). U.S. priorities—HIV prevention. *Science, 290*, 717.

Cautela, J. R. (1966). Treatment of compulsive behavior by covert sensitization. *Psychological Record, 16*, 33–41.

Cautela, J. R. (1967). Covert sensitization. *Psychological Reports, 20*, 459–468.

Ceci, S. J. (1995). False beliefs: Some developmental and clinical considerations. In D. L. Schacter (Ed.), *Memory distortion: How minds, brains, and societies reconstruct the past* (pp. 91–125). Cambridge, MA: Harvard University Press.

Ceci, S. J. (2003). Cast in six ponds and you'll reel in something: Looking back on 25 years of research. *American Psychologist, 58*, 855–867.

Celio, A. A., Winzelberg, A. J., Dev, P., & Taylor, C. B. (2002). Improving compliance in on-line, structured self-help programs: Evaluation of an eating disorder prevention program. *Journal of Psychiatric Practice, 8*, 14–20.

Celio, A. A., Zabinski, M. F., & Wilfley, D. E. (2002). African American body images. In T. F. Cash & T. Pruzinsky (Eds.), *Body image: A handbook of theory, research, and clinical practice* (pp. 234– 242). New York, NY: Guilford Press.

Centers for Disease Control and Prevention. (2003a). Deaths: Final data for 2001. *National Vital Statistics Reports, 52*(3). Hyattsville, MD: National Center for Health Statistics.
Centers for Disease Control and Prevention. (2003b). Deaths, percent of total deaths, and death rates for the 15 leading causes of death in 5-year age groups, by race and sex: United States, 2000. Centers for Disease Control and National Center for Health Statistics, National Vital Statistics System. Hyattsville, MD: National Center for Health Statistics.
Centers for Disease Control and Prevention. (2005). Prevalence of diagnosis and medication treatment for attention-deficit/hyperactivity disorder: United States, 2003. *Morbidity and Mortality Weekly Report, 54,* 842–847.
Centers for Disease Control and Prevention. (2006). Nonfatal, unintentional medication exposures in young children—United States, 2001–2003. *Morbidity and Mortality Weekly Report* [serial online]; 55, 1–5. Retrieved from http://www.cdc.gov/mmwr/preview/mmwrhtml/mm5501a1.htm
Centers for Disease Control and Prevention. (2007). Cigarette smoking among adults—United States, 2006. *Morbidity and Mortality Weekly Report* [serial online]; 56(44): 1157–1161. Retrieved from http://www.cdc.gov/mmwr/preview/mmwrhtml/mm5644a2.htm
Centers for Disease Control and Prevention. (2008). Annual smoking-attributable mortality, year, and potential life lost, and productivity losses—United States, 2000–2004. *Morbidity and Mortality Weekly Report* [serial online]; 57(45): 1226–1228. Retrieved from http://www.cdc.gov/mmwr/preview/mmwrhtml/mm5745a3.htm
Centers for Disease Control and Prevention. (2009). Prevalence of autism spectrum disorders—autism and developmental disabilities monitoring network—United States, 2006. *Morbidity and Mortality Weekly Report, 58*(SS10), 1–20.
Centers for Disease Control and Prevention. (2010a). Diagnosis of HIV infection and AIDS in the United States and dependent areas, 2008. *HIV Surveillance Report, 20.* Retrieved from http://www.cdc.gov/hiv/surveillance/resources/reports/2008report/index.htm
Centers for Disease Control and Prevention. (2010b). Fatal injury data. Retrieved from http://www.cdc .gov/injury/wisqars/fatal.html
Cha, C. B., Najmi, S., Park, J. M., Finn, C. T., & Nock, M. J. (2010). Attentional bias toward suicide-related stimuli predicts suicidal behavior. *JAMA: Journal of Abnormal Psychology, 119,* 616–622.
Chakrabarti, S., & Fombonne, E. (2001). Pervasive developmental disorders in preschool children. *JAMA: Journal of the American Medical Association, 285,* 3093–3099.
Chalder, T., Cleare, A., & Wessely, S. (2000). The management of stress and anxiety in chronic fatigue syndrome. In D. I. Mostofsky & D. H. Barlow (Eds.), *The management of stress and anxiety in medical disorders* (pp. 160–179). Needham Heights, MA: Allyn & Bacon.
Chamberlain, S. R., Menzies, L., Sahakian, B. J., & Fineberg, N. A. (2007). Lifting the veil on trichotillomania. *American Journal of Psychiatry, 164,* 568–574.
Chaouloff, F., & Groc, L. (2010). Temporal modulation of hippocampal excitatory transmission by corticosteroids and stress. *Frontiers in Neuroendocrinology.* Advance online publication. doi:10.1016/j.yfrne.2010.07.004
Charland, L. C. (2008). A moral line in the sand: Alexander Crichton and Philippe Pinel on the psychopathology of the passions. In L. C. Charland & P. Zachar (Eds.), *Fact and value in emotion* (pp. 15–34). Amsterdam, The Netherlands: John Benjamins Publishing Company.
Charland, L. C. (2010). Science and morals in the affective psychopathology of Philippe Pinel. *History of Psychiatry, 21*(1), 38–53.
Charles, S. T., & Carstensen, L. L. (2010). Social and emotional aging. *Annual Review of Psychology, 61,* 383–409.
Charney, D. S. (2004). Psychobiological mechanisms of resilience and vulnerability: Implications for successful adaptation to extreme stress. *The American Journal of Psychiatry, 161*(2), 195–216.
Charney, D. S., Barlow, D. H., Botteron, K., Cohen, J. D., Goldman, D., Raquel, E. G., ... Zalcman, S. J. (2002). Neuroscience research agenda to guide development of a pathophysiologically based classification system. In D. J. Kupfer, M. B. First, & D. A. Regier (Eds.), *A research agenda for DSM-V* (pp. 31–83). Washington, DC: American Psychiatric Association.
Charney, D. S., Deutch, A. Y., Krystal, J. H., Southwick, S. M., & Davis, M. (1993). Psychobiological mechanisms of posttraumatic stress disorder. *Archives of General Psychiatry, 50,* 294–305.
Charney, D. S., & Drevets, W. C. (2002). Neurobiological basis of anxiety disorders. In K. L. Davis, D. Charney, J. T. Coyle, & C. Nemeroff (Eds.), *Neuropsychopharmacology: The fifth generation of progress* (pp. 901–951). Philadelphia, PA: Lippincott Williams & Wilkins.
Chassin, L., Pillow, D. R., Curran, P. J., Molina, B. S. G., & Barrera, M. (1993). Relation of parental alcoholism to early adolescent substance use: A test of three mediating mechanisms. *Journal of Abnormal Psychology, 102,* 3–19.
Chassin, L., Presson, C. C., Rose, J. S., & Sherman, S. J. (2001). From adolescence to adulthood: Age-related changes in beliefs about cigarette smoking in a Midwestern community sample. *Health Psychology, 20*(5), 377–386.
Chassin, L., Presson, C. C., Rose, J., Sherman, S. J., Davis, M. J., & Gonzalez, J. L. (2005). Parenting style and smoking-specific parenting practices as predictors of adolescent smoking onset. *Journal of Pediatric Psychology, 30*(4), 333–344.
Chavez, M., & Insel, T. R. (2007). Eating disorders: National Institute of Mental Health perspective. *American Psychologist,* 62, 159–166.
Check, J. R. (1998). Munchausen syndrome by proxy: An atypical form of child abuse. *Journal of Practical Behavioral Health, 4,* 340–345.
Chen, M. C., Hamilton, J. P., & Gotlib, I. H. (2010). Decreased hippocampal volume in healthy girls at risk of depression. *Archives of General Psychiatry, 67*(3), 270–276.
Chesney, M. A. (1986, November). *Type A behavior: The biobehavioral interface.* Keynote address presented at the annual meeting of the Association for Advancement of Behavior Therapy, Chicago.
Chida, Y., and Mao, X. (2009). Does psychosocial stress predict symptomatic herpes simplex virus recurrence? A meta-analytic investigation on prospective studies. *Brain, Behavior, and Immunity, 23,* 917–925.
Chivers, M. L., & Bailey, J. M. (2000). Sexual orientation of female-to-male transsexuals: A comparison of homosexual and nonhomosexual types. *Archives of Sexual Behavior, 29*(3), 259–279.
Chivers, M. L., Rieger, G., Latty, E., & Bailey, M. (2004). A sex difference in the specificity of sexual arousal. *Psychological Science, 15,* 736–744.
Cho, H. J., Lavretsky, H., Olmstead, R., Levin, M. J., Oxman, M. N., & Irwin, M. R. (2008). Sleep disturbance and depression recurrence in community-dwelling older adults: a prospective study. *American Journal of Psychiatry, 165*(12), 1543–1550.
Choate, M. L., Pincus, D. B., Eyberg, S. M., & Barlow, D. B. (2005). Parent–child interaction therapy for treatment of separation anxiety disorder: A pilot study. *Cognitive and Behavioral Practice, 12*(1), 126–135.
Chobanian, A. V., Bakris, G. L., Black, H. R., Cushman, W. C., Green, L. A., Izzo, J. L., ... National High Blood Pressure Education Program Coordinating Committee. (2003). Seventh report of the Joint National Committee on prevention, detection, evaluation, and treatment of high blood pressure. *Hypertension, 42,* 1206–1252.
Chodoff, P. (1974). The diagnosis of hysteria: An overview. *American Journal of Psychiatry, 131,* 1073–1078.
Chodoff, P. (1982). Hysteria in women. *American Journal of Psychiatry, 139,* 545–551.
Chorpita, B. F., & Barlow, D. H. (1998). The development of anxiety: The role of control in the early environment. *Psychological Bulletin, 124*(1), 3–21.
Chorpita, B. F., Brown, T. A., & Barlow, D. H. (1998). Perceived control as a mediator of family environment in etiological models of childhood anxiety. *Behavior Therapy, 29,* 457–476.
Chosak, A., Marques, L., Greenberg, J. L., Jenike, E., Dougherty, D. D., & Wilhelm, S. (2008). Body dysmorphic disorder and obsessive-compulsive disorder: Similarities, differences, and the classification debate. *Expert Review of Neurotherapeutics, 8*(8), 1209–1218.
Christakis, N. A., & Fowler, J. H. (2007). The spread of obesity in a large social network over 32 years. *New England Journal of Medicine, 357*(4), 370–379.
Christiansen, B. A., Smith, G. T., Roehling, P. V., & Goldman, M. S. (1989). Using alcohol expectancies to predict adolescent drinking behavior after one year. *Journal of Consulting and Clinical Psychology, 57,* 93–99.
Christodoulou, G., Margariti, M., Kontaxakis, V., & Christodoulou, N. (2009). The delusional misidentification syndromes: Strange, fascinating, and instructive. *Current Psychiatry Reports, 11*(3), 185–189.
Chronis, A. M., Lahey, B. B., Pelham, W. E., Jr., Williams, S. H., Baumann, B. L., Kipp, H., ... Rathouz, P.J. (2007). Maternal

depression and early positive parenting predict future conduct problems in young children with attention deficit/hyperactivity disorder. *Developmental Psychology, 43,* 70–82.
Chung, S. Y., Luk, S. L., & Lee, P. W. H. (1990). A follow-up study of infantile autism in Hong Kong. *Journal of Autism and Developmental Disorders, 20,* 221–232.
Cicchetti, D. (1991). A historical perspective on the discipline of developmental psychopathology. In J. Rolf, A. S. Masten, D. Cicchetti, K. H. Nuechterlein, & S. Weintraub (Eds.), *Risk and protective factors in the development of psychopathology* (pp. 2–28). New York, NY: Cambridge University Press.
Cipani, E. (1991). Educational classification and placement. In J. L. Matson & J. A. Mulick (Eds.), *Handbook of mental retardation* (2nd ed., pp. 181–191). Elmsford, NY: Pergamon Press.
Ciraulo, D. A., & Sarid-Segal, O. (2009). Sedative-, hypnotic-, or anoxiolytic-related disorders. In B. J. Sadock, V. A. Sadock, & P. Ruiz (Eds.), *Kaplan & Sadock's comprehensive textbook of psychiatry* (9th ed., Vol. I, pp. 1397–1418). Philadelphia, PA: Lippincott Williams & Wilkins.
Citrome, L., Lieb, K., Vollm, B., Rücker, G., Timmer, A., & Stoffers, J. (2010). Pharmacotherapy for borderline personality disorder. *British Journal of Psychiatry, 196,* 4–12.
Clark, D. A., & O'Connor, K. (2005). Thinking is believing: Ego-dystonic intrusive thoughts in obsessive-compulsive disorder. In D. A. Clark (Ed.), *Intrusive thoughts in clinical disorders* (pp. 145–174). New York, NY: Guilford Press.
Clark, D. A., & Rhyno, S. (2005). Unwanted intrusive thoughts in nonclinical individuals: Implications for clinical disorders. In D. A. Clark (Ed.), *Intrusive thoughts in clinical disorders* (pp. 1–29). New York, NY: Guilford Press.
Clark, D. M. (1986). A cognitive approach to panic. *Behaviour Research and Therapy, 24,* 461–470.
Clark, D. M. (1996). Panic disorder: From theory to therapy. In P. Salkovskis (Ed.), *Frontiers of cognitive therapy* (pp. 318–344). New York, NY: Guilford Press.
Clark, D. M., Ehlers, A., Hackman, A., McManus, F., Fennell, M., Grey, N., ... Wild, J. (2006). Cognitive therapy versus exposure and applied relaxation in social phobia: A randomized controlled trial. *Journal of Consulting and Clinical Psychology, 74,* 568–578.
Clark, D. M., Ehlers, A., McManus, F., Hackman, A., Fennell, M. J. V., Campbell, H., & Louis, B. (2003). Cognitive therapy versus fluoxetine in generalized social phobia: A randomized placebo-controlled trial. *Journal of Consulting and Clinical Psychology, 71,* 1058–1067.
Clark, D. M., Salkovskis, P. M., Hackmann, A., Middleton, H., Anastasiades, P., & Gelder, M. (1994). A comparison of cognitive therapy, applied relaxation, and imipramine in the treatment of panic disorder. *British Journal of Psychiatry, 164*(6), 759–769.
Clark, D. M., Salkovskis, P. M. N., Hackmann, A., Wells, A., Fennell, M., Ludgate, S., ... Gelder, M. (1998). Two psychological treatments for hypochondriasis. *British Journal of Psychiatry, 173,* 218–225.
Clark, L. A. (1999). Introduction to the special section on the concept of disorder. *Journal of Abnormal Psychology, 108,* 371–373.
Clark, L. A. (2005). Temperament as a unifying basis for personality and psychopathology [Special issue]. *Journal of Abnormal Psychology, 114,* 505–521.
Clark, R. (2003). Parental history of hypertension and coping responses predict blood pressure changes in black college volunteers undergoing a speaking task about perceptions of racism. *Psychosomatic Medicine, 65,* 1012–1019.
Clarkin, J. F., Carpenter, D., Hull, J., Wilner, P., & Glick, I. (1998). Effects of psychoeducational intervention for married patients with bipolar disorder and their spouses. *Psychiatric Services, 49*(4), 531–533.
Clarkin, J. F., Howieson, D. B., & McClough, J. (2008). The role of psychiatric measures in assessment and treatment. In R. E. Hales, S. C. Yudofsky, & G. O. Gabbard (Eds.), *The American Psychiatric Publishing textbook of psychiatry* (5th ed., pp. 73–110). Arlington, VA: American Psychiatric Publishing, Inc.
Classen, C., Diamond, S., & Spiegel, D. (1998). Studies of life-extending psychosocial interventions. In J. Holland (Ed.), *Psycho-oncology* (pp. 653–836). Oxford, UK: Oxford University Press.
Clayton, P. J., & Darvish, H. S. (1979). Course of depressive symptoms following the stress of bereavement. In J. E. Barrett (Ed.), *Stress and mental disorder* (pp. 121–136). New York, NY: Raven.
Cleckley, H. M. (1982). *The mask of sanity* (6th ed.). St. Louis, MO: Mosby. (Original work published 1941.)
Cleghorn, J. M., & Albert, M. L. (1990). Modular disjunction in schizophrenia: A framework for a pathological psychophysiology. In A. Kales, C. N. Stefanis, & J. A. Talbot (Eds.), *Recent advances in schizophrenia* (pp. 59–80). New York, NY: Springer-Verlag.
Cleghorn, J. M., Franco, S., Szechtman, B., Kaplan, R. D., Szechtman, H., Brown, G. M., ... Garnett, E. S. (1992). Toward a brain map of auditory hallucinations. *American Journal of Psychiatry, 149,* 1062–1069.
Clement, U. (1990). Surveys of heterosexual behavior. *Annual Review of Sex Research, 1,* 45–74.
Clementz, B. A., & Sweeney, J. A. (1990). Is eye movement dysfunction a biological marker for schizophrenia? A methodological review. *Psychological Bulletin, 108,* 77–92.
Cloninger, C. R. (1978). The link between hysteria and sociopathy: An integrative model of pathogenesis based on clinical, genetic, and neurophysiological observations. In H. S. Akiskal & W. L. Webb (Eds.), *Psychiatric diagnosis: Exploration of biological predictors* (pp. 189– 218). New York, NY: Spectrum.
Cloninger, C. R. (1987). A systematic method for clinical description and classification of personality variants: A proposal. *Archives of General Psychiatry, 44,* 573–588.
Cloninger, C. R. (1989). Establishment of diagnostic validity in psychiatric illness: Robins and Guze's method revisited. In L. N. Robins & J. E. Barrett (Eds.), *The validity of psychiatric diagnosis* (pp. 9–16). New York, NY: Raven Press.
Cloninger, C. R. (1996). Somatization disorder. Literature review for DSM-IV sourcebook. Washington, DC: American Psychiatric Press.
Cloninger, C. R., & Svakic, D. M. (2009). Personality disorders. In B. J. Sadock, V. A. Sadock, & P. Ruiz (Eds.), *Kaplan & Sadock's comprehensive textbook of psychiatry* (9th ed., Vol. II, pp. 2197–2240). Philadelphia, PA: Lippincott Williams & Wilkins.
Closser, M. H. (1992). Cocaine epidemiology. In T. R. Kosten & H. D. Kleber (Eds.), *Clinician's guide to cocaine addiction: Theory, research, and treatment* (pp. 225-240). New York, NY: Guilford Press.
Coates, T. J. (1990). Strategies for modifying sexual behavior for primary and secondary prevention of HIV disease. *Journal of Consulting and Clinical Psychology, 58*(1), 57–69.
Cobb, S. (1976). Social support as a moderator of life stress. *Psychosomatic Medicine, 38,* 300.
Coccaro, E., & McCloskey, M. (2010). Intermittent explosive disorder: Clinical aspects. In E. Aboujaoude & L. M. Koran (Eds.), *Impulse control disorders* (pp. 221–232). New York, NY: Cambridge University Press.
Coderre, T. J., Katz, J., Vaccarino, A. L., & Melzack, R. (1993). Contribution of central neuroplasticity to pathological pain: Review of clinical and experimental evidence. *Pain, 52,* 259–285.
Cohen, J. (2002). Confronting the limits of success. *Science, 296,* 2320–2324.
Cohen, J. (2006). The overlooked epidemic. *Science Magazine, 313,* 468–469.
Cohen, J. B., & Reed, D. (1985). Type A behavior and coronary heart disease among Japanese men in Hawaii. *Journal of Behavioral Medicine, 8,* 343–352.
Cohen, L., Soares, C., Vitonis, A., Otto, M., & Harlow, B. (2006). Risk for new onset of depression during the menopausal transition. *Archive General Psychiatry, 63,* 385–390.
Cohen, S. (1996). Psychological stress, immunity, and upper respiratory infections. *Current Directions in Psychological Science, 5,* 86–90.
Cohen, S. P., Doyle, W. J. P., Alper, C. M. M. D., Janicki-Deverts, D. P., & Turner, R. B. M. D. (2009). Sleep habits and susceptibility to the common cold. *Archives of Internal Medicine January, 169*(1), 62–67.
Cohen, S., Doyle, W. J., & Skoner, D. P. (1999). Psychological stress, cytokine production, and severity of upper respiratory illness. *Psychosomatic Medicine, 61,* 175–180.
Cohen, S., Doyle, W. J., Skoner, D. P., Fireman, P., Gwaltney, J. M., Jr., & Newsome, J. T. (1995). State and trait negative affect as predictors of objective and subjective symptoms of respiratory viral infections. *Journal of Personality and Social Psychology, 68,* 159–169.
Cohen, S., Doyle, W. J., Turner, R., Alper, C. M., & Skoner, D. P. (2003). Sociability and susceptibility to the common cold. *Psychological Science, 14*(5), 389–395.

Cohen, S., & Herbert, T. B. (1996). Health psychology: Psychological factors and physical disease from the perspective of human psychoneuroimmunology. *Annual Review of Psychology, 47,* 113–142.

Cohen, S., & Janicki-Deverts, D. (2009). Can we improve our physical health by altering our social networks? *Perspectives on Psychological Science, 4,* 375–378.

Cohen, S., Tyrrell, D. A., & Smith, A. P. (1991). Psychological stress and susceptibility to the common cold. *New England Journal of Medicine, 325,* 606–612.

Cohen, S., Tyrrell, D. A., & Smith, A. P. (1993). Negative life events, perceived stress, negative affect, and susceptibility to the common cold. *Journal of Personality and Social Psychology, 64*(1), 131–140.

Cohen-Kettenis, P. T., & Pfäfflin, F. (2010). The DSM diagnostic criteria for gender identity disorder in adolescents and adults. *Archives of Sexual Behavior, 39,* 499–513.

Coker, L. H., Espeland, M. A., Rapp, S. R., Legault, C., Resnick, S. M., Hogan, P., ... Shumaker, S. A. (2010). Postmenopausal hormone therapy and cognitive outcomes: The Women's Health Initiative Memory Study (WHIMS). *The Journal of Steroid Biochemistry and Molecular Biology, 118*(4–5), 304–310.

Cole, J. T., Mitala, C. M., Kundu, S., Verma, A., Elkind, J. A., Nissim, I., & Cohen, A. S. (2010). Dietary branched chain amino acids ameliorate injury-induced cognitive impairment. *Proceedings of the National Academy of Sciences, 107,* 366–371.

Cole, M., Winkelman, M. D., Morris, J. C., Simon, J. E., & Boyd, T. A. (1992). Thalamic amnesia: Korsakoff syndrome due to left thalamic infarction. *Journal of the Neurological Sciences, 110,* 62–67.

Cole, M. G., Ciampi, A., Belzile, E., & Zhong, L. (2009). Persistent delirium in older hospital patients: A systematic review of frequency and prognosis. *Age and Ageing, 38*(1), 19–26.

Cole, S. W. (2008). Psychosocial influences on HIV-1 disease progression: Neural, endocrine, and virologic mechanisms. *Psychosomatic Medicine, 70,* 562–568.

Coleman, E., Bockting, W. O., & Gooren, L. (1993). Homosexual and bisexual identity in sex-reassigned female-to-male transsexuals. *Archives of Sexual Behavior, 22,* 37–50.

Coleman, E., Colgan, P., & Gooren, L. (1992). Male cross-gender behavior in Myanmar (Burma): A description of the acault. *Archives of Sexual Behavior, 21*(3), 313–321.

Collinge, J., Whitfield, J., McKintosh, E., Beck, J., Mead, S., Thomas, D. J., Alpers, M. P. (2006). Kuru in the 21st century: An acquired human prion disease with very long incubation periods. *Lancet, 367*(9528), 2068–2074.

Collins, W. A., Maccoby, E. E., Steinberg, L., Hetherington, E. M., & Bornstein, M. H. (2000). Contemporary research on parenting: The case for nature and nurture. *American Psychologist, 55,* 218–232.

Colman, I., Murray, J., Abbott, R., Maughan, B., Kuh, D., Croudace, T., ... Jones, P. B. (2009). Outcomes of conduct problems in adolescence: 40-year follow-up of national cohort. *British Medical Journal, 338,* a2981.

Colp, R. (2009). History of psychiatry. In B. J. Sadock, V. A. Sadock, & P. Ruiz (Eds.), *Kaplan & Sadock's comprehensive textbook of psychiatry* (9th ed., Vol. II, pp. 4474–4509). Philadelphia, PA: Lippincott Williams & Wilkins.

Comas-Diaz, L. (1981). Puerto Rican *espiritismo* and psychotherapy. *American Journal of Orthopsychiatry, 51*(4), 636–645.

Compas, B. E., Boyer, M., Stanger, C., Colletti, R., & Thomsen, A. (2006). Latent variable analysis of coping, anxiety/depression, and somatic symptoms in adolescents with chronic pain. *Journal of Consulting and Clinical Psychology, 74,* 1132–1142.

Compas, B. E., Forehand, R., Keller, G., Champion, J. E., Rakow, A., Reeslund, K. L., ... Cole, D. A. (2009). Randomized controlled trial of a family cognitive-behavioral preventive intervention for children of depressed parents. *Journal of Consulting and Clinical Psychology, 77*(6), 1007–1020.

Compas, B. E., Oppedisano, G., Connor, J. K., Gerhardt, C. A., Hinden, B. R., Achenbach, T. M., & Hammen, C. (1997). Gender differences in depressive symptoms in adolescence: Comparison of national samples of clinically referred and nonreferred youths. *Journal of Consulting and Clinical Psychology, 65,* 617–626.

Condon, W., Ogston, W., & Pacoe, L. (1969). Three faces of Eve revisited: A study of transient microstrabismus. *Journal of Abnormal Psychology, 74,* 618–620.

Conduct Problems Prevention Research Group. (2010). The effects of a multiyear universal social-emotional learning program: The role of student and school characteristics. *Journal of Consulting and Clinical Psychology, 78*(2), 156–168.

Conn. Gen. Stat. Ann., 319: Part II, 17a-495 (1992).

Conners, C. K., March, J. S., Frances, A., Wells, K. C., & Ross, R. (2001). Treatment of attention-deficit/hyperactivity disorder: Expert consensus guidelines. *Journal of Attention Disorders, 4*(Suppl. 1), 7–128.

Connor, D. F. (2006). Stimulants. In R. A. Barkley (Ed.), *Attention-deficit hyperactivity disorder: A handbook for diagnosis and treatment* (3rd ed., pp. 608–647). New York, NY: Guilford Press.

Constantino, J., Abbacchi, A., Lavesser, P., Reed, H., Givens, L., Chiang, L., ... Todd, R. D. (2009). Developmental course of autistic social impairment in males. *Development and psychopathology, 21*(01), 127–138.

Conti, C. R., Pepine, C. J., & Sweeney, M. (1999). Efficacy and safety of sildenafil citrate in the treatment of erectile dysfunction in patients with ischemic heart disease. *American Journal of Cardiology, 83,* 29C–34C.

Conwell, Y., Duberstein, P. R., & Caine, E. D (2002). Risk factors for suicide in later life. *Biological Psychiatry, 52,* 193–204.

Conwell, Y., Duberstein, P. R., Cox, C., Hermmann, J. H., Forbes, N. T., & Caine, E. D. (1996). Relationships of age and axis I diagnoses in victims of completed suicide: A psychological autopsy study. *American Journal of Psychiatry, 153,* 1001–1008.

Cook, E. W., III, Hodes, R. L., & Lang, P. J. (1986). Preparedness and phobia: Effects of stimulus content on human visceral conditioning. *Journal of Abnormal Psychology, 95,* 195–207.

Cook, P. J. (1993). The matter of tobacco use. *Science, 262,* 1750–1751.

Cookson, C. (2009). Confronting our fear: Legislating beyond battered woman syndrome and the law of self-defense in Vermont. *Vermont Law Review, 34,* 415.

Coolidge, F., Thede, L., & Young, S. (2002). The heritability of gender identity disorder in a child and adolescent twin sample. *Behavior Genetics, 32,* 251–257.

Coons, P. M. (1994). Confirmation of childhood abuse in child and adolescent cases of multiple personality disorder not otherwise specified. *Journal of Nervous & Mental Disease, 182,* 461–464.

Cooper, A. J. (1988). Sexual dysfunction and cardiovascular disease. *Stress Medicine, 4,* 273–281.

Cooper, A. M., & Ronningstam, E. (1992). Narcissistic personality disorder. In A. Tasman & M. B. Riba (Eds.), *Review of psychiatry* (Vol. 11, pp. 80–97). Washington, DC: Psychiatric Press.

Cooper, J., Kapur, N., Webb, R., Lawlor, M., Guthrie, E., Mackway-Jones, K., & Appleby, L. (2005). Suicide after deliberate self-harm: A 4-year cohort study. *American Journal of Psychiatry, 162,* 297–303.

Cooper, N. S., Feder, A., Southwick, S. M., & Charney, D. S. (2007). Resilience and vulnerability to trauma: Psychobiological mechanisms. In D. Romer & E. F. Walker (Eds.), *Adolescent psychopathology and the developing brain: Integrating brain and prevention science* (pp. 347–372). New York, NY: Oxford University Press.

Cooperberg, J., & Faith, M. S. (2004). Treatment of obesity II: Childhood and adolescent obesity. In J. K. Thompson (Ed.), *Handbook of eating disorders and obesity* (pp. 443–450). New York, NY: John Wiley.

Cope, M. B., Fernandez, J. R., & Allison, D. (2004). Genetic and biological risk factors. In J. K. Thompson (Ed.), *Handbook of eating disorders and obesity* (pp. 323–338). New York, NY: John Wiley.

Copeland, W., Shanahan, L., Costello, E., & Angold, A. (2009). Childhood and adolescent psychiatric disorders as predictors of young adult disorders. *Archives of General Psychiatry, 66*(7), 764.

Coplan, J. D., Andrews, M. W., Rosenblum, L. A., Owens, M. J., Friedman, S., Gorman, J. M., & Nemeroff, C. B. (1996). Persistent elevations of cerebrospinal fluid concentrations of corticotropin-releasing factor in adult nonhuman primates exposed to early life stressors: Implications for the pathophysiology of mood and anxiety disorders. *Proceedings of the National Academy of Sciences, 93,* 1619–1623.

Coplan, J. D., Trost, R. C., Owens, M. J., Cooper, T. B., Gorman, J. M., Nemeroff, C. B., & Rosenblum, L. A. (1998). Cerebrospinal fluid concentrations of somatostatin and biogenic amines in grown primates reared by mothers exposed to manipulated foraging conditions. *Archives of General Psychiatry, 55,* 473–477.

Corcoran, C. M., Kimhy, D., Stanford, A., Khan, S., Walsh, J., Thompson, J., ... Malaspina, D. (2008). Temporal association of cannabis use with symptoms in individuals at clinical high risk for

psychosis. *Schizophrenia Research, 106,* 286–293.
Coryell, W., Endicott, J., Maser, J. D., Keller, M. B., Leon, A. C., & Akiskal, H. S. (1995). Long-term stability of polarity distinctions in the affective disorders. *American Journal of Psychiatry, 152,* 385–390.
Coryell, W., Solomon, D. A., Fiedorowicz, J. G., Endicott, J., Schettler, P. J., & Judd, L. L. (2009). Anxiety and outcome in bipolar disorder. *American Journal of Psychiatry, 166*(11), 1238–1243.
Costa, E. (1985). Benzodiazepine–GABA interactions: A model to investigate the neurobiology of anxiety. In A. H. Tuma & J. D. Maser (Eds.), *Anxiety and the anxiety disorders.* Hillsdale, NJ: Erlbaum.
Costa e Silva, J. A., & De Girolamo, G. (1990). Neurasthenia: History of a concept. In N. Sartorius, D. Goldberg, G. De Girolamo, J. A. Costa e Silva, Y. Lecrubier, & U. Wittchen (Eds.), *Psychological disorders in general medical settings* (pp. 699–81). Toronto, Canada: Hogrefe and Huber.
Costello, E. J., Foley, D. L., & Angold, A. (2006). 10-year research update review: The epidemiology of child and adolescent psychiatric disorders: II. Developmental epidemiology. *Journal of the American Academy of Child and Adolescent Psychiatry, 45*(1), 8–25.
Côté, G., O'Leary, T., Barlow, D. H., Strain, J. J., Salkovskis, P. M., Warwick, H. M. C., ... Rasmussen, S. A. (1996). Hypochondriasis. In T. A. Widiger, A. J. Frances, H. A. Pincus, R. Ross, M. B. First, & W. W. Davis (Eds.), *DSM-IV sourcebook* (Vol. 2, pp. 933–947). Washington, DC: American Psychiatric Association.
Cotugno, A. (2009). Social competence and social skills training and intervention for children with autism spectrum disorders. *Journal of Autism and Developmental Disorders, 39*(9), 1268–1277.
Cowley, G., & Springen, K. (1990, March). The promise of Prozac. *Newsweek,* p. 38.
Cox, A., Rutter, M., Newman, S., & Bartak, L. (1975). A comparative study of infantile autism and specific developmental receptive language disorder: II. Parental characteristics. *British Journal of Psychiatry, 126,* 146–159.
Cox, A. C., Weed, N. C., & Butcher, J. N. (2009). The MMPI-2: History, interpretation, and clinical issues. In J. N. Butcher (Ed.), *Oxford handbook of personality assessment* (pp. 250–276). New York: Oxford University Press.
Coyne, J. C., Stefanek, M., & Palmer, S. C. (2007). Psychotherapy and survival in cancer: The conflict between hope and evidence. *Psychological Bulletin, 133,* 367–394.
Coyne, M., Zipoli, R., Chard, D., Faggella-Luby, M., Ruby, M., Santoro, L., Baker, S. (2009). Direct instruction of comprehension: instructional examples from intervention research on listening and reading comprehension. *Reading and Writing Quarterly, 25, 2*(3), 221–245.
Cozanitis, D. A. (2004). One hundred years of barbiturates and their saint. *Journal of the Royal Society of Medicine, 97,* 594–598.
Crabbe, J. C., Wahlsten, D., & Dudek, B. C. (1999). Genetics of mouse behavior: Interactions with laboratory environment. *Science, 284,* 1670–1672.
Craddock, N., & Jones, I. (2001). Molecular genetics of bipolar disorder. *British Journal of Psychiatry, 41,* 128–133.
Crago, M., Shisslak, C. M., & Estes, L. S. (1997). Eating disturbances among American minority groups: A review. *The International Journal of Eating Disorders, 19,* 239–248.
Craig, M. C., & Murphy, D. G. M. (2009). Alzheimer's disease in women. *Best Practice & Research Clinical Obstetrics & Gynaecology, 23*(1), 53–61.
Craighead, W. E., Hart, A. B., Craighead, L. W., & Ilardi, S. S. (2002). Psychosocial treatments for major depressive disorder. In P. E. Nathan & J. M. Gorman (Eds.), *A guide to treatments that work* (2nd ed., pp. 245–261). New York, NY: Oxford University Press.
Craighead, W. E., Ilardi, S. S., Greenberg, M. P., & Craighead, L. W. (1997). Cognitive psychology: Basic theory and clinical implications. In A. Tasman, J. Key, & J. A. Lieberman (Eds.), *Psychiatry* (Vol. 1, pp. 350–368). Philadelphia, PA: W. B. Saunders.
Craske, M. G. (1999). *Anxiety disorders: Psychological approaches to theory and treatment.* Boulder, CO: Westview Press.
Craske, M. G., Antony, M. M., & Barlow, D. H. (2006). *Mastering your fears and phobias: Therapist guide.* New York, NY: Oxford University Press.
Craske, M. G., & Barlow, D. H. (1988). A review of the relationship between panic and avoidance. *Clinical Psychology Review, 8,* 667–685.
Craske, M.G., & Barlow, D.H. (2006). *Mastery of your anxiety and worry.* New York, NY: Oxford University Press.
Craske, M. G., & Barlow, D. H. (2008). Panic disorder and agoraphobia. In D. H. Barlow (Ed.), *Clinical handbook of psychological disorders: A step-by-step treatment manual* (4th ed.). New York, NY: Guilford Press.
Craske, M. G., Barlow, D. H., Clark, D. M., Curtis, G. C., Hill, E. M., Himle, J. A., ... Warwick, H. M. C. (1996). Specific (simple) phobia. In T. A. Widiger, A. J. Frances, H. A. Pincus, R. Ross, M. B. First, & W. W. Davis (Eds.), *DSM-IV sourcebook* (Vol. 2, pp. 473–506). Washington, DC: American Psychiatric Association.
Craske, M. G., Brown, T. A., & Barlow, D. H. (1991). Behavioral treatment of panic disorder: A two-year follow-up. *Behavior Therapy, 22,* 289–304.
Craske, M. G., Golinelli, D., Stein, M. B., Roy-Byrne, P., Bystritsky, A., Sherbourne, C. (2005). Does the addition of cognitive behavioral therapy improve panic disorder treatment outcome relative to medication alone in the primary-care setting? *Psychological Medicine, 35*(11), 1645–1654.
Craske, M. G., Hermans, D., & Vansteenwegen, D. (2006). *Fear and learning.* Washington, DC: American Psychological Association.
Craske, M. G., Kircanski, K., Epstein, A., Wittchen, H.-U., Pine, D. S., Lewis-Fernández, R., & Hinton, D. (2010). Panic disorder: A review of DSM-IV panic disorder and proposals for DSM-V. *Depression and Anxiety, 27*(2), 93–112.
Craske, M. G., Lang, A. J., Mystkowski, J. L., Zucker, B. G., & Bystritsky, A. (2002). Does nocturnal panic represent a more severe form of panic disorder? *Journal of Nervous and Mental Disease, 190,* 611–618.
Craske, M. G., Rapee, R. M., & Barlow, D. H. (1988). The significance of panic expectancy for individual patterns of avoidance. *Behavior Therapy, 19,* 577–592.
Craske, M. G., & Rowe, M. K. (1997). Nocturnal panic. *Clinical psychology: Science & practice, 4,* 153–174.
Creed, F., & Barsky, A. (2004). A systematic review of the epidemiology of somatisation disorder and hypochondriasis. *Journal of Psychosomatic Research, 56,* 391–408.
Creese, I., Burt, D. R., & Snyder, S. H. (1976). Dopamine receptor binding predicts clinical and pharmacological potencies of antischizophrenic drugs. *Science, 192,* 481–483.
Cremniter, D., Jamin, S., Kollenbach, K., Alvarez, J. C., Lecrubier, Y., Gilton, A., ... Spreux-Varoquaux, O. (1999). CSF 5-HIAA levels are lower in impulsive as compared to nonimpulsive violent suicide attempts and control subjects. *Biological Psychiatry, 45*(12), 1572–1579.
Crerand, C., Sarwer, D., Magee, L., Gibbons, L., Lowe, M., Bartlett, S., ... Whitaker, L. A. (2004). Rate of body dysmorphic disorder among patients seeking facial plastic surgery. *Psychiatric Annals, 34, 958–965.*
Crichton, P., & Morey, S. (2003). Treating pain in cancer patients. In D. C. Turk & R. J. Gatchel (Eds.), *Psychological approaches to pain management: A practitioner's handbook* (2nd ed., pp. 501–514). New York, NY: Guilford Press.
Crisp, A. H., Callender, J. S., Halek, C., & Hsu, L. K. G. (1992). Long-term mortality in anorexia nervosa: A 20-year follow-up of the St. George's and Aberdeen cohorts. *British Journal of Psychiatry, 161,* 104–107.
Critelli, J. W., & Bivona, J. M. (2008). Women's erotic rape fantasies: An evaluation of theory and research. *Journal of Sex Research, 45,* 57–70.
Critser, G. (2003). *Fat land: How Americans became the fattest people in the world.* Boston, MA: Houghton Mifflin.
Crow, S. J., Mitchell, J. E., Roerig, J. D., & Steffen, K. (2009). What potential role is there for medication treatment in anorexia nervosa? *International Journal of Eating Disorders, 42*(1), 1–8.
Crow, S. J., Thuras, P., Keel, P. K., & Mitchell, J. E. (2002). Long-term menstrual and reproductive function in patients with bulimia nervosa. *American Journal of Psychiatry, 159,* 1048–1050.
Crowe, L. C., & George, W. H. (1989). Alcohol and human sexuality: Review and integration. *Psychological Bulletin, 105*(3), 374–386.
Crowe, R. R. (1974). An adoption study of antisocial personality. *Archives of General Psychiatry, 31,* 785–791.
Crowley, P. H., Hayden, T. L., & Gulati, D. K. (1982). Etiology of Down syndrome. In S. M. Pueschel & J. E. Rynders (Eds.), *Down syndrome: Advances in biomedicine and behavioral sciences* (pp. 89–131). Cambridge, MA: Ware Press.
Crowley, T., Richardson, D., & Goldmeir, D. (2006). Recommendation for the management of vaginismus: BASHH special interest group for sexual dysfunction. *International Journal of STD and AIDS, 17,* 14–18.

Cummings, J. L. (Ed.). (1990). *Subcortical dementia*. New York, NY: Oxford University Press.
Curatolo, P., Bombardieri, R., & Jozwiak, S. (2008). Tuberous sclerosis. *The Lancet, 372*(9639), 657–668.
Currier, J. M., Neimeyer, R. A., & Berman, J. S. (2008). The effectiveness of psychotherapeutic interventions for bereaved persons: a comprehensive quantitative review. *Psychological Bulletin, 134*(5), 648–661.
Curtis, G. C., Hill, E. M., & Lewis, J. A. (1990). *Heterogeneity of DSM-III-R simple phobia and the simple phobia/agoraphobia boundary: Evidence from the ECA study.* Preliminary report to the Simple Phobia subcommittee of the DSM-IV Anxiety Disorders Work Group.
Curtis, G. C., Himle, J. A., Lewis, J. A., & Lee, Y-J. (1989). *Specific situational phobias: Variant of agoraphobia?* Paper requested by the Simple Phobia subcommittee of the DSM-IV Anxiety Disorders Work Group.
Cyranowski, J. M., Aarestad, S. L., & Andersen, B. L. (1999). The role of sexual self-schema in a diathesis-stress model of sexual dysfunction. *Applied & Preventative Psychology, 8,* 217–228.
Cyranowski, J. M., Frank, E., Young, E. & Shear, M. K. (2000). Adolescent onset of the gender difference in lifetime rates of major depression. *Archives of General Psychiatry, 57,* 21–27.
Dagan, Y., Dela, H., Omer, H., Hallis, D., & Dar, R. (1996). High prevalence of personality disorders among circadian rhythm sleep disorders (CRSD) patients. *Journal of Psychosomatic Research, 41,* 357–363.
Dalack, G. W., Glassman, A. H., & Covey, L. S. (1993). Nicotine use. In D. L. Dunner (Ed.), *Current psychiatric therapy* (pp. 114–118). Philadelphia, PA: W. B. Saunders.
Dana, R. H. (1996). The Thematic Apperception Test (TAT). In C. S. Newmark (Ed.), *Major psychological assessment instruments* (pp. 166–205). Boston, MA: Allyn & Bacon.
Daniel, S. S., Walsh, A. K., Goldston, D. B., Arnold, E. M., Reboussin, B. A., & Wood, F. B. (2006). Suicidality, school dropout, and reading problems among adolescents. *Journal of Learning Disabilities, 39,* 507–514.
Daniels, A., Adams, N., Carroll, C., & Beinecke, R. (2009). A conceptual model for behavioral health and primary care integration: Emerging challenges and strategies for improving international mental health services. *International Journal of Mental Health, 38*(1), 100–112.
Darcangelo, S. (2008). Fetishism: Psychopathology and theory. In D. R. Laws & W. T. O'Donohue (Eds.), *Sexual deviance: Theory, assessment, and treatment* (2nd ed., pp. 108–118). New York, NY: Guilford Press.
Darwin, C. R. (1872). *The expression of emotions in man and animals.* London, UK: John Murray.
Dassori, A. M., Miller, A. L., & Saldana, D. (1995). Schizophrenia among Hispanics: epidemiology, phenomenology, course, and outcome. *Schizophr Bull, 21*(2), 303–312.
Davey, G. (2006). Cognitive mechanisms in fear acquisition and maintenance. In M. G. Craske, D. Hermans, & D. Vansteenwegen (Eds.), *Fear and learning from basic processes to clinical implications.* (pp. 99–116). Washington, DC: American Psychological Association.
Davidson, A. J., Sellix, M. T., Daniel, J., Yamazaki, S., Menaker, M., & Block, G. D. (2006). Chronic jet-lag increases mortality in aged mice. *Current Biology, 16,* R914–R916.
Davidson, J., Swartz, M., Storck, M., Krishnan, R. R., & Hammett, E. (1985). A diagnostic and family study of posttraumatic stress disorder. *American Journal of Psychiatry, 142,* 90–93.
Davidson, J. R. T., Foa, E. B., & Huppert, J. D. (2004). Fluoxetine, comprehensive Cognitive behavioral therapy, and placebo in generalized social phobia. *Archives of General Psychiatry, 61,* 1005–1013.
Davidson, J. R. T., Hughes, D. L., Blazer, D. G., & George, L. K. (1991). Posttraumatic stress in the community: An epidemiological study. *Journal of Psychological Medicine, 21,* 713–721.
Davidson, K., MacGregor, M. W., Stuhr, J., Dixon, K., & MacLean, D. (2000). Constructive anger verbal behavior predicts blood pressure in a population-based sample. *Health Psychology, 19,* 55–64.
Davidson, M., Keefe, R. S. E., Mohs, R. C., Siever, L. J., Losonczy, M. F., Horvath, T. B., & Davis, K. L. (1987). L-Dopa challenge and relapse in schizophrenia. *American Journal of Psychiatry, 144,* 934–938.
Davidson, R. J. (1993). Cerebral asymmetry and emotion: Methodological conundrums. *Cognition and Emotion, 7,* 115–138.
Davidson, R. J., Pizzagalli, D. A., & Nitschke, J. B. (2009). Representation and regulation of emotion in depression: Perspectives from affective neuroscience. In I. H. Gotlib & C. L. Hammen (Eds.), *Handbook of depression* (2nd ed., pp. 218–248). New York, NY: Guilford Press.
Davila, J., Stroud, C. B., & Starr, L. R. (2009). Depression in couples and families. In I. H. Gotlib & C. L. Hammen (Eds.), *Handbook of depression* (2nd ed., pp. 467–491). New York, NY: Guilford Press.
Davis, C., Katzman, D. K., Kaptein, S., Krish, C., Brewer, H., Kalmbach, K., ... Kaplan, A. S. (1997). The prevalence of high-level exercise in the eating disorders: Etiological implications. *Comprehensive Psychiatry, 38,* 321–326.
Davis, M. (1992). The role of the amygdala in fear and anxiety. *Annual Review of Neuroscience, 15,* 353–375.
Davis, M. (2002). Neural circuitry of anxiety and stress disorders. In K. L. Davis, D. Charney, J. T. Coyle, & C. Nemeroff (Eds.), *Neuropsychopharmacology: The fifth generation of progress* (pp. 901–930). Philadelphia, PA: Lippincott Williams & Wilkins.
Davison, G. C. (1968). Elimination of a sadistic fantasy by a client-controlled counter-conditioning technique: A case study. *Journal of Abnormal Psychology, 73,* 91–99.
Dawson, D. A., Grant, B. F., Stinson, F. S., Chou, P. S., Huang, B., & Ruan, W. J. (2005). Recovery from DSM-IV alcohol dependence: United States, 2001–2002. *Addiction, 100,* 281–292.
Dawson, G., Toth, K., Abbott, R., Osterling, J., Munson, J., Estes, A., Liaw, J. (2004). Early social attention impairments in autism: Social orienting, joint attention, and attention to distress. *Developmental Psychology, 40,* 271–283.
Dawson, M., Mottron, L., & Gernsbacher, M. (2008). Learning in autism. In J. H. Byrne & H. L. Roediger (Eds.), *Learning and memory: A comprehensive reference: Vol. 2. Cognitive psychology* (pp. 759–772). New York, NY: Elsevier.
Day, R., Nielsen, J. A., Korten, A., Ernberg, G., Dube, K. C., Gebhart, J., ... Olatawura, M. (1987). Stressful life events preceding the acute onset of schizophrenia: A cross-national study from the World Health Organization. *Cultural Medicine and Psychiatry, 11,* 123–205.
de Almeidia-Filho, N., Santana, V. S., Pinto, I. M., & de Carvalho-Neto, J. A. (1991). Is there an epidemic of drug misuse in Brazil? A review of the epidemiological evidence (1977–1988). *International Journal of the Addictions, 26,* 355–369.
De Backer, G., Kittel, F., Kornitzer, M., & Dramaix, M. (1983). Behavior, stress, and psychosocial traits as risk factors. *Preventative Medicine, 12,* 32–36.
de Boo, G. M., & Prins, P. J. M. (2007). Social incompetence in children with ADHD: Possible moderators and mediators in social-skills training. *Clinical Psychology Review, 27,* 78–97.
De Brito, S. A., & Hodgins, S. (2009). Antisocial personality disorder. In M. McMurran & R. C. Howard (Eds.), *Personality, personality disorder and violence: An evidence based approach* (pp. 133–154). New York, NY: Wiley.
de Lissovoy, V. (1961). Head banging in early childhood. *Child Development, 33,* 43–56.
de Zwaan, M., Roerig, J. L., & Mitchell, J. E. (2004). Pharmacological treatment of anorexia nervosa, bulimia nervosa, and binge eating disorder. In J. K. Thompson (Ed.), *Handbook of eating disorders and obesity* (pp. 186–217). New York, NY: John Wiley.
Deakin, J. F. W., & Graeff, F. G. (1991). Critique: 5-HT and mechanisms of defence. *Journal of Psychopharmacology, 5*(4), 305–315.
Deale, A., Chalder, T., Marks, I., & Wessely, S. (1997). Cognitive behavior therapy for chronic fatigue syndrome: A randomized controlled trial. *American Journal of Psychiatry, 154,* 408–414.
Deale, A., Husain, K., Chalder, T., & Wessely, S. (2001). Long-term outcome of cognitive behavioral therapy versus relaxation therapy for chronic fatigue syndrome: A 5-year follow-up study. *American Journal of Psychiatry, 158,* 2038–2042.
Dean, R. R., Kelsey, J. E., Heller, M. R., & Ciaranello, R. D. (1993). Structural foundations of illness and treatment: Receptors. In D. L. Dunner (Ed.), *Current psychiatric therapy.* Philadelphia, PA: W. B. Saunders.
Debruyne, H., Portzky, M., Van den Eynde, F., & Audenaert, K. (2009). Cotard's syndrome: A review. *Current Psychiatry Reports, 11*(3), 197–202.
Degenhardt, L., Chiu, W. T., Sampson, N., Kessler, R. C., Anthony, J. C., Angermeyer, M., et al. (2008). Toward a global view of alcohol, tobacco, cannabis, and cocaine use: findings from the WHO

World Mental Health Surveys. *PLoS Medicine, 5*(7), e141.
DeKosky, S. T., Williamson, J. D., Fitzpatrick, A. L., Kronmal, R. A., Ives, D. G., Saxton, J. A., ... Furberg, C. D. (2008). Ginkgo biloba for prevention of dementia: A randomized controlled trial. *JAMA: Journal of the American Medical Association, 300*(19), 2253–2262.
Del Parigi, A., Panza, F., Capurso, C., & Solfrizzi, V. (2006). Nutritional factors, cognitive decline, and dementia. *Brain Research Bulletin, 69*(1), 1–19.
DeLamater, J., & Sill, M. (2005). Sexual desire in later life. *Journal of Sex Research, 42,* 138–149.
Delano-Wood, L., & Abeles, N. (2005). Late-life depression: Detection, risk, reduction, and somatic intervention. *Clinical Psychology Science Practice, 12,* 207–217.
DeLisi, L. E., Maurizio, A., Yost, M., Papparozzi, C. F., Fulchino, C., Katz, C. L., ... Stevens, P. (2003). A survey of New Yorkers after the Sept. 11, 2001, terrorist attacks. *American Journal of Psychiatry, 160,* 780–783.
Delizonna, L. L., Wincze, J. P., Litz, B. T., Brown, T. A., & Barlow, D. H. (2001). A comparison of subjective and physiological measures of mechanically produced and erotically produced erections. (Or, is an erection an erection?) *Journal of Sex and Marital Therapy, 27,* 21–31.
Dell, P. F., & O'Neil, J. A. (Eds.). (2009). *Dissociation and the dissociative disorders.* New York, NY: Routledge.
Dembroski, T. M., & Costa, P. T., Jr. (1987). Coronary prone behavior: Components of the type A pattern and hostility. *Journal of Personality, 55*(2), 211–235.
Dembroski, T. M., MacDougall, J. M., Costa, P. T., & Grandits, G. A. (1989). Components of hostility as predictors of sudden death and myocardial infarction in the multiple risk factor intervention trial. *Psychosomatic Medicine, 51*(5), 514–522.
Dent, M. F., & Bremner, J. D. (2009). Pharmacotherapy for posttraumatic stress disorder and other trauma-related disorders. In M. M. Antony & M. B. Stein (Eds.), *Oxford handbook of anxiety and related disorders.* (pp. 405–416). New York, NY: Oxford University Press.
Denzin, N. K. (1987). *The recovering alcoholic.* Newbury Park, CA: Sage.
Depression Guideline Panel. (1993, April). *Depression in primary care: Vol. 1. Detection and diagnosis* (AHCPR Publication No. 93–0550). Clinical practice guideline, No. 5. Rockville, MD: U.S. Department of Health and Human Services, Public Health Service, Agency for Health Care Policy and Research.
Deptula, D., & Pomara, N. (1990). Effects of antidepressants on human performance: A review. *Journal of Clinical Psychopharmacology, 10,* 105–111.
Depue, R. A., & Spoont, M. R. (1986). Conceptualizing a serotonin trait: A behavioral dimension of constraint. *Annals of the New York Academy of Sciences, 487,* 47–62.
Depue, R. A., Luciana, M., Arbisi, P., Collins, P., & Leon, A. (1994). Dopamine and the structure of personality: Relation of agonist-induced dopamine activity to positive emotionality. *Journal of Personality and Social Psychology, 67,* 485–498.
Depue, R. A., & Zald, D. (1993). Biological and environmental processes in nonpsychotic psychopathology: A neurobehavioral system perspective. In C. Costello (Ed.), *Basic issues in psychopathology.* New York, NY: Guilford Press.
Dersh, J., Polatin, P. B., & Gatchel, R. J. (2002). Chronic pain and psychopathology: Research findings and theoretical considerations. *Psychosomatic Medicine, 64,* 773–786.
DeRubeis, R., Gelfand, L. A., Tang, T. Z., & Simons, A. D. (1999). Medications versus cognitive behavior therapy for severely depressed outpatients: Mega-analysis of four randomized comparisons. *American Journal of Psychiatry, 156,* 1007–1013.
DeRubeis, R., Hollon, S., Amsterdam, J., Shelton, R., Young, P., ... Gallop, R. (2005). Cognitive therapy vs. medications in the treatment of moderate to severe depression. *Archives of General Psychiatry, 62,* 409–416.
Desantis, A., & Hane, A. (2010). "Adderall is definitely not a drug": Justifications for the illegal use of ADHD stimulants. *Substance Use & Misuse, 45*(1–2), 31–46.
Devanand, D. P. (2002). Comorbid psychiatric disorders in late life depression. *Biological Psychiatry, 52,* 236–242.
Deveci, A., Taskin, O., Dinc, G., Yilmaz, H., Demet, M. M., Erbay-Dundar, P., Ozman, E. (2007). Prevalence of pseudoneurologic conversion disorder in an urban community in Manisa, Turkey. *Social Psychiatry and Psychiatric Epidemiology, 42*(11), 857–864.
DeWall, C. N., MacDonald, G., Webster, G. D., Masten, C. L., Baumeister, R. F., Powell, C., ... Eisenberger, N. I. (2010). Acetaminophen reduces social pain: Behavioral and neural evidence. *Psychological Science, 21,* 931–937.
DeWitt, D. J., Adlaf, E. M., Offord, D. R., & Ogborne, A. C. (2000). Age at first alcohol use: A risk factor for the development of alcohol disorders. *American Journal of Psychiatry, 157,* 745–750.
Dhawan, N., Kunik, M. E., Oldham, J., & Coverdale, J. (2010). Prevalence and treatment of narcissistic personality disorder in the community: A systematic review. *Comprehensive Psychiatry*. doi:10.1016/j.comppsych.2009.09.003
Diamond, L. M. (2007). A dynamical systems approach to the development and expression of female same-sex sexuality. *Perspectives on Psychological Science, 2,* 142–161.
Diamond, L. M., Butterworth, M. R., & Savin-Williams, R. C. (2011). Working with sexual-minority individuals. In D. H. Barlow (Ed.), *Oxford handbook of clinical psychology* (pp. 837–867). New York, NY: Oxford University Press.
Diamond, M. (1995). Biological aspects of sexual orientation and identity. In L. Diamant & R. D. McAnulty (Eds.), *The psychology of sexual orientation, behavior, and identity.* Westport, CT: Greenwood Press.
Diamond, M., & Sigmundson, K. (1997). Sex reassignment at birth: Long-term review and clinical implications. *Archives of Pediatric and Adolescent Medicine, 151,* 298–304.
Dick, D. M., Aliev, F., Wang, J. C., Grucza, R. A., Schuckit, M., Kuperman, S., ... Goate, E. (2008). Using dimensional models of externalizing psychopathology to aid in gene identification. *Archives of General Psychiatry, 65*(3), 310–318. doi:10.1001/archpsyc.65.3.310
Dickersin, K. (2010). To reform U.S. health care, start with systematic reviews. *Science, 329,* 516.
Diener, E. (2000). Subjective well-being: The science of happiness, and a proposal for a national index. *American Psychologist, 55,* 34–43.
Diener, E., Oishi, S., & Lucas, R. E. (2003). Personality, culture, and subjective well-being: Emotional and cognitive evaluations of life. *Annual Review of Psychology, 54,* 403–425.
Dimberg, U., & Öhman, A. (1983). The effects of directional facial cues on electrodermal conditioning to facial stimuli. *Psychophysiology, 20,* 160–167.
Dimidjian, S., Martell, C. R., Addis, M. E., & Herman-Dunn, R. (2008). Behavioral activation for depression. In D. H. Barlow (Ed.), *Clinical handbook of psychological disorders: A step-by-step treatment manual* (4th ed., pp. 328–364). New York, NY: Guilford Press.
DiNardo, P. A., Brown, T. A., & Barlow, D. H. (1994). *Anxiety disorders interview schedule for DSM-IV (ADIS-IV).* Albany, NY: Oxford University Press.
DiNardo, P. A., Guzy, L. T., Jenkins, J. A., Bak, R. M., Tomasi, S. F., & Copeland, M. (1988). Etiology and maintenance of dog fears. *Behaviour Research and Therapy, 26,* 241–244.
Dinnel, D. L., Kleinknecht, R. A., & Tanaka-Matsumi, J. (2002). A cross-cultural comparison of social phobia symptoms. *Journal of Psychopathology and Behavioral Assessment, 24,* 75–82.
Dishion, T. J., Patterson, G. R., & Reid, J. R. (1988). Parent and peer factors associated with drug sampling in early adolescence: Implications for treatment. In E. R. Rahdert & J. Gabowski (Eds.), *Adolescent drug abuse: Analyses of treatment research* (NIDA Research Monograph No. 77, DHHS Publication No. ADM88-1523, pp. 69–93). Rockville, MD: National Institute on Drug Abuse.
Distel, M. A., Trull, T. J., & Boomsma, D. I. (2009). Genetic epidemiology of borderline personality disorder. In M. H. Jackson & L. F. Westbrook (Eds.), *Borderline personality disorder: New research* (pp. 1–31). Hauppage, NY: Nova Science Publishers.
Dixon, L. B., & Lehman, A. F. (1995). Family interventions for schizophrenia. *Schizophrenia Bulletin, 21,* 631–643.
Djernes, J. K. (2006). Prevalence and predictors of depression in populations of elderly: A review. *Acta Psychiatrica Scandinavica, 113*(5), 372–387.
Docter, R. F., & Prince, V. (1997). Transvestism: A survey of 1032 cross-dressers. *Archives of Sexual Behavior, 26,* 589–605.
Doğan, S. (2009). Vaginismus and accompanying sexual dysfunctions in a Turkish clinical sample. *Journal of Sexual Medicine, 6,* 184–192.
Doğan, S., & Doğan, M. (2006). Possible gender identity disorder in an extremely reli-

gious Muslim family. *Archives of Sexual Behavior, 35,* 645–646.
Dohrenwend, B. P., & Dohrenwend, B. S. (1981). Socioenvironmental factors, stress, and psychopathology. *American Journal of Community Psychology, 9*(2), 128–164.
Dohrenwend, B. P., & Egri, G. (1981). Recent stressful life events and episodes of schizophrenia. *Schizophrenia Bulletin, 7,* 12–23.
Dohrenwend, B. P., Turner, J. B., & Turse, N. A. (2006). The psychological risks of Vietnam for U.S. veterans: A revisit with new data and methods. *Science, 313,* 979–982.
Dolan, M., & Völlm, B. (2009). Antisocial personality disorder and psychopathy in women: A literature review on the reliability and validity of assessment instruments. *International Journal of Law and Psychiatry, 32*(1), 2–9.
Donaldson, K. (1976). *Insanity inside out*. New York, NY: Crown.
D'Onofrio, B. M., Turkheimer, E., Emery, R. E., Slutske, W. S., Heath, A. C., Madden, P. A., & Martin, N. G. (2006). A genetically informed study of the processes underlying the association between parental marital instability and offspring adjustment. *Developmental Psychology, 42,* 486–499.
Dougherty, D. D., Baer, L., Cosgrove, G. R., Cassem, E. H., Price, B. H., Nierenberg, A. A., ... Ruach, S. L. (2002). Prospective long-term follow-up of 44 patients who received cingulotomy for treatment-refractory obsessive-compulsive disorder. *The American Journal of Psychiatry, 159*(2), 269–275.
Douglas, K. S., Guy, L. S., & Hart, S. D. (2009). Psychosis as a risk factor for violence to others: A meta-analysis. *Psychological Bulletin, 135*(5), 679–706. doi:10.1037/a0016311
Douglas, K. S., Vincent, G. M., & Edens, J. F. (2006). Psychopathy and substance use disorders. In C. J. Patrick (Ed.), *Handbook of psychopathy* (pp. 533–554). New York, NY: Guilford Press.
Dowling, N., Smith, D., & Thomas, T. (2007). A comparison of individual and group cognitive-behavioural treatment for female pathological gambling. *Behaviour Research and Therapy, 45*(9), 2192–2202.
Draguns, J. G. (1990). Normal and abnormal behavior in cross-cultural perspective: Specifying the nature of their relationship. In J. Berman (Ed.), *Cross-cultural perspectives: Nebraska symposium on motivation 1989* (pp. 235–277). Lincoln: University of Nebraska Press.
Draguns, J. G. (1995). Cultural influences upon psychopathology: Clinical and practical implications. *Journal of Social Distress and the Homeless, 4,* 79–103.
Drummond, K. D., Bradley, S. J., Peterson-Badali, M., & Zucker, K. J. (2008). A follow-up study of girls with gender identity disorder. *Developmental Psychology, 44,* 34–45.
Dubovsky, S. L. (1983). Psychiatry in Saudi Arabia. *American Journal of Psychiatry, 140,* 1455–1459.
Dulit, R. A., Marin, D. B., & Frances, A. J. (1993). Cluster B personality disorders. In D. L. Dunner (Ed.), *Current psychiatric therapy* (pp. 405– 411). Philadelphia, PA: W. B. Saunders.
Duman, R. (2004). Depression: A case of neuronal life and death? *Biological Psychiatry, 56,* 140–145.
Dunlop, B. W., & Nemeroff, C. B. (2007). The role of dopamine in the pathophysiology of depression. *Archives of General Psychiatry, 64*(3), 327–337.
Durand, V. M. (1990). *Severe behavior problems: A functional communication training approach*. New York, NY: Guilford Press.
Durand, V. M. (1998). Good sleep habits. In V. M. Durand (Ed.), *Sleep better: A guide to improving sleep for children with special needs* (p. 60). Baltimore, MD: Paul H. Brookes.
Durand, V. M. (1999). Functional communication training using assistive devices: Recruiting natural communities of reinforcement. *Journal of Applied Behavior Analysis, 32*(3), 247–267.
Durand, V. M. (2001). Future directions for children and adolescents with mental retardation. *Behavior Therapy, 32,* 633–650.
Durand, V. M. (2006). Sleep terrors. In J. E. Fisher & W. T. O'Donohue (Eds.), *Evidence-based psychotherapy* (pp. 654–659). Reno, NV: Springer.
Durand, V. M. (2008). *When children don't sleep well: Interventions for pediatric sleep disorders, therapist guide*. New York, NY: Oxford University Press.
Durand, V. M. (2011). Disorders of development. In D. H. Barlow (Ed.), *Oxford handbook of clinical psychology* (pp. 551–573). New York, NY: Oxford University.
Durand, V. M. (in press). Functional communication training to reduce challenging behavior. In P. Prelock & R. McCauley (Eds.), *Treatment of autism spectrum disorders: Evidence-based intervention strategies for communication & social interaction*. Baltimore, MD: Paul H. Brookes.
Durand, V. M., & Carr, E. G. (1992). An analysis of maintenance following functional communication training. *Journal of Applied Behavior Analysis, 25,* 777–794.
Durand, V. M., & Hieneman, M. (2008). *Helping parents with challenging children: Positive family intervention, facilitator's guide*. New York, NY: Oxford University Press.
Durand, V. M., Hieneman, M., Clarke, S., & Zona, M. (2009). Optimistic parenting: Hope and help for parents with challenging children. In W. Sailor, G. Dunlap, G. Sugai, & R. H. Horner (Eds.), *Handbook of positive behavior support* (pp. 233–256). New York, NY: Springer.
Durand, V. M., & Mindell, J. A. (1999). Behavioral intervention for childhood sleep terrors. *Behavior Therapy, 30,* 705–715.
Durand, V. M., & Wang, M. (in press). Clinical trials. In J. C. Thomas & M. Hersen (Eds.), *Understanding research in clinical and counseling psychology*. New York, NY: Routledge.
Durham v. United States, 214 F.2d, 862, 874-875 (D.C. Cir., 1954).
Durham, M. L., & La Fond, J. Q. (1985). The empirical consequences and policy implications of broadening the statutory criteria for civil commitment. *Yale Law and Policy Review, 3,* 395–446.
Durkheim, E. (1951). *Suicide: A study in sociology.* (J. A. Spaulding & G. Simpson, Trans.). New York, NY: Free Press.
Dusky v. United States, 362 U.S. 402 (1960).
Dusseldorp, E., van Elderen, T., Maes, S., Meulman, J., & Kraaij, V. (1999). A meta-analysis of psychoeducational programs for coronary heart disease patients. *Health Psychology, 18,* 506–519.
Dustin, M. L., & Long, E. O. (2010). Cytotoxic immunological synapses. *Immunological Review, 235,* 24–34.
Dvorak-Bertscha, J., Curtin, J., Rubinstein, T., & Newman, J. (2009). Psychopathic traits moderate the interaction between cognitive and affective processing. *Psychophysiology, 46*(5), 913.
Eagles, J. M., Johnston, M. I., Hunter, D., Lobban, M., & Millar, H. R. (1995). Increasing incidence of anorexia nervosa in the female population of northeast Scotland. *American Journal of Psychiatry, 152,* 1266–1271.
Eaker, E. D., Pinsky, J., & Castelli, W. P. (1992). Myocardial infarction and coronary death among women: Psychosocial predictors from a 20-year follow-up of women in the Framingham study. *American Journal of Epidemiology, 135,* 854–864.
Eaton, W. W., Kessler, R. C., Wittchen, H. U., & Magee, W. J. (1994). Panic and panic disorder in the United States. *American Journal of Psychiatry, 151,* 413–420.
Eaton, W. W., Shao, H., Nestadt, G., Lee, H. B., Bienvenu, O. J., & Zandi, P. (2008). Population-based study of first onset and chronicity in major depressive disorder. *Archives of General Psychiatry, 65*(5), 513–520.
Ebben, M., & Spielman, A. (2009). Non-pharmacological treatments for insomnia. *Journal of Behavioral Medicine, 32*(3), 244–254.
Ebigno, P. (1982). Development of a culture-specific screening scale of somatic complaints indicating psychiatric disturbance. *Culture, Medicine, and Psychiatry, 6,* 29–43.
Ebigno, P. O. (1986). A cross-sectional study of somatic complaints of Nigerian females using the Enugu Somatization Scale. *Culture, Medicine, and Psychiatry, 10,* 167–186.
Eckman, T. A., Wirshing, W. C., Marder, S. R., Liberman, R. P., Johnston-Cronk, K., Zimmermann, K., & Mintz, J. (1992). Techniques for training schizophrenic patients in illness self-management: A controlled trial. *American Journal of Psychiatry, 149,* 1549–1555.
Eddy, K. T., Dorer, D. J., Franko, D. L., Tahilani, K., Thompson-Brenner, H., & Herzog, D. B. (2008). Diagnostic crossover in anorexia nervosa and bulimia nervosa: Implications for DSM-V. *American Journal of Psychiatry, 165*(2), 245–250.
Eddy, K. T., Keel, P. K., Dorer, D. J., Delinsky, S. S., Franko, D. L., & Herzog, D. B. (2002). A longitudinal comparison of anorexia nervosa subtypes. *International Journal of Eating Disorders, 31,* 191–201.
Edelson, M. G. (2006). Are the majority of children with autism mentally retarded? *Focus on Autism and other Developmental Disabilities, 21,* 66–83.
Edens, J. F., Marcus, D. K., & Morey, L. C. (2009). Paranoid personality has a dimensional latent structure: Taxometric analyses of community and clinical samples. *Journal of Abnormal Psychology, 118*(3), 545–553. doi:10.1037/a0016313

Edwards, A. J. (1994.). *When memory fails: Helping the Alzheimer's and dementia patient.* New York, NY: Plenum Press.
Edwards, R. R., Campbell, C., Jamison, R. N., & Wiech, K. (2009). The neurobiological underpinnings of coping with pain. *Current Directions in Psychological Science, 18,* 237–241.
Eelen, P., & Vervliet, B. (2006). Fear conditioning and clinical implications: What can we learn from the past? In M. G. Craske, D. Hermans, & D. Vansteenwegen, *Fear and learning: From basic processes to clinical implications* (pp. 17– 35). Washington, DC: American Psychological Association.
Efon, S. (1997, October 19). Tsunami of eating disorders sweeps across Asia. *San Francisco Examiner,* p. A27.
Egan, B. M., Zhao, Y., & Axon, R. N. (2010). US trends in prevalence, awareness, treatment, and control of hypertension. *JAMA: Journal of the American Medical Association, 303,* 2043–2050.
Egeland, J. A., Gerhard, D. S., Pauls, D. L., Sussex, J. N., Kidd, K. K., Allen, C. R., et al. (1987). Bipolar affective disorders linked to DNA markers on chromosome 11. *Nature, 325*(6107), 783–787.
Ehlers, A., & Clark, D. M. (2003). Early psychological interventions for adult survivors of trauma: A review. *Biological Psychiatry, 53,* 817–826.
Ehlers, A., Clark, D. M., Hackmann, A., McManus, F., Fennell, M., Herbert, C., ... Mayou, R. (2003). A randomized controlled trial of cognitive therapy, a self-help booklet, and repeated assessments as early interventions for posttraumatic stress disorder. *Archives of General Psychiatry, 60,* 1024–1032.
Ehlers, C., Gizer, I., Vieten, C., Gilder, D., Stouffer, G., Lau, P., & Wilhemsen, K. C. (2010). Cannabis dependence in the San Francisco Family Study: Age of onset of use, DSM-IV symptoms, withdrawal, and heritability. *Addictive Behaviors, 35*(2), 102–110.
Ehrhardt, A. A., & Meyer-Bahlburg, H. F. L. (1981). Effects of prenatal sex hormones on gender-related behavior. *Science, 211,* 1312–1318.
Ehrhardt, A. A., Meyer-Bahlburg, H. F. L., Rosen, L. R., Feldman, J. F., Veridiano, N. P., Zimmerman, I., & McEwen, B. (1985). Sexual orientation after prenatal exposure to exogenous estrogen. *Archives of Sexual Behavior, 14*(1), 57–77.
Eisen, J., Mancebo, M., Chiappone, K., Pinto, A., & Rasmussen, S. (2008). Obsessive-compulsive personality disorder. In J. S. Abramowitz, D. McKay, & S. Taylor (Eds.), *Clinical handbook of obsessive-compulsive disorder and related problems* (pp. 316–334). Baltimore, MD: Johns Hopkins University Press.
Eisen, J., & Steketee, G. (1998). Course of illness in obsessive-compulsive disorder. In L. J. Dickstein, M. B. Riba, & J. M. Oldham (Eds.), *Review of psychiatry* (Vol. 16). Washington, DC: American Psychiatric Press.
Eisler, I., Dare, C., Hodes, M., Russell, G. F. M., Dodge, E., & Le Grange, D. (2000). Family therapy for adolescent anorexia nervosa: The results of a controlled comparison of two family interventions. *Journal of Child Psychology and Psychiatry, 41,* 727–736.
Eisler, I., Dare, C., Russell, G. F. M., Szmukler, G., le Grange, D., & Dodge, E. (1997). Family and individual therapy in anorexia nervosa: A five-year follow-up. *Archives of General Psychiatry, 54,* 1025–1030.
Ekstrand, M. L., & Coates, T. J. (1990). Maintenance of safer sexual behaviors and predictors of risky sex: The San Francisco men's health study. *American Journal of Public Health, 80,* 973–977.
Elbogen, E., & Johnson, S. (2009). The intricate link between violence and mental disorder: Results from the National Epidemiologic Survey on Alcohol and Related Conditions. *Archives of General Psychiatry, 66*(2), 152.
Eldevik, S., Hastings, R., Hughes, J., Jahr, E., Eikeseth, S., & Cross, S. (2009). Meta-analysis of early intensive behavioral intervention for children with autism. *Journal of Clinical Child & Adolescent Psychology, 38*(3), 439–450.
Eldevik, S., Jahr, E., Eikeseth, S., Hastings, R. P., & Hughes, C. J. (2010). Cognitive and adaptive behavior outcomes of behavioral intervention for young children with intellectual disability. *Behavior Modification, 34*(1), 16–34.
Ellard, K. K., Fairholme, C. P., Boisseau, C. L., Farchione, T., & Barlow, D. H. (2010). Unified protocol for the transdiagnostic treatment of emotional disorders: Protocol development and initial outcome data. *Cognitive and Behavioral Practice, 17*(1), 88–101.
Ellason, J. W., & Ross, C. A. (1997). Two-year follow up of inpatients with dissociative identity disorder. *American Journal of Psychiatry, 154,* 832–839.
Ellicott, A. G. (1988). *A prospective study of stressful life events and bipolar illness.* Unpublished doctoral dissertation, University of California, Los Angeles.
Elliott, R., Rubinsztein, J. S., Sahakian, B. J., & Dolan, R. J. (2002). The neural basis of mood-congruent processing biases in depression. *Archives of General Psychiatry, 59,* 597–604.
Elovainio, M., Kivimaki, M., Viikari, J., Ekelund, J., & Keltikangas-Jarvinen, L. (2005). The mediating role of novelty seeking in the association between the type 4 dopamine receptor gene polymorphism and cigarette-smoking behavior. *Personality and Individual Differences, 38,* 639–645.
Emery, C. F., Anderson, D. R., & Andersen, B. L. (2011). Psychological interventions in health care settings. In D. H. Barlow (Ed.), *Oxford handbook of clinical psychology* (pp. 701–716). New York, NY: Oxford University Press.
Engle, P., Black, M., Behrman, J., de Mello, M., Gertler, P., Kapiriri, L., ... Young, M. (2007). Child development in developing countries 3: Strategies to avoid the loss of developmental potential in more than 200 million children in the developing world. *Lancet, 369,* 229–242.
Epstein, D. H., Marrone, G. F., Heishman, S. J., Schmittner, J., & Preston, K. L. (2010). Tobacco, cocaine, and heroin: Craving and use during daily life. *Addictive Behaviors, 35*(4), 318–324. doi:10.1016/j.addbeh.2009.11.003
Epstein, L. H., Myers, M. D., Raynor, H., & Saelens, B. E. (1998). Treatment of pediatric obesity. *Pediatrics, 101,* 554–570.
Eranti, S., Mogg, A., Pluck, G., Landau, S., Purvis, R., Brown, R. G., ... McLoughlin, D. M. (2007). A randomized, controlled trial with 6-month follow-up of repetitive transcranial magnetic stimulation and electroconvulsive therapy for severe depression. *American Journal of Psychiatry, 164*(1), 73–81.
Erath, S. A., Bierman, K. L., & Conduct Problems Prevention Research Group. (2006). Aggressive marital conflict, maternal harsh punishment, and child aggressive-disruptive behavior: Evidence for direct and mediated relations. *Journal of Family Psychology, 20,* 217–226.
Erikson, E. (1982). *The life cycle completed.* New York, NY: Norton.
Ernst, C., & Angst, J. (1995). Depression in old age: Is there a real decrease in prevalence? A review. *European Archives of Psychiatry and Clinical Neuroscience, 245*(6), 272–287.
Eron, L., & Huesmann, R. (1990). The stability of aggressive behavior: Even unto the third generation. In M. Lewis & S. Miller (Eds.), *Handbook of developmental psychopathology* (pp. 147– 156). New York, NY: Plenum.
Escobar, J. I., & Canino, G. (1989). Unexplained physical complaints: Psychopathology and epidemiological correlates. *British Journal of Psychiatry, 154,* 24–27.
Eser, D., Schule, C., Baghai, T. C., Romeo, E., & Rupprecht, R. (2006). Neuroactive steroids in depression and anxiety disorders: Clinical studies. *Neuroendocrinology, 84*(4), 244–254.
Eslinger, P. J., & Damasio, A. R. (1985). Severe disturbance of higher cognition after bilateral frontal lobe ablation: Patient EVR. *Neurology, 35,* 1731–1741.
Esposito, C. L., & Clum, G. A. (2003). The relative contribution of diagnostic and psychosocial factors in the prediction of adolescent suicidal ideation. *Journal of Clinical Child and Adolescent Psychology, 32,* 386–395.
Essex, M. J., Klein, M. H., Slattery, M. J., Goldsmith, H. H., & Kalin, N. H. (2010). Early risk factors and developmental pathways to chronic high inhibition and social anxiety disorder in adolescence. *American Journal of Psychiatry, 167*(1), 40–46.
Eth, S. (1990). Posttraumatic stress disorder in childhood. In M. Hersen & C. G. Last (Ed.), *Handbook of child and adult psychopathology: A longitudinal perspective.* Elmsford, NY: Pergamon Press.
Etter, J. (2009). Dependence on the nicotine gum in former smokers. *Addictive Behaviors, 34*(3), 246–251.
Ettinger, A. B., Devinsky, O., Weisbrot, D. M., Ramakrishna, R. K., & Goyal, A. (1999). A comprehensive profile of clinical, psychiatric, and psychosocial characteristics of patients with psychogenic nonepileptic seizures. *Epilepsia, 40*(9), 1292–1298.
Euling, S. Y., Selevan, S. G., Pescovitz, O. H., & Skakkebaek, N. E. (2008). Role of environmental factors in the timing of puberty. *Pediatrics, 121,* S167-S171.
Evans, M. D., Hollon, S. D., DeRubeis, R. J., Pinsecki, J. M., Grove, W. M., Garvey, J. J., & Tuason, V. B. (1992). Differential re-

lapse following cognitive therapy and pharmacotherapy for depression. *Archives of General Psychiatry, 49*(10), 802–808.

Evans, R. M., Emsley, C. L., Gao, S., Sahota, A., Hall, K. S., Farlow, M. R., Hendrie, H. (2000). Serum cholesterol, APOE genotype, and the risk of Alzheimer's disease: A population-based study of African Americans. *Neurology, 54*, 240–242.

Exeter-Kent, H. A., & Page, A. C. (2006). The role of cognitions, trait anxiety, and disgust sensitivity in generating faintness around blood–injury phobic stimuli [Special issue]. *Journal of Behavior Therapy and Experimental Psychiatry, 37*, 41–52.

Exner, J. E. (2003). *The Rorschach: A comprehensive system. Basic foundations and principles of interpretation* (4th ed.). New York, NY: Wiley.

Eysenck, H. J. (Ed.) (1967). *The biological basis of personality.* Springfield, IL: Charles C. Thomas.

Eysenck, M. W. (1992). *Anxiety: The cognitive perspective.* Hove, UK: Erlbaum.

Ezzel, C. (1993). On borrowed time: Long-term survivors of HIV-l infection. *JAMA: Journal of NIH Research, 5*, 77–82.

Fagan, P. J., Wise, T. N., Schmidt, C. W., & Berlin, M. D. (2002). Pedophilia. *JAMA: Journal of the American Medical Association, 288*, 2458–2465.

Failer, J. L. (2002). *Who qualifies for rights? Homelessness, mental illness, and civil commitment.* Ithaca, NY: Cornell University Press.

Fairburn, C. G. (1985). Cognitive-behavioral treatment for bulimia. In D. M. Garner & P. E. Garfinkel (Eds.), *Handbook of psychotherapy for anorexia nervosa and bulimia* (pp. 160–192). New York, NY: Guilford Press.

Fairburn, C. G., Agras, W. S., & Wilson, G. T. (1992). The research on the treatment of bulimia nervosa: Practical and theoretical implications. In G. H. Anderson & S. H. Kennedy (Eds.), *The biology of feast and famine: Relevance to eating disorders* (pp. 317–340). New York, NY: Academic Press.

Fairburn, C. G., & Bohn, K. (2005). Eating disorder NOS (EDNOS): An example of the troublesome 'not otherwise specified' (NOS) category in DSM-IV. *Behaviour Research and Therapy, 43*(6), 691–701.

Fairburn, C. G., & Cooper, Z. (1993). The eating disorder examination. In C. G. Fairburn & G. T. Wilson (Eds.), *Binge eating: Nature, assessment, and treatment.* (pp. 317–360). New York, NY: Guilford Press.

Fairburn, C. G., Cooper, Z., Bohn, K., O'Connor, M. E., Doll, H. A., & Palmer, R. L. (2007). The severity and status of eating disorder NOS: Implications for DSM-V. *Behavior Research and Therapy, 45*, 1705–1715.

Fairburn, C. G., Cooper, Z., & Cooper, P. J. (1986). The clinical features and maintenance of bulimia nervosa. In K. D. Brownell & J. P. Foreyt (Eds.), *Handbook of eating disorders: Physiology, psychology, and treatment of obesity, anorexia, and bulimia* (pp. 389–404). New York, NY: Basic Books.

Fairburn, C. G., Cooper, Z., Doll, H. A., & Davies, B. A. (2005). Identifying dieters who will develop an eating disorder: A prospective, population-based study. *American Journal of Psychiatry, 162*, 2249–2255.

Fairburn, C. G., Cooper, Z., Doll, H. A., Norman, P., & O'Connor, M. (2000). The natural course of bulimia nervosa and binge eating disorder in young women. *Archives of General Psychiatry, 57*, 659–665.

Fairburn, C. G., Cooper, Z., Doll, H. A., O'Connor, M. E., Bohn, K., Hawker, D. M., ... Palmer, R. L. (2009). Transdiagnostic cognitive-behavioral therapy for patients with eating disorders: A two-site trial with 60-week follow-up. *American Journal of Psychiatry, 166*(3), 311–319.

Fairburn, C. G., Cooper, Z., Doll, H. A., & Welch, S. L. (1999). Risk factors for anorexia nervosa. Three integrated case-control comparisons. *Archives of General Psychiatry, 56*, 468–476.

Fairburn, C. G., Cooper, Z., & Shafran, R. (2003). Cognitive behavior therapy for eating dis orders: A "transdiagnostic" theory and treatment. *Behaviour Research and Therapy, 41*, 509–528.

Fairburn, C. G., Cooper, Z., Shafran, R., Bohn, K., Hawker, D. M., Murphy, R., ... Straebler, S. (2008). Enhanced cognitive behavior therapy for eating disorders: The core protocol. In C. G. Fairburn (Ed.), *Cognitive Behavior Therapy and Eating Disorders*. New York, NY: Guilford Press.

Fairburn, C. G., Cooper, Z., Shafran, R., & Wilson, G. T. (2008). Eating disorders: A transdiagnostic protocol. In D. H. Barlow (Ed.), *Clinical handbook of psychological disorders: A step-by-step treatment manual* (4th ed., pp. 578–614). New York, NY: Guilford Press.

Fairburn, C. G., Cowen, P. J., & Harrison, P. J. (1999). Twin studies and the etiology of eating disorders. *International Journal of Eating Disorders, 26*(4), 349–358.

Fairburn, C. G., Doll, H. A., Welch, S. L., Hay, P. J., Davies, B. A., & O'Connor, M. E. (1998). Risk factors for binge eating disorder. *Archives of General Psychiatry, 55*, 425–432.

Fairburn, C. G., Jones, R., Peveler, R. C., Hope, R. A., & O'Connor, M. (1993). Psychotherapy and bulimia nervosa: The longer-term effects of interpersonal psychotherapy, behaviour therapy, and cognitive behaviour therapy. *Archives of General Psychiatry, 50*, 419–428.

Fairburn, C. G., Marcus, M. D., & Wilson, G. T. (1993). Cognitive behaviour therapy for binge eating and bulimia nervosa: A comprehensive treatment manual. In C. G. Fairburn & G. T. Wilson (Eds.), *Binge eating: Nature, assessment, and treatment.* New York, NY: Guilford Press.

Fairburn, C. G., Shafran, R., & Cooper, Z. (1999). A cognitive behavioural theory of anorexia nervosa. *Behaviour Research and Therapy, 37*, 1–13.

Fairburn, C. G., Stice, E., Cooper, Z., Doll, H. A., Norman, P. A., & O'Connor, M. E. (2003). Understanding persistence in bulimia nervosa: A 5-year naturalistic study. *Journal of Consulting and Clinical Psychology, 71*, 103–109.

Fairburn, C. G., Welch, S. L., Doll, S. A., Davies, B. A., & O'Connor, M. E. (1997). Risk factors for bulimia nervosa: A community-based case-control study. *Archives of General Psychiatry, 54*, 509–517.

Fairholme, C. P., Boisseau, C. L., Ellard, K. K., Ehrenreich, J. T., & Barlow, D. H. (2010). Emotions, emotion regulation, and psychological treatment: A unified perspective. In A. M. Kring & D. M. Sloan (Eds.), *Emotion regulation and psychopathology: A transdiagnostic approach to etiology and treatment* (pp. 283–309). New York, NY: Guilford Press.

Fakhoury, W., & Priebe, S. (2007). Deinstitutionalization and reinstitutionalization: Major changes in the provision of mental health-care. *Psychiatry, 6*(8), 313–316. doi:10.1016/j.mppsy.2007.05.008

Fallon, A. (1990). Culture in the mirror: Sociocultural determinants of body image. In T. F. Cash & T. Pruzinsky (Eds.), *Body images: Development, deviance, and change* (pp. 80–109). New York, NY: Guilford Press.

Fallon, A. E., & Rozin, P. (1985). Sex differences in perceptions of desirable body shape. *Journal of Abnormal Psychology, 94*, 102–105.

Fallon, B. A., Altamash, I., Qureshi, A. I., Schneier, F. R., Sanchez-Lacay, A., Vermes, D., ... Liebowitz, M. R. (2003). An open trial of fluvox-amine for hypochondriasis. *Psychosomatics, 44*, 298–303.

Falloon, I. R. H., Boyd, J. L., McGill, C. W., Williamson, M., Razani, J., Moss, H. B., ... Simpson, G.M.. (1985). Family management in the prevention of morbidity of schizophrenia. *Archives of General Psychiatry, 42*, 887–896.

Faraone, S. V., Biederman, J., Mick, E., Williamson, S., Wilens, T., Spencer, T., ... Zallen, B. (2000). Family study of girls with attention deficit hyperactivity disorder. *American Journal of Psychiatry, 157*(7), 1077–1108.

Fausto-Sterling, A. (2000a). The five sexes, revisited. *The Sciences, 40*(4), 19–23.

Fausto-Sterling, A. (2000b). *Sexing the body.* New York, NY: Basic.

Fava, G. A., Grandi, S., Rafanelli, C., Fabbri, S., & Cazzaro, M. (2000). Explanatory therapy in hypochondriasis. *Journal of Clinical Psychiatry, 61*(4), 317–322.

Fava, G. A., Grandi, S., Zielezny, M., Rafanelli, C., & Canestrari, R. (1996). Four-year outcome for cognitive behavioral treatment of residual symptoms in major depression. *American Journal of Psychiatry, 153*, 945–947.

Fava, G. A., Rafanelli, C., Grandi, S., Conti, S., & Belluardo, P. (1998). Prevention of recurrent depression with cognitive behavioral therapy: Preliminary finding. *Archives of General Psychiatry, 55*(9), 816–820.

Fava, G. A., Ruini, C., Rafanelli, C., Finos, L., Conti, S., & Grandi, S. (2004). Six-year outcome of cognitive behavior therapy for prevention of recurrent depression. *American Journal of Psychiatry, 161*, 1872–1876.

Fava, M. (2003). Can long-term treatment with antidepressant drugs worsen the course of depression? *The Journal of Clinical Psychiatry, 64*, 26–29.

Fava, M., & Rosenbaum, J. F. (1991). Suicidality and fluoxetine: Is there a relationship? *Journal of Clinical Psychiatry, 52*(3), 108–111.

Fava, M., Rush, A. J., Alpert, J. E., Balasubramani, G. K., Wisniewski, S. R., Carmin, C. N., ... Trivedi, M. H. (2008).

Difference in treatment outcome in outpatients with anxious versus non-anxious depression: a STAR*D report. *American Journal of Psychiatry, 165*(3), 342–351.
Fawzy, F. I., Cousins, N., Fawzy, N. W., Kemeny, M. E., Elashoff, R., & Morton, D. (1990). A structured psychiatric intervention for cancer patients: I. Changes over time in methods of coping and affective disturbance. *Archives of General Psychiatry, 47,* 720–728.
Fawzy, F. I., Kemeny, M. E., Fawzy, N. W., Elashoff, R., Morton, D., Cousins, N., & Fahey, J. L. (1990). A structured psychiatric intervention for cancer patients: II. Changes over time in immunological measures. *Archives of General Psychiatry, 47,* 729–735.
Fayyad, J., De Graaf, R., Kessler, R., Alonso, J., Angermeyer, M., DemyHenare, K., ... Jin, R. (2007). Cross-national prevalence and correlates of adult attention-deficit hyperactivity disorder. *British Journal of Psychiatry, 190,* 402–409.
Fazel, S., Khosla, V., Doll, H., & Geddes, J. (2008). The prevalence of mental disorders among the homeless in Western countries: Systematic review and meta-regression analysis. *PLoS Medicine, 5*(12), e225.
Fearing, M. A., & Inouye, S. K. (2009). Delirium. In D. G. Blazer & D. C. Steffens (Eds.), *The American Psychiatric Publishing textbook of geriatric psychiatry* (4th ed., pp. 229–242). Arlington, VA: American Psychiatric Publishing.
Fears, S. C., Mathews, C. A., & Freimer, N. B. (2009). Genetic linkage analysis of psychiatric disorders. In B. J. Sadock, V. A. Sadock, & P. Ruiz (Eds.), *Kaplan & Sadock's comprehensive textbook of psychiatry* (9th ed., Vol. I, pp. 320–333). Philadelphia, PA: Lippincott Williams & Wilkins.
Federoff, J. P., Fishell, A., & Federoff, B. (1999). A case series of women evaluated for paraphilic sexual disorders. *Canadian Journal of Human Sexuality, 8*(2), 127–140.
Feingold, B. F. (1975). *Why your child is hyperactive*. New York, NY: Random House.
Feinstein, C., & Phillips, J. M. (2006). Developmental disorders of communication, motor skills, and learning. In M. K. Dulcan & J. M. Wiener (Eds.), *Essentials of child and adolescent psychiatry* (pp. 203–231). Washington, DC: American Psychiatric Publishing.
Feldman, H. A., Goldstein, I., Hatzichristou, D. G., Krane, R. J., & McKunlay, J. B. (1994). Impotence and its medical and psychosocial correlates: Results of the Massachusetts Male Aging Study. *Journal of Urology, 151,* 54–61.
Feldman, M. B., & Meyer, I. H. (2007). Childhood abuse and eating disorders in gay and bisexual men. *International Journal of Eating Disorders, 40*(5), 418–423.
Ferber, R. (1985). *Solve your child's sleep problems*. New York, NY: Simon & Schuster.
Ferguson, C. (2010a). A meta-analysis of normal and disordered personality across the life span. *Journal of Personality and Social Psychology, 98*(4), 659–667.
Ferguson, C. (2010b). Genetic contributions to antisocial personality and behavior: A meta-analytic review from an evolutionary perspective. *The Journal of Social Psychology, 150*(2), 160–180.
Ferguson, S. G., & Shiffman, S. (2009). The relevance and treatment of cue-induced cravings in tobacco dependence. *Journal of Substance Abuse Treatment, 36*(3), 235–243.
Fergusson, D., Doucette, D., Glass, K., Shapiro, S., Healy, D., Herber, P., & Hutton, B. (2005). Association between suicide attempts and selective serotonin reuptake inhibitors: Systematic review of randomized controlled trials. *BMJ, 330,* 396–402.
Fergusson, D., Horwood, J., Ridder, E., & Beautrais, A. (2005). Subthreshold depression in adolescence and mental health outcomes in adulthood. *Archives General of Psychiatry, 62,* 66–72.
Fergusson, D., & Woodward, L. J. (2002). Mental health, educational, and social role outcomes of adolescents with depression. *Archives of General Psychiatry, 59,* 225–231.
Fernandez, F., Levy, J. K., Lachar, B. L., & Small, G. W. (1995). The management of depression and anxiety in the elderly. *Journal of Clinical Psychiatry, 56*(Suppl. 2), 20–29.
Ferreira, C. (2000). Serial killers: Victims of compulsion or masters of control? In D. H. Fishbein (Ed.), *The science, treatment, and prevention of antisocial behaviors: Application to the criminal justice system* (pp. 15-1–15-18). Kingston, NJ: Civic Research Institute.
Ferri, C. P., Prince, M., Brayne, C., Brodaty, H., Fratiglioni, L., Ganguli, M., ... Scazufca, M. (2005). Global prevalence of dementia: A Delphi consensus study. *The Lancet, 366*(9503), 2112–2117.
Ferster, C. B. (1961). Positive reinforcement and behavioral deficits of autistic children. *Child Development, 32,* 437–456.
Ferster, C. B., & Skinner, B. F. (1957). *Schedules of reinforcement.* New York, NY: Appleton-Century-Crofts.
Fertuck, E. A., Jekal, A., Song, I., Wyman, B., Morris, M. C., Wilson, S. T., ... Stanley, B. (2009). Enhanced 'Reading the Mind in the Eyes' in borderline personality disorder compared to healthy controls. *Psychological Medicine, 39*(12), 1979–1988.
Feuerstein, M., Labbe, E. E., & Kuczmierczyk, A. R. (1986). *Health psychology: A psychobiological perspective.* New York, NY: Plenum Press.
Feusner, J., Phillips, K, & Stein, D. (2010). Olfactory reference syndrome: Issues for DSM-V. *Depression and Anxiety.*
Ficks, C., & Waldman, I. (2009). Gene–environment interactions in attention-deficit/hyperactivity disorder. *Current Psychiatry Reports, 11*(5), 387–392. doi:10.1007/s11920-009-0058-1
Field, A. E., Camargo, C. A., Taylor, C. B., Bekey, C. S., Roberts, S. B., & Colditz, G. A. (2001). Peer, parent, and media influences on the development of weight concerns and frequent dieting among preadolescent and adolescent girls and boys. *Pediatrics, 107,* 54–60.
Field, A. E., Cheung, L., Wolf, A. M., Herzog, D. B., Gortmaker, S. L., & Colditz, G. A. (1999). Exposure to the mass media and weight concerns among girls. *Pediatrics, 103,* e36.
Fields, B. W., & Fristad, M. A. (2009). Assessment of childhood bipolar disorder. *Clinical Psychology: Science and Practice, 16*(2), 166–181.
Fincham, F. D., Beach, S. R. H., Harold, G. T., & Osborne, L. N. (1997). Marital satisfaction and depression: Different causal relationships for men and women? *Psychological Science, 8*(5), 351–357.
Fineberg, N. A., Potenza, M. N., Chamberlain, S. R., Berlin, H. A., Menzies, L., Bechara, A., ... Hollander, E. (2010). Probing compulsive and impulsive behaviors, from animal models to endophenotypes: A narrative review. *Neuropsychopharmacology, 35*(3), 591–604.
Finkenbine, R., & Miele, V. J. (2004). Globus hystericus: A brief review. *General Hospital Psychiatry, 26, 78–82.*
Finney, M. L., Stoney, C. M., & Engebretson, T. O. (2002). Hostility and anger expression in African American and European American men is associated with cardiovascular and lipid reactivity. *Psychophysiology, 39,* 340–349.
First, M. B., Bell, C. C., Cuthbert, B., Krystal, J. H., Malison, R., Offord, D. R., ... Wisner, K. L. (2002). Personality disorders and relational disorders: A research agenda for addressing crucial gaps in DSM. In D. J. Kupfer, M. B. First, & D. A. Regier (Eds.), *A research agenda for DSM-V* (pp. 123–199). Washington, DC: American Psychiatric Association.
First, M. B., & Pincus, H. A. (2002). The DSM-IV text revision: Rationale and potential impact on clinical practice. *Psychiatric Services, 53,* 288–292.
Fischer, M. (1971). Psychoses in the offspring of schizophrenic monozygotic twins and their normal co-twins. *British Journal of Psychiatry, 118,* 43–52.
Fishbain, D. A. (1987). Kleptomania as risk-taking behavior in response to depression. *American Journal of Psychotherapy, 41,* 598–603.
Fisher, P. L., & Wells, A. (2009). Psychological models of worry and generalized anxiety disorder. In M. M. Antony & M. B. Stein (Eds.), *Oxford handbook of anxiety and related disorders* (pp. 225–237). New York, NY: Oxford University Press.
Fiske, A., Wetherell, J. L., & Gatz, M. (2009). Depression in older adults. *Annual Review of Clinical Psychology, 5,* 363–389.
Fitts, S. N., Gibson, P., Redding, C. A., & Deiter, P. J. (1989). Body dysmorphic disorder: Implications for its validity as a DSM-III-R clinical syndrome. *Psychological Reports, 64,* 655–658.
Fitzgerald, P., Benitez, J., de Castella, A., Daskalakis, Z., Brown, T., & Kulkarni, J. (2006). A randomized controlled trial of sequential bilateral repetitive transcranial magnetic stimulation for treatment-resistant depression. *American Journal of Psychiatry, 163,* 88–94.
Fitzgerald, P. B., Brown, T. L., Marston, N. A., Daskalakis, J., De Castella, A., & Kulkarni, J. (2003). Transcranial magnetic stimulation in the treatment of depression: A double-blind, placebo-controlled trial. *Archives of General Psychiatry, 60,* 1002–1008.
Flaherty, J. H., Rudolph, J., Shay, K., Kamholz, B., Boockvar, K. S., Shaughnessy, M., ... Edes, T. (2007). Delirium is a serious and under-recognized problem: Why assessment of mental status should be the sixth vital sign. *Jour-*

nal of the American Medical Directors Association, 8(5), 273–275.

Flegal, K. M., Carroll, M. D., Ogden, C. L., & Curtin, L. R. (2010). Prevalence and trends in obesity among US adults, 1999–2008. *JAMA: Journal of the American Medical Association, 303*(3), 235–241.

Flegal, K. M., Graubard, B. I., Williamson, D. F., & Gail, M. H. (2005). Excess deaths associated with underweight, overweight, and obesity. *JAMA: Journal of the American Medical Association, 293,* 1861–1867.

Fletcher, J. M., Lyon, G. R., Fuchs, L. S., & Barnes, M. A. (2007). *Learning disabilities: From identification to intervention.* New York, NY: Guilford Press.

Fliers, E., Vermeulen, S., Rijsdijk, F., Altink, M., Buschgens, C., Rommelse, N., ... Franke, B. (2009). ADHD and poor motor performance from a family genetic perspective. *Journal of the American Academy of Child & Adolescent Psychiatry, 48*(1), 25–34.

Flint, A. (1994). Epidemiology and comorbidity of anxiety disorders in the elderly. *American Journal of Psychiatry, 151,* 640–649.

Flint, J. (2009). Molecular genetics. In M. G. Gelder, N. C. Andreasen, J. J. Lopez-Ibor, Jr., & J. R. Geddes (Eds.), *New Oxford textbook of psychiatry* (2nd ed., Vol. 1, pp. 222–233). Oxford, UK: Oxford University Press.

Foa, E. B., Jenike, M., Kozak, M. J., Joffe, R., Baer, L., Pauls, D., ...Turner, S. M. (1996). Obsessive-compulsive disorder. In T. A. Widiger, A. J. Frances, H. A. Pincus, M. R. Ross, M. B. First, & W. W. Davis (Eds.), *DSM-IV sourcebook* (Vol. 2, pp. 549– 576). Washington, DC: American Psychiatric Association.

Foa, E. B., Liebowitz, M. R., Kozak, M. J., Davies, S., Campeas, R., Franklin, M. E., ...Tu, X. (2005). Randomized, placebo-controlled trial of exposure and ritual prevention, clomipramine, and their combination in the treatment of obsessive-compulsive disorder. *American Journal of Psychiatry, 162,* 151–161.

Fogelson, D. L., Nuechterlein, K. H., Asarnow, R. A., Payne, D. L., Subotnik, K. L., Jacobson, K. C., ... Kendler, K. S. (2007). Avoidant personality disorder is a separable schizophrenia-spectrum personality disorder even when controlling for the presence of paranoid and schizotypal personality disorders: The UCLA family study. *Schizophrenia Research, 91,* 192–199.

Foley, E., Baillie, A., Huxter, M., Price, M., & Sinclair, E. (2010). Mindfulness-based cognitive therapy for individuals whose lives have been affected by cancer: A randomized controlled-trial. *Journal of Consulting and Clinical Psychology, 78,* 72–79.

Folks, D. G., Ford, C. U., & Regan, W. M. (1984). Conversion symptoms in a general hospital. *Psychosomatics, 25*(4), 285–295.

Follette, W. C., & Houts, A. C. (1996). Models of scientific progress and the role of theory in taxonomy development: A case study of the DSM. *Journal of Consulting and Clinical Psychology, 64*(6), 1120–1132.

Folsom, D. P., Hawthorne, W., Lindamer, L., Gilmer, T., Bailey, A., Golshan, S., ... Jeste, D. V. 2005). Prevalence and risk factors for homelessness and utilization of mental health services among 10,340 patients with serious mental illness in a large public mental health system. *American Journal of Psychiatry, 162,* 370–376.

Ford, C., & Beach, F. (1951). *Patterns of sexual behavior.* New York, NY: Harper & Row.

Ford, C. V. (1985). Conversion disorders: An overview. *Psychosomatics, 26,* 371–383.

Ford, H., & Cortoni, F. (2008). Sexual deviance in females: Assessment and treatment. In D. R. Laws & W. T. O'Donohue (Eds.), *Sexual deviance: Theory, assessment, and treatment* (2nd ed., pp. 508–526). New York, NY: Guilford Press.

Ford, J., Roach, B., Jorgensen, K., Turner, J., Brown, G., Notestine, R., ... Lauriello, J. (2009). Tuning in to the voices: A multisite fMRI study of auditory hallucinations. *Schizophrenia Bulletin, 35*(1), 58.

Ford, M. R., & Widiger, T. A. (1989). Sex bias in the diagnosis of histrionic and antisocial personality disorders. *Journal of Consulting and Clinical Psychology, 57,* 301–305.

Fordyce, W. E. (1976). *Behavioral methods in chronic pain and illness.* St. Louis, MO: Mosby.

Fordyce, W. E. (1988). Pain and suffering: A reappraisal. *American Psychologist, 43*(4), 276–283.

Foti, D. J., Kotov, R., Guey, L. T., & Bromet, E. J. (2010). Cannabis use and the course of schizophrenia: 10-year follow-up after first hospitalization. *American Journal of Psychiatry, 167*(8), 987–993. Retrieved from http://ajp .psychiatryonline.org/cgi/content/abstract/appi.ajp.2010 .09020189v1. doi:10.1176/appi.ajp .2010.09020189

Fowles, D. C. (1988). Psychophysiology and psychopathy: A motivational approach. *Psychophysiology, 25,* 373–391.

Fowles, D. C. (1993). A motivational theory of psychopathology. In W. Spaulding (Ed.), *Nebraska symposium on motivation: Integrated views of motivation, cognition, and emotion* (Vol. 41, pp. 181–238). Lincoln, NE: University of Nebraska Press.

Fox, E., & Damjanovic, L. (2006) The eyes are sufficient to produce a threat superiority effect. *Emotion, 6,* 534–539.

Foy, D. W., Resnick, H. S., Sipprelle, R. C., & Carroll, E. M. (1987). Premilitary, military, and postmilitary factors in the development of combat related posttraumatic stress disorder. *The Behavior Therapist, 10,* 3–9.

Foy, D. W., Sipprelle, R. C., Rueger, D. B., & Carroll, E. M. (1984). Etiology of posttraumatic stress disorder in Vietnam veterans: Analysis of premilitary, military, and combat exposure influences. *Journal of Consulting and Clinical Psychology, 52,* 79–87.

Frances, A. (2009). Whither DSM-V? *British Journal of Psychiatry, 195,* 391–392.

Frances, A., & Widiger, T. A. (1986). Methodological issues in personality disorder diagnosis. In T. Millon & G. L. Klerman (Eds.), *Contemporary directions in psychopathology: Toward the DSM-IV* (pp. 381–400). New York, NY: Guilford Press.

Francis, D., Diorio, J., Liu, D., & Meaney, M. J. (1999). Nongenomic transmission across generations of maternal behavior and stress responses in the rat. *Science, 286,* 1155–1158.

Francis, D. D., Diorio, J., Plotsky, P. M., & Meaney, M. J. (2002). Environmental enrichment reverses the effects of maternal separation on stress reactivity. *Journal of Neuroscience, 22,* 7840–7843.

Frank, E., Anderson, C., & Rubinstein, D. (1978). Frequency of sexual dysfunction in "normal" couples. *New England Journal of Medicine, 299,* 111–115.

Frank, E., Hlastala, S., Ritenour, A., Houck, P., Tu, X. M., Monk, T. H., ... Kupfer, D. J. (1997). Inducing lifestyle regularity in recovering bipolar disorder patients: Results from the Maintenance Therapies in Bipolar Disorder Protocol. *Biological Psychiatry, 41,* 1165–1173.

Frank, E., Kupfer, D. J., Perel, J. M., Cornes, C., Jarrett, D. B., Mallinger, A. G., ... Grochocinski, V. J. (1990). Three-year outcomes for maintenance therapies in recurrent depression. *Archives of General Psychiatry, 47*(12), 1093–1099.

Frank, E., Kupfer, D., Thase, M., Mallinger, A., Swartz, H., Eagiolini, A., ... Monk, T. (2005). Two-year outcomes for interpersonal and social rhythm therapy in individuals with bipolar I disorder. *Archives of General Psychiatry, 62, 996–1004.*

Frank, E., Swartz, H. A., Mallinger, A. G., Thase, M. E., Weaver, E. V., & Kupfer, D. J. (1999). Adjunctive psychotherapy for bipolar disorder: Effects of changing treatment modality. *Journal of Abnormal Psychology, 108*(4), 579–587.

Frankel, E. B., & Gold, S. (2007). Principles and practices of early intervention. In I. Brown & M. Percy (Eds.), *A comprehensive guide to intellectual & developmental disabilities* (pp. 451–466). Baltimore, MD: Paul H. Brookes.

Franklin, D. (1990). Hooked–Not hooked: Why isn't everyone an addict? *Health, 4*(6) 39–52.

Franklin, J. E., & Frances, R. J. (1999). Alcohol and other psychoactive substance use disorders. In R. E. Hales, S. C. Yudofsky, & J. A. Talbott (Eds.), *Textbook of psychiatry* (3rd ed., pp. 363–423). Washington, DC: American Psychiatric Press.

Franklin, M. E., & Foa, E. B. (2008). Obsessive-compulsive disorder. In D. H. Barlow (Ed.), *Clinical handbook of psychological disorders: A step-by-step treatment manual* (4th ed., pp. 164–215). New York, NY: Guilford Press.

Franko, D. L., Wonderlich, S. A., Little, D., & Herzog, D. B. (2004). Diagnosis and classification of eating disorders. In J. K. Thompson (Ed.), *Handbook of eating disorders and obesity* (pp. 58–80). New York, NY: John Wiley.

Frasure-Smith, N., & Lesperance, F. (2005). Depression and coronary heart disease: Complex synergism of mind, body, and environment. *Current Directions in Psychological Science, 14,* 39–43.

Frasure-Smith, N., Lesperance, F., Juneau, M., Talajic, M., & Bourassa, M. G. (1999). Gender, depression, and one-year prognosis after myocardial infarction. *Psychosomatic Medicine, 61,* 26–37.

Fratiglioni, L., Grut, M., Forsell, Y., Viitanen, M., Grafstrom, M., Holmen, K., ... Winblad, B. (1991). Prevalence of Alzheimer's disease and other dementias in an elderly urban population: Relationship with age, sex and education. *Neurology, 41,* 1886–1892.

Fratiglioni, L., Winblad, B., & von Strauss, E. (2007). Prevention of Alzheimer's disease and dementia: Major findings from the Kungsholmen Project. *Physiology & Behavior, 92*(1–2), 98–104.

Fredrikson, M., Annas, P., & Wik, G. (1997). Parental history, aversive exposure, and the development of snake and spider phobia in women. *Behavior Research and Therapy, 35,* 23–28.

Fredrikson, M., & Matthews, K. A. (1990). Cardiovascular responses to behavioral stress and hypertension: A meta-analytic review. *Annals of Behavioral Medicine, 12*(1), 30–39.

Freedman, M., King, J., & Kennedy, E. (2001). Popular diets: A scientific review. *Obesity Research, 9*(Suppl.), S1–S38.

Freeman, A., Pretzer, J., Fleming, B., & Simon, K. M. (1990). *Clinical applications of cognitive therapy*. New York, NY: Plenum Press.

Freeman, E., Sammel, M., Lin, H., & Nelson, D. (2006). Associations of hormones and menopausal status with depressed mood in women with no history of depression. *Archive General Psychiatry, 63,* 375–382.

Freud, S. (1957). Mourning and melancholia. In J. Strachey (Ed. and Trans.), *The standard edition of the complete psychological works of Sigmund Freud* (Vol. 14). London, UK: Hogarth Press. (Original work published 1917).

Freund, K., Seto, M. C., & Kuban, M. (1996). Two types of fetishism. *Behaviour Research and Therapy, 34,* 687–694.

Friedberg, F., & Sohl, S. (2009). Cognitive-behavior therapy in chronic fatigue syndrome: Is improvement related to physical activity? *Journal of Clinical Psychology, 65,* 423–442.

Friedl, M. C., & Draijer, N. (2000). Dissociative disorders in Dutch psychiatric inpatients. *American Journal of Psychiatry, 157*(6), 1012–1013.

Friedman, J. M. (2009). Obesity: Causes and control of excess body fat. *Nature, 459*(7245), 340–342.

Friedman, M., & Rosenman, R. H. (1959). Association of specific overt behavior pattern with blood and cardiovascular findings. *JAMA: Journal of the American Medical Association, 169,* 1286.

Friedman, M., & Rosenman, R. H. (1974). *Type A behavior and your heart.* New York, NY: Knopf.

Friedman, M. J. (2009). Phenomenology of posttraumatic stress disorder and acute stress disorder. In M. M. Antony & M. B. Stein (Eds.), *Oxford handbook of anxiety and related disorders* (pp. 65–72). New York, NY: Oxford University Press.

Friedman, S., Paradis, C. M., & Hatch, M. (1994). Characteristics of African American and white patients with panic disorder and agoraphobia. *Hospital & Community Psychiatry, 45,* 798–803.

Frohlich, C., Jacobi, F., & Wittchen, H. (2006). DSM-IV pain disorder in the general population: An exploration of the structure and threshold of medically unexplained pain symptoms. *European Archives of Psychiatry and Clinical Neuroscience, 256, 187–196.*

Fromm-Reichmann, F. (1948). Notes on the development of treatment of schizophrenics by psychoanalytic psychotherapy. *Psychiatry, 11,* 263–273.

Frost, R. O., Steketee, G., & Williams, L. (2002). Compulsive buying, compulsive hoarding, and obsessive-compulsive disorder. *Behavior Therapy*, *33,* 201–214.

Fryar, C., Hirsch, R., Porter, K., Kottiri, B., Brody, D., & Louis, T. (2007). *Drug use and sexual behaviors reported by adults: United States, 1999–2002* (Advance data from Vital and Health Statistics, No. 384). Hyattsville, MD: National Center for Health Statistics.

Fu, S. Y., Anderson, D., & Courtney, M. (2003). Cross-cultural menopausal experience: Comparison of Australian and Taiwanese women. *Nursing and Health Sciences, 5,* 77-84.

Fugl-Meyer, A. R., & Sjogren Fugl-Meyer, K. (1999). Sexual disabilities, problems, and satisfaction in 18–74-year-old Swedes. *Scandinavian Journal of Sexology, 3,* 79–105.

Fukuda, K., Straus, S. E., Hickie, I., Sharpe, M. B., Dobbins, J. G., & Komaroff, A. L. (1994). Chronic fatigue syndrome: A comprehensive approach to its diagnosis and management. *Annals of Internal Medicine, 121,* 953–959.

Fullana, M. A., Mataix-Cols, D., Caspi, A., Harrington, H., Grisham, J. R., Moffitt, T. E., & Poulton, R. (2009). Obsessions and compulsions in the community: Prevalence, interference, help-seeking, developmental stability, and co-occurring psychiatric conditions. *American Journal of Psychiatry, 166*(3), 329–336.

Furberg, H., Olarte, M., Afari, N., Goldberg, J., Buchwald, D., & Sullivan, P. (2005). The prevalence of self-reported chronic fatigue in a U.S. twin registry. *Journal of Psychosomatic Research, 59,* 283–290.

Furnham, A., & Wong, L. (2007). A cross-cultural comparison of British and Chinese beliefs about the causes, behaviour manifestations, and treatment of schizophrenia. *Psychiatry Research, 151,* 123–138.

Furr, J. M., Tiwari, S., Suveg, C., & Kendall, P. C. (2009). Anxiety disorders in children and adolescents. In M. M. Antony & M. B. Stein (Eds.), *Oxford handbook of anxiety and related disorders* (pp. 636–656). New York, NY: Oxford University Press.

Fusar-Poli, P., & Politi, P. (2008). Paul Eugen Bleuler and the birth of schizophrenia (1908). *American Journal of Psychiatry, 165*(11), 1407. doi:10.1176/appi.ajp.2008.08050714

Fushimi, N., Wang, L., Ebisui, S., Cai, S., & Mikage, M. (2008). Studies of ephedra plants in Asia. Part 4.1. Morphological differences between Ephedra sinica Stapf and E. intermedia Schrenk et C.A.Meyer, and the botanical origin of Mahuang produced in Qinghai Province. *Journal of Traditional Medicines, 25*(3), 61–66.

Fyer, A., Liebowitz, M., Gorman, J., Compeas, R., Levin, A., Davies, S., et al. (1987). Discontinuation of alprazolam treatment in panic patients. *American Journal of Psychiatry, 144,* 303–308.

Fyer, A. J., Mannuzza, S., Chapman, T. F., Liebowitz, M. R., & Klein, D. F. (1993). A direct interview family study of social phobia. *Archives of General Psychiatry, 50,* 286–293.

Fyer, A. J., Mannuzza, S., Gallops, M. S., Martin, L. Y., Aaronson, C., Gorman, J. M., et al. (1990). Familial transmission of simple phobias and fears: A preliminary report. *Archives of General Psychiatry, 47,* 252–256.

Gagnon, J. H. (1990). The explicit and implicit use of the scripting perspective in sex research. *Annual Review of Sex Research, 1,* 1–43.

Galea, S., Ahern, J., Resnick, H., Kilpatrick, D., Bucuvalas, M., Gold, J., et al. (2002). Psychological sequelae of the September 11 terrorist attacks in New York City. *New England Journal of Medicine, 346,* 982–987.

Gallagher-Thompson, D., & Osgood, N. J. (1997). Suicide later in life. *Behavior Therapy, 28,* 23–41.

Gallagher-Thompson, D., Rabinowitz, Y., Tang, P., Tse, C., Kwo, E., Hsu, S., ... Thompson, L. W. (2006). Recruiting Chinese Americans for dementia caregiver intervention research: Suggestions for success. *American Journal of Geriatric Psych, 14*(8), 676.

Gallup, G. G., & Frederick, D. A. (2010). The science of sex appeal: An evolutionary perspective. *Review of General Psychology, 14,* 240–250.

Gansler, D. A., McLaughlin, N. C., Iguchi, L., Jerram, M., Moore, D. W., Bhadelia, R., et al. (2009). A multivariate approach to aggression and the orbital frontal cortex in psychiatric patients. *Psychiatry Research: Neuroimaging, 171*(3), 145–154.

Gao, Y., Raine, A., Venables, P. H., Dawson, M. E., & Mednick, S. A. (2010). Association of poor childhood fear conditioning and adult crime. *American Journal of Psychiatry, 167*(1), 56–60. doi:10.1176/appi.ajp.2009.09040499

Garb, H. N., Wood, J. M., Lilienfeld, S. O., & Nezworski, M. T. (2005). Roots of the Rorschach controversy. *Clinical Psychology Review, 25*(1), 97–118.

Garber, J., & Carter, J. S. (2006). Major depression. In R. T. Ammerman (Ed.), *Comprehensive handbook of personality and psychopathology. Vol. III: Child psychopathology* (pp. 165– 216). Hoboken, NJ: John Wiley & Sons.

Garber, J., Clarke, G. N., Weersing, V. R., Beardslee, W. R., Brent, D. A., Gladstone, T. R., ... Iyengar, S. (2009). Prevention of depression in at-risk adolescents: A randomized controlled trial. *JAMA: Journal of the American Medical Association, 301*(21), 2215–2224.

Garber, J., Gallerani, C. M., & Frankel, S. A. (2009). Depression in children. In I. H. Gotlib & C. L. Hammen (Eds.), *Handbook of depression* (2nd ed., pp. 405–443). New York, NY: Guilford Press.

Garcia, J., McGowan, B. K., & Green, K. F. (1972). Biological constraints on conditioning. In A. H. Black & W. F. Prokasy (Eds.), *Classical conditioning II: Current research and theory.* New York, NY: Appleton-Century-Crofts.

Garfield, A. F., & Zigler, E. (1993). Adolescent suicide prevention: Current research and social policy implications. *American Psychologist, 48*(2), 169–182.

Garfinkel, P. E. (1992). Evidence in support of attitudes to shape and weight as a diagnostic criterion of bulimia nervosa. *International Journal of Eating Disorders, 11*(4), 321–325.

Garfinkel, P. E., Moldofsky, H., & Garner, D. M. (1979). The heterogeneity of anorexia nervosa: Bulimia as a distinct subgroup. *Archives of General Psychiatry, 37,* 1036–1040.

Garlow, S., Boone, E., Li, W., Owens, M., & Nemeroff, C. (2005). Genetic analysis of the hypothalamic corticotrophin releasing factor system. *Endocrinology, 146,* 2362–2368.

Garlow, S., & Nemeroff, C. B. (2003). Neurobiology of depressive disorders. In R. J. Davidson, K. R. Scherer, & H. H. Goldsmith (Eds.)., *Handbook of affective sciences* (pp. 1021–1043). New York, NY: Oxford University Press.

Garmezy, N., & Rutter, M. (Eds.) (1983). *Stress, coping, and development in children.* New York, NY: McGraw-Hill.

Garner, D. M., & Fairburn, C. G. (1988). Relationship between anorexia nervosa and bulimia nervosa: Diagnostic implications. In D. M. Garner & P. E. Garfinkel (Eds.), *Diagnostic issues in anorexia nervosa and bulimia nervosa.* New York, NY: Brunner/Mazel.

Garner, D. M., Garfinkel, P. E., Rockert, W., & Olmsted, M. P. (1987). A prospective study of eating disturbances in the ballet. Ninth World Congress of the International College of Psychosomatic Medicine, Sydney, Australia. *Psychotherapy and Psychosomatics, 48,* 170–175.

Garrity, A. G., Pearlson, G. D., McKiernan, K., Lloyd, D., Kiehl, K. A., & Calhoun, V. D. (2007). Aberrant "default mode" functional connectivity in schizophrenia. *American Journal of Psychiatry, 164,* 450–457.

Gassen, M. D., Pietz, C. A., Spray, B. J., & Denney, R. L. (2007). Accuracy of Megargee's Criminal Offender Infrequency (FC) Scale in detecting malingering among forensic examinees. *Criminal Justice and Behavior, 34,* 493–504.

Gatchel, R. (2005). *Clinical essentials of pain management.* Washington, DC: American Psychological Association.

Gatchel, R. J., & Dersh, J. (2002). Psychological disorders and chronic pain: Are there cause-and- effect relationships? In D. C. Turk & R. J. Gatchel (Eds.), *Psychological approaches to pain management: A practitioner's handbook* (2nd ed., pp. 30–51). New York, NY: Guilford Press.

Gatchel, R. J., & Epker, J. (1999). Psychosocial predictors of chronic pain and response to treatment. In R. J. Gatchel & D. C. Turk (Eds.), *Psychosocial factors in pain: Critical perspectives* (pp. 412– 434). New York, NY: Guilford Press.

Gatchel, R. J., Peng, Y. B., Peters, M. L., Fuchs, P. N., & Turk, D. C. (2007). The biopsychosocial approach to chronic pain: Scientific advances and future directions. *Psychological Bulletin, 133,* 581–624.

Gatchel, R. J., Polatin, P. B., & Kinney, R. K. (1995). Predicting outcome of chronic back pain using clinical predictors of psychopathology: A prospective analysis. *Health Psychology, 14,* 415–420.

Gatchel, R. J., & Turk, D. C. (Eds.) (1999). *Psychosocial factors in pain: Critical perspectives.* New York, NY: Guilford Press.

Gatz, M. (2007). Genetics, dementia, and the elderly. *Current Directions in Psychological Science, 16,* 123–127.

Gavett, B., Stern, R., Cantu, R., Nowinski, C., & McKee, A. (2010). Mild traumatic brain injury: A risk factor for neurodegeneration. *Alzheimer's Research & Therapy, 2*(3), 18.

Gaw, A. C. (2008). Cultural issues. In R. E. Hales, S. C. Yudofsky, & G. O. Gabbard (Eds.), *The American Psychiatric Publishing textbook of psychiatry* (5th ed., pp. 1529–1547). Arlington, VA: American Psychiatric Publishing, Inc.

Ge, X., Conger, R., & Elder, G. (1996). Coming of age too early: Pubertal influences on girls' vulnerability to psychological distress. *Child Development, 67,* 3386–3400.

Gearhart, J. P. (1989). Total ablation of the penis after circumcision electrocautery: A method of management and long term follow-up. *Journal of Urology, 42,* 789–801.

Geer, J. H., Morokoff, P., & Greenwood, P. (1974). Sexual arousal in women: The development of a measurement device for vaginal blood volume. *Archives of Sexual Behavior, 3,* 559–564.

Gelernter, J., & Stein, M. B. (2009). Heritability and genetics of anxiety disorders. In M. M. Antony & M. B. Stein (Eds.), *Oxford handbook of anxiety and related disorders.* Oxford, UK: Oxford University Press.

Geller, B., Cooper, T. B., Graham, D. L., Fetaer, H. M., Marsteller, F. A., & Wells, J. M. (1992). Pharmacokinetically designed double blind placebo controlled study of nortriptyline in 6–12-year-olds with major depressive disorder: Outcome: Nortriptyline and hydroxy-nortriptyline plasma levels; EKG, BP and side effect measurements. *Journal of the American Academy of Child and Adolescent Psychiatry, 31,* 33–44.

Gellis, L. A., & Lichstein, K. L. (2009). Sleep hygiene practices of good and poor sleepers in the united states: An Internet-based study. *Behavior Therapy, 40*(1), 1–9.

Gendron, M., & Barrett, F. L. (2009). Reconstructing the past: A century of ideas about emotion in psychology. *Emotion Review, 1*(4), 316–339.

George, M. S., Lisanby, S. H., & Sakheim, H. A. (1999). Transcranial magnetic stimulation. *Archives of General Psychiatry, 56,* 300–311.

Geraerts, E., Lindsay, D. S., Merckelbach, H., Jelicic, M., Raymaekers, L., Arnold, M. M., & Schooler, J. S. (2009). Cognitive mechanisms underlying recovered memory experiences of childhood sexual abuse. *Psychological Science, 20,* 92–98.

Geraerts, E., & McNally, R. (2008). Forgetting unwanted memories: Directed forgetting and thought suppression methods. *Acta psychologica, 127*(3), 614–622.

Gerard, D. L. (1997). Chiarugi and Pinel considered: Soul's brain/person's mind. *Journal of the History of the Behavioral Sciences, 33*(4), 381–403.

Gershon, E. S. (1990). Genetics. In F. K. Goodwin & K. R. Jamison (Eds.), *Manic-depressive illness* (pp. 373–401). New York, NY: Oxford University Press.

Gershon, E. S., Kelsoe, J. R., Kendler, K. S., & Watson, J. D. (2001). It's time to search for susceptibility genes for major mental illnesses. *Science, 294,* 5.

Gerstein, D. R., Volberg, R. A., Toce, M. T., Harwood, H., Johnson, R. A., & Bule, T., ... Tucker, A. (1999). *Gambling impact and behavior study: Report to the national gambling impact study commission.* Chicago, IL: National Opinion Research Center at the University of Chicago.

Gibbons, R., Hur, K., Bhaumik, D., & Mann, J. (2006). The relationship between antidepressant prescription rates and rate of early adolescent suicide. *American Journal of Psychiatry, 163,* 1898–1904.

Giedke, H., & Schwarzler, F. (2002). Therapeutic use of sleep deprivation in depression. *Sleep Medicine Reviews, 6,* 361–377.

Giesbrecht, T., Lynn, S. J., Lilienfeld, S. O., & Merckelbach, H. (2008). Cognitive processes in dissociation: An analysis of core theoretical assumptions. *Psychological Bulletin, 134*(5), 617–647.

Giesbrecht, T., Smeets, T., Leppink, J., Jelicic, M., & Merckelbach, H. (2007). Acute dissociation after 1 night of sleep loss. *Journal of Abnormal Psychology, 116*(3), 599–606.

Gifford, S. M. (1994). The change of life, the sorrow of life: Menopause, bad blood and cancer among Italian-Australian working class women. *Culture, Medicine, and Psychiatry, 18,* 299–319.

Gillberg, C. (1984). Infantile autism and other childhood psychoses in a Swedish urban region: Epidemiological aspects. *Journal of Child Psychology and Psychiatry, 25,* 35–43.

Gillespie, C. F., & Nemeroff, C. B. (2007). Corticotropin-releasing factor and the psychobiology of early-life stress. *Current Directions in Psychological Science, 16*(2), 85–89.

Gillham, J. E., Reivich, K. J., Jaycox, L. H., & Seligman, M. E. P. (1995). Prevention of depressive symptoms in schoolchildren: Two-year follow-up. *Psychological Science, 6*(6), 343–351.

Gillin, J. C. (1993). Clinical sleep–wake disorders in psychiatric practice: Dyssomnias. In D. L. Dunner (Ed.), *Current psychiatric therapy* (pp. 373–380). Philadelphia, PA: W. B. Saunders.

Gilmore, J. H. (2010). Understanding what causes schizophrenia: A developmental perspective. *American Journal of Psychiatry, 167*(1), 8–10. doi:10.1176/appi.ajp.2009.09111588

Ginovart, N., & Kapur, S. (2010). Dopamine receptors and the treatment of schizophrenia. In K. A. Neve (Ed.), *The dopamine receptors* (2nd ed., pp. 431–477). New York, NY: Humana Press.

Girault, J. A., & Greengard, P. (2004). The neurobiology of dopamine signaling. *Archives of Neurology, 61*(5), 641–644.

Girirajan, S. (2009). Parental-age effects in Down syndrome. *Journal of Genetics, 88*(1), 1–7. doi:10.1007/s12041-009-0001-6

Gitlin, M. J. (2009). Pharmacotherapy and other somatic treatments for depression. In I. H. Gotlib & C. L. Hammen (Eds.), *Handbook of depression* (2nd ed., pp. 554–585). New York, NY: Guilford Press.

Gitlin, M. J., Swendsen, J., Heller, T. L., & Hammen, C. (1995). Relapse and impairment in bipolar disorder. *American Journal of Psychiatry, 152,* 1635–1640.

Gladue, B. A., Green, R., & Hellman, R. E. (1984). Neuroendocrine response to estro-

gen and sexual orientation. *Science, 225*, 1496–1499.
Glatt, C. E., Tampilic, M., Christie, C., DeYoung, J., & Freimer, N. B. (2004). Rescreening serotonin receptors for genetic variants identifies population and molecular genetic complexity. *American Journal of Medical Genetics, 124*, 92–100.
Gleaves, D. H. (1996). The sociocognitive model of dissociative identity disorder: A reexamination of the evidence. *Psychological Bulletin, 120*, 42–59.
Gleaves, D. H., Lowe, M. R., Snow, A. C., Green, B. A., & Murphy-Eberenz, K. P. (2000). Continuity and discontinuity models of bulimia nervosa: A taxometric investigation. *Journal of Abnormal Psychology, 109*(1), 56–68.
Gleaves, D. H., Smith, S. M., Butler, L. D., & Spiegel, D. (2004). False and recovered memories in the laboratory and clinic: A review of experimental and clinical evidence. *Clinical Psychology: Science and Practice*.
Goater, N., King, M., Cole, E., Leavey, G., Johnson-Sabine, E., Blizard, R., & Hoar, A. (1999). Ethnicity and outcomes of psychosis. *British Journal of Psychiatry, 175*, 34–42.
Godart, N. T., Perdereau, F., Rein, Z., Berthoz, S., Wallier, J., Jeammet, P., & Falment, M. F. (2007). Comorbidity studies of eating disorders and mood disorders. Critical review of the literature. *Journal of Affective Disorders, 97*(1–3), 37–49.
Goering, P., Durbin, J., Sheldon, C. T., Ochocka, J., Nelson, G., & Krupa, T. (2006). Who uses consumer-run self-help organizations? *American Journal of Orthopsychiatry, 76*, 367–373.
Goff, D. C., & Coyle, J. T. (2001). The emerging role of glutamate in the pathophysiology and treatment of schizophrenia. *American Journal of Psychiatry, 158*, 1367–1377.
Gold, S. N., & Seibel, S. L. (2009). Treating dissociation: A contextual approach. In P. F. Dell & J. A. O'Neil (Eds.), *Dissociation and the dissociative disorders: DSM-V and beyond*. (pp. 625–636). New York, NY: Routledge/Taylor & Francis Group.
Goldberg, J. F., Harrow, M., & Grossman, L. S. (1995). Course and outcome in bipolar affective disorder: A longitudinal follow-up study. *American Journal of Psychiatry, 152*, 379–384.
Goldberg, J. F., Perlis, R. H., Bowden, C. L., Thase, M. E., Miklowitz, D. J., Marangell, L. B., Sachs, G. S. (2009). Manic symptoms during depressive episodes in 1,380 patients with bipolar disorder: Findings from the STEP-BD. *American Journal of Psychiatry, 166*(2), 173–181.
Golden, C. J., Hammeke, T. A., & Purisch, A. D. (1980). *The Luria-Nebraska Battery manual*. Palo Alto, CA: Western Psychological Services.
Goldfarb, W. (1963). Self-awareness in schizophrenic children. *Archives of General Psychiatry, 8*, 63–76.
Goldman, M. S., & Rather, B. C. (1993). Substance use disorders: Cognitive models and architecture. In K. S. Dobson & P. C. Kendall (Eds.), *Psychopathology and cognition* (pp. 245–292). New York, NY: Academic Press.
Goldman, S. J., D'Angelo, E. J., DeMaso, D. R., & Mezzacappa, E. (1992). Physical and sexual abuse histories among children with borderline personality disorder. *American Journal of Psychiatry, 149*, 1723–1726.
Goldmeier, D., Garvey, L., & Barton, S. (2008). Does chronic stress lead to increased rates of recurrences of genital herpes?—A review of the psychoneuroimmunilogical evidence. *International Journal of STD and AIDS, 19*, 359–362.
Goldschmidt, A. B., Hilbert, A., Manwaring, J. L., Wilfley, D. E., Pike, K. M., Fairburn, C. G., & Striegel-Moore, R. (2010). The significance of overvaluation of shape and weight in binge eating disorder. *Behaviour Research and Therapy, 48*(3), 187–193.
Goldstein, B. (1994). *Psychology*, Pacific Grove, CA: Brooks/Cole Publishing Company.
Goldstein, G., & Shelly, C. (1984). Discriminative validity of various intelligence and neuropsychological tests. *Journal of Consulting and Clinical Psychology, 52*, 383–389.
Goldstein, I., Lue, T. F., Padma-Nathan, H., Rosen, R. C., Steers, W. D., & Wicker, P. A., for the Sildenafil Study Group. (1998). Oral sildenafil in the treatment of erectile dysfunction. *New England Journal of Medicine, 338*, 1397–1404.
Goldstein, J. M., & Lewine, R. R. J. (2000). Overview of sex differences in schizophrenia: Where have we been and where do we go from here? In D. J. Castle, J. McGrath & J. Kulkarni (Eds.), *Women and schizophrenia* (pp. 111–143). Cambridge, UK: Cambridge University Press.
Goldston, D., Reboussin, B., & Daniel, S. (2006). Predictors of suicide attempts: State and trait components. *Journal of Abnormal Psychology, 115*, 842–849.
Goldston, D. B., Molock, S. D., Whitbeck, L. B., Murakami, J. L., Zayas, L. H., & Hall, G. C. N. (2008). Cultural considerations in adolescent suicide prevention and psychosocial treatment. *American Psychologist, 63*(1), 14–31.
Gomez-Gil, E., Steva, I., Almaraz, M. C., Pasara, E., Segovia, S., & Guillamon, A. (2010). Familiality of gender identity disorder in non-twin siblings. *Archives of Sexual Behavior, 39*, 546–552.
Good, B. J., & Kleinman, A. M. (1985). Culture and anxiety: Cross-cultural evidence for the patterning of anxiety disorders. In A. H. Tuma & J. D. Maser (Eds.), *Anxiety and the anxiety disorders* (pp. 297–313). Hillsdale, NJ: Erlbaum.
Goodkin, K., Baldewicz, T. T., Asthana, D., Khamis, I., Blaney, N. T., Kumar, M., ... Shapshak, P. (2001). A bereavement support group intervention affects plasma burden of human immunodeficiency virus type 1. Report of a randomized controlled trial. *Journal of Human Virology, 4*, 44–54.
Goodman, G. S., Ghetti, S., Quas, J. A., Edelstein, R. S., Alexander, K. W., Redlich, A. D., Cordon, I. M., & Jones, D. P. H. (2003). A prospective study of memory for child sexual abuse: New findings relevant to the repressed/lost memory controversy. *Psychological Science, 14*(2), 113–118.
Goodman, S. H., & Gotlib, I. H. (1999). Risk for psychopathology in the children of depressed mothers: A developmental model for understanding mechanisms of transmission. *Psychological Review, 106*(3), 458–490.
Goodnough, A. (2002). Post-9/11 pain found to linger in young minds. Retrieved from http://www.nytimes.com/2002/05/02/health/02SCHO.html?todaysheadlines.
Goodwin, D. W., & Guze, S. B. (1984). *Psychiatric diagnosis* (3rd ed.). New York, NY: Oxford University Press.
Goodwin, F. K., Fireman, B., Simon, G. E., Hunkeler, E. M., Lee, J., & Revicki, D. (2003). Suicide risk in bipolar disorder during treatment with lithium and divalproex. *JAMA: Journal of the American Medical Association, 290*, 1467–1473.
Goodwin, F. K., & Ghaemi, S. N. (1998). Understanding manic-depressive illness. *Archives of General Psychiatry, 55*(1), 23–25.
Goodwin, F. K., & Jamison, K. R. (Eds.) (2007). *Manic depressive illness: Bipolar disorders and recurrent depression* (2nd ed.). New York, NY: Oxford University Press.
Goodwin, G. M. (2009). Neurobiological aetiology of mood disorders. In M. G. Gelder, N. C. Andreasen, J. J. Lopez-Ibor, Jr., & J. R. Geddes (Eds.), *New Oxford textbook of psychiatry* (2nd ed., Vol. 1, pp. 658–664). Oxford, UK: Oxford University Press.
Goodwin, P. J., Leszcz, M., Ennis, M., Koopmans, J., Vincent, L., Guther, H., ... Hunter, J. (2001). The effect of group psychosocial support on survival in metastatic breast cancer. *New England Journal of Medicine, 345*, 1719–1726.
Goos, L. M., Crosbie, J., Payne, S., & Schachar, R. (2009). Validation and extension of the endophenotype model in ADHD patterns of inheritance in a family study of inhibitory control. *American Journal of Psychiatry, 166*(6), 711–717.
Gordis, E. (2000). Alcohol, the brain, and behavior: Mechanisms of addiction. *Alcohol Research & Health, 24*(1), 12–15.
Gordon, J. A. (2002). Anxiolytic drug targets: Beyond the usual suspects. *Journal of Clinical Investigation, 110*(7), 915–917.
Gore-Felton, C., & Koopman, C. (2008). Behavioral mediation of the relationship between psychosocial factors and HIV disease progression. *Psychosomatic Medicine, 70*, 569–574.
Gorenstein, E. E., & Newman, J. P. (1980). Disinhibitory psychopathology: A new perspective and a model for research. *Psychological Review, 87*, 301–315.
Gotlib, I. H., & Beach, S. R. H. (1995). A marital/family discord model of depression: Implications for therapeutic intervention. In N. S. Jacobson & A. S. Gurman (Eds.), *Clinical handbook of couple therapy* (pp. 411–436). New York, NY: Guilford Press.
Gotlib, I. H., & Krasnoperova, E. (1998). Biased information processing as a vulnerability factor for depression. *Behavior Therapy, 29*, 603–617.
Gotlib, I. H., Kurtzman, H. S., & Blehar, M. C. (1997). Cognition and depression: Issues and future directions. *Cognition and Emotion, 11*(5/6), 663–673.

Gotlib, I. H., & MacLeod, C. (1997). Information processing in anxiety and depression: A cognitive-developmental perspective. In J. Burack & J. Enns (Eds.), *Attention, development, and psychopathology* (pp. 350–378). New York, NY: Guilford Press.

Gotlib, I. H., & Nolan, S. A. (2001). Depression. In A. S. Bellack & M. Hersen (Eds.), *Psychopathology in adulthood* (2nd ed., pp. 252–277). Boston, MA: Allyn & Bacon.

Gotlib, I. H., Roberts, J. E., & Gilboa, E. (1996). Cognitive interference in depression. In I. G. Sarason, G. R. Pierce, & B. R. Sarason (Eds.), *Cognitive interference: Theories, methods, and findings* (pp. 347–377). Mahwah, NJ: Erlbaum.

Gottesman, I. I. (1991). *Schizophrenia genesis: The origins of madness.* New York, NY: W. H. Freeman.

Gottesman, I. I. (1997). Twins: En route to QTLs for cognition. *Science, 276,* 1522–1523.

Gottesman, I. I., & Bertelsen, A. (1989). Dual mating studies in psychiatry: Offspring of inpatients with examples from reactive (psychogenic) psychoses. *International Review of Psychiatry, 1,* 287–296.

Gottfredson, L., & Saklofske, D. H. (2009). Intelligence: Foundations and issues in assessment. *Canadian Psychology/Psychologie canadienne, 50*(3), 183–195.

Gottlieb, G. (1998). Normally occurring environmental and behavioral influences on gene activity: From central dogma to probabilistic epigenesis. *Psychological Review, 105,* 492–802.

Gould, M. (1990). Suicide clusters and media exposure. In S. J. Blumenthal & D. J. Kupfer (Eds.), *Suicide over the life cycle: Risk factors, assessment, and treatment of suicidal patients* (pp. 517–532). Washington, DC: American Psychiatric Press.

Gould, M. S. (2001). Suicide and the media. *Annals of the New York Academy of Sciences, 932,* 200–221; discussion 221–204.

Gould, M. S., Greenberg, T., Velting, D. M., & Shaffer, D. (2003). Youth suicide risk and preventive interventions: A review of the past 10 years. *Journal of the American Academy of Child and Adolescent Psychiatry, 42*(4), 386–405.

Grabbe, K. L., & Bunnell, R. (2010). Reframing HIV prevention in sub-saharan Africa using couple-centered approaches. *JAMA: Journal of the American Medical Association, 304,* 346–347.

Grabe, H. J., Meyer, C., Hapke, U., Rumpf, H. J., Freyberger, H. J., Dilling, H., & John, U. (2003). Somatoform pain disorder in the general population. *Psychotherapy and Psychosomatics, 72,* 88–94.

Grabe, S., Ward, L. M., & Hyde, J. S. (2008). The role of the media in body image concerns among women: A meta-analysis of experimental and correlational studies. *Psychological Bulletin, 134*(3), 460–476.

Grados, M. A., Riddle, M. A., Samuels, J. F., Liang, K-Y., Hoehn-Saric, R., Bienvenu, O. J., ... Nestadt, J. (2001). The familial phenotype of obsessive-compulsive disorder in relation to tic disorders: The Hopkins OCD family study. *Biological Psychiatry, 50,* 559–565.

Graeff, F. G. (1987). The anti-aversive action of drugs. In T. Thompson, P. B. Dews, & J. Barrett (Eds.), *Advances in behavioral pharmacology* (Vol. 6). Hillside, NJ: Erlbaum.

Graeff, F. G. (1993). Role of 5-HT in defensive behavior and anxiety. *Review in the Neurosciences, 4,* 181–211.

Graf, P., Squire, L. R., & Mandler, G. (1984). The information that amnesic patients do not forget. *Journal of Experimental Psychology: Learning, Memory, and Cognition, 10,* 164–178.

Graham, C. A. (2010). The DSM criteria for female orgasmic disorder. *Archives of Sexual Behavior, 39,* 256–270.

Granic, I., & Patterson, G. R. (2006). Toward a comprehensive model of antisocial development: A dynamic systems approach. *Psychological Review, 113,* 101–131.

Grant, B., Chou, S., Goldstein, R., Huang, B., Stinson, F., Saha, T., ... Pickering, R, P. (2008). Prevalence, correlates, disability, and comorbidity of DSM-IV borderline personality disorder: Results from the Wave 2 National Epidemiologic Survey on Alcohol and Related Conditions. *The Journal of Clinical Psychiatry, 69*(4), 533.

Grant, I., Patterson, T. L., & Yager, J. (1988). Social supports in relation to physical health and symptoms of depression in the elderly. *American Journal of Psychiatry, 145*(10), 1254–1258.

Grant, J. E., Correia, S., & Brennan-Krohn, T. (2006). White matter integrity in kleptomania: A pilot study. *Psychiatry Research: Neuroimaging, 147,* 233–237.

Grant, K. E., Compas, B. E., Thurm, A. E., McMahon, S. D., & Gipson, P. Y. (2004). Stressors and child and adolescent psychopathology: Measurement issues and prospective effects. *Journal of Clinical Child and Adolescent Psychology, 33*(2), 412–425.

Grant, J. E., & Kim, S. W. (2002). Temperament and early environmental influences in kleptomania. *Comprehensive Psychiatry, 43,* 223–229.

Gray, J. A. (1982). *The neuropsychology of anxiety.* New York, NY: Oxford University Press.

Gray, J. A. (1985). Issues in the neuropsychology of anxiety. In A. H. Tuma & J. D. Maser (Eds.), *Anxiety and the anxiety disorders* (pp. 5–25). Hillside, NJ: Erlbaum.

Gray, J. A. (1987). *The psychology of fear and stress* (2nd ed.). New York, NY: Cambridge University Press.

Gray, J. A., & Buffery, A. W. H. (1971). Sex differences in emotional and cognitive behavior in mammals including man: Adaptive and neural bases. *Acta Psychologica, 35,* 89–111.

Gray, J. A., & McNaughton, N. (1996). The neuropsychology of anxiety: Reprise. In D. A. Hope (Ed.), *Perspectives on anxiety, panic and fear* (The 43rd Annual Nebraska Symposium on Motivation) (pp. 61–134). Lincoln, NE: Nebraska University Press.

Gray, R., Mukherjee, R. A. S., & Rutter, M. (2009). Alcohol consumption during pregnancy and its effects on neurodevelopment: What is known and what remains uncertain. *Addiction, 104*(8), 1270–1273.

Graybar, S. R., & Boutilier, L. R. (2002). Nontraumatic pathways to borderline personality disorder. *Psychotherapy: Theory/Research/Practice/Training, 39,* 152–162.

Grazzi, L., Andrasik, F., D'Amico, D., Leone, M., Usai, S., Kass, S. J., & Bussone, G. (2002). Behavioral and pharmacologic treatment of transformed migraine with analgesic overuse: Outcome at 3 years. *Headache, 42,* 483–490.

Green, B. L., Grace, M. C., Lindy, J. D., Titchener, J. L., & Lindy, J. G. (1983). Levels of functional impairment following a civilian disaster: The Beverly Hills Supper Club fire. *Journal of Consulting and Clinical Psychology, 51,* 573–580.

Green, C. R., Ndao-Brumblay, S. K., & Hart-Johnson, T. (2009). Sleep problems in a racially diverse chronic pain population. *The Clinical Journal of Pain, 25*(5), 423–430.

Green, R. (1987). *The "sissy boy syndrome" and the development of homosexuality.* New Haven, CT: Yale University Press.

Green, R., & Fleming, D. T. (1990). Transsexual surgery follow-up: Status in the 1990s. *Annual Review of Sex Research, 1,* 163–174.

Green, R., & Money, J. (1969). *Transsexualism and sex reassignment.* Baltimore, MD: Johns Hopkins Press.

Greenberg, D. R., & LaPorte, D. L. (1996). Racial differences in body type preferences of men for women. *International Journal of Eating Disorders, 19,* 275–278.

Greenberg, H. R. (2005). Impulse-control disorders not elsewhere classified. In B. J. Sadock & V. A. Sadock (Eds.), *Kaplan & Sadock's comprehensive textbook of psychiatry* (8th ed., pp. 2035– 2054). Philadelphia, PA: Lippincott Williams & Wilkins.

Greenhill, L. L., & Hechtman, L. I. (2009). Attention deficit/hyperactivity disorder. In B. J. Sadock, V. A. Sadock, & P. Ruiz (Eds.), *Kaplan & Sadock's comprehensive textbook of psychiatry* (9th ed., Vol. II, pp. 3560–3572). Philadelphia, PA: Lippincott Williams & Wilkins.

Greenough, W. T., Withers, G. S., & Wallace, C. S. (1990). Morphological changes in the nervous system arising from behavioral experience: What is the evidence that they are involved in learning and memory? In L. R. Squire & E. Lindenlaub (Eds.), *The biology of memory, Symposia Medica Hoescht 23* (pp. 159–183). Stuttgart/New York, NY: Schattauer Verlag.

Greeven, A., Van Balkom, A., Visser, S., Merkelbach, J., Van Rood, Y., Van Dyck, R., ... Spinhoven, P. (2007). Cognitive behavior therapy and paroxetine in the treatment of hypochondriasis: A randomized controlled trial. *American Journal of Psychiatry, 164,* 91–99.

Gregoire, A. (1992). New treatments for erectile impotence. *British Journal of Psychiatry, 160,* 315–326.

Greist, J. H. (1990). Treatment of obsessive compulsive disorder: Psychotherapies, drugs, and other somatic treatments. *Journal of Clinical Psychiatry, 51,* 44–50.

Grice, S. J., Kuipers, E., Bebbington, P., Dunn, G., Fowler, D., Freeman, D., Garety, P. (2009). Carers' attributions about positive events in psychosis relate to expressed emotion. *Behaviour Research and Therapy, 47*(9), 783–789. doi:10.1016/j.brat.2009.06.004

Griffith, E. E. H., English, T., & Mayfield, U. (1980). Possession, prayer and testimony: Therapeutic aspects of the Wednesday

night meeting in a black church. *Psychiatry, 43*(5), 120–128.
Griffiths, R., Richards, W., Johnson, M., McCann, U., & Jesse, R. (2008). Mystical-type experiences occasioned by psilocybin mediate the attribution of personal meaning and spiritual significance 14 months later. *Journal of Psychopharmacology, 22*(6), 621.
Griffiths, R. R., Richards, W. A., McCann, U., & Jesse, R. (2006). Psilocybin can occasion mystic-type experiences having substantial and sustained personal meaning and spiritual significance. *Psychopharmacology, 187*, 268–283.
Grilo, C. M., Masheb, R. M., & White, M. A. (2010). Significance of overvaluation of shape/weight in binge-eating disorder: Comparative study with overweight and bulimia nervosa. *Obesity, 18*, 499–504.
Grilo, C. M., Masheb, R. M., & Wilson, G. T. (2001). Subtyping binge eating disorder. *Journal of Consulting and Clinical Psychology, 69*, 1066–1072.
Grilo, C. M., Masheb, R. M., & Wilson, G. T. (2004). Efficacy of cognitive behavioral therapy and fluoxetine for the treatment of binge eating disorder: A randomized double-blind placebo-controlled comparison. *Biological Psychiatry, 57*, 301–309.
Grilo, C. M., Masheb, R. M., & Wilson, G. T. (2006). Rapid response to treatment for binge eating disorder. *Journal of Consulting and Clinical Psychology, 74*, 602–613.
Grinspoon, L., & Bakalar, J. B. (1980). Drug dependence: Non-narcotic agents. In H. I. Kaplan, A. M. Freedman, & B. J. Sadock (Eds.), *Comprehensive textbook of psychiatry* (3rd ed., pp. 1614– 1629). Baltimore, MD: Williams & Wilkins.
Grisham, J., Frost, R. O., Steketee, G., Kim, H. J., & Hood, S. (2006). Age of onset of compulsive hoarding. *Journal of Anxiety Disorders, 20*, 675–686.
Grisham, J. R., & Barlow, D. H. (2005). Compulsive hoarding: Current research and theory. *Journal of Psychopathology and Behavioral Assessment, 27*, 45–52.
Grob, G. N. (2009). *Mental institutions in America: Social policy to 1875*. New Brunswick, NJ: Transaction Publishers.
Gross, J. J. (Ed.). (2007). *Handbook of emotion regulation*. New York, NY: Guilford Press.
Grossardt, B. R., Bower, J. H., Geda, Y. E., Colligan, R. C., & Rocca, W. A. (2009). Pessimistic, anxious, and depressive personality traits predict all-cause mortality: The Mayo Clinic Cohort Study of Personality and Aging. *Psychosomatic Medicine, 71*, 491–500.
Grosz, H. J., & Zimmerman, J. (1965). Experimental analysis of hysterical blindness: A follow-up report and new experimental data. *Archives of General Psychiatry, 13*, 255–260.
Grosz, H. J., & Zimmerman, J. (1970). A second detailed case study of functional blindness: Further demonstration of the contribution of objective psychological laboratory data. *Behavior Therapy, 1*, 115–123.
Gruber, J., Johnson, S. L., Oveis, C., & Keltner, D. (2008). Risk for mania and positive emotional responding: Too much of a good thing? *Emotion, 8*(1), 23–33.
Grucza, R. A., Bucholz, K. K., Rice, J. P., & Bierut, L. J. (2008). Secular trends in the lifetime prevalence of alcohol dependence in the United States: A re-evaluation. *Alcohol Clin Exp Res, 32*(5), 763-770.
Grucza, R. A., Norberg, K., Bucholz, K. K., & Bierut, L. J. (2008). Correspondence between secular changes in alcohol dependence and age of drinking onset among women in the United States. *Alcohol Clin Exp Res*.
Guastella, A. J., Einfeld, S. L., Gray, K. M., Rinehart, N. J., Tonge, B. J., Lambert, T. J., Hickie, I. (2010). Intranasal oxytocin improves emotion recognition for youth with autism spectrum disorders. *Biological Psychiatry, 67*(7), 692–694.
Guedeney, N. (2007). Withdrawal behavior and depression in infancy. *Infant Mental Health Journal, 28*, 393–408.
Guilleminault, C. (1989). Clinical features and evaluation of obstructive sleep apnea. In M. H. Kryger, T. Roth, & W. C. Dement (Eds.), *Principles and practice of sleep medicine* (pp. 552–558). Philadelphia, PA: W. B. Saunders.
Gündel, H., O'Connor, M. F., Littrell, L., Fort, C., & Lane, R. D. (2003). Functional neuroanatomy of grief: An FMRI study. *American Journal of Psychiatry, 160*, 1946–1953.
Gunderson, J. G., Ronningstam, E., & Smith, L. E. (1991). Narcissistic personality disorder: A review of data on DSM-III-R descriptions. *Journal of Personality Disorders, 5*, 167–177.
Gunnar, M. R., & Fisher, P. A. (2006). Bringing basic research on early experience and stress neurobiology to bear on preventive interventions for neglected and maltreated children. *Development and Psychopathology, 18*(3), 651–677.
Gur, R. E., Nimgaonkar, V. L., Almasy, L., Calkins, M. E., Ragland, J. D., Pogue-Geile, M. F., ... Gur, R. C.. (2007). Neurocognitive endophenotypes in a multiplex multigenerational family study of schizophrenia. *American Journal of Psychiatry, 164*, 813–819.
Guralnik, O., Giesbrecht, T., Knutelska, M., Sirroff, B., & Simeon, D. (2007). Cognitive functioning in depersonalization disorder. *Journal of Nervous and Mental Disease, 195*(12), 983–988.
Guralnik, O., Schmeidler, J., & Simeon, D. (2000). Feeling unreal: Cognitive processes in depersonalization. *American Journal of Psychiatry, 157(*1), 103–109.
Gureje, O., Simon, G. E., Ustun, T. B., & Goldberg, D. P. (1997). Somatization in cross-cultural perspective: A World Health Organization study in primary care. *American Journal of Psychiatry, 154*, 989–995.
Gurvits, T. V., Shenton, M. E., Hokama, H., Ohta, H., Lasko, N. B., Gilbertson, M. W., ... Pitman, R. K. (1996). Magnetic resonance imaging study of hippocampal volume in chronic, combat-related post traumatic stress disorder. *Biological Psychiatry, 40*, 1091–1099.
Gusella, J. F., Wexler, N. S., Conneally, P. M., Naylor, S. L., Anderson, M. A., Tanzi, R. E., ... Martin, J. B. (1983). A polymorphic DNA marker genetically linked to Huntington's disease. *Nature, 306*, 234–239.
Gustad, J., & Phillips, K. A. (2003). Axis I comorbidity in body dysmorphic disorder. *Comprehensive Psychiatry, 44*, 270–276.
Guydish, J., Sorensen, J. L., Chan, M., Werdegar, D., & Acampora, A. (1999). A randomized trial comparing day and residential drug abuse treatment: 18-month outcomes. *Journal of Consulting and Clinical Psychology, 67*(3), 428–434.
Guyton, A. (1981). *Textbook of medical physiology*. Philadelphia, PA: W. B. Saunders.
Guze, S. B., Cloninger, C. R., Martin, R. L., & Clayton, P. J. (1986). A follow-up and family study of Briquet's syndrome. *British Journal of Psychiatry, 149*, 17–23.
Hackett, T. P., & Cassem, N. H. (1973). Psychological adaptation to convalescence in myocardial infarction patients. In J. P. Naughton, H. K. Hellerstein, & I. C. Mohler (Eds.), *Exercise testing and exercise training in coronary heart disease*. New York, NY: Academic Press.
Hadley, S., Kim, S., Priday, L., & Hollander, E. (2006). Pharmacologic treatment of body dysmorphic disorder. *Primary Psychiatry*, 13, 61–69.
Haenen, M. A., de Jong, P. J., Schmidt, A. J. M., Stevens, S., & Visser, L. (2000). Hypochondriacs' estimation of negative outcomes: Domain-specificity and responsiveness to reassuring and alarming information. *Behaviour Research and Therapy, 38*, 819–833.
Hall, A. C., Butterworth, J., Winsor, J., Gilmore, D., & Metzel, D. (2007). Pushing the employment agenda: Case study research of high performing States in integrated employment. *Intellectual and Developmental Disabilities, 45*, 182–198.
Hall, D. E., Eubanks, L., Meyyazhagan, S., Kenney, R. D., & Cochran Johnson, S. (2000). Evaluation of covert video surveillance in the diagnosis of Munchausen syndrome by proxy: Lessons from 41 cases. *Pediatrics, 6*, 1305–1312.
Hall, K. (2007). Sexual dysfunction and childhood sexual abuse: Gender differences and treatment implications. In S. R. Leiblum (Ed.), *Principles and practice of sex therapy* (4th ed., pp. 350– 378). New York, NY: Guilford Press.
Hall, L. S., & Love, C. T. (2003). Finger-length ratios in female monozygotic twins discordant for sexual orientation. *Archives of Sexual Behavior, 32*, 23–28.
Hall, W. D., & Degenhardt, L. (2009). Cannabis-related disorders. In B. J. Sadock, V. A. Sadock, & P. Ruiz (Eds.), *Kaplan & Sadock's comprehensive textbook of psychiatry* (9th ed., Vol. I, pp. 1309–1318). Philadelphia, PA: Lippincott Williams & Wilkins.
Hamer, D. H., Hu, S., Magnuson, V. L., Hu, N., & Pattatucci, A. M. (1993). A linkage between DNA markers on the X chromosome and male sexual orientation. *Science, 261*, 321–327.
Hammad, T., Laughren, T., & Racoosin, J. (2006). Suicidality in pediatric patients treated with antidepressant drugs. *Archives of General Psychiatry, 63*, 332–339.
Hammen, C. (2005). Stress and depression. *Annual Review of Clinical Psychology, 1*, 293–319.
Hammen, C. L. (2009). Children of depressed parents. In I. H. Gotlib & C. L. Hammen (Eds.), *Handbook of depression* (2nd ed.,

pp. 275–297). New York, NY: Guilford Press.
Hammer, S., Saag, M., Scheechter, M., Montaner, J., Schooley, R., Jacobsen, D., ... & the International AIDS Society-USA panel. (2006). Treatment for adult HIV infection: 2006 recommendations of the International AIDS Society-USA panel. *JAMA: Journal of the American Medical Association, 296,* 827–843.
Hampton, T. (2010). Depression care effort brings dramatic drop in large HMO population's suicide rate. *JAMA: Journal of the American Medical Association, 303*(19), 1903–1905.
Hankin, B. L., & Abramson, L. Y. (2001). Development of gender differences in depression: An elaborated cognitive vulnerability– transactional stress theory. *Psychological Bulletin, 127,* 773–796.
Hankin, B. L., Wetter, E., & Cheely, C. (2007). Sex differences in adolescent depression: A developmental psychopathological approach. In J. R. Z. Abela & B. L. Hankin (Eds.), *Handbook of depression in children and adolescents* (pp. 377– 414). New York, NY: Guilford Press.
Hanna, G. L. (1995). Demographic and clinical features of obsessive-compulsive disorder in children and adolescents. *Journal of the American Academy of Child and Adolescent Psychiatry, 34,* 19–27.
Hans, V. P. (1986). An analysis of public attitudes toward the insanity defense. *Criminology, 4,* 393–415.
Hanson, R. K., Gordon, A., Harris, A. J. R., Marques, J. K., Murphy, W., Quinsey, V. L., & Seto, M. C. (2002). First report on the collaborative outcome data project on the effectiveness of psychological treatment for sex offenders. *Sexual Abuse: A Journal of Research and Treatment, 14,* 169–194.
Hantouche, E., Akiskal, H., Azorin, J., Chatenet-Duchene, L., & Lancrenon, S. (2006). Clinical and psychometric characterization of depression in mixed mania: A report from the French National Cohort of 1090 manic patients. *Journal of Affective Disorders, 96,* 225–232.
Harbert, T. L., Barlow, D. H., Hersen, M., & Austin, J. B. (1974). Measurement and modification of incestuous behavior: A case study. *Psychological Reports, 34,* 79–86.
Harburg, E., Kaciroti, N., Gleiberman, L., Julius, M., & Schork, M. A. (2008). Marital pair anger- coping types may act as an entity to affect mortality: Preliminary findings from a prospective study (Tecumseh, Michigan, 1971–1988). *Journal of Family Communication, 8*(1), 44–61.
Hardie, T. L., Moss, H. B., & Lynch, K. G. (2006). Genetic correlations between smoking initiation and smoking behaviors in a twin sample. *Addictive Behaviors, 31*(11), 2030–2037.
Hare, R. D. (1970). *Psychopathy: Theory and research*. New York, NY: John Wiley.
Hare, R. D. (1993). *Without conscience: The disturbing world of the psychopaths among us*. New York, NY: Pocket Books.
Hare, R. D., McPherson, L. M., & Forth, A. E. (1988). Male psychopaths and their criminal careers. *Journal of Consulting and Clinical Psychology, 56,* 710–714.
Hare, R. D., & Neumann, C. S. (2006). The PCL-R assessment of psychopathology: Development, structural properties, and new directions. In C. J. Patrick (Ed.), *Handbook of psychopathy* (pp. 58–88). New York, NY: Guilford Press.
Hariri, A. R., Mattay, V. S., Tessitore, A., Kolachana, B., Fera, F., Goldman, D., ... Weinberger, D. R. (2002). Serotonin transporter genetic variation and the response of the human amygdala. *Science, 297,* 400–402.
Harmer, C. J. (2008). Serotonin and emotional processing: Does it help explain antidepressant drug action? *Neuropharmacology, 55*(6), 1023–1028.
Harmer, C. J. (2010). Antidepressant drug action: A neuropsychological perspective. *Depression and Anxiety, 27*(3), 231–233.
Harmer, C. J., O'Sullivan, U., Favaron, E., Massey-Chase, R., Ayres, R., Reinecke, A., ... Cowen, P. J. (2009). Effect of acute antidepressant administration on negative affective bias in depressed patients. *The American Journal of Psychiatry, 166*(10), 1178–1184.
Harper, L. V. (2005). Epigenetic inheritance and the intergenerational transfer of experience. *Psychological Bulletin, 131,* 340–360.
Harpur, T. J., Hare, R. D., & Hakstian, A. R. (1989). Two-factor conceptualization of psychopathy: Construct validity and assessment implications. *Psychological Assessment: A Journal of Consulting and Clinical Psychology, 1,* 6–17.
Hart, S. D., Forth, A. E., & Hare, R. D. (1990). Performance of criminal psychopaths on selected neuropsychological tests. *Journal of Abnormal Psychology, 99,* 374–379.
Hartlage, S., & Gehlert, S. (2001). Differentiating premenstrual dysphoric disorder from premenstrual exacerbations of other disorders: A methods dilemma. *Clinical Psychology: Science and Practice, 8*(2), 242–253.
Harvey, A. G. (2008). Sleep and circadian rhythms in bipolar disorder: Seeking synchrony, harmony, and regulation. *The American Journal of Psychiatry, 165*(7), 820–829.
Harvey, A. G., & Bryant, R. A. (1998). The relationship between acute stress disorder and posttraumatic stress disorder: A prospective evaluation of motor vehicle accident survivors. *Journal of Consulting and Clinical Psychology, 66,* 507–512.
Harvey, A. G., Talbot, L. S., & Gershon, A. (2009). Sleep disturbance in bipolar disorder across the lifespan. *Clinical Psychology: Science and Practice, 16*(2), 256–277.
Harvey, L., Inglis, S. J., & Espie, C. (2002). Insomniacs' reported use of CBT components and relationship to long-term clinical outcome. *Behaviour Research and Therapy, 40,* 75–83.
Harvey, P., & Bellack, A. (2009). Toward a terminology for functional recovery in schizophrenia: Is functional remission a viable concept? *Schizophrenia Bulletin, 35*(2), 300–306.
Harvey, S. B., Wadsworth, M., Wessely, S., & Hotopf, M. (2008). Etiology of chronic fatigue syndrome: Testing popular hypotheses using a national birth cohort study. *Psychosomatic Medicine, 70,* 488–495.
Harvey, S. B., & Wessely, S. (2009). Chronic fatigue syndrome: Identifying zebras among the horses. *BMC Medicine, 7,* 58. doi:10.1186/1741-7015-7-58.
Hasin, D., Goodwin, R., Stinson, F., & Grant, B. (2005). Epidemiology of major depressive disorder. *Archives General Psychiatry, 62,* 1097–1106.
Haslam, J. (1976). *Observations on madness and melancholy*. New York, NY: Arno Press. (Original work published in 1809).
Hastings, J. (1990). Easy to get hooked on, hard to get off. *Health,* p. 37.
Hatfield, E., Cacioppo, J. T., & Rapson, R. L. (1994). *Emotional contagion*. Cambridge, UK: Cambridge University Press.
Hathaway, S. R., & McKinley, J. C. (1943). *Manual for the Minnesota Multiphasic Personality Inventory*. New York, NY: Psychological Corporation.
Hawkley, L. C., & Cacioppo, J. T. (2007). Aging and loneliness: Downhill quickly? *Current Directions in Psychological Science, 16,* 187–191.
Hawton, K. (1995). Treatment of sexual dysfunctions of sex therapy and other approaches. *British Journal of Psychiatry, 167,* 307–314.
Hawton, K., Houston, K., Haw, C., Townsend, E., & Harriss, L. (2003). Comorbidity of axis I and axis II disorders in patients who attempted suicide. *American Journal of Psychiatry, 160,* 1494–1500.
Hay, P. J., & Fairburn, C. (1998). The validity of the DSM-IV scheme for classifying bulimic eating disorders. *International Journal of Eating Disorders, 23,* 7–15.
Hay, P. J., & Hall, A. (1991). The prevalence of eating disorders in recently admitted psychiatric in-patients. *British Journal of Psychiatry, 159,* 562–565.
Hayes, S. C., Barlow, D. H., & Nelson-Gray, R. O. (1999). *The scientist–practitioner: Research and accountability in the age of managed care* (2nd ed.). Boston, MA: Allyn & Bacon.
Haynes, S. G., Feinleib, M., & Kannel, W. B. (1980). The relationship of psychosocial factors to coronary heart disease in the Framingham study: III. Eight-year incidence of coronary heart disease. *American Journal of Epidemiology, 111,* 37–58.
Haynes, S. G., & Matthews, K. A. (1988). Area review: Coronary-prone behavior: Continuing evolution of the concept: Review and methodologic critique of recent studies on type A behavior and cardiovascular disease. *Annals of Behavioral Medicine, 10*(2), 47–59.
Haynes, S. N., Yoshioka, D. T., Kloezeman, K., & Bello, I. (2009). Clinical applications of behavioral assessment. In J. N. Butcher (Ed.), *Oxford Handbook of Personality Assessment* (pp. 226– 249). New York, NY: Oxford University Press.
Hazell, P., O'Connell, D., Heathcote, D., Robertson, J., & Henry, D. (1995). Efficacy of tricyclic drugs in treating child and adolescent depression: A meta-analysis. *British Medical Journal, 8,* 897–901.
Heath, C. A., Cooper, S. A., Murray, K., Lowman, A., Henry, C., MacLeod, M. A., ... Will, R. G. (2010). Validation of diagnostic criteria for variant Creutzfeldt-Jakob disease. *Annals of Neurology, 67*(6), 761–770.
Hebert, L. E., Scherr, P. A., Bienias, J. L., Bennett, D. A., & Evans, D. A. (2003). Alzheimer disease in the U.S. population: Prevalence estimates using the 2000 Census. *Archives of Neurology, 60,* 1119–1122.

Heckers, S. (2009). Neurobiology of schizophrenia spectrum disorders. *Annals of the Academy of Medicine, Singapore, 38*(5), 431–432.

Heim, C., & Nemeroff, C. B. (1999). The impact on early adverse experiences on brain systems involved in the pathophysiology of anxiety and affective disorders. *Biological Psychiatry, 46*(11), 1509–1522.

Heim, C., Plotsky, P., & Nemeroff, C. (2004). Importance of studying the contributions of early adverse experience to neurobiological findings in depression. *Neuropsychopharmacology, 29*, 641–648.

Heim, C., Wagner, D., Maloney, E., Papanicolaou, D., Dimitris, A., Solomon, L., ... Reeves, W. C. (2006). Early adverse experience and risk for chronic fatigue syndrome. *Archives of General Psychiatry, 63*, 1258–1266.

Heiman, J. R. (2000). Orgasmic disorders in women. In S. R. Leiblum & R. C. Rosen (Eds.), *Principles and practice of sex therapy* (3rd ed., pp. 118–153). New York, NY: Guilford Press.

Heiman, J. R. (2007). Orgasmic disorders in women. In S. R. Leiblum (Ed.), *Principles and practice of sex therapy* (4th ed., pp. 84–123). New York, NY: Guilford Press.

Heiman, J. R., Gittelman, M., Costabile, R., Guay, A., Friedman, A., & Heard-Davison, A., ... Stephans, D. (2006). Topical alprostadil (PGE_1) for the treatment of female sexual arousal disorder: In clinic evaluation of safety and efficacy. *Journal of Psychosomatic Obstetrics & Gynecology, 27*, 31–41.

Heiman, J. R., & LoPiccolo, J. (1988). *Becoming orgasmic: A sexual and personal growth program for women* (rev. ed.). New York, NY: Prentice Hall.

Heiman, J. R., & Meston, C. M. (1997). Empirically validated treatment for sexual dysfunction. *Annual Review of Sex Research, 8*, 148–195.

Heimberg, R. G., Dodge, C. S., Hope, D. A., Kennedy, C. R., Zollo, L., & Becker, R. E. (1990). Cognitive behavioral group treatment for social phobia: Comparison to a credible placebo control. *Cognitive Therapy and Research, 14*, 1–23.

Heimberg, R. G., Liebowitz, M. R., Hope, D. A., Schneier, F. R., Holt, C. S., Welkowitz, L. A., ... Klien, D. F. (1998). Cognitive behavioral group therapy vs. phenelzine therapy for social phobia: 12-week outcome. *Archives of General Psychiatry, 55*, 1133–1141.

Heimberg, R. G., Salzman, D. G., Holt, C. S., & Blendell, K. A. (1993). Cognitive-behavioral group treatment for social phobia: Effectiveness at five-year follow-up. *Cognitive Therapy and Research, 17*, 325–339.

Helgeson, V. (2005). Recent advances in psychosocial oncology. *Journal of Consulting and Clinical Psychology, 73*, 268–271.

Heller, W., & Nitschke, J. B. (1997). Regional brain activity in emotion: A framework for understanding cognition in depression. *Cognition and Emotion, 11*(5–6), 737–661.

Helweg-Larsen, M., & Collins, B. E. (1997). A social psychological perspective on the role of knowledge about AIDS in AIDS prevention. *Current Directions in Psychological Science, 6*, 23–26.

Helzer, J. E., & Canino, G. (1992). Comparative analyses of alcoholism in 10 cultural regions. In J. Helzer & G. Canino (Eds.), *Alcoholism—North America, Europe, and Asia: A coordinated analysis of population data from ten regions* (pp. 131– 155). London, UK: Oxford University Press.

Helzer, J. E., Kraemer, H. C., Krueger, R. F., Wittchen, H.-U., Sirovatka, P. J., & Regier, D. A. (2008). *Dimensional approaches in diagnostic classification: Refining the research agenda for DSM-V*. Washington, DC: American Psychiatric Association.

Henderson, K. E., & Brownell, K. D. (2004). The toxic environment and obesity: Contribution and cure. In J. K. Thompson (Ed.), *Handbook of eating disorders and obesity* (pp. 339–348). New York, NY: John Wiley.

Henquet, C., Krabbendam, L., Spauwen, J., Kaplan, C., Lieb, R., Wittchen, H. U., van Os, J.. (2005). Prospective cohort study of cannabis use, predisposition for psychosis, and psychotic symptoms in young people. *British Medical Journal, 330*, 11.

Herbert, T. B., & Cohen, S. (1993). Depression and immunity: A meta-analytic review. *Psychological Bulletin, 113*(3), 472–486.

Herdt, G. H. (1987). *The Sambia: Ritual and gender in New Guinea.* New York, NY: Holt, Rinehart and Winston.

Herdt, G. H., & Stoller, R. J. (1989). Commentary to "The socialization of homosexuality and heterosexuality in a non-Western society." *Archives of Sexual Behavior, 18*, 31–34.

Herrick, J., Shecterle, L. M., & St. Cyr, J. A. (2009). D-ribose—an additive with caffeine. *Medical Hypotheses, 72*(5), 499–500. doi:10.1016/j.mehy.2008.12.038

Hershberger, S., & Segal, N. (2004). The cognitive, behavioral, and personality profiles of a male monozygotic triplet set discordant for sexual orientation. *Archives of Sexual Behavior, 33*, 497–514.

Herzog, D. B., Dorer, D. J., Keel, P. K., Selwyn, S. E., Ekeblad, E. R., Flores, A. T., ... Keller, M. B. (1999). Recovery and relapse in anorexia and bulimia nervosa: A 7.5-year follow-up study. *Journal of the American Academy of Child and Adolescent Psychiatry, 38*(7), 829–837.

Heshka, S., Anderson, J. W., Atkinson, R. L., Greenway, F. L., Hill, J. O., Phinney, S. D., ... Pi-Sunyer, F. X. (2003). Weight loss with self-help compared with a structured commercial program: A randomized trial. *JAMA: Journal of the American Medical Association, 289*, 1792–1798.

Hetherington, E. M., & Blechman, E. A. (Eds.) (1996). *Stress, coping, and resiliency in children and families.* Mahwah, NJ: Erlbaum.

Hetherington, M. M., & Cecil, J. E. (2010). Gene–environment interactions in obesity. *Forum of Nutrition, 63*, 195–203.

Hettema, J. M., Prescott, C. A., Myers, J. M., Neale, M. C., & Kendler, K. S. (2005). The structure of genetic and environmental risk factors for anxiety disorders in men and women. *Archives of General Psychiatry, 62*, 182–189.

Higgins, S. T., Heil, S. H., Dantona, R., Donham, R., Matthews, M., & Badger, G. J. (2006). Effects of varying the monetary value of voucher-based incentives on abstinence achieved during and following treatment among cocaine-dependent out patients. *Addiction, 102*, 271–281.

Higgins, S. T., Sigmon, S. C., & Heil, S. H. (2008). Drug abuse and dependence. In D. H. Barlow (Ed.), *Clinical handbook of psychological disorders* (4th ed., pp. 547–577). New York, NY: Gilford Press.

Higuchi, S., Matsushita, S., Imazeki, H., Kinoshita, T., Takagi, S., & Kono, H. (1994). Aldehyde dehydrogenase genotypes in Japanese alcoholics. *Lancet, 343*, 741–742.

Hilgard, E. R. (1992). Divided consciousness and dissociation. *Consciousness & Cognition, 1*, 16–31.

Hiller, W., Fichter, M. M., & Rief, W. (2003). A controlled treatment study of somatoform disorders including analysis of healthcare utilization and cost-effectiveness. *Journal of Psychosomatic Research, 54*, 369–380.

Hiller, W., Leibbrand, R., Rief, W., & Fichter, M. (2005). Differentiating hypochondriasis from panic disorder. *Journal of Anxiety Disorders, 19*, 29–49.

Hindmarch, I. (1986). The effects of psychoactive drugs on car handling and related psychomotor ability: A review. In J. F. O'Hanlon & J. J. Gier (Eds.), *Drugs and driving* (pp. 71–79). London, UK: Taylor & Francis.

Hindmarch, I. (1990). Cognitive impairment with anti-anxiety agents: A solvable problem? In D. Wheatley (Ed.), *The anxiolytic jungle: Where, next?* (pp. 49–61). Chichester, UK: John Wiley.

Hinshaw, S. P. (2002). Preadolescent girls with attention-deficit/hyperactivity dis order: I. Background characteristics, comorbidity, cognitive and social functioning, and parenting practices. *Journal of Consulting and Clinical Psychology, 70*, 1086–1098.

Hinshaw, S. P., & Stier, A. (2008). Stigma as related to mental disorders. *Annual Review of Clinical Psychology, 4*, 367–393.

Hinshelwood, J. A. (1896). A case of dyslexia: A peculiar form of word-blindness. *Lancet, 2*, 1451–1454.

Hinton, D. E., Chong, R., Pollack, M. H., Barlow, D. H., & McNally, R. J. (2008). Ataque de nervios: Relationship to anxiety sensitivity and dissociation predisposition. *Depression and Anxiety, 25*, 489–495.

Hinton, D. E., & Good, B. J. (Eds.). (2009). *Culture and panic disorder*. Stanford: Stanford University Press.

Hinton, D. E., Hofmann, S. G., Pitman, R. K., Pollack, M. H., Barlow, D. H. (2008). The panic attack-posttraumatic stress disorder model: Applicability to orthostatic panic among Cambodian refugees. *Cognitive Behavioral Therapy, 37*(2), 101–116.

Hinton, D. E., Lewis-Fernández, R., & Pollack, M. H. (2009). A model of the generation of ataque de nervios: The role of fear of negative affect and fear of arousal symptoms. *CNS Neuroscience Therapeutics, 15*(3), 264–275.

Hinton, D., Pich, V., Chhean, D., Pollack, M. H., & Barlow, D. H. (2004). Olfactory-triggered panic attacks among Cambodian refugees attending a psychiatric clinic. *General Hospital Psychiatry, 26*(5), 390–397.

Hinton, D., Pollack, M. H., Pich, V., Fama, J. M., & Barlow, D. H. (2005). Orthosatically induced panic attacks among Cambodian refugees: Flashbacks, catastrophic cognitions, and associated psychopathology. *Cognitive Behavioral Practice, 12*, 301–311.

Hinton, L., Guo, Z., Hillygus, J., & Levkoff, S. (2000). Working with culture: A qualitative analysis of barriers to the recruitment of Chinese American family caregivers for dementia research. *Journal of Cross-Cultural Gerontology, 15*(2), 119–137. doi:10.1023/A:1006798316654

Hirschfeld, D. R., Rosenbaum, J. F., Biederman, J., Bolduc, E. A., Farone, S. V., Snidman, N., ... Kagan, J. (1992). Stable behavioral inhibition and its association with anxiety disorder. *Journal of the American Academy of Child and Adolescent Psychiatry, 31*, 103–111.

Hirschfeld, R. M. A., Keller, M. M., Panico, S., Arons, B. S., Barlow, D., Davidoff, F., ... Wyatt, R. J. (1997). The National Depressive and Manic-Depressive Association consensus statement on the undertreatment of depression. *JAMA: Journal of the American Medical Association, 277*(4), 333–340.

Hirshkowitz, M., Seplowitz, R. G., & Sharafkhaneh, A. (2009). Sleep disorders. In B. J. Sadock, V. A. Sadock, & P. Ruiz (Eds.), *Kaplan & Sadock's Comprehensive Textbook of Psychiatry* (9th ed., Vol. I, pp. 2150–2177). Philadelphia, PA: Lippincott Williams & Wilkins.

Hitchcock, P. B., & Mathews, A. (1992). Interpretation of bodily symptoms in hypochondriasis. *Behaviour Research and Therapy, 30*(3), 223–234.

Hlastala, S. A., Kotler, J. S., McClellan, J. M., & McCauley, E. A. (2010). Interpersonal and social rhythm therapy for adolescents with bipolar disorder: Treatment development and results from an open trial. *Depression and Anxiety, 27*(5), 457–464.

Hobfoll, S. E., Canetti-Nisim, D., & Johnson, R. J. (2006). Exposure to terrorism, stress-related mental health symptoms, and defensive coping among Jews and Arabs in Israel. *Journal of Consulting and Clinical Psychology, 74*, 207–218.

Hoehn-Saric, R., McLeod, D. R., & Zimmerli, W. D. (1989). Somatic manifestations in women with generalized anxiety disorder: Psychophysiological responses to psychological stress. *Archives of General Psychiatry, 46*, 1113–1119.

Hoek, H. W. (2002). The distribution of eating disorders. In K. D. Brownell & C. G. Fairburn (Eds.), *Eating disorders and obesity: A comprehensive handbook* (2nd ed., pp. 207–211). New York, NY: Guilford Press.

Hofmann, S. G. (2004). Cognitive mediation of treatment change in social phobia. *Journal of Consulting and Clinical Psychology, 72*, 393–399.

Hofmann, S. G., Alpers, G. W., & Pauli, P. (2009). Phenomenology of panic and phobic disorders. In M. M. Antony & M. B. Stein (Eds.), *Oxford handbook of anxiety and related disorders* (pp. 34–46). New York, NY: Oxford University Press.

Hofmann, S. G., & Barlow, D. H. (2002). Social phobia (social anxiety disorder). In D. H. Barlow, *Anxiety and its disorders: The nature and treatment of anxiety and panic* (2nd ed.). New York, NY: Guilford Press.

Hofmann, S. G., Lehman, C. L., & Barlow, D. H. (1997). How specific are specific phobias? *Journal of Behavior Therapy and Experimental Psychiatry, 28*, 233–240.

Hofmann, S. G., Meuret, A. E., Smitts, J. A. J., Simon, N. M., Pollack, M. H., Eisenmenger, K., ... Otto, M. W. (2006). Augmentation of exposure therapy with D-cycloserine for social anxiety disorder. *Archives of General Psychiatry, 63*, 298–304.

Hofmann, S., Richey, J., Kashdan, T., & McKnight, P. (2009). Anxiety disorders moderate the association between externalizing problems and substance use disorders: Data from the National Comorbidity Survey-Revised. *Journal of Anxiety Disorders, 23*(4), 529–534.

Hofstede, G., & McCrae, R. R. (2004). Personality and culture revisited: Linking traits and dimensions of culture. *Cross-Cultural Research, 38*, 52–88.

Hogarty, G. E., Anderson, C. M., Reiss, D. J., Kornblith, S. J., Greenwald, D. P., Javna, C. D., & Madonia, M. J. (1986). Family psychoeducation, social skills training, and maintenance chemotherapy in the aftercare treatment of schizophrenia: I. One-year effects of a controlled study on relapse and expressed emotion. *Archives of General Psychiatry, 43*, 633–642.

Hogarty, G. E., Anderson, C. M., Reiss, D. J., Kornblith, S. J., Greenwald, D. P., Ulrich, R. F., Carter, M., & The Environmental–Personal Indicators in the Course of Schizophrenia (EPICS) Research Group. (1991). Family psychoeducation, social skills training, and maintenance chemotherapy in the aftercare treatment of schizophrenia. *Archives of General Psychiatry, 48*, 340–347.

Holden, C. (2005). Obesity in the east. *Science, 307*, 38.

Holder, H. D., Gruenewald, P. J., Ponicki, W. R., Treno, A. J., Grube, J. W., & Saltz, R. F., ... Roeper, P. (2000). Effect of community-based interventions on high-risk drinking and alcohol-related injuries. *JAMA: Journal of the American Medical Association, 284*, 2341–2347.

Holland, J. M., & Gallagher-Thompson, D. (2011). Interventions for mental health problems in later life. In D. H. Barlow (Ed.), *Oxford handbook of clinical psychology* (pp. 810–836). New York, NY: Oxford University Press.

Hollander, E., Allen, A., Kwon, J., Aronwoitz, B., Schmeidler, J., Wong, C., & Simeon, D. (1999). Clomipramine vs. desipramine crossover trial in body dysmorphic disorder: Selective efficacy of a serotonin reuptake inhibitor in imagined ugliness. *Archives of General Psychiatry, 56*(11), 1033–1039.

Hollander, E., Berlin, H. A., & Stein, D. J. (2009). Impulse-control disorders not elsewhere classified. In J. A. Bourgeois, R. E. Hales, J. S. Young, & S. C. Yudofsky (Eds.), *The American Psychiatric Publishing Board review guide for psychiatry* (pp. 469–482). Arlington, VA: American Psychiatric Publishing.

Hollifield, M., Katon, W., Spain, D., & Pule, L. (1990). Anxiety and depression in a village in Lesotho, Africa: A comparison with the United States. *British Journal of Psychiatry, 156*, 343–350.

Hollis, J. F., Connett, J. E., Stevens, V. J., & Greenlick, M. R. (1990). Stressful life events, type A behavior, and the prediction of cardiovascular and total mortality over six years. *Journal of Behavioral Medicine, 13*(3), 263–280.

Hollon, S. D., DeRubeis, R. J., Evans, M. D., Wiener, M. J., Garvey, M. J., Grose, W. M., & Tuason, V. B. (1992). Cognitive therapy and pharmacotherapy for depression: Singly and in combination. *Archives of General Psychiatry, 49*(10), 772–781.

Hollon, S. D., DeRubeis, R. J., Shelton, R. C., Amsterdam, J. D., Salomon, R. M., O'Reardon, J. P., ... Gallop, R. (2005). Prevention of relapse following cognitive therapy vs. medications in moderate to severe depression. *Archives of General Psychiatry, 62*, 417–422.

Hollon, S. D., & Dimidjian, S. (2009). Cognitive and behavioral treatment of depression. In I. H. Gotlib & C. L. Hammen (Eds.), *Handbook of depression* (2nd ed., pp. 586–603). New York, NY: Guilford Press.

Hollon, S. D., Kendall, P. C., & Lumry, A. (1986). Specificity of depressotypic cognitions in clinical depression. *Journal of Abnormal Psychology, 95*, 52–59.

Hollon, S. D., Shelton, R. C., & Loosen, P. T. (1991). Cognitive therapy and pharmacotherapy for depression. *Journal of Consulting and Clinical Psychology, 59*(1), 88–99.

Hollon, S. D., Stewart, M. O., & Strunk, D. (2006). Cognitive behavior therapy has enduring effects in the treatment of depression and anxiety. *Annual Review of Psychology, 57*, 285–315.

Holroyd, K. A., Andrasik, F., & Noble, J. (1980). A comparison of EMG biofeedback and a credible pseudotherapy in treating tension headache. *Journal of Behavioral Medicine, 3*, 29–39.

Holroyd, K. A., Nash, J. M., Pingel, J. D., Cordingley, G. E., & Jerome, A. (1991). A comparison of pharmacological (amitriptyline HCL) and nonpharmacological (cognitive-behavioral) therapies for chronic tension headaches. *Journal of Consulting and Clinical Psychology, 59*(3), 387–393.

Holroyd, K. A., & Penzien, D. B. (1986). Client variables in the behavioral treatment of current tension headache: A meta-analytic review. *Journal of Behavioral Medicine, 9*, 515–536.

Holroyd, K. A., Penzien, D. B., Hursey, K. G., Tobin, D. L., Rogers, L., Holm, J. E., ... Chila, A. G. (1984). Change mechanisms in EMG biofeedback training. Cognitive changes underlying improvements in tension headache. *Journal of Consulting and Clinical Psychology, 52*, 1039–1053.

Holt-Lunstad, J., Birmingham, W. A., & Light, K. C. (2008). Influence of a "warm touch" support enhancement intervention among married couples on ambulatory blood pressure, oxytocin, alpha amylase, & cortisol. *Psychosomatic Medicine, 70*, 976–985.

Holzman, P. S., & Levy, D. L. (1977). Smooth pursuit eye movements and functional psychoses: A review. *Schizophrenia Bulletin, 3*, 15–27.

Hook, E. B. (1982). Epidemiology of Down syndrome. In S. M. P. J. E. Rynders (Ed.), *Down syndrome: Advances in biomedicine and the behavioral sciences* (pp. 11–88). Cambridge, MA: Ware Press.
Hooley, J. M. (1985). Expressed emotion: A review of the critical literature. *Clinical Psychology Review, 5,* 119–139.
Hooley, J. M., & Campbell, C. (2002). Control and controllability: Beliefs and behaviour in high and low expressed emotion relatives. *Psychological Medicine, 32,* 1091–1099.
Hopwood, C., Morey, L., Markowitz, J., Pinto, A., Skodol, A., Gunderson, J., ... McGlashan, T. H. (2009). The construct validity of passive-aggressive personality disorder. *Psychiatry: Interpersonal & Biological Processes, 72*(3), 256–267.
Horan, W. P., Ventura, J., Mintz, J., Kopelowicz, A., Wirshing, D., Christian-Herman, J., Foy, D., & Liberman, R. P. (2007). Stress and coping responses to a natural disaster in people with schizophrenia. *Psychiatry Research, 151,* 77–86.
Horowitz, J., & Garber, J. (2006). The prevention of depressive symptoms in children and adolescents: A meta-analytic review. *Journal of Consulting and Clinical Psychology, 74,* 401–415.
Horowitz, M. J., Siegel, B., Holen, A., Bonanno, G. A., Milbrath, C., & Stinson, C. H. (1997). Diagnostic criteria for complicated grief disorder. *American Journal of Psychiatry, 154,* 904–910.
Horsfall, J., Cleary, M., Hunt, G., & Walter, G. (2009). Psychosocial treatments for people with co-occurring severe mental illnesses and substance use disorders (dual diagnosis): A review of empirical evidence. *Harvard Review of Psychiatry, 17*(1), 24–34.
Horwath, E., & Weissman, M. (1997). Epidemiology of anxiety disorders across cultural groups. In S. Friedman (Ed.), *Cultural issues in the treatment of anxiety* (pp. 21–39.) New York, NY: Guilford Press.
House, J. S., Landis, K. R., & Umberson, D. (1988). Social relationships and health. *Science, 241,* 540–545.
House, J. S., Robbins, C., & Metzner, H. M. (1982). The association of social relationships and activities with mortality: Prospective evidence from the Tecumseh community health study. *American Journal of Epidemiology, 116,* 123.
Houston, B. K., Chesney, M. A., Black, G. W., Cates, D. S., & Hecker, M. H. L. (1992). Behavioral clusters and coronary heart disease risk. *Psychosomatic Medicine, 54*(4), 447–461.
Houts, A. C. (2001). The diagnostic and statistical manual's new white coat and circularity of plausible dysfunctions: Response to Wakefield, Part I. *Behaviour Research and Therapy, 39,* 315–345.
Howe, M. L. (2007). Children's emotional false memories. *Psychological Science, 18*(10), 856–860.
Howes, O. D., & Kapur, S. (2009). The dopamine hypothesis of schizophrenia: version III—the final common pathway. *Schizophrenia Bulletin, 35*(3), 549–562. doi:10.1093/schbul/sbp006
Howland, R. H., Rush, A. J., Wisniewski, S. R., Trivedi, M. H., Warden, D., Fava, M., ... Gallop, R. (2009). Concurrent anxiety and substance use disorders among outpatients with major depression: Clinical features and effect on treatment outcome. *Drug and Alcohol Dependence, 99*(1-3), 248–260.
Hrabosky, J. I., Masheb, R. M., White, M. A., & Grilo, C. M. (2007). Overvaluation of shape and weight in binge eating disorder. *Journal of Consulting and Clinical Psychology, 75,* 175–180.
Hsu, L. K. G. (1990). *Eating disorders.* New York, NY: Guilford Press.
Hsu, L. K. G., & Zimmer, B. (1988). Eating disorders in old age. *International Journal of Eating Disorders, 7,* 133–138.
Huang, Y., Kotov, R., de Girolamo, G., Preti, A., Angermeyer, M., Benjet, C., ... Kessler, R. C. (2009). DSM-IV personality disorders in the WHO World Mental Health Surveys. *The British Journal of Psychiatry, 195*(1), 46–53. doi:10.1192/bjp.bp.108.058552
Hubert, N. C., Jay, S. M., Saltoun, M., & Hayes, M. (1988). Approach-avoidance and distress in children undergoing preparation for painful medical procedures. *Journal of Clinical Child Psychology, 17,* 194–202.
Hucker, S. J. (1997). Sexual sadism: Psychopathology and theory. In D. R. Laws & W. T. O'Donohue (Eds.), *Sexual deviance: Theory, assessment, and treatment* (pp. 194–209). New York, NY: Guilford Press.
Hucker, S. J. (2008). Sexual masochism: Psychopathology and theory. In D. R. Laws & W. T. O'Donohue (Eds.), *Sexual deviance: Theory, assessment, and treatment* (2nd ed., pp. 250–263). New York, NY: Guilford Press.
Hudson, C., & Vissing, Y. (2010). The geography of adult homelessness in the US: Validation of state and county estimates. *Health & Place, 16*(5), 828–837.
Hudson, J. I., Hiripi, E., Pope, H. G., Jr., & Kessler, R. C. (2007). The prevalence and correlates of eating disorders in the national comorbidity survey replication. *Biological Psychiatry, 61,* 348–358.
Hudson, J. I., Lalonde, J. K., Berry, J. M., Pindych, L. J., Bulik, C. M., Crow, S. J., ... Pope, H. G. (2006). Binge-eating disorder as a distinct familial phenotype in obese individuals. *Archives of General Psychiatry, 63,* 313–319.
Hudson, J. I., Mangweth, B., Pope, H. G., Jr., De Col, C., Hausmann, A., Gutweniger, S., ... Tsaung, M. T. (2003). Family study of affective spectrum disorder. *Archives of General Psychiatry, 60,* 170–177.
Hudson, J., Pope, H., Jonas, J. M., & Yurgelun-Todd, D. (1983). Family history study of anorexia nervosa and bulimia. *British Journal of Psychiatry, 142,* 133–138.
Hufford, M. R., Shields, A. L., Shiffman, S., Paty, J., & Balabanis, M. (2002). Reactivity to ecological momentary assessment: An example using undergraduate problem drinkers. *Psychology of Addictive Behaviors, 16,* 205–211.
Hughes, J. R. (2009). Nicotine-related disorders. In B. J. Sadock, V. A. Sadock, & P. Ruiz (Eds.), *Kaplan & Sadock's comprehensive textbook of psychiatry* (9th ed., Vol. I, pp. 1353–1360). Philadelphia, PA: Lippincott Williams & Wilkins.
Human Rights Campaign. History of National Coming Out Day. Retrieved from http://www.hrc.org/issues/3338.htm
Humphrey, L. L. (1986). Structural analysis of parent–child relationships in eating disorders. *Journal of Abnormal Psychology, 95,* 395–402.
Humphrey, L. L. (1988). Relationships within subtypes of anorexic, bulimic, and normal families. *Journal of the American Academy of Child and Adolescent Psychiatry, 27,* 544–551.
Humphrey, L. L. (1989). Observed family interactions among subtypes of eating disorders using structural analysis of social behavior. *Journal of Consulting and Clinical Psychology, 57,* 206–214.
Hunsley J. & Mash, E. J. (2011). Evidence based assessment. In D. H. Barlow (Ed.), *Oxford handbook of clinical psychology* (pp. 76–97). New York, NY: Oxford University Press.
Hunt, M. (2007). Borderline personality disorder across the life span. *Journal of Women & Aging, 19*(1), 173–191.
Hunt, W. A. (1980). History and classification. In A. E. Kazdin, A. S. Bellack, & M. Hersen (Eds.), *New perspectives in abnormal psychology.* New York, NY: Oxford University Press.
Hunter, E., Sierra, M., & David, A. (2004). The epidemiology of depersonalisation and derealisation: A systematic review. *Social Psychiatry and Psychiatric Epidemiology, 39,* 9–18.
Huntington's Disease Collaborative Research Group. (1993). A novel gene containing a trinucleotide repeat that is expanded and unstable on Huntington's disease chromosomes. *Cell, 72,* 971–983.
Huntjens, R. J., Peters, M., Woertman, L., Bovenschen, L., Loes, M., Martin, R., & Postma, A. (2006). Interidentity amnesia in dissociative identity disorder: A simulated memory impairment? *Psychological Medicine, 36,* 857–863.
Huntjens, R. J., Postma, A., Hamaker, E. L., Woertman, L., van der Hart, O., & Peters, M. (2002). Perceptual and conceptual priming in patients with dissociative identity disorder. *Memory & Cognition, 30,* 1033–1043.
Huntjens, R. J., Postma, A., Peters, M., Woertman, L., & van der Hart, O. (2003). Interidentity amnesia for neutral, episodic information in dissociative identity disorder. *Abnormal Psychology*, 112, 290–7.
Huppert, J. D. (2009). Anxiety disorders and depression comorbidity. In M. M. Antony & M. B. Stein (Eds.), *Oxford handbook of anxiety and related disorders* (pp. 576–586). New York, NY: Oxford University Press.
Hurt, S. W., Schnurr, P. P., Severino, S. K., Freeman, E. W., Gise, L. H., Rivera-Tovar, A., & Steege, J. F. (1992). Late luteal phase dysphoric disorder in 670 women evaluated for premenstrual complaints. *American Journal of Psychiatry, 149,* 525–530.
Hyman, S. E. (2009). How adversity gets under the skin. *Nature Neuroscience, 12*(3), 241–243.
Iacono, W. G., Bassett, A. S., & Jones, B. D. (1988). Eye tracking dysfunction is associated with partial trisomy of chromosome

5 and schizophrenia. *Archives of General Psychiatry, 45*(12), 1140–1141.
Imeri, L., & Opp, M. R. (2009). How (and why) the immune system makes us sleep. *Nature Reviews Neuroscience, 10*(3), 199–210.
Imhof, A., Kovari, E., von Gunten, A., Gold, G., Rivara, C.-B., Herrmann, F. R., ... Giannakopoulos, P. (2007). Morphological substrates of cognitive decline in nonagenarians and centenarians: A new paradigm? *Journal of the Neurological Sciences, 257*(1–2), 72–79.
Ingram, R., Miranda, J., & Segal, Z. (2006). Cognitive vulnerability to depression. In L. B. Alloy and J. H. Riskind (Eds.)., *Cognitive vulnerability to emotional disorders* (pp. 63–91). Mahwah, NJ: Lawrence Erlbaum Associates Publishers.
Inlow, J. K., & Restifo, L. L. (2004). Molecular and comparative genetics of mental retardation. *Genetics, 166,* 835–881.
Insel, T. R. (Ed.) (1984). *New findings in obsessive-compulsive disorder.* Washington, DC: American Psychiatric Press.
Insel, T. R. (1992). Toward a neuroanatomy of obsessive-compulsive disorder. *Archives of General Psychiatry, 49,* 739–744.
Insel, T. R. (2006). Beyond efficacy: The STAR*D trial. *American Journal of Psychiatry, 163,* 5–7.
Insel, T. R. (2009). Translating scientific opportunity into public health impact: A strategic plan for research on mental illness. *Archives of General Psychiatry, 66*(2), 128–133.
Insel, T. R., Scanlan, J., Champoux, M., & Suomi, S. J. (1988). Rearing paradigm in a nonhuman primate affects response to B-CCE challenge. *Psychopharmacology, 96,* 81–86.
Institute of Medicine. (1999). *Reducing the burden of injury: Advancing prevention and treatment.* Washington, DC: National Academy of Sciences.
Institute of Medicine. (2001). *Crossing the quality chasm: A new health system for the 21st century.* Washington, DC: National Academies Press.
Institute of Medicine. (2002). *Reducing suicide: A national imperative.* Washington, DC: National Academic Press.
Iribarren, C., Sidney, S., Bild, D. E., Liu, K., Markovitz, J. H., Roseman, J. M., & Matthews, K. (2000). Association of hostility with coronary artery calcification in young adults. *JAMA: Journal of the American Medical Association, 283*(19), 2546–2551.
Ironson, G., Taylor, C. B., Boltwood, M., Bartzokis, T., Dennis, C., Chesney, M., ... Segal, G. M. (1992). Effects of anger on left ventricular ejection fraction in coronary artery disease. *American Journal of Cardiology, 70,* 281–285.
Irvin, J. E., Bowers, C. A., Dunn, M. E., & Wang, M. C. (1999). Efficacy of relapse prevention: A meta-analytic review. *Journal of Consulting and Clinical Psychology, 67*(4), 563–570.
Isaacowitz, D., Smith, T. T., & Carstensen, L. L. (2003). Socioemotional selectivity, positive bias, and mental health among trauma survivors in old age. *Ageing International, 28,* 181–199.
Ivanov, I. (2009). Disulfiram and acamprosate. In B. J. Sadock, V. A. Sadock, & P. Ruiz (Eds.), *Kaplan & Sadock's comprehensive textbook of psychiatry* (9th ed., Vol. II, pp. 3099–3105). Philadelphia, PA: Lippincott Williams & Wilkins.
Iverson, L. (2006). Neurotransmitter transporters and their impact on the development of psychopharmacology. *British Journal of Pharmacology, 147*(Suppl. 1), S82–S88.
Izard, C. E. (1992). Basic emotions, relations among emotions, and emotion–cognition relations. *Psychological Review, 99*(3), 561–565.
Jablensky, A. (2009). Worldwide burden of schizophrenia. In B. J. Sadock, V. A. Sadock, & P. Ruiz (Eds.), *Kaplan & Sadock's comprehensive textbook of psychiatry* (9th ed., Vol. I, pp. 1451–1462). Philadelphia, PA: Lippincott Williams & Wilkins.
Jackson v. Indiana, 406 U.S. 715 (1972).
Jackson, C., Brown, J. D., & L'Engle, K. L. (2007). R-rated movies, bedroom televisions, and initiation of smoking by white and black adolescents. *Archives of Pediatrics & Adolescent Medicine, 161,* 260–268.
Jackson, G., Rosen, R., Kloner, R., & Kostis, J. (2006). The second Princeton consensus on sexual dysfunction and cardiac risk: New guidelines for sexual medicine. *Journal of Sexual Medicine, 3,* 28–36.
Jackson, S., Pretti-Frontczak, K., Harjusola-Webb, S., Grisham-Brown, J., & Romani, J. M. (2009). Response to intervention: Implications for early childhood professionals. *Language, Speech, and Hearing Services in Schools, 40*(4), 424–434.
Jacobi, W., & Winkler, H. (1927). Encephalographische studien an chronischen schizophrenen. *Archives fur Psychiarrie und Nervenkrunkheiten, 81,* 299–332.
Jacobs, S. (1993). *Pathologic grief: Maladaptation to loss.* Washington, DC: American Psychiatric Press.
Jacobs, S., Hansen, F., Berkman, L., Kasl, S., & Ostfeld, A. (1989). Depressions of bereavement. *Comprehensive Psychiatry, 30*(3), 218–224.
Jacobson, N. S., Dobson, K. S., Truax, P. A., Addis, M. E., Koerner, K., Gollan, J. K., ... Prince, S. E. (1996). A component analysis of cognitive-behavioral treatment for depression. *Journal of Consulting and Clinical Psychology, 64,* 295–304.
Jacobson, N. S., Martell, C. R., & Dimidjian, S. (2001). Behavioral activation treatment for depression: Returning to contextual roots. *Clinical Psychology: Science and Practice, 8*(3), 255–270.
Jamison, R. N., & Virts, K. L. (1990). The influence of family support on chronic pain. *Behaviour Research and Therapy, 28*(4), 283–287.
Jamner, L. D., Shapiro, D., Goldstein, I. B., & Hug, R. (1991). Ambulatory blood pressure and heart rate in paramedics: Effects of cynical hostility and defensiveness. *Psychosomatic Medicine, 53,* 393–406.
Jane, J. S., Oltmanns, T. F., South, S. C., & Turkheimer, E. (2007). Gender bias in diagnostic criteria for personality disorders: An item response theory analysis. *Journal of Abnormal Psychology, 116,* 166–175.
Jang, K. L. (2005). *The behavioral genetics of psychopathology: A clinical guide.* Mahwah, NJ: Lawrence Erlbaum Associates.
Jason, L. A., Fennell, P. A., & Taylor, R. R. (2003). *Handbook of chronic fatigue syndrome.* Hoboken, NJ: John Wiley.
Jason, L. A., Roesner, N., Porter, N., Parenti, B., Mortensen, J., & Till, L. (2010). Provision of social support to individuals with chronic fatigue syndrome. *Journal of Clinical Psychology, 66,* 249–258.
Jaspers, K. (1963). *General psychopathology* (J. Hoenig & M. W. Hamilton, Trans.). Manchester, UK: Manchester University Press.
Javitt, D. C., & Laruelle, M. (2006). Neurochemical theories. In J. A. Lieberman, T. S. Stroup, & D. O. Perkins (Eds.), *The American Psychiatric Publishing textbook of schizophrenia* (pp. 85– 116). Washington, DC: American Psychiatric Publishing.
Javitt, D. C., & Zukin, S. R. (2009). Phencyclidine (or Phencyclidine-like)-related disorders. In B. J. Sadock, V. A. Sadock, & P. Ruiz (Eds.), *Kaplan & Sadock's comprehensive textbook of psychiatry* (9th ed., Vol. I, pp. 1337–1397). Philadelphia, PA: Lippincott Williams & Wilkins.
Jay, S. M., Elliott, C. H., Ozolins, M., Olson, R. A., & Pruitt, S. D. (1985). Behavioral management of children's distress during painful medical procedures. *Behaviour Research and Therapy, 23*(5), 513–520.
Jellinek, E. M. (1946). Phases in the drinking histories of alcoholics. *Quarterly Journal of Studies on Alcohol, 7,* 1–88.
Jellinek, E. M. (1952). Phases of alcohol addiction. *Quarterly Journal of Studies on Alcohol, 13,* 673–684.
Jellinek, E. M. (1960). *The disease concept of alcohol.* New Brunswick, NJ: Hillhouse Press.
Jenike, M. A., Baer, L., Ballantine, H. T., Martuza, R. L., Tynes, S., Giriunas, I., ... Cassem, N. H. (1991). Cingulotomy for refractory obsessive-compulsive disorder: A long-term follow-up of 33 patients. *Archives of General Psychiatry, 48,* 548–555.
Jenkins, J. H., & Karno, M. (1992). The meaning of expressed emotion: Theoretical issues raised by cross-cultural research. *American Journal of Psychiatry, 149,* 9–21.
Jenkins, J. H., Kleinman, A., & Good, B. J. (1990). Cross-cultural studies of depression. In J. Becker & A. Kleinman (Eds.), *Psychosocial aspects of depression.* Hillsdale, NJ: Erlbaum.
Jennum, P., & Riha, R. L. (2009). Epidemiology of sleep apnoea/hypopnoea syndrome and sleep-disordered breathing. *European Respiratory Journal, 33*(4), 907–914. doi:10.1183/09031936.00180108
Jensen, E., Schmidt, E., Pedersen, B., & Dahl, R. (1991). Effect on smoking cessation of silver acetate, nicotine and ordinary chewing gum. *Psychopharmacology, 104*(4), 470–474.
Jensen, P. S., Hinshaw, S. P., Swanson, J. M., Greenhill, L. L., Conners, C. K., Arnold, L. E., ... Wigal, T. (2001). Findings from the NIMH Multimodal Treatment Study of ADHD (MTA): Implications and applications for primary care providers. *Journal of Developmental and Behavioral Pediatrics, 22*(1), 60–73.
Jeste, D., Palmer, B., Golshan, S., Eyler, L., Dunn, L., Meeks, T., ... Appelbaum, P. S. (2009). Multimedia consent for research in people with schizophrenia and normal subjects: A randomized controlled trial. *Schizophrenia Bulletin, 35*(4), 719.

Jilek, W. G. (1982). Altered states of consciousness in North American Indian ceremonials. *Ethos, 10*(4), 326–343.

Jindal, R. D., Thase, M. E., Fasiczka, A. L., Friedman, E. S., Buysse, D. J., Frank, E., & Kupfer, D.J. (2002). Electroencephalographic sleep profiles in single-episode and recurrent unipolar forms of major depression: II. Comparison during remission. *Biological Psychiatry, 1*, 230–236.

Jobe, T. H., & Harrow, M. (2005). Long-term outcome of patients with schizophrenia: A review. *Canadian Journal of Psychiatry, 50*, 892–900.

Jockin, V., McGue, M., & Lykken, D. T. (1996). Personality and divorce: A genetic analysis. *Journal of Personality and Social Psychology, 71*, 288–299.

Joe, S., Baser, R., Breeden, G., Neighbors, H., & Jackson, J. (2006). Prevalence of and risk factors for lifetime suicide attempts among blacks in the United States. *JAMA: Journal of the American Medical Association, 296*, 2112–2123.

Johnson, A. M., Wadsworth, J., Wellings, K., Bradshaw, S., & Field, J. (1992). Sexual lifestyles and HIV risk. *Nature, 360*, 410–412.

Johnson, J. G., Bromley, E., & McGeoch, P. G. (2005). Role of childhood experiences in the development of maladaptive and adaptive traits. In J. M. Oldham, A. E. Skodol, & D. S. Bender (Eds.), *Textbook of personality disorders* (pp. 209–221). Washington, DC: American Psychiatric Publishing.

Johnson, J. G., Cohen, P., Kasen, S., & Brook, J. S. (2002). Eating disorders during adolescence and the risk for physical and mental disorders during early adulthood. *Archives of General Psychiatry, 59*, 545–552.

Johnson, J. G., Cohen, P., Kasen, S., & Brook, J. S. (2006). Dissociative disorders among adults in the community, impaired functioning, and axis I and axis II comorbidity. *Journal of Psychiatric Research, 40*, 131–140.

Johnson, J. G., Cohen, P., Pine, D. S., Klein, D. F., Kasen, S., & Brook, J. S. (2000). Association between cigarette smoking and anxiety disorders during adolescence and early adulthood. *JAMA: Journal of the American Medical Association, 284*, 2348–2351.

Johnson, J. G., Weissman, M. M., & Klerman, G. L. (1990). Panic disorder, comorbidity, and suicide attempts. *Archives of General Psychiatry, 47*, 805–808.

Johnson, S. L., Cuellar, A. K., & Miller, C. (2009). Bipolar and unipolar depression: A comparison of clinical phenomenology, biological vulnerability, and psychosocial predictors. In I. H. Gotlib & C. L. Hammen (Eds.), *Handbook of depression* (2nd ed., pp. 142–162). New York, NY: Guilford Press.

Johnson, S. L., Cuellar, A. K., Ruggero, C., Winett-Perlman, C., Goodnick, P., White, R., & Miller, I. (2008). Life events as predictors of mania and depression in bipolar I disorder. *Journal of Abnormal Psychology, 117*(2), 268–277.

Johnson, S. L., Gruber, J. L., & Eisner, L. R. (2007). Emotion and bipolar disorder. In J. Rottenberg & S. L. Johnson (Eds.), *Emotion and psychopathology* (pp. 123–150). Washington, DC: American Psychological Association.

Johnson, S. L., & Miller, I. (1997). Negative life events and time to recovery from episodes of bipolar disorder. *Journal of Abnormal Psychology, 106*(3), 449–457.

Johnson, S. L., Winett, C. A., Meyer, B., Greenhouse, W. J., & Miller, I. (1999). Social support and the course of bipolar disorder. *American Psychological Association, 180*(4), 558–566.

Johnson, W., Turkheimer, E., Gottesman, I. I., & Bouchard, T. J., Jr. (2009). Beyond heritability: Twin studies in behavioral research. *Current Directions in Psychological Science, 18*(4), 217–220.

Johnston, L., Bachman, J., & Schulenberg, J. (2005). *Monitoring the future national results on adolescent drug use: Overview of key findings, 2004*: Substance Abuse and Mental Health Services Administration.

Joiner, T., Kalafat, J., Draper, J., Stokes, H., Knudson, M., Berman, A. L., & McKeon, R. (2007). Establishing standards for the assessment of suicide risk among callers to the national suicide prevention lifeline. *Suicide and Life-Threatening Behavior, 37*(3), 353–365.

Joiner, T. E., Jr. (1997). Shyness and low social support as interactive diatheses, with loneliness as mediator: Testing an interpersonal–personality view of vulnerability to depressive symptoms. *Journal of Abnormal Psychology, 106*(3), 386–394.

Joiner, T. E., Jr. (1999). A test of interpersonal theory of depression in youth psychiatric inpatients. *Journal of Abnormal Child Psychology, 27*(1), 77–85.

Joiner, T. E., Jr., Heatherton, T. F., & Keel, P. K. (1997). Ten-year stability and predictive validity of five bulimia-related indicators. *American Journal of Psychiatry, 154*, 1133–1138.

Joiner, T. E., Jr., & Rudd, D. M. (1996). Toward a categorization of depression-related psychological constructs. *Cognitive Therapy and Research, 20*, 51–68.

Joiner, T. E., Jr., & Rudd, M. D. (2000). Intensity and duration of suicidal crises vary as a function of previous suicide attempts and negative life events. *Journal of Consulting and Clinical Psychology, 68*(5), 909–916.

Joiner, T. E., Jr., & Timmons, K. A. (2009). Depression in its interpersonal context. In I. H. Gotlib & C. L. Hammen (Eds.), *Handbook of depression* (2nd ed., pp. 322–339). New York, NY: Guilford Press.

Jones, B. E., & Gray, B. A. (1986). Problems in diagnosing schizophrenia and affective disorders in blacks. *Hospital and Community Psychiatry, 37*, 61–65.

Jones, J. C., & Barlow, D. H. (1990). The etiology of posttraumatic stress disorder. *Clinical Psychology Review, 10*, 299–328.

Jones, M. C. (1924a). The elimination of children's fears. *Journal of Experimental Psychology, 7*, 383–390.

Jones, M. C. (1924b). A laboratory study of fear. The case of Peter. *Pedagogical Seminary, 31*, 308–315.

Jones, P., Barnes, T., Davies, L., Dunn, G., Lloyd, H., Hayhurst, K., ... Lewis, S. W. (2006). Randomized controlled trial of the effect on quality of life of second- vs. first-generation antipsychotic drugs in schizophrenia: Cost Utility of the Latest Antipsychotic Drugs in Schizophrenia Study (CUtLASS 1). *Archives of General Psychiatry, 63*(10), 1079.

Jones, R. T. (2009). Hallucinogen-related disorders. In B. J. Sadock, V. A. Sadock, & P. Ruiz (Eds.), *Kaplan & Sadock's comprehensive textbook of psychiatry* (9th ed., Vol. I, pp. 1331–1340). Philadelphia, PA: Lippincott Williams & Wilkins.

Jones, R. T., & Haney, J. I. (1984). A primary preventive approach to the acquisition and maintenance of fire emergency responding: Comparison of external and self-instruction strategies. *Journal of Community Psycho logy, 12*(2), 180–191.

Jones, R. T., & Kazdin, A. E. (1980). Teaching children how and when to make emergency telephone calls. *Behavior Therapy, 11*(4), 509–521.

Jones, R. T., & Ollendick, T. H. (2002). Residential fires. In A. M. La Greca, W. K. Silverman, E. Vernberg, & M. C. Roberts (Eds.), *Helping children cope with disasters and terrorism* (pp. 175–199). Washington, DC: American Psychological Association.

Joormann, J. (2009). Cognitive aspects of depression. In I. H. Gotlib & C. L. Hammen (Eds.), *Handbook of depression* (2nd ed., pp. 298–321). New York, NY: Guilford Press.

Jordan, B. D., Relkin, N. R., Ravdin, L. D., Jacobs, A. R., Bennett, A., & Gandy, S. (1997). Apolipoprotein E Epsilon 4 associated with chronic traumatic brain injury in boxing. *JAMA: Journal of the American Medical Association, 278*, 136–140.

Joshi, G., & Wilens, T. (2009). Comorbidity in pediatric bipolar disorder. *Child and Adolescent Psychiatric Clinics of North America, 18*(2), 291–319.

Joska, J. A., & Stein, D. J. (2008). Mood disorders. In R. E. Hales, S. C. Yudofsky & G. O. Gabbard (Eds.), *The American Psychiatric Publishing textbook of psychiatry* (5th ed., pp. 457–303). Arlington, VA: American Psychiatric Publishing.

Judd, L. L. (1997). The clinical course of unipolar major depressive disorders. *Archives of General Psychiatry, 54*, 989–991.

Judd, L. L. (2000). Course and chronicity of unipolar major depressive disorder: Commentary on joiner. *Child Psychology Science and Practice, 7*(2), 219–223.

Judd, L. L., Akiskal, H., Schettler, P., Coryell, W., Endicott, J., Maser, J., ... Keller, M. B. (2003). A prospective investigation of the natural history of the long-term weekly symptomatic status of the long-term weekly symptomatic status of bipolar II disorder. *Archives of General Psychiatry, 60*, 261–269.

Judd, L. L., Akiskal, H. S., Maser, J. D., Zeller, P. J., Endicott, J., Coryell, W., ... Keller, M. B. (1998). Major depressive disorder: A prospective study of residual subthreshold depressive symptoms as predictor of rapid release. *Journal of Affective Disorders, 50*, 97–108.

Judge, B., & Rusyniak, D. (2009). Illicit Drugs I: Amphetamines. In M. R. Dobbs (Ed.), *Clinical neurotoxicology: Syndromes, substances, environments, expert consult* (pp. 303–313). Philadelphia, PA: WB Saunders.

Juliano, L. M., & Griffiths, R. R. (2009). Caffeine-related disorders. In B. J. Sadock, V. A. Sadock, & P. Ruiz (Eds.), *Kaplan & Sadock's comprehensive textbook of psychiatry* (9th ed., Vol. I, pp. 1296–1309). Philadelphia, PA: Lippincott Williams & Wilkins.

Jummani, R., & Coffey, B. J. (2009). Tic disorders. In B. J. Sadock, V. A. Sadock, & P. Ruiz (Eds.), *Kaplan & Sadock's comprehensive textbook of psychiatry* (9th ed., Vol. II, pp. 3609–3623). Philadelphia, PA: Lippincott Williams & Wilkins.

Junginger, J. (1997). Fetishism: Assessment and treatment. In D. R. Laws & W. O'Donohue (Eds.), *Sexual deviance: Theory, assessment and treatment* (pp. 92–110). New York, NY: Guilford Press.

Kafka, M. P. (1997). A monoamine hypothesis for the pathophysiology of paraphilic disorders. *Archives of Sexual Behavior, 26,* 343–358.

Kafka, M. P., & Hennen, J. (2003). Hypersexual desire in males: Are males with paraphilias difference from males with paraphilia-related disorders? *Sexual Abuse: A Journal of Research & Treatment, 4,* 307–321.

Kagan, J. (1994). *Galen's prophesy.* New York, NY: Basic Books.

Kagan, J. (1997). Temperament and the reactions to unfamiliarity. *Child Development, 68,* 139–143.

Kagan, J., Reznick, J. S., & Snidman, N. (1988). Biological bases of childhood shyness. *Science, 240,* 167–171.

Kagan, J., & Snidman, N. (1991). Infant predictors of inhibited and uninhibited profiles. *Psychological Science, 2,* 40–44.

Kagan, J., & Snidman, N. (1999). Early childhood predictors of adult anxiety disorders. *Biological Psychiatry, 46,* 1536–1541.

Kahn, R. S., Khoury, J., Nichols, W. C., & Lanphear, B. P. (2003). Role of dopamine transporter genotype and maternal prenatal smoking in childhood hyperactive-impulsive, inattentive, and oppositional behaviors. *The Journal of Pediatrics, 143*(1), 104–110.

Kaiser, J. (2006). Differences in immune cell "brakes" may explain chimp–human split on AIDS. *Science Magazine, 312,* 672–673.

Kalaria, R., Maestre, G., Arizaga, R., Friedland, R., Galasko, D., Hall, K., … Potocnik, F. (2008). Alzheimer's disease and vascular dementia in developing countries: Prevalence, management, and risk factors. *Lancet Neurology, 7*(9), 812.

Kalat, J. W. (2009). *Biological Psychology* (10th ed.). Belmont, CA: Wadsworth.

Kalayasiri, R., Kranzler, H. R., Weiss, R., Brady, K., Gueorguieva, R., Panhuysen, C., & Malison, R. T. (2006). Risk factors for cocaine-induced paranoia in cocaine-dependent sibling pairs. *Drug and Alcohol Dependence, 84,* 77–84.

Kallmann, F. J. (1938). *The genetics of schizophrenia.* New York, NY: Augustin.

Kaminski, J. W., Valle, L., Filene, J., & Boyle, C. (2008). A meta-analytic review of components associated with parent training program effectiveness. *Journal of Abnormal Child Psychology, 36*(4), 567–589.

Kanayama, G., Barry, S., & Pope, H. G. (2006). Body image and attitudes toward male roles in anabolic–androgenic steroid users. *American Journal of Psychiatry, 163,* 697–703.

Kanayama, G., Brower, K. J., Wood, R. I., Hudson, J. I., & Pope, H. G., Jr. (2010). Treatment of anabolic–androgenic steroid dependence: Emerging evidence and its implications. *Drug and Alcohol Dependence, 109*(1–3), 6–13.

Kandel, D. B., Wu, P., & Davies, M. (1994). Maternal smoking during pregnancy and smoking by adolescent daughters. *American Journal of Public Health, 84,* 1407–1413.

Kandel, E. R. (1983). From metapsychology to molecular biology: Explorations into the nature of anxiety. *American Journal of Psychiatry, 140,* 1277–1293.

Kandel, E. R., Jessell, T. M., & Schacter, S. (1991). Early experience and the fine tuning of synaptic connections. In E. R. Kandel, J. H. Schwartz, & T. M. Jessell (Eds.), *Principles of neural science* (3rd ed., pp. 945–958). New York, NY: Elsevier.

Kandel, E. R., Schwartz, J., & Jessell, T. M. (2000). *Principles of neural science* (4th ed.). New York, NY: McGraw-Hill.

Kane, J. M. (2006). Tardive dyskinesia circa 2006. *American Journal of Psychiatry, 163,* 1316–1318.

Kane, J. M., Stroup, S., & Marder, S. R. (2009). Schizophrenia: Pharmacological treatment. In B. J. Sadock, V. A. Sadock, & P. Ruiz (Eds.), *Kaplan & Sadock's comprehensive textbook of psychiatry* (9th ed., Vol. I, pp. 1547–1556). Philadelphia, PA: Lippincott Williams & Wilkins.

Kanigel, R. (1988). Nicotine becomes addictive. *Science Illustrated, 2,* 19–21.

Kanner, L. (1943). Autistic disturbances of affective contact. *Nervous Child, 2,* 217–250.

Kanner, L. (1949). Problems of nosology and psychodynamics of early infantile autism. *American Journal of Orthopsychiatry, 19,* 416–426.

Kansas v. Hendricks, 117 S. Ct. 2072 (1997).

Kaplan, H. S. (1979). *Disorders of sexual desire.* New York, NY: Brunner/Mazel.

Kaplan, H. S. (1987). *Sexual aversion, sexual phobias, and panic disorder.* New York, NY: Brunner/Mazel.

Kaplan, M. (1983). A woman's view of DSM-III. *American Psychologist, 38,* 786–792.

Kaplan, S. A., Reis, R. B., Kohn, I. J., Ikeguchi, E. F., Laor, E., Te, A. E., & Martins, A. C. (1999). Safety and efficacy of sildenafil in postmenopausal women with sexual dysfunction. *Urology, 53,* 481–486.

Karno, M., & Golding, J. M. (1991). Obsessive-compulsive disorder. In L. N. Robins & D. A. Regier (Eds.), *Psychiatric disorders in America: The epidemiologic catchment area study* (pp. 204–219). New York, NY: Free Press.

Kasch, K. L., Rottenberg, J., Arnow, B. A., & Gotlib, I. H. (2002). Behavioral activation and inhibition systems and the severity and course of depression. *Journal of Abnormal Psychology, 111,* 589–597.

Kasindorf, J. (1988, May 2). The real story of Billie Boggs: Was Koch right—Or the civil libertarians? *New York,* pp. 36–44.

Kaslow, N. J., Davis, S. P., & Smith, C. O. (2009). Biological and psychosocial interventions for depression in children and adolescents. In I. H. Gotlib & C. L. Hammen (Eds.), *Handbook of depression* (2nd ed., pp. 642–672). New York, NY: Guilford Press.

Kass, D. J., Silvers, F. M., & Abrams, G. M. (1972). Behavioral group treatment of hysteria. *Archives of General Psychiatry, 26,* 42–50.

Kato, K., Sullivan, P., Evengard, B., & Pederson, N. (2006). Premorbid predictors of chronic fatigue. *Archives of General Psychiatry, 63,* 1267–1272.

Katon, W. (1993). Somatization disorder, hypochondriasis, and conversion disorder. In D. L. Dunner (Ed.), *Current psychiatric therapy* (pp. 314–320). Philadelphia, PA: W. B. Saunders.

Katon, W. J. (2003). Clinical and health services relationships between major depression, depressive symptoms, and general medical illness. *Biological Psychiatry, 54,* 216–226.

Katon, W., Lin, E., Von Korff, M., Russo, J., Lipscomb, P., & Bush, T. (1991). Somatization: A spectrum of severity. *American Journal of Psychiatry, 148,* 34–40.

Katon, W., & Roy-Byrne, P. P. (1991). Mixed anxiety and depression. *Journal of Abnormal Psychology, 100*(3), 337–345.

Katona, C., & Livingston, G. (2009). Depression and anxiety in dementia caregivers. In H. Herman, M. Maj, & N. Sartorius (Eds.), *Depressive disorders* (pp. 262–264). New York, NY: Wiley.

Katz, I. R. (1993). Delirium. In D. L. Dunner (Ed.), *Current psychiatric therapy* (pp. 65–73). Philadelphia, PA: W. B Saunders.

Kavale, K. A., & Forness, S. R. (1983). Hyperactivity and diet treatment: A metaanalysis of the Feingold hypothesis. *Journal of Learning Disabilities, 16,* 324–330.

Kavanagh, D. J. (1992). Recent developments in expressed emotion and schizophrenia. *British Journal of Psychiatry, 160,* 601–620.

Kawamura, K. Y. (2002). Asian American body images. In T. F. Cash & T. Pruzinsky (Eds.), *Body image: A handbook of theory, research and clinical practice* (pp. 243–249). New York, NY: Guilford Press.

Kaye, W. (2008). Neurobiology of anorexia and bulimia nervosa. *Physiology and Behavior, 94*(1), 121–135.

Kaye, W. H., Greeno, C. G., Moss, H., Fernstrom, J., Fernstrom, M., Lilenfeld, L. R., … Mann, J. J. (1998). Alterations in serotonin activity and psychiatric symptoms after recovery from bulimia nervosa. *Archives of General Psychiatry, 55,* 927–935.

Kaye, W. H., Weltzin, T. E., Hsu, L. K. G., McConaha, C. W., & Bolton, B. (1993). Amount of calories retained after binge eating and vomiting. *American Journal of Psychiatry, 150*(6), 969–971.

Kazak, A. E., Boeving, C. A., Alderfer, M. A., Hwang, W., & Reilly, A. (2005). Posttraumatic stress symptoms during treatment in parents of children with cancer. *Journal of Clinical Oncology, 23,* 7405–7410.

Kean, S. (2010). An indefatigable debate over chronic fatigue syndrome. *Science, 327,* 254–255.

Keane, T. M., & Barlow, D. H. (2002). Posttraumatic stress disorder. In D. H. Barlow, *Anxiety and its disorders: The nature and treatment of anxiety and panic* (2nd ed., pp. 418–453). New York, NY: Guilford Press.

Keane, T. M., Marx, B. P., & Sloan, D. M. (2011). Trauma, dissociation, and post-traumatic stress disorder. In D. H. Barlow (Ed.), *Oxford handbook of clinical psychology* (pp. 359–386). New York, NY: Oxford University Press.

Kearney, A. J. (2006). A primer of covert sensitization. *Cognitive and Behavioral Practice, 13*(2), 167–175. doi:10.1016/j.cbpra.2006.02.002

Kearney, C. (2010). *Helping children with selective mutism and their parents: A guide for school-based professionals*. New York, NY: Oxford University Press.

Kebir, O., Tabbane, K., Sengupta, S., & Joober, R. (2009). Candidate genes and neuropsychological phenotypes in children with ADHD: Review of association studies. *Journal of Psychiatry & Neuroscience: JPN, 34*(2), 88.

Keck, P. E., & McElroy, S. L. (2002). Pharmacological treatments for bipolar disorder. In P. E. Nathan & J. M. Gorman (Eds.), *A guide to treatments that work* (2nd ed., pp. 277–299). New York, NY: Oxford University Press.

Keefe, D. L. (2002). Sex hormones and neural mechanisms. *Archives of Sexual Behavior, 31*(5), 401–403.

Keefe, F. J., Dunsmore, J., & Burnett, R. (1992). Behavioral and cognitive-behavioral approaches to chronic pain: Recent advances and future directions. Special issue: Behavioral medicine: An update for the 1990s. *Journal of Consulting and Clinical Psychology, 60*(4), 528–536.

Keefe, F. J., & France, C. R. (1999). Pain: Biopsychosocial mechanisms and management. *Current Directions in Psychological Science, 8*, 137–141.

Keel, P. K., Dorer, D. J., Eddy, K. T., Franko, D., Charatan, D. L., & Herzog, D. B. (2003). Predictors of mortality in eating disorders. *Archives of General Psychiatry, 60*, 179–183.

Keel, P. K., Fichter, M., Quadflieg, N., Bulik, C. M., Baxter, M. G., Thornton, L., ... Kaye, W. H. (2004). Application of a latent class analysis to empirically define eating disorder phenotypes. *Archives of General Psychiatry, 61*, 192–200.

Keel, P. K., Heatherton, T. F., Dorer, D. J., Joiner, T, E., & Zalta, A. K. (2006). Point prevalence of bulimia nervosa in 1982, 1992, and 2002. *Psychological Medicine, 36*, 119–127.

Keel, P. K., & Klump, K. L. (2003). Are eating disorders culture-bound syndromes? Implications for conceptualizing their etiology. *Psychological Bulletin, 129*(5), 747–769.

Keel, P. K., & Mitchell, J. E. (1997). Outcome in bulimia nervosa. *American Journal of Psychiatry, 154*, 313–321.

Keel, P. K., Mitchell, J. E., Miller, K., B., Davis, T. L., & Crow, S. J. (1999). Long-term outcome of bulimia nervosa. *Archives of General Psychiatry, 56*, 63–69.

Keel, P. K., Mitchell, J. E., Miller, K. B., Davis, T. L., & Crow, S. J. (2000). Predictive validity of bulimia nervosa as a diagnostic strategy. *American Journal of Psychiatry 157*(1), 136–138.

Keilitz, I. (1987). Researching and reforming the insanity defense. *Rutgers Law Review, 39*, 289–322.

Keitner, G. I., Ryan, C. E., Miller, I. W., Kohn, R., Bishop, D. S., & Epstein, N. B. (1995). Role of the family in recovery and major depression. *American Journal of Psychiatry, 152*, 1002–1008.

Keller, M. B., Klein, D. N., Hirschfeld, R. M. A., Kocsis, J. H., McCullough, J. P., Miller, I., ... Marin, D. B. (1995). Results of the DSM-IV mood disorders field trial. *American Journal of Psychiatry, 152*, 843–849.

Keller, M. B., Lavori, P. W., Endicott, J., Coryell, W., & Klerman, G. L. (1983). "Double depression": Two-year follow-up. *American Journal of Psychiatry, 140*(6), 689–694.

Keller, M. B., McCollough, J. P., Klein, D. N., Arnow, B., Dunner, D. L., Gelenberg, A. J., ... Zajecka, J. (2000). A comparison of nefazodone, the cognitive behavioral-analysis system of psychotherapy, and their combination for the treatment of chronic depression. *New England Journal of Medicine, 342*(20), 1462–1470.

Keller, M. B., & Wunder, J. (1990). Bipolar disorder in childhood. In M. Hersen & C. G. Last (Eds.), *Handbook of child and adult psychopathology: A longitudinal perspective*. Elmsford, NY: Pergamon Press.

Keller, T. A., & Just, M. A. (2009). Altering cortical connectivity: Remediation-induced changes in the white matter of poor readers. *Neuron, 64*(5), 624–631.

Kellner, R. (1985). Functional somatic symptoms and hypochondriasis: A survey of empirical studies. *Archives of General Psychiatry, 42*, 821–833.

Kellner, R. (1986). *Somatization and hypochondriasis*. New York, NY: Praeger-Greenwood.

Kelly, B. D., Casey, P., Dunn, G., Ayuso-Mateos, J. L., & Dowrick, C. (2007). The role of personality disorder in "difficult to reach" patients with depression: Findings from the ODIN study. *European Psychiatry, 22*, 153–159.

Kelly, J. A., Murphy, D. A., Sikkema, K. J., McAuliffe, T. L., Roffman, R. A., Solomon, L. J., ... Community HIV Prevention Research Collaborative. (1997). Randomised, controlled community-level HIV-prevention intervention for sexual-risk behaviour among homosexual men in U.S. cities. *The Lancet, 350*, 1500–1505.

Kelly, J. F., Stout, R. L., Magill, M., Tonigan, J. S., & Pagano, M. E. (2010). Mechanisms of behavior change in alcoholics anonymous: Does Alcoholics Anonymous lead to better alcohol use outcomes by reducing depression symptoms? *Addiction, 105*(4), 626–636.

Kemeny, M. E. (2003). The psychobiology of stress. *Current Directions in Psychological Science, 12*(4), 124–129.

Kemp, S. (1990). *Medieval psychology*. New York, NY: Greenwood Press.

Kendall, P. C., & Comer, J. S. (2011). Research methods in clinical psychology. In D. H. Barlow (Ed.), *Oxford handbook of clinical psychology* (pp. 52–75). New York, NY: Oxford University.

Kendall, P. C., Flannery-Schroeder, E., Panichelli-Mindell, M., Southam-Gerow, M., Henin, A., & Warman, M. (1997). Therapy for youths with anxiety disorder: A second randomized clinical trial. *Journal of Consulting and Clinical Psychology, 65*, 366–380.

Kendell, R. (1985). Emotional and physical factors in the genesis of puerperal mental disorders. *Journal of Psychosomatic Research, 29*, 3–11.

Kendler, K., Kupfer, D., Narrow, W., Phillips, K., & Fawcett, J. (2009). *Guidelines for Making Changes to DSM-V (Revised 10/21/09)*. Retrieved from http://www.dsm5.org/ProgressReports/Documents/Guidelines-forMaking-Changes-to-DSM_1.pdf

Kendler, K., & Walsh, D. (2007). Schizophreniform disorder, delusional disorder and psychotic disorder not otherwise specified: Clinical features, outcome and familial psychopathology. *Acta Psychiatrica Scandinavica, 91*(6), 370–378.

Kendler, K. S. (2001). Twin studies of psychiatric illness. *Archives of General Psychiatry, 58*, 1005–1013.

Kendler, K. S. (2005). Psychiatric genetics: A methodological critique. In N. C. Andreasen (Ed.), *Research advances in genetics and genomics: Implications for psychiatry* (pp. 5–25). Washington, DC: American Psychiatric Publishing.

Kendler, K. S. (2006). Reflections on the relationship between psychiatric genetics and psychiatric nosology. *American Journal of Psychiatry, 163*, 1138–1146.

Kendler, K. S., Czajkowski, N., Tambs, K., Torgersen, S., Aggen, S. H., Neale, M. C., ... Reichborn-Kjennerud, T.. (2006). Dimensional representations of DSM-IV cluster A personality disorders in a population-based sample of Norwegian twins: A multivariate study. *Psychological Medicine, 36*, 1583–1591.

Kendler, K. S., Gatz, M., Gardner, C. O., & Pedersen, N. L. (2007). Clinical indices of familial depression in the Swedish Twin Registry. *Acta Psychiatrica Scandinavica, 115*(3), 214–220.

Kendler, K. S., Heath, A. C., Martin, N. G., & Eaves, L. J. (1987). Symptoms of anxiety and symptoms of depression: Same genes, different environments? *Archives of General Psychiatry, 44*(5), 451–457.

Kendler, K. S., Hettema, J. M., Butera, F., Gardner, C. O., & Prescott, C. A. (2003). Life event dimensions of loss, humiliation, entrapment, and danger in the prediction of onsets of major depression and generalized anxiety. *Archives of General Psychiatry, 60*, 789–796.

Kendler, K. S., Jacobson, K. C., Prescott, C. A., & Neale, M. C. (2003). Specificity of genetic and environmental risk factors for use and abuse/dependence of cannabis, cocaine, hallucinogens, sedatives, stimulants, and opiates in male twins. *American Journal of Psychiatry, 160*, 687–695.

Kendler, K. S., Karkowski, L. M., & Prescott, C. A. (1999a). The assessment of dependence in the study of stressful life events: Validation using a twin design. *Psychological Medicine, 29*(6), 1455–1460.

Kendler, K. S., Karkowski, L. M., & Prescott, C. A. (1999b). Causal relationship between stressful life events and the onset of major depression. *American Journal of Psychiatry, 156*(6), 837–841.

Kendler, K. S., Kessler, R. C., Walters, E. E., MacLean, C., Neale, M. C., Heath, A. C., & Eaves, L. J. (1995). Stressful life events, genetic liability, and onset of an episode of major depression in women. *American Journal of Psychiatry, 152*, 833–842.

Kendler, K. S., Kuhn, J., Vittum, J., Prescott, C. A., & Riley, B. (2005). The interaction

of stressful life events and a serotonin transporter polymorphism in the prediction of episodes of major depression. *Archives of General Psychiatry, 62,* 529–535.
Kendler, K. S., MacLean, C., Neale, M., Kessler, R., Heath, A., & Eaves, L. (1991). The genetic epidemiology of bulimia nervosa. *American Journal of Psychiatry, 148*(12), 1627–1637.
Kendler, K. S., Myers, J., & Prescott, C. A. (2005). Sex differences in the relationship between social support and risk for major depression: A longitudinal study of opposite-sex twin pairs. *American Journal of Psychiatry, 162,* 250–256.
Kendler, K. S., Myers, J., & Zisook, S. (2008). Does bereavement-related major depression differ from major depression associated with other stressful life events? *American Journal of Psychiatry, 165*(11), 1449–1455.
Kendler, K. S., Neale, M. C., Kessler, R. C., Heath, A. C., & Eaves, L. J. (1992a). Generalized anxiety disorder in women: A population-based twin study. *Archives of General Psychiatry, 49,* 267–272.
Kendler, K. S., Neale, M. C., Kessler, R. C., Heath, A. C., & Eaves, L. J. (1992b). Major depression and generalized anxiety disorder: Same genes, (partly) different environments? *Archives of General Psychiatry, 49,* 716–722.
Kendler, K. S., Neale, M. C., Kessler, R. C., Heath, A. C., & Eaves, L. J. (1993). A longitudinal twin study of 1-year prevalence of major depression in women. *Archives of General Psychiatry, 50,* 843–852.
Kendler, K. S., Neale, M. C., MacLean, C. J., Heath, A. C., Eaves, L. J., & Kessler, R. C. (1993). Smoking and major depression: A causal analysis. *Archives of General Psychiatry, 50,* 36–43.
Kendler, K. S., & Prescott, C. A. (2006). *Genes, environment, and psychopathology: Understanding the causes of psychiatric and substance use disorders*. New York, NY: Guilford Press.
Kennard, B. D., Clarke, G. N., Weersing, V. R., Asarnow, J. R., Shamseddeen, W., Porta, G., ... Brent, D. A. (2009). Effective components of TORDIA cognitive– behavioral therapy for adolescent depression: Preliminary findings. *Journal of Consulting and Clinical Psychology, 77*(6), 1033–1041.
Kennedy, S. (2000). Psychological factors and immunity in HIV infection: Stress, coping, social support, and intervention outcomes. In D. I. Mostofsky & D. H. Barlow (Eds.), *The management of stress and anxiety in medical disorders* (pp. 194–205). Needham Heights, MA: Allyn & Bacon.
Kennedy, S. H., Konarski, J. Z., Segal, Z. V., Lau, M. A., Bieling, P. J., McIntyre, R. S., & Mayberg, H. S. (2007). Differences in brain glucose metabolism between responders to CBT and venlafaxine in a 16-week randomized controlled trial. *The American Journal of Psychiatry, 164*(5), 778–788.
Kennedy, W. K., Leloux, M., Kutscher, E. C., Price, P. L., Morstad, A. E., & Carnahan, R. M. (2010). Acamprosate. *Expert Opinion on Drug Metabolism & Toxicology, 6*(3), 363–380.
Kerns, J. (2009). Distinct conflict resolution deficits related to different facets of schizophrenia. *Psychological Research,* 73(6), 786–793.
Kerns, R. D., Rosenberg, R., & Otis, J. D. (2002). Self-appraised problem solving and pain-relevant social support as predictors of the experience of chronic pain. *Annals of Behavioral Medicine, 24,* 100–105.
Keski-Rahkonen, A., Hoek, H. W., Susser, E. S., Linna, M. S., Sihvola, E., Raevuori, A., ... Rissanen, A. (2007). Epidemiology and course of anorexia nervosa in the community. *American Journal of Psychiatry, 164*(8), 1259–1265.
Kessler, R., Coccaro, E., Fava, M., Jaeger, S., Jin, R., & Walters, E. (2006). The prevalence and correlates of DSM-IV intermittent explosive disorder in the National Comorbidity Survey Replication. *Archives of General Psychiatry, 63*(6), 669.
Kessler, R. C. (1997). The effects of stressful life events on depression. *Annual Review of Psychology, 48,* 191–214.
Kessler, R. C. (2006). The epidemiology of depression among women. In C. Keyes, S. Goodman (Eds.), *A handbook for the social, behavioral, and biomedical sciences: Women and depression* (pp. 22–37). New York, NY: Cambridge University Press.
Kessler, R. C., Avenevoli, S., & Ries Merikangas, K. (2001). Mood disorders in children and adolescents: An epidemiologic perspective. *Biological Psychiatry, 49*(12), 1002–1014.
Kessler, R. C., Berglund, P., Borges, G., Nock, M., & Wang, P. (2005). Trends in suicide ideation, plans, gestures, and attempts in the United States, 1990–1992 to 2001–2003. *JAMA: Journal of the American Medical Association, 293,* 2487–2495.
Kessler, R. C., Berglund, P., Demler, O., Jin, R., & Walters, E. E. (2005). Lifetime prevalence and age-of-onset distributions of DSM-IV disorders in the National Comorbidity Survey replication. *Archives of General Psychiatry, 62,* 593–602.
Kessler, R. C., Berglund, P., Demler, O., Jin, R., Koretz, D., Merikangas, K. R., ... National Comorbidity Survey Replication. (2003). The epidemiology of major depressive disorder: Results from the National Comorbidity Survey Replication (NCS-R). *JAMA: Journal of the American Medical Association, 289,* 3095–3105.
Kessler, R. C., Chiu, W. T., Demler, O., & Walters, E. E. (2005). Prevalence, severity, and comorbidity of 12-month DSM-IV disorders in the National Comorbidity Survey replication. *Archives of General Psychiatry, 62,* 617–627.
Kessler, R. C., Chiu, W. T., Jin, R., Ruscio, A. M., Shear, K., & Walters, E. E. (2006). The epidemiology of panic attacks, panic disorder, and agoraphobia in the National Comorbidity Survey Replication. *Archives of General Psychiatry, 63*(4), 415–424.
Kessler, R. C., Galea, S., Jones, R. T., & Parker, H. A. (2006). *Mental illness and suicidality after Hurricane Katrina.* Bulletin of the World Health Organization (WHO Publication No. 06-033019).
Kessler, R. C., McGonagle, K. A., Zhao, S., Nelson, C. B., Hughes, M., Eshleman, S., ... Kendler, K. S. (1994). Lifetime and 12-month prevalence of DSM-III-R psychiatric disorders among persons aged 15–54 in the United States: Results from the national comorbidity survey. *Archives of General Psychiatry, 5,* 8–19.
Kessler, R. C., Sonnega, A., Bromet, E., Hughes, M., & Nelson, C. B. (1995). Posttraumatic stress disorder in the national comorbidity survey. *Archives of General Psychiatry, 52,* 1048–1060.
Kessler, R. C., & Wang, P. S. (2009). Epidemiology of depression. In I. H. Gotlib & C. L. Hammen (Eds.), *Handbook of depression* (2nd ed., pp. 5–22). New York, NY: Guilford Press.
Kety, S. S. (1990). Genetic factors in suicide: Family, twin, and adoption studies. In S. J. Blumenthal & D. J. Kupfer (Eds.), *Suicide over the life cycle: Risk factors, assessment, and treatment of suicidal patients* (pp. 127–133). Washington, DC: American Psychiatric Press.
Khachaturian, Z. S. (2007). Alzheimer's 101. *Alzheimer's and Dementia, 3,* 1–2.
Khan, S., King, A.P., Abelson, J.L, & Liberzon, I. (2009). Neuroendocrinology of anxiety disorders. In M. M. Antony & M. B. Stein (Eds.), *Oxford handbook of anxiety and related disorders*. Oxford, UK: Oxford University Press.
Khokhar, J., Ferguson, C., Zhu, A., & Tyndale, R. (2010). Pharmacogenetics of drug dependence: Role of gene variations in susceptibility and treatment. *Annual Review of Pharmacology and Toxicology, 50*(1), 39–61.
Kiecolt-Glaser, J. K., Loving, T., Stowell, J., Malarkey, W., Lemeshow, S., & Dickinson, S., & Glaser, R. (2005). Hostile marital interactions, proinflammatory cytokine production, and wound healing. *Archives of General Psychiatry, 62,* 1377–1384.
Kiecolt-Glaser, J. K., & Newton, T. L. (2001). Marriage and health: His and hers. *Psychological Bulletin, 127,* 475–503.
Kiesler, C. A., & Sibulkin, A. E. (1987). *Mental hospitalization: Myths and facts about a national crisis*. Beverly Hills, CA: Sage.
Kiesler, D. J. (1966). Some myths of psychotherapy research and the search for a paradigm. *Psychological Bulletin, 65,* 110–136.
Kihlstrom, J. F. (1992). Dissociation and dissociations: A commentary on consciousness and cognition. *Consciousness & Cognition, 1,* 47–53.
Kihlstrom, J. F. (2005). Dissociative disorders. In S. Nolen-Hoeksema, T. D. Cannon, & T. Widiger (Eds.), *Annual review of clinical psychology* (Vol. 1). Palo Alto, CA: Annual Reviews.
Kihlstrom, J. F., Barnhardt, T. M., & Tataryn, D. J. (1992). The psychological unconscious: Found, lost, and regained. *American Psychologist, 47*(6), 788–791.
Kihlstrom, J. F., Glisky, M. L., & Anguilo, M. J. (1994). Dissociative tendencies and dissociative disorders. *Journal of Abnormal Psychology, 103,* 117–124.
Killen, J. D. (1996). Development and evaluation of a school-based eating disorder symptoms prevention program. In L. Smolak, M. P. Levine, & R. Striegel-Moore (Eds.), *The developmental psychopathology of eating disorders: Implications for research, prevention, and treatment* (pp. 313– 339). Mahwah, NJ: Erlbaum.
Killen, J. D., Taylor, C. B., Hayward, C., Haydel, F., Wilson, D. M., Hammer, L. D., & Strachowski, D. (1996). Weight concerns influence the development of eating disorders: A four-year prospective study.

Journal of Consulting and Clinical Psychology, 64, 936–940.
Killen, J. D., Taylor, C. B., Hayward, C., Wilson, D. M., Hammer, L. D., Robinson, T. N., ... Kraemer, H. (1994). The pursuit of thinness and onset of eating disorder symptoms in a community sample of adolescent girls: A three-year prospective analysis. *International Journal of Eating Disorders, 16,* 227–238.
Killgore, W. D. S., Cotting, D. I., Thomas, J. L., Cox, A. L., McGurk, D., Vo, A. H., ... Hoge, C. W. (2008). Post-combat invincibility: Violent combat experiences are associated with increased risk-taking propensity following deployment. *Journal of Psychiatric Research, 42*(13), 1112– 1121. doi:10.1016/j.jpsychires.2008.01.001
Kilpatrick, D. G., Best, C. L., Veronen, L. J., Amick, A. E., Villeponteaux, L. A., & Ruff, G. A. (1985). Mental health correlates of criminal victimization: A random community survey. *Journal of Consulting and Clinical Psychology, 53,* 866–873.
Kilpatrick, D. G., Koenen, K. C., Ruggiero, K. J., Acierno, R., Galea, S., Resnick, H. S., ... Gelernter, J. (2007). The serotonin transporter genotype and social support and moderation of posttraumatic stress disorder and depression in hurricane-exposed adults. *The American Journal of Psychiatry, 164*(11), 1693–1699.
Kim, E. D., & Lipshultz, L. I. (1997, April 15). Advances in the treatment of organic erectile dysfunction. *Hospital Practice,* 101–120.
Kim, H. F., Schulz, P. E., Wilde, E. A., & Yudofsky, S. C. (2008). Laboratory testing and imaging studies in psychiatry. In R. E. Hales, S. C. Yudofsky, & G. O. Gabbard (Eds.), *The American Psychiatric Publishing textbook of psychiatry* (5th ed., pp. 19–72). Arlington, VA: American Psychiatric Publishing, Inc.
Kindon, S. L., Pain, R., & Kesby, M. (Eds.). (2007). *Participatory action research approaches and methods: Connecting people, participation, and place.* New York, NY: Routledge.
King, A. C., Taylor, C. B., Albright, C. A., & Haskell, W. L. (1990). The relationship between repressive and defensive coping styles and blood pressure responses in healthy, middle-aged men and women. *Journal of Psychosomatic Research, 34,* 461–471.
King, D. E., Mainous, A. G., III, & Geesey, M. E. (2007). Turning back the clock: Adopting a healthy lifestyle in middle age. *The American Journal of Medicine, 120*(7), 598–603.
King, D. W., King, L. A., Foy, D. W., & Gudanowski, D. M. (1996). Prewar factors in combat-related posttraumatic stress disorder: Structural equation modeling with a national sample of female and male Vietnam veterans. *Journal of Consulting and Clinical Psychology, 64,* 520–531.
King, M., & Wexler, D. (2010). Therapeutic jurisprudence. In J. M. Brown & E. A. Campbell (Eds.), *The Cambridge handbook of forensic psychology* (pp. 126–132). Cambridge, UK: Cambridge University Press.
King, S. A., & Strain, J. J. (1991). *Pain disorders: A proposed classification for DSM-IV.* Paper presented at the 144th annual meeting of the American Psychiatric Association, New Orleans.
Kinzie, J. D., Leung, P. K., Boehnlein, J., & Matsunaga, D. (1992). Psychiatric epidemiology of an Indian village: A 19-year replication study. *Journal of Nervous and Mental Disease, 180*(1), 33–39.
Kirmayer, L. J. (1991). The place of culture in psychiatric nosology: *Taijin kyofusho* and DSM-III-R. *Journal of Nervous and Mental Disease, 179,* 19–28.
Kirmayer, L. J., Looper, K. J., & Taillefer, S. (2003). Somatoform disorders. In M. Hersen & S. M. Turner (Eds.), *Adult psychopathology and diagnosis* (4th ed., pp. 420–475). New York, NY: John Wiley.
Kirmayer, L. J., & Robbins, J. M. (1991). Three forms of somatization in primary care: Prevalence, cooccurrence, and sociodemographic characteristics. *Journal of Nervous and Mental Disease, 179,* 647–655.
Kirmayer, L. J., & Sartorius, N. (2007). Cultural models and somatic syndromes. *Psychosomatic Medicine, 69*(9), 832–840.
Kirmayer, L. J., & Weiss, M. (1993). *On cultural considerations for somatoform disorders in the DSM-IV.* In Cultural proposals and supporting papers for DSM-IV. Submitted to the DSM-IV Task Force by the Steering Committee, NIMH-Sponsored Group on Culture and Diagnosis.
Kirov, G., & Owen, M. J. (2009). Genetics of schizophrenia. In B. J. Sadock, V. A. Sadock, & P. Ruiz (Eds.), *Kaplan & Sadock's comprehensive textbook of psychiatry* (9th ed., Vol. I, pp. 1462–1475). Philadelphia, PA: Lippincott Williams & Wilkins.
Kistner, J. A. (2009). Sex differences in child and adolescent psychopathology: An introduction to the special section. *Journal of Clinical Child and Adolescent Psychology, 38*(4), 453–459.
Kjernisted, K. D., Enns, M. W., & Lander, M. (2002). An open-label clinical trial of nefazodone in hypochondriasis. *Psychosomatics, 43,* 290–294.
Klein, D. F. (1989). The pharmacological validation of psychiatric diagnosis. In L. Robins & J. Barrett (Eds.), *Validity of psychiatric diagnosis.* New York, NY: Raven Press.
Klein, D. F. (1999). Harmful dysfunction, disorder, disease, illness, and evolution. *Journal of Abnormal Psychology, 108,* 421–429.
Klein, D. N. (2008). Classification of depressive disorders in the DSM-V: proposal for a two- dimension system. *Journal of Abnormal Psychology, 117*(3), 552–560.
Klein, D. N. (2010). Chronic depression: Diagnosis and classification. *Current Directions in Psychological Science, 19*(2), 96–100.
Klein, D. N., Lewinsohn, P. M., Rohde, P., Seeley, J. R., & Durbin, C. E. (2002). Clinical features of major depressive disorder in adolescents and their relatives: Impact on familial aggregation, implications for phenotype definition, and specificity of transmission. *Journal of Abnormal Psychology, 111,* 98–106.
Klein, D. N., Schwartz, J. E., Rose, S., & Leader, J. B. (2000). Five-year course and outcome of dysthymic disorder: A prospective, naturalistic follow-up study. *American Journal of Psychiatry, 157*(6), 931–939.
Klein, D. N., Shankman, S., & Rose, S. (2006). Ten-year prospective follow-up study of the naturalistic course of dysthymic disorder and double depression. *American Journal of Psychiatry, 163,* 872–880.
Klein, D. N., Taylor, E. B., Dickstein, S., & Harding, K. (1988). The early–late onset distinction in DSM-III-R dysthymia. *Journal of Affective Disorders, 14*(1), 25–33.
Kleinknecht, R. A., Dinnel, D. L., Kleinknecht, E. E., Hiruma, N., & Harada, N. (1997). Cultural factors in social anxiety: A comparison of social phobia symptoms and *taijin kyofusho. Journal of Anxiety Disorders, 11,* 157–177.
Kleinman, A. (2004). Culture and depression. *New England Journal of Medicine, 351,* 951–953.
Klerman, G. L., & Weissman, M. M. (1989). Increasing rates of depression. *JAMA: Journal of the American Medical Association, 261,* 2229–2235.
Klerman, G. L., Weissman, M. M., Rounsaville, B. J., & Chevron, E. S. (1984). *Interpersonal psychotherapy of depression.* New York, NY: Basic Books.
Klimas, N., Koneru, A. O., & Fletcher, M. A. (2008). Overview of HIV. *Psychosomatic Medicine, 70,* 523–530.
Klin, A., Jones, W., Schultz, R., Volkmar, F., & Cohen, D. (2002). Defining and quantifying the social phenotype in autism. *American Journal of Psychiatry, 159,* 895–908.
Klosko, J. S., Barlow, D. H., Tassinari, R., & Cerny, J. A. (1990). A comparison of alprazolam and behavior therapy in treatment of panic disorder. *Journal of Consulting and Clinical Psychology, 58,* 77–84.
Kluft, R. P. (1984). Treatment of multiple personality disorder. *Psychiatric Clinics of North America, 7,* 9–29.
Kluft, R. P. (1991). Multiple personality disorder. In A. Tasman & S. W. Goldinger (Eds.), *Review of psychiatry* (Vol. 10). Washington, DC: American Psychiatric Press.
Kluft, R. P. (1996). Treating the traumatic memories of patients with dissociative identity disorder. *American Journal of Psychiatry, 153,* 103–110.
Kluft, R. P. (1999). Current issues in dissociative identity disorder. *Journal of Practical Psychology and Behavioral Health, 5,* 3–19.
Kluft, R. P. (2009). A clinician's understanding of dissociation: Fragments of an acquaintance. In P. F. Dell & J. A. O'Neil (Eds.), *Dissociation and the dissociative disorders.* New York, NY: Routledge.
Klump, K. L., Kaye, W. H., & Strober, M. (2001). The evolving genetic foundations of eating disorders. *The Psychiatric Clinics of North America, 24,* 215–225.
Knight, R. A., & Prentky, R. A. (1990). Classifying sexual offenders: The development and corroboration of taxonomic models. In W. L. Marshall, D. R. Laws, & H. E. Barbaree (Eds.), *Handbook of sexual assault: Issues, theories, and treatment of the offender* (pp. 23–52). New York, NY: Plenum Press.
Knoll, B., Lassman, B., & Temesgen, Z. (2007). Current status of HIV infection: A review for non-HIV-treating physicians. *International Journal of Dermatology, 46,* 1219–1228.
Knoop, H., Prins, J. B., Moss-Morris, R., & Bleijenberg, G. (2010). The central role of cognitive processes in the perpetuation of chronic fatigue syndrome. *Journal of Psychosomatic Research, 68,* 489–494.

Knowles, J. (2010). Cognitive stimulation therapy: Why it deserves better awareness and availability. *Journal of Care Services Management, 4*(2), 188–194.

Ko, H-C., Lee, L-R., Chang, R-B., & Huang, K-E. (1996). Comorbidity of premenstrual depression and postpartum blues among Chinese women. *Biological Psychiatry, 39,* 648.

Kobau, R., DiIorio, C., Chapman, D., & Delvecchio, P. (2010). Attitudes about mental illness and its treatment: Validation of a generic scale for public health surveillance of mental illness associated stigma. *Community Mental Health Journal, 46*(2), 164–176.

Koch, P., Mansfield, P., Thurau, D., & Carey, M. (2005). "Feeling frumpy": The relationship between body image and sexual response changes in midlife women. *Journal of Sex Research, 42,* 215–223.

Kochanska, G., Aksan, N., & Joy, M. E. (2007). Children's fearfulness as a moderator of parenting in early socialization: Two longitudinal studies. *Developmental Psychology, 43,* 222–237.

Kochman, F. J., Hantouche, E. G., Ferrari, P., Lancrenon, S., Bayart, D., & Akiskal, H. S. (2005). Cyclothymic temperament as a prospective predictor of bipolarity and suicidality in children and adolescents with major depressive disorder. *Journal of Affective Disorders, 85,* 181–189.

Koen, L., Niehaus, D., Muller, J., & Laurent, C. (2008). Use of traditional treatment methods in a Xhosa schizophrenia population. *South African Medical Journal, 93*(6), 443.

Kogon, M. M., Biswas, A., Pearl, D., Carlson, R. W. L., & Spiegel, D. (1997). Effects of medical and psychotherapeutic treatment on the survival of women with metastatic breast carcinoma. *Cancer, 80,* 225–230.

Kohn, R., Wintrob, R. M., & Alarcón, R. D. (2009). Transcultural psychiatry. In B. J. Sadock, V. A. Sadock, & P. Ruiz (Eds.), *Kaplan & Sadock's comprehensive textbook of psychiatry* (9th ed., Vol. I, pp. 734–753). Philadelphia, PA: Lippincott Williams & Wilkins.

Kohut, H. (1971). *The analysis of self.* New York, NY: International Universities Press.

Kohut, H. (1977). *The restoration of the self.* Chicago, IL: University of Chicago Press.

Kolb, B., Gibb, R., & Gorny, G. (2003). Experience-dependent changes in dendritic arbor and spine density in neocortex vary qualitatively with age and sex. *Neurobiology of Learning & Memory, 79,* 1–10.

Kolb, B., Gibb, R., & Robinson, T. E. (2004). Brain plasticity and behavior. In J. Lerner & A. E. Alberts (Eds.), *Current directions in developmental psychology* (pp. 11–17).

Kolb, B., & Whishaw, I. Q. (1998). Possible regeneration of rat medial front cortex following neonatal frontal lesions. *Behavioral Brain Research, 91,* 127–141.

Kollins, S. (2008). ADHD, substance use disorders, and psychostimulant treatment: Current literature and treatment guidelines. *Journal of Attention Disorders, 12*(2), 115.

Kong, L. L., Allen, J. J., & Glisky, E. L. (2008). Interidentity memory transfer in dissociative identity disorder. *Journal of Abnormal Psychology, 117*(3), 686–692.

Koob, A. (2009). *The root of thought.* Upper Saddle River, NJ: FT Press.

Koocher, G. P. (1996). Pediatric oncology: Medical crisis intervention. In R. J. Resnick & R. H. Rozensky (Eds.), *Health psychology through the life span: Practice and research opportunities* (pp. 213–225). Washington, DC: American Psychological Association.

Kopelowicz, A., Liberman, R. P., & Zarate, R. (2006). Recent advances in social skills training for schizophrenia. *Schizophr Bull, 32*(Suppl. 1), S12–23.

Kopelowicz, A., Mintz, J., Liberman, R. P., Zarate, R., & Gonzalez-Smith, V. (2004). Disease management in Latinos with schizophrenia: A family-assisted, skills training approach. *Schizophrenia Bulletin, 29,* 211–227.

Koran, L. M., Abujaoude, E., Large, M. D., & Serpe, R. T. (2008). The prevalence of body dysmorphic disorder in the United States adult population. *CNS Spectrums, 13*(4), 316–322.

Korczyn, A. D., Kahana, E., & Galper, Y. (1991). Epidemiology of dementia in Ashkelon, Israel. *Neuroepidemiology, 10,* 100.

Korfine, L., & Hooley, J. M. (2000). Directed forgetting of emotional stimuli in borderline personality disorder. *Journal of Abnormal Psychology, 109,* 214–221.

Kosberg, J. I., Kaufman, A. V., Burgio, L. D., Leeper, J. D., & Sun, F. (2007). Family caregiving to those with dementia in rural Alabama: Racial similarities and differences. *Journal of Aging and Health, 19,* 3–21.

Koukoui, S. D., & Chaudhuri, A. (2007). Neuroanatomical, molecular genetic, and behavioral correlates of fragile X syndrome. *Brain Research Reviews, 53,* 27–38.

Kovacs, M., Akiskal, H. S., Gatsonis, C., & Parrone, P. L. (1994). Childhood-onset dysthymic disorder. *Archives of General Psychiatry, 51,* 365–374.

Kovacs, M., Goldston, D., & Gatsonis, C. (1993). Suicidal behaviors and childhood-onset depressive disorders: A longitudinal investigation. *Journal of the American Academy of Child and Adolescent Psychiatry, 32,* 8–20.

Kovacs, M., Rush, A. J., Beck, A. T., & Hollon, S. D. (1981). Depressed outpatients treated with cognitive therapy or pharmacotherapy: A one-year follow-up. *Archives of General Psychiatry, 38*(1), 33–39.

Koyama, E., Beitchman, J. H., & Johnson, C. J. (2009). Expressive language disorder. In B. J. Sadock, V. A. Sadock, & P. Ruiz (Eds.), *Kaplan & Sadock's comprehensive textbook of psychiatry* (9th ed., Vol. II, pp. 3509–3516). Philadelphia, PA: Lippincott Williams & Wilkins.

Kraepelin, E. (1898). *The diagnosis and prognosis of dementia praecox.* Paper presented at the 29th Congress of Southwestern German Psychiatry, Heidelberg.

Kraepelin, E. (1899). *Kompendium der psychiatrie* (6th ed.). Leipzig, Germany: Abel.

Kraepelin, E. (1913). *Psychiatry: A textbook for students and physicians.* Leipzig, Germany: Barth.

Kral, J. G. (2002). Surgical interventions for obesity. In K. D. Brownell & C. G. Fairburn (Eds.), *Eating disorders and obesity: A comprehensive handbook* (2nd ed., pp. 510–515). New York, NY: Guilford Press.

Krantz, D. S., & Deckel, A. W. (1983). Coping with coronary heart disease and stroke. In T. G. Burish & L. A. Bradley (Eds.), *Coping with chronic disease: Research and applications* (pp. 85–111). New York, NY: Academic Press.

Kring, A. M., & Sloan, D. M. (2010). Emotion regulation and psychopathology: A transdiagnostic *approach to etiology and treatment*. New York, NY: Guilford Press.

Kroenke, K. (2007). Efficacy of treatment for somatoform disorders: A review of randomized controlled trials. *Psychosomatic Medicine, 69*(9), 881–888.

Kroll, R., & Beitchman, J. H. (2009). Stuttering. In B. J. Sadock, V. A. Sadock, & P. Ruiz (Eds.), *Kaplan & Sadock's comprehensive textbook of psychiatry* (9th ed., Vol. II, pp. 3528–3533). Philadelphia, PA: Lippincott Williams & Wilkins.

Krueger, R. B. (2010). The DSM diagnostic criteria for sexual sadism. *Archives of Sexual Behavior, 39,* 325–345.

Krueger, R. F., Markon, K. E., Patrick, C. J., & Iacono, W. G. (2005). Externalizing psychopathology in adulthood: A dimensional-spectrum conceptualization and its implications for DSM-V. *Journal of Abnormal Psychology, 114*(4), 537– 550. doi:10.1037/0021-843x.114.4.537

Krueger, R. F., Skodol, A. E., Livesley, W. J., Shrout, P. E., & Huang, Y. (2008). Synthesizing dimensional and categorical approaches to personality disorders: Refining the research agenda for DSM-V axis II. In J. E. Helzer, H. C. Kraemer, R. F. Krueger, H. Wittchen, P. J. Sirovatka, & D. A. Regier (Eds.), *Dimensional approaches in diagnostic classification: Refining the research agenda for DSM-V* (pp. 85–100). Arlington, VA: American Psychiatric Association.

Krueger, R. F., Watson, D., & Barlow, D. H. (2005). Introduction to the special section: Toward a dimensionally based taxonomy of psychopathology [Special issue]. *Journal of Abnormal Psychology, 114,* 491–493.

Krug, E. G., Kresnow, M.-J., Peddicord, J. P., Dahlberg, L. L., Powell, K. E., Crosby, A. E., & Annest, J. L. (1998). Suicide after natural disasters. *New England Journal of Medicine, 338*(6), 373–378.

Krupitsky, E., & Blokhina, E. (2010). Long-acting depot formulations of naltrexone for heroin dependence: A review. *Current Opinion in Psychiatry, 23*(3), 210.

Kuehn, B. M. (2010). Sibutramine warning. *JAMA: Journal of the American Medical Association, 303,* 322.

Kuiper, B., & Cohen-Kettenis, P. (1988). Sex reassignment surgery: A study of 141 Dutch transsexuals. *Archives of Sexual Behaviour, 17,* 439–457.

Kuno, E., Rothbard, AB. (2002). Racial disparities in antipsychotic prescription patterns for individuals with schizophrenia. *American Journal of Psychiatry, 159*(4), 567.

Kuo, W. H., Gallo, J. J., & Tien, A. Y. (2001). Incidence of suicide ideation and attempts in adults: The 13-year follow-up of a community sample in Baltimore, Maryland. *Psychological Medicine, 31,* 1181–91.

Kupfer, D. J. (1995). Sleep research in depressive illness: Clinical implications—A tasting menu. *Biological Psychiatry, 38,* 391–403.

Kupfer, D. J., First, M. B., & Regier, D. A. (2002). *A research agenda for DSM-V.* Washington, DC: American Psychiatric Association.

Kurihara, T., Kato, M., Reverger, R., & Gusti Rai Tirta, I. (2006). Beliefs about causes of schizophrenia among family members: A community-based survey in Bali. *Psychiatric Services, 57,* 1795–1799.

Kushner, M. G., Abrams, K., & Borchardt, C. (2000). The relationship between anxiety disorders and alcohol use disorders: A review of major perspectives and findings. *Clinical Psychology Review, 20,* 149–171.

Kwok, T., Lee, J., Lam, L., & Woo, J. (2008). Vitamin B_{12} supplementation did not improve cognition but reduced delirium in demented patients with vitamin B_{12} deficiency. *Archives of Gerontology and Geriatrics, 46*(3), 273–282.

Kymalainen, J., & Weisman de Mamani, A. G. (2008). Expressed emotion, communication deviance, and culture in families of patients with schizophrenia: A review of the literature. *Cultural Diversity and Ethnic Minority Psychology, 14*(2), 85–91.

La Fond, J. Q. (2005). *Preventing sexual violence: How society should cope with sex offenders*. Washington, DC: American Psychological Association.

La Fond, J. Q., & Durham, M. L. (1992). *Back to the asylum: The future of mental health law and policy in the United States*. New York, NY: Oxford University Press.

La Greca, A. M., & Prinstein, M. J. (2002). Hurricanes and earthquakes. In A. N. La Greca, W. K. Silverman, & M. C. Roberts (Eds.), *Helping Children Cope with Disasters and Terrorism* (Vol. 1, pp. 107–138). Washington, DC: American Psychological Association.

Lacey, J. H. (1992). The treatment demand for bulimia: A catchment area report of referral rates and demography. *Psychiatric Bulletin, 16,* 203–205.

Lack, L. C., Gradisar, M., Van Someren, E. J. W., Wright, H. R., & Lushington, K. (2008). The relationship between insomnia and body temperatures. *Sleep Medicine Reviews, 12*(4), 307–317.

Ladd, C. O., Huot, R. L., Thrivikraman, K. V., Nemeroff, C. B., Meaney, M. J., & Plotsky, P. M. (2000). Long-term behavioral and neuroendocrine adaptations to adverse early experience. In E. A. Mayer & C. B. Saper (Eds.), *Progress in brain research: The biological basis for mind body interactions.* (Vol. 122, pp. 81–103). Amsterdam, The Netherlands: Elsevier.

Lader, M. H. (1975). *The psychophysiology of mental illness*. London, UK: Routledge & Kegan Paul.

Laing, R. D. (1967). *The politics of experience*. New York, NY: Pantheon.

Lakin, M. M., Montague, D. K., Vanderbrug Medendorp, S., Tesar, L., & Schover, L. R. (1990). Intracavernous injection therapy: Analysis of results and complications. *Journal of Urology, 143,* 1138–1141.

Lalumière, M. L., Blanchard, R., & Zucker, K. J. (2000). Sexual orientation and handedness in men and women: A meta-analysis. *Psychological Bulletin, 126,* 575–592.

Lam, D. H., Hayward, P., Watkins, E., Wright, K., & Sham, P. (2005). Relapse prevention in patients with bipolar disorder: Cognitive therapy outcome after 2 years. *American Journal of Psychiatry, 162,* 324–329.

Lam, D. H., Watkins, E. R., Hayward, P., Bright, J., Wright, K., Kerr, N., ... Sham, P. (2003). A randomized controlled study of cognitive therapy for relapse prevention for bipolar affective disorder: Outcome of the first year. *Archives of General Psychiatry, 60,* 145–152.

Lamb, H. R. (2009). Reversing criminalization. *American Journal of Psychiatry, 166*(1), 8–10.

Lamb, H. R., & Weinberger, L. E. (2009). Criminalization of persons with severe mental illness. In B. J. Sadock, V. A. Sadock, & P. Ruiz (Eds.), *Kaplan & Sadock's comprehensive textbook of psychiatry* (9th ed., Vol. II, pp. 4380–4395). Philadelphia, PA: Lippincott Williams & Wilkins.

Lamberg, L. (2003). All night diners: Researchers take a new look at night eating syndrome. *JAMA: Journal of the American Medical Association, 290,* 1442.

Lambert, M. C., Weisz, J. R., Knight, F., Desrosiers, M., Overly, K., & Thesiger, C. (1992). Jamaican and American adult perspectives on child psychopathology: Further explorations of the threshold model. *Journal of Consulting and Clinical Psychology, 60,* 146–149.

Landis, S., & Insel, T. R. (2008). The "neuro" in neurogenetics. *Science, 322,* 821.

Landis, S. E., Earp, J. L., & Koch, G. G. (1992). Impact of HIV testing and counseling on subsequent sexual behavior. *AIDS Education and Prevention, 4*(1), 61–70.

Lang, P. J. (1985). The cognitive psychophysiology of emotion: Fear and anxiety. In A. H. Tuma & J. D. Maser (Eds.), *Anxiety and the anxiety disorders.* Hillsdale, NJ: Erlbaum.

Lang, P. J. (1995). The emotion probe: Studies of motivation and attention. *American Psychologist, 50,* 372–385.

Lang, P. J., Bradley, M. M., & Cuthbert, B. N. (1998). Emotion, motivation, and anxiety: Brain mechanisms and psychophysiology. *Biological Psychiatry, 44,* 1248–1263.

Långström, N., Rahman, Q., Carlström, E., & Lichtenstein, P. (2010). Genetic and environmental effects on same-sex sexual behavior: A population study of twins in Sweden. *Archives of Sexual Behavior, 39,* 75–80.

Långström, N., & Seto, M. (2006). Exhibitionistic and voyeuristic in a Swedish national population survey. *Archives of Sexual Behavior, 35,* 427–435.

Långström, N., & Zucker, K. (2005). Transvestic fetishism in the general population: Prevalence and correlates. *Journal of Sex & Marital Therapy, 31,* 87–95.

Lapierre, Y. D. (1994). Pharmacological therapy of dysthymia. *Acta Psychiatrica Scandinavica Supplemental, 89*(383), 42–48.

Latfi, R., Kellum, J. M., DeMaria, E. J., & Sugarman, H. J. (2002). Surgical treatment of obesity. In T. A. Wadden & A. J. Stunkard (Eds.), *Handbook of obesity treatment* (pp. 339–356). New York, NY: Guilford Press.

Laub, J. H., & Vaillant, G. E. (2000). Delinquency and mortality: A 50-year follow-up study of 1,000 delinquent and nondelinquent boys. *American Journal of Psychiatry, 157,* 96–102.

Laumann, E., Gagnon, J., Michael, R., & Michaels, S. (1994). *The social organization of sexuality: Sexual practices in the United States.* Chicago, IL: University of Chicago Press.

Laumann, E., Paik, A., & Rosen, R. C. (1999). Sexual dysfunction in the United States. Prevalence and predictors. *JAMA: Journal of the American Medical Association, 281,* 537–544.

Laumann, E. O., Nicolosi, A., Glasser, D. B., Paik, A., Gingell, C., Moreira, E., & Wang, T. (2005). Sexual problems among women and men aged 40–80 years: Prevalence and correlates identified by the Global Study of Sexual Attitudes and Behaviors. *International Journal of Impotence Research, 17,* 39–57.

Laws, D. R. (Ed.) (1989). *Relapse prevention with sex offenders.* New York, NY: Guilford Press.

Laws, D. R., & O'Donohue, W. (Eds.) (1997). *Sexual deviance: Theory, assessment and treatment.* New York, NY: Guilford Press.

Laxenaire, M., Ganne-Vevonec, M. O., & Streiff, O. (1982). Les problèmes d'identité chez les enfants des migrants. *Annales Medico-Psychologiques, 140,* 602–605.

Lazarus, R. A., & Folkman, S. (1984). *Stress, appraisal, and coping.* New York, NY: Springer.

Lazarus, R. S. (1968). Emotions and adaptation: Conceptual and empirical relations. In W. J. Arnold (Ed.), *Nebraska Symposium on Motivation* (Vol. 16). Lincoln: University of Nebraska Press.

Lazarus, R. S. (1991). Progress on a cognitive- motivational relational theory of emotion. *American Psychologist, 46*(8), 819–834.

Lazarus, R. S. (1995). Psychological stress in the workplace. In R. Crandall, P. L. Perrewe (Eds.), *Occupational stress: A handbook* (pp. 3–14). Philadelphia, PA: Taylor & Francis.

Le Foll, B., Gallo, A., Le Strat, Y., Lu, L., & Gorwood, P. (2009). Genetics of dopamine receptors and drug addiction: A comprehensive review. *Behavioural Pharmacology, 20*(1), 1–17.

Leamon, M. H., Wright, T. M., & Myrick, H. (2008). Substance-related disorders. In R. E. Hales, S. C. Yudofsky, & G. O. Gabbard (Eds.), *The American Psychiatric Publishing textbook of psychiatry* (5th ed., pp. 365–406). Arlington, VA: American Psychiatric Publishing.

LeBeau, R. T., Glenn, D., Liao, B., Wittchen, H.-U., Beesdo-Baum, K., Ollendick, T., & Craske, M. (2010). Specific phobia: A review of DSM-IV specific phobia and preliminary recommendations for DSM-V. *Depression and Anxiety, 27*(2), 148–167.

Lebedinskaya, K. S., & Nikolskaya, O. S. (1993). Brief report: Analysis of autism and its treatment in modern Russian defectology. *Journal of Autism and Developmental Disorders, 23,* 675–697.

Lechner, S., Antoni, M. (2004). Posttraumatic growth and group based intervention for persons dealing with cancer: What have we learned so far? *Psychological Inquiry, 15,* 35–41.

Leckman, J. F., Denys, D., Simpson, H. B., Mataix-Cols, D., Hollander, E., Saxena, S., ... Stein, D. (2010). Obsessive-compulsive disorder: A review of the diagnostic criteria and possible subtypes and dimensional specifiers for DSM-V. *Depression and Anxiety, 27*(6), 507–527.

Leckman, J. F., Grice, D. E., Boardman, J., Zhang, H., Vitali, A., Bondi, C., ... Pauls, D.

(1997). Symptoms of obsessive-compulsive disorder. *American Journal of Psychiatry, 154,* 911–917.
Lecrubier, Y., Bakker, A., Dunbar, G., & the Collaborative Paroxetine Panic Study Investigators. (1997). A comparison of paroxetine, clomipramine, and placebo in the treatment of panic disorder. *Acta Psychiatrica Scandinavica, 95,* 145–152.
Lecrubier, Y., Judge, R., & and the Collaborative Paroxetine Panic Study Investigators. (1997). Long-term evaluation of paroxetine, clomipramine, and placebo in panic disorder. *Acta Psychiatrica Scandinavica, 95,* 153–160.
LeDoux, J. E. (1996). *The emotional brain: The mysterious underpinnings of emotional life.* New York, NY: Simon & Schuster.
LeDoux, J. E. (2002). *Synaptic self: How our brains become who we are.* New York, NY: Penguin Books.
Lee, C. C., Czaja, S. J., & Schulz, R. (2010). The moderating influence of demographic characteristics, social support, and religious coping on the effectiveness of a multicomponent psychosocial caregiver intervention in three racial ethnic groups. *The Journals of Gerontology Series B: Psychological Sciences and Social Sciences, 65B*(2), 185–194.
Lee, C. K. (1992). Alcoholism in Korea. In J. Helzer & G. Canino (Eds.), *Alcoholism-North America, Europe, and Asia: A coordinated analysis of population data from ten regions* (pp. 247–262). London, UK: Oxford University Press.
Lee, K. (1992). Pattern of night waking and crying of Korean infants from 3 months to 2 years old and its relation with various factors. *Journal of Developmental & Behavioral Pediatrics, 13,* 326–330.
Lee, S. (1993). How abnormal is the desire for slimness? A survey of eating attitudes and behavior among Chinese undergraduates in Hong Kong. *Psychological Medicines, 23,* 437–451.
Lee, S. H., Han, D. H., Oh, S., Lyoo, I. K., Lee, Y. S., Renshaw, P. F., & Lukas, S. (2009). Quantitative electroencephalographic (qEEG) correlates of craving during virtual reality therapy in alcohol-dependent patients. *Pharmacology Biochemistry and Behavior, 91*(3), 393–397. doi:10.1016/j.pbb.2008.08.014
Lee, T. M., Chen, E. Y., Chan, C. C., Paterson, J. G., Janzen, H. L., & Blashko, C. A. (1998). Seasonal affective disorder. *Clinical Psychology: Science and Practice, 5,* 275–290.
Lefley, H. (2009). *Family psychoeducation in serious mental illness: Models, outcomes, applications*. New York, NY: Oxford University Press.
Lefrancois, G. R. (1990). *The lifespan* (3rd ed.). Belmont, CA: Wadsworth.
Leibbrand, R., Hiller, W., & Fichter, M. M. (2000). Hypochondriasis and somatization: Two distinct aspects of somatoform disorders? *Journal of Clinical Psychology, 56,* 63–72.
Leibenluft, E., & Rich, B. A. (2008). Pediatric bipolar disorder. *Annual Review of Clinical Psychology, 4,* 163–187.
Leiblum, S. R., & Rosen, R. C. (Eds.) (2000). *Principles and practice of sex therapy* (3rd ed.). New York, NY: Guilford Press.
Leitenberg, H., Detzer, M. J., & Srebnik, D. (1993). Gender differences in masturbation and the relation of masturbation experience in preadolescence and/or early adolescence to sexual behavior and sexual adjustment in young adulthood. *Archives of Sexual Behavior, 22*(2), 87–98.
Lejeune, J., Gauthier, M., & Turpin, R. (1959). Étude des chromosomes somatiques de neuf enfants mongoliens. *Comptes Rendus Hebdomadaires des Séances de l' Académie des Sciences. D: Sciences Naturelles (Paris), 248,* 1721–1722.
Lejoyeux, M., McLoughlin, M., & Ades, J. (2006). Pyromania. In E. Hollander & C. Stein (Eds.), *Clinical manual of impulse-control disorders* (pp. 229–250). Arlington, VA: American Psychiatric Publishing.
Lemay, M., & Landreville, P. (2010). Verbal agitation in dementia: The role of discomfort. *American Journal of Alzheimer's Disease and Other Dementias, 25*(3), 193-201. doi: 10.1177/1533317509356687.
Lenze, E. J., Miller, A. R., Munir, Z. B., Pornoppadol, C., & North, C. S. (1999). Psychiatric symptoms endorsed by somatization disorder patients in a psychiatric clinic. *Annals of Clinical Psychiatry, 11*(2), 73–79.
Lenzenweger, M. F., & Dworkin, R. H. (1996). The dimensions of schizophrenia phenomenology. Note one or two, at least three, perhaps four. *British Journal of Psychiatry, 168,* 432–440.
Lenzenweger, M. F., McLachlan, G., & Rubin, D. B. (2007a). Resolving the latent structure of schizophrenia endophenotypes using expectation- maximization-based finite mixture modeling. *Journal of Abnormal Psychology, 116,* 16–29.
Lenzenweger, M. F., Lane, M., Loranger, A., & Kessler, R. (2007b). DSM-IV personality disorders in the National Comorbidity Survey Replication. *Biological Psychiatry, 62*(6), 553–564.
Lesch, K.-P., Bengel, D., Heils, A., Sabol, S. Z., Greenberg, B. D., Petri, S., ... Murphy, D. (1996). Association of anxiety-related traits with a polymorphism in the serotonin transporter gene regulatory region. *Science, 274,* 1527–1531.
Leserman, J. (2008). Role of depression, stress, and trauma in HIV disease progression. *Psychosomatic Medicine, 70,* 539–545.
Leserman, J., Petitto, J. M., Golden, R. N., Gaynes, B. N., Gu, H., Perkins, D. O., ... & Evans, D.L. (2000). Impact of stressful life events, depression, social support, coping, and cortisol on progression to AIDS. *American Journal of Psychiatry, 157,* 1221–1228.
Lett, H., Blumenthal, J., Babyak, M., Strauman, T., Robins, C., & Sherwood, A. (2005). Social support and coronary heart disease: Epidemiologic evidence and implications for treatment. *Psychosomatic Medicine, 67,* 869–878.
Leucht, S., Komossa, K., Rummel-Kluge, C., Corves, C., Hunger, H., Schmid, F., ... Davis, J. M.. (2009). A meta-analysis of head-to-head comparisons of second-generation antipsychotics in the treatment of schizophrenia. *American Journal of Psychiatry, 166*(2), 152–163. doi:10.1176/appi.ajp.2008.08030368
Leuchter, A. F., Cook, I. A., Witte, E. A., Morgan, M., & Abrams, M. (2002). Changes in brain function of depressed subjects during treatment with placebo. *American Journal of Psychiatry, 159,* 122–129.
LeVay, S. (1991). A difference in hypothalamic structure between heterosexual and homosexual men. *Science, 253,* 1034–1037.
Levenston, G. K., Patrick, C. J., Bradley, M. M., & Lang, P. J. (2000). The psychopath as observer: Emotion and attention in picture processing. *Journal of Abnormal Psychology, 109,* 373–385.
Levin, F. R., Evans, S. M., Brooks, D. J., & Garawi, F. (2007). Treatment of cocaine-dependent treatment seekers with adult ADHD: Double-blind comparison of methylphenidate and placebo. *Drug and Alcohol Dependence, 87*, 20–29.
Levine, J. A., Lanningham-Foster, L. M., McCrady, S. K., Krizan, A. C., Olson, L. R., Kane, P. H., Jensen, M. D., & Clark, M. M. (2005). Interindividual variation in posture allocation: Possible role in human obesity. *Science,* 307, 584–586.
Levine, M. P., & Smolak, L. (1996). Media as a context for the development of disordered eating. In L. Smolak, M. P. Levine, & R. Striegel-Moore (Eds.), *The developmental psychopathology of eating disorders: Implications for research, prevention, and treatment* (pp. 235–257). Mahwah, NJ: Erlbaum.
Levinson, D. F. (2009). Genetics of major depression. In I. H. Gotlib & C. L. Hammen (Eds.), *Handbook of depression* (2nd ed., pp. 165–186). New York, NY: Guilford Press.
Levy, B. R., Slade, M. D., Kunkel, S. R., & Kasl, S. V. (2002). Longevity increased by positive self-perceptions of aging. *Journal of Personality and Social Psychology*, *83*, 261–270.
Levy, K. B., O'Grady, K. E., Wish, E. D., & Arria, A. M. (2005). An in-depth qualitative examination of the ecstasy experience: Results of a focus group with Ecstasy-using college students. *Substance Use and Misuse, 40*(9–10), 1427– 1441. doi:10.1081/ja-200066886
Lewinsohn, P. M., Allen, N. B., Seeley, J. R., & Gotlib, I. H. (1999). First onset versus recurrence of depression: Differential processes of psychosocial risk. *Journal of Abnormal Psychology, 108*(3), 483–489.
Lewinsohn, P. M., & Rosenbaum, M. (1987). Recall of parental behavior by acute depressives, remitted depressives, and nondepressives. *Journal of Personality and Social Psychology, 52*(3), 611–619.
Lewis, B. A., Statt, E., & Marcus, B. H. (2011). Behavioral interventions in public health settings: Physical activity, weight loss, and smoking. In D. H. Barlow (Ed.), *Oxford handbook of Clinical Psychology* (pp. 717–738). New York, NY: Oxford University Press.
Lewis, G., Croft-Jeffreys, C., & Anthony, D. (1990). Are British psychiatrists racist? *British Journal of Psychiatry, 157,* 410–415.
Lewis, G., David, A., Andreasson, S., & Allsbeck, P. (1992). Schizophrenia and city life. *Lancet, 340,* 137–140.
Lewis, S., Escalona, R., & Keith, S. J. (2009). Phenomenology of schizophrenia. In B. J. Sadock, V. A. Sadock, & P. Ruiz (Eds.), *Kaplan & Sadock's comprehensive textbook of psychiatry* (9th ed., Vol. I, pp. 1433–1451). Philadelphia, PA: Lippincott Williams & Wilkins.

Lewis, S., & Lieberman, J. (2008). CATIE and CUtLASS: Can we handle the truth? *The British Journal of Psychiatry, 192*(3), 161.

Lewis, T. T., Everson-Rose, S. A., Powell, L. H., Matthews, K. A., Brown, C., ... Wesley, D. (2006). Chronic exposure to everyday discrimination and coronary artery calcification in African American women: The SWAN heart study. *Psychosomatic Medicine, 68*, 362–368.

Lewis-Fernández, R., Hinton, D. E., Laria, A. J., Patterson, E. H., Hofmann, S. G., Craske, M. G., & Liao, B. (2010). Culture and the anxiety disorders: Recommendations for DSM-V. *Depression and Anxiety, 27*(2), 212–229.

Leyfer, O. & Brown, T.A. (2011). The anxiety-depression spectrum. In D. H. Barlow (Ed.), *Oxford handbook of clinical psychology* (pp. 279–293). New York, NY: Oxford University Press.

Leykin, Y., & DeRubeis, R. J. (2009). Allegiance in psychotherapy outcome research: Separating association from bias. *Clinical Psychology: Science and Practice, 16*(1), 54–65.

Liberman, R., & Kopelowicz, A. (2009). Training skills for illness self-management in the rehabilitation of schizophrenia: A family-assisted program for Latinos in California. *Salud Mental, 31*, 93–105.

Liberman, R. P. (2007). Dissemination and adoption of social skills training: Social validation of an evidence-based treatment for the mentally disabled. *Journal of Mental Health, 16*, 595–623.

Lichtenthal, W., Cruess, D., & Prigerson, H. (2004). A case for establishing complicated grief as a distinct mental disorder in DSM-V. *Clinical Psychology Review, 24*, 637–662.

Liddell, H. S. (1949). The role of vigilance in the development of animal neurosis. In P. Hoch & J. Zubin (Eds.), *Anxiety*. New York, NY: Grune & Stratton.

Lieb, R., Wittchen, H-U., Hofler, M., Fuetsch, M., Stein, M. B., & Merikangas, K. R. (2000). Parental psychopathology, parenting styles, and the risk of social phobia in offspring. *Archives of General Psychiatry, 57*, 859–866.

Lieb, R., Zimmermann, P., Friis, R. H., Hofler, M., Tholen, S., & Wittchen, H. U. (2002). The natural course of DSM-IV somatoform disorders and syndromes among adolescents and young adults: A prospective-longitudinal community study. *European Psychiatry, 17*, 321–331.

Lieberman, J. A., Jody, D., Alvir, J. M. J., Ashtari, M., Levy, D. L., Bogerts, B., ... Cooper, T.. (1993). Brain morphology, dopamine, and eye-tracking abnormalities in first-episode schizophrenia. *Archives of General Psychiatry, 50*, 357–368.

Lieberman, J. A., Perkins, D., Belger, A., Chakos, M., Jarskog, F., Boteva, K., & Gilmore, J. (2001). The early stages of schizophrenia: Speculations on pathogenesis, pathophysiology, and therapeutic approaches. *Biological Psychiatry, 50*, 885.

Lieberman, J. A., Stroup, T. S., McEvoy, J. P., Swartz, M. S., Rosenheck, R. A., Perkins, D. O., ... Hsiao, J. K..; Clinical Antipsychotic Trials of Intervention Effectiveness (CATIE) Investigators. (2005). Effectiveness of antipsychotic drugs in patients with chronic schizophrenia. *New England Journal of Medicine, 353*, 1209–1223.

Liebeskind, J. (1991). Pain can kill. *Pain, 44*, 3–4.

Liebowitz, M. R., Heimberg, R. G., Schneier, F. R., Hope, D. A., Davies, S., Holt, C. S., ... Klein, D. (1999). Cognitive-behavioral group therapy versus phenelzine in social phobia: Long-term outcome. *Depression and Anxiety, 10*, 89–98.

Liebowitz, M. R., Salman, E., Jusino, C. M., Garfinkel, R., Street, L., Cardenas, D. L., ... Klein, D. (1994). Ataque de nervios and panic disorder. *American Journal of Psychiatry, 151*, 871–875.

Liebowitz, M. R., Schneier, F., Campeas, R., Hollander, E., Hatterer, J., Fyer, A., Gully, R. (1992). Phenelzine vs. atenolol in social phobia: A placebo-controlled comparison. *Archives of General Psychiatry, 49*, 290–300.

Liggett, J. (1974). *The human face*. New York, NY: Stein and Day.

Lilenfeld, L. R. R., Wonderlich, S., Riso, L. P., Crosby, R., & Mitchell, J. (2006). Eating disorders and personality: A methodological and empirical review. *Clinical Psychology Review, 26*, 299–320.

Lilienfeld, S. O. (1992). The association between antisocial personality and somatization disorders: A review and integration of theoretical models. *Clinical Psychology Review, 12*, 641–662.

Lilienfeld, S. O., & Hess, T. H. (2001). Psychopathic personality traits and somatization: Sex differences and the mediating role of negative emotionality. *Journal of Psychopathology and Behavioral Assessment, 23*, 11–24.

Lilienfeld, S. O., Kirsch, I., Sarbin, T. R., Lynn, S. J., Chaves, J. F., & Ganaway, G. K. (1999). Dissociative identity disorder and the sociocognitive model: Recalling the lessons of the past. *Psychological Bulletin, 125*(5), 507–523.

Lilienfeld, S. O., & Marino, L. (1995). Mental disorder as a Roschian concept: A critique of Wakefield's 'harmful dysfunction' analysis. *Journal of Abnormal Psychology, 104*(3), 411–420.

Lilienfeld, S. O., & Marino, L. (1999). Essentialism revisited: Evolutionary theory and the concept of mental disorder. *Journal of Abnormal Psychology, 108*, 400–411.

Lilienfeld, S. O., VanValkenburg, C., Larntz, K., & Akiskal, H. S. (1986). The relationship of histrionic personality to antisocial personality and somatization disorders. *American Journal of Psychiatry, 143*, 718–722.

Lin, N., & Ensel, W. M. (1984). Depression-mobility and its social etiology: The role of life events and social support. *Journal of Health and Social Behavior, 25*(2), 176–188.

Lincoln, M., Packman, A., & Onslow, M. (2006). Altered auditory feedback and the treatment of stuttering: A review. *Journal of Fluency Disorders, 31*, 71–89.

Lind, S., & Bowler, D. (2009). Delayed self-recognition in children with autism spectrum disorder. *Journal of Autism and Developmental Disorders, 39*(4), 643–650. doi:10.1007/s10803-008-0670-7

Linden, W., & Moseley, J. (2006). The efficacy of behavioral treatments for hypertension. *Applied Psychophysiology and Biofeedback, 31*, 51–63.

Lindenmayer, J. P., & Khan, A. (2006). Psychopathology. In J. A. Lieberman, T. S. Stroup, & D. O. Perkins (Eds.), *The American Psychiatric Publishing textbook of schizophrenia* (pp. 187– 221). Washington, DC: American Psychiatric Publishing.

Lindesay, J. (1991). Phobic disorders in the elderly. *British Journal of Psychiatry, 159*, 531–541.

Lindsey, M., Joe, S., Muroff, J., & Ford, B. (2010). Social and clinical factors associated with psychiatric emergency service use and civil commitment among African American youth. *General Hospital Psychiatry, 32*, 300–309.

Linehan, M., Comtois, K., Murray, A., Brown, M., Gallop, R., Heard, H., ... Lindenboim, N. (2006). Two-year randomized controlled trial and follow-up of dialectical behavior therapy vs. therapy by experts for suicidal behaviors and borderline personality disorder. *Archives of General Psychiatry, 63*(7), 757.

Linehan, M., Schmidt, H., Dimeff, L., Craft, J., Kanter, J., & Comtois, K. (1999). Dialectical behavior therapy for patients with borderline personality disorder and drug-dependence. *American Journal on Addictions, 8*(4), 279–292.

Linehan, M. M., & Dexter-Mazza, E. T. (2008). Dialectical behavior therapy for borderline personality disorder. In D. H. Barlow (Ed.), *Clinical handbook of psychological disorders* (4th ed., pp. 365–420). New York, NY: The Gilford Press.

Linehan, M. M., & Kehrer, C. A. (1993). Borderline personality disorder. In D. H. Barlow (Ed.), *Clinical handbook of psychological disorders: A step-by-step treatment manual* (pp. 396–441). New York, NY: Guilford Press.

Liotti, M., Mayberg, H. S., McGinnis, S., Brannan, S. L., & Jerabek, P. (2002). Unmasking disease-specific cerebral blood flow abnormalities: Mood challenge in patients with remitted unipolar depression. *American Journal of Psychiatry, 159*, 1807–1808.

Lipchik, G. L., Holroyd, K. A., & Nash, J. M. (2002). Cognitive-behavioral management of recurrent headache disorders: A minimal-therapist-contact approach. In D. C. Turk & R. J. Gatchel (Eds.), *Psychological approaches to pain management: A practitioner's handbook* (2nd ed.) (pp. 365–389). New York, NY: Guilford Press.

Lisspers, J., & Öst, L. (1990). Long-term follow-up of migraine treatment: Do the effects remain up to six years? *Behaviour Research and Therapy, 28*, 313–322.

Littauer, D. (2010, Dec. 9). Iranian honour killing: Trans murdered by her brothers in Tehran. Retrieved from http://gaymiddle-east.com/news/news%20224.htm

Litz, B. T., Gray, M. J., Bryant, R. A., & Adler, A. B. (2002). Early intervention for trauma: Current status and future directions. *Clinical Psychology: Science & Practice, 9*, 112–134.

Livesley, W. J., Jang, K. L., & Vernon, P. A. (1998). Phenotypic and genotypic structure of traits delineating personality disorder. *Archives of General Psychiatry, 55*, 941–948.

Livingston, E. H. (2010). Surgical treatment of obesity in adolescence. *JAMA: Journal of the American Medical Association, 303*(6), 559–560.

Lloyd, E. A. (2005). *The case of the female orgasm: Bias in the science of evolution*. Cambridge, MA: Harvard University Press.
Lock, J., le Grange, D., Agras, W. S., & Dare, C. (2001). *Treatment manual for anorexia nervosa: A family-based approach*. New York, NY: Guilford Press.
Loehlin, J., McFadden, D., Medland, S., & Martin, N. (2006). Population differences in finger-length ratios: Ethnicity or latitude? *Archives of Sexual Behavior, 35*, 739–742.
Loehlin, J. C. (1992). *Genes and environment in personality development*. Newbury Park, CA: Sage.
Loewenstein, R. J. (1991). An office mental status examination for complex chronic dissociative symptoms and multiple personality disorder. *The Psychiatric Clinics of North America, 14*, 567–604.
Loftus, E., & Davis, D. (2006). Recovered memories. *Annual Review of Clinical Psychology, 2*, 469–498.
Loftus, E. F. (2003). Make-believe memories. *American Psychologist, 58*, 867–873.
Loftus, E. F., Coan, J. A., & Pickrell, J. E. (1996). Manufacturing false memories using bits of reality. In L. Reder (Ed.), *Implicit memory and metacognition* (pp. 195–220). Mahwah, NJ: Erlbaum.
Logan, C. (2009). Sexual deviance in females: Psychopathology and theory. In D. R. Laws & W. T. O'Donohue (Eds.), *Sexual deviance: Theory, assessment, and treatment* (2nd ed., pp. 486–507). New York, NY: Guilford Press.
Logsdon, R., McCurry, S., Pike, K., & Teri, L. (2009). Making physical activity accessible to older adults with memory loss: A feasibility study. *The Gerontologist, 49*(S1), S94.
Lombardo, M. V., Chakrabarti, B., & Baron-Cohen, S. (2009). The amygdala in autism: Not adapting to faces? *American Journal of Psychiatry, 166*(4), 395–397.
Lonczak, H. S. P., Abbott, R. D. P., Hawkins, J. D. P., Kosterman, R. P., & Catalano, R. F. P. (2002). Effects of the Seattle Social Development Project on sexual behavior, pregnancy, birth, and sexually transmitted disease outcomes by age 21 years. *Archives of Pediatrics & Adolescent Medicine, 156*(5), 438–447.
Lopez, M. F., Compton, W. M., Grant, B. F., & Breiling, J. P. (2008). Dimensional approaches in diagnostic classification: A critical appraisal. In J. E. Helzer, H. C. Kraemer, R. F. Krueger, H. Wittchen, P. J. Sirovatka, & D. A. Regier (Eds.), *Dimensional approaches in diagnostic classification: Refining the research agenda for DSM-V* (pp. 1–4). Arlington, VA: American Psychiatric Association.
Lösel, F., & Schmucker, M. (2005). The effectiveness of treatment for sexual offenders: A comprehensive meta-analysis. *Journal of Experimental Criminology, 1*, 117–146.
Lovaas, O. I. (1977). *The autistic child: Language development through behavior Modification*. New York, NY: Irvington.
Lovaas, O. I. (1987). Behavioral treatment and normal educational and intellectual functioning in young autistic children. *Journal of Consulting and Clinical Psychology, 55*, 3–9.
Lovaas, O. I., Berberich, J. P., Perloff, B. F., & Schaeffer, B. (1966). Acquisition of imitative speech by schizophrenic children. *Science, 151*, 705–707.
Lovibond, P. (2006). Fear and avoidance: An integrated expectancy model. In M. G. Craske, D. Hermans, & D. Vansteenwegen, *Fear and learning: From basic processes to clinical implications* (pp. 117–132). Washington, DC: American Psychological Association.
Lowe, M. R., Miller-Kovach, K., Frie, N., & Phelan, S. P. (1999). An initial evaluation of a commercial weight loss program: Short-term effects on weight, eating behavior, and mood. *Obesity Research, 7*, 51–59.
Lubit, R. H. (2009). Ethics in psychiatry. In B. J. Sadock, V. A. Sadock, & P. Ruiz (Eds.), *Kaplan & Sadock's comprehensive textbook of psychiatry* (9th ed., Vol. II, pp. 4439–4448). Philadelphia, PA: Lippincott Williams & Wilkins.
Luby, J. L., Mrakotsky, C., Heffelfinger, A., Brown, K., Hessler, M., & Spitznagel, E. (2003). Modification of DSM-IV criteria for depressed preschool children. *American Journal of Psychiatry, 160*, 1169–1172.
Ludescher, B., Leitlein, G., Schaefer, J. E., Vanhoeffen, S., Baar, S., Machann, J., ... Eschweiler, G. (2009). Changes of body composition in bulimia nervosa: Increased visceral fat and adrenal gland size. *Psychosomatic Medicine, 71*(1), 93–97.
Ludwig, A., Brandsma, J., Wilbur, C., Bendfeldt, F., & Jameson, D. (1972). The objective study of a multiple personality. *Archives of General Psychiatry, 26*, 298–310.
Lundahl, B. W., Kunz, C., Brownell, C., Tollefson, D., & Burke, B. L. (2010). A meta-analysis of motivational interviewing: Twenty-five years of empirical studies. *Research on Social Work Practice, 20*(2), 137–160. doi:10.1177/1049731509347850
Lundgren, J. D., Allison, K. C., Crow, S., O'Reardon, J. P., Berg, K. C., Galbraith, J., ... Stunkard, A. (2006). Prevalence of the night eating syndrome in psychiatric population. *American Journal of Psychiatry, 163*, 156–158.
Lundh, L.-G., & Öst, L.-G. (1996). Recognition bias for critical faces in social phobics. *BRAT, 34*, 787–794.
Lundstrom, B., Pauly, I., & Walinder, J. (1984). Outcome of sex reassignment surgery. *Acta Psychiatrica Scandinavica, 70*, 289–294.
Lurigio, A., & Harris, A. (2009). Mental illness, violence, and risk assessment: An evidence-based review. *Victims & Offenders, 4*(4), 341–347.
Lussier, P., & Piché, L. (2008). Frotteurism: Psychopathology and theory. In D. R. Laws & W. T. O'Donohue (Eds.), *Sexual deviance: Theory, assessment, and treatment* (2nd ed., pp. 131–149). New York, NY: Guilford Press.
Lutgendorf, S., Costanzo, E., & Siegel, S. (2007). Psychosocial influences in oncology: An expanded model of biobehavioral mechanisms. In R. Ader, R. Glaser, N. Cohen, & M. Irwin (Eds.), *Psychoneuroimmunology* (4th ed., pp. 869–895). New York, NY: Academic Press.
Lutgendorf, S. K., Antoni, M. H., Ironson, G., Klimas, N., Kumar, M., Starr, K., ... Schneiderman, N. (1997). Cognitive-behavioral stress management decreases dysphoric mood and herpes simplex virus-type 2 antibody titers in symptomatic HIV-seropositive gay men. *Journal of Consulting and Clinical Psychology, 65*, 31–43.
Lydiard, R. B., Brawman-Mintzer, O., & Ballenger, J. C. (1996). Recent developments in the psychopharmacology of anxiety disorders. *Journal of Consulting & Clinical Psychology, 64*, 660–668.
Lyketos, C. G. (2009). Dementia and milder cognitive syndromes. In D. G. Blazer & D. C. Steffens (Eds.), *The American Psychiatric Publishing textbook of geriatric psychiatry* (4th ed., pp. 243–260). Arlington, VA: American Psychiatric Publishing.
Lyketsos, C. G., & Olin, J. (2002). Depression in Alzheimer's disease: Overview and treatment. *Biological Psychiatry, 52*, 243–252.
Lykken, D. T. (1957). A study of anxiety in the sociopathic personality. *Journal of Abnormal and Social Psychology, 55*, 6–10.
Lykken, D. T. (1982). Fearfulness: Its carefree charms and deadly risks. *Psychology Today, 16*, 20–28.
Lynch, S. K., Turkheimer, E., D'Onofrio, B. M., Mendle, J., Emery, R. E., Slutske, W. S., & Martin, N. G. (2006). A genetically informed study of the association between harsh punishment and offspring behavioral problems. *Journal of Family Psychology, 20*, 190–198.
Lynskey, M., & Hall, W. (2000). The effects of adolescent cannabis use on educational attainment: A review. *Addiction, 95*, 1621–1630.
Lyons, M. J., Eisen, S. A., Goldberg, J., True, W., Lin, N., Meyer, J. M., ... Tsuang, M. T. (1998). A registry-based twin study of depression in men. *Archives of General Psychiatry, 55*, 468–472.
Lyons, M. J., True, W. R., Eisen, S. A., Goldberg, J., Meyer, J. M., Faraone, S. V., ... Tsuang, M. (1995). Differential heritability of adult and juvenile antisocial traits. *Archives of General Psychiatry, 52*, 906–915.
Lyons, M. J., York, T. P., Franz, C. E., Grant, M. D., Eaves, L. J., Jacobson, K. C., ... Kremen, W. S. (2009). Genes determine stability and the environment determines change in cognitive ability during 35 years of adulthood. *Psychological Science, 20*(9), 1146–1152.
Lyubomirsky, S. (2001). Why are some people happier than others? The role of cognitive and motivational processes in well-being. *American Psychologist, 56*, 239–249.
MacDonald, R., Anderson, J., Dube, W. V., Geckeler, A., Green, G., Holcomb, W., ... Sanchez, J. (2006). Behavioral assessment of joint attention: A methodological report. *Research in Developmental Disabilities, 27*, 138–150.
MacDougall, J. M., Dembroski, T. M., Dimsdale, J. E., & Hackett, T. P. (1985). Components of type A, hostility, and anger-in: Further relationships to angiographic findings. *Health Psychology, 4*(2), 137–152.
Mace, C. J. (1992). Hysterical conversion II: A critique. *British Journal of Psychiatry, 161*, 378–389.
Maciejewski, P., Zhang, B., Block, S., & Prigerson, H. (2007). An empirical examination of the stage theory of grief. *JAMA: Journal of the American Medical Association, 297*, 716–723.

MacLeod, C., & Mathews, A. M. (1991). Cognitive-experimental approaches to the emotional disorders. In P. R. Martin (Ed.), *Handbook of behavior therapy and psychological science: An integrative approach* (pp. 116–150). Elmsford, NY: Pergamon Press.

MacLeod, C., Mathews, A., & Tata, P. (1986). Attentional bias in emotional disorders. *Journal of Abnormal Psychology, 95,* 15–20.

Macleod, J., Oakes, R., Copello, A., Crome, I., Egger, M., & Hickman, M., ... Davey Smith, G. (2004). Psychological and social sequelae of cannabis and other illicit drug use by young people: A systematic review of longitudinal, general population studies. *Lancet, 363,* 1579–1588.

Madsen, K. M., Hviid, A., Vestergaard, M., Schendel, D., Wohlfahrt, J., Thorsen, P., ... Melbye, M.. (2002). A population-based study of measles, mumps, and rubella vaccination and autism. *New England Journal of Medicine, 347,* 1477–1482.

Magee, W. J., Eaton, W. W., Wittchen, H.-U., McGonagle, K. A., & Kessler, R. C. (1996). Agoraphobia, simple phobia, and social phobia in the National Comorbidity Survey. *Archives of General Psychiatry, 53,* 159–168.

Magne-Ingvar, U., Ojehagen, A., & Traskman-Bendz, L. (1992). The social network of people who attempt suicide. *Acta Psychiatrica Scandinavica, 86,* 153–158.

Maher, B. A., & Maher, W. B. (1985a). Psychopathology: I. From ancient times to the eighteenth century. In G. A. Kimble & K. Schlesinger (Eds.), *Topics in the history of psychology* (pp. 251–294). Hillsdale, NJ: Erlbaum.

Maher, B. A., & Maher, W. B. (1985b). Psychopathology: II. From the eighteenth century to modern times. In G. A. Kimble & K. Schlesinger (Eds.), *Topics in the history of psychology* (pp. 295–329). Hillsdale, NJ: Erlbaum.

Maher, J. J. (1997). Exploring alcohol's effects on liver function. *Alcohol Health & Research World, 21,* 5–12.

Mahler, M. (1952). On childhood psychosis and schizophrenia: Autistic and symbiotic infantile psychosis. *Psychoanalytic Study of the Child, 7,* 286–305.

Mahoney, D. F., Purtilo, R. B., Webbe, F. M., Alwan, M., Bharucha, A. J., Adlam, T. D., ... Becker S. A. (2007). In-home monitoring of persons with dementia: Ethical guidelines for technology research and development. *Alzheimer's & Dementia, 3*(3), 217–226.

Mai, F. (2004). Somatization disorder: A practical review. *Canadian Journal of Psychiatry, 49,* 652–662.

Maier, S. F. (1997, September). *Stressor controllability, anxiety, and serotonin.* Paper presented at the National Institute of Mental Health Workshop on Cognition and Anxiety, Rockville, MD.

Maier, S. F., & Seligman, M. E. (1976). Learned helplessness: Theory and evidence. *Journal of Experimental Psychology: General, 105*(1), 3–46.

Maldonado, J. R., Butler, L. D., & Spiegel, D. (1998). Treatments for dissociative disorders. In P. E. Nathan & J. M. Gorman (Eds.), *A guide to treatments that work.* New York, NY: Oxford University Press.

Maletzky, B. (2002). The paraphilias: Research and treatment. In P. E. Nathan & J. M. Gorman (Eds.), *A guide to treatments that work* (2nd ed., pp. 525–557). New York, NY: Oxford University Press.

Maletzky, B. M. (1998). The paraphilias: Research and treatment. In P. E. Nathan & J. M. Gorman (Eds.), *A guide to treatments that work* (pp. 472– 500). New York, NY: Oxford University Press.

Manber, R., Edinger, J. D., Gress, J. L., San Pedro-Salcedo, M. G., Kuo, T. F., & Kalista, T. (2008). Cognitive behavioral therapy for insomnia enhances depression outcome in patients with comorbid major depressive disorder and insomnia. *Sleep, 31*(4), 489–495.

Mancuso, S., Knoesen, N., & Castle, D.J. (2010). Delusional vs. nondelusional body dysmorphic disorder. *Comprehensive Psychiatry.*

Mandalos, G. E., & Szarek, B. L. (1990). Dose-related paranoid reaction associated with fluoxetine. *Journal of Nervous and Mental Disease, 178*(1), 57–58.

Manicavasagar, V., Marnane, C., Pini, S., Abelli, M., Rees, S., Eapen, V., & Silove, D. (2010). Adult separation anxiety disorder–a disorder comes of age. *Current Psychiatry Reports, 12*(4), 290–297.

Mann, J., Apter, A., Bertolote, J., Beautrais, A., Currier, D., Haas, A., ... Hendin, H. (2005). Suicide prevention strategies: A systematic review. *JAMA: Journal of the American Medical Association, 294,* 2064–2074.

Mann, J. J., Brent, D. A., & Arango, V. (2001). The neurobiology and genetics of suicide and attempted suicide: a focus on the serotonergic system. *Neuropsychopharmacology, 24*(5), 467–477.

Mann, J. J., Malone, K. M., Diehl, D. J., Perel, J., Cooper, T. B., & Mintun, M. A. (1996). Demonstration in vivo of reduced serotonin responsivity in the brain of untreated depressed patients. *American Journal of Psychiatry, 153,* 174–182.

Mann, J. J., Waternaux, C., Haas, G. L., & Malone, K. M. (1999). Toward a clinical model of suicidal behavior in psychiatric patients. *American Journal of Psychiatry, 156*(2), 181–189.

Mann, K., Klingler, T., Noe, S., Röschke, J., Müller, S., & Benkert, O. (1996). Effects of yohimbine on sexual experiences and nocturnal penile tumescence and rigidity in erectile dysfunction. *Archives of Sexual Behavior, 25,* 1–16.

Manne, S. L., & Ostroff, J. S. (2008). *Coping with breast cancer: A couples-focused group intervention: Therapist guide.* New York, NY: Oxford University Press.

Manni, R., Ratti, M. T., & Tartara, A. (1997). Nocturnal eating: Prevalence and features in 120 insomniac referrals. *Sleep, 20,* 734–738.

Mannino, D. M., Klevens, R. M., & Flanders, W. D. (1994). Cigarette smoking: An independent risk factor for impotence? *American Journal of Epidemiology, 140,* 1003–1008.

Manson, J. E., Willett, W. C., Stampfer, M. J., Colditz, G. A., Hunter, D. J., Hankinson, S. E., ... Speizer, F. E. (1995). Body weight and mortality among women. *New England Journal of Medicine, 333,* 677–685.

Manson, S. M., & Good, B. J. (1993, January). *Cultural considerations in the diagnosis of DSM-IV mood disorders.* Cultural proposals and supporting papers for DSM-IV. Submitted to the DSM-IV Task Force by the Steering Committee, NIMH-Sponsored Group on Culture and Diagnosis.

Marangell, L., Rush, A., George, M., Sackheim, H., Johnson, C, Husain, M., ... Lisanby, S. H. (2002). Vagus nerve stimulation (VNS) for major depressive episodes: One-year outcomes. *Biological Psychiatry, 51,* 280–287.

March, J. S., & Vitiello, B. (2009). Clinical messages from the Treatment for Adolescents with Depression Study (TADS). *American Journal of Psychiatry, 166*(10), 1118–1123.

Marcopulos, B. A., & Graves, R. E. (1990). Antidepressant effect on memory in depressed older persons. *Journal of Clinical and Experimental Neuropsychology, 12*(5), 655–663.

Marcus, M. D., Wing, R. R., Ewing, L., Keern, E., Gooding, W., & McDermott, M. (1990). Psychiatric disorders among obese binge eaters. *International Journal of Eating Disorders, 9,* 69–77.

Marcus, M. D., Wing, R. R., & Hopkins, J. (1988). Obese binge eaters: Affect, cognitions, and response to behavioral weight control. *Journal of Consulting and Clinical Psychology, 3,* 433–439.

Maremmani, I., Pacini, M., Pani, P. P., Popovic, D., Romano, A., Maremmani, A. G. I., ... Perugi, G. (2009). Use of street methadone in Italian heroin addicts presenting for opioid agonist treatment. *Journal of Addictive Diseases, 28*(4), 382–388.

Marks, I. M. (1985). Behavioural treatment of social phobia. *Psychopharmacology Bulletin, 21,* 615–618.

Marlatt, G. A., & Gordon, J. R. (1985). *Relapse prevention: Maintenance strategies in the treatment of addictive behaviors*. New York, NY: Guilford Press.

Marlatt, G. A., Larimer, M. E., Baer, J. S., & Quigley, L. A. (1993). Harm reduction for alcohol problems: Moving beyond the controlled drinking controversy. *Behavior Therapy, 24,* 461–504.

Marmot, M. G., & Syme, S. L. (1976). Acculturation and coronary heart disease in Japanese Americans. *American Journal of Epidemiology, 104,* 225–247.

Marques, J. K., Wiederanders, M., Day, D. M., Nelson, C., & van Ommeren, A. (2005). Effects of a relapse prevention program on sexual recidivism: Final results from California's Sex Offender Treatment and Evaluation Project (SOTEP). *Sexual Abuse: A Journal of Research and Treatment, 17,* 79–107.

Marsella, A. J., & Kaplan, A. (2002). Cultural considerations for understanding, assessing, and treating depressive experience and disorder. In M. A. Reinecke & M. Davison (Eds.), *Comparative treatments of depression* (pp. 47–78). New York, NY: Springer.

Marsh, L., & Margolis, R. L. (2009). Neuropsychiatric aspects of movement disorders. In B. J. Sadock, V. A. Sadock, & P. Ruiz (Eds.), *Kaplan & Sadock's comprehensive textbook of psychiatry* (9th ed., Vol. I, pp. 481–503). Philadelphia, PA: Lippincott Williams & Wilkins.

Marshall, W. L. (1997). Pedophilia: Psychopathology and theory. In D. R. Laws & W. O'Donohue (Eds.), *Sexual deviance: Theory, assessment, and treatment*

(pp. 152–174). New York, NY: Guilford Press.
Marshall, W. L., & Barbaree, H. E. (1990). An integrated theory of the etiology of sexual offending. In W. L. Marshall, D. R. Laws, & H. E. Barbaree (Eds.), *Handbook of sexual assault: Issues, theories, and treatment of the offender* (pp. 257–725). New York, NY: Plenum Press.
Marshall, W. L., Barbaree, H. E., & Christophe, D. (1986). Sexual offenders against female children: Sexual preferences for age of victims and type of behavior. *Canadian Journal of Behavioral Science, 18,* 424–439.
Marten, P. A., Brown, T. A., Barlow, D. H., Borkovec, T. D., Shear, M. K., & Lydiard, M. B. (1993). Evaluation of the ratings comprising the associated symptom criterion of DSM-III-R generalized anxiety disorder. *Journal of Nervous and Mental Disease, 181,* 676–682.
Martin, C. S., Chung, T., & Langenbucher, J. W. (2008). How should we revise diagnostic criteria for substance use disorders in the DSM-V? *Journal of Abnormal Psychology, 117*(3), 561– 575. doi:10.1037/0021-843x.117.3.561
Martin, I. (1983). Human classical conditioning. In A. Gale & J. A. Edward (Eds.), *Physiological correlates of human behavior: Vol. 2. Attention and performance.* London, UK: Academic Press.
Martin, S. D., Martin, E., Rai, S. S., Richardson, M. A., & Royall, R. (2001). Brain blood flow changes in depressed patients treated with interpersonal psychotherapy or venlafaxine hydrochloride. *Archives of General Psychiatry, 58,* 641–648.
Martin, S. L., Ramey, C. T., & Ramey, S. L. (1990). The prevention of intellectual impairment in children of impoverished families: Findings of a randomized trial of educational daycare. *American Journal of Public Health, 80,* 844–847.
Maser, J. D. (1985). List of phobias. In A. H. Tuma & J. D. Maser (Eds.), *Anxiety and the anxiety disorders.* Hillsdale, NJ: Erlbaum.
Mason, F. L. (1997). Fetishism: Psychopathology and theory. In D. R. Laws & W. O'Donohue (Eds.), *Sexual deviance: Theory, assessment, and treatment* (pp. 75–91). New York, NY: Guilford Press.
Masona, T., Worsleyb, A., & Coylea, D. (2010). Forensic multidisciplinary perspectives of Tarasoff liability: A vignette study. *Journal of Forensic Psychiatry & Psychology, 21*(4), 549–554.
Master, S. L., Eisenberger, N. I., Taylor, S. E., Naliboff, B. D., Shirinyan, D., & Lieberman, M. D. (2009). A picture's worth: Partner photographs reduce experimentally induced pain. *Psychological Science, 20,* 1316–1318.
Masters, W. H., & Johnson, V. E. (1966). *Human sexual response.* Boston, MA: Little, Brown.
Masters, W. H., & Johnson, V. E. (1970). *Human sexual inadequacy.* Boston, MA: Little, Brown.
Mataix-Cols, D., Frost, R. O., Pertusa, A., Clark, L. A., Saxena, S., Leckman, J. F., ... Wilhelm, S. (2010). Hoarding disorder: A new diagnosis for DSM-V? *Depression and Anxiety, 27*(6), 556–572.
Mathew, S. J., & Hoffman, E. J. (2009). Pharmacotherapy for generalized anxiety disorder. In M. M. Antony & M. B. Stein (Eds.), *Oxford handbook of anxiety and related disorders* (pp. 350–363). New York, NY: Oxford University Press.
Mathews, A. (1997). Information processing biases in emotional disorders. In D. M. Clark & C. G. Fairburn (Eds.), *Science and practice of cognitive-behavior therapy* (pp. 47–66). Oxford, UK: Oxford University Press.
Mathews, A., & MacLeod, C. (1994). Cognitive approaches to emotion and emotional disorders. *Annual Review of Psychology, 45,* 25–50.
Mathews, A., Mogg, K., Kentish, J., & Eysenck, M. (1995). Effective psychological treatment on cognitive bias and generalized anxiety disorder. *Behavior Research and Therapy, 33,* 293–303.
Mathews, C.A. (2009). Phenomenology of obsessive-compulsive disorder. In M. M. Antony & M. B. Stein (Eds.), *Oxford handbook of anxiety and related disorders.* Oxford, UK: Oxford University Press.
Matsumoto, D. (1996). *Culture and psychology.* Pacific Grove, CA: Brooks/Cole.
Matthews, K. (2005). Psychological perspectives on the development of coronary heart disease. *American Psychologist, 60,* 780–796.
Matthews, K. A. (1988). Coronary heart disease and Type A behaviors: Update on and alternative to the Booth-Kewley and Friedman (1987) quantitative review. *Psychological Bulletin, 104*(3), 373–380.
Mattis, S. G., & Ollendick, T. H. (2002). Nonclinical panic attacks in late adolescence prevalence and associated psychopathology. *Journal of Anxiety Disorders, 16,* 351–367.
Mayberg, H., Lozano, A., Voon, V., McNeely, H., Seminowicz, D., Hanani, C., ... Kennedy, S. H. (2005). Deep brain stimulation for treatment-resistant depression. *Neuron, 45,* 651–660.
Mays, V. M., & Cochran, S. D. (1988). Issues in the perception of AIDS risk and risk reduction activities by black and Hispanic/Latino women. *American Psychologist, 43*(11), 949–957.
Mayville, S., Katz, R. C., Gipson, M. T., & Cabral, K. (1999). Assessing the prevalence of body dysmorphic disorder in an ethnically diverse group of adolescents. *Journal of Child and Family Studies, 8*(3), 357–362.
Mazure, C. M. (1998). Life stressors as risk factors in depression. *Clinical Psychology: Science and Practice, 5*(3), 291–313.
Mazure, C. M., Bruce, M. L., Maciejewski, P. K., & Jacobs, S. C. (2000). Adverse life events and cognitive-personality characteristics in the prediction of major depression and antidepressant response. *American Journal of Psychiatry, 157*(6), 896–903.
McCabe, R., Antony, M. M., Summerfeldt, L. J., Liss, A., & Swinson, R. P. (2003). Preliminary examination of the relationship between anxiety disorders in adults and self-reported history of teasing or bullying experiences. *Cognitive Behaviour Therapy, 32,* 187–193.
McCabe, M., & Wauchope, M. (2005). Behavioral characteristics of men accused of rape: Evidence for different types of rapists. *Archives of Sexual Behavior, 34,* 241–253.
McCaffrey, R. J., Lynch, J. K., & Westervelt, H. J. (2011). Clinical neuropsychology. In D. H. Barlow (Ed.), *Oxford handbook of clinical psychology* (pp. 680–700). New York: Oxford University.
McCann, D., Barrett, A., Cooper, A., Crumpler, D., Dalen, L., Grimshaw, K., ... Prince, E. (2007). Food additives and hyperactive behaviour in 3-year-old and 8/9-year-old children in the community: A randomised, double-blinded, placebo-controlled trial. *Lancet, 370*(9598), 1560–1567.
McCann, U. D., & Ricaurte, G. A. (2009). Amphetamine (or amphetamine-like)- related disorders. In B. J. Sadock, V. A. Sadock, & P. Ruiz (Eds.), *Kaplan & Sadock's comprehensive textbook of psychiatry* (9th ed., Vol. I, pp. 1288– 1296). Philadelphia, PA: Lippincott Williams & Wilkins.
McCann, U. D., Sgambati, F. P., Schwartz, A. R., & Ricaurte, G. A. (2009). Sleep apnea in young abstinent recreational MDMA ("ecstasy") consumers. *Neurology, 73*(23), 2011–2017.
McClearn, G. E., Johansson, B., Berg, S., Pedersen, N. L., Ahern, F., Petrill, S. A., & Plomin, R. (1997). Substantial genetic influence on cognitive abilities in twins 80 or more years old. *Science, 276,* 1560–1563.
McClellan, J., & King, M. C. (2010). Genomic analysis of mental illness: A changing landscape. *JAMA: Journal of the American Medical Association, 303*(24), 2523–2524.
McClellan, J., Kowatch, R., & Findling, R. L. (2007). Practice parameter for the assessment and treatment of children and adolescents with bipolar disorder. *Journal of the American Academy of Child and Adolescent Psychiatry, 46*(1), 107–125.
McCloskey, M. S., Noblett, K. L., Deffenbacher, J. L., Gollan, J. K., & Coccaro, E. F. (2008). Cognitive-behavioral therapy for intermittent explosive disorder: A pilot randomized clinical trial. *Journal of Consulting and Clinical Psychology, 76*(5), 876–886.
McClure, M., Harvey, P., Goodman, M., Triebwasser, J., New, A., Koenigsberg, H., ... Siever, L. J. (2010). Pergolide treatment of cognitive deficits associated with schizotypal personality disorder: Continued evidence of the importance of the dopamine system in the schizophrenia spectrum. *Neuropsychopharmacology, 35,* 1356–1362.
McCrae, R. R. (2002). NEO PI-R data from 36 cultures: Further intercultural comparisons. In R. McCrae & J. Allik (Eds.), *The five-factor model of personality across cultures* (pp. 105– 126). New York, NY: Kluwer Academic/Plenum Publishers.
McCrae, R., & Costa, P., Jr. (2008). The five-factor theory of personality. In O. P. John, R. W. Robins, & L. A. Pervin (Eds.), *Handbook of personality: Theory and research* (3rd ed., pp. 159–181). New York, NY: Guilford Press.
McCullough, J. P., Jr. (2000). *Treatment for chronic depression: Cognitive Behavioral Analysis System of Psychotherapy (CBASP).* New York, NY: Guilford Press.
McCullough, J. P., Jr., Klein, D. N., Keller, M. B., Holzer, C. E., III, Davis, S. M., Kornstein, S. G., ... Harrison, W. M. (2000). Comparison of DSM-III-R

chronic major depression and major depression superimposed on dysthymia (double depression): Validity of the distinction. *Journal of Abnormal Psychology, 109*, 419–427.
McEachin, J. J., Smith, T., & Lovaas, O. I. (1993). Long-term outcome for children with autism who received early intensive behavioral treatment. *American Journal on Mental Retardation, 97*, 359–372.
McElroy, S. L., & Arnold, L. M. (2001). Impulse-control disorders. In G. O. Gabbard (Ed.), *Treatment of psychiatric disorders* (3rd ed., Vol. 1, pp. 2435–2471). Washington, DC: American Psychiatric Publishing.
McEwen, B. S. (1999). Stress and hippocampal plasticity. *Annual Review of Neuroscience, 22*, 105–122.
McEwen, B. S., & Magarinos, A. M. (2004). Does stress damage the brain? In J. M. Gorman, *Fear and anxiety: The benefits of translational research* (pp. 23–45). Washington, DC: American Psychiatric Publishing.
McFadden, D., Loehlin, J., Breedlove, S., Lippa, R., Manning, J., & Rahman, Q. (2005). A reanalysis of five studies on sexual orientation and the relative length of the 2nd and 4th fingers (the 2D:4D ratio). *Archives of Sexual Behavior, 34*, 341–356.
McGirr, A., Paris, J., Lesage, A., Renaud, J., & Turecki, G. (2009). An examination of DSM-IV borderline personality disorder symptoms and risk for death by suicide: A psychological autopsy study. *Canadian Journal of Psychiatry, 54*(2), 87.
McGoldrick, M., Loonan, R., & Wohlsifer, D. (2007). Sexuality and culture. In S. R. Leiblum (Ed.), *Principles and practice of sex therapy* (4th ed., pp. 416–441). New York, NY: Guilford Press.
McGough, J. J. (2005). Adult manifestations of attention-deficit/hyperactivity disorder. In B. J. Sadock & V. A. Sadock (Eds.), *Kaplan & Sadock's comprehensive textbook of psychiatry* (pp. 3198–3204). Philadelphia, PA: Lippincott Williams & Wilkins.
McGovern, M. P., Xie, H., Segal, S. R., Siembab, L., & Drake, R. E. (2006). Addiction treatment services and co-occurring disorders: Prevalence estimates, treatment practices, and barriers. *Journal of Substance Abuse Treatment, 31*, 267–275.
McGowin, D. F. (1993). *Living in the labyrinth: A personal journey through the maze of Alzheimer's*. New York, NY: Delacorte Press.
McGrath, J. (2010). Is it time to trial vitamin D supplements for the prevention of schizophrenia? *Acta Psychiatrica Scandinavica, 121*(5), 321–324.
McGrath, P., Marshall, P. G., & Prior, K. (1979). A comprehensive treatment program for a fire-setting child. *Journal of Behavior Therapy and Experimental Psychiatry, 10*(1), 69–72.
McGue, M., & Lykken, D. T. (1992). Genetic influence on risk of divorce. *Psychological Science, 3*(6), 368–373.
McGuffin, P., Katz, R., & Bebbington, P. (1988). The Camberwell Collaborative Depression Study: III. Depression and adversity in the relatives of depressed probands. *British Journal of Psychiatry, 152*, 775–782.
McGuffin, P., Rijsdijk, F., Andrew, M., Sham, P., Katz, R., & Cardno, A. (2003). The heritability of bipolar affective disorder and the genetic relationship to unipolar depression. *Archives of General Psychiatry, 60*, 497–502.
McGuire, P. K., Shah, G. M. S., & Murray, R. M. (1993). Increased blood flow in Broca's area during auditory hallucinations in schizophrenia. *Lancet, 342*, 703–706.
McHugh, R. K., & Barlow, D. H. (2010). The dissemination and implementation of evidence-based psychological treatments: A review of current efforts. *American Psychologist, 65*, 73–84.
McKay, D., Todaro, J., Neziroglu, F., Campisi, T., Moritz, E. K., & Yaryura-Tobias, J. A. (1997). Body dysmorphic disorder: A preliminary evaluation of treatment and maintenance using exposure with response prevention. *Behaviour Research and Therapy, 35*, 67–70.
McKay, R., Langdon, R., & Coltheart, M. (2007). Models of misbelief: Integrating motivational and deficit theories of delusions. *Consciousness and Cognition, 16*(4), 932–941.
McKenzie, S. J., Williamson, D. A., & Cubic, B. A. (1993). Stable and reactive body image disturbances in bulimia nervosa. *Behavior Therapy, 24*, 195–207.
McLean, P., & Taylor, S. (1992). Severity of unipolar depression and choice of treatment. *Behaviour Research and Therapy, 30*(5), 443–451.
McLeod, J. D., Kessler, R. C., & Landis, K. R. (1992). Speed of recovery from major depressive episodes in a community sample of married men and women. *Journal of Abnormal Psychology, 101*(2), 277–286.
McNab, C., Haslam, N., & Burnett, P. (2007). Expressed emotion, attributions, utility beliefs, and distress in parents of young people with first episode psychosis. *Psychiatry Research, 151*, 97–106.
McNally, R. J. (1996). Cognitive bias in the anxiety disorders. In D. A. Hope (Ed.), *Perspectives on anxiety, panic, and fear* (The 43rd Annual Nebraska Symposium on Motivation) (pp. 211–250). Lincoln, NE: Nebraska University Press.
McNally, R. J. (1999). EMDR and mesmerism: A comparative historical analysis. *Journal of Anxiety Disorders, 13*, 225–236.
McNally, R. J. (2001). The cognitive psychology of repressed and recovered memories of childhood sexual abuse: Clinical implications. *Psychiatric Annals, 31*, 509–514.
McNally, R. J., & Geraerts, E. (2009). A new solution to the recovered memory debate. *Perspectives on Psychological Science, 4*(2), 126–134.
McNaughton, N., & Gray, J. H. (2000). Anxiolytic action on the behavioral inhibition system implies multiple types of arousal contribute to anxiety. *Journal of Affective Disorders, 61*(3), 161–176.
McNeil, T. F. (1987). Perinatal influences in the development of schizophrenia. In H. Helmchen & F. A. Henn (Eds.), *Biological perspectives of schizophrenia* (pp. 125–138). New York, NY: John Wiley.
Meaney, M. J., & Szyf, M. (2005). Maternal care as a model for experience-dependent chromatin plasticity? *Trends in Neurosciences, 28*(9), 456–463.
Means, M. K., & Edinger, J. D. (2006). Nonpharmacologic therapy of insomnia. In T. Lee-Chiong (Ed.), *Sleep: A comprehensive handbook* (pp. 133–136). Hoboken, NJ: John Wiley & Sons.
Medina v. California, 112 S. Ct. 2575 (1992).
Mednick, S. A., & Schulsinger, F. (1965). A longitudinal study of children with a high risk for schizophrenia: A preliminary report. In S. Vandenberg (Ed.), *Methods and goals in human behavior genetics* (pp. 255–296). New York, NY: Academic Press.
Mednick, S. A., & Schulsinger, F. (1968). Some pre-morbid characteristics related to breakdown in children with schizophrenic mothers. *Journal of Psychiatric Research, 6*, 267–291.
Meehan, P. J., Lamb, J. A., Saltzman, L. E., & O'Carroll, P. W. (1992). Attempted suicide among young adults: Progress toward a meaningful estimate of prevalence. *American Journal of Psychiatry, 149*(1), 41–44.
Meehl, P. E. (1945). The dynamics of "structured" personality tests. *Journal of Clinical Psychology, 1*, 296–303.
Meehl, P. E. (1962). Schizotaxia, schizotypy, schizophrenia. *American Psychologist, 17*, 827–838.
Meehl, P. E. (1989). Schizotaxia revisited. *Archives of General Psychiatry, 46*, 935–944.
Mehler, P. S., Birmingham, L. C., Crow, S. J., & Jahraus, J. P. (2010). Medical complications of eating disorders. In C. M. Grilo & J. E. Mitchell (Eds.), *The treatment of eating disorders: A clinical handbook* (pp. 66–80). New York, NY: Guilford Press.
Melamed, B. G., & Siegel, L. J. (1975). Reduction of anxiety in children facing hospitalization and surgery by use of filmed modeling. *Journal of Consulting and Clinical Psychology, 43*(4), 511–521.
Melzack, R. (1999). From the gate to the neuromatrix. *Pain* (Suppl. 6), S121–S126.
Melzack, R. (2005). Evolution of the neuromatrix theory of pain. *Pain Practice, 5*, 85–94.
Melzack, R., & Wall, P. D. (1965). Pain mechanisms: A new theory. *Science, 150*, 971–979.
Melzack, R., & Wall, P. D. (1982). *The challenge of pain*. New York, NY: Basic Books.
Mendelson, W. (2005). Sleep disorders. In B. J. Sadock & V. A. Sadock (Eds.), *Kaplan & Sadock's comprehensive textbook of psychiatry* (pp. 2022–2034). Philadelphia, PA: Lippincott Williams & Wilkins.
Mennes, C. E., Ben Abdallah, A., & Cottler, L. B. (2009). The reliability of self-reported cannabis abuse, dependence, and withdrawal symptoms: Multisite study of differences between general population and treatment groups. *Addictive Behaviors, 34*(2), 223–226. doi:10.1016/j.addbeh.2008.10.003
Menza, M. (2006). STAR*D: The results begin to roll in. *American Journal of Psychiatry, 163*, 1123–1125.
Merens, W., Willem Van der Does, A. J., & Spinhoven, P. (2007). The effects of serotonin manipulations on emotional information processing and mood. *Journal of Affective Disorders, 103*(1–3), 43–62.
Merikangas, K. R., & Pato, M. (2009). Recent developments in the epidemiology of bipolar disorder in adults and children: Magnitude, correlates, and future directions. *Clinical Psychology: Science and Practice, 16*(2), 121–133.
Meyer, A. J., Nash, J. D., McAlister, A. L., Maccoby, M., & Farquhar, J. W. (1980).

Skills training in a cardiovascular health education campaign. *Journal of Consulting and Clinical Psychology, 2,* 129–142.

Meyer, B., & Carver, C. S. (2000). Negative childhood accounts, sensitivity, and pessimism: A study of avoidant personality disorder features in college students. *Journal of Personality Disorders, 14,* 233–248.

Meyer-Bahlburg, H., Dolezal, C., Baker, S., Carlson, A., Obeid, J., & New, M. (2004). Prenatal androgenization affects gender-related behavior but not gender identity in 5–12-year-old girls with congenital adrenal hyperplasia. *Archives of Sexual Behavior, 33,* 97–104.

Meyerowitz, B. E. (1983). Postmastectomy coping strategies and quality of life. *Health Psychology, 2,* 117–132.

Meyers, A. (1991). Biobehavioral interactions in behavioral medicine. *Behavior Therapy, 22,* 129–131.

Mezzich, J. E., Good, B. J., Lewis-Fernández, R., Guarnaccia, P., Lin, K. M., Parron, D., ... Hughes, C. (1993, September). *Cultural formulation guidelines.* Revised cultural proposals for DSM-IV. Submitted to the DSM-IV Task Force by the Steering Committee, NIMH-Sponsored Group on Culture and Diagnosis.

Mezzich, J. E., Kirmayer, L. J., Kleinman, A., Fabrega, H., Jr., Parron, D. L., Good, B. J., ... Manson, S. M. (1999). The place of culture in DSM-IV. *Journal of Nervous and Mental Disease, 187,* 457–464.

Mezzich, J. E., Kleinman, A., Fabrega, H., Jr., Good, B., Johnson-Powell, G., Lin, K. M., ... Parron, D. (1992). *Cultural proposals for DSM-IV.* Submitted to the DSM-IV Task Force by the Steering Committee, NIMH-Sponsored Group on Culture and Diagnosis.

Miaskowski, C. (1999). The role of sex and gender in pain perception and responses to treatment. In R. J. Gatchel & D. C. Turk (Eds.), *Psychosocial factors in pain: Critical perspectives* (pp. 401– 411). New York, NY: Guilford Press.

Mick, E., Byrne, D., Fried, R., Monuteaux, M., Faraone, S., & Biederman, J. (2011). Predictors of ADHD persistence in girls at 5-year follow-up. *Journal of Attention Disorders, 15*(3), 183–192.

Middleton, W., Burnett, P., Raphael, B., & Martinek, N. (1996). The bereavement response: A cluster analysis. *British Journal of Psychiatry, 169,* 167–171.

Miklowitz, D. J. (2008). Adjunctive psychotherapy for bipolar disorder: State of the evidence. *The American Journal of Psychiatry, 165*(11), 1408–1419.

Miklowitz, D. J., George, E. L., Richards, J. A., Simoneau, T. L., & Suddath, R. L. (2003). A randomized study of family-focused psychoeducation and pharmacotherapy in the outpatient management of bipolar disorder. *Archives of General Psychiatry, 60,* 904–912.

Miklowitz, D. J., & Goldstein, M. J. (1997). *Bipolar disorder: A family-focused treatment approach.* New York, NY: Guilford Press.

Miklowitz, D. J., & Johnson, S. (2006). The psychopathology and treatment of bipolar disorder. In S. Nolen-Hoeksema, T. D. Cannon, & T. Widiger (Eds.), *Annual Review of Clinical Psychology* (pp. 199–235). Palo Alto, CA: Annual Reviews.

Miklowitz, D. J., Otto, M. W., Frank, E., Reilly-Harrington, N. A., Kogan, J. N., Sachs, G. S., ... Wisniewski, S. R. (2007). Intensive psychosocial intervention enhances functioning in patients with bipolar depression: Results from a 9-month randomized controlled trial. *The American Journal of Psychiatry, 164*(9), 1340–1347.

Millar, H. R., Qrdell, F., Vyvyan, J. P., Naji, S. A., Prescott, G. J., & Eagles, J. M. (2005). Anorexia nervosa mortality in northeast Scotland 1965– 1999. *American Journal of Psychiatry, 162,* 753–757.

Miller, A. L., McEvoy, J. P., Jeste, D. V., & Marder, S. R. (2006). Treatment of chronic schizophrenia. In J. A. Lieberman, T. S. Stroup, & D. O. Perkins (Eds.), *The American Psychiatric Publishing textbook of schizophrenia* (pp. 365–381). Washington, DC: American Psychiatric Publishing.

Miller, G., & Blackwell, E. (2006). Turning up the heat: Inflammation as a mechanism linking chronic stress, depression, and heart disease. *Current Directions in Psychological Science, 15,* 269–277.

Miller, I. W., & Norman, W. H. (1979). Learned helplessness in humans: A review and attribution-theory model. *Psychological Bulletin, 86*(1), 93–118.

Miller, I. W., Norman, W. H., & Keitner, G. I. (1989). Cognitive-behavioral treatment of depressed inpatients: Six- and twelve-month follow-up. *American Journal of Psychiatry, 146,* 1274–1279.

Miller, N. E. (1969). Learning of visceral and glandular responses. *Science, 163,* 434–445.

Miller, N. S., Gold, M. S., & Pottash, A. C. (1989). A 12-step treatment approach for marijuana (cannabis) dependence. *Journal of Substance Abuse Treatment, 6,* 241–250.

Miller, S. D. (1989). Optical differences in cases of multiple personality disorder. *Journal of Nervous and Mental Disease, 177*(8), 480–486.

Miller, T. Q., Smith, T. W., Turner, C. W., Guijarro, M. L., & Hallet, A. J. (1996). A meta-analytic review of research on hostility and physical health. *Psychological Bulletin, 119*(2), 322–348.

Miller, W. (2009). Motivational interviewing with problem drinkers. *Behavioural and Cognitive Psychotherapy, 11*(2), 147–172.

Miller, W. R., & Hester, R. K. (1986). Inpatient alcoholism treatment: Who benefits? *American Psychologist, 41,* 794–805.

Miller, W. R., & Rollnick, S. (2002). *Motivational interviewing: Lessons preparing people for change.* New York, NY: Guilford Press.

Millon, T. (1981). *Disorders of personality: DSM-III, axis II.* New York, NY: John Wiley.

Millon, T. (1991). Classification in psychopathology: Rationale, alternatives, and standards. *Journal of Abnormal Psychology, 100*(3), 245–261.

Millon, T. (2004). *Masters of the mind.* Hoboken, NJ: Wiley & Sons.

Millon, T., & Martinez, A. (1995). Avoidant personality disorder. In W. J. Livesley (Ed.), *The DSM-IV personality disorders* (pp. 218–233). New York, NY: Guilford Press.

Mills, P. J., Adler, K. A., Dimsdale, J. E., Perez, C. J., Ziegler, M. G., Ancoli-Israel, S., ... Grant, I. (2004). Vulnerable caregivers of Alzheimer disease patients have a deficit in beta 2-adrenergic receptor sensitivity and density. *American Journal of Geriatric Psychiatry, 12,* 281–286.

Minagar, A., Alekseeva, N., Shapshak, P., & Fernandez, F. (2009). Neuropsychiatric aspects of prion disease. In B. J. Sadock, V. A. Sadock, & P. Ruiz (Eds.), *Kaplan & Sadock's comprehensive textbook of psychiatry* (9th ed., Vol. I, pp. 541–558). Philadelphia, PA: Lippincott Williams & Wilkins.

Mindell, J. A., & Owens, J. A. (2009). *A clinical guide to pediatric sleep: Diagnosis and management of sleep problems* (2nd ed.). Philadelphia, PA: Lippincott Williams & Wilkins.

Mineka, S. (1985). The frightful complexity of the origins of fears. In F. R. Bruch & J. B. Overmier (Eds.), *Affect, conditioning, and cognition: Essays on the determinants of behavior.* Hillsdale, NJ: Erlbaum.

Mineka, S., & Sutton, J. (2006). In M. G. Craske, D. Hermans, & D. Vansteenwegen, *Fear and learning: From basic processes to clinical implications* (pp. 75–97), Washington, DC: American Psychological Association.

Mineka, S., & Watson, D., & Clark, L. A. (1998). Comorbidity of anxiety and unipolar mood disorders. *Annual Review of Psychology, 49,* 377–412.

Mineka, S., & Zinbarg, R. (1996). Conditioning and ethological models of anxiety disorders: Stress-in-dynamic-context anxiety models. In D. A. Hope (Ed.), *Perspectives on anxiety, panic, and fear* (The 43rd Annual Nebraska Symposium on Motivation) (pp. 135–210). Lincoln, NE: Nebraska University Press.

Mineka, S., & Zinbarg, R. (1998). Experimental approaches to understanding the mood and anxiety disorders. In J. Adair (Ed.), *Advances in psychological research, Vol. 2. Social, personal, and cultural aspects* (pp. 429–454). Hove, UK: Psychology Press/Erlbaum.

Mineka, S., & Zinbarg, R. (2006). A contemporary learning theory perspective on the etiology of anxiety disorders. *American Psychologist, 61,* 10–26.

Minino, A. M., Arias, E., Kochanek, K. D., Murphy, S. L., & Smith, B. L. (2002). Deaths: Final data for 2000. *National Vital Statistics Reports, 50,* 1–119.

Minuchin, S., Rosman, B. L., & Baker, L. (1978). *Psychosomatic families.* Cambridge, MA: Harvard University Press.

Mirsky, A. F., Bieliauskas, L. A., French, L. M., van Kammen, D. P., Jonsson, E., & Sedvall, G. (2000). A 39-year follow-up of the Genain quadruplets. *Schizophrenia Bulletin, 26,* 699–708.

Mitchell, J. E., Cook-Myers, T., & Wonderlich, S. A. (2005). Diagnostic criteria for anorexia nervosa: Looking ahead to DSM-V [Special issue]. *International Journal of Eating Disorders, 37,* S95–S97.

Modahl, C., Green, L., Fein, D., Morris, M., Waterhouse, L., Feinstein, C., Levin, H.. (1998). Plasma oxytocin levels in autistic children. *Biological Psychiatry, 43,* 270–277.

Modinos, G., Mechelli, A., Ormel, J., Groenewold, N., Aleman, A., & McGuire, P. (2009). Schizotypy and brain structure: A voxel-based morphometry study. *Psychological Medicine, 40,* 1423–1431.

Moeller, F. G. (2009). Impulse-control disorders not elsewhere classified. In B. J. Sadock, V. A. Sadock, & P. Ruiz (Eds.), *Kaplan & Sadock's comprehensive textbook of psychiatry* (9th ed., Vol. I, pp. 2178–2186). Philadelphia, PA: Lippincott Williams & Wilkins.

Moffitt, T. E., Caspi, A., Rutter, M., & Silva, P. A. (2001). *Sex differences in antisocial behaviour: Conduct disorder, delinquency, and violence in the Dunedin longitudinal study*. Cambridge, UK: Cambridge University Press.

Mogg, K., Bradley, B. P., Millar, N., & White, J. (1995). A follow-up study of cognitive bias in generalized anxiety disorder. *BRAT, 33,* 927–935.

Mogg, K., Philippot, P., & Bradley, B. P. (2004). Selective attention to angry faces in clinical social phobia. *Journal of Abnormal Psychology, 113*, 160–165.

Mogil, J. S., Sternberg, W. F., Kest, B., Marek, P., & Liebeskind, J. C. (1993). Sex differences in the antagonism of swim stress-induced analgesia: Effects of gonadectomy and estrogen replacement. *Pain, 53*, 17–25.

Money, J., & Ehrhardt, A. (1972). *Man and woman, boy and girl.* Baltimore, MD: Johns Hopkins University Press.

Monroe, S. M., Imhoff, D. F., Wise, B. D., & Harris, J. E. (1983). Prediction of psychological symptoms under high-risk psychosocial circumstances: Life events, social support, and symptom specificity. *Journal of Abnormal Psychology, 92*(2), 338–350.

Monroe, S. M., Kupfer, D. J., & Frank, E. (1992). Life stress and treatment course of recurrent depression: I. Response during index episode. *Journal of Consulting and Clinical Psychology, 60*(5), 718–724.

Monroe, S. M., & Reid, M. W. (2009). Life stress and major depression. *Current Directions in Psychological Science, 18*(2), 68–72.

Monroe, S. M., Roberts, J. E., Kupfer, D. J., & Frank, E. (1996). Life stress and treatment course of recurrent depression: II. Postrecovery associations with attrition, symptom course, and recurrence over 3 years. *Journal of Abnormal Psychology, 105*(3), 313–328.

Monroe, S. M., Rohde, P., Seeley, J. R., & Lewinsohn, P. M. (1999). Life events and depression in adolescence: For first onset of major depressive disorder. *Journal of Abnormal Psychology, 108*(4), 606–614.

Monroe, S. M., Slavich, G. M., & Georgiades, K. (2009). The social environment and life stress in depression. In I. H. Gotlib & C. L. Hammen (Eds.), *Handbook of depression* (2nd ed., pp. 340–360). New York, NY: Guilford Press.

Montero, I., Hernandez, I., Asencio, A., Bellver, F., LaCruz, M., & Masanet, M. J. (2005). Do all people with schizophrenia receive the same benefit from different family intervention programs? *Psychiatry Research, 133*(2–3), 187–195.

Montero, I., Masanet, M. J., Bellver, F., & Lacruz, M. (2006). The long-term outcome of two family intervention strategies in schizophrenia. *Comprehensive Psychiatry, 47*(5), 362–367.

Moore, D. S. (2001). *The dependent gene: The fallacy of "nature vs. nurture."* New York, NY: Henry Holt and Company.

Moore, R. Y. (1999). Circadian rhythms: A clock for the ages. *Science, 284,* 2102–2103.

Moos, R. H., & Moos, B. S. (2007). Protective resources and long-term recovery from alcohol use disorders. *Drug and Alcohol Dependence, 86,* 46–54.

Morelli, G. A., Rogoff, B., Oppenheim, D., & Goldsmith, D. (1992). Cultural variation in infants' sleeping arrangements: Questions of independence. *Developmental Psychology, 28*, 604–613.

Morey, L. C., Alexander, G. M., & Boggs, C. (2005). Gender. In J. M. Oldham, A. E. Skodol, & D. S. Bender (Eds.), *Textbook of personality disorders* (pp. 541–559). Washington, DC: American Psychiatric Publishing.

Morey, L. C., Hopwood, C. J., & Klein, D. (2007). Depressive, passive-aggressive, and sadistic personality disorders. In W. O'Donohue, K. A. Fowler, & S. O. Lilienfeld (Eds.), *Personality disorders: Toward the DSM-V* (pp. 353–374). Thousand Oaks, CA: Sage Publications.

Morgan, H. W. (1981). *Drugs in America: A social history, 1800–1980*. Syracuse, NY: Syracuse University Press.

Morgenthaler, T. I., & Silber, M. H. (2002). Amnestic sleep-related eating disorder associated with zolpidem. *Sleep Medicine, 3*, 323–327.

Morokoff, P. J. (1993). Female sexual arousal disorder. In W. O'Donohue & J. H. Geer (Eds.), *Handbook of sexual dysfunctions: Assessment and treatment* (pp. 157–199). Boston, MA: Allyn & Bacon.

Morris, J. K., Cook, D. G., & Shaper, A. G. (1994). Loss of employment and mortality. *British Medical Journal, 308*, 1135–1139.

Morris, J. S., Öhman, A., & Dolan, R. J. (1998). Conscious and unconscious emotion learning in the human amygdala. *Nature, 393,* 467–470.

Morrow, G. R., & Dobkin, P. L. (1988). Anticipatory nausea and vomiting in cancer patients undergoing chemotherapy treatment: Prevalence, etiology, and behavioral interventions. *Clinical Psychology Review, 8*, 517–556.

Mosher, W. D., Chandra, A., & Jones, J. (2005). *Sexual behavior and selected health measures: Men and women 15–44 years of age, United States, 2002.* Advance data from vital and health statistics, no. 362. Hyattsville, MD: National Center for Health Statistics.

Mosko, S., Richard, C., & McKenna, J. C. (1997). Maternal sleep and arousals during bedsharing with infants. *Sleep, 20*, 142–150.

Moss, A. C., & Albery, I. P. (2009). A dual-process model of the alcohol-behavior link for social drinking. *Psychological Bulletin, 135*(4), 516– 530. doi:10.1037/a0015991

Mostofsky, D. I., & Barlow, D. H. (Eds.) (2000). *The management of stress and anxiety in medical disorders.* Needham Heights, MA: Allyn & Bacon.

Moukas, G., Stathopoulou, A., Gourzis, P., Beratis, I., & Beratis, S. (2010). Relationship of "prodromal" symptoms with severity and type of psychopathology in the active phase of schizophrenia. *Comprehensive Psychiatry, 51*(1), 1–7.

Mucha, T. F., & Reinhardt, R. F. (1970). Conversion reactions in student aviators. *American Journal of Psychiatry, 127*, 493–497.

Mueller, T., Keller, M. B., Leon, A. C., Solomon, D. A., Shea, M. T., Coryell, W., & Endicott, J. (1996). Recovery after 5 years of unremitting major depressive disorder. *Archives of General Psychiatry, 53*, 794–799.

Mueser, K. T., & Berenbaum, H. (1990). Psychodynamic treatment of schizophrenia: Is there a future? *Psychological Medicine, 20*, 253–262.

Mueser, K. T., Liberman, R. P., & Glynn, S. M. (1990). Psychosocial interventions in schizophrenia. In A. Kales, C. N. Stefanis, & J. A. Talbott (Eds.), *Recent advances in schizophrenia* (pp. 213–235). New York, NY: Springer-Verlag.

Mueser, K. T., & Marcello, S. (2011). Schizophrenia. In D. H. Barlow (Ed.), *Oxford handbook of clinical psychology* (pp. 469–503). New York, NY: Oxford University Press.

Mufson, L., Pollack-Dorta, K., Wickramaratne, P., Nomura, Y., Olfson, M., & Weismann, M. (2004). A randomized effectiveness trial of interpersonal psychotherapy for depressed adolescents. *Archives General Psychiatry, 61*, 577–584.

Mulder, R., Frampton, C., Luty, S., & Joyce, P. (2009). Eighteen months of drug treatment for depression: Predicting relapse and recovery. *Journal of Affective Disorders, 114*(1–3), 263–270.

Mullen, P. (2010). The psychiatric expert witness in the criminal justice system. *Criminal Behaviour and Mental Health, 20*(3), 165–176.

Mumford, D. B., Whitehouse, A. M., & Platts, M. (1991). Sociocultural correlates of eating disorders among Asian schoolgirls in Bradford. *British Journal of Psychiatry, 158*, 222–228.

Munjack, D. J. (1984). The onset of driving phobias. *Journal of Behavior Therapy and Experimental Psychiatry, 15*, 305–308.

Muñoz, R. F. (1993). The prevention of depression: Current research and practice. *Applied and Preventative Psychology, 2*, 21–33.

Muñoz, R. F., Le, H.-N., Clarke, G. N., Barrera, A. Z., & Torres, L. D. (2009). Preventing first onset and recurrence of major depressive episodes. In I. H. Gotlib & C. L. Hammen (Eds.), *Handbook of depression* (2nd ed., pp. 533–553). New York, NY: Guilford Press.

Murdoch, D., Pihl, R. O., & Ross, D. (1990). Alcohol and crimes of violence: Present issues. *International Journal of the Addictions, 25*, 1065–1081.

Murphy, W. D., & Page, I. J. (2008). Exhibitionism: Psychopathology and theory. In D. R. Laws & W. T. O'Donohue (Eds.), *Sexual deviance: Theory, assessment, and treatment* (2nd ed., pp. 61–75). New York, NY: Guilford Press.

Murray, C. J. L. (1996). *Global health statistics.* Cambridge, MA: Harvard University Press.

Murray, C. J. L., & Lopez, A. (Eds.) (1996). *The global burden of disease.* Cambridge, MA: Harvard University Press.

Murray, R. M., & Bramon, E. (2005). Developmental model of schizophrenia. In B. J. Sadock & V. A. Sadock (Eds.), *Kaplan & Sadock's comprehensive textbook of psychi-*

atry (pp. 1381–1396). Philadelphia, PA: Lippincott Williams & Wilkins.
Must, A., Spadano, J., Coakley, E. H., Field, A. E., Colditz, G., & Dietz, W. H. (1999). The disease burden associated with overweight and obesity. *JAMA: Journal of the American Medical Association, 282*, 1523–1529.
Mustafa, G. (1990). Delivery systems for the care of schizophrenic patients in Africa-Sub-Sahara. In A. Kales, C. N. Stefanis, & J. A. Talbot (Eds.), *Recent advances in schizophrenia* (pp. 353–371). New York, NY: Springer-Verlag.
Mustanski, B. S., Bailey, J. M., & Kaspar, S. (2002). Dermatoglyphics, handedness, sex, and sexual orientation. *Archives of Sexual Behavior, 31*, 113–122.
Myers, J. K., Weissman, M. M., Tischler, C. E., Holzer, C. E., III, Orvaschel, H., Anthony, J. C., ... Stoltzman, R. (1984). Six-month prevalence of psychiatric disorders in three communities. *Archives of General Psychiatry, 41*, 959–967.
Myers, K., & Collett, B. (2006). Rating scales. In M. K. Dulcan & J. M. Wiener (Eds.), *Essentials of child and adolescent psychiatry* (pp. 81–97). Washington, DC: American Psychiatric Publishing.
Myin-Germeys, I., & Van Os, J. (2008). Adult adversity: Do early environment and genotype create lasting vulnerabilities for adult social adversity in psychosis? In C. Morgan, K. McKenzie, & P. Fearon (Eds.), *Society and Psychosis* (pp. 127– 143). Cambridge, UK: Cambridge University Press.
Nachmias, M., Gunnar, M., Mangelsdorf, S., Parritz, R. H., & Buss, K. (1996). Behavioral inhibition and stress reactivity: The moderating role of attachment security. *Child Development, 67*(2), 508–522.
Nagel, D. B. (1991). Psychotherapy of schizophrenia: 1900–1920. In J. G. Howells (Ed.), *The concept of schizophrenia: Historical perspectives* (pp. 191–201). Washington, DC: American Psychiatric Press.
Najavits, L. M. (2007). Psychosocial treatments for posttraumatic stress disorder. In P. E. Nathan & J. M. Gorman (Eds.), *A guide to treatments that work* (3rd ed.). New York, NY: Oxford University Press.
Nanda, S. (1999). *The hijras of India: Neither man nor woman* (2nd ed.). Belmont, CA: Wadsworth.
Narr, K. L., Woods, R. P., Lin, J., Kim, J., Phillips, O. R., Del'Homme, M., ... Levitt, J. (2009). Widespread cortical thinning is a robust anatomical marker for attention-deficit/hyperactivity disorder. *Journal of the American Academy of Child & Adolescent Psychiatry, 48*(10), 1014–1022.
Nasser, M. (1988). Eating disorders: The cultural dimension. *Social Psychiatry and Psychiatric Epidemiology, 23*, 184–187.
National Collaborating Centre for Mental Health. (2009). *Borderline Personality Disorder: The NICE GUIDELINE on Treatment and Management, National Clinical Practice Guideline No. 78*. London, UK: British Psychological Society & Royal College of Psychiatrists.
National Institute of Mental Health. (2003). *Breaking ground, breaking through: The strategic plan for mood disorders research.* (NIH Publication No. 03-5121). Washington, DC: U.S. Government Printing Office.
National Institute on Drug Abuse. (2005). *NIDA research report: Marijuana abuse*. (NIH Publication No. 05-3859). Bethesda, MD: Author.
National Sleep Foundation. (2009). *2009 Sleep in America Poll.* Washington, DC: Author.
Navarrete, C. D., Olsson, A., Ho, A. K., Mendes, W. B., Thomsen, L., & Sidanius, J. (2009). Fear extinction to an out-group face: The role of target gender. *Psychological Science, 20*(2), 155–158.
Neal, A. M., Nagle-Rich, L., & Smucker, W. D. (1994). The presence of panic disorder among African American hypertensives: A pilot study. *Journal of Black Psychology, 20*, 29–35.
Neal-Barnett, A. M., & Smith, J., Sr. (1997). African Americans. In S. Friedman (Ed.), *Cultural issues in the treatment of anxiety* (pp. 154–174). New York, NY: Guilford Press.
Neimeyer, R. A., & Currier, J. M. (2009). Grief therapy: Evidence of efficacy and emerging directions. *Current Directions in Psychological Science, 18*(6), 352–356.
Nelles, W. B. N., & Barlow, D. H. (1988). Do children panic? *Clinical Psychology Review, 8*(4), 359–372.
Nelson, R. O., & Barlow, D. H. (1981). Behavioral assessment: Basic strategies and initial procedures. In D. H. Barlow (Ed.), *Behavioral assessment of adult disorders.* New York, NY: Guilford Press.
Nemeroff, C. (2004). Early-life adversity, CRF dysregulation, and vulnerability to mood and anxiety disorders. *Psychopharmacology Bulletin, 38*, 14–20.
Nemeroff, C. (2006). The burden of severe depression: A review of diagnostic challenges and treatment alternatives. *Journal of Psychiatric Research, 1–18.*
Nestadt, G., Romanoski, A., Chahal, R., Merchant, A., Folstein, M., Gruenberg, E., McHugh, P. R. (2009). An epidemiological study of histrionic personality disorder. *Psychological Medicine, 20*(2), 413–422.
Nestler, E. J., Hyman, S. E., & Malenka, R. C. (2008). *Molecular neuropharmacology* (2nd ed.). New York, NY: McGraw-Hill.
Neubauer, D. (2009). New directions in the pharmacologic treatment of sleep disorders. *Primary Psychiatry, 16*(2), 52–58.
Neugroschi, J. A., Kolevzon, A., Samuels, S. C., & Marin, D. B. (2005). Dementia. In B. J. Sadock & V. A. Sadock (Eds.), *Kaplan & Sadock's comprehensive textbook of psychiatry* (pp. 1068–1093). Philadelphia, PA: Lippincott Williams & Wilkins.
Neumann, C., Hare, R., & Newman, J. (2007). The superordinate nature of the Psychopathy Checklist-Revised. *Journal of Personality Disorders, 21*(2), 102–117.
Neumark-Sztainer, D., & Haines, J. (2004). Psychosocial and behavioral consequences of obesity. In J. K. Thompson (Ed.), *Handbook of eating disorders and obesity* (pp. 349–371). New York, NY: John Wiley.
Nevsimalova, S. (2009). Narcolepsy in childhood. *Sleep Medicine Reviews, 13*(2), 169–180. doi:10.1016/j.smrv.2008.04.007
New York Mental Hygiene Law § 1.03 (20) (1992).
Newman, J. P., Patterson, C. M., & Kosson, D. S. (1987). Response perseveration in psychopaths. *Journal of Abnormal Psychology, 96*, 145–148.
Newman, J. P., & Schmitt, W. A. (1998). Passive avoidance in psychopathic offenders: A replication and extension. *Journal of Abnormal Psychology, 107*, 527–532.
Newman, J. P., Widom, C. S., & Nathan, S. (1985). Passive-avoidance in syndromes of disinhibition: Psychopathy and extraversion. *Journal of Personality and Social Psychology, 50*, 624–630.
Neylan, T. C., Reynolds, C. F., III, & Kupfer, D. J. (2003). Sleep disorders. In R. E. Hales & S. C. Yudofsky (Eds.), *Textbook of clinical psychiatry* (4th ed., pp. 975–1000). Washington, DC: American Psychiatric Publishing.
Nezu, C. M., Nezu, A. M., Friedman, S. H., Houts, P. S., DelliCarpini, L., Bildner, C., & Faddis, S. (1999). Cancer and psychological distress: Two investigations regarding the role of social problem solving. *Journal of Psychosocial Oncology, 16*(3–4), 27–40.
Ng, B. Y., Yap, A. K., Su, A., Lim, D., & Ong, S. H. (2002). Personality profiles of patients with dissociative trance disorder in Singapore. *Comprehensive psychiatry, 43*, 121–126.
Nicassio, P. M., Meyerowitz, B. E., & Kerns, R. D. (2004). The future of health psychology interventions. *Health Psychology, 23*, 132–137.
Nicoletti, A. (2009). Teens and drug facilitated sexual assault. *Journal of Pediatric and Adolescent Gynecology, 22*(3), 187.
Nielsen, D., Barral, S., Proudnikov, D., Kellogg, S., Ho, A., Ott, J., & Kreek, M. J. (2008). TPH2 and TPH1: Association of variants and interactions with heroin addiction. *Behavior Genetics, 38*(2), 133–150.
Nierenberg, A. A., Fava, M., Trivedi, M. H., Wisniewski, S. R., Thase, M. E., McGrath, P. J., ... Rush, A. J. (2006). Comparison of lithium and T3 augmentation following two failed medication treatments for depression: A STAR*D report. *The American Journal of Psychiatry, 163*(9), 1519–1530.
Nijmeijer, J. S., Minderaa, R. B., Buitelaar, J. K., Mulligan, A., Hartman, C. A., & Hoekstra, P. J. (2008). Attention-deficit/hyperactivity disorder and social dysfunctioning. *Clinical Psychology Review, 28*(4), 692–708.
Nikolas, M., & Burt, S. (2010). Genetic and environmental influences on ADHD symptom dimensions of inattention and hyperactivity: A meta-analysis. *Journal of Abnormal Psychology, 119*(1), 1.
Nock, M., & Kessler, R. (2006). Prevalence of and risk factors for suicide attempts versus suicide gestures: Analysis of the national comorbidity survey. *Journal of Abnormal Psychology, 115*, 616–623.
Nock, M. K., Borges, G., Bromet, E. J., Alonso, J., Angermeyer, M., Beautrais, A., ... Williams, D. (2008). Cross-national prevalence and risk factors for suicidal ideation, plans, and attempts. *British Journal of Psychiatry, 192*(2), 98–105.
Nock, M. K., Borges, G., Bromet, E. J., Cha, C. B., Kessler, R. C., & Lee, S. (2008). Suicide and suicidal behavior. *Epidemiologic Reviews, 30*, 133–154.
Nock, M. K., Cha, C. B., & Dour, H. J. (2011). Disorders of impulse-control and self-harm. In D. H. Barlow (Ed.), *Oxford handbook of clinical psychology* (pp. 504–529). New York, NY: Oxford University.

Nock, M. K., Hwang, I., Sampson, N. A., & Kessler, R. C. (2009). Mental disorders, comorbidity, and suicidal behavior: Results from the National Comorbidity Survey Replication. *Molecular Psychiatry, 15,* 868–876.
Nock, M. K., Kazdin, A. E., Hiripi, E., & Kessler, R. C. (2006). Prevalence, subtypes, and correlates of DSM-IV conduct disorder in the National Comorbidity Survey Replication. *Psychological Medicine, 36*(05), 699–710.
Nock, M. K., Park, J. M., Finn, C. T., Deliberto, T. L., Dour, H. J., & Banaji, M. R. (2010). Measuring the suicidal mind: Implicit cognition predicts suicidal behavior. *Psychological Science, 21*(4), 511–517.
Nofzinger, E. A., Schwartz, C. F., Reynolds, C. F., Thase, M. E., Jennings, J. R., Frank, E., ... Kupfer, D. J. (1994). Affect intensity and phasic REM sleep in depressed men before and after treatment with cognitive-behavior therapy. *Journal of Consulting and Clinical Psychology, 62,* 83–91.
Nolen-Hoeksema, S. (1990). *Sex differences in depression.* Stanford, CA: Stanford University Press.
Nolen-Hoeksema, S. (2000). Further evidence for the role of psychosocial factors in depression chronicity. *Clinical Psychology: Science and Practice, 7*(2), 224–227.
Nolen-Hoeksema, S., Girgus, J. S., & Seligman, M. E. P. (1992). Predictors and consequences of childhood depressive symptoms: A 5-year longitudinal study. *Journal of Abnormal Psychology, 101*(3), 405–422.
Nolen-Hoeksema, S., & Hilt, L. M. (2009). Gender differences in depression. In I. H. Gotlib & C. L. Hammen (Eds.), *Handbook of depression* (2nd ed., pp. 386–404). New York, NY: Guilford Press.
Nolen-Hoeksema, S., Larson, J., & Grayson, C. (1999). Explaining the gender differences in depressive symptoms. *Journal of Personality and Social Psychology, 77*(5), 1061–1072.
Nolen-Hoeksema, S., Wisco, B. E., & Lyubomirsky, S. (2008). Rethinking rumination. *Perspectives on Psychological Science, 3*(5), 400–424.
Nolen-Hoeksema, S., Wolfson, A., Mumme, D., & Guskin, K. (1995). Helplessness in children of depressed and nondepressed mothers. *Developmental Psychology, 31,* 377–387.
Nordentoft, M., Thorup, A., Petersen, L., Ohlenschlaeger, J., Melau, M., Christensen, T. O., ... Jeppesen, P.. (2006). Transition rates from schizotypal disorder to psychotic disorder for first-contact patients included in the opus trial: A randomized clinical trial of integrated treatment and standard treatment. *Schizophrenia Research, 83,* 29–40.
Normile, D. (2009). Asia grapples with unexpected wave of HIV infections. *Science, 27,* 1174.
Norrholm, S. D., & Ressler, K. J. (2009). Genetics of anxiety and trauma-related disorders. *Neuroscience, 164*(1), 272–287.
Norton, G. R., Harrison, B., Hauch, J., & Rhodes, L. (1985). Characteristics of people with infrequent panic attacks. *Journal of Abnormal Psychology, 94,* 216–221.
Norton, M. C., Smith, K. R., Østbye, T., Tschanz, J. T., Corcoran, C., Schwartz, S., ... Welsh-Bohmer, K. A. (2010). Greater risk of dementia when spouse has dementia? The Cache County Study. *Journal of the American Geriatrics Society, 58*(5), 895–900.
Novak, B. (2010). Kleptomania and the law. In E. Aboujaoude (Ed.), *Impulse control disorders* (pp. 45–50). New York, NY: Cambridge University Press.
Noyes, R., Clarkson, C., Crowe, R. R., Yates, W. R., & McChesney, C. M. (1987). A family study of generalized anxiety disorder. *American Journal of Psychiatry, 144,* 1019–1024.
Noyes, R., Garvey, M. J., Cook, B., & Suelzer, M. (1991). Controlled discontinuation of benzodiazepine treatment for patients with panic disorder. *American Journal of Psychiatry, 148,* 517–523.
Noyes, R., Hoenk, P., Kuperman, S., & Slymen, D. (1977). Depersonalization in accident victims and psychiatric patients. *Journal of Nervous and Mental Disease, 164,* 401–407.
Noyes, R., & Kletti, R. (1977). Depersonalization in response to life-threatening danger. *Comprehensive Psychiatry, 18,* 375–384.
Noyes, R., Watson, D., Carney, C., Letuchy, E., Peloso, P., Black, D., & Doebbeling, B. N. (2004). Risk factors for hypochondriacal concerns in a sample of military veterans. *Journal of Psychosomatic Research, 57,* 529–539.
Noyes, R., Woodman, C., Garvey, M. J., Cook, B. L., Suelzer, M., Clancy, J., & Anderson, D. J. (1992). Generalized anxiety disorder vs. panic disorder: Distinguishing characteristics and patterns of comorbidity. *Journal of Nervous and Mental Disease, 180,* 369–379.
Noyes, R., Jr., Stuart, S. P., & Watson, D. B. (2008). A reconceptualization of the somatoform disorders. *Psychosomatics, 49*(1), 14–22.
Nugent, S. A. (2000). Perfectionism: Its manifestations and classroom-based interventions. *Journal of Secondary Gifted Education, 11,* 215–221.
Nunes, P., Wenzel, A., Borges, K., Porto, C., Caminha, R., & de Oliveira, I. (2009). Volumes of the hippocampus and amygdala in patients with borderline personality disorder: A metaanalysis. *Journal of Personality Disorders, 23*(4), 333–345.
Nurnberger, J. I., & Gershon, E. S. (1992). Genetics. In E. S. Paykel (Ed.), *Handbook of affective disorders* (pp. 126–145). New York, NY: Guilford Press.
Nyhan, W. L. (1978). The Lesch-Nyhan syndrome. *Developmental Medicine and Child Neurology, 20,* 376–387.
Oades, R. D. (1985). The role of noradrenaline in tuning and dopamine in switching between signals in the CNS. *Neuroscience and Biobehavioral Reviews, 9,* 261–282.
Oakley, D. A., & Halligan, P. W. (2009). Hypnotic suggestion and cognitive neuroscience. *Trends in Cognitive Sciences, 13*(6), 264–270.
O'Brien, M. E., Clark, R. A., Besch, C. L., Myers, L., & Kissinger, P. (2003). Patterns and correlates of discontinuation of the initial HAART regimen in an urban outpatient cohort. *Journal of Acquired Immune Deficiency Syndrome, 34*(4), 407–414.
O'Brien, P. E., Sawyer, S. M., Laurie, C., Brown, W. A., Skinner, S., Veit, F., ... Dixon, J. B. (2010). Laparoscopic adjustable gastric banding in severely obese adolescents: A randomized trial. *JAMA: Journal of the American Medical Association, 303*(6), 519–526.
O'Callaghan, E., Sham, P., Takei, N., Glover, G., & Murray, R. M. (1991). Schizophrenia after prenatal exposure to 1957 A2 influenza epidemic. *Lancet, 337,* 1248–1250.
O'Carroll, P. W. (1990). Community strategies for suicide prevention and intervention. In S. J. Blumenthal & D. J. Kupfer (Eds.), *Suicide over the life cycle: Risk factors, assessment, and treatment of suicidal patients.* Washington, DC: American Psychiatric Press.
Ochsner, K. N., Ray, R. R., Hughes, B., McRae, K., Cooper, J. C., Weber, J., ... Gross, J. J. (2009). Bottom-up and top-down processes in emotion generation: Common and distinct neural mechanisms. *Psychological Science, 20*(11), 1322–1331.
O'Connor v. Donaldson, 95 S. Ct. 2486 (1975).
Ogata, S. N., Silk, K. R., Goodrich, S., Lohr, N. E., Westen, D., & Hill, E. M. (1990). Childhood sexual and physical abuse in adult patients with borderline personality disorder. *American Journal of Psychiatry, 147,* 1008–1013.
Ogden, C. L., Carroll, M. D., Curtin, L. R., Lamb, M. M., & Flegal, K. M. (2010). Prevalence of high body mass index in US children and adolescents, 2007–2008. *JAMA: Journal of the American Medical Association, 303*(3), 242–249.
Ogden, C. L., Carroll, M. D., Curtin, L. R., McDowell, M. A., Tabak, C. J., & Flegal, K. M. (2006). Prevalence of overweight and obesity in the United States, 1999–2004. *JAMA: Journal of the American Medical Association, 295,* 1549–1555.
O'Hanlon, J. F., Haak, J. W., Blaauw, G. J., & Riemersma, J. B. J. (1982). Diazepam impairs lateral position control in highway driving. *Science, 27,* 79–81.
O'Hara, M. W., Stuart, S., Gorman, L. L., & Wenzel, A. (2000). Efficacy of interpersonal psychotherapy for postpartum depression. *Archives of General Psychiatry, 57,* 1039–1045.
Ohayon, M. M., & Schatzberg, A. F. (2003). Using chronic pain to predict depressive morbidity in the general population. *Archives of General Psychiatry, 60,* 39–47.
Öhman, A. (1986). Face the beast and fear the face: Animal and social fears as prototypes for evolutionary analyses of emotion. *Psychophysiology, 23,* 123–145.
Öhman, A. (1996). Preferential pre-attentive processing of threat in anxiety: Preparedness and attentional biases. In R. Rapee (Ed.), *Current controversies in the anxiety disorders* (pp. 253– 290). New York, NY: Guilford Press.
Öhman, A., & Dimberg, U. (1978). Facial expressions as conditioned stimuli for electrodermal responses: A case of preparedness? *Journal of Personality and Social Psychology, 36*(11), 1251–1258.
Öhman, A., Flykt, A., & Lundqvist, D. (2000). Unconscious emotion: Evolutionary perspective, psychophysiological data, and neuropsychological mechanisms. In R. Lane & L. Nadel (Eds.), *The cognitive*

neuroscience of emotion (pp. 296–327). New York, NY: Oxford University Press.
Öhman, A., & Mineka, S. (2001). Fears, phobias, and preparedness: Toward an evolved model of fear and fear learning. *Psychological Review.*
Okazaki, S., Okazaki, M., & Sue, S. (2009). Clinical personality assessment with Asian Americans. In J. N. Butcher (Ed.), *Oxford handbook of personality assessment* (pp. 377–395). New York: Oxford University Press.
olde Hartman, T. C., Borghuis, M. S., Lucassen, P. L., van de Laar, F. A., Speckens, A. E., & van Weel, C. (2009). Medically unexplained symptoms, somatisation disorder, and hypochondriasis: Course and prognosis. A systematic review. *Journal of Psychosomatic Research, 66*(5), 363–377.
Olds, J. (1956). Pleasure centers in the brain. *Scientific American, 195,* 105–116.
Olds, J., & Milner, P. M. (1954). Positive reinforcement produced by electrical stimulation of septal area and other regions of rat brain. *Journal of Comparative and Physiological Psychology, 47,* 419–427.
Olfson, M., Marcus, S., & Schaffer, D. (2006). Antidepressant drug therapy and suicide in severely depressed children and adolescents. *Archives General Psychiatry, 63,* 865–872.
Olfson, M., Shaffer, D., Marcus, S. C., & Greenberg, T. (2003). Relationship between antidepressant medication treatment and suicide in adolescents. *Archives of General Psychiatry, 60,* 978–82.
Olin, S. S., Raine, A., Cannon, T. D., Parnas, J., Schulsinger, F., & Mednick, S. A. (1997). Childhood behavior precursors of schizotypal personality disorder. *Schizophrenia Bulletin, 23,* 93–103.
Olivardia, R., Pope, H. G., & Hudson, J. I. (2000). Muscle dysmorphia in male weightlifters: A case-control study. *American Journal of Psychiatry, 157,* 1291–1296.
Oliver, M. B., & Hyde, J. S. (1993). Gender differences in sexuality: A meta-analysis. *Psychological Bulletin, 114*(1), 29–51.
Olivier, P., Bertrand, L., Tubery, M., Lauque, D., Montastruc, J.-L., & Lapeyre-Mestre, M. (2009). Hospitalizations because of adverse drug reactions in elderly patients admitted through the emergency department: A prospective survey. *Drugs & Aging, 26*(6), 475–482.
Ollendick, T. H., & Huntzinger, R. M. (1990). Separation anxiety disorder in childhood. In M. Hersen & C. G. Last (Eds.), *Handbook of child and adult psychopathology: A longitudinal perspective.* Elmsford, NY: Pergamon Press.
Ollendick, T. H., & Shirk, S. R. (2011). Clinical interventions with children and adolescents: Current status, future directions. In D. H. Barlow (Ed.), *Oxford handbook of clinical psychology* (pp. 762–788). New York, NY: Oxford University.
Omalu, B. I., Ives, D. G., Buhari, A. M., Lindner, J. L., Schauer, P. R., Wecht, C. H., & Kuller, L. H. (2007). Death rates and causes of death after bariatric surgery for Pennsylvania residents, 1995 to 2004. *Archives of Surgery, 142*(10), 923–928; discussion 929.
Opjordsmoen, S. (1989). Delusional disorders: I. Comparative long-term outcome. *Acta Psychiatrica Scandinavica, 80,* 603–612.
Oquendo, M., Galfalvy, H., Russo, S., Ellis, S., Grunebaum, M., Burke, A., & Mann, J. J. (2004). Prospective study of clinical predictors of suicidal acts after a major depressive episode in patients with major depressive disorder or bipolar disorder. *American Journal of Psychiatry, 161,* 1433–1441.
Orford, J., & Keddie, A. (2006). Abstinence or controlled drinking in clinical practice: A test of the dependence and persuasion hypotheses. *Addiction, 81*(4), 495–504.
Orne, M. T., Dinges, D. F., & Orne, E. C. (1984). On the differential diagnosis of multiple personality in the forensic context. *International Journal of Clinical and Experimental Hypnosis, 32,* 118–169.
Orsillo, S. M., Roemer, L., & Barlow, D. H. (2003). Integrating acceptance and mindfulness into existing cognitive-behavioral treatment for GAD: A case study. *Cognitive & Behavioral Practice, 10,* 222–230.
Orstavik, R. E., Kendler, K. S., Czajkowski, N., Tambs, K., & Reichborn-Kjennerud, T. (2007). The relationship between depressive personality disorder and major depressive disorder: A population-based twin study. *American Journal of Psychiatry, 164*(12), 1866–1872. doi:10.1176/appi.ajp.2007.07010045
Orth, U., Robins, R. W., Trzesniewski, K. H., Maes, J., & Schmitt, M. (2009). Low self-esteem is a risk factor for depressive symptoms from young adulthood to old age. *Journal of Abnormal Psychology, 118*(3), 472–478.
Ortiz, A., & Medicna-Mora, M. E. (1988). Research on drugs in Mexico: Epidemiology of drug abuse and issues among Native American populations. In Community Epidemiology Work Group Proceedings, December 1987. Contract No. 271-87-8321. Washington, DC: U.S. Government Printing Office.
Oslin, D. W., & Klaus, J. R. (2009). Drug and alcohol abuse. In B. J. Sadock & V. A. Sadock (Eds.), *Kaplan & Sadock's comprehensive textbook of psychiatry* (9th ed., Vol. 2, pp. 4088–4095). Philadelphia, PA: Lippincott Williams & Wilkins.
Öst, L. G. (1985). Mode of acquisition of phobias. *Acta Universitatis Uppsaliensis* (Abstracts of Uppsala Dissertations from the Faculty of Medicine), *529,* 1–45.
Öst, L. G. (1987). Age at onset in different phobias. *Journal of Abnormal Psychology, 96,* 223–229.
Öst, L. G. (1989). *Blood phobia: A specific phobia subtype in DSM-IV.* Paper requested by the Simple Phobia subcommittee of the DSM-IV Anxiety Disorders Work Group.
Öst, L. G. (1992). Blood and injection phobia: Background and cognitive, physiological, and behavioral variables. *Journal of Abnormal Psychology, 101*(1), 68–74.
Öst, L. G., Ferebee, I., & Furmark, T. (1997). One session group therapy of spider phobia: Direct vs. indirect treatments. *BRAT, 35,* 721–732.
Öst, L. G., & Sterner, U. (1987). Applied tension: A specific behavioural method for treatment of blood phobia. *Behaviour Research and Therapy, 25,* 25–30.
Öst, L. G., Svensson, L., Hellström, K., & Lindwall, R. (2001). One-session treatment of specific phobia in youths: A randomized clinical trial. *Journal of Consulting and Clinical Psychology, 69,* 814–824.
Osterberg, E. (1986). Alcohol-related problems in cross-national perspectives: Results of the ISACE study. Special issue: Alcohol and culture: Comparative perspectives from Europe and America. (T. Babot, Ed.). *Annals of the New York Academy of Sciences, 472,* 10–20.
O'Sullivan, K. (1979). Observations on vaginismus in Irish women. *Archives of General Psychiatry, 36,* 824–826.
Otis, J., Macdonald, A., & Dobscha, A. (2006). Integration and coordination of pain management in primary care. *Journal of Clinical Psychology, 62,* 1333–1343.
Otis, J. D., & Pincus, D. B. (2008). Chronic pain. In B. A. Boyer & I. Paharia (Eds.), *Comprehensive handbook of clinical health psychology* (pp. 349–370). Hoboken, NJ: John Wiley & Sons.
Otis, J. D., Pincus, D. B., & Murawksi, M. E. (2011). Cognitive behavioral therapy in pain management. In R. D. Kerns & M. E. Eberts (Eds.), *Behavioral and psychopharmacological therapeutics in pain management.* New York, NY: Cambridge University Press.
Otto, M.W. & Applebaum, A.J. (2011). The nature and treatment of bipolar disorder and the bipolar spectrum. In D. H. Barlow (Ed.), *Oxford handbook of clinical psychology* (pp. 294–310). New York, NY: Oxford University Press.
Otto, M. W., Behar, E., Smits, J. A. J., & Hofmann, S. G. (2009). Combining pharmacological and cognitive behavioral therapy in the treatment of anxiety disorders. In M. M. Antony & M. B. Stein (Eds.), *Oxford handbook of anxiety and related disorders* (pp. 429–440). New York, NY: Oxford University Press.
Otto, M. W., Reilly-Harrington, N. A., Knauz, R. O., Henin, A., Kogan, J. N., & Sachs, G. S. (2008a). *Managing bipolar disorder: A cognitive- behavioral approach. (Therapist Guide).* New York, NY: Oxford University Press.
Otto, M. W., Reilly-Harrington, N. A., Knauz, R. O., Henin, A., Kogan, J. N., & Sachs, G. S. (2008b). *Managing bipolar disorder: A cognitive- behavioral approach. (Workbook).* New York, NY: Oxford University Press.
Otto, M. W., Tolin, D. F., Simon, N. M., Pearlson, G. D., Basden, S., Meunier, S. A., ... Pollack, M. H. (2010). Efficacy of D-cycloserine for enhancing response to cognitive-behavior therapy for panic dis order. *Biological Psychiatry, 67*(4), 365–370.
Ouellet-Morin, I., Boivin, M., Dionne, G., Lupien, S. J., Arsenault, L., Barr, R. G., ... Tremblay, R. E. (2008). Variations in heritability of cortisol reactivity to stress as a function of early familial adversity among 19-month-old twins. *Archives of General Psychiatry, 65*(2), 211–218.
Ovsiew, F. (2005). Neuropsychiatry and behavioral neurology. In B. J. Sadock & V. A. Sadock (Eds.), *Kaplan & Sadock's comprehensive textbook of psychiatry* (pp. 323–349). Philadelphia: Lippincott Williams & Wilkins.
Owen, J. J., Rhoades, G. K., Stanley, S. M., & Fincham, F. D. (2010). "Hooking up"

among college students: Demographic and psychosocial correlates. *Archives of Sexual Behavior, 39,* 653–663.

Owens, J. A., Rosen, C. L., & Mindell, J. A. (2003). Medication use in the treatment of pediatric insomnia: Results of a survey of community-based pediatricians. *Pediatrics, 111,* 628–635.

Owens, M. J., Mulchahey, J. J., Stout, S. C., & Plotsky, P. M. (1997). Molecular and neurobiological mechanisms in the treatment of psychiatric disorders. In A. Tasman, J. Kay, & J. A. Lieberman (Eds.), *Psychiatry* (Vol. 1, pp. 210– 257). Philadelphia, PA: W. B. Saunders.

Oyama, O., & Andrasik, F. (1992). Behavioral strategies in the prevention of disease. In S. M. Turner, K. S. Calhoun, & H. E. Adams (Eds.), *Handbook of clinical behavior therapy* (2nd ed., pp. 397– 413). New York, NY: John Wiley.

Ozbay, F., Johnson, D. C., Dimoulas, E., Morgan, C. A., III, Charney, D., & Southwick, S. (2007). Social support and resilience to stress: From neurobiology to clinical practice. *Psychiatry, 4*(5), 35–40.

Page, A. C. (1994). Blood–injury phobia. *Clinical Psychology Review, 14,* 443–461.

Page, A. C. (1996). Blood–injury–injection fears in medical practice. *Medical Journal of Australia, 164,* 189.

Page, A. C., & Martin, N. G. (1998). Testing a genetic structure of blood–injury–injection fears. *American Journal of Medical Genetics (Neuropsychiatric Genetics), 81,* 377–384.

Page, G. G., Ben-Eliyahu, S., Yirmiya, R., & Liebeskind, J. C. (1993). Morphine attenuates surgery-induced enhancement of metastatic colonization in rats. *Pain, 54*(1), 21–28.

Pagel, J. F. (2006). Medications that induce sleepiness. In T. Lee-Chiong (Ed.), *Sleep: A comprehensive handbook* (pp. 175–182). Hoboken, NJ: John Wiley & Sons.

Pampallona, S., Bollini, P., Tibaldi, G., Kupelnick, B., & Munizza, C. (2004). Combined pharmacotherapy and psychological treatment for depression. *Archives of General Psychiatry, 61,* 714–719.

Pantaleo, G., Graziosi, C., & Fauci, A. S. (1993). The immunopathogenesis of human immunodeficiency virus infection. *New England Journal of Medicine, 328,* 327–335.

Papadopoulos, F. C., Ekbom, A., Brandt, L., & Ekselius, L. (2009). Excess mortality, causes of death, and prognostic factors in anorexia nervosa. *British Journal of Psychiatry, 194*(1), 10–17.

Papillo, J. F., & Shapiro, D. (1990). The cardiovascular system. In J. T. Cacioppo & L. G. Tassinaryo (Eds.), *Principles of psychophysiology: Physical, social, and inferential elements.* New York, NY: Cambridge University Press.

Paquette, V., Lévesque, J., Mensour, B., Leroux, J-M., Beudoin, G., Bourgouin, P., Beauregard, M. (2003). "Change the mind and you change the brain": Effects of cognitive-behavioral therapy on the neural correlates of spider phobia. *Neuroimage, 18,* 401–409.

Paradis, C. M., Friedman, S., & Hatch, M. (1997). Isolated sleep paralysis in African Americans with panic disorder. *Cultural Diversity & Mental Health, 3,* 69–76.

Pardini, D., Lochman, J., & Wells, K. (2004). Negative emotions and alcohol use initiation in high-risk boys: The moderating effect of good inhibitory control. *Journal of Abnormal Child Psychology, 32,* 505–518.

Paris, J. (2008). Clinical trials of treatment for personality disorders. *Psychiatric Clinics of North America, 31*(3), 517–526. doi:10.1016/j. psc.2008.03.013

Parish, W., Luo, Y., Stolzenberg, R., Laumann, E., Farrer, G., & Pan, S. (2007). Sexual practices and sexual satisfaction: A population-based study of Chinese urban adults. *Archives of Sexual Behavior, 36, 5–20.*

Park, C. L., Edmondson, D., Fenster, J. R., & Blank, T. O. (2008). Meaning making and psychological adjustment following cancer: The mediating roles of growth, life meaning, and restored just-world beliefs. *Journal of Consulting and Clinical Psychology, 76,* 863–875.

Parker, G., & Hadzi-Pavlovic, D. (1990). Expressed emotion as a predictor of schizophrenic relapse: An analysis of aggregated data. *Psychological Medicine, 20,* 961–965.

Parker, S., Schwartz, B., Todd, J., & Pickering, L. (2004). Thimerosal-containing vaccines and autistic spectrum disorder: A critical review of published original data. *Pediatrics, 114*(3), 793.

Parkinson, L., & Rachman, S. (1981a). Intrusive thoughts: The effects of an uncontrived stress. *Advances in Behaviour Research and Therapy, 3,* 111–118.

Parkinson, L., & Rachman, S. (1981b). Speed of recovery from an uncontrived stress. *Advances in Behaviour Research and Therapy, 3,* 119–123.

Parry-Jones, B., & Parry-Jones, W. L. (2002). History of bulimia and bulimia nervosa. In K. D. Brownell & C. G. Fairburn (Eds.), *Eating disorders and obesity: A comprehensive handbook* (2nd ed., pp. 145–150). New York, NY: Guilford Press.

Parsons, J., Kelly, B., & Weiser, J. (2007). Initiation into methamphetamine use for young gay and bisexual men. *Drug and Alcohol Dependence, 90*(2–3), 135–144.

Patrick, C. J. (Ed.), *Handbook of psychopathy.* New York, NY: Guilford Press.

Patrick, D., Althof, S., Pryor, J., Rosen, R., Rowland, D., Ho, K., ... Jamieson, C. (2005). Premature ejaculation: An observational study of men and their partners. *Journal of Sexual Medicine, 2,* 358–367.

Patterson, G. R. (1982). *Coercive family process.* Eugene, OR: Castalia.

Patterson, G. R. (1986). Performance models for antisocial boys. *American Psychologist, 41,* 432–444.

Patterson, G. R., DeBaryshe, B. D., & Ramsey, E. (1989). A developmental perspective on antisocial behavior. *American Psychologist, 44,* 329–335.

Patton, G. C., Johnson-Sabine, E., Wood, K., Mann, A. H., & Wakeling, A. (1990). Abnormal eating attitudes in London school girls—A prospective epidemiological study: Outcome at twelve-month follow-up. *Psychological Medicine, 20,* 383–394.

Paul, G. L., & Lentz, R. J. (1977). *Psychosocial treatment of chronic mental patients: Milieu versus social learning programs.* Cambridge, MA: Harvard University Press.

Paul, T., Schroeter, K., Dahme, B., & Nutzinger, D. O. (2002). Self-injurious behavior in women with eating disorders. *American Journal of Psychiatry, 159,* 408–411.

Pauli, P., & Alpers, G. W. (2002). Memory bias in patients with hypochondriasis and somatoform pain disorder. *Journal of Psychosomatic Research, 52,* 45–53.

Pavalko, E. K., Elder, G. H., Jr., & Clipp, E. C. (1993). Worklives and longevity: Insights from a life course perspective. *Journal of Health and Social Behavior, 34,* 363–380.

Paxton, S. J., Schutz, H. K., Wertheim, E. H., & Muir, S. L. (1999). Friendship clique and peer influences on body image concerns, dietary restraint, extreme weight-loss behaviors, and binge eating in adolescent girls. *Journal of Abnormal Psychology, 108*(2), 255–266.

Paykel, E. S. & Scott, J. (2009). Treatment of mood disorders. In M.G. Gelder, N.C. Andreasen, J.J. López-Ibor, Jr., & J.R. Geddes (Eds.), *New Oxford textbook of psychiatry* (2nd ed., Vol. 1, pp. 669–680). Oxford, UK: Oxford University Press.

Paykel, E. S., & Weissman, M. M. (1973). Social adjustment and depression: A longitudinal study. *Archives of General Psychiatry, 28,* 659–663.

Payne, K., Reissing, E., Lahaie, M., Binik, Y., Amsel, R., & Khalife, S. (2005). What is sexual pain? A critique of DSM's classification of dyspareunia and vaginismus. In D. Karasic & J. Drescher (Eds.), *Sexual and gender diagnoses of the Diagnostic and Statistical Manual (DSM): A reevaluation* (pp. 141–154). New York, NY: Haworth Press.

Pearson, C., Montgomery, A., & Locke, G. (2009). Housing stability among homeless individuals with serious mental illness participating in Housing First programs. *Journal of Community Psychology, 37*(3), 404–417.

Peat, C., Mitchell, J. E., Hoek, H. W., & Wonderlich, S. A. (2009). Validity and utility of subtyping anorexia nervosa. *International Journal of Eating Disorders, 42*(7), 590–594.

Pedersen, C. B., & Mortensen, P. B. (2006). Are the cause(s) responsible for urban-rural differences in schizophrenia risk rooted in families or in individuals? *American Journal of Epidemiology, 163*(11), 971–978.

Pedersen, N. L. (2010). Reaching the limits of genome-wide significance in Alzheimer disease: Back to the environment. *JAMA: Journal of the American Medical Association, 303*(18), 1864–1865.

Pehlivanturk, B., & Unal, F. (2002). Conversion disorder in children and adolescents: A 4-year follow-up study. *Journal of Psychosomatic Research, 52,* 187–191.

Pelham, W. E., Jr. (1999). The NIMH Multimodal Treatment Study for attention-deficit hyperactivity disorder: Just say yes to drugs alone? *Canadian Journal of Psychiatry, 44,* 981–990.

Pendery, M. L., Maltzman, I. M., & West, L. J. (1982). Controlled drinking by alcoholics? New findings and a reevaluation of a major affirmative study. *Science, 217,* 169–175.

Penedo, F. J., Antoni, M. H., & Schneiderman, N. (2008). *Cognitive-behavioral stress management for prostate cancer recovery:*

Facilitator guide. New York, NY: Oxford University Press.

Peng, T. (2008, November 23). Out of the Shadows. *Newsweek.*

Pennington, B., & Bishop, D. (2009). Relations among speech, language, and reading disorders. *Annual Review of Psychology, 60,* 283–306.

Pentz, M. A. (1999). Prevention. In M. Galanter & H. D. Kleber (Eds.), *Textbook of substance abuse treatment* (2nd ed., pp. 535–544). Washington, DC: American Psychiatric Press.

Peplau, L. A. (2003). Human sexuality: How do men and women differ? *Current Directions in Psychological Science, 12,* 37–40.

Pepper, C. M., Klein, D. N., Anderson, R. L., Riso, L. P., Ouimette, P. C., & Lizardi, H. (1995). DSM-III-R axis II comorbidity in dysthymia and major depression. *American Journal of Psychiatry, 152,* 239–247.

Perea, G., & Araque, A. (2007). Astrocytes potentiate transmitter release at single hippocampal synapses. *Science, 317,* 1083–1087.

Pereira, D. B., Antoni, M. H., Danielson, A., Simon, T., Efantis-Potter, J., Carver, C. S ... O'Sullivan, M. J. (2003). Stress as a predictor of symptomatic genital herpes virus recurrence in women with human immunodeficiency virus. *Journal of Psychosomatic Research, 54*(3), 237–244.

Pericak-Vance, M. A., Johnson, C. C., Rimmler, J. B., Saunders, A. M., Robinson, L. C., D'Hondt, E. G., ... Haines, J. L. (1996). Alzheimer's disease and apolipoprotein E-4 allele in an Amish population. *Annals of Neurology, 39,* 700–704.

Perlin, M. L. (2000). *The hidden prejudice: Mental disability on trial.* Washington, DC: American Psychological Association.

Perlis, M. L., Smith, L. J., Lyness, J. M., Matteson, S. R., Pigeon, W. R., Jungquist, C. R., & Tu, X. (2006). Insomnia as a risk factor for onset of depression in the elderly. *Behavioral Sleep Medicine, 4*(2), 104–113.

Perneczky, R., Wagenpfeil, S., Lunetta, K. L., Cupples, L. A., Green, R. C., DeCarli, C., ... Kurz, A. (2009). Education attenuates the effect of medial temporal lobe atrophy on cognitive function in Alzheimer's disease: The MIRAGE Study. *Journal of Alzheimer's Disease, 17*(4), 855–862.

Perri, M. G., Nezu, A. M., McKelvey, W. F., Shermer, R. L., Renjilian, D. A., & Viegener, B. J. (2001). Relapse prevention training and problem-solving therapy in the long-term management of obesity. *Journal of Consulting and Clinical Psychology, 69,* 722–726.

Perron, B., & Howard, M. (2009). Adolescent inhalant use, abuse, and dependence. *Addiction, 104*(7), 1185–1192.

Perry, J. C. (1993). Longitudinal studies of personality disorders. *Journal of Personality Disorders, 7,* 63–85.

Person, D. C., & Borkovec, T. D. (1995, August). *Anxiety disorders among the elderly: Patterns and issues.* Paper presented at the 103rd annual meeting of the American Psychological Association. New York.

Peselow, E. D., Fieve, R. R., Difiglia, C., & Sanfilipo, M. P. (1994). Lithium prophylaxis of bipolar illness: The value of combination treatment. *British Journal of Psychiatry, 164,* 208–214.

Petersen, J. L., & Hyde, J. S. (2010). A meta-analytic review of research on gender differences in sexuality, 1993-2007. *Psychological Bulletin, 136,* 21–38.

Peterson, L., Farmer, J., & Kashani, J. H. (1990). Parental injury prevention endeavors: A function of health beliefs? *Health Psychology, 9*(2), 177–191.

Peterson, L., & Roberts, M. C. (1992). Complacency, misdirection, and effective prevention of children's injuries. *American Psychologist, 47*(8), 1040–1044.

Peterson, L., & Thiele, C. (1988). Home safety at school. *Child and Family Behavior Therapy, 10*(1), 1–8.

Petit, L., Azad, N., Byszewski, A., Sarazan, F. F. A., & Power, B. (2003). Non-pharmacological management of primary and secondary insomnia among older people: Review of assessment tools and treatments. *Age and Ageing, 32,* 19–25.

Petrill, S. A., Deater-Deckard, K., Thompson, L. A., DeThorne, L. S., & Schatschneider, C. (2006). Reading skills in early readers: Genetic and shared environmental influences. *Journal of Learning Disabilities, 39,* 48–55.

Phifer, J. F., & Murrell, S. A. (1986). Etiologic factors in the onset of depressive symptoms in older adults. *Journal of Abnormal Psychology, 95,* 282–291.

Philips, H. C., & Grant, L. (1991). Acute back pain: A psychological analysis. *Behaviour Research and Therapy, 29,* 429–434.

Phillips, K. A. (1991). Body dysmorphic disorder: The distress of imagined ugliness. *American Journal of Psychiatry, 148,* 1138–1149.

Phillips, K. A. (2005). *The broken mirror: Understanding and treating body dysmorphic disorder* (Rev. & expanded ed.). New York, NY: Oxford University Press.

Phillips, K. A., Albertini, R. S., & Rasmussen, S. A. (2002). A randomized placebo-controlled trial of fluoxetine in body dysmorphic disorder. *Evidence-Based Mental Health, 5,* 119.

Phillips, K. A., Dufresne, R. G., Wilkel, C. S., & Vittorio, C. C. (2000). Rate of body dysmorphic disorder in dermatology patients. *Journal of the American Academy of Dermatology, 42,* 436–441.

Phillips, K. A., Grant, J., Siniscalchi, J., & Albertini, R. S. (2001). Surgical and nonpsychiatric medical treatment of patients with body dysmorphic disorder. *Psychosomatics, 42,* 504–510.

Phillips, K. A., McElroy, S. L., Keck, P. E., Jr., Pope, H. G., Jr., & Hudson, J. I. (1993). Body dysmorphic disorder: 30 cases of imagined ugliness. *American Journal of Psychiatry, 150,* 302–308.

Phillips, K. A., Menard, W., & Fay, C. (2006). Gender similarities and differences in 200 individuals with body dysmorphic disorder. *Comprehensive Psychiatry, 47,* 77–87.

Phillips, K. A., Menard, W., Fay, C., & Pagano, M. E. (2005). Psychosocial functioning and quality of life in body dysmorphic disorder. *Comprehensive Psychiatry, 46*(4), 254–260.

Phillips, K. A., Menard, W., Fay, C., & Weisberg, R. (2005). Demographic characteristics, phenomenology, comorbidity, and family history in 200 individuals with body dysmorphic disorder. *Psychosomatics, 46,* 317–325.

Phillips, K. A., Menard, W., Pagano, M., Fay, C., & Stout, R. (2006). Delusional versus nondelusional body dysmorphic disorder: Clinical features and course of illness. *Journal of Psychiatric Research, 40,* 95–104.

Phillips, K. A., Pagano, M., Menard, W., & Stout, R. (2006). A 12-month follow-up study of the course of body dysmorphic disorder. *American Journal of Psychiatry, 163,* 907–912.

Phillips, K. A., & Stout, R. (2006). Association in the longitudinal course of body dysmorphic disorder with major depression, obsessive compulsive disorder, and social phobia. *Journal of Psychiatric Research, 40,* 360–369.

Phillips, K. A., Wilhelm, S., Koran, L. M., Didie, E., Fallon, B., Feusner, J., & Stein, D. J. (2010). Body dysmorphic disorder: Some key issues for DSM-V. *Depression and Anxiety.*

Phillips, L. J., Francey, S. M., Edwards, J., & McMurray, N. (2007). Stress and psychosis: Towards the development of new models of investigation. *Clinical Psychology Review, 27,* 307–317.

Phillips, M. R., Li, X., & Zhang, Y. (2002). Suicide rates in China, 1995–99. *Lancet, 359,* 835–840.

Phillips, M. R., Shen, Q., Liu, X., Pritker, S., Streiner, D., Conner, K., & Yang, G. (2007). Assessing depressive symptoms in persons who die of suicide in mainland China. *Journal of Affective Disorders, 98,* 73–82.

Piasecki, T. M., Hufford, M. R., Solhan, M., & Trull, T. J. (2007). Assessing clients in their natural environments with electronic diaries: Rationale, benefits, limitations, and barriers. *Psychological Assessment, 19,* 25–43.

Pihl, R. O., Peterson, J. B., & Lau, M. A. (1993). A biosocial model of the alcohol-aggression relationship. *Journal of Studies on Alcohol, 54*(Suppl. 11), 128–139.

Pike, K. M., Devlin, M. J., & Loeb, C. (2004). Cognitive-behavioral therapy in the treatment of anorexia nervosa and binge eating disorder. In J. K. Thompson (Ed.), *Handbook of eating disorders and obesity* (pp. 130–162). New York, NY: John Wiley.

Pike, K. M., Loeb, K., & Vitousek, K. (1996). Cognitive-behavioral therapy for anorexia nervosa and bulimia nervosa. In J. K. Thompson (Ed.), *Body image, eating disorders, and obesity* (pp. 253–302). Washington, DC: American Psychological Association.

Pike, K. M., & Rodin, J. (1991). Mothers, daughters, and disordered eating. *Journal of Abnormal Psychology, 100*(2), 198–204.

Pike, K. M., Walsh, B. T., Vitousek, K., Wilson, G. T., & Bauer, J. (2003). Cognitive behavior therapy in the post-hospitalization treatment of anorexia nervosa. *American Journal of Psychiatry, 160,* 2046–2048.

Pilowsky, I. (1970). Primary and secondary hypochondriasis. *Acta Psychiatrica Scandinavica, 46,* 273–285.

Pincus, D. B., Santucci, L. C., Ehrenreich, J. T., & Eyberg, S. M. (2008). The implementation of modified parent–child interaction therapy for youth with separation anxiety disorder. *Cognitive and Behavioral Practice, 15*(2), 118–125.

Pinel, P. (1962). *A treatise on insanity.* New York, NY: Hafner. (Original work published in 1801).

Pinel, P. H. (1809). *Traité medico-philosophique sur l'aliénation mentale*. Paris, France: Chez J. Ant Brosson.

Pinto, R., Ashworth, M., & Jones, R. (2008). Schizophrenia in black Caribbeans living in the UK: An exploration of underlying causes of the high incidence rate. *The British Journal of General Practice, 58*(551), 429.

Pithers, W. D., Martin, G. R., & Cumming, G. F. (1989). Vermont treatment program for sexual aggressors. In D. R. Laws (Ed.), *Relapse prevention with sex offenders* (pp. 292–310). New York, NY: Guilford Press.

Plant, M. L. (2008). The role of alcohol in women's lives: a review of issues and responses. *Journal of Substance Use, 13,* 155–191.

Plomin, R. (1990). The role of inheritance in behavior. *Science, 248,* 183–188.

Plomin, R., & Davis, O. S. P. (2009). The future of genetics in psychology and psychiatry: Microarrays, genome-wide association, and non-coding RNA. *Journal of Child Psychology and Psychiatry, 50*(1–2), 63–71.

Plomin, R., DeFries, J. C., McClearn, G. E., & Rutter, M. (1997). *Behavioral Genetics: A primer* (3rd ed.). New York, NY: Freeman.

Plomin, R., & Kovas, Y. (2005). Generalist genes and learning disabilities. *Psychological Bulletin, 131,* 592–617.

Plomin, R., McClearn, G. E., Smith, D. L., Skuder, P., Vignetti, S., Chorney, M. J., ... McGuffin, P. (1995). Allelic association between 100 DNA markers and high versus low IQ. *Intelligence, 21,* 31–48.

Polanczyk, G., de Lima, M. S., Horta, B. L., Biederman, J., & Rohde, L. A. (2007). The worldwide prevalence of ADHD: A systematic review and metaregression analysis. *American Journal of Psychiatry, 164,* 942–948.

Polanczyk, G., Zeni, C., Genro, J. P., Guimaraes, A. P., Roman, T., Hutz, M. H., Rohde, L. A.. (2007). Association of the adrenergic α-2A receptor gene with methylphenidate improvement of inattentive symptoms in children and adolescents with attention-deficit/hyperactivity disorder. *Archives of General Psychiatry, 64,* 218–224.

Polivy, J., & Herman, C. P. (2002). Dieting and its relation to eating disorder. In K. D. Brownell & C. G. Fairburn (Eds.), *Eating disorders and obesity: A comprehensive handbook* (2nd ed., pp. 83–86). New York, NY: Guilford Press.

Polivy, J. M., & Herman, C. P. (1993). Etiology of binge eating: Psychological mechanisms. In C. G. Fairburn & G. T. Wilson (Eds.), *Binge eating: Nature, assessment, and treatment.* New York, NY: Guilford Press.

Pollack, M. H. (2005). The pharmacotherapy of panic disorder. *Journal of Clinical Psychiatry, 66,* 23–27.

Pollack, M. H., & Simon, N. M. (2009). Pharmacotherapy for panic disorder and agoraphobia. In M. M. Antony & M. B. Stein (Eds.), *Oxford handbook of anxiety and related disorders* (pp. 295–307). New York, NY: Oxford University Press.

Polonsky, D. C. (2000). Premature ejaculation. In S. R. Leiblum & R. C. Rosen (Eds.), *Principles and practice of sex therapy* (3rd ed., pp. 305–332). New York, NY: Guilford Press.

Pomeroy, C. (2004). Assessment of medical status and physical factors. In J. K. Thompson (Ed.), *Handbook of eating disorders and obesity* (pp. 81–111). New York, NY: John Wiley.

Poorsattar, S., & Hornung, R. (2010). Tanning addiction: Current trends and future treatment. *Expert Review of Dermatology, 5*(2), 123–125.

Pope, C., Pope, H., Menard, W., Fay, C., Olivardia, R., & Phillips, K. (2005). Clinical features of muscle dysmorphia among males with body dysmorphic disorder. *Body Image, 4,* 395–400.

Pope, H. D., Jr., Oliva, P. S., Hudson, J. I., Bodkin, J. A., & Gruber, A. J. (1999). Attitudes toward DSM-IV dissociative disorders diagnoses among board-certified American psychiatrists. *American Journal of Psychiatry, 156*(2), 321–323.

Pope, H. G., & Brower, K. J. (2009). Anabolic-androgenic steroid-related disorders. In B. J. Sadock, V. A. Sadock, & P. Ruiz (Eds.), *Kaplan & Sadock's comprehensive textbook of psychiatry* (9th ed., Vol. I, pp. 1419–1431). Philadelphia, PA: Lippincott Williams & Wilkins.

Pope, H. G., Jr., Gruber, A. J., Mangweth, B., Bureau, B., deCol, C., Jouvent, R., & Hudson, J. I. (2000). Body image perception among men in three countries. *American Journal of Psychiatry, 157,* 1297–1301.

Pope, K. S. (1996). Memory, abuse, and science: Questioning claims about the false memory syndrome epidemic. *American Psychologist, 51,* 957–974.

Pope, K. S. (1997). Science as careful questioning: Are claims of a false memory syndrome epidemic based on empirical evidence? *American Psychologist, 52,* 997–1006.

Portenoy, R., & Mathur, G. (2009). Cancer pain. In S.-C. J. Yeung, C. P. Escalante, & R. F. Gagel (Eds.), *Medical care of the cancer patient* (pp. 60–71). Shelton, CT: PMPH USA Ltd.

Post, L., Page, C., Conner, T., & Prokhorov, A. (2010). Elder abuse in long-term care: Types, patterns, and risk factors. *Research on Aging, 32*(3), 323.

Post, R. M. (1992). Transduction of psychosocial stress into the neurobiology of recurrent affective disorder. *American Journal of Psychiatry, 149*(8), 999–1010.

Post, R. M., Rubinow, D. R., Uhde, T. W., Roy-Byrne, P. P., Linnoila, M., Rosoff, A., & Cowdry, R. (1989). Dysphoric mania: Clinical and biological correlates. *Archives of General Psychiatry, 46,* 353–358.

Potenza, M. N., Steinberg, M. A., Skudlarski, P., Fulbright, R. K., Lacadie, C. M., Wilber, M. K., ... Wexler, B. E. (2003). Gambling urges in pathological gambling: A functional magnetic resonance imaging study. *Archives of General Psychiatry, 60,* 828–836.

Powell, R. A., & Howell, A. J. (1998). Effectiveness of treatment for dissociative identity disorder. *Psychological Reports, 83,* 483–490.

Pratt, S. I., Mueser, K. T., Driscoll, M., Wolfe, R., & Bartels, S. J. (2006). Medication nonadherence in older people with serious mental illness: Prevalence and correlates. *Psychiatric Rehabilitation Journal, 29,* 299–310.

Prause, N., & Janssen, E. (2006). Blood flow: Vaginal photoplethysmography. In Goldstein, I., Meston, C. M., Davis, S. R., & Traish, A. M. (Eds.), *Women's sexual function and dysfunction: Study, diagnostic, and treatment* (pp. 359–367). New York, NY: Taylor and Francis.

Prelior, E. F., Yutzy, S. H., Dean, J. T., & Wetzel, R. D. (1993). Briquet's syndrome, dissociation and abuse. *American Journal of Psychiatry, 150,* 1507–1511.

Preskorn, S. H. (1995). Comparison of the tolerability of bupropion, fluoxetine, imipramine, nefazodone, paroxetine, sertraline, and venlafaxine. *Journal of Clinical Psychiatry, 56*(Suppl. 6), 12–21.

Presley, C. A., & Meilman, P. W. (1992). *Alcohol and drugs on American college campuses: A report to college presidents*. Carbondale, IL: Southern Illinois University Press.

Price, J. R., Mitchell, E., Tidy, E., & Hunot, V. (2008). Cognitive behaviour therapy for chronic fatigue syndrome in adults. *Cochrane Database of Systematic Reviews, 3,* CD001027. doi:10.1002/14651858.CD001027.pub2

Pridal, C. G., & LoPiccolo, J. (2000). Multielement treatment of desire disorders: Integration of cognitive, behavioral and systemic therapy. In S. R. Leiblum & R. C. Rosen (Eds.), *Principles and practice of sex therapy* (3rd ed., pp. 57–81). New York, NY: Guilford Press.

Prien, R. F., & Potter, W. Z. (1993). Maintenance treatment for mood disorders. In D. L. Dunner (Ed.), *Current psychiatric therapy* (pp. 255–260). Philadelphia, PA: W. B. Saunders.

Prince, M. (1906–1907). Hysteria from the point of view of dissociated personality. *Journal of Abnormal Psychology, 1,* 170–187.

Prins, J., van der Meer, J., & Bleijenberg, G. (2006). Chronic fatigue syndrome. *Lancet, 367,* 346–355.

pro-ana-nation. (2010). Home page. Retrieved from http://www.pro-ana-nation.com/v1/index.php

Pruzinsky, T. (1988). Collaboration of plastic surgeon and medical psychotherapist: Elective cosmetic surgery. *Medical Psychotherapy, 1,* 1–13.

Pueschel, S. M., & Goldstein, A. (1991). Genetic counseling. In J. L. Matson & J. A. Mulick (Eds.), *Handbook of mental retardation* (2nd ed., pp. 279–291). Elmsford, NY: Pergamon Press.

Pugliese, M. T., Weyman-Daun, M., Moses, N., & Lifshitz, F. (1987). Parental health beliefs as a cause of nonorganic failure to thrive. *Pediatrics, 80,* 175–182.

Purcell, S., Wray, N., Stone, J., Visscher, P., O'Donovan, M., Sullivan, P., ... Morris, D. W. (2009). Common polygenic variation contributes to risk of schizophrenia and bipolar disorder. *Nature, 460,* 748–752.

Purdon, C. (1999). Thought suppression and psychopathology. *Behaviour Research and Therapy, 37,* 1029–1054.

Purdon, C. (2009). Psychological approaches to understanding obsessive-compulsive disorder. In M. M. Antony & M. B. Stein (Eds.), *Oxford handbook of anxiety and related disorders* (pp. 238–249). New York, NY: Oxford University Press.

Pury, C. L. S., & Mineka, S. (1997). Covariation bias for blood–injury stimuli and aversion outcomes. *Behavior Research and Therapy, 35*, 35–47.

Putnam, F. W. (1992). Altered states: Peeling away the layers of a multiple personality. *Sciences, 32*(6), 30–36.

Putnam, F. W., Guroff, J. J., Silberman, E. K., Barban, L., & Post, R. M. (1986). The clinical phenomenology of multiple personality disorder: Review of 100 recent cases. *Journal of Clinical Psychiatry, 47*, 285–293.

Quality Assurance Project. (1990). Treatment outlines for paranoid, schizotypal, and schizoid personality disorders. *Australian and New Zealand Journal of Psychiatry, 24*, 339–350.

Quay, H. C. (1993). The psychobiology of undersocialized aggressive conduct disorder: A theoretical perspective. *Development and Psychopathology, 5*, 165–180.

Quinsey, V. L. (2010). Coercive paraphilic disorder. *Archives of Sexual Behavior, 39*, 405–410.

Rabe, S., Zoellner, T., Beauducel, A., Maercker, A., & Karl, A. (2008). Changes in brain electrical activity after cognitive behavioral therapy for posttraumatic stress disorder in patients injured in motor vehicle accidents. *Psychosomatic Medicine, 70*(1), 13–19.

Rabins, P. V. (2006). *Guideline watch: Practice guidelines for the treatment of patients with Alzheimer's disease and other dementias of late life*. Washington, DC: American Psychiatric Association.

Rachman, S. (1978). *Fear and courage.* San Francisco: W. H. Freeman.

Rachman, S. (1991). Neo-conditioning and the classical theory of fear acquisition. *Clinical Psychology Review, 11*, 155–173.

Rachman, S. (2002). Fears born and bred: Non-associative fear acquisition? *Behaviour Research and Therapy, 40*, 121–126.

Rachman, S., & de Silva, P. (1978). Abnormal and normal obsessions. *Behaviour Research and Therapy, 16*, 233–248.

Rachman, S., & Hodgson, R. (1968). Experimentally induced "sexual fetishism": Replication and development. *Psychological Record, 18*(1), 25–27.

Radnitz, C. L., Appelbaum, K. A., Blanchard, E. B., Elliott, L., & Andrasik, F. (1988). The effect of self-regulatory treatment on pain behavior in chronic headache. *Behaviour Research and Therapy, 26*, 253–260.

Rado, S. (1962). Theory and therapy: The theory of schizotypal organization and its application to the treatment of decompensated schizotypal behavior. In S. Rado (Ed.), *Psychoanalysis of behavior* (Vol. 2, pp. 127–140). New York, NY: Grune & Stratton.

Rafii, M., & Aisen, P. (2009). Recent developments in Alzheimer's disease therapeutics. *BMC Medicine, 7*(1), 7.

Rahkonen, T., Eloniemi-Sulkava, U., Paanila, S., Halonen, P., Sivenius, J., & Sulkava, R. (2001). Systematic intervention for supporting community care of elderly people after a delirium episode. *International Psychogeriatrics, 13*(1), 37–49.

Rakison, D. H. (2009). Does women's greater fear of snakes and spiders originate in infancy? *Evolution and Human Behavior, 30*(6), 438–444.

Ramsawh, H. J., Morgentaler, A., Covino, N., Barlow, D. H., & DeWolf, W. C. (2005). Quality of life following simultaneous placement of penile prosthesis with radical prostatectomy. *Journal of Urology, 174*(4, Part 1 of 2), 1395–1398.

Ramsawh, H. J., Raffa, S. D., White, K. S., & Barlow, D. H. (2008). Risk factors for isolated sleep paralysis in an African American sample: A preliminary study. *Behavior Therapy, 39*(4), 386–397.

Ramsay, J. (2009). Evidence-based psychosocial treatments for adult ADHD: A review. *Current Attention Disorders Reports, 1*(2), 85–91. doi:10.1007/s12618-009-0012-5

Ranjith, G., & Mohan, R. (2004). Dhat syndrome: A functional somatic syndrome? (Letter to the editor). *British Journal of Psychiatry,* pp. 200–209.

Ranson, M. B., Nichols, D. S., Rouse, S. V., & Harrington, J. L. (2009). Changing or replacing an established psychological assessment standard: Issues, goals, and problems with special reference to recent developments in the MMPI-2. In J. N. Butcher (Ed.), *Oxford handbook of personality assessment* (pp. 112–139). New York: Oxford University Press.

Rao, U., Hammen, C., & Poland, R. (2009). Mechanisms underlying the comorbidity between depressive and addictive disorders in adolescents: Interactions between stress and HPA activity. *American Journal of Psychiatry, 166*(3), 361.

Rapee, R. M., & Melville, L. F. (1997). Recall of family factors in social phobia and panic disorder: Comparison of mother and offspring reports. *Depression and Anxiety, 5*, 7–11.

Rapee, R. M., Schniering, C. A., & Hudson, J. L. (2009). Anxiety disorders during childhood and adolescence: Origins and treatment. *Annual Review of Clinical Psychology, 5*, 311–341.

Rappaport, J., & Berger, J. (2010). Genetic testing and HIV dementia: Teasing out the molecular mechanisms of disease. *AIDS, 24*(10), 1585.

Rasmussen, S. A., & Eisen, J. L. (1990). Epidemiology of obsessive-compulsive disorder. *Journal of Clinical Psychiatry, 51*, 10–14.

Rasmussen, S. A., & Tsuang, M. T. (1984). The epidemiology of obsessive-compulsive disorder. *Journal of Clinical Psychiatry, 45*, 450–457.

Rasmussen, S. A., & Tsuang, M. T. (1986). Clinical characteristics and family history in DSM-III obsessive-compulsive disorder. *American Journal of Psychiatry, 143*, 317–322.

Rasmusson, A. M., Anderson, G. M., Krishnan-Sarin, S., Wu, R., & Paliwal, P. (2006). A decrease in plasma DHEA to cortisol ratio during smoking abstinence may predict relapse: A preliminary study. *Psychopharmacology, 186*, 473–480.

Rassin, E., & Koster, E. (2003). The correlation between thought–action fusion and religiosity in a normal sample. *Behaviour Research and Therapy, 41*, 361–368.

Rathod, N. H., Addenbrooke, W. M., & Rosenbach, A. F. (2005). Heroin dependence in an English town: 33-year follow-up. *British Journal of Psychiatry, 187*, 421–425.

Rauch, S. L., Phillips, K. A., Segal, E., Markis, N., Shin, L. M., Whalen, P. J., ... Kennedy, D. N. (2003). A preliminary morphometric magnetic resonance imaging study of regional brain volumes in body dysmorphic disorder. *Psychiatry Research, 122*, 13–19.

Ravussin, E., Valencia, M. E., Esparza, J., Bennett, P. H., & Schulz, L. O. (1994). Effects of a traditional lifestyle on obesity in Pima Indians. *Diabetes Care, 17*, 1067–1074.

Ray, W. A., Gurwitz, J., Decker, M. D., & Kennedy, D. L. (1992). Medications and the safety of the older driver: Is there a basis for concern? Special issue: Safety and mobility of elderly drivers: II. *Human Factors, 34*(1), 33–47.

Raymond, N. C., Coleman, E., Ohlerking, F., Christenson, G. A., & Miner, M. (1999). Psychiatric comorbidity in pedophilic sex offenders. *American Journal of Psychiatry, 156*, 786–788.

Razran, G. (1961). The observable unconscious and the inferable conscious in current Soviet psychophysiology: Interoceptive conditioning, semantic conditioning, and the orienting reflex. *Psychological Review, 68*, 81–150.

Rea, M., Tompson, M. C., & Miklowitz, D. J. (2003). Family-focused treatment versus individual treatment for bipolar disorder: Results of a randomized clinical trial. *Journal of Consulting and Clinical Psychology, 71*, 482–492.

Redd, W. H., & Andrykowski, M. A. (1982). Behavioral intervention in cancer treatment: Controlling aversion reactions to chemotherapy. *Journal of Consulting and Clinical Psychology, 50*, 1018–1029.

Reddy, L. A., Newman, E., De Thomas, C. A., & Chun, V. (2009). Effectiveness of school-based prevention and intervention programs for children and adolescents with emotional disturbance: A meta-analysis. *Journal of School Psychology, 47*(2), 77–99.

Regier, D. A., Narrow, W. E., Kuhl, E. A., & Kupfer, D. J. (2009). The conceptual development of DSM-V. *American Journal of Psychiatry, 166*(6), 645–650.

Reichardt, C. S. (2006). The principle of parallelism in the design of studies to estimate treatment effects. *Psychological Methods, 11*, 1–18.

Reichborn-Kjennerud, T., Czajkowski, N., Roysamb, E., Orstavik, R. E., Neale, M. C., Torgersen, S., Kendler, K. S.. (2009). Major depression and dimensional representations of DSM-IV personality disorders: A population-based twin study. *Psychological Medicine,40*, 1475–1484 .

Reilly-Harrington, N. A., Alloy, L. B., Fresco, D. M., & Whitehouse, W. G. (1999). Cognitive styles and life events interact to predict bipolar and unipolar symptomatology. *Journal of Abnormal Psychology, 108*(4), 567–578.

Reilly-Harrington, N. A., Deckersbach, T., Knauz, R., Wu, Y., Tran, T., Eidelman, P., ... Nierenberg, A. A. (2007). Cognitive behavioral therapy for rapid-cycling bipolar disorder: A pilot study. *Journal of Psychiatric Practice, 13*(5), 291–297.

Reitan, R. M., & Davison, I. A. (1974). *Clinical neuropsychology: Current status and applications.* Washington, DC: V. H. Winston.

Rekers, G. A., Kilgus, M., & Rosen, A. C. (1990). Long-term effects of treatment for gender identity disorder of childhood. *Journal of Psychology & Human Sexuality, 3*(2), 121–153.

Report of the Advisory Panel on Alzheimer's Disease. (1995). *Alzheimer's disease and related dementias: Biomedical update.* U.S. Department of Health and Human Services. Washington, DC: U.S. Government Printing Office.

Repp, A. C., & Singh, N. N. (1990). *Perspectives on the use of nonaversive and aversive interventions for persons with developmental disabilities*. Sycamore, IL: Sycamore Publishing.

Rescorla, R. A. (1988). Pavlovian conditioning: It's not what you think it is. *American Psychologist, 43*(3), 151–160.

Resick, P. A., Monson, C. M., & Rizvi, S. L. (2008). Posttraumatic stress disorder. In D. H. Barlow (Ed.), *Clinical handbook of psychological disorders* (4th ed.). New York, NY: Guilford Press.

Resnick, H. S., Kilpatrick, D. G., Dansky, B. S., Saunders, B. E., & Best, C. L. (1993). Prevalence of civilian trauma in posttraumatic stress disorder in a representative national sample of women. *Journal of Consulting and Clinical Psychology, 61,* 984–991.

Reynolds, C. F., III. (2009). Prevention of depressive disorders: A brave new world. *Depression and Anxiety, 26*(12), 1062–1065.

Ricciardelli, L. A., & McCabe, M. P. (2004). A biopsychosocial model of disordered eating and the pursuit of muscularity in adolescent boys. *Psychological Bulletin, 130,* 170–205.

Rice, G., Anderson, C., Risch, N., & Ebers, G. (1999). Male homosexuality: Absence of linkage to microsatellite markers at Xq28. *Science, 284,* 665–667.

Rice, M. E., & Harris, G. T. (2002). Men who molest their sexually immature daughters: Is a special explanation required? *Journal of Abnormal Psychology*, 111, 329–339.

Richards, S. S., & Sweet, R. A. (2009). Dementia. In B. J. Sadock, V. A. Sadock, & P. Ruiz (Eds.), *Kaplan & Sadock's comprehensive textbook of psychiatry* (9th ed., Vol. I, pp. 1167–1198). Philadelphia, PA: Lippincott Williams & Wilkins.

Richardson, G. S. (2006). Shift work sleep disorder. In T. Lee-Chiong (Ed.), *Sleep: A comprehensive handbook* (pp. 395–399). Hoboken, NJ: John Wiley & Sons.

Rickels, K., Schweizer, E., Case, W. G., & Greenblatt, D. J. (1990). Long-term therapeutic use of benzodiazepines: I. Effects of abrupt discontinuation. *Archives of General Psychiatry, 47,* 899–907.

Riding, A. (1992, November 17). New catechism for Catholics defines sins of modern world. *New York Times,* pp. A1, A16.

Rief, W., Hiller, W., & Margraf, J. (1998). Cognitive aspects of hypochondriasis and the somatization syndrome. *Journal of Abnormal Psychology, 107,* 587–595.

Riemann, D., Berger, M., & Voderholzer, U. (2001). Sleep and depression—Results from psychobiological studies: An overview. *Biological Psychology, 57,* 67–103.

Riggins v. Nevada, 112 S. Ct. 1810 (1992).

Riggs, J. E. (1993). Smoking and Alzheimer's disease: Protective effect or differential survival bias? *Lancet, 342,* 793–794.

Ringel, J., Ellickson, P., & Collins, R. (2007). High school drug use predicts job-related outcomes at age 29. *Addictive Behaviors, 32*(3), 576–589.

Ritterband, L. M., Thorndike, F. P., Gonder-Frederick, L. A., Magee, J. C., Bailey, E. T., Saylor, D. K., Morin, C. M. (2009). Efficacy of an internet-based behavioral intervention for adults with insomnia. *Arch Gen Psychiatry, 66*(7), 692–698. doi: 10.1001/archgenpsychiatry.2009.66

Roberts, A., Cash, T., Feingold, A., & Johnson, B. (2006). Are black–white differences in females' body dissatisfaction decreasing? A meta-analytic review. *Journal of Consulting and Clinical Psychology, 74,* 1121–1131.

Roberts, L. W., Hoop, J. G., & Dunn, L. B. (2008). Ethical aspects of psychiatry. In R. E. Hales, S. C. Yudofsky, & G. O. Gabbard (Eds.), *The American Psychiatric Publishing textbook of psychiatry* (5th ed., pp. 1601–1636). Arlington, VA: American Psychiatric Publishing, Inc.

Roberts, R. E., Kaplan, G. A., Shema, S. J., & Strawbridge, W. J. (1997). Does growing old increase the risk for depression? *American Journal of Psychiatry, 154,* 1384–1390.

Roberts, R. E., Roberts, C. R., & Chen, I. G. (2000). Ethnocultural differences in sleep complaints among adolescents. *The Journal of Nervous and Mental Disease, 188,* 222–229.

Robertson, N. (1988). *Getting better: Inside Alcoholics Anonymous.* New York, NY: William Morrow.

Robins, L. N. (1966). *Deviant children grown up: A sociological and psychiatric study of sociopathic personality*. Baltimore, MD: Williams & Wilkins.

Robins, L. N. (1978). Sturdy childhood predictors of adult antisocial behavior: Replications from longitudinal studies. *Psychological Medicine, 8,* 611–622.

Robinson, G. E., Fernald, R. D., & Clayton, D. F. (2008). Genes and social behavior. *Science, 322,* 896–899.

Robinson, R. G., Jorge, R. E., Moser, D. J., Acion, L., Solodkin, A., Small, S. L., ... Arndt, S. (2008). Escitalopram and problem-solving therapy for prevention of poststroke depression: A randomized controlled trial: Correction. *JAMA: Journal of the American Medical Association, 301*(10).

Robles, T., Glaser, R., & Kiecolt-Glaser, J. (2005). Out of balance: A new look at chronic stress, depression, and immunity. *Current Directions in Psychological Science, 14,* 111–115.

Rockney, R. M., & Lemke, T. (1992). Casualties from a junior–senior high school during the Persian Gulf war: Toxic poisoning or mass hysteria? *Developmental and Behavioral Pediatrics, 13*(5), 339–342.

Rockwood, K., & Middleton, L. (2007). Physical activity and the maintenance of cognitive function. *Alzheimer's & Dementia: The Journal of the Alzheimer's Association, 3*(2), S38–S44.

Rodin, J., & Langer, E. J. (1977). Long-term effects of a controlled relevant intervention with the institutionalized aged. *Journal of Personality and Social Psychology, 35*(12), 897–902.

Rodin, J., & Salovey, P. (1989). Health psychology. *Annual Review of Psychology, 40,* 533–579.

Roelofs, K., Keijsers, G. P., Hoogduin, K. A., Naring, G. W., & Moene, F. C. (2002). Childhood abuse in patients with conversion disorder. *American Journal of Psychiatry, 159,* 1908–1913.

Roemer, L., & Borkovec, T. D. (1993). Worry: Unwanted cognitive activity that controls unwanted somatic experience. In D. M. Wegner & J. W. Pennebaker (Eds.), *Handbook of mental control.* Englewood Cliffs, NJ: Prentice Hall.

Roemer, L., & Orsillo, S. M. (2002). Expanding our conceptualization of and treatment for generalized anxiety disorder: Integrating mindfulness/acceptance-based approaches with existing cognitive-behavioral models. *Clinical Psychology: Science and Practice, 9,* 54–68.

Roemer, L., & Orsillo, S. M. (2007). An open trial of an acceptance-based behavior therapy for generalized anxiety disorder. *Behavior Therapy, 38*(1), 72–85.

Roemer, L., Orsillo, S. M., & Barlow, D. H. (2002). Generalized anxiety disorder. In D. H. Barlow, *Anxiety and its disorders: The nature and treatment of anxiety and panic* (2nd ed.). New York, NY: Guilford Press.

Rogers, S. J. (2009). What are infant siblings teaching us about autism in infancy? *Autism Research, 2*(3), 125–137.

Rogler, L. (2007). Framing research on culture in psychiatric diagnosis. In J. E. Mezzich & G. Caracci (Eds.), *Cultural formulation: A reader for psychiatric diagnosis* (pp. 151–166). Lanham, MD: Jason Aronson Inc.

Roid, G. H., & Pomplun, M. (2005). Interpreting the Stanford-Binet intelligence scales (5th ed.). In D. P. Flanagan & P. L. Harrison, (Eds.). *Contemporary intellectual assessment: Theories, tests, and issues* (2nd ed., pp. 325–343). New York, NY: Guilford Press.

Rojo, L., Conesa, L., Bermudez, O., & Livianos, L. (2006). Influence of stress in the onset of eating disorders: Data from a two-stage epidemiologic-controlled study. (2006). *Psychosomatic Medicine, 68,* 628–635.

Rollman, B. L., Belnap, B. H., & Mazumdar, S. (2005). A randomized trial to improve the quality of treatment for panic and generalized anxiety disorders in primary care. *Archives of General Psychiatry, 62,* 1332–1341.

Roma, P. G., Champoux, M., & Suomi, S. J. (2006). Environmental control, social context, and individual differences in behavioral and cortisol responses to novelty in infant rhesus monkeys. *Child Development, 77,* 118–131.

Romano, J. M., Jensen, M. P., Turner, J. A., Good, A. B., & Hops, H. (2000). Chronic pain patient–partner interactions: Further support for a behavioral model of chronic pain. *Behavior Therapy, 31,* 415–440.

Room, R., & Greenfield, T. (2006). Alcoholics Anonymous, other 12-step movements and psychotherapy in the US population, 1990. *Addiction, 88*(4), 555–562.

Root, T. L., Pinheiro, A. P., Thornton, L., Strober, M., Fernandez-Aranda, F., Brandt, H., ... Bulk, C. M.. (2010). Substance use disorders in women with anorexia nervosa. *International Journal of Eating Disorders, 43*(1), 14–21.

Rorschach, H. (1951). *Psychodiagnostics*. New York, NY: Grune & Stratton. (Original work published 1921).
Rosen, J. C., & Leitenberg, H. (1985). Exposure plus response prevention treatment of bulimia. In D. M. Garner & P. E. Garfinkel (Eds.), *Handbook of psychotherapy for anorexia nervosa and bulimia* (pp. 193–209). New York, NY: Guilford Press.
Rosen, J. C., Reiter, J., & Orosan, P. (1995). Cognitive-behavioral body image therapy for body dysmorphic disorder. *Journal of Consulting Clinical Psychology*, *63*, 263–269.
Rosen, L. W., Shafer, C. L., Dummer, G. M., Cross, L. K., Deuman, G. W., & Malmberg, S. R. (1988). Prevalence of pathogenic weight-control behaviors among Native American women and girls. *International Journal of Eating Disorders*, *7*(6), 807–811.
Rosen, R. C. (2000). Medical and psychological interventions for erectile dysfunction: Toward a combined treatment approach. In S. R. Leiblum & R. C. Rosen (Eds.), *Principles and practice of sex therapy* (3rd ed., pp. 276–304). New York, NY: Guilford Press.
Rosen, R. C. (2007). Erectile dysfunction: Integration of medical and psychological approaches. In S. R. Leiblum (Ed.), *Principles and practice of sex therapy* (4th ed., pp. 277–312). New York, NY: Guilford Press.
Rosen, R. C., & Beck, J. G. (1988). *Patterns of sexual arousal: Psychophysiological processes and clinical applications*. New York, NY: Guilford Press.
Rosen, R. C., & Leiblum, S. R. (1995). Treatment of sexual disorders in the 1990s: An integrated approach. *Journal of Consulting and Clinical Psychology*, *63*, 877–890.
Rosen, R., Wing, R., Schneider, S., & Gendrano, N. (2005). Epidemiology of erectile dysfunction: The role of medical comorbidities and lifestyle factors. *Urological Clinics of North America*, *32*, 403–417.
Rosenbaum, M. (2000). Psychogenic seizures—Why women? *Psychosomatics*, *41*(2), 147–149.
Rosenberg, R. N., Richter, R. W., Risser, R. C., Taubman, K., Prado-Farmer, I., Ebalo, E., ... Schellenberg, G. D. (1996). Genetic factors for the development of Alzheimer's disease in the Cherokee Indian. *Archives of Neurology*, *53*, 997–1000.
Rosengren, A., Tibblin, G., & Wilhelmsen, L. (1991). Self-perceived psychological stress and incidence of coronary artery disease in middle-aged men. *American Journal of Cardiology*, *68*, 1171–1175.
Rosenman, R. H., Brand, R. J., Jenkins, C. D., Friedman, M., Straus, R., & Wurm, M. (1975). Coronary heart disease in the Western Collaborative Group Study: Final follow-up experience of 8 years. *JAMA: Journal of the American Medical Association*, *233*, 872–877.
Rosenthal, D. (Ed.). (1963). *The Genain quadruplets: A case study and theoretical analysis of heredity and environment in schizophrenia*. New York, NY: Basic Books.
Ross, A. O., & Pelham, W. E. (1981). Child psychopathology. *Annual Review of Psychology*, *32*, 243–278.
Ross, C. A. (1997). *Dissociative identity disorder*. New York, NY: John Wiley.
Ross, C. A. (2009). Dissociative amnesia and dissociative fugue. In P. F. Dell & J. A. O'Neil (Eds.), *Dissociation and the dissociative disorders* (pp. 429–434). New York, NY: Routledge.
Ross, C. A., Anderson, G., Fleisher, W. P., & Norton, G. R. (1991). The frequency of multiple personality disorder among psychiatric inpatients. *American Journal of Psychiatry*, *148*, 1717–1720.
Ross, C. A., Miller, S. D., Reagor, P., Bjornson, L., Fraser, G. A., & Anderson, G. (1990). Structured interview data on 102 cases of multiple personality disorder from four centers. *American Journal of Psychiatry*, *147*, 596–601.
Ross, M. W., Walinder, J., Lundstrom, B., & Thuwe, I. (1981). Cross-cultural approaches to transsexualism: A comparison between Sweden and Australia. *Acta Psychiatrica Scandinavica*, *63*, 75–82.
Rothblum, E. D. (2002). Gay and lesbian body images. In T. F. Cash & T. Pruzinsky (Eds.), *Body image: A handbook of theory, research and clinical practice* (pp. 257–265). New York, NY: Guilford Press.
Rottenberg, J., Gross, J. J., Wilhelm, F. H., Najmi, S., & Gotlib, I. H. (2002). Crying threshold and intensity in major depressive disorder. *Journal of Abnormal Psychology*, *111*, 302–312.
Rottenberg, J., Gross, J., & Gotlib, I. (2005). Emotion content insensitivity in major depressive disorder. *Journal of Abnormal Psychology*, *114*, 627–639.
Rottenberg, J., & Johnson, S. L. (2007). *Emotion and psychopathology: Bridging affective and clinical science*. Washington, DC: American Psychological Association.
Rouff, L. (2000). Schizoid personality traits among the homeless mentally ill: A quantitative and qualitative report. *Journal of Social Distress and the Homeless*, *9*, 127–141.
Roush, W. (1997). Herbert Benson: Mind–body maverick pushes the envelope. *Science*, *276*, 357–359.
Rowe, J. B. (2010). Conversion disorder: Understanding the pathogenic links between emotion and motor systems in the brain. *Brain*, *133*(Pt. 5), 1295–1297.
Roy-Byrne, P. P., & Katon, W. (2000). Anxiety management in the medical setting: Rationale, barriers to diagnosis and treatment, and proposed solutions. In D. I. Mostofsky & D. H. Barlow (Eds.), *The management of stress and anxiety in medical disorders* (pp. 1–14). Needham Heights, MA: Allyn & Bacon.
Rubin, R. T. (1982). Koro (Shook Yang): A culture-bound psychogenic syndrome. In C. T. H. Friedmann & R. A. Fauger (Eds.), *Extraordinary disorders of human behavior* (pp. 155–172). New York, NY: Plenum Press.
Ruchkin, V., Schwab-Stone, M., Jones, S., Cicchetti, D. V., Koposov, R., & Vermeiren, R. (2005). Is posttraumatic stress in youth a culture-bound phenomenon? A comparison of symptom trends in selected U.S. and Russian communities. *American Journal of Psychiatry*, *162*, 538–544.
Rück, C., Karlsson, A., Steele, J. D., Edman, G., Meyerson, B. A., Ericson, K., ... Svanborg, P. (2008). Capsulotomy for obsessive-compulsive disorder: Long-term follow-up of 25 patients. *Archives of General Psychiatry*, *65*(8), 914–921.
Rudaz, M., Craske, M. G., Becker, E. S., Ledermann, T., & Margraf, J. (2010). Health anxiety and fear of fear in panic disorder and agoraphobia vs. social phobia: A prospective longitudinal study. *Depression and Anxiety*, *27*, 404–411.
Rudd, M. D., Joiner, Y., & Rajab, M. H. (2001). *Treating suicidal behavior*. New York, NY: Guilford Press.
Rudd, M. D., Rajab, M. H., Orman, D. T., Stulman, D. A., Joiner, T., & Dixon, W. (1996). Effectiveness of an outpatient intervention targeting suicidal young adults: Preliminary results. *Journal of Consulting and Clinical Psychology*, *64*, 179–190.
Rudolph, K. D. (2009). Adolescent depression. In I. H. Gotlib & C. L. Hammen (Eds.), *Handbook of depression* (2nd ed., pp. 444–466). New York, NY: Guilford Press.
Rudolph, K. D., & Conley, C. S. (2005). The socioemotional costs and benefits of social-evaluative concerns: Do girls care too much? *Journal of Personality*, *73*(1), 115–137.
Rupprecht, R., Rammes, G., Eser, D., Baghai, T. C., Schule, C., Nothdurfter, C., ... Kucher, K. (2009). Translocator protein (18 kD) as target for anxiolytics without benzodiazepine-like side effects. *Science*, *325*(5939), 490–493.
Rush, A. (2007). STAR*D: What have we learned? *American Journal of Psychiatry*, *164*, 201–204.
Rush, A. J., Erman, M. K., Giles, D. E., Schlesser, M. A., Carpenter, G., Vasavada, N., & Roffwarg, H. P. (1986). Polysomnographic findings in recently drug-free and clinically remitted depressed patients. *Archives of General Psychiatry*, *43*, 878–884.
Russell, G. F. M. (1979). Bulimia nervosa: An ominous variant of anorexia nervosa. *Psychological Medicine*, *9*, 429–448.
Russo, S. J., Mazei-Robison, M. S., Ables, J. L., & Nestler, E. J. (2009). Neurotrophic factors and structural plasticity in addiction. *Neuropharmacology*, *56*(Suppl. 1), 73–82. doi:10.1016/j.neuropharm.2008.06.059
Rutter, M. (2002). The interplay of nature, nurture, and developmental influences: The challenge ahead for mental health. *Archives of General Psychiatry*, *59*, 996–1000.
Rutter, M. (2006). *Genes and behavior: Nature–nurture interplay*. Oxford, UK: Blackwell.
Rutter, M. (2010). Gene–environment interplay. *Depression and Anxiety*, *27*(1), 1–4.
Rutter, M., & Giller, H. (1984). *Juvenile delinquency: Trends and perspectives*. New York, NY: Guilford Press.
Rutter, M., Moffitt, T. E., & Caspi, A. (2006). Gene–environment interplay and psychopathology: Multiple varieties but real effects. *Journal of Child Psychology and Psychiatry*, *47*, 226–261.
Ryan, W. D. (1992). The pharmacologic treatment of child and adolescent depression. *Psychiatric Clinics of North America*, *15*, 29–40.
Ryder, A. G., Yang, J., Zhu, X., Yao, S., Yi, J., Heine, S. J., & Bagby, R. M. (2008). The cultural shaping of depression: Somatic symptoms in China, psychological symptoms in North America? *Journal of Abnormal Psychology*, *117*(2), 300–313.

Saab, P. G., Llabre, M. M., Hurwitz, B. E., Frame, C. A., Reineke, I., Fins, A. I., ... Schneiderman, N. (1992). Myocardial and peripheral vascular responses to behavioral challenges and their stability in black and white Americans. *Psychophysiology, 29*(4), 384–397.

Sachs, G. S., & Rush, A. J. (2003). Response, remission, and recovery in bipolar disorders: What are the realistic treatment goals? *Journal of Clinical Psychiatry, 64*, 18–22.

Sachs, G. S., Nierenberg, A. A., Calabrese, J. R., Marangell, L. B., Wisniewski, S. R., Gyulai, L., ... Thase, M. E. (2007). Effectiveness of adjunctive antidepressant treatment for bipolar depression. *New England Journal of Medicine, 356*(17), 1711–1722.

Sackeim, H., Haskett, R., Mulsant, B., Thase, M., Mann, J., Pettinati, H., ... Prudic, J. (2001). Continuation pharmacotherapy in the prevention of relapse following electroconvulsive therapy: A randomized controlled trial. *JAMA: Journal of the American Medical Association, 285*, 1299–1307.

Sackeim, H. A., & Devanand, D. P. (1991). Dissociative disorders. In M. Hersen & S. M. Turner (Eds.), *Adult psychopathology & diagnosis* (2nd ed., pp. 279–322). New York, NY: John Wiley.

Sackeim, H. A., Nordlie, J. W., & Gur, R. C. (1979). A model of hysterical and hypnotic blindness: Cognition, motivation and awareness. *Journal of Abnormal Psychology, 88*, 474–489.

Sackett, D. L., Strauss, S. E., Richardson, W. S., Rosenberg, W., & Haynes, R. B. (2000). *Evidence-based medicine: How to practice and teach EBM* (2nd ed.). London, UK: Churchill Livingstone.

Sahler, O., Fairclough, D., Phipps, S., Mukhern, R., Dolgin, M., & Noll, R. (2005). Using problem-solving skills training to reduce negative affectivity in mothers of children with newly diagnosed cancer: Report of a multisite randomized trial. *Journal of Consulting and Clinical Psychology, 73*, 272–283.

Saigh, P. A. (1984). Pre- and postinvasion anxiety in Lebanon. *Behavior Therapy, 15*, 185–190.

Sakai, J. T., & Crowley, T. J. (2009). Inhalant-related disorders. In B. J. Sadock, V. A. Sadock, & P. Ruiz (Eds.), *Kaplan & Sadock's comprehensive textbook of psychiatry* (9th ed., Vol. 1, pp. 1341–1353). Philadelphia, PA: Lippincott Williams & Wilkins.

Sakel, M. (1958). *Schizophrenia*. New York, NY: Philosophical Library.

Sakheim, D. K., Barlow, D. H., Abrahamson, D. J., & Beck, J. G. (1987). Distinguishing between organogenic and psychogenic erectile dysfunction. *Behaviour Research and Therapy, 25*, 379–390.

Saleh, F., Malin, H., Grudzinskas, A., Jr., & Vitacco, M. (2010). Paraphilias with comorbid psychopathy: The clinical and legal significance to sex offender assessments. *Behavioral Sciences & the Law, 28*(2), 211–223.

Salekin, R. T. (2006). Psychopathy in children and adolescents: Key issues in conceptualization and assessment. In C. J. Patrick (Ed.), *Handbook of psychopathy* (pp. 389–414). New York, NY: Guilford Press.

Salekin, R. T., Rogers, R., & Sewell, K. W. (1997). Construct validity of psychopathy in a female offender sample: A multitrait–multimethod evaluation. *Journal of Abnormal Psychology, 106*(4), 576–585. doi:10.1037/0021-843x.106.4.576

Salkovskis, P., Shafran, R., Rachman, S., & Freeston, M. H. (1999). Multiple pathways to inflated responsibility beliefs in obsessional problems: Possible origins and implications for therapy and research. *Behaviour Therapy and Research, 37*, 1055–1072.

Salkovskis, P., Warwick, H., & Deale, A. (2003). Cognitive-behavioral treatment for severe and persistent health anxiety. *Brief Treatment and Crisis Intervention, 3*, 353–367.

Salkovskis, P. M., Atha, C., & Storer, D. (1990). Cognitive-behavioural problem solving in the treatment of patients who repeatedly attempt suicide: A controlled trial. *British Journal of Psychiatry, 157*, 871–876.

Salkovskis, P. M., & Campbell, P. (1994). Thought suppression induces intrusion in naturally occurring negative intrusive thoughts. *Behaviour Research and Therapy, 32*(1), 1–8.

Salkovskis, P. M., & Clark, D. M. (1993). Panic disorders and hypochondriasis. Special issue: Panic, cognitions, and sensations. *Advances in Behavioral Research and Therapy, 5*, 23–48.

Saln-Pascual, R. J., Castao, A., Shiromani, P. J., Valencia-Flores, M., & Campos, R. M. (2006). Caffeine challenge in insomniac patients after total sleep deprivation. *Sleep Medicine, 7*, 141–145.

Salzman, C. (1991). Pharmacologic treatment of the anxious elderly patient. In C. Salzman & B. D. Lebowitz (Eds.), *Anxiety in the elderly: Treatment and research* (pp. 149–173). New York, NY: Springer.

Samuels, J., Bienvenu, O. J., III, Riddle, M. A., Cullen, B. A. M., Grados, M. A., Liang, K.-Y., ... Nestadt, G. (2002). Hoarding in obsessive compulsive disorder: Results from a case-control study. *Behaviour Research Therapy, 40*, 517–528.

Sanders, M. H., & Givelber, R. J. (2006). Overview of obstructive sleep apnea in adults. In T. Lee-Chiong (Ed.), *Sleep: A comprehensive handbook* (pp. 231–240). Hoboken, NJ: John Wiley & Sons.

Sanders, M. R. (1992). Enhancing the impact of behavioural family intervention with children: Emerging perspectives. *Behaviour Change, 9*, 115–119.

Sanderson, W. C., & Barlow, D. H. (1990). A description of patients diagnosed with DSM-III-R generalized anxiety disorder. *Journal of Nervous and Mental Disease, 178*, 588–591.

Sandin, B., Chorot, P., Santed, M., & Valiente, R. (2004). Differences in negative life events between patients with anxiety disorders, depression and hypochondriasis. *Anxiety, Stress & Coping: An International Journal, 17*, 37–47.

Sandys, J. (2007). Work and employment for people with intellectual and developmental disabilities. In I. Brown & M. Percy (Eds.), *A comprehensive guide to intellectual & developmental disabilities* (pp. 527–543). Baltimore, MD: Paul H. Brookes.

Sankey, A., Hill, C., Brown, J., Quinn, L., & Fletcher, A. (2006). A follow-up study of chronic fatigue syndrome in children and adolescents: Symptoms persistence and school absenteeism. *Clinical Child Psychology and Psychiatry, 11*, 126–138.

Sano, M., Ernesto, C., Thomas, R. G., Klauber, M. R., Schafer, K., Grundman, M., ... Thal, L. J. (1997). A controlled trial of selegiline, alpha-tocopherol, or both as treatment for Alzheimer's disease. *New England Journal of Medicine, 336*, 1216–1222.

Santarelli, L., Saxe, M., Gross, C., Surget, A., Battaglia, F., Dulawa, S., ... Hen, R. (2003). Requirement of hippocampal neurogenesis for the behavioral effects of antidepressants. *Science, 301*, 805–809.

Santosh, P. J. (2009). Medication for children and adolescents: Current issues. In M. G. Gelder, N. C. Andreasen, J. J. Lopez-Ibor, Jr. & J. R. Geddes (Eds.), *New Oxford textbook of psychiatry* (2nd ed., Vol. 2, pp. 1793–1798). Oxford, UK: Oxford University Press.

Santucci, L. C., Ehrenreich, J. T., Trosper, S. E., Bennett, S. M., & Pincus, D. B. (2009). Development and preliminary evaluation of a one-week summer treatment program for separation anxiety disorder. *Cognitive and Behavioral Practice, 16*, 317–331.

Sapolsky, R. (2004). Is impaired neurogenesis relevant to the affective symptoms of depression? *Biological Psychiatry, 56*, 137–139.

Sapolsky, R. M. (2000a). Genetic hyping. *The Sciences, 40*(2), 12–15.

Sapolsky, R. M. (2000b). Glucocorticoids and hippocampal atrophy in neuropsychiatric disorders. *Archives of General Psychiatry, 57*, 925–935.

Sapolsky, R. M. (2002). *A primate's memoir*. New York, NY: Simon & Schuster.

Sapolsky, R. M. (2007). Stress, stress-related disease, and emotional regulation. In J. J. Gross (Ed.), *Handbook of emotion regulation* (pp. 606–615). New York, NY: Guilford Press.

Sapolsky, R. M., & Meaney, M. J. (1986). Maturation of the adrenal stress response: Neuroendocrine control mechanisms and the stress hyporesponsive period. *Brain Research Review, 11*, 65–76.

Sapolsky, R. M., & Ray, J. C. (1989). Styles of dominance and their endocrine correlates among wild, live baboons. *American Journal of Primatology, 18*(1), 1–13.

Sarbin, T., & Mancuso, J. (1980). *Schizophrenia: Medical diagnosis or moral verdict?* Elmsford, NY: Pergamon Press.

Sarwer, D. B., & Durlak, J. A. (1997). A field trial of the effectiveness of behavioral treatment for sexual dysfunctions. *Journal of Sex and Marital Therapy, 23*, 87–97.

Sarwer, D. B., Foster, G. D., & Wadden, T. A. (2004). Treatment of obesity I: Adult obesity. In J. K. Thompson (ed.). *Handbook of eating disorders and obesity* (pp. 421–442). New York, NY: John Wiley.

Sass, K. J., Sass, A., Westerveld, M., Lencz, T., Novelly, R. A., Kim, J. H., & Spender, D. D. (1992). Specificity in the correlation of verbal memory and hippocampal neuron loss: Dissociation of memory, language, and verbal intellectual ability. *Journal of Clinical and Experimental Neuropsychology, 14*(5), 662–672.

Saudino, J. J., Pedersen, N. L., Lichenstein, P., McClearn, G. E., & Plomin, R. (1997). Can personality explain genetic influence on life events? *Journal of Personality & Social Psychology, 72*(1), 196–206.

Saudino, K. J., & Plomin, R. (1996). Personality and behavioral genetics: Where have we been and where are we going? *Journal of Research in Personality, 30,* 335–347.

Saudino, K. J., Plomin, R., & DeFries, J. C. (1996). Tester-rated temperament at 14, 20, and 24 months: Environmental change and genetic continuity. *British Journal of Developmental Psychology, 14,* 129–144.

Savard, J., Savard, M.-H., & Morin, C. M. (2010). Insomnia. In M. M. Antony & D. H. Barlow (Eds.), *Handbook of assessment and treatment planning for psychological disorders* (2nd ed.). New York, NY: Guilford.

Savin-Williams, R. (2006). Who's gay? Does it matter? *Current Directions in Psychological Science, 15,* 40–44.

Saxe, G. N., Stoddard, F., Hall, E., Chawla, N., Lopez, C., Sheridan, R., ... Yehuda, R. (2005). Pathways to PTSD: Part I. Children with burns. *American Journal of Psychiatry, 162,* 1299–1304.

Saxe, G. N., van der Kolk, B. A., Berkowitz, R., Chinman, G., Hall, K., Leiberg, G., & Schwartz, J. (1993). Dissociative disorders in psychiatric inpatients. *American Journal of Psychiatry, 150,* 1037–1042.

Saxena, S., & Prasad, K. (1989). DSM-III subclassifications of dissociative disorders applied to psychiatric outpatients in India. *American Journal of Psychiatry, 146,* 261–262.

Scarmeas, N., Albert, S. M., Manly, J. J., & Stern, Y. (2006). Education and rates of cognitive decline in incident Alzheimer's disease. *Journal of Neurology, Neurosurgery, and Psychiatry, 77*(3), 308–316.

Schacter, D. L. (Ed.) (1995). *Memory distortion: How minds, brains, and societies reconstruct the past.* Cambridge, MA: Harvard University Press.

Schacter, D. L., Chiu, P., & Ochsner, K. N. (1993). Implicit memory: A selective review. *Annual Review of Neuroscience, 16,* 159–182.

Schatzberg, A., Rush, J., Arnow, B., Banks, P., Blalock, J., Borian, F., Howland, R., ... Keller, M. B. (2005). Chronic depression: Medication (Nefazodone) or psychotherapy (CBASP) is effective when the other is not. *Archives of General Psychiatry, 62,* 513–520.

Scheerenberger, R. C. (1983). *A history of mental retardation.* Baltimore, MD: Paul H. Brookes.

Scheidt, P. C., Overpeck, M. D., Trifiletti, L. B., & Cheng, T. (2000). Child and adolescent injury research in 1998: A summary of abstracts submitted to the Ambulatory Pediatrics Association and the American Public Health Association. *Archives of Pediatrics and Adolescent Medicine, 154,* 442–445.

Scheier, M. F., Matthews, K. A., Owens, J. F., Magovern, G. J., Sr., Lefebvre, R. C., Abbott, R. A., & Carver, C. S. (1989). Dispositional optimism and recovery from coronary artery bypass surgery: The beneficial effects on physical and psychological well-being. *Journal of Personality and Social Psychology, 57*(6), 1024–1040.

Schiavi, R. C. (1990). Chronic alcoholism and male sexual dysfunction. *Journal of Sex and Marital Therapy, 16,* 23–33.

Schiavi, R. C., White, D., Mandeli, J., & Levine, A. C. (1997). Effect of testosterone administration on sexual behavior and mood in men with erectile dysfunction. *Archives of Sexual Behavior, 26,* 231–241.

Schiffer, B., Peschel, T., Paul, T., Gizewski, E., Forsting, M., Leygraf, N., ... Krueger, T. H. C. (2007). Structural brain abnormalities in the frontostriatal system and cerebellum in pedophilia. *Journal of Psychiatric Research, 41,* 753–762.

Schiffman, J., Walker, E., Ekstrom, M., Schulsinger, F., Sorensen, H., & Mednick, S. (2004). Childhood videotaped social and neuromotor precursors of schizophrenia: A prospective investigation. *American Journal of Psychiatry, 161*(11), 2021–2027.

Schildkraut, J. J. (1965). The catecholamine hypothesis of affective disorders: A review of supporting evidence. *American Journal of Psychiatry, 122,* 509–522.

Schlundt, O. G., & Johnson, W. G. (1990). *Eating disorders: Assessment and treatment.* Boston, MA: Allyn & Bacon.

Schmaling, K. B., Fiedelak, J. I., Katon, W. J., Bader, J. O., & Buchwald, D. S. (2003). Prospective study of the prognosis of unexplained chronic fatigue in a clinic-based cohort. *Psychosomatic Medicine, 65,* 1047–1054.

Schmitz, D., Netzer, C., & Henn, W. (2009). An offer you can't refuse? Ethical implications of non-invasive prenatal diagnosis. *Nature Reviews Genetics,10*(8), 515. doi:10.1038/nrg2631

Schneiderman, N. (2004). Psychosocial, behavioral, and biological aspects of chronic diseases. *Current Directions in Psychological Science, 13,* 247–251.

Schneier, F. R., Liebowitz, M. R., Beidel, D. C., Fyer, A. J., George, M. S., Heimberg, R. G., ... Versiani, M. (1996). Social phobia. In T. A. Widiger, A. J. Frances, H. A. Pincus, R. Ross, M. B. First, & W. W. Davis (Eds.), *DSM-IV sourcebook* (Vol. 2, pp. 507–548). Washington, DC: American Psychiatric Association.

Schnell, K., & Herpertz, S. C. (2007). Effects of dialectic-behavioral-therapy on the neural correlates of affective hyperarousal in borderline personality disorder. *Journal of Psychiatric Research, 41,* 837–847.

Schoenbach, V. J., Kaplan, B. H., Fredman, L., & Kleinbaum, D. G. (1986). Social ties and mortality in Evans County, Georgia. *American Journal of Epidemiology, 123,* 577.

Schoeneman, T. J. (1977). The role of mental illness in the European witchhunts of the sixteenth and seventeenth centuries: An assessment. *Journal of the History of the Behavioral Sciences, 13,* 337–351.

Schoenmakers, B., Buntinx, F., & DeLepeleire, J. (2010). Supporting the dementia family caregiver: The effect of home care intervention on general well-being. *Aging & Mental Health, 14*(1), 44–56.

Schover, L. R., & Jensen, S. B. (1988). *Sexuality and chronic illness: A comprehensive approach.* New York, NY: Guilford Press.

Schreiber, F. R. (1973). *Sybil.* Chicago, IL: Regnery.

Schreiner-Engel, P., & Schiavi, R. C. (1986). Lifetime psychopathology in individuals with low sexual desire. *Journal of Nervous and Mental Disease, 174,* 646–651.

Schuckit, M. A. (1994). Low level of response to alcohol as a predictor of future alcoholism. *American Journal of Psychiatry, 151,* 184–189.

Schuckit, M. A. (1998). Biological, psychological, and environmental predictors of alcoholism risk: A longitudinal study. *Journal of Studies on Alcohol, 59,* 485–494.

Schuckit, M. A. (2009). Alcohol-use disorders. *Lancet, 373*(9662), 492–501.

Schuckit, M. A. (2009a). Alcohol-related disorders. In B. J. Sadock, V. A. Sadock, & P. Ruiz (Eds.), *Kaplan & Sadock's comprehensive textbook of psychiatry* (9th ed., Vol. I, pp. 1268–1288). Philadelphia, PA: Lippincott Williams & Wilkins.

Schuckit, M. A. (2009b). Alcohol-use disorders. *Lancet, 373*(9662), 492–501.

Schuckit, M. A., Smith, T. L., Anthenelli, R., & Irwin, M. (1993). Clinical course of alcoholism in 636 male inpatients. *American Journal of Psychiatry, 150,* 786–792.

Schulberg, H. C., Block, M. R., Madonia, M. J., Scott, C. P., Rodriguez, E., Imber, S. D., ... Coulehan, J. L. (1996). Treating major depression in primary care practice: Eight-month clinical outcomes. *Archives of General Psychiatry, 53,* 913–919.

Schulsinger, F., Kety, S. S., & Rosenthal, D. (1979). A family study of suicide. In M. Schou & E. Stromgren (Eds.), *Origin, prevention, and treatment of affective disorders.* New York, NY: Academic Press.

Schultz, R. T., Romanski, L. M., & Tsatsanis, K. D. (2000). Neurofunctional models of autistic disorder and Asperger syndrome: Clues from neuroimaging. In A. Klin, F. R. Volkmar, & S. S. Sparrow (Eds.), *Asperger syndrome* (pp. 172–209). New York, NY: Guilford Press.

Schumacher, J., Jamra, R. A., Becker, T., Klopp, N., Franke, P., Jacob, C., ... Nöthen, M.M. (2005). Investigation of the DAOA/G30 locus in panic disorder. *Molecular Psychiatry, 10,* 428–429.

Schumann, C. M., & Amaral, D. G. (2006). Stereological analysis of amygdala neuron number in autism. *Journal of Neuroscience, 26,* 7674–7679.

Schutter, D. J. (2009). Antidepressant efficacy of high-frequency transcranial magnetic stimulation over the left dorsolateral prefrontal cortex in double-blind sham-controlled designs: A metaanalysis. *Psychological Medicine, 39*(1), 65–75.

Schwalberg, M. D., Barlow, D. H., Alger, S. A., & Howard, L. J. (1992). Comparison of bulimics, obese binge eaters, social phobics, and individuals with panic disorder or comorbidity across DSM-III-R anxiety. *Journal of Abnormal Psychology, 101,* 675–681.

Schwartz, A. J., & Whitaker, L. C. (1990). Suicide among college students: Assessment, treatment, and intervention. In S. J. Blumenthal & D. J. Kupfer (Eds.), *Suicide over the life cycle: Risk factors, assessment, and treatment of suicidal patients* (pp. 303–340). Washington, DC: American Psychiatric Press.

Schwartz, G. E., & Weiss, S. M. (1978). Behavioral medicine revisited: An amended definition. *Journal of Behavioral Medicine, 1,* 249–252.

Schwartz, J. M., Stoessel, P. W., Baxter, L. R., Martin, K. M., & Phelps, M. E. (1996). Systematic changes in cerebral glucose metabolic rate after successful behavior modification treatment of obsessive compulsive disorder. *Archives of General Psychiatry, 53,* 109–113.

Schwartz, M. B., & Brownell, K. D. (2007). Actions necessary to prevent childhood obesity: Creating the climate for change. *Journal of Law, Medicine, & Ethics, 35,* 78–89.

Schwartz, M. S., & Andrasik, F. (Eds.) (2003). *Biofeedback: A practitioner's guide* (3rd ed.). New York, NY: Guilford Press.

Schwartz, R., & Feisthamel, K. (2009). Disproportionate diagnosis of mental disorders among African American versus European American clients: Implications for counseling theory, research, and practice. *Journal of Counseling & Development, 87*(3), 295–301.

Schwartz, R. P., Jaffe, J. H., O'Grady, K. E., Das, B., Highfield, D. A., & Wilson, M. E. (2009). Scaling-up interim methadone maintenance: Treatment for 1,000 heroin-addicted individuals. *Journal of Substance Abuse Treatment, 37*(4), 362–367. doi:10.1016/j.jsat.2009.04.002

Schwarz, A. (2007, March 14). Wives united by husband's post-NFL trauma, *New York Times*, p. A1. Retrieved from http://www.nytimes.com

Scott, C. L., Hilty, D. M., & Brook, M. (2003). Impulse-control disorders not elsewhere classified. In R. E. Hales & S. C. Yudofsky (Eds.), *Textbook of clinical psychiatry* (4th ed., pp. 781–802). Washington, DC: American Psychiatric Publishing.

Scott, C. L., Quanbeck, C. D., & Resnick, P. J. (2008). Assessment of dangerousness. In R. E. Hales, S. C. Yudofsky, & G. O. Gabbard (Eds.), *The American Psychiatric Publishing textbook of psychiatry* (5th ed., pp. 1655–1672). Arlington, VA: American Psychiatric Publishing, Inc.

Scott, J. (1995). Psychotherapy for bipolar disorder. *British Journal of Psychiatry, 167,* 581–588.

Scott, J. E., & Dixon, L. B. (1995). Psychological interventions for schizophrenia. *Schizophrenia Bulletin, 21,* 621–630.

Sechi, G., & Serra, A. (2007). Wernicke's encephalopathy: New clinical settings and recent advances in diagnosis and management. *Lancet Neurology, 6*(5), 442–455.

Secko, D. (2005). Depression: More than just serotonin. *Canadian Medical Association Journal, 172,* 1551.

Sedlak, T. W., & Kaplin, A. I. (2009). Novel neurotransmitters. In B. J. Sadock, V. A. Sadock, & P. Ruiz (Eds.), *Kaplan & Sadock's comprehensive textbook of psychiatry* (9th ed., Vol. I, pp. 102–118). Philadelphia, PA: Lippincott Williams & Wilkins.

Seeman, P., Lee, T., Chau Wong, M., & Wong, K. (1976). Antipsychotic drug doses and neuroleptic/dopamine receptors. *Nature, 261,* 717–719.

Segal, N. (2006). Two monozygotic twin pairs discordant for female to male transsexualism. *Archives of Sexual Behavior, 35,* 347–358.

Segerstrom, S. C., & Sephton, S. E. (2010). Optimistic expectancies and cell-mediated immunity: The role of positive affect. *Psychological Science, 21,* 448–455.

Segraves, R., & Althof, S. (1998). Psychotherapy and pharmacotherapy of sexual dysfunctions. In P. E. Nathan & J. M. Gorman (Eds.), *A guide to treatments that work* (pp. 447–471). New York, NY: Oxford University Press.

Segraves, R., & Woodard, T. (2006). Female hypoactive sexual desire disorder: History and current status. *Journal of Sexual Medicine, 3,* 408–418.

Seligman, M. E. P. (1971). Phobias and preparedness. *Behavior Therapy, 2,* 307–320.

Seligman, M. E. P. (1975). *Helplessness: On depression, development, and death.* San Francisco, CA: W. H. Freeman.

Seligman, M. E. P. (1998). *Learned optimism* (2nd ed.). New York, NY: Simon & Schuster.

Seligman, M. E. P. (2002). *Authentic happiness: Using the new positive psychology to realize your potential for lasting fulfillment.* New York, NY: Free Press/Simon & Schuster.

Selye, H. (1936). A syndrome produced by diverse noxious agents. *Nature, 138,* 32.

Selye, H. (1950). *The physiology and pathology of exposure to stress.* Montreal, Canada: Acta.

Semans, J. H. (1956). Premature ejaculation: A new approach. *Southern Medical Journal, 49,* 353–358.

Seshadri, S., Fitzpatrick, A. L., Ikram, M. A., DeStefano, A. L., Gudnason, V., Boada, M., ... Breteler, M. M. (2010). Genome-wide analysis of genetic loci associated with Alzheimer disease. *JAMA: Journal of the American Medical Association, 303*(18), 1832–1840.

Setlik, J., Bond, G. R., & Ho, M. (2009). Adolescent prescription ADHD medication abuse is rising along with prescriptions for these medications. *Pediatrics, 124*(3), 875–880.

Seto, M., Cantor, J., & Blanchard, R. (2006). Child pornography offenses are a valid diagnostic indicator of pedophilia. *Journal of Abnormal Psychology, 115,* 610–615.

Seto, M. C. (2009). Pedophilia. In S. Nolen-Hoeksema, T. D. Cannon, & T. Widiger, T. (Eds.), *Annual review of clinical psychology* (Vol. 5, pp. 391–408). Palo Alto, CA: Annual Reviews.

Sevy, S., Robinson, D. G., Napolitano, B., Patel, R. C., Gunduz-Bruce, H., Miller, R., ... Kane, J. (2010). Are cannabis use disorders associated with an earlier age at onset of psychosis? A study in first episode schizophrenia. *Schizophrenia Research, 120*(1–3), 101–107.

Shaffer, D., Garland, A., Vieland, V., Underwood, M., & Busner, C. (1991). The impact of curriculum-based suicide prevention programs for teenagers. *Journal of the American Academy of Child and Adolescent Psychiatry, 30*(4), 588–596.

Shaffer, D., Leibenluft, E., Rohde, L. A., Sirovatka, P., & Regier, D. A. (Eds.). (2009). *Externalizing disorders of childhood: Refining the research agenda for DSM-V.* Arlington, VA: American Psychiatric Association.

Shaffer, D. R. (1993). *Developmental psychology: Childhood and adolescence* (3rd ed.). Pacific Grove, CA: Brooks/Cole.

Shafran, R., Lee, M., Payne, E., & Fairburn, C. G. (2006). The impact of manipulating personal standards on eating attitudes and behaviour. *Behaviour Research and Therapy, 44,* 897–906.

Shapiro, D. A., Rees, A., Barkham, M., Hardy, G., Reynolds, S., & Startup, M. (1995). Effects of treatment duration and severity of depression on the maintenance of gains after cognitive-behavioral and psychodynamic-interpersonal psychotherapy. *Journal of Consulting and Clinical Psychology, 63,* 378–387.

Shapiro, E. S., & Lentz, F. E. (1991). Vocational-technical programs: Follow-up of students with learning disabilities. *Exceptional Children, 58,* 47–59.

Shapiro, J. R., Berkman, N. D., Brownley, K. A., Sedway, J. A., Lohr, K. N., & Bulik, C. M. (2007). Bulimia nervosa treatment: A systematic review of randomized controlled trials. *International Journal of Eating Disorders, 40*(4), 321–336.

Sharp, T. (2009). Neurotransmitters and signalling. In M. G. Gelder, N. C. Andreasen, J. J. Lopez-Ibor, Jr., & J. R. Geddes (Eds.), *New Oxford textbook of psychiatry* (2nd ed., Vol. 1, pp. 168–176). Oxford, UK: Oxford University Press.

Sharpe, M. (1992). Fatigue and chronic fatigue syndrome. *Current Opinion in Psychiatry, 5,* 207–212.

Sharpe, M. (1993). *Chronic fatigue syndrome* (pp. 298–317). Chichester, UK: John Wiley.

Sharpe, M. (1997). Chronic fatigue. In D. M. Clark & C. G. Fairburn (Eds.), *Science and practice of cognitive behavior therapy* (pp. 381–414). Oxford, UK: Oxford University Press.

Sharpe, M., Clements, A., Hawton, K., Young, A., Sargent, P., & Cowen, P. (1996). Increased prolactin response to buspirone in chronic fatigue syndrome. *Journal of Affective Disorders, 41,* 71–76.

Shatkin, J. P., & Ivanenko, A. (2009). Pediatric sleep disorders. In B. J. Sadock, V. A. Sadock & P. Ruiz (Eds.), *Kaplan & Sadock's comprehensive textbook of psychiatry* (9th ed., Vol. I, pp. 3903–3908). Philadelphia, PA: Lippincott Williams & Wilkins.

Shattuck, P. T. (2006). The contribution of diagnostic substitution to the growing administrative prevalence of autism in U.S. special education. *Pediatrics, 117,* 1028–1037.

Shaw, D. S., Dishion, T. J., Supplee, L., Gardner, F., & Arnds, K. (2006). Randomized trial of a family-centered approach to the prevention of early conduct problems: 2-year effects of the family checkup in early childhood. *Journal of Consulting and Clinical Psychology, 74,* 1–9.

Shaw, C., & Proctor, G. (2005). Women at the margins: A critique of the diagnosis of borderline personality disorder. *Feminism and Psychology, 15,* 483-490.

Shaywitz, S. (2003). *Overcoming dyslexia: A new and complete science-based program for overcoming reading problems at any level.* New York, NY: Knopf.

Shaywitz, S. E., Mody, M., & Shaywitz, B. A. (2006). Neural mechanisms in dyslexia. *Current Directions in Psychological Science, 15,* 278–281.

Shear, K. (2006). Adapting imaginal exposure to the treatment of complicated grief. In Rothbaum, B. (Ed.), *Pathological anxiety: Emotional processing in etiology and treatment* (pp. 215–226). New York, NY: Guilford Press.

Shear, K., Frank, E., Houck, P., & Reynolds, C. (2005). Treatment of complicated grief: A randomized controlled trial. *JAMA: Jour-*

nal of the American Medical Association, 293, 2601–2608.
Shear, K., Jin, R., Ruscio, A. M., Walters, E. E., & Kessler, R. C. (2006). Prevalence and correlates of estimated DSM-IV child and adult separation anxiety disorder in the National Comorbidity Survey Replication. *American Journal of Psychiatry, 163*(6), 1074–1083.
Shear, M. K., Brown, T. A., Barlow, D. H., Money, R., Sholomskas, D. E., Woods, S. W., ... Papp, L.A. (1997). Multicenter collaborative panic disorder severity scale. *American Journal of Psychiatry, 154,* 1571–1575.
Sheffield, J. K., Spence, S. H., Rapee, R. M., Kowalenko, N., Wignall, A., Davis, A., & McLoone, J. (2006). Evaluation of universal, indicated, and combined cognitive-behavioral approaches to the prevention of depression among adolescents. *Journal of Consulting and Clinical Psychology, 74,* 66–79.
Sheikh, J. I. (1992). Anxiety and its disorders in old age. In J. E. Birren, K. Sloan, & G. D. Cohen (Eds.), *Handbook of mental health and aging* (pp. 410–432). New York, NY: Academic Press.
Shenton, M. E., & Kubicki, M. (2009). Structural brain imaging in schizophrenia. In B. J. Sadock, V. A. Sadock, & P. Ruiz (Eds.), *Kaplan & Sadock's comprehensive textbook of psychiatry* (9th ed., Vol. I, pp. 1494–1507). Philadelphia, PA: Lippincott Williams & Wilkins.
Sher, K. J., Martinez, J. A., & Littlefield, A. K. (2011). Alcohol use and alcohol use disorders. In D. H. Barlow (Ed.), *Oxford handbook of clinical psychology* (pp. 405–445). New York, NY: Oxford University.
Sherbourne, C. D., Hays, R. D., & Wells, K. B. (1995). Personal and psychosocial risk factors for physical and mental health outcomes and course of depression among depressed patients. *Journal of Consulting and Clinical Psychology, 63,* 345–355.
Shimizu, M., Kubota, Y., Toichi, M., & Baba, H. (2007). Folie à deux and shared psychotic disorder. *Current Psychiatry Reports, 9*(3), 200–205. doi:10.1007/s11920-007-0019-5
Shin, L. M., Lasko, N. B., Macklin, M. L., Karpf, R. D., Milad, M. R., Orr, S. P., ... Pitman, R. K. (2009). Resting metabolic activity in the cingulate cortex and vulnerability to posttraumatic stress disorder. *Archives of General Psychiatry, 66*(10), 1099–1107.
Shin, L. M., Shin, P. S., Heckers, S., Krangel, T. S., Macklin, M. L., Orr, S. P., ... Rauch, S. L. (2004). Hippocampal function in posttraumatic stress disorder. *Hippocampus, 14,* 292–300.
Shneidman, E. S. (1989). Approaches and commonalities of suicide. In R. F. W. Diekstra, R. Mariss, S. Platt, A. Schmidtke, & G. Sonneck (Eds.), *Suicide and its prevention: The role of attitude and imitation. Advances in Suicidology* (Vol. 1). Leiden, Netherlands: E. J. Brill.
Shneidman, E. S., Farberow, N. L., & Litman, R. E. (Eds.) (1970). *The psychology of suicide.* New York, NY: Science House.
Shulman, K. I., Cohen, C. A., Kirsh, F. C., Hull, I. M., & Champine, P. R. (2007). Assessment of testamentary capacity and vulnerability to undue influence. *American Journal of Psychiatry, 164*(5), 722–727.
Shumaker, S. A., Legault, C., Kuller, L., Rapp, S. R., Thal, L., Lane, D. S., ... Coker, L. H. & Women's Health Initiative Memory Study. (2004). Conjugated equine estrogens and incidence of probable dementia and mild cognitive impairment in postmenopausal women: Women's Health Initiative Memory Study. *JAMA: Journal of the American Medical Association, 291,* 3005–3007.
Sidani, S., Miranda, J., Epstein, D. R., Bootzin, R. R., Cousins, J., & Moritz, P. (2009). Relationships between personal beliefs and treatment acceptability, and preferences for behavioral treatments. *Behaviour Research and Therapy, 47*(10), 823–829.
Sierra, M., & Berrios, G. E. (1998). Depersonalization: Neurobiological perspectives. *Society of Biological Psychiatry, 44,* 898–908.
Siever, L. J. (1992). Schizophrenia spectrum personality disorders. In A. T. M. B. Riba (Ed.), *Review of psychiatry* (Vol. 11, pp. 25–42). Washington, DC: American Psychiatric Press.
Siever, L. J., & Davis, K. L. (2004). The pathophysiology of schizophrenia disorders: Perspectives from the spectrum. *American Journal of Psychiatry, 161,* 398–413.
Siever, L. J., Davis, K. L., & Gorman, L. K. (1991). Pathogenesis of mood disorders. In K. Davis, H. Klar, & J. T. Coyle (Eds.), *Foundations of psychiatry.* Philadelphia, PA: W. B. Saunders.
Siffre, M. (1964). *Beyond time* (H. Briffaul, Trans.). New York, NY: McGraw-Hill.
Sigafoos, J., Arthur-Kelly, M., & Butterfield, N. (2006). *Enhancing everyday communication for children with disabilities*. Baltimore, MD: Paul H. Brookes.
Sigafoos, J., Green, V. A., Schlosser, R., O'Reilly, M. F., Lancioni, G. E., Rispoli, M., Lang, R.. (2009). Communication intervention in Rett syndrome: A systematic review. *Research in Autism Spectrum Disorders, 3*(2), 304–318.
Sigvardsson, S., Cloninger, C. R., Bohman, M., & von-Knorring, A. L. (1982). Predisposition to petty criminality in Swedish adoptees. *Archives of General Psychiatry, 39,* 1248–1253.
Sikich, L. (2009). Early onset psychotic disorders. In B. J. Sadock, V. A. Sadock, & P. Ruiz (Eds.), *Kaplan & Sadock's comprehensive textbook of psychiatry* (9th ed., Vol. II, pp. 3699–3706). Philadelphia, PA: Lippincott Williams & Wilkins.
Silove, D. M., Marnane, C. L., Wagner, R., Manicavasagar, V. L., & Rees, S. (2010). The prevalence and correlates of adult separation anxiety disorder in an anxiety clinic. *BMC Psychiatry, 10,* 21.
Silver, E., Cirincione, C., & Steadman, H. J. (1994). Demythologizing inaccurate perceptions of the insanity defense. *Law and Human Behavior, 18,* 63–70.
Silverman, W. K., & La Greca, A. M. (2002). Children experiencing disasters: Definitions, reactions, and predictors of outcomes. In A. N. La Greca, W. K. Silverman, & M. C. Roberts (Eds.), *Helping Children Cope with Disasters and Terrorism* (Vol. 1, pp. 11–33). Washington, DC: American Psychological Association.
Silverman, W. K., & Rabian, B. (1993). Simple phobias. *Child and Adolescent Psychiatric Clinics of North America, 2,* 603–622.
Silverstone, T. (1985). Dopamine in manic depressive illness: A pharmacological synthesis. *Journal of Affective Disorders, 8*(3), 225–231.
Simeon, D. (2009). Neurobiology of depersonalization disorder. In P. F. Dell & J. A. O'Neil (Eds.), *Dissociation and the dissociative disorders* (pp. 367–372). New York, NY: Routledge.
Simeon, D., Guralnik, O., Hazlett, E. A., Spiegel-Cohen, J., Hollander, E., & Buchsbaum, M. S. (2000). Feeling unreal: A PET study of depersonalization disorder. *American Journal of Psychiatry, 157,* 1782–1788.
Simeon, D., Guralnik, O., Knutelska, M., Hollander, E., & Schmeidler, J. (2001). Hypothalamic–pituitary–adrenal axis dysregulation in depersonalization disorder. *Neuropsychopharmacology, 25,* 793–795.
Simeon, D., Knutelska, M., Nelson, D., & Guralnik, O. (2003). Feeling unreal: A depersonalization disorder update of 117 cases. *Journal of Clinical Psychiatry, 64,* 990–997.
Simmons, R., & Blyth, D. (1987). *Moving into adolescence: The impact of pubertal change and school context.* New York, NY: Aldine de Gruyter.
Simon, G. (2006). How can we know whether antidepressants increase suicide risk? *American Journal of Psychiatry, 163,* 1861–1863.
Simon, G. E., Gureje, O., & Fullerton, C. (2001). Course of hypochondriasis in an international primary care study. *General Hospital Psychiatry, 23,* 51–55.
Simon, R. I., & Shuman, D. W. (2008). Psychiatry and the law. In R. E. Hales, S. C. Yudofsky, & G. O. Gabbard (Eds.), *The American Psychiatric Publishing textbook of psychiatry* (5th ed., pp. 1555–1599). Arlington, VA: American Psychiatric Publishing.
Simon, R. I., & Shuman, D. W. (2009). Clinical-legal issues in psychiatry. In B. J. Sadock, V. A. Sadock, & P. Ruiz (Eds.), *Kaplan & Sadock's comprehensive textbook of psychiatry* (9th ed., Vol. II, pp. 4427–4439). Philadelphia, PA: Lippincott Williams & Wilkins.
Simoneau, T. L., Miklowitz, D. J., Richards, J. A., Saleem R., & George, E. L. (1999). Bipolar disorder and family communication: Effects of a psychoeducational treatment program. *Journal of Abnormal Psychology, 108,* 588–597.
Simons, A. D., Murphy, G. E., Levine, J. L., & Wetzel, R. D. (1986). Cognitive therapy and pharmacotherapy for depression: Sustained improvement over one year. *Archives of General Psychiatry, 43*(1), 43–48.
Simons, J. S., Dvorak, R. D., & Lau-Barraco, C. (2009). Behavioral inhibition and activation systems: Differences in substance use expectancy organization and activation in memory. *Psychology of Addictive Behaviors, 23*(2), 315–328. doi:10.1037/a0015834
Singer, M., & Flannery, D. J. (2000). The relationship between children's threats of violence and violent behaviors. *Archives of Pediatrics and Adolescent Medicine, 154,* 785–790.
Singh, M. K., DelBello, M. P., Kowatch, R. A., & Strakowski, S. M. (2006). Co-occurrence of bipolar and attention-deficit hyperactivity disorders in children. *Bipolar Disorders, 8*(6), 710–720.

Sivertsen, B., Omvik, S., Pallesen, S., Bjorvatn, B., Havik, O. E., Kvale, G., ... Nordhus, I. H. (2006). Cognitive behavioral therapy vs. zopiclone for treatment of chronic primary insomnia in older adults: A randomized controlled trial. *JAMA: Journal of the American Medical Association, 295*(24), 2851–2858. doi: 10.1001/jama.295.24.2851

Skhiri, D., Annabi, S., Bi, S., & Allani, D. (1982). Enfants d'immigrés: Facteurs de liens ou de rupture? *Annales Medico-Psychologiques, 140*, 597–602.

Skidmore, W., Linsenmeier, J., & Bailey, J. (2006). Gender nonconformity and psychological distress in lesbians and gay men. *Archives of Sexual Behavior, 35*, 685–697.

Skinner, B. F. (1948). *Walden two.* New York, NY: Macmillan.

Skinner, B. F. (1971). *Beyond freedom and dignity.* New York, NY: Knopf.

Skinner, M. D., & Aubin, H.-J. (2010). Craving's place in addiction theory: Contributions of the major models. *Neuroscience and Biobehavioral Reviews, 34*(4), 606–623. doi:10 .1016/j .neubiorev.2009.11.024

Skodol, A. E. (2005). Manifestations, clinical diagnosis, and comorbidity. In J. M. Oldham, A. E. Skodol, & D. S. Bender (Eds.), *Textbook of personality disorders* (pp. 57–87). Washington, DC: American Psychiatric Publishing.

Skodol, A. E., & Gunderson, J. G. (2008). Personality disorders. In R. E. Hales, S. C. Yudofsky, & G. O. Gabbard (Eds.), *The American Psychiatric Publishing textbook of psychiatry* (5th ed., pp. 821–860). Arlington, VA: American Psychiatric Publishing.

Skodol, A. E., Oldham, J. M., Bender, D. S., Dyck, I. R., Stout, R. L., & Morey, L. C., ... Gunderson, J. (2005). Dimensional representations of DSM-IV personality disorders: Relationships to functional impairment. *American Journal of Psychiatry, 162*, 1919–1925.

Sleet, D. A., Hammond, R., Jones, R., Thomas, N., & Whitt, B. (2003). Using psychology for injury and violence prevention in the community. In R. H. Rozensky, N. G. Johson, C. D. Goodheart, & R. Hammond (Eds.), *Psychology builds a healthy world* (pp. 185–216). Washington, DC: American Psychological Association.

Smeets, G., de Jong, P. J., & Mayer, B. (2000). If you suffer from a headache, then you have a brain tumour: Domain-specific reasoning "bias" and hypochondriasis. *Behaviour Research and Therapy, 38*, 763–776.

Smeets, I., Tan, E., Vossen, H., Leroy, P., Lousberg, R., van Os, J., Schieveld, J. (2010). Prolonged stay at the paediatric intensive care unit associated with paediatric delirium. *European Child & Adolescent Psychiatry, 19*(4), 389–393. doi:10.1007/s00787-009-0063-2

Smith, B. H., Barkley, R. A., & Shapiro, C. J. (2006). Combined child therapies. In R. A. Barkley (Ed.), *Attention-deficit hyperactivity disorder: A handbook for diagnosis and treatment* (3rd ed., pp. 678–691). New York, NY: Guilford Press.

Smith, D. E., Marcus, M. D., & Kaye, W. (1992). Cognitive-behavioral treatment of obese binge eaters. *International Journal of Eating Disorders, 12*, 257–262.

Smith, G. A., & Hall, J. A. (1982). Evaluating Michigan's guilty but mentally ill verdict: An empirical study. *Journal of Law Reform, 16*, 75–112.

Smith, G. P., & Gibbs, J. (2002). Peripheral physiological determinants for eating and body weight. In K. D. Brownell & C. G. Fairburn (Eds.), *Eating disorders and obesity: A comprehensive handbook* (2nd ed., pp. 8–12). New York, NY: Guilford Press.

Smith, G. T., & Oltmanns, T. F. (2009). Scientific advances in the diagnosis of psychopathology: Introduction to the special section. *Psychological Assessment, 21*(3), 241–242.

Smith, G. T., Simmons, J. R., Flory, K., Annus, A. M., & Hill, K. K. (2007). Thinness and eating expectancies predict subsequent binge-eating and purging behavior among adolescent girls. *Journal of Abnormal Psychology, 116*, 188–197.

Smith, P. M., Kraemer, H. C., Miller, N. H., DeBusk, R. F., & Taylor, C. B. (1999). In-hospital smoking cessation programs: Who responds, who doesn't? *Journal of Consulting and Clinical Psychology, 67*(1), 19–27.

Smith, T. W. (1992). Hostility and health: Current status of a psychosomatic hypothesis. *Health Psychology, 11*(3), 139–150.

Smith, W., Noonan, C., & Buchwald, D. (2006). Mortality in a cohort of chronically fatigued patients. *Psychological Medicine, 36*, 1301–1306.

Smolak, L., & Levine, M. P. (1996). Adolescent transitions and the development of eating problems. In L. Smolak, M. P. Levine, & R. Striegel-Moore (Eds.), *The developmental psychopathology of eating disorders: Implications for research, prevention, and treatment* (pp. 207–233). Mahwah, NJ: Erlbaum.

Smoller, J. W., Yamaki, L. H., & Fagerness, J. A. (2005). The corticotropin-releasing hormone gene and behavioral inhibition in children at risk for panic disorder. *Biological Psychiatry, 57*, 1485–1492.

Snelling, J., Sahai, A., & Ellis, H. (2003). Attitudes of medical and dental students to dissection. *Clinical Anatomy, 16*, 165–172.

Snowdon, D. A., Kemper, S. J. , Mortimer, J. A., Greiner, L. H., Wekstein, D. R., & Markesbery, W. R. (1996). Linguistic ability in early life and cognitive function and Alzheimer's disease in late life: Findings from the nun study. *JAMA: Journal of the American Medical Association, 275*(7), 528–532.

Snyder, S. H. (1976). The dopamine hypothesis of schizophrenia: Focus on the dopamine receptor. *American Journal of Psychiatry, 133*, 197–202.

Snyder, S. H. (1981). Opiate and benzodiazepine receptors. *Psychosomatics, 22*(11), 986–989.

Snyder, S. H., Burt, D. R., & Creese, I. (1976). Dopamine receptor of mammalian brain: Direct demonstration of binding to agonist and antagonist states. *Neuroscience Symposia, 1*, 28–49.

Sobell, M. B., & Sobell, L. C. (1978). *Behavioral treatment of alcohol problems*. New York, NY: Plenum Press.

Sobell, M. B., & Sobell, L. C. (1993). *Problem drinkers: Guided self-change treatment*. New York, NY: Guilford Press.

Society for Research in Child Development. (2007). Ethical Standards for Research with Children. Retrieved from www.srcd .org/ethicalstandards. html.

Soderstrom, H., Sjodin, A.-K., Carlstedt, A., & Forsman, A. (2004). Adult psychopathic personality with childhood-onset hyperactivity and conduct disorder: A central problem constellation in forensic psychiatry. *Psychiatry Research, 121*, 271–280.

Sohn, C., & Lam, R. (2005). Update on the biology of seasonal affective disorder. *CNS Spectrums, 10*, 635–646.

Sohn, M., & Bosinski, H. A. G. (2007). Gender identity disorders: Diagnostic and surgical aspects. *Journal of Sexual Medicine, 4*, 1193–1208.

Solai, L. K. K. (2009). Delirium. In B. J. Sadock, V. A. Sadock, & P. Ruiz (Eds.), *Kaplan & Sadock's comprehensive textbook of psychiatry* (9th ed., Vol. I, pp. 1153–1167). Philadelphia, PA: Lippincott Williams & Wilkins.

Soloff, P. H., Lynch, K. G., Kelley, T. M., Malone, K. M., & Mann, J. J. (2000). Characteristics of suicide attempts of patients with major depressive episode and borderline personality disorder: A comparative study. *American Journal of Psychiatry, 157*(4), 601–608.

Solomon, D. A., Leon, A. C., Endicott, J., Coryell, W. H., Mueller, T. I., Posternak, M. A., & Keller, M. B. (2003). Unipolar mania over the course of a 20-year follow-up study. *American Journal of Psychiatry, 160*, 2049–2051.

Solomon, R. L. (1980). The opponent-process theory of acquired motivation: The costs of pleasure and the benefits of pain. *American Psychologist, 35*, 691–712.

Solomon, R. L., & Corbit, J. D. (1974). An opponent process theory of motivation: I. Temporal dynamics of affect. *Psychological Review, 81*, 119–145.

Soreca, I., Frank, E., & Kupfer, D. J. (2009). The phenomenology of bipolar disorder: What drives the high rate of medical burden and determines long-term prognosis? *Depression and Anxiety, 26*(1), 73–82.

South, S. C., Oltmanns, T. F., & Krueger, R. F. (2011). The spectrum of personality disorders. In D. H. Barlow (Ed.), *Oxford handbook of clinical psychology* (pp. 530–550). New York, NY: Oxford University.

Spangler, D. L., Simons, A. D., Monroe, S. M., & Thase, M. E. (1997). Comparison of cognitive models of depression: Relationships between cognitive constructs and cognitive diathesis-stress match. *Journal of Abnormal Psychology, 106*, 395–403.

Spanos, N. P., Weeks, J. R., & Bertrand, L. D. (1985). Multiple personality: A social psychological perspective. *Journal of Abnormal Psychology, 92*, 362–376.

Spector, I. P., & Carey, M. P. (1990). Incidence and prevalence of the sexual dysfunctions: A critical review of the empirical literature. *Archives of Sexual Behavior, 19*(4), 389–408.

Spencer, T. J., Biederman, J., & Mick, E. (2007). Attention-deficit/hyperactivity disorder: Diagnosis, lifespan, comorbidities, and neurobiology. *Ambulatory Pediatrics, 7*(1, Suppl. 1), 73–81.

Spiegel, D. (1995). Hypnosis and suggestion. In D. L. Schacter (Ed.), *Memory distortion: How minds, brains, and societies reconstruct the past.* Cambridge, MA: Harvard University Press.

Spiegel, D. (2010). Dissociation in DSM-5. *Journal of Trauma and Dissociation.*

Spiegel, D., Bloom, J. R., Kramer, H. C., & Gotheil, E. (1989). Effect of psychosocial treatment on survival of patients with metastatic breast cancer. *Lancet, 14,* 888–891.

Spiegel, D., & Cardeña, E. (1991). Disintegrated experience: The dissociative disorders revisited. *Journal of Abnormal Psychology, 100*(3), 366–378.

Spiegel, D., Wiegel, M., Baker, S. L., & Greene, K. A. I. (2000). Pharmacological management of anxiety disorders. In D. I. Mostofsky & D. H. Barlow (Eds.), *The management of stress and anxiety in medical disorders* (pp. 36–65). Needham Heights, MA: Allyn & Bacon.

Spielberger, C. D., & Frank, R. G. (1992). Injury control: A promising field for psychologists. *American Psychologist, 47*(8), 1029–1030.

Spielman, A. J., & Glovinsky, P. (1991). The varied nature of insomnia. In P. J. Hauri (Ed.), *Case studies in insomnia* (pp. 1–15). New York, NY: Plenum Press.

Spinella, M. (2005). Mood in relation to subclinical symptoms. *International Journal of Neuroscience, 115,* 433–443.

Spinelli, M. G., & Endicott, J. (2003). Controlled clinical trial of interpersonal psychotherapy versus parenting education program for depressed pregnant women. *American Journal of Psychiatry, 160,* 555–562.

Spinelli, S., Chefer, S., Suomi, S. J., Higley, J. D., Barr, C. S., & Stein, E. (2009). Early-life stress induces long-term morphologic changes in primate brain. *Archives of General Psychiatry, 66*(6), 658–665.

Spira, A., Bajos, N., Bejin, A., Beltzer, N., Bozon, M., Ducot, M., ... Touzard, H. (1992). AIDS and sexual behavior in France. *Nature, 360,* 407–409.

Spitzer, R. L. (1999). Harmful dysfunction and the DSM definition of mental disorder. *Journal of Abnormal Psychology, 108,* 430–432.

Spitzer, R. L., Devlin, M. J., Walsh, B. T., Hasin, D., Wing, R., Marcus, M. D., ... Nonas, C. (1991). Binge eating disorder: To be or not to be in DSM-IV. *International Journal of Eating Disorders, 10,* 627–629.

Spitzer, R. L., Yanovski, S. Z., Wadden, T., Wing, R., Marcus, M., Stunkard, A., ... Horne, R. L. (1993). Binge eating disorder: Its further validation in a multi-site study. *International Journal of Eating Disorders, 13,* 137–153.

Spoont, M. R. (1992). Modulatory role of serotonin in neural information processing: Implications for human psychopathology. *Psychological Bulletin, 112*(2), 330–350.

Sprock, J. (2000). Gender-typed behavioral examples of histrionic personality disorder. *Journal of Psychopathology and Behavioral Assessment, 22,* 107–122.

Spurrell, E. B., Wilfley, D. E., Tanofsky, M. B., & Brownell, K. D. (1997). Age of onset for binge eating: Are there different pathways to binge eating? *International Journal of Eating Disorders, 21,* 55–65.

Staal, W. G., Pol, H. E. H., Schnack, H. G., Hoogendoorn, M. L. C., Jellema, K., & Kahn, R. S. (2000). Structural brain abnormalities in patients with schizophrenia and their healthy siblings. *American Journal of Psychiatry, 157,* 416–421.

Stahl, S. M. (2008). *Stahl's essential psychopharmacology* (3rd ed.). New York, NY: Cambridge University Press.

Stall, R., McKusick, L., Wiley, J., Coates, T. J., & Ostrow, D. G. (1986). Alcohol and drug use during sexual activity and compliance with safe sex guidelines for AIDS. *Health Education Quarterly, 13,* 359–371.

Stanley, B., & Brodsky, B. (2009). *Dialectical behavior therapy*. Arlington, VA: American Psychiatric Publishing.

Stanley, M. A., Beck, J. G., Novy, D. M., Averill, P. M., Swann, A. C., Diefenbach, G. J., & Hopko, D. R. (2003). Cognitive-behavioral treatment of late-life generalized anxiety disorder. *Journal of Consulting and Clinical Psychology, 71*(2), 309–319.

Stanley, M. A., Wilson, N. L., Novy, D. M., Rhoades, H. M., Wagener, P. D., Greisinger, A. J., ... Kunik, M. E. (2009). Cognitive behavior therapy for generalized anxiety disorder among older adults in primary care: a randomized clinical trial. *JAMA: Journal of the American Medical Association, 301*(14), 1460–1467.

State v. Campanaro, Nos. 632-79, 1309-79, 1317-79, 514-80, & 707-80 (S. Ct. N.J. Criminal Division, Union County 1980).

Stathopoulou, G., Powers, M. B., Berry, A. C., Smits, J. A. J., & Otto, M. W. (2006). Exercise interventions for mental health: A quantitative and qualitative review. *Clinical Psychology: Science and Practice, 13*(2), 179–193.

Steiger, A. (2008). Hormones and sleep. In S. R. Pandi-Perumal & J. Verster (Eds.), *Sleep disorders: Diagnosis and therapeutics* (pp. 457–466). Boca Raton, FL: Taylor & Francis.

Stein, M. B., Liebowitz, M. R., Lydiard, R. B., Pitts, C. D., Bushnell, W., & Gergel, I. (1998). Paroxetine treatment of generalized social phobia (social anxiety disorder). A randomized clinical trial. *JAMA: Journal of the American Medical Association, 280,* 708–713.

Stein, M. B., Schork, N. J., & Gelernter, J. (2007). Gene-by-environment (serotonin transporter and childhood maltreatment) interaction for anxiety sensitivity, an intermediate phenotype for anxiety disorders. *Neuropsychopharmacology, 33*(2), 312–319.

Stein, M. I. (1978). Thematic apperception test and related methods. In B. B. Wolman (Ed.), *Clinical diagnosis of mental disorders: A handbook* (pp. 179–235). New York, NY: Plenum Press.

Steinberg, A. B., & Phares, V. (2001). Family functioning, body image, and eating disturbances. In J. K. Thompson & L. Smolak (Eds.), *Body image, eating disorders, and obesity in youth: Assessment, prevention, and treatment* (pp. 127–147). Washington, DC: American Psychological Association.

Steinberg, M. (1991). The spectrum of depersonalization: Assessment and treatment. *Annual Review of Psychiatry, 10,* 223–247.

Steinglass, J. E., Sysko, R., Glasofer, D., Albano, A. M., Simpson, H. B., & Walsh, B. T. (2010). Rationale for the application of exposure and response prevention to the treatment of anorexia nervosa. *International Journal of Eating Disorders*. Advance online publication. doi:10.1002./eat.20784

Steketee, G., & Barlow, D. H. (2002). Obsessive-compulsive disorder. In D. H. Barlow, *Anxiety and its disorders: The nature and treatment of anxiety and panic* (2nd ed.). New York, NY: Guilford Press.

Steketee, G., & Frost, R. O. (2007a). *Compulsive hoarding and acquiring: Client workbook*. New York, NY: Oxford University Press.

Steketee, G., & Frost, R. O. (2007b). *Compulsive hoarding and acquiring: Therapist guide*. New York, NY: Oxford University Press.

Steketee, G., Quay, S., & White, K. (1991). Religion and guilt in OCD patients. *Journal of Anxiety Disorders, 5,* 359–367.

Stenvall, M., Olofsson, B., Lundstrom, M., Svensson, O., Nyberg, L., & Gustafson, Y. (2006). Inpatient falls and injuries in older patients treated for femoral neck fracture. *Archives of Gerontology and Geriatrics, 43*(3), 389–399.

Stepanski, E. J. (2006). Causes of insomnia. In T. Lee-Chiong (Ed.), *Sleep: A comprehensive handbook* (pp. 99–102). Hoboken, NJ: John Wiley & Sons.

Stern, Y. (2009). Cognitive reserve. *Neuropsychologia, 47*(10), 2015–2028.

Sterzer, P. (2010). Born to be criminal? What to make of early biological risk factors for criminal behavior. *American Journal of Psychiatry, 167*(1), 1–3. doi:10.1176/appi.ajp.2009.09111601

Stewart, S., Cutler, D., & Rosen, A. (2009). Forecasting the effects of obesity and smoking on US life expectancy. *The New England Journal of Medicine, 361*(23), 2252.

Stewart, S. E., Jenike, E., & Jenike, M. A. (2009). Biological treatment for obsessive-compulsive disorder. In M. M. Antony & M. B. Stein (Eds.), *Oxford handbook of anxiety and related disorders* (pp. 375–390). New York, NY: Oxford University Press.

Stice, E., Agras, W. S., Telch, C. F., Halmi, K. A., Mitchell, J. E., & Wilson, G. T. (2001). Sub-typing binge eating disordered women along dieting and negative affect dimension. *International Journal of Eating Disorders, 30,* 11–27.

Stice, E., Akutagawa, D., Gaggar, A., & Agras, W. S. (2000). Negative affect moderates the relation between dieting and binge eating. *International Journal of Eating Disorders, 27,* 218–229.

Stice, E., Cameron, R. P., Killen, J. D., Hayward, C., & Taylor, C. B. (1999). Naturalistic weight-reduction efforts prospectively predict growth in relative weight and onset of obesity among female adolescents. *Journal of Consulting and Clinical Psychology, 67,* 967–974.

Stice, E., Marti, C. N., Shaw, H., & Jaconis, M. (2009). An 8-year longitudinal study of the natural history of threshold, subthreshold, and partial eating disorders from a community sample of adolescents. *Journal of Abnormal Psychology, 118*(3), 587–597.

Stice, E., Ng, J., & Shaw, H. (2010). Risk factors and prodromal eating pathology. *Journal of Child Psychology and Psychiatry and Allied Disciplines, 51*(4), 518–525.

Stice, E., Presnell, K., Shaw, H., & Rohde, P. (2005). Psychological and behavioral risk factors for obesity onset in adolescent girls: A prospective study. *Journal of Consulting and Clinical Psychology, 73,* 195–202.

Stice, E., Shaw, H., & Marti, C. N. (2007). A metaanalytic review of eating disorder prevention programs: Encouraging findings. *Annual Review of Clinical Psychology, 3,* 207–231.
Stock, W. (1993). Inhibited female orgasm. In W. O'Donohue & J. H. Geer (Eds.), *Handbook of sexual dysfunctions: Assessment and treatment* (pp. 253–277). Boston, MA: Allyn & Bacon.
Stoller, R. J. (1976). Two feminized male American Indians. *Archives of Sexual Behavior, 5,* 529–538.
Stone, G. C. (1987). The scope of health psychology. In G. C. Stone, S. M. Weiss, J. D. Matarazzo, N. E. Miller, J. Rodin, D. D. Belar, M. J. Follick, & J. E. Singer (Eds.), *Health psychology: A discipline and a profession.* Chicago, IL: University of Chicago Press.
Stone, J., Carson, A., Aditya, H., Prescott, R., Zaubi, M., Warlow, C., Sharpe, M. (2009). The role of physical injury in motor and sensory conversion symptoms: A systematic and narrative review. *Journal of Psychosomatic Research, 66*(5), 383–390.
Stone, J., Carson, A., Duncan, R., Coleman, R., Roberts, R., Warlow, C., et al. (2009). Symptoms 'unexplained by organic disease' in 1144 new neurology out-patients: How often does the diagnosis change at follow-up? *Brain,* 132(Pt. 10), 2878–2888.
Stone, J., LaFrance, W. C., Levenson, J. L., & Sharpe, M. (2010). Issues for DSM-5: Conversion disorder. *American Journal of Psychiatry, 167,* 626–627.
Stone, M. H. (1993). Cluster C personality disorders. In D. L. Dunner (Ed.), *Current psychiatric therapy* (pp. 411–417). Philadelphia, PA: W. B. Saunders.
Stone, R. (2000). Stress: The invisible hand in eastern Europe's death rates. *Science, 288,* 1732–1733.
Strain, E. C. (2009). Substance-related disorders. In B. J. Sadock, V. A. Sadock, & P. Ruiz (Eds.), *Kaplan & Sadock's comprehensive textbook of psychiatry* (9th ed., Vol. I, pp. 1237–1268). Philadelphia, PA: Lippincott Williams & Wilkins.
Strain, E. C., Lofwall, M. R., & Jaffe, J. H. (2009). Opioid-related disorders. In B. J. Sadock, V. A. Sadock, & P. Ruiz (Eds.), *Kaplan & Sadock's comprehensive textbook of psychiatry* (9th ed., Vol. I, pp. 1360–1387). Philadelphia, PA: Lippincott Williams & Wilkins.
Straus, S. E., Tosato, G., Armstrong, G., Lawley, T., Preble, O. T., Henle, W., ... Blaese, R. M. (1985). Persisting illness and fatigue in adults with evidence of Epstein Barr virus infection. *Annals of Internal Medicine, 102,* 7–16.
Strauss, J. L., Hayes, A. M., Johnson, S. L., Newman, C. F., Brown, G. K., Barber, J. P., ... Beck, A.T. (2006). Early alliance, alliance ruptures, and symptom change in a nonrandomized trial of cognitive therapy for avoidant and obsessive-compulsive personality disorders. *Journal of Consulting and Clinical Psychology, 74,* 337–345.
Stravynski, A., Elie, R., & Franche, R. L. (1989). Perception of early parenting by patients diagnosed with avoidant personality disorder: A test of the overprotection hypothesis. *Acta Psychiatrica Scandinavica, 80,* 415–420.
Strickland, B. R. (1992). Women and depression. *Current Directions in Psychological Science, 1*(4), 132–135.
Striegel-Moore, R., Rosselli, F., Wilson, G., Perrin, N., Harvey, K., & DeBar, L. (2010). Nocturnal eating: Association with binge eating, obesity, and psychological distress. *Clinical Psychology & Psychotherapy, 11,* 13.
Striegel-Moore, R. H., Cachelin, F. M., Dohm, F. A., Pike, M., Wilfley, D. E., & Fairburn, C. G. (2001). Comparison of binge eating disorder and bulimia nervosa in a community sample. *International Journal of Eating Disorders, 29,* 157–165.
Striegel-Moore, R. H., Dohm, F. A., Kaemer, H. C., Taylor, C. B., Daniels, S., Crawford, P. B., & Schreiber, G. B. (2003). Eating disorders in white and black women. *American Journal of Psychiatry, 160,* 1326–1331.
Striegel-Moore, R. H., & Franko, D. L. (2002). Body image issues among girls and women. In T. F. Cash & T. Pruzinsky (Eds.), *Body image: A handbook of theory, research and clinical practice* (pp. 183–191). New York, NY: Guilford Press.
Striegel-Moore, R. H., & Franko, D. L. (2008). Should binge eating disorder be included in the DSM-V? A critical review of the state of the evidence. *Annual Review of Clinical Psychology, 4,* 305–324.
Striegel-Moore, R. H., Franko, D. L., & Garcia, J. (2009). The validity and clinical utility of night eating syndrome. *International Journal of Eating Disorders, 42*(8), 720–738.
Striegel-Moore, R. H., Silberstein, L. R., & Rodin, J. (1986). Toward an understanding of risk factors for bulimia. *American Psychologist, 3,* 246–263.
Striegel-Moore, R. H., Silberstein, L. R., & Rodin, J. (1993). The social self in bulimia nervosa: Public self-consciousness, social anxiety, and perceived fraudulence. *Journal of Abnormal Psychology, 102*(2), 297–303.
Striegel-Moore, R. H., Wilson, G. T., DeBar, L., Perrin, N., Lynch, F., Rosselli, F., & Kraemer, H.C. (2010). Cognitive behavioral guided self-help for the treatment of recurrent binge eating. *Journal of Consulting and Clinical Psychology, 78*(3), 312–321.
Strike, P. C., & Steptoe, A. (2005). Behavioral and emotional triggers of acute coronary syndromes: A systematic review and critique. *Psychosomatic Medicine, 67,* 179–186.
Strober, M. (2002). Family–genetic perspectives on anorexia nervosa and bulimia nervosa. In K. D. Brownell & C. G. Fairburn (Eds.), *Eating disorders and obesity: A comprehensive handbook* (2nd ed., pp. 212–218). New York, NY: Guilford Press.
Strober, M., Freeman, R., Lampert, C., Diamond, J., & Kaye, W. (2000). Controlled family study of anorexia nervosa and bulimia nervosa: Evidence of shared liability and transmission of partial syndromes. *American Journal of Psychiatry, 157,* 393–401.
Strober, M., & Humphrey, L. L. (1987). Familial contributions to the etiology and course of anorexia nervosa and bulimia. Special issue: Eating disorders. *Journal of Consulting and Clinical Psychology, 55*(5), 654–659.
Stroebe, M., Stroebe, W., & Abakoumkin, G. (2005). The broken heart: Suicidal ideation in bereavement. *American Journal of Psychiatry, 162,* 2178–2180.
Stroup, T. S., & Lieberman, J. A. (Eds.). (2010). *Antipsychotic trials in schizophrenia: The CATIE project*. Cambridge, UK: Cambridge University Press.
Stunkard, A., Allison, K., & Lundgren, J. (2008). Issues for DSM-V: Night eating syndrome. *American Journal of Psychiatry, 165*(4), 424.
Suarez, E. C., Lewis, J. G., & Kuhn, C. (2002). The relation of aggression, hostility, and anger to lipopolysaccharide-stimulated tumor necrosis factor (TNF) by blood monocytes from normal men. *Behavior and Immunity, 16,* 675–684.
Suárez, L., Bennett, S., Goldstein, C., & Barlow, D. H. (2009). Understanding anxiety disorders from a "triple vulnerabilities" framework. In M. M. Antony & M. B. Stein (Eds.), *Oxford handbook of anxiety and related disorders* (pp. 153–172). New York, NY: Oxford.
Substance Abuse and Mental Health Services Administration, Office of Applied Studies. (2002). *Emergency department trends from the Drug Abuse Warning Network, final estimates 1994–2001*. (DAWN Series D-21, DHHS Publication No. (SMA) 02-3635). Rockville, MD: Author.
Substance Abuse and Mental Health Services Administration, Office of Applied Studies. (2006). Results from the 2005 national survey on drug use and health: National findings *NSDUH Series H–30, DHHS Publication No. SMA 06–4194*. Rockville, MD: Author.
Substance Abuse and Mental Health Services Administration, Office of Applied Studies. (2009). *Results from the 2008 National Survey on Drug Use and Health: National Findings* (NSDUH Series H-36, DHHS Publication No. (SMA) 09-4434). Rockville, MD: Author.
Sugiyama, T., & Abe, T. (1989). The prevalence of autism in Nagoya, Japan: A total population study. *Journal of Autism and Developmental Disorders, 19,* 87–96.
Sullivan, G. M., Kent, J. M., & Coplan, J. D. (2000). The neurobiology of stress and anxiety. In D. I. Mostofsky & D. H. Barlow (Eds.), *The management of stress and anxiety in medical disorders* (pp. 15–35). Needham Heights, MA: Allyn & Bacon.
Sullivan, G. M., & LeDoux, J. E. (2004). Synaptic self: Conditioned fear, developed adversity, and the anxious individual. In J. M. Gorman (Ed.), *Fear and anxiety: The benefits of translational research* (pp. 1–22). Washington, DC: American Psychiatric Publishing.
Sullivan, S. S., & Guilleminault, C. (2009). Emerging drugs for insomnia: New frontiers for old and novel targets. *Expert Opinion on Emerging Drugs, 14*(3), 411–422.
Suls, J., & Bunde, J. (2005). Anger, anxiety, and depression as risk factors for cardiovascular disease: The problems and implications of overlapping affective dispositions. *Psychological Bulletin, 131,* 260–300.
Summerfeldt, L. J., Kloosterman, P. H., & Antony, M. M. (2010). Structured and semi-structured interviews. In M. M. Antony & D. H. Barlow (Eds.), *Handbook of assessment and treatment planning for psychological disorders* (2nd ed.). New York, NY: Guilford Press.

Suomi, S. J. (1999). Attachment in rhesus monkeys. In J. Cassidy & P. Shaver (Eds.), *Handbook of attachment: Theory, research, and clinical applications* (pp. 181–197). New York, NY: Guilford Press.
Suomi, S. J. (2000). A biobehavioral perspective on developmental psychopathology. In A. J. Sameroff, J. Lewis, & S. M. Miller (Eds.), *Handbook of developmental psychopathology* (pp. 237–256). New York, NY: Kluwer Academic/Plenum.
Suvisaari, J., Perälä, J., Saarni, S., Juvonen, H., Tuulio-Henriksson, A., & Lönnqvist, J. (2009). The epidemiology and descriptive and predictive validity of DSM-IV delusional disorder and subtypes of schizophrenia. *Clinical Schizophrenia & Related Psychoses, 2*(4), 289–297.
Suvrathan, A., Hoeffer, C. A., Wong, H., Klann, E., & Chattarji, S. (2010). Characterization and reversal of synaptic defects in the amygdala in a mouse model of fragile X syndrome. *Proceedings of the National Academy of Sciences, 107*(25), 11591–11596.
Svartberg, M., Stiles, T. C., & Seltzer, M. H. (2004). Randomized, controlled trial of the effectiveness of short-term dynamic psychotherapy and cognitive therapy for cluster C personality disorders. *American Journal of Psychiatry, 161,* 810–817.
Svetkey, L. P., Stevens, V. J., Brantley, P. J., Appel, L. J., Hollis, J. F., Loria, C. M., ... Aicher, K. (2008). Comparison of strategies for sustaining weight loss: The weight loss maintenance randomized controlled trial. *JAMA: Journal of the American Medical Association, 299*(10), 1139–1148.
Swanda, R. M., & Haaland, K. Y. (2009). Clinical neuropsychology and intellectual assessment of adults. In B. J. Sadock, V. A. Sadock, & P. Ruiz (Eds.), *Kaplan & Sadock's comprehensive textbook of psychiatry* (9th ed., Vol. I, pp. 935–951). Philadelphia, PA: Lippincott Williams & Wilkins.
Swartz, M. S., Lauriello, J., & Drake, R. E. (2006). Psychosocial therapies. In J. A. Lieberman, T. S. Stroup, & D. O. Perkins (Eds.), *The American Psychiatric Publishing textbook of schizophrenia* (pp. 327–340). Washington, DC: American Psychiatric Publishing.
Swartz, M., Blazer, D., George, L., & Landerman, R. (1986). Somatization disorder in a community population. *American Journal of Psychiatry, 143,* 1403–1408.
Swedo, S., Thorsen, P., & Pine, D. (2008, February 3–5). *Autism and Other Pervasive Developmental Disorders Conference.* Paper presented at The Future of Psychiatric Diagnosis: Refining the Research Agenda, Sacramento, CA.
Sweet, R. A. (2009). Cognitive disorders: Introduction. In B. J. Sadock, V. A. Sadock, & P. Ruiz (Eds.), *Kaplan & Sadock's comprehensive textbook of psychiatry* (9th ed., Vol. I, pp. 1152–1153). Philadelphia, PA: Lippincott Williams & Wilkins.
Sylvers, P., Ryan, S., Alden, S., & Brennan, P. (2009). Biological factors and the development of persistent criminality. In J. Savage (Ed.), *The Development of Persistent Criminality* (pp. 141–162). New York, NY: Oxford University Press.
Sysko, R. & Wilson, G.T. (2011). Eating disorders. In D. H. Barlow (Ed.), *Oxford handbook of clinical psychology* (pp. 387–404). New York, NY: Oxford University Press.
Szasz, T. (1961). *The myth of mental illness: Foundations of a theory of personal conduct*. New York, NY: Hoeber-Harper.
Tafti, M. (2009). Genetic aspects of normal and disturbed sleep. *Sleep Medicine, 10*(Suppl. 1), S17–S21. doi: 10.1016/j.sleep.2009.07.002
Tager-Flusberg, H., Rogers, S., Cooper, J., Landa, R., Lord, C., Paul, R., ... Yoder, P. (2009). Defining spoken language benchmarks and selecting measures of expressive language development for young children with autism spectrum disorders. *Journal of Speech, Language, and Hearing Research, 52*(3), 643–652.
Takahasi, T. (1989). Social phobia syndrome in Japan. *Comprehensive Psychiatry, 30,* 45–52.
Takei, N., Lewis, S., Jones, P., Harvey, I., & Murray, R. M. (1996). Prenatal exposure to influenza and increased cerebrospinal fluid spaces in schizophrenia. *Schizophrenia Bulletin, 22,* 521–534.
Tamminga, C. A. (2009). Schizophrenia and other psychotic disorders: Introduction and overview. In B. J. Sadock, V. A. Sadock, & P. Ruiz (Eds.), *Kaplan & Sadock's comprehensive textbook of psychiatry* (9th ed., Vol. I, pp. 1432–1433). Philadelphia, PA: Lippincott Williams & Wilkins.
Tan, E. S. (1980). Transcultural aspects of anxiety. In G. D. Burrows & B. Davies (Eds.), *Handbook of studies on anxiety.* Amsterdam, The Netherlands: Elsevier/North-Holland.
Tannock, R. (2009a). Mathematics disorder. In B. J. Sadock, V. A. Sadock, & P. Ruiz (Eds.), *Kaplan & Sadock's comprehensive textbook of psychiatry* (9th ed., Vol. II, pp. 3485–3493). Philadelphia, PA: Lippincott Williams & Wilkins.
Tannock, R. (2009b). Reading disorder. In B. J. Sadock, V. A. Sadock, & P. Ruiz (Eds.), *Kaplan & Sadock's comprehensive textbook of psychiatry* (9th ed., Vol. II, pp. 3475–3485). Philadelphia, PA: Lippincott Williams & Wilkins.
Tarasoff v. Regents of University of California ("Tarasoff I"), 529 P.2d 553 (Cal. S. Ct. 1974).
Tarasoff v. Regents of University of California ("Tarasoff II"), 551 P.2d 334 (Cal. S. Ct. 1976).
Tardiff, K. J. (2003). Violence. In R. E. Hales & S. C. Yudofsky (Eds.), *Textbook of clinical psychiatry* (4th ed., pp. 1485–1509). Washington, DC: American Psychiatric Publishing.
Tau, G. Z., & Peterson, B. S. (2010). Normal development of brain circuits. *Neuropsychopharmacology, 35*(1), 147–168.
Taylor, C. B., Sheikh, J., Agras, W. S., Roth, W. T., Margraf, J., Ehlers, A., ... Gossard, D. (1986). Self-report of panic attacks: Agreement with heart rate changes. *American Journal of Psychiatry, 143,* 478–482.
Taylor, G. T., Maloney, S., Dearborn, J., & Weiss, J. (2009). Hormones in the mentally disturbed brain: Steroids and peptides in the development and treatment of psychopathology. *Central Nervous System Agents in Medicinal Chemistry, 9,* 331–360.
Taylor, J., & Lang, A. R. (2006). Psychopathy and substance use disorders. In C. J. Patrick (Ed.), *Handbook of psychopathy* (pp. 495–511). New York, NY: Guilford Press.
Taylor, R. R., Jason, L. A., Richman, J. A., Torres-Harding, S. R., King, C., & Song, S. (2003). Epidemiology. In L. A. Jason, P. A. Fennell, & R. R. Taylor (Eds.), *Handbook of chronic fatigue syndrome* (pp. 3–25). Hoboken, NJ: John Wiley.
Taylor, S. (1996). Meta-analysis of cognitive behavioral treatment for social phobia. *Journal of Behavior Therapy and Experimental Psychiatry, 27,* 1–9.
Taylor, S., & Asmundson, G. J. (2009). Hypochondriasis and health anxiety. In M. M. Antony & M. B. Stein (Eds.), *Oxford handbook of anxiety and related disorders* (pp. 525–540). Oxford, UK: Oxford University Press.
Taylor, S., & Asmundson, J. G. (2004). *Treating health anxiety: A cognitive behavioral approach.* New York, NY: Guilford Press.
Taylor, S., Asmundson, G., & Coons, M. (2005). Current directions in the treatment of hypochondriasis. *Journal of Cognitive Psychotherapy: An International Quarterly, 19,* 285–304.
Taylor, S., & Koch, W. J. (1995). Anxiety disorders due to motor vehicle accidents: Nature and treatment. *Clinical Psychology Review, 15,* 721–738.
Taylor, S., Thordarson, D. S., Jang, K. L., & Asmundson, G. J. (2006). Genetic and environmental origins of health anxiety: A twin study. *World Psychiatry, 5*(1), 47–50.
Taylor, S. E. (2002). *The tending instinct: How nurturing is essential to who we are and how we live.* New York, NY: Henry Holt and Company.
Taylor, S. E. (2006). Tend and befriend: Biobehavioral bases of affiliation under stress. *Current Directions in Psychological Science, 15*(6), 273–277.
Taylor, S. E. (2009). *Health psychology* (7th ed.). New York, NY: McGraw-Hill.
Taylor, S. E., Klein, L. C., Lewis, B. P., Gruenewald, T. L., Gurung, R. A. R., & Updegraff, J. A. (2000). Biobehavioral responses to stress in females: Tend-and-befriend, not fight-or-flight. *Psychological Review, 107,* 411–429.
Taylor, S. E., Repetti, R. L., & Seeman, T. (1997). Health psychology: What is an unhealthy environment and how does it get under the skin? *Annual Review of Psychology, 48,* 411–447.
Teasdale, J. D. (1993). Emotion and two kinds of meaning: Cognitive therapy and applied cognitive science. *Behaviour Research and Therapy, 31*(4), 339–354.
Teasdale, J. D., Segal, Z. V., Williams, J. M., Ridgeway, V. A., Soulsby, J. M., & Lau, M. A. (2000). Prevention of relapse/recurrence in major depression by mindfulness-based cognitive therapy. *Journal of Consulting and Clinical Psychology, 4,* 615–623.
Teh, C. F., Zaslavsky, A. M., Reynolds, C. F., & Cleary, P. D. (2009). Effect of depression treatment on chronic pain outcomes. *Psychosomatic Medicine, 72,* 61–67.
Teicher, M. H., Glod, C., & Cole, J. O. (1990). Emergence of intense suicidal preoccupation during fluoxetine treatment. *American Journal of Psychiatry, 147*(1), 207–210.
Telch, C. F., & Agras, W. S. (1993). The effects of a very low calorie diet on binge eating. *Behavior Therapy, 24,* 177–193.
Telch, C. F., Agras, W. S., & Rossiter, E. M. (1988). Binge eating increases with increasing adiposity. *International Journal of Eating Disorders, 7,* 115–119.

Telch, M. J., Lucas, J. A., & Nelson, P. (1989). Nonclinical panic in college students: An investigation of prevalence and symptomatology. *Journal of Abnormal Psychology, 98,* 300–306.

Temoshok, L. R., Wald, R. L., Synowski, S., & Garzino-Demo, A. (2008). Coping as a multisystem construct associated with pathways mediating HIV-relevant immune function and disease progression. *Psychosomatic Medicine, 70,* 555–561.

Temple, E., Deutisch, G. K., Poldrack, R. A., Miller, S. L., Tallal, P., Merzenich, M. M., Gabrieli, J.. (2003). Neural deficits in children with dyslexia ameliorated by behavioral remediation: Evidence from functional MRI. *Proceedings of the National Academy of Sciences, 100,* 2860–2865.

Tenhula, W. N., Bellack, A. S., & Drake, R. E. (2009). Schizophrenia: Psychosocial approaches. In B. J. Sadock, V. A. Sadock, & P. Ruiz (Eds.), *Kaplan & Sadock's comprehensive textbook of psychiatry* (9th ed., Vol. I, pp. 1557–1572). Philadelphia, PA: Lippincott Williams & Wilkins.

ter Kuile, M., van Lankveld, J., Jacques, J., de Groot, E., Melles, R., Neffs, J., & Zanbergen, M. (2007). Cognitive-behavioral therapy for women with lifelong vaginismus: Process and prognostic factors. *Behaviour Research and Therapy, 45,* 359–373.

Teri, L., Gibbons, L. E., McCurry, S. M., Logsdon, R. G., Buchner, D. M., Barlow, W. E., ... Larson, E. B. (2003). Exercise plus behavioral management in patients with Alzheimer disease: A randomized controlled trial. *JAMA: Journal of the American Medical Association, 290*(15), 2015–2022.

Terman, M., & Terman, J. S. (2006). Controlled trial of naturalistic dawn simulation and negative air ionization for seasonal affective disorder. *American Journal of Psychiatry, 163*(12), 2126–2133.

Testad, I., Ballard, C., Brønnick, K., & Aarsland, D. (2010). The effect of staff training on agitation and use of restraint in nursing home residents with dementia: A single-blind, randomized controlled trial. *The Journal of Clinical Psychiatry, 71*(1), 80.

Thaker, G. K., & Avila, M. (2003). Schizophrenia, V: Risk markers. *American Journal of Psychiatry, 160,* 1578.

Thapar, A., & McGuffin, P. (2009). Quantitative genetics. In M. G. Gelder, N. C. Andreasen, J. J. Lopez-Ibor, Jr. & J. R. Geddes (Eds.), *New Oxford textbook of psychiatry* (2nd ed., Vol. 1, pp. 212–221). Oxford, UK: Oxford University Press.

Thase, M. (2005). Major depressive disorder. In F. Adrasik (Ed.), *Comprehensive handbook of personality and psychopathology. Vol. 2. Adult psychopathology* (pp. 207–230). New York, NY: Wiley.

Thase, M. E. (2009). Neurobiological aspects of depression. In I. H. Gotlib & C. L. Hammen (Eds.), *Handbook of depression* (2nd ed., pp. 187–217). New York, NY: Guilford Press.

Thase, M. E., & Denko, T. (2008). Pharmacotherapy of mood disorders. *Annual Review of Clinical Psychology, 4,* 53–91.

Thase, M. E., & Kupfer, D. J. (1996). Recent developments in the pharmacotherapy of mood disorders. *Journal of Consulting and Clinical Psychology, 64,* 646–659.

Thayer, J. F., Friedman, B. H., & Borkovec, T. D. (1996). Autonomic characteristics of generalized anxiety disorder and worry. *Biological Psychiatry, 39,* 255–266.

The evolving insanity defense. (2006). *ABA Journal, 92,* 37.

The Treatment for Adolescents with Depression Study Team (TADS). (2004). Fluoxetine, cognitive-behavioral therapy, and their combination for adolescents with depression. *JAMA: Journal of the American Medical Association, 292,* 807–820.

The Treatment for Adolescents with Depression Study Team. (2009). The Treatment for Adolescents with Depression Study (TADS): Outcomes over 1 year of naturalistic follow-up. *American Journal of Psychiatry, 166,* 1141–1149.

Theander, S. (1985). Outcome and prognosis in anorexia nervosa and bulimia: Some results of previous investigations, compared with those of the Swedish long-term study. *Journal of Psychiatric Research, 19,* 493–508.

Thies-Flechtner, K., Muller-Oerlinghausen, B., Seibert, W., Walther, A., & Greil, W. (1996). Effect of prophylactic treatment on suicide risk in patients with major affective disorders: Data from a randomized prospective trial. *Pharmacopsychiatry, 29,* 103–107.

Thirthalli, J., & Rajkumar, R. P. (2009). Statistical versus clinical significance in psychiatric research—An overview for beginners. *Asian Journal of Psychiatry, 2*(2), 74–79.

Thomas, C. R. (2009). Oppositional defiant disorder and conduct disorder. In M. K. Dulcan (Ed.), *Dulcan's textbook of child and adolescent psychiatry* (pp. 223–239). Arlington, VA: American Psychiatric Publishing.

Thompson v. County of Alameda, 614 P.2d 728 (Cal. S. Ct. 1980).

Thompson, J. K., & Kinder, B. (2003). Eating disorders. In M. Hersen & S. Turner (Eds.), *Handbook of adult psychopathology* (4th ed., pp. 555–582). New York, NY: Plenum.

Thompson, J. K., & Stice, E. (2001). Thin-idea internalization: Mounting evidence for a new risk factor for body-image disturbance and eating pathology. *Current Directions in Psychological Science, 11,* 181–183.

Thompson, J. R., Bradley, V. J., Buntinx, W. H. E., Schalock, R. L., Shogren, K. A., Snell, M. E., ... Yeager, M. (2009). Conceptualizing supports and the support needs of people with intellectual disability. *Intellectual and Developmental Disabilities, 47*(2), 135–146.

Thompson, M. A., Aberg, J. A., Cahn, P., Montaner, J. S. G., Rizzardini, G., Telenti, A ... Schooley, R. T. (2010). Antiretroviral treatment of adult HIV infection. *JAMA: Journal of the American Medical Association, 304,* 321–333.

Thompson-Brenner, H., Glass, S., & Westen, D. (2003). A multidimensional meta-analysis of psychotherapy for bulimia nervosa. *Clinical Psychology: Science and Practice, 10,* 269–287.

Thomson, A. B., & Page, L. A. (2007). Psychotherapies for hypochondriasis. *Cochrane Database of Systematic Reviews*(4), CD006520.

Thoresen, C. E., & Powell, L. H. (1992). Type A behavior pattern: New perspectives on theory, assessment, and intervention. Special issue: Behavioral medicine: An update for the 1990s. *Journal of Consulting and Clinical Psychology, 60*(4), 595–604.

Thorpe, G. L., & Burns, L. E. (1983). *The agoraphobic syndrome.* New York, NY: John Wiley.

Thurston, R. C., & Kubzansky, L. D. (2009). Women, loneliness, and incident coronary heart disease. *Psychosomatic Medicine, 71*(8), 836–842.

Tienari, P. (1991). Interaction between genetic vulnerability and family environment: The Finnish adoptive family study of schizophrenia. *Acta Psychiatrica Scandinavica, 84,* 460–465.

Tienari, P., Wahlberg, K.-E., & Wynne, L. C. (2006). Finnish adoption study of schizophrenia: Implications for family interventions. *Families, Systems & Health, 24,* 442–451.

Tienari, P., Wynne, L. C., Laksy, K., Moring, J., Nieminen, P., & Sorri, A., ... Wahlberg, K. E.. (2003). Genetic boundaries of the schizophrenia spectrum: Evidence from the Finnish Adoptive Family Study of Schizophrenia. *American Journal of Psychiatry, 160,* 1567–1594.

Tienari, P., Wynne, L. C., Moring, J., Lahti, I., Naarala, M., Sorri, A., ... Moring, J. (1994). The Finnish adoptive family study of schizophrenia: Implications for family research. *British Journal of Psychiatry, 23*(Suppl. 164), 20–26.

Tiggemann, M. (2002). Media influences on body image development. In T. F. Cash & T. Pruzinsky (Eds.), *Body image: A handbook of theory, research and clinical practice* (pp. 91–98). New York, NY: Guilford Press.

Tiggemann, M., & Lynch, J. E. (2001). Body image across the life span in adult women: The role of self-objectification. *Developmental Psychology, 37,* 243–253.

Tinbergen, E. A., & Tinbergen, N. (1972). *Early childhood autism: An ethological approach.* Berlin, Germany: Parey.

Tingelstad, J. B. (1991). The cardiotoxicity of the tricyclics. *Journal of the American Academy of Child and Adolescent Psychiatry, 30,* 845–846.

Tjio, J. H., & Levan, A. (1956). The chromosome number of man. *Hereditas, 42,* 1–6.

Tondo, L., Jamison, K. R., & Baldessarini, R. J. (1997). Effect of lithium maintenance on suicidal behavior in major mood disorders. In D. M. Stoff & J. J. Mann (Eds.), *The neurobiology of suicide: From the bench to the clinic* (Vol. 836, pp. 339–351). New York, NY: Academy of Sciences.

Toomey, R., Faraone, S. V., Simpson, J. C., & Tsuang, M. T. (1998). Negative, positive, and disorganized symptom dimensions in schizophrenia, major depression, and bipolar disorder. *Journal of Nervous and Mental Disorders, 186,* 470–476.

Torgensen, S., Kringlen, E., & Cramer, V. (2001). The prevalence of personality disorders in a community sample. *Archives of General Psychiatry, 58,* 590–596.

Torgersen, S. (1986). Genetics of somatoform disorder. *Archives of General Psychiatry, 43,* 502–505.

Torrey, E., Eslinger, S., Lamb, R., & Pavle, J. (2010). *More mentally ill persons are in jails and prisons than hospitals: A survey of the states*. Arlington, VA: Treatment Advocacy Center.

Torry, Z., & Billick, S. (2010). Overlapping universe: Understanding legal insanity and psychosis. *Psychiatric Quarterly,* 1–10.

Toth, K., & King, B. H. (2010). Intellectual disability (mental retardation). In M. K. Dulcan (Ed.), *Dulcan's textbook of child and adolescent psychiatry* (5th ed., pp. 151–172). Arlington, VA: American Psychiatric Publishing.

Trivedi, M., Rush, A., Wisniewski, S., Nierenberg, A., Warden, D., Ritz, L., ... STAR*D Study Team. (2006). Evaluation of outcomes with citalopram for depression using measurement-based care in STAR*D: Implications for clinical practice. *American Journal of Psychiatry, 163,* 28–40.

True, W. R., Rice, J., Eisen, S. A., Heath, A. C., Goldberg, J., Lyons, M. J., & Nowak, J. (1993). A twin study of genetic and environmental contributions to liability for posttraumatic stress symptoms. *Archives of General Psychiatry, 50,* 257–264.

Tsai, G. E., Condie, D., Wu, M. T., & Chang, I. W. (1999). Functional magnetic resonance imaging of personality switches in a woman with dissociative identity disorder. *Harvard Review of Psychiatry,* 7(2), 119–122.

Tsao, J. C. I., Mystkowski, J. L., Zucker, B. G., & Craske, M. G. (2002). Effects of cognitive-behavioral therapy for panic disorder on comorbid conditions: Replication and extension. *Behavior Therapy, 33,* 493–509.

Tuchman, B. (1978). *A distant mirror.* New York, NY: Ballantine Books.

Tucker, J. A., Murphy, J. G., & Kertesz, S. G. (2010). Substance use disorders. In M. Antony & D. H. Barlow (Eds.), *Handbook of assessment and treatment planning for psychological disorders* (2nd ed., pp. 529–570). New York, NY: Guilford.

Tuma, A. H., & Maser, J.D. (Eds.) (1985). *Anxiety and the anxiety disorders.* Hillsdale, NJ: Erlbaum.

Turk, C. L., Heimberg, R. G., & Magee, L. (2008). Social anxiety disorder. In D. H. Barlow (Ed.), *Clinical handbook of psychological disorders: A step-by-step treatment manual* (4th ed., pp. 123–163). New York, NY: Guilford Press.

Turk, D. C., & Gatchel, R. J. (1999). Psychosocial factors and pain: Revolution and evolution. In R. J. Gatchel & D. C. Turk (Eds.), *Psychosocial factors in pain: Critical perspectives* (pp. 481–493). New York, NY: Guilford Press.

Turk, D. C., & Monarch, E. S. (2002). Biopsychosocial perspective on chronic pain. In D. C. Turk & R. J. Gatchel (Eds.), *Psychological approaches to pain management: A practitioner's handbook* (2nd ed., pp. 3–29). New York, NY: Guilford Press.

Turkheimer, E., Haley, A., Waldron, M., D'Onofrio, B., & Gottesman, I. I. (2003). Socioeconomic status modifies heritability of IQ in young children. *Psychological Science, 14,* 623–628.

Turkheimer, E., & Waldron, M. C. (2000). Nonshared environment: A theoretical, methodological, and quantitative review. *Psychological Bulletin, 126,* 78–108.

Turner, J., Mancl, L., & Aaron, L. (2006). Short- and long-term efficacy of brief cognitive behavioral therapy for patients with chronic temporomandibular disorder pain: A randomized, controlled trial. *Pain, 121,* 181–194.

Turovsky, J., & Barlow, D. H. (1996). Generalized anxiety disorder. In J. Margraf (Ed.), *Textbook of behavior therapy* (pp. 87–106). Berlin, Germany: Springer-Verlag.

Tushnet, M. (2008). Who qualifies for rights? [Review of the book Homelessness, mental illness and civil commitment]. *The Journal of Politics, 66*(02), 626–628.

Tyas, S. L., Salazar, J. C., Snowdon, D. A., Desrosiers, M. F., Riley, K. P., Mendiondo, M. S., Kryscio, R. J. (2007). Transitions to mild cognitive impairments, dementia, and death: Findings from the nun study. *American Journal of Epidemiology, 165*(11), 1231–1238.

Tynes, L. L., White, K., & Steketee, G. S. (1990). Toward a new nosology of obsessive-compulsive disorder. *Comprehensive Psychiatry, 31,* 465–480.

Uchino, B. N. (2009). Understanding the link between social support and physical health: A life-span perspective with emphasis on the separability of perceived and received support. *Perspectives on Psychological Science, 4,* 236–255.

Uebelacker, L., & Whisman, M. (2006). Moderators of the association between relationship discord and major depression in a national population-based sample. *Journal of Family Psychology, 20,* 40–46.

Uhde, T. (1994). The anxiety disorder: Phenomenology and treatment of core symptoms and associated sleep disturbance. In M. Kryger, T. Roth, & W. Dement (Eds.), *Principles and practice of sleep medicine* (pp. 871–898). Philadelphia, PA: Saunders.

Uhde, T., Cortese, B., & Vedeniapin, A. (2009). Anxiety and sleep problems: Emerging concepts and theoretical treatment implications. *Current Psychiatry Reports, 11*(4), 269–276.

Uleman, J. S., Saribay, S. A., & Gonzalez, C. M. (2008). Spontaneous inferences, implicit impressions, and implicit theories. *Annual Review of Psychology, 59,* 329–360.

Ullman, S., Najdowski, C., & Filipas, H. (2009). Child sexual abuse, post-traumatic stress disorder, and substance use: Predictors of revictimization in adult sexual assault survivors. *Journal of Child Sexual Abuse, 18*(4), 367–385.

UNAIDS (2009). *AIDS epidemic update 2009.* Geneva: Joint United Nations Programme on HIV/AIDS (UNAIDS). Retrieved from http://www.who.int/hiv/pub/epidemiology/epidemic/en/index.html

Ungvari, G. S., Goggins, W., Leung, S.-K., & Gerevich, J. (2007). Schizophrenia with prominent catatonic features ('catatonic schizophrenia'). II. Factor analysis of the catatonic syndrome. *Progress in Neuro-Psychopharmacology and Biological Psychiatry, 31,* 462–468.

Unutzer, J., Katon, W., Callahan, C. M., Williams, J. W., Hunkeler, E., Harpole, L., ... Langston, C. (2002). Collaborative care management of late-life depression in the primary care setting: A randomized controlled trial. *JAMA: Journal of the American Medical Association, 288,* 2836–2845.

Urbszat, C., Herman, C. P., & Polivy, J. (2002). Eat, drink, and be merry, for tomorrow we diet: Effects of anticipated deprivation on food intake in restrained and unrestrained eaters. *Journal of Abnormal Psychology, 11,* 396–401.

U.S. Department of Energy Office of Science. (2009). Human Genome Project Information. Retrieved from http://www.ornl.gov/sci/techresources/Human_Genome/home.shtml

U.S. Department of Health and Human Services. (1991). *Health and behavior research.* National Institutes of Health: Report to Congress.

U.S. General Accounting Office. (1995). *Prescription drugs and the elderly: Many still receive potentially harmful drugs despite recent improvements.* (GOA/HEHS-95-152). United States General Accounting Office: Report to Congress.

Vachon, D., Sellbom, M., Ryder, A., Miller, J., & Bagby, R. (2009). A five-factor model description of depressive personality disorder. *Journal of Personality Disorders, 23*(5), 447–465.

Vahia, I. V., & Cohen, C. I. (2009). Schizophrenia and delusional disorders. In B. J. Sadock, V. A. Sadock, & P. Ruiz (Eds.), *Kaplan & Sadock's comprehensive textbook of psychiatry* (9th ed., Vol. II, pp. 4073–4081). Philadelphia, PA: Lippincott Williams & Wilkins.

Vaillant, G. E. (1979). Natural history of male psychological health. *New England Journal of Medicine, 301,* 1249–1254.

Valera, E. M., Faraone, S. V., Murray, K. E., & Seidman, L. J. (2007). Meta-analysis of structural imaging findings in attention-deficit/hyperactivity disorder. *Biological Psychiatry, 61,* 1361–1369.

Valtonen, H. M., Suominen, K., Mantere, O., Leppämäki, S., Arvilommi, P., & Isometsä, E. (2007). Suicidal behaviour during different phases of bipolar disorder. *Journal of Affective Disorders, 97,* 101–107.

Van Ameringen, M., Mancini, C., Patterson, B., & Simpson, W. (2009). Pharmacotherapy for social anxiety disorder: An update. *The Israel Journal of Psychiatry and Related Sciences, 46*(1), 53–61.

van Beijsterveldt, C., Hudziak, J., & Boomsma, D. (2006). Genetic and environmental influences on cross-gender behavior and relation to behavior problems: A study of Dutch twins at ages 7 and 10 years. *Archives of Sexual Behavior, 35,* 647–658.

van der Hart, O., & Nijenhuis, E. R. S. (2009). Dissociative disorders. In P. H. Blaney & T. Millon (Eds.), *Oxford textbook of psychopathology* (2nd ed., pp. 452–481). New York, NY: Oxford University Press.

van Duijil, M., Cardena, E., & de Jong, J. (2005). The validity of DSM-IV dissociative disorders in southwest Uganda. *Transcultural Psychiatry, 42, 219–241.*

van Goozen, S. H. M., Fairchild, G., Snoek, H., & Harold, G. T. (2007). The evidence for a neurobiological model of childhood antisocial behavior. *Psychological Bulletin, 133,* 149–182.

van Hoeken, D., Veling, W., Sinke, S., Mitchell, J. E., & Hoek, H. W. (2009). The validity and utility of subtyping bulimia nervosa. *International Journal of Eating Disorders, 42*(7), 595–602.

van Kammen, D. P., Docherty, J. P., & Bunney, W. E. (1982). Prediction of early relapse after pimozide discontinuation by response to d-amphetamine during pimozide treatment. *Biological Psychiatry, 17,* 223–242.

van Laar, M., Volkerts, E., & Verbaten, M. (2001). Subchronic effects of the GABA-agonist lorazepam and the 5-HT2A/2C antagonist ritanserin on driving performance, slow wave sleep, and daytime sleepiness in healthy volunteers. *Psychopharmacology (Berlin), 154,* 189–197.

Van Orden, K. A., Witte, T. K., Cukrowicz, K. C., Braithwaite, S. R., Selby, E. A., & Joiner, T. E., Jr. (2010). The interpersonal theory of suicide. *Psychological Review, 117*(2), 575–600.

van Os, J., & Allardyce, J. (2009). The clinical epidemiology of schizophrenia. In B. J. Sadock, V. A. Sadock, & P. Ruiz (Eds.), *Kaplan & Sadock's comprehensive textbook of psychiatry* (9th ed., Vol. I, pp. 1475–1487). Philadelphia, PA: Lippincott Williams & Wilkins.

Van Praag, H. M., & Korf, J. (1975). Central monoamine deficiency in depressions: Causative of secondary phenomenon? *Pharmakopsychiatr Neuropsychopharmakol, 8,* 322–326.

Vander Wal, J. S., & Thelen, M. H. (2000). Predictors of body image dissatisfaction in elementary-age school girls. *Eating Behaviors, 1,* 105–122.

Vanitallie, T. B., & Lew, E. A. (1992). Assessment of morbidity and mortality risk in the overweight patient. In T. A. Wadden and T. B. Vanitallie (Eds.) *Treatment of the seriously obese patient.* New York, NY: Guilford Press.

van't Veer-Tazelaar, P. J., van Marwijk, H. W. J., van Oppen, P., van Hout, H. P. J., van der Horst, H. E., Cuijpers, P., ... Beekman, A. T. (2009). Stepped-care prevention of anxiety and depression in late life: A randomized controlled trial. *Archives of General Psychiatry, 66*(3), 297–304.

Veale, D. (2000). Outcome of cosmetic surgery and "DIY" surgery inpatients with body dysmorphic disorder. *Psychiatric Bulletin, 24*(6), 218–221.

Veale, D., Boocock, A., Gournay, K., Dryden, W., Shah, F., ... Walburn, J. (1996). Body dysmorphic disorder: A survey of 50 cases. *British Journal of Psychiatry, 169,* 196–201.

Veale, D., Ennis, M., & Lambrou, C. (2002). Possible association of body dysmorphic disorder with an occupation or education in art and design. *American Journal of Psychiatry, 159,* 1788–1790.

Veale, D., Gournay, K., Dryden, W., Boocock, A., Shah, F., Willson, R., & Walburn, J. (1996). Body dysmorphic disorder: A cognitive behavioral model and pilot randomized control trial. *Behaviour Research and Therapy, 34,* 717–729.

Veale, D., & Riley, S. (2001). Mirror, mirror on the wall, who is the ugliest of them all? The psychopathology of mirror gazing in body dysmorphic disorder. *Behaviour Research and Therapy, 39,* 1381–1393.

Venables, P. H. (1996). Schizotypy and maternal exposure to influenza and to cold temperature: The Mauritius study. *Journal of Abnormal Psychology, 105,* 53–60.

Venkatagiri, H. S. (2005). Recent advances in the treatment of stuttering: A theoretical perspective. *Journal of Communication Disorders, 38,* 375–393.

Ventura, S. L., Peters, K. D., Martin, J. A., & Mauer, J. D. (1997). Births and deaths: United States, 1996. *Monthly Vital Statistics Report, 46*(Suppl. 2) 1–41.

Vermetten, E., Schmahl, C., Lindner, S., Loewenstein, R., & Bremner, J. (2006). Hippocampal and amygdala volumes in dissociative identity disorder. *American Journal of Psychiatry, 163,* 630–636.

Vernberg, E. M., LaGreca, A. M., Silverman, W. K., & Prinstein, M. J. (1996). Prediction of posttraumatic stress symptoms in children after Hurricane Andrew. *Journal of Abnormal Psychology, 105,* 237–248.

Vinkers, D., de Vries, S., van Baars, A., & Mulder, C. (2010). Ethnicity and dangerousness criteria for court ordered admission to a psychiatric hospital. *Social Psychiatry and Psychiatric Epidemiology, 45*(2), 221–224.

Virag, R. (1999). Indications and early results of sildenafil (Viagra) in erectile dysfunction. *Urology, 54,* 1073–1077.

Vitiello, B., & Lederhendler, I. (2000). Research on eating disorders: Current status and future prospects. *Biological Psychiatry, 47,* 777–786.

Vitousek, K., Watson, S., & Wilson, G. T. (1998). Enhancing motivation for change in treatment-resistant eating disorders. *Clinical Psychological Review, 18,* 391–420.

Vogel, S. A., & Reder, S. (1998). Educational attainment of adults with learning disabilities. In S. A. Vogel & S. Reder (Eds.), *Learning disabilities, literacy, and adult education* (pp. 5–28). Baltimore, MD: Paul H. Brookes.

Vohs, K. D., Bardone, A. M., Joiner, T. E., Jr., Abramson, L. Y., & Heatherton, T. F. (1999). Perfectionism, perceived weight status, and self-esteem interact to predict bulimic symptoms: A model of bulimic symptom development. *Journal of Abnormal Psychology, 108,* 695–700.

Voigt, K., Nagel, A., Meyer, B., Langs, G., Braukhaus, C., & Lowe, B. (2010). Towards positive diagnostic criteria: A systematic review of somatoform disorder diagnoses and suggestions for future classification. *Journal of Psychosomatic Research, 68*(5), 403–414.

Volkmar, F. R., Klin, A., & Schultz, R. T. (2005). Pervasive developmental disorders. In B. J. Sadock & V. A. Sadock (Eds.), *Kaplan & Sadock's comprehensive textbook of psychiatry* (pp. 3164–3182). Philadelphia, PA: Lippincott Williams & Wilkins.

Volkmar, F. R., Klin, A., Schultz, R. T., & State, M. W. (2009). Pervasive developmental disorders. In B. J. Sadock, V. A. Sadock, & P. Ruiz (Eds.), *Kaplan & Sadock's comprehensive textbook of psychiatry* (9th ed., Vol. II, pp. 3540–3559). Philadelphia, PA: Lippincott Williams & Wilkins.

Volkow, N. D., Wang, G. J., Kollins, S. H., Wigal, T. L., Newcorn, J. H., Telang, F., ... Swanson, J. M. (2009). Evaluating dopamine reward pathway in ADHD: Clinical implications. *JAMA: Journal of the American Medical Association, 302*(10), 1084–1091.

Voon, V., Gallea, C., Hattori, N., Bruno, M., Ekanayake, V., & Hallett, M. (2010). The involuntary nature of conversion disorder. *Neurology, 74*(3), 223–228.

Waddell, J., Morris, R. W., & Bouton, M. E. (2006). Effects of bed nucleus of the stria terminalis lesions on conditioned anxiety: Aversive conditioning with long-duration conditional stimuli and reinstatement of extinguished fear. *Behavioral Neuroscience, 120,* 324–336.

Wadden, T. A., Berkowitz, R. I., Womble, L. G., Sarwer, D. B., Phelan, S., Cato, R. K., ... Stunkard, A. J. (2005). Randomized trial of lifestyle modification and pharmacotherapy for obesity. *New England Journal of Medicine, 353*(20), 2111–2120.

Wadden, T. A., Brownell, K. D., & Foster, G. D. (2002). Obesity: Responding to the global epidemic. *Journal of Consulting and Clinical Psychology, 70,* 510–525.

Wadden, T. A., & Osei, S. (2002). The treatment of obesity: An overview. In T. A. Wadden & A. J. Stunkard (Eds.), *Handbook of obesity treatment* (pp. 229–248). New York, NY: Guilford Press.

Wade, T. D., Bulik, C. M., Neale, M., & Kendler, K. S. (2000). Anorexia nervosa and major depression: Shared genetic and environmental risk factors. *American Journal of Psychiatry, 157,* 469–471.

Wager, T. (2005). The neural bases of placebo effects in pain. *Current Directions in Psychological Science, 14,* 175–179.

Wagner, B. M. (1997). Family risk factors for child and adolescent suicidal behavior. *Psychological Bulletin, 121,* 246–298.

Wagner, K. D., & Pliszka, S. R. (2009). Treatment of child and adolescent disorders. In A. F. Schatzberg & C. B. Nemeroff (Eds.), *The American Psychiatric Publishing textbook of psychpharmacology* (4th ed., pp. 1309–1372). Arlington, VA: American Psychiatry Publishing.

Wahl, O. (1995). *Media madness: Public images of mental illness.* New Brunswick, NJ: Rutgers University Press.

Wakefield, J. C. (1992). The concept of mental disorder: On the boundary between biological facts and social values. *American Psychologist, 47,* 373–388.

Wakefield, J. C. (1999). Evolutionary versus prototype analyses of the concept of disorder. *Journal of Abnormal Psychology, 108,* 3, 374–399.

Wakefield, J. C. (2003). Dysfunction as a factual component of disorder. *Behavior Research and Therapy, 41,* 969–990.

Wakefield, J. C. (2009). Mental disorder and moral responsibility: Disorders of personhood as harmful dysfunctions, with special reference to alcoholism. *Philosophy, Psychiatry, & Psychology, 16*(1), 91–99.

Waldman, I. D., & Gizer, I. R. (2006). The genetics of attention deficit hyperactivity disorder. *Clinical Psychology Review, 26*(4), 396–432.

Waldman, I. D., & Rhee, S. H. (2006). Genetic and environmental influences on psychopathy and antisocial behavior. In C. J. Patrick (Ed.), *Handbook of psychopathy* (pp. 205–228). New York, NY: Guilford Press.

Walker, D. L., Ressler, K. J., Lu, K.-T., & Davis, M. (2002). Facilitation of conditioned fear extinction by systemic administration or intra-amygdala infusions of D-cycloserine assessed with fear-potentiated startle. *Journal of Neuroscience, 22,* 2343–2351.

Walkup, J. T., Albano, A. M., Piacentini, J., Birmaher, B., Compton, S. N., Sherrill, J. T., ... Kendall, P. C. (2008). Cognitive behavioral therapy, sertraline, or a combination in childhood anxiety. *New England Journal of Medicine, 359*(26), 2753–2766.

Wallace, C. S., Kilman, V. L., Withers, G. S., & Greenough, W. T. (1992). Increases in dendritic length in occipital cortex after 4 days of differential housing in weanling rats. *Behavioral and Neural Biology, 58,* 64–68.
Wallace, J., & O'Hara, M. W. (1992). Increases in depressive symptomatology in the rural elderly: Results from a cross-sectional and longitudinal study. *Journal of Abnormal Psychology, 101*(3), 398–404.
Waller, N. G., Putnam, F. W., & Carlson, E. B. (1996). Types of dissociation and dissociative types: A taxometric analysis of dissociative experiences. *Psychological Methods, 1,* 300–321.
Waller, N. G., & Ross, C. A. (1997). The prevalence and biometric structure of pathological dissociation in the general population: Taxometric and behavior genetic findings. *Journal of Abnormal Psychology, 106,* 499–510.
Walsh, B. T. (1991). Fluoxetine treatment of bulimia nervosa. *Journal of Psychosomatic Research, 35,* 471–475.
Walsh, B. T. (1995). Pharmacotherapy of eating disorders. In K. D. Brownell & C. G. Fairburn (Eds.), *Eating disorders and obesity: A comprehensive handbook* (pp. 313–317). New York, NY: Guilford Press.
Walsh, B. T. (2010). Eating disorders in DSM-V: Review of existing literature (Part 3). *International Journal of Eating Disorders, 43*(2), 97.
Walsh, B. T., Agras, W. S., Devlin, M. J., Fairburn, C. G., Wilson, G. T., Kahn, C., & Chally, M. K. (2000). Fluoxetine for bulimia nervosa following poor response to psychotherapy. *American Journal of Psychiatry, 157,* 1332–1334.
Walsh, B. T., Hadigan, C. M., Devlin, M. J., Gladis, M., & Roose, S. P. (1991). Long-term outcome of antidepressant treatment of bulimia nervosa. *Archives of General Psychiatry, 148,* 1206–1212
Walsh, B. T., Kaplan, A. S., Attia, E., Olmsted, M., Parides, M., Carter, J. C., ... Rockert, W. (2006). Fluoxetine after weight restoration in anorexia nervosa. *JAMA: Journal of the American Medical Association, 295,* 2605–2612.
Walsh, B. T., Wilson, G. T., Loeb, K. L., Devlin, M. J., Pike, K. M., Roose, S. P., Fleiss, J., & Waternaux, C. (1997). Medication and psychotherapy in the treatment of bulimia nervosa. *American Journal of Psychiatry, 154,* 523–531.
Walsh, J. K., Mayleben, D., Guico-Pabia, C., Vandormael, K., Martinez, R., & Deacon, S. (2008). Efficacy of the selective extrasynaptic $GABA_A$ agonist, gaboxadol, in a model of transient insomnia: A randomized, controlled clinical trial. *Sleep Medicine, 9*(4), 393–402.
Walters, E. E., & Kendler, K. S. (1995). Anorexia nervosa and anorexia-like syndromes in a population based female twin sample. *American Journal of Psychiatry, 152,* 64–71.
Wampold, B. E., Minami, T., Tierney, S. C., Baskin, T. W., & Bhati, K. S. (2005). The placebo is powerful: Estimating placebo effects in medicine and psychotherapy from randomized clinical trials. *Journal of Clinical Psychology, 61*(7), 835–854.
Wan, M., Abel, K., & Green, J. (2008). The transmission of risk to children from mothers with schizophrenia: A developmental psychopathology model. *Clinical Psychology Review, 28*(4), 613–637.
Wan, Y. Y. (2010). Multitasking of helper T cells. *Immunology, 130,* 166–171.
Wang, P. S., Aguilar-Gaxiola, S., Alonso, J., Angermeyer, M. C., Borges, G., Bromet, E. J., et al. (2007). Use of mental health services for anxiety, mood, and substance disorders in 17 countries in the WHO world mental health surveys. *Lancet, 370*(9590), 841–850.
Wang, P. S., Berglund, P., Olfson, M., Pincus, H. A., Wells, K. B., & Kessler, R. C. (2005). Failure and delay in initial treatment contact after first onset of mental disorders in the national comorbidity survey replication. *Archives of General Psychiatry, 62,* 603–613.
Wang, P. S., Bohn, R. L., Glynn, R. J., Mogun, H., & Avorn, J. (2001). Hazardous benzodiazepine regimens in the elderly: Effects of half-life, dosage, and duration on risk of hip fracture. *American Journal of Psychiatry, 158,* 892–898.
Wang, S. (2006). Contagious behavior. *Psychological Science, 19,* 22–26.
Wang, T., Collet, J.-P., Shapiro, S., & Ware, M. A. (2008). Adverse effects of medical cannabinoids: A systematic review. *Canadian Medical Association Journal, 178*(13), 1669–1678. doi:10.1503/cmaj.071178
Wang, X., Wang, D., & Shen, J. (2006). The effects of social support on depression in the aged. *Chinese Journal of Clinical Psychology, 14,* 73.
Wang, Z., Neylan, T. C., Mueller, S. G., Lenoci, M., Truran, D., Marmar, C. R., ... Schuff, N. (2010). Magnetic resonance imaging of hippocampal subfields in posttraumatic stress disorder. *Archives of General Psychiatry, 67*(3), 296–303.
Ward, M. M., Swan, G. E., & Chesney, M. A. (1987). Arousal-reduction treatments for mild hypertension: A meta-analysis of recent studies. *Handbook of Hypertension, 9,* 285–302.
Ward, T., & Beech, A. R. (2008). An integrated theory of sexual offending. In D. R. Laws & W. T. O'Donohue (Eds.), *Sexual deviance: Theory, assessment, and treatment* (2nd ed., pp. 21–36). New York, NY: Guilford Press.
Warwick, H. M., & Salkovskis, P. M. (1990). Hypochondriasis. *Behavior Research Therapy, 28,* 105–117.
Watson, D. (2005). Rethinking the mood and anxiety disorders: A quantitative hierarchical model for DSM-V [Special issue]. *Journal of Abnormal Psychology, 114,* 522–536.
Watson, J. B. (1913). Psychology as a behaviorist views it. *Psychology Review, 20,* 158–177.
Way, B. M., & Taylor, S. E. (2010). Social influences on health: Is serotonin a critical mediator? *Psychosomatic Medicine, 72,* 107–112.
Weaver, J. C. G., Cervoni, N., Champagne, F. A., D'Alessio, A. C., Charma, S., Seckl, J., ... Meaney, M. J. (2004). Epigenetic programming by maternal behavior. *Nature Neuroscience, 7,* 847–854.
Weems, C. F., Silverman, W. K., & La Greca, A. M. (2000). What do youths referred for anxiety problems worry about? Worry and its relation to anxiety and anxiety disorders in children and adolescents. *Journal of Abnormal Child Psychology, 28,* 63–72.
Wegner, D. (1989). *White bears and other unwanted thoughts.* New York, NY: Viking.
Weighs, K. L., Enright, T. M., & Simmens, S. J. (2008). Close relationships and emotional processing predict decreased mortality in women with breast cancer: Preliminary evidence. *Psychosomatic Medicine, 70,* 117–124.
Weight Watchers International. (2010). Company overview. Retrieved from http://www.weightwatchersinternational.com/phoenix.zhtml?c5130178&p5irol-irhome
Weinberger, D. R., Berman, K. F., & Chase, T. N. (1988). Mesocortical dopaminergic function and human cognition. *Annals of the New York Academy of Sciences, 537,* 330–338.
Weiner, D. B. (1979). The apprenticeship of Philippe Pinel: A new document, 'Observations of Citizen Pussin on the insane.' *The American Journal of Psychiatry, 136*(9), 1128–1134.
Weiner, D. N. (1996). *Premature ejaculation: An evaluation of sensitivity to erotica.* Unpublished doctoral dissertation, State University of New York, Albany.
Weiner, J. M. (2000). Integration of nature and nurture: A new paradigm for psychiatry. *American Journal of Psychiatry, 157,* 1193–1194.
Weiner, M. F., Hynan, L. S., Beekly, D., Koepsell, T. D., & Kukull, W. A. (2007). Comparison of Alzheimer's disease in American Indians, whites, and African Americans. *Alzheimer's & Dementia, 3*(3), 211–216.
Weiner, M. W., Aisen, P. S., Jack, C. R., Jr., Jagust, W. J., Trojanowski, J. Q., Shaw, L., ... Schmidt, M. (2010). The Alzheimer's Disease Neuroimaging Initiative: Progress report and future plans. *Alzheimer's and Dementia, 6*(3), 202–211, e207.
Weinshilboum, R. (2003). Inheritance and drug response. *New England Journal of Medicine, 348,* 529–537.
Weisburg, R. B., Brown, T. A., Wincze, J. P., & Barlow, D. H. (2001). Causal attributions and male sexual arousal: The impact of attributions for a bogus erectile difficulty on sexual arousal, cognitions, and affect. *Journal of Abnormal Psychology, 110*(2), 324–334.
Weisfeld, G. E., & Woodward, L. (2004). Current evolutionary perspectives on adolescent romantic relations and sexuality. *Journal of the American Academy of Child and Adolescent Psychiatry, 43,* 11-19.
Weiskrantz, L. (1980). Varieties of residual experience. *Quarterly Journal of Experimental Psychology, 32,* 365–386.
Weiskrantz, L. (1992, September/October). Unconscious vision: The strange phenomenon of blindsight. *The Sciences,* pp. 23–28.
Weisman de Mamani, A. G., Kymalainen, J. A., Rosales, G. A., & Armesto, J. C. (2007). Expressed emotion and interdependence in white and Latino/Hispanic family members of patients with schizophrenia. *Psychiatry Research, 151,* 107–113.
Weiss, B., & Garber, J. (2003). Developmental differences in the phenomenology of depression. *Development and Psychopathology, 15,* 403–430.
Weiss, R. D., & Iannucci, R. A. (2009). Cocaine-related disorders. In B. J. Sadock, V. A. Sadock, & P. Ruiz (Eds.), *Kaplan & Sadock's comprehensive textbook of psychiatry* (9th

ed., Vol. I, pp. 1318–1331). Philadelphia, PA: Lippincott Williams & Wilkins.
Weisse, C. S. (1992). Depression and immunocompetence: A review of the literature. *Psychological Bulletin, 111*(3), 475–489.
Weissman, M. (1995). *Mastering depression: A patient's guide to interpersonal psychotherapy.* New York, NY: Oxford University Press.
Weissman, M., Bland, R., Canino, G., Greenwald, S., Hwo, H., Lee, C., ... Eng-Kung, Y. (1994). The cross national epidemiology of obsessive compulsive disorder. *Journal of Clinical Psychiatry, 55,* 5–10.
Weissman, M. M., Bruce, M. L., Leaf, P. J., Florio, L. P., & Holzer, C. (1991). Affective disorders. In L. N. Robins & D. A. Regier (Eds.), *Psychiatric disorders of America: The epidemiologic catchment area study* (pp. 53–80). New York, NY: Free Press.
Weissman, M. M., & Klerman, G. L. (1977). Sex differences and the epidemiology of depression. *Archives of General Psychiatry, 34,* 98–111.
Weissman, M. M., & Olfson, M. (1995). Depression in women: Implications for health care research. *Science, 269,* 799–801.
Weissman, M. M., Wolk, S., Wickramaratne, P., Goldstein, R. B., Adams, P., Greenwald, S., ... Steinberg, D. (1999). Children with prepubertal-onset major depressive disorder and anxiety grow up. *Archives of General Psychiatry, 56,* 794–801.
Weitze, C., & Osburg, S. (1996). Transsexualism in Germany: Empirical data on epidemiology and application of the German transsexuals' act during its first ten years. *Archives of Sexual Behavior, 25,* 409–465.
Welham, J., Scott, J., Williams, G., Najman, J., Bor, W., O'Callaghan, M., McGrath, J. (2008). Emotional and behavioural antecedents of young adults who screen positive for non-affective psychosis: A 21-year birth cohort study. *Psychological Medicine, 39*(4), 625–634.
Wells, B., & Twenge, J. (2005). Changes in young people's sexual behavior and attitudes, 1943–1999: A cross-temporal meta-analysis. *Review of General Psychology, 9,* 249–261.
Wender, P. H., Kety, S. S., Rosenthal, D., Schlusinger, F., Ortmann, J., & Lunde, I. (1986). Psychiatric disorders in the biological and adoptive families of adopted individuals with affective disorders. *Archives of General Psychiatry, 43,* 923–929.
Wermter, A.-K., Kamp-Becker, I., Hesse, P., Schulte-Körne, G., Strauch, K., & Remschmidt, H. (2010). Evidence for the involvement of genetic variation in the *oxytocin receptor gene* (*OXTR*) in the etiology of autistic disorders on high-functioning level. *American Journal of Medical Genetics Part B: Neuropsychiatric Genetics, 153B*(2), 629–639.
Westen, D. (1991). Social cognition and object relations. *Psychological Bulletin, 109,* 429–455.
Wetherell, J. L., Gatz, M., & Craske, M. G. (2003). Treatment of generalized anxiety disorder in older adults. *Journal of Consulting and Clinical Psychology, 71,* 31–40.
Wetherell, J. L., Lenze, E. J., & Stanley, M. (2005). Evidence-based treatment of geriatric anxiety disorders. *Psychiatric Clinics of North America, 28,* 871–896.
Wetherell, J. L., Thorp, S. R., Patterson, T. L., Golshan, S., Jeste, D. V., & Gatz, M. (2004). Quality of life in geriatric generalized anxiety disorder: A preliminary investigation. *Journal of Psychiatric Research, 38,* 305–312.
Wexler, N. S., & Rawlins, M. D. (2005). Prejudice in a portrayal of Huntington's disease. *Lancet, 366*(9491), 1069–1070.
Wheeler, J., Newring, K. A. B., Draper, C. (2008). Transvestic fetishism: Psychopathology and theory. In D. R. Laws & W. T. O'Donohue (Eds.), *Sexual deviance: Theory, assessment, and treatment* (2nd ed., pp. 286–304). New York, NY: Guilford Press.
Whisman, M., Weinstock, L., & Tolejko, N. (2006). Marriage and depression. In L. M. Corey & S. Goodman (Eds.), *A handbook for the social, behavioral, and biomedical sciences* (pp. 219–240). Boulder, CO: Cambridge University Press.
Whitbourne, S. K., & Skultety, K. M. (2002). Body image development: Adulthood and aging. In T. M. Cash & T. Pruzinsky (Eds.), *Body image: A handbook of theory, research, and clinical practice* (pp. 83–90). New York, NY: Guilford Press.
White, J. L., Moffitt, T. E., & Silva, P. A. (1989). A prospective replication of the protective effects of IQ in subjects at high risk for juvenile delinquency. *Journal of Consulting and Clinical Psychology, 57,* 719–724.
White, K. S. & Barlow, D. H. (2002). Panic disorder and agoraphobia. In D. H. Barlow (Ed.) *Anxiety and its disorders: The nature and treatment of anxiety and panic* (2nd ed.). New York, NY: Guilford Press.
White, K. S., Brown, T. A., Somers, T. J., & Barlow, D. H. (2006). Avoidance behavior in panic disorder: The moderating influence of perceived control. *Behaviour Research and Therapy, 44,* 147–157.
White, W., & Kurtz, E. (2008). Twelve defining moments in the history of Alcoholics Anonymous. In M. Galanter & L. A. Kaskutas (Eds.), *Research on Alcoholics Anonymous and spirituality in addiction recovery: The twelve-step program model, spiritually oriented recovery, twelve-step membership, effectiveness and outcome research* (pp. 37–57). New York, NY: Springer Verlag.
Whitnam, F. L., Diamond, M., & Martin, J. (1993). Homosexual orientation in twins: A report on 61 pairs and three triplet sets. *Archives of Sexual Behavior, 22*(3), 187–206.
Whittal, M. L., Agras, W. S., & Gould, R. A. (1999). *Behavior Therapy, 30,* 117–135.
WHO World Mental Health Survey Consortium (2004). Prevalence, severity, and unmet need for treatment of mental disorders in the World Health Organization world mental health surveys. *JAMA: Journal of the American Medical Association, 291*(21), 2581–2590.
Whooley, M. A., de Jonge, P., Vittinghoff, E., Otte, C., Moos, R., Carney, R. M., ... Browner, W. S. (2008). Depressive symptoms, health behaviors, and risk of cardiovascular events in patients with coronary heart disease. *JAMA: Journal of the American Medical Association, 300,* 2379–2388.
Widaman, K. F. (2009). Phenylketonuria in children and mothers: Genes, environments, behavior. *Current Directions in Psychological Science, 18*(1), 48–52.
Widiger, T., & Trull, T. (2007). Plate tectonics in the classification of personality disorder: Shifting to a dimensional model. *American Psychologist, 62*(2), 71.
Widiger, T. A. (1997). Mental disorders as discrete clinical conditions: Dimensional versus categorical classification. In S. M. Turner & M. Hersen (Eds.), *Adult psychopathology and diagnosis* (3rd ed., pp. 3–23). New York, NY: John Wiley.
Widiger, T. A. (2006). Psychopathy and DSM-IV psychopathology. In C. J. Patrick (Ed.), *Handbook of psychopathy* (pp. 156–171). New York, NY: Guilford Press.
Widiger, T. A. (2007). An empirically based classification of personality pathology: Where we are now and where do we go. *Clinical Psychology: Science and Practice, 14,* 94–98.
Widiger, T. A., & Coker, L. A. (2003). Mental disorders as discrete clinical conditions: Dimensional versus categorical classification. In M. Hersen & S. M. Turner (Eds.), *Adult psychopathology and diagnosis* (4th ed., pp. 3–35). New York, NY: John Wiley.
Widiger, T. A., & Edmundson, M. (2011). Diagnoses, dimensions, and DSM-V. In D. H. Barlow (Ed.), *Oxford handbook of clinical psychology* (pp. 254–278). New York, NY: Oxford University Press.
Widiger, T. A., Frances, A. J., Pincus, H. A., Ross, R., First, M. B., Davis, W., & Kline, M. (Eds.) (1998). *DSM-IV sourcebook* (Vol. 4). Washington, DC: American Psychiatric Association.
Widiger, T. A., Livesley, W. J., & Clark, L. A. (2009). An integrative dimensional classification of personality disorder. *Psychological Assessment, 21*(3), 243–255.
Widiger, T. A., & Samuel, D. B. (2005). Diagnostic categories or dimensions? A question for the diagnostic and statistical manual of mental disorders (5th ed.). *Journal of Abnormal Psychology, 114,* 494–504.
Widiger, T. A., & Sankis, L. M. (2000). Adult psychopathology: Issues and controversies. *Annual Review of Psychology, 51,* 377–404.
Widiger, T. A., & Spitzer, R. L. (1991). Sex bias in the diagnosis of personality disorders: Conceptual and methodological issues. *Clinical Psychology Review, 11,* 1–22.
Widiger, T. A., Frances, A. J., Pincus, H. A., Ross, R., First, M. B., & Davis, W. W. (Eds.) (1996). *DSM-IV sourcebook* (Vol. 2). Washington, DC: American Psychiatric Association.
Widom, C. S. (1977). A methodology for studying noninstitutionalized psychopaths. *Journal of Consulting and Clinical Psychology, 45,* 674–683.
Widom, C. S. (1984). Sex roles, criminality, and psychopathology. In C. S. Widom (Ed.), *Sex roles and psychopathology* (pp. 183–217). New York, NY: Plenum Press.
Widom, C. S., Czaja, S. J., & Paris, J. (2009). A prospective investigation of borderline personality disorder in abused and neglected children followed up into adulthood. *Journal of Personality Disorders, 23*(5), 433–446.
Wiegel, M. (2008). *Women who sexually abuse minors: Description and instrument validation.* (Unpublished doctoral dissertation). Boston University, Boston, MA.

Wiegel, M., Scepkowski, L., & Barlow, D. (2006). Cognitive and affective processes in female sexual dysfunctions. In I. Goldstein, C. Meston, S. Davis, & A. Traish (Eds.), *Women's sexual function and dysfunction: Study, diagnosis and treatment* (pp. 85–92). London, UK: Taylor & Francis.
Wiegel, M., Wincze, J. P., & Barlow, D. H. (2010). Sexual dysfunction. In M. M. Antony & D. H. Barlow (Eds.), *Handbook of assessment and treatment planning for psychological disorders* (pp. 481–522). New York, NY: Guilford Press.
Wiers, R. W., Schoenmakers, T., Houben, K., Thush, C., Fadardi, J. S., & Cox, W. M. (2008). Can problematic alcohol use be trained away? New behavioural treatments aimed at changing and moderating implicit cognitive processes in alcohol abuse. In C. R. Martin (Ed.), *Identification and treatment of alcohol dependency* (pp. 334–358). Keswick, UK: M&K Publishing.
Wiggins, R. (2009). Prion stability and infectivity in the environment. *Neurochemical Research, 34*(1), 158–168.
Wilamowska, Z. A., Thompson-Hollands, J., Fairholme, C. P., Ellard, K. K., Farchione, T. J., & Barlow, D. H. (2010). Conceptual background, development, and preliminary data from the Unified Protocol for the Transdiagnostic Treatment of Emotional Disorders. *Depression and Anxiety, 27*(10), 882–890.
Wilcox, H. C., Storr, C. L., & Breslau, N. (2009). Posttraumatic stress disorder and suicide attempts in a community sample of urban American young adults. *Archives of General Psychiatry, 66*(3), 305–311.
Wilfley, D. E., Welch, R., Stein, R. I., Spurrell, E. B., Cohen, L. R., Saelens, B. E., ... Matt, G. E. (2002). A randomized comparison of group cognitive-behavioral and group interpersonal psychotherapy for treatment of overweight individuals with binge-eating disorder. *Archives of General Psychiatry*, 59, 713–721.
Wilhelm, S., Otto, M. W., Lohr, B., & Deckersbach, T. (1999). Cognitive behavior group therapy for body dysmorphic disorder: A case series. *Behaviour Research and Therapy, 37*, 71–75.
Williams, C. J., & Weinberg, M. S. (2003). Zoophilia in men: A study of sexual interest in animals. *Archives of Sexual Behavior, 32*, 523–535.
Williams, J., Hadjistavropoulos, T., & Sharpe, D. (2006). A meta-analysis of psychological and pharmacological treatments for body dysmorphic disorder. *Behaviour Research and Therapy, 44*, 99–111.
Williams, J., Wake, M., Hesketh, K., Maher, E., & Waters, E. (2005). Health-related quality of life of overweight and obese children, *JAMA: Journal of the American Medical Association, 293*, 70–76.
Williams, L. (1994). Recall of childhood trauma: A prospective study of women's memories of child sexual abuse. *Journal of Consulting and Clinical Psychology, 62*, 1167–1176.
Williams, R. B., Barefoot, J. C., & Schneiderman, N. (2003). Psychosocial risk factors for cardiovascular disease; More than one culprit at work. *JAMA: Journal of the American Medical Association, 290*, 2190–2192.
Williams, R. B., & Schneiderman, N. (2002). Resolved: Psychosocial interventions can improve clinical outcomes in organic disease (Pro). *Psychosomatic Medicine, 64*, 552–557.
Williams, R. B., Marchuk, D. A., Gadde, K. M., Barefoot, J. C., Grichnik, K., Helms, M. J., ... Siegler, I.C. (2001). Central nervous system serotonin function and cardiovascular responses to stress. *Psychosomatic Medicine, 63*, 300–305.
Williams, R. B., Jr., Haney, T. L., Lee, K. L., Kong, V., & Blumenthal, J. A. (1980). Type A behavior, hostility, and coronary atherosclerosis. *Psychosomatic Medicine, 42*, 529–538.
Willwerth, J. (1993, August 30). Tinkering with madness, *Time*, pp. 40–42.
Wilson, G. T., & Fairburn, C. G. (2002). Treatments for eating disorders. In P. E. Nathan, & J. M. Gorman (Eds.), *A guide to treatments that work* (2nd ed., pp. 559–592). New York, NY: Oxford University Press.
Wilson, G. T., Grilo, C. M., & Vitousek, K. M. (2007). Psychological treatment of eating disorders. *American Psychologist*, 62, 199–216.
Wilson, G. T., Loeb, K. L., Walsh, B. T., Labouvie, E., Petkova, E., Liu, S., & Waternaux, C. (1999). Psychological versus pharmacological treatments of bulimia nervosa: Predictors and processes of change. *Journal of Consulting and Clinical Psychology, 67*, 451–459.
Wilson, G. T., Wilfley, D. E., Agras, W. S., & Bryson, S. W. (2010). Psychological treatments of binge eating disorder. *Archives of General Psychiatry, 67*(1), 94–101.
Wilson, R. S., Aggarwal, N. T., Barnes, L. L., Mendes de Leon, C. F., Hebert, L. E., & Evans, D. A. (2010). Cognitive decline in incident Alzheimer disease in a community population. *Neurology, 74*(12), 951–955.
Wimo, A., Winblad, B., & Jonsson, L. (2007). An estimate of the total worldwide societal costs of dementia in 2005. *Alzheimer's and Dementia, 3*(2), 81–91.
Winchel, R. M., Stanley, B., & Stanley, M. (1990). Biochemical aspects of suicide. In S. J. Blumenthal & D. J. Kupfer (Eds.), *Suicide over the life cycle: Risk factors, assessment, and treatment of suicidal patterns* (pp. 97–126). Washington, DC: American Psychiatric Press.
Wincze, J. P. (2009). *Enhancing sexuality: A problem-solving approach to treating dysfunction: Therapist Guide* (2nd ed.). New York, NY: Oxford University Press.
Wincze, J. P., Bach, A., & Barlow, D. H. (2008). Sexual dysfunction. In D. H. Barlow (Ed.), *Clinical handbook of psychological disorders: A step-by-step treatment manual* (4th ed., pp. 615–661). New York, NY: Guilford Press.
Wincze, J. P., & Carey, M. P. (2001). *Sexual dysfunction: A guide for assessment and treatment*. New York, NY: Guilford Press.
Windgassen, K. (1992). Treatment with neuroleptics: The patient's perspective. *Acta Psychiatrica Scandinavica, 86*, 405–410.
Wing, J. K., Cooper, J. E., & Sartorius, N. (1974). *The measurement and classification of psychiatric symptoms*. Cambridge, UK: Cambridge University Press.
Winkelman, J. W. (2006). Efficacy and tolerability of open-label topiramate in the treatment of sleep-related eating disorder: A retrospective case series. *Journal of Clinical Psychiatry, 67*, 1729–1734.
Winter, A. (1998). *Mesmerized powers of mind in Victorian Britain*. Chicago, IL: University of Chicago Press.
Winters, R. W., & Schneiderman, N. (2000). Anxiety and coronary heart disease. In D. I. Mostofsky & D. H. Barlow (Eds.), *The management of stress and anxiety in medical disorders* (pp. 206–219). Needham Heights, MA: Allyn & Bacon.
Winzelberg, A. J., Eppstein, D., Eldredge, K. L., Wilfley, D., Dasmahapatra, R., Dev, P., & Taylor, C. B. (2000). Effectiveness of an Internet-based program for reducing risk factors for eating disorders. *Journal of Consulting and Clinical Psychology, 68*, 346–350.
Winzelberg, A. J., Taylor, C. B., Sharpe, T., Eldredge, K. L., Dev, P., & Constantinou, P. S. (1998). Evaluation of a computer-mediated eating disorder intervention program. *International Journal of Eating Disorders, 24*, 339–349.
Wise, M. G., Hilty, D. M., & Cerda, G. M. (2001). Delirium due to a general medical condition, delirium due to multiple etiologies, and delirium not otherwise specified. In G. O. Gabbard (Ed.), *Treatment of psychiatric disorders* (3rd ed., Vol. 1, pp. 387–412). Washington, DC: American Psychiatric Publishing.
Wiseman, F. K., Alford, K. A., Tybulewicz, V. L. J., & Fisher, E. M. C. (2009). Down syndrome—recent progress and future prospects. *Human Molecular Genetics, 18*(R1), R75–83.
Wisner, K. L., Sit, D. K., Hanusa, B. H., Moses-Kolko, E. L., Bogen, D. L., Hunker, D. F., ... Singer, L. T. (2009). Major depression and antidepressant treatment: Impact on pregnancy and neonatal outcomes. *American Journal of Psychiatry, 166*(5), 557–566.
Wisocki, P. A. (1988). Worry as a phenomenonrelevant to the elderly. *Behavior Therapy, 19*, 369–379.
Witherington, R. (1988). Suction device therapy in the management of erectile impotence. *Urologic Clinics of North America, 15*, 123–128.
Witkiewitz, K., & Marlatt, G. A. (2004). Relapse prevention for alcohol and drug problems: That was Zen, this is Tao. *American Psychologist, 59*, 224–235.
Wittchen, H. U., Gloster, A. T., Beesdo-Baum, K., Fava, G. A., & Craske, M. G. (2010). Agoraphobia: A review of the diagnostic classificatory position and criteria. *Depression and Anxiety, 27*(2), 113–133.
Wittchen, H. U., Knäuper, B., & Kessler, R. C. (1994). Lifetime risk of depression. *British Journal of Psychiatry, 165*(Suppl. 26), 116–122.
Wittchen, H. U., Zhao, S., Kessler, R. C., & Eaton, W. W. (1994). DSM-III-R generalized anxiety disorder in the national comorbidity survey. *Archives of General Psychiatry, 51*, 355–364.
Wittstein, I., Thiemann, D., Lima, J., Baughman, K., Sculman, S., Gerstenblith, G., ... Champion, H. C. (2005). Neurohumoral features of myocardial stunning due to sudden emotional stress. *New England Journal of Medicine, 352*, 539–548.

Wolf, M. M. (1978). Social validity: The case for subjective measurement or how applied behavior analysis is finding its heart. *Journal of Applied Behavior Analysis, 11*, 203–214.

Wolfe, B. M., & Morton, J. M. (2005). Weighing in on bariatric surgery. *JAMA: Journal of the American Medical Association,* 294, 1960–1963.

Wolf-Maier, K., Cooper, R. S., Banegas, J. R., Giampaoli, S., Hense, H., Joffres, M., ... Vescio, F. (2003). Hypertension prevalence and blood pressure levels in 6 European countries, Canada, and the United States. *JAMA: Journal of the American Medical Association, 289*, 2362–2369.

Wolitzky-Taylor, K. B., Castriotta, N., Lenze, E. J., Stanley, M. A., & Craske, M. G. (2010). Anxiety disorders in older adults: A comprehensive review. *Depression and Anxiety, 27*(2), 190–211.

Wolpe, J. (1958). *Psychotherapy by reciprocal inhibition.* Stanford, CA: Stanford University Press.

Wonderlich, S. A., Gordon, K. H., Mitchell, J. E., Crosby, R. D., & Engel, S. G. (2009). The validity and clinical utility of binge eating disorder. *International Journal of Eating Disorders, 42*(8), 687–705.

Woodman, C. L., Noyes, R., Black, D. W., Schlosser, S., & Yagla, S. J. (1999). A 5-year follow-up study of generalized anxiety disorder and panic disorder. *Journal of Nervous and Mental Disease, 187,* 3–9.

Woods, E. R., Lin, Y. G., Middleman, A., Beckford, P., Chase, L., & DuRant, R. H. (1997). The associations of suicide attempts in adolescents. *Pediatrics, 99,* 791–796.

Woods, S. W., Miller, T. J., Davidson, L., Hawkins, K. A., Sernyak, M. J., & McGlashan, T. H. (2001). Estimated yield of early detection of prodromal or first episode patients by screening first-degree relatives of schizophrenic patients. *Schizophrenia Research, 52,* 21–27.

Woodside, M. R., & Legg, B. H. (1990). Patient advocacy: A mental health perspective. *Journal of Mental Health Counseling, 12,* 38–50.

Woolfolk, R. L., & Allen, L. A. (2011). Somatoform and physical disorders. In D. H. Barlow (Ed.), *Oxford handbook of Clinical Psychology* (pp. 334–358). New York, NY: Oxford University Press.

Worell, J., & Remer, P. (1992). *Feminist perspectives in therapy: An empowerment model for women.* New York, NY: John Wiley.

World Health Organization. (1998). *Obesity: Preventing and managing the global epidemic*. Geneva, Switzerland: World Health Organization.

World Health Organization. (2000). Women and HIV/AIDS: Fact sheet no. 242. Retrieved from http://www.who.int/inf-fs/en/fact242.html

World Health Organization. (2001). *Mental health: New understanding, new hope.* Geneva, Switzerland: World Health Organization.

World Health Organization. (2003). Global summary of the HIV/AIDS epidemic. Retrieved from http://www.who.int/hiv/pub/epidemiology/epi2003/en

World Health Organization. (2010). Mental health. Retrieved from http://www.who.int/mental_health/en

Wray, N. R., & Visscher, P. M. (2010). Narrowing the boundaries of the genetic architecture of schizophrenia. *Schizophrenia Bulletin, 36*(1), 14–23. doi:10.1093/schbul/sbp137

Wright, J. (2009). *Address unknown: The homeless in America*. New Brunswick, NJ: Transaction Publishers.

Wu, E., Birnbaum, H., Shi, L., Ball, D., Kessler, R., Moulis, M., Aggarwal, J.. (2005). The economic burden of schizophrenia in the United States in 2002. *Journal of Clinical Psychiatry, 66*(9), 1122–1129.

Wu, L., Parrott, A., Ringwalt, C., Patkar, A., Mannelli, P., & Blazer, D. (2009). The high prevalence of substance use disorders among recent MDMA users compared with other drug users: Implications for intervention. *Addictive Behaviors, 34*(8), 654–661.

Wulfert, E., Franco, C., Williams, K., Roland, B., & Maxson, J. H. (2008). The role of money in the excitement of gambling. *Psychology of Addictive Behaviors, 22*(3), 380–390.

Wulfert, E., Maxson, J., & Jardin, B. (2009). Cue-specific reactivity in experienced gamblers. *Psychology of Addictive Behaviors, 23*(4), 731–735. doi:10.1037/a0017134

Wyatt v. Stickney, 344 F. Supp. 373 (Ala. 1972).

Wyllie, E., Glazer, J. P., Benbadis, S., Kotagal, P., & Wolgamuth, B. (1999). Psychiatric features of children and adolescents with pseudoseizures. *Archives of Pediatrics and Adolescent Medicine, 153,* 244–248.

Wynne, L. C., Tienari, P., Nieminen, P., Sorri, A., Lahti, I. O., Moring, J., ... Miettunen, J.. (2006). I. Genotype–environment interaction in the schizophrenia spectrum: Genetic liability and global family ratings in the Finnish Adoption Study. *Family Process, 45*(4), 419–434.

Xing, G., Zhang, L., Russell, S., & Post, R. (2006). *Schizophrenia Research, 84,* 36–56.

Yamada, K., Watanabe, K., Nemoto, N., Fujita, H., Chikaraishi, C., Yamauchi, K., ... Kanba, S. (2006). Prediction of medication noncompliance in outpatients with schizophrenia: 2-year follow-up study. *Psychiatry Research, 141,* 61–69.

Yamamoto, J., Silva, A., Sasao, T., Wang, C., & Nguyen, L. (1993). Alcoholism in Peru. *American Journal of Psychiatry, 150,* 1059–1062.

Yan, L. L., Liu, K., Matthews, K. A., Daviglus, M. L., Ferguson, T. F., & Kiefe, C. I. (2003). Psychosocial risk factors and risk of hypertension: The coronary artery risk development in young adults (CARDIA) study. *JAMA: Journal of the American Medical Association, 290,* 2138–2148.

Yanez, B., Edmondson, D., Stanton, A. L., Park, C. L., Kwan, L., Ganz, P. A., & Blank, T. O. (2009). Facets of spirituality as predictors of adjustment to cancer: Relative contributions of having faith and finding meaning. *Journal of Consulting and Clinical Psychology, 77,* 730–741.

Yates, P. M., Hucker, S. J., & Kingston, D. A. (2008). Sexual sadism: Psychopathology and theory. In D. R. Laws & W. T. O'Donohue (Eds.), *Sexual deviance: Theory, assessment, and treatment* (2nd ed., pp. 213–230). New York, NY: Guilford Press.

Yatham, L., Kennedy, S., O'Donovan, C., Parikh, Sagar, V., MacQueen, G.,...Beaulieu, S. (2006). Canadian Network for Mood and Anxiety Treatments (CANMAT) guidelines for the management of patients with bipolar disorder: Update 2007. *Bipolar Disorders, 8,* 721–739.

Ye, X., Mitchell, M., Newman, K., & Batshaw, M. L. (2001). Prospects for prenatal gene therapy in disorders causing mental retardation. *Mental Retardation and Developmental Disabilities Research Review, 7,* 65–72.

Yeaton, W. H., & Bailey, J. S. (1978). Teaching pedestrian safety skills to young children: An analysis and one-year follow-up. *Journal of Applied Behavior Analysis, 11,* 315–329.

Yeh, S.-R., Fricke, R. A., & Edwards, D. H. (1996). The effect of social experience on serotonergic modulation of escape circuit of crayfish. *Science, 271,* 355–369.

Yen, S., Johnson, J., Costello, E., & Simpson, E. (2009). A 5-day dialectical behavior therapy partial hospital program for women with borderline personality disorder: Predictors of outcome from a 3-month follow-up study. *Journal of Psychiatric Practice, 15*(3), 173.

Yerkes, R. M., & Dodson, J. D. (1908). The relation of strength of stimulus to rapidity of habit-formation. *Journal of Comparative Neurology and Psychology, 18,* 459–482.

Yonkers, K. A., Warshaw, M., Massion, A. O., & Keller, M. B. (1996). Phenomenology and course of generalized anxiety disorder. *British Journal of Psychiatry, 168,* 308–313.

Young, A. M., & Herling, S. (1986). Drugs as reinforcers: Studies in laboratory animals. In S. R. Goldberg & I. P. Stolerman (Eds.), *Behavioral analysis of drug dependence* (pp. 9–67). Orlando, FL: Academic Press.

Young, J., Rygh, J., Weinberger, A., & Beck, A.T. (2008). Cognitive therapy for depression. In Barlow, D. H. (Ed.), *Clinical handbook of psychological disorders* (4th ed.) (pp. 250–305). New York, NY: Guilford Press.

Youngberg v. Romeo, 457 U.S. 307 (1982).

Youngstrom, E., Youngstrom, J. K., & Starr, M. (2005). Bipolar diagnoses in community mental health: Achenbach child behavior checklist profiles and patterns of comorbidity. *Biological Psychiatry, 58*(7), 569–575.

Youngstrom, E. A. (2009). Definitional issues in bipolar disorder across the life cycle. *Clinical Psychology: Science and Practice, 16*(2), 140–160.

Yung, A. R., Phillips, L. J., Yuen, H. P., & McGorry, P. D. (2004). Risk factors for psychosis in an ultra high-risk group: Psychopathology and clinical features. *Schizophrenia Research, 67,* 131–142.

Zadra, A., & Donderi, D. C. (2000). Nightmares and bad dreams: Their prevalence and relationship to well-being. *Journal of Abnormal Psychology, 109,* 273–281.

Zajonc, R. B. (1984). On the primacy of affect. *American Psychologist, 39*(2), 117–123.

Zajonc, R. B. (1998). Emotions. In D. Gilbert, S. T. Fiske, & G. Lindzey (Eds.), *Handbook of social psychology* (Vol. 1, 4th ed., pp. 591–632). New York, NY: McGraw-Hill.

Zanarini, M. C., Frankenburg, F. R., Hennen, J., Reich, D. B., & Silk, K. R. (2006). Prediction of the 10-year course of borderline personality disorder. *American Journal of Psychiatry, 163,* 827–832.

Zanarini, M. C., Reichman, C. A., Frankenburg, F. R., Reich, D. B., & Fitzmaurice, G. (2010). The course of eating disorders in patients with borderline personality disorder: A 10-year follow-up study. *International Journal of Eating Disorders, 43*(3), 226–232.

Zapf, P., Zottoli, T., & Pirelli, G. (2009). Insanity in the courtroom: Issues of criminal responsibility and competency to stand trial. In D. A. Krauss & J. D. Lieberman (Eds.), *Psychological expertise in court: Psychology in the courtroom* (pp. 79–101). Surrey, England: Ashgate Publishing.

Zautra, A., Johnson, L., & Davis, M. (2005). Positive affect as a source of resilience for women in chronic pain. *Journal of Consulting and Clinical Psychology, 73,* 212–220.

Zigler, E., & Hodapp, R. M. (1986). *Understanding mental retardation*. Cambridge, UK: Cambridge University Press.

Zilbergeld, B. (1999). *The new male sexuality.* New York, NY: Bantam Books.

Zilboorg, G., & Henry, G. (1941). *A history of medical psychology.* New York, NY: W. W. Norton.

Zimmerman, M., & Mattia, J. I. (1998). Body dysmorphic disorder in psychiatric outpatients: Recognition, prevalence, comorbidity, demographic, and clinical correlates. *Comprehensive Psychiatry, 39*(5), 265–270.

Zimmerman, M., Rothschild, L., & Chelminski, I. (2005). The prevalence of DSM-IV personality disorders in psychiatric outpatients. *American Journal of Psychiatry, 162,* 1911–1918.

Zinbarg, R. E., Craske, M. G., & Barlow, D. H. (2006). *Mastery of your anxiety and worry: Therapist guide.* New York, NY: Oxford University Press.

Zingmond, D. S., McGory, M. L., & Ko, C. Y. (2005). Hospitalization before and after gastric bypass surgery. *JAMA: Journal of the American Medical Association,* 294, 1918–1924.

Zipfel, S., Lowe, B., Deter, H. C., & Herzog, W. (2000). Long-term prognosis in anorexia nervosa: Lessons from a 21-year follow-up study. *Lancet, 355,* 721–722.

Zonana, H., & Buchanan, A. (2009). Ethical issues in the treatment of sex offenders. In F. M. Saleh, A. J. Grudzinskas, J. M. Bradford, & D. J. Brodsky (Eds.), *Sex offenders: Identification, risk assessment, treatment, and legal issues* (pp. 425–440). New York, NY: Oxford University Press.

Zubieta, J., Bueller, J., Jackson, L., Scott, D., Xu, Y., & Koeppe, R., ... Stohler, C. S. (2005). Placebo effects mediated by endogenous opioid activity on μ-opioid receptors. *Journal of Neuroscience, 25,* 7754–7762.

Zubin, J., Steinhauer, S. R., & Condray, R. (1992). Vulnerability to relapse in schizophrenia. *British Journal of Psychiatry, 161,* 13–18.

Zuccato, C., & Cattaneo, E. (2009). Brain-derived neurotrophic factor in neurodegenerative diseases. *Nature Reviews Neurology, 5*(6), 311–322.

Zuchner, S., Cuccaro, M. L., Tran-Viet, K. N., Cope, H., Krishnan, R. R., Pericak-Vance, M. A., ... Ashley-Koch, A. (2006). SLITRK1 mutations in trichotillomania. *Molecular Psychiatry, 11,* 887–889.

Zucker, K. J. (2005). Measurement of psychosexual differentiation. *Archives of Sexual Behavior, 34,* 375–388.

Zucker, K. J. (2010). The DSM diagnostic criteria for gender identity disorder in children. *Archives of Sexual Behavior, 39,* 477–498.

Zwahlen, M., & Egger, M. (2006). Progression and mortality of untreated HIV-positive individuals living in resource-limited settings: Update of literature review and evidence synthesis (UNAIDS Obligation HQ/05/42204). Retrieved from http://data.unaids.org/pub/periodical/2006/zwahlen_unaids_hq_05_ 422204_2007_en.pdf

主题索引 *

（索引页码为英文原书页码，即本书边码）

* 读者如需更多主题索引，请联系中国人民大学出版社人文分社相关编辑：gonghx@crup.com.cn。

推荐阅读书目

ISBN	书名	作者	单价（元）
	心理学译丛系列		
978-7-300-14847-2	心理学	［美］斯宾塞・A. 拉瑟斯	45.00
978-7-300-16117-4	什么是心理学	［美］艾伦・帕斯托里诺等	69.00
978-7-300-18162-2	心理学改变思维	［美］斯科特・O. 利林菲尔德等	98.80
978-7-300-09188-4	日常生活心理学	［美］里克・M. 加德纳	75.00
978-7-300-12644-9	行动中的心理学（第 8 版）	［美］卡伦・霍夫曼	89.00
978-7-300-09563-9	现代心理学史（第 2 版）	［美］C・詹姆斯．古德温	88.00
978-7-300-13001-9	心理学研究方法（第 8 版）	［美］戴维・G. 埃尔姆斯等	48.00
978-7-300-13932-6	心理学研究方法精要（第 7 版）	［美］尼尔・J. 萨尔金德	32.00
978-7-300-22490-9	行为科学统计精要（第 8 版）	［美］弗雷德里克・J. 格雷维特等	58.00
978-7-300-22245-5	心理统计学（第 5 版）	［美］亚瑟・阿伦等	89.00
978-7-300-13306-5	现代心理测量学（第 3 版）	［英］约翰・罗斯特等	28.00
978-7-300-12745-3	人类发展（第 8 版）	［美］詹姆斯・W. 范德赞登等	88.00
978-7-300-13307-2	伯克毕生发展心理学:从 0 岁到青少年(第 4 版)	［美］劳拉・E. 伯克	79.80
978-7-300-20556-4	阿内特青少年心理学（第 5 版）	［美］杰弗瑞・简森・阿内特	69.90
978-7-300-18303-9	伯克毕生发展心理学:从青少年到老年(第 4 版)	［美］劳拉・E. 伯克	45.00
978-7-300-21583-9	伍尔福克教育心理学	［美］安妮塔・伍尔福克	89.90
978-7-300-17256-9	教育心理学精要	［美］简妮・爱丽丝・奥姆罗德	65.00
978-7-300-18664-1	学习心理学（第 6 版）	［美］简妮・爱丽丝・奥姆罗德	59.90
978-7-300-09603-2	变态心理学案例教程（第 3 版）	［美］蒂莫西・布朗等	35.00
978-7-300-18593-4	婴幼儿心理健康手册	［美］小查尔斯・H. 泽纳	79.00
978-7-300-19858-3	心理咨询导论（第 6 版）	［美］塞缪尔・格莱丁	69.90
978-7-300-12478-0	女性心理学（第 6 版）	［美］马格丽特・W. 马特林	58.00
978-7-300-18010-6	消费心理学：无所不在的时尚（第 2 版）	［美］迈克尔・R. 所罗门等	68.00
978-7-300-12617-3	社区心理学：联结个体和社区（第 2 版）	［美］詹姆士・H. 道尔顿等	58.00
978-7-300-16328-4	跨文化心理学（第 4 版）	［美］埃里克・B. 希雷	42.00
978-7-300-14110-7	职场人际关系心理学（第 12 版）	［美］莎伦・伦德・奥尼尔等	39.00
978-7-300-15678-1	社会交际心理学：人际行为研究	［澳］约瑟夫・P. 福加斯	39.00
978-7-300-14062-9	社会与人格心理学研究方法手册	［美］哈里・T. 赖斯等	65.00
978-7-300-10470-6	自我导向行为（第 9 版）	［美］戴维・L. 华生等	48.00
978-7-300-14533-4	没有疆界	［美］肯・威尔伯	35.00
978-7-300-07160-0	万物简史	［美］肯・威尔伯	32.00
978-7-300-09927-9	性、生态、灵性	［美］肯・威尔伯	88.00

西方心理学大师经典译丛

978-7-300-17807-3	自卑与超越	［奥］阿尔弗雷德·阿德勒	48.00
978-7-300-17774-8	我们时代的神经症人格	［美］卡伦·霍妮	45.00
978-7-300-17806-6	动机与人格（第3版）	［美］亚伯拉罕·马斯洛	58.00
978-7-300-17739-7	人的自我寻求	［美］罗洛·梅	48.00
978-7-300-20299-0	教育心理学简编	［美］爱德华·桑代克	45.00
978-7-300-20342-3	心理物理学纲要	［德］古斯塔夫·费希纳	39.90
978-7-300-18539-2	精神病学的人际关系理论	［美］哈里·沙利文	45.00
978-7-300-20275-4	社会学习理论	［美］阿尔伯特·班杜拉	48.00
978-7-300-20339-3	追求意义的意志	［奥］维克多·弗兰克尔	39.90
978-7-300-17738-0	当事人中心治疗：实践、运用和理论	［美］卡尔·罗杰斯等	78.00
978-7-300-24518-8	理解人性	［奥］阿尔弗雷德·阿德勒	39.90
978-7-300-24517-1	寻找灵魂的现代人	［瑞士］卡尔·荣格	48.00
978-7-300-23941-5	动力心理学	［美］罗伯特·伍德沃斯	45.00

当代西方社会心理学名著译丛

978-7-300-13011-8	语境中的社会建构	［美］肯尼斯·J. 格根	45.00
978-7-300-13012-5	社会表征	［法］塞尔日·莫斯科维奇	59.00
978-7-300-12765-1	社会支配论	［美］吉姆·斯达纽斯等	65.00
978-7-300-13004-0	自我归类论	［澳］约翰·特纳等	45.00
978-7-300-13005-7	精英话语与种族歧视	［荷］范·戴克	49.00
978-7-300-13006-4	社会心理学的解释水平	［比利时］威廉·杜瓦斯	35.00
978-7-300-13007-1	文化社会心理学	［美］赵志裕等	69.00
978-7-300-13008-8	欲望的演化（修订版）	［美］戴维·M. 巴斯	59.00
978-7-300-13009-5	社会认同过程	［澳］迈克尔·A. 豪格等	59.00
978-7-300-13010-1	论辩与思考（新版）	［英］迈克尔·毕利希等	65.00

政治心理学前沿译丛

978-7-300-16740-4	政治心理学（第2版）	［美］马莎·L. 科塔姆	55.00
978-7-300-16624-7	公共舆论	［美］约翰·扎勒	39.90
978-7-300-16763-3	政治头脑	［美］德鲁·韦斯滕	45.00
978-7-300-17448-8	政治广告	［美］泰德·布拉德尔	35.00
978-7-300-18133-2	救赎政治：奥巴马的总统历程	［美］斯坦利·A. 任尚	48.00
978-7-300-20300-3	总统的性格（第4版）	［美］詹姆斯·戴维·巴伯	59.90
978-7-300-16984-2	总统风格：从罗斯福到奥巴马（第3版）	［美］弗雷德·I. 格林斯坦	38.00
978-7-300-16739-8	狐狸与刺猬：专家的政治判断	［美］菲利普·E. 泰特洛克	35.00

* * * *

Essentials of Abnormal Psychology, 6e
V. Mark Durand, David H. Barlow

Cengage Learning Asia Pte.Ltd.
151 Lorong Chuan, #02-08 New Tech Park, Singapore 556741

北京市版权局著作权合同登记号　图字：01-2014-0144

图书在版编目（CIP）数据

异常心理学：第6版 /（美）马克·杜兰德（V. Mark Durand），（美）戴维·巴洛（David H. Barlow）著；张宁，孙越异主译. —北京：中国人民大学出版社，2018.2

书名原文：Essentials of Abnormal Psychology，6e

ISBN 978-7-300-23658-2

Ⅰ. ①异… Ⅱ. ①马… ②戴… ③张… ④孙… Ⅲ. ①变态心理学 Ⅳ. ①B846

中国版本图书馆CIP数据核字（2016）第279496号

心理学译丛·教材系列

异常心理学（第6版）

[美] 马克·杜兰德 / 戴维·巴洛 著

张 宁 孙越异 主译

张 宁 审校

Yichang Xinlixue

出版发行	中国人民大学出版社		
社　　址	北京中关村大街31号	**邮政编码**	100080
电　　话	010-62511242（总编室）		010-62511770（质管部）
	010-82501766（邮购部）		010-62514148（门市部）
	010-62515195（发行公司）		010-62515275（盗版举报）
网　　址	http://www.crup.com.cn		
	http://www.ttrnet.com（人大教研网）		
经　　销	新华书店		
印　　刷	北京昌联印刷有限公司		
规　　格	215mm × 275mm　16开本	**版　　次**	2018年2月第1版
印　　张	41.25　插页4	**印　　次**	2018年2月第1次印刷
字　　数	1 179 000	**定　　价**	139.00元

CENGAGE Learning™

Supplements Request Form（教辅材料申请表）

Lecturer's Details（教师信息）			
Name：（姓名）		Title：（职务）	
Department：（系科）		School/University：（学院/大学）	
Official E-mail：（学校邮箱）		Lecturer's Address / Post Code：（教师通讯地址/邮编）	
Tel：（电话）			
Mobile：（手机）			
Adoption Details（教材信息） 原版□ 翻译版□ 影印版 □			
Title：（英文书名） Edition：（版次） Author：（作者）			
Local Publisher：（中国出版社）			
Enrolment：（学生人数）		Semester：（学期起止时间）	
Contact Person & Phone/E-Mail/Subject： （系科/学院教学负责人电话/邮件/研究方向） （我公司要求在此处标明系科/学院教学负责人电话/传真及电话和传真号码并在此加盖公章。） 教材购买由 我□ 我作为委员会的一部分□ 其他人□[姓名：]决定。			

Please fax or post the complete form to（请将此表格传真至）：

CENGAGE LEARNING BEIJING
ATTN：Higher Education Division
TEL：(86) 10-82862096/ 95 / 97
FAX：(86) 10 82862089
ADD：北京市海淀区科学院南路 2 号
融科资讯中心 C 座南楼 12 层 1201 室 100080

Note：Thomson Learning has changed its name to CENGAGE Learning

VERIFICATION FORM/CENGAGE LEARNING